项目资助：国家重点研发计划（2017YFC1502003、2018YFC1507504），中国气象局气象预报业务关键技术发展专项（YBGJXM（2018）02-01、YBGJXM（2019）02-01），2018年中国气象局数值预报（GRAPES）发展专项等

强对流天气研究和预报技术

主　编　张小玲
副主编　郑永光　杨　波

气象出版社
China Meteorological Press

内容简介

本书精选了国家气象中心(中央气象台)强天气预报中心自2009年成立以来发表的部分科技论文36篇，涵盖了强对流天气业务预报与技术进展综述、中国强对流天气及其环境条件气候分布特征、中国国家级强对流天气分析和预报技术、中国强对流天气个例机理分析等5个大的方面。本书的内容既包括强对流天气的监测、分析和预报技术，也包括强对流天气灾害调查、气候特征统计特征和不同类型个例机理分析等，较全面地反映了10年来国家级强对流天气研究、业务预报和技术发展概况，可供气象预报人员和相关科研、技术人员、研究生等参考。

图书在版编目(CIP)数据

强对流天气研究和预报技术 / 张小玲主编. — 北京：气象出版社，2019.7(2023.9重印)

ISBN 978-7-5029-6924-0

Ⅰ.①强… Ⅱ.①张… Ⅲ.①强对流天气-天气分析-文集②强对流天气-天气预报-文集 Ⅳ.①P425.8-53

中国版本图书馆CIP数据核字(2019)第028842号

Qiangduiliu Tianqi Yanjiu he Yubao Jishu

强对流天气研究和预报技术

张小玲 主编

出版发行：气象出版社

地　　址：北京市海淀区中关村南大街46号　　**邮政编码**：100081

电　　话：010-68407112(总编室)　010-68408042(发行部)

网　　址：http://www.qxcbs.com　　**E-mail**：qxcbs@cma.gov.cn

责任编辑：张　媛　　**终　　审**：吴晓鹏

责任校对：王丽梅　　**责任技编**：赵相宁

封面设计：博雅思企划

印　　刷：北京建宏印刷有限公司

开　　本：787 mm×1092 mm　1/16　　**印　　张**：33

字　　数：848千字

版　　次：2019年7月第1版　　**印　　次**：2023年9月第4次印刷

定　　价：260.00元

序　言

我国是世界上强对流天气种类最多、受其影响致灾最重的国家之一。强对流天气时空尺度小、发生突然、变化剧烈、破坏力强、易于致灾。虽然目前天气预报准确率和精细化水平已经大幅提升，但对强对流天气发生发展机理的认识和预报问题依然是当今世界气象界面临的最具挑战的难题之一。

2009年3月1日，中国气象局批准在国家气象中心(中央气象台)设立强天气预报中心，旨在带动全国强对流天气预报预警业务技术的发展与进步，并使强对流天气预报业务向专业化方向发展。10年来，在中国气象局的战略指导和国家气象中心(中央气象台)的领导下，在同行专家和各地方气象台的大力支持和帮助下，强天气预报中心成长壮大，已建立起雷暴、短时强降水、雷暴大风和冰雹的实时监测预警和72小时内预报业务，在强对流天气科学研究、预报技术发展和预报预警对下指导等各方面取得了丰硕成果和长足进步，促进了全国强对流天气预报预警整体业务水平的提高。这里略数一二：

——加深了对我国强对流天气的认识。强天气预报中心分析了我国强对流天气的气候分布特征和不同类型强对流天气的特征物理量分布；现场调查并研究了有重大影响的典型强对流天气过程(2015年的“东方之星”客轮翻沉事件、2016年阜宁龙卷事件、2017年5月7日广州极端暴雨事件等)的发展过程和影响机制等。

——发展了强对流天气业务技术方法与平台。强天气预报中心发展了基于多源观测(雷达、卫星和自动站等)和数值预报信息的分类强对流天气综合监测和临近预报技术，以及基于数值(集合)预报的强对流天气预报方法；应用配料法、机器学习等方法构建了分类强对流客观概率预报技术等。以上述技术方法为基础，构建了强对流天气综合业务平台，并受到地方气象业务部门的青睐和欢迎，被推广应用。

——建立了强对流天气业务技术规范。强天气预报中心发展了分类强对流天气综合模型，涉及强对流天气产生的环流背景、主要影响天气系统、各种物理量的分布和参考阈值、预报着眼点以及分钟雨量、雷达、卫星和闪电等资料所表征的中尺度特征等；建立了分类强对流天气的天气尺度环境分析技术规范和中尺度过程分析技术规范，以及基于自动气象站、闪电、雷达和卫星等观测资料的中尺度天气过程分析和临近预报流程。

在中央气象台即将迎来成立70周年和国家气象中心(中央气象台)强天气预报中心成立10周年之际，本书精选了强天气预报中心成立以来的部分代表性成果，结集出版文集，涵盖了强对流天气的业务预报和技术进展综述、气候分布与环境条件特征、监测分析和预报技术与平台、个例机理分析等多方面内容。该文集既是对中央气象台成立70周年和强天气预报中心成立10周年的庆贺，致敬关心强对流天气预报业务发展和为此做出贡献的每一个人；又是一种深深的期望，期望能够以此吸引更多同行关注强对流天气的预报问题，促进我国强对流天气机理认识的进一步深入和预报能力的进一步提升。祝愿强天气预报中心不断发展进步，未来取得更为辉煌的业绩和成果。

国家气象中心主任（中央气象台台长）

2019年4月15日

目　录

第一章　综述篇

第二章　气候分布篇

第三章　环境条件和特征统计篇

第四章　预报技术篇

第五章 个例分析篇

第一章　综述篇

中国强对流天气预报业务发展

张小玲　杨波　盛杰　田付友　周康辉
林隐静　朱文剑　曹艳察

（国家气象中心，北京 100081）

摘　要　强对流天气具有空间尺度小、生命史短、天气变化剧烈并极易造成人员伤亡和财产损失。近 10 年，伴随着国家级强对流专业化预报中心的建设，我国已经建立起包括实时监测、临近预警和短期潜势预报的强对流天气预报业务，初步实现对雷暴、短时强降水、雷暴大风和冰雹的监测预警以及 72 h 内的潜势预报。但对龙卷等小尺度强对流天气尚不具备监测和预警能力。中国气象局正在开展龙卷预警试验，将依赖于对流可分辨数值模式的发展以及高分辨率数值模式预报结果与多源观测资料的综合应用技术发展，建立短时临近无缝隙预报技术，提升致灾性强对流天气的短时临近预警能力和龙卷等小尺度强对流天气的监测能力。

关键词　强对流　预报　监测　预警

引　言

强对流天气具有空间尺度小、生命史短但造成灾害严重的特点。因此，强对流天气预报是包括我国在内的众多国家天气预报业务技术攻克的重点。由于强对流天气时空尺度小，国内外业务技术发展的重心都聚焦于对流监测和短临预警技术的发展。国外发达国家均在致力于发展能更好地识别中小尺度对流天气的雷达等遥感探测技术、临近预警技术和对流可分辨的快速更新同化数值分析预报技术，并在此基础上发展短时临近无缝隙的强对流预警业务。

WMO（世界气象组织）2005 年定义的临近预报（或者称为甚短时预报）为 0～6 h 的天气预报。Wilson 等[1]将这一时效内的临近预报技术概括为三类：在强度和尺度不变假设下的外推和基于过去强度和尺度变化趋势的外推、考虑风暴生消过程的概念模型专家系统以及数值模式预报技术。我国预报业务通常把 0～2 h 的天气预报称为临近预报，因此，本文仍然把 0～2 h 的预报称为临近预报，2～12 h 称为短时预报。

针对强对流天气系统的 0～6 h 预报，各大气象研究和业务中心主要基于雷达回波与卫星图像的简单外推以及实践经验，发展了各种类型的短时临近预报（NOWCASTING）系统，业务应用表明它们在 0～1 h 的预报中相当有效。如美国国家大气研究中心（NCAR）研发的 Auto-Nowcaster[2]、美国强风暴实验室（NSSL）研发的 WDSS-II[3-5]、英国的 GANDOLF 等。

本文发表于《气象科技进展》，2018，8(3)：8-18。

然而由于缺乏对强对流系统的发生、发展和消亡的物理机制描述，以外推为主的短临预报系统预报能力随预报时效增加迅速降低[1]，尤其是对强对流系统发展、演变的预报。俞小鼎等[6]在对国内外雷暴和强对流临近天气预报技术进行全面回顾后指出，临近预报系统应该建立在风暴尺度数值预报模式的集合预报基础上，采用适当的初值产生方法和模式不确定性处理方法，以及合适的数据同化技术。这一观点与陈葆德等[7]不谋而合。后者认为，采用数值模式预报强对流系统，虽然对动力与物理过程的描述存在着各种各样的不足，但对强对流系统活动的预报在原理上应该远优于简单的外推方法；鉴于强对流系统水平尺度较小、生命史较短的特点，模式初始时刻对当前对流系统的准确把握是关键。

美国 1991 年开始研究快速更新同化技术，1994 年 NCEP(National Centers of Environmental Prediction)实现快速更新同化预报系统(Rapid Update Cycle，简称 RUC)，为强对流天气业务预报提供分析预报参考产品。2012 年新一代的快速更新同化预报系统(Repaid Refresh，简称 RR)取代原来的 RUC 系统(http://repaidrefresh. noaa. gov)。更高分辨率(3 km)的 RR 系统(High-ResolutionRapid Refresh，简称 HRRR)于 2011 年 4 月开始在 NOAA/ESRL/GSD 测试。

由于传统的外推预报技术与快速更新的数值模式预报技术在 0～2 h 和 2 h 以上各有优势，这两种技术的融合技术(blending)成为短时临近预报的重要发展方向，而据此建立无缝隙的强对流天气预报业务体系也已经成为发达国家提升强对流预警服务能力的业务建设方式。以美国为例，风暴预报中心(SPC)已建立了时间尺度从几个小时警戒到 8 d 的强对流展望业务体系，并与地方气象部门的临近警告构成了无缝隙的预报业务体系(图 1)。

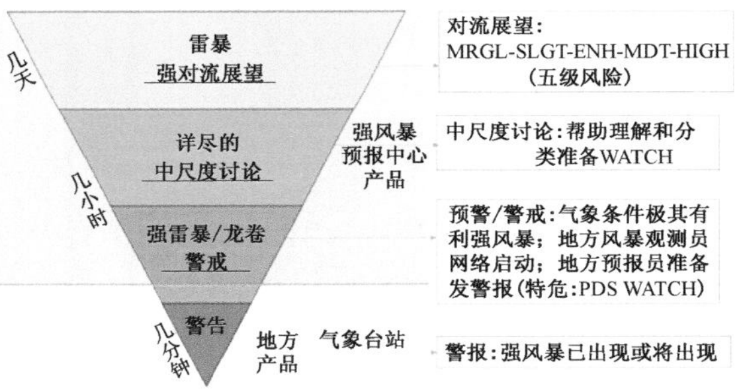

美国本土组织化强对流天气预报架构和分工

图 1　美国强对流无缝隙预报体系(上)和预报产品示例(下)，引自美国 SPC 官方网站(www. spc. noaa. gov)，右下图阴影表示预警区域，其他图中阴影表示雷达回波

我国的临近预报在省及以下地方业务单位已经比较成熟，但国家级专业化强对流天气预报业务始于 2009 年，且以短期预报为主，尚未建立起成熟的短时预报业务。本文将从无缝隙业务角度，介绍我国强对流天气的实时监测、临近预警、短时和短期预报业务现状及未来发展。

1 成熟的实时监测和临近预警及短期潜势预报业务

在我国业务中，对流和强对流天气主要包括雷暴、小时雨量 20 mm 以上的短时强降水、8 级或者 17 $m \cdot s^{-1}$以上的雷暴大风、直径 5 mm 以上的冰雹或者任何级别的龙卷等。本文中所指中国的强对流均以此为标准。

1.1 监测

随着业务观测体系的逐渐成熟，近年来我国的强对流监测能力逐步提高。2009 年以来，国家级强对流天气预报业务单位强天气预报中心利用雷达、卫星、常规和非常规地面观测站等多源观测资料，通过发展自动站资料质量控制技术、强对流信息提取和统计技术、直角坐标交叉相关(CTREC)雷达回波追踪技术、雷暴识别追踪分析、深对流云识别技术、中尺度对流系统识别和追踪技术以及闪电密度监测技术等，建立起强对流天气综合监测业务系统[8]。监测对象包括：雷暴、雷暴大风、冰雹、短时强降水以及对流云等。图 2 所示即为强天气预报中心的强对流天气实时监测产品。该监测产品已经实现我国陆地和近海区域间隔 1 h、3 h、6 h、12 h 和 24 h 的雷暴、雷暴大风、冰雹、短时强降水分级监测能力。此外，利用闪电资料可监测中国及周边地区地闪总数及地闪密度。利用雷达资料还实时监测雷达回波及垂直液态水等多参量，实现基于雷达特征量的冰雹指数、中气旋、龙卷涡旋特征(TVS)等的识别和自动报警。

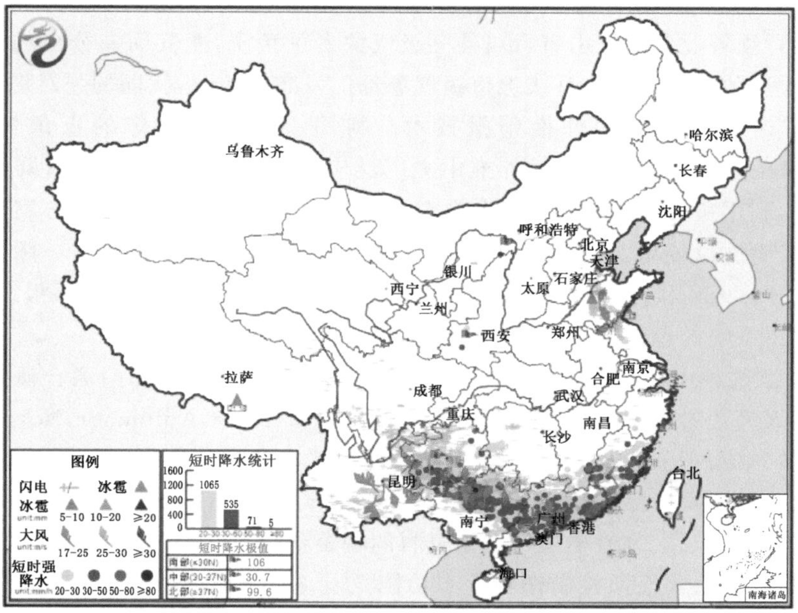

图 2 2017 年 4 月 20 日 20 时—21 日 20 时 24 h 强对流天气监测

由于中国地域广阔，西部大部分地区既无地面测站也没有雷达观测，发展基于静止气象卫星和闪电的强对流云团识别、追踪技术对于监测雷达资料不能覆盖的西部和中西部山区的中尺度对流系统(MCS)的发生发展非常重要。费增坪等[9]根据我国中尺度对流天气的特点，在对 MCS 云团重新定义的基础上，发展了基于图像和时间序列分析技术的 MCS 自动识别、追踪技术。在此基础上，强天气预报中心基于 FY-2E 卫星的 IR1 通道亮温、基于闪电资料对 MCS 进行了多阈值的自动识别、追踪和外推[10]，实时输出 MCS 的位置、最低亮温、平均亮温、面积、椭圆率、移动方向及速度等相关信息(图 3)，为预报员在实时监测时判断强对流天气的强度、类型，并进行及时的预警，提供了重要信息。

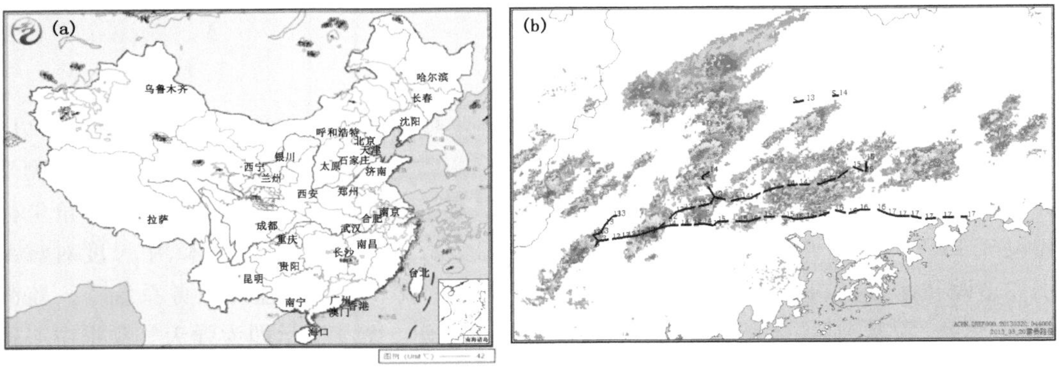

图 3　基于(a)卫星、(b)闪电资料的中尺度对流系统识别。图 a 中绿线、红线分别表示识别和 60 min、120 min 预报的 MCS，图 b 中标值为识别的系统时间，阴影为雷达回波

1.2　临近预警

中国的临近预警业务主要由省、市、县三级气象台站负责，尤其面向公众的雷电、大风、冰雹、暴雨等强对流预警信号多由县或地市级气象部门发布。因此，我国的强对流临近预警技术主要依赖以雷达回波为主的外推预报技术。利用雷达回波图像的直角坐标交叉相关(CTREC)技术在国内的强对流临近外推中被广泛应用[11−13]。以降水为例，降水具有高时空非连续性特征，利用雷达回波外推技术和自动站雨量订正技术的临近预报方案具有高精度的时空分辨率，准确性也较高，众多学者在此领域做了大量的研究工作[14−16]。图 4 是基于雷达回波外推技术 TITAN 和自动站雨量订正技术融合的逐 10 min 定量降水预报。近几年，对快速发展的强对流系统的追踪效果更好的光流法也逐渐被使用[17]。

2008 年国家气象中心和广东、湖北、安徽等十多个省市的气象部门联合研发我国自主知识产权的灾害天气短时临近预报系统 SWAN(Severe Weather Automatic Nowcast System)。SWAN 系统在 MICAPS 平台基础上，融合了数值模式产品和雷达、卫星、自动站等探测资料，提供了大量的临近预报产品。SWAN 系统包括 6 大类产品和功能：基于实况资料的探测和分析产品、外推预报产品、数值模式与雷达资料的融合预报产品、实时客观检验产品、灾害性天气综合自动报警，以及预报预警制作和发布功能[18]。各省(区、市)在大力发展临近预警技术的同时，也开发了多个对流风暴和降水短时临近预报系统，比如香港的 SWIRL 和 SWIRL-II[19]、北京气象局发展的 BJ-ANC 系统[20]、中国气象科学研究院的雷电临近预警系统[21]、广东的 GRAPES-SWIFT[22]、湖北的 MYNOS[23]等。

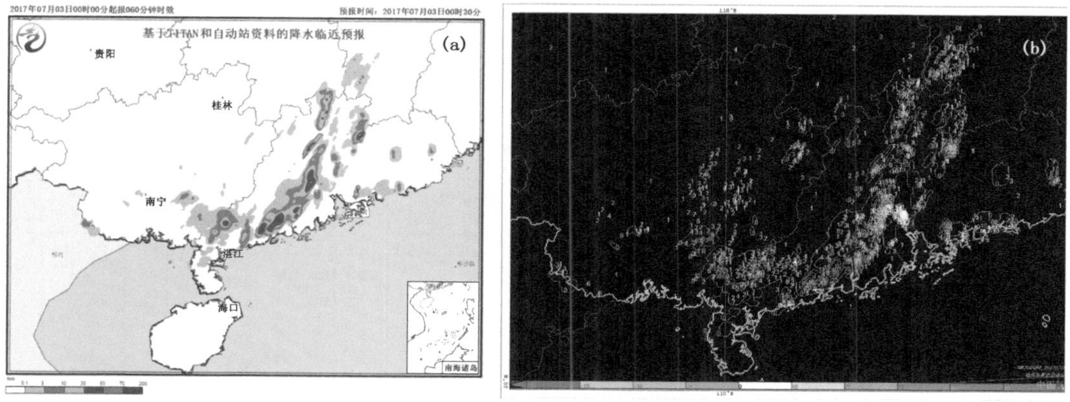

图 4 (a)雷达外推与自动站雨量订正融合方法起报的 2017 年 7 月 3 日 00 时 60 min 累积雨量和(b) 00—01 时的 1 h 降水观测(彩色标值),图 b 中等值线为定量降水预报

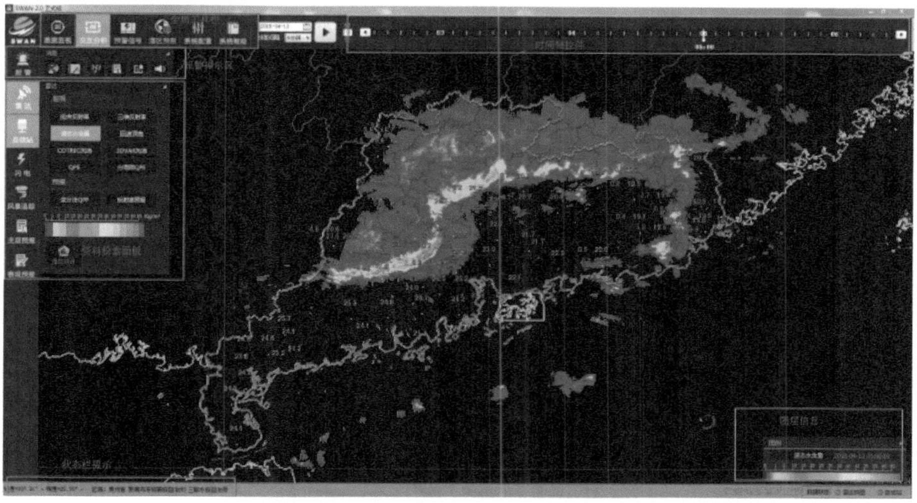

图 5 SWAN 系统客户端界面,阴影为雷达资料反演液态水含量

1.3 短期潜势预报

强对流短期潜势预报是目前最为成熟的强对流天气预报业务。强天气预报中心在强对流多发的 4—9 月每天 3 次(北京时间 06 时、11 时和 18 时)发布未来 24 h 分类强对流(雷暴、冰雹、雷暴大风和短时强降水)落区和概率预报,1 次(18 时)发布未来 48 h 和 72 h 的强对流落区预报。图 6 即为 2017 年 9 月 21 日 06 时发布的当日 08—12 时强对流概率和落区预报。

Doswell 等[24]根据深厚对流发生必须满足对流不稳定、水汽和抬升条件,提出了强对流的"配料法"预报方法。综合上述对流条件和组织化发展条件的强对流潜势预报方法也逐渐成为中国强对流天气预报的主要方法[25-28],并据此发展了基于"配料法"的分类强对流客观预报方法[29]。2016 年 5—8 月雷暴和短时强降水的评估结果表明,与预报员的主观预报相比,72 h

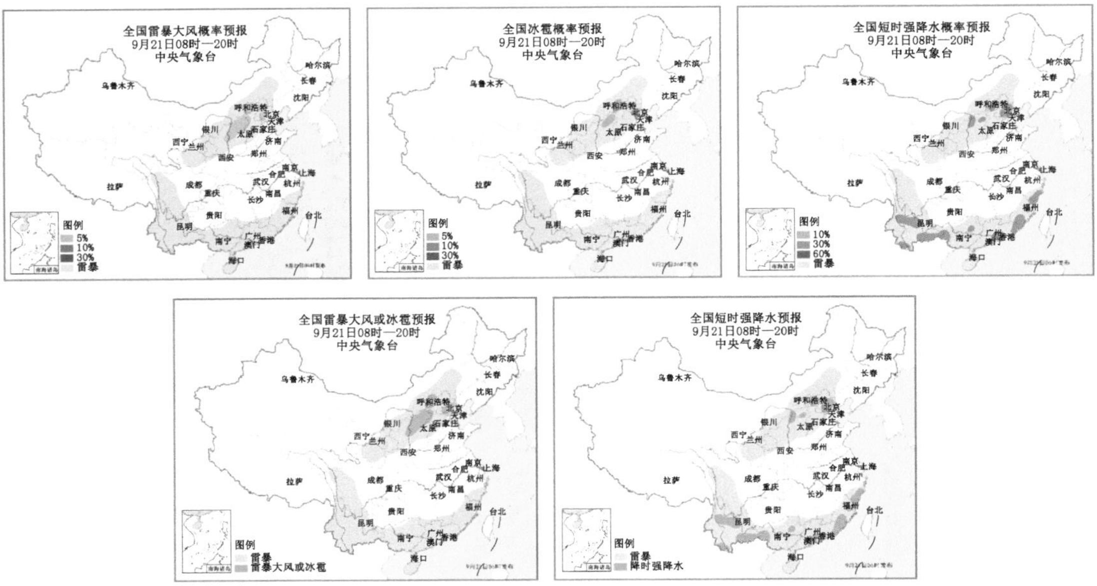

图 6　2017 年 9 月 21 日 06 时发布 21 日 08—20 时全国强对流天气概率和落区预报

时效内的"配料法"客观预报在 40%～60%概率间的短时强降水预报具有较好的预报能力，雷暴预报也具有很好的参考意义(图 7)。该方法可提供 7 d 内逐 3 h 的雷暴、短时强降水、冰雹和雷暴大风概率预报，其中雷暴、短时强降水预报能力最强。

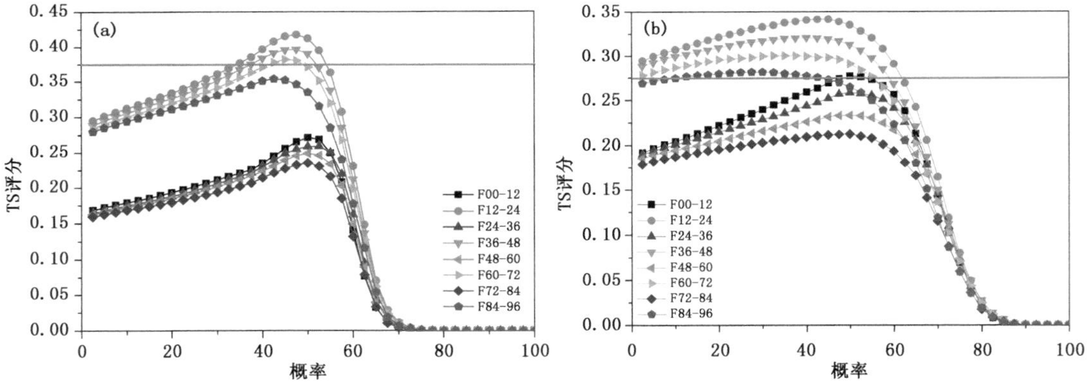

图 7　2016 年 5—8 月(a)雷暴和(b)短时强降水客观概率预报 TS 评分，
红色实线表示当年 24 h 时效内的主观预报 TS 平均

2　高频滚动更新的 0～12 h 无缝隙监测预警业务发展

强对流的实时监测业务、临近预警和短期潜势预报业务在近几年虽然趋于成熟，但尚存在如下三个瓶颈问题。一是中小尺度尤其小尺度灾害天气定量监测能力有限；业务中虽然实现了基于多源观测的强对流天气(闪电、冰雹、大风、短时强降水)实时监测和对流系统的识别追踪，但是对于龙卷、下击暴流等小尺度灾害天气利用现有的雷达、卫星等遥感探测手段或稠密地面观测，尚难以捕捉。二是外推技术以基于单一数据源的线性外推为主，缺少多源资料的综合应用，缺乏对物理机理的考虑，外推有效时间很难逾越 1 h，也无法解决对流初生问题。三是业务中尺度模式对 β 中尺度及以下的对流系统的预报能力有限，对流可分辨的快速更新数值分析预报系统对强对流天气短临预警业务的支持不足。鉴于此，发展高频滚动更新的 0～12 h 无缝隙监测预警业务，尤其重点发展可更好监测初生对流和龙卷等小尺度强对流天气的监测技术、能更好挖掘多源观测资料和数值预报资料中的强对流发生发展有效信息的人工智能大数据应用技术、对流可分辨数值模式及其应用技术，通过在我国中小尺度灾害天气影响严重地区开展龙卷等致灾性强对流天气的短时临近预警业务试验，以期望在未来数年对强对流天气的监测预警能力有大幅度的提升。

2.1 应用新遥感探测资料的强对流监测技术

2013 年，美国完成了 WSR-88D 雷达的双偏振升级改造工作。新一代双偏振雷达资料质量更好，可以识别降水类型，可以为龙卷预警服务提供更精细的龙卷路径图像。此外，通过高分辨率 X 波段雷达观测龙卷中的碎片产生的回波特征，从而实现对强降水中伴随的龙卷或夜间发生龙卷的识别。这对于识别我国与登陆台风或梅雨锋暴雨相伴的龙卷具有启发意义。

在我国，双偏振雷达的应用处于起步阶段，广东、北京、上海等发达省（市）开始布设双偏振雷达。中国气象局在新一代天气雷达系统发展中将双偏振雷达的布设和应用作为重要建设内容。国内的相关研究表明，双偏振雷达除可获取降水系统的水平偏振方向上的回波强度、径向速度、速度谱宽外，还可以探测到差分反射率因子、双程差示传播相移差、传播常数差、相关系数和线性退极化比等参量。对这些参数进行分析、反演，可以判断降水粒子的形状、尺寸大小、相态分布、空间取向以及降水类型等更为具体的气象信息，尤其对中尺度对流系统产生的强降水、冰雹有更好的识别能力[30－35]。

2016 年，日本、中国先后发射了新一代静止气象卫星 Himawari-8/9 和 FY-4，具备红外高光谱垂直探测能力，后者还具备闪电成像观测[36]，对强对流天气监测预警具有里程碑意义。因此，在我国如何应用好这类具备垂直探测能力的静止气象卫星，发展相关的算法以更好地监测强对流尤其对流的初生，并综合雷达、自动站等观测资料发展利用多源观测资料的强对流自动报警技术和临近外推预报技术，对于提升我国尤其中西部地区的强对流预警能力大有裨益。

2.2 对流可分辨数值模式的发展和应用

如何利用好越来越丰富的观测资料和对流可分辨数值分析预报系统，提升强对流天气短时临近预报能力是当前国际发展的趋势。主要表现为两种策略：一种是致力于发展以雷达等高频观测资料的同化技术，缩短数值模式的适应调整（spin up）时间，发展具备快速更新同化能力的对流可分辨数值分析预报系统。另一类则是通过将临近外推预报技术与高分辨率数值模式的预报结果的权重融合技术，发挥临近外推预报与数值预报技术的各自优势，形成短时临近无缝隙预报。前者的极致代表为美国强风暴实验室牵头开展的“Warn-on-Forecast” 项目。该项目从 2010 年开始，首先采用逐 5 min 快速更新同化雷达资料实时得到高分辨率的风场和反射率场，对 NOAA 灾害性天气试验基地春季试验中强雷暴预警提供帮助[37－38]。最近几年，他们在美国业务对流可分辨集合预报系统 HRRRE 的基础上，通过逐 15 min 快速更新同化雷达资料，在灾害天气频发的特定区域内拟对有可能产生龙卷、大冰雹和局地极端大风的强雷暴系统，特别是超级单体的预警时效提前至 60 min 甚至更长[39]。该系统作为重要测试应用系统之一，在 2017 年灾害天气中试基地（HWT）的春季试验中被测试应用。（http://www.nssl.noaa.gov/projects/wof/news-e/）。

快速更新同化系统的研发已进行了 20 多年，其在美国已逐步成为强对流短临预报的重要工具且在许多领域得到了应用。许多中尺度天气系统本质上是不可进行"确定性"预报的，因此，发展基于集合预报的短时临近概率预报是未来一个重要方向。对流可分辨的集合预报技术近几年在美国已经由研究逐步迈向业务应用试验。美国一些与大气科学相关的研究机构和高校均开始实时运行对流可分辨的集合预报系统。一些研究机构甚至开始试验快速更新同化的集合预报系统，如俄克拉荷马大学（OU）的风暴分析预报中心（CAPS）通过近几年一直在发展空间分辨率为 3 km、23 个成员的 WRF-ARW 风暴尺度集合预报模式（SSEF），范围涵盖全美（http://forecast.caps.ou.edu/SpringProgram2017_Plan-CAPS.pdf）。

对流可分辨模式虽然已经具备模拟中尺度对流系统的能力，但对强对流天气（如冰雹、龙卷、雷暴大风等）还缺少表达能力[40]。因此，基于对流可分辨数值模式，将能更精细表征中尺度对流系统发生发展特征的动力、云物理等物理量与环境特征参数综合发展龙卷、冰雹、雷暴大风的预报成为对流可分辨数值模式的主要应用方式[41-44]。如图 8 所示为在美国 NSSL 对流可分辨集合预报系统 CPMs 的输出结果上综合考虑对龙卷有很好表征意义的动力参数 UH 和环境条件发展的龙卷概率预报[45]。

近几年，国内也开始大力发展对流可分辨的数值模式技术。2009 年上海建立了基于 ADAS 资料同化系统和区域中尺度数值模式 WRF 的快速更新同化预报系统（SMB-WARR，Shanghai Meteorological Bureau-WRF ADAS Rapid Refresh System），系统水平分辨率 3 km，垂直分辨率 51 层，预报区域覆盖华东，通过 3 年来的测试及优化，该系统在短时临近天气预报中发挥了越来越重要的作用（陈葆德[7]）。北京同化预报系统（BJ-RUC）亦采用 WRF 模式，3 km 分辨率的预报区域主要覆盖北京及其周边地区，垂直分辨率均为 37 层，每隔 3 h 同化一次探空、地面、船舶观测资料以及北京地区的自动站和地基 GPS PW 可降水量观测资料，预报时效为 18 h。其业务运行结果表明，3 km 分辨率无论是降水时段、落区和雨量均较 9 km 分辨率有更好的预报效果，尤其是大量级降水的预报，但系统对局地对流降水的预报能力仍然有限[46-47]。广东省在 GRAPES_meso 及三维变分同化基础上发展了快速更新同化预报系统（GRAPES-CHAF），该系统采用逐小时循环同化和每 3 h 间隔的滚动预报，预报时效为 24 h，初步具备开展短时临近预报的能力[48]。中国气象局数值预报中心利用我国新一代数值预报系统 GRAPES 模式及 GRAPES-3Dvar 建立了全国稠密资料快速更新同化分析预报系统（GRAPES-RAFS），系统每 3 h 启动一次预报，预报时效为 24 h，具有一定短时临近预报能力[49]。通过有效应用 FY-2 卫星资料、雷达组网拼图资料等改进优化 GRAPES_MESO 中的云初始场方案，该系统对短时临近时效的云预报以及强降水预报有了明显改进[50]。通过对模式动力框架、边界层方案等优化调整，该系统对强降水和地面 2 m 温度的预报也有了明显改善[51]。

随着快速更新同化的对流可分辨数值预报技术发展，基于数值模式的临近预报技术迅速发展，并与外推预报等传统短临预报方法结合，如美国近年发展的 CoSPA（Consolidated Storm Prediction for Aviation）。陈明轩等[52-53]、刘莲等[54]将引进的 VDRAS 加以改进，初步

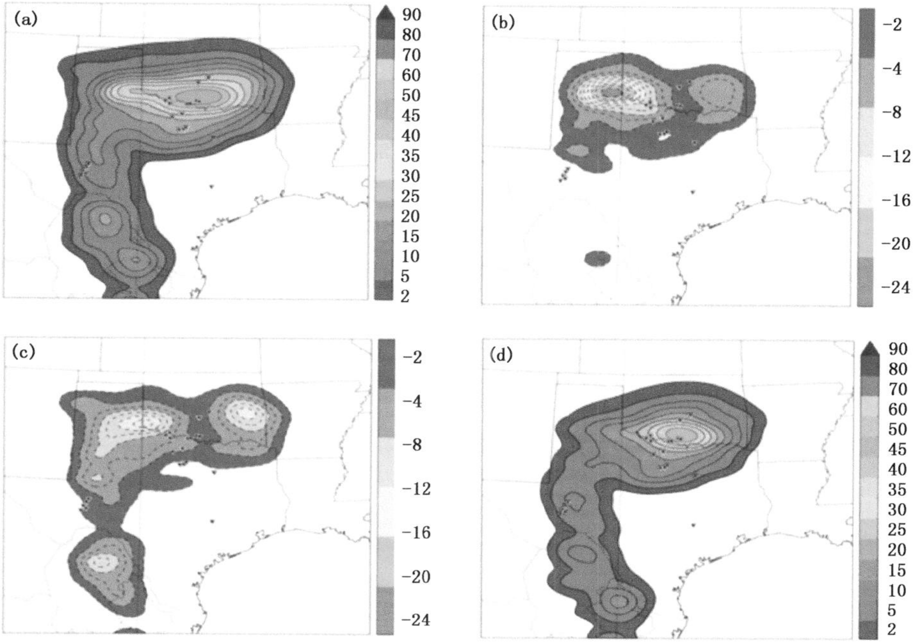

图 8　综合上升气流风暴螺旋度 UH≥25 $m^2 \cdot s^{-2}$和环境物理因子的龙卷邻域(σ=50 km)概率预报,绿色三角形表示龙卷位置

(a)仅考虑 UH;(b)要求 LCL<1500 m 并且 SBCAPE/MUCAPE>0.75;(c)要求 STP≥1,(d)要求 LCL<1500 m、SBCAPE/MUCAPE>0.75 并且 STP≥1。引自 Gallo 等[45]

形成了一个适合于实时运行的、快速更新的雷达四维变分分析系统,将高时空分辨率雷达组网观测资料与对流尺度数值模式结合应用到京津冀地区强对流临近预报。2017 年,北京在 BJ-RUC 和 BJ-ANC 基础上发展了 RMAPS-IN(Rapid-refresh Multi-scale Analysis and Prediction System— Integration)系统,提供京津冀地区 0~12 h 的 1 km 空间分辨率、10 min 快速更新循环的网格化分析和预报产品((来源:《中国气象报》2017 年 7 月 7 日三版)。

综观近年来国内外在对流可分辨数值模式技术尤其是快速更新同化技术的发展,我国在未来几年,如何更好利用中国气象局数值预报中心和东部发达地区区域气象中心发展的对流可分辨数值预报系统,借鉴美国风暴预报中心的技术发展思路,发展基于对流可分辨数值模式的强对流天气释用技术,是提升强对流短时预报能力的关键。

2.3　人工智能技术在强对流天气预报中的应用

受限于观测手段,目前我国业务观测系统仍然无法对龙卷、下击暴流甚至冰雹进行及时有效地监测,这在很大程度上影响了我国的中小尺度对流天气的机理认识的深入,也在很大程度上制约了依赖于物理机理认识的对流可分辨的数值模式发展和强对流天气预报技术发展。因此,将当前国际先进的大数据和机器学习方法应用于强对流天气的预报中,挖掘多源观测资料和数值模式预报资料中尚未被认识的强对流发生发展有效信息,有望超越现有强对流天气预报方法。强对流天气预报过程中所使用的时空数据具有空间和时间上的稠密特性，可以抽象为时空数据的高维问题。针对这一问题，一种通用方法就是使用卷积神经网络（CNN）对高维空间数据建模，其中最具代表性的工作是 Mathieu 等[55]提出的基于卷积神经网络的时空数据预测方法。Benjamin Klein[56]创建了动态卷积网络（Dynamic Convolutional Layer），用于雷达回波外推的短临预报，取得了比传统方法更好的效果。2015 年香港天文台和香港科技大学的研发团队将深度学习中的最主流的卷积神经网络和长短时间记忆网络结合起来，提出了卷积一长短时间记忆网络（ConvLSTM），是深度学习技术应用于短临定量降水预报问题的开创性工作[57]。该方法现已被香港天文台应用于雷达回波外推。王舰锋等[58]则将卷积神经网络（CNN）用于卫星云量计算。

周康辉等[59]将卷积神经网络（CNN）应用于强对流的分类预报，而且利用该方法研制的分类强对流概率预报产品已经成为强对流天气预报重要的业务参考产品（图 9）。

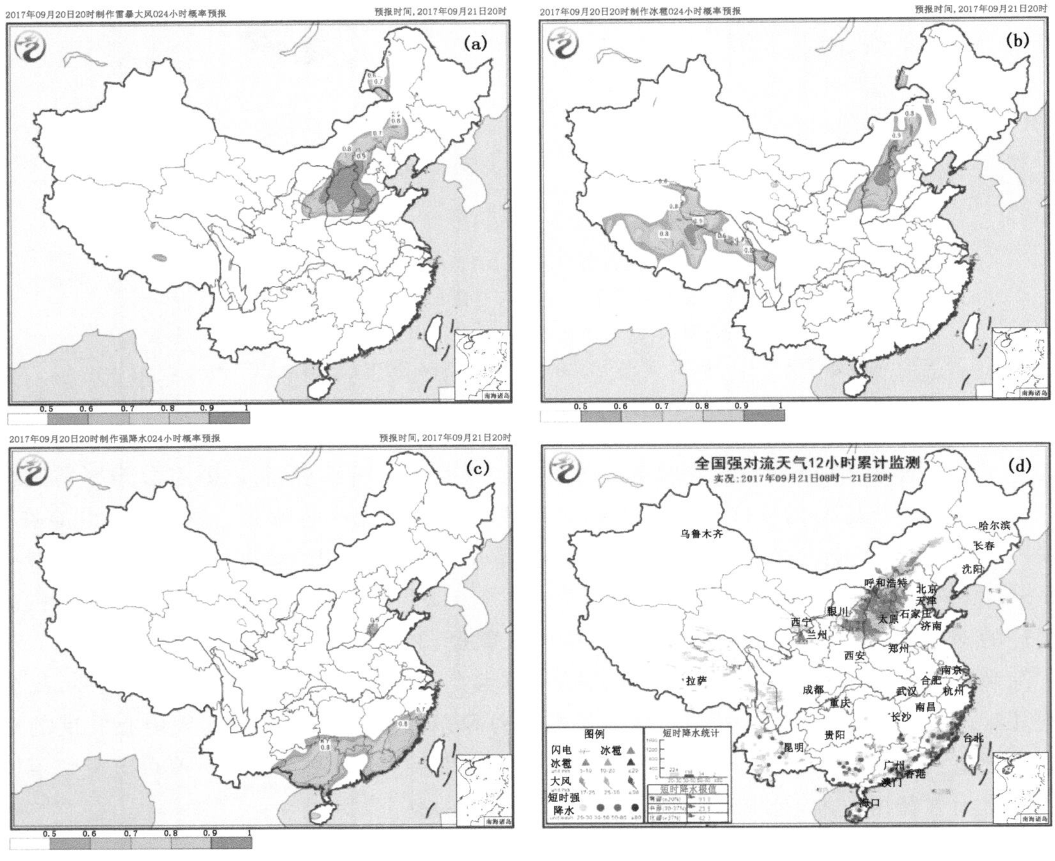

图 9　基于深度学习方法的 2017 年 9 月 21 日 14—20 时强对流概率预报
（a）雷暴大风预报；（b）冰雹预报；（c）短时强降水预报；（d）实况观测

国内外研究新进展表明，面向视频、图像序列等时空数据的深度学习技术已经在暴雨、强对流的短期预报和临近外推预警得到应用。若将其应用于充分挖掘雷达、卫星、自动站等多源观测资料和高分辨率数值模式预报资料的有效信息，很有可能给强对流天气预报带来新的突破。

2.4 龙卷预警试验

龙卷是强对流天气中最为剧烈的一种天气，破坏性极高。由于我国龙卷发生频率很低，在龙卷多发地区如江苏、安徽等省，具有一定的龙卷监测和预警能力，但尚未建立起龙卷的监测预警业务，也迫切需要发展高度自动化的快速预警自动生成和发布平台。近几年，龙卷等小尺度对流天气造成的灾害严重，社会影响非常大。如 2015 年长江监利段“东方之星”游轮翻沉致 400 多人死亡事件、台风彩虹登陆广东湛江期间广东佛山等地的龙卷致数十人伤亡事件、2016 年江苏阜宁龙卷致数百人伤亡事件等，造成巨大的灾难和社会影响，公众要求中国气象局开展龙卷预警预测的呼声前所未有的高涨。考虑到龙卷造成的严重灾害和龙卷高发区主要位于长江三角洲以及广东为主的华南地区[60−61]，2017 年国家气象中心联合江苏、安徽、广东、湖北和浙江五省开展龙卷预警业务试验，以通过核心关键技术发展、包括社会观测在内的多源观测资料在业务中的有效应用、龙卷监测和临近预警业务流程和平台建设以及社会联防预警服务流程建设，提升包括龙卷在内的破坏性对流大风等的预警能力。预警试验中，国家级的试验对象扩展为龙卷等强致灾性强对流（EF2 以上龙卷、20 mm 以上冰雹、10 级以上大风、小时雨量超过 50 mm 或 3 h 雨量超过 100 mm 的局地极端强降水），并重点发展支持上述致灾性强对流天气的监测和短时临近预警技术。图 10 为利用业务试验的对流可分辨 3 km GRAPES_CR 发展的对龙卷具有较好表征的上升螺旋度 UH 诊断产品。

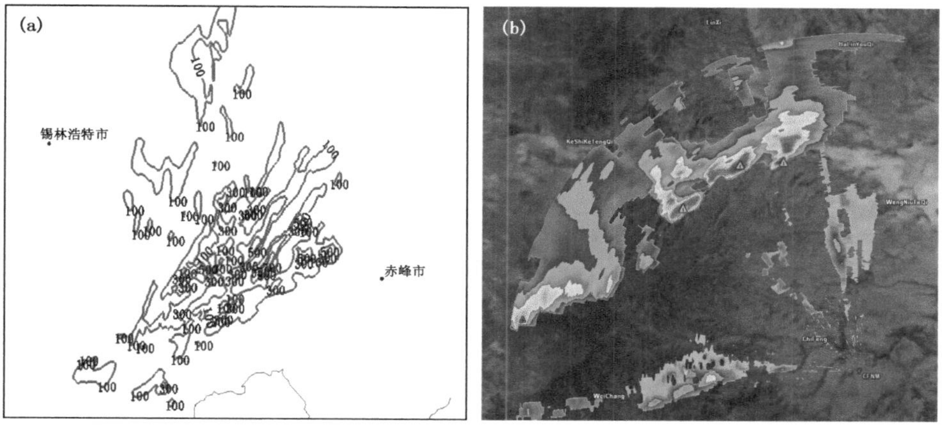

图 10 GRAPES_CR 模式 2017 年 8 月 11 日 08 时起报的 16 时（北京时间）上升螺旋度 UH(a)和对应时间赤峰雷达回波(b)

3 结束语

中国的强对流天气在最近 10 年发展迅速，已经建立起包括实时监测、临近预警和短期潜势预报的强对流天气预报业务，初步实现对雷暴、短时强降水、雷暴大风和冰雹的监测预警以及 72 h 内的潜势预报。

但是，强对流天气造成的灾害仍然是当前最为严重的一种气象灾害，与强对流天气预警服务相应的实时监测和短时临近预警技术是当前强对流天气面临的最大挑战，尤其是对于特别极端性的强对流天气(如2016年6月23日江苏的龙卷、2017年5月7日的广州极端暴雨等)强度预报。我国现有的业务观测系统和监测技术对中小尺度尤其龙卷、下击暴流等小尺度对流天气的定量监测能力有限。我国的临近预警主要依赖于基于雷达图像的外推技术,对多源资料的综合应用、物理机理的考虑尚显不足,外推有效时间很难逾越1 h,也尚未解决对流初生问题。我国对流可分辨的快速更新数值分析预报系统尚处于起步阶段。未来几年,伴随新一代双偏振雷达和FY-4卫星等新遥感探测资料投入业务应用、快速更新数值分析预报技术的发展、能更好挖掘大数据有效信息的深度学习等人工智能技术在强对流天气预报中的应用,通过开展如龙卷预警试验这样的业务示范项目建设,逐步建立起实时监测与短时临近无缝隙衔接的监测预警业务,我国的强对流天气预报业务将有跨越式的发展,龙卷等强致灾性强对流天气的监测预警能力也将有所提升。

参考文献

[1] Wilson J W, Feng Y R, Chen M, et al. Nowcasting challenges during the Beijing Olympics: Successes, failures, and implications for future nowcasting systems[J]. Wea Forecasting, 2010, 25(6): 1691-1714.

[2] Muller C K, Saxen T, Roberts R, et al. NCAR auto-nowcast system[J]. Wea Forecasting, 2003, 18: 545-561.

[3] Lakshmanan V, Smith T. The warning decision support system-integrated information[J]. Wea Forecasting, 2007, 22:596-612.

[4] Lakshmanan V, Rabin R, DeBrunner V. Multiscale storm identification and forecast[J]. Atmos Res, 2003, 68: 367-380.

[5] Stumpf G, Witt A, Mitchell E D, et al. The National Severe Storms Laboratory mesocyclone detection algorithm for the WSR-88D[J]. Wea Forecasting, 1998,13: 304-326.

[6] 俞小鼎,周小刚,王秀明. 雷暴与强对流临近天气预报技术进展[J]. 气象学报,2012, 70(3): 311-337.

[7] 陈葆德,王晓峰,李泓. 快速更新同化预报的关键技术综述[J]. 气象科技进展,2013,3(2):29-35.

[8] 郑永光,林隐静,朱文剑,等. 强对流天气综合监测业务系统建设[J]. 气象, 2013,39(2):234-240.

[9] 费增坪,王洪庆,张焱,等. 基于静止卫星红外云图的MCS自动识别与追踪[J]. 应用气象学报,2011,22(1):115-122.

[10] 周康辉,郑永光,蓝渝. 基于闪电数据的雷暴识别、追踪与外推方法[J]. 应用气象学报, 2016,27(2): 173-181.

[11] 陈明轩,王迎春,俞小鼎. 交叉相关外推算法的改进及其在对流临近预报中的应用[J]. 应用气象学报, 2007, 18(5): 691-701.

[12] 陈雷,戴建华,陶岚. 一种改进后的交叉相关法(COTREC)在降水临近预报中的应用[J]. 热带气象学报, 2009, 25(1): 117-122.

[13] Liang Q Q, Feng Y R, Deng W J, et al. A composite approach of radar echo extrapolation based on TREC vectors in combination with model-predicted winds[J]. Adv Atmos Sci,2010,27(5): 1119-1130.

[14] 张亚萍,程明虎,夏文梅,等. 天气雷达回波运动场估测及在降水临近预报中的应用[J]. 气象学报, 2006, 64(5): 632-646.

[15] 胡胜,汪瑛,陈荣,等."雨燕"中风暴算法在北京奥运天气预报示范项目中的应用及改进[J]. 高原气象, 2009,28(6): 1434-1442.

[16] 王改利,刘黎平,阮征,等. 基于雷达回波拼图资料的风暴识别、跟踪及临近预报技术[J]. 高原气象, 2010, 29(6): 1546-1555.

[17] 曹春燕,陈元昭,刘东华,等. 光流法及其在临近预报中的应用[J]. 气象学报,2015, 73(3):471-480.

[18] 胡胜，孙广凤，郑永光，等. 临近预报系统(SWAN)产品特征及在2010年5月7日广州强对流过程中的应[J]. 广东气象，2011，33(3)：11-15.

[19] Li P W, Wong W K, Cheung P, et al. An overview of nowcasting development, application, and services in the Hong Kong Observatory[J]. J Meteor Res, 2014, 28(5): 859-876.

[20] 陈明轩，高峰，孔荣，等. 自动临近预报系统及其在北京奥运期间的应用[J]. 应用气象学报，2010，21(4)：395-404.

[21] 吕伟涛，张义军，孟青，等. 雷电临近预警方法和系统研发[J]. 气象，2009，35(5)：10-17.

[22] 胡胜，罗兵，黄晓梅，等. 临近预报系统(SWIFT)中风暴产品的设计及应用[J]. 气象，2010，36(1)：54-58.

[23] 万玉发，王志斌，张家国，等. 长江中游临近预报业务系统及其应用[J]. 应用气象学报，2013，24(4)：504-512.

[24] Doswell III C A, Brooks H E, Maddox R A. Flash flood forecasting: An ingredients-based methodology [J]. Wea Forecasting, 1996, 11: 560-581.

[25] 张小玲，陶诗言，孙建华. 基于"配料"的暴雨预报[J]. 大气科学，2010，34(4)：754-756.

[26] 张小玲，谌芸，张涛. 对流天气预报中的环境场条件分析[J]. 气象学报，2012，70(4)：642-654.

[27] 张涛，蓝渝，毛冬艳，等. 国家级中尺度天气分析业务技术进展Ⅰ：对流天气环境场分析业务技术规范的改进与产品集成系统支撑技术[J]. 气象，2013，39(7)：894-900.

[28] 蓝渝，张涛，郑永光，等. 国家级中尺度天气分析业务技术进展Ⅱ：对流天气中尺度过程分析规范和支撑技术[J]. 气象，2013，39(7)：901-910.

[29] 田付友，郑永光，张涛，等. 短时强降水诊断物理量敏感性的点对面检验[J]. 应用气象学报，2015，26(4)：385-396.

[30] 张杰，田密，朱克云，等. 双偏振雷达基本产品和回波分析[J]. 高原山地气象研究，2010，30(2)：36-41.

[31] 刘黎平，胡志群 吴翀. 双线偏振雷达和相控阵天气雷达技术的发展和应用[J]. 气象科技进展，2016，创刊5周年纪念专辑：28-33.

[32] 刘黎平. 双线偏振多普勒天气雷达估测混合区降雨和降雹方法的理论研究[J]. 大气科学，2002，26(6)：762- 772.

[33] 杨忠林. 江淮梅雨期对流降水微物理特征的双偏振雷达观测研究[D]. 南京：南京大学，2016：1-70.

[34] 郭晓坤，郭喜乐. 清远双偏振雷达偏振量产品的初步释用[J]. 广东气象，2016，38(5)：45-48.

[35] Wu C, Liu L P, Wei M, et al. Statistics-based optimization of the polarimetric radar Hydrometeor Classification Algorithm and its application for a squall line in South China[J]. Adv Atmos Sci, 2018, 35: 296-316.

[36] 张鹏，郭强，谌博洋，等. 我国风云四号气象卫星与日本Himawari-8/9卫星比较分析[J]. 气象科技进展，2016，6(1)：72-75.

[37] Calhoun K M, Smith T M, Kingfield D M, et al. Forecaster use and evaluation of realtime 3DVAR analyses during severe thunderstorm and tornado warning operations in the hazardous weather testbed[J]. Wea Forecasting, 2014, 29: 601-613.

[38] Gao J, Smith T M, Stensrud D J, et al. A realtime weather-adaptive 3DVAR analysis system for severe weather detections and warnings with automatic storm positioning capability[J]. Wea Forecasting, 2013, 28: 727-745.

[39] Wheatley D M, Knopfmeier K H, Jones T A, et al. Storm-scale data assimilation and ensemble forecasting with the NSSL Experimental Warn-on-Forecast System. Part I: Radar data experiments[J]. Wea Forecasting, 2015, 30: 1795-1817.

[40] 郑永光，薛明，陶祖钰. 美国NOAA试验平台和春季预报试验概要[J]. 气象，2015，41(5)：598-612.

[41] Clark A J, Weiss S J, Kain J S, et al. An overview of the 2010 hazardous weather testbed experimental forecast program spring experiment[J]. Bull Amer Meteor Soc, 2012, 93: 55-74.

[42] Clark A J, Gao J, Marsh P T, et al. Tornado path length forecasts from 2011 using a 3-dimensional object identification algorithm applied to ensemble updraft the vilicity[J]. Wea Foreacasting, 2013, 28:387-407.

[43] Clark A J, Conigo M C. Lessons learned from 10 years of evaluating convection-allowing models in the HWT. The 2014 Warn-on-Forecast and High-Imapct Weather Workshop, Norman OK. https://www.nssl.noaa.gov/projects/wof/documents /workshop2014/. 2014.

[44] Jirak I. SPC ensemble applications: Current status and future plans. 6th NCEP Ensemble User Workshop, College Park, MD. 2014.

[45] Gallo B T, Clark A J, Dembex S R. Forecasting tornadoes using convection-permitting ensembles[J]. Wea Forecasting, 2016, 31:273-295.

[46] 范水勇，陈敏，仲跻芹，等. 北京地区高分辨率快速循环同化预报系统性能检验和评估[J]. 暴雨灾害，2009，28(2)：119-125.

[47] 陈敏. 范水勇，郑柞芳. 等. 基于 BJ-RUC 系统的临近探空及其对强对流发生潜势预报的指示性能初探[J]. 气象学报，2011,69(1):181-194.

[48] 陈子通，黄燕燕，万齐林，等. 快速更新循环同化预报系统的汛期试验与分析[J]. 热带气象学报，2010，26(1)：49-54.

[49] 徐枝芳，郝民，朱立娟，等. GRAPES-RAFS 系统研发[J]. 气象，2013，39(4):466-477.

[50] 朱立娟，龚建东，黄丽萍，等. GRAPES 三维云初始场形成及在短临预报中的应用[J]. 应用气象学报，2017,28(1):38-51.

[51] 黄丽萍，陈德辉，邓莲堂，等. GRAPES_Meso V4.0 主要技术改进和预报效果检验[J]. 应用气象学报，2017,28(1):25-37.

[52] 陈明轩，王迎春，肖现，等. 基于雷达资料四维变分同化和三维云模式对一次超级单体风暴发展维持热动力机制的模拟分析[J]. 大气科学，2012，36(5):929-944.

[53] 陈明轩，高峰，孙娟珍，等. 基于 VDRAS 的快速更新雷达四维变分分析系统[J]. 应用气象学报，2016，27(3)：257-272.

[54] 刘莲，陈明轩，王迎春. 基于雷达资料四维变分同化及云模式的中尺度对流系统数值临近预报试验[J]. 气象学报，2016，74(2):213-228.

[55] Mathieu M, Couprie C, LeCun Y. Deep multi-scale video prediction beyond mean square error. In International Conference on Learning Representations (ICLR), 2016.

[56] Benjamin K, Lior W, Yehuda A. A dynamic convolutional layer for short range weather prediction, 2015 IEEE Conference on Computer Vision and Pattern Recognition (CVPR), 2015, 4840-4848.

[57] Shi X, Chen Z, Wang H, et al. Convolutional LSTM network: A machine learning approach for precipitation nowcasting. In Advances in Neural Information Processing Systems (NIPS), 2015.

[58] 王舰锋. 基于卷积神经网络的卫星云量计算[D]. 南京：南京信息工程大学，2016：1-65.

[59] Zhou K H, Zheng Y G, Li B, et al. Forecasting different types of convective weather: A deep learning approach[J]. J Meteor Res, 2019, 33(5): 797-809.

[60] 魏文秀，赵亚民. 中国龙卷风的若干特征[J]. 气象，1995，21(5)：37-40.

[61] 范雯杰，俞小鼎. 中国龙卷的时空分布特征[J]. 气象，2015，41(7)：793-805.

强对流天气预报的一些基本问题

郑永光[1] 陶祖钰[2] 俞小鼎[3]

（1 国家气象中心，北京 100081；2 北京大学，北京 100871；3 中国气象局气象干部培训学院，北京 100081）

摘　要　对深厚湿对流（业务中通常称为雷暴）和强对流天气的发展条件和机理（尤其是龙卷发展条件和机理）的科学理解是做好对其预报的基础。本文首先分析了对流有效位能和对流抑制能量同抬升气块温湿状态的关系、对流温度的物理意义、对流发展所需的水汽条件；然后提出了我国重大强对流天气的定义，给出了强对流天气时空分布的一些规律、极端强降水与地面露点的关系、雷暴大风产生机制、冰雹融化层高度与湿球温度之间的物理联系、超级单体风暴和龙卷的环境条件、龙卷的形成机理等；最后对涡度和风矢端图及其与龙卷、中气旋发展的关系进行了分析说明。文中列举的对各个概念不尽相同的解释和阈值以及我们的一些认识和理解，可供相关人员学习和比较。

关键词　对流条件　强对流　龙卷　涡度　风矢端图

引　言

近年来，强对流天气由于导致了严重灾害而受到社会的广泛关注，如 2015 年 6 月 1 日下击暴流导致“东方之星”客轮翻沉使 442 人遇难[1-2]；2016 年 6 月 23 日，江苏省盐城市阜宁县 EF4 级龙卷造成 98 人死亡、800 多人受伤、大量基础设施损毁[3]；而 2016 年是 1951 年有观测记录以来最强厄尔尼诺事件的次年，该年强对流天气尤其雷暴大风和短时强降水天气发生频率远超历史同期，成为近年来强对流灾害最严重的一年，也是 2000 年以来极端降水事件最频发的一年[4]，因此，非常有必要继续提高对这类天气的认识和预报准确率，从而减轻相关灾害。

基于对流发生条件的“配料法”预报思路已被广为接受[5-9]，郑永光等[10]、俞小鼎等[5]和郑永光等[9]分别综述了强对流天气的监测、分析和预报技术等进展。但目前业务工作中仍然存在一些与强对流天气相关的容易混淆的概念问题。孙继松和陶祖钰[11]从预报实践的角度讨论了与强对流有关的一些基本概念、基础理论等问题，包括湿度与水汽质量的关系、冷空气在降水过程中的作用、与静力不稳定和动力不稳定有关的基本理论、探空分析与不稳定参数、螺旋度、湿位涡理论与不稳定的关系等。王秀明等[12]讨论了大气层结不稳定与对流、“雷暴”触发机制与抬升作用及其与天气系统的关系、如何处理“雷暴”发生三要素“足够”的问题等，并给出了估计对流有效位能（CAPE）数值时空演变的着眼点，以及较深入地讨论了位势不稳定

本文发表于《气象》，2017，43(6)：641-652。

和对称不稳定概念及其判据。俞小鼎[13]则指出了业务预报中错把干球温度 0 ℃层作为冰雹融化层近似高度的问题。

但是,从目前业务预报实践来看,人们对强对流天气的时空分布规律的认识还存在一些不足,对对流天气和不同类型强对流天气的发展条件认识也尚未完全到位,尤其对龙卷生成机制以及与环境物理量、涡度和垂直风切变等的关系理解还有欠缺,因此,本文针对这些基本问题作进一步分析说明。

1　对流天气发展条件

CAPE 是表征大气静力不稳定的一个基本物理量,它与 $T\text{-}\log p$ 图上的正面积相对应,是被抬升气块的温湿特征和环境大气的温湿垂直分布状态的综合结果。CAPE 的数值对抬升气块的温湿状况很敏感,王秀明等[14]的统计表明:抬升气块的温度升高 1 ℃,CAPE 值平均增加约 200 $J \cdot kg^{-1}$;露点温度增加 1 ℃,CAPE 值平均增加约 500 $J \cdot kg^{-1}$,变化范围在 0～1000 $J \cdot kg^{-1}$,并存在较大变率。抬升气块的露点温度增加 1 ℃,使 CAPE 值增加的幅度大于温度增加 1 ℃的幅度表明,CAPE 值对水汽的变化更加敏感[15]。这是因为在暖季中,气块露点温度增加 1 ℃所增加的水汽,完全凝结后释放的潜热显著大于气块温度增加 1 ℃所需热的量。Crook[16]根据湿绝热过程湿静力能守恒关系得出水汽增加 1 $g \cdot kg^{-1}$ 在完全凝结后释放的潜热相当于气块温度增加 2.5 ℃,这与雷雨顺[17]的能量天气学湿静力能量——相当总温度的计算公式一致。而当气块状态为气压 1000 hPa、露点温度 20 ℃时,露点温度变化 1 ℃,比湿变化约 1 $g \cdot kg^{-1}$。气块温度与露点温度分别增加 1 ℃会导致不同的 CAPE 值变率是因为 CAPE 与抬升气块的温度和露点温度之间不是线性关系,它既是抬升气块的温度和露点温度的函数,也是环境大气温度垂直减温率的函数。还需要说明的是,对于初始状态一定的抬升气块(一定的气压、温度和露点温度),在 CAPE 值大于零的情况下,大气垂直减温率越大,CAPE 值越大;当大气层结是干绝热减温率(9.8 ℃ $\cdot km^{-1}$)时,CAPE 值最大。据统计,垂直减温率达到 7 ℃ $\cdot km^{-1}$ 及以上就属于较大的大气垂直减温率[18]。

由于 CAPE 数值对抬升气块的温湿状况较为敏感,且地表 CAPE 计算易于受到逆温层等层结的影响,因此,可以计算最优 CAPE 值来剔除逆温层的影响。具体做法是,在地表以上 200 hPa 气层内挑选具有最大假相当位温的气块作为抬升气块来计算 CAPE 值。业务实践表明,最优 CAPE 值较地表 CAPE 具有更好的代表性,它比计算 CAPE 值时对大气进行时间订正或者空间订正[12]更易于实现。美国强风暴预报中心在业务预报中也使用 MLCAPE(近地面 100 hPa 平均层 CAPE,近地面 100 hPa 层的厚度约 1 km,大致表征了边界层的厚度)来减少对使用不同抬升起点气块计算 CAPE 数值的影响。MLCAPE 的计算是选用近地面 100 hPa 气层的平均温度和露点温度来计算 CAPE 值,也就是使用均匀混合的边界层来计算 CAPE 值;统计表明 MLCAPE 较地表 CAPE 更具有代表性[19]。

CAPE 值计算时还可以考虑使用对流温度(CT)来订正大气边界层的温湿状况。所谓 CT 指的是在假定地面比湿不变的情况下,随着地面气温逐渐升高,边界层大气通过湍流作用充分混合、具有相同的位温和比湿,对流抑制能量(CIN)逐渐变小,当地面气温上升到 CIN 完全消失时的温度。CT 是一个较好的用来预报热对流的物理量;如果将最高温度不低于 CT 1 ℃作为判定能否产生热对流的一个标准,临界成功指数能够达到 45%[20]。利用 CT 进行热对流预报的前提是在考虑地面气温受辐射升温影响的同时，地面湿度随时间不变或者变化很小。

CIN 同样对气块的温湿状况比较敏感。通常情况下，CIN 对温度的变化较水汽的变化更敏感[16]，这是因为通常情况下 CIN 值与空气块沿干绝热抬升过程关系较大的缘故。CIN 值决定了气块能否达到自由对流高度所需强迫抬升的强弱。如前所述，如果近地面气块温度达到了对流温度，则 CIN 为零，这时只需要非常弱的抬升强迫就能够产生热对流。

边界层辐合线（锋面、阵风锋、干线、海陆风辐合线等）、地形和海陆分布（山脉抬升、上坡风等）、重力波[5]等都是对流初始活动的触发机制；但较浅薄边界层辐合线，需要与天气尺度的上升运动、或者大气低层垂直风切变、或者适当的大气热力条件（CIN 较小）相配合才能有利于对流系统的发展和维持[9]。Wu 等[21]对 2015 年 5 月 20 日华南特大暴雨个例的分析表明：导致该个例发生发展过的中尺度边界并不深厚（厚度约 250～500 m），但由于环境大气的 CIN 很小，LFC 很低，使得该浅薄边界造成的抬升触发了新的对流。不仅不同抬升高度气块的 CAPE 常常不同，不同抬升高度气块的 CIN 也常常不同。Luo 等[22]分析的一个梅雨锋暴雨个例中消亡的对流系统残留的边界层冷池对新对流系统的发展起到了重要的触发和维持作用，就是与冷池顶部（距地面约 1 km 高度）气块的具有较大的 CAPE 和 CIN 接近于零密切相关。我国高架对流的触发机制多为 850～700 hPa 的辐合切变线[23]；而倾斜对流的触发通常比垂直对流容易，只要对流层深层大气达到饱和，很小的抬升就可以导致其触发，其中暖平流以及锋生过程导致的热力直接环流的上升支是最常见的触发机制[23-24]。

但如孙继松和陶祖钰[11]指出的"我们其实很难获得对流发生前 CAPE 真实值的大小"，一个原因是抬升气块的选择本身就具有一定的不确定性，这是因为实际对流的抬升高度较难确定，可能从多个高度或者一定的厚度起始抬升；再一个原因就是对流发生前的大气层结会与探空观测时的层结存在差异[11]。还有一个我们易于忽视的原因就是探空气球观测的温度和湿度资料以及数值模式的分析与预报产品总是会存在误差，而 CAPE 和 CIN 值对这些误差是比较敏感的[16]。还需要指出的是，"气块法"的基本假定是气块在大气中作绝热移动，与环境空气没有能量和质量交换[25]，因此，没有考虑气块与环境间的湍流混合，导致常常过高估计 CAPE、低估 CIN[12]。

深厚湿对流发展的重要条件之一是大气中要有足够的水汽。王秀明等[12]讨论了深厚湿对流发展所需水汽是否足够的标准：美国强天气分析手册[26]等指出在地面露点温度小于 13 ℃、850 hPa 露点温度低于 6 ℃、1000 hPa 水汽混合比小于 8 g·kg^{-1}状态下，一般不会出现雷暴，即使出现也仅可能是弱对流活动；但在我国西部内陆干旱区和高原地区，发生雷暴甚至强对流时的低层水汽常在 8 g·kg^{-1}以下，可低至 4～6 g·kg^{-1}。其实水汽是否足够导致深厚湿对流发展的实质是能否产生导致对流的条件不稳定或者对称不稳定条件，也就是说，产生对流的水汽条件是与不稳定条件联系在一起。但是，对于短时强降水这类强对流天气则不同，它要求有充沛的水汽条件，统计结果表明，大气中可降水量达到 28 mm，接近我国≥20 mm·h^{-1}短时强降水天气发生的必要条件，60 mm 则接近充分条件，而达到 70 mm 则是大气中非常极端的水汽条件[27]。统计也表明，我国冰雹天气所需要的水汽必要条件仅为大气可降水量达到 6 mm 以上[28]。这个阈值显著低于短时强降水天气是因为，冰雹天气易于发生在高海拔地区、需要大气垂直减温率较大、并且环境大气中常常存在干层（温度露点差大）的缘故。

2　强对流天气定义和发展条件

2.1　强对流天气定义和特点

强对流天气的定义尚无普适的科学标准。我国中央气象台定义的强对流天气指的是出现直径≥5 mm 的冰雹、或者龙卷、或者≥17 m·s^{-1}(或者 8 级)的雷暴大风、或者≥20 mm·h^{-1}的短时强降水等天气[9]。美国目前定义的强对流天气指的是出现直径≥25 mm 的冰雹、或者≥26 m·s^{-1}的雷暴大风、或者龙卷等天气;而直径≥51 mm 冰雹、或者≥EF2 级的龙卷、或者≥33 m·s^{-1}的雷暴大风等天气则定义为重大(Significant)强对流天气[9]。美国并未把短时强降水定义为强对流天气,但 Doswell[29]把≥20～25 mm·h^{-1}(约 1 in①·h^{-1})的强降水归类为强对流天气,并把≥50 mm·h^{-1}的强降水归类为极端强对流天气[5,29]。对≥50 mm·h^{-1}的强降水发生频率进行气候统计[30-31]表明,它的确是发生频率非常低的极端天气。从极端降水的重现期来看,我国中东部大部地区 5 年一遇小时降水量为 50 mm 左右[32],而发生频率更低的 50 年一遇小时降水量则远超过 50 mm[32-33]。还需要指出的是,部分对流天气系统中并没有雷电活动,因此,Doswell[29]和 Markowski 等[34]都建议使用"深厚湿对流"这个术语来替代"雷暴"这个术语。

综合我国和美国强对流天气的定义、美国重大强对流天气的定义和我国强对流天气的气候分布特征以及我国强对流天气业务预报实践,我国重大强对流天气可定义如下:小时雨量≥50 mm 的短时强降水、或者直径≥20 mm 的冰雹、或者≥25 m·s^{-1}(或 10 级)的雷暴大风、或者 EF2 级(阵风可达 50 m·s^{-1}以上)及以上级别龙卷。

强对流天气由于具有时空尺度小、局地性强、持续时间短等特征,虽然我国目前已经布设完成了较为完备的业务静止气象卫星观测体系、新一代多普勒天气雷达监测网和稠密的区域自动气象站网,但难以全面监测该类天气的困难依然存在,因此,灾害现场调查和其他观测信息仍是现有监测网的必要补充。比如,2015 年 6 月 1 日导致"东方之星"客轮翻沉事件的风灾调查表明,风灾分布具有显著空间分布不连续和多尺度等特征,且强风灾害具有显著的小尺度时空分布特征;现场调查估计该次事件中地面最大风速达 12 级(>32.6 m·s^{-1})以上,而该事件过程中周边气象站监测到的最大瞬时风速仅为 16.4 m·s^{-1},发生在距事发点约 35 km 的尺八自动气象站[1-2]。2016 年 6 月 23 日江苏省盐城市 EF4 级龙卷事件过程中[3],周边气象站监测到的最大瞬时风速仅为 34.6 m·s^{-1}(12 级),远小于 EF4 级龙卷瞬时风速的下限值 74 m·s^{-1}。业务实践中冰雹天气的监测也同样存在类似大风监测的问题,所以气象信息员和互联网提供的相关信息可作为业务观测的重要补充。因此,预报员在业务预报雷暴大风和冰雹过程中,要充分考虑监测网存在的不足,从而在业务预报预警中充分估计雷暴大风和冰雹的致灾性。

降水存在一个时一面一深关系,指的是降水量、降水面积和降水持续时间这三者之间的关系,这里的"深"是雨深,也就是降水量。一般地讲,面积一定时,历时越长,平均降水量越大;历时一定时,则面积越大,平均降水量越小;从另一个角度讲,降水强度越强,降水分布的地理范

① 1 in=25.4 mm。

围越小，降水的持续时间也越短，也就是降水强度越强的天气系统时空尺度越小。由于降水强度越大、降水的持续时间越短，且经验和气候统计都表明降水强度和降水量越大、发生概率就越低[30—33]，因此，对于达到暴雨量级以上的相同过程降水总量，持续时间越短的暴雨、其降水强度就越大，其出现的概率就越小；而对于同样的降水强度，持续时间越长、降水总量就越大，其出现的概率也越小。

极端强降水已受到广泛关注，比如 2012 年 7 月 21 日、2016 年 7 月 20 日北京的极端降水天气。从我国的极端降水地理分布来看[33]，24 h 内不同时段累积极端降水地理分布具有很大的一致性。为了对比不同长度累积时段的极端降水地理分布的差异，通过对我国 1919 个国家级气象观测站不同时段极端降水量序列的分别排序，按其 70 和 90 百分位的方法分别定义了 3 个级别。第三级最强，相应的 1 h、3 h、6 h、12 h 和 24 h 降水量分别为≥95、≥155、≥205、≥260 和≥305 mm[33]。通过这种对比发现，第三级 1 h、3 h 和 6 h 极端降水量的地理分布比较接近，而第三级 12 h 和 24 h 极端降水量与前 3 者差异很大。我国 30°N 以南区域和以北区域的第三级极端小时降水量站点数接近，但第三级 24 h 极端降水量站点数 30°N 以南显著多于 30°N 以北区域，这表明我国南方极端强降水天气持续时间往往比北方更长[33]。已有的我国极端降水研究使用的都是国家级气象观测站降水资料，而如前所述，降水强度越强的天气系统时空尺度越小，对于累积时间短的 1 h、3 h 和 6 h 极端强降水研究，必须使用更加稠密的区域自动气象站降水观测资料。但是区域自动气象站降水资料的时序长度远短于国家级气象站，并且部分自动气象站降水资料还存在某些质量问题，尚有待解决。

2.2 与强对流天气发展条件相关的问题

2.2.1 强降水与地面露点温度

我国强降水（或者暴雨）天气由于受东亚夏季风的显著影响，经常是中低纬度环流系统相互作用的结果，低纬环流系统（比如台风）作用非常重要，提供了大量的水汽来源[35]，易于产生热带型对流，其小时雨量可以达到 80 mm 以上，极易导致极端强降水，比如 2007 年 7 月 18 日济南极端强降水[5]和 2012 年 7 月 21 日北京和河北极端降水[36—38]。表征大气湿度可以使用大气可降水量，也可以使用不同层次的露点温度或者比湿。大气可降水量表征的是整层大气的水汽含量，可以通过探空资料计算或者使用 GNSS/MET 进行测量；据统计，其达到 70 mm 是大气中非常极端的水汽条件[27]。

地面露点温度也可以相当程度上用来表征整层大气的水汽含量，这是因为大气中平均比湿随高度指数递减，从而地面露点温度与大气可降水量的对数值存在近似线性的统计关系。60 多年前，Reitan[39]和 Bolsenga[40]就给出了美国大气可降水量和地面露点温度二者之间的统计关系，见公式（1）和图 1。虽然统计关系必然存在误差，特别是在地面存在特别薄的湿层[19]时误差会更大，并且会因为大气演变、纬度和季节的不同统计关系也会有所不同[41—42]。一般来说，当地面露点温度小于 15 ℃时，一般不会有强雷暴；如果露点温度达到 20 ℃或更高，就有可能发展成强雷暴并产生小时雨量 20～40 mm 的短时强降水[15]。一些强降水个例分析表明，地面露点温度达到 26 ℃就足以表明大气非常暖湿，这时根据探空资料计算的大气可降水量可达 60 mm 左右或者以上。例如 2007 年 7 月 18 日济南极端强降水过程，最大小时雨量将近 150 mm，地面露点温度达 26 ℃，大气可降水量达 70 mm 以上。又如 2012 年 7 月 21 日北京和河北极端强降水过程，最大小时雨量超过 110 mm，地面露点温度也达 26 ℃，大气可降水量超过了 60 mm。因此，利用 GNSS/MET 测量的大气可降水量、逐时降水资料等通过统计获得不同区域和季节地面露点温度与大气可降水量、强降水、极端降水等的关系也是一项非常有意义的工作。此外，有研究[43]表明，地面比湿与大气可降水量存在非常好的接近线性的关系，这是因为露点是比湿的对数函数的缘故。

$$W_T = 10\exp(-0.0592 + 0.06912t_d) \tag{1}$$

(1)式由 Bolsenga[40]文献中(3)式变换而来，其中 W_T 为大气可降水量，单位：mm；t_d 为地面露点温度，单位：℃。

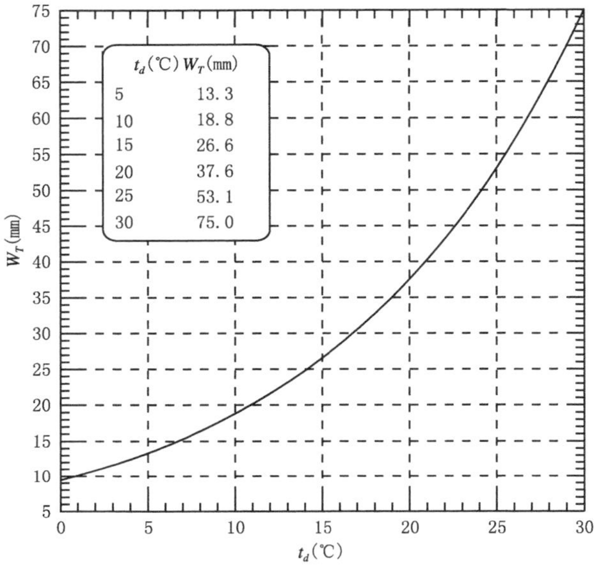

图 1　根据公式(1)绘制的大气可降水量 W_T(单位：mm)与地面露点温度 t_d(单位：℃)关系图，图中圆角矩形中的数字为地面露点温度与相应的大气可降水量数值

2.2.2　雷暴大风产生机制

对流层中层存在明显干层将会使降水导致的下沉气流中雨滴、霰、冰粒、雪片等水物质强烈蒸发或者融化或者升华而导致下沉气流显著降温[34]，产生较大负浮力，有利于地面雷暴大风的产生。这种负浮力可用下沉对流有效位能(DCAPE)来表征。云中冰相粒子尤其是雪片[45-46]在下落过程中融化、升华吸收环境大气大量热量也非常有利于加强下沉气流。但蒸发降温对强下沉气流的作用最大[29,34]，因此，不仅对流层中层的干层有利于强下沉气流，而且干燥的边界层(较高的云底)也有利于下沉气流加强，且会导致非常强的冷出流，比如美国西部一些高云底对流的冷出流与环境之间的温度差异可超过 25 ℃[34]。许焕斌[44]使用二维云尺度动力模式模拟发现，下击暴流是水凝物蒸发、融化降温形成的负浮力、负载拖曳力和扰动气压梯度力共同作用的结果，其中蒸发降温的作用最大，再次是融化降温，然后是负载拖曳，而扰动气压梯度力总体起阻尼作用。不过 Markowski 等[34]认为在强的垂直风切变环境(比如有利于超级单体的环境)里，对流系统中的扰动气压梯度会有利于下沉气流发展。此外，不同相态的水成物在产生雷暴大风过程中的作用还与环境大气的温湿垂直廓线分布密切相关[45,47-48]。

2.2.3 冰雹和湿球温度

对流层中层干层的存在也经常有利于冰雹的产生，这是因为这类干层（即相对湿度较低）存在时，湿球温度 0 ℃层高度会明显低于干球温度 0 ℃层高度的缘故[13]；且干层的存在常常表明环境大气会有较大的垂直减温率，从而具有较大的 CAPE 和 DCAPE，这既有利于强上升气流、也有利于强下沉气流[9]。冰雹融化层的近似高度应当为湿球温度 0 ℃层，但直到现在，国内绝大多数预报人员仍然错将干球温度 0 ℃层作为冰雹融化层的近似高度[13]，这是因为雨滴或者雹块在下落过程中蒸发或者融化后蒸发使得周围空气冷却达到饱和后，雨滴或者雹块的表面温度就类似于湿球温度[25,34]。

湿球温度的物理意义指的是空气等压绝热（等焓）过程中，液态水蒸发使得空气冷却达到饱和时的温度。在这个过程中，空气中的水汽混合比是增加的。它不同于露点温度，露点温度是指空气在水汽含量和气压都不改变的条件下，冷却到空气饱和时的温度，这个过程不是等焓过程，且过程中空气中的水汽混合比保持不变。根据能量守恒关系，等焓过程中液态水蒸发需要吸收干空气的热量，因此，湿球温度与气温（即干球温度）的关系如公式(2)所示，且气温≥湿球温度≥露点温度。

$$r = r_w - \beta \cdot (T - T_w) \tag{2}$$

公式(2)引自 Stull[49]，其中 r 和 r_w 分别为干球比湿和湿球比湿，单位：$g \cdot kg^{-1}$；T 和 T_w 分别为干球温度和湿球温度，单位：℃；β 为常数，$\beta=0.40224\ g \cdot kg^{-1} \cdot ℃^{-1}$。

已知某一气块的气压 p、干球温度 T 和露点 T_d，由于湿球比湿 r_w 是湿球温度 T_w 的函数，因此，需要使用迭代法才能通过公式(2)求出湿球温度，但可以通过 $T-\log p$ 图来直接求假湿球温度：从气压层 p 的温度 T 出发，沿着干绝热曲线上升到抬升凝结高度；然后从该高度处沿着湿绝热线下降到起始气压层 p，所对应的温度即为该气压层的假湿球温度 T_w，又称为绝热湿球温度，其值小于湿球温度，但差值不超过 0.5 ℃[25]；如果沿着湿绝热线下降到 1000 hPa 气压层，则所对应的温度为湿球位温，且假相当位温≥位温≥湿球位温[25]。通过 $T-\log p$ 图来求假湿球温度的方法表明，计算某一气块(p, T, T_d)的假湿球温度 T_w 就是来计算具有假相当位温 $\theta_{se}(p, T, T_d)$ 的气块在水汽饱和时所具有的温度，也就是 $\theta_{se}(p, T, T_d)=\theta_{se}(p, T_w, T_w)$，这一点可根据湿球温度的定义和能量守恒关系来得出。

2.2.4 超级单体和龙卷环境条件

龙卷分为中气旋龙卷和非中气旋龙卷[34,50]，也经常称之为超级单体龙卷和非超级单体龙卷[5,9]，由于部分超级单体也会通过类似非超级单体龙卷的发生机制来产生龙卷，因此，Markowski 等[34]更建议使用“中气旋龙卷”和“非中气旋龙卷”这两个名称来分类龙卷。大多数龙卷为中气旋龙卷，但只有约 25％、甚至更少的雷达探测到的中气旋会发展为龙卷[50,51]。

有利于超级单体风暴的环境条件是较大的对流有效位能和强的 0～6 km 垂直风切变[49]。超级单体风暴不仅可能会产生龙卷天气，也可能会产生大冰雹、强雷暴大风等重大强对流天气，因而有利于重大强对流天气的环境条件也是较大的对流有效位能和强的 0～6 km 垂直风切变[52]，因此，Craven 等[18]提出了一个重大强天气指数，其就是 MLCAPE 与 0～6 km 距地高度风矢量差的乘积。

有利于 F2/EF2 级及以上中气旋龙卷的环境条件不仅需要有利于超级单体风暴的环境条件，还需要较高的 0～1 km 相对湿度[53]、较低的抬升凝结高度和较大的低层（0～1 km）垂直风切变[18,54]。

超过80%的美国龙卷爆发事件的大气环境700～500 hPa的垂直减温率达到或者超过7 ℃·km^{-1}[18]，这是因为较大的垂直减温率也有利于较大的CAPE值的缘故，据统计，美国F2/EF2级及以上中气旋龙卷的CAPE中值达1000 J·kg^{-1}以上[18,54-55]。

但需要指出的是，热带气旋中的超级单体通常为微型超级单体，其产生的龙卷通常也是中气旋龙卷[56-57]，但其环境大气的CAPE值一般较小，通常小于1000 J·kg^{-1}[56-58]，这是由热带气旋的大气环境状态所决定的，不同于其他天气系统影响下产生的超级单体和中气旋龙卷的环境条件。

美国F2/EF2级及以上龙卷对流风暴的0～6 km垂直风差值普遍超过20 m·s^{-1}[18,54]，最大可超过25 m·s^{-1}；而0～1 km垂直风差值普遍超过10 m·s^{-1}，最大可超过20 m·s^{-1}[54]；Johns等[59]发现F2级及以上龙卷的0～2 km垂直风差值超过20 m·s^{-1}。较大的低层(0～1 km)垂直风切变既有利于中层中气旋的加强和下降与向下层发展，也有利于通过垂直风切变产生的垂直气压梯度的作用抬升出流气流[60-61]；而出流气流对龙卷的生成至关重要，其作用的具体说明见后文。出流气流对龙卷的生成至关重要的观测证据是龙卷发生发展在超级单体风暴的壁云(Wall cloud)附近，而观测和数值模拟都表明壁云的形成是由超级单体的入流气流和出流气流混合作用的结果[58]。

具有较低的抬升凝结高度大气环境是龙卷超级单体风暴区分于非龙卷超级单体风暴的重要特征。Rasmussen等[55]、Grams等[54]等统计发现，发生F2/EF2级及以上龙卷超级单体风暴的大气抬升凝结高度要较非龙卷超级单体风暴低500 m左右，其中值在800～900 m左右；由于龙卷超级单体风暴的环境大气抬升凝结高度较低，因此，其相应的相对湿度就较高[53,61]、云底高度就较低[34]且相应的CIN值也普遍较小，Rasmussen等[55]统计得到的F2/EF2级及以上龙卷超级单体风暴的CIN值中值为12 J·kg^{-1}，Grams等[54]统计得到的不同区域和季节相应的CIN值中值略有不同，为30～60 J·kg^{-1}左右。

根据以上这些有利于强龙卷的环境物理量特征统计结果，Craven等[18]提出了一个用于判识F2/EF2级及以上中气旋龙卷的对流指数STP(公式3)，它的优点是不需要计算相对风暴螺旋度(SRH)。Craven等[18]统计表明美国约有50%的强龙卷STP数值 > 0.25 m·s^{-2}。

$$STP = \frac{MLCAPE \times (\text{shear}_{0\sim1\ \text{km}}) \times (\text{shear}_{0\sim6\ \text{km}})}{MLLCL \times DCAPE} \tag{3}$$

(3)式中*MLCAPE*为近地面100 hPa平均层CAPE，*MLLCL*为近地面100 hPa平均层抬升凝结高度，*DCAPE*为下沉对流有效位能，$\text{shear}_{0\sim1\ \text{km}}$为距地1 km高度与地表风矢量差，$\text{shear}_{0\sim6\ \text{km}}$为距地6 km高度与地表风矢量差。

由于超级单体风暴中的中气旋主要由强上升运动导致的水平涡度沿气流方向的分量倾斜和拉伸生成，因此，能够表征沿气流方向涡度的物理量——螺旋度(公式4)、尤其*SRH*(公式5)被用来识别有利于超级单体发生的大气环境[63]。水平涡度沿气流方向的分量就是顺流涡度，具体说明见第3部分。由于有利于超级单体风暴的环境条件是具有较大的对流有效位能和强的垂直风切变，Hart等[64]定义了一个能量螺旋度指数EHI(公式6)来识别有利于发生超级单体的大气环境，Davies[65]、Doswell等[53]统计得到有利于F2/EF2级及以上中气旋龙卷大气环境EHI阈值有所不同，但都表明EHI≥3的大气环境有利于强龙卷的发生；不过Brooks等[66]认为EHI的数值并不能明显区分龙卷超级单体风暴和非龙卷超级单体风暴的大气环境状态，而 Doswell 等[53]根据统计结果则认为 EHI 的数值能够区分二者的大气环境状态的差异。

$$H = -\int_0^h \boldsymbol{k} \cdot \left(\boldsymbol{V} \times \frac{\partial \boldsymbol{v}}{\partial z}\right) \mathrm{d}z \tag{4}$$

$$SRH = -\int_0^h \boldsymbol{k} \cdot \left[(\boldsymbol{V} - \boldsymbol{C} \times \frac{\partial \boldsymbol{v}}{\partial z}\right] \mathrm{d}z \tag{5}$$

$$EHI = CAPE \times SPH \div 16000\mathrm{C} \tag{6}$$

公式(4)、(5)、(6)中，H 为螺旋度，h 为指定的积分高度（通常取 3 km），$\boldsymbol{k}$ 为垂直方向单位矢量，$\boldsymbol{V}$ 为大气水平运动矢量，SRH 为相对风暴螺旋度，$\boldsymbol{C}$ 为风暴移动矢量，EHI 为能量螺旋度指数，$CAPE$ 为对流有效位能。这三个参数中，H 是只和水平风场 $\boldsymbol{V}(x,y,z)$ 有关的参数。SRH 除了和风场有关外，还和对流系统的移动速度 $\boldsymbol{C}$ 有关，$\boldsymbol{C}$ 的取值有不同的方法，都有一定的主观性。EHI 则除了包含运动学量以外，还包含与温湿有关的热力学量 CAPE。

2.2.5 龙卷发展机制

如前所述，中气旋的生成是由强上升运动使得顺流涡度倾斜拉伸导致，但这个过程并不能生成近地面的垂直涡度，而中气旋龙卷的生成离不开超级单体风暴中的下沉气流[34,50,60−61,67]。超级单体的下沉气流到达地面的出流由于温度较低，与环境之间形成的温度差异有利于近地面的垂直涡度发展[50]，其根据是斜压作用加强了近地面的水平涡度，然后通过涡度倾斜和拉伸的作用生成垂直涡度。但是龙卷的发展还需要近地面的垂直涡度的加强，这是通过垂直涡度的收缩实现的。如果冷出流的温度太低，则会因为负浮力增加抑制了垂直上升气流而不利于近地面的垂直涡度的加强，因此，能否发展为龙卷，冷出流与环境之间形成的温度差异需要有一个平衡点(Sweet spot)[61]，这个温度差异通常小于 4 ℃[34,68−69]；而对于非龙卷超级单体强冷出流导致的最大温度差异可达 20 ℃以上[34]。较高的 0～1 km 相对湿度[53]环境则保证了冷出流与暖湿空气之间形成的温度对比不会太强[34,60−61,68−69]。上述讨论表明，龙卷的形成是一个复杂的多因子过程，这些因子之间，既可能相互促进（正反馈），也可能相互制约（负反馈）。

非中气旋龙卷通常由辐合线上的小尺度涡旋(Misocyclones，又称为中涡旋 Mesovortices)和快速发展对流风暴中的强上升气流的拉伸作用形成[67,70]，通常辐合线具有较强的水平风切变和垂直涡度，而垂直风切变一般较弱[34,67]。但对飑线上的龙卷的生成机制还尚未完全清楚，但 Davies-Jones 等[50]、Markowski 等[34]都认为其可能与飑线中的下沉气流密切相关，机制类似于超级单体中的下沉气流对龙卷生成的作用。产生龙卷的飑线多为弓型回波或者波动型线状回波(LEWP)[34]，这些特征通常与超级单体联系在一起[62]。

由于龙卷、中气旋等的生成和发展都是大气垂直涡度强烈发展的结果，因此，第 3 部分对涡度和风矢端图及其与龙卷、中气旋发展的关系进行分析说明。

3 涡度和风矢端图

3.1 涡度

涡度是表征大气运动的一个重要物理量，与风场的空间变化密切相关；其物理意义表示的是流体微元的自转，是一个三维矢量。二维流体涡度的定义是单位面积流体速度环流在面积缩小的条件下的极限值，是流体微元角速度的两倍。如果一个流体微元只有公转，没有自转，则其涡度为零[71]。

业务天气预报中经常使用的涡度一般指的是大气运动的垂直涡度，也就是大气三维涡度的垂直分量，且一般指的是不包含地转涡度的相对垂直涡度，而包含地转涡度的垂直涡度一般称为绝对涡度。由于垂直运动的水平变化通常可忽略，因此，大气水平涡度通常指的就是水平风的垂直切变，且一般显著大于垂直涡度[72]；对于天气尺度的气流，垂直涡度的量级为 10^{-5} s^{-1}，而水平涡度的量级为 $10^{-3}s^{-1}$，后者大约为前者的 100 倍[72]。需要说明的是，在强对流发生发展过程中，其上升运动与水平风速量级相同，因此，垂直运动在水平方向上的变化同垂直风切变量级相同，甚至更大，则这时的水平涡度不能忽略垂直运动变化项。

二维气流的涡度可以分解为曲率涡度和切变涡度两项。一般情况下，大气涡度都有这两项的作用。但需要注意的是，这两项有时候会出现符号相反的情况，这就会使得大气中某个涡旋环流出现涡度为零或者负值的情况，比如蓝金(Rankin)涡旋模型的情况，具体可见文献[72]的分析。实际大气中的龙卷涡旋或者热带气旋也可能会出现垂直涡度为零或者负值的情况[72]。

涡度是一个伽利略不变量，也就是说，在任何一个惯性运动坐标系中，流体的涡度都相同。但是组成二维气流涡度的两个部分——曲率涡度和切变涡度，则都不是伽利略不变量[72]。对于一个超级单体风暴中的中气旋环流来说，由于超级单体风暴通常都是移动的，因此，从地面来看中气旋环流一般不是对称涡旋环流；如果超级单体风暴匀速移动，则中气旋环流相对该风暴的环流一般是对称的涡旋环流，这就表明在不同的运动坐标系中，曲率涡度和切变涡度会有所不同。

大气的水平涡度具有 x 方向和 y 方向两个分量，也可以分解为沿着水平气流方向的分量和垂直水平气流方向的分量。水平涡度与水平风矢量平行、方向相同的分量称为顺流(Streamwise)涡度；如果水平涡度与水平风矢量平行、但方向相反的分量则称为逆流(Antistreamwise)涡度；而与气流垂直的分量称为横向(Crosswise)涡度[34,72-73]。顺流涡度和横向涡度都不是伽利略不变量[74]。如果大气中的风矢量的垂直分布为大小不同、方向不变(即只有风速切变)或者方向相差 180°，这时大气则只有横向涡度，没有顺流涡度；而顺流涡度对应于大气中垂直风矢量的顺时针风向切变，逆流涡度则对应于逆时针风向切变。螺旋度就是直接与顺流涡度相关的物理量，见公式(4)，但如前所述，判断是否有利于超级单体风暴发生时经常使用的是垂直积分相对风暴螺旋度[公式(5)]，且经常为 0～3 km 高度垂直积分。顺流涡度与中气旋的生成密切相关，这可以通过涡线这个概念来说明。

使用涡线这个概念更容易理解顺流涡度与中气旋生成之间的关系。涡线表征的是某瞬间流体微元旋转状态的几何曲线，在该曲线上任一点的切向矢量方向与该点的涡度矢量方向相同[71]，类似于流线与速度矢量方向的关系。已经得到广泛的认可，水平涡线由于强垂直上升运动而倾斜生成垂直涡度是超级单体风暴中气旋生成的主要机制[34,50]。横向涡度在垂直上升运动的作用下倾斜会导致气旋式环流和反气旋式环流；而顺流涡度在垂直上升运动的作用下倾斜会产生螺旋式上升运动，这是由于风向随高度顺时针转变产生的垂直风切变及其导致的垂直气压梯度有利于气流右侧的垂直上升运动和垂直涡度发展的缘故[50,72,75-76]。

3.2　风矢端图

风矢端图(Hodograph)是表征单站探空观测风矢量垂直变化的图形，能够清楚展示风的垂直变化，易于计算垂直风切变、判断急流等。风矢端图最常用的一个方面是利用风向的垂直变化判断温度平流,风向随高度逆时针转变(Backing)对应冷平流、风向随高度顺时针转变(Veering)则对应暖平流。但是大气边界层内有所不同,由于摩擦力的作用,风向随高度通常都是顺时针转变的[25],因此,不能仅仅通过风向的顺时针转变来判断边界层内存在暖平流;当然,如果边界层内的风向随高度逆时针转变,则可能表明有强冷平流[74]。但需要说明的是,如果风的垂直变化由非常强烈的非地转过程(比如对流)导致,则上述判断冷暖平流的方法不适用,因为热成风关系是由大气的静力平衡关系和地转平衡关系得到的。

如前所述,超级单体风暴的发展与垂直风切变、较大的 CAPE 密切相关。研究表明,在北半球,风矢端线(即风切变矢量,不是风向)随高度顺时针转变有利于右移气旋式超级单体风暴,而其随高度逆时针转变则有利于左移反气旋式超级单体风暴[76-78]。如果超级单体风暴发展的大气环境风矢端线为直线,则风暴会分裂为左移和右移两个风暴[74,76]。

忽略垂直运动的水平变化项,可以使用风矢端图判断水平涡度的方向。把风矢端图看做从上向下的俯视图,那么水平涡度的方向就是上下两层风矢量差的方向再向左转 90°的方向[34,74]。在风矢端图上判断出了水平涡度的方向,则很容易判断顺流涡度和横向涡度分量。

与涡度类似,风矢端图所表征的垂直风切变同样是伽利略不变量。也就是说,风矢端图中的风矢量减去一个定常运动矢量,其所表征的垂直风切变不变。但需要指出的是,顺流涡度或者螺旋度都非伽利略不变量,因此,风暴相对螺旋度并不同于对地的螺旋度(即相对于地球坐标的螺旋度),这也可以从二者的表达式中得出。可以使用风矢端图估计垂直积分螺旋度或者垂直积分相对风暴螺旋度,其数值正比于风矢端图上不同气压层的风矢量所包围的面积,可见 Davies-Jones 等[63]。Davies-Jones 等[63]建议使用 0~3 km 积分的相对风暴螺旋度来判识超级单体风暴中气旋的强弱,给出的弱、中、强中气旋对应的相对风暴螺旋度数值分别是 150~299、300~449 和 $>450\ m^2\cdot s^{-2}$,但是这个数值并非是绝对的,比如 Rasmussen 等[55]统计得到非中气旋龙卷和中气旋龙卷风暴的环境 0~3 km 积分相对风暴螺旋度数值在 25~411 $m^2\cdot s^{-2}$,其中非中气旋龙卷风暴的相应中值为 124 $m^2\cdot s^{-2}$,而中气旋龙卷风暴的相应中值为 180 $m^2\cdot s^{-2}$。

4 总结和结论

本文对深厚湿对流(业务中一般称为雷暴)和强对流天气的发展条件、强对流天气定义、时空分布特点和发展条件进行了分析说明,重点给出了龙卷发展的环境条件和形成机理,最后对螺旋度、涡度和风矢端图及其与龙卷、中气旋发展的关系进行了分析。本文的要点总结如下。

1)CAPE 和 CIN 都对抬升气块的温湿状况敏感;但 CAPE 对湿度的变化更敏感,而 CIN 对温度的变化更敏感;在 CAPE 大于零的情况下,大气垂直减温率越大,CAPE 也越大;达到 7 ℃ · km^{-1} 及以上就是较大的大气垂直减温率。当地面气温逐渐升高达到对流温度时,CIN 为零。

2)本文提出的我国重大强对流天气定义如下:小时雨量≥50 mm 的短时强降水、或者直径≥20 mm 的冰雹、或者≥25 m · s^{-1}(或 10 级)的雷暴大风、或者 EF2 级(阵风可达 50 m · s^{-1} 以上)及以上级别龙卷。

3)虽然我国目前已经布设完成了较为完备的气象观测网,但仍难以全面监测极端强对流天气,因此,灾害现场调查和其他观测信息仍是现有监测网的必要补充。对不同长度时段累积极端降水的统计表明,我国南方极端强降水天气持续时间往往比北方更长;但未来需要使用好稠密自动气象站降水观测资料进行极端降水分析。地面露点温度与大气可降水量的对数值存在近似线性的统计关系，地面露点温度达到 26 ℃左右常常表明大气非常暖湿。

4)根据湿球温度定义和能量守恒关系，某一气块(p, T, T_d)的假相当位温 $\theta_{se}(p, T, T_d)$ 与假湿球温度 T_w 的关系为 $\theta_{se}(p, T, T_d)=\theta_{se}(p, T_w, T_w)$。由于雨滴或者雹块在下落过程中的表面温度近似是湿球温度，因此，湿球温度 0 ℃层才是冰雹融化层的近似高度。

5)有利于 F2/EF2 级及以上中气旋龙卷的环境条件不仅需要有利于超级单体风暴的环境条件，还需要较低的抬升凝结高度和较大的低层(0～1 km)垂直风切变。大气抬升凝结高度较低，其相应的相对湿度就较高、云底高度就较低且相应的 CIN 值也普遍较小，这是与龙卷风暴中不太强的下沉气流密切相关的。中气旋的生成是由强上升运动使得顺流涡度倾斜拉伸导致，而中气旋龙卷的生成离不开超级单体风暴中的下沉气流。

6)涡度可分解为顺流涡度和横向涡度，顺流涡度对应于大气中垂直风矢量的顺时针风向切变。顺流涡度在垂直上升运动的作用下倾斜会产生螺旋式上升运动。螺旋度就是表征顺流涡度的物理量，风暴相对螺旋度则表征水平涡度在低空暖湿入流气流上投影大小的物理量，因而表征风暴内部上升气流区产生涡旋的潜势。

7)风矢端图可以用来判断垂直风切变、急流和冷暖平流等，还可以判断水平涡度的方向和估计垂直积分螺旋度或者垂直积分相对风暴螺旋度。对于北半球的超级单体风暴，如果环境风矢端线为直线，则风暴会分裂为左移和右移两个风暴；而风向随高度顺时针转变有利于右移气旋式风暴发展，风向随高度逆时针转变则有利于左移反气旋式风暴发展。

最后有必要指出，文中在讨论各种概念时给出了一些不尽相同的解释和阈值，其目的是为了提供一个相关问题的全貌，以供读者比较和思考，并在业务预报中科学地应用。文中也给出了我们对相关问题的认识和理解，以供读者参考。

参考文献

[1] 郑永光，田付友，孟智勇，等."东方之星"客轮翻沉事件周边区域风灾现场调查与多尺度特征分析[J].气象，2016,42(1):1-13.

[2] Meng Z, Yao D, Bai L, et al. Wind estimation around the shipwreck of Oriental Star based on field damage surveys and radar observations[J]. Sci Bull,2016,61(4): 330-337.

[3] 郑永光，朱文剑，姚聃，等. 风速等级标准与 2016 年 6 月 23 日阜宁龙卷强度估计[J]. 气象，2016,42(11): 1289-1303.

[4] 毕宝贵，张小玲，代刊. 2016 年厄尔尼诺背景下的强对流和极端降水特点[J].科学通报，2017,62(9), 928-937.

[5] 俞小鼎，周小刚，王秀明. 雷暴与强对流临近天气预报技术进展[J].气象学报，2012,70(3): 311-337.

[6] 俞小鼎. 基于构成要素的预报方法——配料法[J].气象，2011,37(8):913-918.

[7] 蓝渝，张涛，郑永光，等. 国家级中尺度天气分析业务技术进展Ⅱ:对流天气中尺度过程分析规范和支撑技术[J].气象，2013,39(7):901-910.

[8] 张涛，蓝渝，毛冬艳，等. 国家级中尺度天气分析业务技术进展Ⅰ:对流天气环境场分析业务技术规范的改进与产品集成系统支撑技术[J].气象，2013,39(7): 894-900.

[9] 郑永光，周康辉，盛杰，等. 强对流天气监测预报预警技术进展[J].应用气象学报，2015,26(6): 641-657.

[10] 郑永光，张小玲，周庆亮，等. 强对流天气短时临近预报业务技术进展与挑战[J]. 气象，2010,36(7): 33-42.

[11] 孙继松，陶祖钰. 强对流天气分析与预报中的若干基本问题[J].气象，2012,38(2): 164-173.

[12] 王秀明,俞小鼎,周小刚. 雷暴潜势预报中几个基本问题的讨论[J]. 气象,2014,40(4): 389-399.

[13] 俞小鼎, 2014. 关于冰雹的融化层高度[J]. 气象,2014,40(6): 649-654.

[14] 王秀明,俞小鼎,朱禾. NCEP 再分析资料在强对流环境分析中的应用[J]. 应用气象学报, 2012,23(2): 139-146.

[15] 陶祖钰,范俊红,李开元,等. 谈谈气象要素(压、温、湿、风)的物理意义和预报应用价值[J]. 气象科技进展, 2016,6(5): 59-64.

[16] Crook N A. Sensitivity of moist convection forced by boundary layer processes to low-level thermodynamic fields[J]. Mon Wea Rev, 1996,124(8):1767-1785.

[17] 雷雨顺. 能量天气学[M]. 北京: 气象出版社,1986: 24-27.

[18] Craven J P, Brooks H E. Baseline climatology of sounding derived parameters associated with deep moist convection[J]. Natl Wea Dig, 2004,28: 13-24.

[19] Craven J P, Jewell R E, Brooks H E. Comparison between observed convective cloud-base heights and lifting condensation level for two different lifted parcels[J]. Wea Forecasting, 2002,17(4):885-890.

[20] 李耀东, 刘健文, 吴洪星, 等. 2014. 对流温度含义阐释及部分示意图隐含悖论成因分析与预报应用[J]. 气象学报, 2014,72(3): 628-637.

[21] Wu M, Luo Y. Mesoscale observational analysis of lifting mechanism of a warm-sector convective system producing the maximal daily precipitation in China mainland during pre-summer rainy season of 2015 [J]. J Meteor Res, 2016,30(5): 719-736.

[22] Luo Y L, Gong Y, Zhang D L. Initiation and organizational modes of an extreme-rain-producing mesoscale convective system along a Mei-yu front in East China[J]. Mon Wea Rev, 2014,142: 203-221.

[23] 俞小鼎,周小刚,王秀明. 中国冷季高架对流个例初步分析[J]. 气象学报, 2016,74(6): 902-918.

[24] Schultz D M, Schumacher P N. The use and misuse of conditional symmetric instability[J]. Mon Wea Rev, 1999,127 (12): 2709-2732.

[25] 盛裴轩,毛节泰,李建国,等. 大气物理学[M]. 北京: 北京大学出版社,2003: 148-150.

[26] Charlie A C. Training guide for severe weather forecasters[R]. United States Air Force; air weather service (Mac) air force global weather central. 1979.

[27] Tian F, Zheng Y, Zhang T, et al. Statistical characteristics of environmental parameters for warm season short-duration heavy rainfall over central and eastern China[J]. J Meteor Res, 2015, 29 (3): 370-384.

[28] 曹艳察,田付友,郑永光,等. 中国两级阶梯地势区域冰雹天气的环境物理量统计特征[J]. 高原气象, 2018,37(1):185-196.

[29] Doswell III C A. Severe convective storms—an overview. Severe Convective Storms[M]. Doswell III C A, Ed, American Meteorological Society, Boston, MA, 2001: 1-26.

[30] Zhang H, Zhai P. Temporal and spatial characteristics of extreme hourly precipitation over eastern China in the warm season[J]. Adv Atmos Sci, 2011,28(5): 1177-1183.

[31] Chen J, Zheng Y, Zhang X, et al. Distribution and diurnal variation of warm-season short-duration heavy rainfall in relation to the MCSs in China[J]. Acta Meteor Sinica, 2013,27(6): 868-888.

[32] 李建,宇如聪,孙溦. 从小时尺度考察中国中东部极端降水的持续性和季节特征[J]. 气象学报,2013,71 (4): 652-659.

[33] Zheng Y, Xue M, Li B, et al. Spatial characteristics of extreme rainfall over China with hourly through 24-hour accumulation periods based on national-level hourly rain gauge data[J]. Adv Atmos Sci, 2016, 33(11): 1218-1232.

[34] Markowski P, Richardson Y. Mesoscale Meteorology in Midlatitudes[M]. Chichester: John Wiley &

Sons Ltd,2010：245-260.

[35] 陶诗言，丁一汇，周晓平．暴雨和强对流天气的研究[J]. 大气科学，1979,3(3)：227-238.

[36] 谌芸,孙军,徐珺,等．北京 7.21 特大暴雨极端性分析及思考(一)观测分析及思考[J]. 气象,2012,38(10):1255-1266.

[37] 方翀,毛冬艳,张小雯,等. 2012 年 7 月 21 日北京地区特大暴雨中尺度对流条件和特征初步分析[J]. 气象，2012,38(10):1278-1287.

[38] 孙军,谌芸,杨舒楠,等．北京 7.21 特大暴雨极端性分析及思考(二)极端性降水成因初探及思考[J]. 气象,2012,38(10):1267-1277.

[39] Reitan C. Surface dew point and water vapor aloft[J]. J Appl Meteor, 1963, 2: 776-779.

[40] Bolsenga S. The relationship between total atmospheric water vapor and surface dew point on a mean daily and hourly basis[J]. J Appl Meteor, 1965,4: 430-432.

[41] Smith W. Note on the relationship between total precipitable water and surface dew point[J]. J Appl Meteor, 1966,5: 726-727.

[42] Viswanadham Y. The relationship between total precipitable water and surface dew point[J]. J Appl Meteor, 1981,20: 3-8.

[43] Liu W. Statistical relation between monthly mean precipitable water and surface-level humidity over global oceans[J]. Mon Wea Rev, 1986,114: 1591-1602.

[44] 许焕斌．强对流云物理及其应用[M]. 北京：气象出版社,2012：131-138.

[45] Proctor F H. Numerical simulations of an isolated microburst. Part II: Sensitivity experiments[J]. J Atmos Sci, 1998,46: 2143-2165.

[46] Wakimoto R M, Kessinger C J, Kingsmill D E. Kinematic, thermodynamic, and visual structure of low-reflectivity microbursts[J]. Mon Wea Rev, 1994,122: 72-92.

[47] 孙建华,郑淋淋,赵思雄．水汽含量对飑线组织结构和强度影响的数值试验[J]. 大气科学,2014,38(4)：742-755.

[48] 张建军,王咏青,钟玮．飑线组织化过程对环境垂直风切变和水汽的响应[J]. 大气科学，2016,40(4)：689-702.

[49] Stull R. Meteorology for Scientists & Engineers, 3rd Edition[M]. Vancouver: The Universityof British Columbia, 2011: 94-97.

[50] Davies-Jones R, Trapp R J, Bluestein H B. Tornadoes and tornadic storms. Severe Convective Storms [M]. Doswell III C A, Ed, American Meteorological Society, Boston, MA, 2001: 167-221.

[51] Trapp R J, Stumpf G J, Manross K L. A reassessment of the percentage of tornadic mesocyclones[J]. Wea Forecasting, 2005,20(4):680-687.

[52] Brooks H E, Lee J W, Craven J P. The spatial distribution of severe thunderstorm and tornado environments from global reanalysis data[J]. Atmos Res, 2003,67-68: 73-94.

[53] Doswell C A, Evans J S. Proximity sounding analysis for derechos and supercells: An assessment of similarities and differences[J]. Atmos Res,2003, 67-68:117-133.

[54] Grams J S, Thompson R L, Snively D V, et al. A climatology and comparison of parameters for significant tornado events in the United States[J]. Wea Forecasting, 2012,27: 106-123.

[55] Rasmussen E N, Blanchard D O. A baseline climatology of sounding-derived supercell and tornado forecast parameters[J]. Wea Forecasting, 1998,13: 1148-1164.

[56] McCaul E W. Buoyancy and shear characteristics of hurricane-tornado environments[J]. Mon Wea Rev, 1991,119: 1954-1978.

[57] 郑媛媛,张备,王啸华,等．台风龙卷的环境背景和雷达回波结构分析[J]. 气象，2015,41(8)：942-952.

[58] 朱文剑，盛杰，郑永光，等．1522号“彩虹”台风龙卷现场调查与中尺度特征分析[J]．暴雨灾害，2016，35(5)：403-414.

[59] Johns R H, Davies J M, Leftwich P W. An examination of the relationship of 0-2 km AGL “positive” wind shear to potential buoyant energy in strong and violent tornado situations[C]. Preprints, 16th Conf. on Severe Local Storms, Kananaskis Park, AB, Canada, Amer Meteor Soc,1990, 593-598.

[60] Markowski P M, Richardson Y P. The influence of environmental low-level shear and cold pools on tornadogenesis: Insights from idealized simulations[J]. J Atmos Sci, 2014,71: 243-275.

[61] Schultz D M, Richardson Y P, Markowski P M, et al. Tornadoes in the central United States and the “Clash of Air Masses” [J]. Bull Amer Meteor Soc, 2014,95(11):1704-1712.

[62] Doswell C A, Burgess D W. Tornadoes and tornadic storms: A review of conceptual models. The Tornado: Its Structure, Dynamics, Prediction, and Hazards[M]. Washington D C: American Geophysical Union: 1993,161-172.

[63] Davies-Jones R, Burgess D W, Foster M. Test of helicity as a tornado forecast parameter[C]. Preprints, 16th Conf. Severe Local Storms (Kananaskis Park, Alberta), Amer Meteor Soc, 1990,588-592.

[64] Hart J A, Korotky W D. The SHARP Workstation v. 1.50: A skew-T/hodograph analysis and research program for the IBM and compatible PC: User's manual[R]. NOAA/NWS Forecast Office. 1991.

[65] Davies J M. Hourly helicity, instability, and EHI in forecasting supercell tornadoes[C]. Preprints, 17th Conf on Severe Local Storms. Saint Louis, Mo, Amer Meteor Soc, 1993,107-111.

[66] Brooks H E, Doswell C A, Cooper J. On the environments of tornadic and nontornadic mesocyclones. Wea Forecasting, 1994,9(4):606-618.

[67] Bluestein H B. Severe Convective Storms and Tornadoes: Observations and Dynamics[M]. Heidelberg: Springer-Praxis,2013: 307-360.

[68] Markowski P M, Richardson Y P. Tornadogenesis: Our current understanding, forecasting considerations, and questions to guide future research[J]. Atmos Res, 2009,93(1-3):3-10.

[69] Markowski P M, Straka J M, Rasmussen E N. Direct surface thermodynamic observations within the rear-flank downdrafts of nontornadic and tornadic supercells[J]. Mon Wea Rev, 2002, 130(7): 1692-1721.

[70] Wakimoto R M, Wilson J W. Non-supercell tornadoes[J]. Mon Wea Rev, 1989,117: 1113-1140.

[71] 大气科学辞典编委会．大气科学辞典[M]．北京：气象出版社,1994: 668-670.

[72] Doswell III C A. A Primer on vorticity for application in supercells and tornadoes[OL]. http://www.flame.org/~cdoswell/vorticity/vorticity_primer.html. 2005.

[73] Davies-Jones R. Streamwise vorticity: The origin of updraft rotation in supercell storms[J]. J Atmos Sci, 1984,41: 2991-3006.

[74] Doswell III C A. A review for forecasters on the application of hodographs to forecasting severe thunderstorms[J]. Nat Wea Digest, 1991,16(1): 2-16.

[75] Rotunno R, Klemp J B. The influence of the shear-induced pressure gradient on thunderstorm motion [J]. Mon Wea Rev, 1982,110(2):136-151.

[76] Klemp J B. Dynamics of tornadic thunderstorms[J]. Ann Rev Fluid Mech, 1987,19: 369-402.

[77] Klemp J B, Wilhelmson R B. Simulations of right and left-moving storms produced through storm splitting[J]. J Atmos Sci, 1978,35: 1097-1110.

[78] Weisman M L, Klemp J B. The structure and classification of numerically simulated convective storms in directionally varying wind shears[J]. Mon Wea Rev, 1984,112: 2479-2498.

强对流天气监测预报预警技术进展

郑永光　周康辉　盛杰　林隐静
田付友　唐文苑　蓝渝　朱文剑

（国家气象中心，北京 100081）

摘　要　强对流天气预报业务包括监测、分析、预报、预警和检验等方面。对流初生识别、对流系统强度识别和对流天气类型识别等监测技术取得新进展；综合多源资料的监测技术已应用于我国中央气象台业务。对流系统的触发、发展和维持机制等获得了新认识；我国不同类型强对流天气及其环境条件统计气候特征、分析规范及相应业务产品等为业务预报提供了必要基础和技术支撑。光流法、多尺度追踪技术以及应用模糊逻辑方法的临近预报技术等有明显进展；“融合”短时预报技术得到了广泛应用，“对流可分辨”高分辨率数值（集合）预报及其后处理产品预报试验取得了显著成效；基于数值（集合）预报应用模糊逻辑方法的分类强对流天气短期预报技术为业务预报提供了技术支撑。强对流天气综合监测和多尺度自适应临近预报技术、多尺度分析技术以及“融合”短时预报技术、发展完善应用模糊逻辑等方法的基于高分辨率数值（集合）模式的区分不同强度等级和极端性的分类强对流天气精细化（概率）预报技术等是未来发展的主要内容。

关键词　强对流　监测　预报　高分辨率数值预报　概率

引　言

气象学中，“对流”指的是大气中由浮力产生的垂直运动所导致的热力输送；“强对流天气”通常指的是由“深厚湿对流”（DMC）产生的包括冰雹、大风、龙卷、强降水等的各种灾害性天气[1]，具有突发性、生命史短、局地性强、易致灾等特点。对流天气通常伴随雷电活动，但部分对流天气系统并没有雷电活动；因此，Doswell 建议使用“DMC”这个术语来替代“雷暴”这个经常用来指代对流活动的术语[1-2]。

目前国际上对“强对流天气”的定义尚没有统一的标准。我国中央气象台定义的强对流天气指的是出现直径 5 mm 及以上的冰雹、任何级别的龙卷、17 m · s^{-1}（或者 8 级）及以上的雷暴大风或者 20 mm · h^{-1} 及以上的短时强降水等任意一种或者几种天气。美国风暴预报中心（SPC）目前定义的强对流天气则指的是出现直径 25 mm 及以上的冰雹（以前的定义是直径 19 mm 及以上）、26 m · s^{-1} 及以上的雷暴大风或者任何级别的龙卷等任意一种或者几种天气；而直径 51 mm及以上的冰雹、EF2 级及以上龙卷或者 33 m · s^{-1} 及以上的雷暴大风等一种或者

本文发表于《应用气象学报》，2015，26（6）：641-657。

几种天气则定义为重大强对流天气。

目前我国尚没有重大强对流天气的定义标准，而美国 SPC 并没有把短时强降水（或者对流性暴雨）定义为强对流天气。但 Doswell[1] 把达到或者超过 20～25 mm · h^{-1}（没有严格的标准）的强降水归类为强对流天气，并把达到或者超过 50 mm · h^{-1} 的强降水归类为极端强对流天气[1,3]；短时强降水天气与易于致灾的暴洪关系密切。气候统计得到的我国短时强降水发生频率[4]也表明达到或者超过 50 mm · h^{-1} 的强降水是发生频率非常低的极端天气。

气候统计是强对流天气预报的必要基础性工作之一。美国强对流天气气候统计开展早且比较完整，不仅给出了雷暴、闪电、中尺度对流复合体等的气候特征，且给出了比较完整的不同强度冰雹、龙卷、雷暴大风、小时雨量不小于 1 英寸（25 mm）等强对流天气的气候特征[1,5]。我国的雷暴、冰雹气候特征统计工作开展得较早且较完整；最近也利用 1981—2010 年的资料给出了较为完整的雷暴、短时强降水、冰雹、雷暴大风、龙卷等的气候特征[4,6-7]；我国的闪电气候分布特征也分别由卫星观测和地基闪电定位资料获得[8-9]；分别基于静止气象卫星资料、雷达资料的我国中尺度对流系统（MCS）、对流风暴、飑线等的气候分布特征也有较多研究[10-16]。强对流天气是小概率事件，重大或者极端性强对流天气的发生概率更低，因此，非常有必要进一步分析完善我国不同等级的强对流天气和基于非常规观测资料的对流活动及其环境条件分布的气候特征，以为不同强度和极端性的强对流天气预报预警提供气候基础信息。

强对流天气预报工作包括监测、分析、预报和预警这几个方面的内容。观测为强对流天气和系统结构特征、发展规律、气候特征分析和预报预警提供数据基础；监测则基于观测数据对强对流天气现象发生、发展变化及其相关天气条件进行识别和监视，而分析是在观测和监测数据基础上进行预警、预报的必要手段和过程。一般说来，短期预报是 0～3 d 的天气预报；短时预报是指 0～12 h 的天气预报。WMO（世界气象组织）2005 年定义的临近预报（或者称为甚短时预报）为 0～6 h 的天气预报，现已得到了广泛的认可[3,17-18]；不过我国业务预报通常把 0～2 h 的天气预报称为临近预报[3]，因此，本文仍然把 0～2 h 的预报称为临近预报，2～12 h 称为短时预报。不同尺度天气系统可预报性不同，因此不同时效的强对流天气预报关注点不同，其使用的技术方法也不同。

美国 SPC 已建立了时间尺度从几个小时警戒到 8 d 强对流展望的完整业务产品体系。我国国家级专业化强对流天气预报业务始于 2009 年，已开发建设了基于多源资料的分类强对流天气实况监测系统、中尺度天气分析规范和工具箱、分类客观预报系统等，并发布分类强对流天气预报产品[19-22]。但强对流天气预报、尤其是分类强对流天气及其强度的短时预报在当前和可预见的未来仍然是业务天气预报的难点之一。本文在总结强对流天气监测、分析、预报和预警技术进展基础上给出未来工作展望，以期能够对强对流天气预报技术的发展提供借鉴和参考。

1 强对流天气监测技术

强对流天气监测既包括天气实况的监测也包括强对流天气系统的监测，其依赖的观测资料主要包括常规观测、重要天气报告、灾情直报资料、自动站观测、闪电观测、卫星观测和雷达观测等。地球静止气象卫星资料具有很高的时间分辨率和地理分布稳定性，因此，较极轨卫星资料更常用于强对流天气监测。

1.1　强对流天气现象监测

不同的观测资料具有不同的特点，基于这些资料，国家气象中心建设了应用于实际业务的国家级强对流天气综合监测系统[19−20]。该系统不仅监测不同类型强对流天气现象实况，还监测闪电密度、不同强度 MCS 和对流风暴的识别和追踪等；并进行了必要的质量控制。

常规地面观测虽然能够给出比较可靠的观测结果，但时空分辨率低。重要天气报告虽然能够弥补常规观测时间分辨率不足的问题，但空间分辨率依然有限。自动站观测能够给出连续的雨量、大风等监测，但尚缺乏可靠的天气现象观测。自动站小时雨量观测能够监测短时强降水天气，而分钟雨量监测能够更进一步提供和反映不同性质的 MCS 特征，比如飑线、梅雨锋对流、热带对流系统等[23]。

我国目前的地闪定位系统能够提供连续的高时空分辨率的地闪监测，但其不足是尚未对我国大陆区域实现完全覆盖，对海洋区域的覆盖面积也只有近海区域、范围有限；再者就是目前还不能监测对流系统中发生更为频繁和具有提前指示对流发展的云闪信息。于 2016 年底发射的我国 FY-4 号试验卫星的闪电成像仪将能够提供覆盖我国及周边区域的高时空分辨率的闪电监测资料，能够与地闪监测互相补充，将极大提高我国的闪电监测能力。美国 GOES-R 卫星将在 2016 年发射，也将搭载闪电定位仪 GLM(Geostationary Lightning Mapper)。

由于时空分辨率高和较好的三维空间覆盖性，多普勒天气雷达资料不仅用于定量降水估测，也是目前强对流风暴和天气（尤其是冰雹、雷暴大风和龙卷）监测和临近预警的最重要资料。比如强冰雹的雷达反射率因子特征是悬垂强回波、中层径向速度辐合和弓形回波，是指示雷暴大风天气的重要雷达观测特征等[1,3]。基于多普勒天气雷达资料中的这些特征，强冰雹、中气旋、龙卷涡旋特征等的识别算法逐步得到了发展和完善[24]。最近李国翠等[25−26]和张秉祥等[27]基于雷达三维组网数据利用模糊逻辑方法分别开发了雷暴大风和冰雹的自动识别算法；Rossi 等[28]使用芬兰闪电和雷达资料利用模糊逻辑方法把追踪的对流风暴强度划分为弱、中、强和剧烈 4 类；胡胜等[29]统计了广东大冰雹风暴单体的多普勒天气雷达特征。

双偏振多普勒天气雷达观测资料能够提高降水粒子形态的识别能力[30−31]，以有效提高定量降水估测精度和冰雹的识别率，比如判断冰雹在落地之前是否完全融化还是部分融化[32]等。美国、法国等已完成了多普勒天气雷达业务网的双偏振改造升级。

1.2　强对流天气系统监测

由于闪电是对流活动的一种反映，因此，其与对流性强降水、冰雹和雷暴大风等强对流天气关系密切，比如郑栋等[33]发现北京地区的闪电（包括地闪和云闪）活动与对流活动区降水量的线性相关系数达到 0.826；冰雹、雷暴大风天气过程中通常伴有较高比例的正地闪活动[34]；在对流系统快速发展阶段，闪电频数还存在明显的“跃增”现象[35]；Schultz 等[36]发展完善了一个“闪电跃增”算法来监测和识别是普通对流还是强对流。

美国已发展了全国范围三维雷达反射率因子拼图及其降水估测系统[37]；其 WDSS-II 系统可提供美国大陆整个区域的冰雹识别、风暴追踪和降水估测等产品的拼图[38]；法国发展了全国范围的低层 3-D 风场和反射率因子、水平风切变识别和拼图技术[39−40]；目前我国还缺乏类似美国和法国这些产品的全国拼图业务系统和产品。

下一代的我国 FY-4 号试验卫星、美国 GOES-R 卫星、欧洲 MTG 卫星通道数将增加到 15

个左右，能够实现分钟级的快速扫描，时空分辨率大幅提高，不仅能够监测大气中的云系和MCS信息，还能够获取晴空大气温湿廓线以监测对流的发生条件。通过这些监测资料不仅可以识别、追踪MCS，还可以分析对流活动不同发展阶段的特征：对流发生前的大气稳定度状态[41]；对流初生(CI)阶段的积云对流状态[42-43]；对流成熟阶段的纹理特征、上冲云顶特征和微物理特征等[44]。Wisconsin大学发展了结合卫星观测的云顶冷却率和光学厚度的CI识别算法，可以提前于雷达观测获得对流风暴信息[45-47]；Merk等[48]综合了SATCAST[43](Satellite Convection Analysis and Tracking)的5个红外通道识别标准和Cb-TRAM[49](Thunderstorm-Cb-Tracking an Monitoring)中的高分辨率可见光通道标准并使用光流法来获取时间变化特征等改进了CI识别算法；关于CI的最近研究进展可参见覃丹宇和方宗义(2014)[50]。Mecikalski等[51]还定量讨论了高层卷云对对流云观测的影响；Senf等[52]使用MSG卫星资料分析了对流风暴的云顶亮温、云顶冷却率和云顶粒子尺度的演变特征以及与垂直运动的关系。使用多通道的观测资料还可以识别MCS的其他云顶特征，比如上冲云顶特征等[53-55]。美国GOES-R卫星资料试验场及其试验产品的概况可参见Goodman等[56]、Ralph等[57]和郑永光等[58]。

风廓线雷达、GPS(Global Positioning System，全球定位系统)水汽反演和微波辐射计等能够分别提供高时间分辨率的晴空大气垂直风廓线、大气可降水量、温湿廓线等资料，这些资料虽然难以直接监测强对流系统和天气，但可监测强对流天气发生发展的前期条件，已经在强对流天气分析预报中初步展示出了重要作用[59-60]。但我国风廓线雷达和微波辐射计等观测尚未形成全国性的业务化网络。

2 强对流天气机理和分析技术

强对流天气分析的物理基础是强对流天气发生发展的物理机理。强对流天气分析在天气形势分析基础上应用“配料法”进行分析，是对强对流天气的物理条件和结构特征进行分析，包括天气尺度环境条件和中尺度机理、配置与结构分析等。Johns等[61]、Doswell[1]、俞小鼎等[3]等系统总结了DMC与不同类型强对流天气(冰雹、雷暴大风、短时强降水和龙卷等)发生发展的环境条件、中尺度结构和特征，这些条件与结构特征是目前进行强对流天气预报的物理基础；其中基于雷达和卫星资料等的强对流天气系统中尺度结构和特征也是前文给出的强对流天气监测的重要内容。

2.1 强对流天气机理

强对流天气系统的中小尺度结构和发展机理研究仍是当前强对流天气研究中的难点问题，尤其是触发和发展加强机制以及小尺度的结构特征仍有待进一步研究。边界层辐合线(锋面、阵风锋、干线、海陆风辐合线等)、地形和海陆分布(山脉抬升、上坡风等)、重力波[3,62]等是对流活动的重要触发机制。最近的一些研究也表明对流系统消散后残留的边界层冷池[63]、下垫面摩擦作用产生的水平涡度[16,64-65]等对对流系统的发展起到了重要的触发和维持作用。需要说明的是，由海陆分布或者地形分布导致的边界层辐合线(比如海风锋)通常比较浅薄，需要与大尺度的上升运动或者大气低层垂直风切变或者适当的大气热力条件相配合才能有利于对流系统的发展和维持，Wilson等[66]发现当大气边界层的风向与辐合线移动方向相反，而边界层以上的风向与辐合线移动方向相同，则对流易于垂直向上发展，有利于其加强和维持。Chen X 等[16]发现在存在向岸低空急流的情形下，沿珠江三角洲海岸线的海陆摩擦差异可明显增加沿岸的对流发生频率；这样的对流高频带在多年的小时强降水资料统计上也有明显反映[4]。

高架雷暴或者高架对流是由边界层以上空气抬升触发的对流。美国自 20 世纪 90 年代以来对其已有较多研究，如 2000 年以来的部分研究：Corfidi 等[67]、Wilson 等[68]、Horgan 等[69]；近年来我国也有一些关于高架雷暴的研究，比如许爱华等[70]、盛杰等[71]、张一平等[72]。盛杰等[71]的结果表明我国高架雷暴伴随较多的强对流天气是冰雹和短时强降水天气。Wilson 等[68]发现 2002 年美国 IHOP 试验期间高架雷暴大多由 900～600 hPa 的辐合和汇流所触发；盛杰等[71]给出的我国高架雷暴生成条件是 850 hPa 和 700 hPa 的相对湿度超过 70%、850 hPa 切变线、700 hPa≥18 $m \cdot s^{-1}$ 急流、500 hPa 西风槽、700 hPa 与 500 hPa 温差超过 16 ℃等。

短时强降水天气可以由大陆型对流或者热带型对流产生，这两种不同的对流产生的雨强有很大差异。热带型对流是高降水效率的系统，其雷达回波强度为 45～50 dBZ 左右，但雨强可达 80 $mm \cdot h^{-1}$ 以上，极易导致灾害。需要注意的是，热带型对流并不只发生在热带海洋，只要发生对流的环境条件达到或者接近热带海洋大气条件就可能发生。据统计，大气中垂直累积可降水量达到 60 mm 是接近≥20 $mm \cdot h^{-1}$ 短时强降水天气发生的充分条件，而达到 70 mm 则是目前大气环境中非常极端的水汽条件[73]，这时大气非常暖湿、极易发生热带型对流性强降水，比如 2007 年 7 月 18 日济南极端强降水[3]和 2012 年 7 月 21 日北京和河北极端降水。

已经得到广泛认可，绝大多数雷暴大风是由对流系统内强烈下沉气流（下击暴流）所导致[61]。需要说明的是，对流系统内强烈下沉气流的产生机制比较复杂，通常对流层中层或以上有明显干层、对流层中下层大气较大温度递减率的环境条件下易于导致强下沉气流；但是高原地区低层大气存在干层时（T-log$p$ 图上呈现倒 V 形的温湿廓线）的对流活动也能够导致强下沉气流[61]，有时甚至会产生干下击暴流；在对流层大气都较湿的情况下，强降水的拖曳和蒸发作用也会导致强下沉气流（湿下击暴流），加以动量下传作用，是强降水也时常伴随大风的直接原因。由于产生大冰雹的环境条件要求有较大的对流有效位能与合适的湿球零度层高度，因此，要求环境大气有较大的温度递减率，这既有利于强上升气流、也有利于强下沉气流；此外，云中冰相粒子尤其是雪片粒子[74-75]在下落过程中融化、升华吸收环境大气大量热量也非常有利于加强下沉气流，这些因素是大冰雹天气通常伴随大风天气的重要原因，并且这类大风通常强于强降水所伴随的大风。

龙卷是诸多强对流天气现象中突发性相对更强、生命史相对更短、预报预警难度更大的一种强对流天气现象。龙卷通常分为两类，一类为超级单体龙卷，另一类为非超级单体龙卷[76]。Agee 等[77]和 Agee[78]进一步将龙卷分为超级单体龙卷、线状对流龙卷和其他类型龙卷等三类。通常超级单体龙卷强度较强[77]，但仅约有 25%的超级单体能够产生龙卷[1]；非超级单体龙卷通常由辐合线上的中小尺度涡旋和快速发展对流风暴中的强上升气流共同作用形成[76]；与下击暴流相联系的弓形回波会生成中小尺度的中涡旋（Mesovortices）[79]也能够发展为强度可达 F4 或者 EF4 级的气旋式或者反气旋式龙卷[77]。目前只有对超级单体龙卷有可能进行有效预警[3]。F2 级及以上超级单体龙卷要求有利于超级单体风暴的环境条件是一定的对流有效位能和强的 0～6 km 垂直风切变，还包括低的抬升凝结高度和较大的低层(0～1 km)垂直风切变[80]。王秀明等[81]给出的我国东北龙卷发生环境条件与此存在一些差异，主要是湿层高度偏低。对于非超级单体龙卷，重点关注边界层辐合线上是否有利于小尺度涡旋发展的条件，包括强水平风切变、波动状弯曲、两个边界的碰撞点和快速发展的对流风暴的低层环流场[76]以及弓形回波附近的 γ 中尺度涡旋[79]等区域。

中纬度飑线系统经常导致大范围冰雹、雷暴大风天气，是当前强对流天气业务预报中的关注重点，已有非常多的相关研究，不一一列举，但其维持机理尚未完全清楚。Rotunno 等[82]和 Weisman 等[83]通过云模式的理想数值模拟试验和对已有观测研究的再分析，认为近地面冷池和低层环境垂直风切变相互作用是飑线发展维持的动力和热动力机制，提出了描述飑线发展传播的 RKW(Rotunno-Klemp-Weisman)理论。Wilson 等[68]分析发现 2002 年美国 IHOP (International H_2O Project)试验期间对流系统冷池导致的阵风锋是影响对流系统演变的主要机制，Corfidi[84]提出相对于阵风锋的气流是决定对流系统传播的决定性因素之一。使用 RKW 理论分析华北一次飑线发展过程中低层垂直风切变和冷池的相互作用机理[85]表明低层 0～3 km 风切变对飑线的发展维持最为重要。也有研究[86－87]表明，RKW 理论提出的冷池和垂直风切变相互作用是超级单体维持的重要因素。RKW 理论也受到较多争议，很大一部分原因是较多强雷暴大风个例显示，环境垂直风切变明显弱于 RKW 理论的最优条件[2]。Coniglio 等[88]对一次飑线分析表明该个例中 3～6 km 垂直风切变较 0～3 km 垂直风切变更重要。

2.2 强对流天气分析技术

美国在 20 世纪 70 和 80 年代给出了强对流天气的天气尺度和风暴尺度分析技术。我国国家气象中心 2010 年制定了《中尺度天气分析技术规范》并向全国推广，该规范以“配料法”的思路来指导强对流天气分析，但内容按照不同的等压面来组织；2013 年向全国推广的新版《中尺度天气分析技术规范》完全按照“配料法”的思路来组织雷暴和不同类型强对流天气的分析技术，并简化了地面和高空分析，增加了探空 T-log$p$ 图分析、基于非常规资料和中尺度数值预报的中尺度系统、结构和发生条件分析等[21－22]，具体参见文献[21][22]。需要说明的是，《中尺度天气分析技术规范》指的是针对中尺度天气进行分析的技术规范，目前该规范中的中尺度天气就是强对流天气。

基于该分析技术规范，国家气象中心不仅开展了强对流天气的人工分析业务，也开发了相应的探空和数值预报(包括 T639 全球模式和 GRAPES-MESO 区域模式等)客观分析诊断技术和基于网络的业务支撑系统，配置了分类强对流天气环境条件的综合分析图；也发展了针对重点区域、重点时段的基于快速分析预报资料和多源观测资料的中尺度滚动分析技术和业务产品。美国的 HWT(灾害天气试验平台)正在探索如何把“对流可分辨”的高分辨率数值模式预报产品(水平分辨率达 4 km 或更高)应用到强对流预报业务中[58－59]；我国国家气象中心在 2014 年暖季试验中初步试验了南京大学 4 km WRF 和中国气象局数值预报中心 3 km GRAPES_CR 相关预报产品；漆梁波[90]则基于一次冰雹个例探索了如何使用“对流可分辨”的高分辨率数值模式预报产品来分析强对流天气。

3　强对流天气预报预警和检验技术

3.1　临近预报技术

目前不同国家和地区已经开发了多个对流风暴和降水短时临近预报系统，比如美国的ANC[91](AutoNowcaster)和CoSPA[92](Consolidated Storm Prediction for Aviation)、澳大利亚与英国共同开发的STEPS[93-94](Short-Term Ensemble Prediction System)、加拿大的MAPLE、奥地利的INCA[95]、瑞士的COALITION[96]以及中国香港的SWIRL和SWIRL-II[97]、北京气象局发展的BJ-ANC系统[98]、中国气象科学研究院的雷电临近预警系统[99]、中国气象局的SWAN、广东的GRAPES-SWIFT、湖北的MYNOS[100]等，可参见相关文献：陈明轩等[101]、Dance等[102]、郑永光等[19]和俞小鼎等[3]。

对流风暴和降水的0～2 h临近预报技术主要包括外推预报、经验预报(或者称为"专家预报"，如美国ANC系统[91]、瑞士的COALITION系统[96])、统计预报[93,103-104]、概率预报[102,105-110]等方法。Wilson等[17]认为2020年前0～2 h临近预报技术仍然主要是外推预报和经验预报。

基于天气雷达或者静止卫星资料的外推技术可分为基于"区域"的外推预报方法和基于"对象"的外推预报方法。基于"区域"的外推预报方法的代表是TREC[111]和光流法[112-114]，基于"对象"的外推预报技术的代表性方法是SCIT[115-116]、TITAN[117-118]等。

RDT[119](Rapid Developing Thunderstorms)、Cb-TRAM[49]等是基于静止卫星资料的类似SCIT的对流系统识别、追踪和外推预报技术；Hering等[116]等在RDT技术基础上发展了基于雷达资料的TRT临近预报技术。由于静止卫星能够观测积云，因此，静止卫星在识别和临近预报CI方面较目前的业务多普勒天气雷达具有优势。Walker等[120]基于卫星资料和大气运动矢量发展了基于"对象"的0～2 h CI外推预报技术；Mecikalski等[110]联合使用卫星资料和快速更新RAP模式资料发展了0～1 h CI概率预报技术。

基于闪电数据的雷暴识别、追踪与外推预报算法也已有较多工作[99,121-123]。Bonelli等[121]、吕伟涛等[99]分别综合使用了闪电与雷达数据来实现半小时或更长时间的外推预报；周康辉等仅基于地闪数据利用密度极大值快速搜索聚类算法实现了雷暴的识别、追踪与外推预报。

光流法是计算机视觉图形学中获取两幅图像间场位移的一种古老的重要方法，其移动矢量估计一直是计算机视觉研究中的一个热点问题；最近已应用到了对流风暴和降水临近预报技术中来获取移动矢量，比如中国香港的SWIRL系统中的ROVER(Real-time Optical flow by Variational methods for Echoes of Radar)技术[113]。Ruzanski等[124]发展的基于"区域"的外推预报方法是应用了一个空间核函数方法来估计雷达反射率因子的平流矢量，其估计的矢量类似于光流法得到的平流矢量。除了对TREC矢量使用质量守恒来约束并用变分法来获得移动矢量外[111,125-126]，CoSPA[92]追踪三种尺度(单体尺度、多单体尺度、天气尺度)天气系统的移动矢量；Wang等[127]使用多尺度追踪方法获取了不同尺度的TREC矢量并得到一个综合平流矢量；也有研究把TREC矢量同数值预报的对流风暴引导层风矢量相融合来获取平流矢量[111]。

不同尺度天气系统的可预报性不同、外推预报时效不同[93,128]，这是外推临近预报需要考虑的重要方面。Germann 等[111]、Radhakrishna 等[129]、Surcel 等[130]等基于雷达资料具体分析了不同尺度降水系统的外推可预报性：Germann 等[111]给出了不同降水强度天气系统外推预报的技巧评分，展示了不同尺度降水系统的不同外推可预报性；Radhakrishna 等[129]发现对于250 km 以上尺度的降水系统外推预报时效可达 2 h 左右；Surcel 等[130]分析得到了 MAPLE 系统 β 中尺度降水系统的外推预报时效大约在 2 h。

不同尺度天气系统的外推可预报性不同是因为外推预报技术不能够预报系统生消造成的。基于卫星资料的 CI 临近预报能够进一步提高对流风暴的临近预报时效。COALITION[96]是一个专家预报系统，它利用雷达、卫星、数值预报等多源资料以及闪电气候特征、地形等因素并采用类似模糊逻辑的方法给出不同预报方法的权重和阈值，综合给出未来 60 min 雷暴临近预报，其中包含了基于卫星资料的 CI 预报技术；美国 ANC 系统中使用边界层辐合线和模糊逻辑技术来综合天气系统的生消等因素使得其临近预报时效达 2 h[17,68,91]；美国 CWF (Convective Weather Forecast)[131]临近预报算法综合应用卫星、雷达、地面观测和数值预报资料来识别和追踪对流天气系统的初生、发展和消亡等，其预报时效可达 2 h。

目前同化了雷达资料的对流尺度高分辨率数值(集合)模式水平分辨率为 1～4 km，称为“对流可分辨”(Convection Allowing)模式，具有预报对流系统生消的一定能力，在对流风暴和降水临近预报中已经得到较广泛关注[18,130,132－133]。Weisman 等[134]指出：尽管无法描述对流尺度(1 km 以下)的细节，采用 4 km 分辨率和无对流参数化方案的模式能很好地描述与中纬度飑线系统相联系的中尺度对流结构；其主要原因是 4 km 分辨率模式数据已经能较好地刻画出对飑线系统发展非常重要的冷池强度和大小。

需要说明的是，由于资料传输和准备、计算时效等原因，目前及可预见的未来几年内 0～1 h 时效高分辨率数值预报在实际业务中的可用性较低。Migliorini 等[133]评估发现 1.5 km 水平分辨率的英国气象局“统一模式”(Unified Model，UM)集合预报系统还不能改进 1 h 时效的降水预报技巧。但 Stensrud[132]预计同化了雷达等高时空分辨率观测资料的对流尺度 Warn-on-Forecast(基于数值预报的预警)数值预报系统在 2020 年将能够提供 90 min 预报时效的强对流预警信息。

由于临近预报具有一定的不确定性，因此概率预报技术也在临近预报中得到了较为广泛的应用。比如加拿大 MAPLE 系统基于外推预报和任一点邻域空间分布的分级降水临近概率预报技术[105]，Megenhardt 等[106]、Kober 等[108]也使用了这一临近概率预报技术，并作了改进；美国 NOAA 基于雷达、闪电、卫星、降水、NAM(北美中尺度模式)数值预报等资料使用统计回归的方法发展了 0～3 h 累积定量降水临近概率预报技术[107]；Mecikalski 等[110]使用 Logistic 回归和人工智能 Random Forest(随机森林)等方法发展了基于卫星资料和数值模式资料的 CI 临近概率预报技术。

总体来看，目前临近预报技术的预报对象主要是对流风暴、雷电和降水，针对分类强对流天气的临近预报技术还存在较多不足；冰雹、雷暴大风、龙卷和短时强降水这些强对流天气的临近预报预警主要综合对流风暴和降水临近预报、强对流天气识别和实况观测来进行；如前所述，基于自动站、风廓线等观测资料和高分辨率数值预报资料应用不同类型强对流天气发生发展环境条件和中尺度机理的对流天气分析和预报产品可在临近预报技术和业务中发挥重要作用[3,19,58,90]。

3.2　短时预报技术

由于外推预报时效仅 1～2 h，强对流天气的短时预报更多依赖于快速更新或者集合的高时空分辨率中尺度数值模式系统。快速更新高时空分辨率中尺度数值模式如美国的 HRRR、RAP，英国的 UM，法国的 AROME（Application of Research to Operations at Mesoscale Model），德国的 COSMO-DE（德国气象局小尺度模式联合体），我国的 BJ_RUC、GRAPES_RAFS 等[3,19,90,135]。高分辨率中尺度数值模式集合预报系统如美国 CAPS 的风暴尺度集合预报 SSEF（Storm Scale Ensemble Forecast System）、美国 SPC 的 SSEO（Storm-Scale Ensemble of Opportunity）、英国的 UM 集合预报系统等。美国 CAPS SSEF 采用了不同的初始场扰动和物理方案扰动，水平格距 4 km，对超级单体、飑线等具有一定的可预报性；美国 SPC 的 SSEO 是 7 成员的水平分辨率 1 km“对流可分辨”数值模式预报组成的集合预报。

目前客观降水短时预报技术的主要思路是将外推预报和高分辨率数值预报结果相融合[3,17,128]：1～3 h 预报需要融合雷达外推和数值预报，3～6 h 预报以数值预报为主[3]，而 6～12 h 几乎完全依赖数值预报或者利用统计等后处理手段对其订正和释用。英国的 NIMROD（Nowcasting and Initialization for Modeling Using Regional Observation Data System）系统[136]是最先应用融合预报技术的短时临近预报系统。

目前针对雷达回波和降水外推预报与数值预报相融合的预报方法主要有三类：加权平均法[136]、趋势调整法[17]和 ARMOR（Adjustment of Rain from Models with Radar data）法[3,19,114,137]。加权平均法[136]，预报值为雷达外推和数值模式预报结果的加权平均，其权重系数根据外推预报和模式预报精度与预报时间的统计关系进行确定。趋势调整法[17]，利用模式预报的降水区域和强度变化趋势信息，对雷达外推的降水范围和强度进行订正，以获取最终的预报。ARMOR 方法[3,19,114,137]，首先利用当前雷达观测分析模式预报的降水位置和强度误差，并导出误差的时间变化趋势；然后利用估计的误差趋势，对模式预报的降水和强度误差进行修正。其中加权平均法和 ARMOR 方法以及这两种方法的结合得到了较为广泛的应用，比如 STEPS[94]、加拿大的 MAPLE[137]、美国的 NIWOT[17]和 CoSPA[92]、奥地利的 INCA 系统[95]、中国香港的 RAPIDS[114]、程丛兰等[114]针对京津冀的融合预报试验等。Wang 等[138]通过多尺度追踪方法获得的外推预报和 ARPS（Advanced Regional Prediction System）模式预报使用加权平均法和趋势调整法进行 0～2 h 融合预报对流风暴试验，发现 0～50 min 外推预报优于 ARPS 模式预报，50～120 min 融合预报显著优于外推预报和 ARPS 模式预报。STEPS[94]系统通过加权平均技术融合临近预报与降尺度的数值模式预报来生成短时概率降水预报产品。Kober 等[108]、Scheufele 等[109]则将基于雷达资料的临近概率降水预报和基于德国对流尺度高分辨率或者时间滞后集合数值预报的概率预报加权平均融合生成短时概率降水预报产品。

已有非常多的研究[18,89,132,139-140]表明，同化了经过严格质量控制的多普勒天气雷达反射率因子和径向速度资料数值模式（集合）预报可以明显提高对流风暴和定量降水的预报水平。Kain 等[139]评估了美国 CAPS 同化了雷达资料的高分辨率数值模式的预报性能，结果表明其 0～6 h 预报性能高于未同化雷达资料的数值预报，尤其 3～6 h 预报性能改进最为显著；Surcel 等[130]基于 MAPLE 的外推预报和美国 CAPS 的 SSEF 系统集合预报给出了不同尺度降水天气系统的可预报性，结果表明 SSEF 系统对不同尺度天气系统的可预报性明显优于其他数值预报,且对 0～6 h 时效 γ 中尺度和 β 中尺度降水系统具有一定的可预报性,但存在系统性偏差。

虽然可以通过外推预报与数值预报相融合的预报技术来进行定量降水和对流风暴的短时(概率)预报,但是目前还没有直接针对冰雹、龙卷、雷暴大风等天气的融合短时预报技术,目前这些天气的短时预报主要依赖高分辨率数值预报资料的对流天气环境条件分析以及基于中小尺度机理的客观预报产品,也就是依赖“对流可分辨”高分辨率数值模式(包括集合预报系统)产品后处理。雷蕾等[141]基于中尺度数值模式快速循环系统 BJ_RUC 进行了强对流天气分类概率预报试验,其使用的就是 BJ_RUC 模式快速更新预报的不同类型强对流天气的环境条件参数。如前所述,美国正在探索从对流风暴的中尺度结构和发展机理方面如何应用“对流可分辨”的高分辨率数值模式(集合)预报产品进行强对流分类预报[58,89]。为了获取尺度小、变化快的天气系统在模式中的反映,Kain 等[140]从模式预报的每个时间步的物理量场输出每个 1 h 时段内的每一个格点的物理量最大值,由此生成的二维格点场称为逐时最大场。美国 SPC 春季试验发现有 6 个逐时最大场与模式中对流风暴强度关系密切,是模式中风暴强度的直接表征:最大上升气流、3～6 km 高度之间的最大下沉气流速度、表征对流强度的地面上空 1 km 高度的最大反射率因子、最大上升气流螺旋度、最大地面 10 m 风速、最大垂直积分霰[89]。

但目前使用“对流可分辨”高分辨率数值模式进行对流性降水短时预报还面临较多的挑战,Sun 等[18]提出的挑战包括:对流性降水天气系统的可预报性研究、中尺度观测网的改进、资料同化技术和快速更新数值模式的改进等。漆梁波[90]提出高分辨率模式预报产品业务应用中的可能问题包括:高分辨率模式的性能问题、正确认识模式的分辨率问题、高分辨率模式产品的系统误差和适用性问题、快速同化更新技术问题等。此外,从美国 SPC 春季试验结果来看,目前“对流可分辨”高分辨率数值模式能够直接预报和通过后处理预报分类强对流天气的能力还较有限,还不能完全满足预报业务需求。

3.3 短期预报技术

强对流天气的短期预报主要从其发生发展机理和所依赖的环境条件出发,根据不同的诊断物理量对不同类型强对流天气的指示意义,来进行分类强对流天气预报[1,6,61,141−143],也就是现在广泛应用的“配料法”。但需要说明的是,由于受对流天气时空尺度较小、分布较不连续的特点和可预报性的限制,还不能完全做出类似温度等要素预报的强对流短期预报,因此,概率预报或者危险等级预报是短期强对流预报的发展方向,如前所述,美国 SPC 已经开展了分类强对流天气的危险等级预报和短期概率预报业务。不同类型强对流天气及其发生发展所需环境条件的气候分布特征是制作分类强对流预报的重要基础工作,已开展了大量研究工作[73,143−144]。

由于强对流天气的发生发展需要多个方面的物理条件,且不同类型强对流天气的不同物理量统计结果表明,不可能找到一个完全明确的单一物理量阈值来表征该类天气发生发展的物理条件[73,144],因此,类似模糊逻辑这些能够综合应用代表不同物理条件的多个物理量的技术方法是当前强对流天气预报技术研究的重要方面。比如,李耀东等[145]利用综合指标叠套方法开展了强对流天气落区预报实验;Lakshmanan 等[146]通过遗传算法实现了自动短临预报系统中的物理量自动选择,并成功应用于了雷暴天气的预报。

应用模糊逻辑方法的分类强对流天气预报技术,一般基于探空资料或者数值模式预报资料，通过挑选对不同类型强对流天气具有指示意义的物理量、根据历史个例的统计结果分别来构建独立隶属函数，并赋予不同物理量不同的权重来给出最终的综合预报结果。需要指出的是，模糊逻辑方法只是一种数学处理方法，“配料法”才是物理基础，即首先要正确选取能够代表强对流天气发生发展物理条件的天气学要素和物理量；其次才是通过客观的统计分析方法，合理地构建模糊逻辑中各成员的隶属函数。基于该方法，Lin 等[147]、Kuk 等[148]分别构建了中国台湾北部、韩国的雷电客观预报技术；如前所述，雷蕾等[141]基于中尺度数值模式快速循环系统 BJ_RUC 的强对流天气分类概率预报试验技术应用的就是模糊逻辑方法。

基于集合数值预报的强对流短期(概率)预报技术是当前预报技术的重要发展方向。美国 SPC 经历了十几年的发展已经建立了比较完整的基于多尺度数值集合预报的强对流分类预报产品体系。美国 NCEP 的全球集合预报系统 GEFS (Global Ensemble Forecast System)主要为 SPC 3～8 d 的对流天气预报提供数值预报依据[149]。美国 NCEP 短期集合预报系统 SREF(Short Range Ensemble Forecast)是目前支持 SPC 强对流短期预报业务的最重要模式，其产品主要有各种强对流指数的联合概率和各种分类强对流指数的阈值概率产品。

3.4　预报检验技术

预报检验是天气预报业务和技术发展的重要一环，其目的是给出预报与实况之间一致性和差异程度及可能原因。不同的预报检验需求所要求的检验技术不同。常规与非常规的实况观测资料是天气预报检验的基础。目前强对流天气预报检验面临的一个难点是地面观测实况资料的缺乏。

传统的强对流天气确定性预报检验方法是基于站点观测或者目击者报告的通过二维列联表计算得到的检验指标，如 TS 评分、命中率、虚警率等，美国 SPC 采用了直观的预报检验图形来展示这些检验指标之间的关系[150]。但这些指标对于极端天气预报来说有明显的缺陷，当事件发生概率非常低时，TS 评分、命中率等指标趋近于零。除了这些传统检验指标外，Casati 等[151]总结了不同的预报检验方法包括：空间检验方法[152]、概率预报和集合预报检验方法、极端事件检验方法等。Brown[153]把空间检验方法总结为四类：第一类为邻域空间检验方法，也称为模糊检验；第二类为尺度分离检验方法；第三类为场变形信息(度量预报场与实况场之间总体的变形、位移或者相位误差等)检验；第四类为基于“对象”或者“特征”检验方法。

强对流天气空间分布通常具有分散性、不连续性等特点，即局地性特点，且通常持续时间短，因此，传统的“点对点”检验方法易于导致“双重惩罚”，尤其对于高时空分辨率的数值预报或者临近预警。目前基于邻域(一定的半径范围)的检验方法[154]在降水和强对流天气预报检验中得到了较为广泛的应用，该方法是空间检验方法的一种[151,153−154]，又称为模糊检验方法。美国 SPC[150,155−156]和我国国家气象中心强天气预报中心[157]对主观确定性预报产品的检验主要采用“点对面”(即评分站点上的预报与对应的“半径 40 km 圆”内出现的实况比对)的 TS 评分方法，检验指标为 TS 评分、漏报率、空报率等。

基于“对象”或者“特征”的强对流预报检验也是空间检验方法的一种，目前已得到了较为广泛的应用。Davis 等首先发展了对于模式降水预报的“对象”检验方法，检验的属性包括强度、面积、质心、夹角、长短轴比、曲率等，并发展了 MODE 软件包[158]。戴建华等[159]采用对比预报与实际的强对流天气目标之强度、面积、空间距离、形态和相似度等评价指标，建立了包括格点型、站点型和概率型的强对流预报检验方法、预报检验指标调整与合成方法，以实现对强对流短临预报的综合检验和评价。

概率预报和集合预报检验不同于确定性预报检验，包括 Brier 评分、Brier 技巧评分、可靠性、可分辨性、等级直方图（Rank histogram）、ROC（接收者操作特征）检验[151]等。

美国开发试验平台中心（DTC）开发了数值模式测试、检验、评价工具箱 MET（Model Evaluation Tools），该工具箱可以提供确定性预报检验、概率预报检验和基于对象的检验等技术方法，MET 工具箱包含了 MODE 软件包[57]。

4 未来展望

除了常规地面观测和重要天气报外，经过质量控制的目击者或者气象信息员报告将是提供更高时空分辨率强对流天气实况监测的重要直接来源，而经过质量控制的互联网提供的强对流天气信息将是天气实况监测有力补充。未来我国布网建设的双偏振多普勒天气雷达观测能够进一步提高对对流系统中降水粒子的相态识别能力，从而提高对冰雹天气的监测能力和定量降水估测精度；而目前正在试验的相控阵多普勒天气雷达展示出的快速扫描能力也将在未来提供更高时空分辨率的雷达资料来进一步提高监测强对流天气系统的精细结构的能力。下一代静止气象卫星的更多通道观测资料和闪电观测资料、地面全闪（包括云闪和地闪）定位网的发展和建设将进一步提高对初生对流的监测能力。目前的遥感观测网对晴空大气状态探测能力存在较大不足，下一代静止气象卫星和微波辐射计探测的垂直温湿廓线资料、风廓线雷达探测的垂直风廓线资料等高时空分辨率晴空大气（组网）探测资料结合飞机 AMDAR（航空器气象资料下传）资料、雷达 VAD 风廓线资料将提供更多用于分析预报强对流天气发生发展前期条件的探测数据。

目前我国地面自动站观测网、新一代多普勒天气雷达网虽然已经在强对流天气研究和业务中发挥了极其重要的作用，但极小部分数据质量存在一些问题，需要综合应用包括闪电、卫星观测等的多源探测资料来进一步提高这些资料的质量水平，并需要进一步发挥稠密地面自动站网在地面湿度和风场观测方面的优势。我国还需要大力发展基于多普勒天气雷达数据的全国三维数据和导出产品拼图业务系统和产品以提高对全国强对流天气的监测能力。目前我国综合多源观测资料的分类强对流天气和对流风暴的强度监测（如文献[28]）还存在较大不足，尤其冰雹和雷暴大风监测更多依靠常规测站和重要天气报资料，需要充分利用雷达、目击者或者气象信息员、自动站、闪电等多源观测资料进行短时强降水、冰雹、雷暴大风等天气和对流风暴的质量控制和分强度等级综合判识，以提高强对流监测的时空分辨率和可靠性，并生成高质量的综合监测格点数据。此外，在对流天气和对流风暴的极端性（包括极端强度、持续时间和空间分布等）监测方面也需要结合历史气候资料开发相应的技术和产品以为该类天气的预报预警提供监测数据基础。

认识强对流天气的系统结构和发生发展规律是强对流天气分析预报预警的物理基础。目前对强对流天气发生发展机理的认识逐渐从 β 中尺度向 γ 中尺度甚至小尺度发展，比如已经认识到尺度只有几千米的中涡旋在弓形回波系统中对地面大风和非中气旋龙卷产生的重要作用[65,79]。由于强对流天气的发生发展受到较多中小尺度复杂因素的影响，比如地形分布、地面摩擦[16,64-65]、消亡对流的残留冷池[63]等，因此，需要充分认识到强对流天气发生发展精细机理和不同尺度系统之间相互作用的复杂性。目前，对我国不同类型中尺度系统的空间结构、要素配置和物理演变过程的精细规律认识和理解还存在较多不足，极端性强对流天气、强飑线、弱天气强迫下和复杂地形区域强对流天气等的触发和维持机制研究需要进一步加强和深入；综合多源观测资料的中尺度滚动分析技术和业务产品有待进一步深入和发展，比如基于风廓线雷达观测产品的分析技术、针对强飑线和极端性对流天气的分析产品等；基于"对流可分辨"的高分辨率数值模式的客观综合分析产品有待进一步试验和研究，比如基于该类模式预报产品判识对流系统和对流天气的类型和强度等级等，以进一步修订和完善《中尺度天气分析技术规范》。

强对流临近预报外推技术虽然已经比较成熟，但目前对流系统的生消和发展预报还存在较大不足。在分类强对流天气和对流风暴综合监测技术基础上，利用模糊逻辑或者随机森林等方法发展和完善基于多源资料的多尺度（多阈值）自适应对流天气系统的综合识别、追踪和外推（概率）预报技术是分类强对流天气识别和分等级临近预报技术发展的主要方向，结合高分辨率数值预报等其他资料发展完善对流系统的初生、增长、衰减和消亡的概率预报技术是临近预报发展的重要方面。新一代静止气象卫星的快速扫描多通道资料及其闪电成像仪观测资料结合高时空分辨率的地面自动站等其他观测资料在对流初生临近预报方面将发挥重要作用。

基于高分辨率数值预报以及融合预报技术的强对流天气的短时预报技术虽然取得了一定进展，但还仅处于试验阶段。虽然"对流可分辨"的高分辨率数值模式及其快速更新同化技术已经取得了重大进展，但并非仅仅提高数值模式分辨率和发展同化技术就能够提高模式的预报能力，还需要考虑不同尺度天气系统的可预报性、模式框架本身性能的改进、不同物理过程的参数化等方面的问题以进一步改进这些模式的预报性能。"对流可分辨"的高分辨率数值（集合）预报的应用需要针对不同尺度天气系统的可预报性来开展相关工作，也需要采用类似美国"Testbed"的运行机制来对这些预报产品进行业务应用试验和评估。发展多源资料的同化技术、提高高分辨率数值模式的（集合）预报水平是分类强对流天气短时（概率）预报技术的模式基础[18,58]；发展调整模式预报对流系统相位的多尺度分析技术、加权平均法与 ARMOR 法相结合的融合预报技术是短时预报技术发展的重要方面。

分类强对流天气短期预报的准确率在稳步增长[155−156]，但不同等级的强对流天气以及具有高影响性的极端强对流天气（比如强飑线或者超级单体导致的大冰雹和极端雷暴大风天气、极端短时强降水天气）预报的精细化方面还存在较大不足。因此需要在强对流天气发生发展机理基础上，利用更高分辨率的监测和分析资料，结合历史个例综合统计不同强度和极端强度的分类强对流天气的多物理量分布和结构特征，应用模糊逻辑等方法，综合利用高分辨率数值（集合）预报，发展不同等级的分类强对流天气概率预报和风险等级预报技术，包括极端性强对流天气的预报技术。虽然时效越长预报结果的不确定性越大，但美国 SPC 的业务预报表明，在全球集合预报系统基础上发展 3～8 d 的中期强对流天气概率预报具有一定可行性；不过需要指出的是，预报时效越长，所能够预报的天气系统尺度越大、预报的精细化程度和准确率相对越低。

在强对流天气客观预报技术基础上，通过强对流天气分析，发挥预报员对于强对流天气物理规律和数值模式预报性能的认识和主观能动性，不断提高预报准确率和精细化水平是强对流天气业务预报发展的持续追求。国家气象中心已经提出在提高天气预报准确率基础上，逐步发展天气影响预报。强对流天气业务预报更需要关注和提高类似 2009 年 6 月 3 日河南强对流、2012 年 7 月 21 日北京极端强降水、2015 年 4 月 28 日江苏和上海等极端性强对流天气的预报水平及其造成的影响预报。此外，方便快捷、功能强大的网络综合应用业务平台和交互综合应用业务平台是提高强对流天气业务预报水平的重要方面。

强对流天气预报传统检验如基于站点观测的 TS 评分、空报率等虽然存在较多缺陷，但依然是检验技术的重要方面。在综合多源资料的强对流天气实况站点和格点监测产品数据基础上，需要继续完善现有的基于邻域（一定的半径范围）的强对流天气检验技术，如重新评估定义适用于我国的评分站覆盖区域的半径大小；对于短时临近预报，更需要综合应用基于“对象”的空间检验技术，实现对对流预报落区形态、位移及强度的定量检验，给出强对流预报的综合检验和评价；发展和完善强对流天气或者罕见天气事件预报技巧检验也是检验技术发展的一个重要方向，如 Hitchens 等[156]发展了相对于基于天气实况的“业务完美（Practically Perfect）”预报的对流天气预报技巧检验技术。需要指出的是，不同尺度天气系统的不同时效可预报性不同，因此，对于不同时效的预报所采用的检验方法也应不同。

5 总结

强对流天气监测和机理研究是其预报的基础，而分析是预报的必要手段和过程。目前强对流天气监测、预报、预警技术和业务水平已较郑永光等[19]和俞小鼎等[3]综述给出的技术水平显著提升；对流系统强度识别、对流初生和天气类型识别等监测技术取得新进展，基于多源资料的综合监测技术已应用于我国中央气象台业务；弓形回波上中涡旋、对流系统触发和发展机制等方面获得了新认识，分类强对流天气及其环境条件的统计气候特征及其分析规范与业务网站产品等为我国业务预报提供了基础和技术支撑；基于光流法和多尺度追踪技术以及综合应用气候、地形等因素和多源资料的临近（概率）预报技术等进展显著；加权平均法与 ARMOR 方法的“融合”短时预报技术得到了广泛应用，“对流可分辨”高分辨率数值（集合）预报及其后处理技术的短时（概率）预报试验和基于数值（集合）预报应用逻辑方法的分类强对流天气短期预报技术取得了显著成效；概率和集合预报检验、模糊检验方法和基于对象的检验等技术方法和软件为评价业务预报和数值预报提供了有力工具。

质量控制技术、基于新探测资料的监测产品开发和基于多源资料的综合监测技术是强对流天气监测技术发展完善的主要内容；强对流天气发生发展精细机理和不同尺度系统之间的相互作用有待进一步深入研究，需要继续进行不同强度等级、分类强对流天气的高时空分辨率多物理量与结构特征统计和发展基于“对流可分辨”的高分辨率数值预报的客观综合分析产品以进一步完善强对流天气分析规范和技术。

不同尺度天气系统的不同可预报性决定了不同时效的强对流天气预报技术不同。基于多源资料的多尺度自适应临近预报技术、发展完善利用模糊逻辑等方法的基于“对流可分辨”高分辨率数值（集合）预报的（概率）预报技术和进一步发展“融合”预报技术仍是未来发展不同强度等级、分类强对流天气包括极端天气的精细化（概率）预报技术的主要内容；“对流可分辨”的高分辨率数值（集合）预报是发展强对流天气精细化（概率）预报的重要核心技术支撑；概率预报技术、极端性强对流天气的监测分析和预报预警技术是未来发展的重要方面；而影响预报是强对流天气预报的重要延伸；预报检验技术是发展强对流天气预报技术不可或缺的内容。需要指出的是，对流系统的初生、发展、衰减和消亡预报以及对流天气的精细化预报（包括时空分布、强度和极端性等)依然是强对流预报的难点,这是由强对流天气系统的尺度和结构特点所决定的。

致谢:感谢北京大学陶祖钰教授、中国气象局气象干部培训学院俞小鼎教授、国家气象中心金荣花研究员提供建议。国家气象中心刘鑫华、周晓霞、方翀等提供了相关素材。

参考文献

[1] Doswell III C A, Ed. Severe Convective Storms[M]. American Meteorological Society, Boston, MA, 2001: 1-525.

[2] Markowski P, Richardson Y. Mesoscale Meteorology in Midlatitudes[M]. John Wiley & Sons Ltd. 2010: 245-260.

[3] 俞小鼎,周小刚,王秀明.雷暴与强对流临近天气预报技术进展[J].气象学报, 2012,70(3): 311-337.

[4] Chen J, Zheng Y, Zhang X, et al. Distribution and diurnal variation of warm-season short-duration heavy rainfall in relation to the MCSs in China[J]. J Meteor Res, 2013, 27(6): 868-888.

[5] Hitchens N M, Brooks H E, Schumacher R S. Spatial and temporal characteristics of heavy hourly rainfall in the United States[J]. Mon Wea Rev, 2013, 141: 4564-4575.

[6] 孙继松, 戴建华, 何立富, 等.强对流天气预报的基本原理和技术方法[M].北京:气象出版社,2014.

[7] 范雯杰, 俞小鼎. 中国龙卷的时空分布特征[J]. 气象, 2015, 41(7): 793-805.

[8] 马明, 陶善昌, 祝宝友,等.卫星观测的中国及周边地区闪电密度的气候分布[J]. 中国科学 D 辑:地球科学, 2004, 34(4): 298-306.

[9] 宋敏敏, 郑永光.我国中东部 3—9 月云一地闪电密度和强度分布特征[J]. 热带气象学报, 2016, 32(3): 322-333.

[10] 马禹,王旭,陶祖钰.中国及其邻近地区中尺度对流系统的普查和时空分布特征[J].自然科学进展, 1997,7(6): 701-706.

[11] Zheng Y, Chen J, Zhu P. Climatological distribution and diurnal variation of mesoscale convective systems over China and its vicinity during summer[J]. Chin Sci Bull, 2008, 53: 1574-1586.

[12] 韩雷,俞小鼎,郑永光,等.京津及邻近地区暖季强对流风暴的气候分布特征[J].科学通报,2009,54(11):1585-1590.

[13] Chen M, Wang Y, Gao F, et al. Diurnal evolution and distribution of warm-season convective storms in different prevailing wind regimes over contiguous North China[J]. J Geophys Res Atmos, 2014, 119: 2742-2763.

[14] Meng Z, Yan D, Zhang Y. General features of squall lines in east China[J]. Mon Wea Rev, 2013, 141: 1629-1647.

[15] Zheng L, Sun J, Zhang X, et al. Organizational modes of mesoscale convective systems over central east China[J]. Wea Forecasting, 2013, 28: 1081-1098.

[16] Chen X, Zhao K, Xue M. Spatial and temporal characteristics of warm season convection over Pearl River Delta Region, China based on three years of operational radar data[J]. J Geophys Res Atmos, 2014, 119: 12447-12465.

[17] Wilson J W, Feng Y, Chen M, et al. Nowcasting challenges during the Beijing Olympics: Successes, failures, and implications for future nowcasting systems[J]. Wea Forecasting, 2010, 25: 1691-1714.

[18] Sun J, Xue M, Wilson J W, et al. Use of NWP for nowcasting convective precipitation: Recent progress and challenges[J]. Bull Amer Meteor Soc, 2014, 95: 409-426.

[19] 郑永光,张小玲,周庆亮,等. 2010. 强对流天气短时临近预报业务技术进展与挑战[J]. 气象, 36(7): 33-42.

[20] 郑永光,林隐静,朱文剑,等. 强对流天气综合监测业务系统建设[J]. 气象, 2013, 39(2): 234-240.

[21] 张涛,蓝渝,毛冬艳,等. 国家级中尺度天气分析业务技术进展Ⅰ:对流天气环境场分析业务技术规范的改进与产品集成系统支撑技术[J]. 气象, 2013,39(7):894-900.

[22] 蓝渝,张涛,郑永光,等. 国家级中尺度天气分析业务技术进展Ⅱ:对流天气中尺度过程分析规范和支撑技术[J]. 气象, 2013,39(7):901-910.

[23] 盛杰,张小雯,孙军,等. 三种不同天气系统强降水过程中分钟雨量的对比分析[J]. 气象, 2012,38(10): 1161-1169.

[24] Elizaga F, Conejo S, Martín F. Automatic identification of mesocyclones and significant wind structures in Doppler radar images[J]. Atmos Res, 2007, 83(2): 405-414.

[25] 李国翠,刘黎平,张秉祥, 等. 基于雷达三维组网数据的对流性地面大风自动识别[J]. 气象学报, 2013, 71(6):1160-1171.

[26] 李国翠,刘黎平,连志鸾, 等. 利用雷达回波三维拼图资料识别雷暴大风统计研究[J]. 气象学报, 2014, 72(1): 168-181.

[27] 张秉祥, 李国翠, 刘黎平, 等. 基于模糊逻辑的冰雹天气雷达识别算法[J]. 应用气象学报,2014,25(4): 414-426.

[28] Rossi P J, Hasu V, Koistinen J, et al. Analysis of a statistically initialized fuzzy logic scheme for classifying the severity of convective storms in Finland[J]. Meteor Appl, 2014, 21: 656-674.

[29] 胡胜, 罗聪, 张羽, 等. 广东大冰雹风暴单体的多普勒天气雷达特征[J]. 应用气象学报, 2015, 26(1): 57-65.

[30] Park H, Ryzhkov A V, Zrnic D S, et al. The hydrometeor classification algorithm for the polarimetric WSR-88D: Description and application to an MCS[J]. Wea Forecasting, 2009, 24: 730-748.

[31] Al-Sakka H, Boumahmoud A A, Fradon B, et al. A new fuzzy logic hydrometeor classification scheme applied to the French X-, C-, and S-band polarimetric radars[J]. J Appl Meteor Climatol, 2013, 52 (10): 2328-2344.

[32] Heinselman P L, Ryzhkov A V. Validation of polarimetric hail detection[J]. Wea Forecasting, 2006, 21 (5): 839-850.

[33] 郑栋, 张义军, 孟青, 等. 北京地区雷暴过程闪电与地面降水的相关关系[J]. 应用气象学报, 2010,21 (3): 287-297.

[34] Carey L D, Rutledge S A. Electrical and multiparameter radar observations of a severe hailstorm[J]. J Geophys Res Atmos, 1998, 103(D12): 13979-14000.

[35] Williams E, Boldi B, Matlin A, et al. The behavior of total lightning activity in severe Florida thunderstorms[J]. Atmos Res, 1999, 51(3): 245-265.

[36] Schultz C J, Petersen W A, Carey L D. Preliminary development and evaluation of lightning jump algorithms for the real-time detection of severe weather[J]. J Appl Meteor Climatol, 2009, 48: 2543-2563.

[37] Zhang J, Howard K, Langston C, et al. National Mosaic and Multi-Sensor QPE (NMQ) system: Description, results, and future plans[J]. Bull Amer Meteor Soc, 2011, 92: 1321-1338.

[38] Lakshmanan V, Smith T, Stumpf G, et al. The Warning Decision Support System-Integrated Information[J]. Wea Forecasting, 2007, 22: 596-612.

[39] Augros C, Tabary P, Anquez A, et al. Development of a nationwide, low-level wind shear mosaic in France[J]. Wea Forecasting, 2013, 28(5): 1241-1260.

[40] Bousquet O, Tabary P. Development of a nationwide real-time 3-D wind and reflectivity radar composite

in France[J]. Quart J R Meteor Soc, 2014, 140: 611-625.

[41] Schmit T J, Li J, Ackerman S J, et al. High spectral and temporal resolution infrared measurements from geostationary orbit[J]. J Atmos Oceanic Technol, 2009, 26: 2273-2292.

[42] Roberts R D, Rutledge S. Nowcasting storm initiation and growth using GOES-8 and WSR-88D data [J]. Wea Forecasting, 2003, 18(4): 562-584.

[43] Mecikalski J R, Bedka K M. Forecasting convective initiation by monitoring the evolution of moving cumulus in daytime GOES imagery[J]. Mon Wea Rev, 2006, 134(1): 49-78.

[44] Marianne K. Satellite nowcasting applications. World Meteorological Organization Symposium on Nowcasting and Very Short Term Forecasting. Whistler, Canada. 2009.

[45] Sieglaff J M, Cronce L M, Feltz W F, et al. Nowcasting convective storm initiation using satellite-based box-averaged cloud-top cooling and cloud-type trends[J]. J Appl Meteor Climatol, 2011, 50(1): 110-126.

[46] Sieglaff J M, Cronce L M, Feltz W F. Improving satellite-based convective cloud growth monitoring with visible optical depth retrievals[J]. J Appl Meteor Climatol, 2014, 53(2): 506-520.

[47] Hartung D C, Sieglaff J M, Cronce L M, et al. An intercomparison of UW cloud-top cooling rates with WSR-88D radar data[J]. Wea Forecasting, 2013, 28(2): 463-480.

[48] Merk D, Zinner T. Detection of convective initiation using Meteosat SEVIRI: Implementation in and verification with the tracking and nowcasting algorithm Cb-TRAM[J]. Atmos Meas Tech Discuss, 2013, 6: 1771-1813.

[49] Zinner T, Mannstein H, Tafferner A. Cb-TRAM: Tracking and monitoring severe convection from onset over rapid development to mature phase using multi-channel Meteosat-8 SEVIRI data[J]. Meteor Atmos Phys, 2008, 101: 191-210.

[50] 覃丹宇,方宗义.利用静止气象卫星监测初生对流的研究进展[J].气象,2014,40(1):7-17.

[51] Mecikalski J R, Minnis P, Palikonda R. Use of satellite derived cloud properties to quantify growing cumulus beneath cirrus clouds[J]. Atmos Res, 2013, 120: 192-201.

[52] Senf F, Dietzsch F, Hünerbein A, et al. Characterization of initiation and growth of selected severe convective storms over central Europe with MSG-SEVIRI[J]. J Appl Meteor Climatol, 2015, 54(1): 207-224.

[53] Setvák M, Rabin R M, Doswell III C A, et al. Satellite observations of convective storm tops in the 1.6, 3.7 and 3.9 μm spectral bands[J]. Atmos Res, 2003, 67: 607-627.

[54] Bedka K, Brunner J, Dworak R, et al. Objective satellite-based detection of overshooting tops using infrared window channel brightness temperature gradients[J]. J Appl Meteor Climatol, 2010, 49(2): 181-202.

[55] Bedka K M. Overshooting cloud top detections using MSG SEVIRI infrared brightness temperatures and their relationship to severe weather over Europe[J]. Atmos Res, 2011, 99(2): 175-189.

[56] Goodman S J, Gurka J, DeMaria M, et al. The GOES-R proving ground: accelerating user readiness for the next-generation geostationary environmental satellite system[J]. Bull Amer Meteor Soc, 2012, 93: 1029-1040.

[57] Ralph F M, Intrieri J, Andra Jr D, et al. The emergence of weather-related test beds linking research and forecasting operations[J]. Bull Amer Meteor Soc, 2013, 94: 1187-1211.

[58] 郑永光,薛明,陶祖钰. 美国 NOAA 试验平台和春季预报试验概要[J].气象,2015,41(5):568-582.

[59] 魏东,孙继松,雷蕾,等. 用微波辐射计和风廓线资料构建探空资料的定量应用可靠性分析[J]. 气候与环境研究,2012,16(6):697-706.

[60] 张振东，魏鸣，王皓. 用 GPS 水汽监测资料分析一次强对流性降水过程[J]. 气象科学，2013，33(5)：492-499.

[61] Johns R H, Doswell III C A. Severe local storms forecasting[J]. Wea Forecasting, 1992, 7: 588-612.

[62] 席宝珠，俞小鼎，孙力，等. 我国阵风锋类型与产生机制分析及其主观识别方法[J]. 气象，2015，41(2)：133-142.

[63] Luo Y, Gong Y, Zhang D L. Initiation and organizational modes of an extreme-rain-producing mesoscale convective system along a mei-yu front in East China[J]. Mon Wea Rev, 2014, 142: 203-221.

[64] Xue M, Hu M, Schenkman A D. Numerical prediction of the 8 May 2003 Oklahoma City tornadic supercell and embedded tornado using ARPS with the assimilation of WSR-88D data[J]. Wea Forecasting, 2014, 29: 39-62.

[65] Xu X, Xue M, Wang Y. Mesovortices within the 8 May 2009 bow echo over central US: Analyses of the characteristics and evolution based on Doppler radar observations and a high-resolution model simulation [J]. Mon Wea Rev, 2015, 143(6): 226-2300.

[66] Wilson J W, Mueller C K. Nowcasts of thunderstorm initiation and evolution[J]. Wea Forecasting, 1993, 8(1): 113-131.

[67] Corfidi S F, Corfidi S J, Schultz D M. Elevated convection and castellanus: Ambiguities, significance, and questions[J]. Wea Forecasting, 2008, 23(6): 1280-1303.

[68] Wilson J W, Roberts R D. Summary of convective storm initiation and evolution during IHOP: Observational and modeling perspective[J]. Mon Wea Rev, 2006, 134(1): 23-47.

[69] Horgan K L, Schultz D M, Hales Jr J E, et al. A five-year climatology of elevated severe convective storms in the United States east of the Rocky Mountains [J]. Wea Forecasting, 2007, 22 (5): 1031-1044.

[70] 许爱华，陈云辉，陈涛，等. 锋面北侧冷气团中连续降雹环境场特征及成因[J]. 应用气象学报，2013，24(2)：197-206.

[71] 盛杰，毛冬艳，沈新勇，等. 我国春季冷锋后的高架雷暴特征分析[J]. 气象，2014，40(9)：1058-1065.

[72] 张一平，俞小鼎，孙景兰，等. 2012 年早春河南一次高架雷暴天气成因分析[J]. 气象，2014，40(1)：48-58.

[73] Tian F, Zheng Y, Zhang T, et al. Statistical characteristics of environmental parameters for warm season short-duration heavy rainfall over central and eastern China[J]. J Meteor Res, 2015, 29(3): 370-384.

[74] Wakimoto R M, Kessinger C J, Kingsmill D E. Kinematic, thermodynamic, and visual structure of low-reflectivity microbursts[J]. Mon Wea Rev, 1994, 122: 72-92.

[75] Wilson J W, Wakimoto R M. The discovery of the downburst: T. T. Fujita's contribution[J]. Bull Amer Meteor Soc, 2001, 82(1): 49-62.

[76] Wakimoto R M, Wilson J W. Non-supercell tornadoes[J]. Mon Wea Rev, 1989, 117: 1113-1140.

[77] Agee E, Jones E. Proposed conceptual taxonomy for proper identification and classification of tornado events[J]. Wea Forecasting, 2009, 24: 609-617.

[78] Agee E M. A revised tornado definition and changes in tornado taxonomy[J]. Wea Forecasting, 2014, 29: 1256-1258.

[79] Atkins N T, Bouchard C S, Przybylinski R W, et al. Damaging surface wind mechanisms within the 10 June 2003 Saint Louis bow echo during BAMEX[J]. Mon Wea Rev, 2005, 133(8): 2275-2296.

[80] Grams J S, Thompson R L, Snively D V, et al. A climatology and comparison of parameters for significant tornado events in the United States[J]. Wea Forecasting, 2012, 27: 106-123.

[81] 王秀明，俞小鼎，周小刚. 中国东北龙卷研究：环境特征分析[J]. 气象学报，2015，73(3)：425-441.

[82] Rotunno R, Klemp J B, Weisman M L. A theory for strong, long-lived squall lines[J]. J Atmos Sci, 1988, 45(3): 463-485.

[83] Weisman M L, Klemp J B, Rotunno R. Structure and evolution of numerically simulated squall lines[J]. J Atmos Sci, 1988, 45(14): 1990-2013.

[84] Corfidi S F. Cold pools and MCS propagation: Forecasting the motion of downwind-developing MCSs [J]. Wea Forecasting, 2003, 18(6): 997-1017.

[85] 陈明轩，王迎春. 低层垂直风切变和冷池相互作用影响华北地区一次飑线过程发展维持的数值模拟[J]. 气象学报，2012，70(3)：371-386.

[86] Bluestein H B. On the decay of supercells through a "downscale transition": Visual documentation[J]. Mon Wea Rev, 2008, 136: 4013-4028.

[87] Davenport C E, Parker M D. Observations of the 9 June 2009 dissipating supercell from VORTEX2[J]. Wea Forecasting, 2015, 30: 368-388.

[88] Coniglio M C, Corfidi S F, Kain J S. Views on applying RKW theory: An illustration using the 8 May 2009 derecho-producing convective system[J]. Mon Wea Rev, 2012, 140: 1023-1043.

[89] Clark A J, Weiss S J, Kain J S, et al. An overview of the 2010 Hazardous Weather Testbed Experimental Forecast Program Spring Experiment[J]. Bull Amer Meteor Soc, 2012, 93: 55-74.

[90] 漆梁波. 高分辨率数值模式在强对流天气预警中的业务应用进展[J]. 气象，2015，41(6)：661-673.

[91] Mueller C, Saxen T, Roberts R, et al. NCAR Auto-Nowcast System[J]. Wea Forecasting, 2003, 18: 545-561.

[92] Pinto J, Dupree W, Weygandt S, et al. Advances in the Collaborative Storm Prediction for Aviation (CoSPA). Preprints, 14th Conf. Aviation, Range, and Aerospace Meteorology, Atlanta, GA, Amer Meteor Soc, 2010: J11. 2. [Available online at https://ams. confex. com /ams/90annual/webprogram/Paper163811. html.]

[93] Seed A W. A dynamic and spatial scaling approach to advection forecasting[J]. J Appl Meteor, 2003, 42: 381-388.

[94] Bowler N E, Pierce C E, Seed A W. STEPS: A probabilistic precipitation forecasting scheme which merges an extrapolation nowcast with downscaled NWP[J]. Quart J R Meteor Soc, 2006, 132: 2127-2155.

[95] Haiden T, Kann A, Wittmann C, et al. The integrated nowcasting through comprehensive analysis (INCA) system and its validation over the eastern Alpine region[J]. Wea Forecasting, 2011, 26(2): 166-183.

[96] Nisi L, Ambrosetti P, Clementi L. Nowcasting severe convection in the Alpine region: The coalition approach[J]. Quart J R Meteor Soc, 2014, 140: 1684-1699.

[97] Li P W, Wong W K, Cheung P, et al. An overview of nowcasting development, applications, and services in the Hong Kong Observatory[J]. J Meteor Res, 2014, 28(5): 859-876.

[98] Chen M, Gao F, Kong R, et al. A system for nowcasting convective storm in support of 2008 Olympics. World Meteorological Organization Symposium on Nowcasting and Very Short Term Forecasting. Whistler, Canada, 2009.

[99] 吕伟涛，张义军，孟青，等. 雷电临近预警方法和系统研发[J]. 气象，2009，35(5)：10-17.

[100] 万玉发，王志斌，张家国，等. 长江中游临近预报业务系统(MYNOS)及其应用[J]. 应用气象学报，2013，24(4)：504-512.

[101] 陈明轩，俞小鼎，谭晓光，等. 对流天气临近预报技术的发展与研究进展[J]. 应用气象学报，2004，15

(6): 754-766.

[102]Dance S, Ebert E, Scurrah D. Thunderstorm strike probability nowcasting[J]. J Atmos Oceanic Technol, 2010, 27, 79-93.

[103]Fox N I, Wikle C K. A Bayesian quantitative precipitation nowcast scheme[J]. Wea Forecasting, 2005, 20: 264-275.

[104]Xu K, Wikle C K, Fox N I. A kernel-based spatiotemporal dynamical model for nowcasting weather radar reflectivities[J]. J Amer Stat Soc, 2005, 100: 1134-1144.

[105]Germann U, Zawadzki I. Scale dependence of the predictability of precipitation from continental radar images. Part II: Probability forecasts[J]. J Appl Meteor Climatol, 2004, 43(1): 74-89.

[106]Megenhardt D L, Mueller C, Trier S, et al. NCWF—2 probabilistic forecasts. Preprints, 11th Conf. on Aviation, Range, and Aerospace, Hyannis, MA, Amer Meteor Soc, 2004: 5.2. [Available online at http://ams.confex.com/ams/pdfpapers/81993.pdf.]

[107]Sokol Z, Kitzmiller D, Pešice P, et al. Operational 0—3 h probabilistic quantitative precipitation forecasts: Recent performance and potential enhancements[J]. Atmos Res, 2009, 92(3): 318-330.

[108]Kober K, Craig G C, Keil C, et al. Blending a probabilistic nowcasting method with a high-resolution numerical weather prediction ensemble for convective precipitation forecasts[J]. Quart J R Meteor Soc, 2012, 138(664): 755-768.

[109]Scheufele K, Kober K, Craig G C, et al. Combining probabilistic precipitation forecasts from a nowcasting technique with a time-lagged ensemble[J]. Meteor Appl, 2014, 21(2): 230-240.

[110]Mecikalski J R, Williams J K, Jewett C P, et al. Probabilistic 0—1 hour convective initiation nowcasts that combine geostationary satellite observations and numerical weather prediction model data. J Appl Meteor Climatol, 2015, 54, doi: 10.1175/JAMC-D—14—0129.1.

[111]Germann U, Zawadzki I. Scale-dependence of the predictability of precipitation from continental radar images. Part I: Description of the methodology[J]. Mon Wea Rev, 2002, 130(12): 2859-2873.

[112]Bowler N E H, Pierce C E, Seed A W. Development of a precipitation nowcasting algorithm based upon optical flow techniques[J]. J Hydrol, 2004, 288(1): 74-91.

[113]Cheung P, Yeung H Y. Application of optical-flow technique to significant convection nowcast for terminal areas in Hong Kong. The 3rd WMO International Symposium on Nowcasting and Very Short-Range Forecasting (WSN12). 2012: 6-10.

[114]程丛兰,陈明轩,王建捷,等.基于雷达外推临近预报和中尺度数值预报融合技术的短时定量降水预报试验[J].气象学报,2013,71(3):397-415.

[115]Johnson J T, MacKeen P L, Witt A, et al. The storm cell identification and tracking algorithm: An enhanced WSR-88D algorithm[J]. Wea Forecasting, 1998, 13(2): 263-276.

[116]Hering A, Sénési S, Ambrosetti P, et al. Nowcasting thunderstorms in complex cases using radar data. WMO Symposium on Nowcasting and Very Short Range Forecasting, 2005.

[117]Dixon M, Wiener G. TITAN: Thunderstorm identification, tracking, analysis, and nowcasting—a radar-based methodology[J]. J Atmos Oceanic Technol, 1993, 10: 785-797.

[118]韩雷,郑永光,王洪庆,等.基于数学形态学的三维风暴识别方法研究[J].气象学报,2007,65(5):805-814.

[119]Autonés F. Algorithm theoretical basis document for rapid development thunder storms. Nowcasting Satellite Application Facility (NWC-SAF) Report Issue 2 Rev 3, Meteo France: Toulouse, France. 2012. http://www.nwcsaf.org/indexScientificDocumentation.html.

[120]Walker J R, MacKenzie Jr W M, Mecikalski J R, et al. An enhanced geostationary satellite-based con-

vective initiation algorithm for 0-2-h nowcasting with object tracking[J]. J Appl Meteor Climatol, 2012, 51: 1931-1949.

[121]Bonelli P, Marcacci P. Thunderstorm nowcasting by means of lightning and radar data: Algorithms and applications in northern Italy[J]. Nat Hazards Earth Syst Sci, 2008, 8(5): 1187-1198.

[122]Kohn M, Galanti E, Price C, et al. Nowcasting thunderstorms in the Mediterranean region using lightning data[J]. Atmos Res, 2011, 100(4): 489-502.

[123]侯荣涛,朱斌,冯民学,等. 基于 DBSCAN 聚类算法的闪电临近预报模型[J]. 计算机应用,2012,32(3): 847-851.

[124]Ruzanski E, Chandrasekar V, Wang Y. The CASA nowcasting system[J]. J Atmos Oceanic Technol, 2011, 28: 640-655.

[125]Li L W, Schmid W, Joss J. Nowcasting of motion and growth of precipitation with radar over a complex orography[J]. J Appl Meteor, 1995, 34: 1286-1299.

[126]Laroche S, Zawadzki I. A variational analysis method for retrieval of three-dimensional wind field from single-Doppler radar data[J]. J Atmos Sci, 1994, 51: 2664-2682.

[127]Wang G, Wong W, Liu L, et al. Application of multi-scale tracking radar echoes scheme in quantitative precipitation nowcasting[J]. Adv Atmos Sci, 2013, 30(2): 448-460.

[128]Wilson J W, Crook N A, Mueller C K, et al. Nowcasting thunderstorms: A status report[J]. Bull Amer Meteor Soc, 1998, 79: 2079-2099.

[129]Radhakrishna B, Zawadzki I, Fabry F. Predictability of precipitation from continental radar images. Part V: Growth and decay[J]. J Atmos Sci, 2012, 69(11): 3336-3349.

[130]Surcel M, Zawadzki I, Yau M K. A study on the scale dependence of the predictability of precipitation patterns[J]. J Atmos Sci, 2015, 72: 216-235.

[131]Wolfson M M, Clark D A. Advanced aviation weather forecasts[J]. Lincoln Laboratory Journal, 2006, 16(1): 31-58.

[132]Stensrud D J, Wicker L J, Kelleher K E, et al. Convective-scale warn-on-forecast system: A vision for 2020[J]. Bull Amer Meteor Soc, 2009, 90(10): 1487-1499.

[133]Migliorini S, Dixon M, Bannister R, et al. Ensemble prediction for nowcasting with a convection-permitting model—I: description of the system and the impact of radar-derived surface precipitation rates [J]. Tellus A, 2011, 63(3): 468-496.

[134]Weisman M L, Skamarock W C, Klemp J B. The resolution dependence of explicitly modeled convective systems[J]. Mon Wea Rev, 1997, 125: 527-548.

[135]李泽椿,毕宝贵,金荣花,等. 近 10 年中国现代天气预报的发展与应用[J]. 气象学报, 2014, 72(6): 1069-1078.

[136]Golding B W. Nimrod: A system for generating automated very short range forecasts[J]. Meteor Appl, 1998, 5(1): 1-16.

[137]DuFran Z, Carpenter Jr R, Shaw B. Improved Precipitation nowcasting algorithm using a high-resolution NWP model and national radar mosaic. 34th Conference on Radar Meteorology. 2009.

[138]Wang G, Wong W, Hong Y, et al. Improvement of forecast skill for severe weather by merging radar-based extrapolation and storm-scale NWP corrected forecast[J]. Atmos Res, 2015, 154: 14-24.

[139]Kain J S, Xue M, Coniglio M C, et al. Assessing advances in the assimilation of radar data and other mesoscale observations within a collaborative forecasting-research environment[J]. Wea Forecasting, 2010, 25: 1510-1521.

[140]Kain J S, Dembek S R, Weiss S J, et al. Extracting unique information from high-resolution forecast

models: Monitoring selected fields and phenomena every time step[J]. Wea Forecasting, 2010, 25: 1536-1542.

[141]雷蕾,孙继松,王国荣,等. 基于中尺度数值模式快速循环系统的强对流天气分类概率预报试验[J]. 气象学报,2012,70(4):752-765.

[142]张小玲,陶诗言,孙建华. 基于“配料”的暴雨预报[J]. 大气科学,2010,34(4):754-756.

[143]Taszarek M, Kolendowicz L. Sounding-derived parameters associated with tornado occurrence in Poland and Universal Tornadic Index[J]. Atmos Res, 2013, 134: 186-197.

[144]樊李苗,俞小鼎. 中国短时强对流天气的若干环境参数特征分析[J]. 高原气象,2013,32(1):156-165.

[145]李耀东,高守亭,刘健文. 对流能量计算及强对流天气落区预报技术研究[J]. 应用气象学报,2004,15(1):10-20.

[146]Lakshmanan V, Crockett J, Sperow K, et al. Tuning auto nowcaster automatically[J]. Wea Forecasting, 2012, 27: 1568-1579.

[147]Lin P, Chang P, Jou J, et al. Objective prediction of warm season afternoon thunderstorms in northern Taiwan using a fuzzy logic approach[J]. Wea Forecasting, 2012, 27: 1178-1197.

[148]Kuk B, Kim H, Ha J, et al. A fuzzy logic method for lightning prediction using thermodynamic and kinematic parameters from radio sounding observations in South Korea[J]. Wea Forecasting, 2012, 27(1): 205-217.

[149]Bright D R, Weiss S J, Levit J J, et al. The evolution of multi-scale ensemble guidance in the prediction of convective and severe convective storms at the Storm Prediction Center. Preprints, 24th Conf. Severe Local Storms, Savannah GA. 2008.

[150]Roebber P J. Visualizing multiple measures of forecast quality[J]. Wea Forecasting, 2009, 24(2): 601-608.

[151]Casati B, Wilson L J, Stephenson D B, et al. Forecast verification: Current status and future directions[J]. Meteor Appl, 2008, 15(1): 3-18.

[152]Ebert E E, McBride J L. Verification of precipitation in weather systems: Determination of systematic errors[J]. J Hydrol, 2000, 239: 179-202.

[153]Brown B. Verification methods for spatial forecasts. World Meteorological Organization Symposium on Nowcasting and Very Short Term Forecasting. Whistler, Canada. 2009.

[154]Ebert E E. Neighborhood verification: A strategy for rewarding close forecasts[J]. Wea Forecasting, 2009, 24(6): 1498-1510.

[155]Hitchens N M, Brooks H E. Evaluation of the Storm Prediction Center's day 1 convective outlooks[J]. Wea Forecasting, 2012, 27: 1580-1585.

[156]Hitchens N M, Brooks H E, Kay M P. Objective limits on forecasting skill of rare events[J]. Wea Forecasting, 2013, 28: 525-534.

[157]田付友,郑永光,张涛,等. 短时强降水诊断物理量敏感性的点对面检验[J]. 应用气象学报,2015,26(4):385-396.

[158]Davis C A, Brown B G, Bullock R, et al. The method for object-based diagnostic evaluation (MODE) applied to numerical forecasts from the 2005 NSSL/SPC Spring Program[J]. Wea Forecasting, 2009, 24(5): 1252-1267.

[159]戴建华,茅懋,邵玲玲,等. 强对流天气预报检验新方法在上海的应用尝试[J]. 气象科技进展,2013,3(3):40-45.

我国强对流天气监测和预报业务

毛冬艳

（国家气象中心，北京 100081）

摘　要　本文概括总结了近几年我国强对流天气业务的主要进展，重点介绍推动强对流天气业务发展的技术支撑，包括新的监测资料的应用、数值预报模式的发展、主要技术方法的研发和专业化业务系统的建设，分析了目前存在的问题和面临的挑战，并提出全国强对流业务的未来发展和主要任务。

关键词　强对流　监测　预报

引　言

强对流天气是我国主要的灾害性天气之一。强对流产生的天气变化剧烈，狂风、冰雹、强雷电和短时强降雨等对城市安全和农村安全具有破坏性大、高影响力的特点，会造成城市内涝、交通堵塞、建筑物毁坏、树木折断、通信及电力系统破坏，以及人员伤亡、房屋倒塌、作物被毁和山丘区山洪、地质灾害。

由于强对流天气生命史短，局地性强，因此，预报难度大。到目前为止，强对流天气的预报准确率仍然相对较低[1]。因此，做好强对流天气的监测分析和预报预警非常重要。

1　我国强对流天气业务进展

我国强对流天气主要包括短时强降水、雷暴大风、冰雹和龙卷等，其中，短时强降水一般指1 h降水量达到或超过 20 mm，雷暴大风是指伴有雷暴、且风速达到或超过 17.2 $m \cdot s^{-1}$（8级）的对流性大风。与美国风暴预报中心的强对流天气的定义[2]有一定的差异。

多年以来，强对流天气业务一直是短期天气预报的一部分。2003 年，中央气象台正式发布强对流天气 24 h 落区预报；2007 年 3 月，下发全国 24 h 内 12 h 间隔强对流天气落区预报。2009 年 4 月，随着国家级强对流天气专业化中心的建立，开始下发强对流天气潜势预报产品，产品的精细化水平逐步提高[3]。近些年，我国强对流天气业务取得了一定的进展，主要包括以下四个方面：

本文发表于《气象科技进展》，2012，2(5)：22-28。

(1)全国强对流专业化业务体系初步建立

发展专业化的业务技术体系是天气业务由“传统”向“现代”转变的客观要求[4]。为提高天气预报准确率和精细化水平，根据我国灾害性天气的特点，2009 年 3 月，国家气象中心组建了强天气预报中心，并开展强对流落区潜势预报业务[5]，标志着强对流天气业务向专业化的方向发展，并以此带动全国强对流精细化预报业务体系的建设。之后，部分省级气象台站逐步设置了针对强对流天气的专门岗位，主要职责是在国家级强对流潜势预报的基础上，结合本地天气气候特点，制作更加精细的强对流短时临近预报。专业化中心的成立和专业化岗位的设置体现了以国家和省级为重点的指导预报业务流程。与此同时，市级、县级也逐步完善了强对流天气预警信号发布的业务流程。到目前为止，全国已经初步建立了业务流程清晰、岗位职责明确的强对流业务体系。

(2)强对流天气监测和短临预报业务迅速发展

新的监测手段促进了强对流天气监测业务的迅速发展。1998 年，具有多普勒测速功能的新一代天气雷达开始建设。截至 2012 年 6 月，全国已布设了 160 多部多普勒天气雷达，有效地改善了对强对流天气的监测预警能力[6-8]。近些年来，我国气象卫星探测技术不断发展，目前使用风云二号 D 星和 E 星组成双星业务系统，对我国和周边地区的天气系统进行了有效的监测。每年 6—8 月可以每 15 min 获取一幅云图[9]。2012 年汛期，还启动了风云二号 F 星的区域加密观测，针对重点区域可以实现每 6 min 一次的卫星加密观测，大大提高了对中小尺度天气系统的监视能力。不仅如此，风廓线雷达[10-12]、分钟雨量[13]、GPS 水汽[14]以及微波辐射计等资料也在强对流天气的监测分析中发挥了越来越重要的作用。

监测能力的迅速发展也促进了强对流天气短临预报能力的提升。我国从 2004 年开始逐步开展强对流天气的短时临近预报业务[15]。国家级主要发布未来 6～12 h 的短时指导预报，省级及地方气象台站在定时发布短时预报的基础上，重点开展临近预报业务，并根据强对流天气的种类、影响范围以及强度等发布相应的预警信号。

(3)中尺度天气分析业务在全国稳步推进

中尺度天气分析是结合强对流天气特点、适应强对流业务专业化发展的一项新的天气分析内容。相对于常规的天气分析而言，中尺度分析更加注重强对流天气发生发展的天气系统的配置和各种物理条件的综合分析，目前已经成为强对流天气业务的重要内容之一。2009 年，国家气象中心试验性开展中尺度天气分析业务；2010 年，制定《中尺度天气分析技术规范》(以下简称《规范》)，并通过预报司向全国推广；2011 年，针对《规范》进行进一步的改进完善，一方面简化高空分析的内容，同时增加了针对有限区域的中尺度天气系统分析的技术规范，更适合省级及以下台站充分利用高时空分辨率的观测资料，开展本地区强对流天气过程的更加精细的分析。

(4)强对流业务产品的精细化程度不断提高

强对流专业化业务体系的建立，促进了业务产品的精细化水平不断提高。目前，国家级初步建立了集监测、分析、预报、检验等为一体的较为完整的强对流天气业务产品体系，实现了基于多源观测资料的不同类别、不同时间段的强对流天气客观监测；开展了强天气中尺度分析业务以及针对较强天气过程的中尺度系统滚动分析业务试验；实现了由原来单一的强对流天气预报向短时强降水、雷雨大风和冰雹的分类强对流潜势预报的转化；预报时效从 24 h 延长至 72 h；预报产品由确定性预报逐渐向分类概率预报(图 1)发展；尝试开展了基于 TS 评分的强天气落区预报检验和概率预报检验。省级及地方气象台站在强对流天气监测的实时性、准确性方面不断提高，在短临预报预警方面，逐渐由原来概述性的强对流天气向不同种类(雷电、短时强降水、雷暴大风、冰雹等)转变，对强对流天气的强度也由原来的定性预报向定量化转变，更加注重预报准确率基础上的精细化程度的提高。

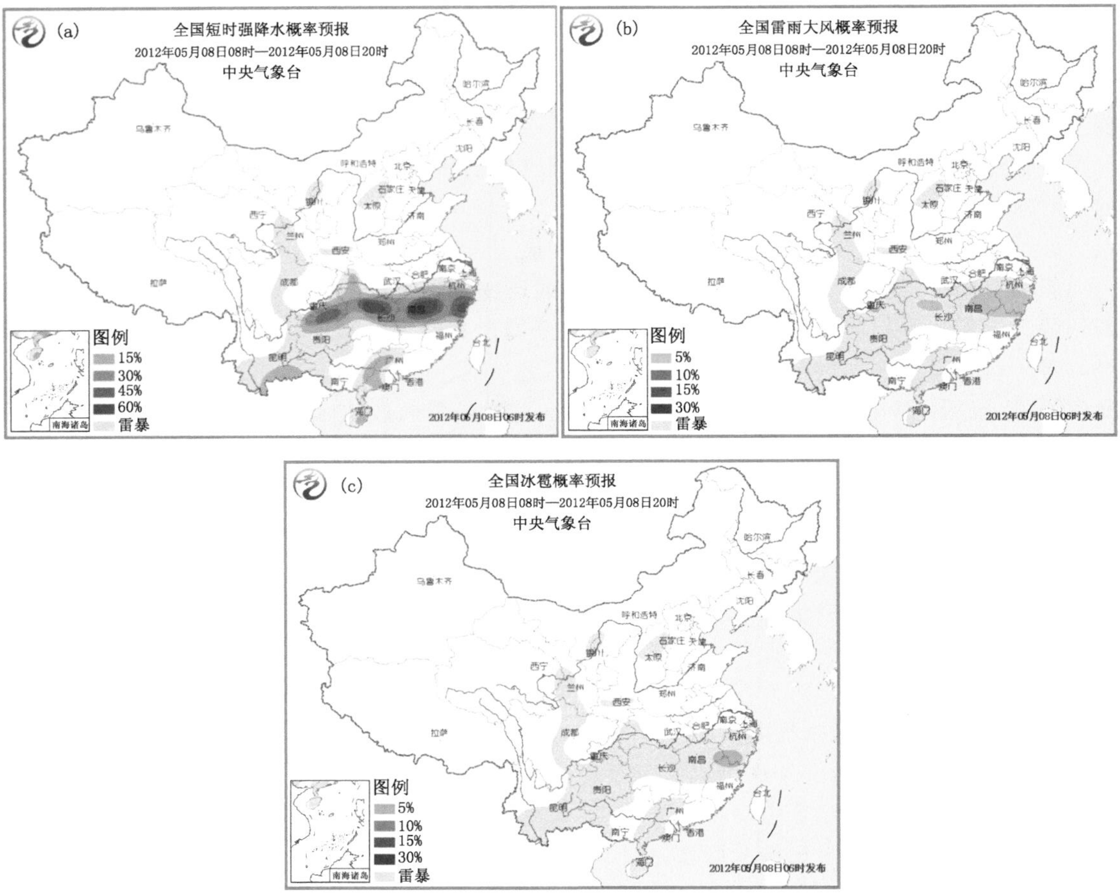

图1　2012年5月8日08—20时全国分类强对流概率预报试验产品
(a)短时强降水，(b)雷雨大风，(c)冰雹

随着近几年强对流天气业务的专业化发展，预报准确率和精细化水平有所提高，特别是对于区域性的强对流天气过程，预报能力有所提升。以2012年4月10—13日我国南方地区一次较大范围的飑线过程为例，中央气象台提前3 d预报出了此次强对流天气过程，并随着时效的临近不断进行订正，24 h内对于强对流天气类型和落区进一步精细化，整个过程预报较为准确。广东省最新的统计数据①表明，广东省对中小尺度突发灾害性天气监测率达80%，强对流天气预报准确率达70%。

① 引自广东省气象局局长许永锞在2012年全省气象工作会议上的工作报告。

2 强对流天气业务发展的技术支撑

随着气象现代化建设不断推进，综合气象观测能力明显增强，数值预报预测能力逐步完善，基于灾害性天气发生发展的动力热力条件诊断分析技术和数值预报产品解释应用技术不断发展，网络通信与计算机技术飞速发展等，都给我国强对流天气业务发展提供了坚实的基础和良好的发展机遇。

2.1 新的监测资料的应用

(1)新一代天气雷达资料的应用

新一代天气雷达网的建设，大大促进了雷达资料在强对流天气业务中的应用。2003 年中国气象局培训中心编写了《多普勒天气雷达原理与业务应用》，详细介绍了多普勒天气雷达在探测和预警冰雹、龙卷、灾害性大风、短时暴雨、暴洪等强对流天气方面的业务应用[16]。近些年来，针对每年发生的较强的强对流天气过程，一些气象学者也综合应用多普勒雷达资料进行了全面的分析总结，如 2002 年 5 月 27 日安徽北部一次典型超级单体风暴造成的强对流天气[17]、2004 年 7 月 10 日北京短时强降水[18-19]和 7 月 12 日上海飑线引发的灾害性大风过程[20-21]、2005 年 3 月 22 日广东一次罕见的强飑线过程[22]、2009 年 6 月 3 日、5 日和 14 日淮河中下游三次飑线过程[23]等，得出了一些有益的结论，并应用于强对流天气的监测和预报、特别是短时临近预报预警中。俞小鼎等[24]在借鉴美国强对流主观识别技术和客观算法的基础上，总结提炼了有利于我国强对流天气发生发展的环境条件以及雷达特征，并给出了建议使用的雷达产品(表 1)，为实际业务应用提供了较好的参考。

表 1 建议的常规产品列表[16]

名称	缩写	标识号	内容	分辨率
反射率因子	R	19	0.5,1.5,2.4,3.5,4.3,6.0,9.9,14.6,19.5	1°×1 km
反射率因子	R	20	0.5	1°×2 km
径向速度	V	27	0.5,1.5,2.4,3.5,4.3,6.0,9.9,14.6,19.5	1°×1 km
径向速度	V	26	0.5	1°×0.5 km
相对风暴径向速度图	SRM	56	0.5,1.5,2.4,3.5,4.3,6.0,9.9,14.6,19.5	1°×1 km
组合反射率因子	CR	37		1 km×1 km
分层组合反射率因子最大值	LRM	65	显示中间层的最大反射率因子，中间层的底部定义为－20 ℃等温线高度，顶为底以上 3 km 的高度，主要用来判断强冰雹的区域	4 km×4 km
垂直累积液态水量	VIL	57		4 km×4 km
风暴路径信息	STI	58		
冰雹指数	HI	59		
中气旋	M	60		
龙卷涡旋特征	TVS	61		
速度方位显示风廓线	VWP	48		0.3 km
1 小时累积雨量	OHP	78		1°×2 km
3 小时累积雨量	THP	79		1°×2 km

(2)卫星资料的应用

随着气象卫星定量遥感探测能力的增强,卫星探测资料在中尺度对流系统(MCS)方面的研究更加深入。一方面,利用卫星资料对 MCS 的特征进行了统计分析,包括中国及邻近地区[25]、华南[26]、华北[27]和青藏高原[28]等地的中尺度对流云团的特征,以及南方地区的中尺度对流复合体(MCC)的特征,其中,南方地区 MCC 的研究表明,其平均生命史为 18 h,最长 22 h,最短 11 h,90%以上发生于北京时间 18—05 时,具有显著的夜发性[29]。另一方面,基于静止卫星红外云图 MCS 判断标准的修订,结合我国天气特点和卫星云图的分辨率,定义了 MCS 云团的识别判据,发展了 MCS 的识别与追踪方法[30],在强对流天气的短时临近预报中具有很好的指导作用。

2.2　数值预报模式的发展

数值预报的发展及应用对天气业务现代化发展的推动是根本性的[4]。强对流天气业务的发展离不开全球数值预报和区域中尺度数值预报模式的发展,同时也得益于中尺度集合预报和快速更新循环同化(RUC)技术的发展。

(1)中尺度集合预报

由于观测、分析同化方法、模式过程和计算都存在误差,由此带来的预报不确定性时效愈长愈大、尺度愈小愈大,因此,集合预报是一种必然的选择,不仅对气候预测、延伸预报是如此,而且对于短期天气预报,特别是灾害性天气短期预报亦是如此[31]。

集合预报从 20 世纪 90 年代兴起,1992 年集合预报系统在美国国家环境预报中心(NCEP)和欧洲中期天气预报中心(ECMWF)投入业务运行以来,集合预报系统在发达国家数值预报业务体系中占据了非常重要的位置。我国是世界上较早开展集合预报系统研发的国家之一。自 2004 年中国气象局国家气象中心承担世界气象组织天气研究计划(WMO/WWRP)"2008 年北京奥运会中尺度集合预报研究开发项目"(简称 B08RDP)以来,根据我国数值预报业务需求和集合预报技术发展特点,研究了我国区域中尺度模式预报误差快速增长特点,地形地貌细致特征和综合观测资料分布特点对误差增长幅度的影响,研制了与全球集合预报系统嵌套的多预报初始值、多物理过程的基于 WRF 的区域中尺度集合预报业务系统。该系统于 2010 年开始准业务运行。

目前,系统共有集合成员 15 个,每天 12 时(世界时,下同)运行 1 次,预报时效 60 h,产品空间分辨率 0.15°×0.15°,时间间隔 3 h,主要包括风、温、湿、位势高度、降水等多要素、多层次的集合平均、离散度、概率等,其中,强天气威胁指数(图 2)、集合动力因子等产品为强对流天气预报提供了较好的参考[32]。

(2)RUC 系统

RUC 系统的建立是为了充分利用高时空分辨率的观测资料,为数值模式提供高质量的初始场,同时在高分辨率数值模式的基础上进行精细的数值预报,为预报员做短时、临近、精细化预报提供更加丰富的数值预报产品。

RUC 同化技术在国外发展较早。1994 年美国 NCEP 已有水平分辨率为 60 km,3 h 更新周期的业务 RUC 系统。我国虽然在这方面起步较晚,但发展迅速。为做好 2008 年北京奥运会气象服务,北京城市气象研究所建立了一个基于 WRF 三维变分同化和 WRF 模式、具有同化多种中小尺度观测资料的 RUC 同化预报系统(BJ-RUC),提供的临近探空对北京地区强对

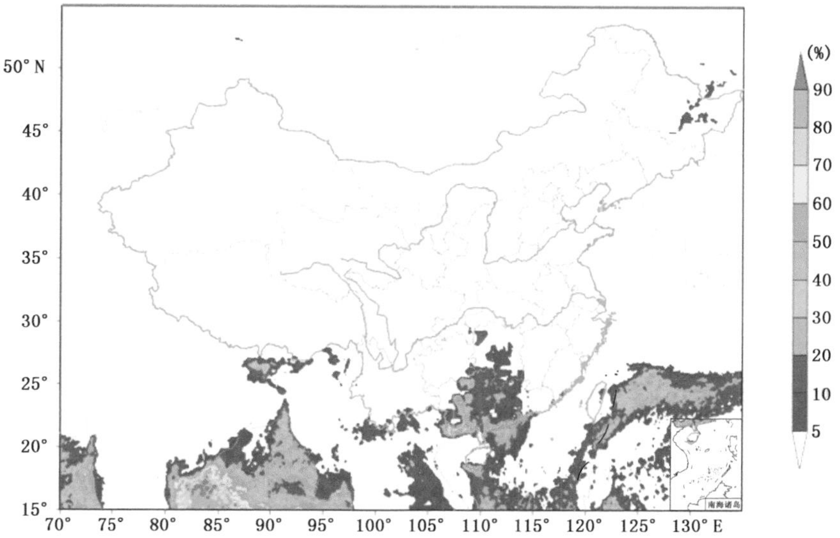

图 2 2011 年 6 月 2 日 20 时起报，未来 36～39 h 强天气威胁指数概率预报

流潜势预报具有一定的指示作用[33]。目前国家气象中心准业务运行的 GRAPES-RUC 系统是在原广州热带海洋气象研究所的 GRAPES-CHAF 基础上吸收新版 GRAPES-Meso 模式与区域 GRAPES-3DVar，并优化初始化部分开发建立的。该系统于 2010 年 4 月起投入准业务试验。

GRAPES-RUC 系统预报模式水平分辨率为 0.15°×0.15°，预报范围覆盖了整个中国区域，每天 00 时和 12 时两次冷启动，可以实现逐时或每 3 h 一次同化分析，每 3 h 做一次 24 h 预报。通过对 2009 年汛期连续 3 个月的不同循环更新频次 RUC 对比试验进行了检验，从 TS 评分和预报偏差 B 值看，无论逐时或 3 h 周期同化，GRAPES-RUC 同化预报系统比业务预报效果有明显的改进[34]。

2.3 主要技术方法的研发

专业化业务的发展离不开专业化技术方法的有力支撑。近年来，逐步建立了强对流天气监测和短临预报、中尺度分析、短期预报等一系列的技术方法，并不断进行改进完善，为业务发展提供了技术支持。

(1)基于多源资料的强对流天气监测和临近预报技术

在 SWAN 监测技术的基础上，综合利用卫星、雷达、地闪和稠密区域自动站资料，建立了较为完善的基于多源观测资料、多类型、多时段的实时强对流天气监测技术，图 3 为 2012 年 4 月一次强对流天气过程的强对流天气分布图。在对自动站大风和降水资料、地闪资料进行质量控制的基础上，发展了包括雷暴、冰雹、大风以及短时强降水的强对流信息提取和统计技术[15]；开发了地闪监测技术，通过地闪密度反映雷暴系统的强弱；改进了基于雷达资料的 CTREC 和 TITAN 算法，降低了对雷暴单体识别的错误率；研发了基于风云卫星的深对流云提取技术和 MCS 的识别追踪和外推预报技术。

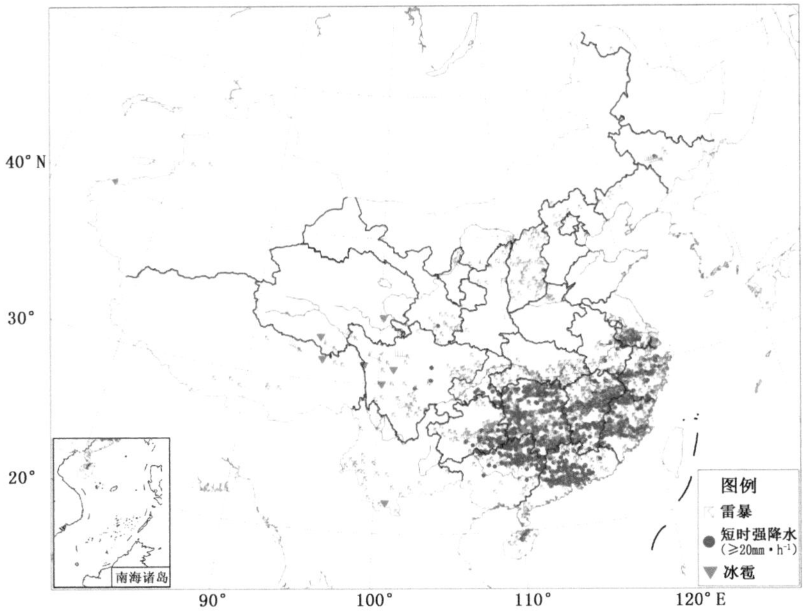

图 3　2012 年 4 月 10 日 08 时—13 日 20 时全国强对流天气监测图

（2）中尺度天气诊断分析技术

中尺度天气的天气图分析已经成为强对流天气潜势预报的重要依据[35]，而中尺度客观分析技术为中尺度天气分析业务的开展提供了重要的技术支持。利用 Cressman 逐步订正法实现了对探空资料、常规地面观测和加密自动站资料的快速客观分析和诊断，其中，探空资料分析每日 2 次，常规地面观测分析每日 8 次，加密自动站资料分析每小时 1 次，一定区域（如京津冀地区）的加密自动站资料每 10 min 1 次，分析内容除了常规要素以外，主要包括与水汽、抬升和稳定度条件相关的物理量参数。开展了基于数值预报模式（如 T639、EC、NCEP 等）的强对流天气物理量参数的诊断，并在全面调研美国风暴预报中心（SPC）构建的强对流参数的基础上，结合我国强对流天气特点，对冰雹指数等综合参数进行引进与试用。

（3）分类强对流客观预报技术

决定对流产生和组织结构的环境因素包括大气层结的稳定性、风的垂直切变、水汽条件和抬生（触发）机制。结合我国强对流天气特点，加强了对于雷暴生成、加强和消散的概念模型的认识与理解，总结了有利于强冰雹、雷暴大风、龙卷以及对流性暴雨等不同类别的强对流天气发生发展的环境条件[8]。分类强对流客观预报技术就是在充分考虑各类对流天气产生的环境条件的基础上，综合利用物理量的统计特征和预报员的实践经验，选取对某一类强对流天气预报具有指示意义的物理参数作为预报因子进行预报，即“配料法”[36]的技术思路。分类强对流客观预报技术自 2011 年汛期在国家气象中心投入业务试验，为预报员提供了直接的强对流预报产品，在强对流的预报中发挥了一定的作用。但对于不同地区、不同季节，该方法的预报能力还存在较大的差异，仍需在检验的基础上做进一步的改进与完善。

2.4 专业化业务系统的建设

在强对流天气业务向专业化方向发展的同时，业务系统的研发也由原来的综合性逐渐向专业化方向转变。近年来，在 MICAPS 3.0 的基础上开发了结合强对流天气业务特点的专业化版本，开发了 SWAN 系统，这些系统的研发推广对全国强对流天气业务的开展起到了很好的推动作用。

(1)MICAPS 强天气专业化版本

1996 年，开发了气象信息综合分析处理系统 MICAPS 1.0；2007 年，完成 MICAPS 3.0 的系统升级；2008 年，MICAPS 3.0 系统在中央气象台和省级气象台推广应用[3]。结合强对流天气业务的特点，在 MICAPS 3.0 的基础上，增加了非常规观测资料的显示分析，包括雷达主要 PUP 产品、雷达基数据、卫星 GPF 数据、卫星 AWX 格式数据、GPS 水汽、闪电定位、AMDAR 资料、风廓线资料等的显示分析；增加了中尺度天气分析功能，不仅定义了每一类中尺度天气符号，同时也提供了便捷的基于高空、地面观测的多种要素的客观分析和变化场计算；改进了 $T-\log p$ 图制作，增加了大量基于探空资料的物理参数计算，目前可计算的参数有 50 多种，并增加了风矢端图、高空风分析和多种物理量的垂直分析，提供了在探空图上的交互订正功能[37]。

(2)SWAN 系统

2008 年，中国气象局启动灾害性天气短时临近预报系统(SWAN)开发。SWAN 系统在 MICAPS 系统的基础上，融合了数值模式产品和雷达、卫星、自动站等探测资料，提供了丰富的产品和功能，主要包括 6 大类，分别为基于实况资料的探测和分析产品、外推预报产品、数值模式与雷达资料的融合预报产品、实时客观检验产品、灾害性天气综合自动报警，以及预报预警制作和发布功能[38]。在系统的开发过程中，研发了多项监测预报技术方法，包括三维雷达拼图技术[39]、COTREC(改进的交叉相关法)[40]、风暴识别技术[41]、TITAN(风暴识别、追踪、分析和临近预报系统)[42]等。目前，SWAN 系统已经在全国气象台投入了业务应用，并在强对流天气的短临预报中发挥了越来越重要的作用。图 4 给出了 SWAN 部分功能的界面。

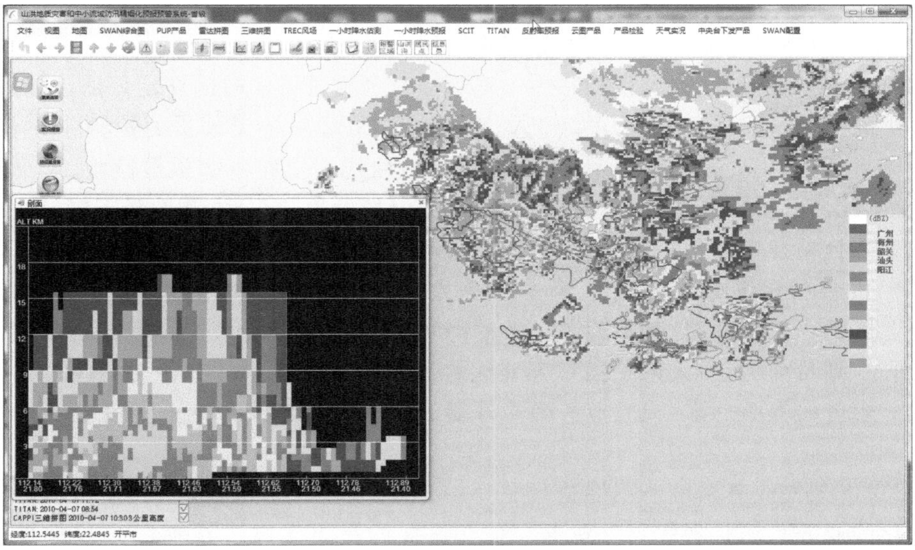

图 4 SWAN 系统区域雷达拼图、雷达回波剖面和 TITAN 算法产品界面

3 问题与挑战

近年来，虽然全国强对流天气监测和预报业务取得了一定的进展，但由于我国强对流天气业务的专业化发展还处于起步阶段，与美国等强对流预报发达国家相比，在很多方面还存在一定的差距，面临着严峻的挑战。因此，从整体上提高我国强对流天气业务的监测预报水平，仍是一项长远的任务。目前存在的主要问题包括以下几个方面：

(1)分类的强对流天气精细化预报基础还比较薄弱

分类的强对流天气预报是强对流预报精细化所必须面临和解决的问题。美国 SPC 基于多年的强对流天气实况和高分辨率的再分析资料，对不同类别的强对流天气、特别是龙卷天气的物理量阈值进行了详细的统计分析，这些结果对实际业务具有很好的参考价值。同时，基于强对流天气发生发展的物理机制，构建了适用于不同类别强对流天气预报的综合参数，并在集合预报的基础上研发了强对流天气的概率预报技术。相对而言，目前我国对不同类别的强对流天气演变特征及形成机理还缺乏深入系统的认识，分类的强对流天气的客观预报方法的研发刚刚起步，业务试用的基于“配料法”的客观预报产品仍需不断进行检验评估与改进。同时，针对强对流天气的短时预报方法尚在研发中，目前还没有比较有效的技术方法解决未来 2—12 小时短时预报时效内的预报问题。

(2)以中尺度数值模式为基础的业务技术支撑不足

数值预报是天气预报的基础，中尺度数值预报则对强对流天气预报非常重要。美国 SPC 于 2001 年 5 月开始在业务中使用短期集合预报(SREF)，经过十余年的业务应用，SREF 已经成为 SPC 业务的重要参考。同时，RUC 系统也不断改进，2012 年 5 月，RAP 取代了 1994 年开始在业务中使用的 RUC，成为 NOAA 下一代逐小时更新的同化/模式系统。相比较而言，我国现有的中尺度数值预报模式在预报性能、产品时效等方面还有很多有待改进之处，同时基于 GRAPES 的区域集合预报系统尚未业务化，相应地以中尺度数值模式为基础的强对流业务产品研发受到一定限制，适合强对流天气预报的客观产品不多。

(3)科学规范的强对流预报检验业务尚未开展

检验是天气预报业务的重要环节之一，既可以对预报进行实时的评定评估，同时也能及时发现预报中的问题，促进预报能力的不断提高。美国 SPC 对各类预报的检验业务非常完善，对于分类概率预报，主要采用以 Brier 评分和可靠性曲线为主的概率预报检验；对于警戒状态信息(即 Watch)，分析百分之几的警戒包含有强天气的发生，百分之几的强天气发生在警戒区中。对于地方台站发布的预警信息，一般用预警准确率、虚警率和提前时间来表示，如对于龙卷，2010 年，龙卷的预警准确率为 72%，虚警率为 74%，提前发布时间为 14 min。我国由于强对流天气业务起步比较晚，且其检验与一般的降水预报检验在技术方法等方面存在很大的不同之处，因此，到目前为止，无论是强对流天气的落区预报，还是预警信号的发布，都还没有建立全国统一规范的检验标准，检验业务尚未开展。这也是强对流天气业务发展亟待解决的主要问题之一。

(4)强对流天气业务系统还不健全

专业化的业务系统是现代天气业务专业化发展的重要支撑。美国 SPC 根据强对流天气特点和业务需要，开发了专门针对强对流天气分析预报的业务系统。人机交互的探空分析诊断系统(NSHARP)能够提供包括实况高空观测、数值预报资料、点预报和飞机探空报文资料的分析和诊断，具有丰富的显示功能和人机交互功能，是强对流天气预报不可或缺的有力工具。综合地面观测和 RAP 的客观分析系统(SFCOA)能够提供逐小时、40 km 分辨率的三维要素场，为强对流天气诊断分析提供支持。目前，我国强对流天气主要业务系统的专业化程度相对还比较低，与实际业务需求还有一定的差距，MICAPS 强对流专业版本在探空资料分析、集合预报产品的显示分析、基于常规和非常规观测资料、灾情资料和预警信号等信息的综合监测等方面仍有很大的提升空间，SWAN 等短时临近预报业务系统仍需结合不同地区的特点进行本地化的改进与完善。

4 未来发展

结合我国实际，未来全国强对流天气业务发展的思路为围绕提高预报准确率的核心要求，以多源资料融合技术、高分辨率数值预报产品和强天气快速诊断分析为基础，以动力和统计相结合的数值预报产品释用技术、集合数值预报技术和强对流天气概念模型为技术支撑，国家级重点发展分类强对流概率预报指导产品，省级重点发展短时临近预报指导产品，省级以下业务部门重点为强对流天气实时监测和临近预报预警，扎实地推进全国强对流天气业务的发展。未来几年的重点任务如下：

(1)加强强对流天气监测和短临预报技术研发

完善基于 SWAN 系统和多源观测资料融合的强对流天气监测技术；研发基于自动站雨量与瞬时风速、闪电和雷达拼图等资料的 5～10 min 时间间隔的全国强对流天气监测产品；改进基于雷达的 TITAN 算法和基于卫星资料的 MCS 临近预报算法；发展基于强对流天气监测、临近预报算法、中尺度数值模式以及“配料法”的强对流天气短时预报技术。

(2)改进中尺度天气分析

加强对中尺度系统的空间结构、要素配置和物理过程演变的认识和理解；进一步完善基于高空、地面和数值模式产品的中尺度天气高空地面综合图分析；发展针对重点区域、重点时段的基于快速分析预报资料和多源观测资料的中尺度滚动分析技术和业务产品；开发基于 GRAPES-RUC 的高时空分辨率的客观综合分析产品；修订《中尺度天气分析技术规范》。

(3)提高强对流天气预报的精细化水平

利用 SWAN 系统技术，加强预报员对高分辨率快速分析预报产品的分析和应用；完善和发展基于多种资料的灾害性天气发生发展的动力热力特征物理参数客观诊断分析技术；增强对中尺度天气系统及其特征物理量的综合分析能力，总结提炼不同区域、不同季节、不同类别强对流天气的概念模型、特征物理量及其阈值；逐步发展基于集合预报的强对流天气概率预报技术，正式开展基于集合预报的分类强对流天气概率预报业务。

(4)稳步推进强对流预报的检验业务

制定针对强对流预警信号的检验规范，开展强对流预警信号检验业务；制定针对强对流天气短时和短期潜势落区预报的评分技术，开展强对流落区预报的检验业务；试验开展强对流天气过程检验，提高对重大强对流天气过程预报能力的定量化评估；尝试使用网格化的多源资料进行对流和强对流预报评分；针对强对流概率预报业务试验，发展概率预报评分技术。

致谢：本文得到国家气象中心端义宏研究员的悉心指导，国家气象中心郑永光、金荣花、谌芸、张涛、盛杰、曹莉和中国气象局数值预报中心邓国、郝民等给予了热情帮助，广东省气象局伍志芳提供了相关素材，在此一并深表感谢！

参考文献

[1] 章国材. 强对流天气分析与预报[M]. 北京：气象出版社，2011.

[2] 周庆亮. 美国强对流预报主观产品现状分析[J]. 气象，2010，36(11)：95-99.

[3] 端义宏. 中央气象台天气预报服务业务的过去、现在和将来[J]. 气象，2010，36(7)：5-11.

[4] 矫梅燕. 天气业务的现代化发展[J]. 气象，2010,36(7)：1-4.

[5] 何立富，周庆亮，谌芸，等. 国家级强对流潜势预报业务进展与检验评估[J]. 气象，2011，37(7)：777-784.

[6] 俞小鼎. 新一代天气雷达与强对流天气预警[J]. 高原气象，2005，24(3)：456-464.

[7] 许小峰. 中国新一代多普勒天气雷达网的建设与技术应用[J]. 中国工程科学，2003，5(6)：7-14.

[8] 俞小鼎，周小刚，王秀明. 雷暴与强对流临近天气预报技术进展[J]. 气象学报，2012，70(3)：311-337.

[9] 杨军，许健民，董超华. 风云气象卫星40年：国际背景下的发展足迹[J]. 气象科技进展，2011，1(1)：6-13.

[10] 古红萍，马舒庆，王迎春. 边界层风廓线雷达资料在北京夏季强降水天气分析中的应用[J]. 气象科技，2008，36(3)：300-303.

[11] 杨引明，陶祖钰. 上海LAP－3000边界层风廓线雷达在强对流天气预报中的应用初探[J]. 成都信息工程学院学报，2003，18(2)：155-160.

[12] 林中庆，曹亚平，赵小伟. 风廓线雷达资料在一次强对流天气过程中的应用[J]. 气象研究与应用，2011，32(3)：19-22.

[13] 盛杰，张小雯，孙军，等. 三种不同天气系统强降水过程中分钟雨量的对比分析[J]. 气象，2012,38(10)：1161-1169.

[14] 叶其欣，杨露华，丁金才，等. GPS/Pwv资料在强对流天气系统中的特征分析[J]. 暴雨灾害，2008，27(2)：141-148.

[15] 郑永光，张小玲，周庆亮，等. 强对流天气短时临近预报业务技术进展与挑战[J]. 气象，2010，36(7)：33-42.

[16] 俞小鼎，姚秀萍，熊廷南，等. 多普勒天气雷达原理与业务应用[M]. 北京：气象出版社，2006.

[17] 郑媛媛，俞小鼎，方翀，等. 一次超级单体风暴的多普勒天气雷达观测分析[J]. 气象学报，2004，62：317-328.

[18] 毛冬艳，乔林，陈涛，等. 2004年7月10日北京暴雨的中尺度分析[J]. 气象，2005，31(5)：42-46.

[19] 孙继松，王华，王令，等. 城市边界层过程在北京2004年7月10日局地暴雨过程中的作用[J]. 大气科学，2006，30(2)：221-234.

[20] 张芳华，陈涛，周庆亮，等. 2004年7月12日上海飑线天气过程分析[J]. 气象，2005，31(5)：47-51.

[21] 刘淑媛，孙健，杨引明. 上海2004年7月12日飑线系统中尺度分析研究[J]. 气象学报，2007，65(1)：84-93.

[22] 谢健标，林良勋，颜文胜，等. 广东2005年“3·22”强飑线天气过程分析[J]. 应用气象学报，2007，18(3)：321-329.

[23] 曲晓波，王建捷，杨晓霞，等. 2009年6月淮河中下游三次飑线过程的对比分析[J]. 气象，2010，36(7)：151-159.

[24] 俞小鼎. 强对流天气的多普勒天气雷达探测和预警[J]. 气象科技进展，2011，1(3)：31-41.

[25] 马禹，王旭，陶祖钰. 中国及其邻近地区中尺度对流系统的普查和时空分布特征[J]. 自然科学进展，1997，7(6)：701-706.

[26] 江吉喜，叶慧明，陈美珍. 华南地区中尺度对流性云团[J]. 应用气象学报，1990，1(3)：232-240.

[27] 郑新江，赵亚民. 华北强对流云团的活动及其天气特征[J]. 应用气象学报，1992，3(增刊)：88-92.

[28] 江吉喜，范梅珠. 夏季青藏高原上的对流云和中尺度对流系统[J]. 大气科学，2002，26(2)：263-270.

[29] 项续康，江吉喜. 中国南方地区的中尺度对流复合体[J]. 应用气象学报，1995，6(1)：9-17.

[30] 费增坪，王洪庆，张焱，等. 基于静止卫星红外云图的 MCS 自动识别与追踪[J]. 应用气象学报，2011，22(1)：115-122.

[31] 章国材. 中短期天气集合预报问题[J]. 气象，2004，30(4)：3-5.

[32] 邓国，龚建东，邓莲堂，等. 国家级区域集合预报系统研发和性能检验[J]. 应用气象学报，2010，21(5)：513-523.

[33] 陈敏，范水勇，郑祚芳，等. 基于 BJ-RUC 系统的临近探空及其对强对流发生潜势预报的指示性能初探[J]. 气象学报，2011，69(1)：181-194.

[34] 郝民，徐枝芳，陶士伟，等. GRAPES RUC 系统模拟研究及应用试验[J]. 高原气象，2001，30(6)：1573-1583.

[35] 张小玲，张涛，刘鑫华，等. 中尺度天气的高空地面综合图分析[J]. 气象，2010，36(7)：143-150.

[36] Doswell Ⅲ C A，Brooks H E，Maddox R A. Flash flood forecasting：An ingredients based methodology [J]. Wea Forecasting，1996，11：560-581.

[37] 李月安，曹莉，高嵩，等. MICAPS 预报业务平台现状与发展[J]. 2010，36(7)：50-55.

[38] 胡胜，孙广凤，郑永光，等. 临近预报系统(SWAN)产品特征及在 2010 年 5 月 7 日广州强对流过程中的应用[J]. 广东气象，2011，33(3)：11-16.

[39] 肖艳姣，刘黎平. 新一代天气雷达网资料的三维格点化及拼图方法研究[J]. 气象学报，2006，64(5)：647-657.

[40] 陈雷，戴建华，陶岚. 一种改进后的交叉相关法(COTREC)在降水临近预报中的应用[J]. 热带气象学报，2009，25(1)：118-122.

[41] 胡胜，顾松山，庄旭东，等. 风暴的多普勒雷达自动识别[J]. 气象学报，2006，64(6)：796-808.

[42] 韩雷，王洪庆，谭晓光，等. 基于雷达数据的风暴体识别、追踪及预警的研究进展[J]. 气象，2007，33(1)：3-10.

强对流天气短时临近预报业务技术进展与挑战

郑永光　张小玲　周庆亮　端义宏　谌芸　何立富

（国家气象中心，北京 100081）

摘　要　强对流天气短时临近预报业务是国家防灾减灾、重大社会活动和精细化天气预报的迫切需要。虽然我国强对流天气短时临近预报业务已经取得了巨大进展，但与国外先进水平相比还有不小差距。本文总结近年了国内外强对流天气短时临近预报业务现状、技术进展、目前国内的技术支撑状况和所面临的挑战，并提出了相应的应对措施。目前强对流天气短时临近预报技术仍然主要是外推预报技术、数值预报技术和概念模型预报技术等，但快速更新循环的高时空分辨率数值模式预报和新一代静止气象卫星资料将在强对流天气短时临近预报中发挥重要作用。强对流天气监测、分析和机理研究是强对流天气短时临近预报的重要基础；先进的外推预报方法同快速更新循环的高时空分辨率数值模式预报以及二者的融合是未来强对流天气短时临近预报的重要发展方向。

关键词　强对流　短时临近预报　进展　挑战

引　言

雷暴是最普通的对流天气。强对流天气一般是指雷雨大风、冰雹、龙卷、短时强降水等天气，该类天气具有突发性和局地性强、生命史短、灾害重等特点，是天气预报业务中的难点。但国家防灾减灾、重大社会活动（如 2008 年北京奥运会、2009 年 60 周年国庆气象保障等）和精细化天气预报的需要都对强对流天气的短时临近预报业务提出了更高的需求。一般来说，短时预报是指 0～12 h 以内的天气预报，临近预报是 0～2 h 的天气预报；WMO（世界气象组织）2005 年定义的临近预报则拓展为 0～6 h 的天气预报。

我国强对流天气多次导致重大人员伤亡和财产损失。比如，2005 年 6 月 10 日下午，黑龙江宁安市沙兰镇沙兰河上游山区突降暴雨，导致包括 103 名学生、2 名幼儿在内共 117 人遇难；2009 年 6 月 3 日、5 日和 14 日华东连续出现强对流天气，11 月 9 日我国南方出现罕见强对流天气。据统计，2001—2007 年强对流灾害所造成的直接经济损失每年均在 110 亿元以上，占气象灾害全部损失的 6％～15％；2009 年强对流天气则是我国第 3 大气象灾害，仅次于干旱和暴雨洪涝。

本文发表于《气象》，2010，36（7）：33-42。

我国强对流天气地理分布十分不均匀，并且具有显著的季节和日变化特征。强对流天气主要发生在暖季(4—9月)。虽然华南、云南和青藏高原等地是我国的雷暴高发区，但冰雹最多的区域主要在青藏高原、云贵高原以及其它的山地。不过，大冰雹则主要分布在我国的东部地区；雷雨大风、龙卷强对流天气则主要发生在华东和华中等的平原区域；因此这些区域是强对流天气预报的重点关注区域。

由于导致强对流天气的系统属于中小尺度天气系统，很难被常规气象观测网捕捉到，因此非常规观测资料(自动站、雷达、卫星、雷电、GPS、风廓线雷达等)及其融合、同化数据和中尺度数值模式数据是进行强对流天气短时和临近预报的主要资料基础。

目前美国、英国、加拿大、澳大利亚、法国、日本和韩国等国都建立了自己的强对流天气短时临近预报系统和业务；中国香港天文台、中国气象局也各自建立了自己的强对流天气短时临近预报系统，国内各级台站也开展了相应的预报业务。

1 强对流天气短时临近预报系统和业务现状

1.1 国外短时临近预报系统和业务现状

美国 Meteorological Development Lab(MDL，气象开发实验室)发展了 SCAN(The System for Convection Analysis and Nowcasting)预报系统[1]，进行雷暴和强雷暴 0～3 h 预报；美国 NSSL(National Severe Storms Laboratory)开发的 WDSS II (Warning Decision Support System－Integrated Information)[2]强对流天气预报系统已经应用国家级强对流天气预报中心 SPC(Storm Predicition Center，强风暴预报中心)，该系统是在只能使用单雷达资料的 WDSS[3]系统上发展起来的，主要使用多部雷达产品进行风暴单体的识别、追踪以及冰雹、龙卷和破坏性大风的识别和追踪，能够进行 0～1 h 强对流天气预报；美国国家大气科学研究中心(NCAR，the National Center for Atmospheric Research)发展 ANC(Auto－nowcaster，临近预报系统)[4]进行 0～2 h 临近预报，NCAR 还发展了专家预报系统 ANC 和数值预报输出相融合的 Niwot 系统[5]进行 0～6 h 格点反射率因子预报。ANC 系统中使用基于雷达资料的 TITAN (Thunderstorm Identification, Tracking, Analysis, and Nowcasting)算法[6]进行雷暴的识别、追踪、分析和 1 h 内的临近外推预报，该系统同时使用常规资料、自动站资料、雷达资料、卫星资料和数值模式资料来监测边界层辐合线，并进行边界层辐合线的预报。NCAR 还发展了一个多普勒雷达资料变分同化分析系统(VDRAS)[7-8]，它利用一个云尺度数值模式和它的伴随模式对雷达数据进行四维变分同化分析，获取大气的三维风场和温度场。

美国 FAA(联邦航空管理局)把 MIT Lincoln 实验室(MIT LL)、NCAR Research Applications 实验室(RAL)、NOAA Earth Systems Research 实验室(ESRL) Global Systems Division (GSD) 和 NASA 联合起来建立了统一的航空风暴预报系统 CoSPA(the Consolidated Storm Prediction for Aviation)[9]。演示原型版 CoSPA 系统在 2008 年夏季已开始试运行，正式版计划 2013 年业务运行。CoSPA 系统提供 0～6 h 预报，0～2 h 使用启发式外推预报(the heuristic extrapolation forecast)[10-12]，2～6 h 使用基于外推预报和 High Resolution Rapid Refresh (HRRR)[13]模式预报的融合预报算法。

英国的 NIMROD (Nowcasting and Initialisation for Modelling Using Regional Observation Data System)[14] 和 GANDOLF(Generating Advanced Nowcasts for Deployment in Operational Landsurface Flood forecasts)[15] 预报系统融合了基于雷达等资料的外推预报与中尺度模式预报，将预报时效提高到 6 h，空间分辨率可达 2 km；加拿大建立了 MAPLE 预报系统进行 0～8 h 降水预报、CARDS 系统[16] 进行 0～1 h 雷暴预报；澳大利亚建立了 STEPS(Short Term Ensemble Prediction System)预报系统进行 0～6 h 降水预报、TIFS 系统进行 0～6 h 雷暴预报；法国建立的 SIGOONS 系统[17] 进行 0～4 h 雷暴、降水、雾和风的预报；日本建立了 VSRF(Very Short-Range Forecast)系统进行 0～6 h 降水预报，韩国移植了该系统并应用到其业务中。

在这些强对流天气短时临近预报系统中，美国的 WDSS、ANC 和 TITAN，英国的 Gandolf 和加拿大的 CARDS 系统参加了 2000 年悉尼奥运会的 FDP(Forecast Demonstration Project)项目[18-19]。美国的 Niwot、澳大利亚的 STEPS 和 TIFS、加拿大的 CARDS 系统还参加了 2008 年北京奥运会的 FDP 项目[20]。后文介绍的国内短时临近预报系统中香港的 SWIRLS、广东的 GRAPES-SWIFT[21] 和北京－NCAR 联合开发的 BJ-ANC 都参加了 2008 年北京奥运会的 FDP 项目。这些先进的强对流天气临近预报系统参加奥运会期间的世界天气研究计划(WWRP) FDP 项目试验极大地推动了临近预报技术的发展。

美国 SPC 作为其国家级强对流天气预报中心进行时间尺度从几十分钟到 8 d 的强对流天气(龙卷、冰雹和对流性大风)的展望和警戒预报，美国地方气象局进行 2 h 内的临近警告预报，这种有效协作的强对流天气预报流程见图 1。2000 年，美国爆发性洪水预报提前时间为 43 min；2005 年提前时间为 54 min，预报准确率为 90%。2004—2006 年龙卷风预报提前时间平均为 12.5 min，预报准确率平均为 76%。

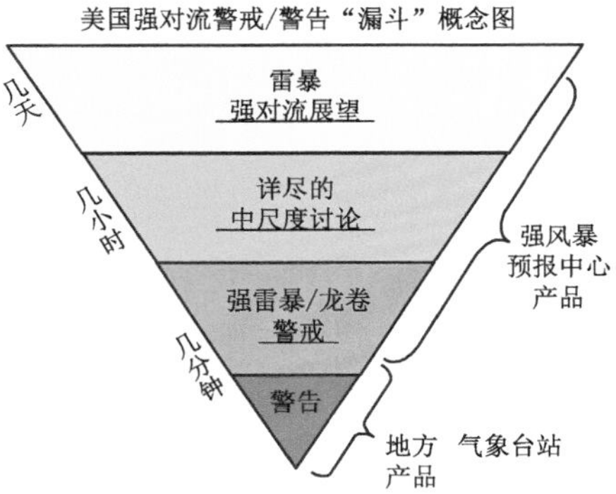

图 1　美国强天气预报业务分工图

1.2　国内短时临近预报系统和业务现状

国内各级气象台站不同程度地开展了短时临近预报业务。国内从 2004 年开始逐步开展了强对流天气的短时临近预报业务，但至今尚未形成比较完善的业务。目前的业务产品还不能区分短时强降水、雷雨大风和冰雹等各类强对流天气；对龙卷的实时监测和预报也有较大的困难，很难预报该类天气；目前也没有统一的强对流天气预报产品检验和质量评定办法。因此，目前国内还没有强对流天气预报准确率和提前时间的数据。

国家气象中心开展的强对流天气短时预报产品包括暴雨(6 h 定量降水业务)和一天 3 次

的强对流 12 h 预报指导产品(每日 05,10,16 时发布)。各省及下级气象台站也开展了强对流天气的短时预报(定时发布,如广东一天 3 次,05, 11, 17 时)和临近预报业务(不定时发布),同时针对强对流天气的强度发布不同级别的预警信号。

2009 年 3 月国家气象中心成立强天气预报中心,专门负责强对流天气预报,以带动全国的强对流天气预报业务发展和预报技术研发。这是国内首个组建的专门强对流天气预报队伍,也带动了国内部分省市组建了专门的强对流天气预报部门。

香港天文台从 20 世纪 90 年代就开始建设"小涡旋"SWIRLS((Short-range Warning of Intense Rainstorms in Localized Systems)[22]系统进行降水的短时临近预报,目前该系统已经发展到 2.0 版本,能够进行风暴追踪和预报以及冰雹、雷雨大风、短时强降水、闪电、降水概率等的预报。

广东省气象局建立了短时临近预报系统 GRAPES-SWIFT(Severe Weather Integrated Forecasting Tools),其核心技术建立在 GRAPES 数值预报模式提供的高分辨率数值预报产品、新一代多普勒天气雷达探测资料、自动气象站和风云气象卫星资料等基础上;湖北省气象局建立了 MYNOS 临近预报系统;上海市气象局也建立了 NoCAWS 临近预报系统进行雷达回波和闪电活动的外推预报。

北京市气象局从奥运保障出发,从 2004 年开始引进并建设和本地化美国 NCAR 的 ANC 短时临近预报系统(称为 BJ-ANC)。该系统在 2008 年北京奥运会气象保障和日常业务预报中发挥了重要作用。BJ-ANC 包含多种算法和模块,其中对流临近预报以雷达资料为主,6 min左右更新一次。但 BJ-ANC 也存在一些问题需要进一步改进,比如缺少分类强对流天气(冰雹、雷雨大风、闪电等)预警产品;大部分预报产品的时效仅为 1 h 等。[23]

中国气象局从 2007 年底开始大力建设强对流天气临近预报业务系统 SWAN。目前 SWAN 1.0 已经基本建设完成并全国推广,2.0 版本正在开发中。

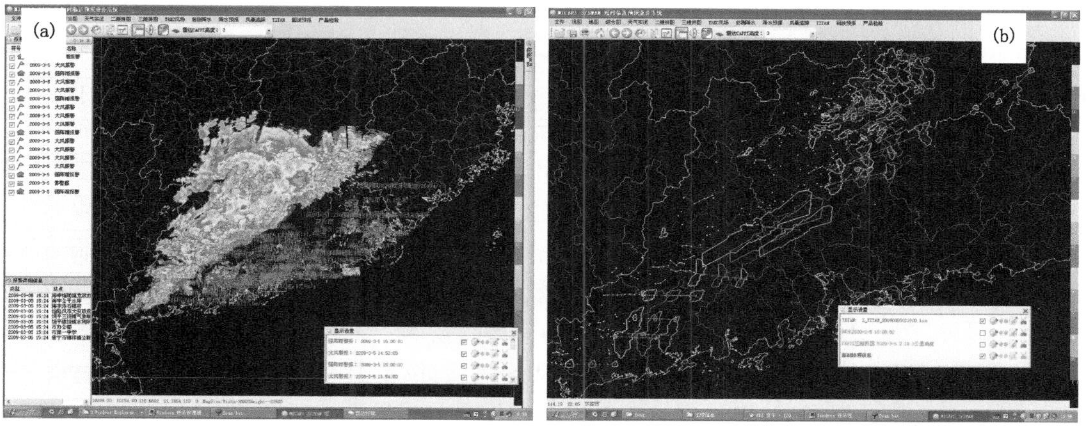

图 2 中国气象局强对流天气短时临近预报系统 SWAN 1.0
(a)灾害天气实时报警页面; (b) 风暴路径预报(TITAN)

SWAN 1.0 系统以中国气象局业务平台 MICAPS 3.0 为基础开发完成,其主要功能如下:灾害性天气显示和报警,二维和三维雷达拼图,雷达定量估测降水,区域追踪(TREC)及回波外推预报,降水 0~1 h 的外推预报,每 6 min 风暴单体识别和 30 min、60 min 的外推预报等。SWAN 2.0 版本着重开发和引入以下模块:引入高时空分辨率的中尺度数值模式预报数据;强对流天气分类识别和预报技术;卫星资料在强对流云团快速识别和云团对流特征参数分析中的应用技术;LAPS(The Local Analysis and Prediction System)快速融合和分析系统生成的基本要素三维分析场和云分析算法等。

SWAN 1.0 系统在上海世博会 WENS 第一次演练中表现稳定,并在 2009 年第十一届全运会气象保障工作中发挥了重要作用。

2 强对流天气短时临近预报技术

2.1 国内外短时临近预报技术进展

如前所述,强对流天气短时临近预报所依靠的主要资料是各种非常规观测资料、高时空分辨率的中尺度数值模式数据以及这些数据的融合分析数据等。非常规观测资料主要来自自动站、雷达、卫星、闪电定位、GPS/MET、风廓线雷达等的观测。因此,强对流天气短时临近预报技术就是根据这些观测资料的特性、数值模式资料的有效性和特点、强对流天气的物理特征和机理综合开发完成,比如定量降水预报技术就是主要根据自动站降水资料、雷达资料和数值模式资料来开发完成。

陈明轩等[24]对国内外对流天气临近预报技术的发展与研究进展进行了综述,韩雷等[25]综述了基于雷达数据的风暴体识别、追踪及预警的研究进展。总体来看,强对流天气短时临近预报技术主要包括雷暴识别追踪和外推预报技术、数值预报技术和以分析观测资料为主的概念模型预报技术等[4, 24]。

雷暴识别追踪和外推预报技术可以分为三大类:持续性预报法、交叉相关法和单体质心法。其中,持续性预报法目前已经被后两者取代[25]。Rinehart 等[26]1978 年提出的 TREC 算法(Tracking Radar Echoes by Correlation)是交叉相关法的代表;Li 等[27]在 TREC 的基础上提出了 COTREC(Continuity of TREC Vectors)算法;最近,曾小团等对 GRAPES-SWIFT 临近预报系统的雷达回波交叉相关外推算法进行了评估[28]。单体质心法的代表是在业务上被广泛应用的 TITAN [6]和 SCIT (Storm Cell Identification and Tracking) [29]算法。2003 年,Lakshmanan[30]提出了一种使用了 K 均值聚类方法的新风暴识别方法,这种方法可以根据需要进行不同尺度的风暴识别、追踪和预警。外推预报技术在国内外强对流天气短时临近预报系统中获得了广泛的应用,但其缺点是预报时效较短,准确率不是很高[4, 24]。最近,兰红平等给出了一种基于模式识别的云团边界识别和相关追踪技术[31];胡胜等给出了了临近预报系统 GRAPES-SWIFT 中的风暴产品的设计,包括风暴识别、风暴追踪和风暴预报[32];Meyer 等使用 3D 闪电资料和常规雷达、极化雷达资料来改进雷暴的追踪和临近预报技术[33]。

概念模型预报技术主要是通过综合分析多种中小尺度观测资料,包括雷达和气象卫星资料等,在此基础上建立雷暴发生、发展和消亡的概念模型,特别是边界层辐合线和强对流的密切关系等,再结合数值模式分析预报和其它外推技术的结果,最终建立雷暴临近预报的专家系统,比如 NCAR 的 ANC 预报系统[4, 24]。

精细数值天气预报技术是未来强对流天气短时临近预报的重要发展方向。利用多普勒天气雷达资料和其他中小尺度观测资料进行数值模式初始化来预报雷暴的发生、发展和消亡已经取得了重要进展。[34]

RUC (Rapid Update Cycle) 快速更新数值模式是美国 NCEP 业务数值预报的重要模式之一，它提供高时空分辨率的中尺度天气分析产品和短期数值预报产品[34]。RUC 基于三维变分同化技术，每小时同化更新一次，水平分辨率 13 km，地理范围覆盖了整个美国大陆区域。Rapid Refresh (RR)是美国下一代的 1 h 快速循环更新数值模式，NCEP 计划 2010 年年中替代现有的 RUC 快速更新数值模式。RR 模式水平分辨率同 RUC 一致；RR 使用的模式是 WRF-ARW 模式，不同于 RUC 模式；RR 模式不再使用三维变分同化，使用的是 GSI(Grid-point Statistical Interpolation，格点统计插值)技术；RR 模式覆盖的地理区域为整个北美大陆，大于 RUC 模式。[34]

RR 模式同 RUC 模式物理特性是相似的，预报对流发生发展的环境是适宜的[34]，但它们都不能直接预报强对流的生消，因此，美国正在发展更高时空分辨率、同化更多非常规资料的高分辨率快速更新循环数值预报系统 HRRR(High－Resolution Rapid Refresh)[13,34]来直接预报对流风暴。HRRR 基于 WRF 模式，目前水平分辨率 3 km，1 h 快速更新，12 h 预报，同化了 GOES 卫星和 METAR 的云观测以及雷达反射率因子资料、闪电资料等，未来还要把化学过程加入到模式中。HRRR 目前正在业务试验，它为 CoSPA 系统提供数值模式预报结果，它在 CoSPA 系统中同外推预报相融合提供 2～6 h 对流预报。图 3 为 CoSPA 系统中融合预报准确性同其它预报结果的对比以及未来的发展。[9,34]

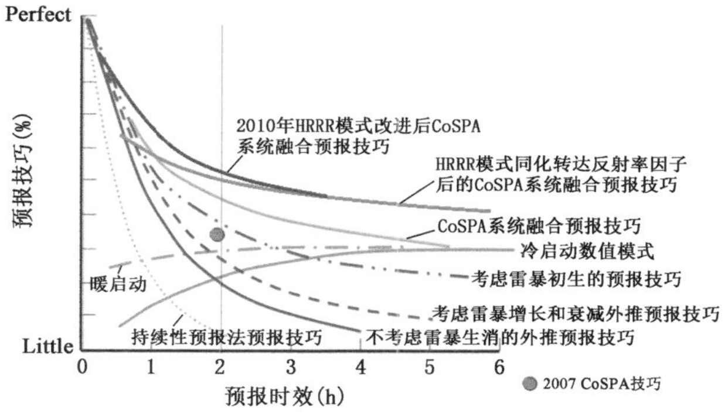

图 3 各种短时临近预报方法预报技巧的定性评估[9,34]

(横坐标为预报时效，单位：h；纵坐标为预报技巧；灰色点线为持续性预报法预报技巧；绿色线为数值模式预报技巧，其中绿色实线为冷启动数值模式，绿色虚线为暖启动；蓝色线为外推预报技巧，其中蓝色实线为不考虑雷暴生消的外推预报技巧，蓝色划线为考虑雷暴增长和衰减外推预报技巧，蓝色点点划线为考虑雷暴初生的预报技巧；橘色实线为 CoSPA 系统[9]融合预报技巧；红色实线为 HRRR 模式[34]同化雷达反射率因子后的 CoSPA 系统融合预报技巧；紫色实线为 2010 年 HRRR 模式改进后 CoSPA 系统融合预报技巧)

由于气象卫星能够观测云，而一般的气象业务雷达只能测雨，因此，气象卫星通常能够早于雷达探测到积云对流。Roberts 等[35]联合使用 GOES-8 静止卫星和 WSR-88D 雷达资料来预报对流风暴的初生和增长。我国目前 FY-2 静止气象卫星携带的扫描辐射计有 5 个通道，包括 1 个可见光通道和 4 个红外通道，星下点分辨率分别为 1 km 和 5 km。欧洲的第二代静止气象卫星 MSG(Meteosat Second Generation)携带的扫描辐射计 SEVIRI(Spinning Enhanced Visible and InfraRed Imager)共有 12 个通道,其中 2 个可见光通道和 10 个红外通道,星下点分辨率分别为 1 km 和 3 km,可以实现 15 min 循环扫描[36]。欧洲的第三代静止气象卫星 MTG 将在 2016 年业务化。通过分析静止气象卫星获得的多通道资料可以获取对流活动各个发展阶段的特征:第一阶段,对流发生前的大气状况,通过卫星资料可以反演 K 指数、抬升指数来反映大气的稳定度状态;第二阶段,对流初生(CI)阶段,静止卫星资料可以探测到大气中较小尺度的积云对流活动状况;第三阶段,对流成熟阶段,静止卫星高分辨率可见光资料可以反映云顶的纹理特征,通过分析红外和水汽通道可以获取对系统的上冲云顶特征和对流云的微物理特征。[36]

强对流天气短时临近预报的检验是促进强对流天气短时临近预报技术发展的重要方面。除了使用相关系数、探测概率(POD)、虚假警报比(FAR)和临界成功指数(CSI,即 TS 评分)、ETS(Gilbert Skill Score)评分等来衡量强对流天气短时临近预报的好坏,近年来也发展了许多新的空间检验方法,对此 Brown 进行了综述[37]。这些新的空间检验方法主要有四类[37]:第一类为邻域空间检验方法(Neighborhood methods),也称为模糊检验,例如文献[38,39,40,41];第二类为尺度分离检验方法;第三类为场变形(Field deformation)检验方法,例如文献[42];第四类为基于对象或者特征(Object/Feature－based)的检验方法。

2.2　目前国内短时临近预报业务技术支撑

2009 年国家气象中心利用常规观测资料、WS(重要天气报告)报、自动站、闪电、静止卫星红外资料(红外 1 通道和水汽通道)和云分类资料实现了全国强对流天气的实时监测。该监测系统可以监测雷暴、冰雹、龙卷、大风、短时强降水和深对流云的最近 1,3,6,12,24 h 的分布,是时间滑动监测;可以进行月、旬、候等强对流天气分布监测;也可以设置为任意时次、任意天数的强对流实况监测。图 4 为该系统获得的 2009 年两次强对流过程的强对流天气时空分布。

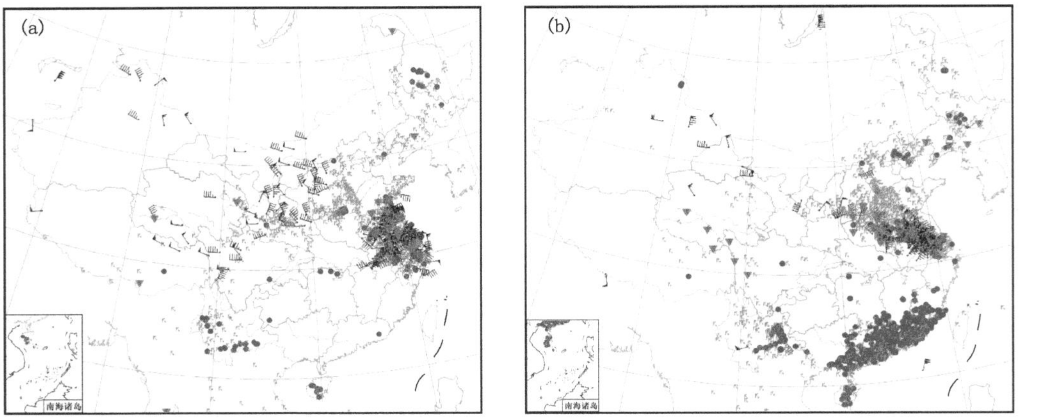

图 4　强对流天气监测系统获得的强对流天气分布,包括雷暴(绿色雷暴符号)、大风(黑色风羽)、冰雹(红色倒三角)和短时强降水(≥20 mm · h^{-1},蓝色圆点)

(a) 2009 年 6 月 5 日 00UTC—6 日 00UTC;(b)2009 年 6 月 14 日 00UTC—15 日 00UTC

2009 年国家气象中心在强对流天气预报业务中试行了中尺度天气的综合天气图分析方法，并建立了一套中尺度天气图综合分析规范。中尺度天气的天气图综合分析主要利用探空资料和数值预报资料，分析强对流天气发生发展的环境场条件，包括地面分析和高空综合图分析。地面分析包括气压、风、温度、湿度、对流天气现象和各类边界线(锋)的分析。在高空分析中重点分析风、温度、湿度、变温和变高的分布，并将不同等压面上最能反映水汽、抬升、不稳定和垂直风切变状况的特征系统和特征线绘制成一张综合图，以更直观的方式反映产生中尺度深厚对流系统发生发展潜势的高低空配置环境场条件。国家气象中心 1 年的业务试验表明，中尺度天气的天气图综合分析已经成为强对流天气短时和潜势预报的重要依据。[43]

国家气象中心的中尺度天气分析业务试验也推动了 MICAPS 3.0 强对流专业版的开发。MICAPS 3.0 强对流专业版中实现了对强对流天气的中尺度分析工具箱功能(见图 5)。使用该工具箱可方便快捷地实现强对流天气的天气分析，并可以将分析结果以数据和图形两种方式存储到文件，便于调用、显示和进行天气总结。[43]

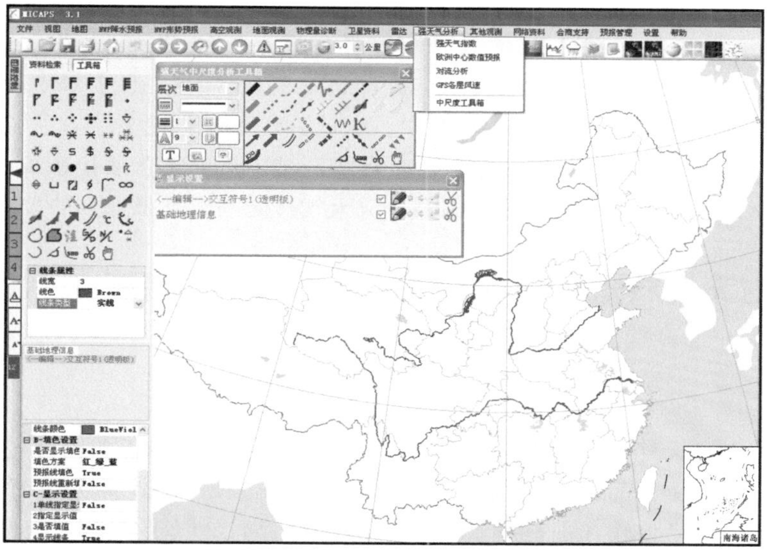

图 5 MICAPS 3 中的中尺度天气图分析工具箱界面

国家气象中心和北京大学联合移植和发展了雷暴识别、追踪和临近预报算法 TITAN[6]，该算法已经成为 SWAN 临近预报系统中雷暴预报的重要算法模块(图 2b)。新的 TITAN 算法从风暴识别、追踪和预警三个方面，对目前临近预报中普遍使用的 SCIT 和 TITAN 方法进行了改进。新算法利用数学形态学方法解决了风暴虚假合并和风暴簇分离问题；利用序贯蒙特卡洛方法实现了风暴序列追踪，有效地解决了风暴的分裂、合并问题；使用光流法计算得到的回波运动矢量辅助风暴的追踪和预警；实际资料试验表明，新算法的评价指标都有所提高。[44－46]

如前所述，广东省气象局的 GRAPES_SWIFT 短时临近预报系统是建立在我国自主研发模式 GRAPES 基础上的。GRAPES 可提供分辨率达 12 km 的数值预报产品。GRAPES 的 3DVAR 变分同化系统可同化地面观测资料、探空资料、船舶资料、飞机报文、卫星资料、和雷达 VAD 风场资料等。[21]

中国气象局北京城市气象研究所在美国的 WRF 模式基础上开发完成了 BJ_RUC 快速更新数值模式系统[47]，取得了较好预报效果，它是北京气象台强对流天气短时临近预报的重要技术支撑系统。该系统同化了来自全球观测系统的资料(包括地面常规/加密观测、高空常规/加密观测、飞机报、船舶/浮标报等)和北京地区区域观测资料(包括自动站观测和 GPS 可降水量观测)，未同化雷达资料；系统采用三层嵌套，水平分辨率分别为 27 km、9 km、3 km；3 h 快速更新预报循环；1 h 预报间隔；实现了探空预报和高精度回波预报。

中国气象科学研究院、中国气象局武汉暴雨研究所在美国 LAPS(The Local Analysis and Prediction System)系统基础上利用常规观测资料和各种非常规观测资料建立了中尺度天气分析预报系统—“中尺度灾害天气分析与预报系统(RAFS)”。该平台也具有快速循环和滚动预报功能，水平分辨率 14 km，时间分辨 3 h。该系统在中国气象科学研究院主持的国家重点基础研究项目“我国南方致洪暴雨监测与预测的理论和方法研究”的四大中尺度天气野外试验基地和中央气象台天气会商中应用，目前正在进一步完善系统并推广应用。

国家气象中心联合广州热带海洋气象研究所和上海中心气象台基于中国气象局自主研发模式 GRAPES 建立了 GRAPES-RUC 快速更新循环预报系统，该系统采用三维变分同化技术，具备雷达 VAD 风、飞机报告、卫星云导风、自动气象站、GPS/MET 等 5 类稠密非常规资料的同化能力，系统每小时同化分析一次资料，每天 8 次预报，每 3 h 一次。自 2005 年起，针对北京 2008 的奥运气象服务，国家气象中心发展了区域中尺度集合预报系统 WRF_EPS。这些数值预报系统的建立进一步加强了我国强对流天气短时临近预报业务的技术支撑能力。

3　我国强对流天气短时临近预报的挑战和应对措施

3.1　挑战

虽然我国强对流天气短时临近预报业务已经取得了巨大进展，但与国外先进水平相比，差距主要表现在以下几个方面：1)业务起步晚，发展缓慢，不成熟；2)业务分工尚不太明确，未形成国家与地方上下有效协作和规范的业务预报流程和布局；3)专业化的预报队伍未完全在全国业务预报中建立起来；4)我国幅员辽阔，强对流天气的发生发展(尤其是触发机制)千差万别，给预报带来较大困难；5)面向强对流天气预报的应用研究和基础研究严重缺失。

我国强对流天气短时临近预报业务发展面临的挑战主要包括：1)强对流天气的监测技术需要进一步提高；2)大力发展快速同化更新的数值预报和集合数值预报支撑技术；3)进一步完善强对流天气短时临近预报业务流程和预报平台；4)需要大力发展强对流天气预报检验技术；5)强对流天气机理研究和气候时空分布特征分析需要进一步加强。

强对流天气监测技术方面的挑战主要表现在以下几个方面：1)强对流天气观测资料问题，包括资料(特别是自动站和雷达资料)的质量控制、资料的时效性、中尺度观测网资料共享以及强对流天气的目击报告制度等问题；2)强对流天气的监测和识别技术，即如何更有效利用遥测资料(包括雷达、卫星、闪电定位仪等)识别强对流天气以弥补站网观测不足与强对流天气局地性强的矛盾；3)探空观测资料是监测大气稳定度和垂直风切变的最基本资料，但目前其时空分辨率远远不能满足强对流天气分析的需要，并且站网东密西疏，西藏、新疆、内蒙古等天气上游地区存在着大量的资料空白区；因此，如何利用极轨卫星观测资料和数值模式资料弥补该资料的不足是未来强对流天气预报需要面对一个重要方面。

强对流天气预报支撑技术面临的挑战包括：1)中尺度天气诊断分析技术方面，包括如何利用遥感探测资料（卫星、雷达、风廓线仪、闪电定位仪等）进行强对流天气识别和外推技术（包括积云识别、边界层辐合线识别、对流风暴识别、深对流云识别等）、多资料的快速同化和融合技术和强对流发生的各类条件（水汽、抬升、不稳定、垂直风切变）的客观定量诊断分析技术；2)中尺度数值预报技术方面，具有快速同化能力的高分辨率中尺度数值模式、云模式的发展和业务化以及中尺度集合预报技术的发展是强对流天气短时预报的关键；3)短时临近预报技术方面，特别是强对流天气外推预报与数值预报融合的短时临近预报技术已经成为目前提高中尺度天气短时临近预报质量和预报时效的重要支撑技术；国家级的短时预报技术尚处于探索阶段，应结合我国高分辨率中尺度数值模式（GRAPES-RUC 等）输出产品和非常规观测资料（天气雷达、卫星）进一步开展这方面的研究工作；4)对强对流天气的分类（冰雹、雷雨大风、短时强降水等）预报技术支撑能力明显不足；5)预警预报产品分发方面需要进一步改进和完善现有预警发布手段、途径等，以提高其有效性和及时性。

短时临近预报平台和系统的支撑则体现在如何实现强大的诊断分析功能和产品快速制作、发布功能，需要进一步完善和建立专业化的强对流天气短时临近预报平台。

受资料条件的限制，我国对强对流天气（飑线、线状对流等）发生发展的规律和机理研究明显落后于国外先进水平，中小尺度天气系统的物理结构及其发生发展过程和机理尚不清楚。强对流天气概念模型主要是天气尺度的系统配置，缺乏强对流天气中尺度概念模型。

在业务预报流程方面，最大的挑战来自于各级台站的有效协作与分工，在全国逐步建立有效合作的强对流天气展望（Outlook）、警戒（Watch）和警告（Warning）预报业务。此外，发展科学的强对流天气预报检验方法，尽可能的获取强对流发生的事实（有效利用灾情直报系统、气象信息员）才有可能科学定量评估我国的短时临近预报业务。

3.2 应对措施

针对目前我国强对流天气短时临近预报面临的挑战，提出以下应对措施：

(1)进一步加强监测能力建设。要求各常规地面站点观测的重要天气报告（WS 报）及时上传国家气象信息中心；针对探空观测时空分辨率较低的问题，加强利用各种非常规观测获得的大气垂直分布（比如飞机 AMDAR（航空器气象资料下传）资料、雷达 VAD 风廓线、风廓线雷达获得的垂直风廓线、极轨卫星获得的垂直温湿分布等）；加强自动气象站维护，发展适合于自动站气象资料的质量控制方案；加强 GPS/MET 站点建设；加快并完善国家雷电定位网建设，推进云闪定位网建设；在雷达网不能覆盖的关键区域适当增加雷达站点，结合各种观测资料进一步完善各种雷达产品；加快风廓线雷达的布网工作，建立垂直风廓线资料在强对流天气临近预报中的应用技术储备；加强研究下一代气象卫星资料在强对流天气短时临近预报中应用，建立技术储备。加强各种非常规资料的快速收集、质量控制、分析和信息分发。加强与航空气象部门、非气象部门等的气象资料（比如电力部门的闪电定位资料、国土测绘部门的 GPS/MET 资料等）共享。

(2)进一步加强中尺度天气分析，实现资料的客观诊断分析和人工分析相结合。建立各种非常规资料的中尺度分析技术储备；大力发展和改进快速融合各种资料的中尺度分析系统；根据高时空分辨率的中尺度分析系统和数据模式模拟结果发展强对流天气的中尺度诊断分析、诊断预报方法和技术。中尺度天气分析不仅仅是加强对常规地面和探空资料以及自动站资料的分析，也应当加强包括雷达反射率因子和径向速度资料、雷达 VAD 风廓线、卫星资料、风廓线雷达资料、GPS/MET 反演获得的水汽资料等。将各种探空分析技术扩展应用到各种非常规资料。

(3)进一步完善强对流天气临近外推预报方法。虽然强对流天气临近外推预报方法相对比较成熟，但目前的大多数外推预报算法没有考虑对流系统的生消、且预报时效较短、预报准确率不高、没有分类强对流天气预报。因此，需要在雷达数据质量控制与雷达资料识别强对流天气基础上，进一步改进各种外推算法，并进行外推算法的集成。这包括 TREC 算法的改进和定量降水临近预报算法改进，尤其加强短时强降水的临近预报；进一步改进 SCIT 和 TITAN 算法，在算法中结合其它资料（比如自动站资料、卫星资料、数值模式资料等）增加雷暴的初生、增长、衰减和消亡预报；发展和完善闪电临近预报算法；改进雷雨大风和冰雹的临近预报算法。

(4)大力加强短时临近预报技术的研发。大力发展外推预报与数值预报相融合的短时临近预报技术是 2～6 h 短时预报的重要方法。重点发展以下几种融合方法：1)NIWOT 融合方法，预报值为雷达外延和数值模式预报结果的加权平均；其中权重系数根据外延预报和模式预报精度与预报时间的统计关系进行确定。2)NIWOT 趋势法，利用模式预报的降水区域和强度变化趋势信息，对雷达外延的降水范围和强度进行订正，以获取最终的预报。3)ARMOR (Adjustment of Rain from Models with Radar data)方法，首先利用当前雷达观测分析模式预报的降水位置和强度误差，并导出误差的时间变化趋势；然后利用估计的误差趋势，对模式预报的降水和强度误差进行修正。

利用具有快速同化能力的高分辨率中尺度数值模式输出产品进行强对流天气 6～12 h 统计一动力释用预报技术，进一步发展物理量诊断技术，开展多指数信号集成技术研发。

(5)大力发展各种非常规资料（雷达资料、卫星资料、风廓线资料、GPS/MET 水汽资料等）的同化技术，进一步完善和建立具有高时空分辨率的快速更新循环数值预报系统；加强区域集合数值预报支撑技术研发。

(6)加强强对流天气预报检验技术的研发。在强对流天气监测产品基础上，除了开发传统的探测概率、虚假警报比和 TS 评分等检验方法外，大力发展新的空间检验方法。

(7)加强关键区域强对流天气发生发展的机理研究，尤其是强对流天气的触发机制和雷雨大风、冰雹等发展演变规律研究；分析各地不同类型强对流天气发生发展的气候规律和特征；进一步加强预报员强对流天气短时临近预报技术总结。

(8)完善强对流天气短时临近预报平台，实现集约化发展。在 MICAPS 3.0 和 SWAN 系统基础上，集中人力物力，根据强对流天气预报业务的高时效性、高局地性特点和需求，建立具有强大中尺度交互分析功能和预报产品加工功能的方便快捷的强对流天气短时临近预报系统。

4　总结

本文总结了近年来国内外强对流天气短时临近预报业务的现状和技术进展及未来的发展方向，分析了国内强对流天气短时临近预报同先进水平的差距以及存在的问题，并提出了相应的应对措施。

从当前的技术进展来看，强对流天气监测、强对流天气机理研究和中尺度天气分析是强对流天气短时临近预报的重要基础；先进的外推预报方法同快速更新循环的高时空分辨率数值模式预报以及二者的融合是强对流天气短时临近预报的发展方向；合理、可靠的强对流天气预报检验方法是促进强对流天气短时临近预报业务和技术发展的重要方面；方便、快捷、功能强大的预报系统是强对流天气短时临近预报业务和技术进步的保证。

由于强对流天气短时临近预报牵涉到从监测、分析、数值预报到预报业务平台等气象业务的各个方面，因此，建立完备的强对流天气时短临近预报系统和业务也是一个非常复杂和重要的系统工程。

参考文献

[1] Smith S B, Graziano T, Lane R, et al. The System for Convection Analysis and Nowcasting (SCAN). Preprints 16th conference on Weather Analysis and Forecasting, 14th International conference on Interactive Information and Processing Systems[J]. Phoenix, Amer Meteor Soc,1998: J22-J24.

[2] Lakshmanan V, Smith T, Stumpf G J, et al. The Warning Decision Support System-Integrated Information[J]. Wea Forecasting, 2007, 22(3): 596-612.

[3] Eilts M D, Johnson J T, Mitchell E D, et al. Severe weather warning decision support system. 18th Conference on Severe Local Storms. Amer Meteor Soc, San Fransisco, CA, 1996, 536-540.

[4] Wilson J W, Crook N A, Mueller, et al. Nowcasting thunderstorms: A status report [J]. Bull Amer Meteorol Soc, 1998, 79: 2079-2099.

[5] Cai H, Wilson J, Pinto J, et al. Developing NIWOT: A regional 1－6 hr short-term thunderstorm forecast system. The Fifth International Conference on Mesoscale Meteorology and Typhoon, Boulder, USA, Oct 31st-Nov. 3rd, 2006.

[6] Dixon M, Wiener G. TITAN: Thunderstorm identification, tracking, analysis, and nowcasting —A radar-based methodology [J]. J Atmos Oceanic Technol, 1993, 10:785-797.

[7] Sun J, Crook N A. Dynamical and microphysical retrieval from Doppler radar observations using a cloud model and its adjoint. Part I: Model development and simulated data experiments [J]. J Atmos Sci, 1997,54:1642-1661.

[8] Sun J, Crook N A. Dynamical and microphysical retrieval from Doppler radar observations using a cloud model and its adjoint. Part II: Retrieval experiments of an observed Florida convective storm [J]. J Atmos Sci,1998,55: 835-852.

[9] Wolfson M M, Dupree W J, Rasmussen R, et al. Consolidated Storm Prediction for Aviation (CoSPA), AMS 13th Conference on Aviation, Range, and Aerospace Meteorology, New Orleans, LA, 2008.

[10] Dupree W J, Wolfson M M, Johnson Jr R J, et al. FAA tactical weather forecasting in the United stares national airspace, Proceedings from the World Weather Research Symposium on Nowcasting and Very Short Term Forecasts. Toulouse, France. 2005.

[11] Dupree W J, Robinson M, DeLaura R, et al. Echo tops forecast generation and evaluation of air traffic flow management needs in the national airspace system, AMS 12 th Conference on Aviation, Range, and Aerospace Meteorology, Atlanta, GA. 2006.

[12] Wolfson M M, Clark D. Advanced aviation weather forecasts[J]. Lincoln Laboratory Journal, 2006, 16(1): 31-58.

[13] Benjamin S G, Smirnova T G, Weygandt S S, et al. The HRRR 3－km storm resolving, radar-initial-

ized, hourly updated forecasts for air traffic management. AMS Aviation, Range and Aerospace Meteorology Special Symposium on Weather-Air Traffic Management Integration, Phoenix AZ. 2009.

[14] Golding B W. Nimrod: A system for generating automated very short range forecasts [J]. Meteor Appl, 1998, 5: 1216.

[15] Pierce C E, Collier C G, Hardaker P J, et al. GANDOLF: A system for generating automated nowcasts of convective precipitation. Met Apps[J], 2000, 7: 341-360.

[16] Fox N I, Webb R, Belly J, et al. The impact of advanced nowcasting systems on severe weather warning during the Sydney 2000 Forecast Demonstration Project: 3 November 2000[J]. Wea Forecasting, 2004, 19: 97-114.

[17] Brovelli P, Sénési S, Arbogast E, et al. Nowcasting thunderstorms with SIGOONS-a significant weather object oriented nowcasting system. World Meteorological Organization Symposium on Nowcasting and Very Short Term Forecasting. France Toulouse, 2005.

[18] Keenan T, Wilson J, Joe P, et al. The World Weather Research Program (WWRP) Sydney 2000 Forecast Demonstration Project: Overview. Preprints 30th International Conference on Radar Meteorology, Munich, Germany, 2001.

[19] Keenan T, Joe P, Wilson J, et al. The Sydney 2000 World Weather Research Program Forecast Demonstration Project: Overview and current status[J]. Bull Amer Meteor Soc, 2003,84: 1041-1054.

[20] Wang Jianjie, Keenan T, Joe P, et al. The implementation of Beijing 2008 World Weather Research Programme Forecast Demonstration Project: Overview and impacts of nowcast demonstration. World Meteorological Organization Symposium on Nowcasting and Very Short Term Forecasting. Whistler, Canada, 2009.

[21] 冯业荣,曾沁,梁巧倩,等. 综合临近预报系统"雨燕"(GRAPES-SWIFT)的研究开发. 第二十一届粤港澳气象科技研讨会. 香港, 2007.

[22] Li P W, Wong W K, Chan K Y, et al. SWIRLS ——An evolving nowcasting system. Technical Note, No. 100. Hong Kong Observatory, 2000.

[23] Chen M X, Gao F, Kong R, et al. A system for nowcasting convective storm in support of 2008 Olympics. World Meteorological Organization Symposium on Nowcasting and Very Short Term Forecasting. Whistler, Canada, 2009.

[24] 陈明轩,俞小鼎,谭晓光,等. 对流天气临近预报技术的发展与研究进展[J]. 应用气象学报, 2004, 15(6): 754-766.

[25] 韩雷,王洪庆, 谭晓光,等. 基于雷达数据的风暴体识别、追踪及预警的研究进展[J]. 气象,2007, 33(1): 3-10.

[26] Rinehart R E, Garvey E T. Three-dimensional storm motion detection by conventional weather radar [J]. Nature, 1978, 273: 287-289.

[27] Li L, Schmid W, Joss J. Nowcasting of motion and growth of precipitation with radar over a complex orography [J]. J Appl Meteorol, 1995, 34: 1286-1300.

[28] 曾小团,梁巧倩,农孟松,等. 交叉相关算法在强对流天气临近预报中的应用[J]. 气象,2010,36(1): 31-40.

[29] Johnson J T, MacKeen P L, Witt A, et al. The storm cell Identification and tracking algorithm: an enhanced WSR-88D algorithm[J]. Wea Forecasting, 1998, 13: 263-276.

[30] Lakshmanan V. Multiscale storm identification and forecast[J]. Atmos Res, 2003, 67: 367-380.

[31] 兰红平, 孙向明, 梁碧玲,等. 雷暴云团自动识别和边界相关追踪技术研究[J]. 气象, 2009,35(7): 101-111.

[32] 胡胜,罗兵,黄晓梅,等. 临近预报系统(SWIFT)中风暴产品的设计及应用[J]. 气象,2010,36(1):54-58.

[33] Meyer V, Höller H, Betz H D. Improved tracking and nowcasting techniques for thunderstorm hazards using 3D lightning data and conventional and polarimetric radar data. World Meteorological Organization Symposium on Nowcasting and Very Short Term Forecasting. Whistler, Canada, 2009.

[34] Benjamin S G, Hu M, Weygandt S, et al. Integrated assimilation of radar/sat/METAR cloud data for initial hydrometeor/divergence to improve hourly updated short-range forecasts from RUC/RR/HRRR. World Meteorological Organization Symposium on Nowcasting and Very Short Term Forecasting. Whistler, Canada, 2009.

[35] Roberts R D, Rutledge S. Nowcasting storm initiation and growth using GOES-8 and WSR-88D data [J]. Wea Forecasting, 2003, 18(4): 562-584.

[36] Marianne König. Satellite nowcasting applications. World Meteorological Organization Symposium on Nowcasting and Very Short Term Forecasting. Whistler, Canada, 2009.

[37] Brown B. Verification methods for spatial forecasts. World Meteorological Organization Symposium on Nowcasting and Very Short Term Forecasting. Whistler, Canada, 2009.

[38] Atger F. Verification of intense precipitation forecasts from single models and ensemble prediction systems[J]. Nonlinear Processes in Geophysics, 2001, 8: 401-417.

[39] Roberts N M, Lean H W. Scale-selective verification of rainfall accumulations from high-resolution forecasts of convective events[J]. Mon Wea Rev, 2008, 136(1): 78-96.

[40] Ebert E E. Fuzzy verification of high-resolution gridded forecasts: A review and proposed framework [J]. Meteorol Appl, 2008, 15: 51-64.

[41] Marsigli C, Montani A, Paccagnella T. A spatial verification method applied to the evaluation of high-resolution ensemble forecasts[J]. Meteorol Appl, 2008, 15: 127-145.

[42] Keil C, Craig G C. A displacement and amplitude score employing an optical flow technique[J]. Wea Forecasting, 2009, 24 (5): 1297-1308.

[43] 张小玲,张涛,刘鑫华,等. 中尺度天气的高空地面综合图分析[J]. 气象,2010, 36(7):143-150.

[44] 韩雷,郑永光,王洪庆,等. 基于数学形态学的三维风暴体自动识别方法研究[J]. 气象学报,2007, 65 (5): 805-814.

[45] Han L, Fu S X, Yang G. A stochastic method for convective storm identification, tracking and nowcasting[J]. Prog Nat Sci, 2008, 18: 1557-1563.

[46] 韩雷. 基于三维雷达数据的风暴自动识别、追踪和预警研究[D]. 北京:北京大学, 2008: 42-85.

[47] 陈敏,范水勇,陈明轩. BJ-RUC 系统模式探空及其在对流预报中的应用. 2009 年第一届首席预报员高级研讨班. 长春, 2009.

美国强对流预报主观产品现状分析

周庆亮

（国家气象中心，北京 100081）

摘　要　为了全面反映美国强对流预报主观产品现状，同时也为推进我国国家级强对流天气预报业务建设提供思路，通过研读相关文献、最新技术报告和专家咨询等方式，对当前美国国家级强对流天气预报业务的产品类型、制作、发布规范等最新进展进行了比较详细的分析，并对我国国家级强对流天气预报业务建设提出了初步设想。通过分析看到，美国的强对流预报业务产品，以概率分类预报为主要形式，是以预报员为主体的综合主观预报产品，现已形成了一个比较系统的短时、短期、中期预报业务产品系列。以其为参照，我国强对流预报业务发展须加强四个方面的工作：第一，强对流天气气候学、分析、诊断技术的研究应用；第二，基于高时空分辨率的中尺度数值预报系统的客观产品的研发和应用，强对流分类预报方法的研制；第三，稳定、专门预报员队伍的建设；第四，科学的业务流程和高效的综合监测传输。

关键词　风暴预报中心　主观业务产品　强对流天气　现状分析

引　言

美国的预报业务部门设置分为国家级专业预报中心（National Specialized Centers）和地方预报台（Forecast Offices）两级。美国天气局国家环境预报中心（National Centers for Environmental Prediction（NCEP））下属的国家级专业预报中心有7个，分别是航空预报中心（Aviation Weather Center（AWC））、气候预报中心（Climate Prediction Center（CPC））、水文预报中心（Hydrometeorological Prediction Center（HPC））、飓风预报中心（National Hurricane Center（NHC），也称热带预报中心（Tropical Prediction Center（TCP））、海洋预报中心（Ocean Prediction Center（OPC））、空间天气预报中心（Space Weather Prediction Center（SWPC））和风暴预报中心（Storm Prediction Center（SPC））；地方预报服务部门分别有122天气预报台（Weather Forecast Office（WFO））、13个水文预报中心（River Forecast Center（RFC））、21个航空气象服务中心（Center Weather Service Unit（CWSU））、20个天气服务台（Weather Service Office（WFO））、1个西海岸/阿拉斯加海啸预警中心（West Coast / Alaska Tsunami Warning Center（WC/ATWC））、1个太平洋海啸预警中心（Pacific Tsunami Warning Center（PTWC））。

美国风暴预报中心目前负责全美国大陆（48 Continental United States）的强对流天气监

本文发表于《气象》，2010，36(11)：95-99。

测和预报业务。其前身是美国强局地风暴室，1954 年初建于密苏里州堪萨斯市，后扩建为强风暴预报中心(NSSFC)，1995 年正式命名为风暴预报中心，1997 年迁于美国中南部俄克拉荷马州的诺曼(Norman)[1-4]。

为了全面反映美国强对流预报主观产品现状，同时也为推进我国国家级强对流天气预报业务建设提供思路，本文将对美国风暴预报中心的最新预报业务产品现状，进行比较详尽的分析，并对我国国家级强对流天气预报业务建设提出了初步设想。

1 业务产品

美国风暴预报中心定义的强对流天气(Severe Weather)，是指由强雷暴(Severe Thunderstorm)天气系统产生的龙卷、破坏性或大于 50 海里/小时(25.7 $m \cdot s^{-1}$)的大风、大于 3/4 英寸(1.9 cm)的冰雹三种天气现象之一或者多个同时发生。风暴预报中心的预报业务产品主要是针对上述的强对流天气，有对流天气展望(Convective Outlook)、强风暴中尺度讨论(Mesoscale Discussion)和强对流天气警戒(Severe Weather Watch)[5-6]。此外，对于像强降水、寒潮与高温、热带气旋、冬季风暴、冬雨等灾害性天气，风暴预报中心也针对一些地区发布短时预报，而且全国林火预报也由风暴预报中心发布。

1.1 对流天气展望

强对流天气展望，是风暴预报中心对下级天气预报台的指导产品，同时也发给应急管理部门、私人气象公司、媒体和其他天气用户。对未来 1～3 d 的强对流天气影响，强对流天气展望将分别用轻度、中度和高度(Slight，Moderate，High)三个危险等级给出落区和强度预报，并分别给出具体危险袭击概率预报；对于 4～8 d 的展望，只给出在这些天那些地方有 30%以上的可能出现强雷暴天气系统。

1.1.1 第 1 天的对流天气展望(Day 1 Convective Outlook)

第 1 天的对流天气展望产品使用文字阐述、图形来描述美国大陆的雷暴、强雷暴天气的预报。文字描述使用的是专业技术语言，面向富有经验的天气用户，提供预报演变理由，同时也清晰地给出产品的发布时间、时效等信息，最大可能的严重天气灾害以及灾害的强度；图形预报产品包括三个强对流天气危险等级(Slight, Moderate, High)预报和 10%或以上的雷暴预报(图 1)，同时也分别给出龙卷、大风、强冰雹三种强对流天气的预报员主观综合的概率预报(图 2—4)。

三个强对流天气危险等级(Slight, Moderate, High)是用来表征预期强对流天气威胁的范围大小和强度。轻度危险等级表明将有系统性的强风暴出现，但数目或区域都很小，根据不同的地域大小一般有 5～25 个 3/4 英寸(1.9 cm)冰雹报告、或者 5～25 个大风事件、1～5 个龙卷风出现；中度危险比起轻度危险等级，需要更高密度的强风暴发生，大多数情况下有更多的强对流天气发生；高度危险等级不仅有显著的强对流天气发生，而且像强龙卷风和危害性大风等极端强对流事件发生的概率很大，有可能出现 F2 级以上的龙卷风、下击暴流群、80 $m \cdot s^{-1}$ 以上的阵风，带来建筑破坏(表 1)。

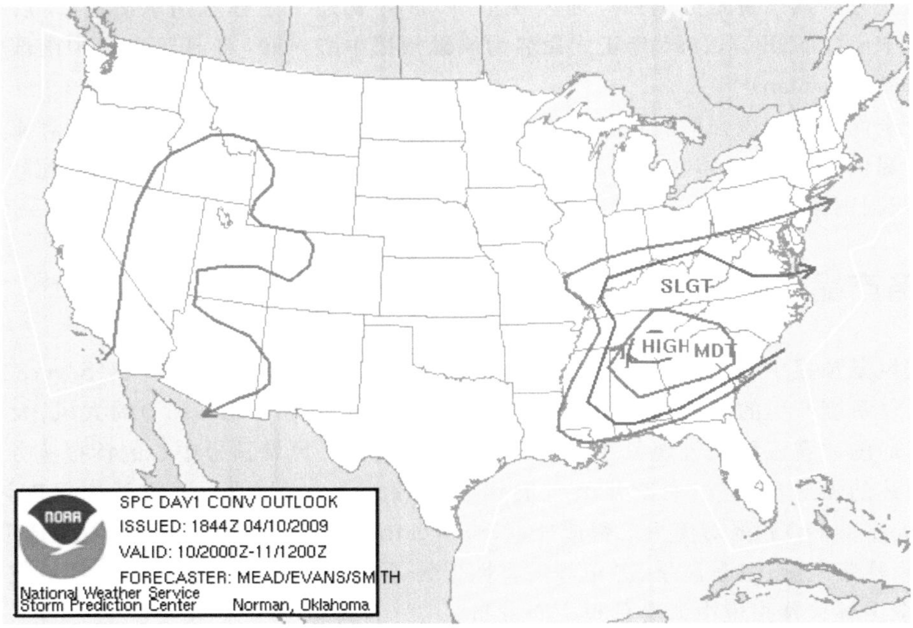

图 1　2009 年 4 月 10 日 12 时 44 分发布的 10 日 14 时—11 日 6 时强对流天气危险等级预报（美国时间，图中未标注的箭头线的右侧代表 10%或以上的雷暴预报落区）

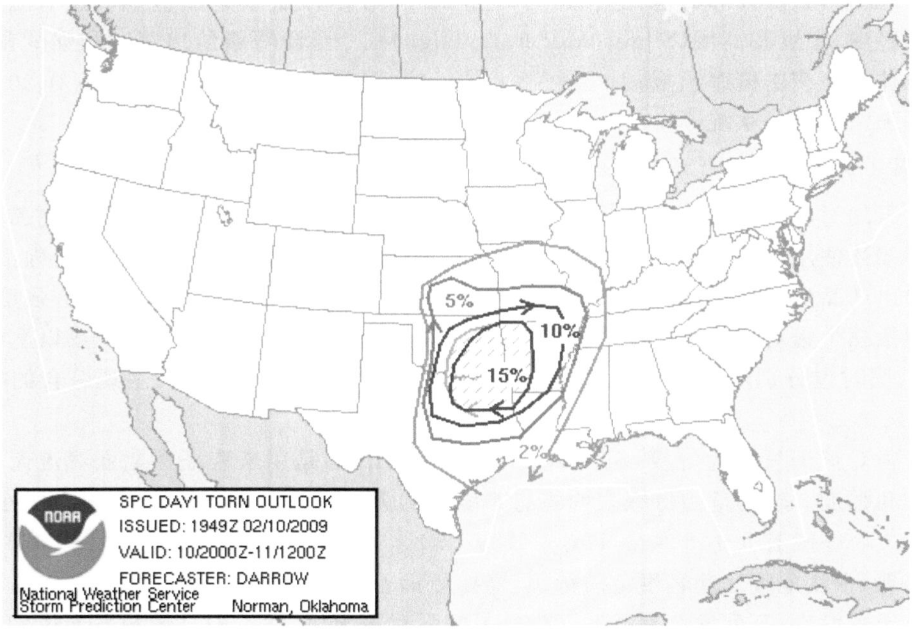

图 2　2009 年 2 月 10 日 13 时 49 分发布的 10 日 14 时—11 日 6 时龙卷概率预报（美国时间，阴影区代表有 10%以上概率出现 EF2—EF5 级龙卷）

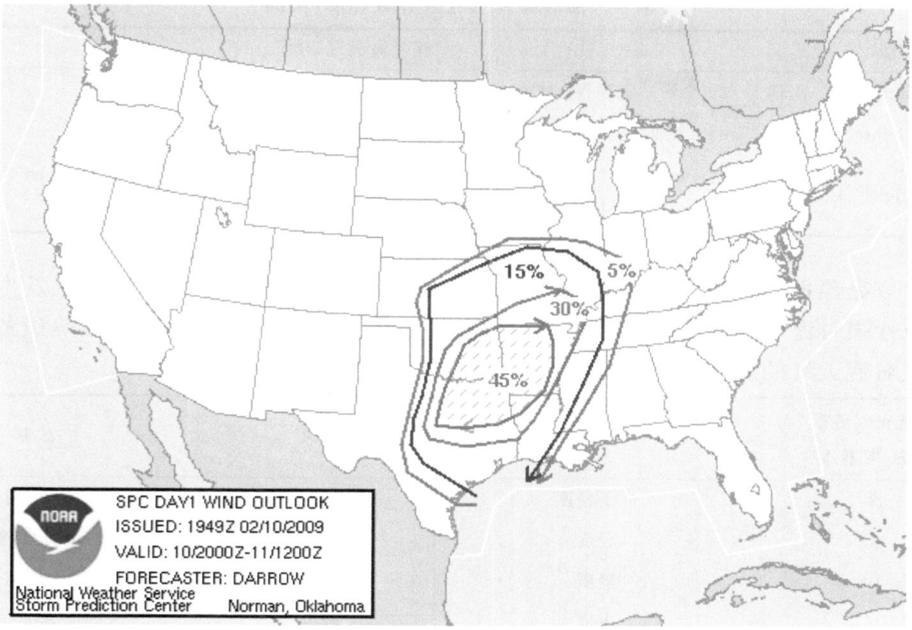

图 3　2009 年 2 月 10 日 13 时 49 分发布的 10 日 14 时—11 日 06 时雷雨大风概率预报（美国时间，阴影区代表有 10%以上概率出现 65 节(33.4 m·s^{-1})以上的大风）

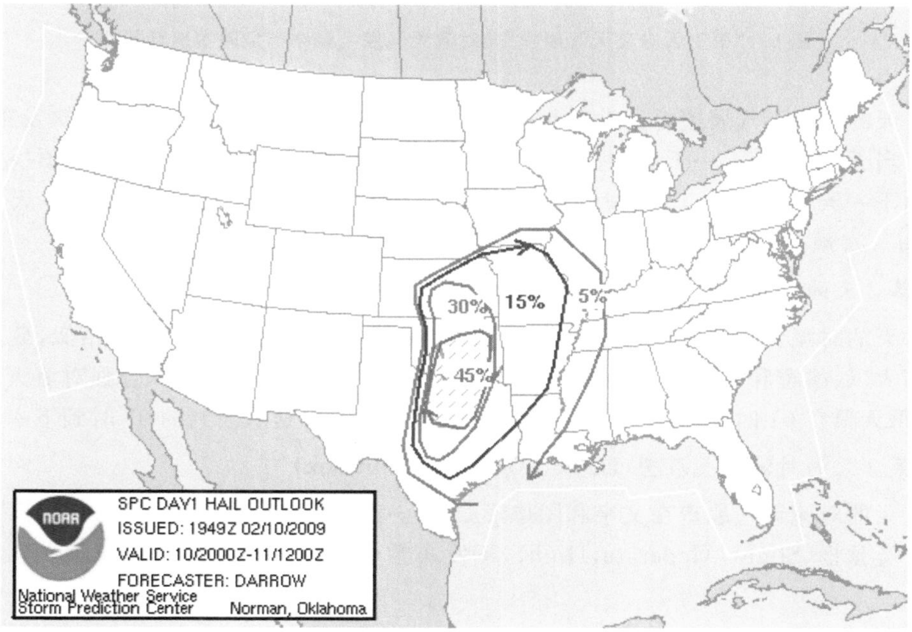

图 4　2009 年 2 月 10 日 13 时 49 分发布的 10 日 14 时—11 日 06 时 3/4 英寸(1.9 cm)冰雹概率预报（美国时间，阴影区代表有 10%以上概率出现 2 英寸(5 cm)以上的冰雹）

表 1　强对流天气危险等级标准(美国)

危险等级	强对流天气指标
轻度(Slight)	出现 5～20 个强冰雹事件，或者 5～20 个强风事件，或者 2～5 龙卷风
中度(Moderate)	出现 20～50 个强冰雹事件，或者 20～50 强风事件，或者 6～19 龙卷风
高度(High)	出现大于 19 龙卷风，并 2 以上 有可能达到 F3－F5 级，或者出现下击暴流组(Derecho)而导致极端大风灾害 (大于 50 个风灾报告)

危险等级预报只有预计可能伴有龙卷、大冰雹或致灾大风的系统性强对流发生时，才发布。系统性强对流一般指超级单体风暴、飑线、多单体雷暴复合体。三个危险等级的确定，主要依据强对流天气的发生概率(图 5)。

对流天气展望(发生概率%)	龙卷风	强风	冰雹
2	低于轻度	未使用	未使用
5	轻度	低于轻度	低于轻度
10	轻度	未使用	未使用
15	中度	轻度	轻度
30	高度	轻度	轻度
45	高度	中度	中度
60	高度	高度	中度

图 5　“第 1 天对流天气展望”强对流天气发生概率与危险等级转换表

第 1 天的对流天气展望每天发布 5 次：每天在 01 时(美国时间，下同)第一次发布预报，预报时效为当天 07 时到下一天 07 时；在 08 时和 11 时 30 分发布两次预报(早晨预报更新)，预报时效到下一天 07 时；在 15 时发布一次预报(下午预报更新)，预报时效到下一天 07 时；在 20 时发布一次预报(晚上预报更新)，预报时效到第二天 07 时。

1.1.2　第 2 天的对流天气展望(Day 2 Convective Outlook)

第 2 天的对流天气展望在文字和图像形式上跟第一天的对流天气展望相似，最大的不同是不发布大风、冰雹和龙卷的单种类概率预报，取而代之的是发布一个综合强对流天气概率预报，并且每天只在 01 时和 12 时 30 分发布两次，预报时效也是从当天的 07 时到下一天 07 时。

1.1.3　第 3 天的对流天气展望(Day 3 Convective Outlook)

第 3 天的对流天气展望在文字和图像形式上与第二天的对流天气展望相似，但其只发危险等级分类预报(Slight，Moderate，High)，不发布雷暴预报。每天只在 02 时 30 分发布一次预报。

1.1.4　第 4～8 天的对流天气展望(Day 4～8 Convective Outlook)

第 4～8 天的对流天气展望，用一幅落区图来描述预报时段内的强对流天气威胁。在落区图中的落区表示至少在其内有 30%的强对流天气发生可能性，这相当于轻度(Slight)危险等级的上限。每天只在 03 时 30 分时发布一次预报。

当在第一天的对流天气展望中，发布了龙卷爆发或者区域性灾害大风强对流天气高危险等级时，风暴预报中心还向下级台站、其他天气用户发布“公众强天气展望(The Public Severe Weather Outlooks (PWO))”。这是一种明语预报，一般提前 12～24 h 发布，用于提醒当地气象台和用户关注潜在的危险天气形势给公共安全造成的影响。对于中等级别的对流天气危险等级，也可能第一次发布“公众强天气展望”。这种产品的发布，可以在下一次的“第一天对流天气展望”更新中发布，但如果是碰上“第一天对流天气展望” 早晨更新预报时间，则马上发布。

1.2 中尺度天气讨论

当各种天气条件非常有利于强风暴系统的发展时，美国风暴预报中心通常在发布天气警戒前 1～3 个小时发布中尺度天气讨论业务产品。另外，美国风暴预报中心也会针对冬季的暴风雪、冬雨等灾害性天气发布该类产品。对于强降雨以及对流性系统也偶尔发布中尺度天气讨论。

中尺度天气讨论是基于观测、针对一个有限的地区、短时、定性的提醒，是不定时发布的一种图文合并的产品。其主要是讨论目前强对流天气的实况，未来几个小时的可能演变及其预报理由。如果是针对强风暴系统的中尺度天气讨论，还要给出即将发布的警戒发布时间和区域。

强风暴系统的中尺度天气讨论可以针对强对流天气的发展，提供一个更提前的考虑时间，并在警戒发布之间提前着手各项业务工作的升级。

1.3 强对流天气警戒

当各种天气环境要素条件非常有利于产生有组织的强风暴系统(Organized Severe Thunderstorms)和龙卷发生时，美国风暴预报中心发布强风暴警戒或龙卷警戒。龙卷可以在发布任何一种警戒时发生，而龙卷警戒只是在各种条件非常有利于多龙卷或者强龙卷发生时才发布。强对流天气警戒，将会提醒公众要对正在变化的天气形势和可能的警报开始保持高度关注，同时也为应急管理部门、风暴志愿者、媒体提供了非常宝贵的时间来做好应对准备。制作预警的落区时，通常是画一个平行四边形，但最终的落区通过跟当地气象台的会商后，精确到县。通常预警的落区为 2～4 万 km^2，根据不同的天气形势可以稍大或者稍小些；在大多数年份理，每年要发布 800～1000 次。一个典型的警戒有效时段为 6～7 h，但期间它可以取消、更替或者重新发布

美国国家级风暴预报中心发布强风暴警戒或龙卷警戒，是表明在未来几个小时有强对流天气可能发生，而不是保证一定要发生。而当地气象台发布的警报，是指强对流天气已经发生或者马上就要发生。当风暴预报中心对在某一地区强对流天气发生的可能性觉得比较有信心时，就可以发布强风暴警戒或龙卷警戒，但是至少要在强对流天气发生前一个小时发出。

强风暴警戒或龙卷警戒的内容非常简短，除了给出受影响的地区、有效时间以及可能引发的强对流天气外，还包含一个简短的天气讨论及航空飞行建议。

每个强风暴警戒都不是一样的，为了更好地给出强风暴的警戒，针对于龙卷、雷暴大风和冰雹两种强风暴事件，分别提供了强风暴警戒的概率预报。

在 SPC 业务产品“对流天气展望”和“强对流天气警戒”中，给出的概率预报值是有很大差

别的。前者针对强对流天气事件发生的预报概率，是指在一个 40 km 方圆的区域，所以概率值比较小，不会超过 60%；后者“强对流天气警戒”给出的强对流天气事件发生的预报概率，是指整个警戒区域（2～4 万 km^2），所以概率值比较大。

2 小结与讨论

近些年来，我国科研机构通过专项研究，提出了我国强对流天气预报业务平台建设的若干科学问题[7]，全国省级台站的强对流天气分析、短时临近预报方法研究、预报业务系统建设工作发展迅速[8-10]。

我国国家级强对流预报业务开展比较晚，2005 年中央气象台在强对流和强降水的预报方法研究和技术开发的基础上，开始尝试在 4—9 月份制作全国 24 小时内的强对流天气落区（主要是雷暴和强降雨）综合预报产品；2007 年中央气象台正式增加了每天三次的全国雷暴落区预报业务工作；2009 年 3 月 1 日，中央气象台正式组建了专门的强对流天气预报业务机构——强天气预报中心，并从 2009 年 4 月 1 日起正式开展了全国强对流天气分类落区预报业务：每天三次（05 时、10 时、17 时）发布全国强对流天气落区预报产品：产品的预报时效为 24 h，预报间隔 12 h，预报内容为全国一般性对流天气（雷暴）和强对流天气（雷雨大风、冰雹、龙卷或大于 20 $mm \cdot h^{-1}$ 的短历时强降雨）落区预报二分类预报；2010 年 4 月 1 日开始，中央气象台全国强对流天气落区预报调整为每天制作我国强对流天气 24 h 分类落区预报和 48～72 h 强对流天气落区预报：24 h 预报时效内，制作雷暴、雷雨大风和冰雹、短时强降水三种分类落区预报；48～72 h 内，制作雷暴和强对流天气（雷雨大风、冰雹或短时强降雨）落区预报。

美国国家级的强对流天气预报业务，经过半个世纪的发展，已经形成了一个比较系统的短时、短期、中期预报业务产品系列，预报时段从 2 h 到 8 d；国家级的强对流业务对下指导产品，同时也有公共气象服务、专业气象服务产品，通过网站等提供给广大用户，既是对当地气象台站警报服务的一个必要补充，也可以达到上下业务相互促进的目的；美国的强对流预报业务产品，以概率分类预报为主要形式，是以预报员为主体的综合主观预报产品。我国国家级的强对流天气预报业务中心，业务产品的发布应该以美国的风暴预报中心为重要参照。为了完成这样的业务目标，必须加强以下四个方面的工作：

（1）我国强对流天气气候学、分析、诊断技术的应用；

（2）基于高时空分辨率的中尺度数值预报系统的客观产品的研发，预报方法的研制；

（3）稳定的、专业务化强对流天气预报员队伍的建设；

（4）科学的强对流预报业务流程和高效的综合监测传输。

致谢：本文得到美国 NCEP 风暴预报中心主任 Joe Schaefer 博士、国家气象中心主任端义宏博士的悉心指导和国家气象中心强天气预报中心刘鑫华博士的热情帮助，在此一并深表感谢！

参考文献

[1] Ostby F P. Operations of the National Severe Storm Forecasting Center[J]. Wea Forecasting, 1992,7(4):546-563.

[2] 许晨海，朱福康，杨连英，等. 美国强天气过程预报进展[J]. 气象科技，2003，31(5):308-313.

[3] Corfidi S. A brief history of the Storm Prediction Center. http://www.spc.noaa.gov/history/early.html.

[4] Schaefer J T. The NOAA/NWS Storm Prediction Center. Key Note at CMA 5th Symposium on Severe Weather Prediction, Oct,2008.

[5] Novy C H, Edwards R, Imy D, et al. SPC and its products. Note for MEA444, November 13, 2008.

[6] Schaefer J T, Schneider R S, Weiss S J. Subjective probability forecasts at the NWS Storm Prediction Center. Presentation at the 2009 National Weather Association (NWA) Annual Meeting, Oct,2009.

[7] 倪允琪.建设中尺度天气业务平台的若干科学技术问题Ⅰ:科学问题与基本架构[J].气象,2007,33(9):3-8.

[8] 陈秋萍,冯晋勤,李白良,等.福建强天气短时潜势预报方法研究[J].气象,2010,36(2):28-32.

[9] 赵培娟,吴蓁,郑世林,等.河南省强对流天气诊断分析预报系统[J].气象,2010,36(2):33-38.

[10] 漆梁波,陈雷.上海局地强对流天气及临近预报要点[J].气象,2009,35(9):11-17.

第二章　气候分布篇

我国24小时内不同时段累积极端降水地理分布特征

郑永光[1]　薛明[2,3]　李波[4]　陈炯[1]　陶祖钰[5]

(1 国家气象中心,北京 100081; 2 南京大学,南京; 3 Center for Analysis and Prediction of Storm, Oklahoma University; 4 University of Illinois at Urbana-Champaign; 5 北京大学,北京 100871)

摘　要　利用我国1981—2012年1919个国家级气象观测站观测的整点时刻逐时降水数据,本文首先使用滑动累积方法计算了逐时3,6,12和24 h累积降水量,然后通过排序的方法获得了每一测站的不同累积时段的历史实测最大降水量;进一步使用最大似然法估计的广义极值分布,计算了每一测站不同累积时段的50年一遇降水量。为了对比这些不同时段累积降水量地理分布之间的差异,通过分别选取排序的1919个测站的极端降水数值70和90百分位的方法,本文把我国的极端降水量划分为三个等级,其中第三级为最强。分析结果表明:不同时段的历史实测和相应的50年一遇降水量地理分布具有很大的一致性,但第三级1,3和6 h极端降水量地理分布更为接近,而第三级12和24 h极端降水量与前三者差异较大。第三级的极端降水量主要分布在华南、四川盆地西部、我国东部和南部沿海、江淮、黄淮和华北平原等地。我国30°N以南区域和以北区域的第三级极端小时降水量站点数接近,但第三级24 h极端降水量站点数显著多于30°N以北区域,这表明我国南方由于水汽量丰富,极端强降水天气持续时间更常常长于北方。

关键词　极端降水量　地理分布特征　广义极值　等级划分

引　言

极端天气气候事件已受到广泛关注。极端强降水易于导致泥石流、城市内涝、人员伤亡等重大灾害。1963年8月华北、1975年8月河南、1996年8月华北、2012年7月21日和2016年7月19—20日北京和河北等极端强降水天气都导致了严重的人员伤亡和社会经济影响。

目前国内外已有非常多针对极端天气气候事件的研究,但大多针对的是其检测、分布特征和气候变化特征[1-8];Zhai等[9-10]分别使用了我国1951—1995年349个站点和1951—2000年740个站点的资料给出了我国极端气温、极端日降水分布及其气候变化的研究;《中国极端天气气候事件图集》[11]使用我国1951—2011年1031个站点给出了包括极端气温、极端日(20—20北京时)和3日降水量等一系列极端天气气候事件的地理分布特征。

本文发表于《Advances of Atmospheric Science》,2016,33(11):1218-1232。

由于缺乏连续可用的长时间序列小时降水资料,2010 年前我国几乎没有针对累积时段小于日长度的极端降水分布特征研究。小时降水量超过 20 mm 为短时强降水[12-14],是强对流天气的一类,属于极端性的短时降水天气[13]。Brooks 等[15]和 Nathan 等[16]给出了美国小时雨量不小于 1 in (25.4 mm) 短时强降水的气候分布特征。Zhang 等[13]基于 1961—2000 年 480 站小时降水资料分别以≥20 mm · h^{-1}和≥50 mm · h^{-1}为固定阈值和第 95 百分位数极端小时降水的相对阈值给出了我国中东部 5—9 月极端小时降水的时空分布和气候变化特征;Chen 等[14]使用 1991—2009 年 549 个基本基准气象站整点逐时降水资料分别给出了我国 4—9 月≥10 mm · h^{-1}、20 mm · h^{-1}、30 mm · h^{-1}、40 mm · h^{-1}、50 mm · h^{-1}短时强降水发生频率的时空分布和站点最大小时降水量分布特征;但 Zhang 等[13]、Chen[14]都没有给出不同重现期的极端小时降水分布。李建等[17]基于 1961—2010 年的小时降水资料利用广义极值(Generalized Extreme Value, GEV)分布和给出了我国 465 个气象站点 2,5,10,50 年一遇的小时降水强度阈值和分布,并同百分位方法确定的阈值地理分布进行了对比;李建等[18]还基于 1954—2010 年的小时降水资料确定了我国 321 个站 5 年重现期的小时降水强度的降水持续性特征;但李建等[17-18]的研究没有详细考察和分析我国不同区域不同时段累积极端降水强度的差异和成因。

虽然目前对我国的极端降水天气的分布已经有了较多认识,但还存在以下几点显著的不足:1)所用观测资料的站点分布比较稀疏,通常少于 600 个,对于捕捉属于中小尺度天气的短时累积强降水事件其空间分辨率显然不相匹配;2)没有不同时段累积的我国历史实测最大降水量分布特征研究;3)不同的时段累积降水与降水的持续性密切相关,但尚没有针对 3,6 和 12 h 等时段的累积极端强降水时空分布研究;4)缺少 24 h 以内不同时段累积极端强降水天气时空分布对比分析。极端降水对于某一特定测站是一种小概率事件,对于小概率事件预报难度必然很大。但是对于大数量测站总体来说,如果又有长时间序列的资料,就有可能揭示出一些极端降水的规律为预报小概率事件提供帮助。

针对已有研究存在的不足,本文以 1951—2012 年我国 2420 个国家级台站的逐小时降水数据集为基础,通过挑选具有连续观测的站点小时降水数据,使用历史实测最大降水量和 GEV 分布估计的 50 年一遇降水量分析和对比我国 1,3,6,12,24 h 时段累积的极端降水量分布特征,为估计和预报我国不同区域的不同时段累积的极端强降水天气提供参考。

1　资料和方法

1.1　资料

中国气象局国家气象信息中心将地面自动气象观测系统建立前的降水数据来自翻斗或虹吸式自记雨量计观测的自记降水观测和之后的自动雨量传感器观测,经过质量控制整编成 1951—2012 年我国 2420 个国家级台站的整点时刻逐时降水数据集。资料质量控制方法是进行进行界限值、极值检查,并将每个测站每日逐小时降水量的日累积量同雨量桶观测的日降水量比较,若超出一定误差标准,则认定该数据可疑。若日降水量大于 5 mm,则累积降水量同日降水量之间的相对误差要小于 20%;若日降水量小于 5 mm,则用二者之间的绝对差值应该小于 1 mm。对于可疑数据,本文一律未予以使用。

为了给出具有相同气候时间尺度的极端降水分布，本文挑选出了每年夏季6,7,8月三个月中连续观测日数不少于25 d的站点，然后从中分别挑选出了1965—2012、1981—2012逐年连续观测的站点783个、1919个(图1)，其中1981—2012年1919个站点中包含了1965—2012年的783个站点。这些站点主要分布在100°E以东的我国中东部地区，100°E以西的青藏高原和沙漠地区只有几个孤立站点，不同地区站点分布密度不均。选择夏季连续观测站点的原因是我国强降水显著受东亚夏季风影响，主要发生在夏季[14,18−19]。

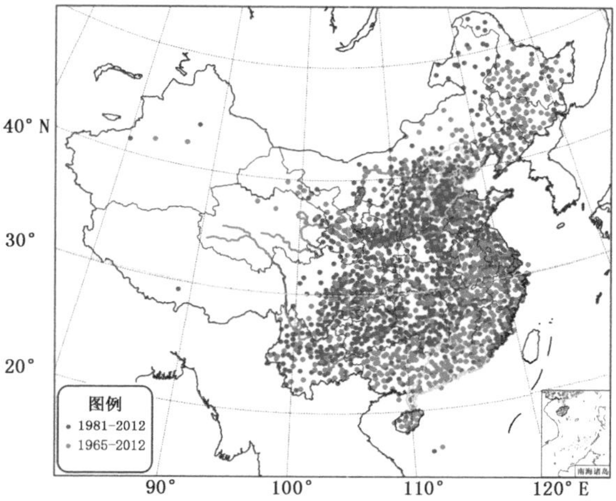

图1 小时降水观测气象站点分布
(1965—2012年持续观测站点为红色圆点，1981—2012年持续观测站点为蓝色圆点)

每一站点不同时段累积的最大降水量通过如下方法获得：对于任一站点，首先基于逐时降水数据采用时间滑动累积方法获得了各个整点时刻的3,6,12,24 h累积降水量，然后通过分别排序获取了1,3,6,12,24 h各时段累积的历史实测最大降水量。不同于已有的日极端降水量[9−11]研究，使用滑动累积3,6,12,24 h降水量的优点是不会因为时段的人为划分而导致连续的强降水过程被划分到两个不同时段的降水量中，从而不会低估极端降水量。

极端降水更易于受中小尺度天气和地势分布影响，所以高地理分布密度的观测数据能够捕捉更多的极端降水信息。由于1981—2012年1919个站点降水资料具有足够的气候代表性和更高的空间分辨率，因此，本文主要基于该资料分析了历史实测最大降水量地理分布特征，并同1965—2012年783个站点降水资料所获得的相应分布特征(图未给出)进行了对比分析，虽然二者降水量数值上存在差异，但地理分布特征非常类似。

1.2 GEV分布及其估计

GEV分布是用于极值估计中的一种常用概率分布，是Gumbel、Fréchet和Weibull三种分布的统一形式。通过基于年最大值(Annual Maximum)的样本序列使用最大似然法[21]或者L—矩法[22]可以估计其相关参数并确定其累积概率分布函数。GEV累积概率分布函数如下：

$$G(z) = \exp\{-[1+\xi(\frac{z-\mu}{\sigma})]^{-1/\xi}\}$$

其中 $G(z)$ 为随机变量 z 不被超过的概率，μ 为位置参数，σ 为尺度参数，ξ 为形状参数。该分布函数要求 $1+\xi(z-\mu)/\sigma>0$、$-\infty<\mu<\infty$、$\sigma>0$ 和 $-\infty<\xi<\infty$。

对于任一站点和任一时段累积降水，本文首先逐年挑选出最大降水量形成时间序列，基于该序列使用最大似然法来估计 μ、σ 和 ξ 获得 GEV 分布函数，从而计算出 50 年一遇降水量。

本文分别选择了华北的北京和华南的广东清远这两个历史降水资料序列涵盖 1965—2012 年的气象站来展示不同时段累积降水量的拟合 GEV 分布的可靠性。为了节约篇幅，图 2 和图 3 中仅给出了小时降水量和 24 h 降水量的概率曲线图和 95% 置信区间的重现水平图。需要说明的是，北京并不是华北地区出现不同时段累积最极端降水量的站点；而广东清远则是华南区域中出现各个时段比较极端降水量的典型站点。

基于 1965—2012 年资料和基于 1981—2012 资料所得到的不同时段累积极端降水量的 GEV 分布(见图 2 和图 3，其中 3,6,12 h 累积降水量拟合结果未给出)都非常好地拟合了年最大降水量序列分布，且两个序列长度的拟合结果非常类似；但由于所用资料序列长度不同，相同累积时段降水拟合的 GEV 分布之间还是存在一些差异。基于 1981—2012 资料所拟合的 50 年一遇降水量高于基于 1965—2012 年资料所得到的相应结果，这可能与 1981—2012 资料序列时间长度较短、年最大降水量较大有关。虽然超过 50 年重现期的降水量都属于极端降水量，但考虑到重现期超过 50 年的极端降水量的置信区间显著加大(见图 2 和图 3)，因此，本文选择 50 年一遇的降水量地理分布同历史实测降水量进行对比分析。

如前所述，1981—2012 年 1919 个站点降水资料具有足够的气候代表性和更高的空间分辨率，因此本文也主要基于该资料使用 GEV 分布分别估计了每一站点的不同时段累积降水的 50 年一遇降水量值，并同基于 1965—2012 年 783 个站点降水资料所获得的相应地理分布(图未给出)进行了对比分析，结果表明，虽然二者降水量数值上存在差异，但地理分布特征同样非常类似。

1.3 极端强降水等级划分

目前尚没有我国极端强降水的强度等级划分标准，且不同时段累积降水量之间不能直接进行比较，因此，本文极端强降水强度等级是由本文所获得的总站点中不同百分位所对应的极端降水量值所确定的一个等级划分，目的是为了展示我国不同区域、不同时段极端强降水之间的分布差异。

分别针对 1,3,6,12,24 h 等不同时段累积极端降水量，对 1981—2012 年夏季具有连续观测的 1919 个站点的极端降水量按照从小到大来排序，来确定历史实测最大降水量和利用 GEV 分布确定的 50 年一遇降水量的第 70 和 90 百分位的极端降水量值，见表 1。由于表 1 历史实测最大降水量和利用 GEV 分布给出的 50 年一遇降水量分布存在差异，因此，为了便于比较这两种极端降水量的分布差异，根据表 1 给出的第 70 和 90 百分位的极端降水量值，综合给出了如表 2 中所确定的不同时段累积极端降水量的两个等级阈值。表 2 中不同时段累积极端降水量的较低等级降水量值，对应于约 69 百分位的历史实测最大降水量和约 70 百分位的 50 年一遇降水量；较高等级降水量值，对应于约 89 百分位的历史实测最大降水量和约 90 百分位的 50 年一遇降水量。据此，本文给出了如表 3 的包含三个级别的极端强降水等级，其中第三级最强。

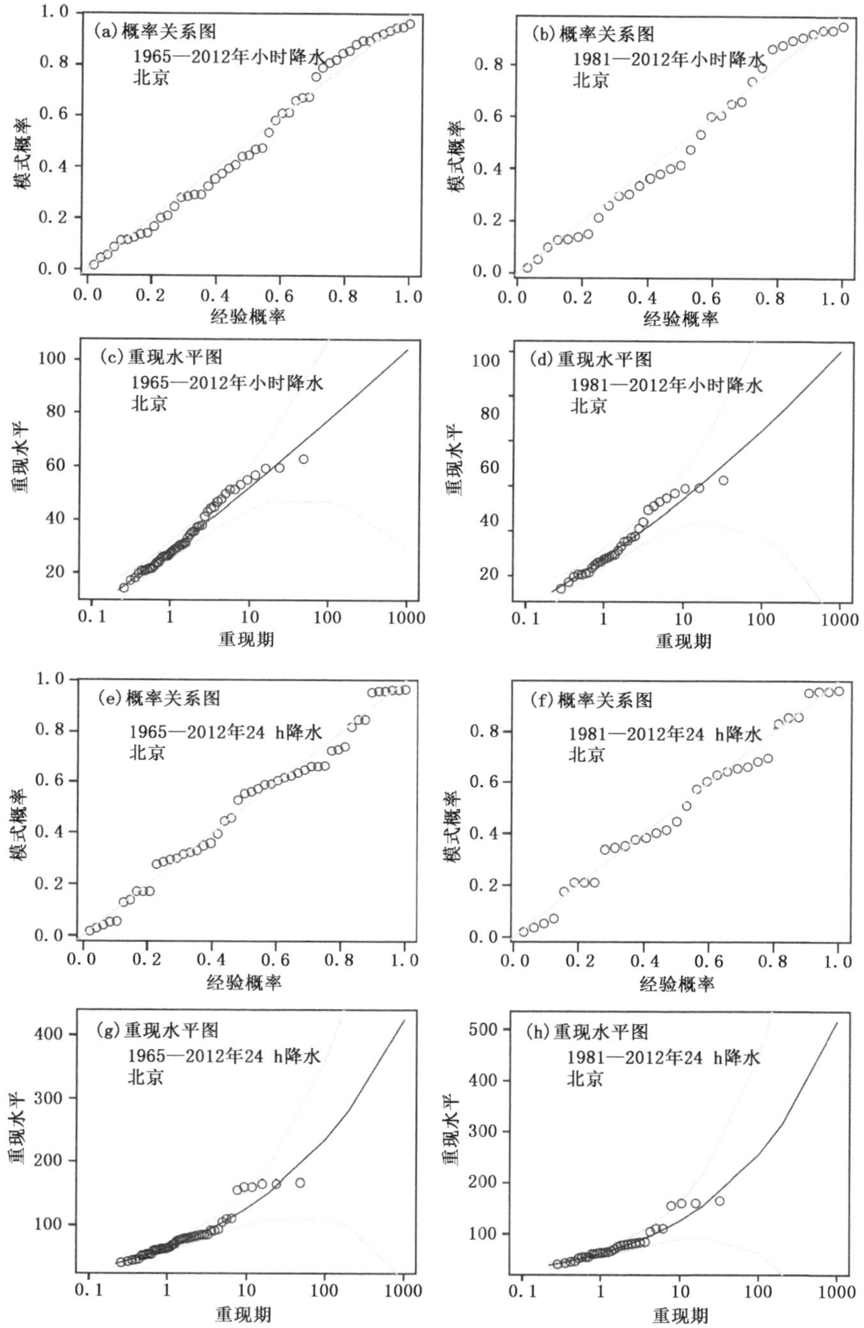

图2 分别基于1965—2012年(a，c，e，g)和1981—2012年(b，d，f，h)北京测站降水资料的小时降水(a—d)和24 h降水(e—h)概率关系图（a，b，e，f）和拟合的GEV分布重现水平图（c，d，g，h）.（a，b，e，f）中灰色实线为概率分布对角线，（c，d，g，h）中灰色实线为95％置信区间（注意（c，d，g，h）中纵坐标有所不同，其中降水量单位为mm）

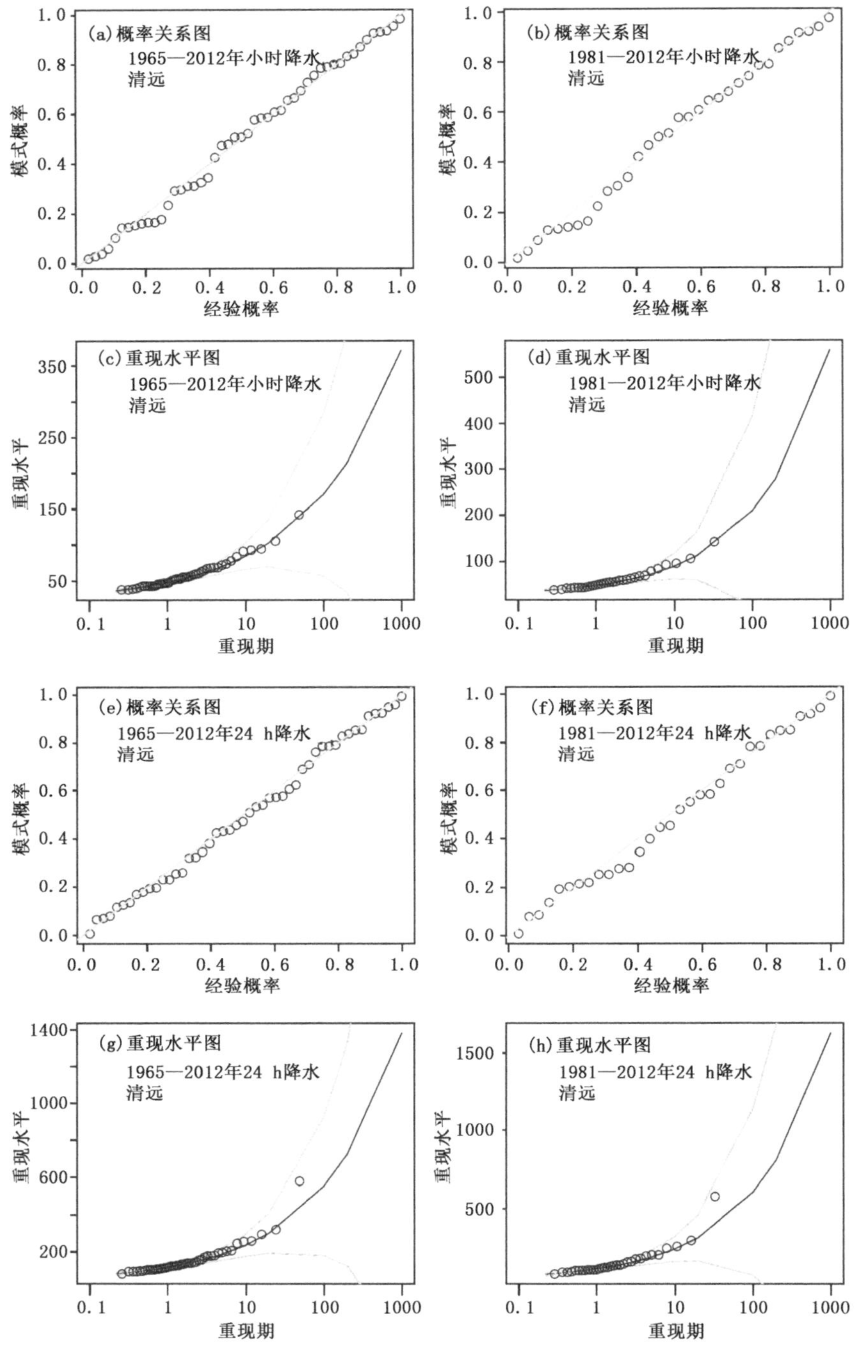

图 3　同图 2,但为广东清远站

需要指出的是,我国中央气象台分别将每日不少于 50,100,250 mm 的降水定义为暴雨、大暴雨和特大暴雨[20]。因此,表 3 中所有的第二级和第三级极端降水量阈值都远大于暴雨阈值 50 mm。此外,除了第二级(75 mm)和第三级(95 mm) 极端小时降水量阈值外,其他时段极端降水量的第二级和第三级阈值都大于大暴雨阈值100 mm。第三级极端小时降水量阈值(95 mm)接近大暴雨阈值(100 mm),第三级极端12 h降水量阈值(260 mm)和第二级极端24 h降水量阈值(230 mm)接近于特大暴雨阈值(250 mm);但第三级极端24 h降水量阈值(305 mm)远远大于特大暴雨阈值(250 mm)。

表1 不同时段累积的1919个站点极端降水量的70和90百分位降水量值分布

	降水量(mm)	
	70百分位	90百分位
历史实测最大小时降水量	77.5	96.1
50年一遇小时降水量	75.4	93.5
历史实测最大3 h降水量	127.3	163.9
50年一遇3 h降水量	124.7	155.9
历史实测最大6 h降水量	161.2	212.1
50年一遇6 h降水量	160.3	202.3
历史实测最大12 h降水量	196.4	262.1
50年一遇12 h降水量	195.8	256.5
历史实测最大24 h降水量	232.3	309.4
50年一遇24 h降水量	229.7	303.6

表2 不同时段累积降水量值在1919个站点极端降水量中的百分位分布

降水累积时段	降水量(mm)	历史实测最大降水量所对应的百分位	50年一遇降水量所对应的百分位
逐时	75	66	69
逐时	95	89	91
3 h	125	68	70
3 h	155	87	90
6 h	160	70	70
6 h	205	89	91
12 h	195	69	70
12 h	260	90	91
24 h	230	69	70
24 h	305	89	90

表3 不同时段累积极端降水量等级(表格中 R 表示降水量)

	不同等级降水量(mm)		
	第一级	第二级	第三级
极端小时降水	<75	$75 \leqslant R<95$	$\geqslant 95$
极端3 h降水	<125	$125 \leqslant R<155$	$\geqslant 155$
极端6 h降水	<160	$160 \leqslant R<205$	$\geqslant 205$
极端12 h降水	<195	$195 \leqslant R<260$	$\geqslant 260$
极端24 h降水	<230	$230 \leqslant R<305$	$\geqslant 305$

1.4 地理分布展示

为了绘图和显示方便，本文将我国划分为0.75°×0.75°的网格，通过获取每一个网格点为中心的0.75°×0.75°区域范围内所有站点极端降水量的最大值来展示极端降水的地理分布特征；如果该网格点周边区域范围内无降水测站，则该网格点极端降水量值为缺测，在图中使用白色表示。由于1919个测站的平均距离约50 km，0.75°的网格距大于此距离，因此，使用这种格点数据绘图会对高密度测站分布区域的极端降水地理分布有一定平滑作用。

图4和5分别展示了历史实测和50年一遇的不同时段累积极端降水量地理分布。不过，由于1919个测站主要分布在我国中东部，因此，为了更清晰地展示极端降水量的地理分布，图4、5和6中只绘制了我国中东部的极端降水量地理分布。图4和5中，第二级和第三级极端降水量分别使用深蓝色和紫红色绘制。由于20 mm·h^{-1}是定义我国短时强降水的阈值[14]，50 mm是我国日降水量定义为暴雨的阈值，因此，图4和5中也展示了20 mm和50 mm强度的极端降水量的分布情况。此外，由于第三级极端小时降水的阈值为95 mm，因此，在图4和5中累积时段大于1小时的极端降水分布也给出了该阈值的降水分布。为了更清楚地展示测站的极端强降水的分布情况，图4和5中也分别使用淡蓝色星号和黄色圆点的方式给出了第二级和第三级极端强降水站点的分布。需要说明的是，格点化的降水数据更易于绘图，但由于站点数据是原始的直接观测数据，因此我们在后文的分析讨论中也会以站点分布的形式给出。

2 历史实测最大降水量地理分布

任一气象站点的历史实测最大降水量表征了该站点有观测记录期间的最极端降水情况。1981—2012年夏季有1919个站点降水量持续观测，其观测时间超过了30年，因此，这些站点的实测最大降水量能够从气候上代表我国极端降水的分布状况。

从总体来看，历史实测最大1，3，6，12，24 h降水量分布(图4)很不均匀，但呈现为南方高于北方、东部高于西部、沿海高于内地、平原和谷地高于相邻的高原和山地等特点。图4各图中的黑色粗实线大致为历史实测最大1，3，6，12，24 h降水量能否达到或者超过第三级的分界线，该线主要从辽宁南部起，经河北北部、山西、四川到云南，这条线以东和以南的区域是能够出现第三级的历史实测最大降水量的区域，主要集中在我国南部和东部沿海区域、华南、江淮、黄淮、四川盆地西部、华北南部和辽宁南部等区域。而在黑色粗实线以西和以北的大部区域历史实测最大降水量仅为第一级极端降水量，少数测站达到第二级，分布也较分散。

这种总体分布特点与短时强降水和暴雨频率分布[14,23]有一定的一致性；华南和四川盆地既是历史实测最大降水量较强的区域，也是MCS和短时强降水[14,24]发生频率、年降水量较高的区域。但历史实测最大降水量地理分布同MCS和短时强降水发生频率分布[14,24]、年平均降水量和暴雨日数分布[23]也存在较大差异，尤其是从江南(包括湖南、江西和浙江等省)到华北的这些区域与强降水频率分布也存在差异。位于北纬30°以南的贵州、湖南、江西、浙江内陆和福建内陆等区域虽然有较高的不小于20 mm·h^{-1}短时强降水和MCS发生频率[14]，但第二级和第三级历史最大降水量站点分布较少且分布比较分散和孤立。

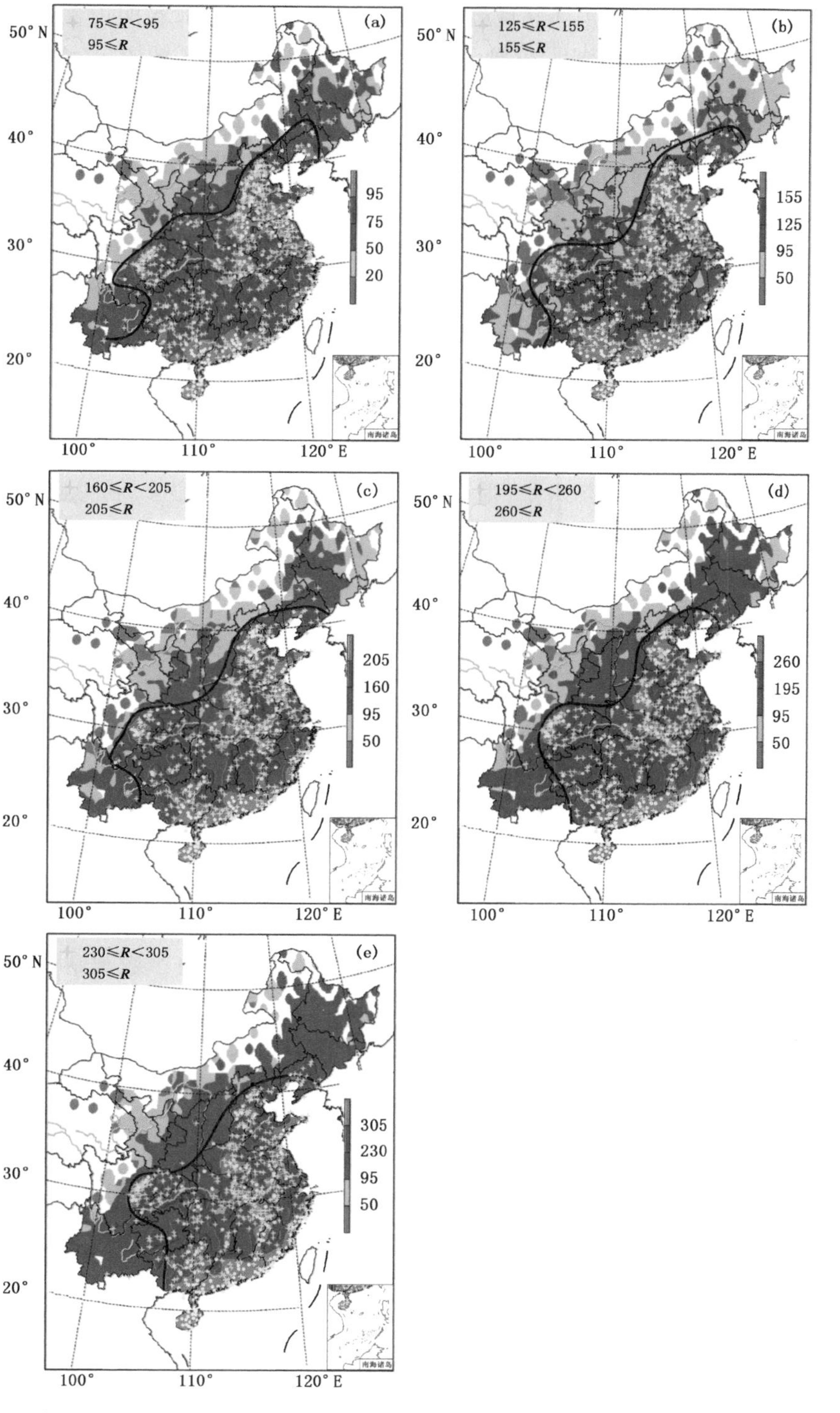

图 4 我国 1919 站 1981—2012 年历史实测最大降水量 R 分布(单位:mm)
(黑色粗实线表示其以东和以南站点能够达到第三级极端降水量,淡蓝色星号表示极端降水量达到第二级的站点,黄色圆点表示极端降水量达到第三级的站点)
(a) 小时降水;(b) 3 h 降水;(c) 6 h 降水;(d) 12 h 降水;(e) 24 h 降水

从历史实测最大小时降水量的区域极值分布来看，华南中南部和四川盆地区域历史实测最大小时降水量超过 140 mm；湖北东部、江淮、黄淮和华北南部区域历史实测最大小时降水量超过 135 mm，接近 140 mm；华北中部和辽宁南部区域历史实测最大小时降水量也超过 120 mm。因此，从区域极值来看，华北、黄淮、江淮同华南的历史实测最大小时降水量差异不显著，尤其江淮、黄淮同华南非常接近。对于历史实测最大 24 h 降水量的区域极值分布，华南中南部有多站超过 550 mm，四川盆地西部、江淮和浙江沿海等区域极大值超过 500 mm，而华北平原和东北南部等区域极大值仅稍大于 400 mm；因此，其南北方的差异显著大于历史实测最大小时降水量。

为了展示不同量级极端降水的分布情况，我们也统计了不同量级极端降水站点数目占 1919 测站数的百分比分布。以 20 mm 作为等级间隔对历史实测最大小时降水量站点进行分类统计发现，其中 60～80 mm 的测站数最多，占总测站数的 40.8%。以 50 mm 作为等级间隔进行统计，历史实测最大 3 h 和 6 h 降水量最多的站点是 100～150 mm，分别占总测站数的 42.7% 和 36.5%；但对于 12 h 降水量，则 150～200 mm 的测站数最多，占总测站数的 27.7%。以 100 mm 作为等级间隔对历史实测最大 24 h 降水量站点进行统计发现，其中 100～200 mm 的测站数最多，占总测站数的 44.8%。

3　50 年一遇降水量

如前所述，某一站点的历史实测最大降水量表征了该站点有观测记录以来的最极端降水情况，但对该站而言具有一定的随机性，因此，本部分使用 GEV 分布估计的 50 年一遇降水量来展示我国的极端降水地理分布特征，并同历史实测最大降水量分布进行对比。

根据表 2，第二级和第三级 50 年一遇不同时段降水量的站点数目要少于相应的历史实测最大降水量。但总体来看，50 年一遇 1，3，6，12，24 h 降水量分布与相应时段历史实测最大降水量分布类似，虽然降水量具体数值存在一些差异。类似图 4，图 5 中黑色粗实线以东和以南区域 50 年一遇降水量能够达到第三级，而在以西和以北区域，只有少数测站 50 年一遇不同时段降水量能够达到第二级。图 5 也表明在 30°N 以北区域，第三级 50 年一遇 12 h 和 24 h 降水量站点数显著少于第三级 50 年一遇小时和 3 h 降水量站点数。

降水量是降水强度和持续时间的乘积。但由于降水是复杂的非线性过程，降水过程中的降水强度都不是均匀的，因此，对于任何一个站点来说，累积时段超过 1 h 的极端降水量都很难等于极端小时降水量乘以小时数，且其平均小时降水强度通常要小于极端小时降水量。从历史实测最大和 50 年一遇小时降水量来看，黄淮地区区域极大值同华南沿海差别不大，但是累积时段超过 1 h 的历史实测最大和 50 年一遇降水量区域极值的差异随着累积时段的加长而加大，这是因为华南沿海降水平均强度较强、持续时间较长[14,18]的缘故。

为了展示不同量级 50 年一遇降水量的分布情况，我们同样也统计了不同量级极端降水站点数目占 1919 测站数的百分比分布。以 20 mm 作为等级间隔对 50 年一遇小时降水量站点进行分类统计发现，其中 60～80 mm 的测站数最多，占总测站数的 42.4%。以 50 mm 作为等级间隔进行统计，50 年一遇 3 h 和 6 h 降水量最多的站点是 100～150 mm，分别占总测站数的 44.2% 和 35.7%；但对于 12 h 降水量，则 150～200 mm 的测站数最多，占总测站数的 27.4%。以 100 mm 作为等级间隔对 50 年一遇 24 h 降水量站点进行统计发现，其中 100～200 mm 的

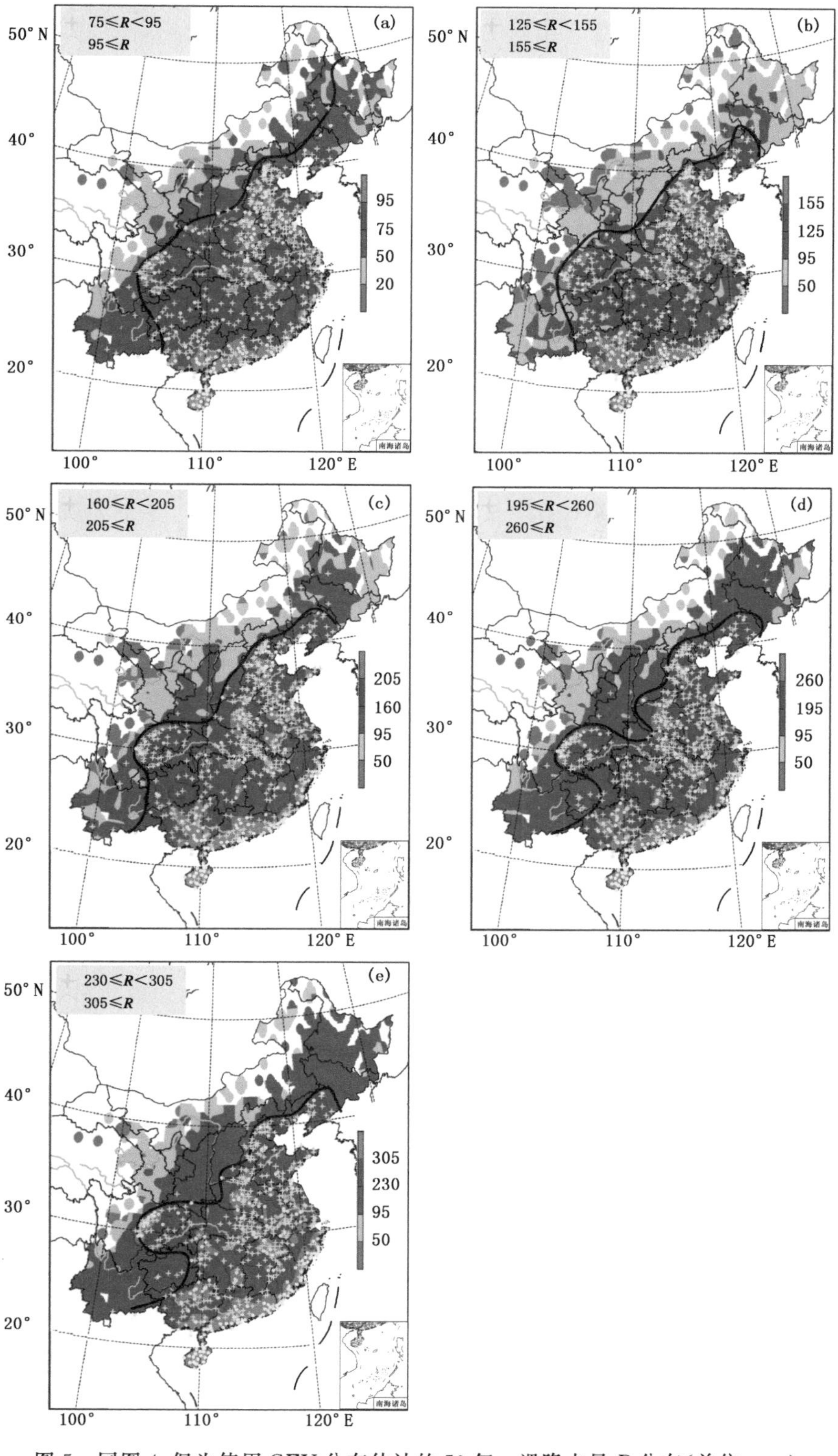

图5　同图4,但为使用GEV分布估计的50年一遇降水量R分布(单位:mm)

测站数最多，占总测站数的44.1%。这个结果与相应的历史实测最大降水量统计结果非常接近。

4 极端强降水区域分类和差异

4.1 极端强降水区域分类

50年一遇降水量同历史实测最大降水量地理分布之间的相似性证明了本文分析的极端降水分布的可靠性。由于前文结果表明不同区域之间的极端降水量分布存在显著差异，因此，本部分基于0.75°×0.75°网格点的50年一遇降水量结合历史实测最大降水量等级给出了极端强降水的区域分类，如图6。图6展示的区域分类特征总结如下：

(1) 第二级和第三级极端强降水主要发生在图4和图5中黑色粗实线的右侧区域。这条线主要从辽宁南部开始穿过山西，大致沿着四川盆地的西部边缘，到云贵高原的东坡；走向基本沿着地形等值线。但在25°N和30°N之间的区域，只有约一半区域极端降水量能够达到第二级，尤其是3,6,12 h极端降水。

(2) 云南、内蒙古东部、东北中北部等地的部分区域极端小时降水量达到第二级标准(不小于75 mm)，但较少站点极端3,6,12,24 h降水量能够达到第二级。这说明这些区域即使出现较强的短时强降水天气，达到了极端小时降水量第二级标准，但由于对流系统维持时间短，从而更长时段的累积降水量很难达到第二级的3,6,12,24 h极端降水量阈值。

(3) 达到第三级的不同时段极端降水量地理分布同样具有很大的一致性(图6)，但达到第三级1 h,3 h,6 h极端降水量地理分布更为接近，达到第三级12 h和24 h极端降水量分布之间较类似，与前3者差异较大。

(4) 第三级极端降水量地理分布具有以下特点：分布于如华南等低纬度地区；分布于我国南部和东部沿海；分布于黄河于长江之间的平原或者盆地；分布于高原或者山地的交界地带的低地势一侧，比如四川盆地西侧和南侧边缘、华北平原的西侧等。

(5) 华南沿海和四川盆地是极端降水量值较强、也是MCS、短时强降水频率[14]和暴雨日数[23]较高的区域。

(6) 虽然我国25°～30°N较少区域极端降水量达到第三级，但相对于小于24 h时段的极端降水量分布，安徽中南部、江西东部、湖南西北部有较多区域24 h极端降水量达到了第三级标准(图6e)，这说明这些区域虽然小时极端降水量并未达到第三级，但由于这些区域夏季易于受热带气旋等热带天气系统影响、降水天气系统维持时间长，加之地形等影响因素，从而使得有较多站点24 h极端降水量达到第三级。

通常热带型降水过程的降水强度比较大[12]。华南沿海的极端强降水与该区域易于受热带天气系统影响、降水持续时间比较长密切相关，也与低空西南急流、海陆风[24]和海陆下垫面的不同摩擦作用[25]相关。四川盆地和华北平原的极端强降水可能与这些区域易于受夏季风影响[26]、且受地形影响降水持续时间长相关。浙江沿海和福建沿海较强的极端降水量可能与该区域易于受热带气旋影响有关[27]，还可能与海陆风和海陆下垫面的不同摩擦作用[25]相关。江淮和黄淮地区的极端强降水可能与该区域在夏季位于夏季风和副热带高压边缘、易于发生梅雨降水且降水持续时间较长相关，在对流系统分布方面的表现是该区域为我国α中尺度和β中尺度的多发区之一[24,28]。

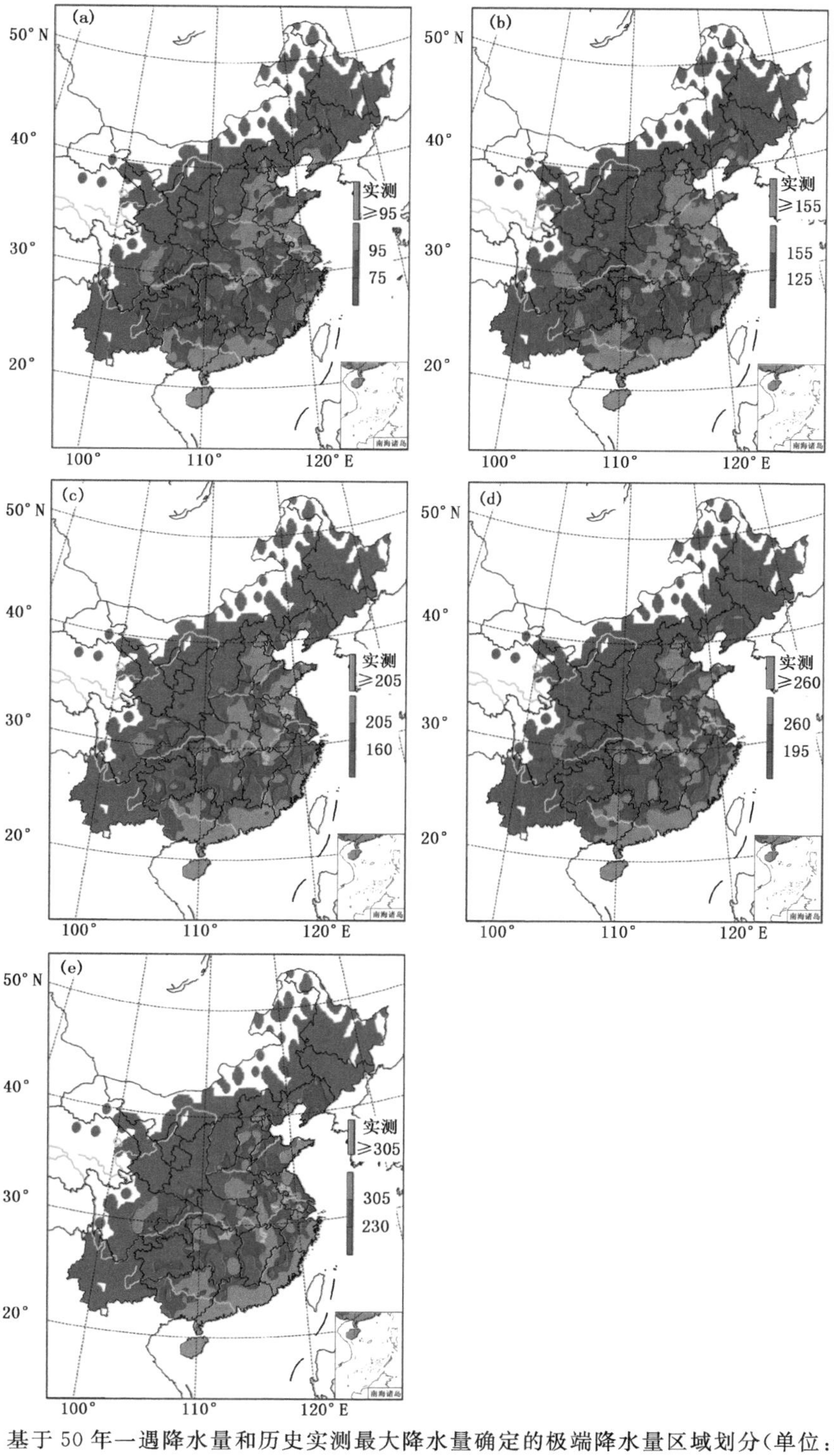

图6　基于50年一遇降水量和历史实测最大降水量确定的极端降水量区域划分(单位:mm)
(其中白色区域为无降水量估计区域,红色区域是50年一遇降水量未达到第三级极端降水量、但历史实测最大降水量达到第三级极端降水量的区域)
(a) 小时降水;(b) 3 h 降水;(c) 6 h 降水;(d) 12 h 降水;(e) 24 h 降水

我国 25°～30°N 区域极端强降水弱于华南和黄淮区域，这可能与夏季西北太平洋副热带高压北跳导致该区域夏季较多发生在下午的热对流[14,24]相关，通常发生在下午的热对流降水持续时间较短。而安徽中南部、江西北部、湖南西北部有较多区域 50 年一遇 24 h 累积极端降水量达到第三级可能与这些区域的地势分布、位于夏季风和副热带高压边缘、低空西南急流、易于受梅雨天气系统影响相关[19,26]。

本文并没有分析极端降水的气候变率和季节变化，但这些仍是下一步工作中值得研究的重要内容。但已经有一些我国不同区域极端日或小时降水量气候变率的研究[9-10,13,29-30]。我国降水地理分布主要取决于夏季风的进退[19-20]。我国暴雨和短时强降水在夏季(6 月、7 月和 8 月)发生最频繁，其次在 4 月和 5 月，但 9 月发生频率大幅下降[14,19-20]。对于不同的区域，华南暴雨和短时强降水天气主要发生在 4,5,6,8,9 月，长江的中下游主要出现在 6,7,8 月，华北和东北主要发生在 7 月和 8 月。因此，我们可以推测，虽然不同区域的极端降水季节变化会有所不同，但由于夏季风的影响，我国极端降水天气主要发生在夏季。

4.2　南北方极端强降水地理分布差异

为了进一步展示我国南北方第三级极端强降水地理分布的不同，以揭示热带型强降水和中纬度强降水性质的差异，以 30°N 为分界线(图 1 中淡蓝色划线)，将我国划分为南北两个区域。基于历史实测最大降水量和 50 年一遇降水量，图 7a 给出了这两个区域不同时段累积第三级极端降水量站点百分数对比。

图 7a 为我国 30°N 以南和以北区域达到第三级极端降水量站点数分别占第三级极端降水量总站点数的百分比随着降水累积时段变化曲线，表明随着累积时段的增加，30°N 以南区域达到第三级极端降水量站点数百分比显著增加；对于历史实测最大降水，从 1 h 的 49%左右增长到 24 h 的 69%左右，约增加了 20%；对于 50 年一遇降水，则从 1 h 的 50%左右增长到 24 h的 72%左右，约增加了 22%。而 30°N 以北区域达到第三级极端降水量站点数百分比显著减少；对于历史实测最大降水，从 1 h 的 51%左右减少到 24 h 的 31%左右；对于 50 年一遇降水，则从 1 h 的 50%左右减少到 24 h 的 28%左右。

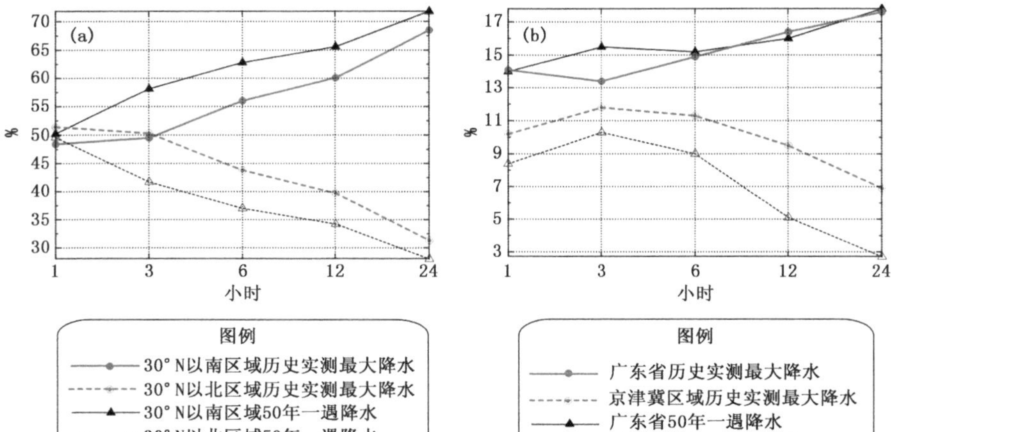

图 7　不同区域不同时段累积达到第三级极端降水量的站点百分比变化曲线。横轴为时段(h)，纵轴为百分比
(a) 30°N 以南和以北区域；(b)广东和京津冀区域对比

类似图7a,图7b分别给出了广东和京津冀两个区域达到第三级不同时段累积极端降水量站点百分数对比变化曲线。虽然存在具体数据的差异,但广东和京津冀两个区域极端降水站点数百分比和平均值差异随着时段的演变同30°N以南和以北这两个区域的差异演变非常类似。

这些结果再次表明,我国南方区域更易于出现长时间持续降水,这与该区域短时强降水发生频率高[14]相关。而我国北部和内陆区域属于季风影响的大陆性气候,虽能够产生强烈的短时对流,但由于缺乏持续的来自海洋的水汽供应,从而经常使得强降水持续时间短于南方区域。

5 总结和结论

基于1981—2012年我国1919个国家级台站的整点逐小时降水量数据,本文首先计算了3 h,6 h,12 h,24 h时段的滑动累积降水量,然后使用GEV分布分别估计了不同站点的不同时段50年一遇降水量。基于这些降水量数据,本文综合使用历史实测最大降水量和50年一遇降水量提出了一个划分极端降水的等级标准。不同时段极端降水的等级阈值,大约对应于本文所用站点极端降水序列(对于每一个时段的极端降水,该序列由1919个站点的极端降水量组成)的70和90百分位。基于这样一个标准,本文分析、对比和划分了我国不同时段极端降水的地理分布特征。

我国东部和南部沿海区域、江淮、黄淮、四川盆地西部和华北南部等区域是我国不同时段累积极端降水量较高的区域。我国极端降水量的分布与短时强降水频率分布[14]、暴雨日数分布[23]特征存在很大差异,但华南沿海和四川盆地西部是极端降水量值较高也是短时强降水频率和暴雨日数较高的区域。第三级的极端降水量地理分布具有很大的相似性,但第三级1、3和6 h极端降水量地理分布更为接近,与第三级12和24 h极端降水量的地理分布差异大。

我国30°N以南区域第三级极端小时降水量的站点数与30°N以北区域大致相当,但6、12和24 h极端降水量达第三级的站点数显著多于30°N以北区域,且随着时段的增加两个区域差异显著增大。这种特征表明虽然这两个区域极端小时降水强度大致相当,但由于南方区域水汽丰富、易于受到低空急流和热带气旋等系统的影响,其极端降水天气持续时间更经常长于北方区域。而云南、内蒙古中东部、东北中北部虽然部分站点极端小时降水量能够达到第二级,但其3,6,12和24 h极端降水量则很难达第二级,这也表明这些区域的极端降水天气通常具有持续时间较短的特点。

本文使用的是静态参数的GEV分布估计的50年一遇降水量,其与历史实测最大降水量的还是存在一些差异,这些差异可能与估计的静态GEV参数不能够反映极端降水的气候变率相关。此外,本文也没有给出极端降水的长期变化趋势、季节变化和日变化等时间变化特征,这将是下一步研究工作的重要内容,未来可以使用非静态参数的广义Pareto分布来研究极端降水的长期变化。虽然有较多研究给出了我国暴雨发生的天气形势、特征和发生发展机理[19-20,31-37],但对导致极端强降水的天气形势、大气环境特征物理量分布、中小尺度过程特征和机理研究还比较欠缺,还需要分类、分区域进行仔细分析和研究。我国中东部的极端强降水过程通常与对流天气过程联系在一起,且通常在中尺度对流系统上表现为“列车效应”[12,38],但对于不同的极端强降水天气过程中“列车效应”的形成和发展机理仍需要具体分析和研究。

本文分析结果虽然仅是极端降水地理分布气候特征，但本文提出的极端降水等级标准可为业务降水天气预报以及道路、水库、水坝等建设工程制定相应的强降水风险等规范提供参考。

参考文献

[1] Easterling D R, Evans J L, Groisman P Y, et al. Observed variability and trends in extreme climate events: A brief review[J]. Bull Amer Meteor Soc, 2000,81(3): 417-425.

[2] Manton M J, Coauthors. Trend in extreme daily rainfall and temperature in Southeast Asia and the South Pacific: 1961-1998[J]. Int J Climatol,2001,21(3): 269-284.

[3] Frich P, Alexander L V, Della-Marta P, et al. Observed coherent changes in climatic extremes during the second half of the 20th century[J]. Climate Res, 2002,19(3): 193-212.

[4] Alexander L V, et al. Global observed changes in daily climate extremes of temperature and precipitation [J]. J Geophys Res,2006, 111: D05109.

[5] Garrett C, Müller P. Supplement to extreme events[J]. Bull Amer Meteor Soc, 2008, 89 (11): ES45-ES56.

[6] Sen Roy S. A spatial analysis of extreme hourly precipitation patterns in India[J]. Int J Climatol, 2009, 29(3): 345-355.

[7] Long D, Scanlon B R, Fernando D N, et al. Are temperature and precipitation extremes increasing over the U. S. high plains[J]. Earth Interact, 2012,16(16): 1-20.

[8] Yu R C, Li J. Hourly rainfall changes in response to surface air temperature over eastern contiguous China[J]. J Climate, 2012,25: 6851-6861.

[9] Zhai P, Sun A, Ren F, et al. Changes of climate extremes in China[J]. Climatic Change, 1999,42(1): 203-218.

[10] Zhai P, Zhang X, Wang H, et al. Trends in total precipitation and frequency of daily precipitation extremes over China[J]. J Climate, 2005,18 (4): 1096-1107.

[11] 高荣，邹旭恺，王遵娅，等. 中国极端天气气候事件图集[M]. 北京:气象出版社，2012.

[12] Davis R S. Flash flood forecast and detection methods. Severe Convective Storms[M]. Doswell III C A, Ed, American Meteorological Society, Boston, MA, 2001: 481-525.

[13] Zhang H, Zhai P. Temporal and spatial characteristics of extreme hourly precipitation over eastern China in the warm season[J]. Adv Atmos Sci, 2011,28(5): 1177-1183.

[14] Chen J, Zheng Y, Zhang X, et al. Distribution and diurnal variation of warm-season short-duration heavy rainfall in relation to the MCSs in China[J]. Acta Meteor Sinica, 2013,27(6): 868-888.

[15] Brooks H E, Stensrud D J. Climatology of heavy rain events in the United States from hourly precipitation observations[J]. Mon Wea Rev, 2000,128(4): 1194-1201.

[16] Nathan M H, Brooks H E, Schumacher R S. Spatial and temporal characteristics of heavy hourly rainfall in the United States[J]. Mon Wea Rev, 2013,141(12): 4564-4575.

[17] 李建，宇如聪，孙溦. 中国地区小时极端降水阈值的计算与分析[J]. 暴雨灾害，2013,32(1):11-16.

[18] 李建，宇如聪，孙溦. 从小时尺度考察中国中东部极端降水的持续性和季节特征[J]. 气象学报，2013,71(4): 652-659.

[19] 陶诗言. 中国之暴雨[M]. 北京:科学出版社，1980: 5-7.

[20] 丁一汇，张建云. 暴雨洪涝[M]. 北京:气象出版社，2009:16-23.

[21] Coles S. An Introduction to Statistical Modeling of Extreme Values[M]. London: Springer, 2001: 45-57.

[22] Hosking J R M. L-moments: Analysis and estimation of distributions using linear combinations of order statistics[J]. J Roy Stat Soc, 1990, 52(1): 105-124.

[23] 张家诚,林之光. 中国气候[M]. 上海:上海科学技术出版社,1985.

[24] Zheng Y, Chen J, Zhu P. Climatological distribution and diurnal variation of mesoscale convective systems over China and its vicinity during summer[J]. Chinese Sci Bull, 2008, 53(10), 1574-1586.

[25] Chen X, Zhao K, Xue M. Spatial and temporal characteristics of warm season convection over Pearl River Delta region, China, based on 3 years of operational radar data[J]. J Geophys Res Atmos, 2014, 119: 12447-12465.

[26] 陈隆勋,朱乾根,罗会邦,等. 东亚季风[M]. 北京:气象出版社,1991:1-93.

[27] Zheng Y, Chen J, Tao Z. Distributional characteristics of the intensities and extreme intensities of tropical cyclones influencing China[J]. J Meteor Res, 2014, 28(3): 393-406.

[28] Ma Y, Wang X, Tao Z. Geographic distribution and life cycle of mesoscale convective system in China and its vicinity[J]. Prog Natur Sci, 1997, 7(6): 583-589.

[29] Dong Q, Chen X, Chen T X. Characteristics and changes of extreme precipitation in the Yellow-Huaihe and Yangtze-Huaihe Rivers Basins, China[J]. J Climate, 2011, 24: 3781-3795.

[30] Wang Y, Yan Z W. Changes of frequency of summer precipitation extremes over the Yangtze river in association with large-scale oceanic-atmospheric conditions[J]. Adv Atmos Sci, 2011, 28(5): 1118-1128.

[31] 黄士松,李真光,包澄澜,等. 华南前汛期暴雨[M]. 广州:广东科技出版社,1986:17-19.

[32] 周秀骥,薛继善,陶祖钰,等. 98华南暴雨科学试验研究[M]. 北京:气象出版社,2003.

[33] 谈哲敏,赵思雄,张人禾,等. 中国南方β中尺度强对流系统结构与机理[M]. 北京:气象出版社,2013.

[34] 陈明轩,王迎春,肖现,等. 北京"7.21"暴雨雨团的发生和传播机理[J]. 气象学报,2013,71(4):569-592.

[35] 陶祖钰,郑永光. "7.21"北京特大暴雨的预报问题[J]. 暴雨灾害, 2013,32(3):193-201.

[36] 赵洋洋,张庆红,杜宇,等. 北京"7.21"特大暴雨环流形势极端性客观分析[J]. 气象学报,2013,71(5): 817-824.

[37] Luo Y L, Gong Y, Zhang D L. Initiation and organizational modes of an extreme-rain-producing mesoscale convective system along a Mei-yu front in East China[J]. Mon Wea Rev, 2014, 142: 203-221.

[38] Doswell III C A, Brooks H E, Maddox R A. Flash-flood forecasting: An ingredients-based methodology [J]. Wea Forecasting, 1996, 11(4): 360-381.

基于 Γ 函数的暖季小时降水概率分布

田付友[1,2,3]　郑永光[1]　毛冬艳[1]　谌芸[1]　钟水新[4,5]

（1 国家气象中心，北京 100081；2 中国科学院大气物理研究所云降水物理与强风暴实验室，北京 100029；3 中国科学院大学，北京 100049；4 广州热带海洋气象研究所区域数值预报重点实验室，广州 510080；5 中国气象局广州热带海洋气象研究所，广州 510080）

摘　要　我国暖季小时降水的气候概率分布特征分析是开展短时强降水概率预报的重要基础工作。本文使用 1991—2009 年 5 月 1 日至 9 月 30 日的小时降水资料，采用最大似然估计方法，对用于描述 518 个观测站点降水分布的 Γ 函数的形状参数 α 和尺度参数 β 进行了估算，对极端 α 和 β 分布情况下大于 0.1 mm 的暖季小时降水的概率密度分布状况及其累积概率密度分布函数进行了分析，并给出了多个站点基于 Γ 函数的超过给定阈值的降水累积概率的分布。结果表明：α 和 β 之间的相关性高达 0.975，其分布与我国的地势分布有很大的关系。Γ 分布可以很好地描述小时降水的分布状况，模拟得到的结果具有更好的连续性，揭示了实况降水中不能观测到的极端降水发生的可能性；华南沿海和海南西北部为最容易出现短时强降水的区域，在有降水的情况下，其小时雨量超过 10 mm、20 mm 和 30 mm 的累积概率分别达到了 8.0%、2.0%和 0.7%，另一个常出现极端降水的区域为鲁苏皖交界处，这是强对流预报中值得注意的区域；95%累积概率密度对应的小时降水阈值分布显示，自西北向东南，极端小时降水的阈值不断增大；α 与站点海拔高度之间具有很好的指数相关性，其相关系数达到了 0.709，表明地形对我国暖季小时降水量的分布具有重要的影响。

关键词　暖季小时雨量　Γ 分布　概率密度函数　海拔高度影响

1　引言

短时强降水指短时间内出现的强度较大的降水，是由中尺度对流系统产生，在我国强对流天气预报业务中一般定义小时雨量超过 20 mm 的降水为短时强降水。短时强降水在短时间内可以造成暴洪、城市内涝等灾害，甚至可以引发泥石流和山洪等地质灾害，易造成重大的经济损失和人员伤亡。Yu 等[1-2]对我国中东部地区小时降水的日变化特征进行了详细的分析研究，陈炯等[3]对我国暖季短时强降水分布和日变化特征及其与 MCS 日变化关系进行了探讨。暴雨和短时强降水关系密切，尽管某些暴雨是由长时间的稳定性降水造成的，但对于我国

本文发表于《气象》，2014，40（7）：787-795。

而言，大多数暴雨都与短时强降水天气的出现有关，这是由我国夏季风演变的气候特征决定的[4]。较多的研究工作针对暴雨、短时强降水的成因和相关的预报进行了分析[4-8]，这些研究成果为我国短时强降水天气的预报提供了基础。

对于我国华南、江南等地而言，20 mm·h^{-1}降水出现的频率相对较高[3]，人们往往更关注更大强度的短时强降水，但对于其他地区，如西北等地形较为复杂的地区，20 mm·h^{-1}降水，甚至10 mm·h^{-1}强度的降水也可以造成较严重的局地泥石流等灾害。因此，对我国不同区域的小时降水强度气候分布特征进行更为详细的分析，对于了解我国不同区域短时强降水的阈值强度分布特征具有重要的意义。姚莉等[9]通过频数分析方法对小时雨量超过1 mm、2 mm、4 mm和8 mm情况下的时空分布特征进行了分析，指出较大雨强频数出现最多的地区夏季主要在南部沿海，春季在皖南和赣北，但对于更大强度的小时降水未做探讨。频率分析方法存在一些不足，有时会使得不同量级降水的频数分布产生不连续性，造成较大雨强的小时雨量出现的次数高于较小雨强的小时雨量出现的次数，且对于历史上无观测的降水强度等级缺乏描述能力，而这种极端(以前很少出现)事件相对于当地的气候统计特征具有极端性，往往易于造成重大的人员伤亡和经济损失。

通过分布函数研究降水强度的气候分布特征可以抓住其较为细微和普遍的变化规律，这是使用分布函数描述降水等气象相关物理量的气候形态分布的重要原因之一。通过分布函数还可以帮助确定不同地点极端降水出现的阈值，并可借助分布函数对无观测站点地区降水的分布进行研究。

由于降水、风速等物理量的取值范围的特点，它们的统计特征具有明显的不均匀性和偏态分布特征[10-12]。有多个分布函数可以描述具有这种分布特征的物理量，但对于降水而言，最具有代表性的是Γ分布函数[12]。水文上常用于暴雨重现期分析的皮尔逊III型分布也是一种三参数的Γ分布。丁裕国[13]研究指出，Γ分布可以用于描述不同累积时段降水的分布，Li等[14]通过对我国1991年小时雨量资料的分析表明，Γ函数对我国的小时降水具有很好的描述能力。因此，本文将使用Γ分布函数获取观测站点小时降水量的概率密度分布函数，在此基础上对有降水情况下不同量级的小时降水量出现的累积概率进行分析，从而揭示小时降水强度的气候分布特征，从概率的角度揭示不同区域、不同强度小时降水量出现的可能性，从而为这些区域短时强降水强度阈值选取提供参考。

2 资料和方法

2.1 资料及其处理

本文所用资料为国家气象信息中心提供的经过质量控制的我国基本基准气象站整点观测小时降水资料，但未包含台湾省的资料。每个整点时次的记录为该整点时次之前一个小时的总降水量。由于各个站点观测的是非固态降水，因此，资料中不同站点每年的时间跨度不同，南方全年有观测记录，北方地区多从5月开始至9月结束，这与我国暖季降水的出现季节一致。为了保证不同站点之间资料的一致性和可比性，剔除了记录开始日期晚于5月1日和(或)结束时段早于9月30日的站点，并对站点小时降水观测起始年份晚于1991年的站点进行了剔除。经过以上处理，最终所用资料为518个站点1991—2009年5月1日—9月30日的小时降水资料。总体而言，除西藏中西部大范围地区无观测站外，站点分布为从东南向西北逐渐稀疏（图 1）。

从各个站点的小时降水量来看，小时降水量超过 0.1 mm 的时次数在 3900～12400 h；如果用小时雨量超过 0.1 mm 的次数与站点样本总量的比值表示降水出现的多寡，则从空间分布来看，以黄淮区域为界，南方地区的雨时数是北方的两倍左右（图 2），南方的降水高发区有三个显著的中心，其中四川盆地西南部为降水出现频次最多的地区，超过 0.1 mm 的时次数达到样本总量的 24%，即大约每四个小时中就有一个小时出现了 0.1 mm 以上的降水，福建中东部和云南西部为另外两个降水高发区，小时雨量超过 0.1 mm 的小时数达到了 18%，几乎每五个小时中就有一个小时有降水产生。内蒙古东部偏南地区超过 0.1 mm 的时次数百分比为 5%，同周围区域相比降水频次显著偏低。这一分布与《中国气候》[15]中揭示的我国年降水日数的分布特征非常一致。

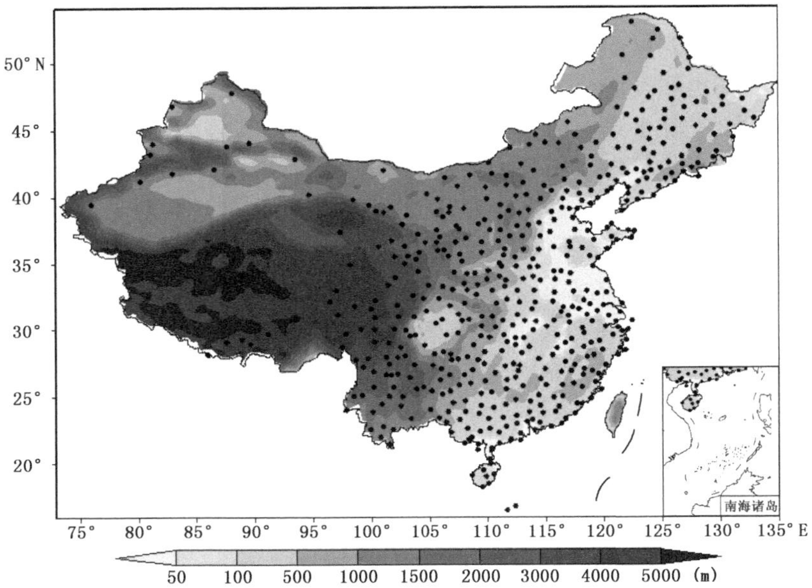

图 1　站点及地形高度分布

2.2　Γ 概率分布及其参数估计

Γ 分布的概率密度函数为：

$$f(x) = \frac{(x/\beta)^{\alpha-1}\exp(-x/\beta)}{\beta\Gamma(\alpha)} x > 0, \alpha > 0, \beta > 0 \tag{1}$$

式中 α 和 β 分别为形状参数和尺度参数，后文详细介绍其意义。$\Gamma(\alpha)$ 为 Γ 函数，表达式为

$$\Gamma(\alpha) = \int_0^{\infty} t^{\alpha-1} \mathrm{e}^{-t} \mathrm{d}t \tag{2}$$

可见，α 是(2)式的唯一变量，而(1)式由 α 和 β 唯一确定，即一旦确定了 α 和 β 的值，Γ 概率密度分布函数也将唯一确定，因此，也可以计算对于给定降水阈值区间的累积概率 P，P 可以表示为：

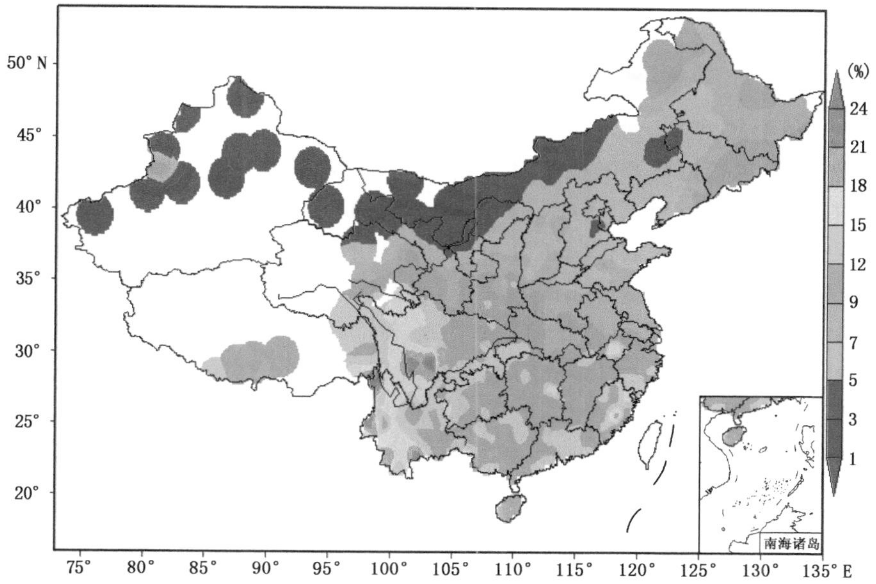

图 2 小时雨量超过 0.1 mm 的记录时次占样本的百分比

$$P(a \leqslant x \leqslant b) = \int_a^b f(x)\mathrm{d}x \tag{3}$$

则超过某一阈值 b 的累积概率可以表示为：

$$P(x \geqslant b) = \int_b^{+\infty} f(x)\mathrm{d}x = 1.0 - \int_a^b f(x)\mathrm{d}x \tag{4}$$

其中 $\int_a^{+\infty} f(x)\mathrm{d}x = 1.0$。对于(4)式，如果知道了累积概率 P 和开始累积的下限 a，反过来也可以通过(4)式来求得上限 b 的值。

求取参数 α 和 β 的常用方法有矩估计法和最大似然估计法两种，但 Thom[16] 和 Wilks[11] 的研究表明，矩估计法不能充分利用所有的样本信息，且当 α 较小时，模拟结果严重偏离实际，建议使用最大似然估计方法来获得 α 和 β 的值。考虑到小时降水的分布中 α 一般较小，因此此处使用 Thom[16] 提出的一种最大似然估计方法，即首先得到样本平均的自然对数与样本自然对数平均的差 T，亦即样本算数平均和几何平均的自然对数之差(5)式，那么形状参数 α 可由 Thom 估计量(6)式得到，尺度参数亦可由(7)式给出。由(6)式和(7)式可知，α 的单位与所统计物理量相同，而 β 是无量纲的。(5)式中 n 为各个站点小时雨量超过 0.1 mm 的总样本数。

$$T = \ln(\overline{x}) - \frac{1}{n}\sum_{i=1}^{n}\ln(x_i) \tag{5}$$

$$\widehat{\alpha} = \frac{1}{4T}\left(1 + \sqrt{1 + \frac{4T}{3}}\right) \tag{6}$$

$$\widehat{\beta} = \frac{\overline{x}}{\widehat{\alpha}} \tag{7}$$

3 参数分布特征

Γ分布的具体形状受控于形状参数α和尺度参数β。对于给定的尺度参数β,α越小,概率密度大值区越靠左,越接近0.0其概率密度越大,亦即右偏越显著,当时;当$x\to 0$时$f(x)\to\infty$;当$\alpha=1$时,$f(0)=1/\beta$;当$\alpha>1$时,$f(0)=0$,即α越小,较小量级降水出现的概率越大。β之所以称为尺度参数,是因为它控制了分布函数曲线的拉伸和收缩程度,即对于给定的α,β越小,表明各个量级降水概率密度分布的越集中,而β越大,不同量级降水分布越分散。

518个站点的形状参数α和尺度参数β的分布如图3。整体而言,α值均小于1.0,且在0.5和1.0之间变化,表明小时雨量分布最常出现在雨量值较小的量级范围内。青藏高原东部和新疆西北部地区的α值一般在0.75～0.90,而中东部大部分地区的α值在0.50～0.70,$\alpha=0.7$的等值线自黑龙江北部向西南伸展至云南北部,将我国的降水区显著地分为两部分,以东地区出现较强的小时降水的可能性显著大于西部地区。

尺度参数β的变化范围较大,其最小值为0.656 mm,最大为8.492 mm。整体而言,β自西北向东南逐渐增大,最大值出现在广西南部沿海。考虑形状参数α的变化特征可知,越往东南部地区,较高等级的小时降水出现的可能性越大,尤其是广西南部沿海。

由于形状参数α和尺度参数β在分布上自西北向东南的显著共同变化特征,对二者进行的拟合结果显示,两者服从非常好的指数函数分布(图4),随着形状参数α的增大,尺度参数β呈指数减小,拟合曲线的相关系数为0.975,表明对于描述我国小时降水分布的Γ函数而言,α和β的分布具有高相关性,在已知其中一个量的情况下,基本可以推测另一个量的分布,这对估算一些地区的降水分布是有利的,即在仅知道一个地区小时雨量均值的情况下,就可以根据公式(7)和图4中的公式确定α和β的值,从而推算可能的小时降水的概率分布状况。

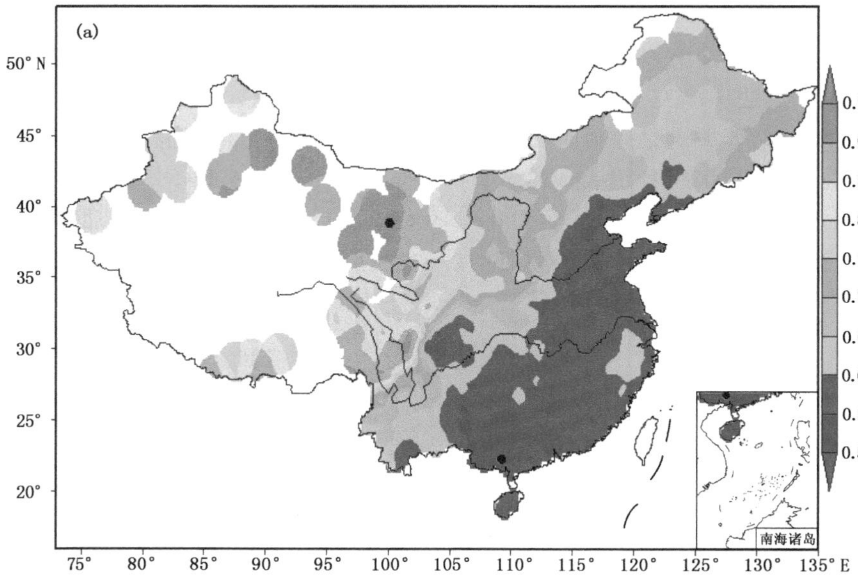

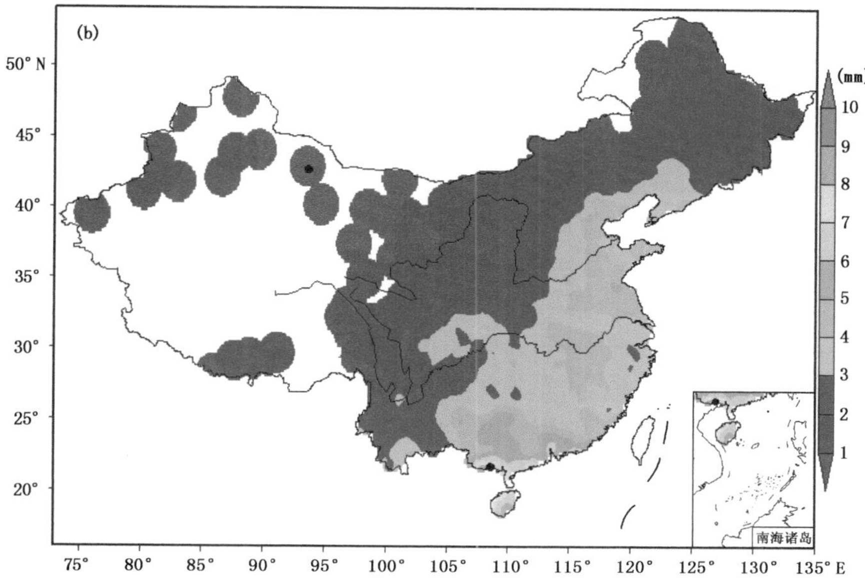

图 3 (a)形状参数 α 和(b)尺度参数 β 的分布。黑色实心点分别代表取极值时 α 和 β 的位置

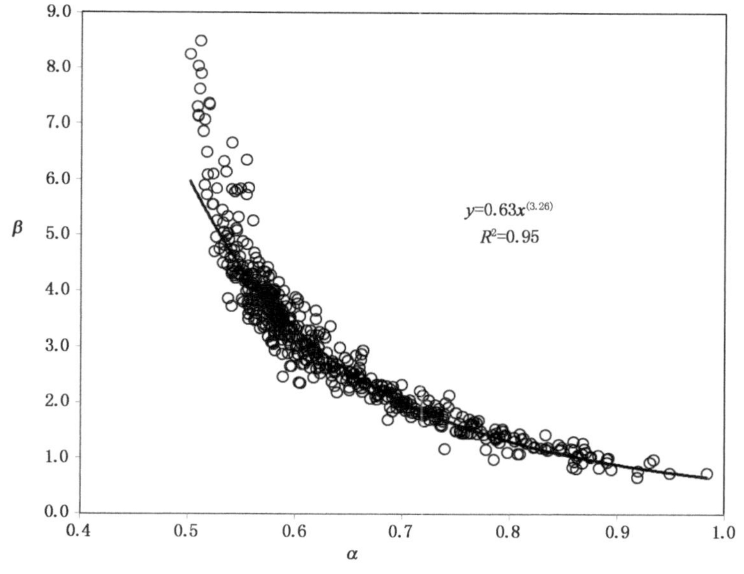

图 4 形状参数 α 和尺度参数 β 的关系

4　降水概率分布

4.1　站点降水概率分布

形状参数 α 和尺度参数 β 的分布决定了 Γ 分布，在得到站点的 α 和 β 值后，对模拟和实况之间的分布进行了对比，发现二者之间具有很好的一致性，表明计算得到的 Γ 分布很好地拟合了小时降水的概率分布特征。下面仅通过 α 取最大和最小值及 β 取最大和最小值时，四个站点的模拟概率分布与实况观测小时降水频率分布进行对比分析，四个站点的详细信息可以参见表 1，它们的位置可以参见图 3。图 5 中灰色柱状图为实况观测降水的频率分布，黑色实线为根据 α 和 β 获得的 Γ 分布曲线，右上角的小图为各自对应的实况和模拟小时降水的累积概率密度分布曲线，其中图 5a 至 5d 分别为最大 α、最小 α、最大 β 和最小 β 时的结果。在计算累计概率时，由于观测降水的间隔和最小记录为 0.1 mm，因此实况降水的累积概率从 0.1 mm 开始，且频率统计中的间隔也为 0.1 mm。而模拟可以给出任意间隔的降水累积，考虑计算精度的影响，仅从 0.01 mm 开始累加，且降水间隔取为 0.001 mm.

根据前面讨论可知，形状参数 α 和尺度参数 β 之间具有很好的相关性，即较大的 α 往往对应较小的 β。从图 5a 和 5c 可知，最大 α 和最小 β 时两站的 α 和 β 均较接近，表明其小时降水分布均有很大的类似性。实况小时降水的频率分布和 Γ 适应函数分布曲线，两站的小时降水主要集中在 5.0 mm 以下的区间，且越接近 0.1 mm 出现的可能性越大。累积概率密度分布显示，模拟和实况之间均有非常好的一致性，且当降水达到阈值 5.0 mm 时，累积概率均已经超过了 0.99，即 99%以上的小时降水集中在 5.0 mm 以下的区域，这可能与两站均属于海拔较高的站点有关。因此，对于这两个站所代表的区域，其出现 20.0 mm 以上小时降水的概率也将非常小，也正是因为如此，当这些地区出现十几毫米的降水时，即为比较极端的短时强降水，易于对这些地区导致一定的灾害。

图 5b 和 5d 所示为最小 α 和最大 β 时实况小时降水的频率分布和对应的 Γ 分布曲线。与图 5a 和 5c 相比，图 5b 和 5d 所示两站的 Γ 参数 α 和 β 具有很大的类似性，且降水分布也比较类似，尽管越靠近 0.1 mm · h^{-1} 降水出现的可能性越大，但较小量级降水的概率密度与图 5a 和 5c 两站相比明显降低，同时较强量级降水出现的可能性在不断增加，部分降水甚至超过了 50.0 mm。累积概率密度分布显示，20.0 mm 阈值对应的累积概率为 96%，此后累积概率增长的速度显著变缓，50.0 mm 阈值降水对应的累积概率约为 99%，但仍然有大约 1%的概率超过 50.0 mm，从而也表明，这些站点出现较强量级降水的可能性远大于图 5a 和 5c 所代表的站点。实况和模拟累积概率分布也显示，由于实况降水的间隔限定在 0.1 mm，模拟得到的累积概率密度分布具有更好的连续性，由于这种连续性，我们可以估计对于当前实况观测中未出现过的降水强度的概率，因此，下文将对超过不同强度阈值的小时降水的可能性进行分析。

表 1　极端 α 值和 β 值的站点信息

省份/站名	站号	经度	纬度	海拔高度(m)	α 值	β 值
甘肃/张掖	52652	100.43	38.93	1483	0.984	0.733
广西/北海	59644	109.13	21.45	13	0.502	8.248

续表

省份/站名	站号	经度	纬度	海拔高度(m)	α值	β值
新疆/哈密	52203	93.52	42.82	737	0.919	0.656
广西/东兴	59626	107.97	21.53	22	0.511	8.492

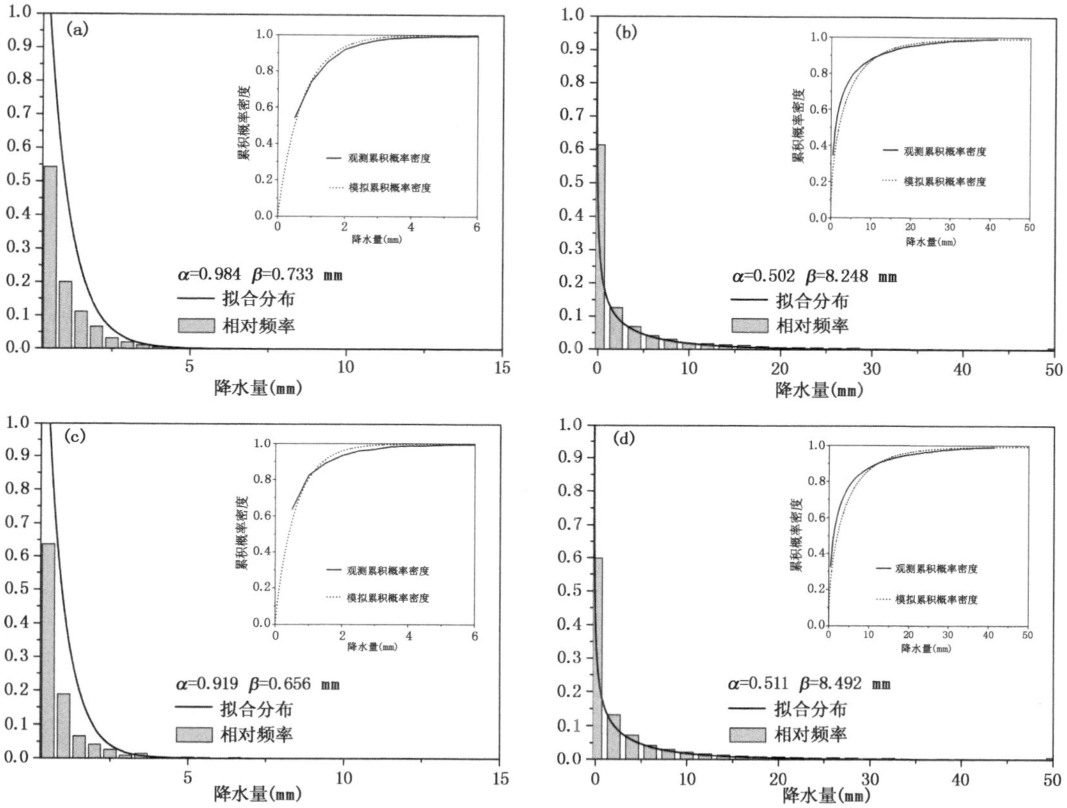

图5 极端α和β的情况下的概率密度函数分布及与实况观测频率的匹配

(a)最大α(α=0.984,β=0.733 mm),(b)最小α(α=0.502,β=8.248 mm),

(c)最小β值(α=0.919,β=0.656 mm)和(d)最大β值(α=0.511,β=8.492 mm)

(具体的值在图中给出,右上角所示为相应的累积概率密度函数分布)

4.2 超过不同阈值的降水空间分布特征

由公式(3)和(4)可知,当降水的累积概率分布函数确定后,可以计算超过任意给定阈值的降水累积概率。为了从空间分布上对不同量级降水出现的可能性进行分析,对小时降水超过5.0 mm、10.0 mm、20.0 mm和30.0 mm的累积概率进行分析。

对于有记录时次小时雨量超过5.0 mm的累积概率空间分布而言,9.0%的累积概率等值线显著地将我国大陆地区分为两部分(图6a),笼统而言,中东部低海拔地区的累积概率显著大于西部高海拔地区,且越往东南出现5.0 mm降水的可能性越大,最大累计概率出现在华南南部沿海和海南,超过了21.0%,即所有超过0.1 mm的降水中,平均有21%的时次的降水量超过 5.0 mm。相比于其他地区，整个华南地区均属于常出现 5.0 mm 以上降水的地区。与华南超过 5.0 mm 的较高累积概率相比，山东和江苏交界处也有一累积概率达到 18%的地区，但大部分地区的累积概率在 12%～18%，其次是江南中北部和环渤海周围。从 9.0%等值线向西和向北，距离 9.0%等值线越远，小时雨量超过 5.0 mm 的累积概率越小，高原地区仅为 0.5%，如果定义超过 95.0%的累积概率的降水为极端降水，则高原地区小时雨量达到 5.0 mm 已经是极端降水了。这种分布可能与海拔越高，空气柱越短，而且所能容纳的总的水汽量越少有关[17]。

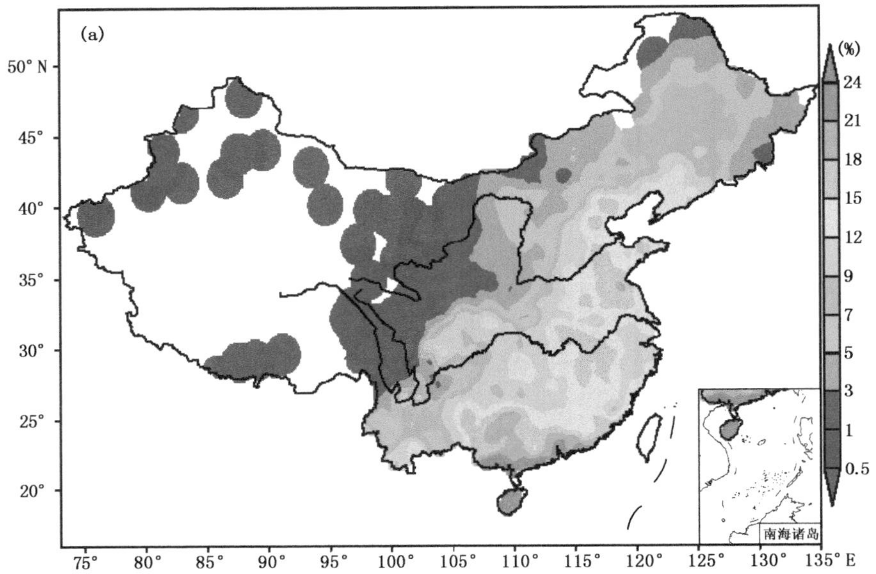

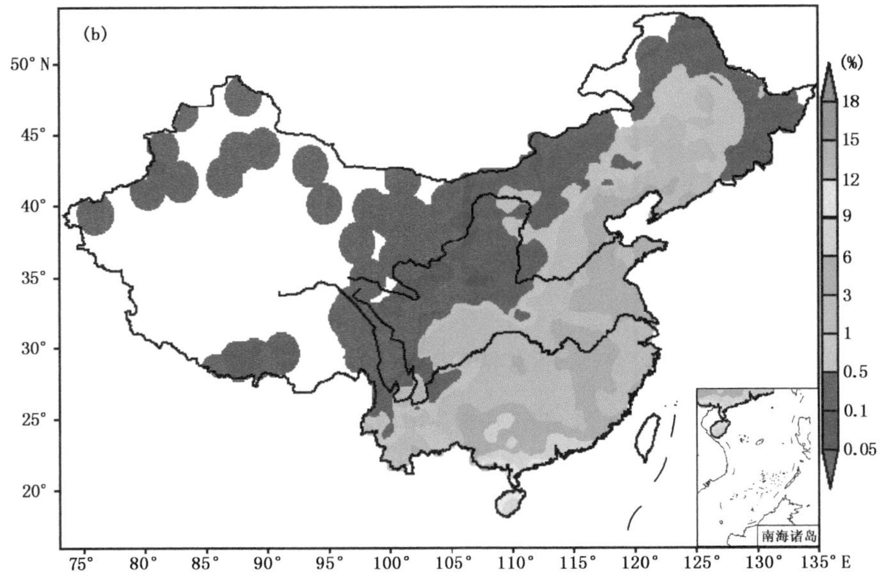

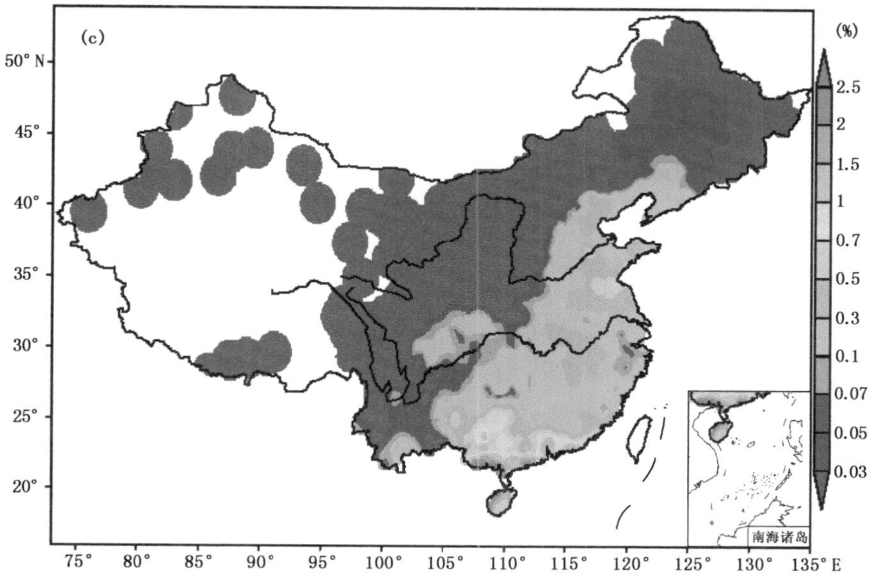

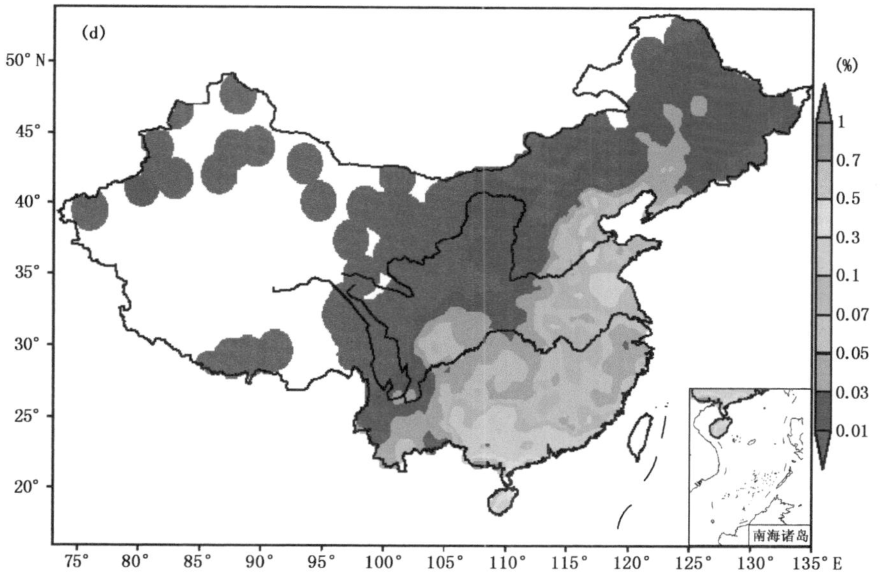

图 6　小时雨量超过不同阈值的累积概率分布

(a)5.0 mm,(b)10.0 mm,(c)20.0 mm,(d)30.0 mm

对于小时雨量超过 10.0 mm 的降水而言，其最常出现的地区仍然是广西东南部和海南西北部(图 6b)，最大累积概率超过了 8.0%，即对于小时雨量超过 0.1 mm 的降水中，平均有 8.0%以上的时次的小时降水量超过 10.0 mm，即使如此，这一比例尚不足超过 5.0 mm 的概率的一半。小时雨量超过 20.0 mm 和 30.0 mm 的累计概率分布与超过 5.0 mm 和 10.0 mm 的累积概率分布相似，但对应的累积概率值一般小一个量级，最大累积概率值均出现在广西东南部和海南西北部，其中超过 20.0 mm 和 30.0 mm 的累积概率分别为 2.0%和 0.7%，鲁苏皖交界处为华南南部沿海之外的另一个概率大值区，尽管结果与陈炯等[3]得到的结果有一定的差异，但与图 3a 所示形状参数 α 的分布非常一致，从而也揭示，尽管华北地区出现降水的小时数比较少，但容易出现量级较大的小时降水，这是短时强降水预报中需要注意的一点。同时，结合图 2 所示的出现降水的比例可知，尽管四川盆地西南侧为降水出现频次最多的地区，但其出现大量级小时降水的可能性却较小，即这一地区虽然最容易出现降水，但以较小量级的降水为主，这也是在短时强降水预报中需要注意的一点。

4.3　极端降水的空间分布特征

由于极端降水的高致灾性和高影响性，很多情况下，人们更为关注极端降水的分布状况。许多学者[18-20]从概率分布的角度出发，定义超过某一累积概率阈值（一般为 90%或 95%）的事件为极端事件。本文中将小时雨量超过 95%累积概率的雨量值定义为极端小时降水，则根据式(4)可求得其对应的小时降水的阈值。图 7 所示为根据(4)式得到的 95%累积概率密度对应的降水阈值的分布，其分布与小时雨量超过不同阈值的累积概率分布（图 6）一致，且与我国地形地势的分布（图 1）较为一致，95%累积概率对应的极端小时降水阈值自西北向东南逐渐增大，西北地区 95%累积概率对应的极端小时降水阈值不超过 5.0 mm，广西南部沿海超过了 20.0 mm。华北平原和黄淮江淮地区 95%累积概率对应的小时降水阈值高于江南大部，这也是短时强降水业务预报中需要注意的一点。

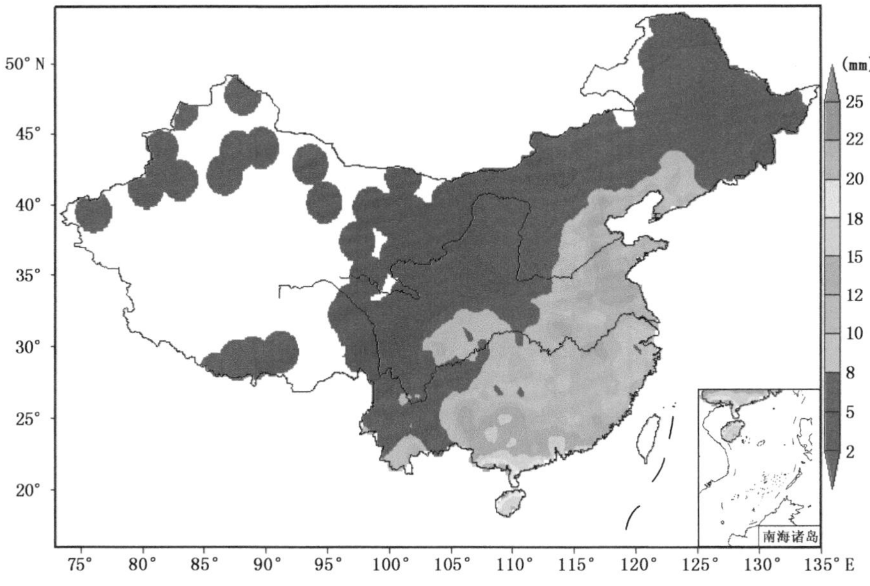

图 7　95%累积概率对应的小时降水阈值分布

5　高海拔对分布形态的影响

通过对比图 1 和图 6 可知，地形，尤其是海拔高度 1000 m 的等值线对不同等级降水的累积概率分布具有重要的影响，将其划分为显著的不同高低概率区域。而累积概率可以通过 Γ

分布中的形状参数α和尺度参数β唯一确定，地形是否对这两个参数有显著影响，需要通过分析来得到答案。考虑到α和β之间的指数分布关系，仅给出了α随海拔高度的变化。结果显示(图8)，α与海拔高度呈指数相关，随着海拔高度的增高，α遵从指数规律单调递减，其相关系数的平方超过了0.50。对于给定的$\beta(\beta>1.0)$，海拔越高，α越大，则出现较小量级小时降水的可能性越大，反之出现较大量级小时降水的可能性越大。可见，地形对于我国不同地区的小时降水分布具有非常重要的影响，这可能与地形对大气中的水汽含量、对造成中尺度对流系统发生发展的动力热力条件都有影响有关，文中对此不做详细描述，对中小尺度的喇叭口地形等因素的影响也不做详细探讨。

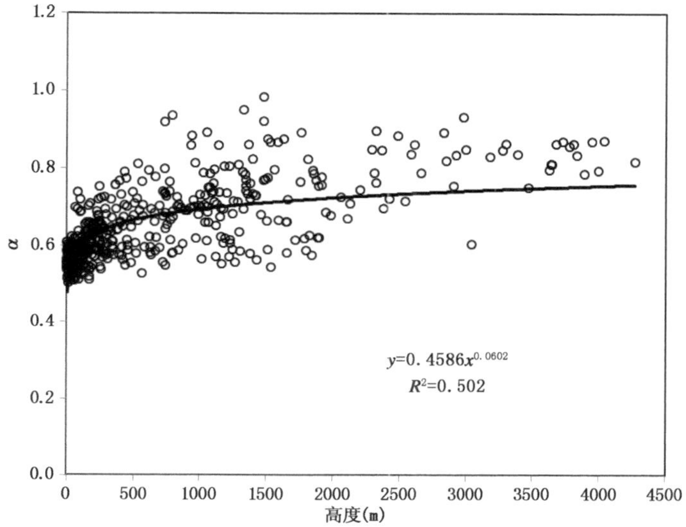

图8　α与海拔高度的关系

6　结论

本文在对1991—2009年5月1日至9月30日的小时降水资料连续性进行处理的基础上，采用Thom[16]所提出的最大似然估计方法，对用于拟合518个观测站点降水分布的Γ函数的形状参数α和尺度参数β进行了估算，Γ函数很好地描述了小时降水的概率分布特征，并可用于分析不同强度小时降水的概率分布。

通过站点概率密度函数分布及与实况观测频率的匹配，对极端α和β分布情况下降水的概率密度分布状况及其累积概率密度分布函数进行了模拟，并在此基础上给出了基于Γ函数的超过给定阈值的降水累积概率的分布。结果显示：

1)形状参数α和尺度参数β的分布均与我国的地形分布有很大的相关性，且α和β之间的相关性高达0.975，表明通过获取α和β的分布即可以确定用于描述某一点小时降水分布的Γ函数，从而给出其概率密度分布曲线；

2)通过极端α和β分布情况下模拟站点Γ分布与实况小时降水的频率分布相比可知，Γ函数分布很好地给出了小时降水分布的描述，根据Γ分布得到小时降水概率密度分布与实况一致，并可以对实况中未观测到的极端小时降水概率分布进行估计。

3）尽管四川盆地西南侧为出现 0.1 mm 小时降水时次最多的地方，但根据 Γ 函数得到的超过不同阈值的降水的累积概率密度表明，这一地区的降水主要集中在 5.0 mm · h^{-1} 以下，较强的小时降水主要集中在华南沿海和海南西北部，有降水记录（0.1 mm · h^{-1} 以上）情况下其小时雨量超过 10.0 mm、20.0 mm 和 30.0 mm 的累积概率分布达到了 8.0%、2.0% 和 0.7%，另一个常出现极端降水的区域为鲁苏皖交界处，这是强对流预报中值得注意的地方。

4）α 与海拔高度的关系显示，α 与地形之间具有很好的指数相关性，其相关系数达到了 0.709，因此，结合 1）可知，地形高度分布对我国小时降水的分布具有决定性的作用。

概率预报是我国强对流预报中面临的新任务，小时降水的概率分布研究是在观测资料基础上进一步开展工作的重要环节，因此，下一步将通过收集更长时效和更多站点的小时降水资料来对基于 Γ 分布的降水日变化特征进行分析，包括 Γ 分布的形状参数 α 和尺度参数 β 的日变化特征分析等，并进一步研究小时降水概率分布在短时强降水概率预报业务中的应用。

参考文献

[1] Yu R, Xu Y, Zhou T, et al. Relation between rainfall duration and diurnal variation in the warm season precipitation over central eastern China[J]. Geophys Res Lett, 2007,34: L13703.

[2] Yu R, Zhou T, Xiong A, et al. Diurnal variations of summer precipitation over contiguous China [J]. Geophys Res Lett, 2007,34: L01704.

[3] 陈炯，郑永光，张小玲，等. 我国暖季短时强降水分布和日变化特征及其与 MCS 日变化关系分析[J]. 气象学报，2013，71(3)：367-382.

[4] 陶诗言. 中国之暴雨[M]. 北京：科学出版社，1980：225.

[5] 方翀，毛冬艳，张小雯，等. 2012 年 7 月 21 日北京地区特大暴雨中尺度对流条件和特征初步分析[J]. 气象，2012，38(10)：1278-1287.

[6] 慕建利，李泽椿，赵琳娜，等. "07.08"陕西关中短历时强暴雨水汽条件分析[J]. 高原气象，2012，31(4)：1042-1052.

[7] 郝莹，姚叶青，郑媛媛，等. 短时强降水的多尺度分析及临近预警[J]. 气象，2012，38(8)：903-912.

[8] 仇娟娟，何立富. 苏沪浙地区短时强降水与冰雹天气分布及物理量特征对比分析[J]. 气象，2013，39(5)：577-584.

[9] 姚莉，李小泉，张立梅. 我国 1 小时雨强的时空分布特征[J]. 气象，2009，35(2)：80-87.

[10] Ison N T, Feyerherm A M, Bark L D. Wet period precipitation and the gamma distribution[J]. J Appl Meteorol, 1971, 10: 658-665.

[11] Wilks D S. Maximum likelihood estimation for gamma distribution using data containing zeros[J]. J Climate, 1990, 3: 1495-1501.

[12] Wilks D S. Statistical Methods in the Atmospheric Sciences (2ed)[M]. United States: American Academic Press, 2016: 627.

[13] 丁裕国. 降水量 Γ 分布模式的普适性研究[J]. 大气科学，1994，18(5)：552-560.

[14] Li L, Zhu Y J, Zhao B L. 1998. Rain rate distribution for China from hourly rain gauge data[J]. Radio Science, 1998, 33(3): 553-564.

[15] 张家诚，林之光. 中国气候[M]. 上海：上海科学技术出版社，1985：340.

[16] Thom H C S. A note on the gamma distribution[J]. Mon Wea Rev, 1958, 86: 117-122.

[17] Zhai P, Eskridge R E. Atmospheric water vapor over China[J]. J Climate, 1997, 10: 2643-2652.

[18] Garett C, Muller P. Extreme events[J]. Bull Amer Meteor Soc, 2008.
[19] Garett C, Muller P. Supplement to extreme events[J]. Bull Amer Meteor Soc,2008.
[20] Gemmer M, Fischer T, Jiang T, et al. Trends in precipitation extremes in the Zhujiang River Basin, South China[J]. J Climate, 2001,24:750-761.

我国暖季短时强降水分布和日变化特征及其与MCS日变化关系分析

陈炯[1]　郑永光[1]　张小玲[1]　朱佩君[2]

(1 国家气象中心,北京 100081; 2 浙江大学,杭州 310027)

摘　要　短时强降水是强对流天气的一类。基于国家气象信息中心提供的经过质量控制的1991—2009年876个基本基准气象站整点逐时降水资料,通过不同时段的发生时次频率(即短时强降水发生时次数占总观测次数的百分比)分析,给出了我国暖季(4—9月)不小于10 mm·h^{-1}、20 mm·h^{-1}、30 mm·h^{-1}、40 mm·h^{-1}、50 mm·h^{-1}短时强降水的时空分布特征,并重点同利用静止卫星红外TBB(相当黑体亮度温度)资料获得的MCS(中尺度对流系统)日变化特征进行了对比分析。结果表明,我国短时强降水时次频率地理分布同暴雨(≥50 mm·d^{-1})分布都非常类似,但50 mm·h^{-1}以上的短时强降水时次频率非常低,地理分布差异显著。短时强降水发生频率最高的活跃区域为华南,其次为云南南部、四川盆地、贵州南部、江西和长江下游等地。最大降水强度可超过180 mm·h^{-1}(海南);在短时强降水发生频率很低的不活跃区,也有超过50 mm·h^{-1}的强降水。从月际变化来看,7月最为活跃,其次为8月。逐候变化显示,短时强降水具有显著的间歇性发展特征(跳跃性分布的特征),但总体上呈现缓慢增强、迅速减弱的特点;以7月第4候最活跃。我国总体平均的短时强降水的频率和最大强度的日变化有三个峰值,主峰在午后(16—17 BT),次峰在午夜后(01—02 BT)和早晨(07—08 BT);中午前后(10—13 BT)最不活跃。我国短时强降水和中尺度对流系统(MCS)的日变化特征基本一致,午夜后时段二者存在较多差异。不同区域的短时强降水和MCS日变化具有不同的活跃时段和传播特征,具有单峰型、双峰型、多峰型和和持续活跃型等日变化类型,这不仅与较大尺度的天气系统环流相关,且与地势、海陆等地理分布密切相关,如华南、贵州、四川盆地等。

关键词　短时强降水　气候　时空分布　日变化　传播

1　引言

短时强降水是强对流天气的一类,易于导致城市内涝和山洪、泥石流、滑坡等地质灾害(例如2010年8月8日甘肃舟曲的特大泥石流灾害),是强对流天气业务预报的重点之一。中央气象台定义的短时强降水是指小时降水量≥20 mm*;我国的暴雨是指日降水量≥50 mm。短时强降水和暴雨都主要是由中尺度对流系统(MCS)造成,因此,经常伴有雷电天气。短时强

本文发表于《Acta Meteorologica Sinica》,2013,27(6):868-888。

* 参见中央气象台网站 www.nmc.cn。

降水强调的是降水的强对流特征及短时特征，暴雨则不仅包含对流特征，更强调降水的持续性特征，这是因为暴雨不仅包含对流云降水，还包含层状云降水的缘故。

我国的暴雨、极端降水、雷暴和冰雹的气候分布特征[1-4]已有较多分析，郑永光等[5-6]使用地球静止卫星相当黑体亮度温度（TBB）资料分别分析了北京及周边地区、我国及周边地区的 MCS 的时空分布特征；王晓芳和崔春光[7]给出了我国长江中下游地区梅雨期线状中尺度对流系统的组织类型特征；但我国暖季的短时强降水的气候分布特征还不清楚。

Yu 等[8-9]使用 1991—2004 年自动观测降水资料分析了对我国大陆区域的夏季降水日变化特征和降水持续时间的关系；李建等[10-11]分析了北京单站夏季降水日变化基本气候特征及其长期演变趋势和我国南方降水日变化的季节变化特征；Zhou 等[12]利用地面雨量计观测和卫星观测的降水资料进一步分析了我国夏季降水频率和强度的日变化特征；Chen 等[13]给出了我国长江流域夜间长持续时间降水峰值的向东传播的原因。姚莉等[14]基于 1991—2005 年我国 1 小时降水资料分析了 8 mm · h^{-1}以下和 8 mm · h^{-1}以上雨强（小时降水量）的时空分布特征。这些研究在我国降水的日变化、持续性、传播特征和成因及其气候变化特征方面取得了非常重要的成果，但由于强对流导致的短时强降水发生频率低，他们并未直接给出表征强对流活动的短时强降水天气的分布特征。Zhang 等[15]基于 1961—2000 年小时降水资料以≥20 mm · h^{-1}为标准给出了我国中东部暖季（5—9 月）极端小时降水的地理分布、日变化及其气候变化特征。虽然夏季是我国的主要降水季节，但春秋季也是我国南方重要的强对流天气多发季节，尤其春季是华南重要的前汛期降水季节[16]。因此，本文利用 1991—2009 年共 19 年整点小时降水资料来分析我国暖季（4—9 月）的短时强降水气候特征来弥补我国降水和强对流天气气候特征研究的不足，并同基于静止气象卫星 TBB 资料获得的中尺度对流系统气候分布特征进行对比，以进一步充实对该类天气的天气气候规律认识，从而为该类天气的预报提供气候学基础。

2 资料和方法

本文所用整点小时降水资料来源同 Yu 等[8-9]和姚莉等[14]所用资料基本一致，不过资料时间跨度为 1991—2009 年的 4—9 月。该资料是由国家气象信息中心提供经过质量控制的我国 876 个基本基准气象站整点观测的 1 h 降水资料，未包含台湾省的资料；每个整点时次的小时降水量指的是该时次之前 1 h 的降水量。本文实际使用的资料为 1991—2009 年的 4—9 月中时间跨度达 15 年及以上的测站资料，其站点数为 549 个（图 1）；所用资料中最近相邻站点的平均距离约 100 km，但总的来说东密西疏。

我国目前尚无统一的短时强降水定义标准，中央气象台对短时强降水的定义是小时降水量≥20 mm。美国易导致暴洪的短时强降水量为≥20 mm · h^{-1}[17]。Zhang 等[15]给出了以≥20 mm · h^{-1}为标准作为我国中东部暖季极端小时降水的原因是其年平均分布与暴雨分布基本一致。根据尺度分析和降水量与垂直速度的关系，≥10 mm · h^{-1}的降水一般是由中小尺度天气系统造成，而≥50 mm · h^{-1}的降水主要是由小尺度天气系统导致。

为了给出不同强度短时强降水的气候分布特征，本文分析了≥10 mm · h^{-1}、≥20 mm · h^{-1}、≥30 mm · h^{-1}、≥40 mm · h^{-1}、≥50 mm · h^{-1}共 5 个级别短时强降水的时空分布。需要说明的是，由于本文所用资料中人为地把降水资料划分为整点资料，这可能导致部分连续 1

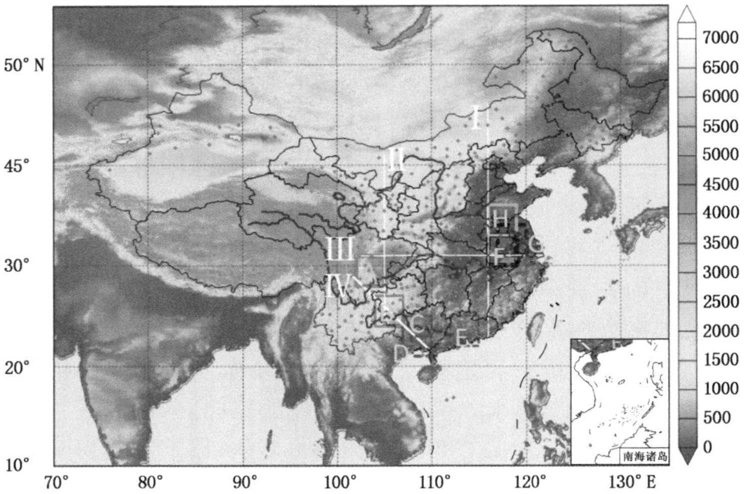

图 1　我国的地势分布(彩色填充,单位:m)、所用气象观测站点分布(红色圆点)及不同的区域选择(Ⅰ、Ⅱ、Ⅲ和Ⅳ为剖面分析基线;A、B、C、D、E、F、G 和 H 为选择的短时强降水和 TBB≤－52 ℃日变化矩形区域;具体参见正文)

h 超过指定阈值的降水量被划分到两个整点时段而达不到本文所确定的短时强降水阈值标准,因此,本文统计的短时强降水频率要低于实际发生的频率。

本文具体的统计方法为,根据给定的 1 h 降水量阈值标准,针对具体分析时段,分别对不同研究区域内各个观测站 1 h 降水量不小于该阈值标准的时次数进行计数,然后除以各个观测站总有效观测时次数,得到的百分比值即为各个研究区域内各站点 1 h 降水量不小于该阈值的发生频率。该发生频率为时次频率,即短时强降水发生时次数占总观测次数的百分比。为了展示我国大陆区域的小时降水量的最大强度分布特征,本文也给出了我国最大 1 h 降水量的空间分布和平均的日变化特征。

本文还使用了多年夏季静止气象卫星 TBB 资料来分析对流活动日变化特征,以同短时强降水日变化特征进行对比。该资料来源同郑永光等[6]所用资料基本一致,不过资料时间跨度由 1996—2006 年(无 2004 年)增加为 1996—2007 年(无 2004 年)共 11 年的 6—8 月,并转换为 0.1°×0.1°经纬度网格。所用的统计方法同郑永光等[6]完全一致,即统计每一个网格点的 TBB≤－52 ℃发生频率。需要说明的是,TBB 资料的空间分辨率显著高于本文所用的 549 个气象测站分布所达到的空间分辨率(约 100 km)。

3　地理分布特征

图 2 给出了我国≥20 mm · h^{-1}和≥50 mm · h^{-1}的短时强降水频率分布及最大 1 h 降水量空间分布特征。短时强降水≥10 mm · h^{-1}(图未给出)、≥20 mm · h^{-1}(图 2a)、≥30 mm · h^{-1}(图未给出)、≥40 mm · h^{-1}时次频率(图未给出)的空间分布非常类似,与 Zhang 等[15]基于 1961—2000 年小时降水资料获得的我国中东部≥20 mm · h^{-1}小时降水地理分布基本一致,但≥50 mm · h^{-1}频率(图 2b)的空间分布与其他强度差异较大。这主要是因为≥50 mm · h^{-1}的

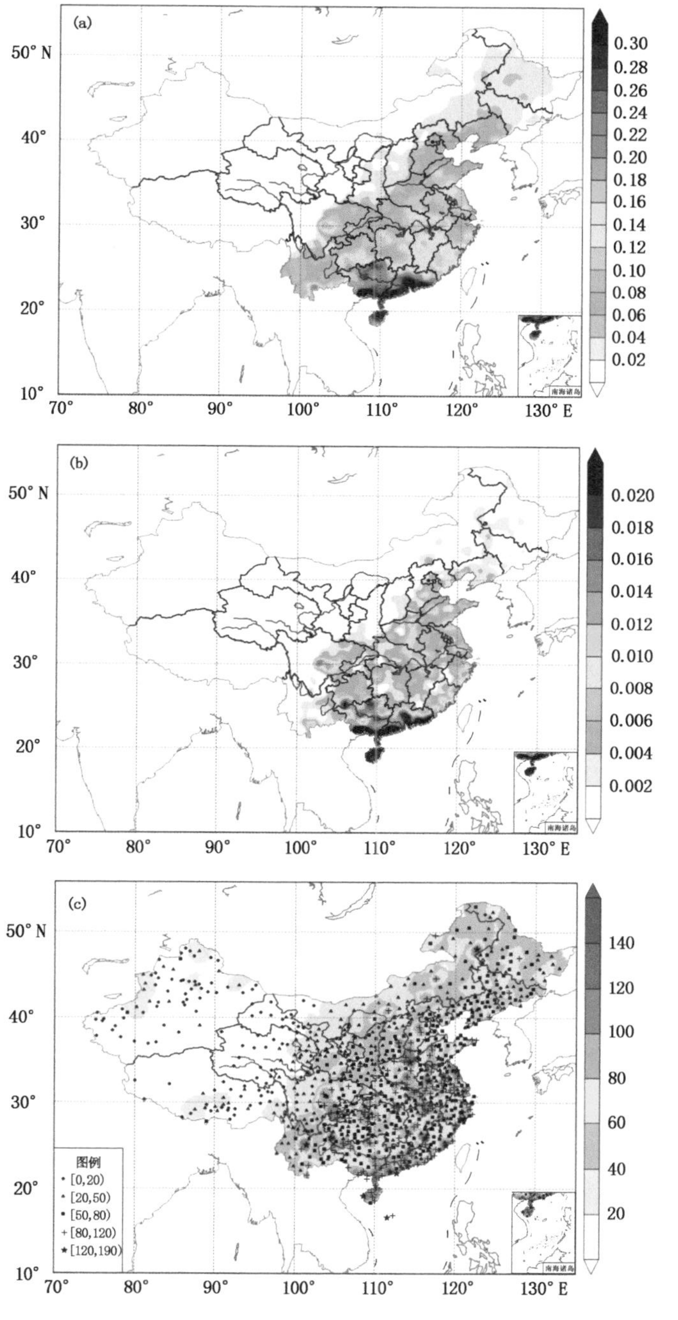

图 2 短时强降水频率及最大 1 h 降水量空间分布

(a)≥20 mm · h^{-1}短时强降水频率(%);(b)≥50 mm · h^{-1}的短时强降水频率(单位:%);
(c)最大 1 h 降水量空间分布(单位:mm)

降水主要由小尺度天气系统造成，其发生频率非常低，属于极端天气的原因。根据中央气象台短时强降水的定义、Zhang[15]给出的我国中东部极端小时降水定义、美国易于造成暴洪的小时降水量标准[17]和不同强度短时强降水的分布特征，本文主要以≥20 mm · h^{-1}的降水分布给出我国的短时强降水时空分布特征。

图 2a 表明我国≥20 mm · h^{-1}短时强降水频率地理分布与年平均暴雨日数分布[1-2]非常类似。总体来看，短时强降水天气我国南部比北部活跃，东部比西部活跃，平原、谷地较相邻的高原、山地活跃等特点。由于我国雨带的季节性移动与东亚夏季风密切相关[18]，因此易于受到夏季风影响的区域则短时强降水天气较为活跃，大陆腹地区域因难于受到夏季风影响而短时强降水天气较不活跃。

短时强降水的这种地理分布特征与卫星观测的我国年闪电密度分布[2,19]也具有较好的一致性，这也从气候分布的角度表明短时强降水与闪电活动密切相关。我国短时强降水与雷暴分布[2]、MCS 分布[5-6]也具有一定的一致性，但也存在显著的差异：总体来看，山地和高原区域的雷暴和 MCS 则较为活跃[2,6]，而平原和谷地区域的短时强降水则较为活跃。具体来看，短时强降水最活跃区域（图 2a）主要位于华南，最大时次频率达 0.62%；四川盆地西南部、西南地区东南部、黄淮东部、江淮、江西、浙江东部沿海、福建大部等地是短时强降水的次活跃区。≥20 mm · h^{-1}短时强降水日数（即 1 天中至少发生一次≥20 mm · h^{-1}短时强降水为一个≥20 mm · h^{-1}短时强降水日，图未给出）地理分布与≥20 mm · h^{-1}短时强降水时次频率相一致，华南≥20 mm · h^{-1}短时强降水年最多日数可达 30 d。短时强降水的这种多个活跃中心的地理分布特征与不同区域的地势分布密切相关，因为相关研究[15,18]已经表明我国的暴雨分布受地形影响显著。

图 2b 表明≥50 mm · h^{-1}的短时强降水时次频率非常低，最大值仅达 0.08%，即 10000 个时次（约 417 d）中最多发生 8 个时次≥50 mm · h^{-1}的短时强降水。统计 1991—2009 年 4—9 月的每个气象测站小时降水量中≥50 mm · h^{-1}时次数发现，广东阳江≥50 mm · h^{-1}次数最多，为 64 次。从总体地理分布来看，除同是≥20 mm · h^{-1}和≥50 mm · h^{-1}短时强降水的活跃区之外，福建沿海、浙江沿海、河南中部、河北南部、辽宁西南部也是≥50 mm · h^{-1}短时强降水的较活跃区域，这种分布特征同张家诚等[1]给出的我国≥100 mm · d^{-1}暴雨分布非常类似。≥50 mm · h^{-1}短时强降水活跃区分布较≥20 mm · h^{-1}分布显得更为零散，这可能与产生该天气的系统尺度较小有关，也可能与特殊的地形分布有关；从区域分布来看，我国东南沿海地区≥50 mm · h^{-1}的短时强降水比内陆地区更为活跃，这可能与沿海地区易于受到台风或者东风波等热带系统影响有关。

最大小时降水量可以从另一个侧面表征极端强对流天气的强度。图 2c 表明我国最大小时降水量的分布与短时强降水的频率分布截然不同。图 2c 显示，大陆腹地的区域由于难于受到夏季风影响而大气中的水汽量较少，因此，最大小时降水量大多都低于 50 mm · h^{-1}；易于受到夏季风影响的我国中东部等区域的南、北方最大小时降水量也存在一定差异，华南最大小时降水量超过 120 mm · h^{-1}的站点较多，但北方也有较多站点超过 80 mm · h^{-1}、部分站点超过 120 mm · h^{-1}，因此，从最强的小时降水量来看，南北方最强对流活动的强度差异并不是很大。

需要指出的是，本文所使用的小时降水量观测资料来自国家基本基准气象站，虽然具有相当的代表性，但其在一定程度上代表的是一定区域范围内的平均小时降水状况，且本文的最长资料时间跨度仅为 19a，因此，本资料中的测站最大小时降水量并不能完全代表极端的小时降水量状况。据相关文献，1978 年 7 月 11 日辽宁缸窑岭 1 h 降水量达 185.6 mm[20-21]，1975 年 8 月 5 日河南林庄 1 h 降水量达 198.3 mm[22]，1979 年 5 月 12 日广东阳江茅洞 1 h 降水量达 220.2 mm、1979 年 6 月 11 日广东澄海东溪口 1 h 降水量达 245.1 mm[16]。

4 季节和候变化特征

4.1 季节变化

夏季是我国的主要降水季节，也是对流天气的最活跃季节。图 3 表明我国短时强降水的主要季节是夏季，这与常规认知相一致；其次为春季（4—5 月）；秋季（9 月）短时强降水显著减弱。对比夏季短时强降水分布（图 3b）和整个暖季分布（图 2a）可以看到，二者的地理分布非常类似，这表明夏季我国短时强降水的分布特征决定了整个暖季的分布特征，也表明夏季风是影响我国短时强降水分布的首要因素。

图 3a 表明春季我国短时强降水天气主要出现在华南、江南和云南南部等地。春季短时强降水最为活跃的区域是华南，尤其是广西东部和广东西部区域，这和华南区域的前汛期降水[16]密切相关。需要说明的是，春季虽然暖湿气团主要位于华南和江南，但在华北南部和山东西部甚至东北南部也会发生短时强降水天气。比如 2003 年 4 月 17 日山东济阳出现超过 20 mm · h^{-1}的降水；2009 年 5 月 9—10 日河北南部、山东西北部、河南西部和北部出现大范围超过 20 mm · h^{-1}的短时强降水；2012 年 4 月 24—25 日，河北中南部、山东西北部、辽宁中南部出现大范围超过 20 mm · h^{-1}的短时强降水天气。

如前所述，图 3b 表明我国夏季的短时强降水天气分布决定了暖季的短时强降水天气分布，但短时强降水的活跃区和活跃中心夏季比整个暖季更加突出和显著。图 3b 还表明，在夏季，夏季风影响的边缘区域短时强降水天气也显著活跃，比如甘肃南部、陕西、山西、内蒙古中东部等，2010 年 8 月 8 日导致甘肃舟曲特大山洪泥石流的最大小时降水量达 77.3 mm。

图 3c 表明秋季（9 月）我国短时强降水天气显著减弱，华南沿海、海南、福建沿海和浙江沿海等地短时强降水较活跃，云南南部、四川盆地等地的局部也有一定频率的短时强降水天气。但 2009 年 11 月 9—10 日江南大部出现大范围短时强降水天气，最大小时降水量超过 60 mm。

总体来看，夏季风的进退决定了我国雨带的位置[18]。但春季的短时强降水同夏季风和冷空气活动都密切相关，4 月份的华南降水大多为锋面性质的降水，5 月中旬南海夏季风建立后，华南的强降水天气增多[16,23]，对流活动已较活跃。在夏季，尤其是 7 月、8 月份，同一天中我国经常出现两条甚至三条短时强降水带，一条与中高纬度的冷空气活动密切相关，另一条与夏季风和副热带高压密切相关，该条短时强降水带经常比前者要活跃得多。9 月份，850 hPa 西太平洋副高环流减弱，我国大陆东部 40°N 以南为极地变形高压区中的反气旋性环流控制[24]，短时强降水频率迅速减弱，但由于此季节热带辐合带位置达到最北的位置，因此，经常有台风、东风波等热带天气系统给我国华南、东南沿海带来短时强降水天气。

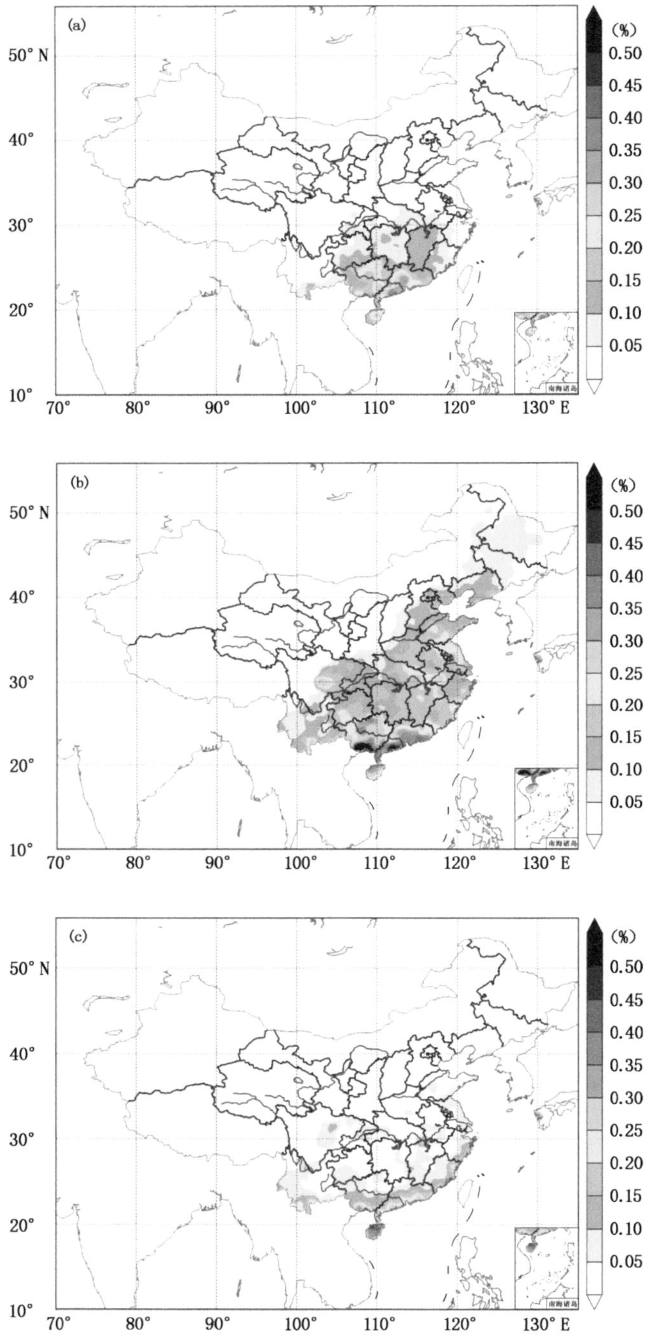

图 3　不同季节≥20 mm·h^{-1}短时强降水频率分布

(a)春季(4—5 月);(b)夏季(6—8 月);(c)秋季(9 月)

4.2 月和候变化

图 4 给出了我国短时强降水天气的月变化和候变化，以进一步展示不同月份和候的演变特征。图 4a 为我国总体(未包括台湾省)测站平均的≥20 mm·h^{-1}短时强降水时次频率月和候分布。图 4a 表明我国短时强降水时次频率月和候分布总体上为单峰型分布，从 4 月到 7 月逐步升高，7 月达到鼎盛期，8 月开始降低，9 月迅速降低，呈现出缓慢增强、迅速减弱的特点。这与东亚夏季风活动的特点密切相关，东亚夏季风 5 月中旬左右建立，7 月底达到鼎盛，9 月份迅速南撤[25]。从月分布来看(图 4a 点划线)，单峰型特征更为显著，7 月短时强降水最活跃，4 月最不活跃。

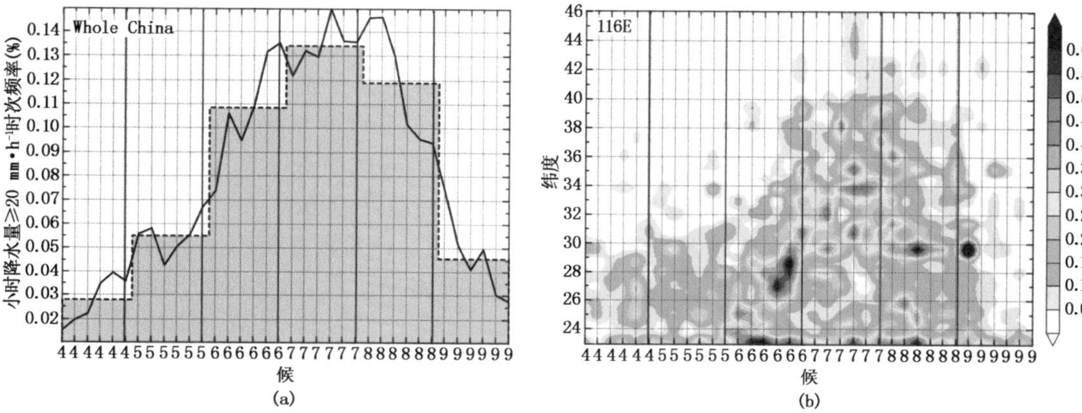

图 4　≥20 mm·h^{-1}短时强降水频率月和候分布(%)

(a 中纵轴为频率，b 中纵轴为纬度；横轴数字为月份，依次代表本月的不同候)

(a)所有测站平均月变化(划线)和候变化(实线)曲线；(b)沿 116°E 候—纬度分布

从候分布来看(图 4a 实线)，7 月第 4 候短时强降水最活跃，其次为 8 月第 1 候和第 2 候，4 月第 1 候最不活跃。从候分布还可以看到，短时强降水的频率分布呈现为显著的间歇性和阶段性发展特征，具有多个极大值分布，即活跃期，这与东亚夏季风以阶段性而非连续性的方式推进和撤退[22]所导致的我国的几个降水集中期密切相关。4 月和 5 月的短时强降水活跃期对应于我国的华南前汛期。5 月中旬至 6 月上旬南海夏季风已建立，为华南前汛期降水的集中期[16]，表现为 6 月第 1 候的短时强降水活跃期；6 月下旬和 7 月上旬我国江淮流域进入梅雨期，表现为 6 月第 6 候的短时强降水活跃期；7 月中下旬和 8 月上旬，华北进入雨季，江淮流域也会出现二度梅降水期和副高边缘及内部的热对流降水，这表现为 7 月第 4 候、8 月第 1 候和第 2 候的短时强降水活跃期；8 月下旬华南进入后汛期，主要受台风以及东风波等热带天气系统影响，表现为为 8 月下旬短时强降水仍较活跃；9 月华南、东南沿海等受北进的热带辐合带影响，表现为 9 月第 4 候的短时强降水活跃期。

为了进一步展示我国短时强降水活跃区的候变化特征，选择 105°E(图未给出)和 116°E(图 4b)分析了纬度一候的短时强降水时次频率演变，两条经线的具体位置见图 1。

从总体来看，105°E(图未给出，具体位置见图 1)和 116°E(图 4b，具体位置见图 1)经线上短时强降水候变化都表现为间歇性和阶段性发展、单峰型和多峰型并存、低纬比高纬活跃、低纬活跃期长为多峰型、高纬活跃期短为单峰型等特点。图 4b 还清楚地展现了暖季 116°E 经线上短时强降水时次频率缓慢增强、迅速减弱的特点，同时展现出短时强降水天气向北推进慢、南撤迅速的特点，这与东亚夏季风的活动特点[25]相一致。

图 4b 展示了沿 116°E 经线(具体位置见图 1)上短时强降水的月、旬、候分布和北进南撤等特征：春季(4—5 月)短时强降水主要位于华南和江南，但也有较低的频率在江淮、华北南部出现短时强降水天气，总体向北推进不是太远；6 月短时强降水天气仍主要位于华南和江南，6 月上中旬比 5 月有所北进，但中下旬迅速向北推进，到达华北中部 40°N 附近；7 月中旬达到最北端，8 月下旬南撤到华北南部，9 月中下旬迅速回撤到华南。这与东亚夏季风北进和南撤以及西太平洋副高的北跳和南撤[22]完全一致。

图 4b 表明华南沿海区域(23°N 附近)短时强降水天气持续活跃，候变化相对其他区域不显著，尤其是夏季 6—8 月，这与使用静止卫星 TBB 资料分析的该区域夏季对流活动候变化特征相一致[26]，与丁一汇等[22]给出的整个华南区域平均的降水候分布特征显著不同。116°E 经线上的华南 24°～25°N 附近区域、江南、江淮、华北南部短时强降水候变化呈现为多峰型，这种多峰特征是因为这些区域在不同的夏季风影响阶段受到不同类型天气系统影响的缘故；华北北部(40°N 以北)主要为单峰型，这是东亚夏季风北进达到鼎盛的结果。

图 4b 不同区域的短时强降水候变化显示各个区域主活跃阶段显著不同，但共同的特点是主活跃阶段都是发生在东亚夏季风向北推进或者达到鼎盛的阶段，次活跃阶段发生在夏季风气团内或者夏季风南撤阶段。

5　日变化特征

降水和对流活动(比如雷暴、冰雹、MCS 等)都具有显著的日变化特征[1-2,5-6,8,10]，相关文献中已经进行了较多分析，Zhou 等[11]还对比分析了雨量计观测的降水和卫星资料估计的降水特征，Zhang 等[15]给出了我国中东部暖季(5—9 月)≥20 mm·h^{-1}小时降水日变化特征，但短时强降水同对流活动的日变化和传播特征的对比尚未进行。因此，本部分给出我国和不同区域的短时强降水的日变化和传播特征及其同 TBB≤－52 ℃相关特征的对比分析。

TBB≤－52 ℃可以表征大气中 α 中尺度对流系统($M_\alpha CS$)和 β 中尺度对流系统($M_\beta CS$)[5-6]，其代表的是大气中各种对流活动的综合，既仅可能包含有雷暴、闪电等较弱的对流活动，也可能包含有冰雹、雷雨大风、短时强降水等强对流活动。同郑永光等[6]研究类似，本文以 TBB≤－52 ℃代表 MCS。需要说明的是，本文所用气象测站的空间分辨率远低于静止卫星 TBB 的空间分辨率。

5.1　总体日变化特征

图 5 分别给出了暖季(4—9 月)我国总体(未包括台湾省)和我国降水活跃区域(未包括台湾，是指安徽、福建、江苏、山东、上海、浙江、江西、黑龙江、吉林、辽宁、北京、河北、内蒙古、山西、天津、广东、广西、海南、河南、湖北、湖南、云南、贵州、四川、重庆等省、市、区)测站平均的短时强降水频率及我国总体测站平均的最大小时降水量日变化分布，作为对比，也分别给出了我国总体和降水活跃区域夏季(6—8 月)平均的 MCS 日变化分布。

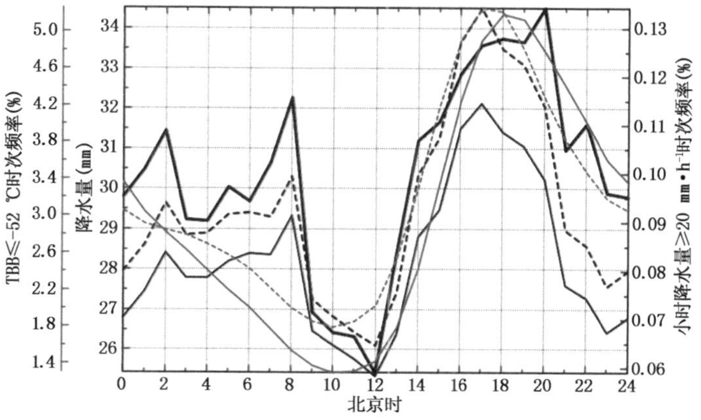

图 5　全国(细黑色实线)和降水活跃区域(黑色划线)平均的≥20 mm·h^{-1}短时强降水频率、全国平均的最大小时降水量日变化(粗黑色实线)、全国(蓝色实线)和降水活跃区域(蓝色划线)TBB≤−52 ℃日变化曲线

(横轴为北京时间;蓝色纵坐标轴为 TBB≤−52 ℃频率,%;黑色左坐标轴为降水量,mm;黑色右坐标轴为短时强降水频率,%)

测站平均的短时强降水频率和测站平均的最大小时降水量日变化的计算方法为:使用资料时间跨度超过 15 年的测站 1 h 降水资料,按照每一个时次分别计算每个测站的短时强降水频率和查找每个测站的最大小时降水量,然后对每一个时次的各个测站短时强降水频率和最大小时降水量进行测站平均,从而获得测站平均的短时强降水频率和最大小时降水量日变化分布。

从我国总体测站平均的短时强降水频率和最大小时降水量(图 5)来看,最突出的特征为三峰型日变化特征,主峰在午后 16—17 BT,但在午夜后至清晨时段又出现两个次峰,分别为 01—02 BT 和 07—08 BT,最不活跃时段为上午。短时强降水频率和最大小时降水量的日变化基本一致,最大小时降水量在午后至前半夜时段略滞后于频率峰值,即最大强度的时段略滞后于最大频率时段;午夜后至清晨时段二者变化趋势完全一致,说明强度和频率的变化一致。从二者的时间变率来看,午后至前半夜时段变化迅速,午夜后变化平缓。我国降水活跃区域的短时强降水频率日变化趋势与全国完全一致,只是降水活跃区域的短时强降水频率更高,这是因为非活跃区频率较低从而使得全国总体平均频率值降低的缘故。

我国总体和降水活跃区域的平均 MCS 日变化都呈现为单峰型特征,但二者存在一些差异。首先,我国总体平均 MCS 日变化较降水活跃区域的位相落后约 1 h,这是由于青藏高原 MCS 日变化特征所致,青藏高原是我国的一个 MCS 活跃区,该区域由于经度差异的原因对流活动活跃时段比我国降水活跃区域滞后。其次,午夜至清晨时段,我国降水活跃区域的对流活动显著较全国平均活跃,这是因为我国降水活跃区域中几个区域的 MCS 夜发性显著的原因,比如两广地区、四川盆地、云贵高原东北部、江淮流域等[6,26−27]。

对比我国总体和降水活跃区域的短时强降水和 MCS 日变化特征可以看到,四者的变化趋势具有一定的一致性,但也显著不同。四者的共同特征是:都是下午最为活跃,这是因为下午对流活动最活跃的缘故;从时间变率来看,都是午后至前半夜时段变化迅速,午夜后相对前一时段变化平缓。不同点是:短时强降水与 MCS 频率量级显著不同,MCS 频率显著高于短时强降水,其峰值频率约为短时强降水峰值频率的 40 倍;MCS 日变化比较连续光滑;短时强降水夜发性特征更显著，为多峰型日变化，MCS 夜发性相对不显著，为单峰型日变化。

图 5 也表明虽然我国下午时段对流活动较多，但只有非常少的部分能够达到短时强降水的强度；午夜后我国总体的对流活动虽然较少，但其达到短时强降水的强度的比例显著高于午后时段，这也表明午夜后我国的对流活动主要以降水为主，其他强对流天气发生频率显著降低，尽管有统计表明我国少数地区的冰雹天气也具有一定的夜发性特征[28]。

图 5 中的日变化特征还表明午后的热对流所导致的短时强降水频率和最大 1 小时降水量都高于午夜后时段。午夜后短时强降水天气较活跃的原因是，从天气系统来看与 $M_\alpha CS$ 密切相关，这是因为部分尺度较大的 MCS 尤其是 $M_\alpha CS$ 能够维持 12 h 以上的缘故，这与 Yu 等[9]分析获得的长持续时间降水是导致午夜后降水峰值的结论相一致；从区域分布来看与不同区域的对流活动活跃时段不同[6,26-27]相关，下文将进一步分析不同区域的短时强降水日变化特征。

图 6 给出了我国不同时段的短时强降水频率分布。总体来看，同图 5 所显示的相一致，下午时段(15—20 BT)短时强降水最活跃，上午时段(09—14 BT)最不活跃。但图 6 更进一步展示了对于不同的时段短时强降水活跃区域分布显著不同，也展示了短时强降水天气日变化的传播特征。

图 6 表明午后至傍晚时段(14—20 BT，图 6c)短时强降水频率高，且高频区范围分布广，这不仅与较大尺度天气系统(如低压槽、梅雨锋等)提供的有利对流环境相关，且与地势分布、午后的热对流[5-6]等密切相关。图 6d 表明前半夜至凌晨时段(20—02 BT)短时强降水频率显著减弱，但四川盆地西南部、贵州南部、广西西北部以及两广沿海短时强降水都具有较显著的夜间发展特征。图 6a 表明凌晨至清晨时段(02—08 BT)短时强降水频率高频区范围较前半夜继续有所收缩，四川盆地西南部、贵州南部等地显著减弱，但广西西北部以及两广沿海短时强降水显著加强。上午至午后时段(08—12 BT，图 6b)虽然短时强降水较不活跃，但我国的沿海地区、四川盆地东部以及长江中下游等区域仍较活跃，这可能表明这些区域容易受到海陆分布(对于沿海区域)或者地势分布导致的局地环流或者较大尺度天气系统(如梅雨锋、东风波等)等的影响；值得注意的是，该时段华南沿海的陆地区域短时强降水频率较凌晨至清晨时段显著增强，这可能与该地的海陆风环流在上午时段加强[16]有关。

Zhang 等[15]指出四川盆地和贵州 $\geqslant 20\ mm \cdot h^{-1}$ 小时降水具有显著的夜发性。图 6 表明我国以下 3 个区域短时强降水具有显著的夜发性和传播特征。第一个需要关注的区域是贵州、广西与广东。广西与广东沿海区域、贵州南部至广西一带短时强降水具有显著的传播特征。广西与广东区域的短时强降水在 14—20 BT 时段发展加强；20 BT 以后显著减弱，活跃区域主要位于海岸线附近；02 BT 后短时强降水频率加强并向内陆传播；08—14 BT 时段频率继续加强并显著向山区方向传播。贵州南部至广西区域的短时强降水在 20—02 BT 时段开始活跃；02 BT 后向东南方向传播，广西西北部显著活跃；08—14 BT 时段，短时强降水传播到广西中部地区，甚至传播到广东。这种传播特征同基于静止卫星 TBB 资料分析的 MCS 日变化及传播特征[6,26,28]相一致，这与该区域的地势分布及其所导致的局地山谷风环流、海陆风环流等密切相关。但这些局地环流在何种天气形势下导致短时强降水和 MCS 的这种传播特征还需要进一步研究分析。

第二个值得关注的区域是四川盆地。该区域西南部的短时强降水在 20—02 BT 时段显著活跃，02—08 BT 时段短时强降水减弱，并向四川盆地东北方向传播；14—20 BT 时段短时

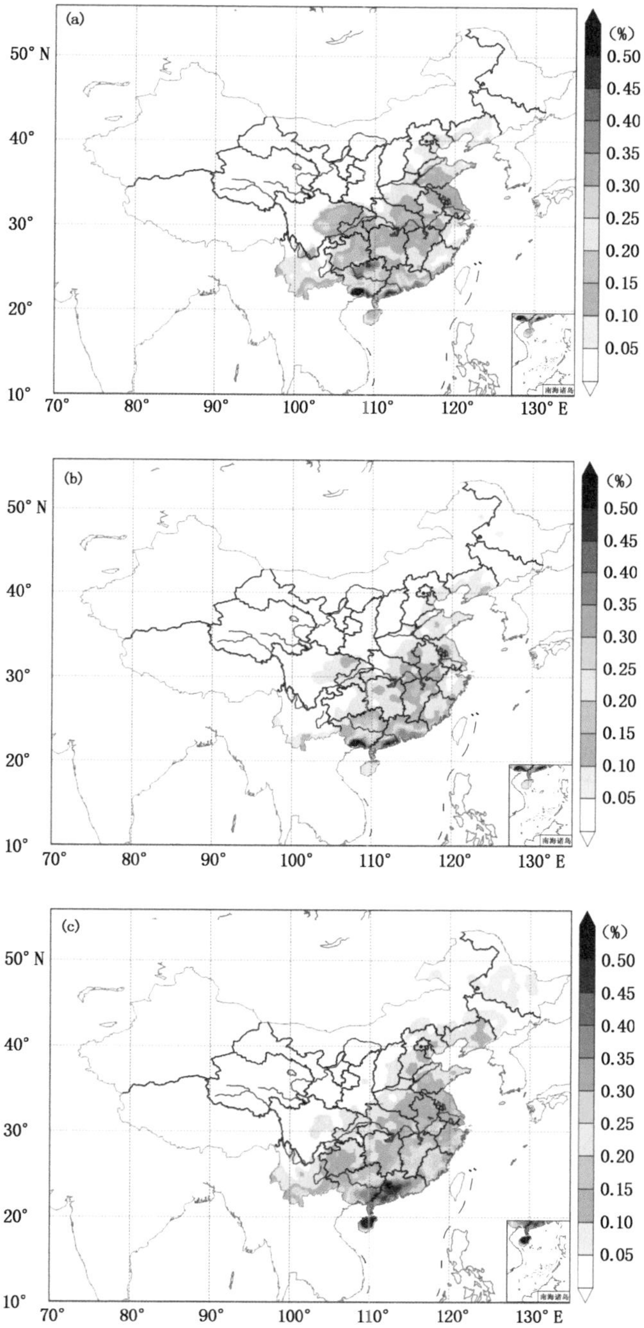
(a)
(b)
(c)
50° N
40°
30°
20°
10°
70°
80°
90°
100°
110°
120°
130° E
(%)
0.50
0.45
0.40
0.35
0.30
0.25
0.20
0.15
0.10
0.05
南海诸岛

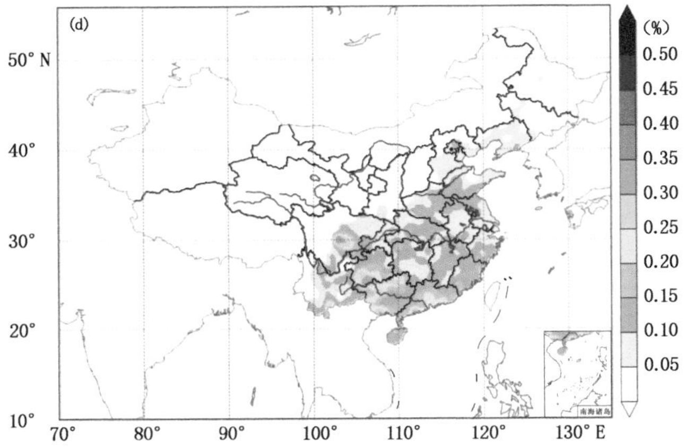

图 6　不同时段≥20 mm · h^{-1}短时强降水频率分布

(a)02—08 BT;(b)08—14 BT;(c)14—20 BT;(d)20—02 BT

强降水天气最不活跃。该区域的短时强降水下午最不活跃，前半夜至凌晨时段最活跃，夜雨特征显著。这也与该区域的 MCS 日变化及传播特征[6,27]相一致，这也可能与该区域地势分布所导致的山谷风环流密切相关。

第三个值得关注的区域长江中下游地区和江淮流域，该区域是我国的梅雨降水区[18]和 MCS 多发区[6]。该区域下午至傍晚时段(14—20 BT)短时强降水显著活跃，前半夜至凌晨(20—02 BT)显著减弱，但凌晨后至上午时段(02—08 BT)短时强降水再度活跃。

5.2　不同区域日变化特征

本文分别选择 105°E、116°E 两条经线、31°N 纬线和四川西南部—广西东南部直线(101.7°E, 28.9°N—109.9°E, 21.5°N)(具体位置参见图 1)来分析不同代表区域的短时强降水和 MCS 日变化特征(见图 7)。图 7 表明短时强降水和 MCS 日变化特征非常类似，但 MCS 日变化比较连续光滑、传播特征更清晰，其原因是受 MCS 云砧影响，观测的 TBB 演变比较连续，且 TBB 是瞬时观测的缘故。

图 7(a)、(b)105°E 经线的短时强降水和 MCS 日变化展示了两种夜发性对流活动的日变化特征。云贵高原(24°～28°N)的短时强降水和 MCS 下午至前半夜活跃，午夜后持续，并呈现为从南向北传播的特征；该区域的对流活动为下午和夜间活跃型，上午最不活跃，这种日变化特征同使用闪电资料获得的日变化特征[29]相一致。四川盆地(28°～32°N)的短时强降水和 MCS 22BT 活跃，日出后显著减弱，下午时段最不活跃，也呈现为从南向北传播的特征；该区域的对流活动为午夜后至上午较活跃型，下午时段最不活跃。

图 7(c)、(d)116°E 经线展现了单峰型、多峰型和持续活跃型的短时强降水和 MCS 日变化特征，下午时段为主要活跃时段；但短时强降水和 MCS 的传播特征相对 105°E 不是很突出。该经线 23°N 附近为海岸线附近区域，呈现为持续活跃型的短时强降水和 MCS 日变化特征，尤其短时强降水的持续性特征更为显著。该经线 23.5°～28°N 为广东和江西南部区域，MCS 主要为单峰型日变化特征，但短时强降水呈现为单峰型和多峰型两种特征，这种差异可能与中尺度的地形分布所导致的降水分布差异有关；从海岸线附近 23°N 至 26°N 区域短时强降水和

MCS呈现为自南向北的传播特征，这与郑永光等[26]所得结果相一致。28°～32°N为江西北部和安徽南部区域，短时强降水呈现为较显著的多峰型特征，MCS虽然多峰型不显著、但也具有较显著的夜发性特征。34°～46°N为河南山东交界地带和华北区域，短时强降水和MCS主要具有双峰型的日变化特征，主峰在下午时段，次峰在午夜时段。

图7(e)、(f)31°N纬线展现了多峰型的短时强降水和MCS日变化特征，同时展现了102°～110°E(四川盆地)和111°～118°E(鄂皖)区域短时强降水和MCS的向东传播特征，以及四川盆地短时强降水和MCS夜间和上午时段较活跃的特征。该纬线四川盆地区域，呈现为夜间和上午时段活跃的短时强降水和MCS日变化特征，尤其103°～108°E区域呈现为显著的夜发性特征和午夜后的向东传播特征；但盆地西侧的川西高原区域(102°E附近)MCS下午时段较活跃，短时强降水不活跃。该纬线112°～118°E区域短时强降水和MCS为多峰型的日变化特征，主活跃时段为下午至前半夜时段，午夜后为次活跃阶段，但午夜后东向传播特征非常显著，尤其短时强降水传播特征较MCS更清晰。

对我国副热带地区深对流活动气候分布特征研究发现，川西高原MCS具有傍晚后(19 BT)向东南方向传播到云贵高原北部、云贵高原东北部地区MCS具有日落后(19 BT)向东南方向的广西北部传播的特征[27]。因此，本文选择自川西高原东南部经云贵高原东北部(贵州西南部)至广西沿海的直线(101.7°E，28.9°N—109.9°E，21.5°N)剖面来分析该区域短时强降水和MCS的日变化和传播特征。该条直线上展现了不同下垫面区域的不同类型短时强降水和MCS日变化特征和传播特征。

该直线展示的短时强降水和MCS日变化类型有：一为川西高原东南部(102°E,28.6°N—103.6°E,27.2°N)的短时强降水和MCS单峰型日变化特征，且MCS从午后持续到午夜后，持续时间较长，但短时强降水主要发生在夜间、频率较低；二为贵州西部(103.6°E,27.2°N—104.6°E,26.3°N)主要为热对流日变化特征，MCS主要出现在下午时段，持续时间短，夜间较不活跃，该区域短时强降水非常不活跃；三为贵州西南部(104.6°E,26.3°N—106.2°E,24.8°N)短时强降水和MCS为单峰型日变化特征，但短时强降水和MCS都较活跃且持续时间长，从午后一致持续到日出前，这种日变化特征同105°E的24°～28°N区域短时强降水和MCS日变化以及同使用闪电资料获得的日变化特征[29]相一致；四为广西西部盆地(106.2°E,24.8°N—107.3°E,23.9°N)的短时强降水和MCS主要发生在20—08 BT的夜间时段，与105°E的28°～32°N四川盆地区域的短时强降水和MCS日变化相类似；五为广西南部沿海区域，该区域短时强降水持续时间长、频率高，短时强降水和MCS主要发生在午夜后至日落前(02—18 BT)，日落后至午夜时段短时强降水和MCS频率显著降低。

该直线展示的短时强降水和MCS传播特征有：一为川西高原东南部(102.0°E,28.6°N—103.6°E,27.2°N)短时强降水和MCS从西北向东南的传播；二为贵州西部(103.6°E,27.2°N)短时强降水和MCS下午显著活跃，向东南方向传播，00 BT左右到达贵州广西交界区域(106.2°E,24.8°N)，午夜后继续向东南方向传播，约04 BT到达广西南部偏北区域(108.3°E,22.9°N)，06 BT到达广东沿海；三为广西沿海(109.9°E,21.5°N)02—18 BT短时强降水持续活跃，但从MCS来看，04 BT后MCS显著活跃，12 BT后向西北方向传播，18—20 BT之后传播方向分为两支，一支至00 BT继续传播到达贵州广西交界区域，另一支向东南撤退至广西沿海区域。

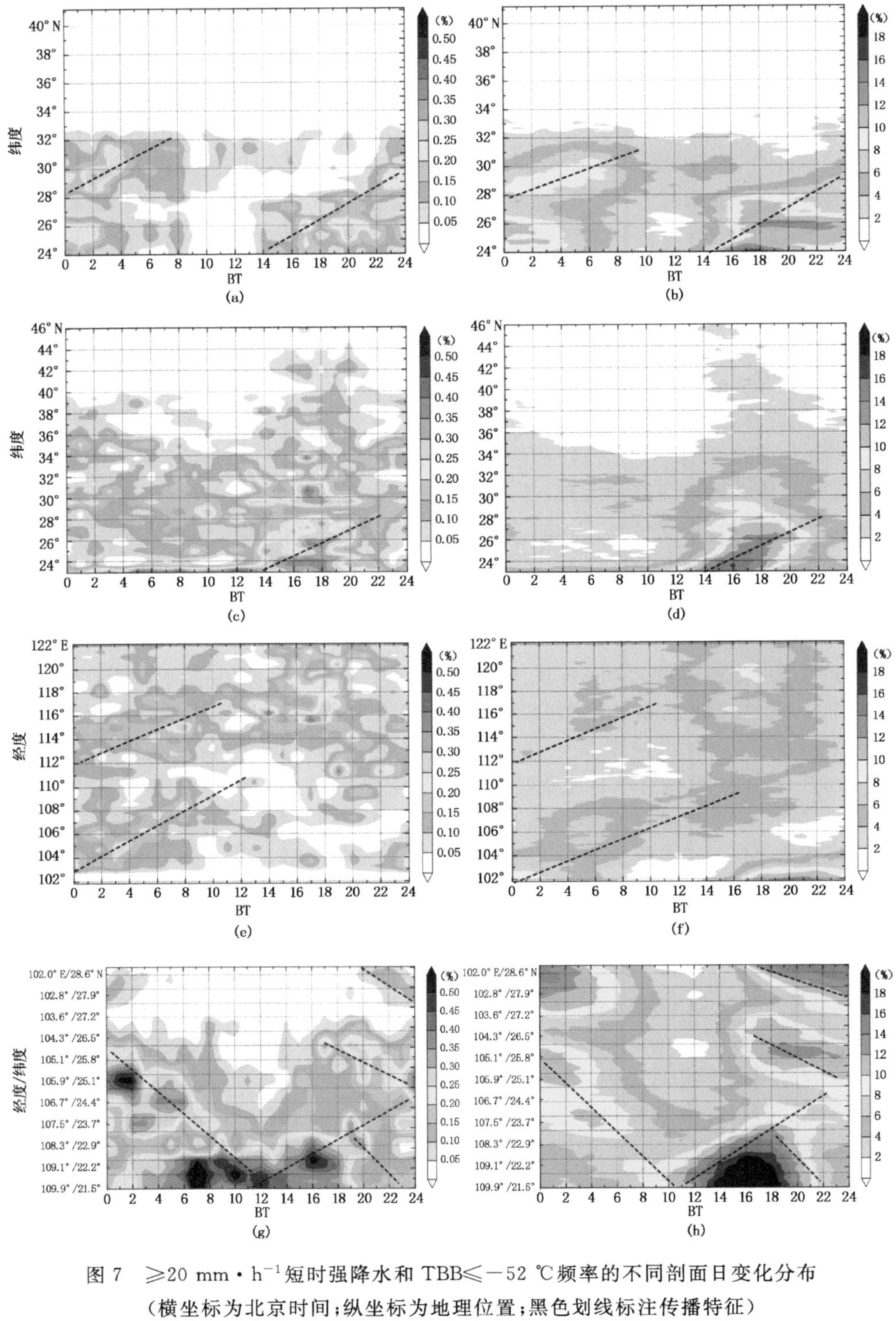

图 7　≥20 mm · h^{-1}短时强降水和 TBB≤－52 ℃频率的不同剖面日变化分布

（横坐标为北京时间；纵坐标为地理位置；黑色划线标注传播特征）

(a)、(c)、(e)、(g)分别为短时强降水频率沿 105°E、116°E、31°N 和直线(101.7°E，28.9°N—109.9°E，21.5°N)的日变化，(b)、(d)、(f)、(h)分别为 TBB≤－52 ℃频率沿 105°E、116°E、31°N 和直线(101.7°E，28.9°N—109.9°E，21.5°N)的日变化

正如郑永光等[6]、郑永光等[27]、郑永光等[26]研究中的分析，我国不同区域的对流活动日变化与传播特征表明其与地势分布、海陆分布等导致的局地热力环流，比如山谷风、海陆风等，密切相关，短时强降水也是如此。关于华南降水的日变化特征与山谷风、海陆风等的关系，在黄士松等[16]研究中也有较多分析，尤其山谷风与海陆风同相叠加所致的降水[16]和对流活动[26]日变化和传播特征更为显著；关于北京及其周边地区的 MCS 日变化及其传播特征在郑永光等[5]研究中有较多分析。但短时强降水和 MCS 的日变化和传播特征不仅仅是局地热力环流作用的结果，还与大尺度环流背景、大尺度天气系统的移动以及 MCS 引导气流等密切相关，因此，如何从大、中尺度天气系统和局地环流的多尺度相互作用方面来研究短时强降水和 MCS 的日变化和传播成因是下一步需要开展的工作。

为了进一步展示不同下垫面区域短时强降水和 MCS 的日变化特征，图 8 给出了我国几个短时强降水活跃区平均的≥20 mm · h^{-1}短时强降水和 TBB≤－52 ℃日变化曲线，这些区域(具体见图 1)分别是：四川盆地西南部(见图 1 中 A 矩形)，范围 102°～105°E、28°～31°N；贵州西南部(见图 1 中 B 矩形)，范围 104°～107°E、24°～27°N；广西中部(见图 1 中 C 矩形)，范围 107°～110°E、22°～25°N；广西沿海(见图 1 中 D 矩形)，范围 108°～110°E、21°～23°N；广东中部(见图 1 中 E 矩形)，范围 112°～115°E、22°～25°N；安徽中南部(见图 1 中 F 矩形)，范围 116°～119°E、30°～33°N；鲁西南苏皖北部(见图 1 中 H 矩形)，范围 116°～119°E、33°～36°N；江淮东部(见图 1 中 G 矩形)，范围 117°～120°E、31°～34°N。需要说明的是，为了突出频率较低区域的短时强降水和 MCS 的日变化，图 8a 和 8b 中分别采用了两种不同区间的纵坐标轴。

图 8a 表明，广东中部、安徽中南部、鲁西南苏皖北部和江淮东部都是下午至傍晚时段(14—20 BT)短时强降水频率最高，这与我国总体测站平均的短时强降水频率活跃时段类似；但四川盆地西南部在 00 BT 左右最活跃；贵州西南部除了下午至傍晚时段较活跃外，主活跃时段在 02 BT 左右；广西中部和广西沿海主活跃时段在午夜后至清晨时段(02—08 BT)。需要说明的是，广西中部、广西沿海和广东中部即使短时强降水和 MCS 的非活跃时段也具有显著较高的发生频率，因此，图 8 中针对这三个区域给出了右侧的纵坐标轴。

图 8a 也表明短时强降水日变化存在单峰型、双峰型和多峰型，但不同区域短时强降水日变化的峰值时段、持续时间显著不同。对于短时强降水单峰型日变化区域包括广东中部和四川盆地西南部，但广东中部为下午单峰型，且活跃时段持续时间较长，四川盆地西南部为夜间单峰型，活跃时段持续时间较短。广西中部、广西沿海、贵州西南部强降水日变化为双峰型；但广西中部主峰在 02—10 BT 时段，次峰在 16—20 BT 时段，峰值差异不大；广西沿海双峰型日变化同广西中部类似，但频率显著高于广西中部，且午夜后至上午时段的主峰特别显著；贵州西南部主峰在 00—02 BT，次峰在下午至傍晚时段(16—20 BT)。安徽中南部、鲁西南苏皖北部和江淮东部短时强降水为多峰型日变化特征，且日变化幅度显著小于四川盆地西南部和贵州西南部，这可能与这些区域是我国主要的梅雨降水区有关；其中鲁西南苏皖北部的日变化幅度显著大于其他两个区域，短时强降水活跃时段也长于其他两个区域。

图 8b 中 MCS 日变化主要表现为单峰型、双峰型特征，多峰型特征相对不突出。四川盆地西南部和贵州西南部为夜间单峰型，但二者的活跃时段和活跃持续时间显著不同；其他区域主峰都位于下午至傍晚时段；广西沿海、广东中部和鲁西南苏皖北部都为单峰型日变化，但广西沿海在 04 BT 后 MCS 就显著活跃；广西中部、安徽中南部和江淮东部次峰都位于午夜后，且不显著。

对比图 8a 和 b 短时强降水和 MCS 频率的日变化特征，二者具有很大的一致性，主要包括：四川盆地西南部、贵州西南部、广西中部、广东中部、安徽中南部、鲁西南苏皖北部、江淮东部的短时强降水和 MCS 活跃时段基本一致；广西沿海短时强降水的主峰活跃时段也是 MCS 的活跃时段，虽然 MCS 的主活跃时段在下午至傍晚时段。

短时强降水和 MCS 频率的日变化也存在较大差异，主要包括：如前所述，短时强降水频率日变化不是很连续光滑，短时强降水频率显著低于 MCS；除广西沿海外，短时强降水不同峰值频率的差异不如 MCS 峰值频率差异显著；除四川盆地西南部和贵州西南部外，MCS 频率的主峰时段以下午至傍晚为主，午夜后的次峰相对不显著，这也表明午夜后的 MCS 相对午后的 MCS 产生短时强降水的比例更高。导致这些差异的主要原因是 MCS(TBB≤−52 ℃)表征的是大气中各种对流活动的综合，虽然 MCS 都会产生降水，但往往部分 MCS、尤其是午后的热对流，其降水量经常达不到 20 mm · h^{-1} 的标准，因此二者的频率分布必然存在一定的差异。

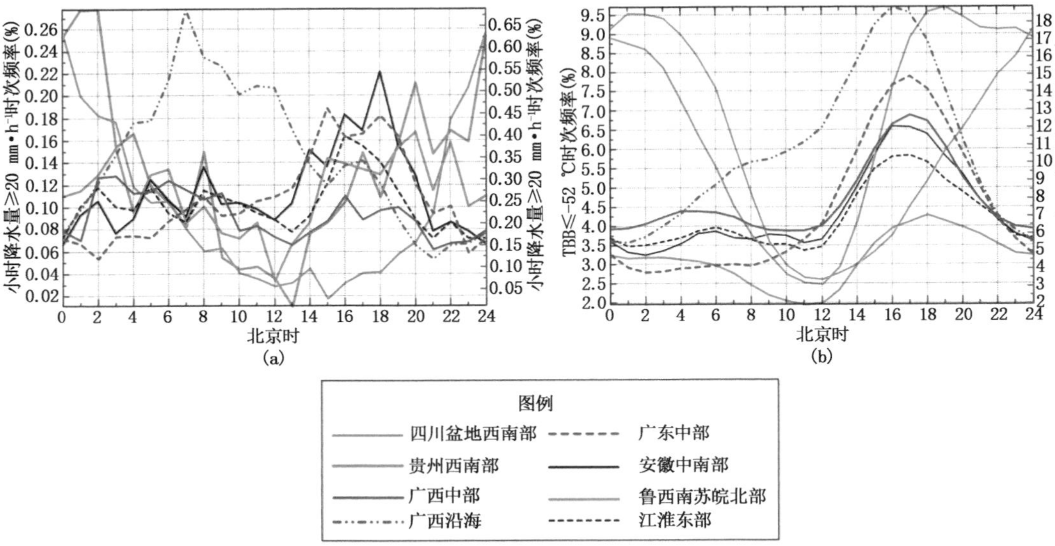

图 8　不同区域≥20 mm · h^{-1} 短时强降水(a)和 TBB≤−52 ℃(b)频率日变化

(横坐标为北京时间；纵坐标为频率，%。广西中部、广西沿海、广东中部等蓝色曲线使用右侧的蓝色纵坐标轴；其他区域等其他颜色曲线使用左侧黑色纵坐标轴)

6　结论和讨论

本文基于 1991—2009 年 4—9 月基本基准气象站每小时降水资料较系统给出了我国暖季短时强降水天气的地理分布、季月候和日变化特征及其与 MCS 日变化的关系。短时强降水天气发生时次频率较低，属于小概率事件，从≤40 mm · h^{-1} 不同强度的短时强降水统计和 MCS 统计特征来看，它们虽然存在一些差异，但具有很大相似性，因此，本文获得的短时强降水天气分布特征是具有天气学和气候学意义的。

总体来看，我国≥10 mm · h^{-1}、20 mm · h^{-1}、30 mm · h^{-1}、40 mm · h^{-1} 短时强降水地理分布与≥50 mm · d^{-1} 暴雨非常类似；但≥50 mm · h^{-1} 的短时强降水频率极低、高频区分布较

零散，与≥100 mm · d^{-1}暴雨分布类似。我国最大小时降水强度分布表明，最强小时降水量可超过 180 mm，短时强降水不活跃区也能够发生超过 50 mm · h^{-1}的强降水。

我国总体的短时强降水频率月际分布为单峰型特征，与东亚夏季风活动密切相关，4 月到 7 月频率逐步升高，9 月迅速降低，呈现出缓慢增强、迅速减弱的特点。从短时强降水频率候分布来看，7 月第 4 候短时强降水最活跃，其次为 8 月第 1 候和第 2 候；具有显著间歇性和阶段性发展特征，不同区域分别具有单峰型、多峰型等候变化特征；总体候变化表现为具有多个短时强降水活跃期。我国春秋季虽然短时强降水频率较低，但也会在华北等地出现较大范围的短时强降水天气。

我国总体平均的短时强降水频率和最大小时降水量日变化为三峰型，主峰在午后 16—17 BT，与 MCS 主峰基本一致；但在午夜后至清晨时段又有两个次峰，分别为 01—02 BT 和 07—08 BT，该时段与 MCS 日变化差异较大；上午为最不活跃时段；午夜后的短时强降水频率变化平缓。

我国不同区域的短时强降水日变化具有单峰型、双峰型、多峰型和和持续活跃型等特征，但不同下垫面区域短时强降水日变化的峰值时段、持续时间显著不同。

我国短时强降水和 MCS 的日变化特征具有很大的一致性，但午夜后时段差异较大。

105°E、116°E 两条经线、31°N 纬线和四川西南部—广西东南部直线（101.7°E，28.9°N—109.9°E，21.5°N）上的短时强降水和 MCS 的日变化和传播特征都表明四川盆地、31°N 纬线的鄂皖区域、川西高原东南部经云贵高原东北部（贵州西南部）至广西沿海短时强降水和 MCS 传播特征非常显著。

短时强降水和 MCS 的日变化和传播特征与地势、海陆等地理分布密切相关。在日间太阳短波辐射加热和夜间地球放出长波辐射冷却的共同作用下，这些地理分布所引发的局地环流的辐合特征与短时强降水、MCS 的日变化及传播特征具有较好的一致性，但这种局地环流系统垂直方向非常浅薄，其如何与较大尺度环流系统相互作用而形成这种日变化特点还需要进行详细的分析研究。

致谢：感谢国家气象信息中心阮新高级工程师提供小时降水量资料。

参考文献

[1] 张家诚，林之光. 中国气候[M]. 上海：上海科学技术出版社，1985：411-436.

[2] 中国气象局. 中国灾害性天气气候图集[M]. 北京：气象出版社，2007：21-31.

[3] 申乐琳，何金海，周秀骥，等. 近 50 年来中国夏季降水及水汽输送特征研究[J]. 气象学报，2010，68(6)：918-931.

[4] 黄琰，封国林，董文杰. 近 50 年中国气温、降水极值分区的时空变化特征[J]. 气象学报，2011，69(1)：125-136.

[5] 郑永光，陈炯，陈明轩，等. 北京及周边地区 5—8 月红外云图亮温的统计学特征及其天气学意义[J]. 科学通报，2008，52(14)：1700-1706.

[6] 郑永光，陈炯，朱佩君. 中国及周边地区夏季中尺度对流系统分布及其日变化特征[J]. 科学通报，2008，53(4)：471-481.

[7] 王晓芳，崔春光. 长江中下游地区梅雨期线状中尺度对流系统分析 I：组织类型特征[J]. 气象学报，2012，70(5)：909-923.

[8] Yu R C, Zhou T J, Xiong A Y, et al. Diurnal variations of summer precipitation over contiguous China [J]. Geophys Res Lett, 2007,34:L01704.

[9] Yu R C, Xu Y P, Zhou T J, et al. Relation between rainfall duration and diurnal variation in the warm season precipitation over central eastern China[J]. Geophys Res Lett, 2007,34: L13703.

[10] 李建，宇如聪，王建捷.北京市夏季降水的日变化特征[J]. 科学通报，2008,53 (7): 829-832.

[11] Li J, Yu R C, Zhou T J. Seasonal variation of the diurnal cycle of rainfall in the southern contiguous China[J]. J Climate, 2008,21(22): 6036-6043.

[12] Zhou T J, Yu R C, Chen H M, et al. Summer precipitation frequency, intensity, and diurnal cycle over China: A comparison of satellite data with raingauge observations[J]. J Climate, 2008, 21(16): 3997-4010.

[13] Chen H M, Yu R C, Li J, et al. Why nocturnal long-duration rainfall presents an eastward delayed diurnal phase along the Yangtze River[J]. J Climate, 2010,23(4): 905-917.

[14] 姚莉，李小泉，张立梅. 我国 1 小时雨强的时空分布特征[J]. 气象,2009,35(2): 80-87.

[15] Zhang H, Zhai P. Temporal and spatial characteristics of extreme hourly precipitation over eastern China in the warm season[J]. Adv Atmos Sci, 2011,25(5): 1177-1183.

[16] 黄士松，李真光，包澄澜，等. 华南前汛期暴雨[M]. 广州:广东科技出版社,1986: 17-19.

[17] Davis R S. Flash flood forecast and detection methods. Severe Convective Storms[M]. Doswell III C A, Ed, American Meteorological Society, Boston, MA, 2001: 481-525.

[18] 陶诗言. 中国之暴雨[M]. 北京:科学出版社,1980:5-7.

[19] 马明,陶善昌,祝宝友，等.卫星观测的中国及周边地区闪电密度的气候分布[J].中国科学 D 辑,2004, 34(4): 298-306.

[20] 水利部长江水利委员会水文局,水利部南京水文水资源研究所. 水利水电工程设计洪水计算手册[M]. 北京:中国水利水电出版社,1995:197-218.

[21] 水利部水文局,南京水利科学研究院.中国暴雨统计参数图集[M]. 北京:中国水利水电出版社,2006: 25-26.

[22] 丁一汇,张建云. 暴雨洪涝[M]. 北京:气象出版社,2009:16-23.

[23] 周秀骥,薛继善,陶祖钰，等. 98 华南暴雨科学试验研究[M]. 北京:气象出版社,2003: 4-5.

[24] 中央气象局. 中国高空气候[M]. 北京:科学出版社,1975:11-17.

[25] 陈隆勋,朱乾根,罗会邦，等. 东亚季风[M]. 北京:气象出版社,1991:1-93.

[26] 郑永光,陈炯. 华南及邻近海域夏季深对流活动气候特征[J]. 热带气象学报,2011,27(4): 495-508.

[27] 郑永光,王颖,寿绍文. 我国副热带地区夏季深对流活动气候分布特征[J].北京大学学报(自然科学版),2010,46(5): 793-804.

[28] Zhang C, Zhang Q, Wang Y. Climatology of hail in China: 1961－2005[J]. J Appl Meteor Climatol, 2008,47(3): 795-804.

[29] 王颖,郑永光,寿绍文. 2007 年夏季长江流域及周边区域地闪时空分布及其天气学意义[J].气象, 2009,35(10): 58-70.

第三章　环境条件和特征统计篇

中国两级阶梯地势区域冰雹天气的环境物理量统计特征

曹艳察　田付友　郑永光　盛杰

（国家气象中心，北京 100081）

摘　要　通过时空匹配 2002—2010 年逐年 3 月 1 日至 9 月 30 日中国海拔 3 km 以下地区 671 个国家站逐时冰雹观测资料和 NCEP(National Centers for Environmental Prediction) FNL(Final Analysis)资料，以海拔 1 km 作为分界线划分为两个阶梯区域（简称两级阶梯，并把两个区域分别简称为一级阶梯和二级阶梯），对表征中国两级阶梯冰雹天气的水汽、热力和动力环境条件进行了统计分析。考虑气温 0 ℃层高度对形成冰雹天气的影响，首先用 0 ℃层高度对样本进行过滤，然后对两级阶梯冰雹天气的环境物理量特征进行统计和对比分析。结果表明，两级阶梯冰雹环境的水汽、热力和不稳定能量差异显著，一级阶梯冰雹往往出现在具有更不稳定的层结结构、更多不稳定能量、更多水汽含量以及更强的垂直风切变环境中。一级阶梯冰雹的整层可降水量集中在 15～41 mm，二级阶梯则集中在 6～30 mm，无冰雹出现在整层可降水量超过 56 mm 的环境中。两级阶梯超过 50%的冰雹均出现在最有利抬升指数为负值的不稳定环境中，最优对流有效位能分布则表明，超过 75%的冰雹均出现在具有一定不稳定能量的环境中；但当最有利抬升指数大于 2.8 ℃时，两级阶梯均不会出现冰雹天气；两级阶梯超过 50%的冰雹均出现在强的垂直温度递减率环境中。多物理量的高概率密度区更显著地揭示了两级阶梯冰雹天气所需的物理量分布差异。这些结果为两级阶梯冰雹天气的主客观潜势预报提供了客观的统计基础和依据。

关键词　冰雹　环境物理量　两级阶梯　统计特征

1　引言

冰雹是全球性的灾害性天气现象，地势对冰雹的大小和时空分布有显著影响[1－5]。冰雹多由生命史短、空间范围小、移动演变快的中小尺度对流系统直接产生，短时临近时效的预报往往依赖于雷达卫星等遥感手段[6]，但由于受雷达、卫星等遥感资料临近外推预报时效性的限制，短期时效的冰雹预报仍然要依赖于环境条件的识别，而如何在潜势预报中较准确地预报冰雹事件，仍然是强对流业务预报中面临的重要挑战之一[7]。针对冰雹的预报问题，国内外的许多专家学者做了大量的工作，其中美国学者[8－11]取得了显著进展，这些研究成果为美国冰雹等强对流天气的预报提供了理论基础和预报依据。

中国是冰雹灾害多发国家[12]，青藏高原等高海拔地区虽发生冰雹频次较多，但冰雹尺寸

本文发表于《高原气象》，2018，37(1)：185-196。

一般较小；低海拔地区的冰雹发生频次虽然相对较少，但冰雹尺寸往往较大，易导致严重灾害，比如 2015 年 4 月 28 日发生在江苏、上海等地的大冰雹天气[13]。由于地形影响和气候等方面的差异，我国强对流天气的类型、强度和环境条件与美国具有较大差异。Zheng 等[14]利用探空资料对比中国中东部和美国中尺度对流系统发生时的环境特征时发现，中国一些对流系统的环境条件要比美国对应天气的环境湿很多。因此，一些学者针对我国各类强对流天气的环境条件和对流参数开展了相关的研究和统计分析[15-18]。Xie 等[19]对我国冰雹的气候趋势进行了分析，并尝试通过分析环境场的变化来帮助理解冰雹的长期趋势。

尽管如此，与短时强降水和雷暴大风相比，针对冰雹的环境物理量特征研究还有很多不足，尚缺乏定量的预报依据。业务人员虽然积累了一定的主观预报经验，但如何将相关的经验与冰雹发生的客观环境结合起来，并给出能够业务应用的客观阈值和指标范围，是冰雹短期预报中亟需解决的问题。此外，我国地形地势具有显著的三级阶梯状分布的特征，地形地势对冰雹天气的分布具有决定性作用[1-5]，但对不同海拔冰雹在环境方面的特征及其差异大小，仍然不甚清楚，这些均是迫切需要解决的问题。

使用逐小时冰雹观测和 NCEP(National Centers for Environmental Prediction)一天四次的最终分析(FNL，Final Analysis)资料，对多个表征大尺度环境场水汽、不稳定以及动力抬升等特征条件的物理量进行统计分析，并对比我国海拔 3 km 以下两级阶梯地势区域(简称两级阶梯，分别用站点海拔 1～3 km 和小于 1 km 来表征)的相应物理量分布特征，从而给出对两级阶梯的冰雹预报具有指示意义的物理量的分布特征，为冰雹的主客观预报提供参考依据，并为冰雹预报准确率的提高奠定基础。

2　资料和方法

所用实况为全国 756 个基本基准气象站 1980—2010 年整点时刻的冰雹逐时观测资料，由国家气象信息中心提供并进行了质控。每个整点时次的记录为整点时次之前一个小时内是否出现冰雹天气的观测结果，不含冰雹大小的信息。我国冰雹多发于春、夏、秋三季[3]，但可用的 NCEP FNL 资料开始年份为 2002 年，因此，选取 2002—2010 年 3 月 1 日至 9 月 30 日的冰雹观测资料和 NCEP FNL 资料进行分析。

2002—2010 年 3 月 1 日至 9 月 30 日的冰雹总频次(图 1)显示，我国冰雹的空间分布差异明显，总体表现为高原多、平原少的特征，与地形有较大的相关性。其中，青藏高原为冰雹高发区，2002—2010 年部分台站冰雹发生总次数超过了 60 次，相比之下，除华北北部和西南地区东南部外，我国大部分地区的冰雹总次数少于 10 次。观测显示，青藏高原等高海拔地区冰雹尺寸一般较小[20]，而海拔较低地区发生冰雹频次虽少(图 1)，但由发展较强的超级单体风暴系统造成的冰雹尺寸往往较大，致灾性较强，且受限于 NCEP FNL 资料在高海拔地区(尤其青藏高原区域)的代表性和可用性，主要分析我国海拔 3 km 以下站点(图 2)的冰雹环境物理量。

由于地势分布对冰雹分布有显著影响[1-5]，将我国海拔低于 3 km 的站点分为 1～3 km(二级阶梯)和小于 1 km(一级阶梯)的两级阶梯(图 2)。根据冰雹的发生频次和站点的南北分布，分别从两级阶梯的测站中挑选两个具有代表性的站点，用以查看不同阶梯地势的冰雹随时间变化的特征。这四个代表站点冰雹发生总频次的逐日变化(图 3)显示，如同图 1 所示的结果，二级阶梯站点的冰雹发生频次明显多于一级阶梯站点的冰雹发生频次，但随着站点位置

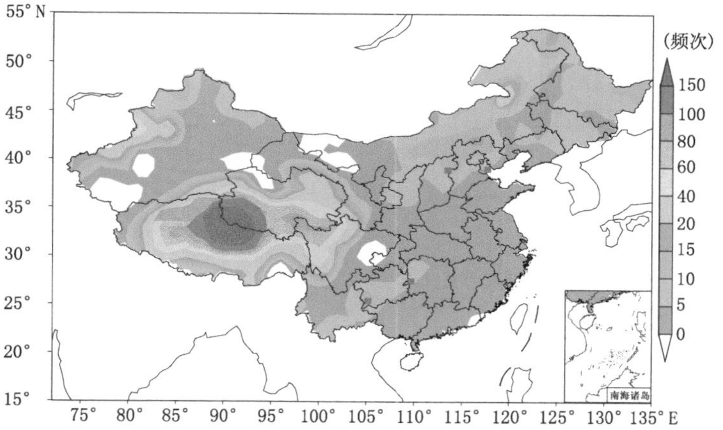

图 1 2002—2010 年 3 月 1 日至 9 月 30 日冰雹发生的总频次分布，红点表示两级阶梯区域四个代表站的位置

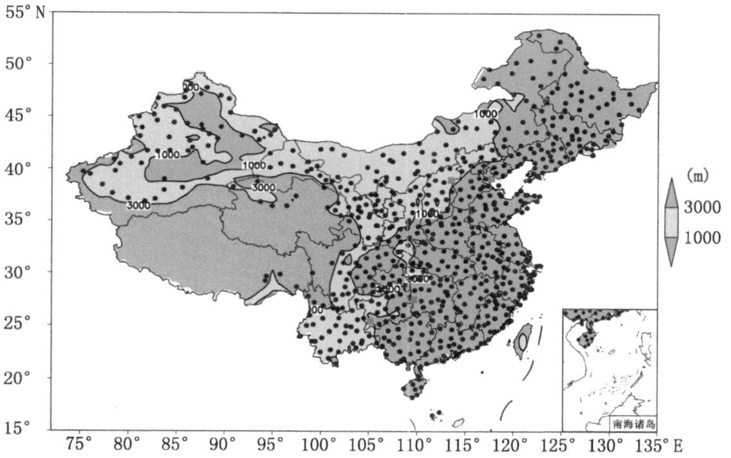

图 2 地形(彩色区，单位：m)和海拔 3 km 以下 671 个气象站点(黑点)的分布，红点表示两级阶梯区域四个代表站的位置

从南向北，冰雹开始出现的时间逐渐后延，其中湖南芷江(图 3a)和贵州兴仁(图 3b)在 1 月就可能出现冰雹，天津塘沽(图 3c)4 月开始出现冰雹，而山西五台山(图 3d)在 5 月中旬才可能出现冰雹。此外，冰雹集中出现的时间段和站点所在地区也有密切联系，如位置较为偏南的湖南芷江和贵州兴仁均主要集中在春季，而位于华北的天津塘沽的冰雹出现在 4—8 月，但主要集中在 4—5 月，山西五台山的冰雹主要集中在 5—9 月，且以 6 月最为集中。对于纬度较近的站点(如湖南芷江和贵州兴仁或天津塘沽和山西五台山)，海拔较高站点的冰雹集中出现的时间一般晚于海拔较低的站点。站点冰雹的时空分布显示，站点地理位置及其海拔均对冰雹有显著影响。

探空得到的大气层结结构可以表征实际的大气状况，但由于探空站空间分布较稀疏，且探空资料一天只有早晚两次，而冰雹发生时段主要集中在午后[1,5]，因此，利用探空资料分析冰

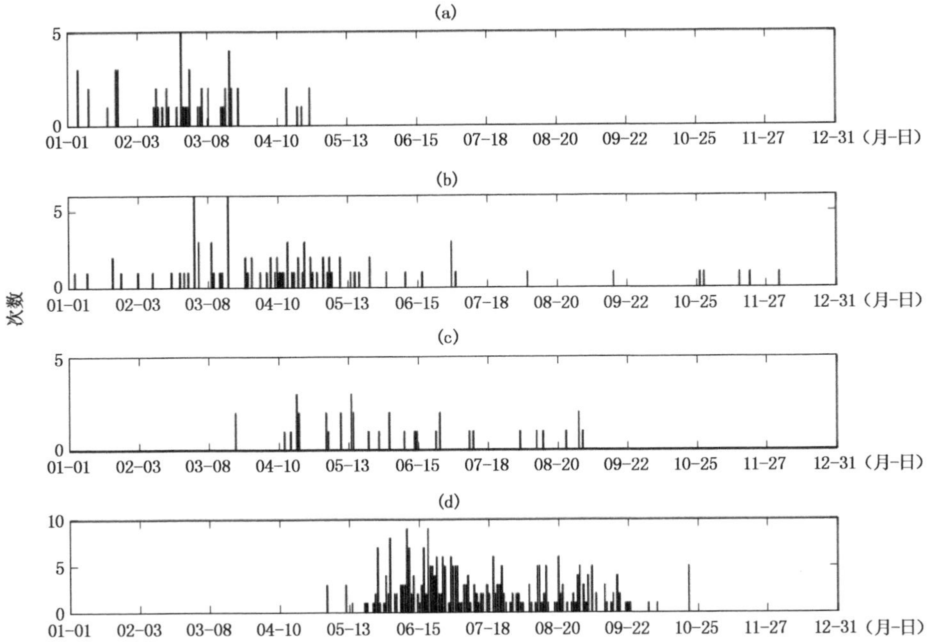

图 3　2002—2010 年一级阶梯代表站(a, c)和二级阶梯代表站(b,d)
冰雹发生总频次的逐日变化,站点位置见图 1 和图 2 中的红点

雹天气的环境条件存在一定的局限性。通过对比分析根据探空和 NCEP 分析资料得到的多个超级单体风暴环境的温、湿、风廓线特征,王秀明等[21]指出,NCEP 分析资料的温度以及深层和中层风垂直切变等参量的可靠性较高,具有很好的可用性。因此,利用 NCEP 一天四次的 1°×1° FNL 资料计算得到的物理量进行分析。由于分析资料为一天四次,时刻分别为 02:00(北京时,下同),08:00,14:00 和 20:00,而实况观测每天有 24 次记录,在实际处理中,首先将 24 次实况观测记录以四次分析资料的时间为中心划分为四个时间段,对于每个站点每个时间段中 6 h 的冰雹观测资料,只要有一个时次出现冰雹,即记为有冰雹,反之,则为无冰雹。经过以上处理,得到的一级阶梯和二级阶梯有冰雹的样本量分别为 1441,1434 个。同时,采用双线性插值方法,得到相应站点的各个物理量值。

3　我国两级阶梯冰雹天气的环境物理量分布特征

冰雹天气作为强对流天气现象的一种,其发生时的环境条件在具备一般对流天气所需要的动力、热力及水汽条件外,为了保证冰相粒子的形成和发展,还需同时具备合适的 0 ℃层高度(Z0)和−20 ℃层高度(Z20),而大冰雹的形成还要求具备较大的深层次垂直风切变条件。利用 NCEP FNL 资料,在对特性层高度进行分析的基础上,对两级阶梯表征冰雹天气环境水汽、热力和动力条件的物理量(表 1)进行统计和对比分析。需要特别说明的是,文中的 Z0 和 Z20 都是距地面的高度,而非海拔。

表 1 物理量的名称、简写符号及单位

变量名称	简写符号	英文全称	单位
0 ℃层距地面的高度	Z0	Height of−0 ℃ above ground level	m
−20 ℃层距地面的高度	Z20	Height of−20 ℃ above ground level	m
整层可降水量	PWAT	Total precipitable water	mm
最有利抬升指数	BLI	Best lifted index	℃
垂直温度递减率	TLRs	Vertical temperature lapse rates	$℃ \cdot km^{-1}$
最优对流有效位能	BCAPE	Best convective available potential energy	$J \cdot kg^{-1}$
散度	DIV	Divergence	$10^{-5} s^{-1}$
700 hPa 垂直速度	W700	700 hPa vertical wind speed	$10^{-2} Pa \cdot s^{-1}$
地面 0～6 km 垂直风切变	SHR	0−6 km AGL vertical wind shear	$m \cdot s^{-1}$

3.1 特性层高度分布特征

许新田等[22]和濮文耀等[23]的研究表明，适宜的 Z0 和 Z20 有利于雹胚的形成和增长，0 ℃层的冰雹半径和 Z0 会影响地面冰雹的大小。因此，合适的 Z0 和 Z20 是判断冰雹天气的重要环境条件，比如，当 Z0 过低的时候，0 ℃层至地面的距离太近使得云中的冰粒子无法增长到足够大即以霰或小冰粒的形式降落到地面，也可能表明近地面温湿条件不利于对流天气的发展，因为过低的 Z0 也可能指示地面温度太低、湿度太小而不利于出现对流天气；而当 Z0 过高的时候，冰相粒子在下落到达地面之前即可能融化为液态水滴。国外文献一般将湿球温度 Z0 作为冰雹融化层的近似高度[7−8]，但利用 FNL 资料计算湿球温度 Z0 较为复杂，且国内相关文献给出的都为干球温度 Z0[22−23]，因此，为了便于同国内已有文献结果进行比较，仍然使用干球温度 Z0 来统计两级阶梯冰雹天气的特性层高度。

分别统计两级阶梯有无冰雹时的 Z0 和 Z20，制成方框一端须图(图 4、图 5)。图 4 中最上端和最下端的星号分别表示有无冰雹时 Z0 的最大值和最小值，上下端的短横线分别表示有无冰雹发生时 Z0 的第 95 和第 5 百分位数值，箱子从上至下的三条横线分别表示有无冰雹时 Z0 的第 75、第 50 和第 25 百分位数值(图 5 至图 9 端须图意义同图 4)。图中(图 4、图 5)显示，两级阶梯有无冰雹时的 Z0 和 Z20 差别显著，以 Z0 为例(图 4)，一级阶梯和二级阶梯出现冰雹时的 Z0 中值分别为 3099 m 和 2283 m，同时其上限阈值也随站点海拔的升高而显著降低，Z20 也有类似的分布特征(图 5)，表明与二级阶梯相比，一级阶梯的冰雹往往具有较高的 Z0 和 Z20。另外，樊李苗等[16]得到的我国直径超过 2 cm 的大冰雹天气的 0 ℃层和 −20 ℃层海拔的平均值分别为 4300 m 和 7000 m，相比而言，本文的统计值偏低，这与计算特性层高度时减去了站点本身的海拔、且未考虑冰雹的大小有关。同已有研究结果相比，统计得到的以海拔衡量的一级阶梯冰雹发生时的 Z0 和 Z20 中值分别为 3504 m 和 6646 m，二级阶梯分别为 4184 m 和 7084 m(图略)，与已有研究成果略有差异。

同一级阶梯有无冰雹时的特性层高度对比显示，有冰雹时，Z0 和 Z20 的分布更为集中，一级阶梯冰雹对应的 Z0 和 Z20 分别为 690～4477 m 和 3984～7810 m，而二级阶梯分别为 956～3428 m 和 3832～6725 m，而无冰雹时的一级阶梯和二级阶梯的 Z0 分别集中在 1162～5336 m 和 757～4132 m，Z20 分别集中在 4085～8710 m 和 3496～7533 m，有无冰雹时的特性

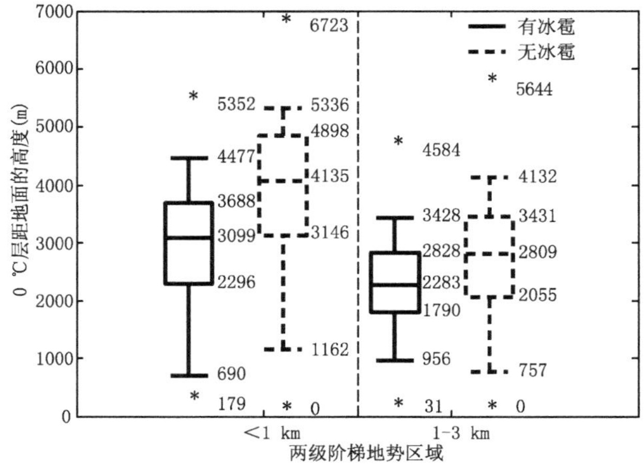

图 4　一级阶梯(<1 km)和二级阶梯(1～3 km)有无冰雹天气时的 0 ℃层距地面高度箱线图分布

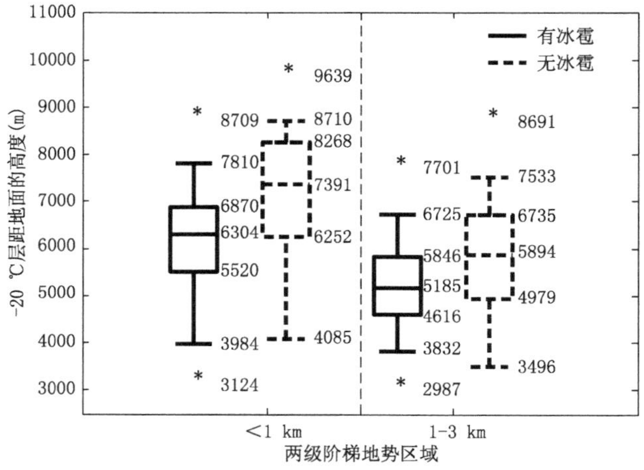

图 5　一级阶梯(<1 km)和二级阶梯(1～3 km)有无冰雹天气发生时的 −20 ℃层距地面高度箱线图分布

层高度区间差别显著，并且有冰雹时的特性层高度上限阈值和中值均小于无冰雹发生时的高度值。两个区域相比较而言，一级阶梯上的 Z0(图 4)和 Z20(图 5)对是否有利于冰雹的指示意义要好于二级阶梯。

既然 Z0 对两级阶梯有无冰雹的指示意义较强，为更好地突出其他环境物理量特征，将 Z0 作为控制条件，对样本进行过滤，然后再对两级阶梯冰雹天气的水汽、热力和动力特征进行分析，以突出两级阶梯冰雹在水汽、热力和动力等方面的差异。由于当 Z0 高度较低时，霰或小冰雹的可能性更大，因此，结合图 4 中冰雹天气 Z0 的分布特征，一级阶梯冰雹天气的 Z0 控制区间为 2000～4500 m，二级阶梯冰雹天气的 Z0 控制区间为 1000～3500 m。

3.2 水汽条件分析

根据起伏增长理论[24]，湿度条件和垂直运动的强度都可能显著影响冰雹的大小。由于水汽主要集中在对流层下层，使用单一气压层的水汽表征量不利于两级阶梯水汽特征的对比，因此，选用表征大气水汽总含量的整层大气可降水量（PWAT）对水汽特征进行对比分析。

PWAT 是从地面到 200 hPa 的水汽积分，代表大气中的水汽总含量。两级阶梯冰雹天气的 PWAT 箱线图（图 6）显示，超过 90%的两级阶梯冰雹天气的 PWAT 分别集中在 15～41 mm 和 6～30 mm，随着海拔的升高，形成冰雹时所需的环境 PWAT 下限阈值显著降低。二级阶梯 50%的冰雹的环境 PWAT 集中在 11～20 mm，当 PWAT 值小于 3 mm 时，可以不考虑冰雹出现的可能性。而对于一级阶梯，95%的冰雹均出现在 PWAT 超过 15 mm 的情况下，其中 50%的冰雹的环境 PWAT 集中在 21～32 mm，当 PWAT 低于 7 mm 时可以不考虑冰雹出现的可能性。显然地，海拔越低的地区，出现冰雹天气所需要的环境水汽的下限也就越高。但当环境 PWAT 超过 56 mm 时，无论是一级阶梯还是二级阶梯，均可以不考虑冰雹出现的可能性，这是因为此时大气非常暖湿、大气垂直温度递减率较小、零度层高度通常较高，使得固相粒子难以到达地面的缘故。此外，与超过 75%的短时强降水出现在 PWAT 大于 51 mm[17] 的环境中相比，差异也非常明显。表明冰雹和短时强降水的环境水汽条件差别显著，非常湿润的环境反而不利于冰雹的出现，这是因为非常湿润的大气环境往往气温也较高，冰相粒子在下落过程中较易融化为液态水的缘故。

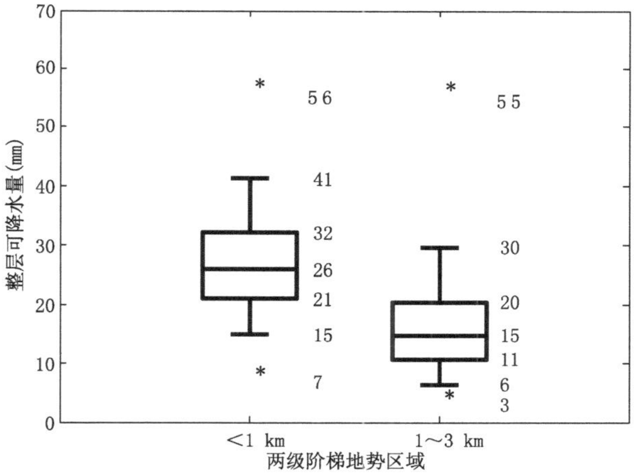

图 6　一级阶梯（<1 km）和二级阶梯（1～3 km）冰雹天气的整层可降水量（PWAT）箱线图分布

由于大气中的水汽主要集中在对流层低层，因此，海拔较低地区的 PWAT 往往会高于海拔较高的邻近地区。通过对两级阶梯地势区域冰雹天气相应的 PWAT 的分布对比可知，15～41 mm 和 6～30 mm 的 PWAT 区间分别是一级阶梯和二级阶梯冰雹发生的有利环境水汽条件，下文将分析冰雹天气所需要具备的热力和动力抬升环境条件分布特征。

3.3 热力和能量条件分析

用于反映大气层结结构稳定与否及其稳定程度的物理量有多个，但总指数、强天气威胁指数等多个指标均涉及 850 hPa 要素的计算，对于海拔较高的二级阶梯区域，这些指数一般不适用，因此，主要对最有利抬升指数（BLI）、最优对流有效位能（BCAPE）和垂直温度递减率（TLRs）三个物理量进行分析。

BLI 是指将 700 hPa 以下的大气，按 50 hPa 间隔分为多层，并将各层中间高度处的平均气块，分别沿干绝热线抬升到各自的凝结高度，然后再分别沿湿绝热线抬升到 500 hPa 后，气块温度与 500 hPa 环境温度差值的最大值。当 BLI 值为正时表示大气层结是稳定的，为负时表示大气层结是潜在不稳定的，值越小表示潜在不稳定性越强。一级阶梯冰雹的 BLI 中值为 −1.4 ℃（图 7a），第 75 百分位的 BLI 值为 0.2 ℃，接近 0 ℃，表明 NCEP FNL 资料能够捕捉到约 75％的一级阶梯冰雹天气的潜在不稳定的大气层结。对于二级阶梯而言，其 BLI 的中值为 −0.1 ℃，接近 0 ℃，表明 NCEP FNL 资料能够捕捉到约 50％二级阶梯冰雹天气的潜在不稳定的大气层结。对比显示，一级阶梯的冰雹往往出现在更强的静力不稳定环境中。尽管如此，两级阶梯的 BLI 第 95 百分位值均约为 2.8 ℃，表明当 BLI 大于 2.8 ℃时，两级阶梯均可以不考虑冰雹出现的可能性。

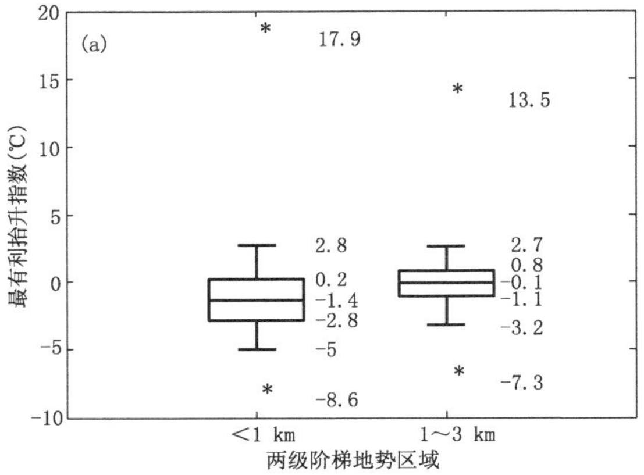

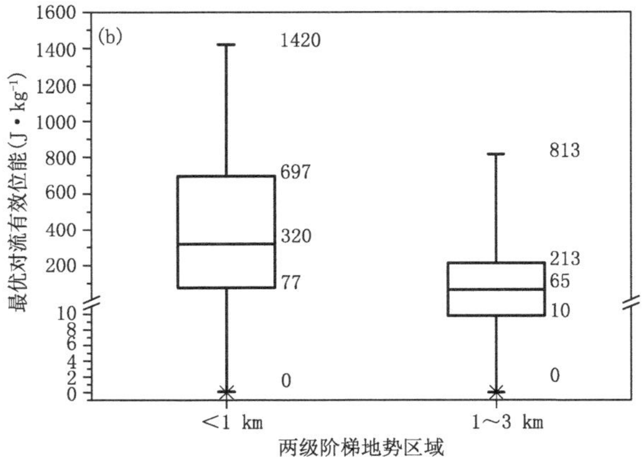

图 7　一级阶梯（<1 km）和二级阶梯（1～3 km）冰雹天气的最有利抬升指数（BLI）(a)和最优对流有效位能（BCAPE）(b)箱线图分布

对流有效位能（CAPE）表示单位质量空气从自由对流高度（LFC）上升到平衡高度（EL）对

环境做的功，在探空曲线图上为自由对流高度到平衡高度间的层结曲线和状态曲线所围成的面积，而 BCAPE 指针对近地层不同高度处气块抬升所能得到的 CAPE 最大值。因此，BCAPE 所表征的是不稳定大气受到扰动时所可能释放的最大潜在能量。针对 BCAPE 的统计结果显示(图 7b)，两级阶梯地势区域冰雹发生时的 BCAPE 中值分别为 320 和65 J·kg^{-1}，随着海拔升高，BCAPE 中值降低明显，并且第 95 百分位的 BCAPE 差别显著。两级阶梯超过75%的冰雹均出现在具有一定 BCAPE 的环境中，且一级阶梯的冰雹天气所具有的 BCAPE 显著高于二级阶梯，表明一级阶梯的冰雹往往伴有更强的热力不稳定能量条件，这通常与较大的大气垂直温度递减率相关，一级阶梯易于出现大冰雹天气可能与此有关，后文将做进一步分析。

潜在不稳定的大气层结或一定的不稳定能量积累是对流天气发生的基本条件之一，但对 BLI 和 BCAPE 的分析显示，两级阶梯中均有超过 25%的冰雹是出现在 BLI 大于 0 ℃的情况下，此时所对应的 BCAPE 值也较小，可能与分析资料的时空分辨率较低，不能完全准确反映冰雹发生时的大气层结状况有关，也可能是实况与分析资料的时空匹配方法造成的，同时也表明，基于较低时空分辨率的模式资料进行的环境物理量分析不能完全准确地表征中小尺度对流系统的环境状态，这是目前使用探测资料或者分析资料统计对流天气有利环境条件时存在的共同难题。尽管如此，本文的统计结果仍然表明，两级阶梯的冰雹天气的热力环境存在显著差异，针对两级阶梯的不同地形特征，业务人员要区别对待，这些结果也可以帮助预报员锁定两级阶梯可能出现冰雹的环境区域。

大气具有较高的 CAPE 值时，垂直温度递减率通常会较大，因此，高低层温差也能够在一定程度上表征大气的静力稳定度，但对于不同的海拔，需要取不同的层次温差，如一级阶梯通常取 850 hPa 和 500 hPa 的温差，而二级阶梯一般取 700 hPa 和 500 hPa 的温差，为便于比较，分别计算其相应的垂直温度递减率(TLRs)。统计结果表明(图 8)，两级阶梯冰雹发生时的 TLRs 存在一定差异，二级阶梯的 TLRs 无论是中值还是上、下限阈值均略高于一级阶梯。Craven 等[25]针对美国强对流天气的分析显示，大约 75%的强冰雹和雷暴大风所对应的 700 hPa 和 500 hPa TLRs 大于 6.5 ℃·km^{-1}。我国一级和二级阶梯冰雹天气相应的 TLRs(图 8)第 25 百分位分别为 6.3，6.6 ℃·km^{-1}，与美国的强冰雹相当，中值分别为 6.9，7.2 ℃·km^{-1}，也与美国相当。Craven 等[25]的统计也表明 TLRs 达到 7 ℃·km^{-1}是非常大的 TLRs，因此我国一级和二级阶梯冰雹天气相应的 TLRs 中值属于非常大的 TLRs。

3.4 动力条件

动力触发抬升机制是对流天气的必要条件之一，风向的辐合、风速的切变、垂直运动以及垂直风切变等均被视作动力相关的条件。考虑两级阶梯的海拔差异及对比方便，选取低层散度、700 hPa 垂直速度和 0～6 km 垂直风切变分析动力条件方面的差异。

当大气近地面层存在辐合时，可造成上升运动。配合有利的热力不稳定和水汽条件，如果上升运动克服了对流抑制能量，将导致对流的触发或发展。由于两级阶梯海拔不同，因此分别取 850 hPa 和 700 hPa 散度作为其低层大尺度辐合抬升触发条件的表征层。结果显示(图 9a)，两级阶梯冰雹所对应的低层散度的变化范围接近，一级阶梯对应的 850 hPa 散度第 50 百分位为$-0.6\times10^{-5}s^{-1}$，而二级阶梯对应的 700 hPa 散度第 50 百分位数为$-0.4\times10^{-5}s^{-1}$，表明两级阶梯均有超过 50%的冰雹发生在低层存在有利的辐合抬升动力条件下，因此，一定

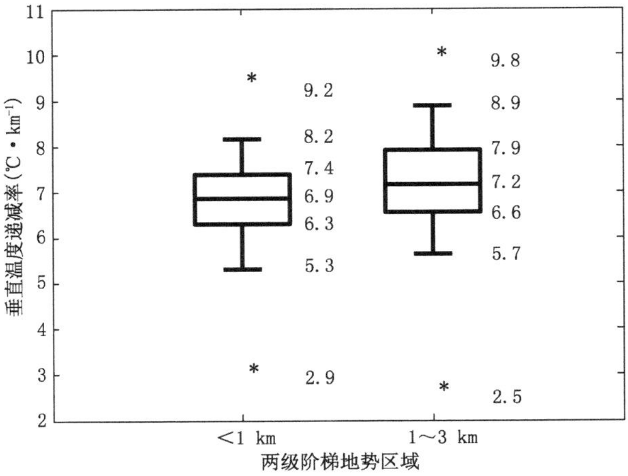

图 8　一级阶梯(<1 km)和二级阶梯(1~3 km)冰雹天气的垂直温度递减率(TLRs)箱线图分布

的较大尺度动力强迫抬升是有利于冰雹天气产生的。

段英[26]的研究结果表明，冰雹云是强对流云，通常具有一条强大的上升气流，能够把水粒子输送到−15 ℃层以上，才能满足成雹条件。Johns 等[8]指出，强的上升气流是产生大冰雹的重要条件。两级阶梯冰雹天气 700 hPa 垂直速度的统计结果显示(图 9b)，两级阶梯的冰雹所对应的 700 hPa 垂直速度变化范围接近，二者所对应的第 75 百分位 700 hPa 垂直速度分别为 0.7×10^{-2} Pa·s^{-1}和 0.2×10^{-2} Pa·s^{-1}，表明两级阶梯均有大约 75%的冰雹发生在 700 hPa 有上升运动的情况下。冰雹天气的发生需要低层大气的辐合抬升运动，但本文统计结果显示部分冰雹天气发生在低层辐散气流和 700 hPa 下沉气流中，这可能是因为所用 NCEP FNL 资料时空分辨率较低、不能够完全准确反映冰雹天气发生时的大气环境的缘故。

强的垂直风切变有利于风暴系统的发展和组织化，特别是对于可形成大冰雹的超级单体风暴而言，较强的垂直风切变条件是必不可少的。针对超级单体风暴的观测分析和数值模拟研究显示[27−28]，0~6 km 垂直风切变数值达到 15~20 m s^{-1}是超级单体形成的必要条件之一。而冰雹环境的垂直风切变统计结果显示(图 9c)，一级阶梯 0~6 km 垂直风切变中值为 15.7 m s^{-1}，二级阶梯的中值为 17.0 m·s^{-1}，均与有利于超级单体形成所需要的垂直风切变值相当，表明两级阶梯均有超过 50%的冰雹出现在有利于超级单体发展的垂直风切变环境中。

3.5　两级阶梯冰雹的物理量联合分布特征

前述统计结果表明，两级阶梯冰雹天气的环境条件具有显著差异，尤以水汽和热力方面的差异较为明显。Rasmussen 等[10]研究不同物理量在美国非超级单体风暴、超级单体和龙卷天气中的分布特征时发现，单一的风场或热力场指数对三类天气系统区分度一般，但若将两个参数结合后得到的综合指数对三类天气系统的区分度将更好，并能够清楚展示最有利于各类风暴系统的物理量条件。根据前述结果，将继续考察表征环境水汽和热力条件的 PWAT 和 BLI 的分布情况以及 PWAT 和 0~6 km 垂直风切变的分布，以期得到两级阶梯冰雹环境条件方面显著差异更为直观的结果。

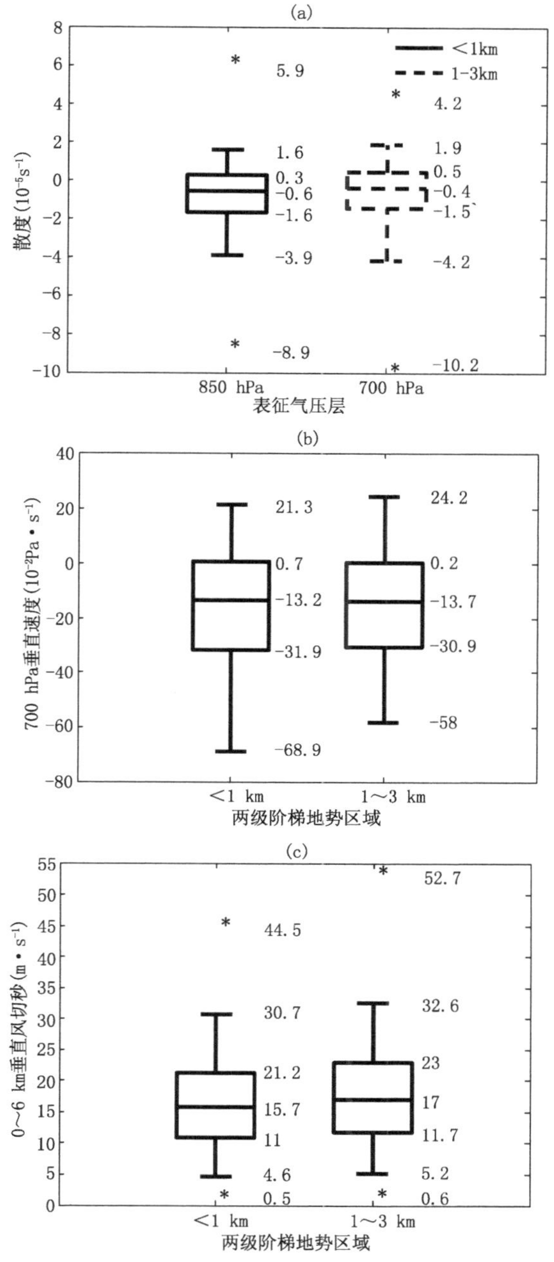

图 9　表征一级阶梯(<1 km)和二级阶梯(1～3 km)冰雹天气动力条件的物理量箱线图分布
(a)低层散度(DIV),(b)700 hPa 垂直速度,(c)0～6 km 垂直风切变

BLI 和 PWAT 的散点图及其概率密度分布(图 10)显示,两级阶梯的冰雹各有一个高概率密度区,二级阶梯冰雹的 PWAT-BLI 概率密度大值区接近圆形,中心点所对应的 PWAT 和 BLI 值分别为 12 mm 和 0.5 ℃,而一级阶梯冰雹的 PWAT-BLI 概率密度大值区为椭圆形,中心点所对应的 PWAT 和 BLI 值分别为 23 mm 和−1.0 ℃,表明相对于二级阶梯而言,一级阶梯的冰雹往往出现在更高的 PWAT 和更低的 BLI 环境中。具体而言,一级阶梯冰雹的概率

密度大于 0.1 mm·℃的区域所对应的 PWAT 和 BLI 的区间分别为 18～32 mm 和－3.5～1.0 ℃，而二级阶梯冰雹的概率密度大于 0.1 mm·℃的区域所对应的 PWAT 和 BLI 的区间分别为 6～22 mm 和－2.0～2.5 ℃，这分别是两个区域最有利于冰雹天气的 PWAT 和 BLI 分布。

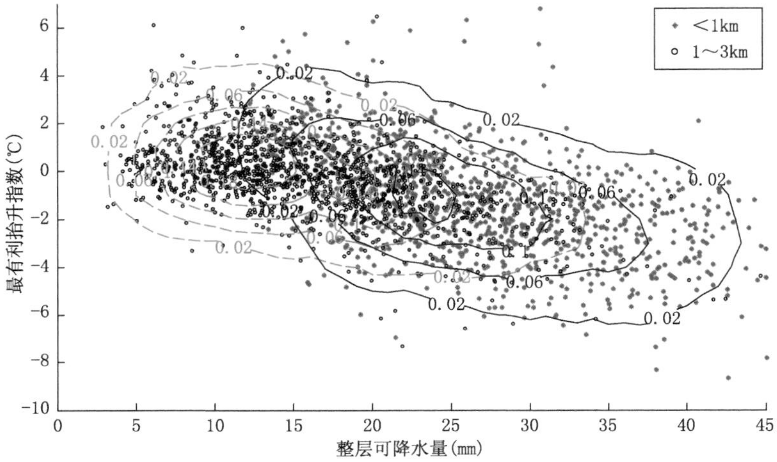

图 10　一级阶梯(<1 km)和二级阶梯(1～3 km)冰雹天气的整层可降水量和最有利抬升指数散点图(星号和圆圈)及概率密度(等值线)分布（单位：mm·℃，蓝色星号和黑色实线表示一级阶梯，黑色圆圈和红色虚线表示二级阶梯）

尽管两级阶梯冰雹天气的 0～6 km 垂直风切变差异较小(图 9c)，但 0～6 km 垂直风切变与 PWAT 的概率密度分布(图 11)显示，两级阶梯冰雹天气的 0～6 km 垂直风切变和 PWAT 高概率密度区存在明显区别，一级阶梯冰雹概率密度高于 0.06 mm·m·s^{-1}的区间所对应的 PWAT 和 0～6 km 垂直风切变的范围分别为 18～28 mm 和 10～17 m s^{-1}，而二级阶梯冰雹概率密度高于 0.06 mm·m·s^{-1}的区间所对应的 PWAT 和 0～6 km 垂直风切变的范围分别为 6～20 mm 和 4～14 m s^{-1}，这分别是两个区域最有利于冰雹天气的 PWAT 和 0～6 km 垂直风切变分布，表明一级阶梯冰雹天气通常要求大气具有更强的垂直风切变条件。但表征环境热力条件的 BLI 和表征垂直风切变条件的 0～6 km 垂直风切变的联合分布(图未给出)显示两级阶梯的差异并不如 BLI 和 PWAT 的联合分布显著。

从前述分析可见，除动力条件外，与二级阶梯的冰雹相比，一级阶梯的冰雹往往出现在更好的环境水汽条件、更强的热力不稳定及更强的能量条件下，这是由其地理和气候等条件决定的，即海拔对一个地区可能的 PWAT 和不稳定能量的强弱具有重大影响，但对其他一些物理量，如近地层辐合抬升触发以及 0 ℃层高度的影响却并不是那么显著，如同样的环流背景下，华北平原往往比黄土高原具有更好的 PWAT 和 CAPE，由于相对于海平面的 0 ℃层高度相差并不那么显著，当对流系统形成之后，高原地区的冰相粒子由于距离地面更近，因此，降落到地面时更容易保持固相，从而被记录为冰雹，这也是同纬度高原地区出现冰雹的频次高于平原地区的原因。尽管平原地区出现冰雹的频次相对较少，但由于这一区域往往具有相对较好的水汽、热力和不稳定能量条件，再配合有利的垂直风切变条件，较大的冰雹也往往出现在这一区域。本文的研究中未对冰雹的大小进行分类，不能完全体现与冰雹大小有关的信息。关于不

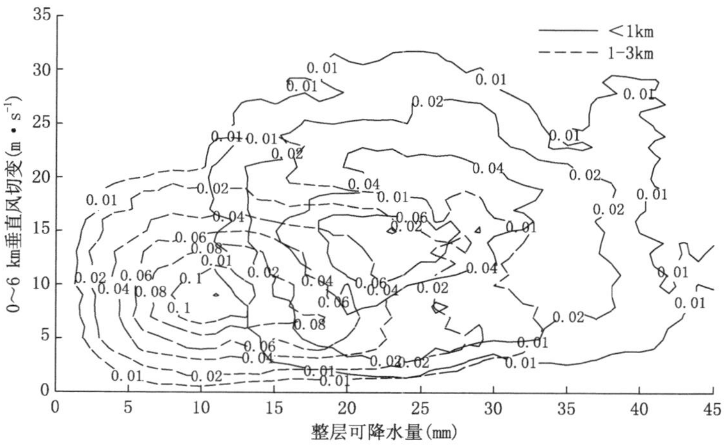

图 11　一级阶梯(<1 km)和二级阶梯(1~3 km)冰雹天气的整层可降水量和 0~6 km 垂直风切变的概率密度分布(单位：mm·m·s^{-1})

同物理量之间的相互作用，涉及中小尺度物理过程，已经超出了本文的研究范畴，不再详细论述。

4　结论和讨论

在对冰雹天气的气候特征进行分析的基础上，将中国海拔低于 3 km 的站点以 1 km 为界，分为一级阶梯和二级阶梯，使用 0 ℃层距地面的高度作为控制条件的前提下，对表征两级阶梯冰雹环境水汽、热力和动力等条件的物理量进行了分析，得到了对两级阶梯冰雹具有指示意义的关键物理量的分布及其特征阈值，并给出了多个物理量的散点图及其概率密度分布，主要结论如下：

(1)水汽条件：两级阶梯冰雹的环境水汽条件差异显著，一级阶梯冰雹的 PWAT 集中在 15~41 mm，二级阶梯冰雹的 PWAT 集中在 6~30 mm，显著低于一级阶梯冰雹的水汽含量。一级阶梯的 PWAT 小于 7 mm 或大于 56 mm 可以不考虑冰雹出现的可能性，二级阶梯的 PWAT 小于 3 mm 或大于 55 mm 时可以不考虑冰雹。

(2)热力条件：两级阶梯冰雹天气的环境热力条件差异明显，可以很好地通过 BLI 和 BCAPE 进行表征，与二级阶梯相比，一级阶梯同一百分位点的 BLI(BCAPE)值均小于(大于)二级阶梯，两级阶梯均有超过 50%的冰雹出现在不稳定的环境中，当 BLI 大于 2.8 ℃时可不考虑冰雹出现的可能性。两级阶梯的 TLRs 存在一定差异，二级阶梯的 TLRs 无论是中值还是上、下限阈值均略高于一级阶梯。

(3)动力条件：尽管两级阶梯中超过 50%的冰雹均发生在有利的大尺度低层辐合抬升动力环境中，且超过 75%的冰雹都发生在 700 hPa 为上升运动的情况下，所对应的 0~6 km 垂直风切变中值均超过 15 m·s^{-1}，但低层散度、700 hPa 垂直速度和 0~6 km 垂直风切变显示，两级阶梯冰雹天气环境动力因子方面的差异并不明显。

(4)物理量的散点图和概率密度分布可以更加直观地给出有利于冰雹天气的物理量分布

特征，且清楚表明两级阶梯冰雹天气发生的高概率区间存在明显差异，可直接用于两级阶梯冰雹天气环境的识别和预报。

大量研究表明，我国三级阶梯状的地势分布是我国东亚季风区形成的决定性因素，同时也决定了我国各种天气在预报和预测方面所面临的难度。冰雹对我国农业生产等方面的影响及所造成的损失被广为报道，但对冰雹天气的预报长期以来无法完全满足社会需求。本文得到的结果为两级阶梯冰雹天气的预报提供了客观化的物理量分布特征参考，并给出了具体的阈值分布信息，这是提升两级阶梯冰雹预报准确率的重要基础。在统计研究特性层高度时，对其进行了一定处理，减去了站点本身的海拔，特指距地面的高度，因此，相较已有的相关统计结果，所得的特性层高度偏低。已有的一些研究中[11,16,25]均针对大冰雹过程的环境特征进行分析，文中考虑了所有的冰雹过程，因此得出的结果与其有所不同。

需要指出的是，由于文中使用的冰雹实况观测和 NCEP 模式分析资料的时空分辨率较低，且通过时空匹配对资料进行处理，无法完全准确地表征产生冰雹的中小尺度对流系统的大气环境状态，因此，统计结果会存在一定的偏差。此外，虽然考虑了两级阶梯冰雹的环境条件，但未考虑不同地区气候特征的差异，因此，相关结果应用于特定地区时还需要根据其气候特征进行相应调整。

参考文献

[1] 杨贵名，马学款，宗志平．华北地区降雹时空分布特征[J]. 气象，2003,29 (8)：31-34.

[2] 孙继松，石增云，王令．地形对夏季冰雹事件时空分布的影响研究[J]. 气候与环境研究，2006,11(1)：76-84.

[3] Zhang C X，Zhang Q H，Wang Y Q. Climatology of hail in China：1961－2005 [J]. J Appl Meteor，2008,47(3)：795-804.

[4] Xie B G，Zhang Q H，Wang Y Q. Observed characteristics of hail size in four regions in China during 1980-2005 [J]. J Climate，2010,23(18)：4973-4982.

[5] Punge H J，Kunz M. Hail observations and hailstorm characteristics in Europe：A review [J]. Atmos Res，2016,176-177：159-184.

[6] 黄治勇，周志敏，徐桂荣，等．风廓线雷达和地基微波辐射计在冰雹天气监测中的应用[J]. 高原气象，2015,34 (1)：269-278.

[7] McNulty R P. Severe and convective weather：A central regional forecasting challenge [J]. Wea Forecasting，1995,10(2)：187-202.

[8] Johns R H，Doswell III C A. Severe local storms forecasting [J]. Wea Forecasting，1992,7(4)：588-612.

[9] Doswell III C A，Brooks H E，Maddox R A. Flash flood forecasting：An ingredients-based methodology [J]. Wea Forecasting，1996,11(4)：560-580.

[10] Rasmussen E N，Blanchard D O. A baseline climatology of sounding-derived supercell and tornado parameters [J]. Wea Forecasting，1998,13(4)：1148-1164.

[11] Johnson A W，Sugden K E. Evaluation of sounding-derived thermodynamic and wind-related parameters associated with large hail events [J]. Electronic J Severe Storms Meteor，2014,9(5)：1-42.

[12] 赵金涛，岳耀杰，王静爱，等．1950—2009 年中国大陆地区冰雹灾害的时空格局分析[J]. 中国农业气象，2015,36 (1)：83-92.

[13] 徐芬，郑媛媛，肖卉，等．江苏沿江地区一次强冰雹天气的中尺度特征分析[J]. 气象，2016,42 (5)：

567-577.

[14] Zheng L L, Sun J H, Zhang X L, et al. Organizational modes of mesoscale convective systems over central east China [J]. Wea Forecasting, 2013,28(5): 1081-1098.

[15] 冯晋勤，俞小鼎，傅伟辉，等. 2010 年福建一次早春强降雹超级单体风暴对比分析[J]. 高原气象，2012,31(1): 239-250.

[16] 樊李苗，俞小鼎. 中国短时强对流天气的若干环境参数特征分析[J]. 高原气象，2013,32(1): 156-165.

[17] Tian F Y, Zheng Y G, Zhang T, et al. Statistical characteristics of environmental parameters for warm season short-duration heavy rainfall over central and eastern China [J]. J Meteor Res, 2015,29(3): 370-384.

[18] 方翀，王西贵，盛杰，等. 华北地区雷暴大风的时空分布及物理量统计特征分析[J]. 高原气象，2017,36 (5): 1368-1385.

[19] Xie B G, Zhang Q H, Wang Y Q. Trends in hail in China during 1960—2005 [J]. Geophy Res Lett, 2008,35(13): 195-209.

[20] 郭恩铭. 西藏冰雹的观测[J]. 气象学报，1984,42 (1):110-113.

[21] 王秀明，俞小鼎，朱禾. NCEP 再分析资料在强对流环境分析中的应用[J]. 应用气象学报，2012,23 (2):139-146.

[22] 许新田，王楠，刘瑞芳，等. 2006 年陕西两次强对流冰雹天气过程的对比分析[J]. 高原气象，2010,29 (2): 447-460.

[23] 濮文耀，李红斌，宋煜，等. 0 ℃层高度的变化对冰雹融化影响的分析和应用[J]. 气象，2015,41(8): 980-985.

[24] 徐家骝. 起伏条件对冰雹增长的影响[J]. 大气科学，1978,2(3):230-237.

[25] Craven J P, Brooks H E. Baseline climatology of sounding derived parameters associated with deep moist convection[J]. Natl Wea Dig, 2004,28: 13-24.

[26] 段英. 冰雹灾害[M]. 北京：气象出版社，2009:131.

[27] Weisman M L, Klemp J B. The dependence of numerically simulated convective storms on wind shear and buoyancy [J]. Mon Wea Rev, 1982,110(6): 504-520.

[28] Bunkers M J. Vertical wind shear associated with left-moving supercells[J]. Wea Forecasting, 2002,17 (4): 845-855.

华北地区雷暴大风的时空分布及物理量统计特征分析

方翀[1]　王西贵[2]　盛杰[1]　曹艳察[1]

(1 国家气象中心,北京 100081;2 淮南市气象局,淮南 232007)

摘　要　应用2011—2015年4—9月华北地区主要区域(北京、天津、河北、山西)的重要天气报和雷暴观测资料,统计分析了该地区雷暴大风的时空分布等特征。结果表明:华北地区雷暴大风出现最多的月份为6—7月,最多的时次为下午到前半夜,大范围雷暴大风天气过程起始时间多为13～15时,持续时间多为4～8个小时,高海拔地区出现雷暴大风的频次大于低海拔地区。在将华北地区站点分为高海拔站点和低海拔站点的基础上,使用2011—2013年4—9月的NCEP物理量分析场对雷暴大风过程的指示性进行统计分析,结果表明:多数常用的热力指标需考虑季节因素;下沉对流有效位能阈值基本不随季节变化,并对高海拔和低海拔区域的雷暴大风出现及范围均有一定的指示性;对流抑制能量、0～3 km垂直风切变、低层散度、500 hPa风场、整层可降水量、500 hPa相对湿度08—14时变化等物理量在一些具体方面对于雷暴大风的出现及范围有一定的指示性。主要发生在高海拔地区的雷暴大风天气过程,850 hPa的相对湿度均在50%以下;主要发生在低海拔地区的雷暴大风天气过程,850 hPa的相对湿度基本在50%以上;850 hPa相对湿度较大的大范围雷暴大风天气过程,850 hPa和500 hPa的温差在24～28 ℃,850 hPa相对湿度较小的大范围雷暴大风天气过程,850 hPa和500 hPa的温差则常常达到30 ℃或以上。

关键词　雷暴大风　重要天气报　时空分布　物理量　温湿垂直配置

1　引言

我国是强对流天气多发频发、造成灾情严重的国家,每年汛期都有各种类型强对流天气发生。这些强对流天气多以暴雨、雷暴大风、冰雹和龙卷等形式出现。其中的雷暴大风是由雷暴引起的除龙卷以外瞬时风速大于17 $m \cdot s^{-1}$的灾害性阵风,因发生频率高、持续时间短、致灾性强且预报预警难度大等特征,其产生的环境条件、触发机制和临近预警一直是强对流灾害性天气研究中的重要内容之一。

大多数研究结果认为,雷暴大风是由强对流风暴(超级单体或多单体风暴或飑线)中处于成熟阶段单体中的下沉气流,在近地面处向水平方向扩散,形成的辐散性阵风而产生[1],有时还有冷池密度流和高空水平动量下传的作用。Fujita等[2]认为,雷暴大风是由于上升气流凝

本文发布于《高原气象》,2017,36(5):1368-1385。

结的冰晶、水滴在下落过程中产生拖曳作用和融化、蒸发吸收释放的潜热使大气冷却所引起的，水负荷在下沉气流的启动和维持中可能起关键作用，同时认为上冲云顶气流也能转化为下沉气流（该观点已被证实为不成立）。Hookings 等[3]研究论证了在较小水滴尺度和较大液态水含量以及下沉气流发源处的低湿度环境下，能产生更强烈的雷暴大风。

国内也有相当多的预报科研人员对雷暴大风的气候分布、形成机制和物理量特征进行了详细的研究。如王秀明等[4]深入探讨了 2009 年 6 月 3 日造成河南商丘灾害性地面大风的飑线系统发展、维持及灾害性大风成因，指出商丘飑线灾害性地面大风由高空水平风动量下传、强下沉气流辐散和冷池密度流造成。杨晓霞等[5]将山东地区雷暴大风的天气系统进行分型，指出副高边缘型的对流不稳定能量最高，0～6 km 的垂直风切变最小，横槽型的风垂直切变和对流不稳定能量都较小。张一平等[6]也对河南雷暴大风和区域冰雹的发生发展条件进行了中尺度分析和物理量要素分析，并讨论了不同天气形势、不同类别强对流天气、不同物理参数之间的有机联系和显著区别。郑媛媛等[7]对近 10 年东北冷涡天气背景下飑线过程的物理机制和中尺度特征进行了分析，指出在东北冷涡发展阶段，即温压结构不对称、大气斜压性强时，冷涡的西、西南、南至东南部容易发生雷雨大风、冰雹等强对流天气，飑线生成具有存在明显的中尺度气旋性环流、静力不稳定、风垂直切变强等特征。余蓉等[8]统计了 1971—2000 年我国江南、江淮和黄淮、黄河以北雷暴大风的年代际变化特征，指出雷暴大风发生频率呈减少趋势，但发生高值区位于华北北部和内蒙古中部。樊李苗等[9]研究了中国短时强降水、强冰雹、雷暴大风以及混合型强对流天气的环境参数特征，从 T-log$p$ 图、高低层温差、0 ℃和－20 ℃层高度、地面和 1.5 km 高度的露点温度、对流有效位能、0～6 km 垂直风切变等方面，提出了以上四种强对流天气的异同点，如指出纯粹的雷暴大风天气地面以上 1.5 km 处的露点温度较低，温度露点差较大，但混合型的在露点温度上则与纯粹的短时强降水更为接近。

华北地区是雷暴大风天气的频发区，每年都会造成巨大的人员伤亡和财产损失。故近年来，面对认识雷暴大风进而提高预报准确率的需求，华北地区的预报科研人员也开展了一系列的、有针对性的研究。秦丽等[10]根据北京地区 3 个观测站资料遴选的雷暴大风日，对其天气和气候特征作了统计，指出北京地区的雷暴大风具有地理分布不均、强度较强并伴有较大降水等特征，同时其日变化和季节变化也较明显，此外，对流层中层的干冷空气在雷暴大风的产生过程中非常重要。廖晓农等[11-14]研究了北京地区雷暴大风日相当位温廓线的特征、伴有较大降水和没有或降水量很小的两种类型雷暴大风日临近时刻环境大气的特征并分析了一次北京地区罕见的强雷暴大风产生过程中雷达回波、不稳定能量等特征，还利用多元回归分析技术对北京地区雷暴大风进行了分析和潜势预报，为雷暴大风预报提供了借鉴；严仕饶等[15-16]研究了垂直能量螺旋度在雷暴大风预报中的应用，并对 2005—2010 年夏季华北地区 26 次典型雷暴大风过程的物理量进行了统计分析，挑选了多个动力热力指标进行阈值统计，并基于此设计了指标叠套技术应用于华北地区的雷暴大风潜势预报；更有学者尝试将雷暴大风进行分类，闵晶晶等[17]对 2001—2008 年 5—9 月京津冀地区的强对流天气形势采用自组织映射方法（SOM）进行分型分析，其中伴有雷暴大风出现的天气型主要为冷涡型、西北气流型和西风槽型，并指出了各型的主要特点；张文龙等[18]按照发生时刻的探空曲线特征，将北京地区雷暴大风分为干型和湿型两类，并对其参数特征进行了诊断分析，为雷暴大风分类预报提供了思路。

但是，由于华北地区地形特征复杂，对于不同海拔高度的雷暴大风，其发生发展的机理并不完全一样，对该地区雷暴大风发生的环境条件、动力热力特征及预报技术的研究还有待拓展。以往的研究中，气候统计相对都比较粗糙，且物理量的统计分析及研究并没有将山西等海拔较高地区的雷暴大风纳入进行统计并对比。本文主要通过利用重要天气报和雷暴监测资料，统计分析了 2011—2015 年 4—9 月华北地区雷暴大风的时间和空间分布特征，并将华北地区分为低海拔区域和高海拔区域，计算不同区域雷暴大风发生当日 08 时和 14 时的多个物理量，统计分析不同区域雷暴大风发生的平均物理量指标，期望为今后华北地区雷暴大风预报提供参考。

2　资料和方法

由于对于雷暴大风的时空统计分析 5 年时间长度相对较短，给出的统计平均结果并不一定完全可信。故在研究之前，本文先使用 NCEP 数值模式分析场对 1980—2010 年和 2011—2015 年 4—9 月东北半球的 500 hPa 位势高度场分别进行了平均(图 1)，二者的对比分析表明，2011—2015 年 4—9 月的东北半球的大气环流相比 1980—2010 年无明显异常。

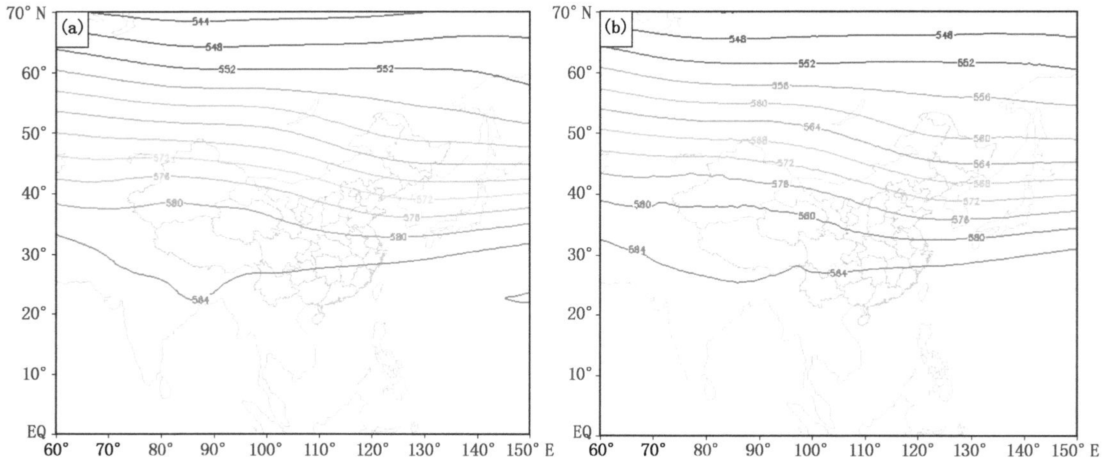

图 1　东北半球 4—9 月 500 hPa 平均位势高度场(a:1980—2010 年;b:2011—2015 年)

本文所使用的观测资料为华北地区主要省市(北京、天津、河北、山西)的 2011—2015 年 4—9 月的重要天气报和雷暴观测资料，重要天气报为随时上传的观测资料，雷暴观测资料为逐 3 小时资料，其中部分雷暴观测资料由闪电监测资料处理得到。该区域总共有 284 个国家基本站和加密站点，但由于五台山站海拔较高，大风频发，对研究可能有一定的负面作用，故剔除该站点，使用 283 个站点进行统计分析。

观测资料的处理方法为：提取 2011—2015 年 4—9 月该区域所有重要天气报中的大风数据，并使用雷暴观测资料对大风数据进行质量控制，控制方法为：确认站点的大风出现时间，提取该时间所在的三小时、之前三小时、之后三小时的雷暴观测数据，若该时间区域内有雷暴出现，则认为该大风是雷暴大风天气，若无雷暴出现，则认为非雷暴大风而剔除。最终得到 1607 站次雷暴大风天气供分析研究使用。在此基础上提取当日华北地区(北京时 08—08 时)出现 12 站次以上的过程作为大范围雷暴大风天气过程，共得到 33 次雷暴大风天气过程并对这些过程的时空分布特征进行了统计分析。

在进行时空分布统计的同时，本文还使用 2011—2013 年 4—9 月的 NCEP 数值模式 1°×

1°的分析场,计算处理了多个物理量,并插值至283个站点。由于华北地区西高东低、北高南低,海拔高度相差较大,预报经验表明,在山西和河北北部海拔较高的地方,出现雷暴大风的物理机制很可能与河北中南部及京津等地不一样,物理量阈值也差距甚远,故以海拔750 m作为标准,将海拔高度大于750 m的站点作为高原站点,低于750 m的站点作为平原站点,分别进行统计。在此基础上,首先计算得到2011—2013年4—9月每日平原和高原各自区域所有站点08时、14时的物理量平均值,然后将前述雷暴大风的观测数据也分为平原区域和高原区域,并根据雷暴大风出现站次将2011—2013年4—9月的所有日期分为出现0站次、1～2站次、3～8站次和9站次以上雷暴大风四个档次,分别表示未出现、较少出现、一定区域出现和大范围出现雷暴大风四个档次,四档次逐月个例数如表1。将每日平原和高原区域08时和14时的物理量均值与雷暴大风出现站次的档次分别进行统计对比,包括四个档次逐月的平均值变化和每月四个档次数据箱须图,力图从中得到一些有用的统计结论。

另外,由于雷暴大风的出现虽然主要取决于雷暴内下沉气流的强度,但也常常与雷暴自身移动快慢有关,后者与高空风有一定关系,故本文还对500 hPa的高空风场进行了处理并统计分析。方法为:首先计算华北地区平原区域和高原区域的500 hPa高空平均风速,将08时和14时的风速及08—14时的风速变化与四个档次的雷暴大风进行统计对比;其次,计算500 hPa高空风的东西向分量和南北向分量,以类似的方式进行对比,从而得到矢量化的风场与雷暴大风的统计关系。

表1 高原和平原区域逐月四个档次雷暴大风过程个例数量表

	高原				平原			
	0站次	1～2站次	3～8站次	>8站次	0站次	1～2站次	3～8站次	>8站次
5月	79	6	4	4	81	3	4	3
6月	58	14	13	5	66	10	7	7
7月	62	16	10	5	62	17	10	4
8月	72	14	4	3	75	12	3	3
9月	82	5	1	2	84	4	1	1

需要指出的是,无论是平原区域还是高原区域,9月3站次以上的个例都很少,因此,其数据代表性较5—8月差,6—7月因为出现雷暴大风的个例较多,其代表性相对最好。

最后,本文还针对华北地区2011—2013年4—9月日雷暴大风站次超过12站次的24次雷暴大风天气过程,根据这些过程大风出现的主要区域分为平原、高原和平原高原均有三类,在此基础上使用NCEP数值模式14时的分析场计算分析了这些过程的温度、相对湿度的垂直配置及0～3 km的垂直风切变并进行了综合对比,希望得到一些有用的结论。

3 雷暴大风的时空和强度分布

3.1 雷暴大风站次和过程的月份分布

对华北地区雷暴大风出现的站次进行月份统计得到图2a。图2a表明,华北地区4月仅出现40站次雷暴大风,从4月到6月,雷暴大风频次显著增加,6—7月为雷暴大风最多的月份,在总共1607站次雷暴大风中,6—7月共973站次,占比达61%,8月开始不断减少。

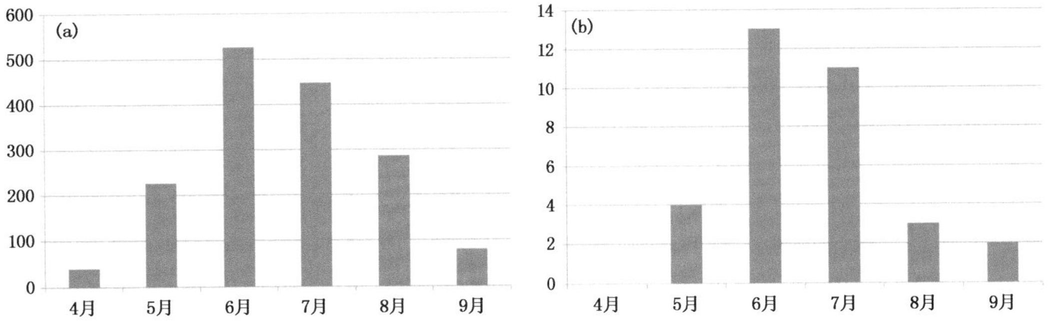

图 2　华北地区 2011—2015 年 4—9 月雷暴大风站次(a)和过程月份(b)分布图

对华北地区当日出现 12 站次以上的大范围雷暴大风天气过程进行月份统计得到图 2b。图 2b 表明，华北地区从 2011—2015 年，4 月没有出现过大范围的雷暴大风天气，6—7 月出现的次数最多，在总共 33 次天气过程中，6—7 月有 24 次，占比 73%，说明大范围的雷暴大风天气过程绝大多数发生在 6—7 月。另外，5 月虽然出现雷暴大风的总站次少于 8 月，但大范围雷暴大风的过程次数却略多于 8 月，说明 8 月发生雷暴大风较 5 月分散。

3.2　雷暴大风时次分布

对华北地区所有雷暴大风出现的站次进行时次统计得到图 3a。图 3a 表明，华北地区的雷暴大风天气主要出现在下午到前半夜，05—08 时出现的站次最少，14 时开始大幅增加，17—19 时最强，在总共 1607 站次的雷暴大风中，15—19 时为 960 站次，占比达 60%，20 时后雷暴大风迅速减少。

对 33 次雷暴大风天气过程，每次过程出现首站雷暴大风天气的时次进行统计得到图 3b。图 3b 表明，首站出现雷暴大风天气的时间大多在 13—15 时，共有 18 次，占比达 55%，而 18 时之后至次日 07 时之间基本没有出现的可能，即若在 18 时前未出现雷暴大风天气，之后再出现大范围雷暴大风天气的可能性极小。

对 33 次雷暴大风过程，每次过程出现末站雷暴大风天气的时次进行统计得到图 3c。图 3c 表明，出现末站雷暴大风的时间基本平均分布于傍晚到前半夜，19—23 时共有 24 次，占比达到 73%。但也有一次过程维持到后半夜。

将大范围雷暴大风天气过程出现首站雷暴大风和末站雷暴大风的时间差作为雷暴大风过程的持续时间，对 33 次过程进行统计得到图 3d。图 3d 表明，华北地区出现 12 站次以上的大范围雷暴大风过程，其持续时间均在 4 h 以上，绝大多数过程持续时间在 4～8 h，共有 24 次，占比达 73%。但是大于 10 h 的过程也存在。

3.3　雷暴大风空间分布

将 2011—2015 年 4—9 月华北地区的雷暴大风空间分布进行了统计，得到图 4。图 4 表明，华北地区出现雷暴大风的频次空间分布非常不均匀，最大达 37 次，最小为 0 次，其中山西中北部、河北北部和北京西北部山区等高原区域出现雷暴大风的频次较高，多数站点达到 10 次以上，而山西南部、北京南部、天津和河北中南部等平原区域出现雷暴大风的频次较低，多在 10 次以下，但也有个别站点达到 20 次。即高原区域出现雷暴大风的频次要高于平原区域。

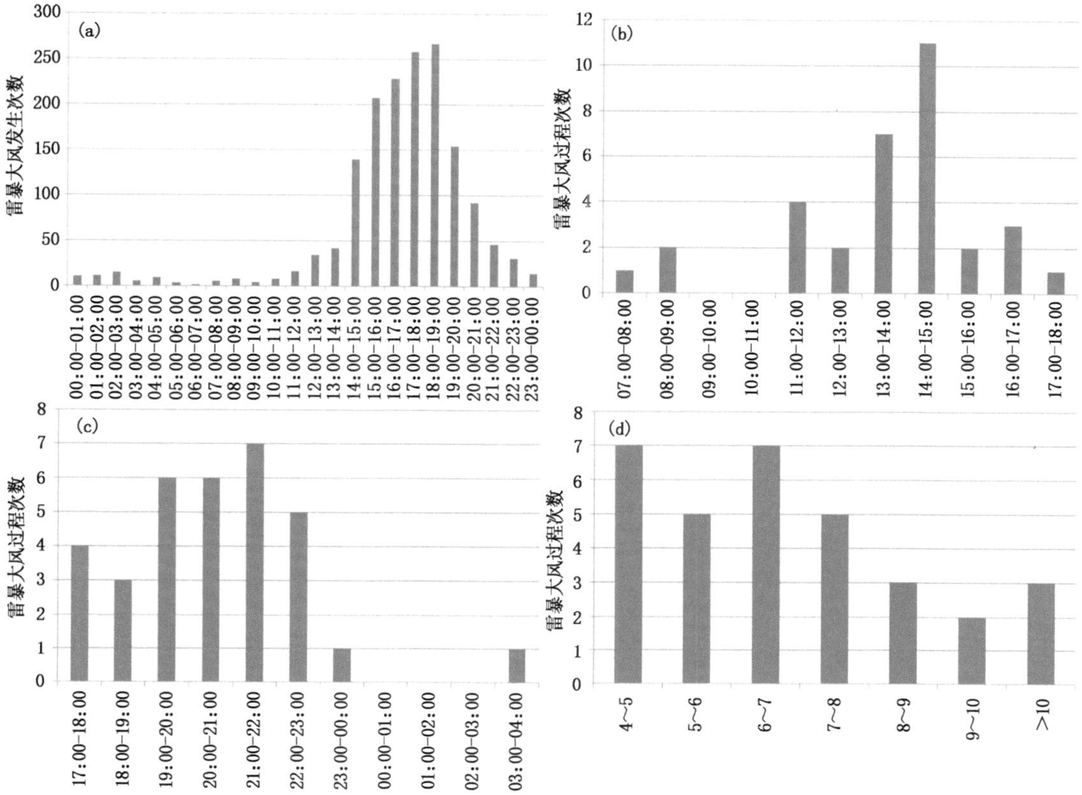

图 3　华北地区 2011—2015 年 4—9 月雷暴大风时间分布图
（a:时次分布;b:起始时间分布;c:结束时间分布;d:持续时间分布）

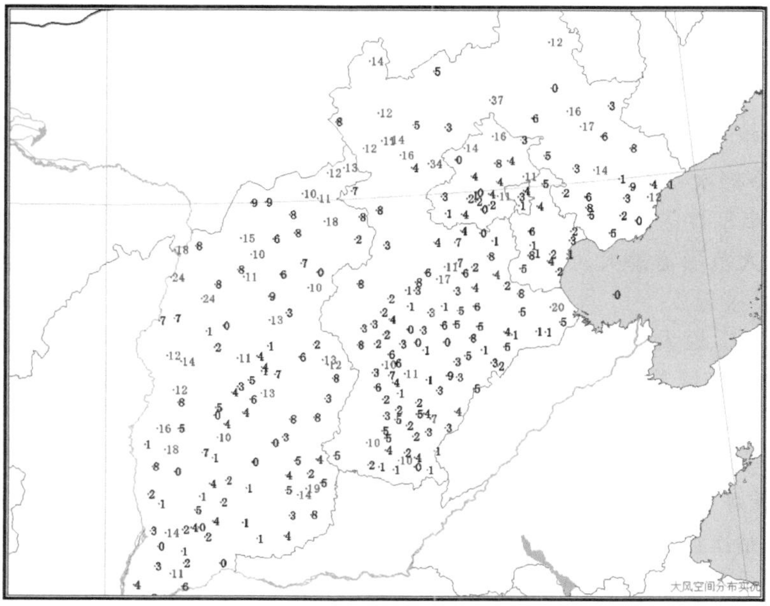

图 4　华北地区 2011—2015 年 4—9 月雷暴大风空间分布图

3.4 雷暴大风的强度分布

在将华北地区的站点分为高原区域和平原区域的基础上对雷暴大风风速大小进行统计得到图5。图5表明，华北地区的雷暴大风主要以8级风为主，超过80%，其中17～18 m·s^{-1}的大风超过50%，但需要注意的是，25 m·s^{-1}以上（即10级以上风力）在高原区域和平原区域虽然都存在，但平原区域的占比（6.7%）要略大于高原区域的占比（5.5%），这可能不仅仅是随机样本造成的结果，还可能由于高原区域出现的部分雷暴大风是弱的垂直风切变环境下的干微下击暴流，其雷暴单体的垂直发展的深度相对较浅，故雷暴大风的强度相对偏弱。

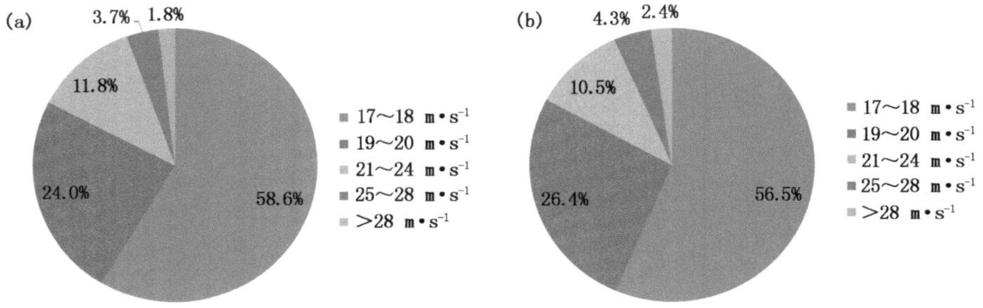

图5 华北区域2011—2015年4—9月雷暴大风风速分布图
（a:高原；b:平原）

4 物理量分析统计

出现大范围的雷暴大风过程需要较强的热力不稳定、一定的动力抬升条件和水汽条件，因此，对华北地区大气热力、动力和水汽的部分参量进行了统计分析。

4.1 热力不稳定参数

4.1.1 最有利抬升指数BLI

从BLI四个档次08时逐月的平均值的统计（图6）得到如下结论：

（1）BLI的指示性需要考虑季节因素，从5月到8月，每个档次的平均值基本均在不断下降，如5月出现大范围雷暴大风天气的BLI均值为1左右，但到7月份即使不出现雷暴大风的档次均值也已经接近1；

（2）BLI对于雷暴大风过程的发生及范围大小有一定的指示性，但对5—6月的平原区域和5—7月的高原区域是否出现雷暴大风的指示性相对较好，对出现范围的大小则指示性一般。

而5—8月平原区域08时BLI的箱须图（图略）也表明，BLI对于雷暴大风出现及范围的指示性在8月最好，即8月份若出现3站次以上的雷暴大风，08时BLI区域均值一般在−2 ℃以下，若出现8站次以上的大范围雷暴大风，08时BLI区域均值一般在−4 ℃以下。

4.1.2 最大对流有效位能BCAPE

从BCAPE四个档次14时逐月的平均值的统计（图7）和箱须图（图略）得到如下结论：

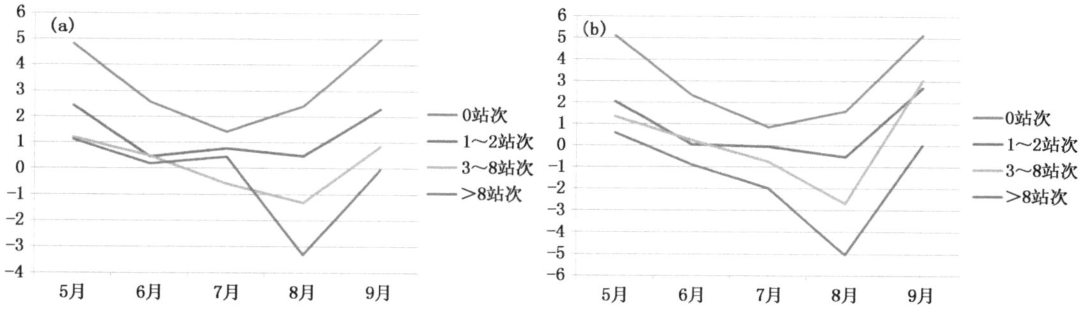

图 6 雷暴大风站次与 08 时最有利抬升指数逐月对比
(a:高原;b:平原)

(1)BCAPE 的指示性在一定程度上与 BLI 类似,但对于 0 站次和 1－2 站次雷暴大风的日期,其区域平均 BCAPE 随季节变化不大,大范围的雷暴大风过程的 BCAPE 则在 7—8 月有显著的跃升;

(2)平原和高原区域在出现大范围雷暴大风过程时,BCAPE 的区域均值相差很大。如高原区域 8 月份若出现大范围的雷暴大风天气过程,14 时 BCAPE 区域均值在 800 $J \cdot kg^{-1}$ 以上,而平原区域则达到 1500 $J \cdot kg^{-1}$ 以上。

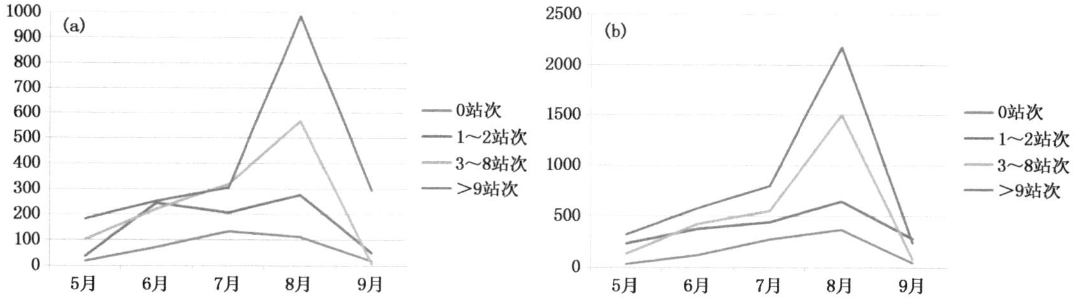

图 7 雷暴大风站次与 14 时最大对流有效位能逐月对比(单位:$J \cdot kg^{-1}$)
(a:高原;b:平原)

4.1.3 高低层温差

从 850 hPa 和 500 hPa 温差四个档次逐月的平均值的统计(图 8)得到如下结论:

(1)从 5 月至 7 月,850 hPa 与 500 hPa 温差是在持续下降的趋势中的,所以在使用 850 hPa 与 500 hPa 温差作为预报雷暴大风的指标时,也必须要考虑季节因素;

(2)未出现雷暴大风的样本日均值与出现 3 站次以上的雷暴大风的样本日均值相比差距比较明显,但 3～8 站次的样本和大于 8 站次的样本差距不明显,预报中较难区分;

(3)对比高原区域 08 时和 14 时的图,14 时对于四个档次的区分可能相对更好,而平原区域没有明显区别,另外,由于高原区域低层气温日变化较大,从 08 时到 14 时,850 hPa 与 500 hPa 温差上升较快,尤其对大范围雷暴大风的个例,均值上升 6 ℃以上,而平原区域的样本上升则相对较小,故在使用 850 hPa 与 500 hPa 温差作为预报指标时,要考虑时次因素。而 5—8 月高原区域 08 时 850 hPa 与 500 hPa 温差的箱须图(图略)也说明,从 6 月到 8 月,出现大范围雷暴大风时均值是不断降低的,6 月份大多在 34 ℃以上,而 8 月则在 30 ℃以上。

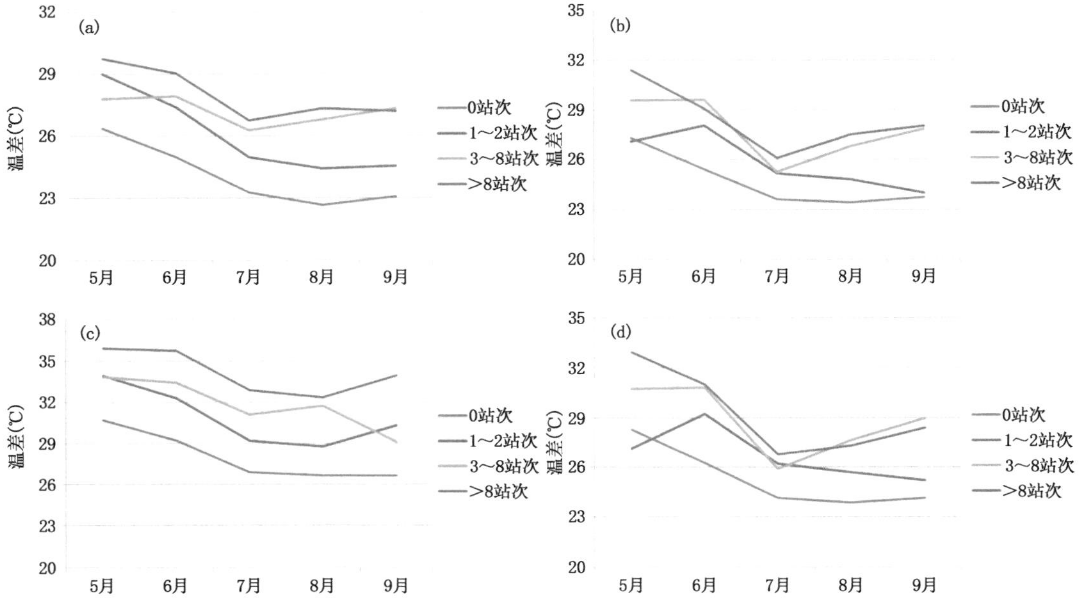

图 8　雷暴大风站次与 850 hPa 与 500 hPa 温差逐月对比
（a:高原 08 时;b:平原 08 时;c:高原 14 时;d:平原 14 时）

同时,对 700 hPa 和 500 hPa 温差(图略)也进行统计分析,发现对于高原区域,700 hPa 与 500 hPa 温差对于雷暴大风的出现及范围的指示性较好,其有效性可能超过 850 hPa 与 500 hPa 温差,且其 14 时与 08 时数值变化不大,更有利于判断高原区域的雷暴大风天气,虽然该指标同样需要考虑季节因素,但季节变化较 850 hPa 与 500 hPa 温差小,若出现大范围的雷暴大风天气,其 700 hPa 与 500 hPa 温差大多超过 18 ℃,但相对而言,该指标对平原区域的有效性相对高原区域略差。

4.1.4　下沉对流有效位能 DCAPE

一定高度的气块,由于雨滴的等压蒸发作用至饱和,并在下降过程中有"适量"的雨滴蒸发,使气块永远"恰巧"刚刚达到饱和状态,在维持气块饱和状态条件下沿假绝热过程下降,此过程中气块获得的下沉对流有效位能为 DCAPE[19],其大小与雷暴中下沉气流的强弱密切相关,并最终体现到地面的雷暴大风上。

由于目前对于计算 DCAPE 的下沉起始高度的取法不太一致,一种是取 600 hPa 高度作为下沉气流起始点,一种是取 700 hPa 和 400 hPa 相当位温或假相当位温极小值出现高度为下沉气流起始点,考虑第二种方案更为合理,故本文采用了后一种计算方法进行计算。

下沉对流有效位能 DCAPE 的四个档次逐月的平均值统计(图略)和 5—8 月高原区域 14 时下沉对流有效位能的箱须图(图 9)表明:该指标对于高原和平原区域的雷暴大风出现及范围均有一定的指示性,尤其对于高原区域 6—8 月一定区域和大范围的雷暴大风的指示性更好,若出现 3 站次以上雷暴大风,DCAPE 一般都大于 800 J·kg^{-1},而出现大范围的雷暴大风天气,DCAPE 一般都接近或大于 1000 J·kg^{-1},而没有出现雷暴大风的个例,DCAPE 基本在 900 J·kg^{-1}以下。

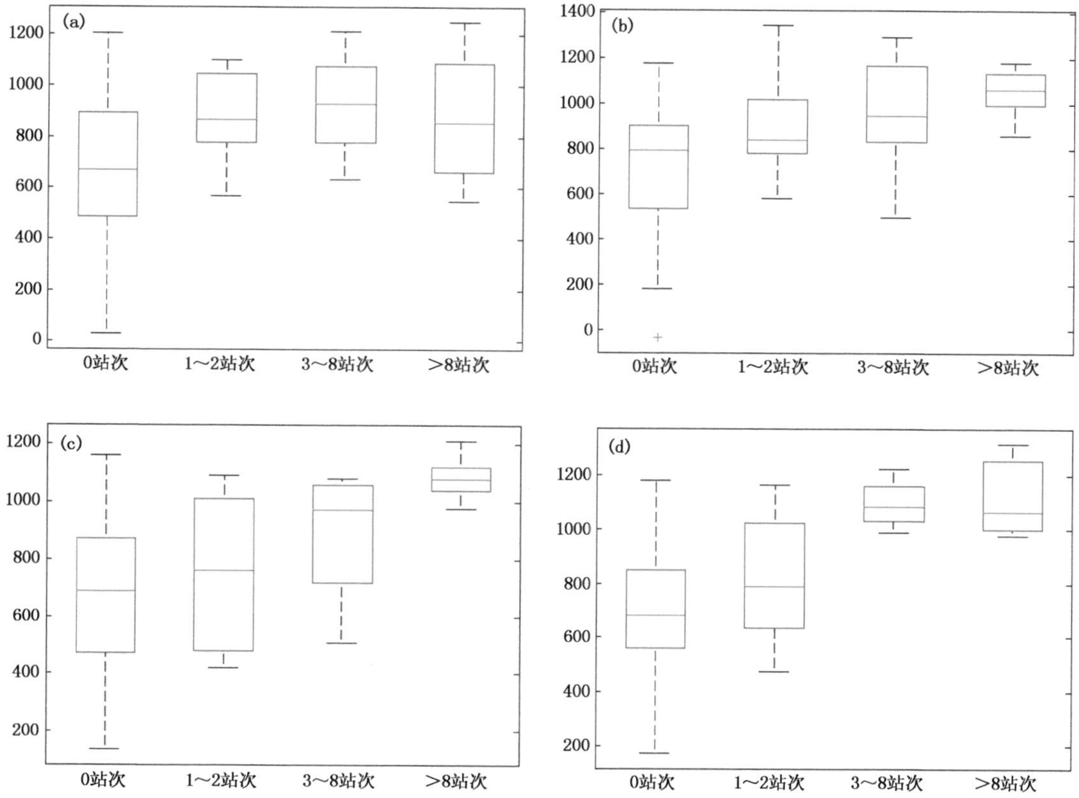

图 9 高原区域雷暴大风站次与 14 时下沉对流有效位能 DCAPE 对应箱须图
(a:5 月;b:6 月;c:7 月;d:8 月)

4.1.5 对流抑制能量 CIN

5—8 月高原区域 08 时对流抑制能量 CIN 的箱须图(图 10)表明,该指标对于是否出现雷暴大风有一定的指示性,5—6 月未出现雷暴大风的个例,其 CIN 一般均大于 $-20\ J\cdot kg^{-1}$,7—8 月则大于 $-35\ J\cdot kg^{-1}$,但 5—6 月该指标对于雷暴大风的范围则基本没有指示性,7—8 月有一定的指示性。统计也表明,CIN 对平原区域雷暴大风的指示性较高原区域差。

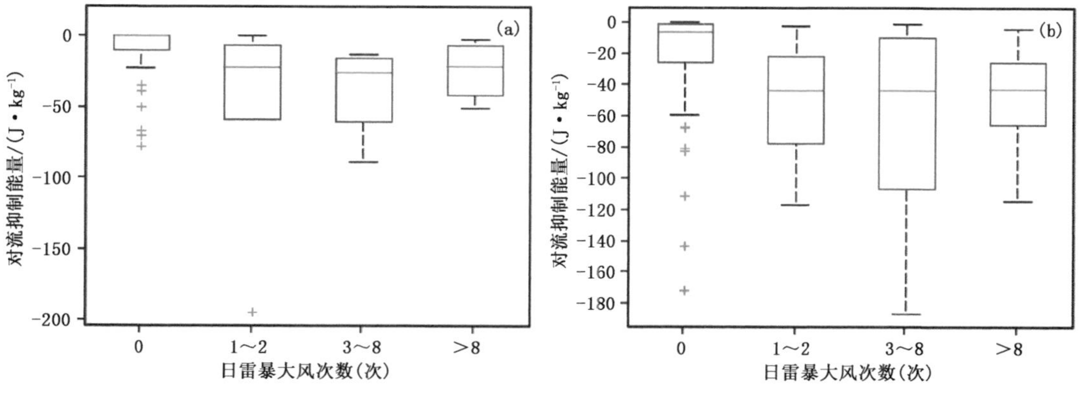

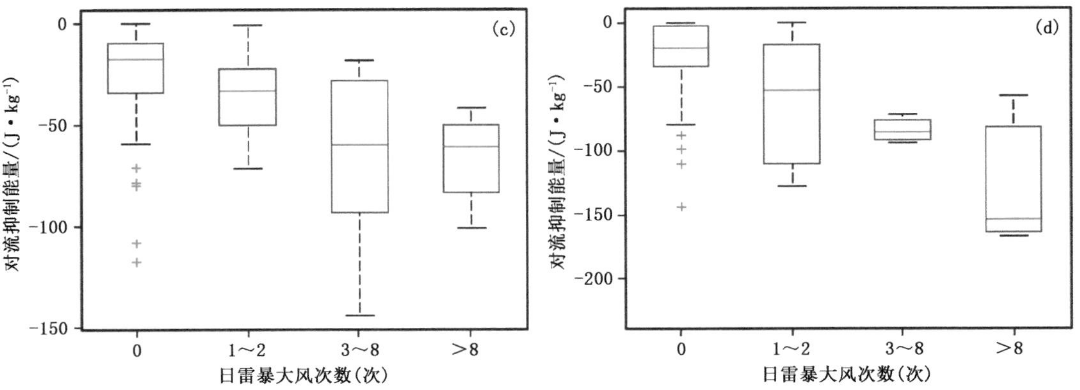

图 10　高原区域雷暴大风站次与 08 时对流抑制能量对应箱须图

(a:5 月;b:6 月;c:7 月;d:8 月)

4.2　动力抬升参数

4.2.1　0～3 km 垂直风切变

对 14 时 0～3 km 的垂直风切变四个档次逐月的平均值进行统计(图 11)得到如下结论:

(1)0～3 km 的垂直风切变对于高原区域雷暴大风基本没有指示性;

(2)0～3 km 的垂直风切变对于平原区域 6 月以后一定区域和大范围的雷暴大风天气略有指示性,较大的垂直风切变相对有利于一定区域和大范围雷暴大风的出现。

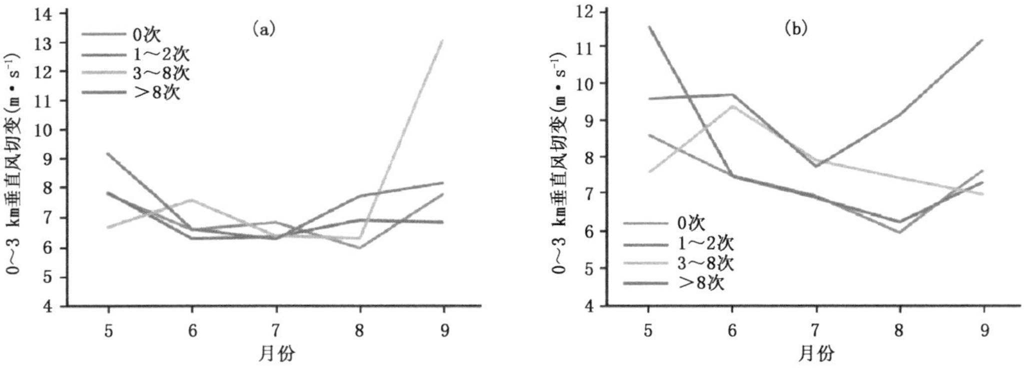

图 11　雷暴大风站次与 14 时 0～3 km 垂直风切变逐月对比

(a:高原;b:平原)

4.2.2　低层散度

分析低层散度(高原 850 hPa、平原 925 hPa)的四档次逐月的平均值(图略)和 5—8 月高原区域 14 时 850 hPa 散度的箱须图(图 12)得到如下结论:

(1)该指标对于大范围的雷暴大风天气有一定的指示性,尤其在 5 月和 8 月,大范围的雷暴大风过程,其低层均有相对较明显的辐合。但该物理量同样需要考虑季节因素,从 5 月至 8 月,其数值相差较大,虽然均为负值,但 5 月在 $-2\times10^{-5}\ s^{-1}$ 或以下,7—8 月则介于 $-0.5\times10^{-5}\ s^{-1}$ 至 $-1.5\times10^{-5}\ s^{-1}$ 之间,再结合前面的高低层温差等统计数据,说明 5 月的大范围雷暴大风天气，动力条件较热力条件更加重要。

(2)平原区域 925 hPa 散度的指示性较高原区域 850 hPa 散度对雷暴大风出现及范围的指示性差。

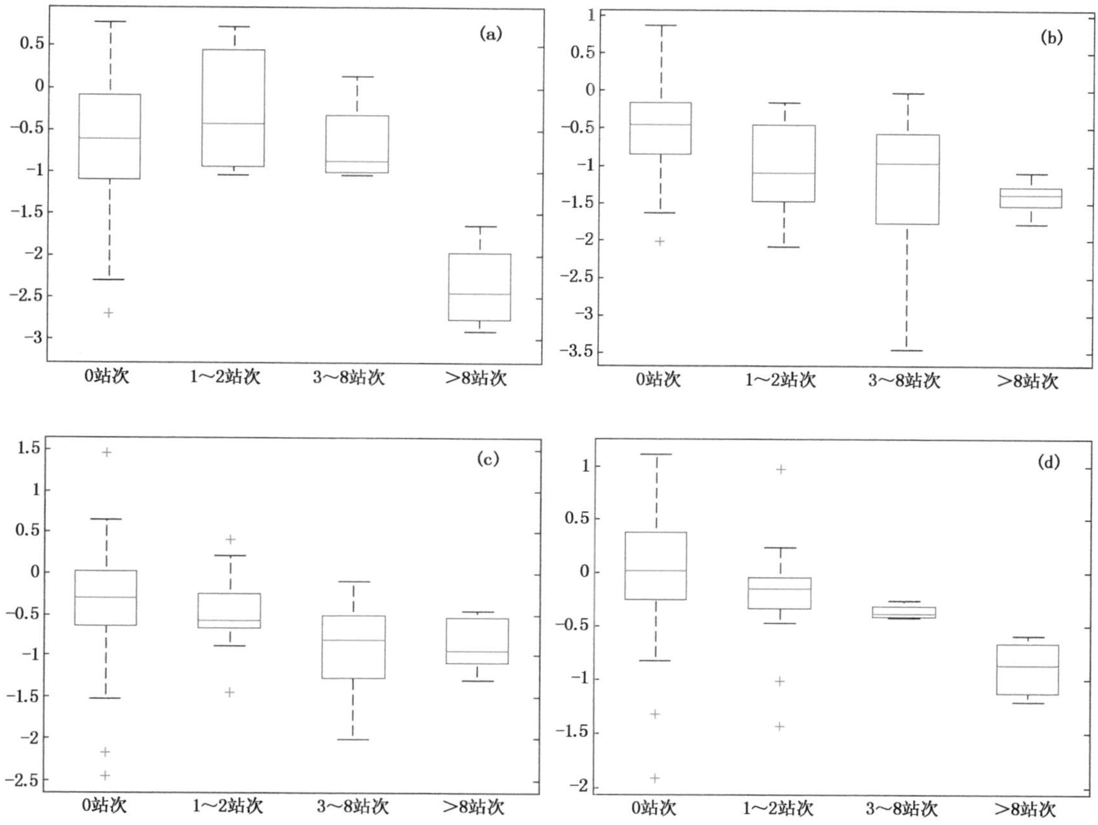

图 12 高原区域雷暴大风站次与 14 时 850 hPa 散度($10^{-5}s^{-1}$)对应箱须图

(a:5 月;b:6 月;c:7 月;d:8 月)

4.2.3 500 hPa 风场

对四档次逐月 500 hPa 的风速进行统计(图略)表明，无论是平原还是高原区域，出现大范围雷暴大风过程时，500 hPa 的风速略大于其他档次，但差异不明显。

基于前述雷暴大风出现时间的统计，华北地区绝大多数雷暴大风出现在 14—20 时，故对 500 hPa 风速从 08 时至 14 时的变化进行统计(图 13)发现：出现大范围雷暴大风时，其从 08 时至 14 时风速基本均为增大，且增大幅度较其他档次明显，高原区域的 5—8 月的总共 17 次大范围雷暴大风过程，仅有 3 次过程区域平均风速减小，仅有 1 次减小幅度达到 1 $m \cdot s^{-1}$以上，而在平原区域 5—8 月的 17 次过程中，仅有 2 次过程区域平均风速减小，且减小幅度均在 1 $m \cdot s^{-1}$以下。

统计(图略)还表明，如上 500 hPa 的风速变化主要体现在东西向分量上，南北向的分量数值变化不明显。

但对 14 时 500 hPa 南北向分量的风速进行统计(图 14)，得到如下结论：

(1)高原区域 5—6 月,出现大范围雷暴大风时,其北风分量较显著,7 月与其他档次基本持平,8 月则南风分量较其他档次略明显,即 5—6 月的大范围雷暴大风过程,500 hPa 以北风为主,而 8 月则转为南风为主;

(2)平原区域 5 月,未出现雷暴大风的过程以较强北风为主,一定区域和大范围的雷暴大风过程南北向分量较弱,但 7 月以后,大范围雷暴大风过程的南风分量较其他档次显著增加,即 7—8 月平原区域的大范围雷暴大风过程,500 hPa 南风分量较大。

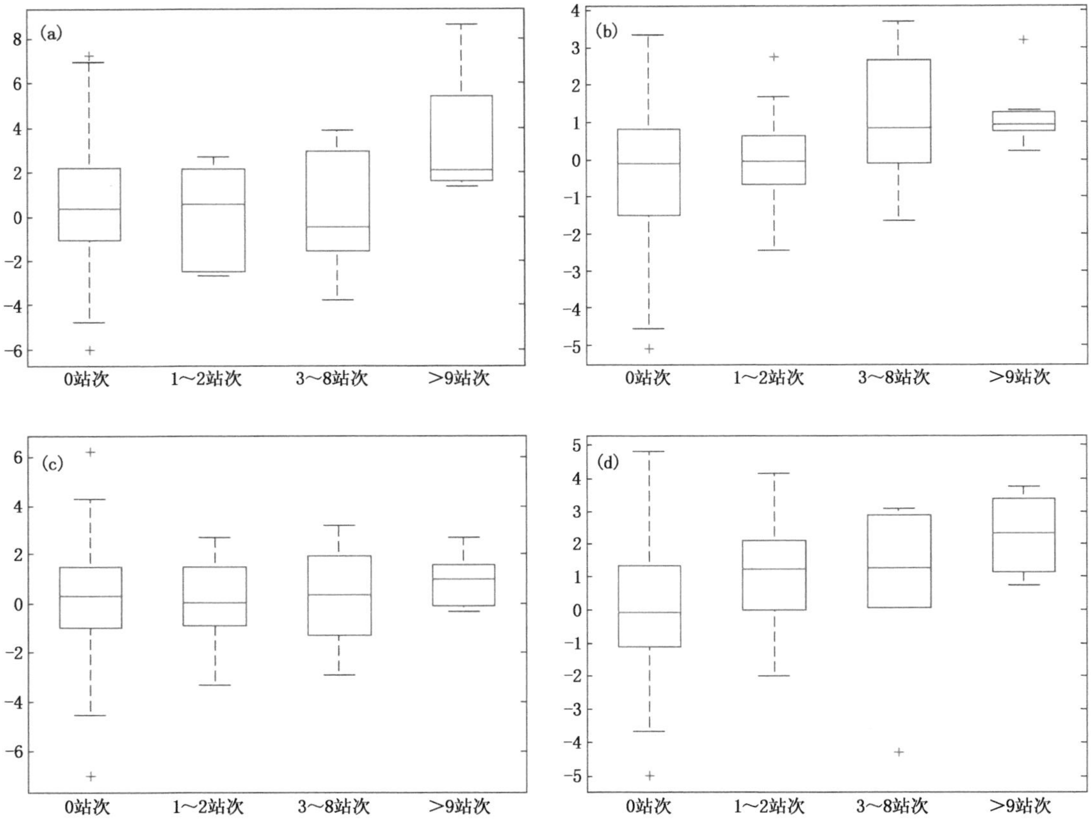

图 13　平原区域雷暴大风站次与 08—14 时 500 hPa 风速变化对应箱须图

(a:5 月;b:6 月;c:7 月;d:8 月)

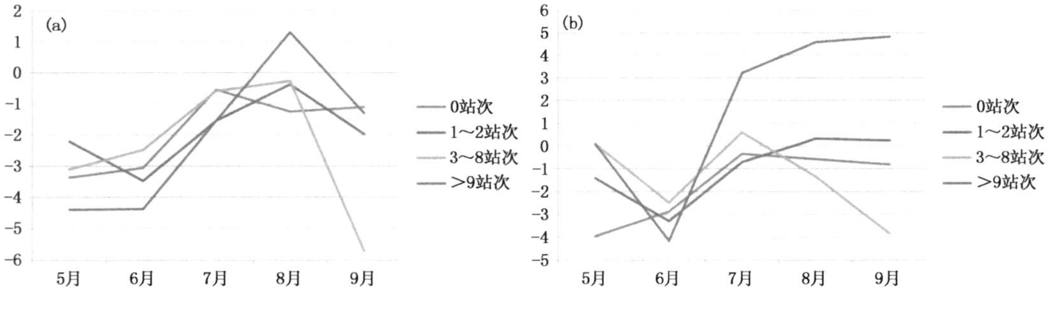

图 14　雷暴大风站次与 14 时 500 hPa 风场南北向分量对比(单位:m · s^{-1})

(a:高原;b:平原)

4.3 水汽参数

4.3.1 整层可降水量 PWAT

对整层可降水量 PWAT 的四个档次逐月的平均值进行统计(图 15)并得到如下结论:

(1)无论是平原还是高原区域,PWAT 对雷暴大风的出现及范围的指示性较为一般;

(2)高原区域大范围的雷暴大风过程,6—7 月的 PWAT 有一定的指示性,相对偏低有利于大范围雷暴大风的出现;

(3)平原区域大范围的雷暴大风过程,7—8 月的 PWAT 似乎有一定的指示性,相对偏高有利于较大范围雷暴大风的出现。

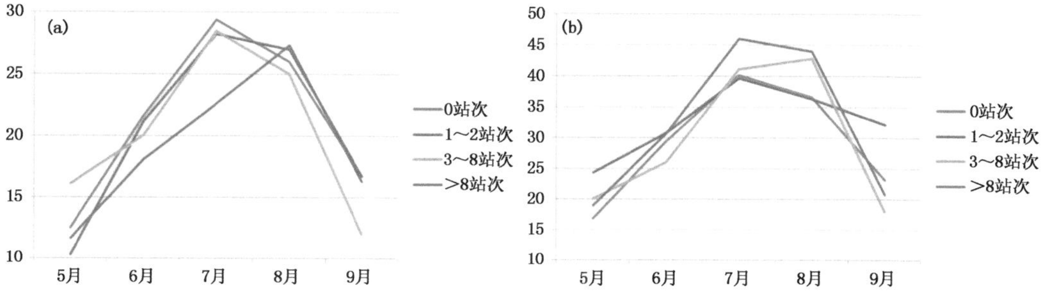

图 15 雷暴大风站次与 08 时逐月整层可降水量对比(单位:mm)

(a:高原;b:平原)

4.3.2 500 hPa 相对湿度 6 小时变化

对 500 hPa 相对湿度 08—14 时变化的四个档次逐月的平均值进行统计(图 16),结果表明:

(1)该指标在高原区域,对于出现大范围雷暴大风过程样本最多的 6—7 月,具有较好的指示性,500 hPa 相对湿度从 08 时至 14 时均明显增加,即高原区域出现的大范围雷暴大风,其过程开始前,500 hPa 大多为湿平流而非干平流,但该指标对其他月份指示性较差;

(2)该指标对于平原区域的指示性一般,但需注意,6—7 月出现大范围雷暴大风天气时,从 08 时至 14 时,500 hPa 相对湿度是略下降的,即多数情况下,中层为干平流,与高原区域相反。

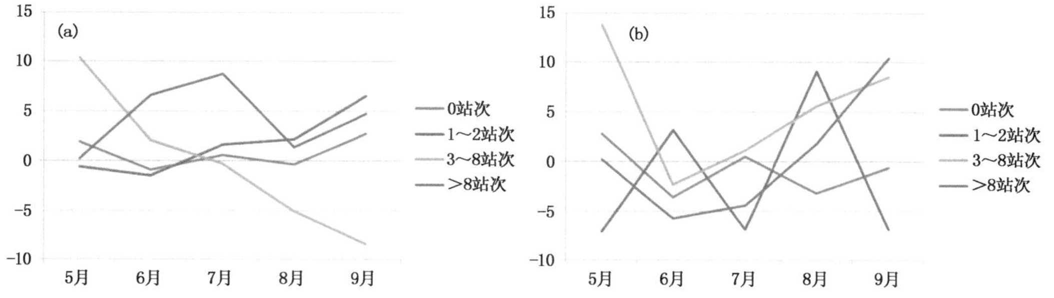

图 16 雷暴大风站次与 08—14 时 500 hPa 相对湿度变化逐月对比

(a:高原;b:平原)

5 华北区域性雷暴大风过程温度、相对湿度垂直配置、0～3 km 垂直风切变和发生位置的对比

将 2011—2013 年华北地区日雷暴大风站次超过 12 站次的 24 次天气过程的 500 hPa 冷槽、850 hPa 与 500 hPa 温差、500 hPa 和 850 hPa 的相对湿度、0～3 km 垂直风切变及雷暴大风主要出现区域进行对比，得到表 2。

需指出的是，针对 850 hPa 与 500 hPa 温差，500 hPa 和 850 hPa 的相对湿度、0～3 km 垂直风切变四个物理量，主要出现在高原区域的雷暴大风过程，计算的是该日 14 时高原区域所有站点，即 101 个站点的均值，主要出现在平原区域的雷暴大风过程，计算的是该日 14 时平原区域所有站点，即 182 个站点的均值，高原和平原区域均有出现的雷暴大风过程，计算的是京津冀晋所有站点，即 283 个站点的均值。

表 2　华北区域性雷暴大风天气过程温度、相对湿度垂直配置、0～3 km 垂直风切变与发生区域对比

日期（年.月.日）	500 hPa 冷槽	850 hPa 与 500 hPa 温差（℃）	相对湿度垂直配置（500 hPa 850 hPa）	0～3 km 垂直风切变（m·s^{-1}）	主要区域
2011.6.23	不明显	25.9	上干下湿（20%　75%）	12.5	平原
2011.7.24	有	24.6	上相对干下湿（58%　75%）	7.1	平原
2012.7.26	有	25.1	上相对干下湿（65%　79%）	8.2	平原
2012.9.27	有	28.4	上干下湿（33%　64%）	11.2	平原
2013.6.25	有	30.9	对比不明显（62%　59%）	9.1	平原
2013.7.4	有	28.4	上湿下相对干（64%　49%）	7.7	平原
2013.8.7	无	24.0	上相对干下湿（62%　81%）	10.9	平原
2011.6.10	有	34.1	上湿下干（59%　31%）	4.8	高原
2011.7.26	有	34.0	上湿下干（60%　31%）	4.9	高原
2012.7.10	有	31.3	对比不明显（34%　45%）	8.0	高原
2013.5.2	有	36.2	上湿下干（70%　28%）	7.4	高原
2013.6.26	有	35.4	上相对湿下干（53%　26%）	6.3	高原
2013.7.30	有	33.4	上干下干（38%　34%）	5.4	高原
2013.9.13	有	35.8	上干下干（34%　25%）	8.4	高原
2011.5.17	有	36.4	上湿下干（81%　30%）	10.5	均有
2011.5.26	有	32.3	上干下相对湿（16%　46%）	8.1	均有
2011.5.30	有	34.1	上干下干（38%　27%）	7.8	均有
2011.6.6	有	31.5	上湿下相对干（66%　48%）	8.2	均有
2011.6.7	有	35.1	上湿下干（61%　28%）	9.0	均有
2012.6.9	有	34.0	上干下干（41%　37%）	6.9	均有
2013.6.2	有	33.8	对比不明显（47%　46%）	11.4	均有
2013.7.31	有	30.3	对比不明显（40%　49%）	7.7	均有
2013.8.4	有	32.5	上干下相对湿（24%　44%）	7.8	均有
2013.8.11	有	27.7	上相对干下湿（37%　73%）	8.6	均有

对表 2 中的各要素进行对比分析表明：

(1)24 次雷暴大风天气过程中仅有 2 次 500 hPa 没有冷温度槽或者不明显，说明 500 hPa 的冷温度槽基本上是华北地区大范围雷暴大风形成的必要条件；

(2)主要发生在高原区域的雷暴大风天气过程，850 hPa 的相对湿度均在 50%以下，而 500 hPa 相对 850 hPa 总体略偏湿；主要发生在平原区域的雷暴大风天气过程，850 hPa 的相对湿度基本在 50%以上，相对湿度的垂直配置以上干下湿居多；而高原平原均有出现的雷暴大风天气过程，各种情况均存在。即华北地区的雷暴大风天气过程，其上下层的相对湿度配置存在一定的复杂性，需要具体过程具体分析；

(3)850 hPa 相对湿度较大的大范围雷暴大风天气过程，850 hPa 和 500 hPa 的温差相对较低，多在 24～28 ℃左右，其中相对湿度大于 60%的 6 次过程，平均温差为 26.0 ℃；但 850 hPa 相对湿度较小的雷暴大风天气过程，850 hPa 和 500 hPa 的温差则较高，基本在 30 ℃或以上，其中相对湿度小于 40%的 10 次过程，平均温差为 34.9 ℃；

(4)发生在平原区域的大范围雷暴大风过程，0～3 km 的垂直风切变相对较大，7 次过程均值为 9.5 $m \cdot s^{-1}$，而发生在高原区域的大范围雷暴大风过程，0～3 km 的垂直风切变相对较小，7 次过程的均值为 6.5 $m \cdot s^{-1}$，而高原平原均有出现的 10 次雷暴大风过程则介乎两者之间，为 8.6 $m \cdot s^{-1}$。

从 24 次过程中挑选 2011 年 6 月 23 日主要发生在平原区域(北京也出现了雷暴大风)和 2011 年 7 月 26 日主要发生在高原区域的雷暴大风过程，针对其温度对数压力图进行简单分析，探讨平原和高原区域出现大范围雷暴大风天气时在水汽、动力和热力条件的垂直配置结构上的不同点。

2011 年 6 月 23 日 08 时北京站的探空图和 2011 年 7 月 26 日 08 时东胜站的探空图(图 17)表明，虽然午后在其站点附近及下游都出现了大范围的雷暴大风天气，但两站的垂直层结结构完全不同。

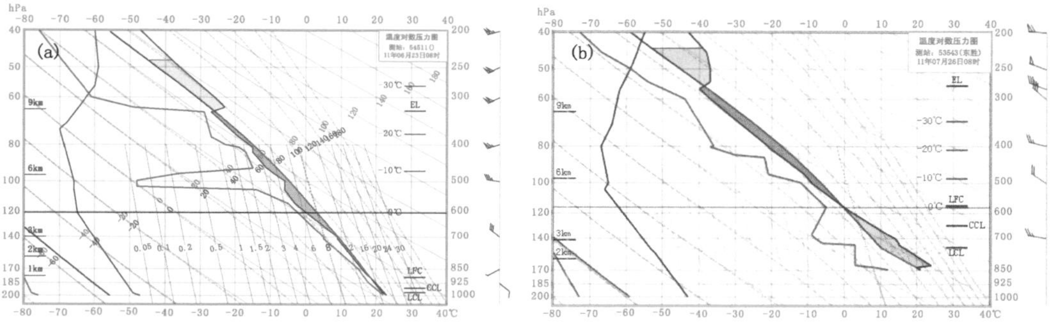

图 17　温度对数压力图

(a:2011 年 6 月 23 日 08 时北京；b:2011 年 7 月 26 日 08 时东胜)

从水汽的垂直层结结构配置看，北京探空从地面到 600 hPa 附近的相对湿度均较大，仅在 500 hPa 附近有干层存在，即上干下湿型，而东胜站则从地面到 600 hPa 相对湿度均较小，而在 500 hPa 和 600 hPa 附近则有一个相对湿层，即相对的上湿下干型；

风场的垂直结构配置则表明，北京探空从地面到 500 hPa 有显著的垂直风切变，而东胜站的垂直风切变则较小，如前述统计结论，即垂直风切变的大小对平原区域的大范围雷暴大风过程有一定的指示性，而对高原区域基本无指示性，但从风向随高度的转变看，无论是北京还是东胜，500 hPa 附近均随高度逆转，即在 500 hPa 附近均有冷平流；

而在热力层结结构上则注意到：(1)两者均有一定大小的对流有效位能，即存在层结不稳定，但自由对流高度前者相对后者显著低，后者的对流抑制能量则较前者显著大；(2)北京探空在 600 hPa 以下，温度垂直递减率相对较小，而东胜探空在 600 hPa 以下，温度垂直递减率非常接近干绝热递减率。

对比分析表明，2011 年 6 月 23 日的大范围雷暴大风过程，是由于地面及低层的辐合抬升触发对流，而中层有干冷空气的卷入并下沉，造成干冷空气团周围强烈的蒸发降温而形成的，同时由于有较强的垂直风切变使其对流组织化发展，即较为经典的雷暴大风形成过程，而 2011 年 7 月 26 日的大范围雷暴大风过程，则是由于中低层的辐合抬升触发对流后，中层附近形成的降水云团在下落过程中，进入极为暖干的低层(即接近干绝热递减的区域)，降水云团强烈蒸发并降温而形成的，并不伴有较强的垂直风切变，即为高原区域常见的弱垂直风切变环境下的干微下击暴流，若降水云团距离地面仍有一定距离时已蒸发至不饱和状态，则下击暴流难以到达地面，这其实也是这种类型的雷暴大风在平原区域较少见的原因之一。

6　结论

(1)华北地区雷暴大风出现总站次和出现 12 站次以上的大范围雷暴大风天气过程最多的月份均为 6—7 月，5 月出现雷暴大风的站次少于 8 月，但大范围的过程略多于 8 月；

(2)华北地区的雷暴大风天气主要出现在下午到前半夜，05—08 时出现站次最少，14 时开始大幅增加，17—19 时达最强，20 时后雷暴大风迅速减少；华北地区的大范围雷暴大风天气过程首次出现雷暴大风天气的时间多为 13—15 时，末次出现雷暴大风天气的时间基本平均分布于傍晚到前半夜，持续时间均在 4 个小时以上，绝大多数过程持续时间为 4～8 个小时；

(3)华北地区出现雷暴大风的频次空间分布非常不均，高海拔地区出现雷暴大风的频次要大于低海拔地区；

(4)无论是最有利抬升指数 BLI、最大对流有效位能 BCAPE、850 hPa 与 500 hPa 温差、700 hPa 与 500 hPa 温差，在作为预报指标时，均有一定的指示性，但需要考虑季节因素的影响，每种热力指标对于雷暴大风是否发生、范围大小及海拔高度的指示性均不完全相同，需要具体分析，如 700 hPa 与 500 hPa 温差对高原区域的指示性要明显好于 850 hPa 与 500 hPa 温差，且日变化和季节变化较小，更有利于判断高原区域的雷暴大风天气。下沉对流有效位能阈值基本不随季节变化，同时对高原和平原区域的雷暴大风出现及范围均有一定的指示性，尤其对于高原区域表现更好；

(5)对流抑制能量、0～3 km 垂直风切变、低层散度、500 hPa 风场、整层可降水量、500 hPa 相对湿度 08—14 时变化在一些具体方面对雷暴大风的出现及范围有一定的指示性。如 0～3 km 垂直风切变对平原区域 6—8 月较大范围的雷暴大风天气有一定的指示性；出现大范围雷暴大风过程时 500 hPa 风场风速从 08—14 时基本都在增大，且从春季、初夏到盛夏其南北方向的分量有显著变化；850 hPa 散度对于 5—8 月高原区域大范围的雷暴大风过程有一定的指示性，500 hPa 相对湿度 08—14 时变化对于 6—7 月高原区域大范围的雷暴大风具有较好的指示性；

(6)主要发生在高原区域的雷暴大风天气过程，许多是弱垂直风切变环境下的干微下击暴流，其 850 hPa 的相对湿度均在 50%以下，相对湿度的垂直配置以上湿下干居多；主要发生在平原区域的雷暴大风天气过程，许多则是强垂直风切变环境下的经典型的雷暴大风，其 850 hPa 的相对湿度基本均在 50%以上，相对湿度的垂直配置以上干下湿居多；而高原平原均有区域出现的雷暴大风天气过程，各种情况均存在。相对而言，850 hPa 相对湿度较大的大范围雷暴大风天气过程，850 hPa 和 500 hPa 的温差在 24～28 ℃左右，850 hPa 相对湿度较小的大范围雷暴大风天气过程，850 hPa 和 500 hPa 的温差则常常达到 30 ℃或以上。

参考文献

[1] 俞小鼎，姚秀萍，熊廷南，等. 多普勒天气雷达原理与业务应用[M]. 北京：气象出版社，2006：122-123，169.

[2] Fujita T T. Precipitation and cold air production in mesoscale thunderstorm systems[J]. J Atmos Sci，1959，16：454-466.

[3] Hookings G A. Precipitation maintained downdrafts[J]. J Appl Meteor，1965，4：190-195.

[4] 王秀明，俞小鼎，周小刚，等．“6.3”区域致灾雷暴大风形成及维持原因分析[J]. 高原气象，2012，31(2)：504-514.

[5] 杨晓霞，胡顺起，姜鹏，等. 雷暴大风落区的天气学模型和物理量参数研究[J]. 高原气象，2014，33(4)：1057-1068.

[6] 张一平，吴蓁，苏爱芳，等．基于流型识别和物理量要素分析河南强对流天气特征[J]. 高原气象，2013，32(5)：1492-1502.

[7] 郑媛媛，张雪晨，朱红芳，等. 东北冷涡对江淮飑线生成的影响研究[J]. 高原气象，2014，33(1)：261-269.

[8] 佘蓉，张小玲，李国平，等. 1971—2000 年我国东部地区雷暴、冰雹、雷暴大风发生频率的变化[J]. 气象，2012，38(10)：1207-1216.

[9] 樊李苗，俞小鼎. 中国短时强对流天气的若干环境参数特征分析[J]. 高原气象，2013，32(1)：156-165.

[10] 秦丽，李耀东，高守亭. 北京地区雷暴大风的天气—气候学特征研究[J]. 气候与环境研究，2006，11(6)：754-762.

[11] 廖晓农，王华，石增云，等. 北京地区雷暴大风日 θe 平均廓线特征[J]. 气象，2004，30(11)：35-37.

[12] 廖晓农，俞小鼎，王迎春. 北京地区一次罕见的雷暴大风过程特征分析[J]. 高原气象，2008，27(6)：1350-1362.

[13] 廖晓农. 北京雷暴大风日环境特征分析[J]. 气候与环境研究，2009，14(1)：54-62.

[14] 廖晓农，于波，卢丽华. 北京雷暴大风气候特征及短时临近预报方法[J]. 气象，2009，35(9)：18-28.

[15] 严仕尧，李昀英，齐琳琳，等. 垂直能量螺旋度指数及其在槽前型雷暴大风预报中的应用[J]. 暴雨灾害，2012，31(1)：23-28.

[16] 严仕尧，李昀英，齐琳琳，等. 华北产生雷暴大风的动力热力综合指标分析及应用[J]. 暴雨灾害，2013，32(1)：17-23.

[17] 闵晶晶，邓长菊，曹晓钟，等. 强对流天气形势聚类分析中 SOM 方法应用[J]. 气象科技，2015，43(2)：244-249.

[18] 张文龙，王迎春，崔晓鹏，等. 北京地区干湿雷暴数值试验对比研究[J]. 暴雨灾害，2011，30(3)：202-209.

[19] 刘健文，郭虎，李耀东，等. 天气分析预报物理量计算基础[M]. 北京. 气象出版社，2005：98-101.

我国中东部暖季短时强降水天气的环境物理量统计特征

田付友[1,2,3]　郑永光[3]　张涛[3]　张小玲[3]　毛冬艳[3]　孙建华[1,2]　赵思雄[1,2]

(1 中国科学院大气物理研究所云降水物理与强风暴重点实验室，北京 100029；
2 中国科学院大学，北京 100049；3 国家气象中心，北京 100081)

摘　要　环境大气的水汽、不稳定和辐合抬升触发条件是短时强降水预报的关键要素，有必要通过对比不同小时降水强度下的物理量统计分布特征来帮助理解产生短时强降水的环境特征。本文通过时空匹配 2002—2009 年 5 月 1 日至 9 月 30 日的逐小时降水资料和 NCEP 一天四次的 FNL 分析资料，得到了 1573370，355346，11401 个无降水（$<0.1\ mm\cdot h^{-1}$）、普通降水（$0.1\sim19.9\ mm\cdot h^{-1}$）和短时强降水（$\geqslant 20.0\ mm\cdot h^{-1}$）样本，分析了多个用于表征我国中东部大尺度环境大气的水汽、热力和动力条件的物理量在不同降水天气下的统计特征，给出了出现短时强降水天气的不同物理量的必要条件和近似充分条件。整层可降水量（PWAT）在区分无降水、普通降水和短时强降水时指示意义最为明显，28 mm 的 PWAT 是出现短时强降水的必要条件，PWAT 越大越利于短时强降水的出现，超过 59 mm 的 PWAT 接近于短时强降水出现的充分条件。中低层比湿其表征意义比 PWAT 稍差。700 hPa 和 850 hPa 相对湿度可以显著区分能否出现降水。大气低层温度和假相当位温对短时强降水也有一定的指示意义，99%的短时强降水出现在 850 hPa 温度超过 12.1 ℃、假相当位温为超过 321 K 时，因此这是短时强降水出现的必要温度和假相当位温条件。在表征大气热力稳定性的物理量中，最优抬升指数 BLI 对短时强降水的指示意义最好，其次是 K 指数，总指数 TT、850 hPa 和 500hPa 温差 T85 对降水强度的区分度不显著。75%的短时强降水出现在 BLI 低于－0.9℃时，当 BLI 高于 2.6℃时，可以不考虑短时强降水的出现。28.1℃的 K 指数值是出现短时强降水天气的必要条件。BCAPE 在降水强度判别中的效果并不显著。925 hPa 和 850 hPa 散度场表征的动力辐合条件在区分三种强度降水中的指示意义比较清楚，大约 75%的短时强降水出现在散度负值区，但不同高度的垂直风切变对降水强度的指示作用不显著。本文的统计结果也表明，难以通过单一物理量的分布特征获取普适于指示短时强降水天气的完全充分条件，但本文获得的不同物理量有利于该类天气的接近充分条件对于判断该类天气的极端天气条件有重要价值。

关键词：短时强降水，物理量统计特征，环境条件

1　引　言

暴雨是我国主要的灾害性天气之一，我国每年由暴雨造成的洪水面积可达几十万平方千

本文发表于《Journal of Meteorological Research》，2015，29(3)：370-384。

米，而在 1952—1982 年的 30 年间，平均每年由暴雨导致的洪涝灾害有 53 次[1]。强暴雨和洪涝灾害通常由高强度的短时强降水和持续性降水导致，而短时强降水是强对流天气的一类，如 2012 年北京“7.21”暴雨期间的最大小时雨量达 100.3 mm，易于造成严重的经济损失和人员伤亡。因此，提高短时强降水天气的预报准确率对防灾减灾有重要的现实意义。

目前中央气象台定义小时雨量超过 20 mm 的降水为短时强降水。短时强降水多由生命史短、空间范围小、天气变化剧烈的中小尺度对流系统造成，其短时临近预报可以借助雷达和卫星等实时遥感资料的外推预报技术，但由于外推预报技术的局限性[2]，不能预报中尺度对流系统的生消和发展，预报时效有限，因此长时效的预报必须基于数值模式。但受限于资料同化、数值模式积云参数化和模式分辨率[3-5]等的影响，当前的全球和中尺度数值模式仍难以对短时强降水和暖区对流性降水进行准确地预报[6]，因此，导致短时强降水天气的中尺度对流系统的预报必须是客观与主观、定量和定性的结合。

基于对数值模式在强对流天气预报中的应用局限性认识，Doswell 等[7]在对产生暴洪的天气型进行总结的基础上提出了“配料”的预报方法，指出不同的暴洪天气需要具备类似的环境条件，且这些环境条件可以通过具体的物理量和指数得到表征。Wetzel 等[8]成功将这一“配料”技术用于美国冬季的降雪预报。

在“配料”预报中，对表征不同天气的不同物理量和指数物理意义和数值分布的准确理解和把握是使用这一方法的基础和前提条件，因此，美国强风暴预报中心从 20 世纪成立以来一直开展相关的应用研究工作，Miller[9]对有关指数和物理量在不同强对流天气中的定量化应用做了详细的分析，Rasmussen 等[10]对不同物理量在美国非超级单体雷暴、超级单体和龙卷天气中的气候特征进行的详细对比表明，综合指数如能量螺旋度等对三类天气的区分度较强，并在其 2003 年的研究[11]中进一步给出了能用于识别龙卷和非龙卷冰雹的物理量及其特征。Thompson 等[12]针对超级单体和产生龙卷的准线性对流系统的物理量对比分析显示，与浮力相关的量对超级单体和龙卷相关的线性对流系统的区分度最好。这些研究结果为美国的龙卷、冰雹和雷暴大风等强对流天气的预报提供了大量详实的参考资料和预报依据。然而，Lin 等[13]在对局地地形造成的强降水的共同影响因子进行对比研究时指出，东亚暴雨中出现的高 CAPE 条件在美国和欧洲阿尔卑斯山地形暴雨中并不是必要条件，从而表明不同地区的暴雨天气环境条件并不完全一致。Zheng 等[14]基于探空的中国和美国中尺度对流系统发生时环境物理量对比显示，中国中尺度对流天气发生的环境条件要比美国的湿的多。由此可见，同一物理量和指数在不同地区所表征强对流天气环境条件可能有很大的差异，因此对于表征对流天气环境条件的物理量和指数的正确选择和应用将直接关系到以动力热力物理参数诊断为主的该类对流性天气的预报，而目前我国这方面的研究工作还较多不足。

张小玲等[15]和张涛等[16]的研究表明，基于强对流天气发生发展机理的“配料”预报技术完全可以应用于我国的强对流天气预报中。对于有利于我国强对流天气的环境条件和物理量特征方面，我国已经开展了一些相关的研究工作，如李耀东等[17]对一些动力参数和能量参数在强对流天气预报中的可能应用进行了探讨；张小玲等[15]对当前用于国家气象中心强天气预报中心的中尺度对流天气环境条件分析技术进行了定性分析；樊李苗等[18]基于国家级雨量站观测资料的研究指出，与强冰雹和雷暴大风天气相比，纯粹短时强降水天气时的 850 hPa 与 500 hPa 温差更小，垂直风切变较弱等特征。雷蕾等[19]利用两年的探空资料对多个物理量对北京地区夏季不同强对流天气中的指示意义进行了对比分析，并基于相关的研究结果开展了针对北京市气象局中尺度快速更新循环预报系统(BJ-RUC)的分类概率预报试验[20]，结果表明相应的预报可以改进和拓展 BJ-RUC 对强对流天气的预报能力。

如上所述，虽然我国也开展了一些针对强对流天气的环境物理量分布特征研究，但这些研究工作并未给出某一类强对流天气的物理量分布阈值区间和不同强度对流时的分布特征比较，也没有给出某一物理量针对某一类强对流天气的必要条件或者充分条件的分布特征，因此还不能完全应用到强对流天气预报业务中。而在针对我国强对流个例的研究中[21-23]，经常使用一些数值比较模糊的词汇如“强”、“中等”等对 CAPE、K 指数等物理量的分布进行描述，因而对具体数值的判断常常是经验性的或主观的，缺少物理量数值分布的具体特征，不利于不同个例分析间的对比研究。

本文基于短时强降水天气发生发展的物理机制和环境条件，对多个用于表征强对流天气系统发生发展的水汽状况、不稳定条件和触发条件的物理量来进行统计分析，通过对比我国暖季中东部无降水、普通降水和短时强降水天气中的多个物理量的特征，给出了对短时强降水的预报具有指示意义的物理量的分布特征及其阈值区间，从而给出了这些物理量针对短时强降水发生的必要条件、充分条件和多物理量的综合条件，目的是通过这些物理量及其阈值分布和组合为基于“配料”的短时强降水天气主观预报和动力统计预报方法提供基本条件和物理量配置信息，为短时强降水天气分析和预报提供客观阈值参考指标，以为提高该类天气的预报准确率和精细化水平奠定环境物理量分布特征基础。

2 资料及其处理

逐时降水资料为国家气象信息中心提供的经过质量控制的基本基准气象站整点观测1991—2009 年的整点时刻小时降水资料，未包含台湾省的资料。每个整点时次的记录为该整点时次之前一个小时的总降水量。由于受观测仪器本身和天气条件的限制，原始资料中各站点小时降水观测资料每年的起始日期并不完全相同，因此资料时间跨度不完全相同，南方全年有观测记录，北方地区大多从 5 月开始至 9 月结束，由于我国短时强降水主要出现在暖季[24]，因此，剔除了记录开始日期晚于 5 月 1 日和(或)结束时段早于 9 月 30 日的站点。由于 NCEP FNL 分析资料的时段为 2002—2009 年，因此只使用了对应时段内的逐时降水资料。

参照中央气象台对于短时强降水天气的定义，根据降水强度将降水分为无降水($<0.1\ mm \cdot h^{-1}$)，普通降水($0.1 \sim 19.9\ mm \cdot h^{-1}$)和短时强降水($\geq 20.0\ mm \cdot h^{-1}$)三类进行统计分析。田付友等[25]基于这套资料的分析表明，随着我国海拔高度的升高，短时强降水天气出现的频率逐渐降低。基于 2002—2009 年 5 月 1 日—9 月 30 日的资料分析显示(图 1)，短时强降水自华南沿海向东北逐渐减少的趋势，华南沿海有多个站点超过 $20.0\ mm \cdot h^{-1}$ 的样本数超过了 200 次，华北多在 10～80 次，东北一般不超过 50 次，且向北减少。因此，本文主要使用我国中东部海拔高度低于 1000 m 的站点的小时降水资料(图 2)。

本文所用物理量资料是根据 NCEP 一天四次的 1°×1° FNL 分析资料计算得到的，资料从 2002 年开始，考虑可用的逐时降水资料时段，最终所选用资料为 2002—2009 年 5 月 1 日—9 月 30 日的资料。对于 NCEP FNL 资料的使用主要考虑了以下原因，首先，午后时段是我国的短时强降水多发时段[24]，而一天两次(08:00 和 20:00 BT)的探空观测由于间隔时间长，往往不足以完全揭示短时强降水发生时的大气环境特征。其次，20 世纪 80 年代以后的 NCEP

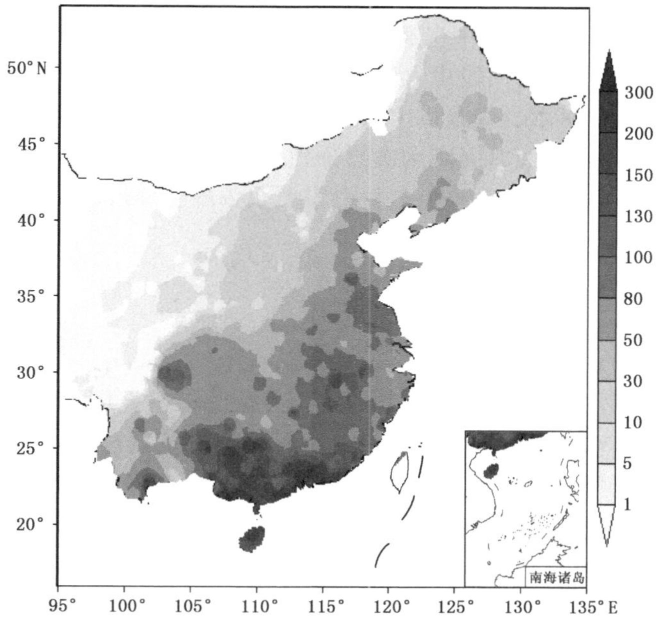

图 1 2002—2009 年 5 月 1 日—9 月 30 日站点小时降水超过 20.0 mm · h^{-1}的时次数分布

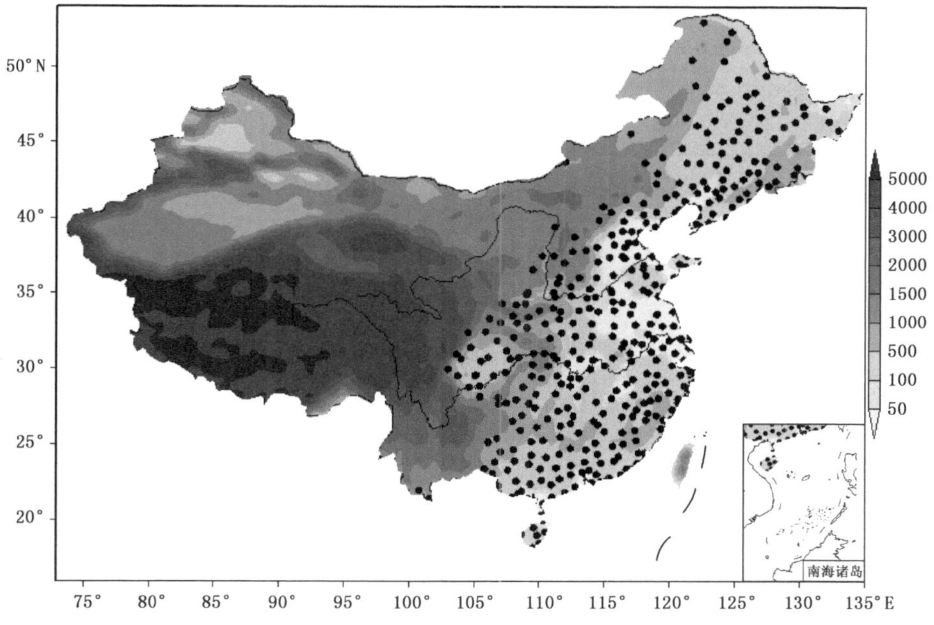

图 2 地形和 411 个站点分布

再分析资料在我国中东部具有较好的可用性，并能很好地反映水汽等变量的变化特征[26-27]。再次，尽管 NCEP FNL 资料与探空资料之间存在差异，但王秀明等[28]的研究显示，基于 NCEP FNL 资料得到的物理量能够很好地表征实际大气的层结稳定度和风场等特征。

NCEP FNL 分析资料一天四次(02:00,08:00,14:00 和 20:00 BT),而实况观测每天有24 次记录,在实际处理中,首先将 24 次实况降水记录以四次分析资料的时间为中心划分为四个时间段,对于每个站点每个时间段中 6 个小时的降水,选择降水记录最大的降水值作为该时段与相应分析资料对应的降水。经过以上时间临近处理后,得到的与 NCEP FNL 资料时次对应的总的无降水、普通降水和短时强降水次数分别为 1573370、355346 和 11401。为了获取站点的物理量分布,基于 NCEP FNL 格点分析资料所获得的物理量场使用双线性插值方法得到站点数值。

3 环境物理量分布特征

强对流天气的发生需要同时具备水汽、不稳定、触发和垂直风切变等几个方面的物理条件,并可以通过不同的环境物理量来表征,由于短时强降水是强对流天气的一类,因此本部分给出出现短时强降水天气的这些环境物理量分布特征。表 1 给出了部分物理量的名称符号和单位,关于这些物理量的物理意义和具体计算公式可参见附录 1。用于反映水汽特征的有整层可降水量(PWAT),925 hPa、850 hPa 和 700 hPa 的比湿(q),反映大气中水汽饱和程度的为 850 和 700 hPa 相对湿度,以及对水汽含量和不稳定度有重要影响的大气低层温度和假相当温度;反映热力和不稳定条件的物理量有最优抬升指数(BLI,Best Lifting Index),总指数(TT,Total Totals),K 指数以及 850 和 500 hPa 的温度差(DT85);反映动力触发条件的有 850 hPa 和 925 hPa 散度场;表征不稳定能量的是最佳对流有效位能(BCAPE,Best Convective Available Potential Energy);表征垂直风切变(SHR,Shear)的物理量为 0～1(SHR1)、0～3(SHR3)和0～6 km(SHR6)等垂直风切变。

表 1 文中部分物理量的简写符号和单位

中文名称	英文名称	简写	单位
整层可降水量	Total precipitable water	PWAT	mm
比湿	Specific humidity	q	g·kg^{-1}
850 hPa 与 500 hPa 温差	Temperature difference between 850 and 500 hPa	DT85	℃
最优抬升指数	Best lifted index	BLI	℃
总指数	Total totals	TT	℃
K 指数	K index	K	℃
最大对流有效未能	Best convective available potential energy	BCAPE	J·kg^{-1}
散度	Divergence	DIV	s^{-1}
垂直风切变	Vertical wind shear	SHR	m·s^{-1}

3.1 水汽条件分析

大气中一定含量的水汽是强对流天气发生发展的必要条件,但不同类型强对流天气需要的水汽量有很大的差异[29]。常用于表达水汽特征的物理量中,整层可降水量是整层大气中水汽的累积,是绝对量。比湿表征的是不同层次大气中的绝对水汽含量,与混合比基本相当。而相对湿度只表征大气中水汽的饱和状况,是相对量。若要通过相对湿度获得大气中水汽的绝对含量，还需要知道大气的温度。

图 3 所示为我国中东部暖季三类降水时整层可降水量（PWAT）分布的箱线图。此图展示了不同小时降水强度的 PWAT 整体分布，并能帮助确定不同小时降水强度下的物理量分布及其阈值区间。无降水、普通降水和短时强降水时的 PWAT 变化范围分别为 6～65 mm，14～70 mm 和 28～74 mm，随着小时降水强度的增大，对应的 99％的上限阈值略有增加，但其下限阈值却增长较大。大气中总是含有一定量的水汽，因此无降水时 6 mm 的 PWAT 表明我国中东部暖季大气水汽量至少要超过 6 mm，而要形成能降落到地面的液态降水，整层大气的水汽含量一般要超过 14 mm 这一阈值（不包含小时雨量小于 0.1 mm · h^{-1}的部分），而对于短时强降水，这一阈值则增加到 28 mm，表明当 PWAT 低于 28 mm 时，即使出现强的抬升和不稳定条件，也难以出现 20.0 mm · h^{-1}以上的降雨。以上结果表明，短时强降水和无降水时第一百分位 PWAT 的下限阈值差约为 22 mm，这与短时强降水 20.0 mm · h^{-1}的阈值非常一致，也与 Humphreys[30] 中不同量级降水与大气水汽含量的阈值相当。

图 3 还表明，无降水时 PWAT 各百分位段的分布比较均匀，普通降水主要集中在 PWAT 较大的 50％百分位段内，随着 PWAT 的增大，短时强降水出现的可能性也逐渐增大。75％的短时强降水天气出现在 PWAT 超过 51 mm 时，普通降水约是 50％，无降水大约是 25％，这表明大气中水汽越充沛，越有利于短时强降水出现。对于短时强降水时 59 mm 的 PWAT 中值，出现普通降水的比例小于 25％，而出现无降水天气比例则远小于 25％，因此 59 mm 的 PWAT 接近短时强降水出现的充分条件；超过 70 mm 时则是短时强降水出现的完全充分条件，因为这时已难以出现无降水天气和普通降水天气。这也就是说，当大气 PWAT 超过 59 mm 时，出现短时强降水的可能性将非常大；而超过 70 mm，则肯定出现短时强降水天气，实际上大气中 PWAT 超过 70 mm 是非常罕见的，因为该条件的短时强降水比例也非常低。

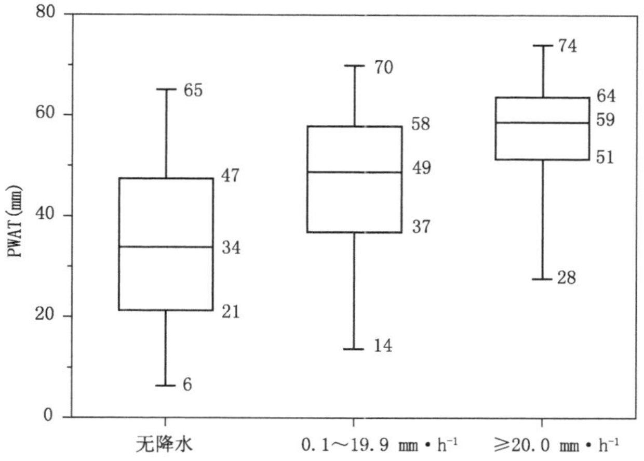

图 3　暖季三种小时降水强度的整层可降水量（PWAT）箱线图分布。最上端和最下端的短横线分别表示第 99 和第 1 百分位的 PWAT 分布，箱子表示有 50％的该类事件出现在这一范围内，箱子的三条横线分别表示第 75、第 50 和第 25 百分位分布

每个气压层均有相应的比湿。由图 4 可见，不同强度的小时降水事件中，q 的分布与 PWAT 的分布类似。虽然大气低层的 q 值要大于较高层次，但不同层次的 q 分布具有共同的特征，即同一百分位点的 q 均随着降水强度的增加而增大。925 hPa 无降水、普通降水和短时

强降水的 q 中值分别为 11.4 g·kg^{-1}、14.0 g·kg^{-1}和 16.8 g·kg^{-1}，对于短时强降水第 25 百分位点 15.4 g·kg^{-1}的比湿，普通降水超过该阈值的比例不足 50%，无降水部分则占 25%，对于 16.8 g·kg^{-1}的中值，不足 25%的普通降水超过该阈值，无降水的比例则远低于 25%。850 和 700 hPa 也显示了与 925 hPa 分布类似的特点，只是其阈值随着气压层的升高而快速降低，不同百分位阈值间的绝对差不断减小。比湿分布的物理意义在于，当 925 hPa、850 hPa 和 700 hPa 其中一层的 q 小于 8.8 g·kg^{-1}、7.7 g·kg^{-1}和 4.5 g·kg^{-1}时，可以排除短时强降水的出现。超过 8.8 g·kg^{-1}、7.7 g·kg^{-1}和 4.5 g·kg^{-1}的绝对水汽含量是出现短时强降水时 925 hPa、850 hPa 和 700 hPa 必须满足的基本水汽条件，即必要条件，否则将不会出现短时强降水天气。同样，当 925 hPa、850 hPa 和 700 hPa 的比湿分别超过 16.8 g·kg^{-1}、14.3 g·kg^{-1}和 9.8 g·kg^{-1}时，则接近短时强降水出现的充分条件。

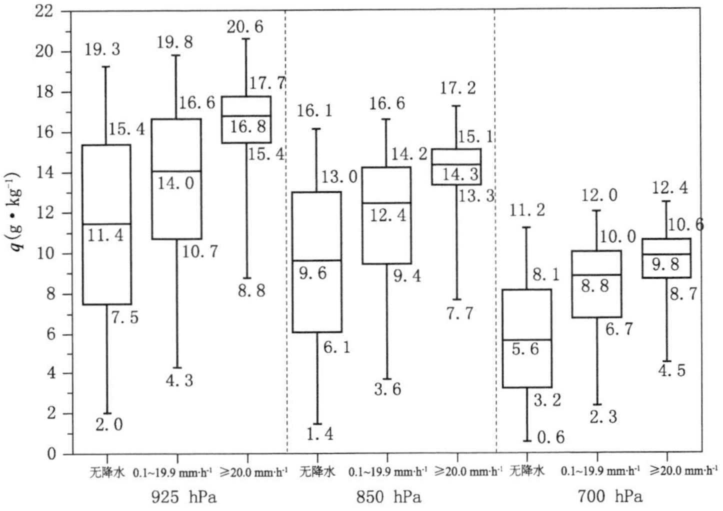

图 4　同图 3，是 925 hPa、850 hPa 和 700 hPa 比湿 q 的分布

相对湿度可以反映大气中水汽的饱和程度，但由于相对湿度与大气温度有密切的关系，因此同一相对湿度在不同的季节所指示的天气现象可以完全不同。由于水汽主要集中在对流层的低层，因此，本文仅对 850 hPa 和 700 hPa 相对湿度进行分析。从图 5 所示结果可知，对于某一气压层而言，无降水时的相对湿度变化范围较大，无降水时的 RH850 和 RH700 中值分别为 68%和 62%。根据 Miller[9] 所述，当相对湿度低于 50%时，可以认为大气是非常干燥的，当相对湿度大于 65%时认为大气是潮湿的，因此，有大约 50%的无降水事件发生在湿环境中。普通降水和短时强降水之间的差别较小，超过 75%的普通降水和短时强降水都出现在相对湿度大于 80%的湿环境中，但除小于第 25 百分位的部分外，通过相对湿度难以区分是普通降水还是短时强降水，表明相对湿度可以帮助判断能是否易于出现降水，但难以帮助确定出现的降水是普通降水还是短时强降水。因此可以判断，超过 50%的相对湿度是短时强降水出现的必要条件，但不是充分条件。需要说明的是，降水发生时大气应当处于饱和状态，相对湿度应当为或者接近 100%，但由于本文所用资料时空分辨率的限制，因此统计结果显示降水时的相对湿度超过 50%。

对流层低层大气温度的高低决定了大气中可容纳的最大水汽含量。假相当位温是温度和

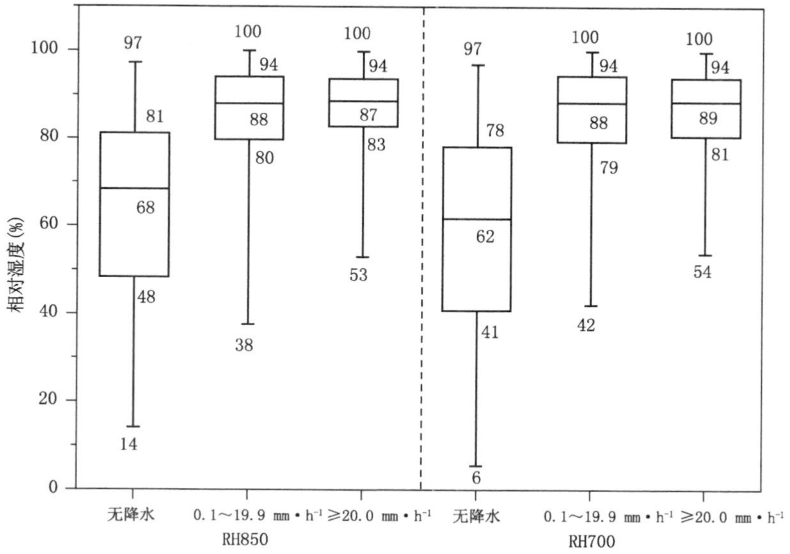

图 5　同图 3,是 850 hPa 和 700 hPa 相对湿度的分布

水汽的综合物理量,因此本文分析了不同降水强度时的大气低层温度和假相当位温分布特征。

从图 6 所示三种降水强度时的 925 hPa 和 850 hPa 温度与假相当位温的分布可见,925 hPa 和 850 hPa 温度对三种降水强度的区分度不大,但与无降水和普通降水相比,短时强降水出现的大气温度中等且温度区间更为集中,50%的短时强降水出现在 925 hPa 温度在 21.7～24.3 ℃时,对应的 850 hPa 温度为 18.0～20.0 ℃,但 99%的短时强降水出现在 925 hPa 和 850 hPa 温度低于 29.2 ℃和 23.5 ℃时,而第 1 百分位短时强降水对应的 925 hPa 和 850 hPa 温度分别为 16.0 ℃和 12.1 ℃,925 hPa 和 850 hPa 的这两个温度数值代表了我国中东部短时强降水发生时低层的大气温度的必要条件特征,根据张家诚等[31]的我国大气低层平均温度分布可以推测,我国大范围的短时强降水天气最早大约出现在 4 月的华南,并在大约 10 月之后退出对我国的影响,这与我国短时强降水的气候分布特征是一致的[24]。

由于包含了环境大气的湿度信息,假相当位温对三种强度降水的区分度比对应层次的温度明显,短时强降水时的 925 hPa 和 850 hPa 假相当位温范围分别为 322～364 K 和 321～357 K,变化区间分别达到了 42 K 和 36 K,其中第 50 百分位对应的值分别为 349 K 和 346 K,而对应的无降水和普通降水超过该阈值的比例均小于 25%,与温度相比,假相当位温在区分三种强度降水时的指示意义更好。因此,发生短时强降水的必要假相当位温条件是 925 hPa 和 850 hPa 超过 321 K。当 925 hPa 假相当位温超过 353 K 或 850 hPa 假相当位温超过 349 K,接近短时强降水发生的充分条件,因为此时发生无降水或者普通降水天气的比例已经很低。

以上分析表明,相对湿度仅能够区分是否易于出现降水天气,PWAT、比湿、假相当位温可以一定程度上区分无降水、普通降水和短时强降水天气,但 925 hPa 和 850 hPa 温度对三种强度降水的区分度较小,这是一定的温度数值仅是能够产生短时强降水的必要条件的缘故。

通过综合对比图 3 和图 4 所示 PWAT 和比湿的分布可以发现,普通降水时两物理量的中值与无降水时的第 75 百分位值相当,而短时强降水时的中值与普通降水时的第 75 百分位值相当,如无降水时 PWAT 第 75 百分位值和短时强降水时的中值分别为 47 和 59,分别与普通

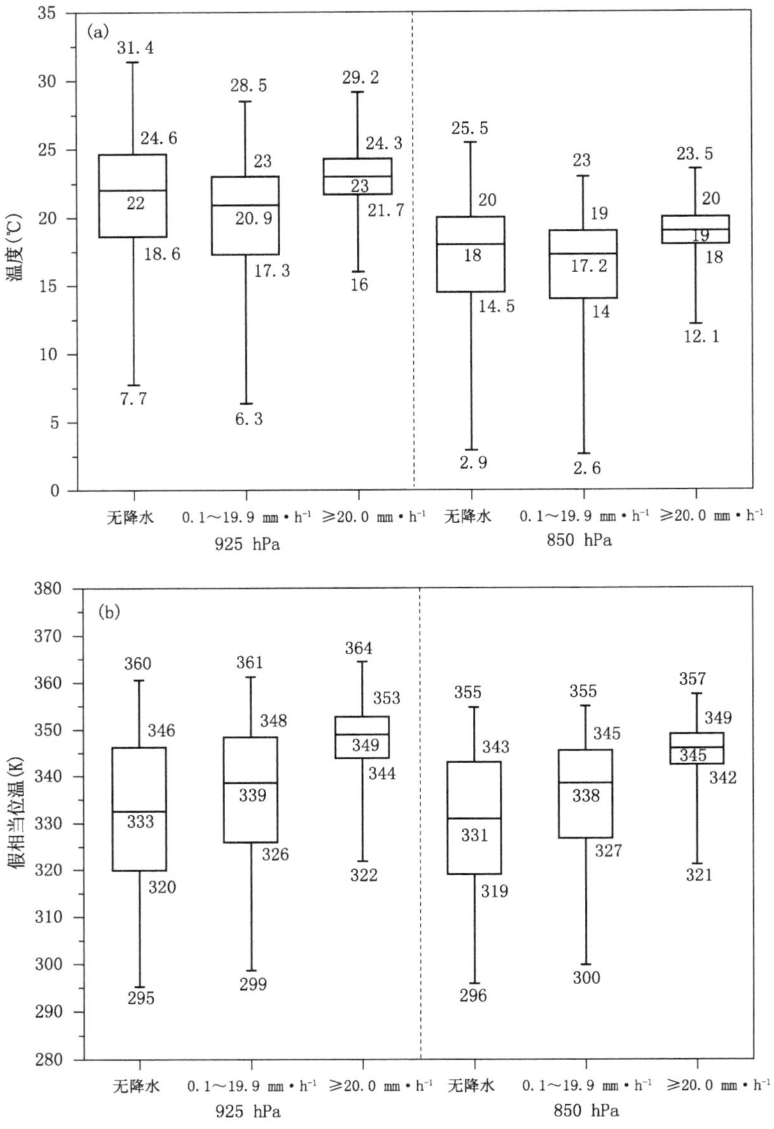

图 6　同图 3,925 hPa 和 850 hPa (a)温度和(b)假相当位温的分布

降水的 PWAT 中值(49)和第 75 百分位值(59)相当。假相当位温仅短时强降水时的中值与普通降水时第 75 百分位值相当。以上分布特征可能是由形成降水的物理条件决定的,但仍有待于深入分析。

PWAT 和比湿对三种强度降水的区分度较为显著,但难以确定哪个物理量的指示意义更好,因此通过 PWAT 和 925 hPa 比湿的相对频率和累积概率密度函数(CDF)分布进行分析(图 7)。图 7a 表明,随着 PWAT 的减小,无降水事件出现的相对频率逐渐增大,最大频率出现在 PWAT 值为 25 mm 的位置。普通降水的相对频率在 PWAT 小于 60 mm 时,随 PWAT 的增大而增大,在 PWAT 为 60mm 时达到其 6.0%的最大值,而对于短时强降水,这一峰值则出现在 PWAT 为 64 mm 时,相对频率为 10.5%,因此与前文根据箱线图的分析相一致,在

PWAT 超过 59 mm 时接近发生短时强降水的充分条件。图 7a 明确显示了三种类型降水的分布区间，无降水事件可以出现在任意的 PWAT 区间，但当 PWAT 超过一定阈值时，无降水事件出现的比例快速减少，而短时强降水事件仅出现在 PWAT 超过 28 mm 的区域内，并随着 PWAT 的增大呈现快速增长的趋势，其增长率远超过普通降水事件，相关特征在 CDF 曲线上的反映尤为显著。三种强度降水相对频率分布曲线上最大值之间的分割越清晰，表明不同强度降水之间的区分度越明显，其对不同强度降水的指示意义越显著。虽然各层的比湿也能很好地区分三种类型的降水，但此处仅给出了 925 hPa 的比湿分布(图 7b)。从图 7b 中可见，虽然 CDF 很好地区分了三种强度的降水，但相对频率分布显示，三种强度降水时比湿的相对频率最大值均出现在相近的位置，其区分度相比于 PWAT 要差很多。这可能与短时强降水出现的环境条件有关系，即 PWAT 表示的是整层大气的水汽情况，而比湿反映的是单个层次的水汽情况，尽管绝大部分水汽集中在低层大气中，但短时强降水的出现不但需要低层的水汽条件好，整层水汽的含量也尤为重要。

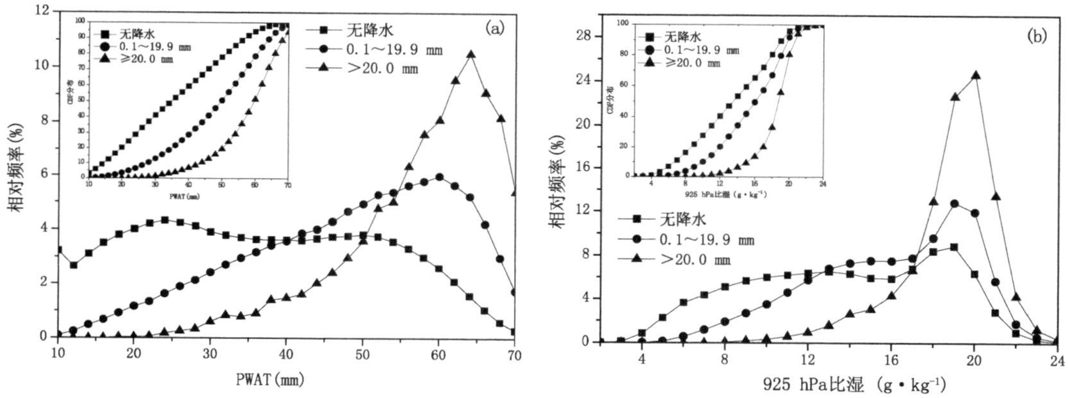

图 7 用于表示水汽条件的物理量的相对频率和 CDF 分布

(a)PWAT(单位:mm)，(b) 925 hPa 比湿(单位:g · kg^{-1})。左上角为 CDF 分布

3.2 不稳定条件分析

用于反映热力不稳定条件的物理量有多个，本文仅对 BLI、K 指数、TT 和 DT85 几个常用物理量进行分析。一般情况下，BLI 为正时表示气层是稳定的，反之表示气层是不稳定的，值越小表示不稳定性越强。从这一角度出发，BLI 用值的正负来表示环境大气的稳定与否是最易识别的。

从图 8 中可见，BLI、K 指数、TT 对于三种强度的降水均有类似的分布形态，即降水强度越强需要的热力不稳定条件越强，对应的物理量分布的中值均向不稳定性增强的一侧偏移；T85 由于仅考虑了温度，因此其分布与其他 3 个量有所差异。三种强度降水中 BLI 的中值分别为 1.1 ℃、0.0 ℃和－2.0 ℃，K 指数的中值分别为 27.8 ℃、34.5 ℃和 37.7 ℃，而 TT 和 DT85 在三种降水强度下的中值则分别为 42 ℃、42 ℃、44 ℃和 24 ℃、22 ℃、23 ℃，很显然，TT 和 DT85 在不同降水强度时的中值非常接近，表明 TT 和 T85 对三种强度降水的区分度比 BLI 和 K 指数要差。因此，重点讨论 BLI 和 K 指数在区分三类降水中的特征。

普通降水时，BLI 的中值为 0.0 ℃，表明出现在稳定性和不稳定性大气中的普通降水大约各占 50%，而对于短时强降水，其第 75 百分位的 BLI 值为－0.9 ℃，显示超过 75%的短时强降水出现在不稳定的大气环境下，但仍有部分短时强降水出现在稳定的大气环境下，这可能与分析资料的时空分辨率较低，不能够完全反映出现短时强降水出现时的大气不稳定状态有关。K 指数的分布与 BLI 极其类似，普通降水时有 50%出现在 K 值超过 34.5 ℃时，无降水事件超过这一阈值的比例小于 25%，而短时强降水的比例则超过 75%，但短时强降水的对应的 K 指数分布区间是 28.1～42.2 ℃，相比于普通降水的 12.6～41.2 ℃，差异仍然显著。

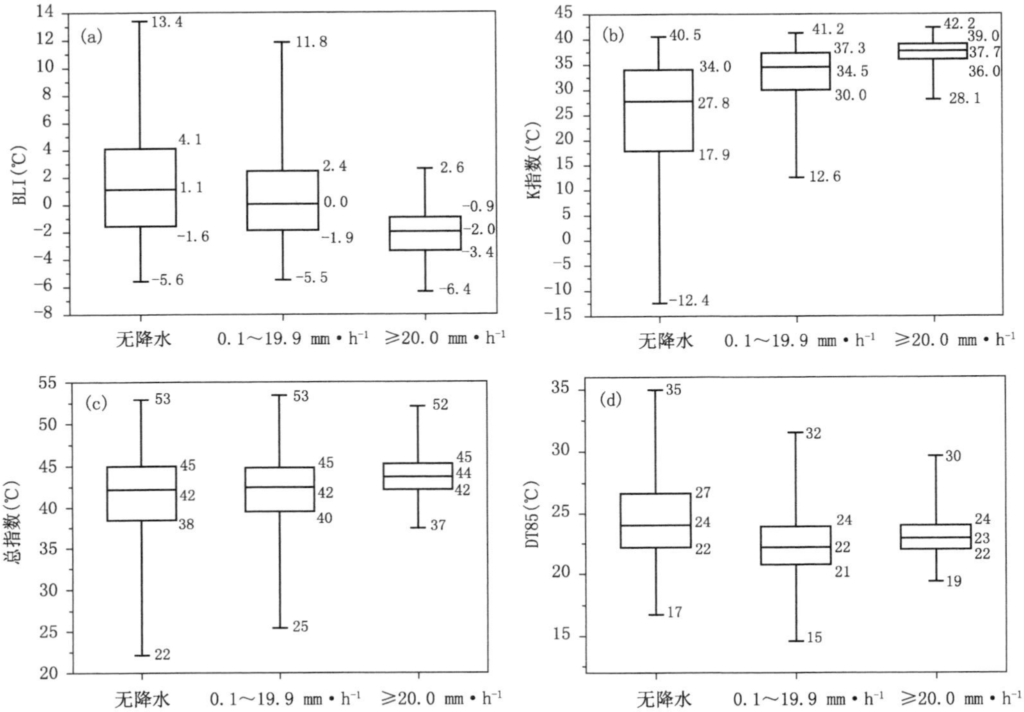

图 8　同图 3，是用于表示大气不稳定性的参数(a)BLI，(b)K 指数，(c)TT，(d)T85 的分布

对于 BLI 和 K 指数，我们通过图 9 所示 BLI 和 K 指数的 CDF 和相对频率来查看其具体分布情况。图 9 显示，三种降水强度下的相对频率最大值分布之间有一定的间距，无降水和普通降水时的 PDF 最大值对应的 BLI 值均在 0.0℃附近，而短时强降水为－2.0 ℃，对于 K 指数，无降水、普通降水和短时强降水对应的相对频率最大值分别为 36.0 ℃、36.0 ℃和 38.0 ℃，可见二者相当，但它们的 CDF 分布显示，BLI 可以将短时强降水与普通降水和无降水事件区分开来，而 K 指数对有无降水的区分度更大，考虑到 BLI 以数值的正负来区分大气稳定与否，因此 BLI 对短时强降水的指示意义更为直观。由于 BLI 和 K 指数是分别统计得到的，综合图 8 和图 9，仍然可以认为，当 BLI 大于 2.6 ℃或 K 指数小于 28.1 ℃时，可以不考虑短时强降水天气的出现。因此，本文的大气物理量统计结果表明，发生短时强降水的必要 BLI 和 K 指数条件分别是小于 2.6 ℃和大于 28.1 ℃。一般说来，大气中发生强对流时，BLI 应为负值，本文统计结果 BLI 阈值为正值时仍有短时强降水发生，可能与大气物理量场的时空尺度不能完全代表直接产生该类天气的中小尺度系统的尺度，也不能完全代表该类天气发生时的大气状态有关。

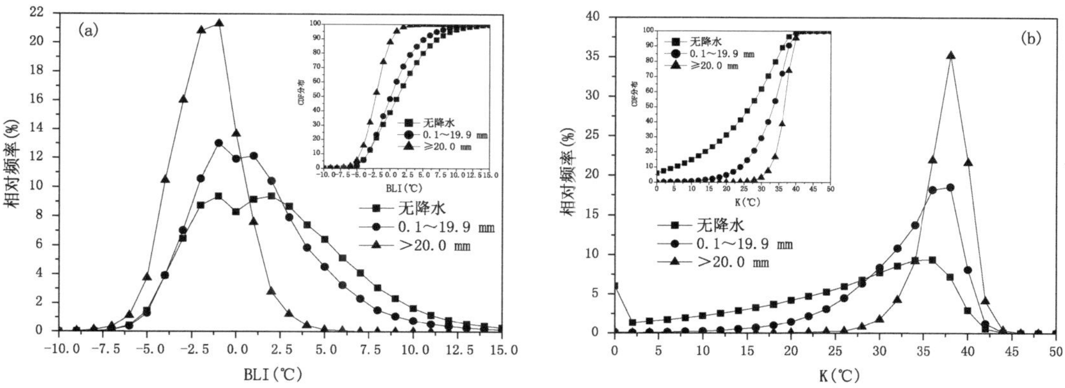

图 9 (a) BLI 和 (b) K 指数的相对频率分布，右上角或左上角为对应的 CDF 分布

CAPE 代表的是大气中的不稳定能量，综合考虑了水汽和温度的作用。McBride 等[32]在研究澳大利亚季风区 CAPE 的变化时指出，对流活动与 CAPE 的变化之间有弱的负相关关系。但 Peppler 等[33]针对美国中部的研究中发现，CAPE 和降水之间无紧密的联系。下文将分析 CAPE 对我国短时强降水天气的指示意义。

对三种降水强度的 BCAPE 统计结果显示(图 10)，大约 50％的无降水事件出现在 BCAPE 为 0.0 J · kg^{-1}的情况下，普通降水时的比例与此相当。超过 75％的短时强降水出现时伴随有一定的 BCAPE，表明一定的 BCAPE 有利于短时降水发生，但仍有约 25％的短时强降水出现时没有 BCAPE，且第 50 百分位对应的 BCAPE 为 629.0 J · kg^{-1}，不如该量在美国龙卷环境识别中更具有指示性[12]，同时，BLI 分布表明远低于 25％频率的短时强降水出现在 BLI 大于 0.0 ℃的情况相比也表明，BCAPE 对降水强度的区分程度差于 BLI。这可能与造成 BLI 阈值为正的情况类似，即基于时空分辨率较低的环境物理量场的分析不能完全表征对流尺度天气的大气状态有关，是短时强降水天气业务预报中需要注意的方面。

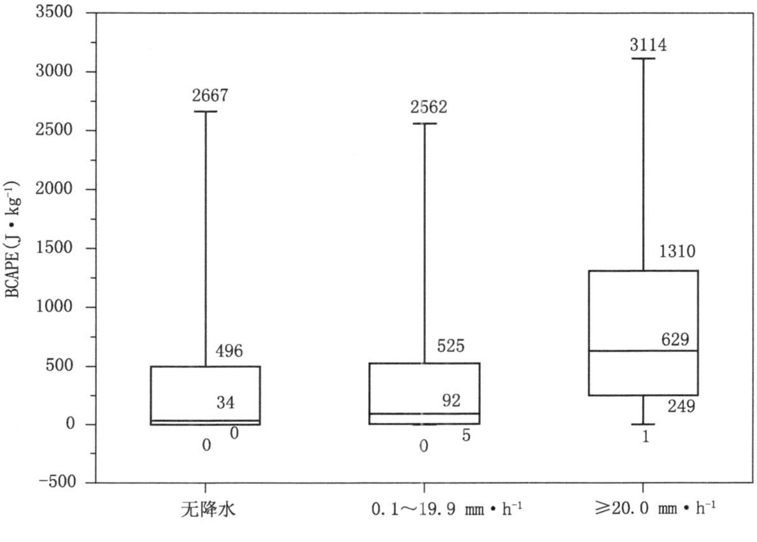

图 10 同图 3，BCAPE 的分布

3.3 动力条件分析

对流性天气的触发系统往往是诸如切变线、锋面、海陆风等边界层辐合系统[34]，Watson等[35]对美国佛罗里达南部的对流性降水和区域总散度的关系进行研究时指出，区域总散度的变化和降水总量的相关性可以高达 0.75，与区域平均最大散度出现的时间相比，最大降水出现的时间可以提前达 180 min，滞后可达 40 min。受限于所用资料的时空分辨率，本文仅将大尺度的散度场作为大尺度环境场的动力抬升条件进行分析，不考虑中小尺度系统的影响。

从图 11 所示三种强度降水的散度分布可知，随着降水强度的增大，其箱线图位于散度负值区的比例增大，中值距 0.0 的距离也越远，表明需要的动力条件在增强。无降水时，925 hPa 和 850 hPa 散度的中值均接近 0.0，表示无降水事件出现在散度负值区和正值区的比例约各占一半，普通降水时的中值线均向散度负值一侧移动，表明普通降水出现在散度负值区的比例逐渐增大，且 925 hPa 比 850 hPa 散度更明显。大约 75％的短时强降水出现在散度负值区，表明无论是 925 hPa 散度还是 850 hPa 散度，大尺度环境场导致的辐合抬升动力条件都是短时强降水出现的重要条件。为了更好地认识动力抬升的作用，给出了将 925 hPa 和 850 hPa 散度值较小者作为动力条件时的散度分布（DIV）。从 DIV 分布可以看出，相比于 925 hPa 和 850 hPa 散度，DIV 对三种强度降水的区分度更明显，相应百分位点的散度值向指示辐合增强的一侧移动，普通降水出现在散度正值区的比例约为 25％，而短时强降水则不到 25％，表明降水量级越大需要的辐合抬升动力条件越强。从而可知，一定的低层辐合抬升动力条件是出现短时强降水的必要条件，可以较好地用于降水强度的识别。需要说明的是，有些短时强降水事件出现在散度正值区，这可能与中小尺度系统相关、未能反映到本文所用的较低时空分辨率的资料中。

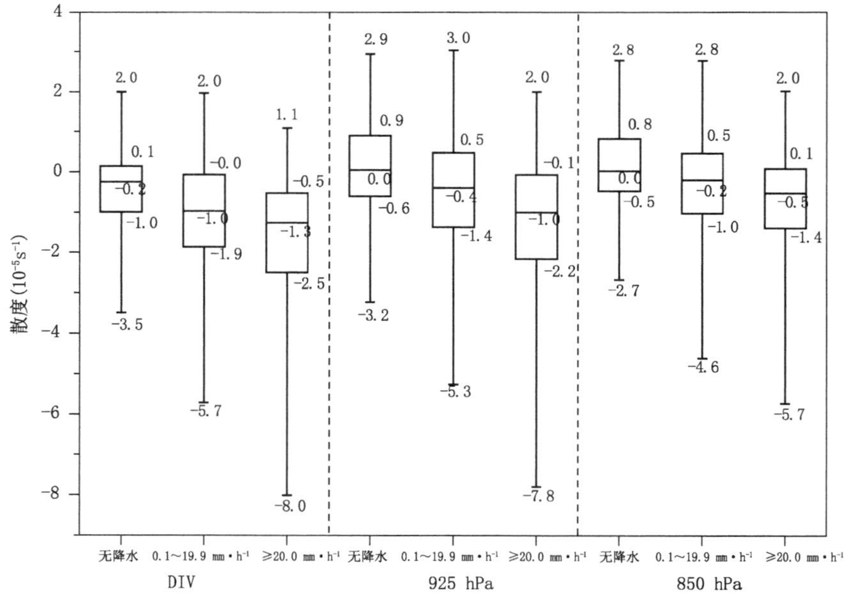

图 11　同图 3，但为散度的分布，DIV 为取 925 hPa 散度比 850 hPa 散度较小值时的散度分布

垂直风切变对于超级单体等对流风暴的作用早已有共识[15,36]，但通常的看法是强的垂直

风切变不利于暴雨天气的发生[37],不过还没有研究定量地给出垂直风切变对我国短时强降水影响。从图 12 所示无降水、普通降水和短时强降水时不同高度间垂直风切变的分布可见,无论是 SHR1、SHR3 还是 SHR6,他们的中值均较为接近,普通降水时的垂直风切变中值大于无降水时的垂直风切变中值,但同时也大于短时强降水时的垂直风切变中值,表明垂直风切变不足以完全区分三种强度的降水,这与垂直风切变对强风暴天气的作用不同[38],但 SHR1 也从一定程度上表明,一定强度的低层垂直风切变有利于降水天气,这可能与低空急流有利的水汽输送有关。可见,较强或者强垂直风切变并不是有利于短时强降水的充分或必要条件。

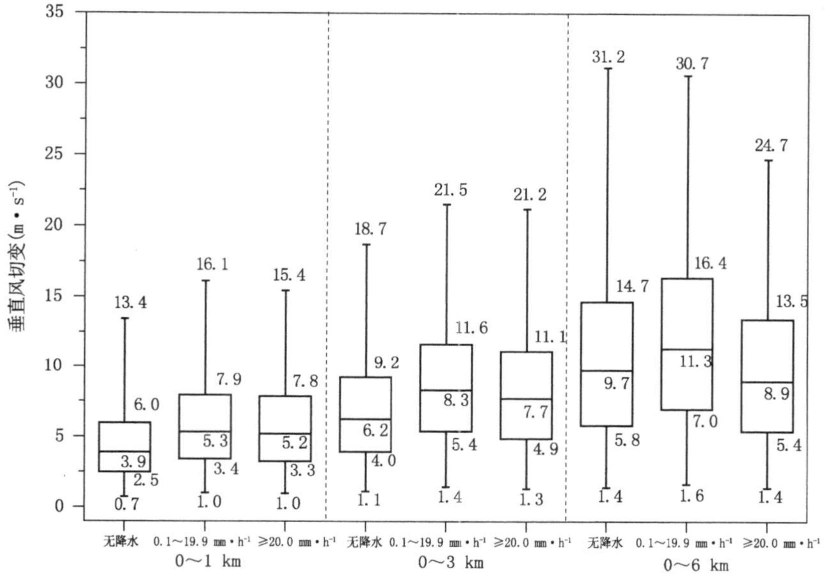

图 12 同图 3,0~1 km, 0~3 km 和 0~6 km 垂直风切变的分布

3.4 有利于短时强降水天气的物理量特征总结

通过以上不同降水强度下的物理量分布特征可知,一定的水汽、热力和动力条件是出现短时强降水天气的物理条件。水汽条件中,PWAT 和比湿对三类降水的区分度较好,28 mm 和 59 mm 的 PWAT 分别是出现短时强降水天气的必要条件和接近充分条件,即 PWAT 低于 28 mm 时可以不考虑短时强降水天气的出现,当 PWAT 超过 59 mm 时出现短时强降水的可能性将非常高。通过 925 hPa、850 hPa 和 700 hPa 的比湿表征,则其比湿必须同时大于 8.8 $g \cdot kg^{-1}$、7.7 $g \cdot kg^{-1}$和 4.5 $g \cdot kg^{-1}$,而当对应的比湿分别大于 16.8 $g \cdot kg^{-1}$、14.3 $g \cdot kg^{-1}$和 9.8 $g \cdot kg^{-1}$时则接近出现短时强降水的充分条件。热力条件中,BLI 和 K 指数的指示意义更好,但出现短时强降水时必须满足 BLI 小于 2.6 ℃或者 K 大于 28.1 ℃。通过散度场表征的动力条件则需要满足 925 hPa 或 850 hPa 散度小于 2.0×10^{-5} s^{-1}。水汽之所以超过一定量就是短时强降水的充分条件,其物理原因在于,高的水气含量需要高的大气温度,而我国高温高湿的大气属于盛夏的夏季风气团,该气团极不稳定,非常利于对流的发展,且由于水汽充沛,所以能够导致短时强降水天气。表 2 给出了特征物理量在指示短时降水时必须满足的条件,即必要条件,可以作为短时强降水预报时的参考。

表 2　部分特征物理量用于短时强降水预报的特征阈值

特征物理量	PWAT	925 hPaq	850 hPaq	BLI	K	T850	T925	DIV925	DIV850
必要条件	≥28	≥8.8	≥7.7	≤2.6	≥28	≥12.1	≥16.0	$\leqslant 2.0\times10^{-5}$	$\leqslant 2.0\times10^{-5}$
第 75 百分位	64	17.7	15.1	−3.4	39.0	24.3	20	-2.2×10^{-5}	-1.4×10^{-5}
第 90 百分位	74	20.6	17.2	−6.4	42.2	29.2	23.5	-7.8×10^{-5}	-5.7×10^{-5}

4　结论和讨论

短时强降水的出现需要同时考虑水汽、辐合抬升触发机制和不稳定条件的强弱及其三维空间配置，通常很难根据单一的物理量分布来确定短时强降水天气的出现区域，但它可以帮助确定哪些区域具备出现短时强降水的必要或者接近充分条件，从而有助于业务中基于探空观测或树枝模式预报结果来确定发生短时强降水天气的重点关注区域。

通过了解不同量级降水出现时多个物理量的详细分布情况，可以帮助判断出现短时强降水的可能性大小，对于短时强降水概率预报的具有参考价值。本文通过分析代表不同天气条件的物理量分布特征，获得了不同物理量有利于短时强降水天气的必要条件和近似充分条件，主要结论如下：

(1)水汽条件：PWAT 在区分无降水、普通降水和短时强降水时指示意义最为明显，PWAT 越大出现短时强降水的可能性越大，其次是比湿，相对湿度可以显著区分能否出现降水，但对于降水的强度并无显著指示意义。假相当位温对短时强降水的指示意义要远好于温度。28 mm 的 PWAT 是出现短时强降水的必要条件，59 mm 可以近似认为是出现短时强降水的充分条件。

(2)热力条件：表征大气不稳定性的指数中，BLI 和 K 指数对三种强度降水的指示意义较好，TT 和 DT85 对三种强度降水的区分度较小。BLI 指数以数值的正负表征大气的稳定与否，是最容易识别的，75%的短时强降水出现在 BLI 小于−1.0 时。而对于 K 指数，75%的短时强降水出现在 K 指数大于 36.0 时。小于 2.6 的 BLI 或大于 28.1 ℃的 K 指数是出现短时强降水的必要热力指标。BCAPE 在降水强度判别中的效果并不显著。

(3)动力条件：动力条件在区分三种强度降水中的重要性得到了很好的展示。超过 75%的短时强降水出现在 925 hPa 的散度负值区，对于 850 hPa 的散度场，则出现在散度负值区的比例略少于 75%，可见，对短时强降水的动力触发中，925 hPa 的动力作用比 850 hPa 更为显著，该作用是导致短时强降水的必要条件。垂直风切变在降水强度判别中的作用不显著。

从本文的统计结果可以看到，并不能找到一个完全明确的单一阈值来表征短时强降水的物理条件，因此需要发展综合多物理量阈值区间的短时强降水天气短期客观预报技术，即通过综合条件的客观判断来提高预报短时强降水天气的能力。然而，通过判断不同物理量是否满足了短时强降水出现的必要条件和超过给定百分位的物理量阈值，也可以在业务预报中帮助确定是否出现短时强降水天气的重点关注区域。

降水过程，尤其短时强降水过程，是一个复杂的非线性物理过程，因此不可能用某一个条件是否满足作为判断能否出现短时强降水的普适充分条件，即使某些条件接近出现短时强降水的充分条件，但其发生的频率较低，很难普遍应用于短时强降水天气业务预报中，但这些条件可用于判断是否属于有利于短时强降水的极端天气条件。

需要指出的是，本文的结果是对我国中东部较大范围的降水样本进行统计分析的基础上得到的，未考虑不同地区气候特征的差异，因此相关结果应用于特定区域时还需要根据当地的气候特点进行分析和调整。

由于本文使用的逐时降水实况资料和分析资料具有较大的空间尺度，因此所获得的物理量统计特征适用于短时强降水天气的短期预报，未来应该综合多源资料对直接产生短时强降水的天气系统——中尺度对流系统的结构、微物理过程及其发展机理进行总结分析，以发展适用于高时空分辨率中尺度数值模式（集合）预报的不同强度短时强降水天气短时临近预报技术。

致谢：感谢强天气预报中心的盛杰和曹艳察提供基于 NCEP FNL 分析资料的诊断物理量资料。

附录 1 部分指数和参数的定义

表 1 中所示物理量的具体计算由以下算式给出。

（1）整层可降水量（PWAT，Precipitable Water）：$PWAT = \frac{1}{\rho g}\int_{p_0}^{p_1} q \, \mathrm{d}p$，其中 q 是比湿，g 为重力加速度，ρ 为水的密度，可近似认为液态水的密度为 10^3 kg · m^3，则通过一定的转换可以得到单位为 mm 的 PWAT 值。

（2）高低层温差（T85，Difference of T_{850} and T_{500}）：$T_{85} = T_{850} - T_{500}$，此处所指高低层温差为 850 hPa 和 500 hPa 温度差，式中分别用 T_{850} 和 T_{500} 表示。该量也被称为垂直总指数（Miller，1972）。

（3）最优抬升指数（BLI，Best Lifting Index）：抬升指数 LI 的定义为 $LI = T_{500} - T'$，T_{500} 为 500 hPa 温度，T' 为气块按干绝热线抬升到凝结高度后，再按湿绝热线抬升到 500 hPa 时所具有的温度。而最优抬升指数（BLI）是指把最底层厚度为 250 hPa 的大气按 50 hPa 间隔分为许多层后，将各层中间位置上各点按照 LI 的公式计算分别得到其 LI，其中最小的 LI 定义为 BLI。

（4）总指数（TT，Total Totals）：$TT = T_{850} + T_{d850} - 2T_{500}$，$T_{850}$、$T_{500}$ 分别为 850 hPa 和 500 hPa 温度，T_{d850} 为 850 hPa 露点温度。TT 值越大，越容易出现对流天气。最早由 Peppler 等（1989）提出，后在全球多个地方得到应用。

（5）K 指数（K，K Index）：$K = (T_{850} - T_{500}) + T_{d850} - (T_{700} - T_{d700})$，$T_{850}$、$T_{700}$、$T_{500}$ 分别为 850 hPa、700 hPa 和 500 hPa 温度，T_{d850} 和 T_{d700} 分别为 850 hPa 和 700 hPa 露点温度。K 能反映大气的层结稳定情况，K 越大表示层结越不稳定。

（6）最佳对流有效位能（BCAPE，Best Convective Available Potential Energy）：$CAPE = \int_{Z_{EL}}^{Z_{LFC}} g\left(\frac{T_{v,parcel} - T_{v,env}}{T_{v,env}}\mathrm{d}z\right)$，式中 Z_{LFC} 为自由对流高度，Z_{EL} 为平衡高度，$T_{v,parcel}$ 和 $T_{v,env}$ 分别代表对应高度处气块的虚温和环境的虚温。而 BCAPE 是从地面以上 250 hPa 厚度的 6 个气层中选出最不稳定层后，根据 CAPE 的计算公式得到的 CAPE 值，称为最佳对流有效位能。

（7）垂直风切变（SHR，Vertical Wind Shear）：$SHR = V_1 - V_2$，V_1 和 V_2 分别为上下层的风矢量，本文中 V_2 为地面风矢量，0～1 km、0～3 km 和 0～6 km 垂直风切变分别用 SHR1、

SHR3 和 SHR6 表示，其对应的算式中的 V_1 分别为 1 km、3 km 和 6 km 高度风矢量。

从 T85、BLI、TT、K 的计算公式可知，这些物理量的计算涉及 850 hPa 或 500 hPa 的温度等物理量，不能用于海拔较高的地区。

参考文献

[1] 陆汉城，杨国祥. 中尺度天气原理和预报[M]. 北京：气象出版社.

[2] Wilson J W, Crook N A, Mueller C K, et al. Nowcasting thunderstorms: A status report[J]. Bull Amer Meteor Soc, 1998,79(10): 2079-2099.

[3] Arakawa A. The cumulus parameterization problem: Past, present, and future[J]. J Climate, 2004,17: 2493-2525.

[4] Yu X, Lee T Y. Role of convective parameterization in simulation of a convection band at grey-zone resolutions[J]. Tellus, 2004,62A: 617-632.

[5] Molinari J, Dudek M. Parameterization of convective precipitation in mesoscale numerical models: A critical review[J]. Mon Wea Rev, 1992,120: 326-344.

[6] Fritsch J M, Carbone R E. Improving quantitative precipitation forecasts in the warm season[J]. Bull Amer Meteor Soc, 2004,85:955-965.

[7] Doswell III C A, Brooks H E, Maddeox R A. Flash flood forecasting: An ingredients-based methodology[J]. Wea Forecasting, 1996,11: 560-580.

[8] Wetzel S W, Martin J E. An operational ingredients-based methodology for forecasting midlatitude winter season precipitation[J]. Wea Forecasting, 2001,16: 156-167.

[9] Miller R C. Notes on analysis and severe-storm forecasting procedures of the Air Force Global Weather Central. Air Weather Service (MAC), U S A F, Technical Report 200 (Rev.), 1972:183.

[10] Rasmussen E N, Blanchard D O. Baseline climatology of sounding-derived supercell and tornado parameters[J]. Wea Forecasting, 1998,13(4): 1148-1164.

[11] Rasmussen E N. Refined supercell and tornado forecast parameters[J]. Wea Forecasting, 2003,18: 530-535.

[12] Thompson R L, Smith B T, Grams J S, et al. Convective modes for significant severe thunderstorm in the contiguous United States. Part II: Supercell and QLCS tornado environments[J]. Wea Forecasting, 2010,27: 1136-1154.

[13] Lin Y, Chiao S, Wang T, et al. Some common ingredients for heavy orographic rainfall[J]. Wea Forecasting, 2001,16: 633-660.

[14] Zheng L L, Sun J H, Zhang X L, et al. Organizational modes of mesoscale convective systems over central east China[J]. Wea Forecasting, 2013,28: 1081-1098.

[15] 张小玲，谌芸，张涛. 对流天气预报中的环境场条件分析[J]. 气象学报，2012,70(4):642-654.

[16] 张涛，蓝渝，毛冬艳，等. 国家级中尺度天气分析业务技术进展Ⅰ:对流天气环境场分析业务技术规范的改进与产品集成系统支撑技术[J]. 气象，2013,39(7):894-900.

[17] 李耀东，刘健文，高守亭. 动力和能量参数在强对流天气天气预报中的应用研究[J]. 气象学报，2004,62(4):401-409.

[18] 樊李苗，俞小鼎. 中国短时强对流天气的若干环境参数特征分析[J]. 高原气象，2013,32(1):156-165.

[19] 雷蕾，孙继松，魏东. 利用探空资料判别北京地区夏季强对流的天气类型[J]. 气象，2011,37(2):136-141

[20] 雷蕾，孙继松，王国荣，等. 基于中尺度数值模式快速循环系统的强对流天气分类概率预报试验[J]. 气象学报，2012,70(4):752-765.

[21] 李志楠,李廷福.北京地区一次强对流大暴雨的环境条件及动力触发机制分析[J].应用气象学报,2000,11(3):304-311.

[22] 钱传海,张金艳,应冬梅,等.2003 年 4 月江西一次强对流天气过程的诊断分析[J].应用气象学报,2007,18(4):460-467.

[23] 尹东屏,吴海英,张备,等.一次海风锋触发的强对流天气分析[J].高原气象,2010,29(5):1261-1269.

[24] 陈炯,郑永光,张小玲,等.中国暖季短时强降水分布和日变化特征及其与中尺度对流系统日变化关系分析[J].气象学报,2013,71(3):367-382.

[25] 田付友,郑永光,毛冬艳,等.基于 Γ 函数的暖季小时降水概率分布[J].气象,2014,40(7):787-795.

[26] 黄刚. NCEP/NCAR 和 ERA-40 再分析资料以及探空观测资料分析中国北方地区年代际气候变化[J].气候与环境研究,2006,11(3):310-320.

[27] 赵瑞霞,吴国雄. 长江流域水分收支以及再分析资料可用性分析[J]. 气象学报,2007,65(3):416-427.

[28] 王秀明,俞小鼎,朱禾. NCEP 再分析资料在强对流环境分析中的应用[J].应用气象学报,2012,23(2):139-146.

[29] Holloway C E, Neelin J D. Moisture vertical structure, column water vapor, and tropical deep convection[J]. J Atmos Sci, 2009,66: 1665-1683.

[30] Humphreys W J. Intensity of precipitation[J]. Mon Wea Rev, 1919,47(10): 722-722.

[31] 张家诚,林之光. 中国气候[M].上海:上海科学技术出版社,1985.

[32] McBride J, Frank W. Relationship between stability and monsoon convection[J]. J Atmos Sci, 1999, 56: 24-36.

[33] Peppler R, Lamb P. Tropical static stability and North American growing season rainfall[J]. Mon Wea Rev, 1989,117: 1156-1180.

[34] Fankhauser J C, Crook N A, Tuttle J, et al. Initiation of deep convection along boundary layer convergence lines in a semitropical environment[J]. Mon Wea Rev, 1995,123: 291-314.

[35] Watson A I, Blanchard D O. The relationship between total area divergence and convective precipitation in South Florida[J]. Mon Wea Rev, 1984,112: 673-685.

[36] Bunkers M J. Vertical wind shear associated with left-moving supercells[J]. Wea Forecasting, 2002,17, 845-855.

[37] 丁一汇.高等天气学[M].北京:气象出版社,2005.

[38] Weisman M L, Klemp J B. The dependence of numerically simulated convective storms on vertical wind shear and buoyancy[J]. Mon Wea Rev, 1982,110: 504-520.

梅雨锋上短时强降水系统的发展模态

张小玲[1]　余蓉[2]　杜牧云[3]

(1 国家气象中心,北京 100081; 2 湖北省防雷中心,武汉 430074; 3 武汉中心气象台,武汉 430074)

摘　要　利用2010、2011年5—7月我国东部地区梅雨锋盛行期的58次强降水个例,对产生短时强降水的中尺度对流系统回波演变模态及其系统特征进行了统计分析。本文中短时强降水特指小时降水超过30 mm。结果表明,与梅雨锋相伴的短时强降水系统回波演变模态主要为纬向型、经向型、转向型和合并型四类。纬向型、经向型和70%的转向型发展模态中中尺度对流系统(MCS)呈线状,合并型则主要为卵状。纬向型、转向型和合并型MCS以后向传播为主,但它们的生命史、移速和产生强降水持续时间有很大差别:纬向型生命史最长,强降水持续时间比转向型短;三类发展模态中转向型移速最快,生命史较纬向型短,但强降水持续时间最长;合并型移动最慢,生命史最短,强降水持续时间也最短。经向型MCS前向传播为主,移动最快,系统持续史短,约为纬向型的一半,30 mm·h^{-1}、50 mm·h^{-1}以上强降水持续时间约为转向型的1/3和1/5。纬向型MCS可向东或向南移动,经向型MCS通常向东或向西运动,合并型MCS可往任意方向移动,并且只有该发展模态中MCS会向北运动。虽然转向型MCS带来的短时强降水(尤其50 mm·h^{-1}以上)持续时间最长,经向型和合并型MCS产生短时强降水持续时间短,但四类发展模态中MCS的回波强度和回波高度的统计特征无明显区别。推测强降水持续时间可能与MCS的传播关系更加密切:经向型和合并型MCS前向传播占很大比重,生命史和产生的强降水更短;转向型和纬向型MCS的后向传播比重大,尤其转向型中不存在前向传播,对应短时强降水持续时间最长。

关键词　短时强降水　发展模态　传播

1　引言

梅雨锋降水一直是国内外的研究热点。1950年代以来,陶诗言等从行星尺度的欧亚长波型式研究梅雨期降水的持续性[1-2]。1970年代以来,陶诗言等从梅雨锋暴雨的不均一性,天气尺度为中尺度运动提供背景,局地不稳定层结促进对流发展的角度研究梅雨锋暴雨的机制和预报要点[3-5]。2000年代以来,陶诗言等从多尺度角度,对梅雨锋上的暴雨及中尺度对流系统(MCS)发生发展环境场进行更加系统的分析研究[6-9]。

研究表明,在暴雨过程中导致灾害的往往是某个或某几个时段的极端降水[10-11]。诸多研究[12-21]指出受不同环境场条件影响,MCS呈现不同组织类型,并造成不同类型剧烈的天气和

本文发表于《大气科学》,2014,38(4):770-781。

不同强度的降水。因此，对中尺度对流系统(MCS)组织形态的认识对其发生发展具有理论意义和预报意义。

早期，MCS组织形态分类主要属于静态分类。Houze等[13]首次提出线状MCS比非线状的MCSs更易产生暴洪。他们的研究得到众多学者的认同，引导学者将暴洪的研究发展到主要对线状MCSs的研究。Parker[16−18]描述了常发生在美国中部的三种线状MCSs模式：尾随层状云(TS)降水、前导层状云(LS)降水、平行层状云(PS)降水；他们发现LS的MCSs比其他类型移动更缓慢，更易造成极端强降水和暴洪。Gallus等[21]更在此基础上，把对流性风暴分成了9种类型，并总结了每种系统所发生的天气现象，同时进一步证实线状MCSs更易造成洪灾。

静态分类没有考虑MCS中单体的移动和传播。近年，以Schumacher和Johnson为首的学者提供了认识MCS的组织、演变和结构特征新思路，Schumacher等[19−20]挑选了1999—2003年期间发生在美国东部的184个强降水个例，不仅证实65%的极端降水是由MCS造成的，同时也发现了三种产生极端降水的主要类型：第一种是邻接层状单向发展(TL/AS)线状MCS，其特征是一个典型的东西向对流线平行于准静止锋边界，在边界的冷侧伴随由西向东的对流单体，层状云在对流线北侧移动；TL/AS的单体几乎没有垂直于对流线方向的运动，这也明显区别于TS、LS型MCS；这种运动特性常造成沿线状对流系统方向产生持续性的强对流降水。第二种是准静止后向建立(BB)MCS，其层状云在下游，新单体常在上游流出边界同一地方反复产生，从而造成很大的局地降水，其单体运动方向与传播方向相反。他与Parker等[16]提出的PS型MCS的区别是对流线几乎原地不动，整个系统(包括对流单体和层状云)常呈东西向。第三种是TS型MCS，对流线南部变为东西向，几乎与整个中尺度对流系统的运动方向一致，导致新单体和强降水都在南端尾部产生。

上述三种产生极端降水的MCS(TL/AS、BB、TS)的组织结构在世界其他地区，包括亚洲季风区均存在，BB型MCS常造成东亚的极端降水[22−24]。TS、LS、PS型MCS也常导致东亚夏季风期间的强降水[19,25]。Zheng等[26]对我国东部地区产生冰雹、雷暴大风和短时强降水等强对流天气的MCS组织类型进行了干湿环境下的统计分析，王晓芳等[27]则在分析长江中下游地区梅雨期MCS的类型和活动特征时不仅发现了TS、LS、PS、BB、TL/AS、BL型MCS，还发现了两种新形态：镶嵌线状MCS(EL)、长带层状云降水MCS(LL)。EL在雷达回波拼图上，表现为几条(一般为3条或以上)间隔距离几乎相等、模态相似的短带回波平行排列成一条对流线。EL形成后移动较慢，几乎是静止的，一般持续5～6 h，常给所经地域带来大范围的短时强降水天气。LL在雷达回波拼图上呈现为一条长长的几乎都为强度小于40 dBZ的层状回波带，回波组织性好。LL是梅雨期长江流域常见的MCS，尽管逐时降水强度不强，但因移动缓慢，持续时间长，所经之地累计降水量大。

上述组织形态分类主要基于系统生命期中最主要的形态。在对流天气系统发生发展过程中，其形态和结构是不断演变的，如Loehrer等[15]在研究中发现，无组织型、线型、后向发展型和交叉对流带型都会发展为不对称TS结构。Hilgendorf等[28]则认为，TS型系统虽然通常在整个生命期间都将保持TS结构，但在后期其结构会由对称向反对称转变。Parker等[16]也提到他们对暴洪的分类主要基于系统生命史中表现出的主要组织形式进行分类，而许多系统在其生命期间频繁地从一种模态转变成另一种模态。在他们研究的线型MCS中，50%个例最初具有TS结构并在生命期保持，而最初具有LS特征的MCS约有30%演变成了TS结构，而有 58%的 PS 结构会演变成 TS 结构。为此，本文主要利用雷达回波资料，根据产生强降水过程中 MCS 的主要发展演变特征，统计分析我国东部地区（具体研究区域参见图 1）梅雨锋降水期间产生短时强降水的 MCS 演变类型和活动特征，以求获取这类 MCS 的雷达回波形态演变规律，为短时强降水的短时临近分析预报提供参考。

2　资料与方法

2.1　资料

本文使用的 2010—2011 年 5—7 月资料包括：国家气象信息中心提供的全国逐小时降水资料，用于强降水个例的选取和降水特征统计；中国气象局大气探测中心提供的逐 10 min 水平分辨率 1 km×1 km 的雷达组合反射率拼图产品，用于强降水个例的筛选；国家气象信息中心提供的逐 6 min 新一代多普勒天气雷达基数据资料，用于 MCS 的发展模态及特征统计分析。

2.2　方法

梅雨锋雨带通常横跨几百到上千公里，但雨带中降水分布非常不均匀，强降水尤其短时强降水通常局限在 β 中尺度范围内。本文选取 2010、2011 年 5—7 月我国东部梅雨锋盛行区域的短时强降水个例，参考 Schumacher 等[19-20]、Gallus 等[21]对产生极端强降水和对流风暴的 MCS 的分类研究，利用雷达组合反射率因子资料，根据产生短时强降水的 MCS 发生发展期间回波形态的演变特征，对 MCS 进行分类研究，并对不同类型的 MCS 的发生、移动、强度、生命史及其导致的短时强降水的强度和持续时间进行统计分析。

降水强度大于 20 mm · h^{-1}是国家气象中心短时强降水的业务标准。我国梅雨锋盛行期间，降水强度大。为了使样本更具代表性，本文选取的 2010 年、2011 年 5—7 月短时强降水个例中，最强降水率超过 30 mm · h^{-1}，且降水率大于 20 mm · h^{-1}的雨区呈团状出现。短时强降水个例均伴随梅雨锋的发生发展，位于我国东部梅雨锋盛行区域（图 1）。在这个区域，由于雷达站的分布不均一，雷达型号也不相同，本文中均采用单部雷达资料进行分析。因此，在选取个例时，同时要求在降水区域内，至少有一个雷达站点具有完整的雷达基数据。也就是说，由于山地的遮挡作用使某些雷达组合反射率失真严重，强降水位于雷达探测有效范围外，单站雷达资料难以完整、真实地反映系统发生发展的过程、雨量站资料与雷达回波无法匹配且无其他文档资料能确认该区域发生强降水的个例均不作为本文的研究样本。因此，最终本文选取了 58 个位于华南、江南和江淮流域的短时强降水个例进行统计分析（图 1）。

在对 MCS 发展阶段的演变特征进行统计分析前，首先需要挑选强降水个例发生期间资料完整、形态结构清晰的 MCS 的雷达回波形态样本。产生强降水的雷达回波形态复杂多样，且随着系统的发展不断演变。为了便于分析，本文仅对组织化发展的强降水系统进行分析研究。参考国内外的研究[16,19-21,27]，中尺度对流系统回波样本选取标准为：组合反射率因子大于 30 dBZ，且雷达回波面积超过 100 km；最大回波强度 45 dBZ 以上；系统持续时间 3 h 以上。在这些 MCS 的回波样本中，本文重点分析了线状、卵状、涡旋状形态的 MCS 的发展演变模态。综合参考国外关于线状、卵状、涡旋状的已有定义标准[16,21]，并结合降水个例的实际情

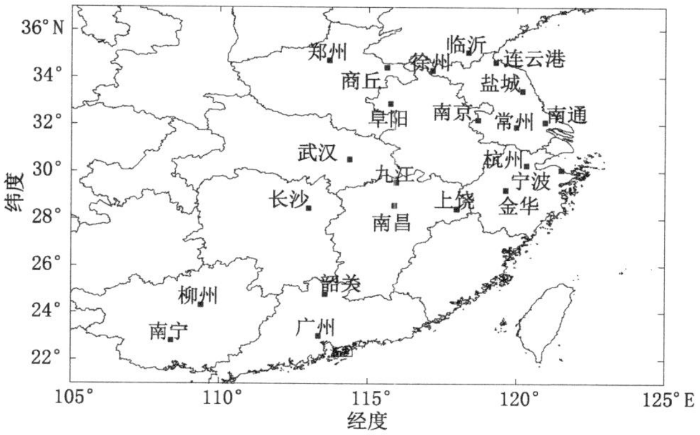

图 1　本文选取的 58 个短时强降水个例发生区域及雷达站点分布

况，本文中组合反射率因子大于 40 dBZ 的雷达回波连接成线状、长度在 70 km 以上、且长度至少是宽度的 3 倍并能持续 2 h 以上的系统定义为线状 MCS(图 2a)；雷达回波非线状，或线状长度在 70 km 以下，最强回波以分离或孤立形式存在的为卵状 MCS(图 2b)；雷达回波呈现为涡状结构的则为涡状 MCS(图 2c)。回波形态的分类采用单站雷达的组合反射率因子图像进行主观分析。雷达基数据处理软件(包括必要的质量控制和组合反射率图象显示)由南京大学提供。利用该套软件，已开展一系列的中尺度对流系统发生发展研究[29－31]。

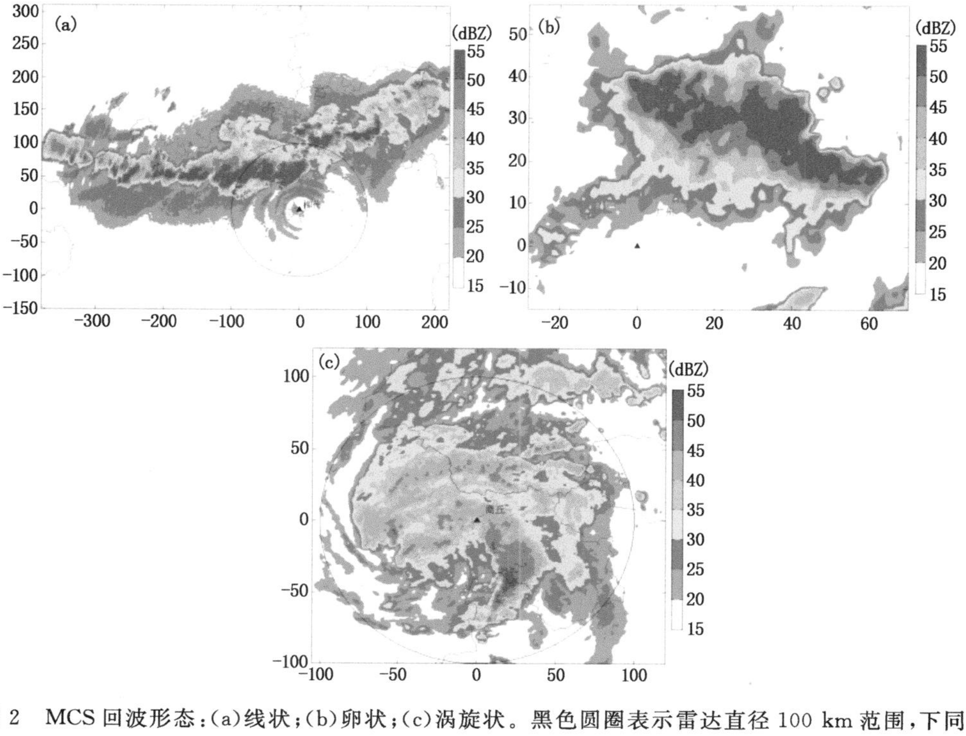

图 2　MCS 回波形态：(a)线状；(b)卵状；(c)涡旋状。黑色圆圈表示雷达直径 100 km 范围，下同

3　梅雨锋上短时强降水系统发展模态

根据 MCS 发生发展阶段回波形态演变特征，与梅雨锋相伴的 58 个短时强降水个例中，线状、卵状和涡旋状 MCS 的发展模态主要有四类：纬向型、转向型、经向型和合并型。所有样本中有 2 例难以判断的强降水系统归为其他型，不作为本文的研究内容。图 3 为 MCS 的四类演变过程示意图。图 4 则为四类发展模态中线状、卵状和涡旋状 MCS 回波形态所占比例分布图。纬向型、经向型和 70％的转向型发展模态出现在线状 MCS 中。涡旋状 MCS 主要发展模态为转向型；而 81.8％的合并型发展模态出现在卵状 MCS 中，另外 18.2％则出现在线状对流中。合并发展模态中线状对流长度一般不超过 80 km，比其他发展模态的线形更窄(图略)。

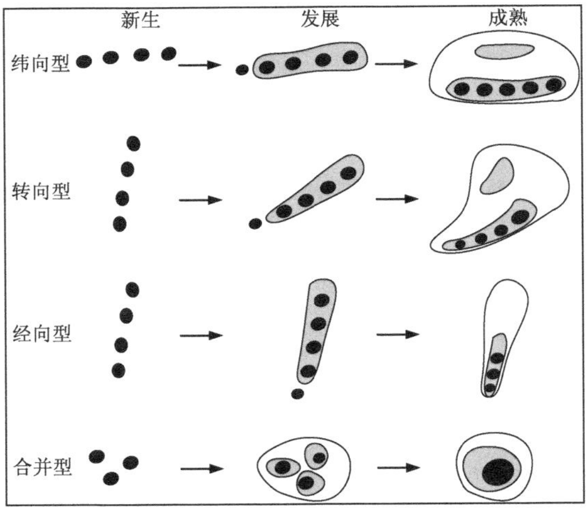

图 3　梅雨锋上引发短时强降水的 MCS 四类演变过程示意图
(阴影由浅到深表示雷达回波强度由小到大)

3.1　纬向型

在 58 次短时强降水过程中，纬向型发展模态为 10 例，占 17.3％，其 MCS 回波形态均为线状(图 4)。该发展模态中对流线一般呈东西向分布，层状云主要位于对流线北部(图 3)。2010 年 6 月 19 日午后至夜间发生在贵州东南部—广西中北部的降水过程即受典型的纬向型短时强降水系统影响。

2010 年 6 月 19 日 16:00(北京时，下同)，在贵州东南部—湖北西南部有对流系统生成，系统生命史长达 20 h。其中，连续 18 h 的降水率超过了 30 mm · h^{-1}，且降水率大于 50 mm · h^{-1} 的持续时间也达到了 8 h，20 日 00:00—01:00 时段更是产生了 84 mm 的极强降水。图 5 为 19 日 17:59、20 日 00:10 和 03:03 柳州雷达组合反射率因子图。19 日 16:30，贵州东南部有几个小对流单体生成(图略)，随后发展、合并，并向南移动，于 17:59 形成一条东西向的对流线(图 5a)；系统继续南移并不断发展，对流线西端和南侧不断有新单体生成，即同时存在前向和后向传播，系统移动速度为 45 km · h^{-1}。20 日 00:10 对流线北部开始出现层状云(图 5b)，84 mm · h^{-1} 的极强降水就发生在这期间的对流线上。03:03，雷达回波形态表现出清晰的 TL/AS 型特征

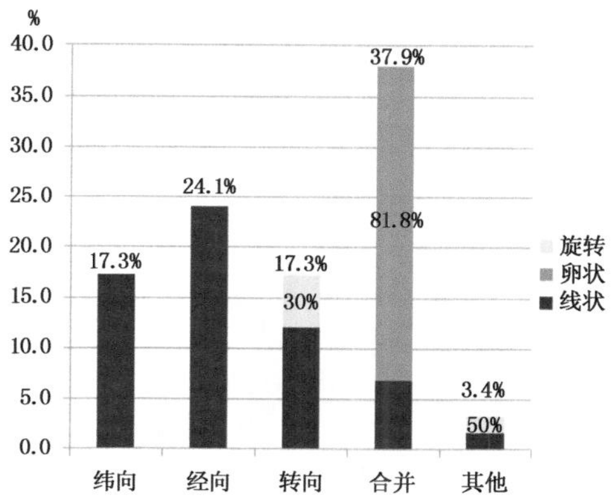

图 4 纬向型、经向型、转向型、合并型发展模态及 MCS 回波形态所占比例分布图
(其中柱形顶端标值表示各发展模态所占比率,柱形中标值为不同形态在各发展模态中的比率)

(图 5c)。此形态特征持续了 12 h,极端降水沿对流线产生,并随锋面继续南移。

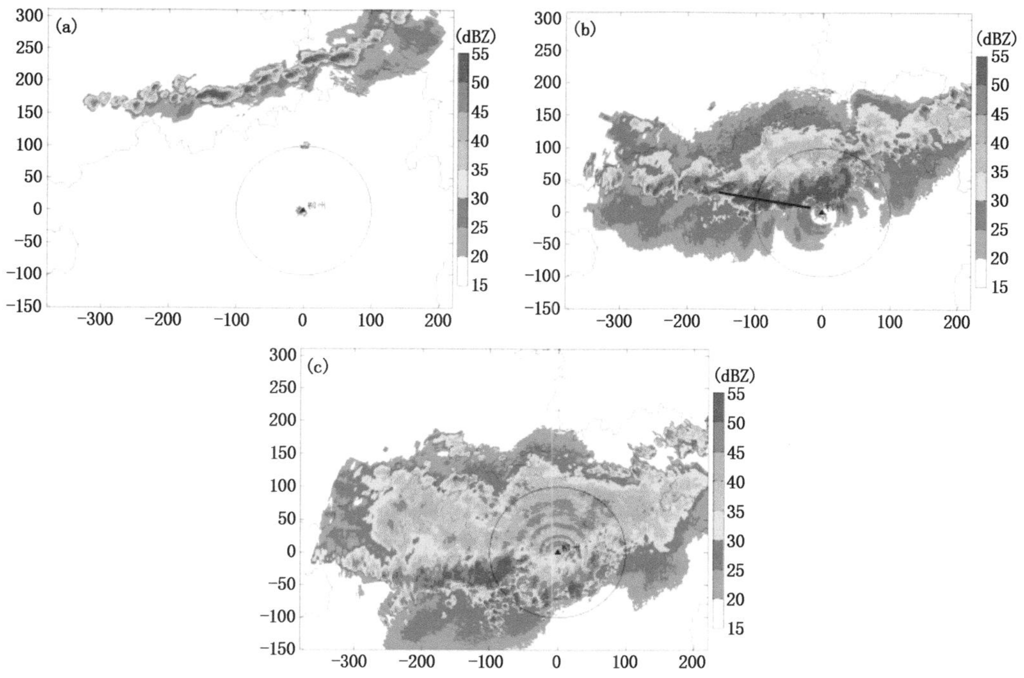

图 5 2010 年 6 月(a)19 日 17:59、(b)20 日 00:10、(c)20 日 03:03 柳州雷达组合反射率因子(单位:dBZ)

沿图 5b 中黑色实线所在对流线的反射率因子垂直剖面(图 6a)可见,在中尺度强降水系统中,内嵌了多个 γ 中尺度对流。强回波呈直立的柱状分布,50 dBZ 回波顶高最高可达 8 km,最强回波也达到了 60 dBZ,其顶高为 7 km,3~8 km 的高度区间内均有强回波,表明该系统内部上升运动非常强烈。

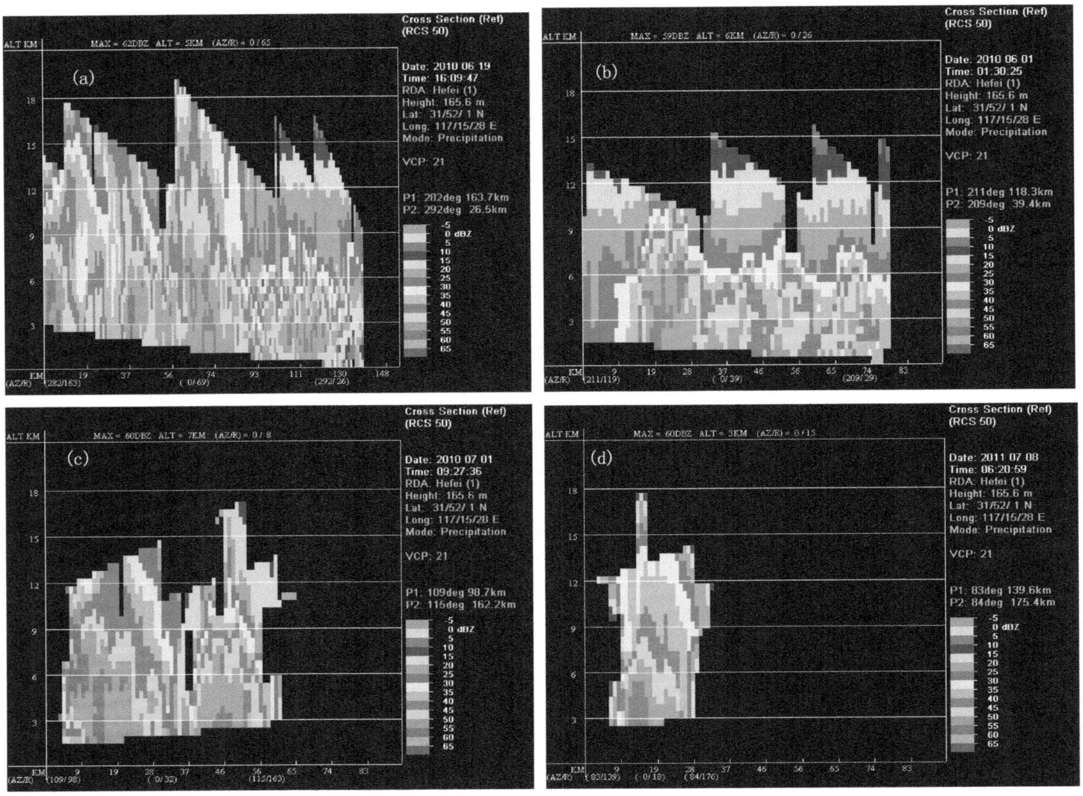

图 6　(a)2010 年 6 月 20 日 00:10 柳州站；(b)2010 年 6 月 1 日 09:30 柳州站；(c)2010 年 7 月 1 日 17:28 郑州站；(d)2011 年 7 月 8 日 14:21 金华站雷达反射率因子(单位:dBZ)垂直剖面

3.2　经向型

在 58 次短时强降水过程中，经向型发展模态 14 例，占 24.1%(图 4)。这类发展模态中，MCS 也均为线状对流，但对流线一般呈南北向分布，层状云通常出现在对流线的西北部或北部，有时没有层状云(图 3)。2010 年 7 月 1 日午后至夜间发生在郑州中南部的降水过程即受典型经向型发展的短时强降水系统影响。

2010 年 7 月 1 日，在河南东部有对流系统生成，系统生命史为 9 h。其中，降水率在 30 mm · h^{-1}、50 mm · h^{-1}以上的持续时长分别为 2 h、1 h，峰值降水出现在 17:00—18:00，为 65 mm。从 7 月 1 日午后郑州雷达组合反射率因子图(图 7)可见，14:12 河南中部开始有多个对流单体生成(图 7a)；2 h 内对流单体发展合并成一条对流线，整体上呈南北纵向分布，并继续东移(图 9b)；17:28 对流线西南侧和东侧不断有新单体生成，表明系统同时存在前向和后向传播，且在对流线北部(图 7c 中小黑圆圈处)产生了 65 mm · h^{-1}的最强降水率。1 h 后系统开始迅速消散。该系统移速较快，约 55 km · h^{-1}，因此，强降水过持续时间并不长。

沿图 7c 中黑色实线所在对流线反射率因子的垂直剖面(图 6b)可见，γ 中尺度系统内嵌在该强降水系统中。系统的垂直运动比较旺盛，30 dBZ 的雷达回波顶高延伸到 10 km，最强回波为 57 dBZ，其回波顶高为 4 km，强回波出现在 2～5 km 的高度范围内。与 2010 年 6 月 19

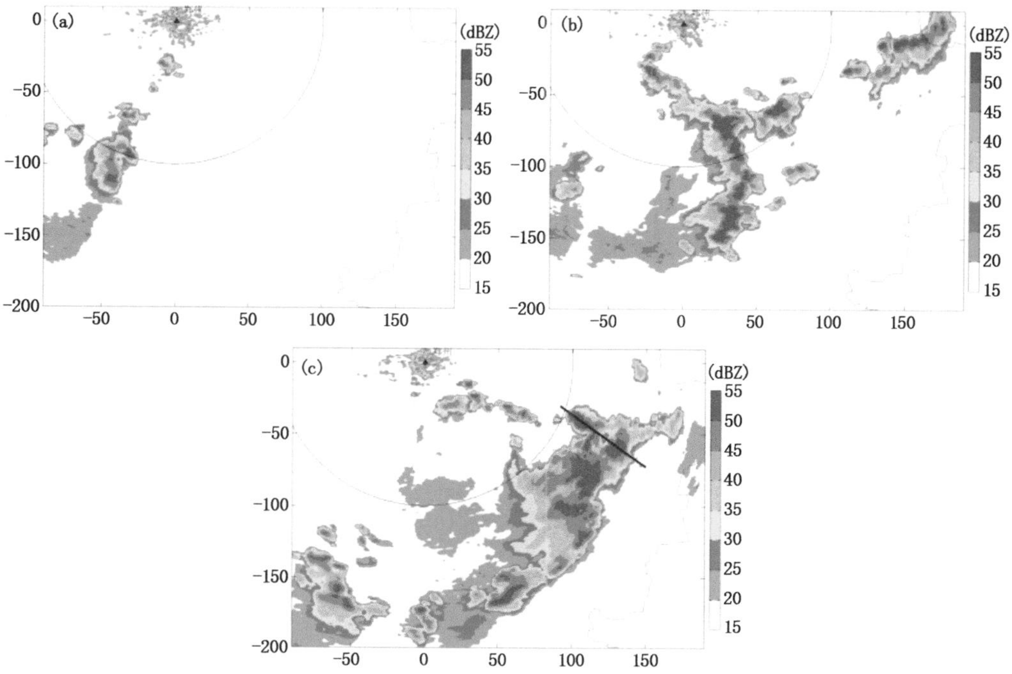

图 7　2010 年 7 月 1 日(a)14:12、(b)16:02、(c)17:28 郑州雷达组合反射率因子

日发生在贵州东南部—广西北部的强降水系统相比,此次降水系统的回波顶高更高,但强回波的强度却相对较弱,其小时降水量也更小。

3.3　转向型

在 58 次短时强降水过程中,转向型发展模态也有 10 例,占 17.3%;这类模态中 70% MCS 呈线状,30%呈涡旋状(图 4)。在系统初生阶段对流线呈经向型(纬向型)分布,随系统发展,在系统成熟阶段纬向型(经向型)分布(图 3)。本文 10 个转向型发展的 MCS 中,9 个为经向转纬向。2010 年 5 月 30 日傍晚至次日凌晨发生在广西中北部的降水过程即受典型转向型短时强降水系统影响。

2010 年 5 月 31 日至 6 月 1 日,在广西北部发生了一次极端降水过程。该过程降水持续时间长达 21 h。其中,降水率在 30 mm · h^{-1}以上的持续时间为 17 h,而 50 mm · h^{-1}以上的降水时长也达到了 11 h,并在 6 月 1 日 09:00—10:00 产生了 76 mm 的最强降水。图 8 为这期间柳州雷达组合反射率因子图。31 日 22:03,广西西北部有多个孤立对流单体发展(图 8a)。随着锋面南移(图略),对流单体合并为西北—东南走向的对流线,对流线的东北部有层状云出现,并伴随短时强降水的发生(图 8b)。由于该过程中锋面上伴随有中尺度低涡在广西发展,强降水系统中的对流线由准南北向转为东西向,并向南移动。这期间,新单体不断在系统的西北部生成。到 09:30,对流线已呈现出明显的纬向型特征(图 8c)。这时也出现了该过程的最强降水,此后系统向偏东方向移动。此过程中,对流系统为后向传播,移动速度为 40 km · h^{-1}。

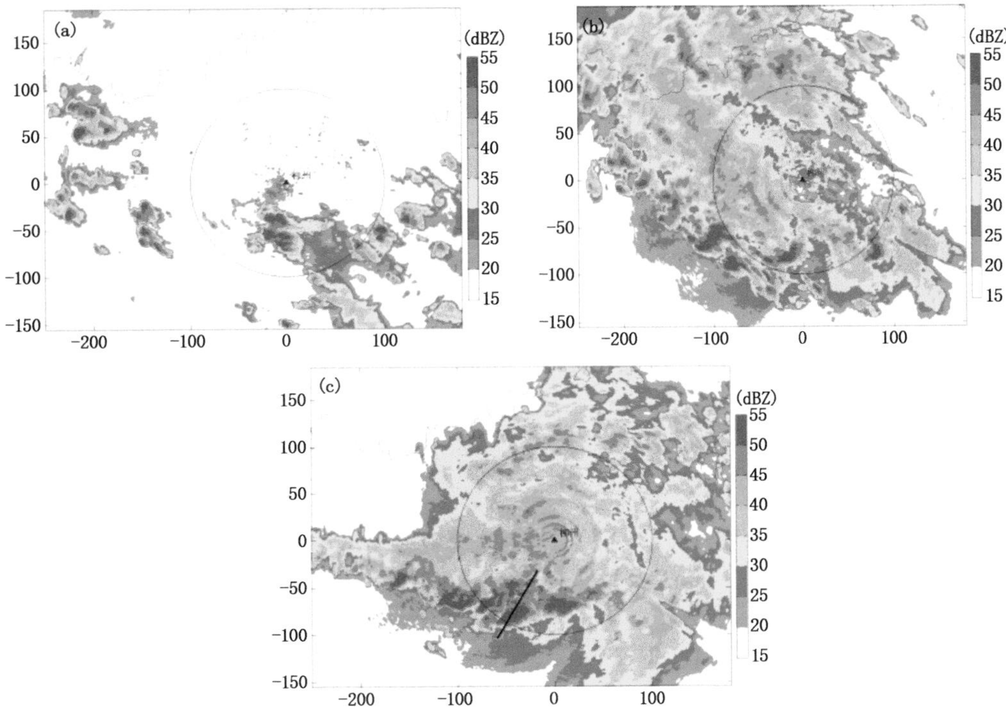

图 8　2010 年(a)5 月 31 日 22:03、(b)6 月 1 日 03:20 和(c)6 月 1 日 09:30 柳州雷达组合反射率因子(单位:dBZ)

沿图 8c 中黑色实线所在的对流线反射率因子的垂直剖面(图 6c)可见,此次强降水过程系统垂直结构与 2010 年 6 月 19 日广西北部的强降水过程相类似,即多个 γ 中尺度系统内嵌在 β 中尺度降水系统中。76 mm・h^{-1}的最强降水发生时,50 dBZ 的回波顶高伸展到了 4 km 的高度,最强回波也达到了 57 dBZ,延伸到 2 km,且强回波出现在 1～3 km 的高度范围内。但相较于 6 月 19 日的强降水系统,最强回波略小,系统上升运动不如前者强烈,但回波质心更低。

3.4　合并型

在 58 次短时强降水过程中,合并发展的强降水系统最多,为 22 例,占 37.9%(图 4)。该模态中,81.8%的 MCS 呈卵状结构,另外 18.2%为线性对流。这些对流线比较窄,长宽比大于 4∶1(图略)。合并发展型是由多个小对流单体合并发展成具有统一上升气流的卵状或狭窄对流带的云团(图 3)。此类系统较少移动,且新单体一般在其后部生成。2011 年 7 月 8 日午后发生在浙江东部的降水过程即受典型的合并发展型短时强降水系统影响。

2011 年 7 月 8 日,浙江大部地区出现了短时强降水,其中,14:00—15:00 在浙江省东部的宁海地区产生了 94 mm 的最强降水。该降水系统的生命史并不长,约 3 个小时,但在整个生命史内都产生了大于 30 mm・h^{-1}的强降水。7 月 8 日 13:15,在浙江东部开始有对流单体生成(图 9a);随后半小时不断有单体在同一地区生消,36 分钟后,部分对流单体合并,并一起缓慢向东北移动(图 9b);在移动的过程中对流系统迅速发展、北扩伸,形成了具有统一上升气流的卵状系统,并在浙江省宁海地区产生了极端强降水(图 9c)。

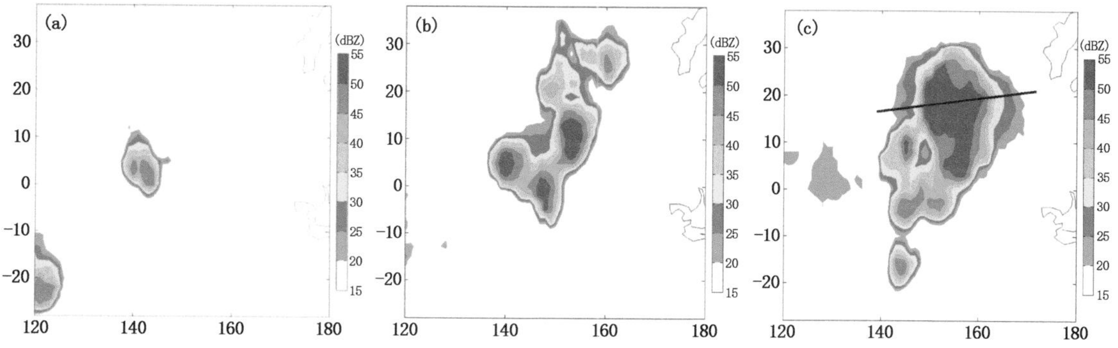

图 9　2011 年 7 月 8 日(a)13:15、(b)13:51、(c)14:21 金华雷达组合反射率因子(单位:dBZ)

沿图 9c 中黑色实线所在对流线反射率因子的垂直剖面(图 6d)可见,该系统中 30 dBZ 回波顶高可伸展到 11 km,强回波出现在 1.5～3 km 的高度范围内,并呈柱状分布,说明该系统垂直结构发展旺盛,上升运动非常强烈。与其他三类发展模态相比,该类模态中 MCS 的质心最低,加之系统较少移动,导致该过程中降水强度最大,最强达到 94 mm · h^{-1}。

4　短时强降水系统发展模态的统计特征

在 58 个短时强降水个例中,MCS 的传播方式以后向传播为主,占总数的 48.3%;其次是前后向传播(即同时存在前向和后向传播),占 27.6%;前向传播约为 20.7%(图略)。此外,有 2 例 MCS 传播特征不明显,以单体合并的方式发展,不作为四类发展模态的传播方式统计样本。图 10 是四类发展模态中对流单体传播方向统计特征。除经向发展的 MCS 以前向传播为主(占 42.8%),其余三种发展模态中 MCS 均以后向传播为主,纬向发展和转向发展的 MCS 后向传播特征更为明显,分别高达 60%和 70%。四类发展模态中,20%～30%的 MCS 存在前后向传播并存特征。值得注意的是转向型发展模态中 MCS 没有前向传播方式。

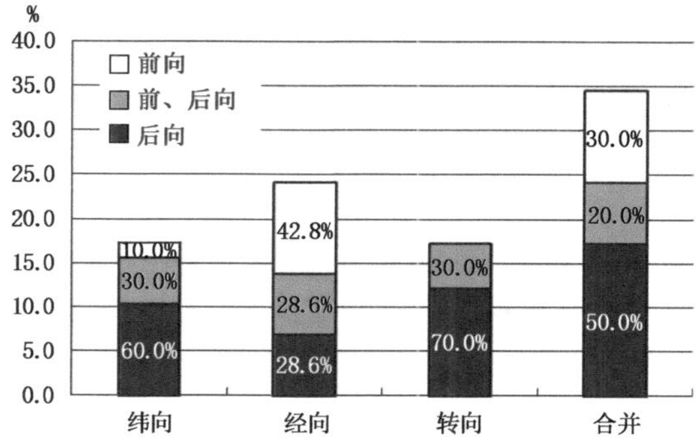

图 10　发展模态与传播方向的关系

由于我国处于盛行西风带,MCS 的移动方向主要以自西向东移动为主。约有 57%的系统向偏东方向移动;在偏东方向移动的系统中,约 43%向正东方向移动,33%向东南方向移动,剩余 24%则向东北方向移动。除此以外,向偏西、偏南、偏北方向移动的 MCS 分别占

25.8%、8.6%和 8.6%(图略)。图 11 为各发展模态中 MCS 移动方向的统计特征。除合并发展的 MCS 偏西移动为主(占 40.9%),其余均以偏东移动为主。纬向型和转向型发展的 MCS 中东移的概率分别是 70%和 90%,其余则为向南运动。经向型 MCS 东移(占 57.1%)略多于西移(占 42.9%)。只有合并发展的 MCS 会向北运动。

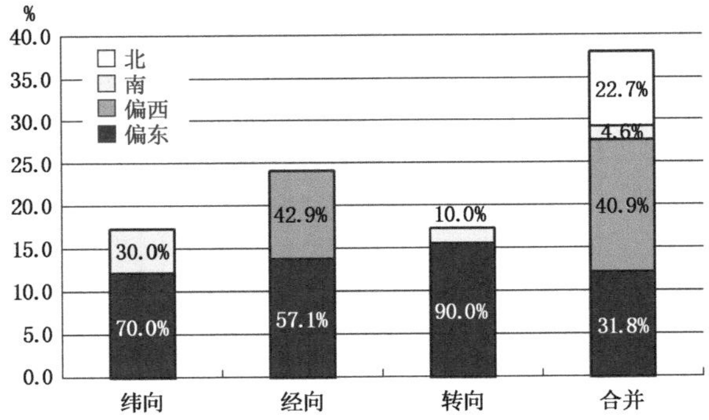

图 11　发展模态与移动方向的关系

图 12 是四类发展模态中 MCS 的移速、持续时间、强度及产生的短时强降水持续时间统计特征的箱线图。从图 12a 可见,合并发展的 MCS 移动最缓慢,平均移速为 23.7 km·h^{-1},90%在 35 km·h^{-1}以下。其次是纬向型 MCS,75%移速在 33.5 km·h^{-1}以下,平均速度为 29 km·h^{-1}。经向型 MCS 移速最快,50%移速超过 40 km·h^{-1},最小(最大)移速 33 km·h^{-1}(58 km·h^{-1}),这可能与其以前向传播、东移为主有关系。

四类发展模态的 MCS 系统持续时间差别很大(图 12b)。纬向型和转向型 MCS 生命史更长。前者系统持续时间均超过 10 h,平均持续史最长(15.1 h),50%持续时间超过 15 h;后者平均持续时间 14.6 h,50%持续时间超过 15 h,特别是有 10%持续时间大于 21.4 h。经向型和合并型的 MCS 持续时间都很短,约为纬向型和转向型的一半。90%经向型持续时间不超过 10 h,50%在 5 h 内。合并型的生命史最短,没有出现 10 h 以上的长生命史 MCS,90%的系统持续史为 3～6 h。

虽然纬向型 MCS 平均持续时间最长,但产生的 30 mm·h^{-1}以上短时强降水持续时间却小于转向型 MCS,尤其 50 mm·h^{-1}更加明显(图 12c 和 d)。90%的纬向型 MCS 带来的 30 mm·h^{-1}的强降水时长大于 7 h,均值为 10.3 h;而 50 mm·h^{-1}以上降水时长均值为 4 h,50%在 5.75 h 以上。转向型 MCS 产生 30 mm·h^{-1}(50 mm·h^{-1})以上降水的平均持续时间为 11.7 h(5.6 h),50%的系统带来 30 mm·h^{-1}(50 mm·h^{-1})以上降水的时长超过 10 h(4.2 h)。经向型和合并发展型 MCS 带来的 30 mm·h^{-1}和 50 mm·h^{-1}以上的强降水持续时间明显缩短,最长不超过 5 h,其中 90%的 MCS 带来的 50 mm·h^{-1}以上降水在 2 h 内。这与经向型和合并发展型的 MCS 的生命史短相对应。

虽然经向型和合并发展型的 MCS 生命史短,产生短时强降水的持续时间也很短,但四类发展模态中 MCS 在 30 dBZ 回波顶高、最强回波强度和最强回波高度的统计特征方面,并无明显区别(图 12e、f 和 g)。事实上,从 58 个与梅雨锋相伴的短时强降水系统产生的 30 mm·h^{-1}和 50 mm·h^{-1}强降水与 MCS 的传播方向统计关系则有规律可行:前向传播的 MCS 带来的短时强降水持续时间最短,前后向传播并存的 MCS 带来的 50 mm·h^{-1}极端降水持续时间

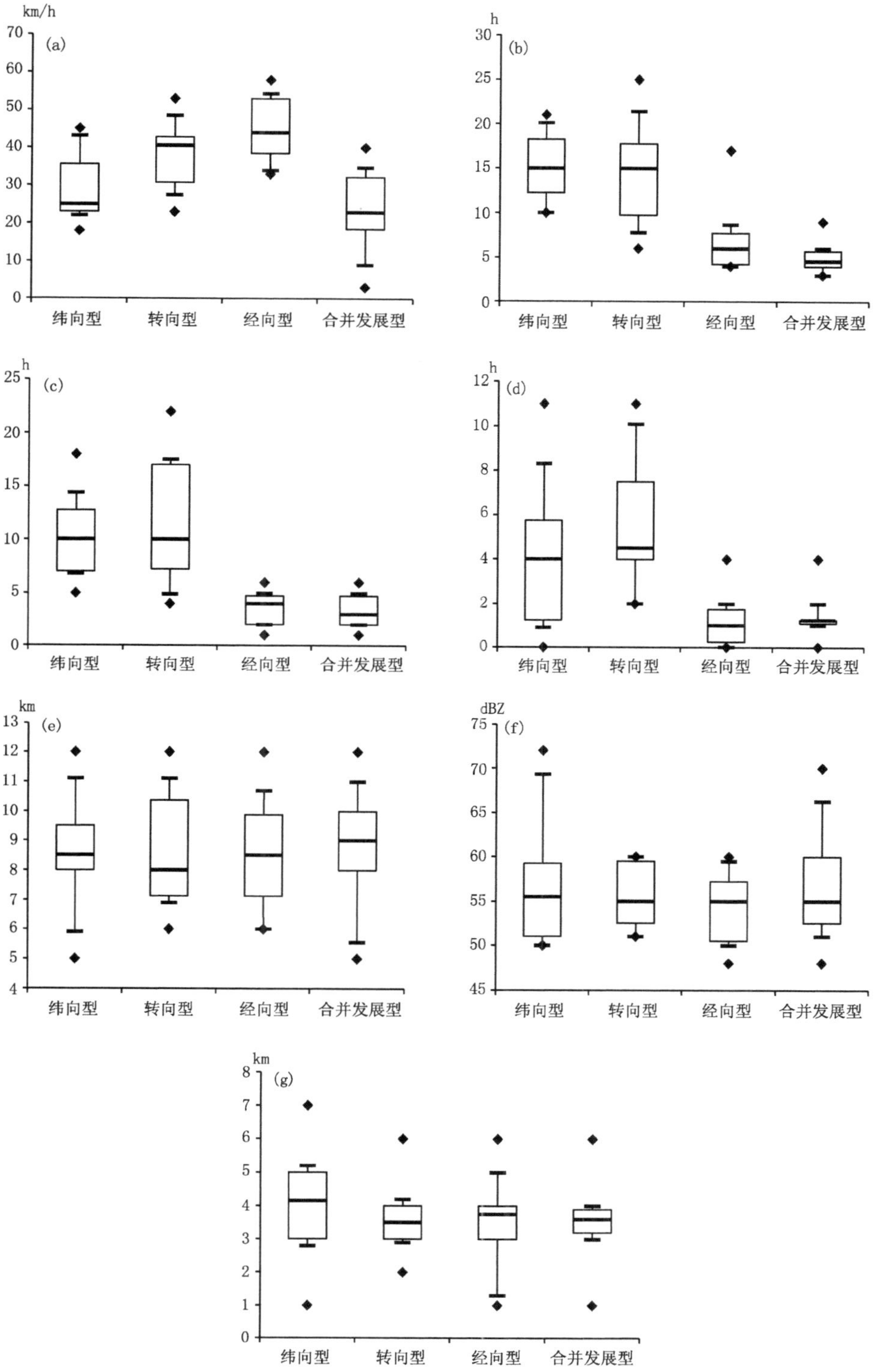

图 12　四类发展模态中 MCS(a)移速、(b)生命史、(c)产生 30 mm · h^{-1}强降水持续时间，(d)产生 50 mm · h^{-1}强降水持续时间，(e)30 dBZ 回波顶高，(f)最强回波，(g)最强回波高度统计特征。◆表示最大值或最小值，箱线顶端和低端表示 10%和 90%，箱线方框的下线、中线和上线分别表示下四分位数、中数和上四分位数

最长,50%在 4 h 以上(图 13)。结合图 10 可以发现,经向型和合并型中 MCS 前向传播占很大比重,分别为 42.85%和 30%,对应短生命史和更短的强降水;转向型和纬向型中 MCS 的前后向传播比重均很大,但转向型中不存在前向传播,对应短时强降水持续时间最长,尤其 50 mm · h^{-1}以上极端降水表现明显。

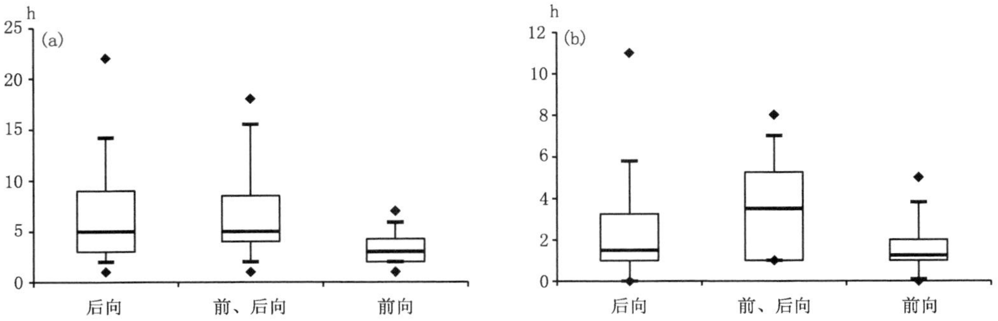

图 13　(a)30 mm · h^{-1}和(b)50 mm · h^{-1}以上短时强降水持续时间在 MCS 前向、后向和前后向传播中的统计特征。◆表示最大值或最小值,箱线顶端和低端表示 10%和 90%,箱线方框的下线、中线和上线分别表示下四分位数、中数和上四分位数

5　结论

本文主要利用 2010—2011 年 5—7 月全国加密且已经过质量控制的自动站逐小时降水资料、雷达基数据和拼图资料,挑选了发生在我国黄河以南梅雨锋盛行区域 58 个与锋面相伴的短时强降水个例,对产生短时强降水的中尺度对流系统发展演变、传播、移动、结构和产生的强降水进行了统计分析,得到如下结论:

(1)根据对流系统的演变特征,梅雨锋上的线状、卵状和涡旋状短时强降水系统可分为四类发展模态:纬向型(17.3%)、转向型(17.3%)、经向型(24.1%)和合并型(37.9%)。纬向型、经向型和 70%的转向型发展模态中短时强降水系统为线状中尺度对流系统,而合并型主要为卵状 MCS。

(2)纬向型 MCS 对流线呈东西向分布,层状云常位于对流线北部,后向传播为主,移动缓慢,生命史最长,但强降水持续时间比转向型 MCS 短。转向型 MCS 在系统初生阶段对流线呈准南北向分布,系统成熟阶段转为准东西向分布,后向传播为主,系统移速比纬向型 MCS 快,生命史则稍短,但其强降水持续时间最长。经向型 MCS 的对流线一般呈南北向分布,前向传播为主,移动最快,系统持续史短,约为纬向型的一半,30 mm · h^{-1}、50 mm · h^{-1}以上强降水持续时间约为转向型的 1/3 和 1/5。合并型 MCS 是由多个孤立对流单体合并发展成具有统一上升气流的卵状或狭窄对流带的云团,后向传播为主,移动最慢,持续史最短,产生的短时强降水持续时间最短。

(3)纬向型 MCS 可向东或向南移动,经向型 MCS 通常向东或向西运动,合并型 MCS 可往任意方向移动,并且只有该发展模态中 MCS 会向北运动。

(4)虽然转向型 MCS 带来的短时强降水(尤其 50 mm · h^{-1}以上)持续时间最长,经向型和合并型 MCS 产生短时强降水持续时间短，但四类发展模态中 MCS 的回波强度和回波高度的统计特征无明显区别。推测强降水持续时间可能与 MCS 的传播关系更加密切：由于前向传播的 MCS 产生的短时强降水持续时间最短，前后向传播并存的 MCS 带来的 50 mm · h^{-1} 极端降水持续时间最长，而经向型和合并型中 MCS 前向传播占很大比重，导致短生命史和更短的强降水；转向型和纬向型中 MCS 的前后向传播比重均很大，但转向型中不存在前向传播，对应短时强降水持续时间最长，尤其 50 mm · h^{-1}以上极端降水。

上述结论仅利用梅雨锋降水的局部盛行区域 2 年的 58 个短时强降水个例统计分析获取，未来仍需利用更多的个例以求获得更具普遍性和完整性的结论。此外，MCS 的发展模态及其运动和结构特征与它们发生发展的环境场关系也值得探究。

致谢 感谢国家气象信息中心提供雷达基数据和逐小时降水资料，感谢南京大学提供雷达基数据处理软件。

参考文献

[1] 陶诗言，赵煜佳，陈晓敏．东亚的梅雨期与亚洲上空大气环流季节变化的关系 [J]．气象学报，1958，29(2)：119-134.

[2] 陶诗言，卫捷，张小玲．2007 年梅雨锋降水的大尺度特征分析 [J]．气象，2008，34(4)：3-15.

[3] 陶诗言．有关暴雨分析预报的一些问题 [J]．大气科学，1977，1(1)：64-72.

[4] 陶诗言．中国之暴雨 [M]．北京：科学出版社，1980：66-90.

[5] 张小玲，陶诗言，孙建华．基于“配料”的暴雨预报 [J]．大气科学，2010，34(4)：754-756.

[6] 陶诗言，张小玲，张顺利．长江流域梅雨锋暴雨灾害研究 [M]．北京：气象出版社，2003：192.

[7] 张顺利，陶诗言，张庆云，等．长江中下游致洪暴雨的多尺度条件 [J]．科学通报，2002，47(6)：467-473.

[8] 张小玲，陶诗言，张顺利．梅雨锋上的三类暴雨 [J]．大气科学，2004，28(2)：187-205.

[9] 孙建华，张小玲，齐琳琳，等．2002 年中国暴雨试验期间一次低涡切变上发生发展的中尺度对流系统研究[J]．大气科学，2004，28(5)：675-691.

[10] Doswell III C A. Flash flood-producing convective storms: Current understanding and research. Proc U S－Spain Workshop on Natural Hazards, Barcelona, Spain[J]. National Science Foundation, 1994: 97-107.

[11] Doswell III C A, Brooks H E, Maddox R A. Flash flood forecasting: An ingredients-based methodology [J]. Wea Forecasting, 1996, 11(4): 560-581.

[12] Bluestein H B, Jain M H. Formation of mesoscale lines of precipitation: Severe squall lines in Oklahoma during the spring [J]. J Atmos Sci, 1985, 42(16): 1711-1732.

[13] Houze R A Jr, Smull B F, Dodge P. Mesoscale organization of springtime rainstorms in Oklahoma [J]. Mon Wea Rev, 1990, 118(3): 613-654.

[14] Schiesser H H, Houze R A Jr, Huntreiser H. The mesoscale structure of severe precipitation systems in Switzerland [J]. Mon Wea Rev, 1995, 123(7): 2070-2097.

[15] Loehrer S M, Johnson R H. Surface pressure and precipitation life cycle characteristics of PRE-STORM mesoscale convective systems[J]. Mon Wea Rev, 1995, 123: 600-621.

[16] Parker M D, Johnson R H. Organizational modes of midlatitude mesoscale convective systems [J]. Mon Wea Rev, 2000, 128(10): 3413-3436.

[17] Parker M D, Johnson R H. Simulated convective lines with leading precipitation. Part Ⅰ: Governing

dynamics [J]. J Atmos Sci,2004,61(14): 1637-1655.

[18] Parker M D, Johnson R H. Structures and dynamics of quasi-2D mesoscale convective systems [J]. J Atmos Sci, 2004,61(5): 545-567.

[19] Schumacher R S, Johnson R H. Organization and environmental properties of extreme-rain-producing mesoscale convective systems [J]. Mon Wea Rev, 2005,133(4): 961-976.

[20] Schumacher R S, Johnson R H. Characteristics of United States extreme rain events during 1999—2003 [J]. Wea Forecasting, 2006,21(1): 69-85.

[21] Gallus W A Jr, Snook N A, Johnson E V. Spring and summer severe weather reports over the midwest as a function of convective mode: A preliminary study [J]. Wea Forecasting, 2008,23(1): 101-113.

[22] Kato T, Goda H. Formation and maintenance processes of a stationary band-shaped heavy rainfall observed in Niigata on 4 August 1998[J]. J Meteor Soc Japan, 2001,79: 899-924.

[23] Shin C S, Lee T Y. Development mechanisms for the heavy rainfalls of 6-7August 2002 over the middle of Korean Peninsula [J]. J Meteor Soc Japan, 2005,80: 1221-1245.

[24] Chi S S, Chen G T J. A diagnostic case study of the environmental conditions associated with mesoscale convective complexes: 27-28 May 1981 case [J]. Atmos Sci, 1988,16: 14-30.

[25] Wang J J. Evolution and structure of the mesoscale convection and its environment: A case study during the early onset of Southeast Asian summer monsoon [J]. Mon Wea Rev, 2004,132(5): 1104-1120.

[26] Zheng L L, Sun J H, Zhang X L, et al. Organizational modes of mesoscale convective systems over central East China [J]. Wea Forecasting, 2012,28: 1081-1098.

[27] 王晓芳，崔春光. 长江中下游地区梅雨期线状中尺度对流系统分析Ⅰ：组织类型特征[J]. 气象学报，2012,70(5): 909-923.

[28] Hilgendorf E R, Johnson R H. A study of the evolution of mesoscale convective systems using WSR-88D data[J]. Wea Forecasting,1998,13: 437-452.

[29] 魏超时，赵坤，余晖，等. 登陆台风卡努(0515)内核区环流结构特征分析 [J]. 大气科学，2011,35(1): 68-80.

[30] Pan Y J, Zhao K, Pan Y N. Single-Doppler radar observations of a high precipitation supercell accompanying the 12 April 2003 severe squall line in Fujian Province [J]. Acta Meteor Sinica, 2010,24(1): 50-65.

[31] Wang M J, Zhao K, Wu D. The T-TREC technique for retrieving the winds of landfalling typhoons in China [J]. Acta Meteor Sinica, 2011,25(1): 91-103.

导致区域性雷暴大风天气的云型分类及统计特征分析

方翀　郑永光　林隐静　朱文剑

（国家气象中心，北京 100081）

摘　要　利用2005—2011年的静止卫星、常规探空和重要天气报资料，本文选取了18次典型区域性雷暴大风过程，在分析500 hPa天气形势基础上对导致雷暴大风的强对流云型进行了分类分析，其发展过程可划分为初始、发展、成熟和消亡四个阶段。对静止卫星观测的定量特征分析表明，对流云团中IR1通道和水汽（WV）通道的亮温差基本为负值，其值的不断减小预示着强对流在持续发展；在监测和预报雷暴大风天气时，需要特别关注长椭圆形强对流云带的右侧和其右侧的孤立对流云团，尤其是TBB（红外亮度温度）低值区、TBB高梯度区、IR1和WV通道亮温差负值区及大梯度区均配合的区域。在定性分析的基础上对静止卫星IR1与WV通道的亮温特征进行了定量统计分析，获得了雷暴大风出现站点附近的红外亮温、水汽亮温、IR1与WV通道亮温差和红外亮温梯度的分布情况，结果发现大部分站点的雷暴大风天气出现在以下时段：红外亮温由急剧下降到平缓下降之间的过渡期；IR1与WV通道亮温差由迅速下降转为缓慢下降或稳定少变的时间点前后，且多数处于IR1和WV通道亮温差由正转负临近的时间段内；红外亮温梯度达到最大的时间点附近或开始下降的时候。

关键词　雷暴大风　云型　红外亮温　通道亮温差　亮温梯度

引　言

卫星云图是大气运动状况的直观表征，预报业务中经常根据云图上云或云区的型式、范围、边界、色调、暗影和纹理等6个基本特征来识别和分析天气，尤其是云型的变化特征对天气分析和预报有重要的指示作用。

强对流天气是天气预报业务中的重要预报对象之一，国内外专家学者在利用云图资料对强对流天气进行监测和预报等方面进行了深入研究，取得了大量成果。例如方宗义等[1]对卫星监测分析和研究暴雨云团的国内外若干研究结果和进展给予了简要综述；胡波等[2]通过对梅汛期强降水云团特征分析，指出云顶亮温的宏观特征与中高层的垂直速度及水汽通量密切相关；朱亚平等[3]对一次锋面气旋云系中的强对流云团进行识别，发现水汽和红外通道亮温差对强对流云团能进行较好定位；许爱华等[4]将江西省强对流发生的云型分为8种，并指出8种

本文发表于《气象》，2014，40(8)：905-915。

云型特征与低槽、切变、冷空气、东风波、热带气旋、高低空急流、副热带高压等影响系统的强弱、相对位置有密切关系；徐小红等[5]对一次春季强飑线过程中强对流云微物理特征进行了研究，并根据多光谱综合分析归纳出卫星探测对流强信号；陈英英等[6]对一次强天气过程的云结构特征进行了综合分析，结果表明对流云团的生长中心云顶黑体亮温 TBB 低值区和陡变的温度梯度区相对应及云体的合并有助于对流云的发展和维持等等。这些研究成果为利用云图分析和预报强对流天气提供了依据和参考。

雷暴大风作为强对流天气中最主要的一种，由于其突发性和严重致灾性，需要利用静止卫星云图、雷达等多源资料进行深入的研究。目前国内针对雷暴大风（尤其是针对飑线）的天气学诊断和雷达特征的研究较多，如姚叶青等[7]利用多普勒雷达资料研究了飑线发展过程中垂直结构演变特征，戴建华等[8]使用多普勒天气雷达、风廓线仪等资料对 2009 年 6 月 5 日的一个飑线前超级单体风暴进行了详细分析，指出飑前超级单体在飑线主体移动和演变的临近预报中有重要指示意义，潘玉洁等[9]使用双多普勒雷达对华南一次飑线系统的中尺度结构特征进行了分析，张芳华等[10]、俞小鼎等[11]、郑媛媛等[12]、邵玲玲[13]、于庚康等[14]也对飑线发生发展、传播机制和组织结构等特征进行了研究。

但目前针对产生雷暴大风云系的发展特征研究还非常少见，尤其在定量化统计分析方面更难以见到相关研究。由于静止卫星的观测特点，常常能够较天气雷达更早捕捉到对流信息，且静止卫星较天气雷达观测范围更广，更易于对大范围的强对流云系的移动和发展进行观测，另一方面，目前的业务天气雷达是测雨雷达，主要观测强对流云系中雨滴和冰相粒子的发展和分布状况，而静止卫星主要观测的是云顶的发展和分布特征，二者可以互为补充，因此对利用静止卫星资料分析强对流天气（包括雷暴大风天气）是十分必要的。本文的研究目的是对区域性雷暴大风出现时的天气形势和云型特征及变化进行定性分析，为主观应用静止卫星资料提供参考，并对不同通道的亮温分布和演变特征进行定量统计分析，为静止卫星云图资料的客观应用以及综合其它多源观测资料监测和临近预报雷暴大风天气提供基础。

1 资料和方法

本文将我国中东部地区分为东北、华北、华东、华中和华南五个区域，每个区域 24 h 内超过 10 站出现 8 级以上雷暴大风天气作为一次区域性雷暴大风天气过程。雷暴大风天气资料来自 2005—2011 年的国家级气象观测站地面观测和重要天气报数据，对雷暴大风多发区域（如华北地区）的个例按照雷暴大风出现站次多少进行了一定剔除，尽量保证每个区域都有个例入选，最终挑选了 18 次典型雷暴大风天气过程（表 1）。

使用风云二号（简称 FY－2）红外 1（简称 IR1）通道云图数据，对这 18 次雷暴大风过程的云型特征进行了定性分析，并结合 500 hPa 大气环流形势对其进行了分类。在此基础上分析红外云图、可见光云图和水汽云图的发展变化特征。另外，由于在晴空区域水汽通道接收到的是由对流层中上层 500～200 hPa 水汽放射的辐射，而红外通道的辐射多来自近地面，因而 IR1－WV 为很大的正值，而在强对流上升区域，水汽通道接收到的辐射来自平流层的水汽，平流层水汽吸收较冷的云顶的射出辐射，而以较高的平流层温度放出辐射，故 IR1－WV 为负值，Schmetz[15]利用 MeteoSAT 卫星资料指出：对于强对流云，水汽通道亮温比红外通道高 6～8 K 左右。所以本文也对 IR1 通道和水汽（WV）通道的亮温差进行计算分析，以获取识别雷暴大风云系及判断未来发展变化的量化特征。

需要说明的是，由于2005—2009年为FY-2C的数据，而2010—2011年为FY-2E的数据，为避免卫星传感器不同导致观测数据的定标存在差异而影响分析结果，主观定性分析方面对所有过程进行了综合分析，而客观定量分析上综合资料情况，仅对2005—2009年13次天气过程的FY-2C观测数据进行了分析，这些过程分别是2007.6.26、2007.7.22、2007.8.2、2007.8.3、2008.6.3、2008.6.25、2008.7.6、2008.7.11、2008.7.20、2009.6.3、2009.6.5、2009.6.14、2009.6.16。FY-2C静止卫星云图数据水平分辨率为0.05度。

针对这13次雷暴大风天气过程，剔除重复记录，共得到390站次雷暴大风记录；然后根据雷暴大风出现的大致时间，向前推1～1.5小时，向后推0.5～1小时，作为提取卫星数据的时间范围；最后，由于云图上强对流云团特征量的表征区域与地面雷暴大风出现区域可能不完全一致(如强对流云团的出流边界导致的雷暴大风往往位于静止卫星云图上TBB的负值中心区和大梯度区的前侧等)，需要确定一个合适的空间范围，该范围既不能太大也不能太小，故以雷暴大风出现站点附近最近的网格点为中心网格点，分别向东西南北拓展6个网格点作为提取云图特征量的空间范围，最终得到一组13×13个网格点的数据，该数据网格大致相当于一个50 km×50 km的正方形，与业务中的实际使用经验范围较为接近。

在确定雷暴大风记录和时间空间范围后，提取计算每站次雷暴大风相应时空范围内的IR1通道亮温(后均简称红外亮温)、水汽亮温、IR1通道与水汽通道亮温差等数据，并在此基础上根据其物理意义取最小值，得到390站次的红外亮温、水汽亮温、通道亮温差极值。由于个别极值点不能完全代表整个强对流云团的特征，故在计算极值的同时也计算一定范围内的平均值用于分析，同样考虑到强对流云团特征量的表征区域与地面雷暴大风出现区域可能有一定偏差，而偏差之外的区域有可能是晴空区域，如果对所有格点进行平均可能掩盖了特征量的实际分布状况，故对雷暴大风站点每个时次提取的13×13个特征量数据从低到高进行排序，提取排序后的前50个数据，按照如下式进行计算，

$$I_{ave} = \mathrm{extremum}(I_{t1}, I_{t2}, \cdots, I_{ts})\text{，其中 } I_{tn} = \frac{1}{50}\sum_{j=1}^{50} I_{j,tn}\ (I_{j,tn}\text{ 为第 } n \text{ 个时次排序为 } j \text{ 的数据})$$

最终得到390站次的各种特征量的平均值I_{ave}。

对雷暴大风站点每个时次的13×13个网格点的红外亮温数据，分别计算其与周围8个格点的红外亮温的差值及空间距离，将该差值的绝对值除以空间距离，得到IR1通道亮温梯度(后均简称红外亮温梯度)数据，在剔除重复数据后从高到低进行排序，得到亮温梯度极值，并提取排序后的前100个数据，按照前述类似方法得到亮温梯度平均值。

在以上基础上探究雷暴大风天气在卫星云图上的数据化体现。

2 雷暴大风的天气形势和云型分类

2.1 天气形势分类

参考类似文献[16]中强对流天气的分类方法，首先将18个个例根据天气形势简单分为槽后型、槽前型和副高边缘型，如表1所示。

表1表明雷暴大风个例中槽后型的天气形势占比60%左右，因此雷暴大风天气更易于发

生在 500 hPa 高空槽后这种天气形势下。

表 1　雷暴大风个例的天气形势分类

天气形势	槽后型（年.月.日）	槽前型（年.月.日）	副高边缘型（年.月.日）
雷暴大风个例	2005.5.31、2005.8.1、2007.6.26、2009.6.3、2009.6.5、2009.6.14、2010.5.15、2009.6.16、2008.7.11、2008.6.25、2008.6.3	2007.4.17、2007.8.2、2007.8.3、2008.7.6、2011.4.17	2007.7.22 2008.7.20

2.2　云型分类

对这 18 次雷暴大风过程的 IR1 通道云图云型进行分析，可将其分为三类：长椭圆形、准圆形、多孤立对流云团或不规则云型，参见表 2。

表 2　雷暴大风个例的云型分类

云型	（第一类云型）单一长椭圆形云体，其一侧有不断有新单体生成并入主单体（年.月.日）	（第二类云型）初生和初期发展为长形，之后其东段或西段消失，转为准圆形（年.月.日）	（第三类云型）多个孤立对流云团或不规则云型（年.月.日）
雷暴大风个例	2005.5.31、2007.4.17、2007.8.2、2007.8.3、2008.7.20、2009.6.14、2010.5.15、2011.4.17、2007.6.26、2007.7.22、2008.6.3、2008.7.6、2008.7.11	2005.8.1 2009.6.3 2009.6.5	2008.6.25 2009.6.16

表 2 表明，雷暴大风云型以单一长椭圆形为多，超过总数的 60%以上，且类型二与类型一发展过程也较类似，但是因为垂直风切变或其他对流发展条件的改变等原因导致长椭圆形对流带的东段或西段消亡而转变呈准圆形。

2.3　天气形势和云型综合分析

综合以上雷暴大风天气过程的高空形势和云型，可将以上 18 次过程分为以下五类，并给出各种类型的典型个例（表 3 中带括号的个例）以便于分析。可见若雷暴大风天气过程发生在槽后，则第一、二、三类云型都有可能出现，但以第一类云型最为多见；若出现在槽前或副高边缘，则主要为第一类云型，具体见表 3。

表 3　雷暴大风天气形势＋云型分类及典型个例表

类型	槽后一型	槽后二型	槽后三型	槽前型	副高边缘型
天气形势＋云型	槽后＋一类云型（年.月.日）	槽后＋二类云型（年.月.日）	槽后＋三类云型（年.月.日）	槽前＋一类云型（年.月.日）	副高边缘＋一类云型（年.月.日）
个例（括号内为典型个例）	2005.5.31、2007.6.26 2009.6.14、2010.5.15 2008.7.11、2008.6.3 （2009.6.14）	2005.8.1 2009.6.5 （2009.6.3）	2009.6.16 （2008.6.25）	2007.4.17 2007.8.2 2007.8.3 2008.7.6 （2011.4.17）	2008.7.11 （2008.7.20）

3 雷暴大风云型定性分析

在综合天气形势和云型特征的类别中，槽后一型最为普遍，造成的社会影响和灾害常常也最大，故对槽后一型作详细分析，并将其他类型与其进行比较。

3.1 槽后一型云图特征

本类型天气形势为 500 hPa 冷涡后部的弱冷空气南下配合低层(850 hPa)的暖低压而产生的雷暴大风天气(图略)，其雷暴大风区域主要出现在 08 时冷涡槽底略偏后部，雷暴大风云团的移动发展方向为 500 hPa 引导气流方向并略向右偏。

本类型对流云系的发展方向沿着中层冷空气的移动方向自北向南，发展过程主要分为四个阶段(图 1)。

(1)初始阶段：红外云图上出现直径小于等于 100 km 的椭圆或圆形的小块云系并迅速发展，红外亮温迅速降低，该阶段一般持续 1～2 h；

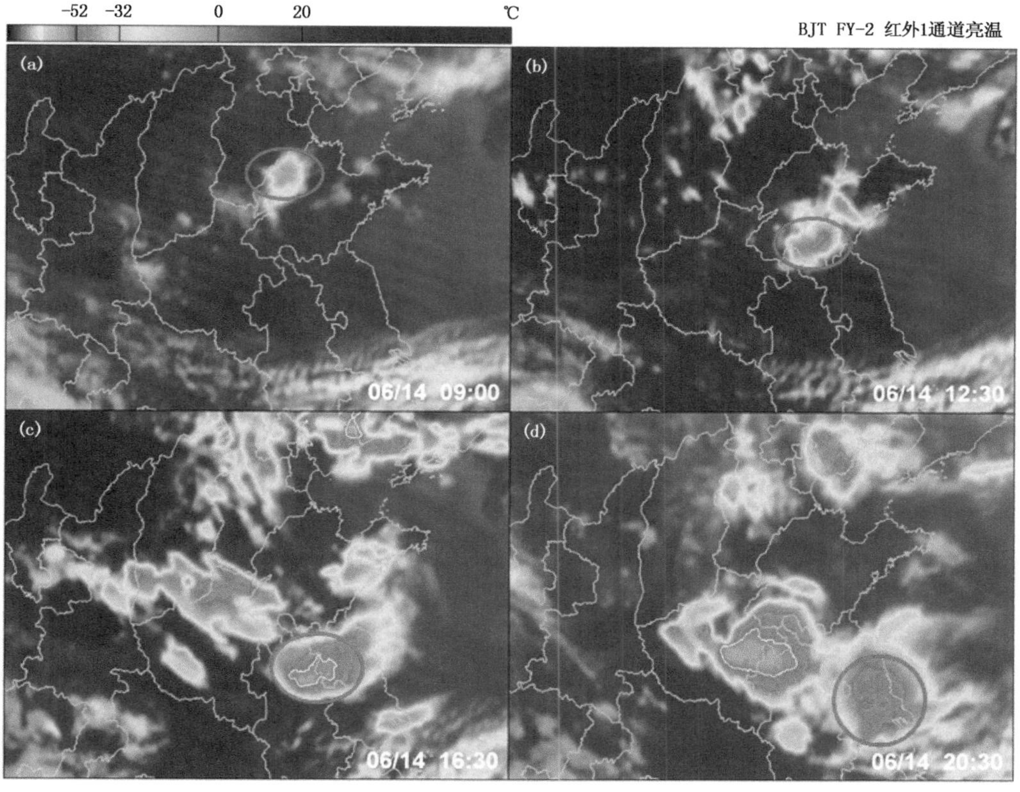

图 1 槽后一型(2009.6.14)云图(圆圈处为所指强对流云团)
(a)初始(09:00)；(b)发展(12:30)；(c)成熟(16:30)；(d)消亡(20:30)

(2)发展阶段：云系逐渐发展成长宽比为 2 : 1 到 4 : 1 的长形椭圆，长宽比不断变大的过程也是强对流不断增强的过程，该阶段出现雷暴大风并呈明显增多趋势，该阶段一般持续 2～

4 h；

(3)成熟阶段：云系长宽比开始逐渐减小，红外亮温较低，该阶段中前期雷暴大风天气仍然较多，之后渐趋减少，该阶段一般持续 2～4 h；

(4)消亡阶段：云系发展成准圆形结构后，中心区红外亮温升高，红外亮温梯度减小，并最终消亡。

在 IR1 通道云图(图 2a)，出现雷暴大风时的 TBB 低值区(低于－42 ℃区域)形状呈 2∶1 到 4∶1 的长形椭圆状，当其中心区域逐渐接近圆形时，雷暴大风频次减少，雷暴大风区域是云团移动前方 TBB 梯度最强的区域。

在可见光通道云图(图 2b)，中层冷空气的前缘均出现了较为明显的上冲云顶和暗影现象，且其右前侧云系非常光滑，说明对流发展非常旺盛，形成了飑线结构。

在水汽通道云图(图 2c)，雷暴大风区域的云系比周围强对流区域更加亮白，与可见光云图类似，水汽云图右前侧光滑，且亮白中心区位于其弧形区域顶端，说明该区域的对流云系高度较高、对流发展旺盛。

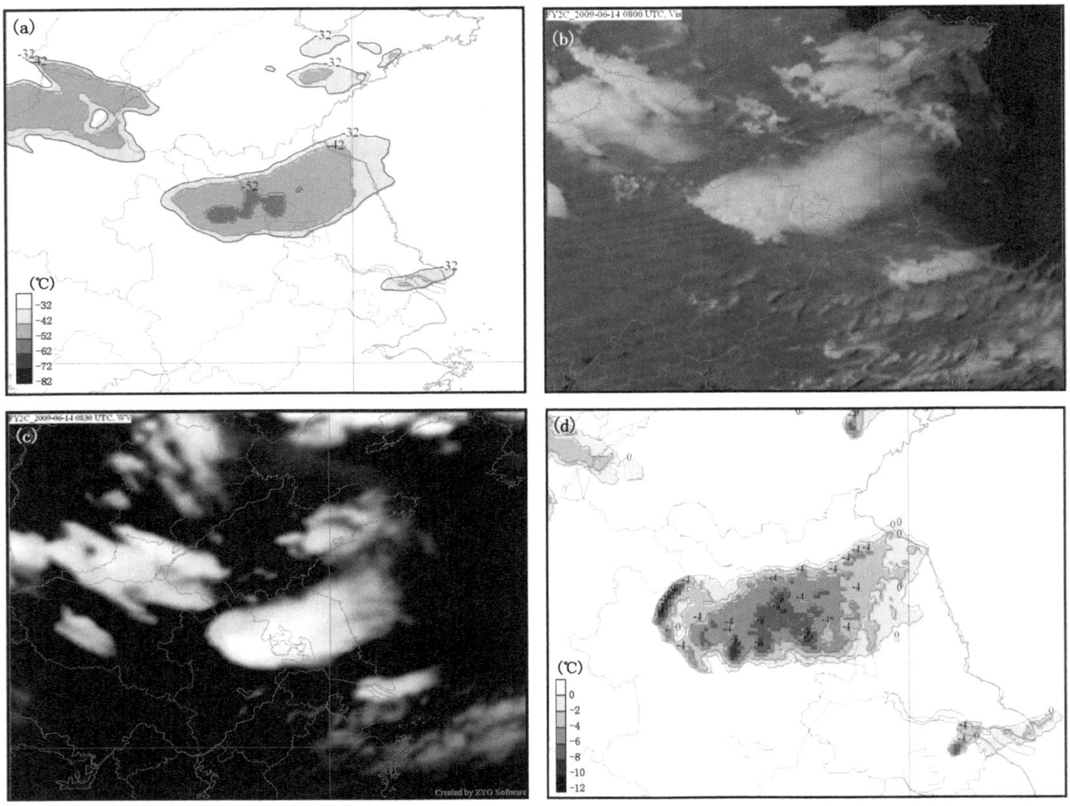

图 2　槽后一型(2009.6.14)多通道云图特征

(a)TBB(16:00)；(b)可见光(16:00)；(c)水汽(16:30)；(d)亮温差 IR1-WV(17:00)

图 2d 表明，在强对流云团的区域范围内，IR1 通道和水汽通道亮温差值基本为负值，与晴空状态相反；负值绝对值的不断增大预示着强对流仍然在发展，未来仍可能出现明显的雷暴大

风天气。当 IR1 通道和水汽通道亮温差值为负值时，其值的增大(即强对流云团开始成熟，雷暴大风频次趋于减少)较 TBB 的升高有一定提前量，故对雷暴大风云团发展状态的判断具有更好的指示性。

由于雷达是预警雷暴大风的主要工具，在利用卫星云图对雷暴大风进行分析的同时，简要分析了该次雷暴大风的雷达反射率特征。

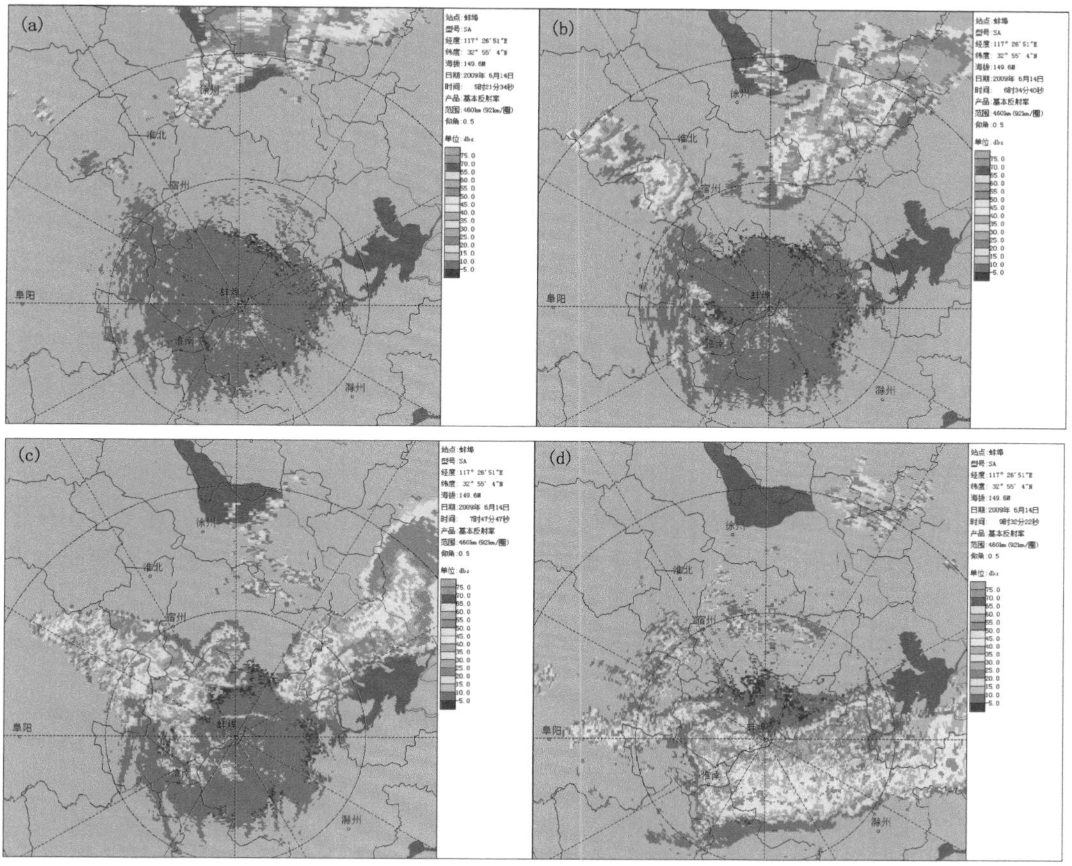

图 3　2009 年 6 月 14 日雷达反射率演变特征
(a)13:21;(b)14:34;(c)15:47;(d)17:32

如图 3a,13:21 在徐州附近的对流单体发展已较旺盛，相当于云图第二阶段(发展阶段)前期，之后迅速发展，14:34(图 3b)出现了阵风锋结构(箭头指向处)，并在阵风锋移动方向的右侧尾部有新单体生成，新单体生成后也迅速发展，此时原单体虽略有减弱，但仍然较强，二者共同推动阵风锋继续向南推进(图 3c)，经过蚌埠之后，两个强单体连接并形成飑线结构(图 3d)，此时已进入第三阶段(成熟阶段)，阵风锋开始消失，雷暴大风在该阶段中后期趋于减少。

3.2　其他型雷暴大风过程云图特征

3.2.1　槽后二型

槽后二型的天气形势与槽后一型基本一致。2009 年 6 月 3 日在 500 hPa 图上亦有冷涡存在，由于对流云系的右侧在 500 hPa 上有反气旋结构，故右侧无新单体生成，造成发展阶段(即第二阶段)的后期云型即发展为准圆形(图 4a)。但多层的系统配合、强的垂直风切变和 500 hPa 冷平流使对流仍然维持了很长时间，大风亦主要出现在其前方偏右侧。2009 年 6 月 5 日也属于西北气流二型，其转为准圆形的原因是强对流云系偏东，系统在东移南下过程中东段入海减弱消失，而西段仍在加强东移，最终发展成为准圆形。

槽后二型的雷暴大风区域与槽后一型类似，均是云团移动前方 TBB 梯度最强的区域，但主要位于正前方和偏右侧，偏左侧即使 TBB 梯度较强，也很少出现雷暴大风。

3.2.2　槽后三型

在天气形势上，槽后三型一般没有明显的冷涡或低涡较弱，只是在槽后西北气流中不断有短波槽东移，500 hPa 冷平流并不明显，但低层有切变线、露点锋和暖中心，有利于强对流的触发和发展。由于中层冷平流不明显等原因，该型强对流组织性偏差，云系发展较散乱(图 4b)。

云系发展特征与前述类型也略有区别，该类型的云系较为分散，主要分为初始发展、旺盛和减弱消亡三个阶段。虽然云系不是很规则，但是发展到旺盛阶段，其多个云系单体还是逐渐发展成类似长椭圆形的结构，当云系从零散的长形合并成一个准圆形时，雷暴大风明显减弱；最强的雷暴大风区域仍然在旺盛期的中心及其右侧，几个几乎相连的单体中，最右侧的单体雷暴大风最强。

3.2.3　槽前型

槽前型由于雷暴大风发生地点处于对流层中层槽前，无明显的冷平流，但在 850 hPa 图上有切变线存在，切变线的北侧有较强的垂直风切变。2011 年 4 月 17 日 08 时在切变线的北部还有冷中心存在，冷空气和切变线共同激发了该次强对流天气过程。

在云型特征方面(图 4c)，槽前型后期不一定会发展为准圆形的成熟阶段，而有可能东移入海消亡或直接减弱消亡。

在 2011 年 4 月 17 日的过程中还注意到，当 IR1 与 WV 通道亮温差的负值突然减小，梯度也增大时，对流爆发性加强。

3.2.4　副高边缘型

副高边缘型的强对流区域主要位于副高西北部边缘，热力不稳定，此时若中层有冷平流，有利于出现雷暴大风等强对流天气。需要注意的是，冷平流不一定是偏北气流，需要关注等温线分布情况，如 2008 年 7 月 20 日过程冷区反而在强对流区域的南侧，偏南气流为弱冷平流。

该型的雷暴大风云系发展特征比较独特，在第二阶段(即发展阶段)对流单体常沿着中层气流方向跳跃式发展(图 4d)，且有时产生雷暴大风的主体云系在发展阶段与其他对流云系结合，出现短暂的长宽比减小的现象，但之后若长宽比再度增大，说明该云系还在发展过程中，雷暴大风天气仍然会继续出现。

4　IR1 与 WV 通道亮温分布和演变特征

仅对雷暴大风的云型进行分类及对一些特征量的定性分析难以在业务中进行方便快捷的客观定量应用，因此，需要对云系特征进行定量分析。

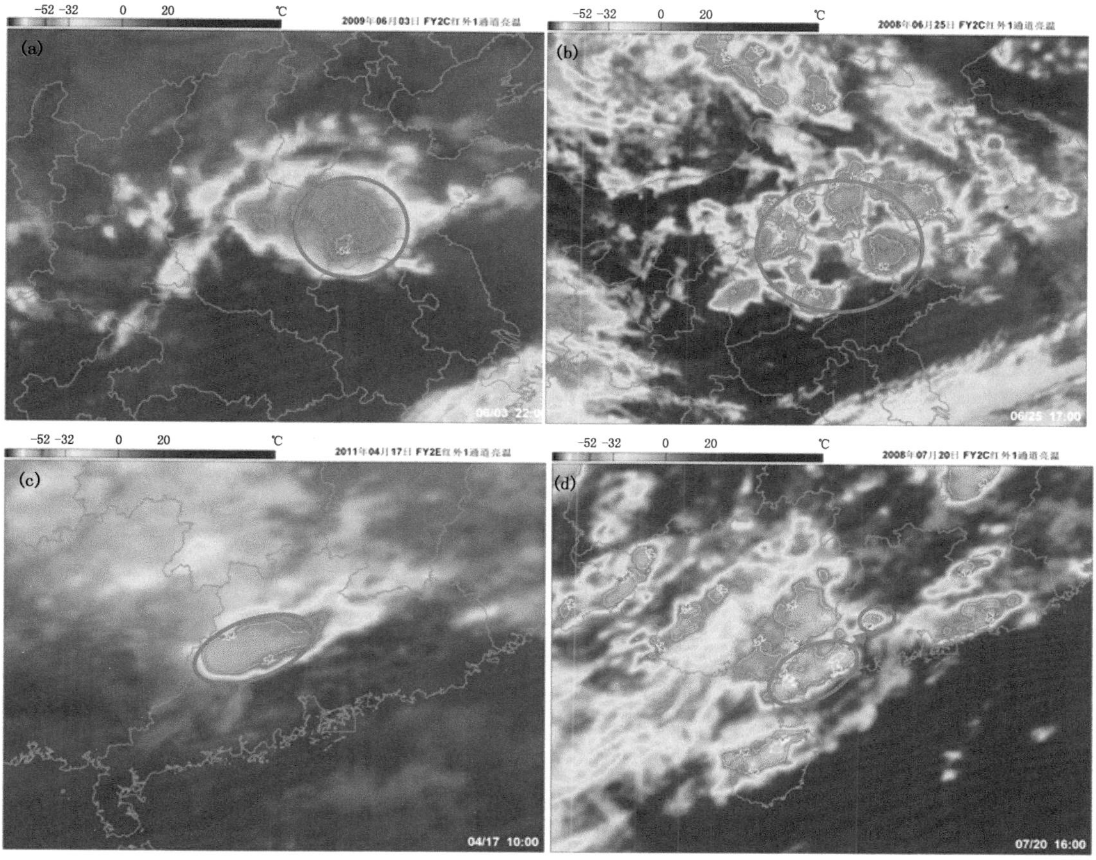

图 4 其他型雷暴大风过程云图(圆圈处为所指强对流云团)
(a)2009 年 6 月 3 日 22:00;(b)2008 年 6 月 25 日 17:00;
(c)2011 年 4 月 17 日 10:00;(d)2008 年 7 月 20 日 16:00

4.1 平均值分布和极值分布特征

在 390 站次的红外亮温平均值中,最小值为−78.47 ℃,平均值为−53.67 ℃,出现雷暴大风的红外亮温平均值主要区间为−50 ℃至−60 ℃,占到 38%,而红外亮温平均值在−40 ℃至−60 ℃之间的站次占比达到 2/3 左右,−40 ℃以上的比率最小,仅占 8%,说明出现雷暴大风时,其红外亮温平均值一般都要达到−40 ℃以下。

水汽通道亮温平均值分布与红外亮温平均值分布比较类似,最大值为−22.34 ℃,最小值为−69.08 ℃,平均值为−49.97 ℃,70%的雷暴大风站次出现在−40 ℃至−55 ℃区间内,高于−40 ℃的站次仅占 8%。

而在红外亮温梯度平均值中,最大值为 3.89 ℃ · km^{-1},最小值为 0.24 ℃ · km^{-1},均值为 1.73 ℃ · km^{-1},出现雷暴大风的红外亮温梯度平均值主要区间为 1.5～2 ℃ · km^{-1},占比接近 50%,而红外亮温梯度平均值在 1～2.5 ℃ · km^{-1} 的站次占全部的 85%,说明雷暴大风出现时,其红外亮温梯度平均值一般都需要达到 1 ℃ · km^{-1} 以上。

另外，在 390 站次的 IR1 通道与水汽通道的亮温差极值中，最小值为 −20.3 ℃，平均值为 −8.1 ℃，通道亮温差极值在 −3 ℃以上的仅占 7%，接近 2/3 的站次集中在 −6 ℃至 −12 ℃的区间内，说明在出现雷暴大风时，通道亮温差负值均比较明显，极值一般都会达到 −3 ℃及以下。

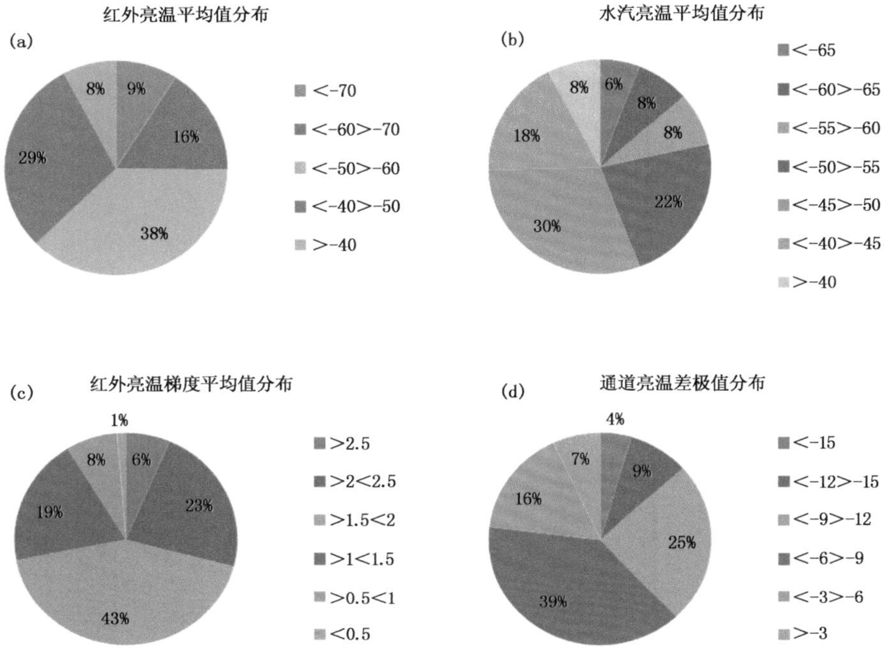

图 5　各种云图特征量的平均值或极值分布

(a)红外亮温(IR1 通道)平均值；(b)水汽亮温平均值；

(c)红外亮温梯度平均值；(d)通道亮温差极值

4.2　水汽亮温极值与红外亮温梯度极值散点分布

从图 6 可以看到，水汽亮温极值较为集中在 −40 ℃至 −70 ℃的区间内，其中尤以 −43 ℃至 −55 ℃之间居多，而亮温梯度极值则集中在 1 ℃ • km^{-1}至 4.5 ℃ • km^{-1}的区间内，尤以 2 ℃ • km^{-1}至 3 ℃ • km^{-1}之间居多，且随着水汽亮温极值的变小，亮温梯度极值不断增大，说明越低的水汽亮温需要越大的亮温梯度，才易出现雷暴大风天气。

4.3　IR1 亮温极值与通道亮温差极值散点分布

从图 7 可以看出，红外亮温极值较为集中在 −42 ℃至 −75 ℃的区间内，而通道亮温差极值则集中在 −15 ℃至 −2 ℃的区间内，且随着红外亮温极值的变小，通道亮温差极值也不断减小，说明越低的红外亮温需要越小的通道亮温差，才易出现雷暴大风天气。

4.4　时间演变特征

由于本文采用的部分雷暴大风数据没有明确的发生时间，故选取数据中有雷暴大风出现

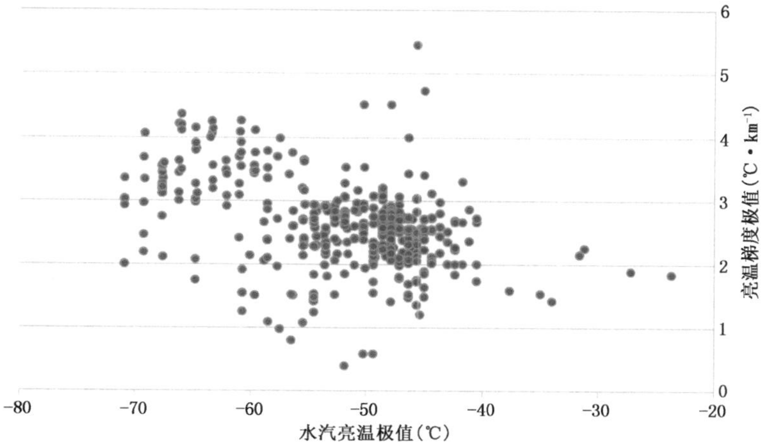

图 6 水汽亮温极值与亮温梯度极值散点分布图

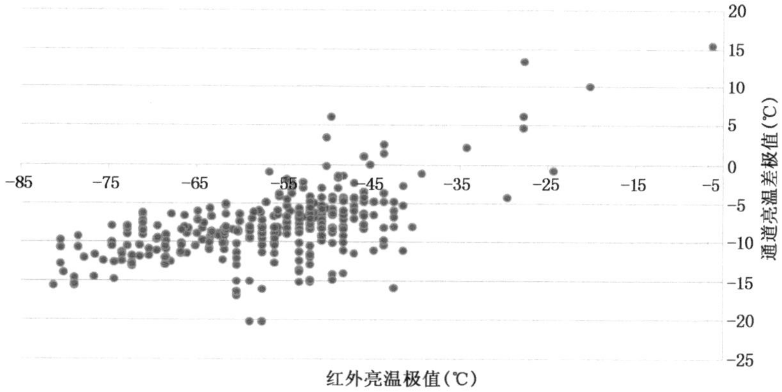

图 7 红外亮温极值与通道亮温差极值散点分布图

确定时间的部分站点，随机挑选了 9 个出现雷暴大风的站点个例，画出其逐 30 min(或 60 min，依卫星数据而定)红外亮温平均值、通道亮温差平均值、亮温梯度极值随时间变化图，以识别雷暴大风出现时间与上述要素变化的关系。

需要指出的是，由于静止卫星云图的时间分辨率为 30 min(或 60 min)，无法准确确定其亮温、通道亮温差和亮温梯度真正的极值点，所以只能假定在能获得的逐 30 min(或 60 min)数据中的极值附近为其极值点，并在此基础上进行分析，可能与实际情况略有差异。

由以上红外亮温变化与雷暴大风时间对应(图 8)来看，大多数雷暴大风出现前都有一个红外亮温急剧下降的过程，之后逐渐转为平缓下降，雷暴大风常常出现在急剧下降时段和平缓下降时段之间的过渡期，并非亮温最低的时候。

IR1 与 WV 通道亮温差变化与雷暴大风时间对应(图 9)表明，大多数雷暴大风出现前也有一个通道亮温差迅速下降的过程，之后转为缓慢下降或稳定少变，雷暴大风大多出现在刚进入缓慢下降或稳定少变的时间点前后，而且多数处于通道亮温差由正转为负临近的时间段内。

红外亮温梯度变化与雷暴大风时间对应(图 10)显示，大多数雷暴大风出现前有一个亮温

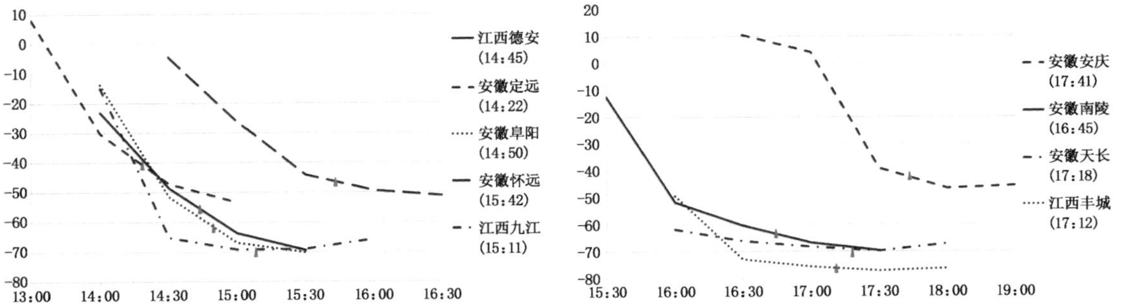

图 8　红外亮温平均值随时间变化与雷暴大风出现时间对应图(三角处为雷暴大风发生时间)

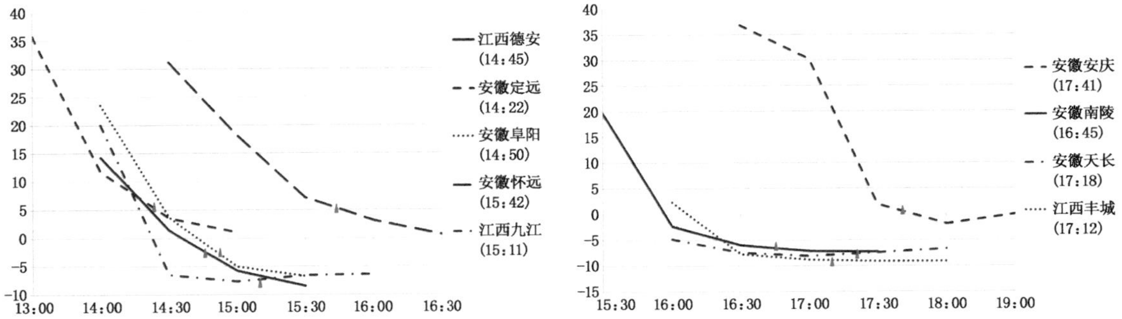

图 9　通道亮温差平均值随时间变化与雷暴大风出现时间对应图(三角处为雷暴大风发生时间)

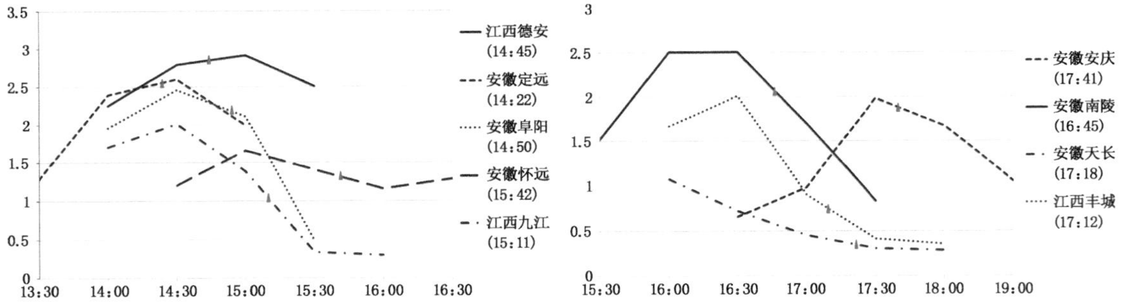

图 10　亮温梯度极值随时间变化与雷暴大风出现时间对应图(三角处为雷暴大风发生时间)

梯度增大的过程,雷暴大风大多出现在亮温梯度达到最大的时间点附近或开始下降的时候。

5　结论和讨论

本文对 2005—2011 年的 18 次典型区域性大范围雷暴大风过程的天气形势、云型和不同通道亮温分布进行了定性和定量分析,主要获得如下结论:

(1)雷暴大风天气的天气形势大致可分为槽后、槽前和副高边缘三类,区域性雷暴大风云型可大致分为三类,以单一长椭圆形云体为主。结合雷暴大风的天气形势和云型,可将雷暴大风过程分为五类，其中最常见的槽后一型，其发展可分为初始、发展、成熟、消亡四个阶段。

(2)雷暴大风对流云团中 IR1 通道和水汽通道的亮温差基本为负值，负值的不断降低预示着强对流在发展中，当其停止减小时，雷暴大风天气一般开始减弱。在监测和预报雷暴大风云系时，需要非常关注长形强对流云带的右侧和右侧单体，尤其在 TBB、TBB 梯度区、通道亮温差负值区及梯度区均配合的区域。

(3)出现雷暴大风时，其红外亮温平均值一般都要达到 −40 ℃以下，红外亮温梯度平均值一般都需要达到 1 ℃ · km^{-1}以上，IR1 与 WV 通道亮温差极值一般在 −3 ℃以下，越低的水汽亮温需要越大的亮温梯度，越低的红外亮温需要越小的通道亮温差，才易出现雷暴大风天气。

(4)大部分站点的雷暴大风出现在以下时段：红外亮温由急剧下降到平缓下降之间的过渡期；通道亮温差在由迅速下降刚转为缓慢下降或稳定少变的时间点前后，且多数处于通道亮温差由正转负临近的时间段内；红外亮温梯度达到最大的时间点附近或开始下降的时候。

需要说明的是，由于静止卫星能够较业务天气雷达更早捕捉到对流云的发展信息，本文的研究目的是为了加强该类资料在短临预报业务中的应用，希望能够获得一些雷暴大风在静止卫星资料上的定量特征，为使用静止卫星资料和其他多源观测资料客观监测和临近预报雷暴大风天气提供基础。但由于静止卫星的观测特点，仅能观测到对流云顶特征，决定了不可能仅依靠该资料就完全能够监测和预报雷暴大风天气，因此，还需要综合其他多源观测资料，比如天气雷达和自动站观测资料等，来综合监测和临近预报雷暴大风天气。同时，由于部分对流风暴会同时产生雷暴大风、冰雹和暴雨，因此，可以推断产生雷暴大风的对流风暴云图特征部分会与同时产生暴雨、雷暴大风和冰雹的对流风暴的云图特征相同，但在某些方面也会存在差异。由于本文的研究目的和篇幅所限，因此，本文仅是强对流云图特征研究的一部分，下一步我们将进一步研究产生冰雹天气的云图特征，以及产生不同类型强对流天气云图特征的差异。

参考文献

[1] 方宗义，覃丹宇. 暴雨云团的卫星监测和研究进展[J]. 应用气象学报，2006，17(5)：583-593.

[2] 胡波，杜惠良，滕卫平，等. 基于云团特征的短时临近强降水预报技术[J]. 气象，2009，35 (9)：104-111.

[3] 朱亚平，程周杰，刘健文. 一次锋面气旋云系中强对流云团的识别[J]. 应用气象学报，2009，20(4)：428-436.

[4] 许爱华，马中元，叶小峰. 江西 8 种强对流天气形势与云型特征分析[J]. 气象，2011，37(10)：1185-1195.

[5] 徐小红，余兴，朱延年，等. 一次强飑线云结构特征的卫星反演分析[J]. 高原气象，2012，31(1)：258-268.

[6] 陈英英，唐仁茂，李德俊，等. 利用雷达和卫星资料对一次强对流天气过程的云结构特征分析[J]. 高原气象，2013，32(4)：1148-1156.

[7] 姚叶青，俞小鼎，张义军，等. 一次典型飑线过程多普勒天气雷达资料分析[J]. 高原气象，2008，27(2)：373-381.

[8] 戴建华，陶岚，丁扬，等. 一次罕见飑前强降雹超级单体风暴特征分析[J]. 气象学报，2012，70(4)：609-627.

[9] 潘玉洁，赵坤，潘益农，等. 用双多普勒雷达分析华南一次飑线系统的中尺度结构特征[J]. 气象学报，2012，70(4)：736-751.

[10] 张芳华，张涛，周庆亮，等. 2004 年 7 月 12 日上海飑线天气过程分析[J]. 气象，2005，31(5)：47-52.

[11] 俞小鼎，姚秀萍，熊廷南，等. 多普勒天气雷达原理与业务应用[M]. 北京：气象出版社，2006.

[12] 郑媛媛，俞小鼎，方翀，等. 一次典型超级单体风暴的多普勒天气雷达观测分析[J]. 气象学报，2004，62(3)：317-328.

[13] 邵玲玲，黄宁立，邬锐，等. 一次强飑线天气过程分析和龙卷强度级别判定[J]. 气象科学，2006，26(6)：627-632.

[14] 于庚康，吴海英，曾明剑，等. 江苏地区两次强飑线天气过程的特征分析[J]. 大气科学学报，2013，36(1)：47-59.

[15] Schmetz J, Tjemkes S A, Gube M, et al. Monitoring deep convection and convective overshooting with meteosat[J]. Adv Space Res, 1997, 19: 433-441.

[16] 于波，鲍文中，王东勇，等. 安徽天气预报业务基础与实务[M]. 北京：气象出版社，2013：87-100.

第四章　预报技术篇

基于 FSS 高分辨率模式华北对流预报能力评估

唐文苑　郑永光　张小雯

（国家气象中心，北京 100081）

摘　要　目前高分辨率数值模式已经具有一定的预报对流系统结构和演变特征的能力，但对其预报能力的客观评估仍存在较多不足。本文选取 2017 年 7—9 月间华北地区在不同天气系统背景下、具有不同组织模态的 7 次对流天气个例，使用模糊检验方法中的分数技巧评分（Fraction Skill Score，简称 FSS）指标分析评估不同高分辨率模式（包括快速更新同化 GRAPES_Meso、GRAPES_3km 及华东区域中尺度模式）对中小尺度对流过程的预报能力。结果表明：分数技巧评分能够实现当模式预报存在位移和强度偏差时仍然给出有价值的评分结果，其优势还在于可以给出表征模式空间位移偏差尺度的预报技巧尺度信息。本文所用 3 个模式的雷达回波强度预报均偏弱，当回波强度小于 44 dBZ 时，华东区域中尺度模式预报最接近实况，而对于 44 dBZ 以上的较强回波，GRAPES_3km 模式预报偏差最小；采用百分位阈值（通过升序排列求出预报和实况数列的相同百分位上的值作为其相应的阈值）进行检验发现，对于预报难度更大的高阈值、小尺度的对流事件，GRAPES_3km 模式预报能力更强。

关键词　中尺度模式　模糊检验　分数技巧评分　强对流天气

引　言

强对流天气由中尺度对流系统造成，具有突发性、局地性、致灾性强的特点，是影响我国的主要灾害性天气之一[1-4]。中小尺度对流天气系统的预报也是数值天气预报的难点及重要研究方向之一，改进模式对该类天气的预报技巧是提高对其业务预报水平的重要途径。

使用中尺度数值模式预报雷暴的概念在 20 世纪 90 年代就已经开始提出[5]；此后，利用多普勒雷达和其他中小尺度观测资料进行数值模式初始化来预报雷暴的发生、发展和消亡已经取得了重要的进展[6-8]。同时随着区域数值模式的准确率及分辨率不断提高，其在强对流天气预报预警中的作用日益凸显，相关研究成果表明，无对流参数化方案的高分辨率模式（4 km）在中尺度对流系统的回波形态、对流组织性、发生频率等方面明显优于采用对流参数化方案的低分辨率模式（10～20 km），而高分辨率模式输出的模拟雷达反射率因子，使得高分辨率产品应用走上了一个新的台阶[9-10]。

本文发表于《应用气象学报》，2018，(5)：513-523。

通常将水平分辨率在 10 km 以下的模式定义为高分辨率模式[9]。当前，包括水平分辨率分别为 3 km、9 km 和 10 km 的快速更新同化 GRAPES_Meso[11]、GRAPES_3km[12] 及华东区域模式[9]在内的 3 个高分辨率模式都已经在国家级强对流天气预报预警服务中得到了较为广泛的应用，尤其是雷达反射率因子预报产品在实际业务中发挥的作用越来越重要。但是 GRAPES_3km 模式是否优于更粗分辨率的华东区域模式和 GRAPES_Meso4.0，同时针对不同水平分辨率的高分辨率模式，在何种尺度上模式预报信息最有价值，这些问题在前人的研究中鲜有涉及，本文将对其进行评估。

使用现有的传统检验指标用于检验高分辨率模式预报的不足已经日益凸显，原因是传统的点对点的检验需要预报和实况在格点和站点上严格的"一一对应"，当预报能较好的刻画对流系统的结构形态特征，但存在一定的空间位移偏差时，模式使用者主观评估认为预报具有较高的使用价值，但传统的评分指标却体现不出高分辨率模式在结构形态预报上的优势，极有可能掩盖掉预报中的积极信息。为了避免传统检验方法的弊端，近年来发展了多种针对高分辨率模式预报的新型检验方法，基于特征法和模糊检验法是其中主要的两类。基于特征法首先匹配实况与预报场的具有相同特征的检验对象，通过诊断检验对象各种属性的误差来评估模式的预报性能。CRA(Contiguous Rain Area)和 MODE(Mothod for Object-Based Diagnostic Evaluation)是两种出现较早的基于特征的检验方法[13−15]，并且已经得到较为广泛的应用[16−19]。模糊检验通过比较预报与观测场中对应点邻近区域内的特征来评估预报的准确程度，实际上是采用一定的时空不确定性，如"在此刻左右、在此地点左右"等信息，取代完全精确的匹配来评估高分辨率模式的预报结果。已有研究表明，模糊检验算法流程已经发展成熟[20−22]。潘留杰等[23]应用模糊法对比检验了多家模式的降水预报产品在不同空间尺度上的预报性能。李佰平等[24]针对雷达回波外推预报进行多种模糊检验试验对比，结果表明模糊检验能够在不同尺度和评价策略上给出有关预报更客观的评价，同时指出不同的模糊检验方法各有特点。但当前国内使用模糊检验法对高分辨率模式预报的检验工作还没有开展，因此，非常有必要利用此类方法对高分辨率模式进行评估。

雷暴大风、冰雹、短时强降水等强对流天气是华北地区夏季的主要灾害天气之一[25]，对于此类系统的监测、预报一直是气象业务的难点之一。本文选取 2017 年 7—9 月间华北地区不同类型天气系统影响下，形态、分布、尺度上各具特点的共 7 次具有很好代表性的强对流个例进行检验分析，使用模糊检验方法中的分数技巧评分(Fraction Skill Score，简称 FSS)指标，对当前在国家级强对流天气预报业务中主要使用的高分辨率模式(包括快速更新同化 GRAPES_Meso、GRAPES_3km 及华东区域模式)进行评估，分析不同模式对中小尺度对流过程的预报能力，同时考察不同模式预报的空间偏差尺度，为预报员使用这些模式产品提供更多的评估信息，从而帮助预报员择优使用这些模式的预报产品，并为业务预报提供参考依据。

1 方法简介

1.1 分数技巧评分方法

模糊检验法通过比较预报和观测场中对应的邻近区域内的特征，当检验对象预报值相对于实况在空间或时间上有位移偏差时，模糊检验方法仍能反映出预报系统的优劣。目前应用最多的是空间尺度的模糊化处理，其技术核心是对于检验区域内模式或实况格点值使用以此格点为中心，格点大小为基础单位，选定尺度大小可变的窗区，对该窗区内的格点值进行处理，如计算平均值、概率值等，使用处理后的数值对原始中心格点值进行替代，在此基础上再进行检验指标的计算，如计算 TS 评分，ETS 评分，布莱尔评分等[22]。

分数技巧评分方法属于模糊检验方法中的一种，最初由 Robert 等[20]提出。其首先通过计算给定范围的窗区中心格点的概率值，即某一物理量超过一定阈值 q 的格点总数占窗区总格点数的比值，将预报场和实况场转化为格点概率分布场，然后通过公式(1)获得给定半径和阈值的 FSS 评分[20]。

$$F = 1 - \frac{\frac{1}{N}\sum_{i=1}^{N}(P_{fi} - Po_i)^2}{\frac{1}{N}[\sum_{i=1}^{N}P_{fi}^2 + \sum_{i=1}^{N}Po_i^2]} \tag{1}$$

其中，F 为计算的 FSS 分值，P_{fi} 为窗区内预报概率值，Po_i 轴为窗区内观测概率值，N 为评分区域内邻域窗区的数量。FSS 分值范围为 0～1，0 为预报与实况邻域窗区内事件发生频率完全不匹配，1 为预报与实况邻域窗区内事件发生频率一致。当邻域窗区大小从 1(模式格点分辨率)最大增加至 $2n-1$(n 为窗区沿长轴方向的格点数)时，FSS 评分趋向于 1。在给定的阈值条件下，以窗区大小为横坐标，FSS 分值为纵坐标即可得到 FSS 评分随窗区大小变化的曲线。对比不同的预报系统，当 FSS 评分变化曲线越接近左上角，即在越小的窗区内越接近 1，说明该系统的预报效果越好。Robert 等[20]同时定义了具有预报技巧的评分值 FSS_u(公式 2)，指出针对每个预报系统，FSS 评分随窗区尺度增加而增大，当 FSS 评分增大到 FSS_u 时，对应的窗区尺度即定义为具有预报技巧的最低尺度大小(下文称预报技巧尺度)。预报技巧尺度是反映预报场对于检验对象在空间位置上的把握能力的指标，预报技巧尺度大，说明预报相对于实况位移偏差较大，需要选择更大的窗区尺度才能体现出有价值的预报信息，预报技巧尺度越小，说明该系统预报效果越好，对检验对象在空间位置上的预报更准确。

FSS_u 计算公式如下[20]：

$$F_u = 0.5 + \frac{f_{obs}}{2} \tag{2}$$

其中，F_u 为具有预报技巧的评分值 FSS_u，f_{obs} 为实况占整个检验区域的百分比率。对于小尺度、低概率事件，f_{obs} 趋近于 0，具有预报技巧的评分值 FSS_u 接近 0.5，相对较低；对于尺度较大的高概率事件，f_{obs} 趋近于 1，FSS_u 接近 1，表明对于可预报性较强、预报员更容易把握的预报对象，需要具有预报技巧的临界评分值相应增加。

1.2 理想试验

下面通过构建理想试验，考察对于同一预报对象，当多个预报结果在位移、强度上存在不同程度的偏差时，FSS 评分是如何表现的，以此获取对于 FSS 评分更直观的认识，帮助我们更好地理解和使用分数技巧评分方法。

检验区域范围为 35°～41°N，111°～117.5°E，构造的对流模型东西向尺度约为 50 km，南北向尺度约为 200 km，实况雷达回波强度超过 35 dBZ 的高值中心(图 1a)位于山西中部偏西地区，中心位置为 37.5°N，112°E。模拟设计的 3 个预报结果存在不同的位移及强度偏差(图 1b—d)，其中，预报 1(图 1b)回波形态及强度与实况一致，仅在落区位置上存在一定偏差，回波中心较实况偏东 1°；预报 2 回波形态及强度与实况一致，回波中心较实况偏东 2°；预报 3 考虑在预报 1 的基础上强度有所变化，回波强度是实况的 0.8 倍。结合评分结果看（图 2），对比预报 1 和预报 2，主观上判断由于预报 2 位置偏差更大，预报效果明显差于预报 1，阈值为 35 dBZ 和 50 dBZ 的 FSS 评分变化曲线与主观判断结论一致，表现为在任何窗区尺度下预报 2 的 FSS 评分均低于预报 1，同时，预报 1 在窗区格点数递增到 15 左右时即达到具有预报技巧的最小尺度要求，而预报 2 则要达到 35；对比预报 2 和预报 3，预报 2 距离偏差偏大，而预报 3 在强度预报上偏弱，当检验阈值为 35 dBZ 时，窗区尺度小于 31 个格点预报 3 评分高于预报 2，大于 31 个格点反之，同时，无论在何种尺度下预报 3 都没有达到具有预报技巧的评分线，对于 50 dBZ 的检验阈值，由于预报 3 预报偏弱，没能预报出大于 50 dBZ 的区域，直接导致评分为零，远低于预报 2 的评分；通过升序排列求出检验区域内预报和实况数列第 75 百分位上的回波强度值作为其相应的检验阈值（图 2c）时，可以把强度偏差信息滤掉，仅保留位置偏差信息，预报 3 距离预报偏差小于预报 2，因此评分曲线上明显高于预报 2。

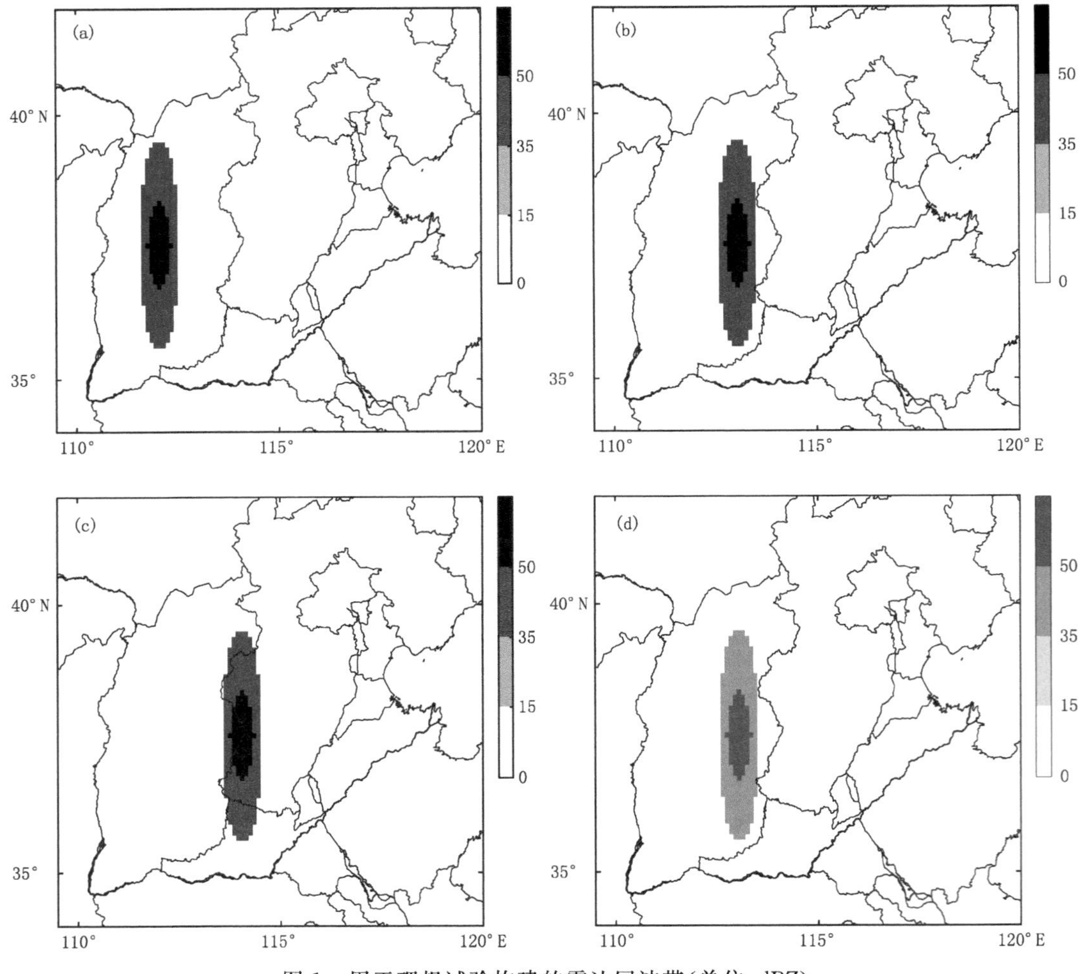

图 1　用于理想试验构建的雷达回波带（单位：dBZ）

(a)实况；(b)预报 1：回波带形态、强度与实况完全匹配，中心位置偏东 1°；(c)预报 2：回波带形态、强度与实况完全匹配，中心位置偏东 2°；(d)预报 3：回波带形态与实况一致，中心位置偏东 1°，回波强度偏弱是实况的 0.8 倍通过理想试验的分析可以得到以下结论：(1)当预报存在不同位移偏差时，分数技巧评分方法能够分辨距离偏差更小、预报效果更好的预报，这是该检验方法优于传统检验指标的最明显的特点；(2)通过取百分位阈值的方法，可以将强度预报偏差信息略去，FSS评分高的预报即可认为在距离预报偏差上最小；(3)对比不同的预报结果，如果出现当检验阈值为相对值(预报和实况数列的相同百分位数)时FSS评分较高，而取确定值时FSS评分偏低的情况，则可判断该预报结果在落区位置上预报有优势，而在强度预报上则存在较大的偏差。

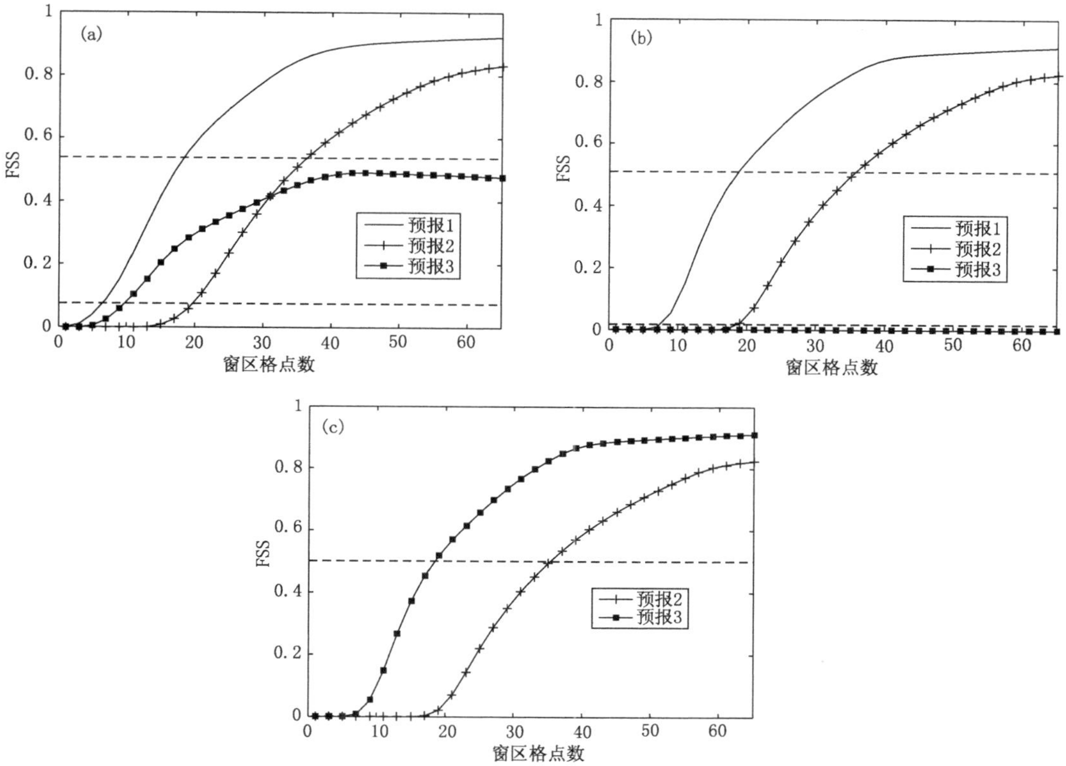

图2 不同阈值条件下理想试验FSS评分随窗区格点数的变化曲线
(a)阈值为35 dBZ；(b)阈值为50 dBZ；(c)阈值为第75百分位数

2 数据和个例简介

由中国气象局自主研发的基于新一代全球/区域多尺度统一的同化与数值预报系统(Global/Regional Assimilation and Prediction System，缩写为GRAPES)区域中尺度模GRAPES_Meso在2006年正式投入业务运行及应用，经过不断的改进调整，现已升级为GRAPES_Meso4.0版本，水平分辨率10 km[11]，自2017年7月起GRAPES_Meso4.0与快速分析数值预报系统GRAPES_RAFS合并后可以获取每天运行8次(3 h为周期)，起报时间分别为02:00、05:00、08:00、11:00、14:00、17:00、20:00、23:00(北京时)的0～30 h逐小时预报产品。在GRAPES_Meso4.0版本的基础上，覆盖我国东部地区3 km水平分辨率的试验系统 GRAPES_3km 于 2015 年被建立[12]，每天两次起报时间 08:00 和 20:00(北京时)，预报时效为 0～36 h。华东区域中尺度模式(以下简称华东区域模式)于 2009 年在上海市气象局正式投入业务运行，水平分辨率为 9 km，分别在每日 02:00、08:00、14:00、20:00(北京时)起报，可获得预报时效为 72 h 的逐小时预报产品[9]。近年来，上述 3 个模式预报产品逐渐应用于国家级的强对流天气预报业务，尤其是雷达回波预报产品的使用频率最高。当前，针对高分辨模式的预报性能研究分析还十分有限，尤其是针对雷达回波的预报检验，因此，非常有必要开展这方面的工作，给预报员提供科学准确的模式性能评估信息，有助预报员做出更精确的预报。

为了获取具有一定统计意义的评估结果，本文挑选 2017 年 7—9 月期间不同类型天气系统影响下，具有很好代表性的在形态、分布、尺度上各具特点的共计 7 次华北区域(35°～41°N，111°～117.5°E)强对流过程(表 1)作为评估对象，针对过程中对流发展较为突出的时段进行 GRAPES_3km、GRAPES_Meso 及华东区域 3 家模式雷达回波预报性能的对比检验评估。观测资料采用空间分辨率为 0.01°×0.01°的全国雷达组合反射率拼图数据插值到模式格点生成，时段与模式预报一致。由于每个过程中对流发展突出的时段并不相同，因此所选取个例中的预报时效也是有所差异。

表 1　本文所用强对流天气个例信息表

时间	模式起报时间	影响天气系统	过程特点
07－11T19:00	08:00 起报 11 h 时效	东北冷涡，地面冷锋	团状回波，雷暴大风、冰雹
07－14T22:00	08:00 起报 14 h 时效	500 hPa 短波槽， 低层切变线	分散强回波，短时强降水、雷暴大风
07－15T16:00	08:00 起报 08 h 时效	地面倒槽	分散强回波，局地短时强降水
07－21T20:00	08:00 起报 12 h 时效	副热带高压，低层切变线	分散强回波，局地短时强降水
07－23T08:00	20:00 起报 12 h 时效	副热带高压，低层切变线	分散对流，局地短时强降水
08－05T14:00	08:00 起报 6 h 时效	500 hPa 槽前，低层切变线	线性对流，局地雷暴大风、短时强降水
09－21T20:00	08:00 起报 12 h 时效	蒙古冷涡，地面锋面	飑线，雷暴大风为主

3　评估结果

3.1　典型个例评估

由于实际的雷达回波形态分布复杂，对预报场进行精确可靠的客观评估是有难度的，下面通过主观目测挑选预报效果显著的两个个例来证实 FSS 评分结果能够和主观判断基本一致，表明使用 FSS 评分可以提供较为可靠的、具有一定价值的评估信息。

2017 年 9 月 21 日 20:00 雷达回波实况与 3 个模式相应时次预报场对比可见(图 3),模式基本上能够将河北中部至山西南部的西南一东北走向的线性对流体预报出来,GRAPES_meso 整体回波主体明显偏弱,华东区域模式对流带位置偏西偏北,同时落区范围偏大,GRAPES_3km 预报的对流主体最接近实况,只是在强度上有所偏弱。检验区域内实况和模式预报的雷达回波强度随所取百分位数变化曲线(图 5)同样可以看出,针对这次过程 GRAPES_3km 和 GRAPES-Meso 模式对于回波强度预报整体偏弱,华东区域模式在强度预报上更接近于实况。通过取第 95 百分位作为阈值进行 FSS 评分检验(图 6a),3 km 模式评分在任何尺度上均高于其他模式,GRAPES_Meso 评分最低,检验结论与主观判断基本吻合。

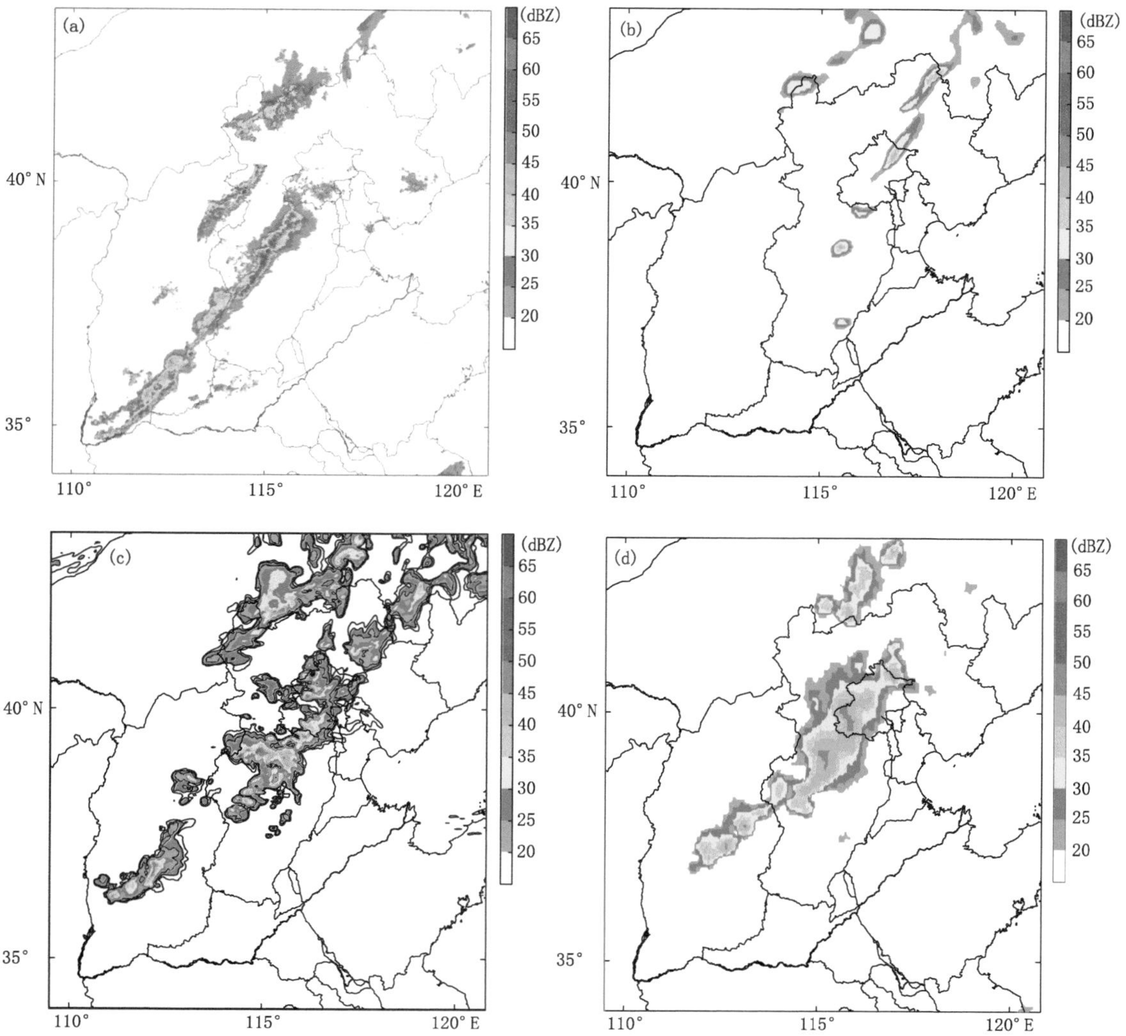

图 3 2017 年 9 月 21 日 20:00 华北飑线过程雷达回波
(a)实况;(b)GRAPES_Meso 12 h 时效预报;(c)GRAPES-3 km 12 h 时效预报;
(d)华东区域模式 12 h 时效预报

2017 年 8 月 5 日 14:00 的对流过程实况与预报场对比可见(图 4),三个模式均没能很好地将位于河北南部的线状对流预报出来,同时位于山西境内的分散回波,3 个模式也均没能体现,因此,主观上可以判断 3 个模式的预报效果较差。从检验结果上看(图 6b),FSS 评分曲线也显示出与上述 21 日过程完全不一样的"下凹型"的结构特征,同时当窗区格点尺度增大到 400 km 左右时 FSS 评分才达到具有预报技巧的线。这个结果也与主观判断接近。

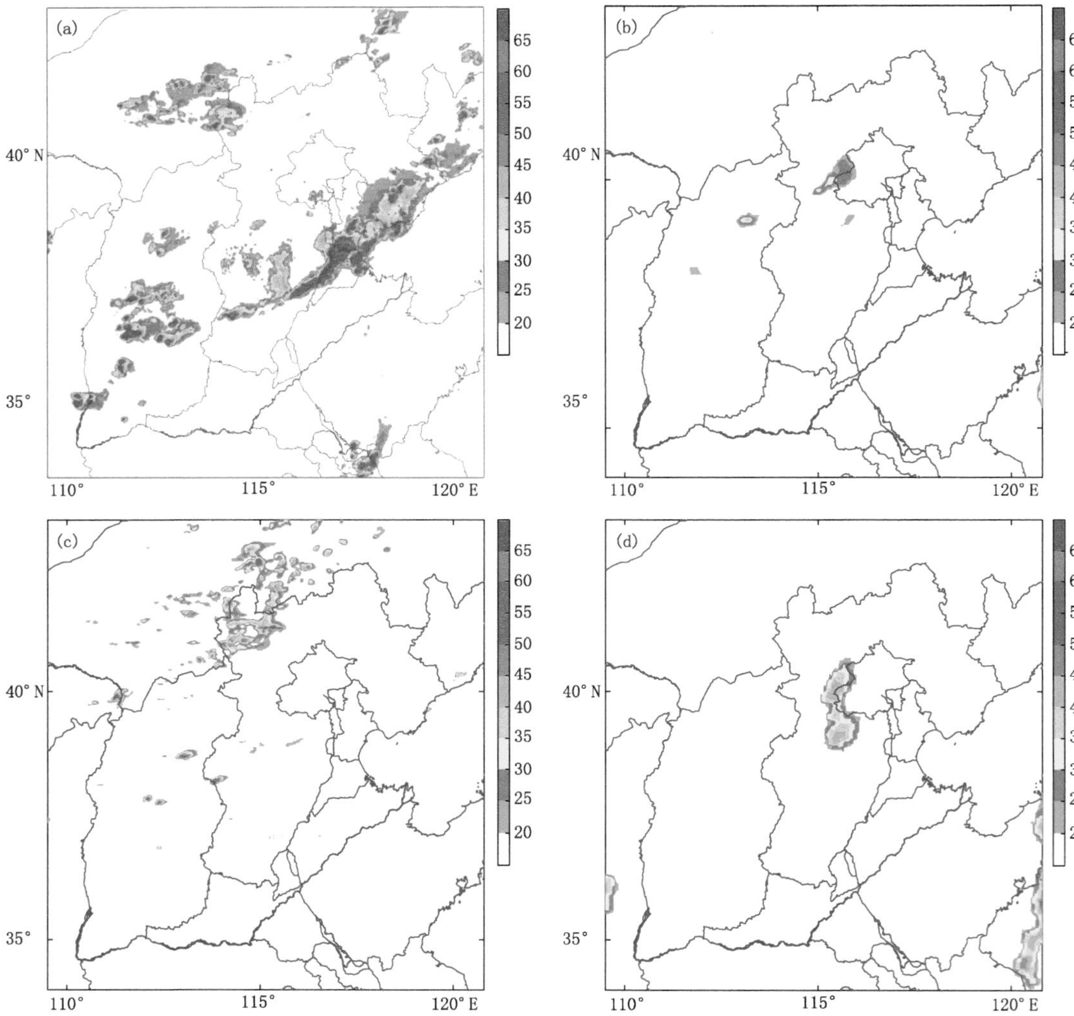

图 4　2017 年 8 月 5 日 14:00 雷达回波

(a)实况;(b)GRAPES_Meso 06 h 时效预报;(c)GRAPES_3km 06 h 时效预报;(d)华东区域模式 06 h 时效预报

3.2　总体评估

对表 1 中的 7 个强对流个例进行累计计算总体的评分情况。选取 30 dBZ、40 dBZ、50 dBZ、55 dBZ 作为绝对阈值进行检验发现(图 7a～d),在阈值为 30 dBZ 和 40 dBZ 时,华东区域模式评分显著高于 GRAPES_3km 和 GRAPES_Meso,华东区域模式具有预报技巧的最小

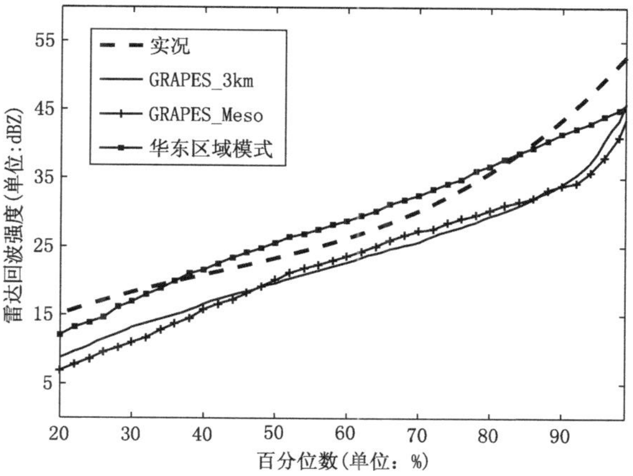

图 5　2017 年 9 月 21 日 20:00 华北飑线过程雷达回波实况与模式 12 h 时效预报随百分位数变化的回波强度变化曲线

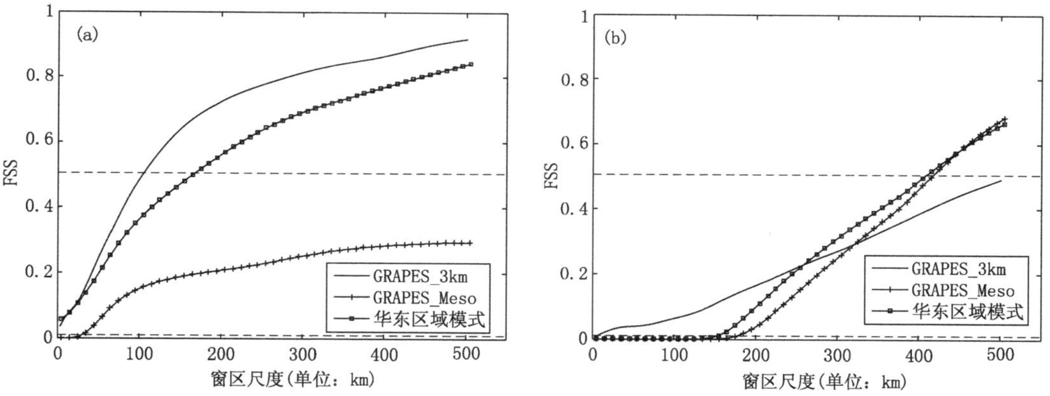

图 6　FSS 评分随窗区尺度(单位:km)的变化曲线,取第 95 百分位阈值(a)9 月 21 日 08:00 起报 12 h 时效预报;(b)8 月 5 日 08:00 起报 06 h 时效预报

尺度约为 150 km(30 dBZ)和 200 km(40 dBZ),当阈值增加到 50 dBZ 和 55 dBZ 时,GRAPES_3km 评分超过华东区域模式,但 3 个模式的评分较低,均没能达到具有最小预报技巧的评分要求。

通过计算预报偏差 Bias 获取模式对于回波强度预报的偏差信息,用于进一步讨论在较低阈值和较高阈值两种情形下华东区域模式和 GRAPES_3km 模式 FSS 评分曲线表现出差异的原因。分析预报偏差变化曲线图(图 8)可见,3 个模式的预报偏差均小于 1,说明模式均存在对回波预报偏弱的系统性偏差,当绝对阈值从 30 dBZ 递增到 65 dBZ 时,强度预报偏弱的问题越来越明显,同时可见,对比华东区域模式和 GRAPES_3km,44 dBZ 是偏差分界点,阈值小于 44 dBZ 时华东区域模式偏差小于 GRAPES_3km,当大于 44 dBZ 时反之。绝对阈值检验结果表明,华东区域模式和 GRAPES_3km 模式在较低阈值和较高阈值两种情形下模式对回波强度预报存在不同程度的偏差,这是导致 FSS 评分曲线表现出差异的主要原因。

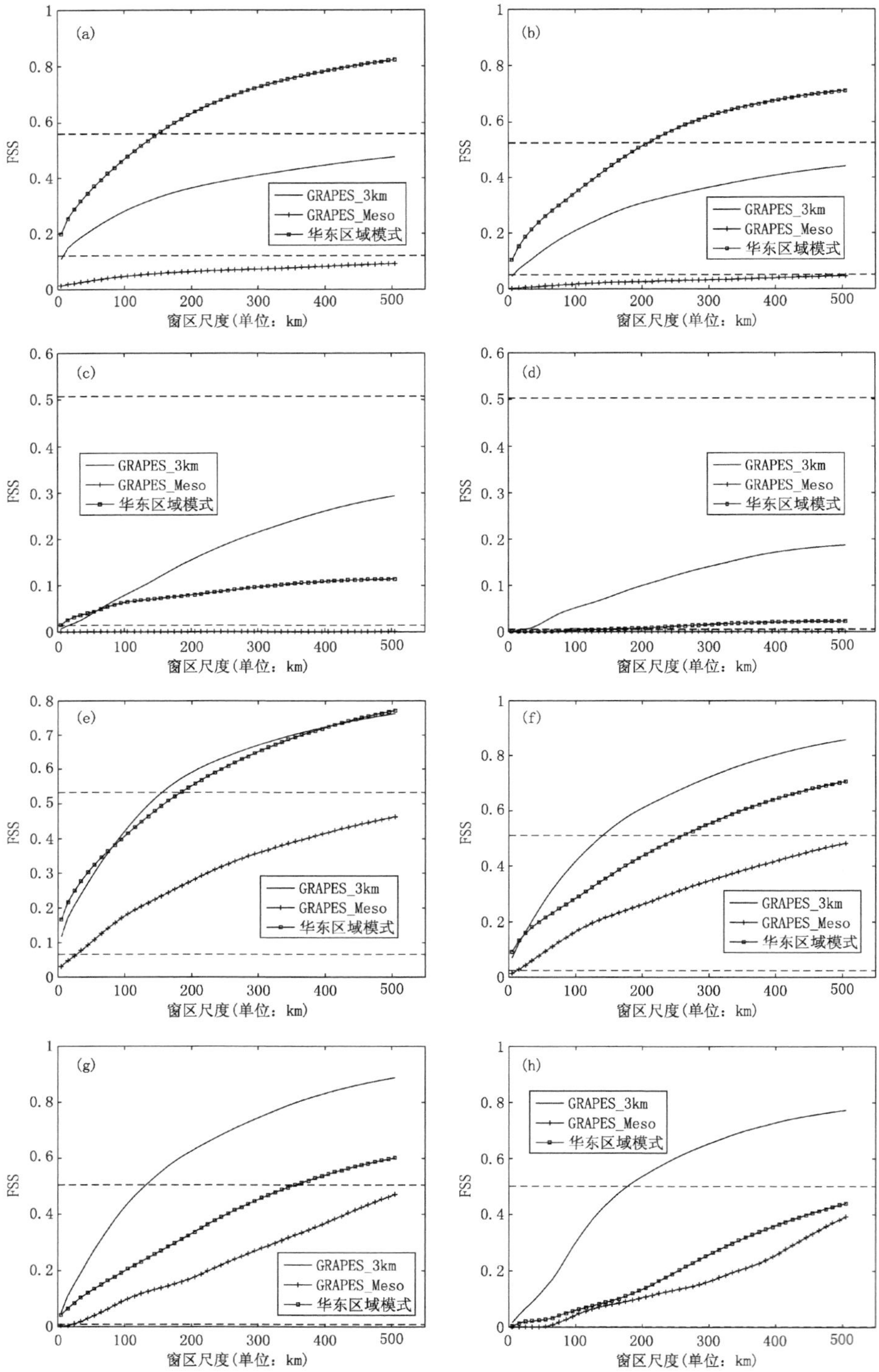

图 7　不同阈值条件下 FSS 评分随窗区尺度的(单位:km)的变化曲线

(a)30 dBZ;(b)40 dBZ;(c)50 dBZ;(d)55 dBZ;(e)第 75 百分位数;(f)第 90 百分位数;(g)第 95 百分位数;(h)第 99 百分位数

采用相对阈值的方法，以去除强度预报偏差的影响，来考察模式对强回波主体空间位置的把握能力，采用第75、90、95、99百分位数作为阈值进行评分计算。3个模式的FSS变化曲线表明(图7e～h)，在取第75百分位阈值时，GRAPES_Meso评分仍然最低，但GRAPES_3km评分略高于华东区域模式，随着百分位数的增加，也可以解释为对流强度更强，尺度更小的情况下，GRAPES_3km与华东区域模式的评分差距越来越明显，即相较于华东区域模式的优势更加清晰。

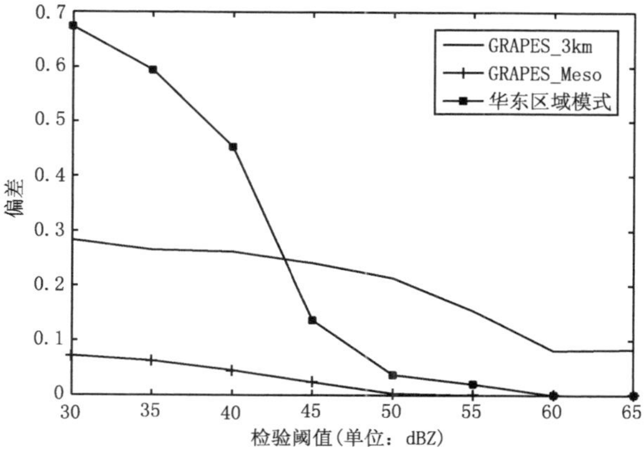

图8 预报偏差随检验阈值(单位:dBZ)的变化曲线

进一步分析随百分位阈值变化的预报技巧尺度曲线(图9)。由于GRAPES_meso在多数情况下预报效果均不理想，没能达到具有预报技巧分数线，因此图中没能得到连续的GRAPES_Meso的技巧尺度曲线。对比华东区域模式及GRAPES_3km模式，对于较大范围的对流体(第50～60百分位数阈值)，华东区域模式预报技巧尺度在100～150 km，小于GRAPES_3km(约为150～200 km)；当百分位阈值在60～75时，华东区域模式和GRAPES_3km预报技巧尺度较为接近，约为150 km；当考察对象是更为局地的强回波时(大于75百分位阈值)华东区域模式的预报技巧尺度逐渐加大，从150 km增加至400 km，而GRAPES_3km则较为稳定的维持在150 km上下浮动。检验百分位阈值的变化表征检验对象在尺度大小上的改变，百分位阈值较小，指示检验对象尺度范围偏大；百分位阈值较大，检验对象尺度小，局地性更强。预报技巧曲线的变化特征说明对于大范围的对流体，华东区域模式最小的有效预报尺度在100 km左右，相比GRAPES_3km模式要小60～70 km，因此华东区域模式对其回波位置的预报能力要优于GRAPES_3km，当百分位阈值大于75%时，GRAPES_3km模式开始显现优势，可见对于预报难度更大的高阈值、小尺度的对流事件，GRAPES_3km模式预报能力更强。由于GRAPES_3km模式水平分辨率更高，有能力捕捉到中小尺度对流系统在启动发展、分布位置上更多的细节，这可能是针对局地性更强的小尺度对流系统GRAPES_3km模式预报能力优于其他模式的主要原因。

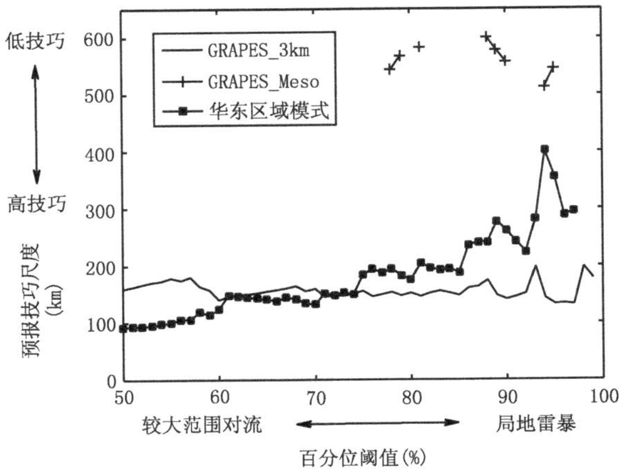

图 9　预报技巧尺度随百分位阈值的变化曲线

4　结论与讨论

当前在国家级强对流天气预报业务中经常使用的中尺度预报模式包括 GRAPES_3km、GRAPES_Meso、华东区域模式等，这些模式存在较多差异。到目前为止，对这些模式的客观评估还存在较多不足。针对高分辨率模式预报的特点，本文引入分数技巧评分检验方法，选取 2017 年 7—9 月间华北地区形态、分布、尺度上各具特点共 7 次强对流个例，对上述 3 个模式在这 7 次个例中的表现进行检验评估，结果表明：

(1)分数技巧评分方法能够实现当模式在空间距离上存在偏差时仍然给出有价值的评分结果，这是该检验方法优于传统检验指标的最明显的特点。分数技巧评分方法的另一重要优势就在于可以评估模式的预报技巧尺度。通过取百分位阈值的方法，可一定程度去除模式强度预报偏差影响，FSS 评分较高的预报表明其空间预报偏差较小。

(2)本文所选的 3 个高分辨模式预报的回波强度均偏弱，当回波强度小于 44 dBZ 时，华东区域模式预报更接近实况，44 dBZ 以上的对流事件，GRAPES_3km 模式优势更明显。

(3)检验百分位阈值的变化表征了检验对象在尺度大小上的改变。随检验百分位阈值的增加，GRAPES_3km 模式的预报技巧尺度变化幅度较小，稳定维持在 150～200 km；而华东区域模式预报技巧尺度从 150 km 逐渐增大至 400 km。因此，对于预报难度更大的高阈值、小尺度的对流事件，GRAPES_3km 模式预报能力更强。

需要指出的是，由于模式可用预报资料的限制，本文的评估结果仅仅是针对华北地区 7 次典型的强对流过程，要得到更全面的模式性能评估信息还需要更大量的样本个例，也需要对我国不同区域分别进行评估考察。分数技巧评分方法尚未应用于业务预报中，下一步工作将把其应用到实时业务预报中，为预报员提供我国不同区域的模式实时性能的评估，同时实时对比挑选更具有预报优势的模式，获取模式具有预报技巧的空间尺度，为更好地应用模式预报、提高业务预报水平提供参考依据。

参考文献

[1] 王宁,王婷婷,张硕,等. 东北冷涡背景下一次龙卷过程的观测分析[J]. 应用气象学报,2014,25(4):463-469.

[2] 段亚鹏,王东海,刘英. "东方之星"翻沉事件强对流天气分析及数值模拟[J]. 应用气象学报,2017(6):666-677.

[3] 陈淑琴,章丽娜,俞小鼎,等. 浙北沿海连续 3 次飑线演变过程的环境条件[J]. 应用气象学报,2017,28(3):357-368.

[4] 何立富,陈涛,周庆亮,等. 北京"7.10"暴雨 β—中尺度对流系统分析[J]. 应用气象学报,2007,18(5):655-665.

[5] Sun J, Xue M, Wilson J W, et al. Use of NWP for nowcasting convective precipitation: Recent progress and challenges[J]. Bull Amer Meteor Soc, 2014,95(95):409-426.

[6] 郑永光,张小玲,周庆亮,等. 强对流天气短时临近预报业务技术进展与挑战[J]. 气象,2010,36(7):33-42.

[7] 郑永光,周康辉,盛杰,等. 强对流天气监测预报预警技术进展[J]. 应用气象学报,2015,26(6):641-657.

[8] 王金成,龚建东,邓莲堂. GNSS 反演资料在 GRAPES_Meso 三维变分中的应用[J]. 应用气象学报,2014,25(6):654-668.

[9] 漆梁波. 高分辨率数值模式在强对流天气预警中的业务应用进展[J]. 气象,2015,41(6):661-673.

[10] 郑永光,薛明,陶祖钰. 美国 NOAA 试验平台和春季预报试验概要[J]. 气象,2015,41(5):598-612.

[11] 黄丽萍,陈德辉,邓莲堂,等. GRAPES_Meso V4.0 主要技术改进和预报效果检验[J]. 应用气象学报,2017,28(1):25-37.

[12] 许晨璐. 公里尺度 GRAPES_Meso 模式的动力物理性能评估与分析[D]. 北京:中国气象科学研究院,2017.

[13] Ebert E E, Mcbride J L. Verification of precipitation in weather systems: Determination of systematic errors[J]. J Hydrol, 2000, 239(1):179-202.

[14] Brown B G, Bullock R R, David C A, et al. New verification approaches for convective weather forecasts[J]. Conference on Preprints, 2004, 68(2):3. D. 4-1-3. D. 4-10.

[15] Davis C, Brown B, Bullock R. Object-based verification of precipitation forecasts. Part I: Methods and application to mesoscale rain areas[J]. Mon Wea Rev, 2006, 134(7):1772-1784.

[16] Davis C A, Brown B G, Bullock R, et al. The Method for Object-Based Diagnostic Evaluation (MODE) applied to numerical forecasts from the 2005 NSSL/SPC spring program[J]. Wea Forecasting, 2009, 24(5):1252-1267.

[17] Duda J D, Gallus W A J. The impact of large-scale forcing on skill of simulated convective initiation and upscale evolution with convection-allowing grid spacings in the WRF[J]. Wea Forecasting,2013,28(4):994-1018.

[18] 符娇兰,代刊. 基于 CRA 空间检验技术的西南地区东部强降水 EC 模式预报误差分析[J]. 气象,2016,42(12):1456-1464.

[19] 薛春芳,潘留杰. 基于 MODE 方法的日本细网格模式降水预报的诊断分析[J]. 高原气象,2016,35(2):406-418.

[20] Roberts N M, Lean H W. Scale-selective verification of rainfall accumulations from high-resolution forecasts of convective events[J]. Mon Wea Rev, 2008, 136(1):78-97.

[21] Ebert E E. Neighborhood verification: A strategy for rewarding close forecasts[J]. Wea Forecasting, 2009, 24(6):1498-1510.

[22] Ebert E E. Fuzzy verification of high-resolution gridded forecasts: A review and proposed framework [J]. Meteor Appl, 2010, 15(1):51-64.

[23] 潘留杰,张宏芳,陈小婷,等.基于邻域法的高分辨率模式降水的预报能力分析[J].热带气象学报,2015,31(5):632-642.

[24] 李佰平,戴建华,张欣,等.三类强对流天气临近预报的模糊检验试验与对比[J].气象,2016,42(2):129-143.

[25] 郜彦娜,何立富.2011年7月12—20日华北冷涡阶段性特征[J].应用气象学报,2013,24(6):704-713.

国家级强对流天气综合业务支撑体系建设

杨波　郑永光　蓝渝　周康辉　刘鑫华　毛旭

（国家气象中心，北京 100081）

摘　要　国家级强对流天气预报业务正在从短期预报为主调整到短期和短时预报并重的业务格局。本文从强对流天气预报技术发展与服务需求的角度，重点介绍了国家级强对流天气综合业务支撑平台及其核心技术。该平台以气象数据组织和图形化表达两个核心要求为牵引，发展了数据分析处理系统、自动气象绘图系统和WEB检索与显示系统。数据分析处理系统基于多源观测资料、中尺度数值预报和全球数值预报，发展了集约、高效的强对流天气监测和临近预报、短时预报和短期预报等数据分析处理技术，是整个平台的核心；主要核心技术包括：从不稳定与能量、水汽、抬升与垂直风切变等条件出发，以归纳总结的分类强对流天气概念模型为基础的分类强对流短期预报分析技术；应用"配料法"发展的分类分等级的强对流天气客观概率预报技术；强对流短时预报技术包括高分辨率数值预报释用、多模式预报集成、对流尺度分析、实况和模式探空分析等多项技术，重点实现了从过去3 h实况到未来12 h预报的无缝隙衔接；强对流的监测和临近预报技术在基于多源资料的强对流天气实况与强对流系统监测技术基础上，发展了基于雷达特征量、强对流实况、各类强对流指数和预警信号等多源信息的报警技术。自动气象绘图系统实现了高效、便捷地接入多种数据、自动进行数据分析和制图等多项功能。在预报服务方面，基于WebGIS发展了县级分类强对流预警信号和国家级分类强对流预警预报产品共享技术，实现强对流短时预报业务的高交互性与上下互通的功能。

关键词　强对流　短期预报　短时预报　临近预报　监测技术　支撑平台

1　引言

强对流天气是指由对流系统产生的、发生突然、移动迅速、天气剧烈、破坏力强的灾害性天气，在我国的天气预报业务中主要包括伴随有雷暴的对流性大风、冰雹、短时强降水、龙卷等天气现象。强对流天气由中小尺度对流系统产生，中小尺度对流系统具有发展演变快（生命期仅有几分钟～几个小时）、空间尺度小（几十米～几百千米）等特点，因而强对流天气的监测和预警预报在天气预报业务中一直是一个难点。

美国的强对流监测和预报业务较为系统和完善。美国风暴预报中心是目前负责全国强对流天气监测和预报业务的专业中心，成立于20世纪50年代初，经过半个多世纪的发展，已经形成了时间尺度从几十分钟到8 d的比较系统的强对流业务产品（主要包括直径25 mm及以

本文发表于《气象》，2017，43（7）：845-855。

上的冰雹、26 m·s^{-1}及以上的雷暴大风或任何级别的龙卷)，2000 年以后，其业务产品逐渐由原来的确定性预报向概率预报转化。目前，产品主要包括对流展望、中尺度讨论和强对流天气警戒等[1-2](周庆亮，2010；Ostby，1992)。其他国家的强对流天气监测预报业务虽然也作为众多业务预报中的重要内容之一，然而较少具有相对完整独立的强对流监测预报业务体系。

我国国家气象中心从 2009 年起，以强对流天气分析规范为核心指导思想[3-5]；以"配料法"为主要技术方法[6-9]建立了一套分类强对流短期主客观预报体系。郑永光等[10-12]则利用雷达、卫星、闪电、自动站、WS 报等多源观测资料，形成了一套包括强对流天气和中尺度对流系统时空分布的国家级强对流监测产品体系。郑永光等[13]基于常规地面、高空观测资料建立了一套天气实况客观分析诊断技术和产品。在强对流预报检验方面，田付友等[14]和唐文苑等[15]采用点对面的检验方法初步建立了一套符合对极端事件评估的分类强对流天气预报检验办法。以上工作的开展初步构建了我国国家级强对流监测、分析和预报的基础技术框架。

近几年来，气象观测体系取得较大进展：分钟级的自动站观测数据业务应用已成常态；HIMAWARI－8 静止卫星光谱分辨率达 16 个通道，时间分辨率到 10 min，最高水平分辨率到 0.5 km[16]；观测能力超过 HIMAWARI－8 的我国新一代静止气象试验卫星 FY－4 号已于 2016 年底成功发射；新一代天气雷达、闪电等观测数据的应用也进一步深入[17]。另一方面，数值预报模式也取得了巨大进步：全球数值预报模式的分辨率不断提高；数值集合预报产品极大丰富；特别是区域数值预报模式发展迅速，对中尺度天气系统预报能力明显提升。由于突发性强对流天气易于造成大量人员伤亡，如 2015 年 6 月 1 日湖北监利强下击暴流、2016 年 6 月 23 日江苏盐城 EF4 级强龙卷均引发了社会高度关注，因此，对强对流天气的监测和短时临近的预报预警服务需求迫切。国家气象中心以强对流短期预报为主的业务体系已不能完全满足社会的需求，构建新的业务体系已迫在眉睫。这要求一方面要大力发展强对流监测、分析和预报的技术能力，特别是短时和临近预报的技术能力；另一方面要大力提升强对流预报的服务能力。而要实现两个能力的整合，需要有强大的载体——业务平台的支持，因而建设综合、高效的强对流监测、分析和预报业务支撑平台尤为迫切和重要。

本文从强对流天气预报技术发展与服务需求的角度，围绕国家级强对流天气综合业务支撑平台的建设，介绍了平台建设所必需的数据分析与图形化表达等重要支撑技术，以及基于中尺度分析思想的分类强对流短期预报主客观分析技术、以高分辨率数值模式释用为主的强对流短时预报技术和基于多源资料应用的强对流监视与临近预报技术等核心预报技术。该平台的建设对于整合我国强对流天气预报技术、加强我国强对流预报技术研发与成果应用的规范性、组织性与计划性、提升国家气象中心对下级台站的指导能力、实现上下级台站互动的新型业务具有重要的支持作用。

2　数据组织和主要功能

国家气象中心从强对流监测与临近预报、短时预报、短期预报和预报检验等方面构建了新的强对流业务综合支撑平台。

2.1　气象数据组织

强对流天气监测和预报业务的一个重要特点是所需气象信息的多源化和数据的海量化。

在观测资料方面，从秒级的闪电观测，到分钟级的雷达、卫星、自动站、风廓线数据，再到小时级的常规观测、GNSS/MET 观测数据等；在数值预报产品方面，从全球数值预报产品，到高分辨率的区域数值预报产品，再到集合预报产品。全球数值模式对 α 中尺度以上的天气系统具有较好的预报能力，但对对流尺度的天气系统预报能力还较弱；近几年来高分辨率中尺度数值模式发展迅速，对强对流天气具有了一定的预报能力，但在业务应用中还存在一定的不确定性。

综合利用多源实况观测资料是强对流监测和临近预警的有效手段，但其预报时效较短。而在强对流短时预报方面，依靠高频次的多源观测资料对区域数值模式实时进行修正及检验，并采用多个区域数值模式构建超级集合预报系统是减少强对流短时预报不确定性的有效手段。这些气象资料各有优势也各有不足，如何合理地利用这些气象信息对于强对流天气业务，特别是在短时临近预警预报业务中尤为重要，因此，建立高效便捷、综合性强的气象大数据分析系统是强对流业务体系建设的重要环节之一。

数据分析是科研成果转化的关键，好的数据分析系统能够对气象信息进行有效组织，把科研成果高度概括化。国家气象中心分别基于多源实况资料建立了监测和临近预报数据处理系统；基于中尺度数值模式预报和实况建立了短时预报综合数据处理系统；基于全球数值模式预报建立了以中尺度分析为主导的短期预报数据处理系统。特别是强对流天气分析数据处理系统，以业务中常用的气象数据为标准输入源，减少了数据中间转化环节，建立了标准的物理量和对流指数算法库，具备了高效、便捷的数据分析能力[18]。这三大数据分析系统各有分工，又相互配合，共同构成强对流天气业务综合数据处理系统。

2.2 气象信息的图形化表达

高效快捷、上下互动、并能主动引导预报员对强对流天气进行跟踪和预报的业务平台建设是强对流天气业务发展的必然要求。业务平台建设的一个关键基础工作就是建立标准化、高效化、专业化、模块化和易学习、易推广、易维护的气象信息图形加工系统。为满足该业务平台建设的需求，国家气象中心建立了气象自动绘图系统[18]。该系统紧贴我国业务数据环境，以 CMISS、MICAPS 和 GRIB 等数据为主要输入源，整合了气象信息数据分析算法，对各种强对流天气监测和预报产品实现了标准化制图，特别是通过瓦片图技术，可实现气象信息在 Web-GIS 中的应用。这为强对流业务支撑平台建设奠定了必备的高质量图形生成基础。

2.3 主要结构和功能

由于强对流天气往往预警时间较短，要构建上下互通的业务体系，信息通讯的实时性非常重要，采用 B/S(浏览器/服务器)构架来建设强对流业务系统可较好地满足上述需求。根据强对流技术发展方向和预报服务需求，强对流综合业务支撑平台主要从强对流短期预报、短时预报和监测与临近预报三个方面进行构建(图 1)。在系统功能建设中，以强对流天气监测和分析技术为基础，以客观产品为核心，采用不同功能板块的方式，构建了综合强对流监测、分析和预报的业务支撑体系。围绕这些业务需求，该平台目前共建设 6 个板块，各个板块相互独立又相互配合，形成一套相对完整的业务体系。其中“综合”板块，强调基于 GIS 的综合应用，可实现多种关键数据的交互分析，为预报员提供精细分析的基本功能；“监测”板块基于多源观测资料从不同方面监测对流性天气和对流系统；“诊断”板块主要通过实况资料对大气的状态进行客观分析和诊断；“短临”板块主要针短时和临近预报需求实现各种主客观技术方法与产品的高度集成;"短期"板块基于全球数值模式预报,以对流天气分析技术为基础,通过对强对流发生发展环境和条件的诊断和分析,来发挥全球模式对强对流天气的早发现和早诊断的优势;"检验"板块实现对强对流预报产品的实时检验和评估。

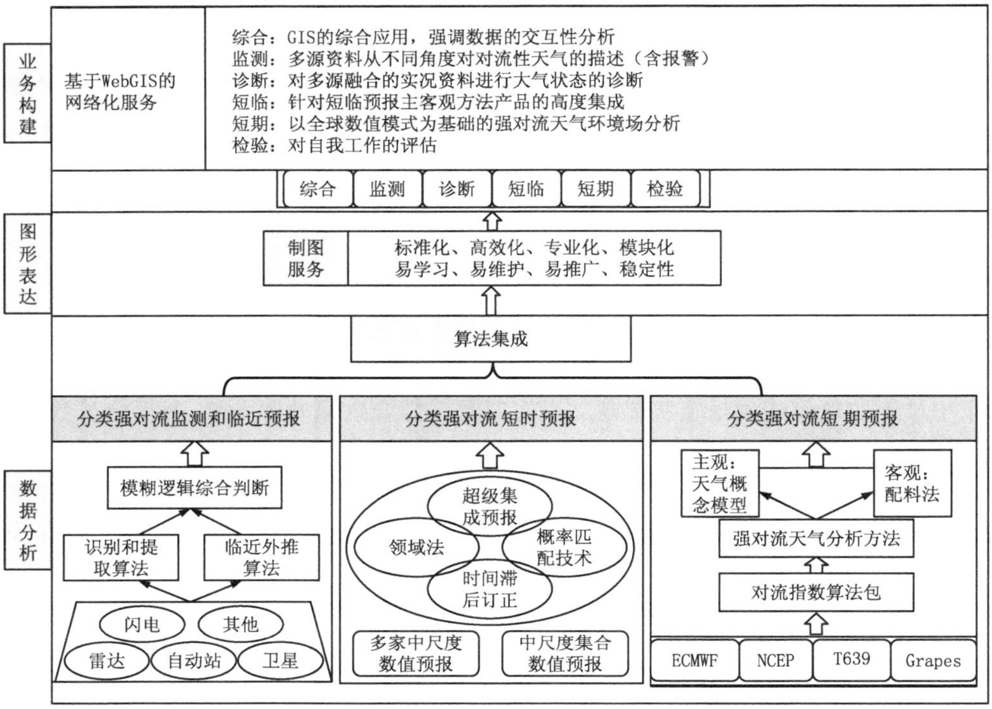

图 1　强对流综合业务平台技术框架和特点

3　核心支撑技术

经过近 8 年的建设,国家级强对流天气预报业务初步建立了 0～168 h 的强对流监测与客观预报技术体系,实现了主观预报思路和客观预报技术的整合。

3.1　强对流天气短期预报分析技术

强对流天气短期预报是国家级强对流预报业务的主要任务之一。以对流天气分析技术[3-4,19-21]为指导,从水汽、抬升、不稳定能量和垂直风切变等条件出发,基于通过大量个例归纳总结形成的分类强对流天气概念模型,支撑平台共构建了 25 类强对流天气综合分析图。这些综合图不但可加深预报员对分类强对流天气概念模型的理解,还可以帮助新预报员建立分类强对流天气的短期预报思路。基于分类强对流天气发生发展的环境条件,支撑平台还精选了 22 个不稳定与能量指数、18 个不同层次的水汽物理量与 16 个抬升与垂直风切变物理量,从强对流天气发展条件的多个角度为预报员提供分析依据。

在客观预报产品方面,以"配料法"为主要方法,对 100 多个物理量作了气候统计,根据统计获得的不同物理量对强对流天气的敏感性和强对流天气分析规范[3],挑选多个关键物理量构建了客观预报方程,形成雷暴、冰雹、雷暴大风等分类强对流天气客观概率预报产品,以及≥

20 mm·h^{-1}、≥50 mm·h^{-1}和≥80 mm·h^{-1}的分等级短时强降水天气客观概率预报产品(图 3a)。

数值集合预报技术已在环流形势和要素预报方面被广泛应用，但在强对流天气预报中应用还在不断发展，国家气象中心从水汽、抬升、不稳定能量和极端天气指数(EFI)等四个方面初步建立了基于数值集合预报产品的强对流天气预报客观产品。

强对流天气分析规范(主观预报思路)、客观预报技术和数值集合预报应用技术三者共同构成了强对流短期预报业务的核心支撑技术(图 2)。

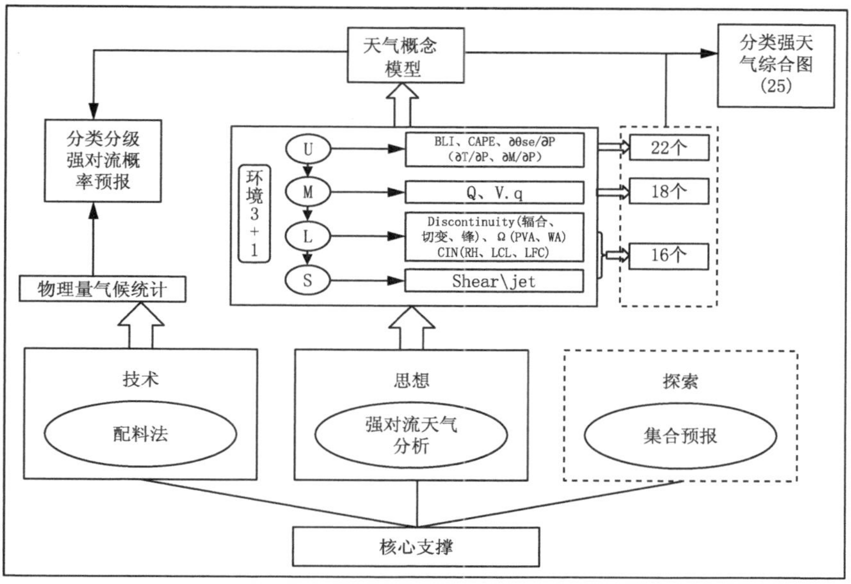

图 2 强对流短期预报支撑技术框架

不同的物理量和对流指数从不同角度对大气状态进行诊断，刘建文等[22]对一些常用物理量和指数的定义及应用进行了详细说明。但对流指数较多，许多对流指数物理意义相近，在应用中也会给预报员造成一定困惑。基于强对流发生发展条件和业务应用实践，国家级强对流预报业务支撑平台部分常用物理量和对流指数如表 1 和图 3b 所示。支撑平台基于分类强对流概念模型生成的综合图(图 3c、d)对引导并加深新预报员对强对流天气的理解至关重要。

表 1 常用物理量和对流指数

物理量和对流指数	说明
Shear	不同层次间垂直风切变，反映了大气的斜压特性，是影响对流系统发展和组织的重要动力因素[23]
LI 和 BLI	抬升指数和最有利抬升指数，表征了大气层结的稳定度
CAPE 和 BCAPE	对流有效位能和最大对流有效位能，其数值对抬升起点的温度、湿度敏感
DCAPE	下沉对流有效位能，反映的是对流发展到一定阶段下沉气流发展可能的趋势和强度
CS 指数	定义为 SHR * CAPE/6000(SHR 为 0～6 km 垂直风切)，对于风雹类强对流天气的预报有较好指示意义
SHIP 指数	大冰雹指数，在指数构建时，除 BCAPE 和 0～6 km 垂直风切外，还考虑了低层最不稳定层的比湿、700 hPa 至 500 hPa 的温度递减率以及 500 hPa 温度等。SHIP 指数对于冰雹的预报有较好的应用价值(图 3b)

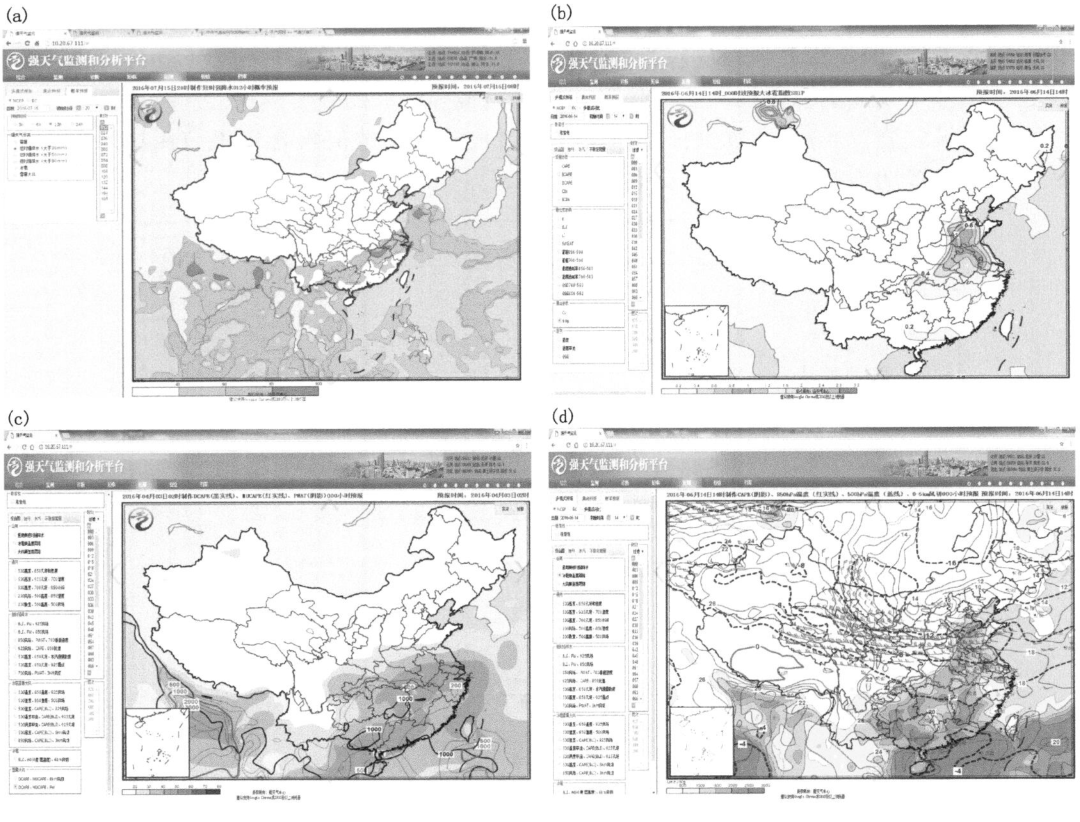

图 3　(a)配料法概率预报产品;(b)大冰雹(ship)指数;(c)雷暴大风环流型综合图;(d)冰雹环流型综合图

3.2　强对流短时预报技术

短时预报一般指的是 2～12 h 天气预报。由于强对流天气具有较强的致灾性,其短时预报业务不仅体现在对技术能力的要求较高,还体现在对服务能力的要求也较高。

高分辨率中尺度数值模式预报产品及其释用技术[24－25]是强对流短时预报业务建设的核心内容。但高分辨率数值模式预报产品仍然存在很多不确定性,要用于短时预报业务,还需要开展大量的研究。国家气象中心以“多模式集成”、“邻域法”和“Time－lagged 法”等方法初步建立高分辨率数值模式预报产品的释用技术[25]。

短时预报由于时效较短,实况和预报之间有一定连续性,因而实况及其诊断产品的分析和检验技术也是强对流短时预报的一个重要支撑:实时利用实况数据对最新的短时预报和中尺度数值模式预报进行检验;通过实时的误差检验分析,再结合实况及其诊断产品与中尺度数值模式预报及其释用产品,形成新的短时预报产品。在此基础上,循环往复,不断滚动更新短时预报业务产品(图 4)。

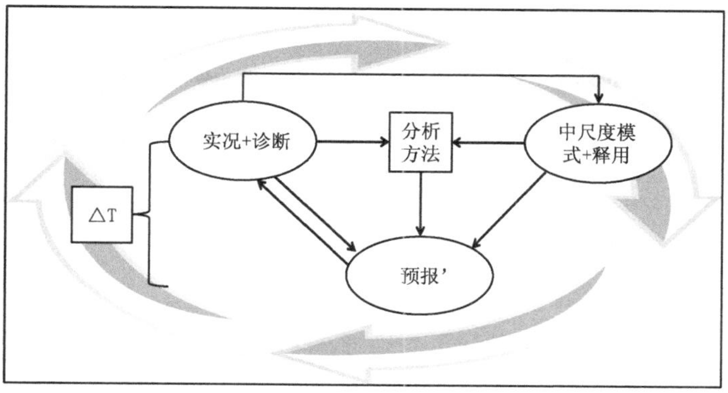

图 4　短时预报技术流程

针对强对流短时预报产品要求实时性强的特点，构建的强对流短时预报业务板块重点强调从过去 3 h 实况监测产品到未来 12 h 预报产品的无缝隙衔接。高分辨率中尺度数值模式预报产品应用包括产品释用、多模式预报集成应用、对流尺度分析等。结合可交互叠加的主观强对流预报产品、预警和短时预报产品等，初步实现了 0～12 h 内强对流预报产品的集成和快速分析(图 5)。

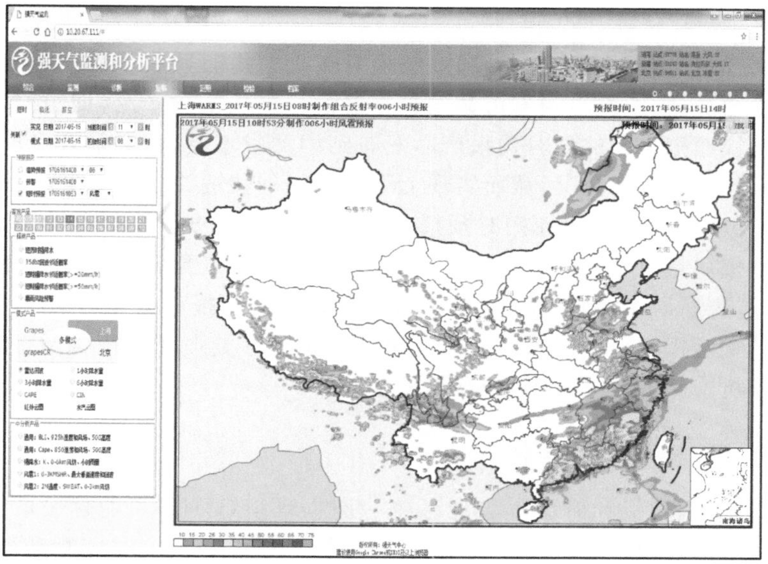

图 5　短时预报板块

探空资料分析技术是最重要的强对流天气预报分析技术之一。针对业务需求，强对流短时预报业务板块分别增加了基于探空观测和数值预报的探空分析模块，且精选显示了 15 个诊断物理量的数值；还增加了基于模式预报的垂直风廓线和诊断物理量的时序产品，可从空间和时间两个维度对单点探空进行分析，从而整体加强了对强对流天气预报的分析能力(图 6)。

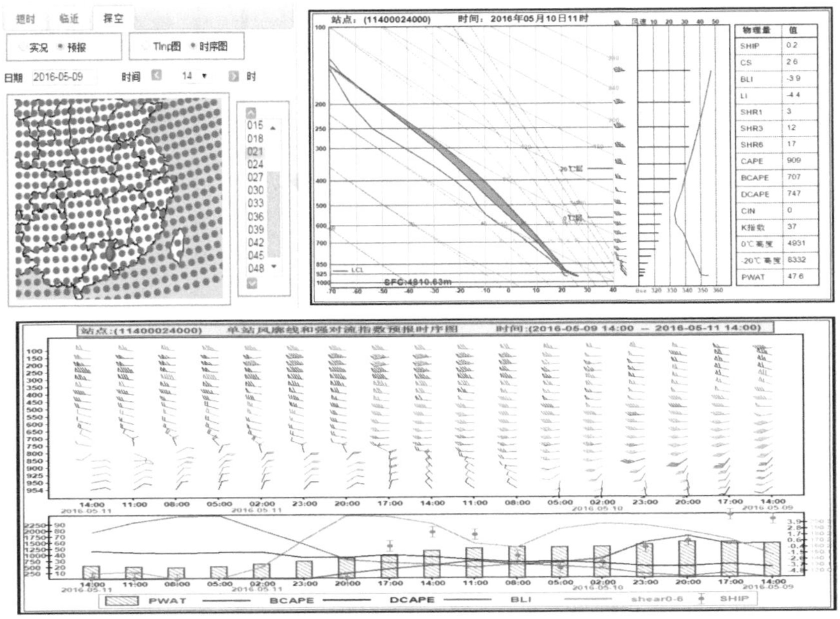

图 6　数值模式预报探空和物理量分析

在强对流天气短时预报服务方面，国家级强对流天气短时预报业务主要定位是为省市县级气象台提供指导产品，特别是为省市县发布预警信号提供指导产品，即“预警的预警产品”，因此国家级需要快速把自己的短时预报产品发布到相关省市县台，并需要及时掌握省市县台发布的强对流天气预警服务情况，从而实现上下级之间的快速沟通是国家级短时预报业务平台建设的重要环节(图 7)。强对流短时预报业务板块基于 WebGIS 的“综合”板块较好地实现了上述需求。该板块具有较强的交互功能，可实时采集以县气象台为单位发布的分类强对流预警信号；并实时更新国家级 0～6 h 内的分类强对流短时预报产品和其他强对流预警预报产品。预报员通过交互操作可及时了解上下级台站发布的各类强对流预警预报产品，从而实现了强对流预报分析产品的实时上下互通(图 8)。

3.3　强对流监测和临近预报技术

近几年来，随着国家级和省级气象业务统一数据环境(CMISS)的建设取得较大进展，获取全国范围分钟级的观测数据已基本实现，在国家级开展强对流实时监测和提供客观临近预报产品支持成为可能。强对流的监测和临近预报主要包含三个方面的建设内容：基于多源观测资料的强对流天气实况与强对流系统实时监测、基于多源信息的报警、基于多源观测数据的分析诊断(图 9)。

强对流天气实况监测主要采用闪电、自动气象站、危险天气报、灾情报和常规气象观测等多源数据，通过质量控制、信息提取和应用模糊逻辑方法的综合判识[12,26—27]，形成多时段的雷暴、冰雹、雷暴大风、短时强降水等强对流天气实况监测。监测产品的质量控制除了采用传统的阈值控制、时空连续等方法外，还采用了天气雷达和静止气象卫星观测数据对站点观测产品进行综合判识，最终形成可信度较高的分类强对流天气监测产品(图 10a)。强对流系统的监

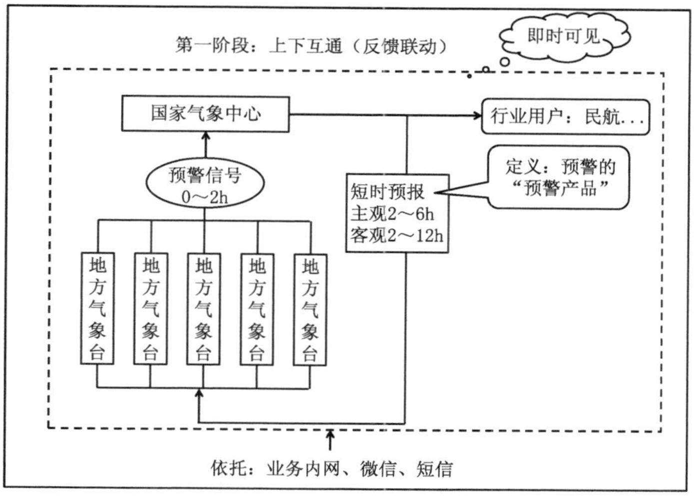

图 7　短时预报业务试验流程

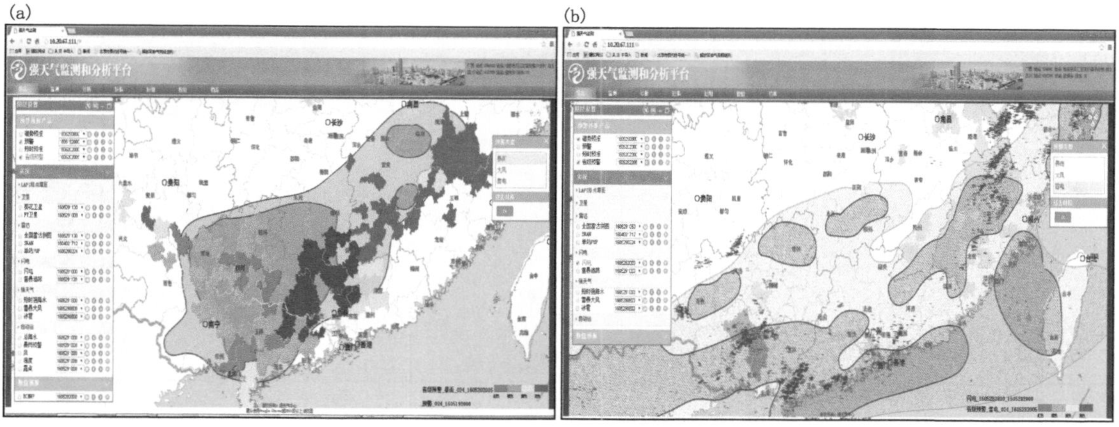

图 8　(a)国家级强对流预警与县级暴雨预警；(b)国家级潜势预报与县级雷电预警

测主要是利用天气雷达、静止气象卫星等观测资料应用 TITAN(雷暴识别、追踪、分析和临近预报)算法、MCS(中尺度对流系统)识别和追踪算法等对对流系统的发生发展进行实时判识和追踪[12]；多源信息报警是对常用雷达特征量(如中气旋、大冰雹指数、VIL 等)、强对流天气站点观测实况、各类强对流预警信号以及达到特定阈值的部分物理量和对流指数(如急流核、风切、变压、变温等)及时进行报警，提醒当班预报员密切关注一些突发的强对流天气(图 10b)；多源观测数据分析诊断是对地面常规和区域自动站、探空等观测资料进行诊断分析，由于现有的观测体系还不能完全捕捉到强对流天气实况，通过对地面、高空观测进行诊断分析可对触发强对流的中小尺度天气系统的环境条件进行监测，进而提高对强对流天气的监测和临近预报能力。

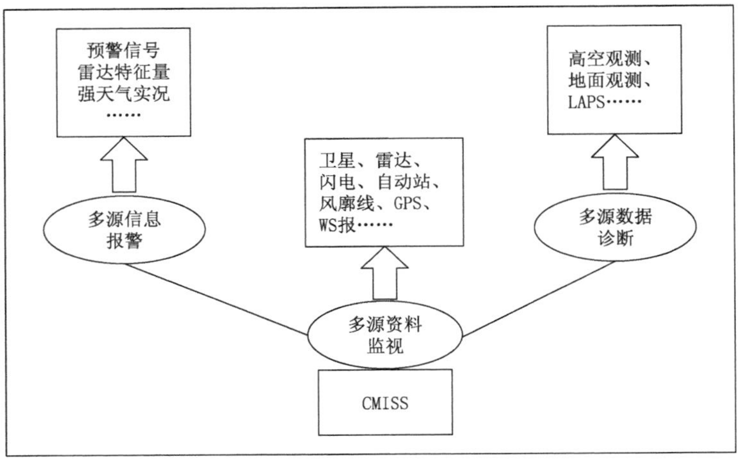

图 9　强对流天气监测和临近预报技术框架

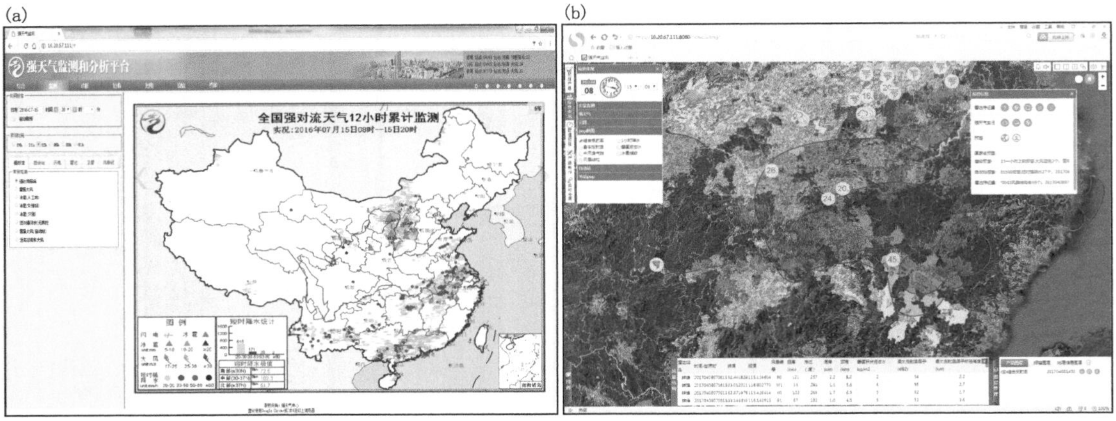

图 10　(a)强对流天气监测；(b)多源信息报警

4　预报检验和平台应用

预报检验是天气预报业务体系的重要环节。强对流天气预报检验板块主要突出了 3 个特点：(1)实时性。系统实时采集实况数据，并及时完成检验计算和制图作业，方便预报员调用；(2)交互性。预报员可通过交互操作方式叠加强对流实况或预报到任意中分析图层上，帮助预报员学习并分析预报思路中的得失(图 11a)；(3)定性检验产品与定量检验产品相结合。在一张图表上既有定性检验的天气实况和预报落区图，又有分类强天气客观检验评分表，这有助于预报员对预报得失进行更为全面的分析总结(图 11b)。

经过多年的建设与应用，强对流综合业务支撑平台已经成为国家级强对流天气预报业务的基本平台之一，其与 MICAPS、SWAN 等业务平台相互补充，并可为定量降水、暴雨和其它灾害性天气预报提供一定的支持。通过该平台的业务应用，预报员能够准确、快速和及时把握

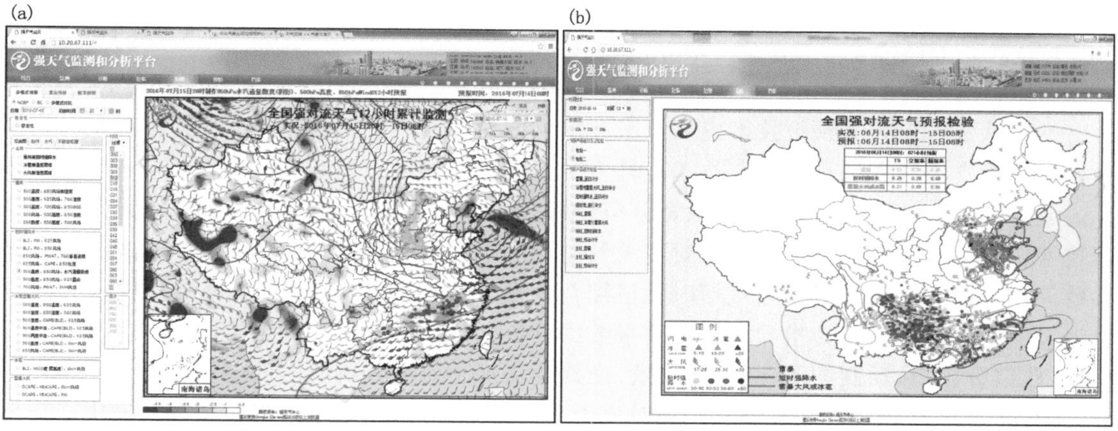

图 11 (a)强对流天气分析图和实况叠加；(b)强对流潜势预报检验

强对流天气过程。自系统业务运行以来，国家气象中心对大范围的区域性强对流天气过程未出现明显空报、漏报。分类强对流天气预报准确率也逐年稳步提高，提升幅度也明显加快[15]。该平台的业务应用也使新预报员能够较快掌握各种强对流天气概念模型，更加容易建立起自己的预报思路。

强对流综合业务平台已通过中国气象局业务内网在各省市县气象局推广应用，其专业的概念模型、清晰的强对流预报业务思路、丰富和精美的主客观图形产品受到各地预报员的普遍欢迎和支持，并成为多个省市强对流天气预报业务的重要支撑平台之一。

5 未来展望

提升强对流天气预报技术的水平和尽力满足预报服务需求始终是国家级强对流天气综合业务支撑平台发展的基本要求。在预报技术支持方面，短期预报技术要深化物理量的应用，完善物理量的优选，结合地形、气候背景等改进完善分类分等级的强对流天气客观概率预报方法；短时预报技术要特别加强高分辨率中尺度数值模式的释用，如中尺度集合预报、升尺度等方法的应用；监测和临近预报技术要综合利用多源资料加强对强对流的识别报警算法研发，如对流初生、下击暴流、龙卷等。另外，要特别发展大数据分析技术，如基于 spark 内存计算模型的全国雷达三维拼图、机器学习等技术在临近预报中的应用；融合多源资料的三维大气分析场在强对流天气预报中的应用技术需要进一步发展；继续精选气象部门内外优秀科研成果并转化和集成到业务支撑平台。在预报服务需求方面，国家级强对流综合业务平台要继续强化信息化能力建设，基于 CMISS 系统继续建设上下统一的强对流天气实况和预报产品库，完善短临预报产品的上下互动和即时沟通的服务能力。此外，要加强平台的智能化建设，实现对强对流预报服务工作的全流程引导，在分析前自动对历史与实况数据进行对比分析，引导预报员关注重点区域；在分析中，对预报员思路进行引导，自动给出关键要素的历史表现，形成综合意见；在分析后，自动形成各种预报服务图表信息，经预报员确认后，自动实现产品分发及精准定向服务。

6　结论与讨论

本文从强对流天气预报技术发展与服务需求的角度，介绍了国家级强对流综合业务支撑平台的重要支撑技术和预报核心技术。其主要成果总结如下：

(1)该平台重要支撑技术包括数据分析处理技术和自动气象绘图技术。其中数据分析处理技术包括基于多源观测资料的强对流天气监测和临近预报数据分析处理技术、基于高分辨率数值预报和实况的强对流天气短时预报综合数据分析处理技术、基于全球数值模式预报并以强对流天气分析规范为指导的短期预报数据分析处理技术。自动气象绘图技术整合了数据接口、数据分析、自动制图等功能，能高效、便捷地实现强对流分析所需的多种图表。

(2)强对流短期预报核心技术以强对流天气分析规范为指导，基于强对流天气发生的环境条件，精选了多个物理量，并以归纳总结的强对流天气概念模型为基础构建了 25 个强对流天气综合图；基于强对流天气分析规范，应用“配料法”，基于气候统计结果合理挑选物理量，构建了预报方程，定时生成雷暴、冰雹、雷暴大风等分类强对流天气客观概率预报产品和分等级的短时强降水天气客观概率预报产品。

(3)强对流短时预报核心技术整合了高分辨率数值模式预报释用、多模式预报集成应用、对流尺度分析、实况和数值预报探空分析等多项技术成果，强调从过去 3 小时实况到未来 12 小时预报的无缝隙衔接；在预报服务方面，采用 WebGIS 技术实现了县级分类强对流预警信号和国家级分类强对流短时预报及其他强对流预警预报产品的同步共享，实现了强对流短时预报业务的高交互性与上下互通功能。

(4)强对流监测和临近预报核心技术在基于多源观测资料的强对流实况与强对流系统监测、实况诊断分析等的建设基础上，特别加强了多源信息的报警能力的建设，包括对天气雷达特征量、强对流实况、各类强对流预警信号、达到特定阈值的部分物理量和对流指数的实时报警。

(5)基于 B/S 架构的检索与显示系统在两个重要支撑技术的基础上对强对流预报核心技术进行了整合，实现了国家级强对流预报从监视、分析到短临、短期预报的业务支持。

国家级强对流天气综合业务支撑平台已成为国家级强对流天气预报业务的一个基本支撑平台，并在各级气象台站得到广泛应用。但是，强对流天气短时与临近预报的技术发展仍然滞后于预报服务需求的增长：在全国范围内还未实现融合多源资料的高分辨率的三维大气实时分析技术；基于 SWAN 的短临预报算法还无法满足国家级短临预报业务的需求；基于大数据分析的短临技术还没有在业务中应用；科研成果的转化率也不高；另外，业务平台的信息化与智能化能力还需要继续提升，全国强对流天气预报服务一张网的上下互动业务体系以及对强对流预报服务进行全流程引导的智能化系统还没有完全建立。这都是国家级强对流天气综合业务支撑体系今后的重点发展方向。

参考文献

[1]　周庆亮．美国强对流预报主观产品现状分析[J]. 气象，2010,36(11)：95-99.

[2]　Ostby F P. Operations of the National Severe Storm Forecasting Center[J]. Wea Forecasting，1992,7(4)：546-563.

[3] 张涛，蓝渝，毛冬艳，等．国家级中尺度天气分析业务技术进展 I：对流天气环境场分析业务技术规范的改进与产品集成系统支撑技术[J]. 气象，2013,39(7)：894-900.

[4] 蓝渝，张涛，郑永光，等．国家级中尺度天气分析业务技术进展 II：对流天气中尺度过程分析规范和支撑技术[J]. 气象，2013,39(7)：901-910.

[5] 张小玲，张涛，刘鑫华，等. 中尺度天气的高空地面综合图分析[J]. 气象，2010，36(7)：143-150.

[6] Doswell III C A, Brooks H E, Maddox R A. Flash flood forecasting: An ingredients-based methodology [J]. Wea Forecasting, 1996,11(4)：560-581.

[7] 张小玲，陶诗言，孙建华. 基于"配料"的暴雨预报[J]. 大气科学，2010,34(4)：754-756.

[8] 俞小鼎．基于构成要素的预报方法—配料法[J]. 气象，2011,37(8)：913-918.

[9] Tian F Y, Zheng Y G, Zhang T, et al. Statistical characteristics of environmental parameters for warm season short-duration heavy rainfall over central and eastern China[J]. J Meteor Res, 2015,29(3)：370-384.

[10] 郑永光，张小玲，周庆亮．强对流天气短时临近预报业务技术进展与监测技术[C]//2009 年全国灾害性天气预报技术研讨会论文集. 北京：国家气象中心，2009:87-100.

[11] 郑永光，张小玲，周庆亮，等．强对流天气短时临近预报业务技术进展与挑战[J]. 气象，2010,36(7)：33-42.

[12] 郑永光，林隐静，朱文剑，等．强对流天气综合监测业务系统建设[J]. 气象，2013,39(2)：234-240.

[13] 郑永光，陈炯，沃伟峰，等. 改进的客观分析诊断图形软件[J]. 气象，2011,37(6)：735-741.

[14] 田付友，郑永光，张涛，等．短时强降水诊断物理量敏感性的点对面检验[J]. 应用气象学报，2015,26(4)：385-396.

[15] 唐文苑，周庆亮，刘鑫华，等．国家级强对流天气分类预报检验分析[J]. 气象，2017,43(1)：23-32.

[16] 张鹏，郭强，陈博洋，等．我国风云四号气象卫星与日本 Himawari-8/9 卫星比较分析[J]. 气象科技进展，2016,6(1)：72-75.

[17] 周康辉，郑永光，蓝渝．基于闪电数据的雷暴识别、追踪与外推方法[J]. 应用气象学报，2016,27(2)：173-181.

[18] 杨波，朱文剑，唐文苑．基于模拟脚本的气象自动绘图系统[J]. 气象科技，2015,43(4)：627-633.

[19] 王秀明，俞小鼎，周小刚．雷暴潜势预报中几个基本问题的讨论[J]. 气象，2014,40(4)：389-399.

[20] 孙继松，陶祖钰．强对流天气分析与预报中的若干基本问题[J]. 气象，2012,38(2)：164-173.

[21] 孙继松，戴建华，何立富，等．强对流天气预报的基本原理与技术方法[M]//中国强对流天气预报手册. 北京：气象出版社，2014.

[22] 刘健文，郭虎，李耀东，等．天气分析预报物理量计算基础[M]. 北京：气象出版社，2005.

[23] 郑淋淋，孙建华．风切变对中尺度对流系统强度和组织结构影响的数值试验[J]. 大气科学，2016,40(2)：324-340.

[24] 郑永光，薛明，陶祖钰. 美国 NOAA 试验平台和春季预报试验概要[J]. 气象，2015,41(5)：598-612.

[25] 郑永光，周康辉，盛杰，等. 强对流天气监测预报预警技术进展[J]. 应用气象学报，2015,26(6)：641-657.

[26] 周康辉，郑永光，王婷波，等. 基于模糊逻辑的雷暴大风和非雷暴大风区分方法[J]. 气象，2017,43(7)：781-791.

[27] 俞小鼎，周小刚，王秀明．雷暴与强对流临近天气预报技术进展[J]. 气象学报，2012,70(3)：311-337.

国家级强对流天气分类预报检验分析

唐文苑　周庆亮　刘鑫华　朱文剑　毛旭

（国家气象中心，北京 100081）

摘　要　预报产品的客观检验是记录、考量各种预报业务质量，促进预报水平提高的重要手段，也是整个天气预报过程中的重要环节。本文采用"点对面"Threat Score(TS)、漏报率、空报率等客观指标首次对 2010—2015 年 4—9 月国家级强对流天气预报中雷暴、短时强降雨以及雷暴大风和冰雹等分类预报进行了检验。同时，本文也对强对流天气落区分类预报客观检验存在的问题以及未来发展进行了讨论。检验结果表明：过去 6 年间，6～24 h 时效预报，雷暴 TS 评分在 0.22～0.34，短时强降水在 0.18～0.24，雷暴大风和冰雹在 0.01～0.07；48，72 h 时效预报，雷暴 TS 评分在 0.30～0.40，强对流天气 TS 评分在 0.16～0.23，除雷暴预报 TS 评分在 2012—2013 年有所回落外，其他类别的强对流天气预报总体上 TS 评分呈上升趋势，雷暴大风和冰雹预报评分明显低于其它两个类别。雷暴空报率是漏报率的 2～3 倍，短时强降水漏报率与空报率接近，雷暴大风和冰雹天气漏报率和空报率都在 0.8 以上。与美国风暴预报中心(SPC)2000—2010 年定期发布的 1 d 对流展望产品检验结果比较，强天气预报中心雷暴和短时强降水落区预报 TS 评分较高，雷暴大风和冰雹评分较低。典型个例预报检验结果表明，系统性大范围的风雹天气可预报性较强，评分要显著高于平均预报水平；对于非过程性的、分散的风雹天气，预报难度大，TS 评分低。

关键词　强对流天气　分类预报　检验　TS 评分

引　言

预报产品的客观检验是天气预报业务流程中"分析、诊断、预报、检验"四个重要环节之一。检验的目的就是为了：第一，考量预报质量——预报准确度如何以及预报质量随时间的变化；第二，提高预报质量——若要提高预报质量，预报员的首要任务就是需要通过客观检验，对预报做出客观评估以发现问题所在，进行总结以提高预报技能；第三，比较不同预报系统（方法）间的预报质量——确定哪个预报系统（方法）的预报质量更高，进而研究其具体表现[1]。

对极端天气（包括强对流天气）最简单直接的检验方法是将基于站点观测的实况与预报相对比计算检验指标，例如备受争议的由 Finley[2] 提出的针对龙卷预报使用二维列联表的检验方案。传统的强对流天气确定性预报检验多是采用此类方法[3]，尤其是 TS 评分（Threat Score，也称为 Critical Success Index）在强对流天气的检验中得到了最为广泛的应用[4]。但随

本文发表于《气象》，2017，43(1)：67-76。

后的许多研究均指出，基于二维列联表的检验方法存在许多局限性，当检验对象为发生概率极低的强对流天气时，TS 评分、命中率和虚警率趋近于 0[5−7]。因此，Ferro 等[8]提出使用 EDS(Extreme dependency score)等指数可以有效避免这种弊端。同时 Brown 等[9]指出，使用传统检验方法难以识别预报的偏差来源，提出使用基于对象的空间检验方法能够更具体的提供预报系统在位移、强度、范围等方面的偏差信息。Roberts 等[10]提出比重技巧评分(FSS)检验方法对于小概率事件更为敏感，可以更好的区分模式在小尺度对流预报能力的差异。

世界气象组织(WMO)世界天气研究计划(WWRP)设置了专门的专家组来研究世界天气预报检验技术。经过多年的总结提炼，给出了各种天气预报适用的检验方法(表 1)。

表 1 WMO 世界天气研究计划(WWRP)的预报分类与适用检验方法对照表

预报分类	预报举例	检验方法
确定预报	降水预报	主观比对、有无预报检验(列联表法，可以在列联表的基础上算出正确率、偏差评分、正确预报概率、错报比率、错报概率、临界成功指数、吉尔伯特技巧评分、Hansse 和 Kuipers 判别式、Heidke 技巧评分、几率比和几率比技巧评分等)、多级多类预报检验(列联表法，可以在列联表的基础上给出柱状图、准确率、Heidke 技巧评分、Hansse 和 Kuipers 判别式)、连续量的检验(散点图、端须图、平均误差、偏差、平均绝对误差、均方根误差、均方差、概率空间的线性误差、相关系数、异常相关系数、S1 评分、技巧评分)、空间场检验(尺度分解方法、强度标检验方法、邻域方法、客观导向方法、场检验方法)
概率预报	降水概率 集合预报	主观比对、概率检验(可靠性图、布莱尔评分、布莱尔技巧评分、相对运行特性法、秩概率评分、秩概率技巧评分、相对值评分)、集合预报检验(威尔逊集合预报检验法、多级多种类可靠性图、秩柱状图、相对比率、可能性技巧评估、对数评分规则)
定性预报	未来 5 d 天气预测	主观比对、有无检验、多级多类预报检验

中央气象台最早的短期预报业务检验就是针对降水预报和台风预报开展的。1987 年 5 月起每月公布短、中、长期预报检验评分结果[11]，1988 年起正式对中央气象台主观综合降水预报业务开展每年的预报客观检验，林明智等[12−13]还分别对中央气象台短期降水预报以及美国国家气象中心定量降雨预报水平进行了综合分析；20 世纪 80 年代，束家鑫[14]、董克勤[15]等对中央气象台的热带气旋路径主观综合预报进行了预报质量检验分析，从 1991 年起中央气象台开展了热带气旋路径主观业务预报同美国、日本国家业务中心的主观业务预报客观检验的对比分析工作[16]。为了规范业务天气预报检验工作，经过试行、多次修订，中国气象局 2005 年下发了《关于下发中短期天气预报质量检验办法(试行)的通知》(气发〔2005〕109 号)。

2009 年 3 月，国家气象中心成立了专门的国家级强对流天气预报业务中心——强天气预报中心。经过 2009 年的业务试运行，2010 年 4—9 月国家气象中心首次正式开展了国家级的强对流天气分类(三分类：雷暴、雷暴大风——阵风风速达 8 级以上和冰雹、短时强降水——每小时降雨量大于等于 20 mm；二分类：雷暴、强对流天气——雷暴大风、冰雹和短时强降水)落区预报。但截至目前为止，尚未对该分类预报结果进行系统检验。因此，本文借鉴美国风暴预报中心(SPC)的强对流天气分类预报检验业务做法，对 2010—2015 年 4—9 月国家级强对流天气分类预报产品进行了检验，并对检验结果进行了分析；同时对目前国家级强对流天气分类落区主观综合预报客观检验中存在的问题进行了讨论。

1　检验方法

1.1　检验指标

检验指标为 TS 评分、空报率、漏报率。计算方法如下：

TS 评分：$TS_k = \dfrac{NA_k}{NA_k + NB_k + NC_k}$

空报率：$FAR_k = \dfrac{NB_k}{NA_k + NB_k}$

漏报率：$MAR_k = \dfrac{NC_k}{NA_k + NC_k}$

式中 NA_k 为预报正确的站（次）数、NB_k 为空报站（次）数、NC_k 为漏报站（次）数。k 分别代表预报内容，即强对流分类预报。

1.2　检验内容

检验内容为 2010—2015 年 4—9 月国家级强对流天气落区主观分类预报：每天三次发布的 6～24 h 时效的雷暴、雷暴大风和冰雹、短时强降水落区预报；每天发布一次的 48、72 h 时效的雷暴、强对流天气（包括雷暴大风和冰雹、短时强降水）落区预报（表 2）。

表 2　2010—2015 年 4—9 月国家级强天气落区分类预报业务产品

发布时间	预报时段	预报时效	预报分类内容
早晨 07 时发布	当日 08—20 时 12 h 时段	12 h 预报	雷暴、雷暴大风和冰雹、短时强降水
早晨 07 时发布	当日 20 至次日 08 时 12 h 时段，	24 h 预报	雷暴、雷暴大风和冰雹、短时强降水
上午 10 时发布	当日 14—20 时 06 h 时段	06 h 预报	雷暴、雷暴大风和冰雹、短时强降水
上午 10 时发布	当日 20 至次日 08 时 12 h 时段	18 h 预报	雷暴、雷暴大风和冰雹、短时强降水
下午 16 时发布	当日 20 至次日 08 时 12 h 时段	12 h 预报	雷暴、雷暴大风和冰雹、短时强降水
下午 16 时发布	次日 08 至次日 20 时 12 h 时段	24 h 预报	雷暴、雷暴大风和冰雹、短时强降水
下午 16 时发布	次日 20 至第三日 20 时 24 h 时段	48 h 预报	雷暴、强对流天气
下午 16 时发布	第三日 20 至第四日 20 时 24 h 时段	72 h 预报	雷暴、强对流天气

1.3　指标计算

检验指标计算采用的实况数据，来自于整理的包括全国基准、基本和一般天气站地面观测站人工观测的普通雷暴、冰雹、雷暴大风天气报告和自动站监测的短时强降水的实况观测资料得到的间隔 6 h、12 h、24 h 的强对流实况监测资料。全国范围内选取包括基准、基本和一般天气站在内的 2410 个站点作为评分站点（均为中国气象局观测业务考核的站点）。需要说明的是，根据 2013 年 12 月 5 日制定的《地面气象观测业务调整技术规定》，自 2014 年 1 月 1 日起，地面气象观测站取消雷暴、冰雹等 13 种天气现象的人工观测。因此，文中 2014 和 2015 年雷暴观测资料是使用国家雷电监测定位网监测到的地闪数据经过统计分析后转换得到的雷暴数据，夜间（20—08 时）无冰雹观测资料，存在明显的信息缺失情况。

由于强对流天气具有时空尺度小，局地性强的特点，常规的地面气象站很难完全观测得到。因此，观测与预报“点对点”检验方法很难准确的反映分类预报质量。目前基于邻域（一定半径范围）的检验方法在强对流天气预报中得到较为广泛的应用，该方法是空间检验方法中的一种[17]。本文参考了美国 SPC 的“点对面”检验方法，即对于每一个站点上的各分类预报正确与否，是用以该点为中心，40 km（25 miles）为半径的圆面上是否出现了该分类的天气来判别。

年度 TS 评分、空报率、漏报率三个评分指标计算，采用全年的 NA_k 预报正确的站（次）数、NB_k 空报站（次）数、NC_k 漏报站（次）数“大样本”计算而得，而不是每天或者每月计算出来的 TS 评分、空报率、漏报率后的算术平均。

2 检验结果及分析

表 3 分别给出了 2010—2015 年 4—9 月国家级强对流天气分类预报各个预报时段、时效的逐年 TS 评分、空报率、漏报率检验指标结果。

表 3 2010—2015 年国家级强对流天气分类预报逐年 TS 评分、空报率、漏报率

预报时效 预报时段	预报分类	2010—2015 年 预报 TS 评分						2010—2015 年 预报空报率						2010—2015 年 预报漏报率					
6 h 时效 6 h 时段	雷暴	0.27	0.29	0.27	0.28	0.31	0.34	0.70	0.68	0.71	0.70	0.67	0.62	0.24	0.25	0.21	0.19	0.18	0.23
	短时强降水	0.18	0.18	0.19	0.20	0.22	0.21	0.74	0.72	0.69	0.70	0.63	0.64	0.64	0.65	0.66	0.64	0.64	0.67
	雷暴大风和冰雹	0.04	0.04	0.04	0.05	0.05	0.07	0.94	0.94	0.93	0.92	0.93	0.90	0.87	0.90	0.91	0.88	0.88	0.84
12 h 时效 12 h 时段	雷暴	0.28	0.29	0.27	0.27	0.31	0.33	0.70	0.68	0.71	0.71	0.66	0.62	0.23	0.25	0.21	0.19	0.23	0.30
	短时强降水	0.22	0.21	0.23	0.24	0.24	0.24	0.66	0.65	0.60	0.60	0.56	0.55	0.62	0.65	0.65	0.62	0.66	0.66
	雷暴大风和冰雹	0.03	0.04	0.03	0.04	0.04	0.06	0.95	0.94	0.95	0.94	0.94	0.91	0.91	0.91	0.94	0.92	0.92	0.86
18 h 时效 12 h 时段	雷暴	0.23	0.23	0.22	0.23	0.25	0.28	0.75	0.75	0.76	0.75	0.72	0.66	0.24	0.28	0.23	0.21	0.33	0.37
	短时强降水	0.19	0.20	0.21	0.23	0.21	0.23	0.69	0.68	0.63	0.63	0.60	0.58	0.67	0.67	0.67	0.63	0.70	0.67
	雷暴大风和冰雹	0.01	0.03	0.01	0.02	0.03	0.05	0.98	0.96	0.98	0.97	0.96	0.93	0.94	0.93	0.96	0.94	0.94	0.88
24 h 时效 12 h 时段	雷暴	0.29	0.27	0.26	0.26	0.30	0.31	0.68	0.69	0.72	0.72	0.67	0.64	0.26	0.29	0.24	0.21	0.25	0.32
	短时强降水	0.20	0.19	0.20	0.22	0.21	0.23	0.66	0.66	0.62	0.62	0.58	0.57	0.68	0.71	0.70	0.66	0.70	0.69
	雷暴大风和冰雹	0.04	0.03	0.03	0.03	0.03	0.05	0.93	0.95	0.95	0.95	0.94	0.92	0.90	0.93	0.95	0.94	0.93	0.89
48 h 时效 24 h 时段	雷暴	0.32	0.35	0.34	0.36	0.37	0.40	0.64	0.60	0.60	0.60	0.58	0.52	0.26	0.28	0.30	0.25	0.26	0.30
	强对流天气	0.19	0.21	0.21	0.23	0.22	0.22	0.66	0.60	0.55	0.54	0.54	0.51	0.71	0.70	0.72	0.69	0.71	0.71
72 h 时效 24 h 时段	雷暴	0.30	0.32	0.33	0.34	0.35	0.37	0.65	0.62	0.61	0.60	0.58	0.54	0.31	0.34	0.33	0.28	0.30	0.35
	强对流天气	0.16	0.17	0.19	0.20	0.20	0.21	0.70	0.63	0.57	0.56	0.55	0.52	0.75	0.76	0.75	0.74	0.74	0.73

2.1 TS 评分

从表 3 可以看出，雷暴预报 TS 评分 6 h 时效 6 h 时段预报在 0.27～0.34，12 h 时效 12 h 时段预报在 0.27～0.33，18 h 时效 12 h 时段预报在 0.22～0.28，24 h 时效 12 h 时段预报在 0.26～0.31，48 h 时效 24 h 时段预报在 0.32～0.40，72 h 时效 24 h 时段预报在 0.30～0.37；

短时强降雨预报，6 h 时效 6 h 时段预报在 0.18～0.22，12 h 时效 12 h 时段预报在 0.21～0.24，18 h 时效 12 h 时段预报在 0.19～0.23，24 h 时效 12 h 时段预报在 0.19～0.23；雷暴大风和冰雹，6 h 时效 6 h 时段预报在 0.04～0.07，12 h 时效 12 h 时段预报在 0.03～0.06，18 h 时效 12 h 时段预报在 0.01～0.05，24 h 时效 12 h 时段预报在 0.03～0.05；二分类预报中强对流天气 48 h 时效 24 h 时段预报 TS 评分达到了 0.19～0.23，72 h 时效 24 h 时段预报 TS 评分为 0.16～0.21。

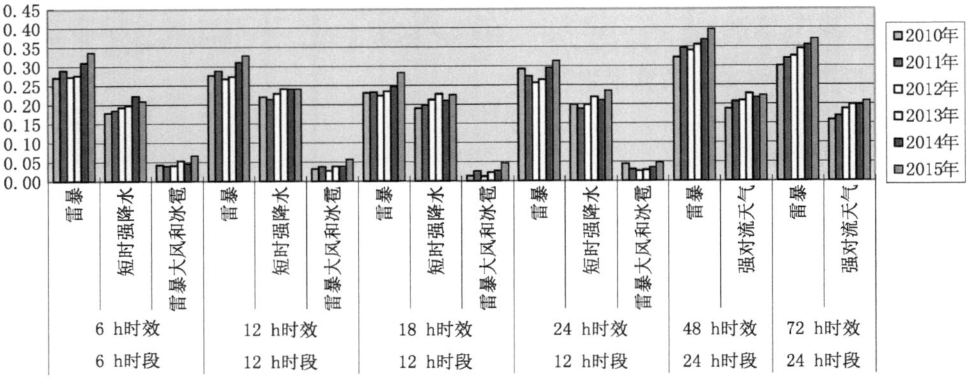

图 1　2010—2015 年国家级强对流天气分类预报逐年预报 TS 评分

从图 1 可以看出，相同预报时效和预报时段内，雷暴的 TS 评分逐年对比，06—24 h 时效预报评分呈"U"型分布，如 24 h 时效 12 h 时段预报，2012 年及 2013 年评分值最低，2010 年及 2015 年评分相对较高；而 48，72 h 时效预报整体呈上升趋势；同一年份不同预报时段对比，预报时段的增加使得 TS 评分增加明显，如 2015 年 24 h 时段的 48，72 h 时效预报 TS 评分均超过了同年 6－12 h 时段的 6～24 h 时效预报；而预报时效的增加对 TS 评分影响不大，如 2015 年 12，24 h 时效的 12 h 时段预报 TS 评分几乎相当，而 18 h 时效 12 h 时段预报 TS 评分相对偏低。对于短时强降水预报，相同年份下不同预报时效、预报时段对比，除 2014 年外，6 h 时段预报 TS 评分均低于 12 h 时段预报；同是 12 h 时段，短时强降水预报 TS 评分随预报时效的延长逐渐减小，如 2013 年，12 h 时段的 6，12，18 h 时效预报评分值依次为 0.24、0.23、0.22。对于雷暴大风和冰雹预报，相同年份下不同预报时效、预报时段对比，6 h 时效 6 h 时段预报评分最高；12 h 时段预报中，18 h 时效预报评分最低，原因可能与雷暴大风和冰雹夜间发生概率小有关。在相同年份下，二分类预报中强对流天气预报 48 h 比 72 h 时效预报的 TS 评分仅仅高 1%～4%。

从图 1 中也能看出，对于相同预报时效、预报时段的分类预报，雷暴预报 TS 评分最高，短时强降水次之，而雷暴大风和冰雹最低。雷暴大风和冰雹各预报时段、预报时效的 TS 评分，都未达到相应的短时强降水的五分之一。

2.2　预报空报率

从表 3 可以看出，雷暴预报的空报率 6 h 时效 6 h 时段预报在 0.62～0.71，12 h 时效 12 h 时段预报在 0.62～0.71，18 h 时效 12 h 时段预报在 0.66～0.76，24 h 时效 12 h 时段预报在 0.64～0.72，48 h 时效 24 h 时段预报在 0.52～0.64，72 h 时效 24 h 时段预报在 0.54～0.65；

短时强降水预报，6 h 时效 6 h 时段预报在 0.63～0.74，12 h 时效 12 h 时段预报在 0.55～0.66，18 h 时效 12 h 时段预报在 0.58～0.69，24 h 时效 12 h 时段预报在 0.57～0.66；雷暴大风和冰雹，6 h 时效 6 h 时段预报在 0.90～0.94，12 h 时效 12 h 时段预报在 0.91～0.95，18 h 时效 12 h 时段预报在 0.93～0.98，24 h 时效 12 h 时段预报在 0.92～0.95。

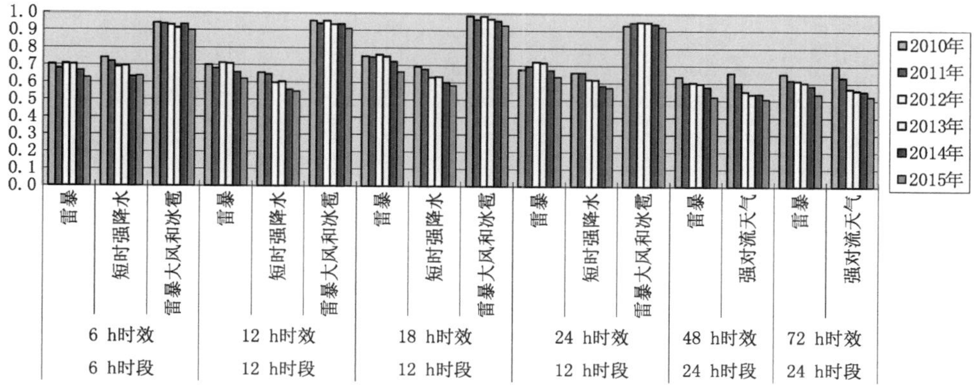

图 2　2010—2015 年国家级强对流天气分类预报逐年预报空报率

从图 2 可以看出，对于雷暴预报，相同的预报时段、预报时效逐年进行对比，6～24 h 时效预报空报率 2012 年均最高，2015 年最低；24 h 时段的 48，72 h 时效预报空报率逐年降低。对比相同年份不同预报时效、预报时段的检验结果，6～24 h 时效预报，预报时效的延长对空报率影响不大，18 h 时效 12 h 时段预报空报率最高，其他预报空报率接近；而 24 h 时效内预报与 48，72 h 相比，48，72 h 时效预报空报率较低，这与雷暴的 TS 评分分析结果相匹配。相同的预报时段、预报时效内短时强降水预报逐年对比，除 2012 年略有偏低外，空报率总体上呈逐年减小趋势；相同年份不同预报时段、预报时效对比，6 h 时段预报空报率明显高于 12 h 时段预报，同是 12 h 时段，18 h 时效预报空报率高于 12，24 h 时效预报。对于相同年份不同预报时段、预报时效的雷暴大风和冰雹预报预报，6 h 时效 6 h 时段预报空报率均最低，18 h 时效 12 h 时段预报空报率均最高。

从图 2 中还可看出，不同的预报类别对比，相同年份、相同预报时段和预报时效内，6 h 时效 6 h 时段预报雷暴大风和冰雹的空报率最高，雷暴和短时强降水相比较，某些年份雷暴空报率高于短时强降水，某些年份反之；12 h 时段预报（包括 12，18，24 h 时效预报）空报率从高到低依次为雷暴大风和冰雹、雷暴、短时强降水，雷暴大风和冰雹各预报时段、预报时效的空报率都明显高于短时强降水和雷暴。24 h 时段的 48，72 h 时效预报，2010—2011 年强对流天气空报率高于雷暴，而从 2012 年开始，强对流天气空报率均低于雷暴。

2.3　预报漏报率

从表 3 可以看出，雷暴预报的漏报率 6 h 时效 6 h 时段预报在 0.18～0.25，12 h 时效 12 h 时段预报在 0.19～0.30，18 h 时效 12 h 时段预报在 0.21～0.37，24 h 时效 12 h 时段预报在 0.21～0.32，48 h 时效 24 h 时段预报在 0.25～0.30，72 h 时效 24 h 时段预报在 0.28～0.35；短时强降雨预报，6 h 时效 6 h 时段预报在 0.64～0.67，12 h 时效 12 h 时段预报在 0.62～0.66，18 h 时效 12 h 时段预报在 0.63～0.70，24 h 时效 12 h 时段预报在 0.66～0.71；雷暴大

风和冰雹，6 h 时效 6 h 时段预报在 0.84～0.91，12 h 时效 12 h 时段预报在 0.86～0.94，18 h 时效 12 h 时段预报在 0.88～0.96，24 h 时效 12 h 时段预报在 0.89～0.95。

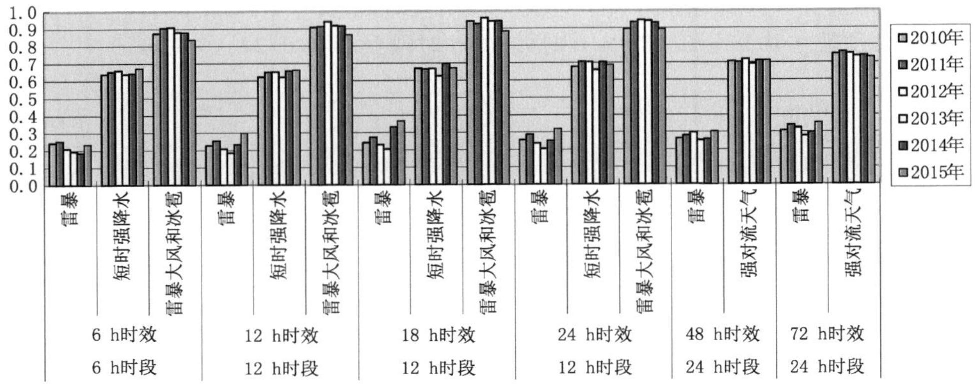

图 3　2010—2015 年国家级强对流天气分类预报逐年预报漏报率

从图 3 可以看出，相同预报时段、预报时效内雷暴漏报率逐年对比，2010 年到 2011 年漏报率有所上升；2011—2013 年三年间，除 48 h 时效 24 h 时段预报外，漏报率均呈逐年下降趋势；除 2014 年 6 h 时效 6 h 时段预报漏报率继续下降外，2014—2015 年其他预报漏报率又有所上升，如 18 h 时效 12 h 时段预报，2015 年漏报率增大明显，2015 年是 2013 年的近 1.8 倍。在相同的年份内不同预报时效、预报时段对比，2010—2013 年，24 h 时段的 48 h、72 h 时效预报漏报率均大于其他预报，而自 2014 年开始，18 h 时效 12 h 时段预报漏报率超过 24 h 时段的 48 h、72 h 时效预报，成为漏报率最大的预报时段，这与 2014 年观测业务调整、取消夜间人工雷暴观测有关。对于短时强降水预报，同是 12 h 时段预报，随预报时效的延长漏报率均有所上升。

对于雷暴大风和冰雹预报，相同年份不同预报时段、预报时效对比，2011 年、2013 年和 2015 年随预报时效的延长漏报率均呈上升趋势；2010 年、2012 年和 2014 年，6～18 h 时效随预报时效的延长漏报率均呈上升趋势，24 h 时效预报漏报率又有所下降。对相同预报时段、预报时效逐年对比发现，2010—2015 年漏报率在前三年呈逐年上升，之后逐年下降的倒“U”型分布，2012 年漏报率最高，2015 年漏报率最低。对于二分类的强对流天气预报，72 h 比 48 h 的漏报率平均高 4%。

从图 3 中也能看出，对于相同预报时段、预报时效的分类预报中，不同类别的强对流天气预报漏报率阶梯式差异明显，漏报率从低到高依次为雷暴、短时强降水、雷暴大风和冰雹，雷暴各预报时段、预报时效的漏报率均未达到雷暴大风和冰雹的 40%。

对比雷暴的空报率及漏报率结果，对于相同的预报时效和预报时段，空报率是漏报率的 2～3 倍，雷暴预报的空报问题突出，如 6 h 时效 6 h 时段预报漏报率在 0.18～0.25，空报率在 0.62～0.71，空报率接近漏报率的 3 倍。对于短时强降水，漏报率和空报率接近，如 6 h 时效 6 h 时段预报空暴率在 0.63～0.74，漏报率在 0.64～0.67。对于冰雹和雷暴大风，漏报和空报的问题均较为突出，漏报率和空报率都在 0.8 以上。

3 强对流天气预报产品对比分析

3.1 与美国强对流天气预报产品检验的对比分析

美国是最早开展全国范围的强对流天气预报的国家，因此，非常有必要把我国强对流天气业务预报的检验结果同美国 SPC 相关结果进行比较。Hitchens[18-19]对美国 SPC 发布的 1～3 天主观强对流落区预报产品进行检验。检验方案采用基于格点对格点（为了与 SPC 业务上发布的概率预报产品概率值所覆盖的有效区域，即 25 miles（约 40 km）半径的圆一致，格点大小定为 80 km×80 km）的二维列联表方法，将达到美国气象局定义的强对流天气（出现龙卷或直径大于 1 英寸①的冰雹或速度大于 50 节②的雷暴大风）实况报告落到相应的网格与预报进行对比，在此基础上计算命中率（POD）、TS 及偏差（Bias）等检验指标，并且采用直观的检验图描绘这些检验指标之间的关系。

2000—2010 年间美国 SPC 定期发布的 1 d 对流展望产品（上午 06 时发布，提前 6 h 预报当日 12 时至次日 12 时强对流低风险等级落区）TS 评分在 15.5%～21.3%，空报率在 75%～82.6%，漏报率在 36.4%～50.1%。简单从数值进行比较，强天气预报中心的雷暴和短时强降水落区预报评分相对较高，雷暴大风和冰雹评分相对较低；相较 2～3 天的强对流天气展望预报，中央气象台强天气预报中心与美国 SPC 的 TS 评分接近；同时也可知美国 SPC 也存在对于低风险等级预报产品空报比漏报显著的问题。

需要指出的是，尽管中央气象台强天气预报中心检验业务已经参考美国 SPC 选取的 80 km×80 km 的格点尺寸，将对流实况和预报均落到以评分站为中心，40 km 半径的圆内进行对比，但与美国 SPC 基于网格的检验方案不同，强天气预报中心业务检验是基于评分站点的；同时，我们的 24 h 内预报是针对不同类别的对流天气分别进行检验，而美国是把龙卷、冰雹和雷暴大风作为同一类别统一进行检验；除此之外，预报时效和预报具体时段也不一致，上述这些检验细节的差异都会对评分结果造成影响，因此，简单的将两者的检验评分值进行对比并不能真正揭示问题。

3.2 强对流过程预报检验结果对比

从检验结果看，冰雹和雷暴大风类天气 TS 评分明显低于其他类别，这与风雹类天气发生概率相对较低、局地性突发性更强、预报难度相对较大有关，同时，并不完备的观测资料也对评分结果有一定程度的影响。尽管多数情况下雷暴大风和冰雹类天气评分较低，但由于导致风雹的天气系统的可预报性不同，不同天气系统下的风暴预报评分差异极大，因此，本文选取了两个典型个例作了进一步分析。

3.2.1 华东强对流过程检验分析

2015 年 4 月 28—29 日，受冷涡东移南落及底层低涡切变线共同影响，系统呈现上干冷下暖湿的“前倾槽”结构特点，同时华东地区位于高空急流左前方、中层有急流核过境，具有强的

---

① 1 英寸＝2.54 cm。

② 1 节＝1.852 km · h^{-1}。

动力不稳定和热力不稳定条件，受底层冷锋抬升触发，4 月 28 日白天至 29 日凌晨(28 日 08 时—29 日 08 时)，山东西部、安徽东部、江苏西部及南部、浙江北部等地自北向南出现了大范围的强降水、风雹过程。28 日下午，江苏南京、扬州等地出现了直径大于 5 cm 的冰雹，扬州冰雹直径达 10 cm，测站风速最大达到 22 $m \cdot s^{-1}$。

此次过程主要发生在 28 日夜间到 29 日凌晨，将 28 日 20 时—29 日 08 时作为主要检验时段，对雷暴、短时强降水、雷暴大风和冰雹三类预报产品进行检验(表 4)。从这次过程的平均检验结果看，预报员对这次过程有较好的预报，雷暴、短时强降水、雷暴大风和冰雹 TS 评分分别为 0.32、0.22、0.48，在相同的预报时段和预报时效下，短时强降水和雷暴的预报 TS 评分接近常年平均，而雷暴大风和冰雹的预报显著偏高，如 18 h 时效 12 h 时段预报，TS 年平均值在 0.01～0.05，此次过程 TS 评分均值达 0.48。此外，对于不同类别天气相比较，相同的预报时效和预报时段雷暴大风和冰雹的评分明显高于短时强降水和雷暴，与常年的平均态差异较大，尤其是在 28 日 20 时起报的 12 h 时效 12 h 时段预报，冰雹、雷暴大风 TS 评分高达 0.53。

由此可见，对于系统性大范围的风雹天气可预报性较强，因此，评分要明显高于往年和其它类强对流天气；其次，对于预报难度较大的风雹类天气，预报员可以通过对环境场条件和诊断物理量的分析，结合自身的预报经验对系统性较强、可预报性较高的大范围风雹天气做出同样出色的预报，说明在提高风雹天气预报准确率、提高预报评分上我们还有很大的潜力可以挖掘。同时，针对同一目标时段的冰雹、雷暴大风预报(28 日 20 时—29 日 08 时)，随预报时效的延长，TS 评分逐渐减小，漏报率明显增长，而空报率变化不大，如 24 h 时效较 18 h 时效预报 TS 评分从 0.4 增加至 0.51，空报率仅从 0.45 增长到 0.46，而漏报率从 0.41 明显减小到 0.08，说明预报时效越临近 TS 评分值越高主要在于漏报率的减小。

表 4　2015 年 4 月 28 日 20 时—29 日 08 时检验结果(包括 TS 评分、空报率、漏报率)

预报时效 预报时段	预报分类	TS	空报率	漏报率
24 h 时效 12 h 时段	雷暴	0.30	0.64	0.37
	短时强降水	0.21	0.45	0.75
	冰雹、雷暴大风	0.40	0.45	0.41
18 h 时效 12 h 时段	雷暴	0.36	0.58	0.29
	短时强降水	0.21	0.29	0.77
	冰雹、雷暴大风	0.51	0.46	0.80
12 h 时效 12 h 时段	雷暴	0.29	0.64	0.39
	短时强降水	0.23	0.31	0.75
	冰雹、雷暴大风	0.53	0.46	0.04
均值	雷暴	0.32	0.62	0.35
	短时强降水	0.22	0.35	0.76
	冰雹、雷暴大风	0.48	0.46	0.18

3.2.2　南方强对流过程检验分析

2015 年 5 月 19 日，受不同天气系统影响，全国范围内出现分散的风雹天气。主要的对流区位于西南地区东部、江南南部及华南地区，受南下冷空气及南支槽暖湿气流输送影响，上述地区出现以强降水为主、局地雷暴大风的对流天气；陕西东部偏南地区受短波槽及底层辐合切变系统的影响，出现局地的冰雹；东北地区中部受深厚冷涡系统影响，出现多站的风雹天气；山东南部、江苏北部地区位于冷涡底部，受下滑冷空气及低层切变系统影响，也出现了局地的风雹天气。

此次过程雷暴和短时强降水评分接近常年平均，雷暴大风和冰雹评分相对偏低。对于南方局地的伴随强降水出现的雷暴大风，属于湿下击暴流，此类天气与对流云中的大水滴拖曳和中层干空气的卷夹、蒸发冷却过程有关，局地性较强，要把落区位置预报准确难度较大；北方地区水汽条件相对较差，以干下击暴流和冰雹天气为主，在冷涡背景下，东北地区是此类天气的多发区，当天预报员没能预报出来，存在明显的漏报；对于陕西、山东及江苏境内个别站点出现的风雹，发生范围小，时间、空间的随机性更强，给预报员带来更大的挑战。因此，对于这次过程，雷暴大风冰雹天气空报率及漏报率都为 0.98，TS 评分仅为 0.01，预报效果并不理想（表5）。

表 5 2015 年 5 月 19 日 08 时—20 时检验结果（包括 TS 评分、空报率、漏报率）

预报时效 预报时段	预报分类	TS	空报率	漏报率
24 h 时效 12 h 时段	雷暴	0.36	0.61	0.17
	短时强降水	0.25	0.61	0.60
	冰雹、雷暴大风	0.01	0.98	0.98
12 h 时效 12 h 时段	雷暴	0.41	0.58	0.09
	短时强降水	0.27	0.54	0.61
	冰雹、雷暴大风	0.01	0.98	0.98
均值	雷暴	0.39	0.60	0.13
	短时强降水	0.26	0.58	0.61
	冰雹、雷暴大风	0.01	0.98	0.98

通过上述两个个例对比可见，在过程性较强，即有明显的大尺度天气系统影响条件下出现的风雹类天气，预报员可以通过环境场条件分析、根据不同诊断物理量对不同类型强对流天气的指示意义对风雹类天气做出较为准确的预报；而对于没有明显系统配合，非过程性的、分散的、局地突发的风雹天气，在现有的技术手段下，预报员要对风雹具体发生时间和落区位置的预报准确难度较大，因此，体现在评分结果上，前者 TS 评分值远高于后者。

4 总结与讨论

通过对 2010—2015 年 4—9 月的国家级强对流天气主观综合预报产品客观检验，得到以下结论：

（1）过去 6 年间，除雷暴预报 TS 评分在 2012—2013 年有所回落外，总体上强对流落区预报产品评分呈上升趋势；6～24 h 时效预报，雷暴 TS 评分在 0.22～0.34，短时强降水在 0.18～0.24，雷暴大风和冰雹在 0.01～0.07；48，72 h 时效预报，雷暴 TS 评分在 0.30～0.40，强对流天气 TS 评分在 0.16～0.23。相同预报时段、预报时效条件下，TS 评分从高到低依次为雷暴、强降水、风雹，其中风雹预报评分明显低于其他两类；

(2)雷暴空报率是漏报率的 2～3 倍，空报问题突出；短时强降水漏报率与空报率接近，空报率在 0.55～0.74，漏报率在 0.62～0.71；对于风雹类天气，漏报和空报的问题均较为突出，漏报率和空报率都在 0.8 以上。

(3)与美国风暴预报中心(SPC)2000—2010 年定期发布的 1 d 对流展望产品检验结果比较，强天气预报中心的雷暴和短时强降水落区预报评分相对较高，雷暴大风和冰雹评分相对偏低；相较 2～3 d 的强对流天气展望预报，中央气象台强天气预报中心与美国 SPC 的 TS 评分接近。中央气象台强天气预报中心和美国 SPC 均存在空报率比漏报率显著偏高的问题。

(4)对于系统性大范围的风雹天气可预报性较强，预报员可以通过对环境场条件和诊断物理量的分析，结合自身的预报经验做出较为准确的预报，因此，评分要明显高于往年和其他类强对流天气；而对于非过程性的、分散的、局地突发的风雹天气，预报员要对风雹具体发生时间和落区位置的预报准确难度较大，TS 评分值远低于前者。

在如何提高强对流天气预报准确率方面，我们也得到一些启示：(1)上述华东风雹过程中，预报时效越临近，空报率基本维持而漏报率明显减小，使得 TS 评分值增加，因此，对于致灾性强、极易造成重大的经济损失和人员伤亡的强对流天气，在考虑服务效果和社会影响下，空报率偏高在所难免，实际业务中要提高预报准确率，应当着重考虑降低漏报率；(2)区域性大范围的、过程性较强的风雹天气具有较强的可预报性，预报员如果能把握住这样的过程，将对提高风雹类天气的预报准确率和整体的预报评分水平起到很好的作用。

我们分类强对流天气预报检验发展还存在如下一些问题：(1)由于风雹天气尺度小，需要进一步完善气象信息员和灾情上报制度，建立可靠的强对流天气实况资料库；(2)观测资料质量控制需要进一步加强。对于雷暴大风天气，也没有将冷空气大风与强对流天气中的雷暴大风进行更加严格的判别区分，会导致漏报率偏高、TS 评分偏低；(3)在现有观测资料的基础上，将卫星、雷达、闪电等多种非常规资料作为重要补充，建立格点化的强天气检验实况数据库；(4)对于强对流天气这种小概率事件的科学、客观检验，未来强天气检验技术研发首先将对现有的 TS 评分方法进行完善改进，例如重新评估定义适用于我国的评分站覆盖区域的半径大小；同时，将应用更具有诊断意义的面向对象的空间检验技术，实现对对流预报落区形态、位移及强度的定量检验；尝试开发适合我国强对流预报预警发展的新型检验业务产品，实现对强对流预报的综合检验和评价。

参考文献

[1] Anna G, Elizabeth E. Special issue on forecast verification[J]. Meteor Appl, 2008,15(1): 1-1.

[2] Finley J P. Tornado predictions[J]. Amer Meteor J,1884,1: 85-88.

[3] Kumar, Kuldeep. Forecast verification: A practitioner's guide in atmospheric sciences[J]. J R Stat Soc Ser A,2005,168(1): 255-255.

[4] Casati B, Wilson L J, Stephenson D B, et al. Forecast verification: current status and future directions [J]. Meteor Appl, 2008,15(1): 3-18.

[5] Stephenson D B, Casati B, Ferro C A T, et al. The extreme dependency score: A non-vanishing measure for forecasts of rare events[J]. Meteor Appl,2008,15(1): 41-50.

[6] Mason I. Dependence of the critical success index on sample climate and threshold probability[J]. Aust

Meteor Mag,1989,37：75-81.
[7] Schaefer J T. The critical success index as an indicator of warning skill[J]. Wea Forecasting,1990,5(4)：570-575.
[8] Ferro C A T, Stephenson D B. Extremal dependence indices：Improved verification measures for deterministic forecasts of rare binary events[J]. Wea Forecasting,2011,26(5)：699-713.
[9] Brown B G, Bullock R R, Davis C A, et al. New verification approaches for convective weather forecasts[C]//Proceedings of the 22nd Conference on Severe Local Storms,2004.
[10] Roberts N M, Lean H W. Scale-selective verification of rainfall accumulations from high-resolution forecasts of convective events[J]. Mon Wea Rev,2008,136(1)：78-97.
[11] 牟惟丰. 中央气象台一年来预报评分结果分析[J]. 气象,1988,14(11)：49-51.
[12] 林明智,毕宝贵,乔林. 中央气象台短期降雨预报水平初步分析[J]. 应用气象学报,1995,6(4)：392-399.
[13] 林明智. 美国国家气象中心定量降雨预报[J]. 气象,1997,23(11)：3-6.
[14] 束家鑫,王志烈. 我国台风研究的十年进展. 台风会议文集(1981). 上海：上海科学技术出版社,1983：1-4.
[15] 董克勤,杨麟美,周江兴. 台风路径预报现状分析[J]. 气象,1986,12(7)：2-6.
[16] 许映龙,张玲,高拴柱. 我国台风预报业务的现状及思考[J]. 气象,2010,36(7)：43-49.
[17] 郑永光,周康辉,盛杰,等. 强对流天气监测预报预警技术进展[J]. 应用气象学报,2015,26(6)：641-657.
[18] Hitchens N M, Brooks H E. Evaluation of the storm prediction center's day 1 convective outlooks[J]. Wea Forecasting,2012,27(6)：1580-1585.
[19] Hitchens N M, Brooks H E. Evaluation of the Storm Prediction Center's convective outlooks from day 3 through day 1[J]. Wea Forecasting,2014,29(5)：1134-1142.

基于闪电数据的雷暴识别、追踪与外推方法

周康辉[1]　郑永光[1]　蓝渝[1]

（国家气象中心，北京 100081）

摘　要　本文提出了一种新的雷暴识别、追踪与外推方法。该方法基于地闪数据，利用密度极大值快速搜索聚类算法实现了雷暴的识别，然后利用 Kalman 滤波算法实现雷暴的追踪与外推。应用该方法处理了 2013 年的全国地闪定位数据，同时利用多普勒雷达等数据对选取的个例进行评估。结果表明：该方法能有效识别雷暴并对其进行实时追踪，且能有效处理雷暴分裂与合并的情况；算法具备较好的 0～60 min 的临近外推预报能力，各项性能指标整体与 TITAN(Thunderstorm Identification, Tracking, Analysis and Nowcasting)算法接近，某些方面有更好的表现。该方法能够实时监测与预报全国的雷暴发生发展状况，对于 0～60 min 临近预报具有一定的参考价值。

关键词　闪电　雷暴　识别　追踪　外推

前　言

雷暴活动中始终伴随着强烈的放电现象，闪电活动能很好地反映雷暴活动的强弱变化与移动趋势[1,2,3]。近年来，随着国家雷电监测网络的建立与完善，使全国范围的云一地闪电（后面简称闪电）监测成为可能。相对于雷达与卫星数据，闪电观测数据具有更高的观测实时性与更低的传输时延，对于实时监测快速生消的中小尺度对流系统具有非常重要的意义[4-5]。目前，国内外基于雷达的对流识别、追踪与外推的算法研究较多（如 TITAN、SCIT[6-9]），产品也得到较为广泛的应用，对强对流天气的临近预报起到较好的指示性作用。

基于闪电数据的雷暴识别、追踪与外推算法也有一些尝试。侯荣涛[10]等构建了江苏地区基于 DBSCAN 聚类算法的闪电簇识别、追踪与临近预报模型；Tuomi[11]等开发了利用时空阈值区分闪电簇进而识别并追踪雷暴的算法，分析了芬兰地区的雷暴活动特征。Betz 等[12]利用基于闪电密度判别的雷暴追踪算法分析了 LINET 闪电定位网络探测的闪电数据。Morian Kohn 等[13]将闪电定位数据引入预警决策支持系统（WDSS－II），利用闪电密度阈值完成雷暴识别与追踪，取得较好的短临预报效果。P. Bonelli 等[14]综合利用雷达与闪电定位数据，通过设置时空阈值实现雷暴路径的识别、追踪与外推，能够实现半小时或更长时间的外推。姚叶青等[15]通过叠加分析雷电集中区与风暴，发现雷电集中区一般对应有风暴，并且雷电集中区中心在风暴中心附近，二者移动方向基本一致，移速接近；通过匹配雷电集中区与风暴，采用雷电

本文发表于《应用气象学报》，2016，27(2)：173-181。

集中区将随其所匹配的风暴一起移动的思路，利用风暴追踪技术，对雷电集中区进行临近外推，从而实现雷电的临近落区预报。吕伟涛[16]等人综合利用雷达、卫星、闪电等数据，开发了区域识别、追踪和外推算法 AITEA，可以对已经发生闪电的区域（如回波强度超过某个阈值或云顶亮温低于某个阈值的区域等）进行识别，利用一段时间的监测资料就能进行跟踪，采用 Holt 双参数线性指数平滑方法，对区域的中心位置坐标进行预测。

本文介绍了一种基于全国地闪数据的雷暴识别、追踪与外推方法。方法中使用全新、高效的闪电聚类方法实现雷暴的识别，利用 Kalman 滤波技术实现追踪并完成对雷暴路径 0～60 min 外推，能够有效实现对全国范围雷暴活动的监测与临近预报。

1 雷暴识别、追踪与外推

1.1 雷暴的识别

由于雷暴过程中，闪电往往集中发生于雷暴云中对流最旺盛的区域。因此，雷暴在闪电数据上的表现形式即为一簇密集的闪电。利用聚类算法可实现雷暴的识别，本文中聚类算法采用密度极大值快速搜索算法（Clustering by fast search and find of density，CFSFD）[17]。相对于传统 K－means 与 DBSCAN 等经典聚类算法而言，CFSFD 不需要预指定聚类中心，同时对非球面形状的雷暴能有更好地识别效果。同时此算法的只考虑点与点之间的距离，因此不需要将点映射到一个向量空间中，因此算法复杂度较传统算法有了较大改进。具体算法如下：

（1）闪电密度计算

$$\rho_i = \sum\nolimits_j \chi(d_{ij} - d_c) \tag{1}$$

其中，$\chi(x)=\begin{cases}1, x<0\\0, x\geqslant 0\end{cases}$；$d_{ij}$ 为两个闪电 i、j 之间的距离；d_c 为间隔阈值，根据文献[12]，d_c 的取值应使 $d_{ij}<d_c$ 的闪电数量约占总数的 2%。

利用式(1)计算每个闪电的密度，即计算每个闪电方圆距离 d_c 内的闪电个数。闪电密度值是雷暴中心识别的重要依据，闪电密度越大，其闪电越密集，表征越强烈的放电过程。

$$\rho_i = \sum\nolimits_j \mathrm{e}^{-(d_{ij}/d_c)^2} \tag{2}$$

实际聚类过程中，也可使用高斯核（Gaussian Kernel）函数来计算闪电密度（如公式 2）。高斯核函数从中心到外围根据距离指数衰减，因此，更易确定唯一的雷暴中心点。

（2）闪电距离计算

$$\delta_i = j:\rho_j \overset{\min}{>} \rho_i(d_{ij}) \tag{3}$$

利用公式(3)，对每个闪电，计算所有其它闪电中密度比其大的闪电距离该闪电的最小距离（对于闪电密度最大的闪电，其 $\delta=\max(d_{ij})$）。对于越大的闪电，其周围散乱点越少，某一区域上簇状独立性越高。

（3）雷暴聚类中心的确认

假设图 1 中有两个雷暴，图中所有闪电的密度值按照由高到低排列，“1”表示密度最高的点，“2”次之，以此类推。图 1b 给出了每个闪电的密度与归一化距离分布，竖坐标为相对距离

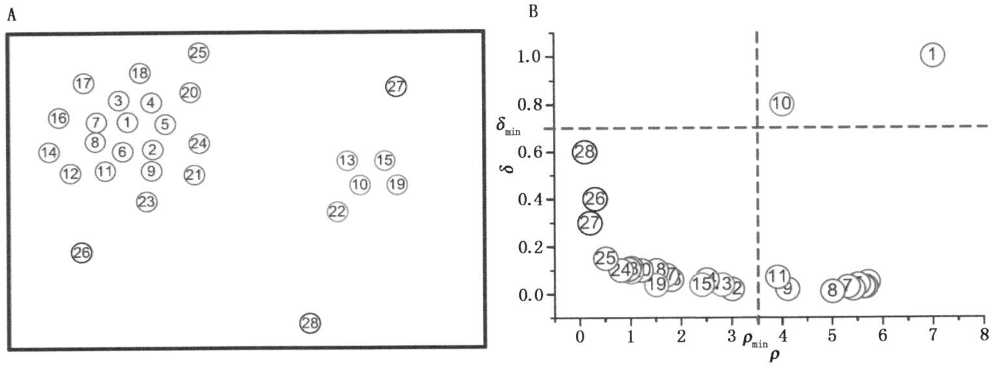

图 1　聚类算法示意图[17]（A. 闪电的平面分布，编号按闪电密度排序；B. 决策图；不同颜色表征不同的类别）

比值 $\delta=\frac{\delta_i}{\delta_{max}}$。雷暴中心闪电的确认可以通过给定的 δ_{min} 和 ρ_{min} 筛选出同时满足（$\rho>\rho_{min}$）和（$\delta>\delta_{min}$）条件的点作为距离中心点。图中闪电 1 与闪电 10 可以作为雷暴闪电中心。闪电 2～8 虽然密度大于闪电 10，但是其 $\delta<\delta_{min}$，因此，不能作为雷暴中心闪电。闪电 26～28 虽然有较大的 δ 值，但是其 $\rho<\rho_{min}$，同样不能作为雷暴聚类中心。

雷暴属于中小尺度天气系统，综合考虑雷暴尺度与实际聚类效果，本文取 $\rho_{min}=1.5$，$\delta_{min}=20$ km，对各类雷暴单体闪电簇有较好的识别效果。

（4）其余闪电的分配

当雷暴中心闪电确定之后，剩下的闪电的类别标签按照以下原则指定：闪电的类别标签与高于该闪电密度的最近闪电的类别一致。

（5）雷暴边界的确定

首先定义雷暴边界区：某一雷暴的雷暴边界区，由该雷暴中与其他雷暴任意闪电距离小于 dc 的闪电构成。然后，寻找雷暴边界区中密度最大的闪电，将其密度记为 ρ_{max}。最后，将该雷暴中 $\rho<\rho_{max}$ 的闪电作为噪声去除，从而确定雷暴边界。

1.2　雷暴的追踪与外推

Kalman 滤波器能在线性无偏最小方差估计准则下对路径做出最优估计[18]。在实现雷暴识别的前提下，假设雷暴线性移动，可以利用 Kalman 滤波算法对雷暴展开线性外推。

首先，对雷暴的移动与发展过程作如下假设[6]：

（1）雷暴移动路径为直线；

（2）雷暴强度呈线性增强或减弱。

1.2.1　Kalman 追踪与外推模型

关于 Kalman 滤波器原理具体可参见文献[18]。根据雷暴移动特征，可以将其建立 Kalman 状态滤波模型。

系统状态方程和观测方程之后，就可以利用卡尔曼滤波方程式通过递推方法，不断预测目标在下一时刻的位置，并实现 0～60 min 的路径外推。

1.2.2 雷暴的追踪

利用Kalman滤波器输出的下一时刻雷暴位置，同时通过设置相应时间阈值 ΔT 与空间阈值 ΔD，实现对雷暴的追踪。具体追踪过程如下：

(1)对于 t_0 时刻已有雷暴，Kalman滤波器输出其下一时刻的预测位置(t_1，P_1)；

(2)搜索新识别的雷暴中对(t_1，P_1)满足时空阈值(ΔT，ΔD)的雷暴，如有多个雷暴满足条件，选择距离 P_1 最近的雷暴，认为此为雷暴路径的延续；

(3)若新识别的雷暴未能匹配到路径，则认为是新生的雷暴。

(4)雷暴的合并：表示几个雷暴合成一个雷暴的过程(图2a)。对于 t_1 时刻的单体1与单体2，如果 t_2 时刻只监测到一个单体3，若单体1与单体2在 t_2 时刻的Kalman外推落在单体3的单体范围之内，且单体3与单体1与单体2均满足时空阈值限定，则认为单体3为单体1与单体2的合并。

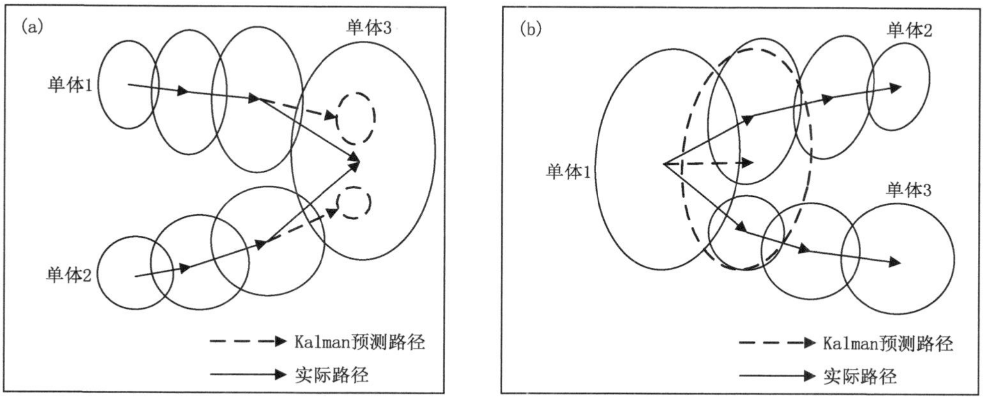

图2 雷暴的合并(a)与分裂(b)

(5)雷暴的分裂：表示一个大的雷暴分裂成几个小的雷暴的过程(如图2b)。类似于雷暴合并的处理，若单体1下一时刻分裂为单体2与单体3，且其中心位置落在单体1的Kalman外推区域之内，则认为单体2与单体3为单体1的分裂。

1.2.3 雷暴的外推

在雷暴历史路径的基础上，根据上节所述的建模过程，利用Kalman滤波器不难得到其0～60 min的外推矢量。同时，将雷暴面积作为雷暴发展与消亡的特征参数，可线性外推雷暴的强度变化。综合以上雷暴识别、追踪与外推的步骤，可得到总流程图，如图3所示。

2 数据来源

闪电定位数据来自国家雷电监测网提供的地闪观测数据。国家雷电监测网2013年投入业务考核的站点达到347站，较好地覆盖了除西藏高原、内蒙古中西部地区外的全国大部分地区。闪电定位信息包括地闪回击二维空间信息、发生时间、闪电强度、闪电陡度、定位方式、定位误差等丰富信息。整套系统网内定位精度优于300 m，探测效率≥80%[19]。经过长期的业务化运行，整套系统较为稳定，能够不间断地对覆盖范围进行地闪监测。

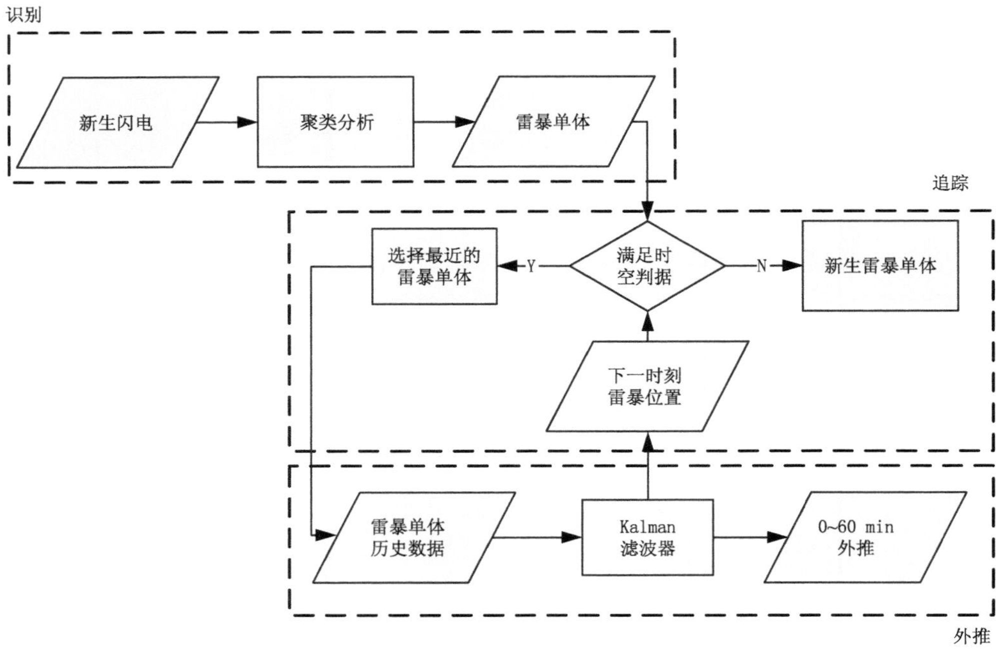

图 3　雷暴识别、追踪与外推流程

3　数据处理结果

利用上文介绍的雷暴识别、追踪方法，本文处理了 2013 年全国的雷电监测数据，数据处理时间间隔为 10 min(即将每 10 min 累积的闪电进行识别、追踪与外推)，最终得到雷暴 70840 个，接下来选取了相关个例进行分析。

3.1　雷暴的识别结果

图 4 展示了 2013 年 3 月 19 日 21:20—21:30(北京时，下同)位于江西东北部、浙江西部的闪电聚类(即雷暴识别)效果。

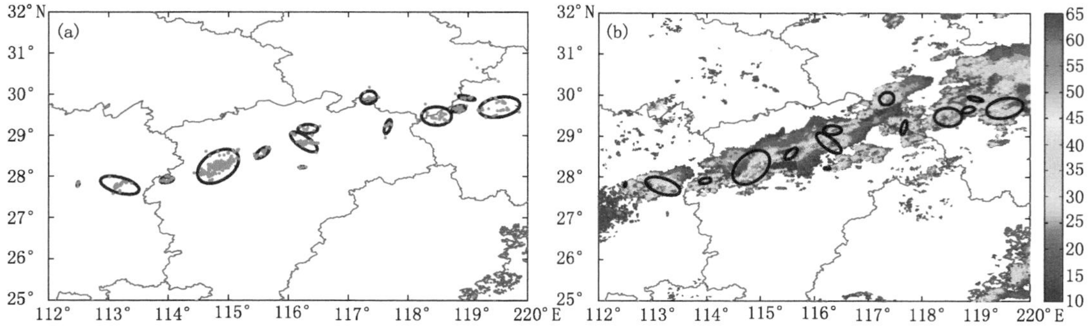

图 4　雷暴识别效果示意图(椭圆为根据闪电簇分布自动生成的雷暴区

(a)闪电聚类效果，其中红点为闪电；(b)识别的雷暴活动区与雷达回波对比，颜色柱单位：dBZ

图 4a 显示对于不同形状分布、不同闪电数量的闪电簇，CFSFD 聚类算法均能按照其空间位置分布实现较好地聚类。图 4b 将识别结果与雷达回波进行对比，可以发现，由闪电聚类、识别的雷暴活动区与雷达回波图中的对流单体位置具有较好的一致性。

由此可见，本文的聚类算法能够对闪电进行聚类，进而有效识别雷暴活动范围。

3.2 雷暴追踪结果

图 5 给出了 2013 年 3 月 20 日华南地区 6 个雷暴的路径分布。

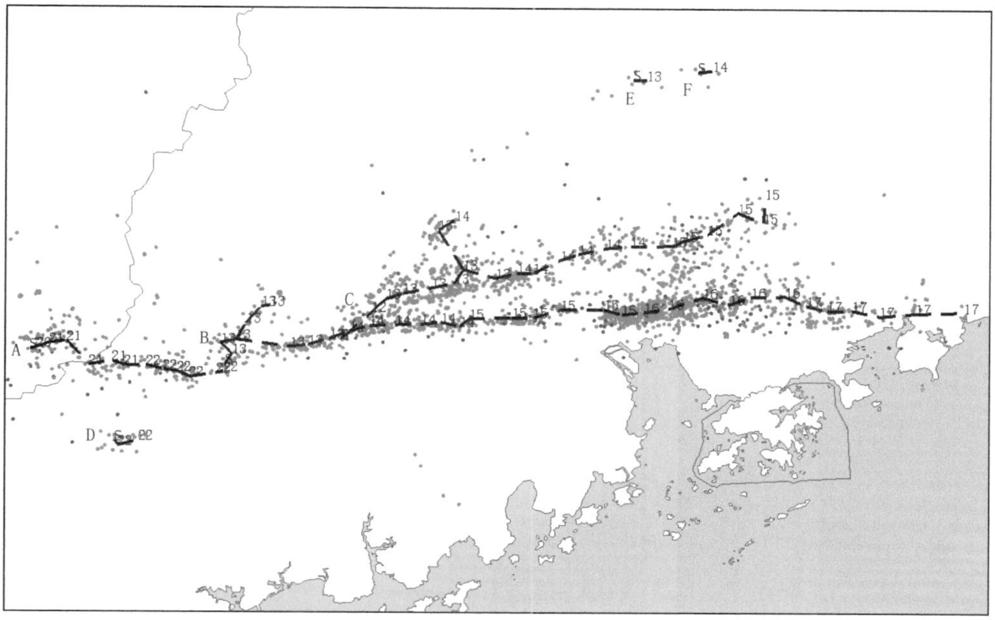

图 5 2013 年 3 月 20 日华南地区雷暴追踪路径与闪电分布(黑色虚线为雷暴追踪路径，S 为雷暴开始标志，数字为雷暴对应的时间[小时]，下同；红点为负地闪；蓝点为正地闪)

(1)雷暴 A 起始于 20:40，向东偏南方向发展，一直持续至 22:50，雷暴生命史 2 h；

(2)雷暴 B 起始于 12:50，刚开始向北发展，而后向东移动。雷暴在 13:20 分裂，主单体继续向东移动，共持续 4 h，移动距离超过 350 km；分裂出的小单体，向东北方向移动，持续至 13:50。

(3)雷暴 C 起始于 12:40，雷暴生成之后向东偏北方向发展，13:50 雷暴出现分裂，分裂子雷暴向东北方向移动，生命史较短，迅速消散；雷暴主体继续向东移动，一直维持至 15:50。

(4)雷暴 D 具备局地性较强、迅速生成并消散的特征，从生成至消散，整个过程约 30 min，雷暴移动距离不超过 15 km。

(5)雷暴 E 和雷暴 F：利用闪电识别的雷暴 E、F 持续时间短，只维持了 20 min，表征较弱的雷暴过程。

总体而言，闪电分布呈现较明显的线状，雷暴路径与闪电线状分布能有较好地重合，表明雷暴路径的追踪具有较好的效果。

为了验证雷暴的识别与追踪效果，图 6 利用雷达回波对其进行了验证分析，图中可以清晰地观察到对流单体的发生发展特征。

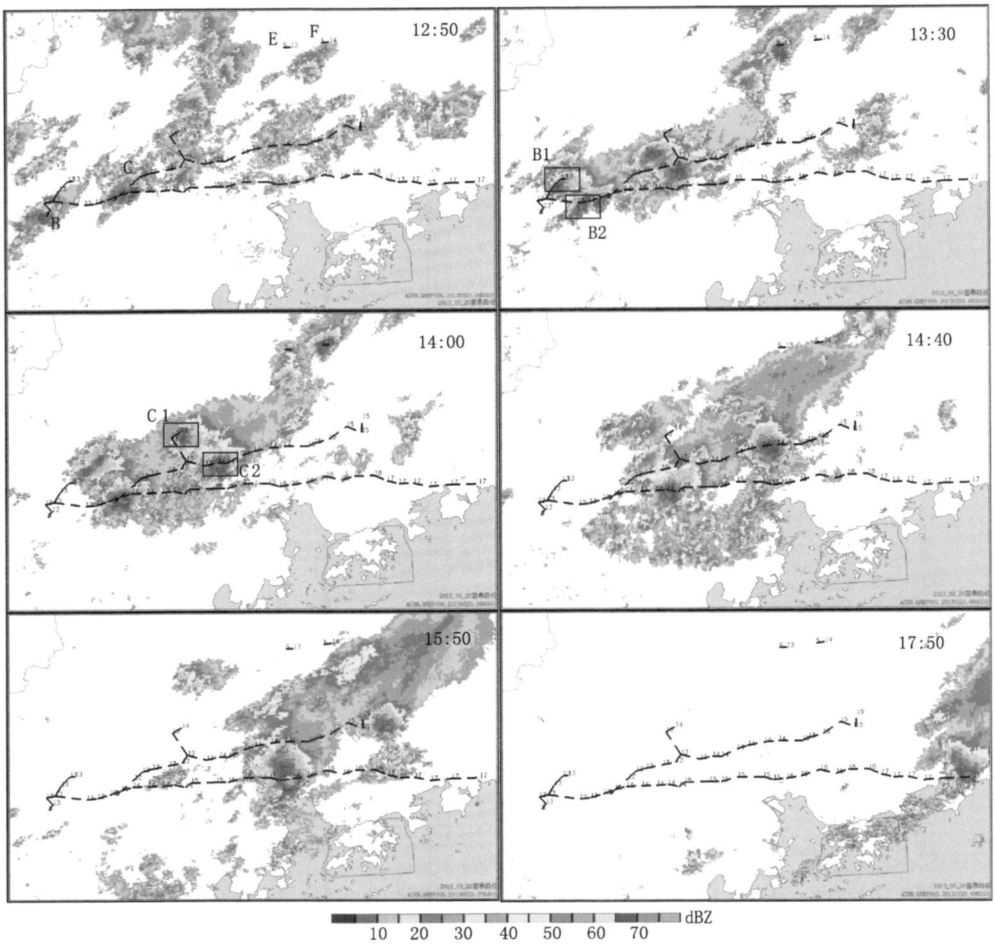

图 6　2013 年 3 月 20 日华南地区雷暴移动情况

12:50，雷达回波显示，雷暴 B、C 对应的对流单体已生成，此时对流的最大反射率与面积均较小，明显处于新生阶段。此后雷暴不断发展，雷暴面积增加，中心最大反射率因子增大。13:30，雷达回波显示雷暴 B 对应的单体出现分裂，子单体位置与 B1、B2 位置一致，B2 继续东移，B1 向东北方向移动；与此同时，单体 C 出现分裂的迹象。雷暴 E 对应到明显的对流单体。14:00，雷暴 B1 只持续至 13:50，此时雷达回波显示 B1 对应的对流单体回波强度减小，结构松散，呈现消散的状态，表明二者基本一致；雷暴追踪结果显示雷暴 C 于 13:50 分裂，与此相对应，雷达回波显示 14:00 雷暴 C 对应的单体分裂已完成，子单体位置与 C1、C2 位置一致。雷暴 F 对应的对流单体出现。14:40—17:50，雷暴 B、C 分裂后的主体继续向东移动，雷暴与对流单体，二者移动轨迹基本重叠。在雷暴追踪结束之间之后，雷达回波显示对流单体仍然存在，但是很快消失。

值得注意的是，从 12:50—13:10 雷达反射率拼图上显示较多的对流单体。相比之下，利用闪电只识别了四个雷暴（雷暴 B、C、E、F）。究其原因，是因为其余单体最大反射率因子较小，对流层顶高度较低(图略)，单体的持续时间短、移动距离小，表明较弱的对流活动，不利于闪电活动的发生[20,21]。

总结以上特征，得到雷暴追踪路径检验的结论如下：

(1)雷暴路径与雷达反射率拼图中的最大反射率中心能较好的重合，表明定位到的闪电多发生于雷暴中对流最旺盛的阶段；根据闪电数据识别并追踪得到的两个雷暴的移动路径与雷达回波显示的雷暴路径有较好地一致性，表明了方法的有效性；

(2)雷暴 B、C 的分裂的追踪结果与雷达回波显示的单体分裂具有很好的一致性，合并的原理与分裂相似，表明方法对雷暴单体分裂与合并的有效性。

(3)雷暴提前于对流单体消失，时间提前量约为 10～60 min。这说明闪电对对流单体的消散具有一定指示性意义。

(4)较弱的对流单体中，闪电活动较弱或者无闪电活动。雷暴 E、F 实际上是同一对流系统的不同发展阶段，然而由于该对流单体中闪电活动较弱，导致被识别为两个独立的雷暴。由此可见，雷暴与对流单体仍存在一定的差异。

3.3 雷暴外推结果评估

为了评估外推算法的性能，利用类似 Michael 等[1]的外推评估方法，即将路径与外推结果按 5 km×5 km 的网格化处理，如果有闪电出现在某网格内，则认为该网格为雷暴活动区。定义以下术语[6]：

命中：外推路径与实际路径均为雷暴活动区；

漏报：实际路径为雷暴活动区，外推路径为非雷暴活动区；

空报：外推路径为雷暴活动区，实际路径为非雷暴活动区。

$$\text{命中率 POD}=\frac{N_{\text{命中}}}{N_{\text{命中}}+N_{\text{漏报}}}$$

$$\text{漏报率 FAR}=\frac{N_{\text{漏报}}}{N_{\text{命中}}+N_{\text{空报}}}$$

$$\text{临界成功指数 CSI}=\frac{N_{\text{命中}}}{N_{\text{命中}}+N_{\text{漏报}}+N_{\text{空报}}}$$

为了验证雷暴外推的效果，本文选取了雷暴活动活跃的 2013 年 3 月 19—20 日作为检验的时段，该时段内共识别、追踪和外推雷暴 623 个，外推检验结果如表 1 所示。

表 1 0～60 min 外推检验结果

年月日	外推提前时间	POD	FAR	CSI
2013-03-19	10 min	0.69	0.46	0.44
	30 min	0.64	0.56	0.35
	60 min	0.18	0.77	0.11
2013-03-20	10 min	0.71	0.49	0.42
	30 min	0.60	0.62	0.30
	60 min	0.51	0.68	0.24
1991-05-29—08-29 TITAN[6]	12 min	0.64	0.40	0.45
	30 min	0.42	0.62	0.25

检验结果显示:类似于 TITAN 等外推算法,基于 Kalman 的雷暴外推可靠性随着时间迅速衰减。这可能是因为风暴的生命史太短,在预报期间内生长和消亡的变化太快导致的[22]。表 1 显示,10 min 的外推结果其外推命中率基本维持在 0.7 左右,30 min 则降至 0.6,60 min 继续降低;与此同时,虚报率随着时间从 0.5 以下增加至 0.7;CSI 指数从 0.4 降低至 0.1～0.2。

总体而言,对比 TITAN 等算法,本文开发的外推算法在各项检验参数上整体表现接近,某些方面有更好的表现。

4 小结与讨论

本文介绍了一种基于全国地闪数据的雷暴识别、追踪与外推的新方法。该方法利用密度极大值快速搜索聚类算法实现雷暴识别,利用 Kalman 滤波算法实现雷暴追踪与外推。数据处理结果表明:

(1)基于闪电数据,本文提出的方法能有效识别雷暴,并对雷暴进行实时追踪。该方法能有效识别并追踪各类雷暴,同时也能有效识别雷暴的分裂与合并的情况。

(2)Kalman 滤波算法具备较好的 0～60 分钟的临近外推预报能力,各项性能指标整体接近 TITAN 算法,对临近预报具备一定的参考价值。

(3)闪电往往出现在较强的对流系统中,对对流系统的发展、消散具有一定指示性意义。

闪电活动对于各类强对流天气具有不同活动特征,研究上述变化特征,进而实现利用闪电变化特征作出强对流天气的临近预报是目前的重要研究方向。未来将以本文工作为基础,以单个雷暴单体为载体,进一步结合闪电变化特征,在雷暴外推的基础上,实现分类强对流天气的预警预报,进一步挖掘闪电数据的使用价值。

参考文献

[1] 张义军,徐良韬,郑栋,等.强风暴中反极性电荷结构研究进展[J].应用气象学报,2014,25(5):513-526.

[2] 王婷波,郑栋,张义军,等.基于大气层结和雷暴演变的闪电和降水关系[J].应用气象学报,2014,25(1):33-41.

[3] 郑栋,张义军,孟青,等.北京地区雷暴过程闪电与地面降水的相关关系[J].应用气象学报,2010,21(3):287-297.

[4] 蒙伟光,易燕明,杨兆礼,等.广州地区雷暴过程云—地闪特征及其环境条件[J].应用气象学报,2008,19(5):611-619.

[5] 张腾飞,尹丽云,张杰,等.云南两次中尺度对流雷暴系统演变和地闪特征[J].应用气象学报,2013,24(2):207-218.

[6] Dixon M, Wiener G. TITAN: Thunderstorm identification, tracking, analysis, and nowcasting-A radar-based methodology[J]. J Atmos Ocean Technol, 1993, 10(6): 785-797.

[7] Johnson J T, MacKeen P L, Witt A, et al. The storm cell identification and tracking algorithm: An enhanced WSR-88D algorithm[J]. Wea Forecasting, 1998, 13(2): 263-276.

[8] Han L, Fu S, Yang G, et al. A stochastic method for convective storm identification, tracking and nowcasting[J]. Prog Nat Sci, 2008, 18(12): 1557-1563.

[9] 王改利,刘黎平,阮征,等.基于雷达回波拼图资料的风暴识别、跟踪及临近预报技术[J].高原气象,

2010, 29(6):1546-1555.

[10] 侯荣涛,朱斌,冯民学,等. 基于 DBSCAN 聚类算法的闪电临近预报模型[J]. 计算机应用,2012,32(3):847-851.

[11] Tuomi T J, Larjavaara M. Identification and analysis of flash cells in thunderstorms[J]. Quart J Roy Meteor Soc, 2005, 131(607): 1191-1214.

[12] Betz H D, Schmidt K, Oettinger W P, et al. Cell-tracking with lightning data from LINET[J]. Advances in Geosciences, 2008, 17(17): 55-61.

[13] Kohn M, Galanti E, Price C, et al. Nowcasting thunderstorms in the Mediterranean region using lightning data[J]. Atmos Res, 2011, 100(4): 489-502.

[14] Bonelli P, Marcacci P. Thunderstorm nowcasting by means of lightning and radar data: Algorithms and applications in northern Italy[J]. Natural Hazards and Earth System Science, 2008, 8(5): 1187-1198.

[15] 姚叶青,袁松,张义军,等. 利用闪电定位和雷达资料进行雷电临近预报方法研究[J]. 热带气象学报,2011,27(6): 905-911.

[16] 吕伟涛, 张义军, 孟青, 等. 雷电临近预警方法和系统研发[J]. 气象, 2009, 35(5): 10-17.

[17] Rodriguez A, Laio A. Clustering by fast search and find of density peak[J]. Science, 2014, 344(6191): 1492-1496.

[18] 张贤达. 现代信号处理[M]. 北京:清华大学出版社,2002.

[19] 中国科学院空间科学与应用研究中心. 雷电监测定位系统 ADTD 雷电探测仪用户手册. 2010.

[20] Martinez M. The relationship between radar reflectivity and lightning activity at initial stages of convective storms. American Meteorological Society, 82nd Annual Meeting, First Annual Student Conference, Orlando, Florida, 2002.

[21] Zipser E J, Lutz K R. The vertical profile of radar reflectivity of convective cells: A strong indicator of storm intensity and lightning probability[J]. Mon Wea Rev, 1994, 122(8): 1751-1759.

[22] 韩雷, 王洪庆, 谭晓光,等. 基于雷达数据的风暴体识别、追踪及预警的研究进展[J]. 气象, 2007, 33(1): 3-10.

国家级中尺度天气分析业务技术进展Ⅰ：对流天气环境场分析业务技术规范的改进与产品集成系统支撑技术

张涛　蓝渝　毛冬艳　郑永光　唐文苑　曹莉　张小玲
谌芸　方翀　周晓霞　赵素蓉　刘鑫华　田付友

（国家气象中心，北京 100081）

摘　要　中尺度天气分析技术已经在我国天气预报业务中发挥了重要作用。2011 年以来国家级中尺度天气分析业务技术取得了明显进展，促进了国家级强对流预报业务的发展。《中尺度天气分析业务技术规范》已重新编写和完善，内容分为两篇，第一篇是中尺度对流天气环境场分析；第二篇为中尺度对流天气过程分析，第二篇为新增内容，将另文介绍。短时和短期时效内中尺度对流天气环境场条件分析以配料法思路为基础，重新编排和简化了分析内容，兼顾分析的精细化和分析产品的可操作性，增加了分类强对流天气分析量化指标建议供预报参考，新增了基于局地探空的强对流天气分析规范。中尺度天气分析业务的支撑技术是推进该业务的必备基础，因此，国家气象中心改进了 MICAPS3 中尺度天气主观分析工具箱功能；开发了中尺度天气分析产品集成系统，包括强对流天气监测产品、中尺度天气分析主观和客观产品、基于不同数值模式预报的强对流参数诊断产品等的数据产品和图形产品等。

关键词　中尺度分析　对流天气　探空分析　支撑技术

引　言

中尺度天气是指水平尺度几千米至几百千米，时间尺度约一小时到十几小时的天气现象，按其性质分为中尺度对流性天气和中尺度稳定性天气[1−2]。中尺度对流性天气（简称对流天气）包括雷暴、短时强降水、冰雹、雷暴大风（下击暴流）、龙卷等。中尺度天气分析指的是针对中尺度天气的天气尺度环境场分析和中尺度过程分析，目前是对流天气分析，已在对流天气的短期和短时临近预报服务业务和研究中发挥了重要作用，比如针对 2012 年 7 月 21 日北京特大暴雨的分析[3−5]等。但当前预报业务部门对于强对流天气的预报能力还有很大不足，因此如何提高对强对流天气的分析技术水平和预报能力，是现代天气预报业务所面临的重要挑战之一。

国家气象中心自 2009 年以来积极研发和推进中尺度天气分析业务和技术，逐步制定和完

本文发表于《气象》，2013，39(7)：894-900。

善了《中尺度天气分析业务技术规范》[6-9]，该规范针对的是对流天气分析。但目前业务使用的《中尺度天气分析业务技术规范》还存在一些不足，比如规范要求的分析内容太多但还欠缺完整、没有物理量的量化参考指标、没有局地探空分析、欠缺对雷达和卫星等非常规资料分析等，因此，需要继续改进和完善中尺度分析规范，尤其是需要补充明确分类强对流天气的分析内容等。

开展中尺度天气分析业务不仅需要技术规范，其支撑技术的发展也是促进该业务发展的重要方面。中尺度天气分析支撑技术不仅包括对流天气监测技术和客观分析技术，还包括中尺度天气主观分析工具箱建设和分类强对流天气客观分析产品以及产品集成系统，以给业务强对流天气预报提供快捷方便的数据和图形产品。国家气象中心目前建立了一整套支撑中尺度天气分析的客观技术，其中郑永光等[10]已专文介绍了国家气象中心利用多源观测资料（常规和非常规资料）建设的强对流天气综合监测业务系统。因此，本文将重点介绍国家气象中心强天气预报中心 2011—2012 年在以下几方面取得的进展：改进的中尺度天气分析业务技术规范中的中尺度对流天气环境场分析部分，中尺度天气主观分析工具箱和产品集成系统。

1 中尺度天气分析业务技术规范修订

《中尺度天气分析业务技术规范》自 2009 年制定后经过了多次修订，其中 2011—2012 年做了重大修订，新规范参考了美国强对流分析相关业务技术[11-13]，新规范在内容上精简了对流天气环境场条件分析，增加了局地探空分析和中尺度对流天气过程分析内容，主要的修订内容见表 1。

完善后的新版《中尺度天气分析业务技术规范》分为“对流天气环境场条件分析”和“对流天气中尺度过程分析”两篇，其中第一篇主要使用探空数据和天气尺度数值模式数据，在短时

表 1 《中尺度天气分析规范》主要修订内容

	2009 版	2011 修订稿	2012 修订稿
组织结构	以不同等压面分析的形式，组织分析内容； 缺乏分析内容形成有效产品的规范	以各项对流条件分析（配料法）的形式，组织分析内容； 明确了简化分析内容形成有效产品的方法	以各项对流条件分析（配料法）的形式，组织分析内容； 明确区分分析内容和产品形成规范，兼顾分析的精细化程度和产品制作的可操作性
主要分析内容构成	地面及各等压面气象要素所反映的环境场对流条件	增加中尺度过程分析	增加局地探空分析
环境场条件分析	几乎所有要素和所有系统	大幅精简为三类条件主要系统和一类综合物理量	增加分类强对流天气分析量化指标建议
中尺度过程分析	无	分四部分描述分析频次区域、天气实况、中尺度系统、中尺度环境场	重组结构使之与环境场部分统一； 强调和细化中尺度对流系统和结构分析规范，增强分析的针对性和可操作性； 简化其中中尺度的环境场条件分析
局地探空分析	无	无	从动力学和热力学角度阐述利用探空图表进行对流条件探空分析

或短期时效内分析中尺度对流天气环境场条件，目的在于指导短时和短期强对流潜势预报；第二篇主要的目的在于形成中尺度短临预报思路，指导短临预报的制作，第二篇部分将另文介绍。两个章节在规范内容上相辅相成，但在预报时效、分析思路等方面又各有侧重和针对性，对不同预报时效的强对流预报业务更具指导性和可操作性。

2　对流天气环境场条件分析

"对流天气环境场分析"是新规范的第一篇，主要基于配料法分析思路，针对产生对流天气发生发展的必要条件（水汽、稳定度、抬升）和增强条件（垂直风切变条件）等，从等压面分析和局地探空分析两方面对大气环境场的相关气象要素进行分析，并以各种标识符号显示在天气图上，辅以必要的文字描述，最后形成反映对流性天气发生发展的大气环境场条件的综合分析产品。该部分适用于 6 h 以外的短时和短期预报业务，主要对地面、高空常规和加密观测、自动站观测资料和数值预报资料进行分析。

本篇的规范内容主要分为四部分：(1)天气图分析，在天气图上进行基于风压温湿基本要素的水汽条件、不稳定条件、抬升条件和垂直风切变条件分析；(2)诊断物理量分析，从客观分析和模式输出的各诊断物理量对上述四类对流条件进行分析；(3)站点探空分析，选定站点分析探空资料的热力学和动力学条件；(4)环境场分析业务产品制作，规范简明的业务分析产品制作方法。

2.1　天气图分析

天气图分析部分给出对常规观测资料或数值模式预报资料的风、压、温、湿等基本气象要素的分析方法，以判断环境场中与对流相关的水汽、不稳定、抬升和垂直风切变等条件。天气图的分析原则部分参考了天气学分析基本方法[14−15]。新规范基于实时业务的可操作性简化了分析内容，兼顾全面分析和突出重点，具体内容参见表 2。分析形式为在地面或不同特征等压面天气图上的手工分析，分析内容可在综合分析图中进行显示。

表 2　对流天气环境场天气图分析主要内容

水汽条件	不稳定条件	抬升条件	垂直风切变条件
低层显著湿区 中层干区	低层暖脊 中层冷槽 中低层温差区 中层降温区	边界层锋区 中低层短波槽 低层切变线 低层辐合线	大风速带 急流核

中尺度对流天气环境场分析技术流程如图 1 所示。水汽条件相关的湿度要素，重点分析对流层低层的水汽含量及饱和程度，以低层显著湿区为主，判断对流天气发生发展的基本水汽条件，同时分析与低层湿区相对应，有利于形成"下湿上干"层结的对流层中层干区，辅助判断不稳定条件及雷暴大风的发生条件。不稳定条件相关的温度要素，重点分析有利于出现"下暖上冷"结构的各种系统，包括低层暖脊、中层冷槽、垂直温差大值区以及显著降温区。对流触发的抬升条件主要分析边界层锋区、中低层短波槽、低层辐合线或切变线，边界层锋区包括各类锋面和干线（露点锋）等。垂直风切变条件相关的风场要素，主要分析大风速带、急流核等，低空急流反映

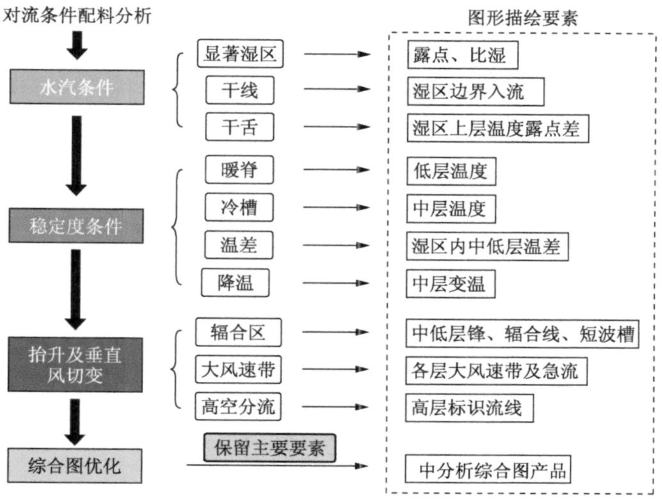

图 1 中尺度对流天气环境场分析技术示意图

～1 km 和 0～3 km 垂直风切变条件,中空急流反映 0～6 km 强垂直风切变条件。

2.2 诊断物理量分析

除了对基本气象要素的分析,规范给出与对流天气相关的实况客观分析和数值预报输出的各类诊断物理量的分析应用,以判断各类有利于对流发生发展和加强的环境场条件。表 3 给出了主要的参考诊断物理量。

表 3 部分诊断物理量分析内容

水汽条件	不稳定条件	抬升条件	垂直风切变条件
基本湿度参量(比湿、露点、相对湿度、温度露点差) 垂直累积可降水量 假相当位温 水汽通量散度	K 指数 对流有效位能 下沉对流有效位能 对流抑制能力 抬升指数类(LI、BLI、SI) 垂直温差或直减率 垂直假相当位温差或直减率	地面气压 散度 垂直速度	0～1 km 垂直风切变 0～3 km 垂直风切变 0～6 km 垂直风切变

2.3 站点探空分析

探空资料直接反映一个地区垂直方向大气的对流条件信息,新规范给出用热力学图表(温度对数压力图和物理量垂直廓线)、风矢端图、各类对流相关的诊断物理量和指数进行单点探空资料分析的建议,以分析大气层结的垂直结构判断局地当前和未来的对流相关条件。具体分析内容见表 4。分析形式为根据需求直接引用探空图表并配以主观分析文字,部分量化指标参考前人的研究成果[16]。

表 4　探空分析主要内容

分析内容		分析建议
探空热力学	稳定度参数(LI\SI\BLI\KI)	湿层低于 850 hPa 时 SI 可能失去代表性；处于地面冷区、存在逆温层或高架雷暴的情况 LI 可能失去代表性；海拔高于 700 hPa 地区 BLI 可能失去代表性；参考 KI 时，关注所分析区域垂直温差和低层湿度贡献度的差异影响
	湿层分析	上干下湿型且湿层厚度超过 100 hPa 有利于强对流；中低层湿层深厚时，需要关注上游地区中高层干平流，存在干平流时有利于风雹类强对流，不存在干平流时有利于强降水类强对流；上湿下干型通常不利于强对流
	θse 廓线	θse 在对流层低层出现极大值同时中层出现极小值时，表明层结不稳定；关注 θse 廓线变化，当 θse 极小值增大且极小值高度增加时，反映低层湿层增厚且有抬升运动，预示强对流即将发生
	对流抑制与抬升条件关系	关注对流抑制能量 CIN 因地面温湿改变而发生的变化；关注能够克服 CIN，触发对流天气的抬升条件
	对流有效位能(CAPE)与上升速度关系	参考 CAPE 估计对流的上升运动峰值速度；关注 CAPE(尤其在 0～－20 ℃层的部分)对估计冰雹大小的参考意义；关注对数压力图上 CAPE 对应正面积的高宽比形态，宽矮型比窄高型更有利于强对流
	下沉对流有效位能(DCAPE)与下沉运动关系	关注满足强对流条件时 DCAPE 的大小，DCAPE 越大越可能出现的强雷暴大风
探空动力学	强垂直风切变的有利情况	在不稳定层结和水汽条件满足的情况下，强的垂直风切变(包括 0～1 km、0～3 km、0～6 km)是强风雹类对流系统发展的必要条件；0～3 km 强垂直风切变利于超级单体风暴的产生；0～1 km 强垂直风切变利于在强风暴系统中出现龙卷
	强垂直风切变的不利情况	对流不稳定条件较弱的情况下，强垂直风切变是强对流天气发生发展的不利条件；强垂直切变对产生非风雹类的强降水型对流系统不利；低空切变较弱，但高空切变较强的环境，不利于强对流天气的发生和维持
	水平风向垂直变化	根据热成风原理，水平风向随高度顺时针旋转表明有暖平流，风向随高度逆时针旋转则表明有冷平流。须关注低层风向顺转而高层风向逆转的情况，对应于低层暖平流高层冷平流，有利于强对流天气发生

2.4　环境场分析业务产品制作

强对流天气的分析内容比较复杂，根据实时业务快速制作分析产品的要求，新规范给出国家气象中心中尺度天气环境场分析业务产品的构成和制作的一般原则。

强对流天气分析产品由四部分内容构成：(1)主观分析的综合天气图，参照前面的对各对流条件主观分析方法和分析符号，以能全面反映环境场主要对流条件且简洁明了为原则，在每类条件中选择一至两个最体现分析预报思路的要素，绘制在一张主观分析综合图；(2)诊断物理量分析图，以能够辅助反映各对流条件为原则，选择性的引用一至两类与对流天气相关的诊断物理量客观分析资料和产品，或根据需求在主观分析综合图加入诊断物理量分析；(3)探空综合分析，当资料和分析时间允许时，引用重点关注区域对数压力图，必要时应给出探空订正后的对数压力图；将前述探空分析内容和分析思路择要进行综合性描述；(4)基于前述内容给出综合分析文字。

2.5 对流天气环境场分析范例

以2011年4月17日08时广州强雷暴大风过程[17]的常规资料分析为例，对新规范的对流天气环境场分析内容尤其是新增探空分析内容进行说明。

2.5.1 主观分析的综合天气图

以2011年4月17日08时探空资料分析为例，简化了的主观分析综合天气图（图2a）表明，由于处在低层暖湿、锋面抬升、中层干燥且位于槽后急流区域，中层位于槽后急流区一方面有利于冷平流增加层结的不稳定，另一方面有利于形成和维持强垂直风切变的环境场，综合来看，广东珠三角附近地区各要素相比其他地区都处于最有利于强风暴的情形（阴影部分为强对流天气发生区域）。

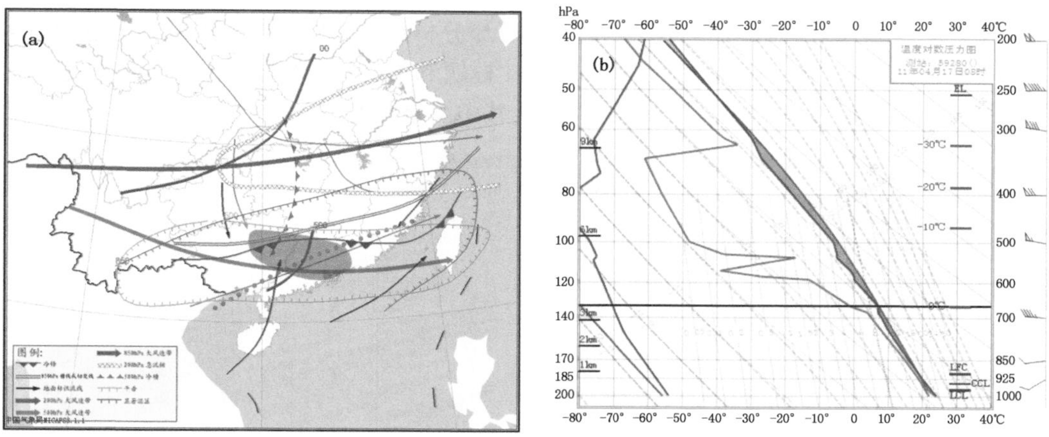

图2 (a)2011年4月17日08时主观综合分析图，(b)2011年4月17日08时清远探空 T-Log$p$ 图

2.5.2 探空综合分析

选取清远探空站温度对数压力图表（图2b）及部分参数进行分析。

探空热力学分析：包括稳定度参数，SI 为0.39 ℃，地面抬升指数约为−2 ℃，K 为34 ℃，表明地面层不稳定而850层中性偏稳定，T850−T500为22 ℃显示中层大气温度直减率较小，850 hPa露点为15 ℃，700 hPa温度露点差为3显示低层湿度大，分析表明层结总体处于弱不稳定。湿层分析，从地面以上超过370 hPa的气层都非常湿，600 hPa以上到350 hPa的中高层非常干，湿层是典型的下湿上干且湿层足够厚的有利于强对流型。对流抑制情况，CIN只有13.6 J·kg^{-1}，对流抑制很容易被克服，对流启动只需要较弱的抬升条件。CAPE与上升运动，CAPE为665.5 J·kg^{-1}，并非很显著。DCAPE与下沉气流，中层干燥DCAPE较大利于雷暴大风发生。

探空动力学分析：近地层风速较小同时中层存在急流，说明0～3 km和0～6 km垂直风切变很强，在具备较强的不稳定能量的情况下十分有利于风雹类强对流天气产生，且出现超级单体对流系统的可能性较大。

综合分析：从早晨8时的探空分析，清远地区下湿上干，湿层较厚，在温度直减率较小的情况下层结不稳定，考虑午后近地面温度上升，且高空槽后冷平流明显，温度直减率将会增大，在低层高湿情况下有利于不稳定能量迅速增加，同时0～3 km和0～6 km垂直风切变较大大，环境条件有利于出现强风雹类强对流天气。

3　MICAPS 3 中尺度天气主观分析工具箱改进

MICAPS3 的中尺度天气主观分析工具箱是进行对流天气主观分析的必备工具。国家气象中心对 MICAPS3 的中尺度天气主观分析工具箱改进主要包括三个部分(图 3):调整了中尺度分析标注符号,可动态生成中尺度分析图例,可增加标题和 LOGO。

新版 MICAPS3 的分析工具箱以最新修订的中尺度分析业务技术规范为标准,调整了部分分析标注符号,进行了增删和美化。

对编辑图层中所绘制的中分析标注符号进行自动识别,并在产品界面“左下角”添加相应的图例说明,见图 3。在“属性配置”菜单中增加“符号图例设置”相关选项,可随时生成并更新图例内容,图例位置及图例的列数等默认设置可根据需求调整。

工具箱新增功能可在分析产品界面左上角增加分析单位 LOGO,以及中央上方位置增加主标题和副标题内容,在“属性配置”菜单中增加“标题和 LOGO 设置” 相关选项(蓝色方框区域),可根据用户需求设置标题显示属性,并修改其中文字内容。

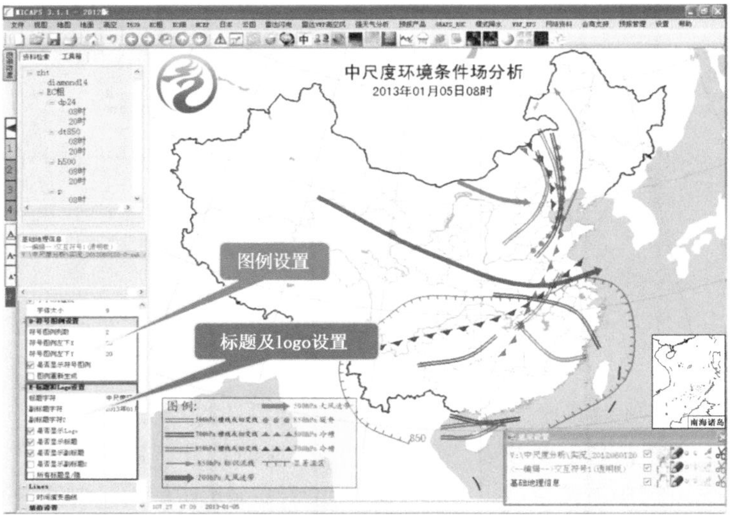

图 3　MICAPS 中尺度天气主观分析工具箱

4　中尺度天气分析产品集成系统

中尺度天气分析业务的不断发展与完善,必须有高度集成的中尺度天气分析工具以及便利的主观、客观分析产品显示和共享平台系统作为技术支撑,因此,对中尺度天气综合分析及产品集成系统的开发,也是开展中尺度分析业务技术建设的重要一环。

2012 年强天气预报中心结合目前的中尺度天气分析业务现状和需求,着重开发了包括强对流天气监测、中尺度分析主观和客观产品、针对不同模式的强对流参数诊断产品、基于数值预报产品的强对流客观预报等在内的中尺度天气分析产品集成系统,方便预报员快速调阅使用。强对流天气监测数据产品基于多源观测资料(常规和非常规资料)由强对流天气综合监测业务系统[10]生成；中尺度天气客观分析数据产品主要以郑永光等[18]建设的客观分析诊断技术为基础以 Cressman 逐步订正法对常规地面观测资料和探空资料进行诊断分析生成，主要包括基本物理量、平流物理量、假相当位温和稳定度等。

中尺度天气综合分析图形系统是在配料法分析思路的基础上，针对不同的中强对流天气类型，开发了包括实况观测资料、模式分析产品以及主观分析等多种产品叠加显示的对流条件综合图分析产品。

产生不同类型强对流天气的环境场条件各不相同。为在中尺度天气分析业务中进一步明确分类强对流的分析方法，指导预报员快速形成分类强对流特征的分析思路，将表征不同类型强对流条件的实况观测资料以及模式分析产品进行叠加显示，自动生成一系列的对流条件的单要素图和综合图产品，供预报员在业务中进行快速调用和预报分析。

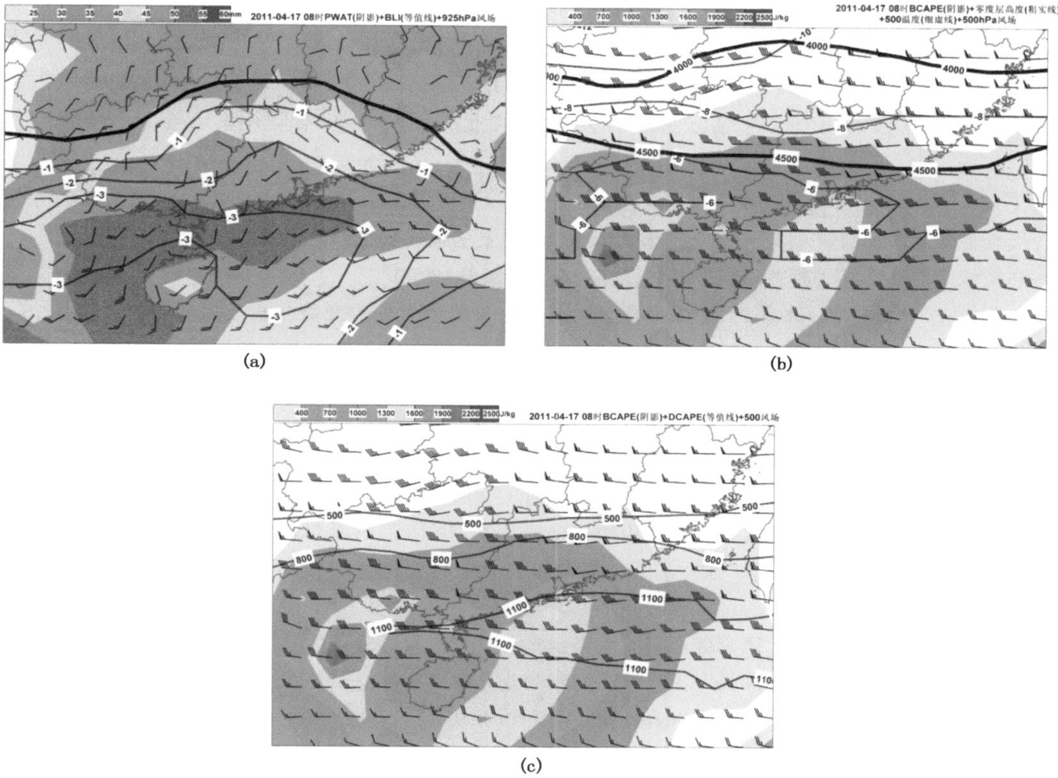

图 4　基于数值预报产品的分类强对流天气中尺度分析客观产品
（a 短时强降水综合图，填色 PWAT，等值线 BLI，925 hPa 风场；b 冰雹综合图，填色 BCAPE，粗实线零度层高度，细实线 500 hPa 温度，500 hPa 风场；c 雷雨大风综合图，填色 BCAPE，等值线 DCAPE，500 hPa 风场）

单要素图如表征不稳定条件的最优抬升指数 BLI 和最不稳定层对流有效位能 BCAPE 等。综合分析图实例如图 4，用整层可降水量、最优抬升指数和 925 hPa 风场叠加作为分析短时强降水的综合图（图 4a），用最不稳定层对流有效位能 BCAPE、零度层高度和 500 hPa 风场叠加作为分析冰雹的综合图（图 4b），用下沉对流有效位能 DCAPE、最不稳定层对流有效位能

BCAPE 和 500 hPa 风场叠加作为分析雷暴大风的综合图等(图 4c)。

5 结论和讨论

2011—2012 年国家气象中心强天气预报中心在中尺度分析业务技术方面取得了重要进展,主要包括:修订和完善了中尺度天气分析业务技术规范;改进了 MICAPS3 中尺度分析工具箱;中尺度客观天气分析产品集成系统开发取得了初步成果。

新规范以配料法思路为基础精简了对流天气环境场条件分析,增加了分类强对流天气分析量化指标建议,新增了基于局地探空的强对流天气分析规范。在对流天气环境场条件分析规范的基础上,对于不同类型的强对流天气,开发了包括实况观测资料、模式分析产品等多种产品叠加显示的综合图产品和显示系统。

目前修订的《中尺度天气分析业务技术规范》是在国家级对流天气分析业务制作的基础上发展的,虽然也考虑了地方气象台站的应用需求,但主要适用于国家气象中心开展的对流天气分析和短期落区预报业务,各地方台站在开展相关业务时可以参考使用。

参考文献

[1] 大气科学辞典编写组. 大气科学辞典[M]. 北京:气象出版社,1994.
[2] 陆汉城. 中尺度天气原理和预报[M]. 北京:气象出版社,2000.
[3] 谌芸,孙军,徐珺,等. 北京 7.21 特大暴雨极端性分析及思考(一)观测分析及思考[J]. 气象,2012,38(10):1255-1266.
[4] 方翀,毛冬艳,张小雯,等. 2012 年 7 月 21 日北京地区特大暴雨中尺度对流条件和特征初步分析[J]. 气象,2012,38(10):1278-1287.
[5] 俞小鼎. 2012 年 7 月 21 日北京特大暴雨成因分析[J]. 气象,2012,38:1313-1329.
[6] 张小玲,张涛,刘鑫华,等. 中尺度天气的高空地面综合图分析[J]. 气象,2010,36(7):143-150.
[7] 张小玲,谌芸,张涛,等. 对流天气预报中的环境场条件分析[J]. 气象学报,2012,70(4):642-654.
[8] 郑永光,张小玲,周庆亮,等. 强对流天气短时临近预报业务技术进展与挑战[J]. 气象,2010,36(7):33-42.
[9] 何立富,周庆亮,谌芸,等. 国家级强对流潜势预报业务进展与检验评估[J]. 气象,2011,37(7):777-784.
[10] 郑永光,林隐静,朱文剑,等. 强对流天气综合监测业务系统建设[J]. 气象,2013,39(2):234-240.
[11] Doswell III C A. The operational meteorology of convective weather volume I:Operational mesoanalysis, National Severe Storms Forecasting Center,1982.
[12] Crisp C A. Training guide for severe weather forecasters. 11th Conference on Severe Loacl Storms of the American Meteorological Society. Kansas, LISA, 1979.
[13] Miller R C. Notes on ananlysis and severe-storm forecasting procedures of the Air Force Global Weather Central, Technical Report 200 (Rev). Air Weather Service (MAC) United States Air Force, 1972.
[14] 寿绍文,刘兴中,王善华,等. 天气学分析基本方法[M]. 北京:气象出版社,1993.
[15] 寿绍文,励申申,徐建军,等. 中国主要天气过程的分析[M]. 北京:气象出版社,1997.
[16] 章国材. 强对流天气分析与预报[M]. 北京:气象出版社,2011.
[17] 张涛,方翀,朱文剑,等. 2011 年 4 月 17 日广东强对流天气过程分析[J]. 气象, 2012,38(7):814-818.
[18] 郑永光, 陈炯, 沃伟峰, 等. 改进的客观分析诊断图形软件[J]. 气象,2011,37(6):735-741.

国家级中尺度天气分析业务技术进展Ⅱ：对流天气中尺度过程分析规范和支撑技术

蓝渝 张涛 郑永光 毛冬艳 朱文剑 林隐静 张小玲

（国家气象中心，北京 100081）

摘　要　中尺度天气分析技术在对流性天气的短期预报业务中发挥了重要作用。本文介绍了国家气象中心正在发展和试运行的对流天气中尺度过程分析规范和支撑技术，该分析内容属于《中尺度天气分析业务技术规范》的第二篇，旨在为中尺度对流天气的短时临近分析和预报提供技术方法，其客观技术支撑为中国气象局强对流短临预报系统SWAN、强对流天气综合监测技术和自动站资料快速客观分析技术等。本文以2011年4月17日强对流过程为例，介绍了如何利用多源观测资料（常规和非常规资料）快速识别和掌握强对流天气（短时强降水、雷暴大风、冰雹、龙卷等）实况，分析当前对流系统类型及其结构特征，判断未来影响对流系统发生发展的中尺度环境条件，并综合考虑客观自动外推算法产品，最终指导预报员对未来0～6 h内的强对流天气影响区域进行短临预报预警。业务试验表明，对流天气中尺度过程分析技术可为强对流天气短临预报业务提供重要参考和依据。

关键词　中尺度分析　对流天气　短临预报　中尺度过程分析

引　言

中尺度对流性天气（简称对流天气）多是在一定的大尺度环流背景中，由各种物理条件相互作用形成的中尺度对流天气系统造成的。中尺度对流系统的发生、发展及其变化机制比较复杂，需要关注大气中的瞬变系统和微小的变化[1]，因此，对对流天气的预报，特别是针对0～6 h（0～2 h为重点）时段内的高时空分辨率的雷暴和强对流天气临近预报，是目前天气预报业务最具挑战性的难点之一[2-3]。

为配合国家级强对流天气预报业务的开展，2009年起，国家气象中心强天气预报中心开展了中尺度对流天气分析技术的研发和业务试验工作[1,4]。其中，对流天气预报中的环境场条件分析技术主要依据"配料法"分析思路，针对对流天气发生发展的四个环境场条件（水汽、不稳定、抬升和垂直风切变）进行分析，为6 h以上的强对流天气短时和短期预报的业务提供技术指导。目前中尺度对流天气分析已成为强天气预报中心的核心业务之一，该技术也制定形成《中尺度天气分析业务技术规范（第一版）》向全国推广，在现代天气分析业务中发挥重要

本文发表于《气象》，2013，39（7）：901-910。

作用。2011—2012年完善后的新版《中尺度天气分析业务技术规范》分为"对流天气环境场条件分析"和"对流天气中尺度过程分析"两篇，其中第一篇中尺度对流天气环境场条件分析已另文介绍，本文主要介绍"对流天气中尺度过程分析"及其支撑技术。

对于对流天气0～6 h短临预报而言，在技术手段上主要使用高分辨率的地面观测、雷达、云图、闪电定位等非常规观测资料，对中尺度对流天气系统特征进行分析识别，配合客观分析和诊断技术产品，以及高分辨率的中尺度模式资料进行短临预报。近年来，针对暴雨、冰雹等强对流天气的预报的中尺度短临分析技术的重要性越来越受到预报员的认可，但是受观测资料和天气分析平台支撑技术的局限，这些分析技术的使用主要以个例分析和总结为主[5-9]，尚缺乏系统性的分析技术介绍，在中尺度对流天气0～6 h短临业务预报中应用仍有很大不足。

为加强和提高中尺度对流天气短临分析和预报能力，2011—2012年国家气象中心强天气预报中心在已有的中尺度天气环境场条件分析业务技术规范的基础上，发展了对流天气中尺度过程分析技术，并开展了业务试验，为6 h以内的短时临近对流天气分析预报业务提供技术指导和规范。为不断完善对流天气业务预报支撑技术，在强对流监测和客观诊断分析方面，发展完善了包括自动站资料质量控制技术、强对流信息提取和统计技术、直角坐标交叉相关雷达回波追踪(CTREC)技术、对流风暴识别追踪分析和临近预报(TITAN)技术、深对流云识别技术、中尺度对流系统(MCS)识别和追踪技术、闪电密度监测技术等为支撑的强对流天气的监测技术，实现了基于多源数据资料的我国强对流天气实时综合监测[10]，为强对流天气预报短时临近分析和预报提供了重要的技术保障。

1　对流天气中尺度过程分析

对流天气中尺度过程分析包括两方面：以预报员主观分析为主的对流天气系统类型、结构特征、边界层温湿条件及辐合线的识别和分析；以客观分析算法产品为辅助的中尺度动力、热力环境场条件的综合诊断分析。实际预报业务中，面对短临预报服务精细化要求高、时间紧迫等业务特点，除了预报员丰富的短临分析经验之外，合理完备的短临分析技术规范、高效的强对流客观监测和分析系统都是提高强对流天气短临预报业务水平的重要方面。

1.1　规范简介

"对流天气中尺度过程分析"是新版中尺度分析技术规范的第二篇，主要在短临时效内(0～6 h)依托加密的地面观测、雷达回波、卫星遥感图像以及闪电密度数据等资料，从最新时次的强对流天气实况入手，针对当前对流系统的结构特征及环境场(重点为边界层)对流条件(配料法)进行主观分析，并将分析思路以综合分析图辅以文字描述的形式制成中尺度过程分析产品。在此基础上综合考虑客观自动外推算法产品，最终指导预报员对未来0～2 h内的强对流天气影响区域进行短临预报预警。

本篇技术规范内容主要分为以下四个部分：(1)天气实况及对流系统类型识别：基于常规和非常规观测资料，快速分析掌握当前强对流天气实况以及分析区域内的中尺度对流系统；(2)中尺度对流系统特征分析：从雷达回波等实况观测资料入手，对中尺度对流系统的移动、传播以及内部三维结构特征进行分析；(3)中尺度环境场条件分析：利用最新时次的高时空分辨率地面实况和数值模式资料，分析中尺度环境场的水汽、不稳定、抬升和垂直风切变条件；(4)

强对流天气短临预报落区分析：在主观分析基础上，辅助客观自动外推算法产品，对未来0～2 h强对流天气短临预报落区进行分析，最终形成对流天气中尺度过程分析产品。

1.2 天气实况及对流系统类型识别

临近预报业务中，对天气实况及对流系统的识别和分析，可辅助预报员快速有效地判断中尺度强对流天气系统的影响区域、发展强度及类型，是在短临时效内开展强对流分析预报，特别是临近预警服务的重要前提。因此，掌握重点关注区域附近过去1～3 h内强对流天气实况，以及对当前中尺度对流系统（MCS）的形态及类型识别是对流天气中尺度过程分析的第一步。

强对流天气实况的识别对象包括过去1～3 h的短时强降水、雷暴大风、冰雹、龙卷等。在技术方法上，观测数据来源包括地面常规和加密观测资料、重要天气报、自动站资料和灾情直报等非常规地面观测资料，而中尺度对流系统的监测和识别则主要依赖于天气雷达回波或卫星云图，此外，闪电定位观测以及地闪密度资料也可辅助对对流系统发展演变的进行有效表征[11-12]。业务分析中，对分析时段内出现的短时强降水、对流性雷暴大风、冰雹、龙卷实况在综合分析图中进行标识（参考分析标准及标注符号见表1）。标识方法可手动绘制强天气阴影落区，或在出现强天气出现的站点上进行天气符号标识。为减少预报员工作量和提高可操作性，建议采用自动提取技术处理后生成的MICAPS站点强对流天气观测数据，方便在综合分析图中的调用和叠加。

利用雷达组合反射率回波、卫星红外云顶亮温和闪电密度等观测资料，可较直观地反映当前中尺度对流系统的形态、强度和影响范围等实况信息。当在分析区域内有较强的对流系统发展时（参考分析标准见表2），应在综合分析图中通过绘制MCS影响区域或直接选择叠加组合反射率因子拼图、卫星红外云图或闪电密度填图数据对MCS进行标识。

表1　强对流天气实况分析标准及标识符号（适用于国家气象中心）

强天气类别	分析标准	标注符号
短时强降水	降水强度≥20 mm·h^{-1}	标注小时降水量值： 20（含）～30 mm·h^{-1}降水数字颜色使用蓝色 30（含）～50 mm·h^{-1}降水数字颜色使用紫色 ≥50 mm·h^{-1}降水数字颜色使用红色
雷暴大风	地面风速≥17.2 m·s^{-1}	标注符号：，颜色：黄色
冰雹	/	标注符号：，颜色：蓝色
龙卷	/	标注符号：，颜色：红色

表2　中尺度对流系统（MCS）分析建议标准（适用于国家气象中心）

观测资料	分析标准
雷达组合反射率因子	回波强度大于40 dBZ
红外云图云顶亮温	云顶亮温（TBB）低于－52 ℃
10 min闪电密度	闪电密度高于20次/百平方千米

图 1 是使用对流天气中尺度过程分析技术对 2011 年 4 月 17 日 09—11 时的强对流天气自动提取数据以及 11:30 的雷达组合反射率因子，对过去 3 h 的强对流天气实况及最新时次对流系统形态和影响范围进行分析图标识。资料分析表明，过去 3 h 内，在广西东部与广东西部交接地区出现较大范围的短时强降水天气，并有 3 个站点出现了雷暴大风记录。强对流实况区域呈狭窄带状分布，多个站点的最强单小时降水达 50 mm 以上。雷达组合反射率因子显示，当前在广东东部存在一个反射率强度大于 65 dBZ 的强回波中心，其对流活动发展旺盛，已发生的强对流天气实况是由此对流单体由广西向东偏南方向移动进入广东的路径上不断发展加强所造成的。未来系统可能继续向东偏南方向发展移动，对其下游地区造成影响。

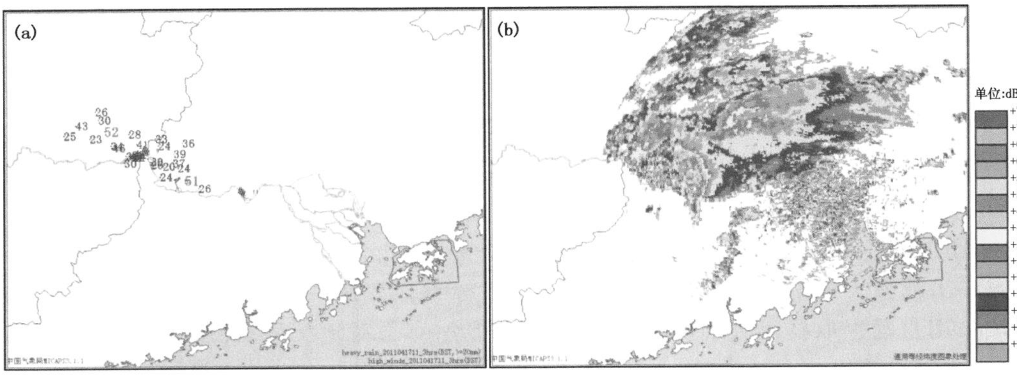

图 1　2011 年 4 月 17 日 09 时至 11 时，3 h 强对流天气实况(a)
2011 年 4 月 17 日 11 时 30 分，雷达组合反射率回波(b)

1.3　中尺度对流系统(MCS)特征分析

不同类型的对流系统在其发生发展过程中所造成的对流性天气不尽相同，产生强冰雹、雷暴大风、短时强降水、龙卷等强对流天气的中尺度深厚湿对流系统在其空间结构上也存在其各自的特征。MCS 发生发展过程中，在获取已出现的对流天气实况的前提下，及时分析 MCS 主要的空间结构特征，对预报员快速掌握对流系统类型、强度，判断对流系统未来发展演变趋势、预期造成的强对流天气等关键信息而言显得至关重要，也为对流天气的短临预报预警服务提供了有力的依据。

MCS 结构特征可通过分析雷达回波、高分辨率卫星云图和闪电定位资料等非常规观测进行获取。预报员根据最新时次的雷达观测数据，综合分析雷达体扫回波的强度及径向速度反射率因子三维结构，并辅助各类回波分析产品，是判断 MCS 三维空间结构的最佳手段。

国内外大量的研究表明，造成短时强降水、冰暴或大冰雹(直径≥时强降水)、雷暴大风、龙卷等分类强对流天气的对流系统，其在雷达三维观测资料中分别有以下几点主要的统计识别特征：

➢ 大于 20 $mm \cdot h^{-1}$ 的短时强降水在发展旺盛且具备较高的垂直累积液态含水量(VIL)的 MCS 中较为常见。当雷达回波中显示 MCS 回波强度较强、强回波质心高度较低、对流系统移动缓慢等特征时，预报员需注意持续的对流性暴雨导致的暴洪等灾害性天气。

➢ 冰雹或大冰雹最基本的雷达回波特征是“高悬的强回波”[13-14]，即 50 dBZ 以上的强回波扩展到环境大气－20 ℃等温线高度以上，同时 0 ℃层的高度（指 0 ℃层到地面距离）不超过 5 km。回波中心强度越大，高度越高，50 dBZ 以上的强回波扩展到的高度越高，强冰雹可能性越大，预期的冰雹直径也越大。

➢ 雷暴大风天气，表征在 MCS 内部存在强烈的下沉气流，而其主要机制之一是雷暴周边相对干的空气被夹卷进入雷暴，导致雷暴下沉气流内雨滴迅速蒸发降冷而导致加强的向下加速度，这种对流层中层干空气的夹卷进入雷暴的过程在径向速度图上表现出中层径向辐合（Mid－Altitute Radial Convergence），即 MARC 特征[15]，在反射率因子垂直剖面图上表现为反射率因子高值核心下降。

➢ 产生龙卷的对流系统特征识别主要基于 MCS 中中气旋的探测[13,16]。Trapp 等[17]的统计表明，中气旋底越靠近地面，龙卷概率越高，当探测到中气旋底距离地面不超过 1 km 的情况下，龙卷发生概率约为 40％。

表 3 中列入了部分分类强对流天气的 MCS 雷达回波结构特征内容和参考值，可供预报员在短临分析业务中进行快速查询和参考。

表 3 分类强对流天气的 MCS 雷达回波结构特征内容和参考值

分析内容			有利条件或识别特征			
			短时强降水	冰雹或大冰雹	雷暴大风	龙卷
雷达反射率因子及产品	水平面或扫描仰角	强回波中心强度	大于 35 dBZ	大于 45 dBZ	大于 45 dBZ	大于 40 dBZ
		回波顶高		大于－20 ℃层高度		
		垂直累积液态含水量（VIL）	大于 25 kg • m^{-2}	大于 40 kg • m^{-2}；一个体扫剧增 10 kg • m^{-2}，达到 40 kg • m^{-2}	40 kg • m^{-2} 一个体扫剧减 10 kg • m^{-2}	
		特定回波时空特征	移动缓慢、列车效应	钩状回波、“状回型缺口、低层反射率因子强梯度区、三体散射	弓形回波、线状对流、阵风锋、快速移动单体	
	垂直剖面	强回波质心高度	低于 5 km	高于－20 ℃层高度		低于 6 km
		高悬的强回波区		回波悬垂、回波穹窿、有界弱回波区	强回波质心下降	
径向速度	水平面或扫描仰角	中气旋特征	有利	有利	有利	有利
		辐合辐散	低层辐合	低层辐合、风暴顶辐散	低层辐散、中层径向辐合	TVS 特征
		大风速区			近地面	
	垂直剖面	辐合辐散	低层辐合	低层辐合	低层辐散、中层径向辐合	

以 2011 年 4 月 17 日强对流过程为例，使用雷达的体扫数据对强对流系统进行结构特征分析。图 2a、b 分别为 4 月 17 日 13 时 00 分广州雷达垂直剖面以及 0.5 度仰角径向速度图。由图 2a 可见，对流系统的垂直结构显示出明显的倾斜结构，存在回波悬垂、有界弱回波区等特征，其强回波的质心高度达到 6 km 以上，综合判断当前的 MCS 结构呈现出有利于产生大冰雹的结构特征。而由图 2a 雷达径向速度场中可清晰的识别低层有中气旋和 MARC 的存在，预报员至此可判断当前强对流系统中存在超级单体结构，需特别关注其可能造成的强降水、风雹、龙卷等灾害的可能性。

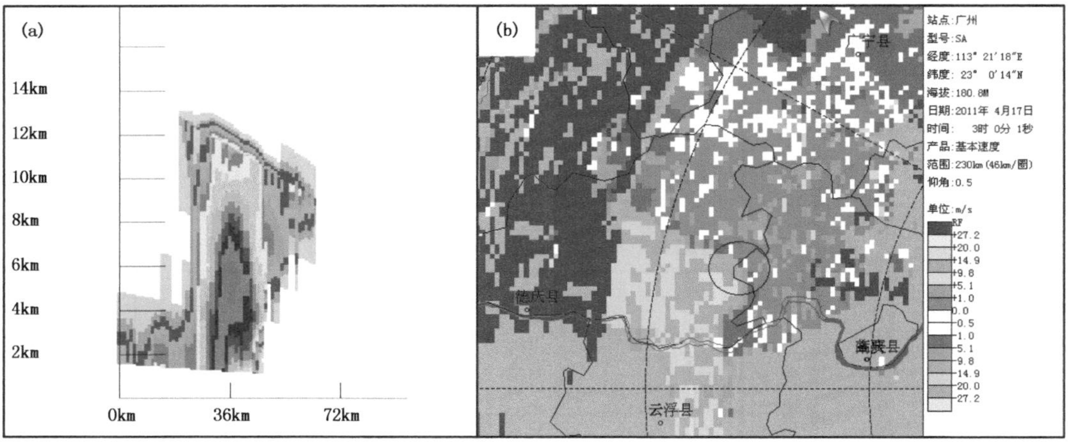

图 2　2011 年 4 月 17 日 13 时 00 分广州雷达垂直剖面(a)
2011 年 4 月 17 日 13 时 00 分广州雷达 0.5 度仰角径向速度图(b)

1.4　MCS 中尺度环境场条件分析

MCS 的发展加强与所处中尺度环境场条件息息相关，对流性不稳定、一定的水汽和触发机制是中尺度对流系统产生、维持并加强的基本要素，风的垂直切变是超级单体等组织化的强对流系统发生发展的重要因素。新版《中尺度天气分析业务技术规范》的第一篇“中尺度对流天气环境场分析”中，已对大气背景场下对流天气发生发展的必要和增强条件的相关分析方法进行了规范，并已另文介绍。但由于目前各类高空观测和遥测资料受到站点相对稀疏、观测频率不一等因素制约，因此对于当前正在发生发展的中尺度对流系统，基于常规观测资料的大气背景环境场分析在时空分辨率上通常较难以满足短临分析和预报的需求。

本节介绍的“MCS 中尺度环境场条件分析”技术方法，重点关注当前 MCS 所处或下游地区中尺度范畴内的环境场(低层)对流条件配置情况及其最新变化，为预报员判断 MCS 的未来发展趋势提供依据。其在分析思路上与规范第一篇“中尺度对流天气环境场分析”的配料法一致，但在分析资料、分析目的、重点分析对象等方面的选择上各有侧重。

1.4.1　地面分析

最新时次的地面加密自动站(尤其是高密度 10 min 区域自动站)的温、湿、压等要素观测数据可直观的为预报员提供近地面中尺度环境场的能量分布与配置信息，结合对天气现象、云状、云量等观测数据的分析，可辅助预报员判断 MCS 发展演变趋势以及可能影响的区域。在业务分析中，预报员可挑选不多于两个关键要素，选取分析阈值范围，运用地面要素客观分析技术，绘制客观分析等值线。例如在地势平坦的地区，间隔 1 或 2 ℃分析等温度线和等露点温度线，或间隔 1 或 0.5 hPa 分析地面气压等。

地面加密自动站分析的另一个重要目的是分析判断中尺度环境场中的辐合抬升条件，即对包括锋面辐合、海风锋辐合、地形辐合线、雷暴出流边界等边界层辐合线的识别。大量研究表明[2,6,18-19]，边界层辐合线导致的抬升运动往往是导致对流不稳定能量释放、对流系统新生和加强的重要原因之一。因此，对于边界层辐合线的主观分析和绘制，是中尺度对流过程短临业务中分析判断 MCS 生成、加强和消散的重要线索和依据之一。受观测资料的限制，中尺度辐合线的分析主要依赖对实况风场的分析，当地面风具有明显的风向气旋性切变或明显的风速辐合时分析地面辐合线(图 3)。

1.4.2 物理量诊断分析

预报员对地面加密观测数据的主观分析技术，可快速定性诊断 MCS 发生发展的边界层环境场条件，但对于包括地面、高空各层环境场条件的垂直结构综合诊断分析，则需要依赖于快速分析同化更新数值模式输出的动力、热力和综合诊断物理量参数产品。这部分的分析方法在新版规范第一篇“中尺度对流天气环境场分析”中已有详细介绍，本文不再赘述。

1.5 强对流天气短临预报落区分析

“对流天气中尺度过程分析”的最终目的与落脚点，就是在短临时效内为强对流天气影响区域的短临预报预警业务进行指导。通过 2.2～2.4 节的分析，预报员可快速掌握当前对流系统的实况、结构特征以及中尺度环境场条件，并对强对流系统的发展阶段以及未来发展和移动传播潜势提前进行估计和判断。在此基础上辅助参考各类客观自动算法产品，最终分析确定强对流天气的临近预报落区。

在目前业务中，强对流天气的定点、定时和定性(分类)的预警预报还存在一定困难。在中尺度过程分析中，预报员需要对高分辨率的实况观测和模式融合资料进行连续关注和精细化分析，捕捉利于强对流系统生消发展的特征信息进行综合判断。对于强对流短临落区预报分析技术方面，可关注以下几个着眼点：

➢ 通过地面加密观测的要素分析，应重点关注低层(近地面)具备利于 MCS 新生、维持和加强的环境场条件区域，例如低层高湿高能区以及水汽输送较强的区域等。当 MCS 进入这类不稳定层结较强区域时，需要重点考虑对流系统发展和加强的可能性；而进入稳定区域时，雷暴则趋于减弱或消亡。

➢ 边界层辐合线是对流天气中尺度过程短临业务中分析判断 MCS 生成、加强和消散的重要线索和依据之一。当 MCS 移动至边界层辐合线附近时，需重点关注其发展加强的可能性，而有多辐合线交汇的区域更容易形成强烈的对流活动；当 MCS 与边界层辐合线相互远离时，对流系统往往趋于减弱或消亡。

➢ 分类的强对流天气预报(短时强降水、冰雹、雷暴大风、龙卷)是当前短临预报的难点，在短临时效内借助雷达反射率资料分析 MCS 的三维结构特征是有效的技术方法(2.3 节)。总体上，当 MCS 中强回波质心高度较低且垂直累积液态含水量较高时，以发生短时强降水天气为主；除水汽条件非常差的情况(例如整层可降水量低于 10 mm)，在造成冰雹、雷暴大风等强对流天气的对流系统中，往往也会伴随短时强降水天气；冰雹和雷暴大风更倾向于出现在强回波质心高度较高的对流系统中，若 MCS 中观测到明显的有界回波、悬垂结构或较强的中层径向辐合，需注意出现大冰雹或灾害性大风的可能性；对龙卷预报预警的难度较高，应重点关注超级单体对流风暴中是否存在接近地面的中气旋特征。

➢ 基于多源观测资料的客观算法产品，例如对流系统的客观识别、追踪和外推产品（图 4、图 5），可在一定程度上辅助预报员判断 MCS 的发展移动趋势，以及短临落区的分析、预警和预报。但目前的客观自动分析技术普遍对于 MCS 的新生、消亡的客观分析能力有限，在实际业务中应重点根据预报员主观的实况分析结论对预报预警落区进行订正。

1.6　对流天气中尺度过程分析示例

图 3 为使用对流天气中尺度过程分析方法生成的对流天气中尺度过程分析综合图。地面自动站风场观测表明在广东西部的 MCS 附近存在明显的地面辐合线。边界层持续的风场辐合，也为 MCS 的维持和发展提供有利的水汽辐合及动力抬升条件。MCS 右侧前方存在另一条地面风场辐合线，其位置处于高能区域，具备较好的对流发展潜式，随着当前 MCS 相向发展移动，有可能导致 MCS 进一步加强，或在该辐合线附近触发出新的对流系统，必须进行紧密监测和关注。

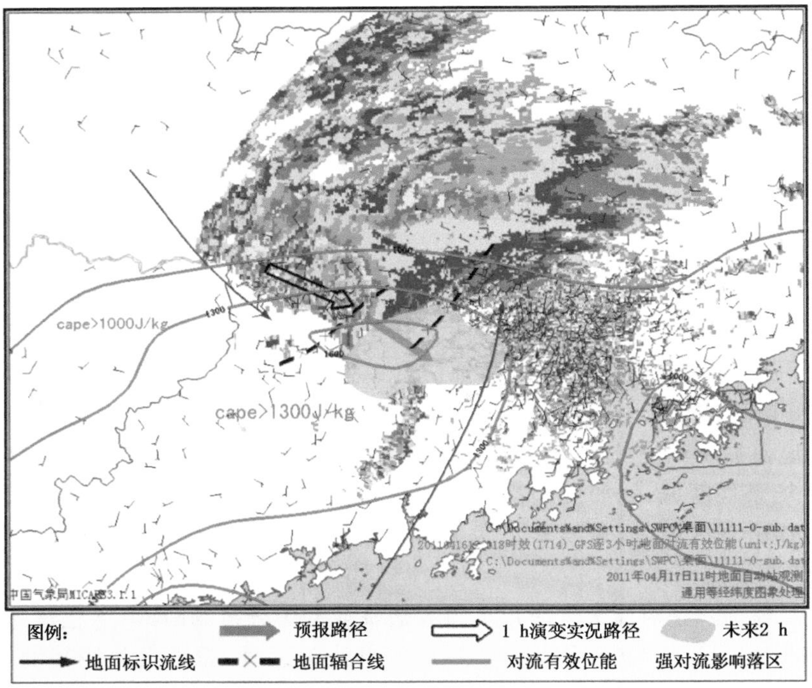

图 3　2011 年 4 月 17 日 11 时中尺度过程综合分析图

对流有效位能（CAPE，红色实线表示）是表征中尺度环境场热力不稳定条件重要的诊断物理量之一，图 3 中 CAPE 分布显示，未来 3 h 内广东西部地区仍处于不稳定能量的高值区域，其中 CAPE 大于 1600 J · kg^{-1} 的大值中心区域位于当前 MCS 移动方向右前方，随着 MCS 向东偏南方向发展移动，其始终处于不稳定能量大值区域，有利于 MCS 的持续发展和加强。

综合考虑 MCS 进入广东珠三角平原地区有利于对流发展维持的地形因素，预计未来 0～2 h，当前的超级单体对流系统将向东偏南路径移动，强度维持或进一步加强，并可能为过境区域带来短时强降水、雷暴大风、大冰雹以及龙卷等强对流天气。同时 MCS 前侧可能触发新生对流系统，应密切关注。

2 强对流天气客观监测和分析支撑技术

对流天气中尺度过程分析和短临预报业务由于时间紧、任务急，方便快捷的多源观测资料的客观产品能够在一定程度上为预报员判断 MCS 风暴环境以及 0～6 h 对流影响落区预报提供参考依据，从而有效的提高短临分析和预报的工作效率。因此，强对流天气的客观监测和分析支撑技术的发展是促进中尺度短临分析业务发展的重要方面。

基于多源观测资料的强对流监测和客观分析技术包括强对流天气监测和识别、雷达资料或静止卫星资料的外推预报技术和 10 分钟间隔的自动站资料快速客观分析技术。其中，应用较为广泛的算法包括自动站资料质量控制技术、强对流信息自动提取和统计技术、MCS 跟踪识别和外推技术、直角坐标交叉相关雷达回波追踪（CTREC）技术、强对流风暴识别追踪分析和临近预报（TITAN）技术等[10]。中国气象局开发的短时临近预报系统 SWAN 也是对流天气中尺度过程分析的重要工具。除了以郑永光等[20]的客观分析诊断技术为基础生成的常规地面观测资料和探空资料诊断分析产品外，强天气预报中心建设的自动站资料快速客观分析技术主要针对华北区域的自动站资料，每 10 min 间隔分析一次，主要分析海平面气压、地面温度、露点、风场等物理量。在这里着重介绍两种在短临预报预警中运用比较广泛且具有代表性的客观预报方法，分别为 MCS 跟踪识别和外推技术（图 4）和强对流风暴识别追踪分析和临近预报技术（图 5）。

利用静止卫星不同红外 TBB 阈值（－32、－52 ℃等）识别不同强度 MCS，监测 MCS 分布及其移动路径[10]。其技术方法是：首先利用静止卫星 IR1 通道 TBB 资料识别 MCS；然后利用面积重叠追踪算法追踪识别出的 MCS，最终获得 MCS 的移速、移向和强度的演变趋势；可以通过更改识别阈值的方式，自动对不同强度的对流单体进行识别跟踪，并给出相对比较成功的趋势预报，该技术在没有雷达覆盖的区域也有相当的应用前景。

强对流风暴识别追踪分析和临近预报（TITAN）也是针对对流风暴的外推预报系统[21]。TITAN 定义回波强度在 35 dBZ 以上体积超过 50 km^3 暴为一个对流风暴，对流风暴特征除质心坐标外，还有体积和投影面积，其特色是用一个椭圆或者多边形拟合其水平投影。风暴跟踪采用了数学中的最优化方法，并考虑了对流风暴的合并和分裂，其预报分为路径预报和对流风暴单体区域大小的预报，均采用了加权线性外推的方法。目前改进的 TITAN 算法[10,22]已在中国气象局开发的短时临近预报系统（SWAN）中进行了集成，是短临预报业务的常用技术之一，也是国家级强对流风暴监测的重要技术之一。

对流天气中尺度过程分析客观支撑技术和产品，可为强对流短临分析业务提供重要的参考产品，但也存在一些局限性，例如对流系统的识别、追踪和外推技术对于雷暴的新生以及消亡的客观分析能力有限，外推分析技术只有在 MCS 在较强的天气尺度强迫的情况下，才能得出可信度较高的预报结果[2,10,19]。这些问题的解决需要进一步发展强对流天气监测、分析技术和临近预报方法。

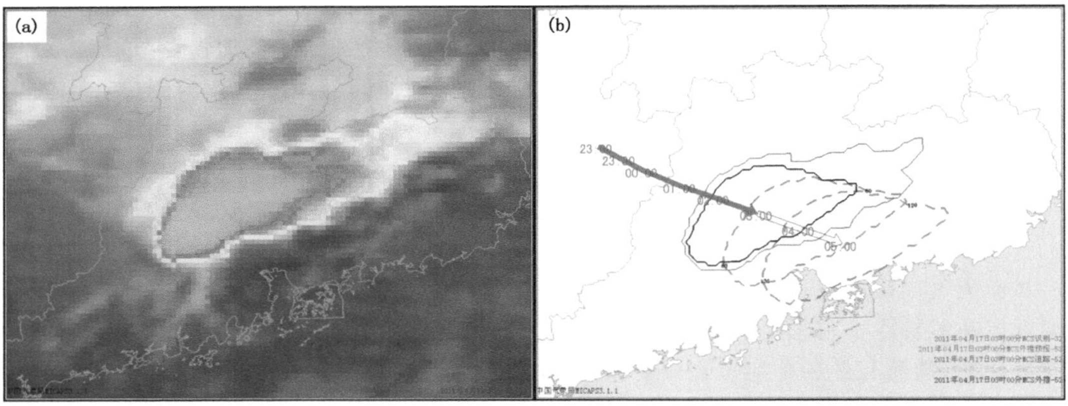

图 4 2011 年 4 月 17 日 11 时，红外卫星云图(a)，基于－52 ℃ T_{BB}识别的 MCS 追踪和外推预报产品(b)
（蓝色实心箭头：MCS 追踪路径；蓝色空心箭头：MCS 外推预报路径；蓝色实线：当前 T_{BB}－32 ℃边界；黑色实线：当前 T_{BB}－52 ℃边界；粉色虚线：MCS1 h 和 2 h 的 T_{BB}－52 ℃外推预报边界）

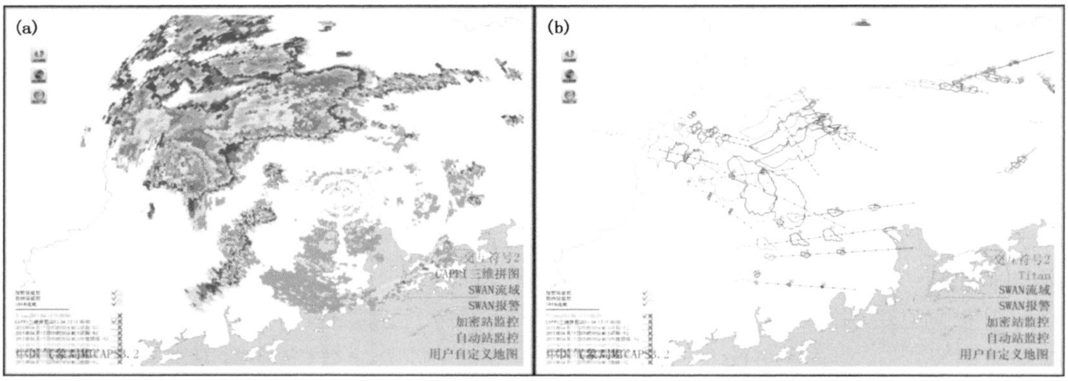

图 5 2011 年 4 月 17 日 11 时，雷达组合反射率回波(a)，TITAN 追踪和外推产品(b)
（橙色实线：MCS 过去路径；红色实线：MCS 外推预报路径；橙色闭合线：当前时刻 MCS 边界；红色闭合线：30 min 的 MCS 外推预报边界；青色闭合线：60 min 的 MCS 外推预报边界）

3 结论和讨论

中尺度强对流天气预报，特别是短临时效内的预报预警是发展精细化天气预报业务的难点之一。在我国目前的天气业务中，中尺度对流天气的分析预报能力仍有很大不足，其中一个重要的原因是缺乏针对短临时效内强对流天气系统的有效分析技术和规范。本文介绍了 2011 年以来国家气象中心强天气预报中心发展的对流天气中尺度过程分析规范和技术，得到以下结论：

1)利用高时空分辨率的非常规观测资料和强对流天气的自动提取技术，在短临时效内快速掌握强对流天气及其对流系统实况是中尺度过程分析的基础。

2)利用雷达体扫资料、高分辨率卫星云图和闪电定位资料等非常规观测资料，识别和分析对产生分类强对流天气具有指示或预警意义的 MCS 雷达回波结构特征，是预报员快速掌握对流系统类型和强度以及判断对流系统未来发展演变趋势的关键。

3)中尺度地面环境场分析包括判断边界层环境场的不稳定能量分布、边界层辐合线等信息，以及利用快速更新数值模式的动力、热力和综合诊断物理量参数产品，对地面及高空的中尺度环境条件进行定量综合诊断分析。

4)使用强对流系统自动识别、跟踪和外推产品能够为预报员在短时间内获取对流系统发展信息、构建预报思路、制作预报产品提供有力支撑。

2011 年以来，强天气预报中心开展了对流天气中尺度过程分析业务试验，取得了较好的效果。对流天气中尺度过程分析技术和规范的应用时间还不长，为更好的满足短临预报预警的需要，在分类强对流天气的实况监测和自动追踪识别、特征物理量诊断的阈值区间、对流系统初生和消亡的识别和分析技术等诸多方面，仍有待继续发展和完善。

参考文献

[1] 张小玲，谌芸，张涛. 对流天气预报中的环境场条件分析[J]. 气象学报，2012，70(4)：642-654.

[2] 俞小鼎，周小刚，王秀明. 雷暴与强对流临近天气预报技术进展[J]. 气象学报，2012，70(3)：311-337.

[3] 郑永光，张小玲，周庆亮，等. 强对流天气短时临近预报业务技术进展与挑战[J]. 气象，2010，36(7)：33-42.

[4] 张小玲，张涛，刘鑫华，等. 中尺度天气的高空地面综合图分析[J]. 气象，2010，36(7)：143-150.

[5] 杨波，孙继松，魏东. 北京奥运会开幕式期间的中尺度天气系统研究[J]. 应用气象学报，2010，21(2)：164-170.

[6] 孙继松，王华，王令，等. 城市边界层过程在北京 2004 年 7 月 10 日局地暴雨过程中的作用[J]. 大气科学，2006，30(2)：221-234.

[7] 张涛，方翀，朱文剑，等. 2011 年 4 月 17 日广东强对流天气过程分析[J]. 气象，2012，38(7)：814-818.

[8] 方翀，毛冬艳，张小雯，等. 2012 年 7 月 21 日北京地区特大暴雨中尺度对流条件和特征初步分析[J]. 气象，2012，38(10)：1278-1287.

[9] 谌芸，孙军，徐珺，等. 北京 721 特大暴雨极端性分析及思考(一)观测分析及思考[J]. 气象，2012，38(10)：1255-1266.

[10] 郑永光，林隐静，朱文剑，等. 强对流天气综合监测业务系统建设[J]. 气象，2013，39(2)：234-240.

[11] 李建华，郭学良，肖稳安. 北京强雷暴的地闪活动与雷达回波和降水的关系[J]. 南京气象学院学报，2006，29(2)：228-234.

[12] 冯桂力，郄秀书，袁铁，等. 一次冷涡天气系统中雹暴过程的地闪特征分析[J]. 气象学报，2006，64(2)：211-220.

[13] Johns R H，Doswell III C A. Severe local storms forecasting[J]. Wea Forecasting，1992，7：588-612.

[14] 俞小鼎，姚秀萍，熊廷南，等. 多普勒天气雷达原理与业务应用[M]. 北京：气象出版社，2006.

[15] Schmocker G. Forecasting the initial onset of damaging downburst winds associated with a mesoscale convective system(MCS) using the midaltitude radial convergence(MARC) signature. Preprints，15th conf on Weather Analysis and forcasting. Norfort，VA Amer Meteor Soc，1996：306-311.

[16] Moller A R. Severe local storms forecasting. Severe Convective Storms[M]. Doswell III C A，Ed，American Meteorological Society，Boston，MA，2001：433-480.

[17] Trapp R J，Stumpf G J，Manross K L. A reassessment of the percentage of tornadic mesocyclones[J]. Wea Forecasting，2005，20：680-687.

[18] 俞樟孝，吴仁广，翟国庆，等. 浙江冰雹天气与边界层辐合的关系[J]. 大气科学，1985，9(3)：268.
[19] 俞小鼎. 2012 年 7 月 21 日北京特大暴雨成因分析[J]. 气象，2012，38：1313-1329.
[20] 郑永光，陈炯，沃伟峰，等. 改进的客观分析诊断图形软件[J]. 气象，2011，37(6)：735-741.
[21] Dixon M，Wiener G. TITAN：Thunderstorm identification，tracking，analysis and nowcasting—A radar-based methodology[J]. J Atmos Oceanic Technol，1993，10(6)：785-797.
[22] 韩雷，郑永光，王洪庆，等. 基于数学形态学的三维风暴体自动识别方法研究[J]. 气象学报，2007，65(5)：805-814.

强对流天气综合监测业务系统建设

郑永光[1] 林隐静[1] 朱文剑[1] 蓝渝[1] 唐文苑[1] 张小玲[1]
毛冬艳[1] 周庆亮[1] 张志刚[2]

(1 国家气象中心,北京 100081; 2 中国气象局,北京 100081)

摘　要　强对流天气监测是其预报的基础。国家气象中心强天气预报中心利用多源观测资料(常规和非常规资料)建设了强对流天气综合监测业务系统。强对流天气的监测对象包括积云、地面高温、雷暴、地闪、冰雹、龙卷、大风、雷暴大风、短时强降水、雷暴反射率因子、对流风暴(基于雷达资料)、深对流云、中尺度对流系统(MCS,Mesoscale Convective Systems,基于静止卫星红外 1 通道资料)等不同时段的分布。发展的监测技术主要包括自动站资料质量控制技术、强对流信息提取和统计技术、直角坐标交叉相关雷达回波追踪(CTREC,Cartesian Tracking Radar Echoes by Correlation)技术、雷暴识别追踪分析和临近预报(TITAN,Thunderstorm Identification, Tracking, Analysis, and Nowcasting)技术、深对流云识别技术、中尺度对流系统识别和追踪技术和闪电密度监测技术等。强对流天气监测系统自动定时运行,其输出数据与 MICAPS 业务平台完全兼容。该监测系统在国家气象中心的强对流天气预报业务中发挥了重要作用。

关键词　强对流　多源资料　综合监测　业务系统

引　言

我国是强对流天气(短时强降水、冰雹、雷雨大风、龙卷等)频发国家之一。由于强对流天气时空尺度小、变化快、天气剧烈、社会影响大,发生发展机制比较复杂,是目前天气预报业务中的难点和重点之一。

强对流天气的监测是强对流天气预报业务的重要组成部分,尤其是短时临近预报的基础。由于业务短时临近预报时间紧、任务急,方便快捷的强对流天气的监测系统和产品调用就显得尤为重要。这样的监测系统能够快速提取强对流天气有效信息,实现大量数据的快速处理,可以有效减轻预报员的工作量,显著提高工作效率。因此,加强强对流天气的监测能力是提高强对流天气预报业务水平的重要方面。

强对流天气的监测不仅可以了解强对流天气的发生状况,包括当前强对流天气的状态、强对流天气过程、历史强对流天气状况和强对流天气气候分布等,还可以为强对流天气预报检验(包括定性检验和定量检验)提供基础数据。

本文发表于《气象》,2013,39(2):234-240。

强对流天气监测的含义包括狭义监测、广义监测。狭义强对流天气监测主要是指强对流天气实况的监测，这也是通常所理解的监测。广义监测还包括强对流天气发生条件的监测。本文所指的监测主要是指狭义监测。

现阶段中国气象局已经建设完成了灾害性天气短时临近预报系统——SWAN[1-2]。SWAN 系统具有了强大的强对流天气实时监测和报警功能，但其监测的重点是当前强对流天气（包括冰雹、大风、短时强降水、雷达特征量等）的实况和报警，尚不具有相应的统计功能，缺乏对不同时段、不同强度、不同类别强对流天气的监测能力，不能完全满足全国区域的强对流天气预报和技术总结的需要。2009 年，国家气象中心强天气预报中心利用常规观测资料、WS（重要天气报告）报、自动站、闪电等资料部分实现了全国强对流天气的实时监测[2-4]。

因此，为了进一步提高强对流天气的监测能力，国家气象中心强天气预报中心在 SWAN 系统监测技术基础上进一步完善了强对流天气的监测技术，实现了基于多源数据资料的我国强对流天气实时综合监测，生成的实时监测数据也成为强对流天气预报短时临近预报和检验的重要数据基础。

1　监测内容

国家气象中心强天气预报中心利用常规地面观测资料、重要天气报告（WS 报）、自动站资料、地闪定位资料、雷达反射率因子资料（包括全国拼图和单站雷达基数据资料）、静止卫星红外 1 通道和水汽通道资料等，实现了对我国及其周边地区不同类别强对流天气的不同时段、不同强度的实时监测。

不同的数据具有不同的优势和劣势。常规地面观测资料和重要天气报告可信度高，包含天气现象数据，但时空分辨率较低。自动站资料时空分辨率高，但存在一些质量问题，且没有天气现象数据。地闪定位资料时空分辨率高，能够提供正地闪和负地闪信息，但目前尚未覆盖全国。雷达反射率因子能够提供高时空分辨率的对流活动信息，但容易受到地物杂波等的影响。静止卫星资料覆盖范围广，时空分辨率较高，但只能提供云顶信息。因此，不同的数据源提供了不同的强对流天气监测信息，所以强对流天气的监测需要综合多源数据来进行。

强对流天气的监测对象包括积云、地面高温、雷暴、地闪、冰雹、龙卷、大风、雷暴大风、短时强降水、雷达反射率因子、对流风暴（基于雷达资料）、深对流云、MCS（中尺度对流系统，基于静止卫星红外 1 通道资料）等。雷达反射率因子和深对流云监测虽然不能提供具体的强对流天气类型信息，但可以反映强对流天气系统的发展强度；不同强度的雷达反射率因子也反映了对流系统中的水成物粒子的属性，超过 55 dBZ 的反射率因子一般表征了对流系统中冰相粒子的分布，因此，监测超过 55 dBZ 的反射率因子分布能够一定程度上反映可能的冰雹天气分布。对流风暴和 MCS 的监测可以反映不同尺度对流系统的分布和移动。

强对流天气的实时监测是时间滑动的、最近 1，3，6，12，24 h 分布监测。强对流天气的月监测为月、旬、候等分布监测，为制作强对流天气监测月报和年报提供数据基础。强对流天气的监测也可以根据天气过程设置为任意时次、任意天数的分布监测。强对流天气最近时间段（1，3，6，12 和 24 h）的监测是为了了解最新天气实况和天气过程；时间滑动监测为了数据的随时更新；月、旬、候等监测是为了提供强对流月度监测报告；任意时次、任意天的强对流监测是为了天气技术总结和技术研发以及气候分布特征分析。

积云是大气不稳定状态的反映，其中以鬃积雨云发展最为强烈。地面高温也一定程度上反映了大气的不稳定程度。监测积云和地面高温的分布可一定程度上为强对流天气预报提供大气是否稳定的前期信息。

雷暴和闪电是最为常见的对流天气。监测雷暴和闪电是为了比较全面地了解大气中对流天气的分布和强对流天气的前期发展信息。雷暴的监测(图 1)使用常规地面观测资料和重要天气报告完成，包括基本站、基准站和一般站的观测资料。闪电监测(图 2)的资料来源是中国气象局气象探测中心提供的地基监测网监测的地闪资料。

冰雹、龙卷和大风的监测(图 1)是强对流天气监测的重点，资料来源主要是常规地面观测资料和重要天气报告。冰雹监测包括其发生时间和直径大小。为了提高大风监测产品的时空分辨率，也使用了自动站资料进行大风监测(图 3)，但该资料需要进行必要的质量控制。大风的监测划分为不同的强度，分别为 17 $m \cdot s^{-1}$、25 $m \cdot s^{-1}$和 30 $m \cdot s^{-1}$。使用雷暴和大风产品综合进行雷暴大风监测(如图 3)。

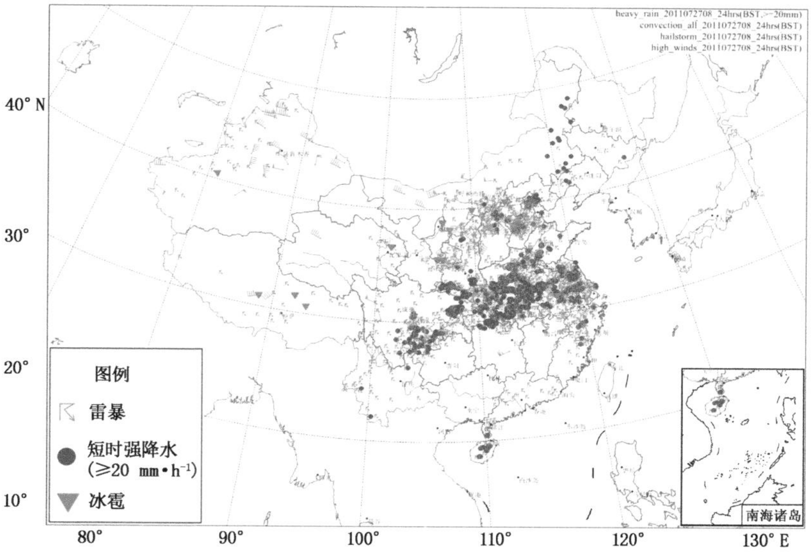

图 1　基于地面常规观测、WS 报的雷暴、大风和冰雹 24 h 监测和基于自动站 1 h 降水量的短时强降水(≥20 $mm \cdot h^{-1}$)24 h 监测(2011 年 7 月 26 日 08 时至 27 日 08 时)

短时强降水的发生频率显著高于冰雹、龙卷和雷暴大风，其监测资料来源是自动站的 1 h 降水资料。最近，郝莹等给出了安徽省不同强度的短时强降水的时空分布特征[5]。短时强降水监测等级区分为三类，分别为：≥20 $mm \cdot h^{-1}$、≥30 $mm \cdot h^{-1}$、≥50 $mm \cdot h^{-1}$；也监测每一自动站的最近 3 h、6 h、12 h 和 24 h 降水累积数据。其中图 1 和 3 给出了≥20 $mm \cdot h^{-1}$短时强降水的监测实例。

雷达反射率因子(图 4)、CTREC[3,6]矢量场(图 5)和对流风暴(图 6)监测主要基于全国雷达反射率因子拼图，也可以根据需要切换为单站雷达基数据。反射率因子和对流风暴的监测划分为不同的等级(35 dBZ、40 dBZ、45 dBZ、50 dBZ、55 dBZ 等)来反映不同强度的对流天气；CTREC 矢量场主要提供整体对流系统的移向和移速；对流风暴的监测基于 TITAN[3,7,8]算法，主要关注不同对流系统的移向和移速。该产品还能够提供对流系统的"列车效应"监测。

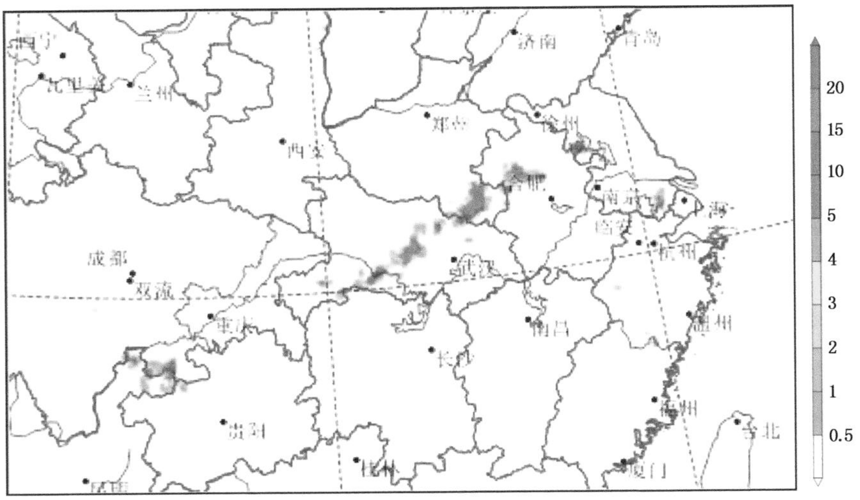

图 2　30 分钟闪电密度(2011 年 7 月 26 日 20 时 30 分)

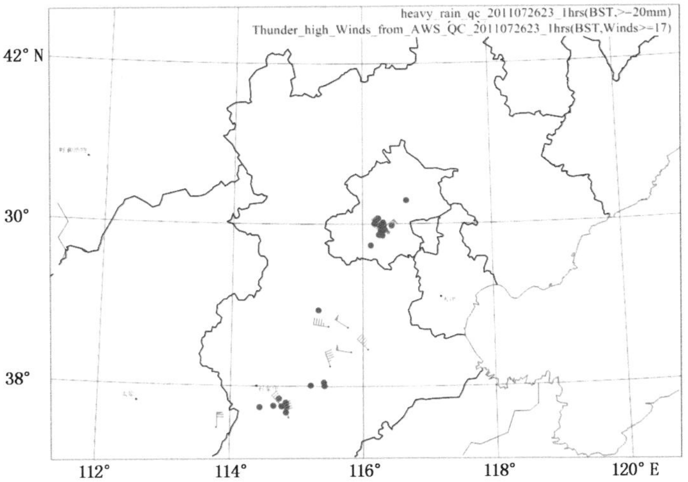

图 3　基于自动站资料的短时强降水(≥20 mm·h^{-1})和雷暴大风(≥17 m·s^{-1})1 h 监测
(2011 年 7 月 26 日 23 时)

柯文华等[9]分析了 2010 年 6 月 25 日在粤东南部地区发生的超历史纪录的强降水过程“列车效应”问题。

深对流云(图 7)和 MCS(图 8)监测基于我国的风云 2 静止卫星红外 1 通道和水汽通道资料。该监测产品区根据红外 1 通道 TBB 的分布区分为三个等级,分别为弱(−52 ℃<TBB≤−32 ℃)、中(−72 ℃<TBB≤−52 ℃)、强(TBB≤−72 ℃)深对流云。深对流云监测可以给出不同时段的对流活动的强弱分布,但 MCS 监测给出的是对流系统的移向移速和强度等信息。一般说来,基于静止卫星红外 TBB 资料识别的 MCS 尺度要大于基于雷达反射率因子资料识别的对流风暴,这是因为对流系统的云砧远大于对流风暴、且一个 MCS 往往包含多个对

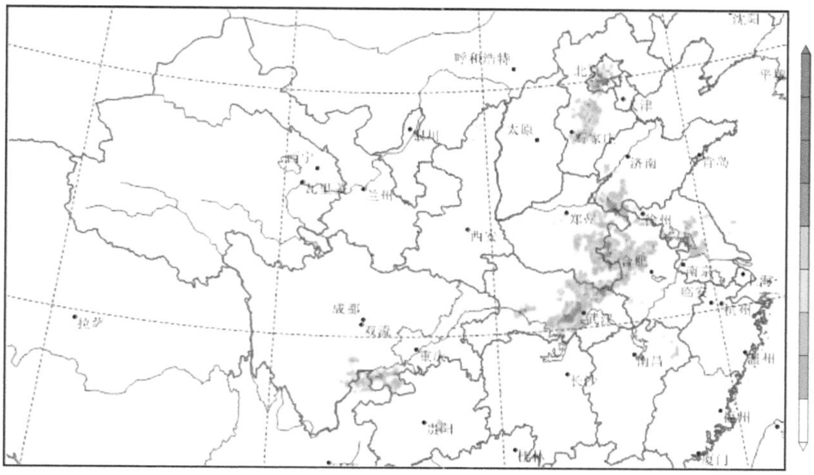

图 4　雷达反射率因子≥45 dBZ 1 h 次数监测(2011 年 7 月 26 日 23 时)

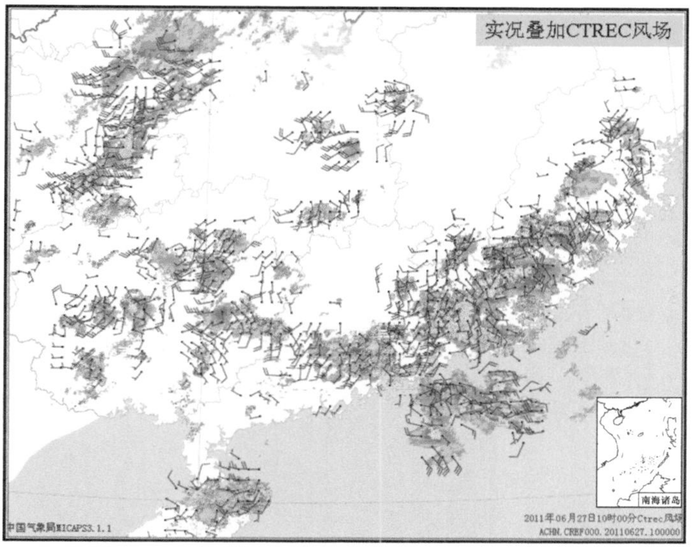

图 5　华南拼图反射率因子叠加 CTREC 矢量场(2011 年 6 月 27 日 18 时)

流风暴的缘故。因此,MCS 的移动路径更能够代表较大尺度对流系统的移动。

2　监测技术和方法

强对流天气监测技术架构如图 9 所示,主要包括资料质量控制技术、信息提取和统计技术、卫星资料监测技术、雷达资料监测技术和闪电监测技术等。

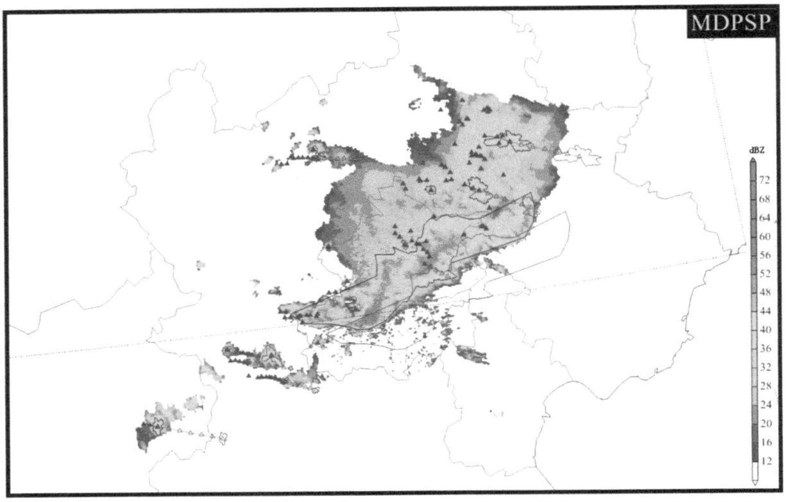

图 6　TITAN 对流风暴(≥35 dBZ)产品(2011 年 6 月 23 日 16 时,彩色填充为反射率因子,紫色实心三角为对流风暴质心位置,黑色实线为当前对流风暴边界,红色实线为 1 h 预报边界,空心三角为预报质心)

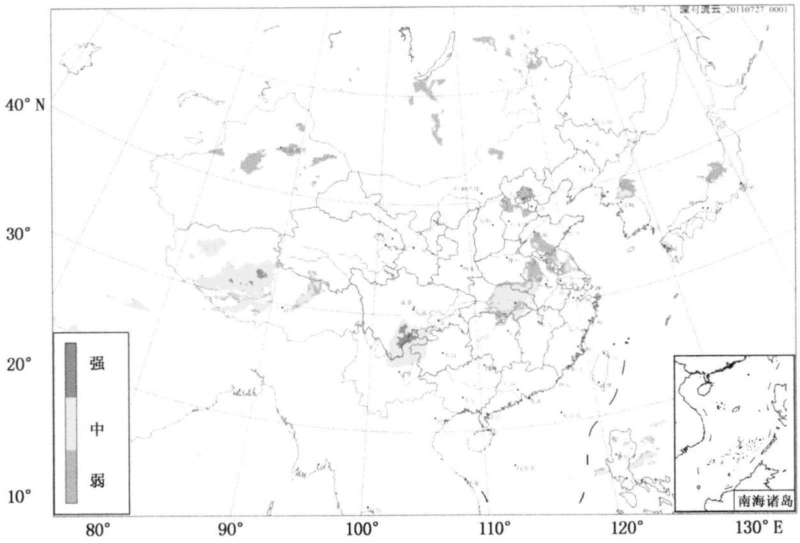

图 7　深对流云分布(2011 年 7 月 27 日 00 时,其中级别弱、中、强由 TBB 数值决定,弱:－52 ℃<TBB≤－32 ℃,中:－72 ℃<TBB≤－52 ℃,强:TBB≤－72 ℃)

2.1　质量控制技术

质量控制技术方面重点发展了自动站大风和降水资料、地闪资料的质量控制技术。

基于加密自动站资料的大风和短时强降水监测可以达到 1 h 的时间分辨率,高于常规测站的 3 h 时间分辨率;空间分辨率更是大大高于常规测站。

但自动站没有雷暴观测,因此,仅仅根据自动站资料很难直接判断观测到的大风数据(大

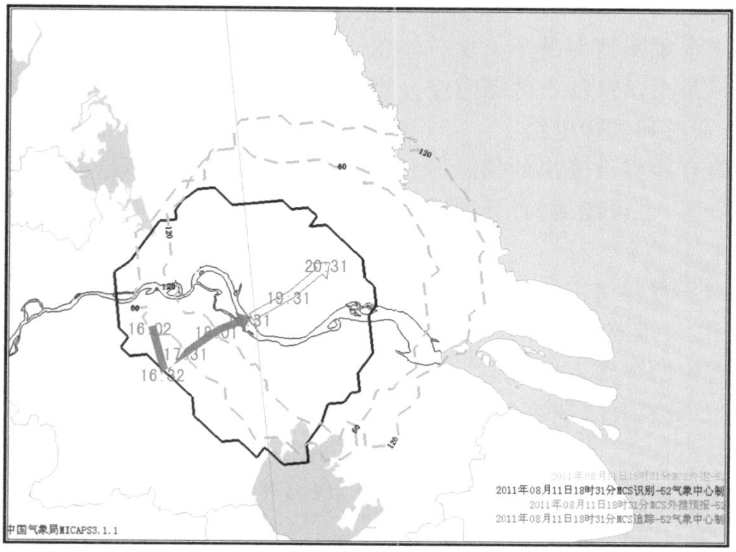

图 8 基于－52 ℃ TBB 识别的 MCS 及追踪和外推预报
（2011 年 8 月 12 日 02 时 30 分，实心箭头：追踪结果；空心箭头：MCS 外推预报路径；
黑色实线：当前 MCS 边界；黄色虚线：1 h 和 2 h 的 MCS 外推预报边界）

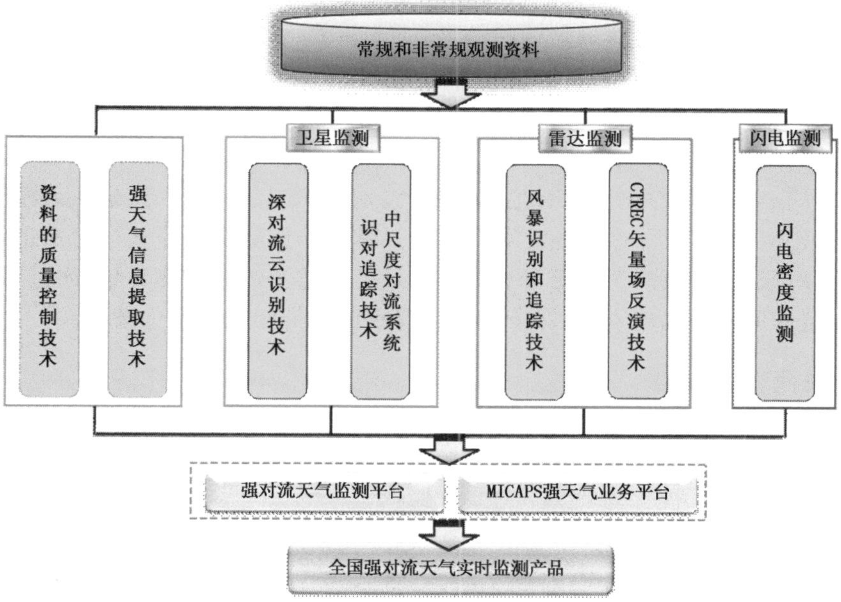

图 9 强对流天气监测技术架构

于等于 8 级风）是否是雷暴大风。因此，需要根据常规观测、地闪观测和静止卫星观测的 TBB 综合来判断自动站观测到的大风天气是否是雷暴大风。但需要指出的是，有时海拔较高的气象测站容易出现被误认的雷暴大风，因此，还需要进一步发展该类天气的质量控制方法来提高其监测的可靠性。

由于自动站降水观测资料易于出现一些错误观测数据,因此,需要对该资料进行质量控制以提高可用性。但是自动站降水数据时空分辨率较高,目前与其分辨率相匹配的资料只有静止卫星资料、地闪资料和雷达资料。

地闪资料不能直接提供降水的信息,但能够提供对流活动的信息。由于短时强降水区域可能无地闪定位资料,也可能地闪活动较弱,因此,尚不能判断低地闪密度区域就一定没有短时强降水天气发生。

雷达反射率因子资料可用于直接判断是否有短时强降水发生。但目前的雷达反射率因子资料不能覆盖全国,质量控制也存在一些问题(比如地物杂波问题等)。因此,也难于直接使用该资料判断是否有短时强降水天气。

静止卫星 TBB 资料具有较高的时空分辨率和可用性,可直接使用 TBB 资料来辅助判断自动站降水资料的可信度。因此,除了对自动站降水资料进行极值检查来判断降水的合理性,还使用了静止卫星 TBB 资料进行辅助判断。高 TBB 的区域发生短时强降水的可能性较低,低 TBB 的区域发生短时强降水的可能性较高。

地闪资料由于地闪定位仪运行的问题,也会出现一些错误数据。利用地闪分布的空间连续性关系对地闪资料进行了质量控制,重点去除了比较孤立的地闪分布。

2.2　强对流信息提取和统计技术

从多源数据中提取强对流天气信息是强对流天气监测的基础。不同类型的监测提取技术有所不同。对于积云监测,提取的是云状信息;对于雷暴、冰雹、龙卷等,提取的是天气现象信息;对于高温、大风、短时强降水、雷达反射率因子则是根据设定的不同强度阈值来提取相关不同强度的对流信息;对于雷暴大风则综合使用雷暴和大风信息来获取其分布。

对不同时段的强对流天气监测使用了不同的统计方法。对于最近 24 h 以内的强对流天气监测主要监测是否有强对流天气发生,最强的强对流天气如何;对于雷达反射率因子、对流风暴、深对流云和 MCS 监测的则是其发生频率。月、旬、候等强对流天气分布监测不同于 24 小时以内的强对流天气监测,对于雷暴、冰雹、大风等则监测的是雷暴日数、冰雹日数和大风日数;对于闪电监测的则是闪电密度;对于短时强降水监测的则是其发生频率。

2.3　地闪数据监测技术

闪电是伴随对流活动的电现象,一般来说,闪电越密集,对流活动越剧烈。

地闪的监测区分为总地闪、负地闪和正地闪监测,并监测各类地闪的密度。地闪密度指单位时间、单位面积内地闪的发生次数。监测系统读取原始地闪数据,输出不同时段累积的地闪密度数据,其空间分辨率为 $0.1°\times0.1°$。

2.4　CTREC 矢量场计算技术

CTREC 矢量场可以提供雷达反射率因子场的移动信息。监测系统使用全国拼图的雷达反射率因子场计算 CTREC 矢量场。

CTREC 算法将雷达反射率因子场分成若干个大小相当的“区域”。将这些在上一时刻的“区域”分别与下一时刻的各个“区域”作空间交叉相关,以找出此刻与上一个时刻的特定区域相关系数最大的"区域"，从而来确定整个区域中不同网格点处的回波移动矢量。

2.5 对流风暴监测技术

对流风暴监测基于全国拼图的雷达反射率因子场和 SWAN 系统的对流风暴识别算法 TITAN（雷暴识别、追踪、分析和临近预报）算法。监测不同阈值（35 dBZ、40 dBZ、45 dBZ、50 dBZ 等）的对流风暴及其移动路径分布。

TITAN 使用单体质心算法来识别和追踪一个被看作三维实体的风暴。在风暴的检测上，TITAN 使用类似三维聚类技术识别风暴。为了追踪风暴随时间的演变，TITAN 将追踪问题转化为组合最优化问题来计算相邻两个雷达图像内风暴体的匹配关系。对于风暴体位置的预报，TITAN 使用风暴体在不同时刻的质心位置进行外推预报。

2.6 深对流云提取技术

深对流云监测主要利用我国的风云－2 静止卫星资料。深对流云的监测资料有两种，一种是使用国家卫星气象中心下发的云分类产品，提取其中的密卷云和积雨云生成深对流云产品；另一种使用红外 1 通道（IR1）和水汽（WV）通道亮温资料。

基于亮温资料的深对流云识别关键是利用 IR1 通道和 WV 通道的亮温差值（下文简称"$TBB_{WV}-TBB_{IR1}$"）来识别深对流云。当对流云发展强盛，并穿透对流层顶时，WV 通道接收到的辐射来自进入平流层的水汽，亮温较 IR1 通道观测的云顶亮温高，因而 $TBB_{WV}-TBB_{IR1}$ 为正值。为了对处于初生阶段的对流云能够进行有效地监测，以 $TBB_{WV}-TBB_{IR1}\geqslant -5$ K 作为深对流云识别的阈值。这种识别深对流云的方法主要来自文献[10]。深对流云的强度度主要由 TBB 数值决定，分别为弱（-52 ℃$<$TBB$\leqslant -32$ ℃）、中（-72 ℃$<$TBB$\leqslant -52$ ℃）、强（TBB$\leqslant -72$ ℃）深对流云。

2.7 MCS 识别、追踪技术

利用静止卫星不同红外 TBB 阈值（－32、－52 ℃等）识别不同强度 MCS，监测 MCS 分布及其移动路径。其技术方法是：首先利用静止卫星 IR1 通道 TBB 资料识别 MCS；然后利用面积重叠追踪算法追踪识别出的 MCS，最终获得 MCS 的移速、移向和强度的演变趋势。

3 数据流程和系统组成

为了与现有 MICAPS 业务系统[11]相兼容，强对流天气综合监测业务系统的数据基础为文件数据。系统输入的数据主要来自国家气象中心的 MICAPS 系统服务器，包括 MICAPS 格式数据文件、地闪数据文件、卫星（如 AWX 格式、GPF 格式等）和雷达（拼图数据格式或者基数据格式）数据文件等。系统生成的产品主要是 MICAPS 格式数据文件，可以通过综合图方式在 MICAPS 系统中调阅。系统同时也生成部分图片产品（如图 1，2，4 和 7）。

为了加强系统的容错性，强对流天气综合监测业务系统由多个进程模块组成，主要包括常规地面观测资料、重要天气报告（WS 报）和自动站资料监测进程模块，地闪资料监测进程模块，全国拼图雷达反射率因子信息提取进程模块，CTREC 进程模块，TITAN 进程模块，深对流云监测进程模块，MCS 监测进程模块等。

强对流天气监测系统的自动定时运行。根据用户设定的时间间隔，系统自动处理相关数据生成监测产品。

4　总结与未来发展

强对流天气的监测是强对流天气预报业务的基础。目前，国家气象中心强天气预报中心已经建立了较完善的基于多源观测资料的、多类型、多时段的实时强对流天气监测技术和系统。该系统生成的监测产品是强对流天气短期和短时预报的数据基础，在实时业务中发挥了重要作用。

强对流天气监测技术还需要近一步完善。未来首先需要加强强对流天气观测资料（尤其是高山站雷暴大风监测、自动站和雷达资料监测等）的质量控制和提高监测产品的时效性；需要进一步发展基于静止卫星资料的 MCS 和基于雷达资料的对流风暴识别、追踪技术；需要发展基于多源资料的强对流天气融合监测产品。目前的监测主要是天气实况监测，未来还要就强对流发生的前期条件和发展条件做进一步的监测（比如地面露点、地面辐合线监测等）。此外，强冰雹和龙卷通常不会发生在气象测站，因此，这类天气的监测还是难题，需要进一步发展相关的监测技术和方法。

目前的强对流天气监测系统主要基于文件系统，效率较低，未来可考虑接入数据库系统，以提高系统运行效率。此外，强对流天气监测系统目前还独立于 MICAPS 和 SWAN 系统之外，未来需要把此系统纳入 MICAPS 或者 SWAN 系统之中推广使用，以发挥其技术辐射作用。

参考文献

[1] 郑永光，张小玲，周庆亮，等. 强对流天气短时临近预报业务技术进展与挑战[J]. 气象，2010，36（7）：33-42.

[2] 郑永光，张小玲，周庆亮. 强对流天气短时临近预报技术进展与监测技术[C]//端义宏，曲晓波. 2009 年灾害性天气预报技术论文集. 北京：气象出版社，2010：87-100.

[3] 郑永光，陈炯，沃伟峰，等. 改进的客观分析诊断图形软件[J]. 气象，2011，37(6)：735-741.

[4] 何立富，周庆亮，谌芸，等. 国家级强对流潜势预报业务进展与检验评估[J]. 气象，2011，37(7)：777-784.

[5] 郝莹，姚叶青，郑媛媛，等. 短时强降水的多尺度分析及临近预警[J]. 气象，2012，38(8)：903-912.

[6] Tuttle J D, Foote G B. Determination of the boundary layer airflow from a single Doppler radar[J]. J Atmos Oceanic Technol, 1990, 7(2): 218-232.

[7] Dixon M, Wiener G. TITAN: Thunderstorm identification, tracking, analysis and nowcasting—A radar-based methodology[J]. J Atmos Oceanic Technol, 1993, 10(6): 785-797.

[8] 韩雷，郑永光，王洪庆，等. 基于数学形态学的三维风暴体自动识别方法研究[J]. 气象学报，2007，65(5)：805-814.

[9] 柯文华，俞小鼎，林伟旺，等. 一次由“列车效应”造成的致洪暴雨分析研究[J]. 气象，2012，38(5)：552-560.

[10] Schmetz J, Tjemkes S A, Gube M, et al. Monitoring deep convection and convective overshooting with METEOSAT[J]. Adv Space Res, 1997, 19(3): 433-441.

[11] 李月安，曹莉，高嵩，等. MICAPS 预报业务平台现状与发展[J]. 气象，2010，36(7)：50-55.

对流天气预报中的环境场条件分析

张小玲　谌芸　张涛

（国家气象中心，北京 100081）

摘　要　中尺度对流天气的分析包括以天气型识别和中尺度过程分析为主的主观分析，以及以动力热力物理参数诊断为主的客观分析。本文利用"配料法"预报的思路，通过诊断有组织的深厚中尺度对流系统发生发展的四个条件（水汽、不稳定、抬升和垂直风切变），开发了中尺度对流天气的环境场条件分析技术（对流天气图分析和客观物理量诊断技术），并应用于国家气象中心的强对流天气预报。以中尺度对流天气的天气图分析方法为例，介绍如何利用高低空观测资料，分析对流天气发生发展的环境场条件；并以数值模式释用为主的强对流特征物理量诊断分析为例，介绍如何动态诊断对流天气的动力热力条件演变。

关键词　中尺度　分析　强对流　预报

1　引言

中尺度对流性天气包括雷暴、短时强降雨、冰雹、雷暴大风、龙卷以及下击暴流等，它是在有利的大尺度环流背景中，由各种物理条件相互作用形成的中尺度天气系统造成的。中尺度对流系统及其影响天气的主要特征是生命史短、空间范围小，但天气变化剧烈。目前，用线性外推和业务数值预报模式还难以预报这类系统，在若干年内，中尺度天气系统的预报必定是客观和主观、定量和定性预报方法的结合[1]，预报员的主观分析判断不可缺少。因此，迫切需要在业务中发展中尺度对流天气的各种分析技术。在中尺度对流天气的预报中，包括两个方面的分析和诊断：以识别天气型和对流系统为主的主观分析和以动力热力物理参数诊断为主的客观分析。

1970 年代，在大量的强对流个例研究基础上，Miller[2] 和 Crisp[3] 总结出了强对流天气的天气型识别方法，即利用高空和地面观测资料分析中尺度对流系统发生发展的环境场条件。该方法被应用于美国风暴预报中心（SPC）的强对流天气预报中。

Johns 等[4]、McNulty[5] 指出，对流天气预报包括天气型识别和物理参数诊断。而深厚对流的发生必须满足三个基本条件：对流不稳定、水汽和抬升[6]。Doswell 等[7] 在此基础上发展了基于诊断对流三条件的"配料法"预报方法，并应用于产生暴洪的强降水预报中。张小玲等[8]、唐晓文等[9] 已将"配料法"应用于我国的暴雨预报中。对于有组织的强对流天气，环境风

本文发表于《气象学报》，2012，70（4）：642-654。

的垂直切变也是一个重要的影响因素。C. W. Newton 和 H. R. Newton[10]指出环境风垂直切变可增强或延长雷暴的生命期。观测分析[11]和数值试验[12−13]均证实了环境风垂直切变对风暴的发展和组织形式有作用。垂直风切变作为强雷暴、龙卷等强对流天气的重要环境场条件已被应用于强对流天气的业务预报中[14−15]。

受观测资料的限制，我国的中尺度对流天气分析技术的发展与国内 20 世纪 60 年代开始的多次中小尺度观测和预报试验密切相关[16]。在这些试验中，开展了利用卫星、雷达资料对中尺度对流系统的分析，以及利用高空地面观测资料对中尺度对流天气的环境场特征的个例分析。这些分析技术逐步被总结到天气图的分析技术中[17−21]。近年来，在暴雨、强对流等预报中越来越重视对中尺度天气的分析[22]，但是，受观测资料和天气分析平台技术的局限，对中尺度系统的分析大都以个例分析和总结为主[23−25]，尚缺乏对分析技术的系统研究和总结，在业务预报中的应用也非常有限。因此，在我国的业务预报中，中尺度对流天气的分析技术还处于起步阶段。

2009 年，为配合国家级强对流天气预报业务的开展，国家气象中心开展了强对流天气的主观分析业务试验，并在此基础上形成了中尺度对流天气的天气图分析技术[26]；在客观诊断分析方面，则研发了基于探空观测资料、T639 全球模式、GRAPES _RUC 快速更新同化的中尺度模式等的动力、热力特征物理量诊断产品和基于中尺度集合预报系统的概率预报产品，形成了以天气型识别和特征物理量诊断相辅相成的强对流天气分析预报思路，建立了国家级的中尺度天气分析业务流程，以探索我国业务预报从大尺度分析向大尺度与中尺度分析并重的扩展思路。

本文提出的对流天气的环境条件主客观分析技术均以“配料法”为基础，即利用高空和地面观测资料（或有效的数值模式输出场）诊断中尺度强对流系统发生发展四个条件（水汽、不稳定、抬升和垂直风切变）。以建立对流综合分析图的方法，实现对流天气发生发展的天气型识别。利用观测资料和数值模式输出资料，通过动态诊断预报时段内反映四个条件的特征物理量的演变特征，实现对中尺度对流天气发生发展的动力热力条件的定量分析。

2　对流天气图分析

对流天气主观分析主要分析产生对流天气的中尺度对流系统及其发生发展的环境场条件。中尺度对流系统的发生发展过程分析主要通过雷达和卫星等遥感图像分析实现。其发生发展的环境条件则通过天气图分析实现，本文称之为对流天气图。该分析是在常规天气图分析的基础上，针对产生强对流天气的四个条件（水汽、不稳定、抬升和垂直风切变条件），利用观测资料和数值分析预报资料分析反映上述四个条件的特征系统和特征线（如干线、湿舌、辐合线、切变线、急流等），形成对流天气的环境条件分析的高空和地面综合图。

2.1　对流天气高空图分析

对流天气高空图分析通过对各等压面上风场、湿度场、温度场等的分析，寻找有利于对流发生发展的水汽、不稳定、抬升和垂直风切变条件。

风场的分析用以诊断抬升条件和垂直风切变条件，需要寻找低层的辐合区、高层的辐散区以及由高、中、低空急流反映的垂直风切变区。其分析内容包括低层的切变线（辐合线）和高空、中空、低空急流。Ogura[27]指出，对流发生前或发生时有中尺度低空辐合和上升运动。Wilson等[28]指出，79%的风暴(96%的强风暴)在辐合线附近发生。强对流天气的发生和移动与低层的水汽辐合有密切关系[29-31]。因此，诊断分析对流层低层和近地面层的辐合区是高空分析中的一项重要内容。当对流层低层和近地面层风场具有明显的风向气旋性切变时，沿风的交角最大(风向改变最大)的位置分析切变线；当风场具有明显的风速辐合时，沿最大风速的前端分析辐合线。

低空急流是动量、热量和水汽的集中带，通过对低层暖湿平流的输送产生位势不稳定层结，急流前侧为明显的水汽辐合和质量辐合或上升运动，急流轴左前侧是正切变涡度区，有利于对流的发生；高空(中空)急流产生的高空辐散机制对对流的发展具有抽气和通风作用，使上升气流维持和加强。高低空急流耦合产生的次级环流上升支将触发潜在不稳定能量的释放[1]。在对流天气图中，当925 hPa或850 hPa风速达到12 m·s^{-1}时，或700 hPa风速达到16 m·s^{-1}时，分析(超)低空急流；当200 hPa(500 hPa)风速达到32 m·s^{-1}(20 m·s^{-1})时，分析高空(中空)急流。急流以急流轴的形式在天气图上显示。当大风速带上的风速分布比较均匀时，在上述特征等压面上沿超过风速域值以上的大风区的几何中心分析急流轴；反之，则沿最大风带(即风速核)分析急流轴。当风速未达到急流的标准，但有风速明显比周围大的最大风带出现，且位于干湿气流区之间，或者位于切变线、靠近急流轴的位置时，表明不同性质气团交汇剧烈，需要分析显著流线。如在分析切变线(辐合线)时，辅助以显著流线的分析，可以帮助确定低层的最大辐合区。

2009年6月14日山西南部、河南、安徽和江苏出现了大风、冰雹强对流天气，江南南部和华南大部则出现了强降水天气(图1)。华东的强对流天气主要发生在午后和傍晚，以大风、冰雹为主，为典型的干对流天气。华南则主要为小时雨量超过20 mm·h^{-1}的强降水天气，为典型的湿对流天气。本文将以此次过程为例，介绍对流天气预报中的对流天气图分析方法。

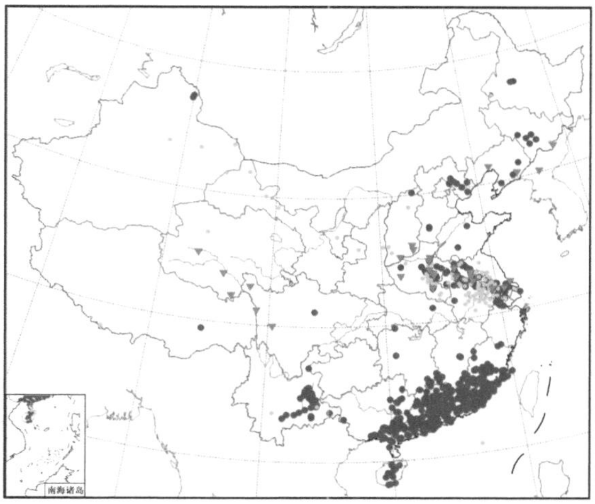

图1　2009年6月14日08时—15日08时大风(≥17 m·s^{-1}，六角形)、冰雹(三角形)和短时强降水(≥20 mm·h^{-1}，圆点)分布。

图2是利用对流天气图分析方法对2009年6月14日08时(北京时，下同)和20时的高空风场分析。受东北冷涡影响，华北和华东地区在700 hPa以上盛行西北气流。200 hPa风速

超过 40 m·s^{-1}的副热带西风急流沿西北地区东部向东偏南经陕西、河南、安徽和江苏，一直伸展到东海上空。高空急流在安徽和江苏上空减弱。08 时，925 hPa 上河南北部、山东南部有切变线，表明这些地区低层有弱的辐合上升运动。该地区正好对应高空急流核出口的左前侧，为正涡度平流引起的辐散区，具备天气尺度的动力抬升条件。20 时，低层的切变南移，大尺度的动力抬升条件减弱，强对流也南移减弱。

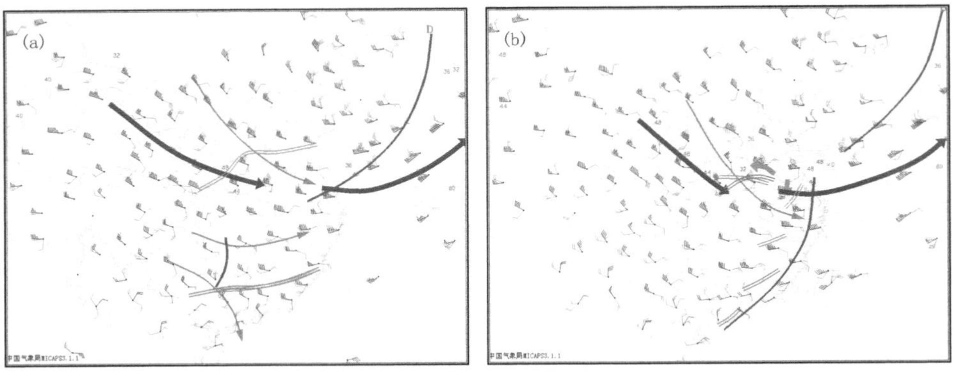

图 2　2009 年 6 月 14 日(a)08 时和(b)20 时风场分析。灰色、红色、蓝色和紫色风标分别代表 925，850，500，200 hPa 的水平风，等值线为 200 hPa 等风速线。

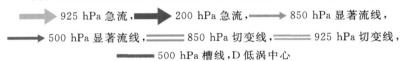

925 hPa 急流，200 hPa 急流，850 hPa 显著流线，500 hPa 显著流线，850 hPa 切变线，925 hPa 切变线，500 hPa 槽线，D 低涡中心

2009 年 6 月 14 日 NCEP/NCAR 的逐 6 h 环境风场的诊断分析也映证了对流天气图分析对大尺度抬升条件判断的便捷。华东强对流区的相对涡度(ζ)、散度(D)和垂直速度(ω)垂直廓线(图 3a－c)显示，6 月 14 日 08 时，安徽和江苏北部(32°～34°N，117°～118°E)整层(700 hPa 除外)均为正的相对涡度，特别在 200 hPa 达到峰值，超过 6×10^{-5} s^{-1}；在 400 hPa 以下 ω 大于等于 0。这与图 2a 的风场分析显示同样的环境场动力特征：在冷涡后部的西北气流中为大范围的下沉运动区，高空急流轴北侧由于水平风场的风速切变，产生较大的正涡度。这种正涡度特征在 14 时和 20 时的诊断中仍然很明显。但在 14 时的 700 hPa 以下 ω 为负，出现了由低层辐合产生的弱抬升(图 3b)，这为对流的发生提供了有利的动力条件。20 时，这种抬升减弱(图 3c)。在华南强降水区，存在与华东地区很不相同的大尺度抬升条件。500 hPa 以上为辐散气流，同时对流层低层和近地面层有切变线存在(图 2)。大尺度的动力抬升比华东地区更加强烈。强降水区(24°～26°N，114°～117°E)的相对涡度、散度和垂直速度垂直廓线(图 3d－f)也证实了这一特征。在对流层低层为正相对涡度和负的散度，对流层中上层则反相，即大尺度环境场表现为低层辐合、中上层辐散的整层上升运动。午后大尺度强迫的垂直速度 ω 最小值达－60 Pa·s^{-1}，远超过华东地区。

风场的分析表明在华东和华南都存在大尺度强迫的上升运动，但其强度存在显著差异。此外，对流的发生发展及其产生的对流天气类型还与大气的稳定性和水汽条件有关系。

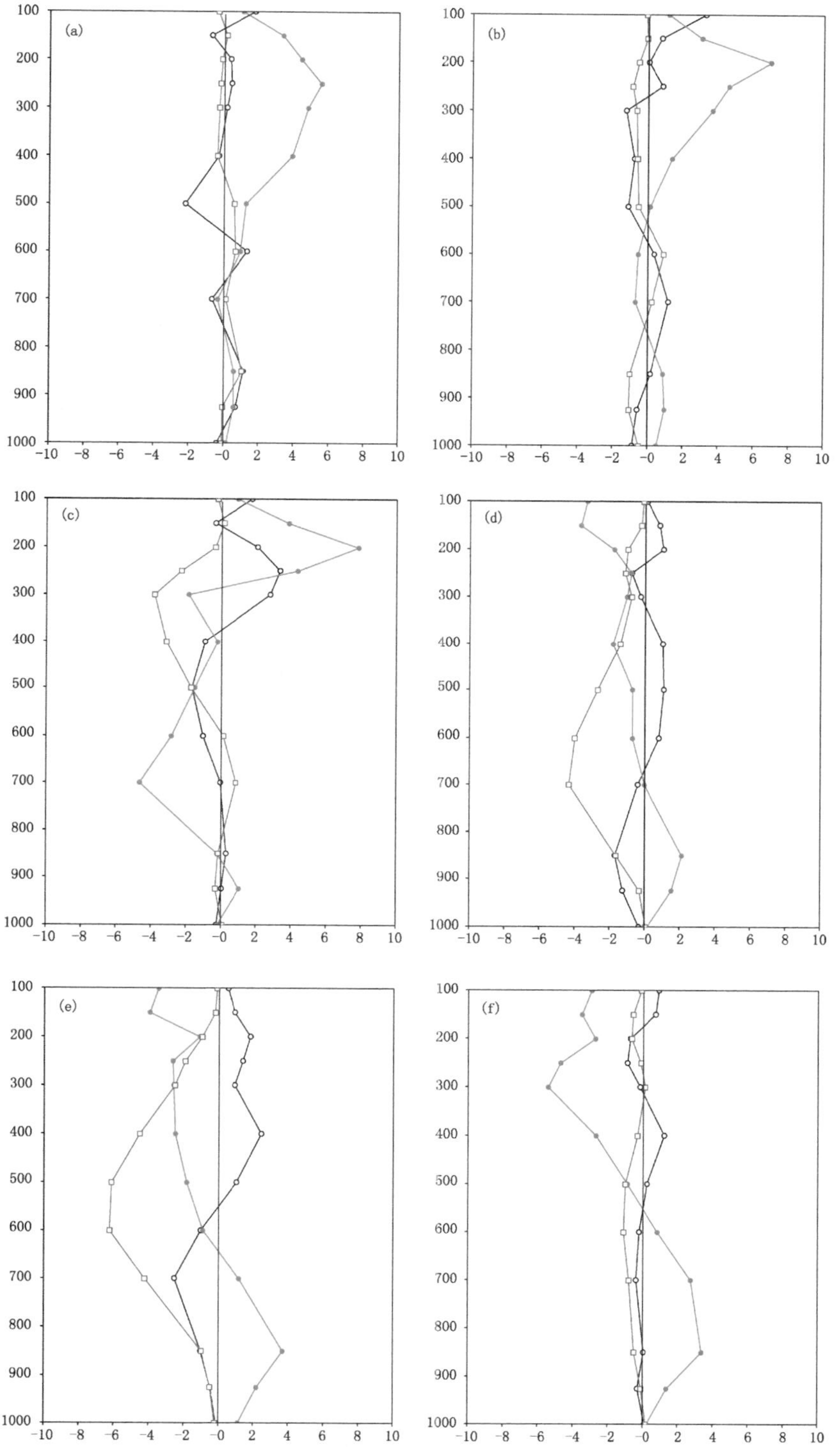

图 3　利用 NCEP/NCAR 再分析资料计算的 2009 年 6 月 14 日(a、d) 08 时、(b、e) 14 时和(c、f) 20 时相对涡度(ς,红色,(10^{-5} s^{-1})、散度(D,黑色,(10^{-5} s^{-1})和垂直速度(ω,蓝色,(10^{-1} hPa · s^{-1})垂直廓线，图 a、b、c 为区域(32°～34°N,117°～118°E)平均，图 d、e、f 为区域(24°～26°N,114°～117°E)平均。

在天气图上，气层的稳定性可以通过湿度和温度的层结状况定性分析。因此，湿度场的分析既要诊断大气的含水量，也要诊断湿度的垂直变化，即包括对湿区位置及湿层厚度的诊断。大约70%的水汽集中在近地面的3 km以内。因此，在东部平坦地区湿度场的分析主要集中在700 hPa及以下。分析内容包括露点锋(干线)、显著湿区、湿舌和干舌。露点锋是水平方向上的湿度不连续线。露点锋的一种特殊形式即干线。干线最初特指发生在美国洛基山东侧的大平原地区，其一侧是暖而干的空气，另一侧是冷而湿的空气。穿过干线，水平露点温度变化剧烈。干线可导致强烈的对流风暴，是对流的触发机制之一[1,31]。湿舌通常指湿空气侵入湿度普遍较低的区域。实际业务中，参考水平风场，通过分析低层的露点温度或比湿高值区实现。干舌则正好相反，以分析对流层低层的上部或对流层中层的下部(如700 hPa或500 hPa)的露点温度实现。在700 hPa以下，显著湿区通常用表征大气饱和度的温度露点差场来分析，如在温度露点差低于5 ℃的区域分析为湿区。为了表征湿程度，在温度露点差小于等于5 ℃的区域，间隔2 ℃分析一条等温度露点差线，如1 ℃，3 ℃，5 ℃。反之，当700 hPa或500 hPa的温度露点差($T-T_d$)较大，如大于15 ℃，则认为大气干燥，可分析干区。当700 hPa及以下气层均很潮湿时，可以考虑增加对500 hPa湿度场的分析。若500 hPa气层仍很潮湿，表明湿层深厚，配合其他有利条件，可考虑以暴雨为特点的深厚湿对流天气。当850 hPa或以下很潮湿，其上的700 hPa和500 hPa均为干区控制，表明湿层很浅薄，配合其他有利条件，则可考虑以大风、冰雹为特点的干对流天气。

图4是6月14日的湿度场分析。08时，以925 hPa的露点温度超过10 ℃为标准分析的湿舌从华南向北伸展，其北界到达山西西南部、河北西南部、山东西南部、江苏中西部。以850 hPa温度露点差小于等于5 ℃分析的显著湿区位于华南和西南地区南部，其中华南地区的温度露点差低于1 ℃。另一个温度露点差小于等于5 ℃的显著湿区位于河南北部。而以500 hPa露点温度小于等于−30 ℃为标准分析的干舌自内蒙古东部和东北西部向南覆盖华北、华东和江南。20时，湿舌的东段向南退到长江以南，其西段仍控制安徽西部、河南中西部。此时，对流层中层的干舌仍然控制华东北部和江南大部。08时和20时的湿度场垂直特征表明华东地区大气较华南干燥，且具有中层干的湿度层结不稳定；华南地区的湿区深厚，湿度层结较稳定。此外，在850 hPa和925 hPa上，苏皖交界处有干线存在，其西南侧和东北侧的露点温度相差10～15 ℃。

温度场的分析用以判断垂直方向上的温度层结不稳定。其分析内容包括低层的温度脊(暖脊)、中层的温度槽(冷槽)、24(12)h变温和温度递减率。通过暖脊和冷槽的分析可判断由低层增暖或中层降温导致的对流不稳定。温度递减率的分析可以在近地面的3 km和3～5 km。通常可通过分析850 hPa(700 hPa)与500 hPa的温度差来定性反映对流层低层和中层的温度递减率情况，以此判断气层的稳定度状况。

图5是6月14日的温度场分析。08时，对流层低层从湖北经河南、安徽、江苏至山东西南部有暖脊。其上空的500 hPa层则为自北向南的冷槽，槽底的24 h降温超过3 ℃。受东北冷涡后部西北气流影响，14日白天至傍晚对流层中层不断有冷槽东移南下影响华东地区。在上述区域，850与500 hPa的温度差超过30 ℃。温度层结分析表明该地区气层非常的不稳定。

华东地区的比湿(q)、温度(T)和假相当位温(θ_{se})垂直剖面分析显示出与图4和图5的对流天气图分析同样的层结特性。沿117°E的垂直剖面(图6)显示，在24°～36°N，从地面到对

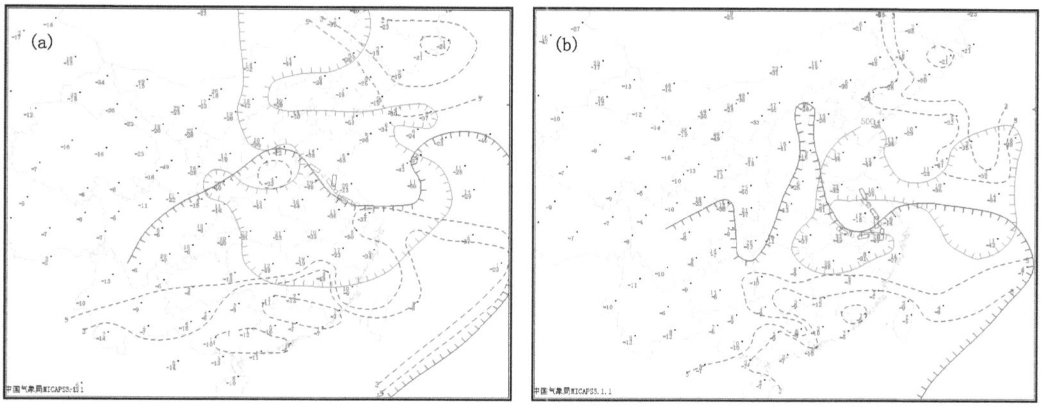

图 4　2009 年 6 月 14 日(a) 08 时和 (b) 20 时的湿度场分析。红色和绿色标值分别表示 500 hPa 露点温度(T_d,℃)和 850 hPa 温度露点温度($T-T_d$,℃)。

925 hPa 湿舌，850 hPa 等温度露点差线，500 hPa 干舌，

925 hPa 干线，850 hPa 干线

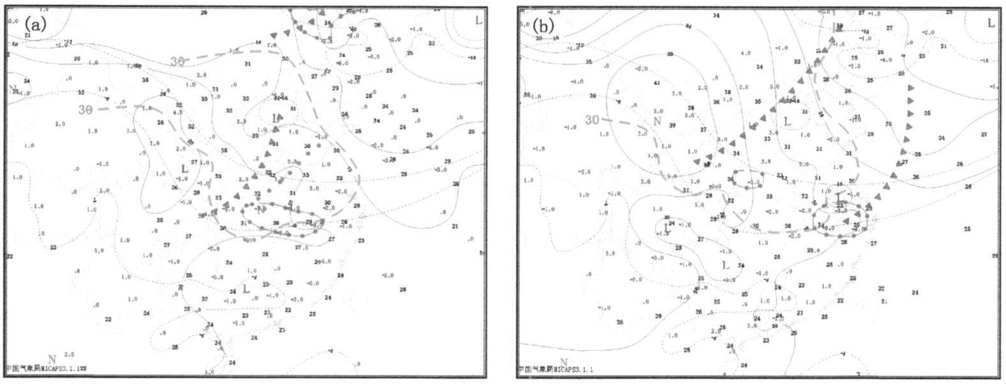

图 5　2009 年 6 月 14 日 (a) 08 时和 (b) 20 时温度场分析。蓝色和黑色标值分别表示 500 hPa 的 24 h 变温(ΔT_{24},℃)和 850 与 500 hPa 的温度差($T_{850}-T_{500}$,℃)

500 hPa 冷槽，850 hPa 暖脊，等温度差线

500 hPa 等温度线，850 hPa 等温度线

流层中层为自北向南倾斜上升的宽广锋区(θse 密集带)，但锋区内大气的层结性质很不相同。在华南强降水区(24°～26°N)，700 hPa 以下为冷湿区，湿区向上伸展到对流层中层的 500 hPa。在华东强对流区(32°～34°N)，700 hPa 以下为暖区，近地面层比湿达 12 $g \cdot kg^{-1}$，处于湿度梯度的过渡带，但在 700 hPa 以上为明显的干冷区。

6 月 14 日的湿度场和温度场分析表明，在 500 hPa 以下，华东地区大气具有高的对流性不稳定。当有对流初生后，大气所具有的不稳定能量释放，将产生强烈的上升运动。华南上空的气层则表现为近中性层结特征，大气处于弱的不稳定状态。

上述分析表明，通过各等压面上风场、温度场和湿度场的天气图分析，可以定性判断强对流天气发生发展的水汽、不稳定、抬升和垂直风切变条件。将反映上述几个条件的特征系统和特征线综合叠加显示，形成一张对流天气分析综合图，更有利于对对流发生发展的直接判断。

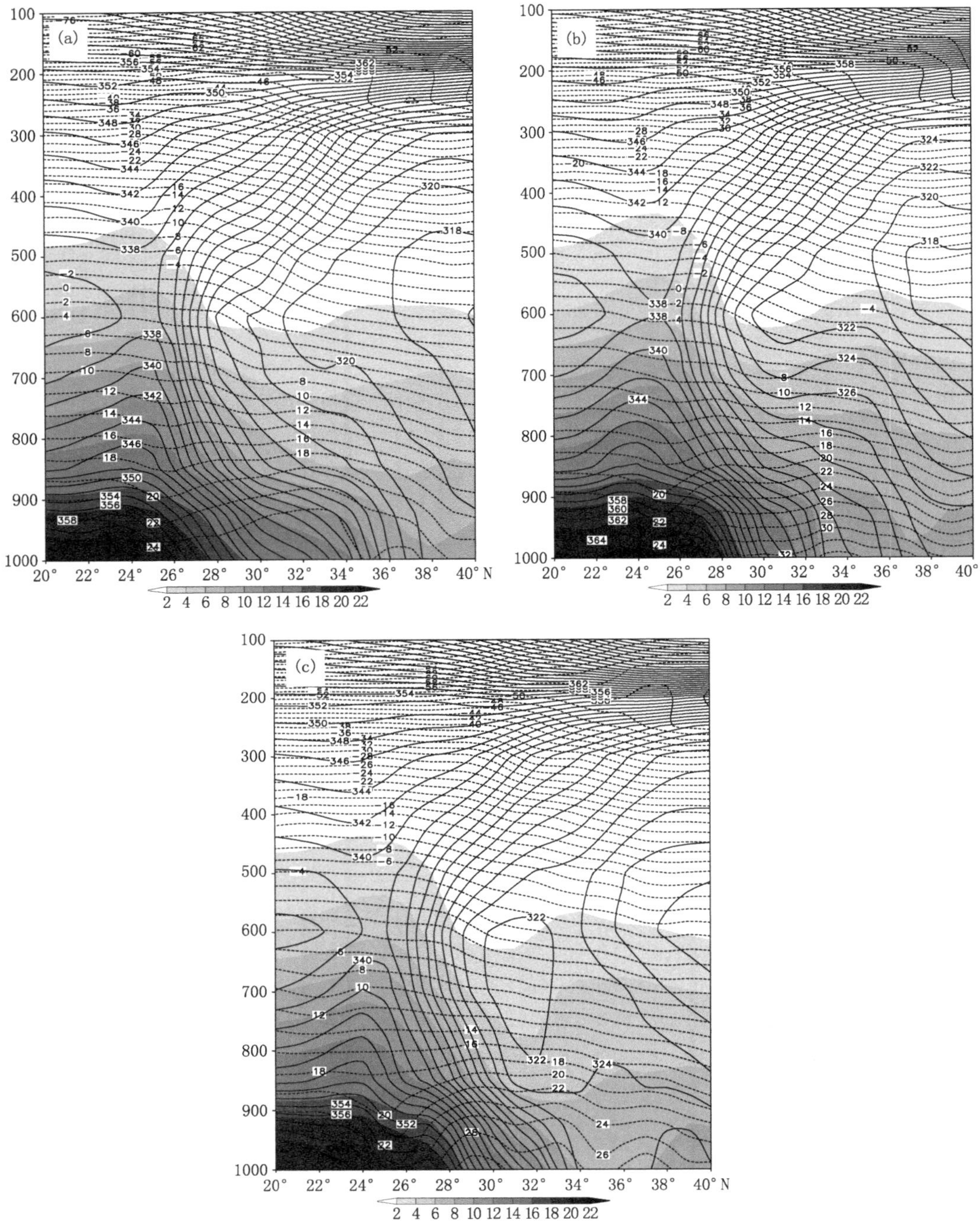

图 6　利用 NCEP/NCAR 再分析资料计算的 2009 年 6 月 14 日 (a) 08 时、(b) 14 时和 (c) 20 时沿 117°E 的温度(T,℃)、比湿(q,g·kg^{-1})和假相当位温(θ_{se},K)垂直剖面

目前的业务人机交互平台 MICAPS 系统已经实现综合图制作的功能。

图 7 是利用 MICAPS 交互平台制作的 2009 年 6 月 14 日华东地区的大风、冰雹强对流天

气发生前和发生时的中尺度对流天气的高空综合图。华东的强对流区主要位于高空急流核的左前侧，高空急流为强对流的发生提供了强的大尺度抬升条件和垂直风切变条件。边界层的切变线则在低层为对流的发生提供了抬升条件。850 hPa 暖脊和 925 hPa 的湿舌表明该地区低层有浅薄的暖湿空气层。500 hPa 干舌和冷槽则表明对流层中层是干冷的。湿度场和温度场的分析表明该地区气层具有高的对流不稳定。该综合图反映出在华北南部、华中北部和华东地区深厚对流系统发生发展的水汽条件、抬升条件、不稳定条件和垂直风切变。在我国华南地区，气层较之北方更加潮湿、深厚，其大尺度抬升条件虽然比华东地区更强，但没有形成高低空急流的耦合以及有组织的强对流发生发展的垂直风切变条件，气层也相对稳定，因此仅出现了短时强降水天气。预报员利用该分析方法对此次强对流天气做出了准确的预报。

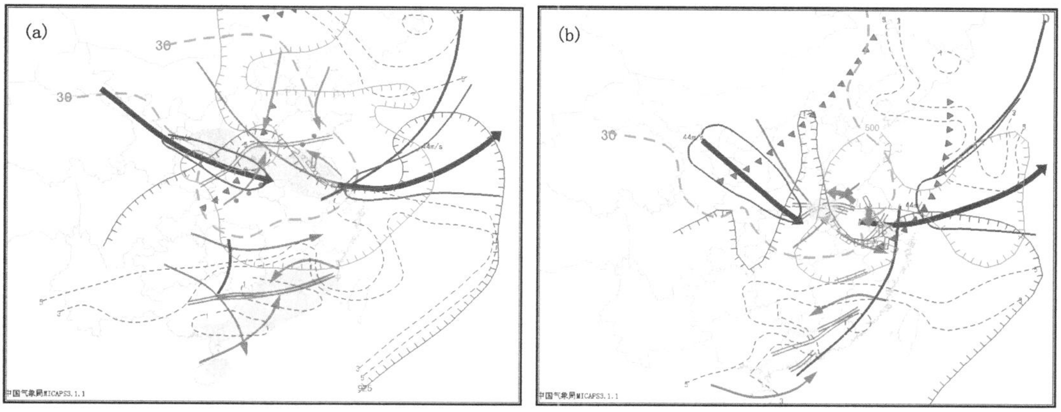

图 7　2009 年 6 月 14 日 08 时(a)和 20 时(b)高空综合图及其后 12 h 强对流发生区

925 hPa 急流，200 hPa 急流，850 hPa 显著流线，

500 hPa 显著流线，925 hPa 显著流线，925 hPa 切变线，

500 hPa 槽线，850 hPa 切变线，200 hPa 等风速线，D 低涡中心，

925 hPa 湿舌，850 hPa 等温度露点差线，500 hPa 干舌，

500 hPa 冷槽，850 hPa 暖脊，等温度差线，

冰雹区，大风区(风速≥17 m · s^{-1})短时强降水区(1 h 降水≥30 mm)

2.2　地面分析

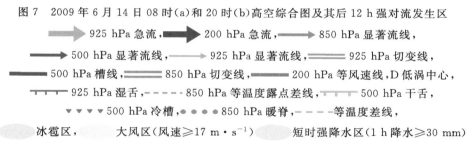

由于高空观测资料比较稀疏，高空图分析很难诊断出中尺度对流天气发生发展的中尺度环境场条件。判断近地面的抬升条件是在特殊地点、特殊时间预报对流最关键的问题。因此，利用地面观测的中尺度分析，主要集中在对中尺度抬升条件的分析。中尺度抬升提供足够的上升使对流不稳定释放、对流初生。近地面的抬升主要由边界、水平加热不均匀以及风与地形的作用提供[6]。

锋是地面分析中的重要内容。水平锋的两侧各种气象要素急剧变化。当气象要素的变化幅度达不到锋的分析要求时，分析由气压、风、温度、露点、天气、云覆盖等的不连续产生的各种中尺度边界线，以确定对流可能发生的区域和发生的时间。

在中尺度分析中，海平面气压场要求更精细的分析，如等压线分析可间隔 1 hPa 或 0.5

hPa 分析。在地势平坦的地区，可间隔 1 ℃或 2 ℃分析等温度线和等露点温度线。由于 MICAPS 系统已经实现对各种等值线的客观分析，本文不再介绍地面气压、温度和露点等物理量场的等值线分析，重点分析等值线密集带所反映的边界线。通常在地面温度梯度最大区，分析中尺度地面冷锋；在地面露点温度梯度最大区，分析露点锋（干线）。当地面 3 h 变压值超过 3 hPa 时，这对于分析由雷暴等产生的地面出流边界很重要，应分析显著升（降）压区。

国内外大量研究[28,33－34]表明，边界层辐合线在对流的触发中具有重要作用。受观测资料的限制，中尺度辐合线的分析主要依赖于对地面风场的分析。当地面风具有明显的风向气旋性切变或明显的风速辐合时，分析地面辐合线。

天气区和云的分析在地面中尺度分析中也很重要。通过对雷暴、大风、冰雹、短时强降水、云量、云状的分析，可以判断已经发生的中尺度对流活动的位置、天气类型以及可能影响的区域。

图 8 是 2009 年 6 月 14 日华东强对流天气发生期间的 14 时、17 时和 20 时的地面中尺度分析。14 时，在山西南部、山东南部和江苏北部出现对流天气。地面辐合线主要位于雷暴区的东侧和南侧。在南北两片雷暴区之间为大片的晴空区，并且处于 3 h 显著降压区。随着山西对流的东移发展，雷暴区东南侧的外流边界与地面偏东气流形成的中尺度辐合线加强，未来在该片晴空区触发对流。在山东南部、安徽和江苏的北部，为温度梯度、湿度梯度和风速切变区，中尺度冷锋上，江苏徐州地区局地出现 26 $m \cdot s^{-1}$ 大风和 1 h 30 mm 的强降水，表明沿锋面附近的对流非常旺盛。在冷锋的后侧为冷湿气流，冷锋前侧为干暖气流，最大水平湿度梯度和温度梯度达 6 ℃/(50 km)和 12 ℃/(100 km)。随后 3 h 的大风、冰雹和短时强降水正是沿中尺度冷锋、干线和中尺度辐合线所经过的河南东部、江苏和安徽的北部发生发展(图 8b)。随着强对流天气的发生发展，强对流天气区与其东侧和南侧的温度、湿度、气压和水平风的梯度增加。17 时，在安徽中东部的强对流区最大水平湿度梯度和温度梯度达 7 ℃/50 km 和 12 ℃/50 km，最大 3 h 正变压超过 2 hPa。中尺度冷锋、地面辐合线和干线继续向南影响安徽中部和江苏西部。此外，随着午后海陆热力差异加大，近地面偏东气流输送水汽从江苏东部至河南东南部形成西北向的水汽舌，为强对流的发展提供水汽。在水汽舌西侧的河南中部雷暴区有“人”形辐合线，其南侧为 3 h 显著降压区，预示未来对流将在该区域继续发展和加强。随后的 3 h 在该区域出现了大风和冰雹天气(图 8c)。20 时，河南中部的“人”形辐合线已向西南方向移动。由于强对流天气的发生以及近地面偏东气流的持续水汽输送，该辐合线南北两侧的温度梯度、湿度梯度和水平风梯度增强，形成中尺度锋和干线，导致随后 3 h 大风、冰雹和短时强降水在锋面附近发生。20 时，另一条中尺度锋位于江苏中南部，同样是由于对流天气的发生以及近地面偏东气流的持续水汽输送，使得温度梯度、湿度梯度和水平风梯度和气压梯度显著增强，最大 3 h 正变压超过 6 hPa。随后 3 h 大风和短时强降水在中尺度冷锋和干线附近的江苏中南部发生。

本节的分析说明，利用中尺度对流天气的高空综合图分析，重点分析产生有组织的强对流天气发生的水汽、不稳定、抬升和垂直风切变条件。在此基础上，辅助地面的中尺度分析，特别是中尺度抬升条件的分析、水汽演变和天气现象等的分析，以判断中尺度强对流天气可能发生的区域和发生的时间。2009 年 6 月 14 日午后至夜间的地面中尺度分析表明，当低层气流带来大量的水汽到边界上时，新的对流在冷锋(出流边界)附近发生。因此，在地面中尺度分析中，诊断各物理量的中尺度边界线对于特定区域、特定时间的强对流天气预报是有效的。

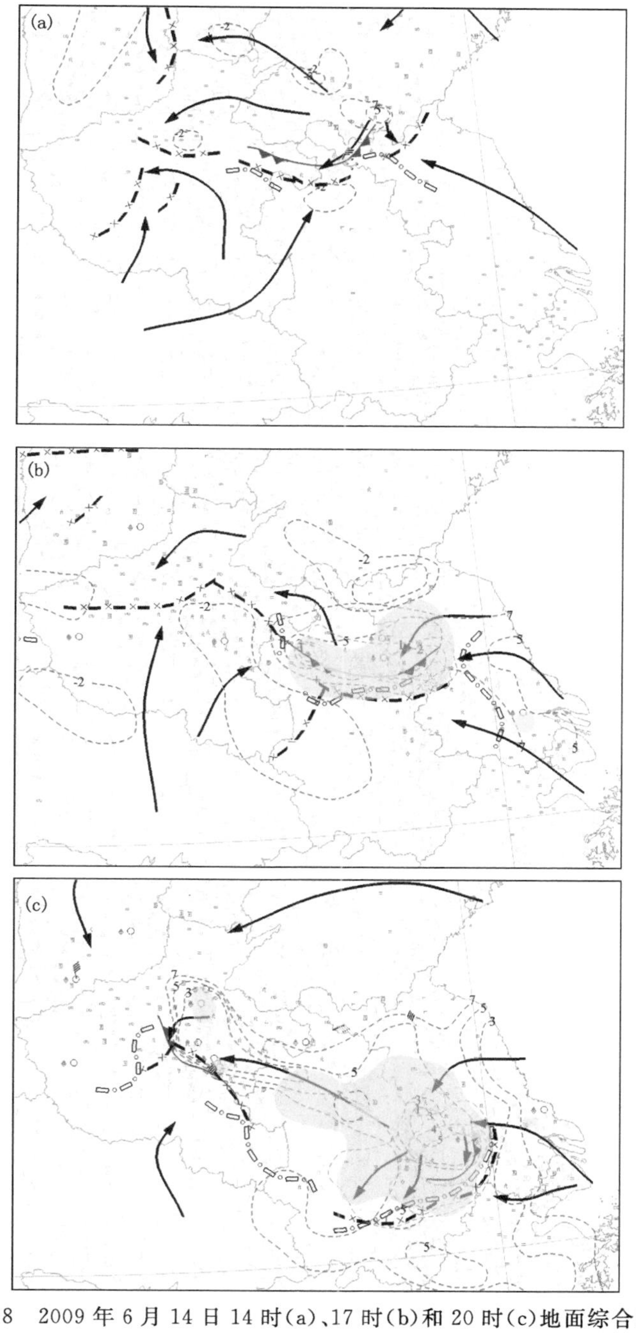

图 8　2009 年 6 月 14 日 14 时(a)、17 时(b)和 20 时(c)地面综合图

等露点温度线，等温度线，显著降压线，显著升压线，显著流线，地面辐合线，地面干线，冷锋，大风区(风速≥17 m·s^{-1})，短时强降水区(1 h 降水≥30 mm)

3　客观物理量诊断技术

利用对流天气图分析技术，通过天气型的识别，可定性诊断强对流天气发生发展的水汽、不稳定、抬升和垂直风切变条件。但对它们的定量分析，则依赖于利用各类观测资料和数值模式输出产品进行的如可降水量(PWAT)、水汽输送通量、对流有效位能(CAPE)、抬升指数、锋生函数、垂直风切变等动力、热力物理参数的诊断。通过分析这些特征物理量从初始时刻到预报时段内的演变情况，定量判断反映上述四个条件的演变。物理参数的诊断分析主要通过各类算法，实现自动的客观分析。通过高、中、低空急流和对流层中低层的切变线(辐合线)的分析，大尺度抬升的强弱和垂直风切变强弱已经表现得比较明显，因此，在实际业务中，对流天气的客观分析技术以诊断水汽和不稳定条件的特征物理量为主。下面以 2009 年 6 月 14 日华东的强对流天气过程为例，介绍中尺度对流天气的客观分析技术。

2009 年 6 月 14 日 08 时的探空分析(图 9a)显示，江南、华南整层可降水量(PWAT)超过 50 mm，超过 30 mm 的水汽舌从华南伸至江淮流域。河南中部和北部的可降水量也超过 30 mm。华北、华东和华南的最有利抬升指数(BLI)均为负，表明气层是不稳定的，其中华东和华北南部为 BLI 的极值中心，最小值低于−8 ℃，气层非常的不稳定。该地区也是对流有效位能(CAPE)的高值区，河南南部的最大对流有效位能超过 2000 J · kg^{-1}。K 指数(KI)的高值区则位于江南和华南，表明在华南地区湿层更加深厚。国家气象中心业务数值模式 T639 的预报显示，在未来的 15 h 内，华北南部、华东地区的 BLI 增加，表明气层将逐渐趋于稳定。11 时以后，CAPE 明显减小。这期间 850 hPa 与 500 hPa 的 θ_{se} 差值则增加，超过 10 ℃，表明大气潜在的不稳定能量大，有利于深对流的发展，同时也表明中层的 θ_{se} 小，有利于地面大风的发生。11—23 时华南东部与水汽和不稳定条件有关的物理量演变则表现为可降水量先增加再

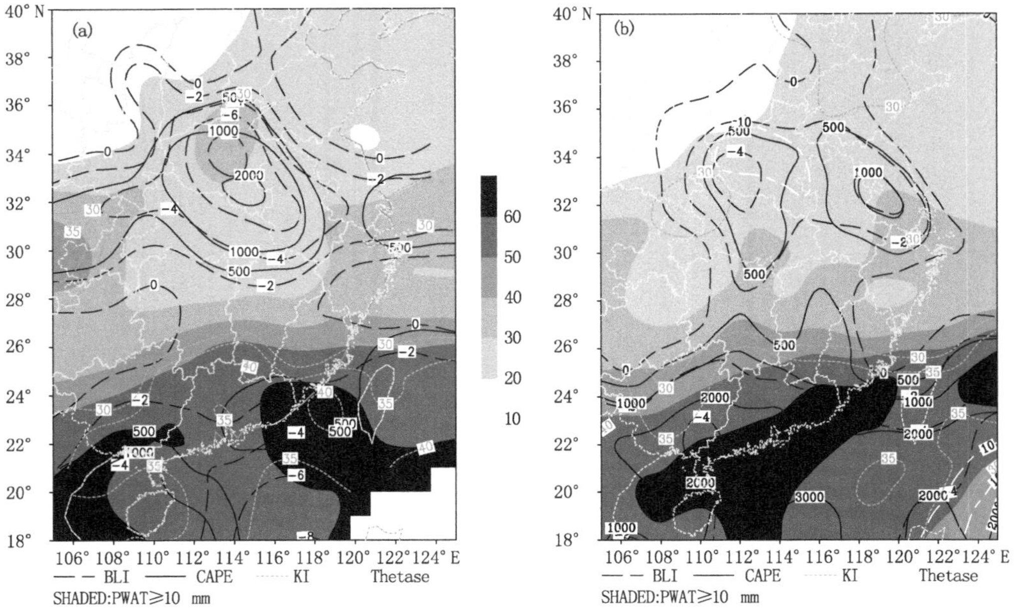

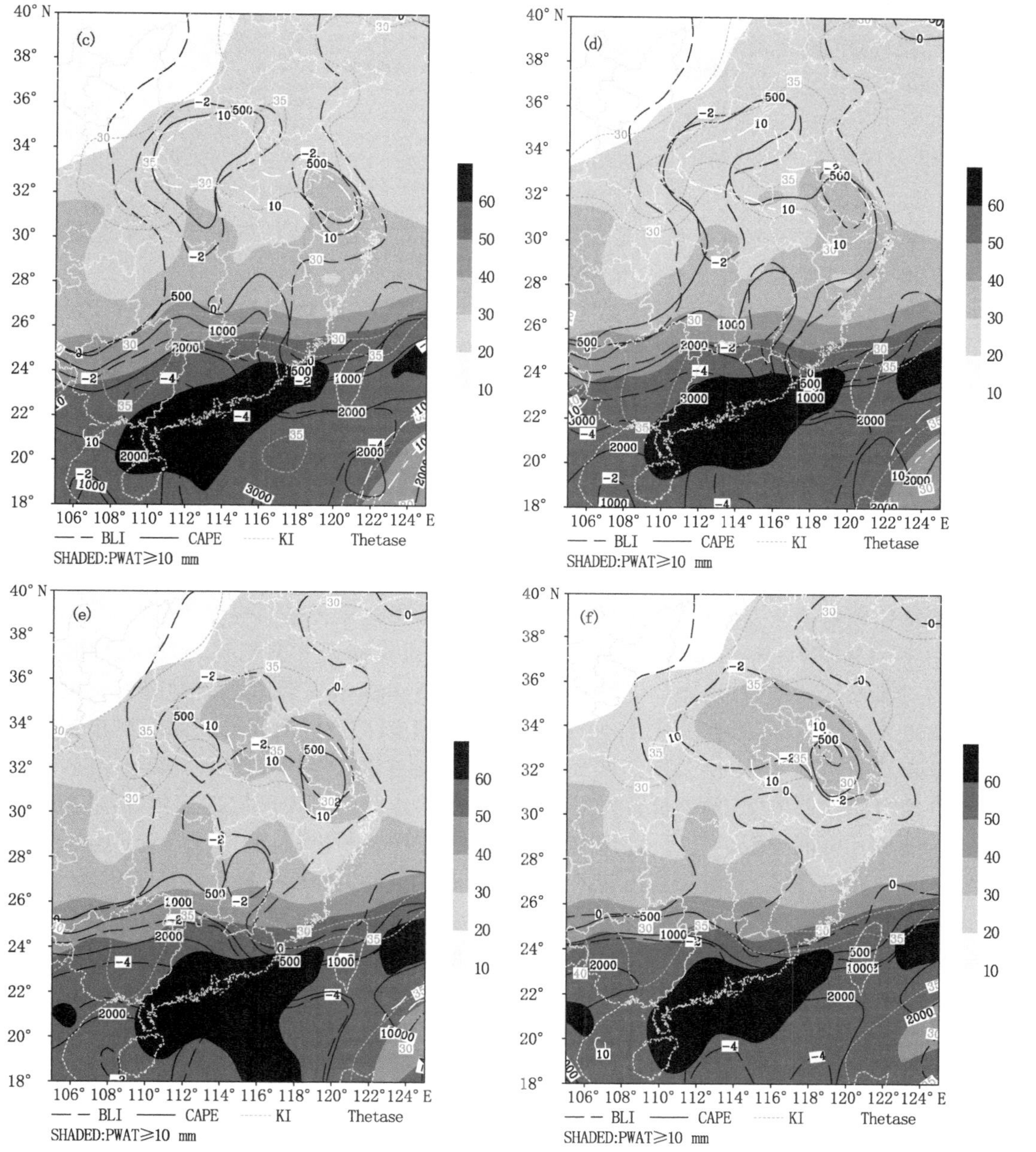

图 9 2009 年 6 月 14 日 08 时探空分析(a)和国家气象中心业务数值模式 T639 预报的 11 时(b)、14 时(c)、17 时(d)、20 时(e)、23 时(f)PWAT(阴影,单位:mm)、CAPE(实线,单位:J · kg^{-1})、KI(虚线,单位:℃)、BLI(断线,单位:℃)和 $\theta_{se_{850}}-\theta_{se_{500}}$(block 白色粗断线,单位:℃)

减小,BLI 先减小再增加,CAPE 先增加再减小,表明在该区域水汽和不稳定能量均有先积累再消耗的过程,预示有湿对流过程的发生发展。

利用观测和数值模式输出追踪对流系统发生发展时的特征物理量的演变特征,对于确定强对流天气的可能发生时间和发生地点是有效的。至于在某区域究竟出哪一类强对流天气

(冰雹、大风、短时强降水),一方面依赖更精细的物理量诊断分析,如与冰雹密切相关的 0 ℃层和−20 ℃层高度,与大风密切相关的垂直风切变和 DCAPE 等;另一方面也依赖于临近的实况天气分析和雷达、卫星观测的诊断和外推。

4 结论和讨论

中尺度对流天气的分析是强对流天气预报的基础。本文介绍了 2009 年以来在国家气象中心发展的对流天气主客观分析技术,得到以下结论:

(1)中尺度对流天气的高空分析图利用各等压面上风场、湿度场和温度场分析急流轴、切变线、辐合线、干线、湿舌、干舌、暖脊、冷槽等特征系统和特征线,以判断反映中尺度对流性系统发生发展的水汽、不稳定、抬升和垂直风切变条件。

(2)中尺度对流天气的地面分析图利用地面海平面气压场、风场、温度场、湿度场、天气现象和云等观测资料的精细分析,确定中尺度锋面和边界线的位置和特性,以实现对中尺度对流系统发生发展的地面触发条件和中尺度环境场条件的分析,为强对流天气的短时天气预报提供依据。

(3)中尺度对流天气的客观分析利用观测和数值模式输出,追踪反映中尺度对流系统发生发展的特征物理量的演变特征,可定量判断可能发生的强对流天气的强度、落区和类型。

2009 年以来,以对流天气图分析为基础的强对流天气的天气型识别,和以物理参数诊断为基础的对流天气的动力、热力环境场条件分析已经成为国家气象中心强对流天气短时和短期预报的重要依据。2010 年,以对流天气的环境场条件综合分析图和特征物理量诊断为主要内容的分析产品——“强对流天气分析”,作为国家级强对流天气预报的业务指导产品,已下发给全国气象台站。业务中,预报员首先对已经发生的对流和强对流天气进行分析,以判断未来可能影响区域及可能类型。其次,使用对流天气的天气图分析方法,利用观测资料分析等压面上的特征系统和特征线,分析诊断当前的强对流天气的环境场条件,并最终形成反映水汽、不稳定、抬升和垂直风切变条件的综合分析图。随后,以 T639 数值模式为主,综合多个数值预报模式输出的风、温度、湿度等物理量场,进行预报时段的对流天气综合图分析。最后,综合实况和预报的对流天气综合图分析结果,并参考实况和数值模式输出的强对流天气特征物理量的客观诊断产品,形成强对流天气的分析和预报意见,实现强对流天气的落区、类型和发生时间的预报。

中尺度对流天气的分析方法和分析技术在国家气象中心的应用时间还不长,对于判断各种特征线、特征系统和特征物理量的阈值区间尚有待于进一步的研究和试验。此外,目前的对流天气图分析技术主要使用探空、常规和加密地面观测资料,判断中尺度对流系统发生发展的环境场条件,适用于 6 h 以上的强对流天气预报。对于更短时间的中尺度对流系统的分析和预报,则有待于观测资料的改善。为了解决临近预报的需要,利用雷达、卫星等遥感探测资料的中尺度对流系统发生发展的识别和分析技术也有待继续发展和完善。

参考文献

[1] 陆汉城. 中尺度天气原理和预报[M]. 北京:气象出版社, 2000:1-297.

[2] Miller R C. Notes on ananlysis and severe-storm forecasting procedures of the Air Force Global Weather

Central, Technical Report 200 (Rev). Air Weather Service (MAC) United States Air Force, 1972.

[3] Crisp C A. Training guide for severe weather forecasters. 11th Conference on Severe Local Storms of the American Meteorological Society. Kansas, LISA, 1979.

[4] Johns R H, Doswell III C A, Hirt W D. Severe local storm forecasting[J]. Wea Forecasting, 1992,17: 588-612.

[5] McNulty R P. Severe and convective weather: A central region forecasting challenge[J]. Wea Forecasting, 1995,10:187-202.

[6] Doswell III C A, 1987. The distinction between large-scale and mesoscale contribution to severe convection: A case study example[J]. Wea Forecasting, 1987,2: 3-16.

[7] Doswell III C A, Brooks H E, Maddox R A. Flash flood forecasting: An ingredients-based methodology [J]. Wea Forecasting, 1996,11: 560-581.

[8] 张小玲，陶诗言，孙建华. 基于“配料”的暴雨预报 [J]. 大气科学，2010,34(4): 754-766.

[9] 唐晓文，张小玲，汤剑平. 基于业务中尺度模式的配料法强降水定量预报[J]. 南京大学学报(自然科学)，2010,46(3):35-41.

[10] Newton C W, Newton H R. Dynamical interactions between large convective clouds and environment with vertical shear[J]. J Meteor, 1959,16:483-496.

[11] Houze R A. Cloud clusters and large-scale vertical motions in the Tropics[J]. J Meteor Soc Japan, 1982,60: 396-410.

[12] Weisman M L, Klemp J B. The dependence of numerically simulated convective storms on vertical wind shear and buoyancy[J]. Mon Wea Rev, 1982,110: 504-520.

[13] Weisman M L, Klemp J B. The structure and classification of numerically simulated convective storms in directionally varying wind shears[J]. Mon Wea Rev, 1984,112: 2479-2498.

[14] Thompson R L, Edwards R, Hart J A, et al. Close proximity soundings within supercell environments obtained from the Rapid Update Cycle[J]. Wea Forecasting, 2003,18: 1243-1261.

[15] Houston A L, Wilhelmson R B. Observational analysis of the 27 May 1997 Central Texas tornadic event. Part I: Prestorm environment and storm maintenance/propagation[J]. Mon Wea Rev, 2007, 135 (3): 701-726.

[16] 陶诗言，周秀骥. 20 世纪中国学术大典[M]. 福州:福建教育出版社，1999:1-155.

[17] 章淹. 中尺度天气分析[M]. 北京:农业出版社，1966:1-106.

[18] 杨国祥，叶蓉珠，林兆丰，等. 一次强飑线的中分析[J]. 大气科学，1977,1(3):206-213.

[19] 寿绍文，刘兴中，王善华，等. 天气学分析基本方法[M]. 北京:气象出版社，1993:1-178.

[20] 寿绍文，励申申，徐建军，等. 中国主要天气过程的分析[M]. 北京:气象出版社，2017:1-138.

[21] 乔全明，阮旭春. 天气分析[M]. 北京:气象出版社，1999:1-327.

[22] 漆梁波，陈累. 上海局地强对流天气及临近预报要点 [J]. 气象，2009,35(9):11-17.

[23] 盛日锋，王俊，龚佃利，等. 山东一次飑线过程的中尺度分析 [J]. 气象，2009,5(9):91-97.

[24] 刘兵，戴泽军，胡振菊，等. 张家界多各例降雹过程对比分析 [J]. 气象，2009,35(7):23-32.

[25] 何群英，东高红，贾慧珍，等. 天津一次突发性局地大暴雨中尺度分析 [J]. 气象，2009,35(7):16-22.

[26] 张小玲，张涛，刘鑫华，等. 中尺度天气的高空地面综合图分析. [J]，气象，2010,36(7):143-150.

[27] Ogura Y, Chen Y L, Russell J, et al. On the formation of organized convective systems observed over the Eastern Atlantic[J]. Mon Wea Rev, 1979,107: 426-441.

[28] Wilson J F, Schreiber W E. Initiation of convective storms at radar-observed boundary-layer convergence lines[J]. Mon Wea Rev, 1986,114: 2516-2536.

[29] Hudson H R. On the relationship between horizontal moisture convergence and convective cloud forma-

tion[J]. J Appl Meteor, 1971,10: 755-762.

[30] Weaver J F. Storm motion related to boundary layer convergence[J]. Mon Wea Rev, 1978, 107: 612-619.

[31] Negri Andrew J, Vonder Haar, Thomas H. Moisture convergence using satellite-derived wind fields: A severe local storm case study[J]. Mon Wea Rev, 1980,108:1170-1182.

[32] Owen J. A study of thunderstorm formation along dry lines[J]. J Appl Meteor, 1996,51:58-63.

[33] 俞樟孝,吴仁广,翟国庆,等. 浙江冰雹天气与边界层辐合的关系[J]. 大气科学,1985,9(3):268-275.

[34] 孙继松,王华,王令,等. 城市边界层过程在北京 2004 年 7 月 10 日局地暴雨过程中的作用[J]. 大气科学, 2006,30(2): 221-234.

改进的客观分析诊断图形软件

郑永光[1]　陈炯[1]　沃伟峰[1]　韩雷[2,3]　陶祖钰[3]

(1 国家气象中心,北京 100081；2 中国海洋大学,青岛 266100；3 北京大学物理学院大气科学系,北京 100081)

摘　要　客观分析诊断图形系统是一款面向气象科研、得到广泛应用的二维气象绘图软件。根据气象科研工作和强对流天气分析研究的新需求,对该软件进行了改进,主要包括增加新数据接口、增加新算法、改进算法、简化操作等。改进的软件增加了静止卫星、新一代天气雷达和 GRIB2 (GRIdded Binary 2) 等多种数据接口,增加了等熵面分析、CTREC(交叉相关回波移动计算)矢量计算、TITAN(雷暴识别、追踪、分析和临近预报)对流风暴追踪、强对流天气的监测和统计、多种新图形和图形裁剪等新算法,改进了等值线、流线、矢量、地图、不规则数据分布图等的生成、显示和编辑功能,还改进了软件中的数据处理、操作方式和输出图像效果。新软件仍存在一定不足,其功能还需要进一步增强。

关键词　气象绘图　客观分析　改进　软件

1　引言

气象数据分析和图形软件是现代气象业务、科研工作的必备工具。虽然目前国内也有较多气象数据和图形处理软件[1-5],但 MICAPS(气象综合信息处理系统)系统是我国使用最为广泛的天气预报业务气象图形软件系统,目前最新版本是 3.1[6]。MICAPS 系统功能强大,数据兼容性好,使用方便简捷,是主要的天气预报业务工作平台。在气象科研工作上经常使用的气象绘图软件还有 GRADS 和 Surfer。GRADS 是一款免费跨平台气象绘图软件,获得了较为广泛的应用;目前它的最新版本为 2.0;该软件主要使用命令行和脚本编程方式工作。美国 Golden Software 公司开发的 Surfer 软件是一款应用极为广泛的 3D 地质绘图软件,目前最新版本为 9.0。Surfer 操作界面友好,但不是专门的气象绘图软件,因此许多方面不能满足气象绘图的需要,例如 Surfer 本身不能生成地图、不能绘制流线图等。

北京大学大气科学系曾在 Windows 32 操作系统下开发了操作界面友好的客观分析绘图软件——客观分析诊断图形系统[1,4],该软件主要面向天气分析科研工作,与天气分析业务软件系统 MICAPS 功能互补。该软件不仅能够对常规气象地面、探空数据进行客观分析诊断,且能够处理多种格式的气象数据和方便简捷地绘制各种常用气象图形,获得了较为广泛的应用。但随着大气科学探测技术的迅猛发展,新的气象探测资料在天气预报业务中获得了广泛

本文发表于《气象》，2011，37(6)：735-741。

的应用，特别是我国新一代静止气象卫星和新一代天气雷达的业务运行提供了大量遥测气象数据，因此旧版本的客观分析诊断图形系统已经不能适应目前气象业务和科研的需求。在此背景下，我们对客观分析诊断图形系统软件作了进一步的改进与完善。

软件的改进主要包括增加新数据接口和新算法、改进算法、简化操作等。增加新数据接口和新算法是气象业务和科研的需求；改进算法是为了提高算法的可靠性、效率与显示效果；简化操作是为了进一步提高用户工作效率。

2　软件新增数据接口

新软件系统除了能够支持常规气象地面和探空观测原始数据、MICAPS 格式数据、NCEP 再分析格点数据、V5D 格式格点数据等数据外，也可以处理 GRIB2 和 GRADS 格式 NCEP 数据，FY－2C、FY－2D 和 MTSAT 地球静止卫星和雷达基数据，同时也能处理这些数据的压缩格式数据。

新软件能够读取的地球静止卫星数据包括国家卫星气象中心下发 AWX（AWX 是指由国家卫星气象中心所生成的卫星产品）格式的多种类型静止卫星云图资料与 TBB 产品，国家卫星气象中心的 HDF 格式标称圆盘图像资料，星地通公司的 GPF 格式资料，北京大学大气科学系的 GMS－5、GOES－9、MTSAT-1R 格式资料，日本 KoChi 大学的 GMS－5、GOES－9、MTSAT 资料。读取的云图资料根据通道的不同既可以绘制云图（见图 1 左下），也可以绘制 TBB 或者反照率等值线。

新软件可以读取敏视达公司 SA/SB 雷达基数据和 3830 CINRAD C 波段雷达基数据，并可以根据读取的基数据形成多个雷达产品和三维直角网格数据，也可以直接选择直线绘制垂直剖面图形（见图 1 中下）。

新软件不仅可以处理以上列举的多种未压缩格式的数据，也可以读取以上数据的压缩格式数据。可处理的压缩格式主要有 ZIP、RAR、7Z、BZ2、ARJ、ARC、CAB、GZIP、Z、TAR 等格式。

不同数据接口绘制的具有相同地理坐标的图形不仅可以相互叠加显示，而且可方便便捷地编辑图形属性和调整显示次序。

3　软件新增算法

为了适应天气分析科研工作的需要，新软件增加了多种算法，既包括客观分析诊断算法、雷达产品算法、强对流天气监测和临近预报算法，也包括新图形绘制和图形生成算法。

新软件中增加了等积 Lambert 地图投影算法、$T-\mathrm{Log}p$ 图中对流不稳定能量（CAPE 和 CIN）和各种指数（K 指数、SI 指数等）计算、等熵面物理量（300～350 K 等熵面位势涡度、气压和风）客观分析、探空数据的时间剖面和垂直剖面制作等新算法。

新软件不仅能够读取雷达基数据，还能够计算组合反射率因子、VIL（垂直积分液态水含量）、ET（回波顶高）等雷达数据产品，也能够利用雷达基数据进行 CTREC（交叉相关回波移动计算）[7]矢量计算、TITAN（雷暴识别、追踪、分析和临近预报）[8]雷暴追踪和临近预报；并能够利用 MICAPS 格式数据和气象探测中心提供的闪电数据对冰雹、大风、闪电和短时强降水等

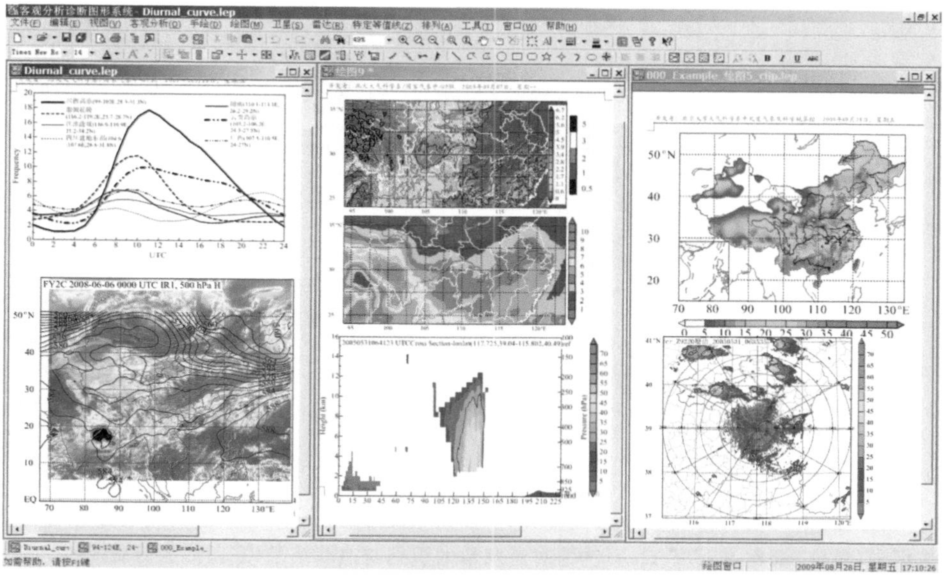

图 1　改进的客观分析诊断图形系统操作界面及其绘制的图形
(图中左上为不同地区(3°×3°平均)夏季深对流频率日变化(横轴为时间,UTC,纵轴为频率,单位:%);左下为 2008 年 6 月 6 日 00UTC 500 hPa 位势高度(单位:dagpm)和 FY－2C 红外 1 通道云图;中上为我国副热带地区地势分布(单位:km);中为我国副热带地区深对流气候频率分布(单位:%);中下为 2005 年 5 月 31 日 06:35UTC 天津雷达观测的北京雹暴反射率因子沿 315°方位角垂直剖面(单位:dBZ);右上为利用 2006 年 4—9 月常规观测统计的雷暴日分布(单位:d);右下为 2005 年 5 月 31 日 06:35UTC 天津雷达观测的组合反射率因子分布(单位:dBZ))

强对流天气进行监测和统计。

CTREC 算法[7]将反射率因子场分成若干个大小相当的“区域”。将这些在上一时刻的“区域”分别与下一时刻的各个“区域”作空间交叉相关,以找出此刻与上一个时刻的特定区域相关系数最大的“区域”,从而来确定整个区域中不同网格点处的回波移动矢量。

TITAN[8]使用单体质心算法来识别和追踪一个被看作三维实体的风暴。在风暴的检测上,TITAN 使用类似三维聚类技术识别风暴,没有考虑风暴的虚假探测和漏测的问题。为了追踪风暴随时间的演变,TITAN 将追踪问题转化为组合最优化问题来计算相邻两个雷达图像内风暴体的匹配关系,并且通过一种特殊的、基于风暴体质心位置的几何方法来识别风暴的分裂、合并。对于风暴体位置的预报,TITAN 使用风暴体在不同时刻的质心位置进行外推预报。在一般情况下,TITAN 可以取得较好的追踪结果。图 2 为 TITAN 算法对 2008 年 9 月 23 日 08:18UTC 热带气旋“黑格比”中对流风暴的识别与追踪结果。新软件也可以对 TITAN 算法的雷暴追踪结果进行统计分析。韩雷等[9]对 TITAN 算法进行了改进,具体参见文献[9]。

强对流天气的监测和统计功能不仅可以在天气业务中实现强对流天气的实时监测,也可以使用历史数据进行各类强对流天气时空分布统计。目前该功能已经应用到国家气象中心强天气预报中心的实时业务中,取得了较好的业务效果。该功能输入和输出数据都为 MICAPS

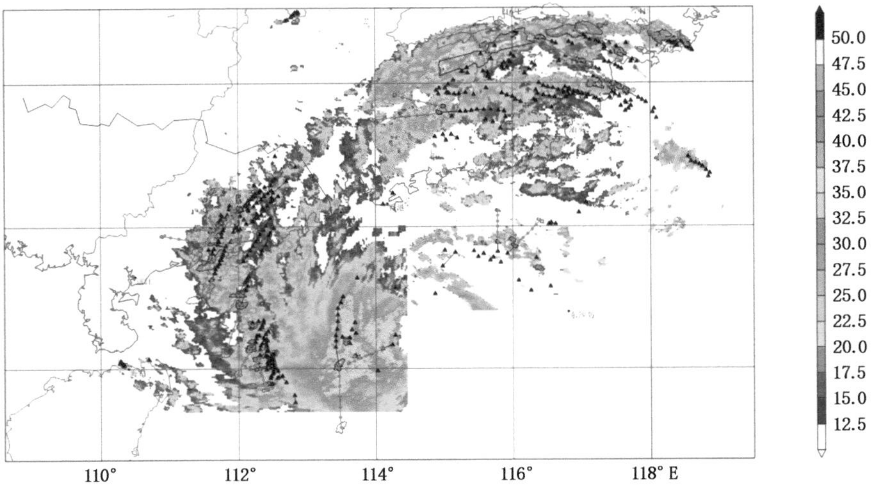

图 2　2008 年 9 月 23 日 0818UTC 热带气旋“黑格比”广东雷达拼图组合反射率因子(单位:dBZ)和 TITAN 算法的对流风暴的识别与追踪结果(三角形为历史对流风暴中心,红色圆点为预报对流风暴中心,黑色线为历史路径,红色线为预报路径,黑色多边形为当前时刻对流风暴边界,棕色多边形为预报对流风暴边界。)

格式数据文件,可直接与气象业务平台 MICAPS 衔接;该功能可以监测雷暴、闪电、冰雹、龙卷、大风、短时强降水和深对流云的最近 1,3,6,12,24 h 的分布,该功能根据资料的观测时次进行时间滑动监测;可以进行月、旬、候等强对流天气分布监测;也可以设置为任意时次、任意天数的强对流实况监测。图 3 为本软件监测的 2009 年 6 月 3—4 日大风、冰雹和短时强降水分布。

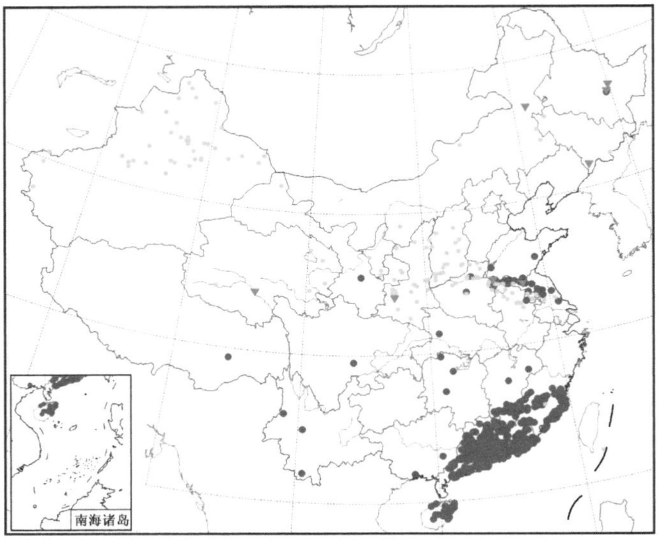

图 3　强对流天气监测功能监测的 2009 年 6 月 3 日 00UTC—4 日 00:00UTC 大风(淡蓝色六角形)、冰雹(红色倒三角)、短时强降水(≥20 mm · h^{-1},蓝色圆点)分布

新软件中增加了绘制风矢端图、格点图像、曲线、各种锋面和天气符号等新的图形类型，并在图形合并的基础上增加了图形组合功能。风矢端图可以更直观地了解垂直风切变大小和冷暖平流情况；格点图像直接使用格点数据文件绘制填充图像，不需要提取等值线，适用于格点数较多的数据绘图，比如卫星数据、雷达数据和高分辨率的数值模式数据等；格点图像可以根据需要选择图像透明度。图形组合功能可以把文字等图形对象与气象图形组合成一幅图形处理，方便编辑图形时的选定和移动操作。

新软件中用户可以根据需要选择地理区域裁剪图形（如图 1 中右侧上部图形为对中国陆地区域的裁剪），也可以自定义裁剪范围；裁剪操作既可以保留多边形内图形（比如中国陆地区域裁剪），也可以保留多边形外图形（比如青藏高原大地形裁剪等）。

新软件在图形输出操作中增加了一次操作可以生成多幅 EMF、GIF 或者 PNG 等格式图像，或者生成矢量格式的可保存多个页面的 Postscript 图形，也可以利用时间序列数据生成的一系列图像制作动画 GIF 文件等。

4 软件改进的算法

新软件中改进的算法主要有图形绘制、图形生成和离散点生成格点数据算法等。

新软件改进了图形的绘制方式。旧软件中只能使用 Windows GDI 进行绘图，新软件可使用 GDI 绘图也可使用 GDI＋绘图，默认使用 GDI＋绘图。GDI 绘图的优势是绘图速度较快、需要内存少，但绘制的图形没有线条和字体反走样，在计算机屏幕上图形显得较为粗糙，不精美；GDI＋绘图的优点是绘制的图形中线条和字体可以使用“反走样”功能，图形比较精美细腻，但绘图速度较慢、需要较多系统内存。由于目前计算机的速度和内存都有了很大提高，因此，新软件推荐使用 GDI＋绘图。

新软件对不同类型图形的生成也作了较大改进。对于等值线图形，等值线生成时可以处理缺测数据，在缺测格点处等值线自动中断、填充颜色默认使用白色显示。软件读取格点数据时，某个格点数值不小于 1E35，则认为该格点数值缺测。对于生成的等值线图形，用户不仅可以对等值线进行修改、等值线标值位置移动、格点数据显示和格点数据修改，也可以在编辑等值线图形时打开新的格点数据文件，提高了软件对图形的编辑能力。

新软件对不规则分布离散点填图图形的生成也作了改进。离散点填图图形既可以标注数值，也可以标注文本，还可以绘制风羽或者箭头矢量，这些改进极大地提高了软件的功能和灵活性。新软件中用户可以根据需要对数据文件进行编辑，用户还可以根据数据文件自主选择的数据所在列，也可以选择绘图的坐标范围（比如对于全球地面观测数据，可以只选择显示中国地理范围内的数据进行绘图）与填图数据的数值范围（比如可以选择只填图 50 mm 以上的降水数据等）。由于离散的数据点可能分布比较稠密，因此，在显示时可能较多的数据叠加在一起导致不能清楚显示离散点数据。新软件增加了自动设置离散点数据显示密度算法，用户放大图形时可显示的较多数据，缩小图形时可显示较少数据。用户可以自主选择是否使用此功能。

新软件除了在使用探空数据生成的 $T\_\mathrm{Log}p$ 图中增加了多个物理量值显示外，还增加了风矢端图、位温层结曲线、假相当位温层结曲线和饱和假相当位温层结曲线，并可以对这些曲线设置是否显示和线条类型。新软件可以任意选择和设置气块抬升曲线的起始气压、温度和露点温度。

新软件对地图图形进行了改进和完善。新软件中可以添加各国国界与国内的河流到地图中，也可以选择添加自定义的数据。此外，地图可以选择显示高分辨率或低分辨率地势，或者地势等值线（见图1中上）。

本软件可以在图形页面中使用鼠标直接绘制多种图形形状（比如直线、折线、多边形、三角形、矩形等），新软件中增加了对这些鼠标绘制图形控制点的编辑修改功能，并增加可以直接与气象图形合并的功能，方便用户直接标识气象图形的重点特征。

新软件中增加了流线图和格点矢量图相互转换功能。流线图属性编辑功能中增加了可设置流线箭头疏密和角度大小的选项。格点矢量图形编辑功能中增加了可以根据图形缩放大小自动设置矢量显示密度的算法，用户放大图形时可显示的较多格点矢量，缩小图形时可显示较少格点矢量；用户也可以选择是否使用此功能。在编辑流线图和格点矢量图形属性时，用户可以根据需要选择是否绘制 U、V 分量和风速的等值线。

本软件具有对不规则分布离散点数据进行格点化、绘制等值线功能，新软件改进了该算法。新软件中进行离散点数据格点化时可以选择是否为连续变量（比如温度、气压等）或者突变变量（比如降水、天气现象）。新软件中离散点格点化对话框中还提供了选择数据列的功能，用户可以对多列数据文件自主选择地理坐标和数值所在的数据列。

5 改进的软件操作

改进软件操作是为了使软件更方便简捷，包括提供多种途径实现一种操作、批量生成图形图像等。

新软件主窗口工具条按钮中增加了多个线条属性、文字属性、窗口缩放、属性编辑、坐标轴编辑、图形大小编辑等按钮，并有多个按钮可下拉菜单。在窗口查看方面，既可以选择页面显示，也可以选择不显示页面；既可以选择矩形区域放大到整个图形窗口，也可以拖动鼠标放大，还可以使用鼠标实时移动图形窗口显示内容。用户还可以选择最小化主窗口时隐藏主窗口，在双击 Windows 开始工具条右下方托盘中相应图标可以恢复主窗口。主窗口中还添加了资源管理器窗口和多剪切板窗口，用户可以在资源管理器窗口中直接启动客观分析进行数据处理或者 NCEP 数值模式资料处理等，多剪切板窗口可以记录用户的复制操作，类似微软 Office 中的多剪切板功能。

新软件中增加了用户是否选择把图形中的线条和文字随窗口缩放功能。这是一项非常实用的功能。在用户只需要查看气象物理量场分布细节时，选择不缩放线条和文字功能，这样在放大图形后，线条和文字不跟随放大，可以更清楚地展示气象物理量场的分布特征，这跟 MICAPS 的缩放功能是一致的；当用户需要制作高分辨率的图像时，需要选择缩放线条和文字功能，这样在图形放大后，线条和文字一起跟随放大，可以获得更高分辨率的图像，这跟 Surfer 软件的缩放功能是一致的。

新软件中增加了特定等值线和格点图像绘制功能，用户可以根据需求预先配置等值线属性和地图属性，在绘图时直接进行等值线或者格点图像绘制，并自动叠加地图。

新软件中增加了等值线、格点图像、流线、格点矢量和离散点填图等图形的数据编辑功能，可以进行数据编辑或者更改为新数据文件，这样可以在不改变图形设置情况下绘制新图形，方便用户操作。新软件中对所绘制的图形可以保存设置到用户指定文件中，用户可以在属性编辑对话框中直接打开用户所保存的图形设置文件。此外，在各种图形属性对话框中还增加了右键快捷菜单功能，方便用户选择绘图等值线间隔、填充颜色、线型、字体、颜色等。

新软件也增加了多个软件实例之间通信功能，这样可以实现多个软件实例之间的图形复制粘贴功能。

在数据处理方面，新软件也做了较大改进。新软件增加了批处理 NCEP 数据和雷达基数据功能；在格点物理量运算方面增加了多种物理量计算功能，比如大于阈值和小于阈值频率统计、X 与 Y 方向平均、计算水汽通量、假相当位温等。

6 未来发展

虽然新的客观分析诊断图形系统软件在天气分析方面功能已经较为成熟，但仍有许多不足之处。今后该软件还需要增加极轨气象卫星、MODIS 数据和雷达产品数据处理能力，也需要增加雷达基数据的 VAD 风场和水平风场反演算法；软件的绘制时间演变曲线功能尚不足，$T-\text{Log}p$ 图功能还有待进一步增强；软件还需要进一步改进命令行操作，需要增加绘制及输出图形命令，且需要增强图形批处理能力；软件也需要增加类似 MICAPS 中的综合图功能以方便用户使用；软件还可以进一步密切与天气业务数据环境的关系以增强业务数据的支持能力等。

7 总结

改进的客观分析诊断图形系统是一款具有较强数据处理能力、使用方便快捷的二维气象绘图和数据分析软件系统。目前该软件主要在国家气象中心强天气预报中心使用。若要获取该软件请与国家气象中心强天气预报中心联系。

改进的新软件中增加了多种数据接口，能够处理常规气象观测数据、MICAPS 格式数据、静止卫星、新一代天气雷达、V5D 格式数据和 NCEP 数值模式数据以及相应压缩格式的数据等。这进一步提高了该软件的数据处理能力，尤其是提高了强对流天气数据的分析处理能力。

改进的新软件功能得到了较大增强，增加了多种新算法，包括等熵面分析、CTREC 矢量计算、TITAN 对流风暴追踪、强对流天气的监测和统计、图形裁剪等。新软件中还增加了风矢端图、格点图像、曲线、各种锋面和天气符号等新的图形。

新软件也改进了原软件中的多种算法，包括等值线、流线、矢量、地图、不规则数据分布图等的生成、显示和编辑功能。新软件还改进了软件的数据处理功能和操作方式，使得软件的方便快捷性进一步增强。

参考文献

[1] 郑永光，王洪庆，陶祖钰，等. Windows 下二维气象绘图软件——客观分析诊断图形系统[J]. 气象，2002，28(3)：42-45.

[2] 郑永光，朱佩君，白洁，等. Windows 下静止卫星云图处理软件[J]. 气象，2003，29(6)：16-21.

[3] 刘淑媛，孙建，郭卫东，等. 多普勒雷达数据处理显示系统[J]. 气象，2004，30(7)：44-46.

[4] 郑永光,陈炯,王洪庆,等.一个气象数据分析绘图软件的设计与开发[J].应用气象学报,2004,15(4):506-509.

[5] 郑永光,陈炯,朱佩君.改进的静止卫星云图软件处理系统[J].气象,2007,33(12):103-109.

[6] 李月安,曹莉,高嵩,等.MICAPS预报业务平台现状与发展[J].气象,2010,36(7):50-55.

[7] Tuttle J D, Foote G B. Determination of the boundary layer airflow from a single doppler radar[J]. J Atmos Oceanic Technol, 1990, 7(2): 218-232.

[8] Dixon M, Wiener G. TITAN: Thunderstorm identification, tracking, analysis and nowcasting—a radar-based methodology[J]. J Atmos Oceanic Technol, 1993, 10(6):785-797.

[9] 韩雷,郑永光,王洪庆, 等. 基于数学形态学的三维风暴体自动识别方法研究[J]. 气象学报, 2007,65(5):805-814.

中尺度天气的高空地面综合图分析

张小玲　张涛　刘鑫华　周庆亮　谌芸　周晓霞　郑永光　赵素蓉

（国家气象中心，北京 100081）

摘　要　中尺度强天气的预报能力非常有限，一个重要原因是在业务预报中，缺乏对中尺度对流天气发生的环境场条件和发生发展特征进行及时有效的分析。本文介绍了国家气象中心正在试行的中尺度天气的天气图分析方法。中尺度天气的天气图分析主要利用探空资料和数值预报相关参量资料，分析中尺度对流天气发生发展的环境场条件，包括高空综合图分析和地面分析。在高空分析中重视风、温度、湿度、变温、变高的分析，并通过将不同等压面上最能反映水汽、抬升、不稳定和垂直风切变状况的特征系统和特征线绘制在一张图上形成综合图，以更直观的方式反映产生中尺度深厚对流系统发生发展潜势的高低空配置环境场条件。地面分析包括气压、风、温度、湿度、对流天气现象和各类边界线（锋）的分析。国家气象中心的强对流天气预报业务试验表明，中尺度天气的天气图分析已经成为强对流天气潜势预报的重要依据。

关键词　中尺度强天气　天气图分析　综合图

1　引言

中尺度强天气发生在一定的大尺度环流背景中，其直接制造者是中尺度对流系统。中尺度对流系统及其影响的中尺度天气的主要特征是生命史短、空间范围小，但天气变化剧烈。因此，预报员在进行与中尺度天气有关的暴雨、强对流等剧烈天气预报时，应更加关注比天气尺度观测网更小的天气系统，并且关注大气中瞬变的系统和微小的变化。中尺度天气预报是线性外推预报和大尺度模式预报的薄弱领域，预报困难，在当前和今后若干年，中尺度天气预报方法必定是客观和主观、定量和定性的结合[1]。因此，预报员的主观分析判断必不可缺，这迫切需要在业务中发展中尺度天气的各种分析技术。

1950 年代，Fujita 提出了中尺度分析的概念[2-3]。随着强对流预报的日益需求，中尺度分析技术在美国逐步发展起来。在对强对流天气的大量个例研究基础上，Miller[4] 和 Crisp[5] 总结出了中尺度强天气的天气型识别方法，即利用高空和地面观测资料分析中尺度对流系统发生发展的环境场条件，并在美国风暴预报中心（SPC）的强对流天气展望预报中应用。

1990 年代初，美国天气局在几个业务中心推行地面天气统一分析中，强调对干线、边界线等与中尺度系统发生发展相关的分析[6]。其业务上的中尺度客观分析主要利用具有快速资料

本文发表于《气象》，2010，36（7）：143-150。

融合更新能力的中尺度数值模式的分析和预报场，诊断反映中尺度对流系统发生发展的水汽、不稳定、抬升等条件的动力、热力物理参数，如对流有效位能(CAPE)、风切变等。

受观测资料的限制，我国的中尺度天气分析和发展与1960年代开始的多次中小尺度观测和预报试验密切相关。20世纪60年代初，在上海组织了华东地区中小尺度观测和预报试验；70年代末至80年代先后进行了湘中暴雨中尺度试验、华南前汛期暴雨试验、华东中尺度天气试验、京津冀地区的中尺度观测和临近预报业务试验等；1986—1990年期间，在京津冀、长江下游、珠江三角洲，以及长江中游地区建立了四个中尺度灾害性天气监测的预报试验基地[7]。在这些试验中，开展了利用卫星、雷达资料对中尺度对流系统的分析，以及利用高空地面观测资料对中尺度天气的环境场特征的个例分析。这些分析技术逐步被总结到天气图的分析技术中[8-11]。近年来，在暴雨、强对流等中尺度天气预报中越来越重视对中尺度天气的分析[12]，但是，受观测资料和天气分析平台支撑技术的局限，这些分析技术以个例分析和总结为主[13-15]，尚缺乏系统性的分析技术介绍，在业务预报中应用非常有限。因此，在我国的业务预报中，中尺度天气的主观分析还刚刚起步。在传统的天气图业务分析中，高空仅分析850，700，500 hPa的高度场和温度场，地面则以气压场的分析为主，综合考虑温度等条件辅助锋的分析。这已经不能满足中尺度对流天气预报的需求。

在中尺度对流天气的预报中，包括两个方面的分析和诊断：以天气型识别和对流系统识别为主的主观分析和以动力热力物理参数诊断为主的客观分析。动力热力物理参数诊断主要利用各类观测资料和数值模式输出产品进行如可降水量(PWAT)、水汽输送通量、对流有效位能(CAPE)等物理参数的诊断，以定量判断反映中尺度对流系统发生发展的水汽、不稳定、抬升等条件。物理参数的诊断分析主要通过开发各类算法，实现自动的客观分析。

中尺度天气主观分析是利用各种高空和地面观测资料、雷达和卫星等遥感探测资料、数值预报输出资料等分析中尺度对流系统的发生发展特征及其环境场条件。因此，中尺度天气主观分析包括三个部分：天气图分析、探空图分析和中尺度系统分析。天气图分析通过地面、高空常规和加密观测以及自动站观测资料的分析和数值预报相关参量的分析，寻找中尺度天气系统发生发展的各种环境场条件，以确定中尺度天气发生的潜势。探空分析则利用探空资料，侧重对中尺度系统发生发展的局地垂直环境场特征进行分析，以在短时效内确定中尺度天气发生的潜势。中尺度系统分析主要利用雷达和卫星等遥感探测资料对产生中尺度天气的中尺度对流系统的发生发展特征进行分析，以判断中尺度天气发生的确定区域和确定时间。

本文介绍目前已在国家气象中心强对流天气业务预报中应用的中尺度天气的天气图分析技术。业务预报中，中尺度天气的天气图分析要求高度组织化的综合图分析方法。综合分析图包括高空综合分析图和地面分析图。

2 高空分析

高空分析一般间隔12 h分析，在有加密探空时，增加加密时次的分析。分析范围根据中尺度天气发生发展的情况而定。通常在暴雨、强对流等中尺度对流天气可能发生的重点区域分析。

高空分析的要素包括风、温度、湿度、变温、变高、温差等，分析主要集中在对流层低层、对流层中层和对流层高层的特征等压面上。以东部低海拔地区为例，对流层低层的分析包括

850 和 700 hPa 分析，当 850 hPa 急流或其他系统不明显时，在地势平坦地区增加 925 hPa 的分析，分析内容与 850 hPa 相同。对流层中层和高层的分析则分别集中在 500 hPa 和 200 hPa。下面以东部低海拔地区为例，介绍风、温度、湿度等物理量场在对流层低层、中层和高层的主要分析内容。

2.1 风

风场的分析是为了寻找低层的辐合区、高层的辐散区以及高低空的垂直风切变。因此，风场的分析包括切变线（辐合线）、急流和显著流线分析。

当 850 hPa 或 925 hPa 有多个连续测站风速超过 12 m·s^{-1}时，分析低空急流。在 700 hPa 则风速达到 16 m·s^{-1}时，分析低空急流。500 hPa 风速达到 20 m·s^{-1}时，分析中空急流。200 hPa 风速达到 40 m·s^{-1}时，分析高空急流，同时用等风速线标注急流核。急流核的分析可以判断高层的强辐散区。通过对流层高、中、低层的急流分析，可以定性判断低层的辐合区和高层的辐散区，同时可以判断不同高度气层的垂直风切变状况。

当风速未达到低空急流的标准，但有风速明显比周围大的最大风带出现，且位于干湿气流区之间，或者位于切变线、靠近急流轴的位置时，分析显著流线。对流通常在对流层低层的强的辐合区附近发生和发展。当对流层低层风具有明显的风向气旋性切变时，沿风的交角最大（风向改变最大）的位置分析切变线；当风具有明显的风速辐合时，沿最大风速的前端分析辐合线。在分析切变线（辐合线）时，辅助以显著流线的分析可以帮助确定低层的最大辐合区。

图 1 是 2009 年 7 月 23 日 08 时的 850 hPa 和 200 hPa 风场分析。850 hPa 切变线和显著流线分析表明，在华北上空大气低层辐合最强，辅助 200 hPa 的急流分析则可判断，该地区高层的强辐散将有利于强迫出强的上升运动，并且存在强的垂直风切变。

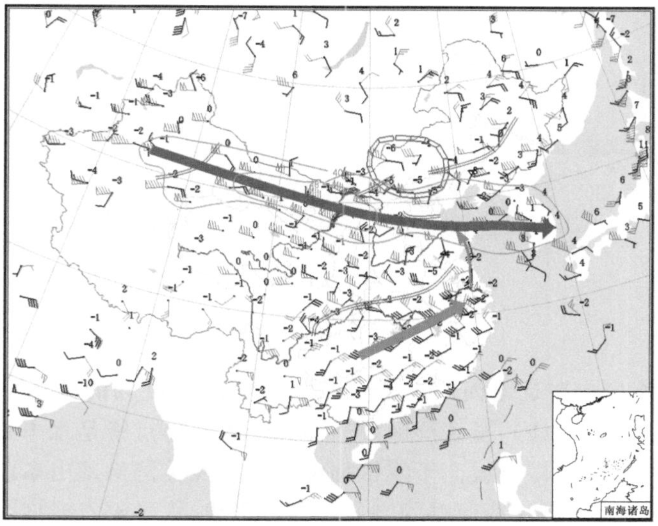

图 1 2009 年 7 月 23 日 08 时风场分析，黑色、兰色风标分别为 850 hPa 和 200 hPa 风(m·s^{-1})，黑色标值为 500 hPa 的 24 h 变高(dgpm)

850 hPa 急流，850 hPa 显著流线，850 hPa 切变线，200 hPa 急流，500 hPa 的 24 h 负变高线，200 hPa 等风速线

2.2　温度

温度场的分析是为了判断低层的暖空气和中高层的冷空气。因此，在对流层低层，分析温度脊（暖脊），在中层分析温度槽（冷槽）。暖脊是指从高温区中延伸出来的狭长区域。从暖中心出发，沿等温度线曲率最大处分析暖脊。从冷中心出发，沿等温度线曲率最大处分析冷槽。暖脊的分析可以判断由低层增暖引起的不稳定。冷槽的分析则可以判断中层的干冷空气侵入导致上冷下暖引起的不稳定。

温度场的另一个重要分析内容是对流层中层的变温分析，用以确定表征冷平流的显著降温区。在低海拔地区，当冷空气比较深厚时，700 hPa 的变温也能很好表征冷平流。夏半年通常分析 24 小时变温，冬半年分析 12 h 变温。

图 2 对 7 月 23 日 08 时 500 hPa 温度场和 24 h 变温分析显示，在华北上空冷空气活动强烈。干冷空气的侵入将有利于华北上空形成上冷下暖的不稳定。

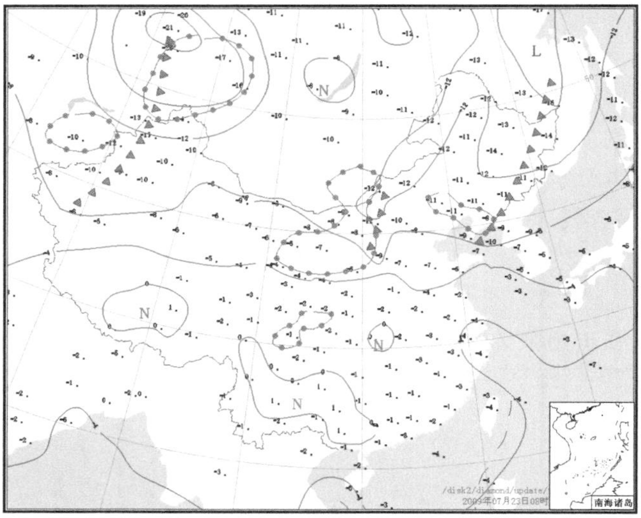

图 2　2009 年 7 月 23 日 08 时 500 hPa 温度（黑色标值，℃）场分析

———等温度线，▼▼▼▼冷槽，-◆◆◆◆-显著降温区

2.3　湿度

大约 70% 的水汽集中在近地面的 3 km 以内。因此，湿度场的分析主要在 700 hPa 及以下，分析内容包括露点锋（干线）、显著湿区（湿舌）和干舌。露点锋是水平方向上的湿度不连续线。露点锋的一种特殊形式即干线。干线最初特指发生在美国洛基山东侧的大平原地区。其一侧是暖而干的空气，另一侧是冷而湿的空气。穿过干线，水平露点温度变化剧烈。干线两侧的露点温度可相差 14 ℃/(500 km) 以上。干线是具有自身垂直环流的中尺度系统，垂直伸展高度达地面 1～3 km。干线可导致强烈的对流风暴，是对流的触发机制之一。沿湿度梯度最大处分析干线（露点锋）。当有显著流线自干线（露点锋）的干区一侧吹向湿区时，强对流天气易发生。

在 850 hPa 以下，显著湿区(湿舌)通常指温度露点差低于 5 ℃的区域。为了表征湿程度，在温度露点差小于等于 5 ℃的区域，间隔 2 ℃分析一条等温度露点差线，如 1 ℃，3 ℃，5 ℃。当 700 hPa 温度露点差($T-T_d$)大于 6 ℃，或相对湿度(RH)小于 50%时，分析干舌。

图 3 是 7 月 23 日 08 时 700 hPa 和 850 hPa 的湿度场分析。等露点温度线分析显示，华北上空的 700 hPa 露点温度水平梯度大，最强处两个探空站之间露点温度相差 20 ℃以上，梯度最大处的西北侧是干暖空气，东南侧是湿冷空气，在该处可分析干线。

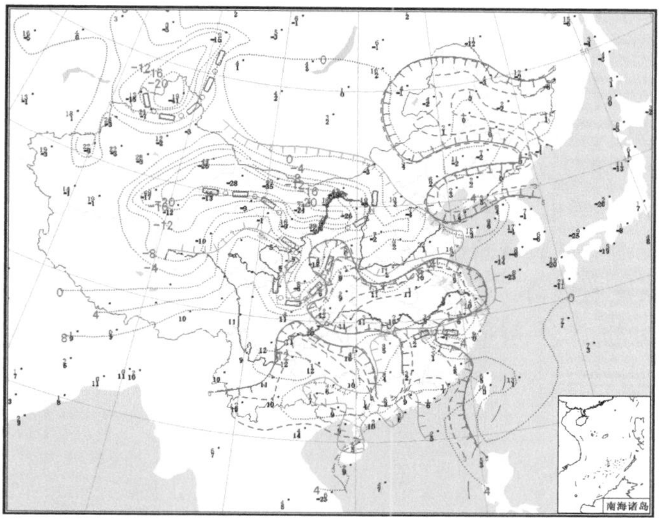

图 3　2009 年 7 月 23 日 08 时湿度场分析，黑色标值为 700 hPa 露点(℃)，兰色标值为 850 hPa 温度露点差(℃)

…………等露点温度线，— — — —等温度露点差线，850 hPa 湿舌，700 hPa 干舌，700 hPa 露点锋(干线)

2.4　温度差

对流层低层和中层的温度差，如 850 hPa(或 700 hPa)与 500 hPa 温度差可反映大气的稳定度。当 850 hPa 与 500 hPa 的温度差超过 25 ℃时，就有可能出现对流，此时可间隔 2 ℃分析等温度差线。此外，利用 850 hPa 与 500 hPa 的假相当位温差也可分析大气的稳定度。

2.5　变高

变高分析通常仅在对流层中层，如 500 hPa 做等 24 h 变高分析。负变高最大区是长波槽和短波槽移动位置的重要线索，也大致是最大正涡度区。负变高线可间隔 3 dgpm 分析，如－3 dgpm，－6 dgpm 等。在图 1 中，500 hPa 变高分析显示在华北北部 24 h 负变高达到－6 dgpm，表明在未来数小时槽将在该地区维持或发展。

2.6　综合图

中尺度对流天气的发生与高低层不同性质空气的叠加有很大关系，低层暖湿、中层干冷使大气变得不稳定是产生中尺度的对流上升运动的重要原因，它与风的垂直切变构成对流系统发生发展的重要因素。因此，在中尺度天气的潜势分析中，将各等压面上的主要系统和特征线叠加在同一张图上，以便直观分析高低空的配置关系。

中尺度对流系统的发生通常在不同性质气团的交界面，如上干冷、下暖湿，或干暖气团与湿冷气团的交界面。因此，在综合图制作中，其分析原则是在各层分析基础上，将最能反映暖湿、干冷、干暖和湿冷四种不同性质气团特征的天气系统和特征线制作在同一张图上。同时应兼顾图形简单和美观的原则。目前的 MICAPS 系统已经实现综合图制作的功能。在实际分析中，各等压面的分析结束后，可以数据文件方式存储各等压面分析结果。当各等压面分析结束后，可将所有等压面分析的数据文件调入同一个 MICAPS 分析界面，再根据分析的中尺度天气系统的特征，保留各等压面上最能反映所分析中尺度天气系统发生发展环境场特征的系统和特征线。如夏季冰雹天气的发生通常与对流层中层的降温有很大关系，则在综合图上保留 500 hPa 的 24 h 显著降温线。此外，反映水汽条件的低层湿舌，反映不稳定和抬升环境特征的低层干线、切变线、急流等也应视情况保留。

此外，高空综合分析图上还应视情况标注过去 12 h 500 hPa 槽线、700 hPa 或 850 hPa 切变线位置，以动态分析系统的移动。

图 4 是 2009 年 7 月 23 日 08 时的中尺度天气高空综合分析图和 08 时至 20 时期间的冰

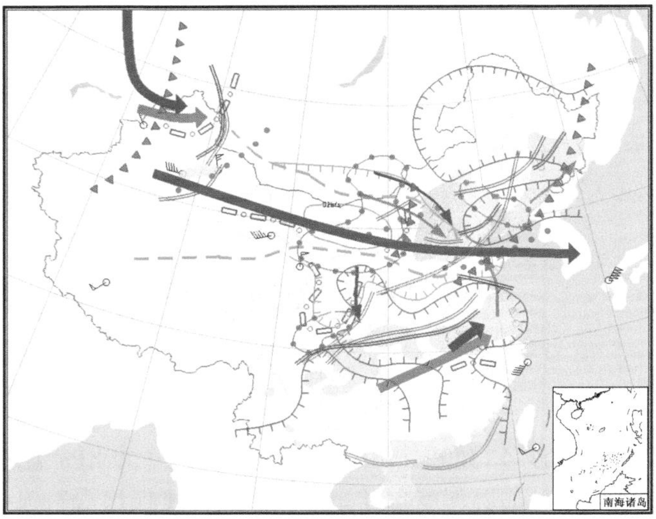

图 4　2009 年 7 月 23 日 08 时高空综合图

850 hPa 急流，850 hPa 显著流线，850 hPa 切变线，
700 hPa 急流，700 hPa 显著流线，700 hPa 切变线，
500 hPa 急流，500 hPa 显著流线，500 hPa 切变线，
200 hPa 急流，500 hPa 冷槽，500 hPa 显著降温区，
850 hPa 湿舌，700 hPa 干舌，700 hPa 露点锋(干线)，
700 hPa 与 500 hPa 温度差大于 20 ℃，925 hPa 切变线，
200 hPa 等风速线；08—20 时冰雹区，08—20 时大风(风速≥17 m · s^{-1})区，
08—20 时短时强降水区(1 h 降水≥20 mm)。

雹、大风和短时强降水的分布。在40°N附近，200 hPa高空急流横贯我国东西部，沿急流带及其附近区域风的垂直切变强。华北地区正好位于高空急流左侧的急流核前部，处于高层的强辐散区。在对流层低层有切变线存在，且与中层的切变线形成前倾槽结构。大尺度的抬升条件和垂直风切变条件均有利于对流的发生和发展。850 hPa的暖脊和500 hPa的显著降温区以及500 hPa冷槽均位于华北西部，表明该地区空气具有下暖上冷的特性，气层很不稳定，700 hPa与500 hPa的温度差超过了20 ℃，并且中层的降温明显，有利于冰雹的发生。在850 hPa从东北方向和南面有湿舌向华北侵入，而700 hPa华北上空则为干舌控制。在华北西部有干线存在，且有显著流线自干区穿越干线。通过综合图分析，预报员可以直观判断低层的暖湿、中层的干冷特性以及气层的不稳定状态。高低空风形成的低层辐合和高层辐散的强上升运动区则对于判断已经发生的对流是否发展和维持有重要作用。

在业务预报中，中尺度的主观综合分析天气图为彩色，其分析符号参考图5。

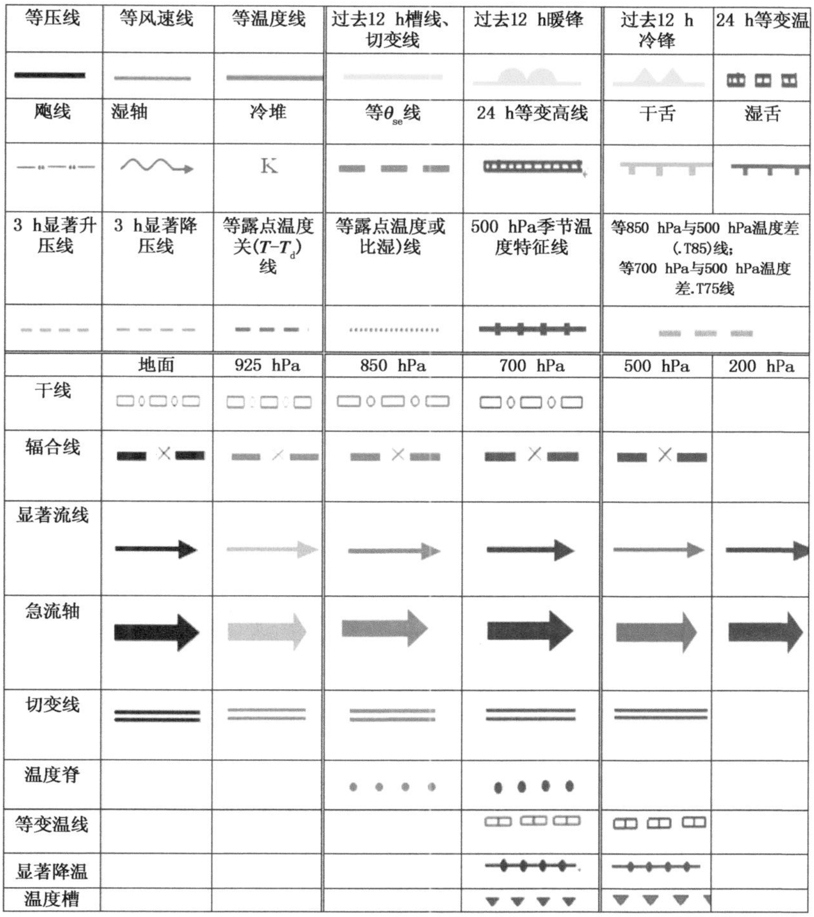
等压线
等风速线
等温度线
过去12 h槽线、切变线
过去12 h暖锋
过去12 h冷锋
24 h等变温
飑线
湿轴
冷堆
K
等θ_{se}线
24 h等变高线
干舌
湿舌
3 h显著升压线
3 h显著降压线
等露点温度差(T-T_d)线
等露点温度或比湿)线
500 hPa季节温度特征线
等850 hPa与500 hPa温度差(.T85)线；等700 hPa与500 hPa温度差.T75线
地面
925 hPa
850 hPa
700 hPa
500 hPa
200 hPa
干线
辐合线
显著流线
急流轴
切变线
温度脊
等变温线
显著降温
温度槽

图5 中尺度天气的天气图分析符号

3　地面分析

地面分析的内容主要包括海平面气压、3 h 变压、风、温度、湿度、天气现象等。一般间隔 3 h 分析，必要时 1 h 分析。其分析范围根据中尺度天气发生发展的情况而定。通常在暴雨、强对流等中尺度对流天气可能发生的重点区域分析。

3.1　气压

海平面气压分析在天气分析中占有重要地位。通过等压线分析可以看出气压在海平面上的分布，可表示大范围的气流情况。在中尺度天气的分析中，为了分辨出尺度更小的系统，通常在等压线的分析中，分析间隔 1 hPa 甚至 0.5 hPa。其他如等压线分析的技术规定、气压中心的分析等与大尺度的天气分析一致。

在气压场的分析中，3 h 变压（$\Delta P3$）的分析不仅对未来气压系统的变化和移动有明显的指示作用，通过分析显著升压区和显著降压区，可确定中尺度锋面的位置。等变压线每隔 1 hPa 分析，正（负）变压中心区即为显著升（降）压区。当雷暴发生后，地面气压显著升高，这对于判断中尺度锋面的移动或出流边界、判断中尺度对流系统的发展有重要指示意义。

3.2　风

地面风场的分析包括辐合线和显著流线分析。对流通常在地面辐合线附近发生发展。当地面风具有明显的风向气旋性切变时，沿风的交角最大（风向改变最大）的位置分析辐合线。当地面风具有明显的风速辐合时，沿最大风速的前端分析辐合线。在分析辐合线时，辅助以地面显著流线的分析可以帮助确定地面最大辐合区。当有多个连续测站出现同向大风速，且位于辐合线附近即可分析显著流线。

3.3　温度

在地势平坦的地区，可间隔 2 ℃分析等温度线。通过等温度线的分析，确定地面温度梯度最大区，可辅助确定地面冷锋的位置。地面温度分析的另一个重要分析内容是温度脊（暖脊）。暖脊是指从高温区中延伸出来的狭长区域，通过将各等温度线曲率最大处连线确定暖脊。暖脊的分析可以判断由地面增暖引起的气层的不稳定。

3.4　湿度

湿度场的分析主要是为了分析露点锋（干线）和显著湿区。露点锋（干线）和显著湿区（湿舌）的分析方法与高空上的分析相同。

3.5　天气区

中尺度天气分析中，天气区的分析是为了监视已经或正在发生的对流或强对流天气，进而判断中尺度对流系统的发生和发展。当出现雷暴、大风、冰雹、短时强降水（20 $mm \cdot h^{-1}$，西部干旱地区可考虑 10 $mm \cdot h^{-1}$）等对流或强对流天气时，标注天气区。当出现零星的天气时在发生地标注对应天气符号。当出现成片的天气时，将发生区域用浅灰色阴影覆盖，并在阴影区中心标注天气符号。

3.6 边界线(锋)

锋的分析是地面分析中的重要内容。水平锋的两侧各种气象要素急剧变化。在中尺度天气的分析中,当气象要素的变化幅度达不到锋的分析要求时,分析由温度、露点、气压、风、天气、云覆盖等的不连续产生的各种边界线也很重要。

锋的动态分析对于判断系统的移速有重要意义。因此,地面分析图上还应标注过去 3 h 或 1 h 锋面位置。

图 6 是 2009 年 7 月 23 日 20 时中尺度天气的地面分析。在华北的冰雹、大风等强对流发生区的南侧是地面辐合线和干线所在的位置。该地区也是等温度线最密集的地区,辐合线南侧有大量积云发展,北侧是雷暴大风发生导致的地面显著增压。因此,在温度、露点温度、风、云覆盖、气压的不连续线(边界线)附近分析中尺度锋面,新的对流将在该地区发生发展,强对流区也将缓慢向南侵入。

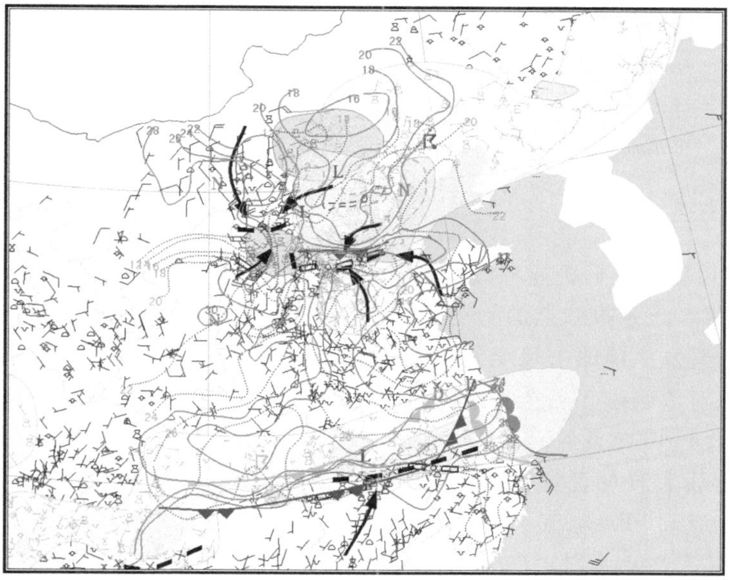

图 6 2009 年 7 月 23 日 20 时地面天气图

等露点温度线,等温度线,显著降压线,显著升压线,显著流线,辐合线,冷锋,暖锋,过去 6 h 冷锋,过去 6 h 暖锋,冰雹区,雷暴区,大风(风速≥17 m·s^{-1})区,短时强降水区(1 h 降水≥20 mm)

4 业务应用

2009 年 4—9 月,国家气象中心在强对流天气预报业务中,开展了中尺度天气的天气图分析业务试验,建立了以中尺度天气的天气图分析和客观物理量诊断分析为基础的短时和短期强对流天气潜势预报业务流程。图 7 是目前业务预报中使用的气象信息综合分析预报系统(MICAPS)第 3 版的中尺度天气分析工具箱界面。该工具箱已实现了图 5 所示的各种标识符号的方便快捷绘制,并可以将分析结果以数据和图形两种文件方式存储,便于多次调用、多系统显示。

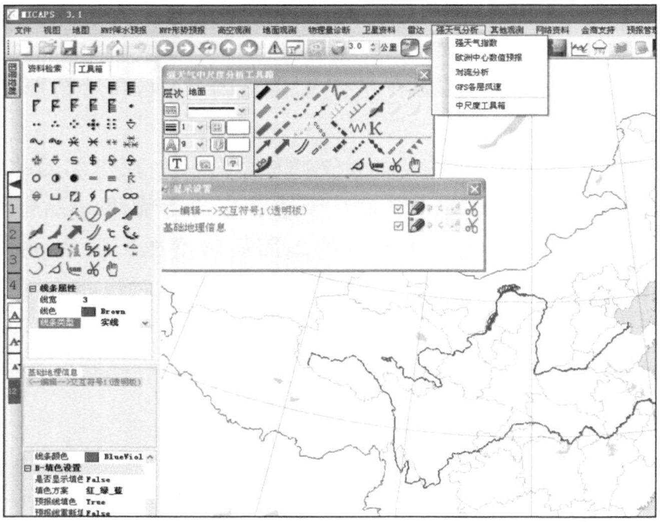

图 7　MICAPS_3 的中尺度天气图分析界面

2009 年的中尺度天气分析业务试验表明,中尺度天气的天气图分析比较有效解决了强对流天气的潜势预报缺乏预报依据的问题。图 8 是 2009 年 6 月 14 日午后和夜间华东地区的大风、冰雹强对流天气发生前的中尺度天气的高空综合图。与图 4 所示的 7 月 23 日的强对流天气类似,华东的强对流区位于高空急流核的左前侧,高空急流为强对流的发生提供了强的大尺度抬升条件和垂直风切变条件。850 hPa 切变线则在低层为对流的发生发展提供了抬升条件。850 hPa 的湿舌和暖脊表明该地区低层空气暖湿。700 hPa 干舌和 500 hPa 的冷槽则表明高层是干冷的。700 hPa 与 500 hPa 的温度差也表明华北西南部、华中北部和华东地区气层不稳定。而干线的存在则为对流的发生发展提供了中尺度的抬升条件。该综合图很清晰反映了在华北南部、华中北部和华东地区深厚对流系统发生的水汽条件、抬升条件、不稳定条件和垂直风切变。预报员利用该分析方法对此次强对流天气做出了准确的预报。

5　结论和讨论

中尺度强天气的预报是天气预报的难点之一。与寒潮、稳定性降水等相比,局地短时暴雨、强对流等中尺度强天气的预报能力非常有限,一个重要原因是在业务预报中,缺乏对中尺度对流天气发生的环境场条件和发生发展特征进行及时有效的分析。本文介绍了国家气象中心正在试行的中尺度天气的天气图分析。主要结论如下。

(1)中尺度天气的天气图分析主要利用探空资料和数值预报相关参量资料,分析中尺度对流天气发生发展的环境场条件,包括高空综合图分析和地面分析。

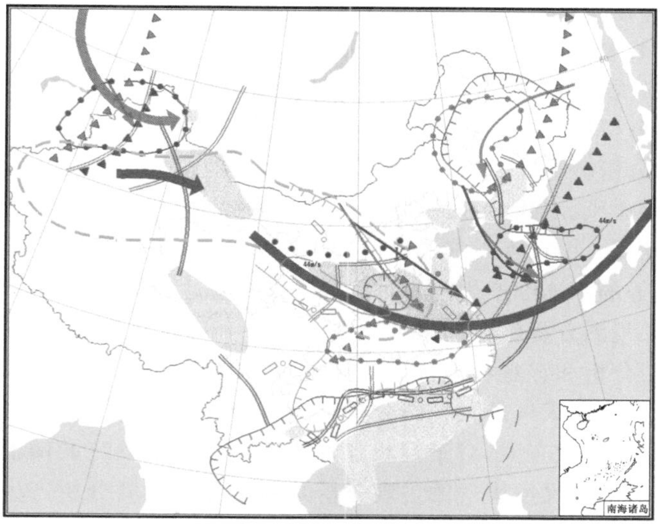

图 8　2009 年 6 月 14 日 08 时高空综合图

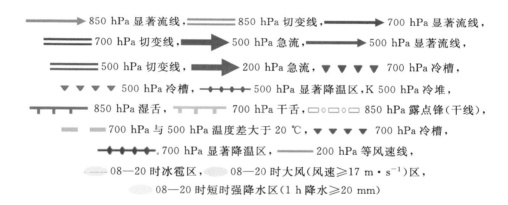

850 hPa 显著流线，850 hPa 切变线，700 hPa 显著流线，
700 hPa 切变线，500 hPa 急流，500 hPa 显著流线，
500 hPa 切变线，200 hPa 急流，700 hPa 冷槽，
500 hPa 冷槽，500 hPa 显著降温区，K 500 hPa 冷堆，
850 hPa 湿舌，700 hPa 干舌，850 hPa 露点锋(干线)，
700 hPa 与 500 hPa 温度差大于 20 ℃，700 hPa 冷槽，
700 hPa 显著降温区，200 hPa 等风速线，
08—20 时冰雹区，08—20 时大风(风速≥17 $m \cdot s^{-1}$)区，
08—20 时短时强降水区(1 h 降水≥20 mm)

(2)中尺度天气的高空天气图分析重视风、温度、湿度、变温、变高的分析。在近地面 3 km 以内的对流层低层，利用风场分析低空急流、切变线(辐合线)以寻找低层的辐合区，并辅助显著流线的分析以确定低层的强辐合区；利用温度场分析暖脊以确定低层增暖产生的上冷下暖的对流不稳定条件以及低层的暖平流；利用湿度场分析干线、湿舌和对流层低层上部的干舌，以确定低层的水汽条件，并综合低空急流和显著流线确定低层的水汽输送状况。在对流层中层(如 500 hPa)和高层(如 200 hPa)分析中空急流和高空急流以判断中上层的辐散区，与低空急流配合判断具有低层辐合高层辐散的大尺度强迫产生的强上升运动区。在对流层中层(如 500 hPa)分析 24 h 变高，以判断未来槽的移动速度；分析 850 hPa(或 700 hPa)与 500 hPa 的温度(假相当位温)差，以判断气层的稳定性；利用温度场分析冷槽，以判断冷空气的活动，并辅助 24 h(12 h)变温分析，以判断冷空气活动的强弱。当冷空气比较深厚时，可利用 700 hPa 的冷槽和变温分析判断冷空气活动及强度。

(3)高空天气图分析最终形成综合图，通过将不同等压面上最能反映水汽、抬升、不稳定和垂直风切变状况的特征系统和特征线绘制在一张图上，以更直观的方式反映产生中尺度深厚对流系统发生发展潜势的高低空配置环境场条件。

(4)中尺度天气的地面天气图分析内容包括气压、风、温度、湿度、对流天气现象和各类边界线(锋)的分析。气压分析中要求等压线分析间隔较常规天气图的更小,以发现中尺度的高压和低压;利用风场分析辐合线,并辅助显著流线的分析,以判断最有利于对流发生发展的强辐合区;利用温度场分析暖脊以判断热对流最可能启动的位置;利用湿度场分析干线和湿舌;利用雷暴、冰雹、雷暴大风、飑线、短时强降水等对流和强对流天气现象的分析,以监视中尺度对流系统的发生和发展。中尺度天气的地面天气图分析中,不仅要分析各类锋,温度、露点、气压、风、天气、云覆盖等的不连续产生的各种边界线的分析也很重要。

中尺度天气的天气图分析已在国家气象中心的强对流天气预报业务中试用,并建立了以中尺度天气的天气图分析和客观物理量诊断分析为基础的短时和短期强对流天气潜势预报业务流程。试验表明,中尺度天气的天气图分析已经成为强对流天气潜势预报的重要依据。但该分析方法应用时间还比较有限,对于判断各种特征线和特征系统的阈值区间尚有待于进一步的研究和试验。此外,中尺度天气的主观分析是利用各种资料分析产生中尺度对流系统的环境场条件及其发生发展特征。本文仅介绍了利用高空地面观测资料和数值预报相关参量的天气图分析,该分析仅能判断中尺度对流系统发生潜势的高低空天气型配置的环境场条件。对于中尺度对流系统发生发展的中尺度垂直环境场条件和动力热力条件诊断尚有待于发展和完善中尺度的探空图分析技术。为了解决临近预报的需要,利用雷达、卫星等遥感探测资料的中尺度对流系统发生发展分析技术也有待继续完善和发展。

参考文献

[1] 陆汉城.中尺度天气原理和预报[M].北京:气象出版社,2000,1-297.

[2] Fujita T. Results of detailed synoptic studies of squall lines[J]. Tellus,1995,7(4): 405-436.

[3] Fujita T. Mesoanalysis: An important scale in the analysis of weather data[J]. Weather Bureau research paper No. 39, 1956,1-84.

[4] Miller R C. Notes on ananlysis and severe-storm forecasting procedures of the Air Force Global Weather Central, Technical Report 200 (Rev). Air Weather Service (MAC) United States Air Force, 1972.

[5] Crisp C A. Training guide for severe weather forecasters. 11th Conference on Severe Local Storms of the American Meteorological Society, Kansas, USA, 1979.

[6] Uccellini L W, Corfidi S F, Junker N W, et al. Report on the surface analysis workshop at the National Meteorological Center 25-28 March 1991[J]. Bull Amer Meteor Soc, 1991,73:459-471.

[7] 陶诗言,周秀骥.大气科学,20世纪中国学术大典[M].福州:福建教育出版社,1999,1-155.

[8] 章淹.中尺度天气分析[M].北京:农业出版社,1965,1-106.

[9] 寿绍文,刘兴中,王善华,等.天气学分析基本方法[M].北京:气象出版社,1993,1-178.

[10] 寿绍文,励申申,徐建军,等.中国主要天气过程的分析[M].北京:气象出版社,1997,1-138.

[11] 乔全明,阮旭春.天气分析[M].北京:气象出版社,1990,1-327.

[12] 漆梁波,陈雾.上海局地强对流天气及临近预报要点 [J].气象,2009,35(9):11-17.

[13] 盛日锋,王俊,龚佃利,等.山东一次飑线过程的中尺度分析 [J].气象,2009,35(9):91-97.

[14] 刘兵,戴泽军,胡振菊,等.张家界多各例降雹过程对比分析 [J].气象,2009,35(7):23-32.

[15] 何群英,东高红,贾慧珍,等.天津一次突发性局地大暴雨中尺度分析 [J].气象,2009,35(7):16-22.

基于“配料”的暴雨预报

张小玲[1]　陶诗言[2]　孙建华[2]

（1 国家气象中心，北京 100081；2 中国科学院大气物理研究所，北京 100029）

摘　要　本文介绍一种使用显著“配料”进行暴雨预报的方法。2007 年和 2003 年的暴雨个例分析表明，我国主要的几类暴雨发生过程中具有一些共同的动力、热力特征，表征深厚湿对流发生发展的物理“配料”具有明显的演变特征。综合环境场动力、热力条件配置和物理“配料”分析了暴雨的“配料法”主观预报思路。并利用数值模式输出产品追踪有利于暴雨发生的“配料”演变发展了“配料法”暴雨客观预报方法，应用于国家级降水预报业务中。

关键词　配料　暴雨　预报

1　引言

传统的暴雨预报中，从天气型中概括出一些典型天气型，并根据这些典型天气型做预报。天气型预报方法有一定的参考价值，但预报员不能过分依靠它。有时，实际出现的天气与典型天气型相差甚远，但仍出现暴雨，这样就会出现漏报；有时，实际出现的天气型与典型天气型完全一样，却不出现暴雨，就会出现空报。

随着数值预报的发展、观测手段的提高，在暴雨的业务预报中，预报员不仅能获得传统的地面、高空观测资料和卫星、雷达等遥感资料，还能获取确定性的高时间和空间分辨率的单模式数值预报产品和集合预报产品，这些数值预报产品既包括对风、温度、湿度、气压等的预报，还包括不同性质降水的定量预报。目前，数值预报模式的预报结果已经能用于诊断暴雨和强对流预报所需的各种参数（如探空曲线等）。在有效的数值模式预报的基础上，有必要对我国目前短期天气预报方法做一些改进，即改变预报思路，从天气型的预报方法改变成以模式释用为主的预报。

2　方法

1996 年，Doswell 等[1]结合 Chappel[2]和 Johns 等[3]的工作提出了一种新的用于产生暴洪的暴雨预报方法——“配料法”（ingredients－based methodology）。该方法从天气学的观点入手，考虑降水为累积量，它与降水持续的时间和降水率有关，而降水率与水汽的垂直输送成正

本文发表于《大气科学》，2010，34（4）：754-766。

比。因此，某场降水(P)可表示为

$$P = \int_{t_1}^{t_2} Eqw\,\mathrm{d}t \tag{1}$$

这里，q 是比湿，w 是上升速度，E 是比例系数，表示从云里落到地面的降水量与进入暴雨区上空的水汽总量之比。

从式(1)可知，降水量决定于上升速度、水汽的供应量以及降水持续的时间，最强降水量出现在水汽垂直输送最大且降水持续时间最长的地方。也就是说，当某地的水汽很充足，或者具有强烈的抬升条件(如地形、潜热释放、大尺度强迫等)，或者产生暴雨的中尺度对流系统持续发生发展，都有可能出现剧烈降水。“配料法”提出后，很快被应用于美国的冬季降雪和降水的预报[4-5]。

“配料法”强调在暴雨的预报中，抓住暴雨发生发展过程中影响水汽垂直输送的主要动力、热力条件和环境场配置。本文从有利于暴雨发生的环境场条件持续或反复在同一地区出现，阐述持续性强降水的预报。从暴雨发生的动力、热力条件耦合阐述一次暴雨过程的判识，从利用数值模式输出产品对暴雨基本“配料”的诊断，阐述基于物理量演变的“配料法”暴雨预报技术。

3　大范围持续性致洪暴雨的多尺度系统协同作用

我国的大范围致洪暴雨主要为受台风影响的暴雨和持续性的天气尺度型暴雨[6-7]。持续性的天气尺度暴雨以准静止锋型暴雨为主，如发生在 5—6 月的华南梅雨锋上的致洪暴雨和发生在 6～7 月的江淮流域梅雨锋上的致洪暴雨。对于这类暴雨的预报，由于其环流背景稳定持续，大尺度强迫明显，数值模式对该类天气的定量降水预报精度比较高，在业务短期预报中具有较高的预报技巧。但是，这类暴雨的持续性问题是困绕中期预报的主要问题。如何根据多类天气尺度系统的诊断分析，判别暴雨的持续性是解决该类暴雨预报的主要问题。

张顺利等[8]、陶诗言等[6,9]在对我国江淮流域和华南致洪暴雨的分析中指出，夏季导致流域性洪涝的持续性暴雨是西太平洋副热带高压(简称副高)、季风涌、冷空气以及青藏高原东传的短波槽协同作用的结果。2003 年梅雨期间淮河流域持续性的强降水导致该地区出现了继 1991 年后最强的大洪水，这次持续性强降水过程同样反映出多尺度系统的协同作用。在 6 月 29 日至 7 月 11 日期间，淮河出现了三次大范围持续性的暴雨过程(图 1)。在持续性强降水发生期间，反映西太平洋副热带高压位置的 588 dagpm 等高线位于 25°～30°N 和 120°～130°E，表明 6 月下旬至 7 月上旬淮河流域位于副高西北侧、西风带南缘之间的剧烈天气发生的高危险区域。季风涌向北的位置和影响淮河流域的时间与淮河的持续性暴雨过程有很好的对应关系。当副高位置稳定、季风涌持续影响淮河流域期间，冷空气的活动决定了暴雨的发生时间。虽然，三次持续性暴雨过程期间冷空气的活动路径有所不同，但与三次冷空气活动影响淮河流域的时间有很好一致性(图 1c)。三次强降水过程同时对应有青藏高原上东移的中尺度系统影响梅雨锋(图 1h)。

2003 年淮河流域的持续性暴雨过程说明，当有利于降水的行星尺度的环流背景建立并稳定后，有利于暴雨发生的天气尺度和中尺度环境场条件的反复重建，是产生持续性暴雨的重要原因。因此，监视和诊断持续性暴雨的环境场“配料”条件是进行导致流域性洪水的持续性暴

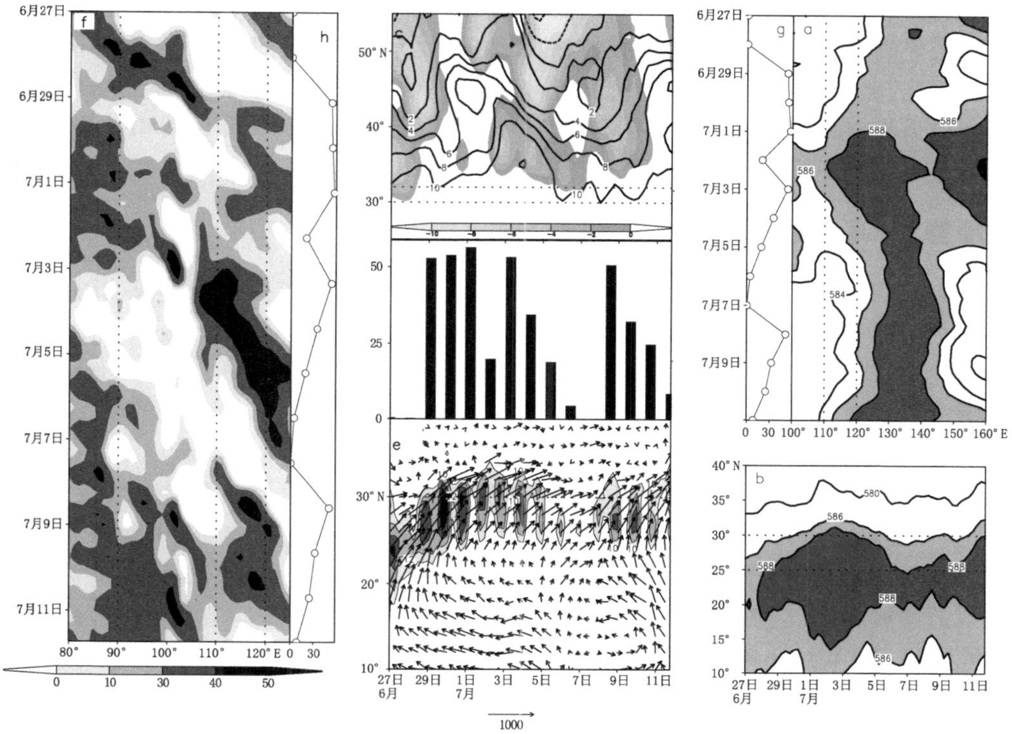

图1　2003年6月27日—7月11日淮河流域致洪暴雨的多尺度天气系统配置：500 hPa位势高度（单位：dagpm）(a) 27.5°～32.5°N平均的经度—时间剖面和(b) 110°～130°E平均的时间—纬度剖面；(c) 110°～120°E平均的700 hPa温度和水平经向风时间—纬度剖面（等值线为温度，间隔为2 ℃，阴影为偏北风）；(d,g,h) 淮河流域(32°～34°N，115°～120°E)逐日降水量（单位：mm）；(e) 110°～120°E平均的季风涌随时间的演变[箭头表示整层（地面至300 hPa）积分的水汽通量（单位：kg · m · s^{-1}），阴影表示850 hPa水平风速≥10 m · s^{-1}的低空急流]；(f) 沿32°～34°N的600 hPa相对涡度的经度—时间剖面

雨预报的重要方法。目前，美国气候预报中心(CPC)发展的MJO预报和欧洲数值天气预报中心(ECMWF)发展的中期数值预报系统为监视行星尺度的天气系统“配料”条件提供了可能。而我国的全球和区域数值预报模式产品则为监视冷空气和短波槽的活动提供了可能。利用不同的统计预报和数值预报模式，通过判断持续性暴雨的天气系统“配料”条件可进行流域性的持续暴雨预报。

4　暴雨的环境“配料”识别

影响我国的主要暴雨类型大致可分为冷锋型（高空槽前）暴雨、准静止锋型（梅雨锋）暴雨、低涡（西南涡和东北冷涡）暴雨、台风暴雨、局地突发性暴雨。对于这些不同类型暴雨的天气系统配置概念模型的研究和基于个例的动力热力场环境条件分析已有不少。这样的概念模型在业务预报中由于许多与典型天气不同的情况也会产生暴雨，或者即便是典型的天气型由于缺乏动力热力等物理条件的诊断分析，难以确定暴雨系统发生的确定位置。从暴雨预报的角度出发，暴雨天气的判别应该同时考虑天气系统的配置以及动力、热力条件的综合效应，特别是数值预报已经高度发达的今天，为预报员诊断分析动力和热力条件提供了非常方便多样的诊断产品。因此，如何将典型的天气系统配置与动力、热力环境场条件配合，建立综合天气型识别与动力热力物理场的暴雨“配料”是本节的主要内容。下面以 2007 年的暴雨过程为例，建立各主要类型暴雨的环境“配料”条件。

4.1　冷锋型(高空槽)暴雨

2007 年 6 月 16 日冷空气从蒙古高原中部南侵，地面冷锋沿高原东侧下滑，影响我国河套、秦岭和四川盆地，在河套西部向南到四川盆地东部造成准经向型的强降水天气，其中河套西部和四川东北部和重庆中部 24 小时降水超过 50 mm(图 2a)。从当日的动力和热力环境条件(图 3a)分析看，暴雨的直接制造者中尺度对流系统(MCS)主要活跃在沿假相当位温(θ_{se})舌区的轴线附近。θ_{se}舌区正好是 925～700 hPa 平均的正位涡(简称 PV，单位：PVU，$1PVU=10^{-6}m^2\cdot s^{-1}\cdot K\cdot kg^{-1}$)高值区。根据 Brennan 等[10]的研究指出，潜热释放对大气的动力反馈能影响气旋的发展、低空急流、水汽传输。而利用对流层低层 PV 诊断可确定数值预报模式产品中哪些天气系统或中尺度系统受凝结潜热释放的强烈影响。6 月 16 日对流层低层准经向型分布的高 PV 表明这些地区的槽将加深，空气柱将变得更加不稳定。其它的动力条件如 200 hPa 的高空急流位于高 PV 区和 500 hPa 正涡度区的北侧，850 hPa 的低空急流则位于南侧。这些动力和热力条件的分布反映出通过凝结潜热释放对大尺度的反馈，在高空急流南侧、低空急流北侧之间的高温高湿的 θ_{se} 舌区附近空气非常不稳定，有利于 MCS 在此发生发展并长时间维持，产生剧烈的降水。

4.2　梅雨锋暴雨

2007 年 6 月底至 7 月初在淮河流域出现了持续性的强降水过程，有利于强降水发生的动力热力条件在这一地区反复重见，产生了多次暴雨天气，其中 2007 年 7 月 8 日是最典型、也是降水最强的一天。8 日，梅雨锋呈东西向维持在淮河流域，在梅雨锋上及其南侧出现了大范围的纬向型暴雨(图 2b)。从当日的动力和热力环境条件(图 3b)分析看，在副高西北侧和西风带

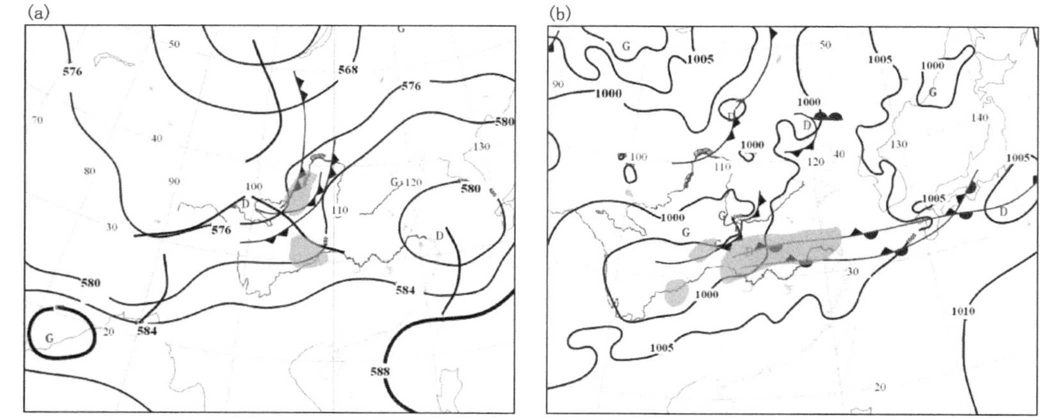

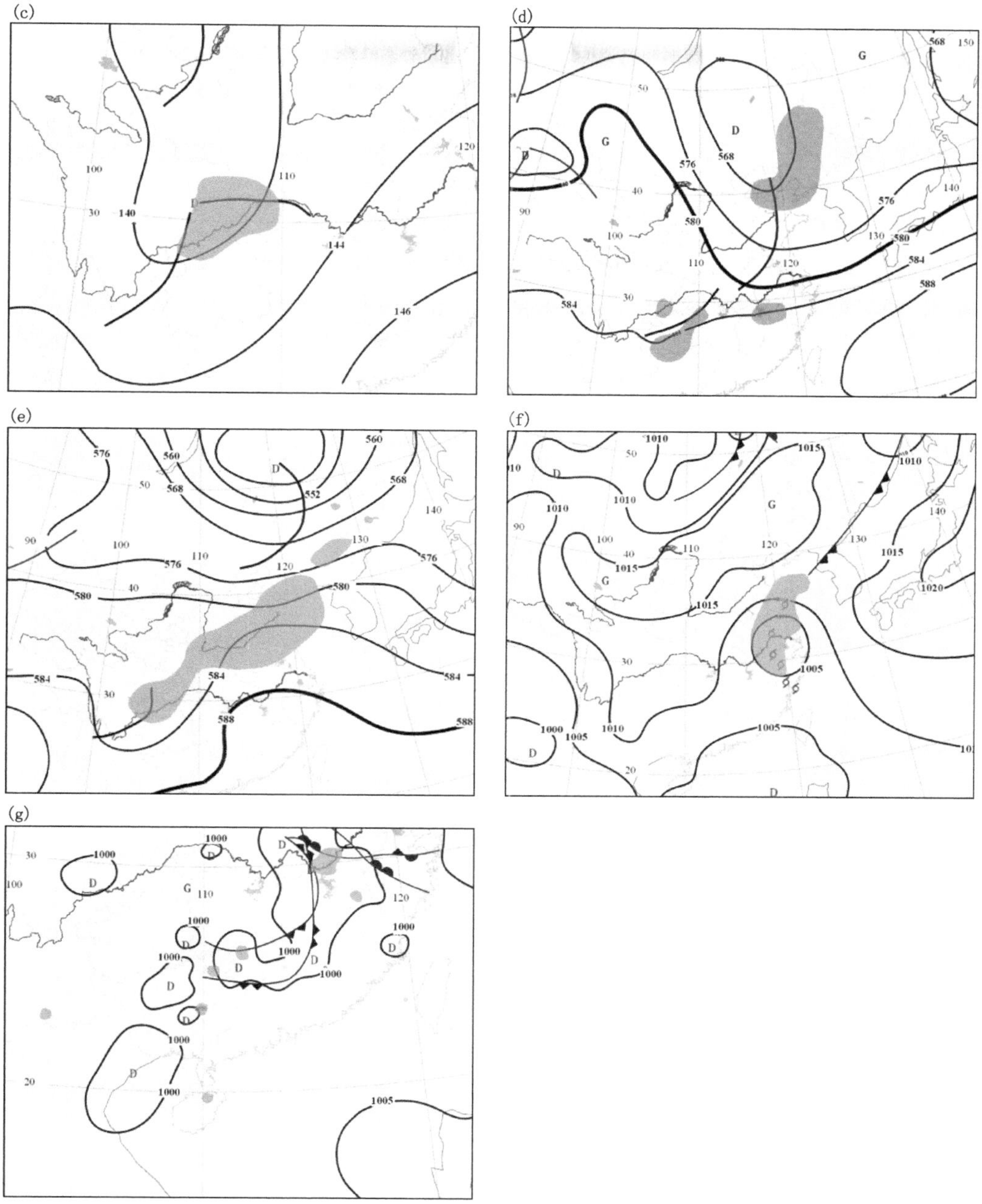

图 2　2007 年(a)6 月 16 日 20 时(北京时，下同)500 hPa、(b)7 月 8 日 08 时地面、(c)7 月 17 日 08 时 850 hPa、(d)7 月 10 日 08 时 500 hPa、(e)7 月 18 日 08 时 500 hPa、(f)9 月 19 日 20 时地面和(g)7 月 14 日 08 时地面天气图。阴影：24 h 累积降水大于等于 50 mm，截止时间为次日 08 时

南缘之间是 850 hPa θ_{se}高值区。沿 θ_{se}舌区轴线附近 MCS 活跃。θ_{se}高值区正好是准纬向型分布的对流层低层正 PV 高值区，表明局地中尺度系统活动产生的凝结潜热释放将对大尺度有正的反馈。其它动力条件如 200 hPa 的高空急流位于高 PV 区和 500 hPa 正涡度区的北侧，850 hPa 的低空急流则位于南侧。这些动力和热力条件的分布反映出通过凝结潜热释放对大

尺度的反馈，在高空急流南侧、低空急流北侧之间的高温高湿的 θ_{se} 舌区附近，有利于低空急流的加强、中尺度气旋的发生发展以及水汽在这个地区的输送辐合，使得有利于 MCS 发生发展的背景场条件一直维持。

4.3　低涡暴雨

4.3.1　西南涡暴雨

2007 年 7 月 17 日沿河套南侵的高空槽深入我国西南地区，四川盆地上空西南涡发展。受其影响，四川东部和重庆西部地区出现大范围的暴雨和大暴雨（图 2c）。从当日的动力和热力环境条件（图 3c）分析看，从河套往南至西南地区东部均是 925～700 hPa 平均的正位涡（PV）高值区，其中西南涡所在的四川盆地 PV 值高达 7 PVU 以上，表明由于前期的降水，凝

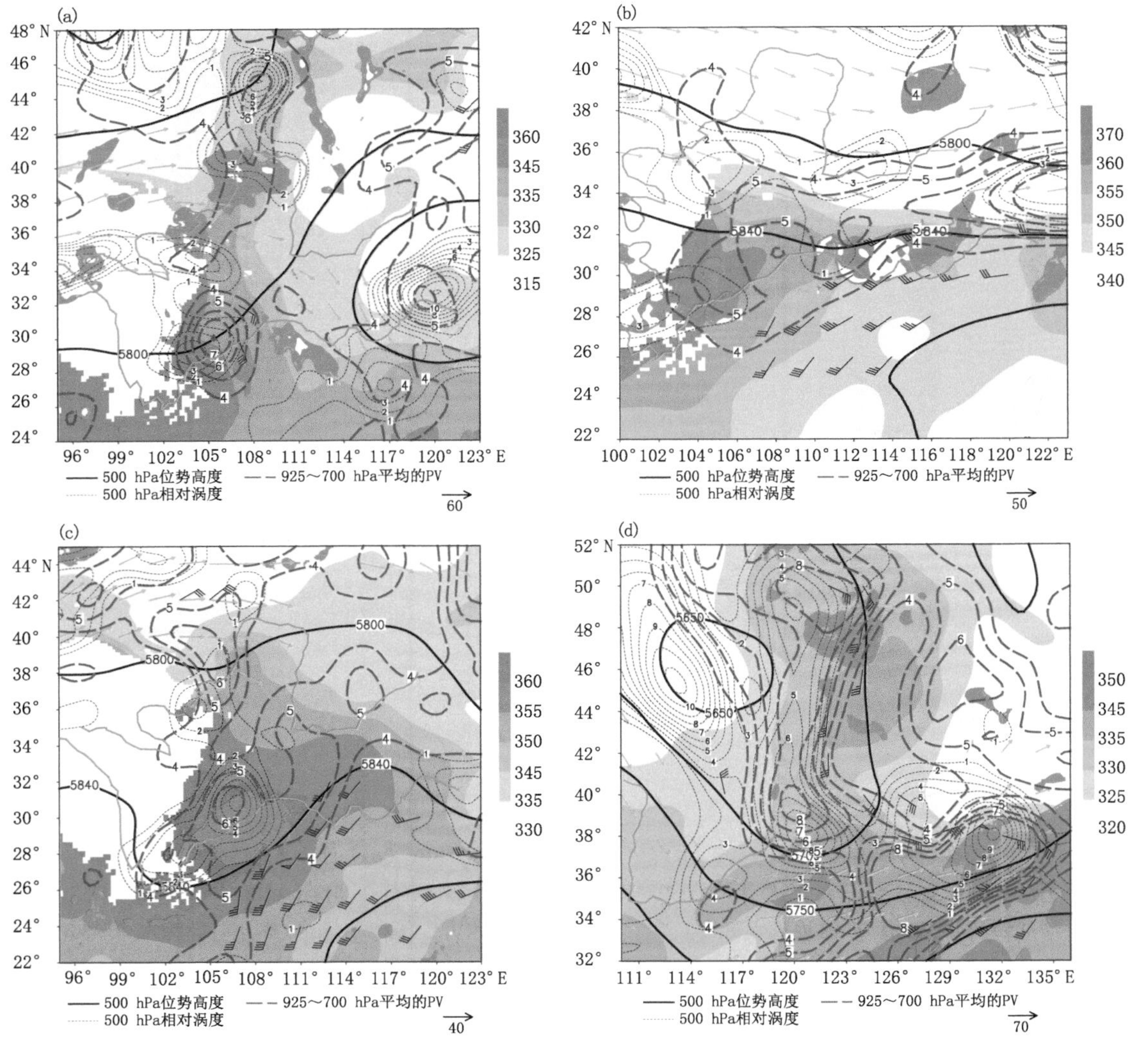

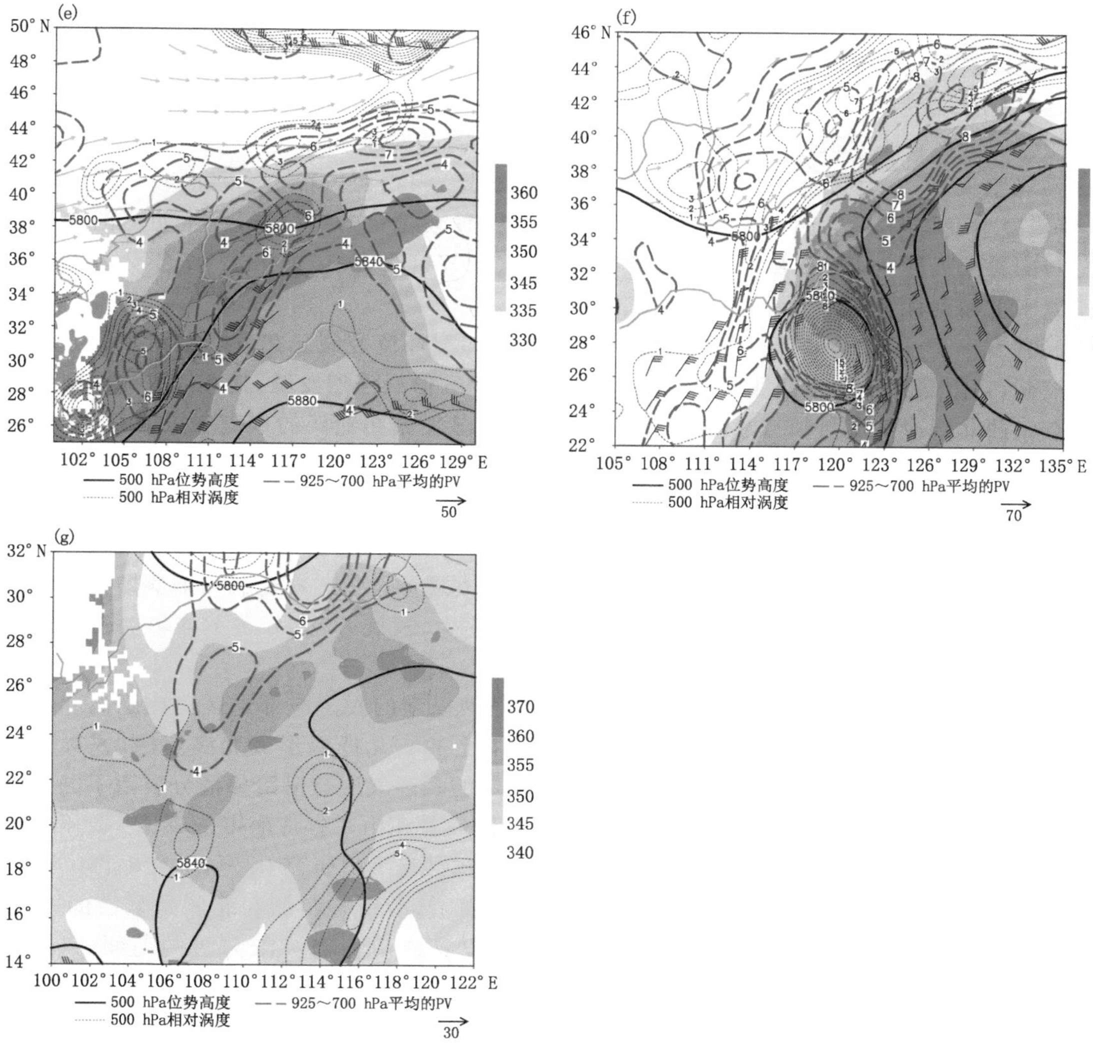

图 3　2007 年典型暴雨个例的动力和热力环境场配置图

(a)6 月 16 日；(b)7 月 8 日；(c)7 月 17 日；(d)7 月 10 日；(e)7 月 18 日；(f)9 月 19 日；(g)7 月 14 日。箭矢线：200 hPa 水平风速≥30 m · s^{-1}；风标：850 hPa 水平风速≥12 m · s^{-1}；红色阴影：850 hPa θse(单位：K)；灰色阴影：FY－2C TBB≤－50 ℃，时间分别为(a)6 月 16 日 16 时、(b)7 月 8 日 19 时、(c)7 月 17 日 11 时、(d)7 月 10 日 18 时、(e)7 月 18 日 18 时、(f)9 月 19 日 18 时和(g)7 月 14 日 22 时

结潜热释放为大气运动的正反馈作用将非常有利于西南涡的发展和维持，这为强降水的发生提供了 α 中尺度的有利环境背景条件。沿高位涡区正好是 θ_{se} 的高值区。在 θ_{se} 舌区上中尺度对流系统活跃，其中四川盆地东部上空的对流系统强烈发展为椭圆状，类似长生命史的中尺度对流复合体(MCC)。500 hPa 的相对涡度高值区分布表明从河套至西南地区对流层中层的高空槽相当深厚。整个 θ_{se} 舌区位于副高的西北侧，在副高西北侧低空急流的左前方正是产生川渝大暴雨的中尺度对流系统强烈发展并维持的地区。850 hPa 低空急流核的风速达到 20 m · s^{-1}，这为暴雨系统的发展和维持提供了强劲的动力条件和水汽输送条件。

4.3.2　东北冷涡暴雨

东北冷涡是我国北方灾害性天气的一个重要影响系统。东北冷涡的不同部位都可以产生降水，主要由冷暖空气交汇的位置决定。降水一般始于低涡的前部，此时西南风与东南风形成暖切变。当低涡在东北地区活跃时，与华北地区活跃的高空槽形成北涡南槽，在华北地区容易造成强降水天气。此时，副高位置偏北偏西且异常稳定，阻挡西风带上东移向其靠近的弱冷槽，使弱冷空气与副高西北侧的暖湿气流相遇，出现一种较稳定的辐合场，产生明显的准纬向型分布的暴雨天气。本节介绍的两个东北冷涡暴雨(2007 年 7 月 10 日和 2007 年 7 月 18 日)分别属于上面两种情况。

2007 年 7 月 10 日在亚洲东部的中高纬地区受经向型环流控制。在贝加尔湖西侧为阻塞高压控制，在阻塞高压的东侧我国东北地区的西北部上空低涡强烈发展，其底部向南伸展到渤海上空。西北干冷气流与来自渤海湾以及更南端的暖湿气流在低涡的东南象限交汇，在渤海湾、辽宁和吉林产生了大范围的暴雨天气(图 2d)。在东北低涡及其以南的槽区正好是 925～700 hPa 平均的正位涡高值区，说明该种经向型环流将继续维持，为暴雨系统的持续性发展提供了有利的环境场条件。其中冷涡区 PV 值高达 8 PVU 以上，表明由于前期的降水，凝结潜热释放为大气运动的正反馈作用将非常有利于低涡的发展和维持。在低涡的前侧即偏东象限低层是高温高湿的 θ_{se} 舌区，沿其轴线附近多个 MCS 发生、发展，产生分布不均匀的强降水天气(图 3d)。

2007 年 7 月 18 日，副高异常偏北偏西，控制了黄河以南的我国东部地区。在副高北侧的西风带系统内有弱的短波槽活动，与位于东北北部上空的东北低涡形成北涡南槽(或称阶梯槽)。阶梯槽中的南槽为弱的短波槽，沿副高西侧北上的暖湿气流与沿阶梯槽分裂南下的冷空气交汇，在河北和山东产生了大范围的暴雨天气(图 2e)，并在山东省济南市造成了 1 h 累积降水量超过 150 mm 的特大暴雨。关于这次短时暴雨天气已有不少研究[11－12]，本文不再讨论。

7 月 18 日的动力和热力环境场条件(图 3e)分析表明，沿副高西侧和北侧是低层的 θ_{se} 舌区，在这个高温高湿舌上中尺度对流系统非常活跃。低空西南急流就在 θ_{se} 舌的南面，风速核达到 20 $m \cdot s^{-1}$。200 hPa 上的高空急流位于 40°N 以北，也就是说华北暴雨区正好位于高空急流入口的右侧，低空急流出口的北侧，且高空偏西急流与低空偏南急流形成接近 90°的交角，风切变很强，气层非常的不稳定，这为山东和河北的大暴雨天气提供了非常有利的动力和热力环境场条件，也是济南能产生突破历史极值降水的一个重要背景条件。925～700 hPa 平均的正位涡高值区分布表明，东亚地区的经向型环流还将维持，且沿东北方向发展。

4.4　台风暴雨

2007 年 9 月 19 日凌晨强台风 WIPHA 在浙江省苍南县霞关镇登陆。WIPHA 登陆并北上期间，与中纬度的短波低槽系统遭遇，在河南、安徽、江苏和山东以及河北南部、辽宁南部产生暴雨和大暴雨(图 2f)。暴雨主要位于台风北侧偏西象限，该象限正好位于西风槽前和副高西北侧的对流天气高发区。暴雨区的东南侧是风速超过 20 $m \cdot s^{-1}$ 的偏南低空急流，与暴雨区北侧的偏西高空急流形成近 90°的交角(图 3f)，这为暴雨系统的长时间维持提供了有利的动力场条件。850 hPa 的 θ_{se} 舌正好沿低空急流的输送方向向北伸展。在高空槽前以及台风影响区对流层低层为正位涡高值区。这也表明凝结潜热释放产生的正反馈机制将有利于低层辐合系统的维持，有利于强降水维持。

4.5 局地性暴雨

2007 年 7 月 14 日，在广西、湖南和江西境内出现了局地的暴雨天气。这些降水分散出现在冷锋前或锋上(图 2g)。虽然产生暴雨的中尺度对流系统同样活跃在副高西北侧的高温高湿区，但并没有与前面几种暴雨类似的低层高温高湿舌出现，也没有出现高、低空急流耦合的有利动力场条件(图 3g)，因此，MCS 生命史非常短暂，且移动速度快，利用天气背景条件的"配料"识别难以判断该类暴雨的发生。24 h 以上的短期预报对该类暴雨的预报能力相当有限。利用高时间和空间分辨率的卫星、雷达资料监测中尺度对流系统的发生、发展和移动路径可能是目前进行该类暴雨天气预报的主要手段。

5 暴雨的基本物理"配料"识别

暴雨的环境"配料"分析表明，虽然我国的暴雨可产生在不同的天气系统背景下，但其发生发展的动力和热力环境条件是相似的。这有助于主观预报中定性判断暴雨可能落区。此外，暴雨过程中表征深厚湿对流发生发展的基本物理"配料"——水汽、不稳定和抬升三类物理量参数的诊断则可更客观、定量地判断暴雨的落区及可能的量级。大量的个例分析研究表明，暴雨发生、发展期间，表征水汽、不稳定和抬升条件的物理参数具有明显的演变特征：强降水发生过程中水汽具有明显的演变特征，水汽积累到一定的程度再消耗。强降水发生前和发生初期通常处于不稳定的环境中，降水结束后，环境趋于稳定或弱的不稳定状态，降水发生过程中当有天气尺度的抬升或地形抬升促发对流有效位能释放，将产生强的上升运动[13-16]。崔晓鹏[17]利用热带云分辨尺度模拟资料的分析也表明，水汽辐合与局地大气变干利于强降水，这也证实在强降水过程中存在水汽的积累和消耗过程。

在数值预报水平不断提高的今天，利用数值模式输出结果追踪有利于暴雨发生的物理"配料"的演变过程已经成为可能。下面以 2003 年 7 月 4—5 日淮河流域的一次降水过程为例，介绍如何利用模式输出产品进行有利于暴雨的物理"配料"的演变诊断，以订正模式的降水预报，从而实现利用模式输出的强降水定量预报。

7 月 4 日上午 β 中尺度对流系统(MCS)在安徽东南部发生、发展为低涡，并沿切变线向东缓慢移动，在安徽东南部和江苏西部产生了强降水(图 4)。利用 PSU/NCAR 的中尺度模式 MM5 模拟了此次强降水过程。但 7 月 4 日 08 时—7 月 5 日 08 时的 24 h 降水较实况偏北(图 4)。下面以这次过程为例，阐述"配料法"暴雨识别和订正。7 月 4 日 08 时的探空分析(图 5)显示，长江和淮河之间的大范围区域有高的可降水量(PWAT)、K 指数(KI)和假相当位温(θ_{se})，这些地区的最有利抬升指数(BLI)值在 0 附近或小于 0，114°E 以东的安徽西部和江苏大部具有高的对流有效位能(CAPE)。这就表明这些地区的大气处于潮湿不稳定的环境里，含有较高的能量。对于未来 24 h 强降水预报来说，需要关心的问题是：未来的湿区将如何变化？未来的不稳定区将出现在哪里？何时、何地将有对流有效位能的释放？

MM5 模拟的未来 24 h 可降水量、K 指数、对流有效位能和 850 hPa θ_{se} 的演变(图略)显示，112°E 以东位于长江、淮河之间的高温高湿和高能量区逐渐南压，其中在安徽西部和江苏东部可降水量、K 指数和 θ_{se} 均有先增加再减少的特征，表明 24 h 内有水汽和能量的积累和消耗过程，安徽中东部、江苏大部分地区对流有效位能积累再释放将在这些地区产生强的上升运

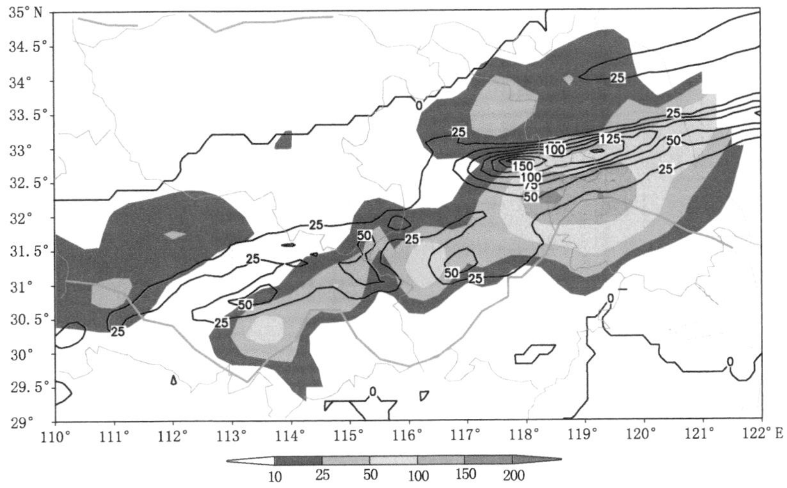

图 4　2003 年 7 月 4—5 日 08 时 24 h 累积降水量(单位:mm)。阴影:实况;等值线:MM5 模拟

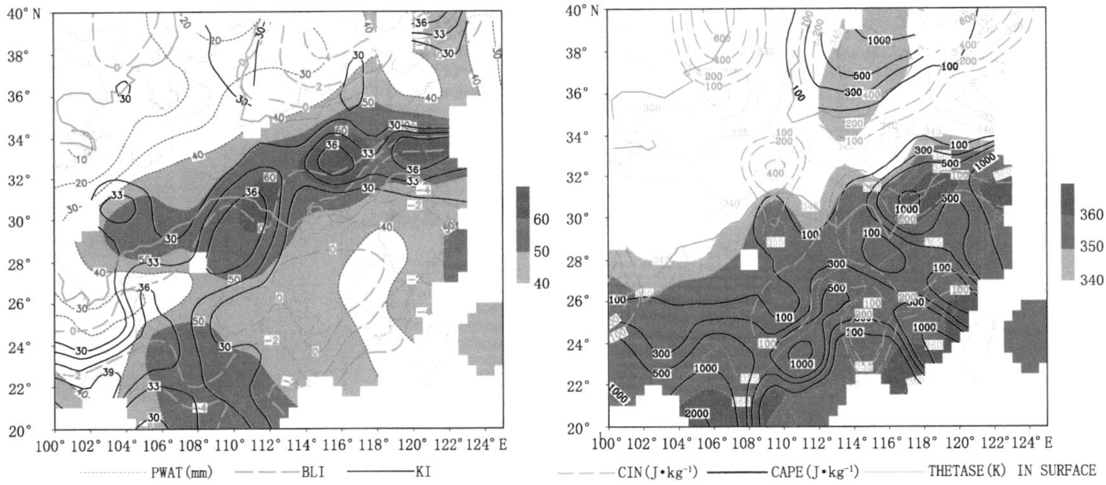

图 5　2003 年 7 月 4 日 08 时的探空分析:(a) PWAT(单位:mm; 阴影:≥40 mm)、KI(单位:℃)、BLI(单位:℃); (b) 地面 θ_{se}(单位:K; 阴影:≥345 K)、CAPE(单位:J · kg^{-1})、对流抑制能量(CIN,单位:J · kg^{-1})

动。综合考虑水汽、稳定度和抬升条件,可进一步判断在安徽东部和江苏大部出现强降水的几率最大。

以南京为例,利用模式输出结果可追踪特定预报点的物理量演变,进而判断强降水的可能。南京的降水主要发生在 4 日 20 时之后,5 日 14 时之前,累积降水 195 mm,其中 4 日 08 时开始的 24 h 累积降水为 127 mm,模式模拟的降水远远低于实况(图 4)。2003 年 7 月 4 日 08 时南京的探空分析表明该地上空的 CAPE 高达 1059 J · kg^{-1},地面抬升指数为 −5,可降水量为 47.5 mm,温度露点曲线表现出明显中层干侵入特征,表明不稳定的气层释放高的能量将产生强烈的上升运动。对于南京未来 24 小时降水预报需要解决的问题是:CAPE 何时会释放？空气是否会变湿？模拟的 36 h 可降水量逐时分布显示南京附近的可降水量在 24 h 累积到与模拟强降水中心相当的值(图 6a)；最有利抬升指数与降水中心具有同样的变化特征：从非常不稳定趋于弱不稳定(图 6b)；CAPE 在 4 日 14 时积累到峰值，并远大于模拟降水中心，到 21 时已完全释放(图 6c)，根据

$$\frac{W^2}{2} = E_{CAPE}{}^{*}, \tag{2}$$

可以推测，南京上空的垂直速度大于模拟的最大降水中心。图 6 的分析表明，南京上空气层有从不稳定趋于稳定的变化过程，其上空的水汽条件与最大降水中心附近相当，上升运动则比最大降水中心强。根据公式(1)则可推测未来 24 h 南京上空出现不弱于最大降水中心的降水量。

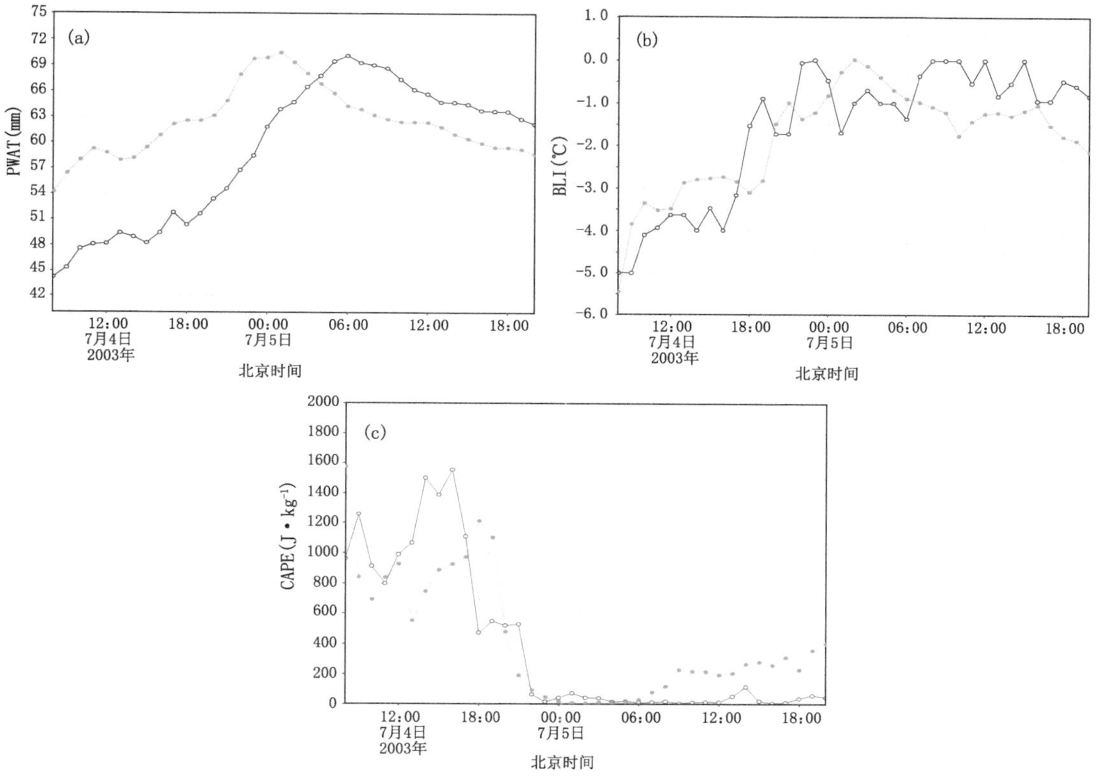

图 6 模拟的 2003 年 7 月 4 日 08 时至 5 日 20 时南京附近(32°N，118.8°E)(虚线)和降水中心(32.5°～33°N，117.5°～118.5°E)平均(实线)的逐时(a)PWAT(单位：mm)、(b)BLI(单位：℃)和(c)CAPE(单位：J·kg^{-1})

6 “配料”法的分析预报应用

“配料”法的暴雨预报主旨反映了一种主观的预报思路，也就是预报员在暴雨预报中集中关注有利于暴雨发生的“配料”的演变，这种“配料”包括与深厚湿对流有关的水汽、不稳定和抬

* W 为垂直速度，E_{CAPE} 为对流有效位能。

升条件。对于非地形的抬升条件判断主要通过天气图分析获得，水汽和不稳定则可以通过典型天气型识别和数值模式产品获取。关于天气形势的分型研究和预报经验总结已经比较完善，而对于暴雨的动力、热力物理条件“配料”诊断分析产品以及利用模式输出产品的“配料”暴雨落区客观预报的研究开发还不多见。下面分别介绍暴雨“配料”的综合图分析方法和利用中尺度数值模式输出产品的“配料”法暴雨客观预报。

6.1　暴雨“配料”综合图应用

2008 年 9 月 22—26 日四川地震灾区出现连续数日的暴雨天气。在秋季出现这样的连续暴雨是比较罕见的。仅从天气型的识别来判断此次暴雨过程有相当的难度，但利用探空观测资料诊断深厚湿对流发生的物理“配料”对于 12 h 内的暴雨落区预报是有意义的。下面以 9 月 22—24 日的暴雨过程为例，介绍暴雨“配料”综合图在预报中的应用。

9 月 22 日 08 时至 23 日 08 时，汶川地震灾区出现了 50 mm 以上的暴雨天气。强降水主要出现在 22 日夜间至 23 日凌晨((图 7a)。利用 22 日 20 时的探空资料诊断的可降水量(PWAT)、最有利抬升指数(BLI)和对流有效位能(CAPE)显示：在汶川地震灾区，PWAT 超过 50 mm，达到气候状态(图略)的 120 %；BLI 小于 0；CAPE 超过 3000 $J \cdot kg^{-1}$，表明该地区气层非常的潮湿且不稳定(图 8a)。当 22 日夜间地面低压系统强迫抬升使大量对流有效位能产生强的上升运动，使暴雨系统得以发生发展。22 日 20 时广东、湖南、江西虽然 PWAT 超过 40 mm，但仍然低于气候状态，气层虽然不稳定且积聚有大量的对流有效位能，但这些地区处于副高的控制范围，缺乏抬升机制，并没有产生强降水天气。

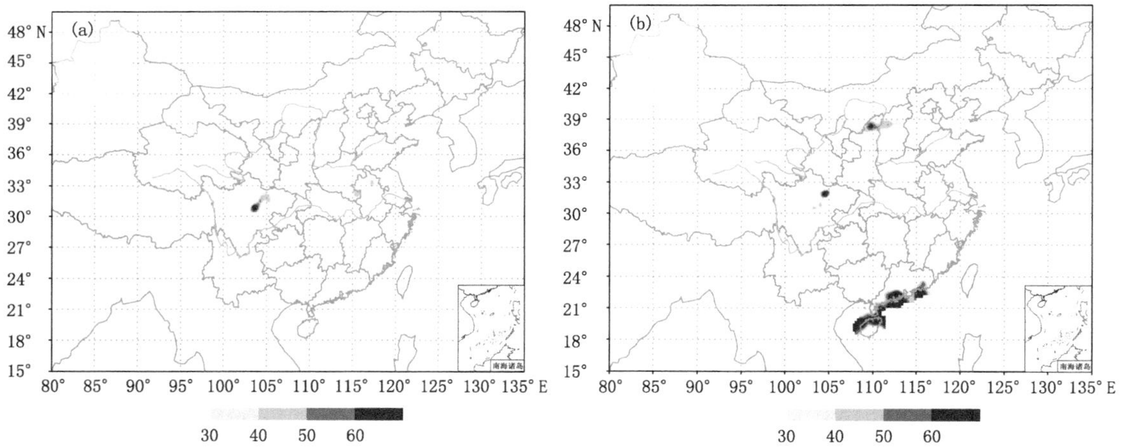

图 7　2008 年 9 月(a)23 日和(b)24 日 08 时 12 h 累积降水量(单位：mm)

9 月 23—24 日汶川地震灾区再次出现暴雨天气，河套西部地区、广东沿海和海南也出现了暴雨和大暴雨天气。三个暴雨区的强降水均主要发生在 23 日夜间至 24 日凌晨(图 7b)。23 日 20 时的可降水量(PWAT)、最有利抬升指数(BLI)和对流有效位能(CAPE)分布显示：四川盆地和陕西南部、江淮、江南和华南地区可降水量超过 40 mm，四川中部和南部、河套西部和北部、长江下游、海南、广东和福建东部可降水量超过气候平均值(图略)，这些地区的 K 指数也超过了气候平均状态。在四川中部和北部、海南、广东和福建南部、长江下游对流有效

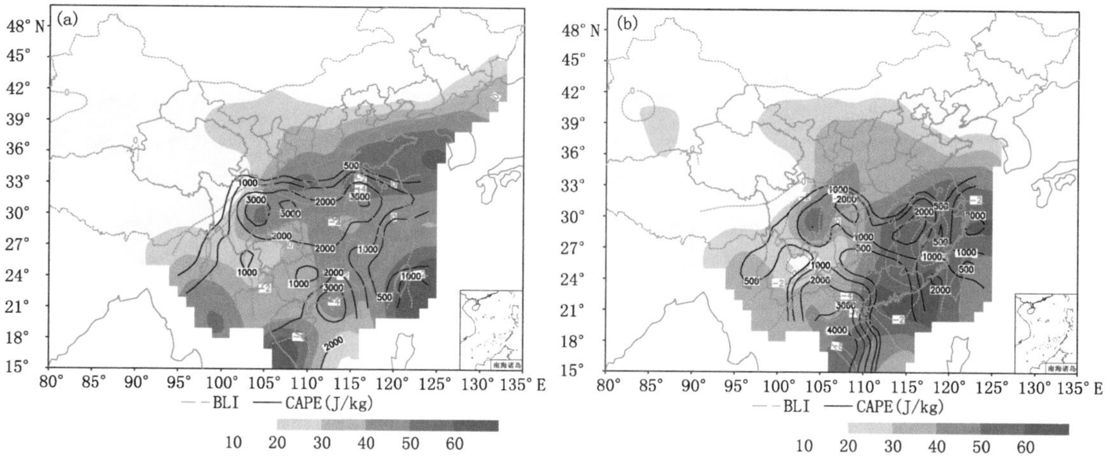

图 8　2008 年 9 月(a)22 日和(b)23 日 20 时暴雨“配料”综合图。阴影：PWAT≥10 mm

位能 CAPE 超过 2000 J · kg^{-1}，BLI 小于 0，表明这些地区气层非常潮湿且不稳定(图 8b)。当 22 日夜间高原短波槽东移影响四川，大量对流有效位能释放产生强的上升运动，暴雨系统得以发生发展。当台风登陆影响华南时，强烈的抬升使华南和海南的大量对流有效位能释放，暴雨系统发生发展。长江下游气层虽然不稳定且积聚有大量的对流有效位能，但这些地区处于副高的控制范围，缺乏抬升机制，并没有产生强降水天气。河套地区此时处于副高西北侧和西风带南缘之间，伴随西风槽快速东移南下的冷锋产生了强烈的天气尺度的抬升。处于半干旱气候背景区域的河套地区，水汽条件在暴雨的发生和维持中起着更加关键的作用。

6.2　暴雨“配料”客观预报

利用“配料”的思路，即暴雨系统发生、发展必须具备水汽、抬升和不稳定条件，通过有效的模式输出，诊断暴雨系统中的三类基本物理“配料”的时空变化特征，追踪暴雨系统的发生、发展演变过程，可最终确定暴雨可能发生的危险区域。对于不同系统产生的暴雨，其物理“配料”的基本成分固定，但各物理“配料”的量的变化非常大，而对于同类系统的暴雨由于地理环境的差异，气候背景的不同，在我国南方地区和北方地区也有很大差异。因此，如何确定不同地区表征“配料”的物理因子及其量的变化是最为关键的两项技术。

“配料法”暴雨预报是在国家气象中心中尺度业务模式 MM5 的输出结果上利用“配料法”的原理进行，即利用 MM5 的高时空分辨率资料，根据表征有利于深厚湿对流系统发生、发展的的水汽条件、不稳定条件和抬升条件判断暴雨系统的发生、发展过程，确定暴雨的落区。

2006 年以来的应用结果表明，该方法具有一定的参考意义(图 9)，其中“配料法”的暴雨落区预报方法对华南前汛期暴雨、台风暴雨、东西向分布的暴雨(如梅雨锋暴雨)具有相对好的预报能力，而对于南北向分布的暴雨和局地暴雨的预报能力有限。

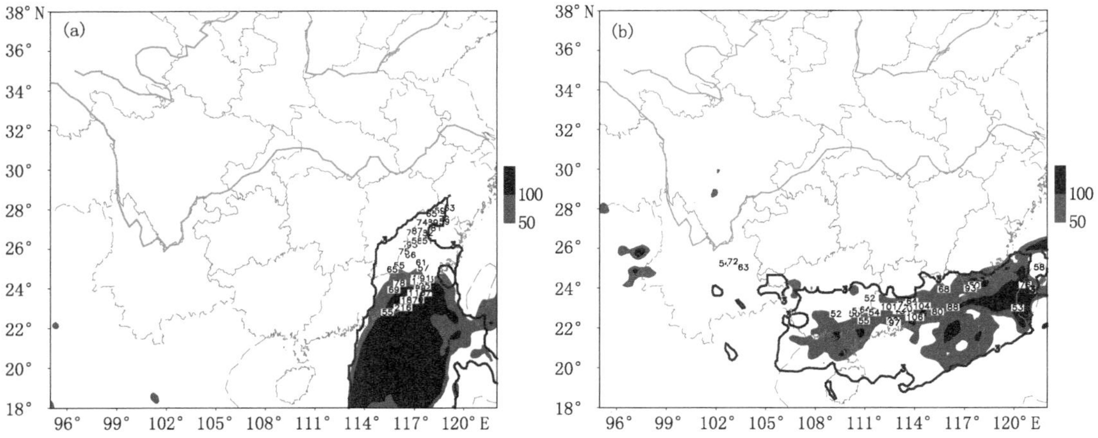

图 9　2006 年(a)5 月 18 日和(b)6 月 9 日“配料法”24 小时暴雨落区预报(等值线)。阴影:国家气象中心业务中尺度模式 MM5 预报的 24 h 50 mm 以上降水;标值:50 mm 以上观测降水

7　结论和讨论

利用 2007 年的暴雨个例分析表明,我国主要的几类暴雨(台风暴雨、冷锋型暴雨、准静止锋型暴雨、西南涡和东北冷涡暴雨)发生过程中具有共同的动力、热力特征(图 10):暴雨系统更倾向于在高温高湿的不稳定区,即沿对流层低层的 θ_{se} 舌区轴线附近发生发展,这个区域通常具有高低空急流耦合的动力条件。准静止锋型暴雨通常持续时间长,高低空急流耦合非常重要。台风暴雨、冷锋型暴雨、西南涡和东北冷涡暴雨发生时,可能只有高空急流或低空急流存在。局地暴雨的发生通常由局地的热力或地形抬升作用,缺乏高低空急流的动力条件配合。

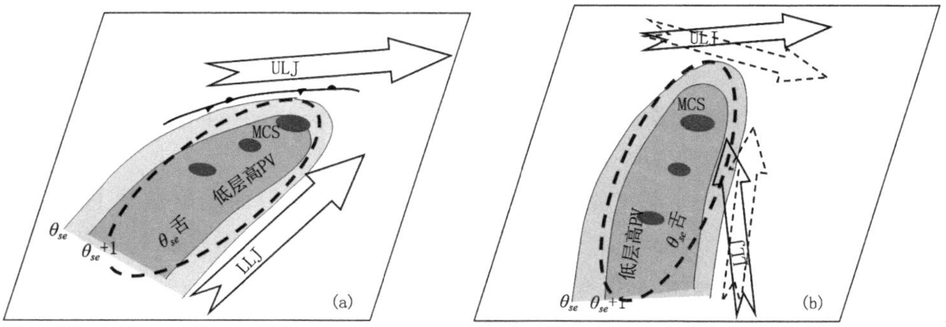

图 10　(a)准静止锋型暴雨和(b)冷锋型、西南涡型、东北冷涡型、台风型暴雨的动力和热力配置概念模型。粗箭头:高空急流(ULJ)和低空急流(LLJ);虚箭头:可能存在的急流;浅阴影:对流层低层的 θ_{se} 高值舌;深阴影:产生暴雨的中尺度对流系统;细实线:等 θ_{se} 线;粗虚线:对流层低层等 PV 线

暴雨发生、发展期间，表征深厚湿对流发生发展的物理"配料"——水汽、不稳定条件具有明显的演变特征：强降水发生过程中水汽积累到一定的程度再消耗；强降水发生前和发生初期通常处于不稳定的环境中，降水结束后，环境趋于稳定或弱的不稳定状态；降水发生过程中当有天气尺度的抬升或地形抬升促发对流有效位能释放，将产生强的上升运动。利用有效的数值模式输出结果，诊断预报时效内暴雨"配料"的演变特征，发展了"配料法"暴雨落区预报方法，并被应用于国家级业务中。

在持续性暴雨预报中，监测季风涌、Rossby 波列以及西太平洋副热带高压的活动非常重要。当有利于持续性强降水的行星尺度天气系统配置稳定时，应重点关注西风槽、高低急流等天气尺度系统的建立过程。

在暴雨和冰雹、雷雨大风等强对流天气预报中，利用"配料"的预报思路，抓住预报时效内"配料"及其建立、演变过程，可从以下三个过程建立预报思路。

第一步：识别物理"配料"的出现。抓住反映造成暴雨(强对流)天气的深厚湿对流系统发生发展所必须的水汽条件、不稳定条件几个主要的、必要的物理量(称之为"配料")是首要问题。对于强对流天气，与垂直风切变相关的"配料"物理量也必须考虑。

第二步：天气型识别。抓住暴雨(强对流)天气发生前天气尺度的环境场怎样演变成有利于其发生的环境的，在这个区域内暴雨(强对流)出现的可能性最大。从各标准等压面天气图上的气压场、温度场、湿度场和风场分析那些危险区域怎样改变成有利于暴雨(强对流)出现的天气尺度的热力学结构、风场结构以及水汽场结构。这个区域多数位于高空槽前，但有时也离开高空槽较远，甚至到脊线附近。要追踪配料和危险区域的演变就必须根据数值预报产品，预报未来这个有利于暴雨或强对流的环境会有什么变化。天气尺度的强迫是有利于暴雨(或强对流)出现的背景条件。

第三步：分析(或预报)引起暴雨(或强对流)的中尺度过程。对于突发性的短时强降水或强对流天气显得尤其重要。监测有利于暴雨产生的天气尺度环境场内何时、何地会有产生暴雨(强对流)的中尺度对流系统产生，并追踪这些新生的中尺度对流系统的移动。利用地面天气图、卫星云图上各种边界(如锋面、辐合线、出流边界、积云线等)分析确定中尺度对流的触发机制尤其重要。特别是不同边界相交处尤其危险，最强的动力抬升通常出现在这些地方。

根据目前对中尺度对流系统发生发展机理认识水平，利用常规和加密观测站、自动站、卫星、雷达、风廓线仪、闪电定位仪等多资料源的观测资料和遥感探测可以分析出中尺度对流系统的活动，而这对于进行暴雨(或强对流)天气的临近和 12 h 内的落区和发生时间的预报是有效的。

参考文献

[1] Doswell III C A, Brooks H E, Maddox R A. Flash flood forecasting: An ingredients-based methodology [J]. Wea Forecasting, 1996,11: 560-581.

[2] Chappell C F. Quasi-stationary convective events, mesoscale meteorology and forecasting [C]. Ray P S, Ed. Amer Meteor Soc, 1986: 289-310.

[3] Johns R H, Doswell III C A. Severe local storm forecasting [J]. Wea Forecasting,1992, 17: 588-612.

[4] Nietfeld D D, Kennedy D A. Forecasting snowfall amounts: An ingredients-based methodology supporting the Garcia method. In: Preprints 16th conference on weather analysis and forecasting [C]. Phoenix A Z. Amer Meteor Soc,1998: 385-387.

[5] Wetzel S W. An operational ingredients-based methodology for forecasting midlatitude winter season precipitation [J]. Wea Forecasting, 2000,16: 156-167.

[6] 陶诗言，张小玲，张顺利. 长江流域梅雨锋暴雨灾害研究 [M]. 北京：气象出版社，2004.

[7] 骆承政，乐嘉祥. 中国大洪水——灾害性洪水述要[M]. 北京：中国书店，1996：434.

[8] 张顺利，陶诗言，张庆云，等. 长江中下游强降水的大尺度和中尺度特征 [J]. 科学通报，2002，47：779-786.

[9] 陶诗言，卫捷. 夏季中国南方流域性致洪暴雨与季风涌的关系 [J]. 气象，2007，33(3)：10-18.

[10] Brennan M J, Lackmann G M, Mahoney K M. Potential vorticity (PV) thinking in operations: The utility of nonconservation [J]. Wea Forecasting, 2008,23: 168-182.

[11] 杨晓霞，王建国，杨学斌，等. 2007 年 7 月 18—19 日山东省大暴雨天气分析[J]. 气象，2008，34(4)：61-70.

[12] 高洁，张小玲，智协飞. “718”济南短时特大暴雨中尺度特征分析 [J]. 气象学报，2009，45：467-484.

[13] 张小玲，陶诗言，张顺利. 梅雨锋上的三类暴雨 [J]. 大气科学，2004，28(2)：187-205.

[14] 孙建华，张小玲，齐琳琳，等. 2002 年中国暴雨试验期间一次低涡切变线上发生发展的中尺度对流系统研究 [J]. 大气科学，2004，28(5)：675-691.

[15] 孙建华，周海光，赵思雄. 2003 年 7 月 4—5 日淮河流域大暴雨中尺度对流系统的观测分析 [J]. 大气科学，2006，30(6)：1103-1118.

[16] 梁丰，陶诗言，张小玲. 华北地区一次黄河气旋发生发展时所引起的暴雨诊断分析 [J]. 应用气象学报，2006，17(3)：257-265.

[17] 崔晓鹏. 地面降水诊断方程对降水过程的定量诊断 [J]. 大气科学，2009，33(2)：375-387.

第五章　个例分析篇

2017年5月7日广州极端强降水对流系统结构、触发和维持机制

田付友[1,2,3] 郑永光[1] 张小玲[1] 张涛[1] 林隐静[1] 张小雯[1] 朱文剑[1]

(1 国家气象中心,北京 100081; 2 中国科学院大气物理研究所,北京 100029;
3 中国科学院大学,北京 100049)

摘 要 2017年5月7日,广州市增城区新塘镇等地出现了小时雨量超过180 mm、3 h雨量超过330 mm的极端强降水事件(简称"5.7"极端强降水事件),导致了严重的经济损失。该次过程的高强度降水分为两个主要阶段:花都区降水和增城区降水,每个阶段的强降水均集中在2~3个小时内,最大分钟级降水达到了5 mm每分钟的强度,增城新塘镇184.4 mm的极端小时雨量中约120 mm的雨量是在05:30—06:00的半小时内产生的。地闪监测显示,对流发展的第一阶段伴有较少的负地闪,第二阶段仅伴有几个闪电。雷达和卫星资料显示,强降水对流系统具有空间尺度小,发展迅速的特征;但发展成熟阶段的反射率因子大值区和卫星低TBB区在空间上出现明显偏离。强倾斜上升气流可能是造成反射率因子大值区和卫星低TBB区空间偏离的原因。雷达资料垂直剖面显示,对流具有回波顶高较低、云底高度低、强回波质心低等低质心暖云降水的特征。地势分布和辐射降温是花都北部低温中心的主要成因,大尺度弱冷空气和冷中心伴随的地形的共同作用,使得偏南暖湿气流向北移动受阻后,在花都地形的强迫抬升下触发了对流。偏南暖湿气流的持续输送、花都地形的阻挡和冷池的作用是01:00—03:00对流维持的主要原因,弱冷空气的南下对03:00—04:00对流系统的快速南移起到了重要作用,而冷池驱动的对流发展模型可以解释增城地区05:00—06:00对流的较长时间维持。弱的环境引导气流和偏南暖湿气流使得高效的低质心、高效率强降水对流系统较长时间影响同一局地区域,从而导致了花都和增城两地局地极端强降水的出现。

关键词 极端强降水 结构、触发和维持机制 低质心暖云降水 地形影响

引 言

2017年5月7日,广州市花都区和增城区的局部区域出现了小时雨量超过180 mm、3 h雨量超过330 mm、24 h雨量超过500 mm的极端强降水事件(简称"5.7"极端强降水事件),这些不同时段累积降水量都超过了该地区50年一遇降水极值[1],并导致了严重的经济损失。

极端强降水事件已受到广泛关注,如2012年7月21日、2016年7月20日北京的极端降

本文发表于《气象》,2018,44(4):469-484。

水天气[2-7]。从我国的极端降水地理分布来看，南方极端强降水天气降水量和强度往往比北方更强，持续时间往往也比北方更长[1]。由于我国多受东亚夏季风影响，强降水天气经常是中低纬环流系统相互作用的结果[8]，低纬环流系统为强降水提供充足的水汽，易于产生热带海洋型对流，其小时雨量往往可以达到 80 mm 以上，如 1975 年 8 月 5 日河南林庄 1 h 雨量达 198.3 mm[9]，1978 年 7 月 11 日辽宁缸窑岭 1 h 雨量达 185.6 mm[10-11]，1979 年 6 月 11 日广东澄海东溪口 1 h 雨量达 245.1 mm[12]。进一步地，从 5 月广东极端小时降水量来看，该次“5.7”极端强降水事件中超过 180 mm 的降水量也并非孤例，如 1979 年 5 月 12 日广东阳江茅洞 1 h 降水量达到了 220.2 mm[12]。但需要指出的是，我国已有的极端降水气候分布研究使用的是国家级气象观测站降水资料，由于高强度的降水往往由中小尺度系统直接产生，而中小尺度天气系统的时空尺度往往较小[5,13-14]，因此，必然会存在一些历史极端强降水事件未被国家级气象站观测到的情况。

华南尤其广东是我国的暴雨多发地区。根据暴雨出现的时段，4—6 月为华南前汛期[15]，其降水量可占全年降水量的 40%～50%，甚至更多。与北方冷空气南下密切相关的中高纬槽脊分布[16-17]是有利于华南前汛期暴雨的主要大尺度环流形势，约 92.5%的华南前汛期暴雨过程与南下冷空气活动有关。高安宁等[18]对弱环境风场条件下的华南西部 16 例大范围暴雨的特征进行分析时指出，当华南西部处于高温高湿状态时，华北槽或高原槽东移南下加深诱发低层低涡切变或气旋性拐点，利于华南西部暴雨的出现。陶诗言[15]和黄士松等[12]的研究表明，低空急流对华南前汛期暴雨的形成有极其重要的作用；赵玉春和王叶红[17]总结指出，大约 75%～80%的华南前汛期暴雨与低空急流有关，包括天气尺度的低层西南风或中尺度的偏南风强风带，并在大量总结前人工作的基础上，给出了华南前汛期暴雨发生的多尺度物理概念模型。从广州降水的气候分布来看，5 月是广州全年降水量最多的月份，但 5 月上旬的极端强降水还是非常罕见的[12]。

这次“5.7”极端强降水事件具有降水强度极大、局地性强、降水系统移动缓慢等特点，但同已有的华南前汛期暴雨环境条件和概念模型相比，很多特征并不显著，如大尺度环流系统中并无显著的大槽大脊配合，探空资料表明边界层内偏南气流不超过 6.0 $m \cdot s^{-1}$等。本文是 5.7 极端强降水事件分析[19-20]系列论文之一，着重基于加密自动气象站观测资料（简称自动站资料）、常规探空资料、中国气象局云一地闪电（简称闪电）定位网资料、新一代天气雷达和葵花 8 号静止卫星资料等多源观测资料，围绕 7 日 00:00—07:00 降水和对流系统的演变和结构特征、触发和维持机制、移动缓慢成因等科学问题，对该次事件花都和增城极端强降水的中尺度特征和成因进行观测资料分析，以期为提高该类极端天气的预报水平提供参考，并为后续的深入研究提供基础。

1 降水实况

自动站降水资料显示（图 1），“5.7”极端强降水事件为高强度的短时强降水天气，局地性很强，降水时段较为集中，主要集中出现在 7 日凌晨至上午的广州花都区东部和增城区西部，累积降水量超过 100 mm 的面积仅约 2000 km^2（图 1 中紫红色和黑色站点分布区域）。7 日 00:00—10:00（北京时，下同）的自动站累积降水量分布表明，有 6 个自动站的累积降水量超过了 200 mm（图 1 中黑色圆点），超过 300 mm（图 1 中数字）的强降水中心有两个，分别位于花都区的东部和增城区的西南部，花都区站点最大累积降水量为 334.8 mm，增城区站点最大累积降水量更高达 453 mm，次大降水量为 416.8 mm；因此，即使从 24 h 的暴雨等级标准来看，都远远超过了 250 mm 的特大暴雨标准。小时降水演变表明，5.7 极端强降水事件的主要降水时段有两个：第一阶段 01:00—04:00 的花都区降水和第二阶段 05:00—08:00 的增城区降水。

小时降水和分钟降水量的时间演变（图 2）进一步表明，此次过程中不仅累积降水量极端，短时雨强同样非常极端（图 2a），如第一阶段花都区花山镇 01:00—02:00、02:00—03:00 和 03:00—04:00 的小时降水分别为 100.1 mm、116.3 mm 和 70.5 mm，3 h 累积降水量达到了 286.9 mm；第二阶段增城区新塘镇 05:00—06:00、06:00—07:00 和 07:00—08:00 的小时降水量分别为 184.4 mm、150.3 mm 和 47.9 mm，3 h 累积降水量高达 382.6 mm（图 2a）。与国家级气象站的历史记录相比，增城区新塘镇 184.4 mm 的小时降水量可位列广东小时降水强度排名的第二位，而新塘镇 06:00—08:00 382.6 mm 的 3 h 降水量更是突破了广东 3 h 累积降水量记录。

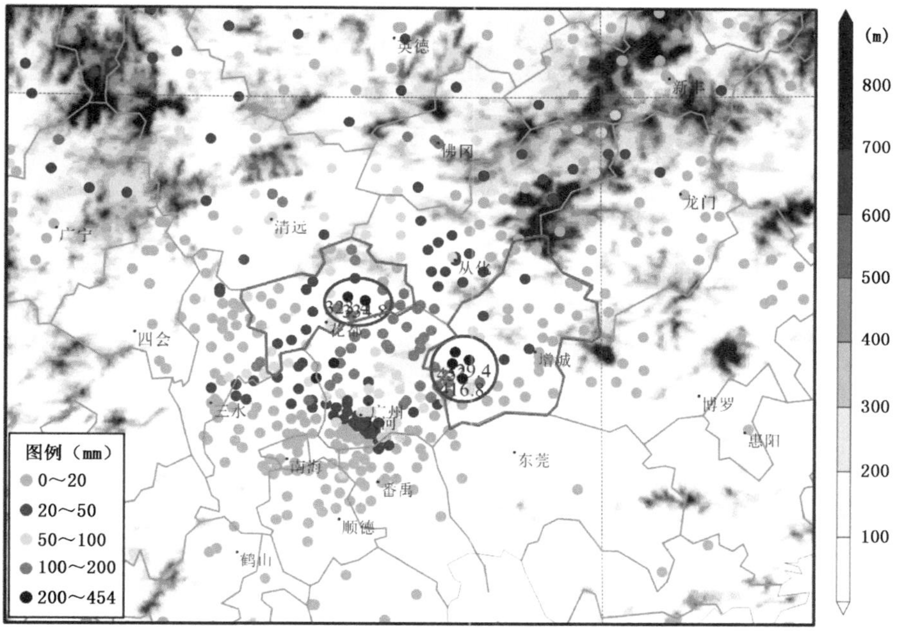

图 1 5 月 7 日 00:00—10:00 累积降水量分布（不同颜色的圆点表示不同量级的累积降水量，单位：mm，超过 300 mm 的降水量标注了具体数值；阴影为地势海拔高度，单位：m；蓝色椭圆分别标注两个强降水中心；红色线条为花都区和增城区的行政边界）

增城区新塘镇 05—06 时 184.4 mm 极端小时降水的分钟降水时间演变（图 2b）表明，前 30 min 内降水强度呈逐渐增强的趋势，表明降水云团在不断增强，05:30 左右达到每分钟约 5.0 mm 的极大值，随后强度有所降低，但均维持在每分钟 4.0 mm 左右，并持续到 06:00，此降水强度与广州百年一遇 10 分钟降水量约为 50 mm 的量级接近[11]。从此演变可以估算，新塘镇 05:00—06:00 184.4 mm 的小时极端降水中，大约 120.0 mm 的降水是在 05:30 至 06:00 的半小时内产生的，由此可见，此次对流系统的降水强度之大和效率之高。花都区花山镇

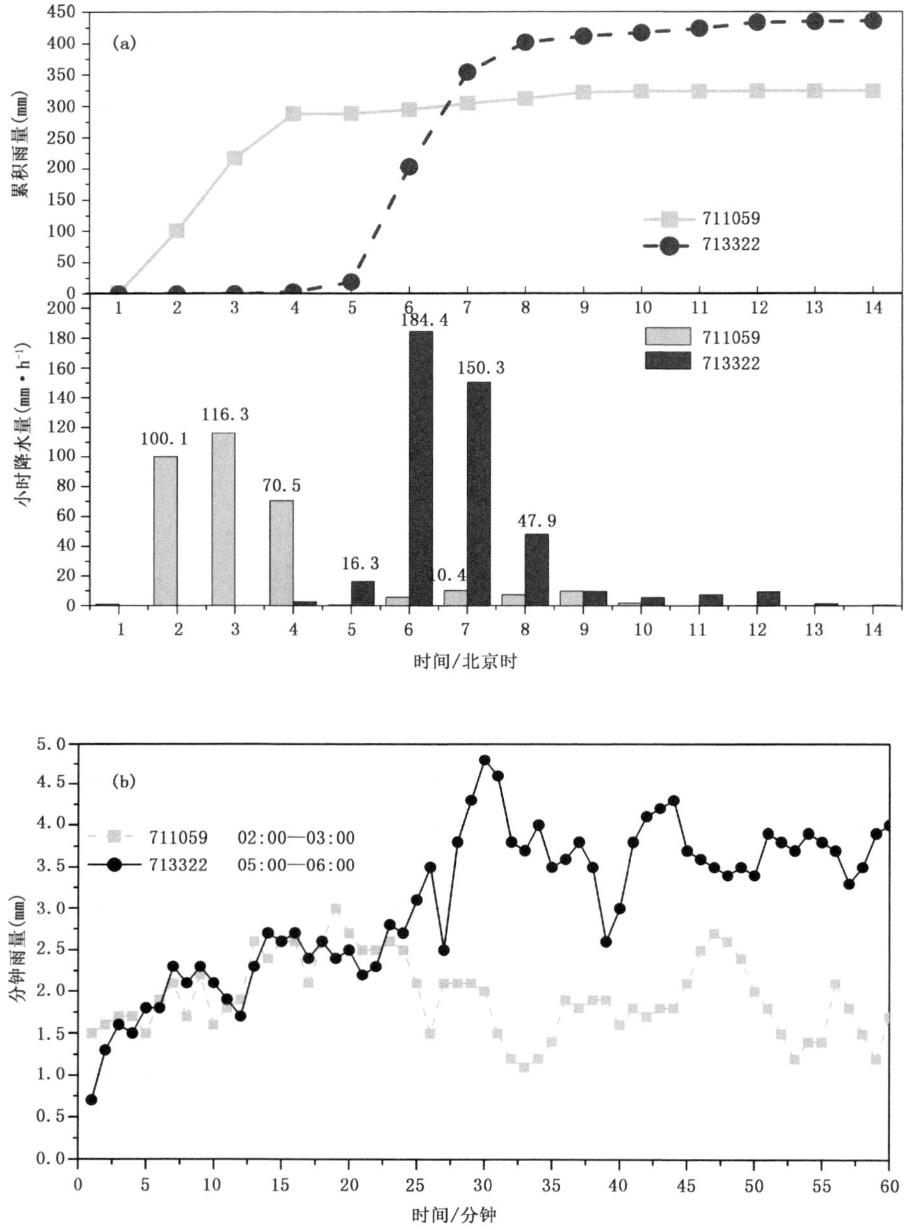

图 2　5 月 7 日(a)广州花都花山镇(711059,灰色)和广州增城新塘镇(713322,黑色)01:00—14:00 的小时降水和累计雨量变化及(b)两站小时降水最强时段内的分钟雨量变化,小时降水超过 10 mm 的时次标注了相应的降水值

02:00—03:00 的小时降水达 116.3 mm,对应的分钟降水量显示,在起始阶段降水量即达到了每分钟 1.5 mm,表明记录开始时刻该站点正在遭受强降水云团的影响,但分钟降水量仍然呈不断增强的趋势,在 02:20 左右达到每分钟 3.0 mm 的极大值,随后分钟降水量呈现为波动状变化的特征。

新一代天气雷达观测显示，增城区新塘镇 05:00—06:00 强降水时段的强雷达反射率因子强度变化较小，而 02:00—03:00 花都区花山镇强降水时段的雷达反射率因子呈快速变化的特征，与花都区花山镇 02:00—03:00 的分钟降水量呈现多个差别较大的波峰和波谷、而增城新塘镇 05:00—06:00 的分钟降水量在 05:30 至 06:00 一直维持高强度的分钟降水量相一致。

2 环流形势和环境条件

2017 年 5 月 3—4 日，江南华南刚刚经历一次暴雨过程。6 日 20 时 500 hPa 和 850 hPa 形势显示(图 3a)，6 日夜间东北冷涡主要影响我国北方地区，南方主要受副热带高压和弱的高空短波槽影响，广东位于 588 线附近和 850 hPa 弱切变线附近。对应的地面图上，江南大部受一弱高压控制，云南有一低压系统存在，华南位于地面高压的南侧边缘(图 3b，c)。6 日 20:00 地面风场显示(图 3b)，华南地面存在两条切变线，偏北的切变线从广西东部向东北方向伸展，经过广东中北部，延伸至福建西南部，尺度相对较大，另一条位于珠江口地区，尺度较小。但 7 日 02:00 的地面风场显示(图 3c)，华南地区则只存在一条切变线，与 6 日 20:00 切变线位置相

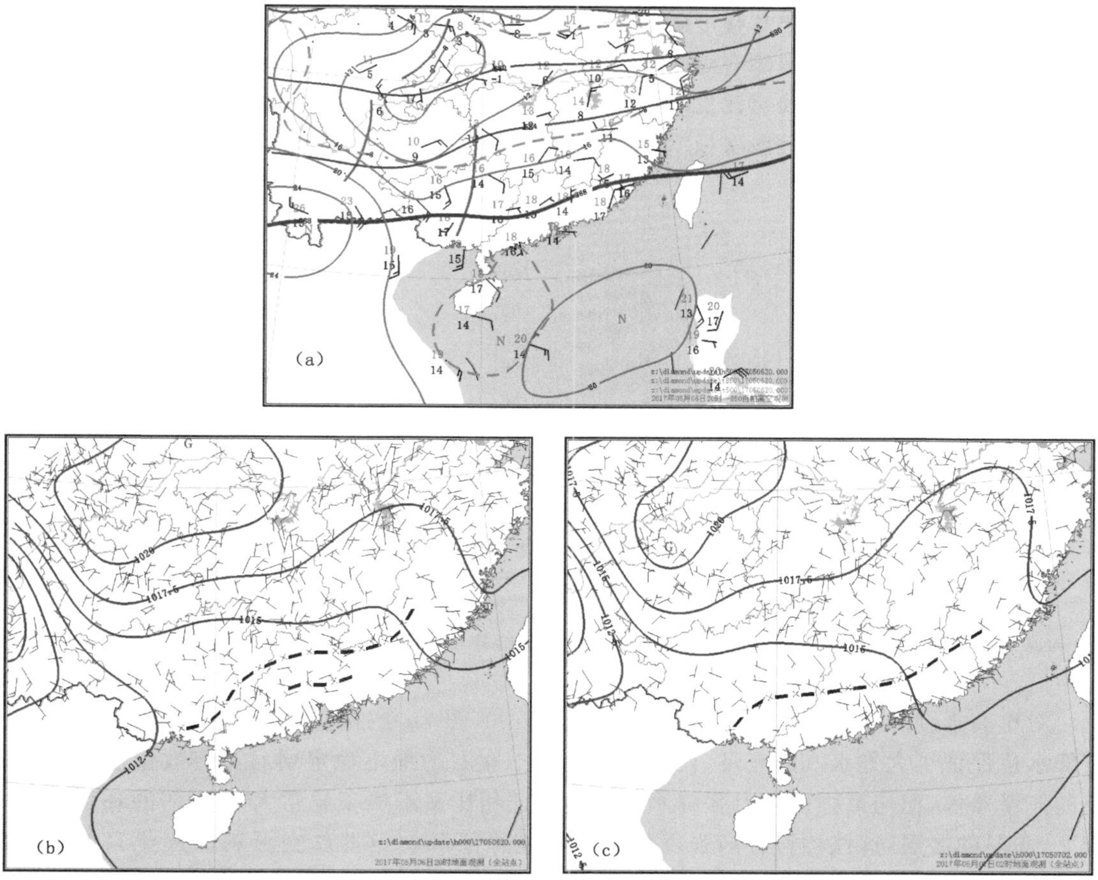

图 3 (a)2017 年 5 月 6 日 20:00 500 hPa 高度场(蓝色线条)、温度场(红色线条)及 850 hPa 温度场(绿色线条)和站点填图；(b)6 日 20:00 地面天气图；(c)7 日 02:00 地面天气图分析。地面图中蓝色线条为等压线，黑色短线为地面切变线，高空图中棕色短线为 500 hPa 槽线

比，西段位置变化不大，但中段已经压至珠江口地区，而东段则已经位于福建东南部。

6 日 20:00 探空显示(图 4a)，中高层为一致性的偏西气流，850 hPa 左右有偏北气流的存在，但近地层均为一致性的弱偏南气流，垂直风切变很弱；广州周边大气具有一定的不稳定能量，但对流有效位能仅约为 414 J·kg^{-1}，且低层和中高层均有显著的干区存在，整层可降水量仅约为 41 mm，这些是较有利于雷暴大风天气的探空曲线特征，而非较有利于极端短时强降水天气[21]。然而 7 日 02:00 的探空分布特征(图 4b)与 6 日 20:00(图 4a)相比有了显著变化，地面露点从 21 ℃附近升至 25 ℃附近，近地层和中层的干区已经消失，从地面到 300 hPa 的温度露点差均较小，计算的相应整层可降水量约为 59 mm，与 GPS/MET 水汽监测到的约 60 mm 以及 NCEP 分析资料计算的约 53 mm 的整层可降水量(图略)基本一致，相比于 6 日 20:00 的 41 mm 显著增长；中高空气流基本维持不变，但 700 hPa 至 800 hPa 之间的气流从西偏北转为西偏南，800 hPa 以下气流的大小略有增加，但风向由 6 日 20:00 的南偏东转为南偏西，且中低层暖平流更为明显，温度 0 ℃层高度有所抬高；随着气流和温湿层结的变化，抬升凝结高度(LCL)从 900 hPa 附近降至 950 hPa 附近，最不稳定层对流有效位能也增加为约 1000 J·kg^{-1}，同时对流抑制能量从 80 J·kg^{-1}降至 10 J·kg^{-1}左右，显示广州周边的大气环境条件在 6 个小时内均朝向有利于高强度短时强降水的方面调整[21]。需要说明的是，虽然 02:00 清远探空气球施放时该站的南侧有对流天气发生[19]，但与 NCEP 分析资料给出的该时刻无降水天气的广州温湿风垂直廓线对比发现(图未给出)，二者具有相当的相似性，因此 02:00 清远探空具有足够的代表性来分析该次极端降水过程环境条件。

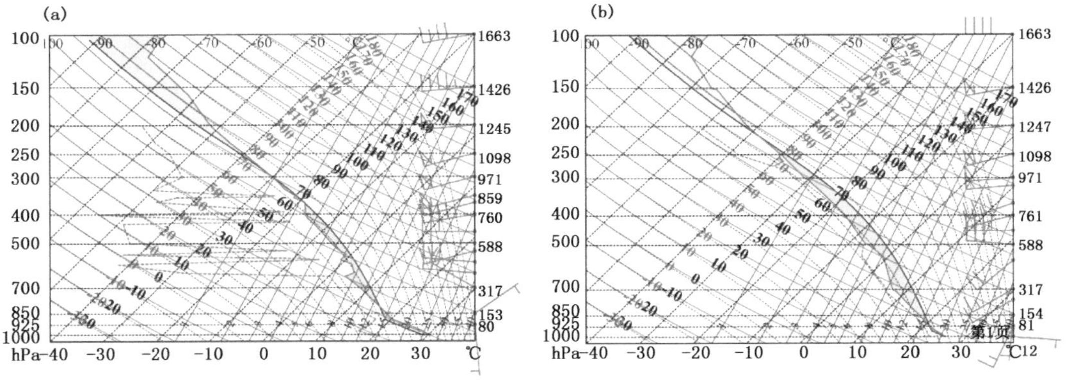

图 4　广东清远站 2017 年 5 月 6 日 20:00(a)和 7 日 02:00(b)探空曲线(红色实线为温度廓线，红色划线为露点廓线，红色填充区域为 CAPE，右侧坐标轴标注的数字为相应等压面的位势高度，单位：dagpm)

对比高强度降水需要的环境条件可知[22]，02:00(图 4b)的探空显示的超过 50 mm 的整层可降水量保证了大气水汽的充足，而 1000 J·kg^{-1}左右的最不稳定层对流有效位能满足了一定的能量条件，但与高强度短时强降水的气候特征相比又不属于异常大[23]。弱的环境垂直风切变、深厚的湿层，这些均符合高强度降水的环境特征[22]。这些探空资料的变化只是表明大尺度环境越来越利于高强度降水，但降水能否以及在何时何地出现，还取决于对流能否得到触发、是否持续和各方面条件的配合。

3 对流系统演变和结构特征

本部分综合应用逐6 min广州新一代天气雷达、逐10 min葵花8号静止气象卫星和闪电观测资料分别对产生花都和增城极端强降水的对流系统演变过程和结构特征进行分析。

3.1 花都对流系统演变

广州新一代天气雷达组合反射率因子和葵花8号11.2 μm红外通道相当黑体亮温(TBB)演变表明(图5),6日23:36—23:42,花都区中部偏东区域,即花都北部小山(简称花都地形)的南侧开始出现近似东西向的弱回波,超过15 dBZ的水平尺度小于10 km,为γ中尺度大小,最大反射率因子仅约22 dBZ,云顶非常低(图未给出),TBB较高,最低TBB仅约4 ℃。23:48—23:54(图5a),该对流继续加强,超过15 dBZ的水平尺度达10 km左右,最大反射率因子超过35 dBZ,达到了对流初生标准[24-26],最低TBB下降至-6 ℃左右。此时地面自动站均尚未观测到降水,地基闪电定位网未观测到闪电活动。

7日00:00(图5b),对流显著加强,与半小时前相比位置基本没有移动(仍位于花都地形南侧),对流云团的外形大致呈现为圆形,水平尺度继续增大,超过15 dBZ的范围大小仍为γ中尺度,但对流系统边缘的反射率因子梯度显著加大,超过30 dBZ的范围大小与超过15 dBZ的范围大小基本一致,此时最大反射率因子已超过55 dBZ;最低TBB下降至约-8 ℃,但依然未观测到闪电活动。

30 min后的00:30时(图5c),稳定少动的对流系统继续显著加强,超过35 dBZ的水平尺度已达20 km左右,达到γ中尺度的上限值,对流系统的北侧、西侧和南侧的反射率因子梯度非常大,最大反射率因子仍超过55 dBZ,但超过50 dBZ的区域显著扩大;此时最低TBB下降至约-37 ℃,但TBB的最小值中心与最大反射率因子并不重合,强反射率因子位于最低TBB西南侧的TBB梯度大值区。

01时(图5d)对流系统继续发展加强,与00:30时(图5c)相比,最强回波的位置仍然稳定少动,且最强反射率因子的强度仍维持在55 dBZ,但强回波区的范围有所扩大,且强回波的东部开始出现强度30~40 dBZ的层状降水区,对应的TBB亮温均在-32 ℃左右,对流系统的西南侧反射率因子梯度依然非常大。此时最低TBB下降至约-52 ℃,且TBB低值中心与雷达最大反射率因子区基本重合,较多的负闪集中出现在强反射率因子与低TBB区域,表明对流云团垂直向上发展剧烈,并已经垂直向上伸展至相当高的高度,对流系统中存在过冷水滴、软雹、冰晶等混合相态水物质[27-28]。地面自动站的降水记录显示,过去一小时有3个自动站的小时降水已经超过了20 mm。

此后的一个小时内,最强反射率因子一直维持在55 dBZ左右(图5e),且位置仍然稳定少动,低密度的负闪集中在最强反射率因子区域,对流系统的西侧和南侧反射率因子梯度仍然非常大,反射率因子强度20~35 dBZ的层云区已经扩展至相当大的范围,对应的TBB温度均在-42 ℃,但最低TBB与最强反射率因子的位置不再一致,最低TBB比强反射率因子的位置略偏北,表明此时对流系统自地面到高空向东北方向倾斜,此时强反射率因子区域的地面测站已观测到超过100 mm的小时降水量。尽管主对流风暴的西北侧和北侧均有弱对流系统发展,但强度均不强,最强反射率因子未超过50 dBZ,对应的最低TBB约为-32 ℃,个别地面站点观测到了超过 20 mm 的短时强降水，但无闪电活动。

03:00(图 5f)，强反射率因子和强降水区仍然位于花都东部，02:18 的雷达回波和卫星 TBB 特征在 03:00 仍然维持，但弱回波区的范围显著扩大。最强对流风暴北侧的对流风暴仍然维持，但其最强雷达反射率因子仍均小于 50 dBZ，且对应的 TBB 最低温度均高于－32 ℃，

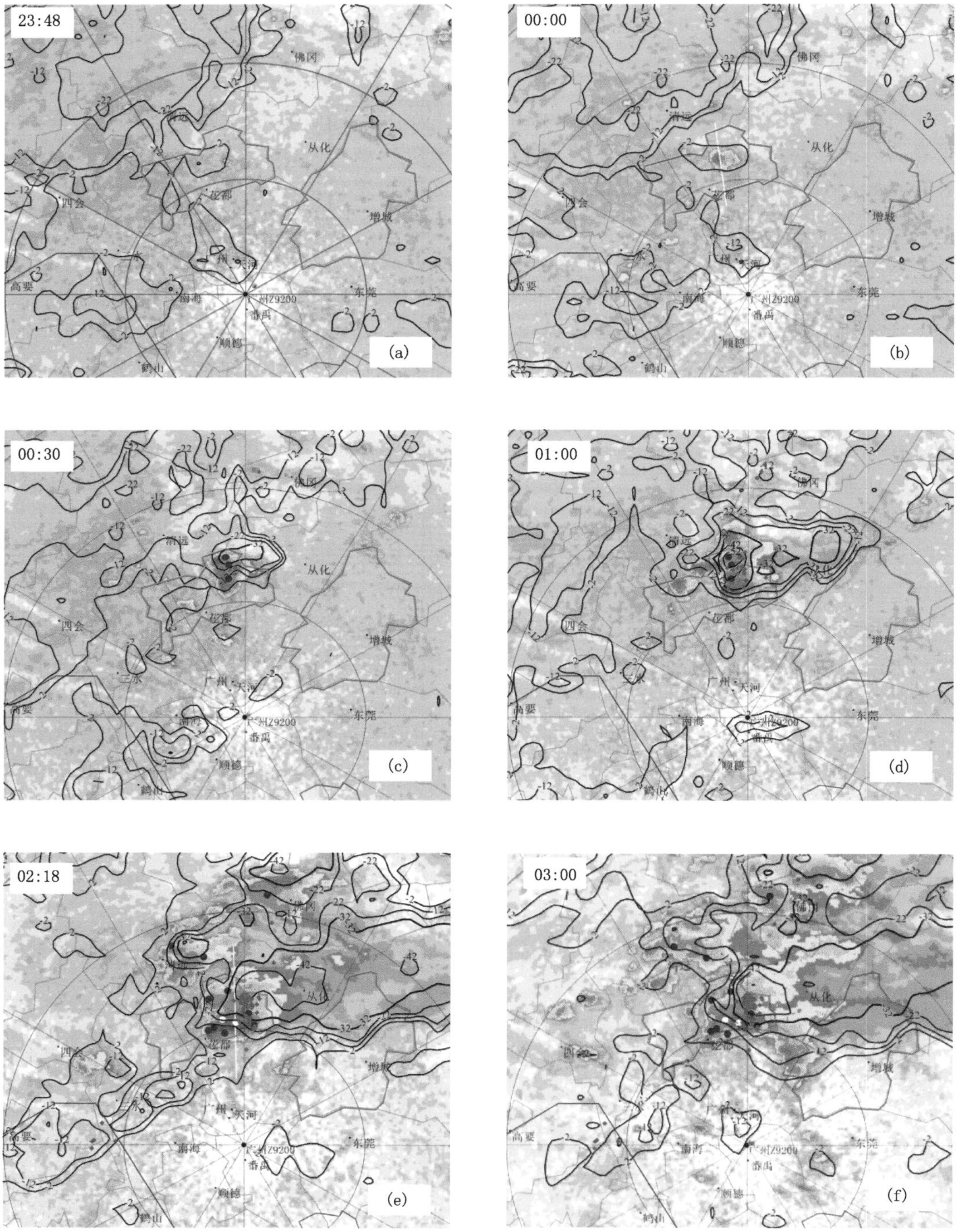

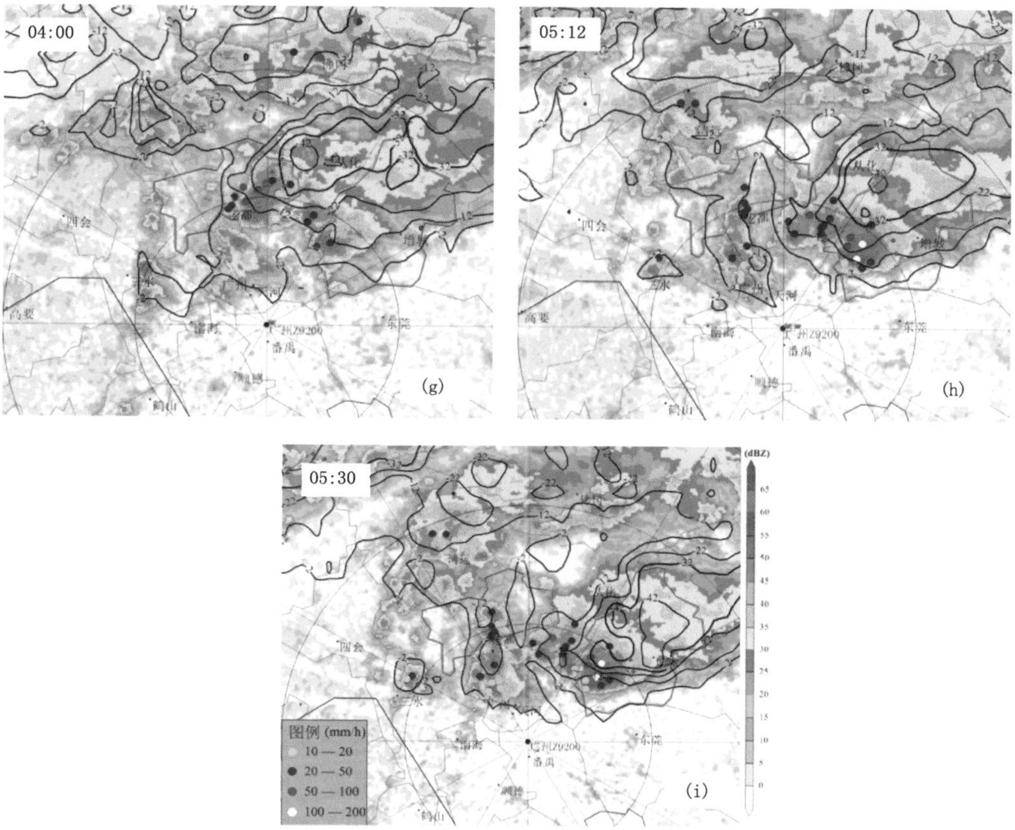

图5 不同时刻的广州雷达组合反射率因子(彩色填图)、葵花8号第14通道(中心波长11.2 μm)TBB亮温(黑色等值线)、闪电(紫红色◆表示负闪、紫红色(表示正闪)和小时累计降水(实心点)分布。(a)6日23:48;(b)7日00:00;(c)7日00:30;(d)7日01:00;(e)7日02:18;(f)7日03:00;(g)7日04:00;(h) 7日05:12;(i)7日05:30。整点时刻的小时降水和闪电为该时刻之前一小的累计值,非整点时刻的小时降水和闪电为所在时次内的一小时累计值。红色线条为花都区和增城区的行政边界

无闪电伴随,表明这些对流的垂直伸展高度均较低。至7日03:00,在长达3个多小时的时间内,对流风暴在花都地形南侧形成之后,一直稳定在一个小范围局部区域内,并持续产生了高强度的降水天气。

04:00闪电和降水变化显示(图5g),与前一时次相比,花都地区的对流呈减弱的趋势,最低TBB仍然维持在−42 ℃,但雷达强回波已经移到花都东南部,显著偏离了卫星低TBB区域,同时,前期一直存在的TBB梯度大值区也已经减弱,伴随的还有花都地区降水强度和闪电活动的减弱。

3.2 增城对流系统演变

7日02:00—03:00(图5f),增城区的西部偏南与黄埔交界周边区域开始有对流生成和发展,这些都是在花都主对流系统东南侧形成的新生对流。03:00—04:00,增城与黄埔交界区域不断有对流生成,并向北移动影响增城区西南部地区,形成“列车效应”[20]。

至04:00(图5g),增城地区强雷达反射率因子一直维持在50 dBZ左右,但影响范围显著

扩大，影响区域开始出现短时强降水，强反射率因子核心的东侧大面积强度 25～40 dBZ 回波已经覆盖增城大部地区，但并未监测到闪电。04:00—05:00，增城与黄埔交界区域不断有对流生成，并如“列车”般向北移动，影响增城区西南部区域[20]。但到 05:00 之后，“列车效应”不再显著，主要表现为强对流系统的原地维持。

05:00—06:00 是增城对流降水强度最大的时段。05:12 时(图 5h)，增城西部的强雷达反射率因子继续维持在 50 dBZ 左右，花都地区的对流云团已经减弱消亡。6 min 时间间隔的雷达回波演变显示，从花都地区移来的对流与增城本地发展起来的对流合并增强，使得增城地区的对流在短时间内强烈发展，多个自动站观测到了高强度的短时强降水。在这一过程中，最低 TBB 值始终维持在－42 ℃，TBB 梯度大值区位于反射率因子最强的区域，但与雷达最强回波的空间位置偏离仍然明显。然而，在强对流风暴中仅观测到几个闪电，表明对流系统中的混合相水物质较少，主要为 0 ℃层高度以下的液态水物质(参见图 6 垂直剖面分布)。

05:30 时(图 5i)，强降水回波一直位于增城西部，05:00—06:00 两站观测到了超过 100 mm 的小时强降水，而 184.4 mm 的极端小时降水也出现在这一时次，但最强反射率因子仍然维持在 50 dBZ 左右，最低 TBB 也维持在－42 ℃，且与雷达最强反射率因子的位置偏离仍然明显，并一直无闪电发生。至 07:00 左右的这段时间内，对流风暴的前述雷达和卫星特征仍然长时间维持，即最强回波维持在 50 dBZ 左右，最低 TBB 也维持在－42 ℃，且与雷达最强回波的位置偏离仍然显著，过程中仅有零星的闪电出现，然而由于对流的影响范围开始扩大，对流的回波结构变得较为松散，小时雨强减弱，表明对流发展最为旺盛的阶段已经结束。

总结前述分析，强对流云团最早在花都地形南侧山前得到触发，随后剧烈发展，但在 00—04 时的几个小时内，强回波的位置和最大强度基本维持不变，并持续产生了高强度的降水。04—05 时花都地区的对流开始减弱，从花都区东移的对流风暴同增城与黄埔交界区域发展北移的对流合并增强，对流风暴再次剧烈发展，并在增城产生了 184.4 mm 的小时极端强降水天气。在整个过程中，最强雷达反射率因子基本维持在 50 dBZ 左右，卫星 TBB 最低亮温维持在－42 ℃左右，但雷达反射率因子最强的区域与最低 TBB 区始终存在空间位置上的偏差，对流风暴的西南侧始终有反射率因子梯度大值区存在，这一区域同时也是卫星 TBB 梯度大值区，而最强降水也均出现在这一区域内。尽管花都对流中观测到了少量的负闪，但增城对流中只记录到几个闪电。

3.3　对流系统垂直结构和流场特征

本部分给出花都和增城两个区域对流初生和成熟阶段的垂直结构特征(图 6)。图 6 中蓝色粗划线标注了由清远探空计算的大气 0 ℃层(图 4)，高度大致为 5 km。花都与增城对流初生阶段的垂直分布特征存在较大差异：7 日 00:00(图 6a)，尽管花都对流的云底高度较低，但超过 50 dBZ 的强反射率因子出现在 5 km 左右(0 ℃层)高度，为高质心对流结构特征；而 03:18 时增城对流初生阶段(图未给出)则强反射率因子位于温度 0 ℃层高度以下，为低质心对流结构特征。同样结合前述探空所示温度垂直廓线分布可知，花都(图 6c)和增城(图 6e)对流成熟阶段的强反射率因子质心也均在 0 ℃层高度以下，云底高度较低，显示降水云团属于高效的热带型低质心降水云团[29-30]，该类型云团中的降水粒子相态以液态水为主，混合相态粒子含量较少，从而可以解释此次过程中降水效率高、闪电次数少的原因[27-28]；二者(图 6c 和 e)共同的特征还包括对流结构密实，40 dBZ 反射率因子的垂直发展高度约 6 km，50 dBZ 反射率因子

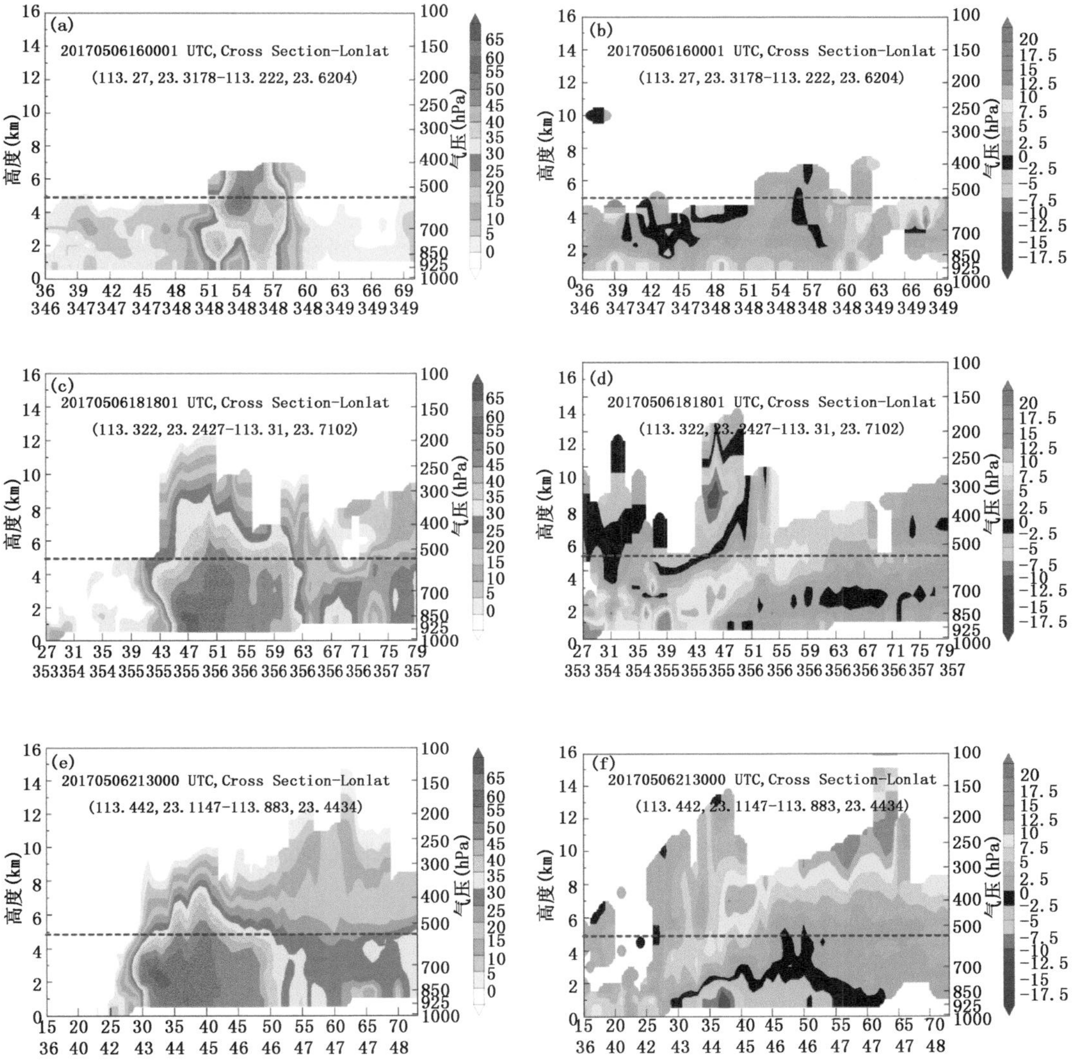

图 6　对流不同发展时刻的广州雷达反射率因子(a、c、e)和径向速度(b、d、f)剖面。(a)和(b)为 00:00 时,(c)和(d)为 02:18 时,(e)和(f)为 05:30 时;剖面位置见图 5 相应时刻组合反射率因子图中白色实线标注位置;图中蓝色划线为 0 ℃层;横坐标下方标注中,上排数字是距雷达站的距离(km),下排数字是方位角(°),正北为 0 °,顺时针增加;左侧纵坐标为海拔高度(km),右侧为相应气压层(hPa)

的顶高约 4～5 km,强反射率因子后侧为大面积的层状降水区。

花都对流初生时段的 7 日 00:00 径向速度剖面图显示(图 6b),气流以远离雷达为主,即气流是向北运动的,这可能与此时对流刚刚发展,降水尚未形成(图 5b),因此与降水有关的下曳气流尚未完全形成有关,此时径向速度图上所显示的仍然是环境大气离开雷达的气流。径向速度大小表明大气低层气流速度可达 8～10 $m \cdot s^{-1}$,已显著大于探空资料给出的风速大小(图 4),表明加强的低空气流非常有利于充沛的水汽输送。

对流发展旺盛的 02:18 和 05:30 径向速度剖面图(图 6d, f)与初生时刻(图 6b)相比也有显著不同，在强回波的底部均存在朝向雷达的负径向速度区，同时，沿着雷达的径向，以强回波位置为起点，均存在一个随着距离的增大高度逐渐升高的离开雷达的径向速度大值区，为强的低空暖湿气流（径向速度达 8～10 $m \cdot s^{-1}$ 左右或者以上）在发展旺盛对流系统的前侧倾斜上升运动区。由于这一向强对流后侧伸展的强上升气流作用，使得强反射率因子后部存在较大面积的反射率因子为 25～35 dBZ 层状降水区，从而使得最强反射率因子和卫星最低 TBB 区产生空间上的偏离。

02:18（图 6d）的花都对流径向速度剖面图显示，除 2～4 km 高度的低层存在负径向速度区外，6～10 km 高度的高空也有负径向速度区的存在，表明高空有偏北气流（见图 4b 风垂直分布）进入对流系统中，而 05:30（图 6f）增城对流径向速度剖面中则没有展示出明显的负径向速度区，这是因为该剖面的走向为东北西南向，而高空气流主要为西风气流（见图 4b 风垂直分布），其在该剖面上表现为正径向速度的缘故。

05:30（图 6f）增城对流径向速度剖面图中低层朝向雷达的气流为对流风暴的下沉气流导致的冷池出流，而这种冷池出流是对流风暴能够持续维持的重要机制[31]。后文给出的自动气象站观测表明，花都（03 时，图 9f）和增城（06 时，图 10c）对流成熟时刻导致的冷池与周边暖湿空气的温度差异均为 2～3 ℃，而露点温度则差异不大，均在 22～24 ℃左右。从不同仰角的径向速度分布图（图未给出）来看，这个负径向速度区与其东侧的正径向速度区形成了涡旋结构，这种结构有利于对流的长时间维持[19]。

以上分析表明，产生该次极端强降水的对流系统具有明显的高效率热带型低质心降水云团特征，因此，降水效率非常高，而强反射率因子主要分布在 0 ℃层高度以下，从而不利于闪电产生；对流发展旺盛时刻的雷达速度剖面显示了暖湿气流在低层冷气流上的强烈倾斜爬升运动，这种倾斜上升运动是造成反射率因子大值区和卫星 TBB 低值区空间分布不一致的物理原因。总之，该次极端强降水直接原因是产生了高强度降水的热带型低质心对流系统较长时间持续所致。

4　触发和维持机制

图 1 表明两个强降水中心附近均有一定海拔高度的中小尺度地形存在，其中花都区强降水中心的北侧为横向带状阶梯式的丘陵山地，海拔高度在 300～580 m，最高点海拔 581.1 m，增城区强降水中心周围多是海拔 500 m 以下的台地丘陵，尽管这一海拔高度的地形本身并不足以触发极端的强对流天气，但前述多源实况显示，对流是在花都地形南侧山前得到触发后，阶段式地向东南方向推移。自动站资料分析显示，以 6 日 23:00 作为分界线，地面切变线的演变可以划分为向北推进和向南推移两个移向完全相反的阶段（图 7），而降水天气出现的时段与地面切变线系统向南推进有非常好的一致性。此外，地面加密资料分析显示，以花都地形为中心，花都北部一直存在一个温度显著低于周边地区的低温中心，并伴随对流发展的各个阶段，因此，首先从低温中心的成因着手，再对系统的演变进行详细分析。

4.1　花都低温中心成因

自动站资料分析显示，以花都区北部的小山为中心，在 6 日傍晚即形成一低温中心。由于低温中心远早于降水出现，因此，降水所导致的降温并非其成因。本部分通过分析低温中心内和邻近地区自动站地面温度的变化，对低温中心的成因进行分析。两站的直线距离约 9 km，

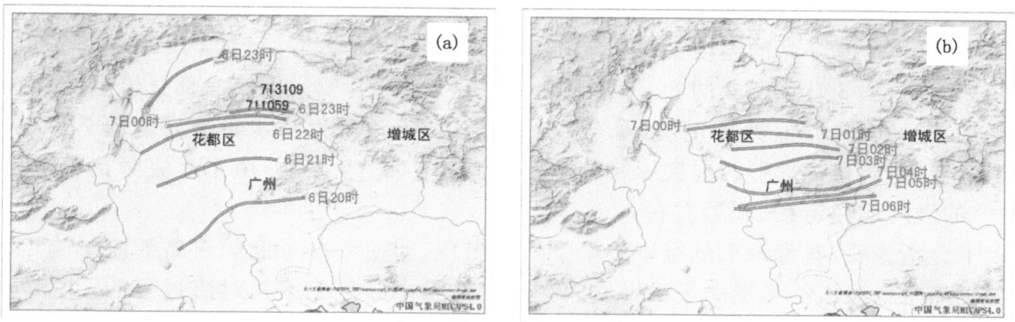

图 7　对流系统触发之前(a)和触发之后(b)地面切变线的位置演变,阴影为地形,
蓝点及其标值为用于温度分析的两个自动站的位置示意及站号

位置可参见图 7a,其中 713109 站位于花都地形的中间位置,711059 站位于花都地形南侧的低海拔地区。

温度的逐小时变化显示(图 8),6 日 12:00—16:00,由于植被等的影响,以 713109 站为表征的花都地形上的温度总体稍低于邻近的低海拔地区,但差别并不显著。16:00—20:00,随着日照的逐渐减弱,两站的温度均显著降低,从 16:00—20:00,713109 站的温度从 32 ℃降至 24 ℃,平均每小时降低 2 ℃,邻近的 711059 站的温度从 16:00 的 33 ℃降至 20:00 的 29 ℃,平均每小时降低 1 ℃,可见,山区的降温速度是邻近低海拔地区的两倍,至 6 日 20:00,两站间的温差已达 5 ℃。6 日午后至傍晚时段的静止卫星可见光图像(图未给出)显示,这一区域晴朗少云,且无明显的大尺度冷暖平流存在。因此,日落之后地形导致的快速辐射降温是花都低温中心的形成原因。

然而,6 日 20:00 还不是低温中心温度最低的时刻。图 8 显示,6 日 22:00,位于山区的 713109 站的地面温度稳定在 22 ℃,邻近的 711059 站的温度在 21:00—23:00 稳定在 29 ℃,两站之间的温差高达 7 ℃,即使是考虑花都 5 月平均 0.5 ℃的热岛效应[32]和地形高度对温度

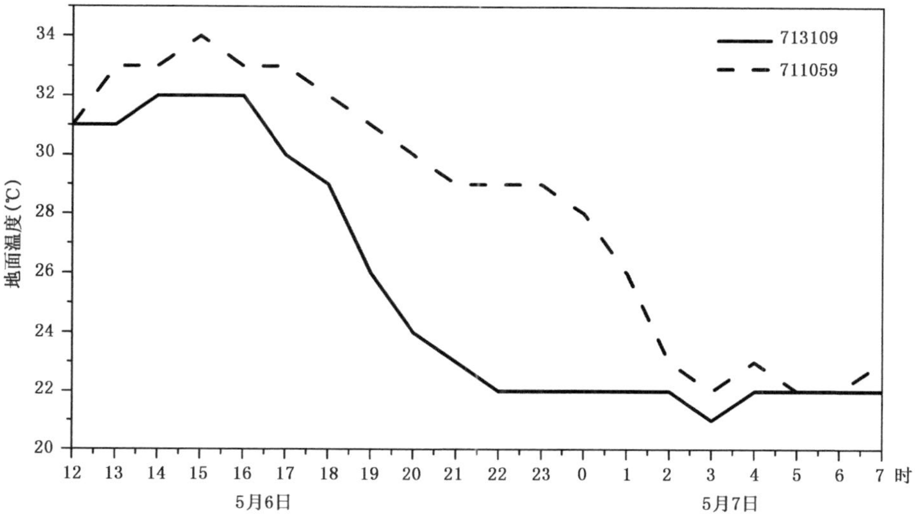

图 8　自动气象站 5 月 6 日 12:00 至 7 日 07:00 的逐小时地面温度变化(站点位置见图 7a)

的影响(按平均海拔 400 m,温度递减率 0.65 ℃计算,约 2.5 ℃),两站之间的温差仍然高达 4 ℃。尽管此后 711059 站的温度一直稳定在 22 ℃左右,但低海拔地区的 713109 站经历了又一次的快速降温,从 6 日 23:00 的 29 ℃降至 7 日 02:00 的 23 ℃。由第二部分给出的对流发展过程可知,这一次降温主要是由降水所导致,对流系统冷池使得降水影响显著的 713109 站温度快速降低,但对花都地形的温度影响并不显著。7 日 04:00 之后,由于对流对花都影响的减弱,两站的温度均稳定在 22 ℃左右。

以上分析表明,花都地形低温中心早于降水出现,即使考虑可能的热岛效应影响,地形辐射降温仍然是低温中心形成的最主要原因。这一低温中心伴随了强对流过程的始终,可推测其形成的局地环流对对流的触发起到了重要作用。

4.2　花都对流触发和维持机制

花都对流大约于 7 日 00 时前后在花都地形南侧开始发展加强,尽管广东中部偏南地区存在一弱的缓慢向北推进的地面切变线。自动站观测显示,6 日 22:00(图 9a),地面辐合线位于花都地形低温中心南侧的温度梯度大值区,其南侧为大范围温度高于 27 ℃的暖区,有 2～4 m · s^{-1}的偏南风,暖区大部分地区的露点温度在 23 ℃左右,显示了从南向北的暖湿气流输送。此外,在花都地形的东西两侧均有向北的暖性气流存在,西侧的暖中心出现了 27 ℃的等温度线,但相应的地面风场以偏北气流为主,地面露点与花都地形南侧相比也仍然偏低,表明虽然偏南暖气流已经向北推进到这一区域,但受到了地形及其局地环流的阻挡。

与 22:00 相比(图 9a),23:00 的地面分析(图 9b)显示,花都地形南侧的地面辐合线位置变化不大,略微向北推进,南侧暖区的影响范围有所减小,但中心最高温度升至 28 ℃,同时温度梯度显著增强,从 22:00 的 3 ℃增大至 5.5 ℃,与此同时,在花都地形南侧的山前出现了露点超过 24 ℃的大值区,表明过去一小时内持续有暖湿空气向花都地形南侧输送,并在冷中心南侧堆积。地形两侧的温度分布显示,地形西北侧的弱暖中心有偏南风的存在,并可以分析出一个弱的切变线,表明偏南气流已经向北推动到这一区域。然而,尽管花都地形南侧出现了温度梯度的显著增强和露点温度的显著增长,但花都地形西侧弱暖中心的露点温度却变化不大,表明虽然花都地形的两侧有部分暖湿气流向北输送,但仍以花都地形南侧的暖湿气流堆积为主。

7 日 00:00 的地面分析显示(图 9c),花都地形南侧的地面切变线仍然稳定少动,但西段的切变线显著向南退缩,并与东段切变线连在一起,23:00 地面图上花都地形西侧的弱暖中心已经消失,同时与前一时次相比,部分自动站的偏南风已转为偏北风。地面风场和温度场的变化表明,图 3 中的大尺度地面切变线已经影响到这一区域,即偏北风的存在是较大尺度的偏北冷空气影响到这一区域的结果,从而也表明,偏南暖湿气流绕过小山向北推进的过程中受到了大尺度弱冷空气的阻挡。与此同时,切变线南侧的 24 ℃等露点温度区却在显著扩大,表明偏南暖湿气流的向北输送仍然显著。垂直风廓线探测显示(图未给出)暖湿气流的厚度达边界层顶以上。持续的偏南暖湿气流由于自由对流高度较低,对流抑制能量很小(图 4b),使得对流可能在某个辐合强烈的区域得到触发,而地形阻挡抬升作用显著的花都地形南侧的中间倒“Y”字形区域由于辐合作用最强,是最为有利的区域。雷达监测显示,在露点温度持续升高且切变线稳定维持的花都地形南侧倒“Y”字形的中间位置附近,7 日 00:00 前后(图 5b)对流已经出现,并随后得到快速发展增强。7 日 01:00(图 9d),部分自动站已经观测到了超过 20 mm · h^{-1}的短时强降水,最大小时雨量达 50 mm,且较强的降水主要集中在花都北部山前倒“Y”字形的中间位置。

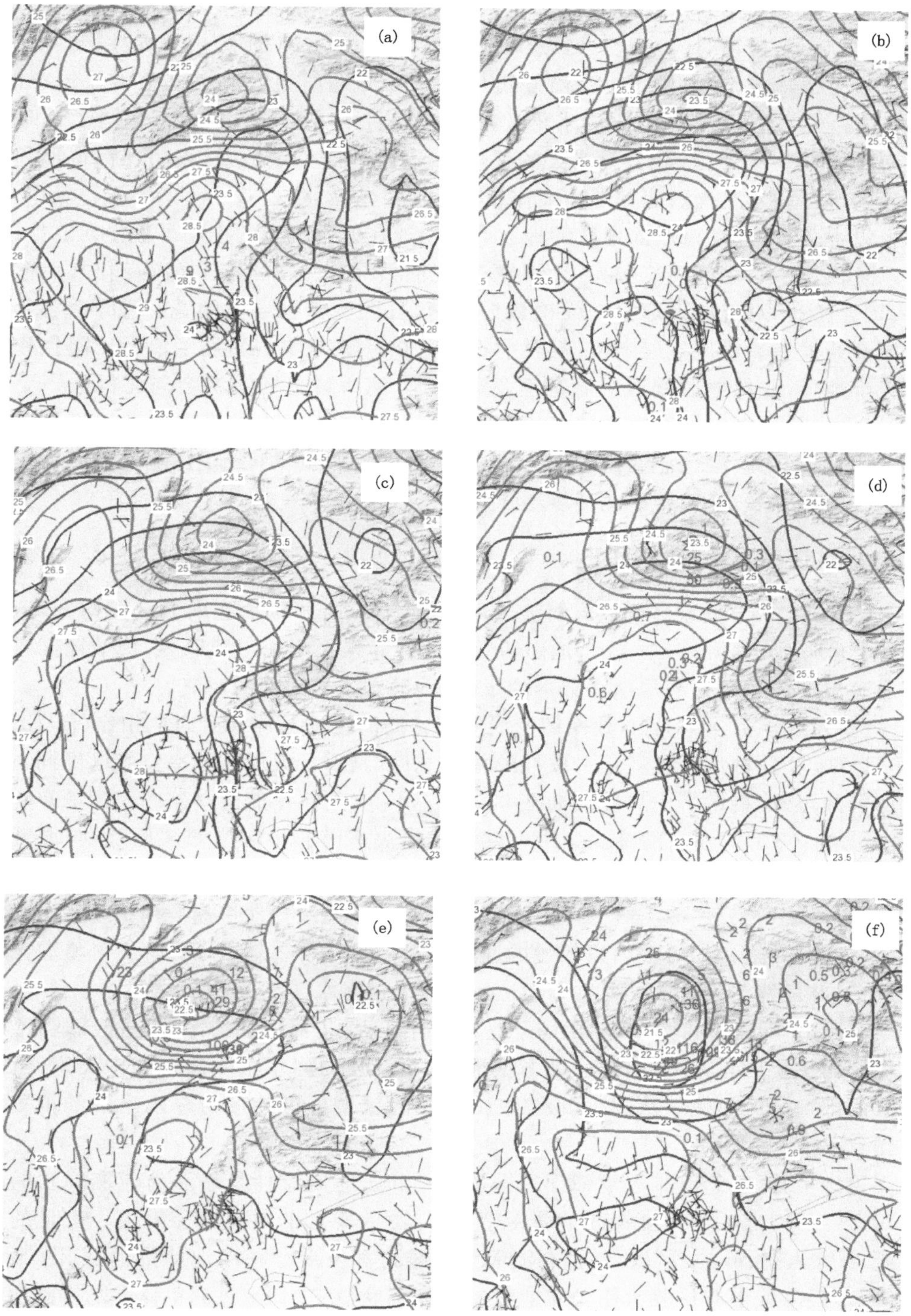

图 9　5 月 6 日(a)22:00,(b)23:00,7 日(c)00:00,(d)01:00,(e)02:00 和(f)03:00 的地面加密自动站温度分析(红色等值线,0.5 ℃间隔)、露点温度分析(蓝色等值线,0.5 ℃间隔)和风场,其中阴影为地形,绿色标值为站点整点时刻之前一小时的累计降水量

由于高空引导气流一直偏弱(图 4),花都地形南侧对流得到触发之后,持续的偏南暖湿气流的输送(图 9e,f)使得对流在这一区域稳定少动。7 日 02:00(图 9e)花都地区的多个自动站观测到了短时强降水,其中最大小时雨量超过 100 mm,地面温度显示已有明显的冷池存在。7 日 03:00 的实况显示(图 9f),强降水仍在持续,有三个自动站的小时雨量超过了 100 mm,花都地形南侧倒"Y"字形区域仍然是主要的强降水区,且冷池持续增强,表明花都地形和冷池共同对对流的维持和发展仍然起到了重要作用。

综合以上分析,珠江口北部地区的地面弱切变线在偏南气流的推动下缓慢向北推进,在花都地形以及低温中心局地环流和大尺度弱冷空气的共同作用下,暖湿气流在花都地形南侧不断堆积、辐合抬升,对流在地形抬升强迫最为显著、且温度梯度最大的花都地形南侧倒"Y"字形的区域开始发展。对流发展之前,低温中心的存在一定程度上加强了地形的阻挡作用。如果没有花都地形,花都地形低温中心甚至不会出现,偏南暖湿气流将会向北推进到更远的地方,而对流最先得到触发的时间和地点将会完全不同。对流降水的出现使得地形低温中心南侧形成冷池,而偏南暖湿气流的持续输送、地形阻挡和冷池的共同作用,使得对流在花都地形南侧不断维持和发展,并使得冷池持续增强。

4.3　增城对流触发和维持机制

7 日 03:00(图 5f)增城区已经有对流云团开始发展,主要集中在增城区西南部,但强度较弱。03:00 的地面分析(图 9f)显示,地面切变线此时尚未影响到增城地区,增城地区在偏南和偏东两股暖湿气流的辐合和局地小地形的影响下,触发了局地性的对流。

图 7b 显示,03:00 至 04:00 地面切变线向南移动的速度与前几个时次相比(图 7b)显著加快,在 7 日 04:00 花都地区已经是一致性的偏北气流,预示着大尺度弱冷空气已经同对流所导致的冷池合并,从而推动了中尺度锋面在 03:00—04:00 更快速的南移。图 8 中两自动站的温度均显示了 03:00 1 ℃左右的降温。中尺度锋面的快速南移影响增城区西部,与增城区西部已经存在的对流合并发展增强,对流进入剧烈发展阶段。但由于冷空气整体偏弱,偏南暖湿气流相对较强,因此,补充的冷空气并不能推动中尺度锋面持续性地快速向南推动,因此,中尺度锋面在 7 日 04:00 之后的时段内以较慢的速度缓慢向南移动(图 7b),从而使得增城区西部对流持续维持,并最终产生了 3 h 超过 330 mm 的极端强降水天气。

7 日 05:00(图 10b)和 06:00(图 10c)地面分析显示,花都地区的冷池已经减弱,冷池推动的中尺度锋面主要向东南方向移动,即增城地区,而较强的降水主要出现在中尺度锋面后侧,即增城区西部地形的东侧。从图 10b 和图 10c 可知,增城区的地形对降水出现的位置存在显著影响。

但无论地形如何影响,中尺度锋面的缓慢移动和长时间维持是增城对流和降水的决定性因素。对于 04:00 之后中尺度锋面的缓慢南移,与冷池驱动的对流发展有关。大量的数值模拟[31,33-36]研究表明,冷池可以驱动强对流天气的维持和发展。在冷池的推动下(图 11),中尺度锋面缓慢南移,锋前暖区具有不稳定能量的空气不断被迫抬升,对流单体不断得到触发和发展,发展旺盛的对流单体呈显著的后倾,而对流发展最为旺盛的区域也是降水最为集中的区域。图 6 中对流发展旺盛时刻的速度剖面也展示了冷池驱动对流发展的证据,即在朝向雷达运动的冷池(负径向速度)的前沿不断有对流得到触发和发展,发展旺盛的对流使得冷池增强和维持,从而形成正反馈,推动对流系统的不断向南移动。此外,由于这一地区邻近广州市区,

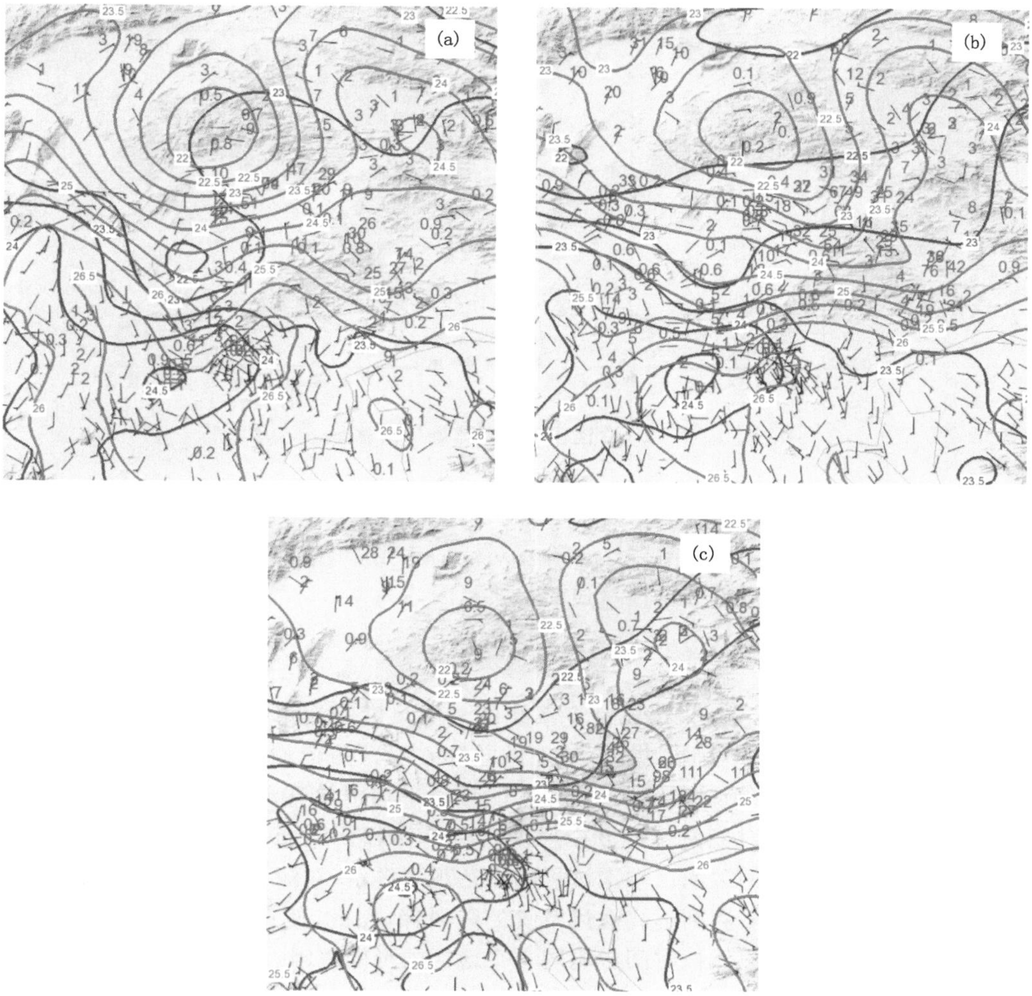

图10　5月7日(a)04:00,(b)05:00和(c)06:00的地面加密自动站观测温度分析（红色等值线,0.5 ℃间隔)、露点温度分析(蓝色等值线,0.5 ℃间隔)和风场,其中阴影为地形,绿色标值为站点整点时刻之前一小时的累计降水量

研究显示[37-38],城市热岛效应也会增强暖湿气流[19],从而对局地对流和强降水产生影响,但限于热岛垂直观测数据的缺乏和文字篇幅,本文不对热岛效应在本次强降水过程中的作用作进一步讨论。

前述分析表明,对流在地形的影响下得到触发后,尽管维持时间较长,对流持续维持机理并不相同:第一阶段,即01:00—03:00偏南暖湿气流的持续输送使得对流在花都地形南侧持续发展,但对流的影响范围有限,强降水也仅仅局限于地形南侧一个较小的范围内,且短时雨强较大;03:00—04:00对流系统的快速南移阶段属于第二阶段,来自大尺度弱冷空气的补充使得冷池加强,从而推动了这一阶段对流系统的快速向南移动,对流不能稳定影响同一个地点,对应的小时间降水相比之前和之后的阶段均要偏弱,但也由于补充的冷空气整体较弱,也

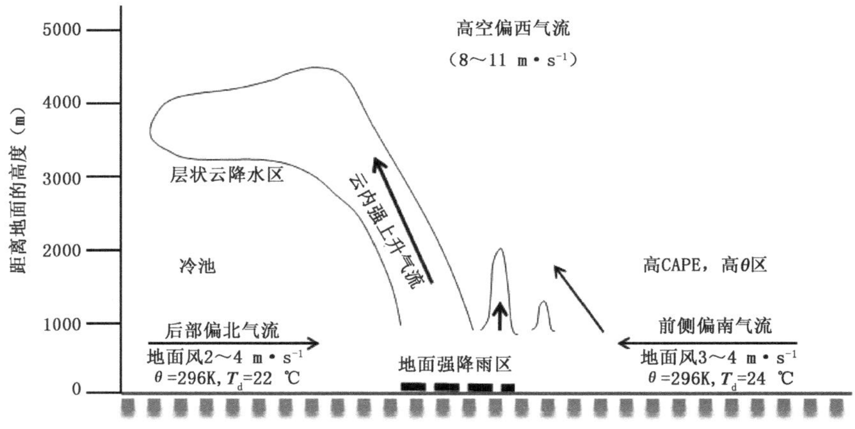

图 11　冷池驱动的对流维持示意图

使得对流系统的快速向南推动难以长时间维持；04:00 后中尺度锋面仍然缓慢南移，冷池驱动的对流发展机制很大程度上可以解释这一阶段对流的生消，东南向移动的对流系统与增城本地对流的合并增强是增城对流爆发性增强的重要原因。

4.4　对流移动缓慢原因

McAnelly 等[39]的研究表明，构成对流系统的 β 中尺度对流单体的移向和移速关系到最强降水出现的位置。Doswell 等[40]指出，某地的总降水量严重依赖于产生降水的对流系统的类型和移动方式。Corfidi 等[41]研究表明，大尺度环境平均引导气流的方向和速度、对流系统的传播方向和速度与构成对流系统的 β 中尺度对流单体（MBE：mesobeta－scale element）的移向和移速之间具有很好的关系。本次过程的雷达观测显示，对流主要是上风向发展传播的，且雷达和地面自动站均未观测到远离对流系统的阵风锋，因此，使用如图 12 所示的方法来帮助理解本次过程中强降水单体长时间影响同一个地区的可能原因。

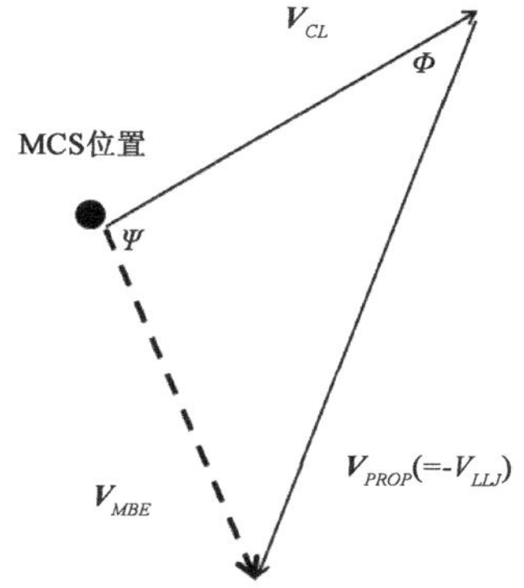

图 12　MCS 内 MBE 的运动矢量 $\boldsymbol{V}_{MBE}$ 与引导气流 $\boldsymbol{V}_{CL}$ 和风暴传播矢量 $\boldsymbol{V}_{PROP}$ 的关系示意图。一般认为风暴的传播方向和速度 $\boldsymbol{V}_{PROP}$ 与低空急流 $\boldsymbol{V}_{LLJ}$ 大小相同方向相反（改自 Corfidi 等[41]）。

根据 Corfidi 等[41]可知，对流系统、引导气流和对流单体的移动三者的关系满足：

$$\boldsymbol{V}_{MBE} = \boldsymbol{V}_{CL} - \boldsymbol{V}_{PROP} \tag{1}$$

而

$$\boldsymbol{V}_{CL} = (\boldsymbol{V}_{850} + \boldsymbol{V}_{700} + \boldsymbol{V}_{500} + \boldsymbol{V}_{300})/4 \tag{2}$$

式中 $\boldsymbol{V}_{MBE}$ 为 MBE 的运动矢量，$\boldsymbol{V}_{CL}$ 为引导气流，$\boldsymbol{V}_{PROP}$ 为风暴传播矢量，$\boldsymbol{V}_{850}$、$\boldsymbol{V}_{700}$、$\boldsymbol{V}_{500}$ 和 $\boldsymbol{V}_{300}$ 分别为 850 hPa、700 hPa、500 hPa 和 300 hPa 的风矢量，可以根据探空资料计算得到。而

$$\boldsymbol{V}_{PROP} = -\boldsymbol{V}_{LLJ} \tag{3}$$

其中 $\boldsymbol{V}_{LLJ}$ 为低空气流的矢量，可以根据地面观测或探空得到，从而可以根据(1)式得到 $\boldsymbol{V}_{MBE}$ 的大小及与 $\boldsymbol{V}_{CL}$ 的夹角。

对流系统传播速度的判定中，对于小时降水达到短时强降水的站点，计算其几何中心，并认定为对流系统当前时刻的中心位置，通过对比对流系统不同时次的中心位置，可以近似得到对流系统的传播速度和方向[41]，即 $\boldsymbol{V}_{PROP}$。表 1 显示，与强降水的两个集中时段相对应，对流系统的传播在 01:00—03:00 和 06:00—08:00 的传播速度较慢，均小于 1.5 m·s^{-1}，与前述对流发展维持的几个阶段相对应，与其他地区对流的传播速度相比也慢的多[42]，即使是传播速度相对较快的 03:00—06:00(与 03:00 前后大尺度弱冷空气补充和增城地区对流合并发展有关)，对流系统的传播速度也均小于 3.0 m·s^{-1}，且根据图 7 可知，这一传播速度与切变线或中尺度锋面南侧前沿的偏南气流相当，表明尽管地面偏南气流的速度较小，但仍然满足(3)式。

表 1　逐小时 $\boldsymbol{V}_{CL}$、$\boldsymbol{V}_{PROP}$ 和 $\boldsymbol{V}_{MBE}$ 及 $\boldsymbol{V}_{MBE}$ 与 $\boldsymbol{V}_{CL}$ 夹角的变化

(速度大小的单位为 m·s^{-1}，方向近似为风的来向，正北为 0 度，顺时针增加)

时段		01:00—02:00	02:00—03:00	03:00—04:00	04:00—05:00	05:00—06:00	06:00—07:00	07:00—08:00
$\boldsymbol{V}_{PROP}$	大小	1.3	1.1	3.0	3.0	2.8	1.5	1.3
	方向	165.0	150.0	135.0	135.0	150.0	135.0	210.0
$\boldsymbol{V}_{CL}$	大小	10.0	10.0	10.2	10.4	10.6	10.8	11.0
	方向	225.0	225.0	225.0	225.0	225.0	225.0	225.0
$\boldsymbol{V}_{MBE}$	大小	10.7	10.3	10.6	10.8	11.6	10.9	12.3
	ψ	0.04	0.04	0.25	0.25	0.09	0.12	0.03

根据 7 日 02:00 和 08:00 清远探空的 850 hPa、700 hPa、500 hPa 和 300 hPa 风矢量，通过取四个层次的风矢量均值，分别近似计算 02:00 和 08:00 的引导气流 $\boldsymbol{V}_{CL}$，并通过插值得到中间时次的 $\boldsymbol{V}_{CL}$。结果显示(表 1)，根据 02:00 和 08:00 探空得到的 $\boldsymbol{V}_{CL}$ 非常接近，为 10 m·s^{-1} 左右的偏西南气流。根据相应时次的 $\boldsymbol{V}_{CL}$ 和 $\boldsymbol{V}_{PROP}$ 得到 $\boldsymbol{V}_{MBE}$ 的移动速度在 11.0 m·s^{-1}左右，与引导气流 $\boldsymbol{V}_{CL}$ 的大小几乎相同(表 1)，$\boldsymbol{V}_{MBE}$ 与 $\boldsymbol{V}_{CL}$ 的夹角非常小，仅 03:00—04:00 和 04:00—05:00 的夹角为 0.25 度，与冷空气补充使得对流系统快速南移相对应，其它多个时次均小于 0.10 度。而根据雷达回波的演变计算得到的对流单体的移动速度均小于 5.0 m·s^{-1}，相较于表 1 中的 V_{MBE} 显著偏小，可能与对流单体存在快速的生消有关，而表 1 中的 V_{MBE} 为所有单体运动速度的均值。尽管如此，这一均值显著低于 Corfidi[41] 给出的单体的运动速度(约 20.0～30.0 m·s^{-1})。

以上分析表明，尽管"5.7"广州极端强降水过程的中尺度对流系统自西北向东南缓慢移

动，但对流系统中的单体几乎完全沿着引导气流的方向缓慢移动，也验证了前述雷达和卫星图像上对流单体移速非常缓慢的特征。或许正是因为引导气流不强、低空气流较弱，从而使得对流单体移动缓慢，不断生消的对流单体对同一个地点连续产生影响，从而使得降水集中在一个较小的区域，导致了花都和增城局地极端强降水天气的发生。

5　结论和讨论

本文综合使用多种观测资料对2017年5月7日广东省广州市的极端强降水触发和发展时段的天气实况特征、环流背景及对流的触发和维持机制进行了较为详细的分析，得到如下一些结论：

(1)此次特大暴雨过程的局地性强，降水强度大。影响花都的对流有弱闪电伴随，影响增城的对流基本无闪电，强降水回波结构密实，最强回波均低于60 dBZ，50 dBZ回波的顶高在5 km以下，为高效的低质心热带海洋型降水系统；其产生的高强度降水和较长的持续时间是导致该次极端强降水的直接原因。对流发展旺盛时段的雷达组合反射率最强回波与静止气象卫星最低TBB空间位置差异明显，可能与对流系统中的倾斜上升气流有关。

(2)地形辐射降温是花都地形低温中心形成的原因，大尺度冷空气的影响突出了花都北部地形的作用。在持续的偏南暖湿气流输送的前提下，局地地形和大尺度环境的配合使得对流在花都地形南侧最先得到触发。

(3)偏南气流的长时间维持是对流在花都地形南侧长时间持续的主要原因，大尺度冷空气的补充是对流系统在03:00—04:00快速东南移动的主要影响因素，冷池驱动的对流发展可以解释增城地区对流的发展和维持，对流系统的碰并增强使得增城西南部地区的强对流在短时间内得到剧烈发展。

(4)高空引导气流不强，近地层偏南气流较弱，使得对流系统的移动较为缓慢，对流系统中的强降水单体几乎完全沿着高空引导气流缓慢地移动，使得对流单体在花都地形南侧以及增城西部一个较小的范围内不断地生消，雷达上显示为对流单体在同一个地点稳定少动，从而导致了局地极端强降水的出现。

需要指出的是，本文根据实况资料对广州“5.7”极端强降水的演变、结构、触发和维持机制，以及对流稳定少动的原因进行了分析，但很多问题需进一步深入研究，如小时雨量超过180 mm的极端降水强度的最为关键的物理因素到底是什么，因为虽然低质心的暖云降水效率高，但产生如此极端的小时雨量还是极其罕见的；此外，海陆环流是如何使得大尺度对流环境条件逐步得到改善的，城市热岛效应的作用如何，都尚有待于进一步的深入分析研究。

致谢：感谢国家气象中心周康辉、盛杰、刘鑫华、韩旭卿在资料准备和过程分析中提供的支持和帮助。

参考文献

[1]　Zheng Y G, Xue M, Li B, et al. Spatial characteristics of extreme rainfall over China with hourly through 24-hour accumulation periods based on national-level hourly rain gauge data [J]. Adv Atmos Sci, 2016,33: 1218-1232.

[2]　谌芸，孙军，徐珺，等．北京721特大暴雨极端性分析及思考(一)观测分析及思考[J]. 气象，2012，38

(10):1255-1266.

[3] 方翀,毛冬艳,张小雯,等.2012年7月21日北京地区特大暴雨中尺度对流条件和特征初步分析[J].气象,2012,38(10):1278-1287.

[4] 孙军,谌芸,杨舒楠,等.北京721特大暴雨极端性分析及思考(二)极端性降水成因初探及思考[J].气象,2012,38(10):1267-1277.

[5] 孙继松,雷蕾,于波,等.近10年北京地区极端暴雨事件的基本特征[J].气象学报,2015,73(4):609-623.

[6] 符娇兰,马学款,陈涛,等.“16.7”华北极端强降水特征及天气学成因分析[J].气象,2017,43(5):528-539.

[7] 雷蕾,孙继松,何娜,等.“7.20”华北特大暴雨过程中低涡发展演变机制研究[J].气象学报,2017,75(5):685-699.

[8] 陶诗言,丁一汇,周晓平.暴雨和强对流天气的研究[J].大气科学,1979,3(3):227-238.

[9] 丁一汇,张建云.暴雨洪涝[M].北京:气象出版社,2009.

[10] 水利部长江水利委员会水文局和水利部南京水文水资源研究所.水利水电工程设计洪水计算手册[M].北京:中国水利水电出版社,1995.

[11] 水利部水文局和南京水利科学研究院.中国暴雨统计参数图集[M].北京:中国水利水电出版社,2006.

[12] 黄士松.华南前汛期暴雨[M].广州:广东科技出版社.1986.

[13] 俞小鼎,周小刚,王秀明.雷暴与强对流临近天气预报技术进展[J].气象学报,2012,70(3):311-337.

[14] 郑永光,陶祖钰,俞小鼎.强对流天气预报的一些基本问题[J].气象,2017,43(6):641-652.

[15] 陶诗言.中国之暴雨[M].北京:科学出版社,1980.

[16] 李真光,梁必骐,包澄澜.华南前汛期暴雨的成因与预报问题[C]//华南前汛期暴雨文集.北京:气象出版社,1981.

[17] 赵玉春,王叶红.近30年华南前汛期暴雨研究综述[J].暴雨灾害,2009,28(3):3-38.

[18] 高安宁,李生艳,陈见,等,弱环境风场条件下华南西部大范围暴雨特征分析[J].热带气象学报,2009,25(s1):9-17.

[19] 伍志方,蔡景就,林良勋,等.广州2017.“5.7”暖区特大暴雨的中尺度系统和可预报性[J].气象,2017,已投递.

[20] 傅佩玲,胡东明,张羽,等.2017年5月7日广州特大暴雨微物理特征及其触发维持机制分析[J].气象,2017.

[21] 田付友,郑永光,张涛,等.我国中东部不同级别短时强降水天气的环境物理量分布特征[J].暴雨灾害,2017,36(6):518-526.

[22] Davis R S. Flash flood forecast and detection methods. Severe Convective Storms[M]. Doswell III C A, Ed, American Meteorological Society, Boston, MA, 2001: 481-525.

[23] Tian F Y, Zheng Y G, Zhang T, et al. Statistical characteristics of environmental parameters for warm season short-duration heavy rainfall over central and eastern China [J]. J Meteor Res, 2015,29(3): 370-384.

[24] Roberts R D, Rutledge S. Nowcasting storm initiation and growth using GOES-8 and WSR-88D data [J]. Wea Forecasting, 2003,18: 562-584.

[25] Lima M A, Wilson J W. Convective storm initiation in a moist tropical environment [J]. Mon Wea Rev, 2008,136: 1847-1864.

[26] Frye J D, Mote T L. Convection initiation along soil moisture boundaries in the southern Great Plains [J]. Mon Wea Rev, 2010,138: 1140-1151.

[27] Williams E R. The triple structure of thunderstorm[J]. J Geophys Res Atmos, 1989,941(D11): 13151-

13167.

[28] Williams E R. The electrification of severe storms. Severe Convective Storms[M]. Doswell III C A, Ed, American Meteorological Society, Boston, MA, 2001: 527-561.

[29] Maddox R A, Caracena F, Hoxit L R, et al. Meteorological aspects of the big Thompson flash flood of 31 July 1976 [R]. NOAA Tec Rep ERL 388-APCL 41, 1977,83.

[30] Vitale J D, Ryan T. Operational recognition of high precipitation efficiency and low-echo-centroid convection [J]. J Operational Meteor, 2013,1(12): 128-143.

[31] Park M D. Response of simulated squall lines to low level cooling [J]. J Atmos Sci, 2008, 65: 1323-1341.

[32] 曾侠,钱光明,潘蔚娟．珠江三角洲都市群城市热岛效应初步研究[J].气象,2004,30(10):12-15.

[33] Feng Z, Hagos S, Rowe A K, et al. Mechanisms of convective cloud organization by cold pools over tropical warm ocean during the AMIE/DYNAMO field campaign [J]. J Adv Model Earth Syst, 2015,7: 357-381.

[34] Tompkins A M. Organization of tropical convection in low vertical wind shears: The role of cold pools [J]. J Atmos Sci, 2001,58(13), 1650-1672.

[35] Droegemeier K K, Wilhelmson. Three-dimensional numerical modeling of convection produced by interacting thunderstorm outflows. Part I: Control simulation and low-level moisture variation [J]. J Atmos Sci, 1985,42(22): 2381-2403.

[36] 张庆红,陈受钧,刘启汉．台湾海峡中尺度对流系统的数值模拟研究 III:MCS的中尺度特征[A]//周秀骥.海峡两岸及邻近地区暴雨试验研究[C].北京:气象出版社,2000.

[37] Lin C Y, Chen W C, Chang P L, et al. Impact of the urban island effect on precipitation over a complex geographic environment in northern Taiwan[J]. J Appl Meteor Climatol, 2011,50(2): 339-353.

[38] Zhang D L, Shou Y X, Dickerson R R, et al. Impact of upstream urbanization on the urban heat island effects along the Washington-Baltimore Corridor[J]. J Appl Climatol, 2011,50(10):2012-2029.

[39] McAnelly R L, Cotton W R. Meso-beta-scale characteristics of an episode of meso-alpha-scale convective complexes [J]. Mon Wea Rev, 1986,114: 1740-1770.

[40] Doswell III C A, Brooks H E, Maddox R A. Flash flood forecasting: An ingredients-based methodology [J]. Wea Forecasting,1996,11: 560-581.

[41] Corfidi S F, Merritt J H, Fritsh J M. Predicting the movement of mesoscale convective complex [J]. Wea Forecasting, 1996,11: 41-46.

[42] Laing G, Carbone R, Levizzani V, et al. The propagation and diurnal cycles of deep convection in northern tropical Arfica [J]. Q J R Meteor Soc, 2008,134: 93-109.

2016年9月4日下午“杭州G20峰会”期间短时阵雨天气成因与预报难点

张涛[1]　郑永光[1]　毛旭[1]　郑沛群[2]　朱文剑[1]　林隐静[1]

(1 国家气象中心,北京 100081; 2 杭州市气象局,杭州 310051)

摘　要　2016年9月4日16时(北京时间)左右,发生在杭州市区和西湖及周边区域的一场突发的短时阵雨天气对“杭州G20峰会”相关活动的准备工作造成了极大的影响。本文分析了该次阵雨天气的成因,讨论了定点和定时短期预报的局限性和短临预报难点。本文分析表明,当时重点监视的杭州东部宁波至绍兴一带的主要对流系统并未直接影响到杭州市区,东移的天气尺度高空槽系统也尚未影响到该区域,该次阵雨天气是在弱的静力不稳定条件下,由午后形成的海风锋与干线在杭州湾西北岸共同触发的浅层对流系统向西南快速移入杭州西湖及其周边区域形成。由于该对流天气系统具有空间尺度小、生命史短、移动快速、发展高度低、反射率因子强度低、短时雨强较大等特点,加之当天杭州及周边区域上空存在大量在静止气象卫星云图上难以同积云区分的高层卷云,使得天气雷达和静止气象卫星对该系统的监测能力受到显著的影响,以致于仅依赖这两类资料对其做出较长时效的短时临近预报也非常困难,因此使用高时空分辨率的加密自动站资料分析中尺度环境场的要素变化对于此浅对流天气系统的短临预报至关重要。

关键词　短时阵雨　浅对流　配料法　成因　预报难点

1　引言

2016年9月上旬在杭州举办的“G20峰会”全球瞩目,该次峰会重要活动多,尤其是计划于9月4日晚间20时至22时进行的大型文艺演出,将视天气条件选择优先在西湖湖面举行或备选室内演出。此项服务为典型的决策气象服务,时任浙江省委书记夏宝龙、省长车俊先后亲临峰会气象台视察指导,凸显此次预报服务事关重大。中国气象局高度重视此次峰会的气象保障服务工作,定位为“2016年中国气象局最重要的政治任务”,以“集全部门之力,聚各方面专家之智”的战略部署和不亚于“2008北京奥运”和“2015年9.3阅兵”的保障力度来应对此次活动。中国气象局专项预报服务团队给出了9月4日晚间天气的准确预报,峰会文艺演出活动未受到不利天气的影响。虽然总体上此次“G20峰会”气象预报服务非常成功,但对9月4日下午发生在杭州市区和西湖等地的局地短时小阵雨天气预报存在较多不足,给当日晚间文艺演出活动的准备工作带来了很大的负面影响,也给后续晚间的短临天气预报造成了相当

本文发表于《气象》,2018,44(1):42-52。

的困扰。该次阵雨天气在总体强度、持续时间和影响范围等方面都很小，并非日常业务关注的灾害性强天气，但由于处于重大活动时间节点，属于典型的“低强度、高影响”天气。

虽然强对流天气已经受到广泛关注，比如 2015 年 6 月 1 日下击暴流导致的“东方之星”号客轮翻沉事件[1]、2015 年 10 月 4 日“彩虹”台风龙卷事件[2-3]、2016 年 6 月 23 日江苏省盐城市 EF4 级强龙卷事件[4]等，但对这种局地小尺度的“低强度、高影响”天气受到的关注还较少。基于对流发生条件的“配料法”预报思路[5]已被广为接受[6-13]，并形成了相应的强对流天气分析规范[8-10]，但需要指出的是，这些针对的都是深厚湿对流（业务中通常称为雷暴）和强对流天气。因此，针对这种“低强度、高影响”阵雨天气的“配料法”分析和预报思路还非常缺乏，加之其时空尺度通常较小，有利于其发展的条件也不显著，从而其短期和短临预报存在更多困难，并且引发此次阵雨过程的浅对流天气系统在触发和移动传播上都有很多独特之处，因此分析总结此次阵雨天气的成因和短临预报着眼点对于今后类似的气象保障服务具有借鉴意义和参考价值。

2 天气实况、环流背景和预报情况

2.1 天气实况

9 月 5 日 08 时（北京时，下同）国家站的 24 h 雨量观测（图 1a）显示浙江仅东北部出现了小范围降雨，15 站大于 0.1 mm，5 站大于 10 mm，集中在宁波附近地区，最大为奉化站 48 mm，其他大部站点无降水或有微量降水，杭州附近降雨实况为杭州本站微量（T）、萧山 0.6 mm、临安 0.2 mm，未能反映出 9 月 4 日下午杭州市区及西湖的局地阵雨。

但区域加密自动站的 9 月 4 日 16:00—17:00 1 h 雨量（图 1b）显示西湖周边区域有分散性降水发生，最大为龙井山公园 12.1 mm，西湖湖心亭 6.2 mm，自动站分钟雨量资料（图未给出）显示这些降水持续时间大多在 10 min 以内，虽然总雨量不大，但短历时的雨强还是较强，其中湖心亭 16:10—16:20 降雨 4.8 mm，龙井山公园 16:20—16:30 降雨竟达 10.8 mm；两地相距仅约 4 km，降水发生时间先后间隔仅约 10 min，雷达监测资料分析表明其为同一个中尺度天气系统造成。

9 月 4 日 16:20 的华东区域雷达组合反射率因子拼图（图 2）可以看到三个主要的降水系统（分别为图中红圈内部分），分别是：第一为造成宁波附近中到大雨的对流系统，正处于消亡阶段；第二为造成杭州市区局地阵雨的 γ 中尺度弱对流系统；第三为苏皖中部由于 0 ℃层亮带造成虚假强回波的高空槽弱降水系统，这是因为在最强回波处 24 h 总雨量仅不到 1 mm，且其他大部地区雨量都小于 0.1 mm 的缘故。

2.2 环流背景和对流环境条件

图 3 为 9 月 4 日 08:00 的环流背景。500 hPa，我国北方地区受两脊一槽形势控制，新疆和东北地区东部由高压脊控制，内蒙古东部有弱冷涡系统，584 dagpm 线在长江以北，杭州位于槽底的弱西风区，我国南方大部处于均压场控制，副高偏东偏南位于海上；低层 925 hPa 风场显示杭州地区和我国南方大部都受到东北风向的大陆性干气团控制，层结总体为稳定，该层大尺度切变线位于东南沿海至南海东北部一带，日本西南部海上是北上减弱的热带气旋“南

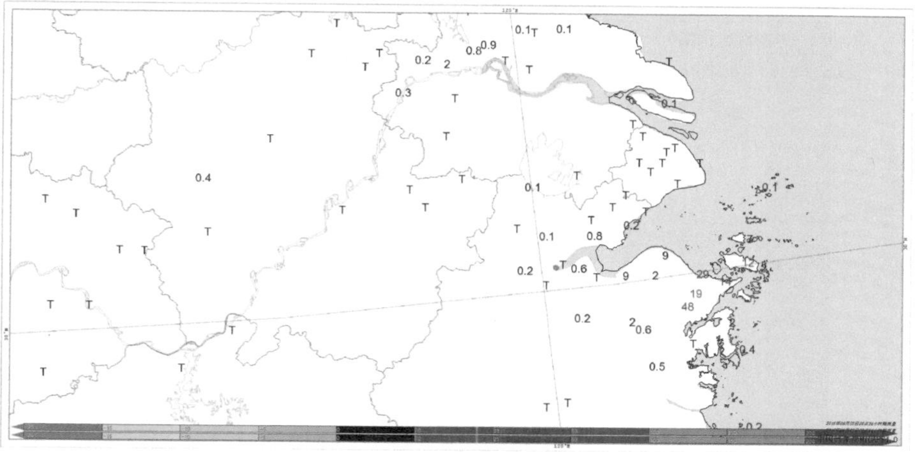

(a)

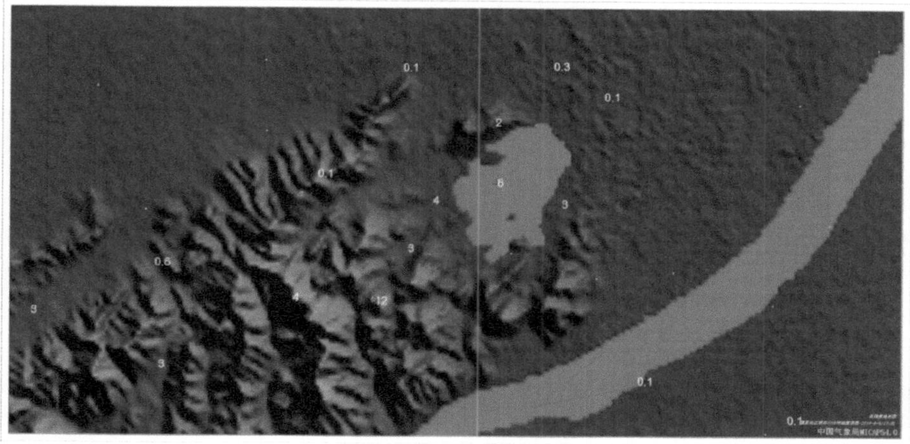

(b)

图1 2016年9月5日08:00 24 h降水量和9月4日17:00 1 h降水量(单位:mm)

(a中红圆点表示杭州的地理位置;b中红圆点:左下表示龙井山公园,右上表示西湖湖心亭)

川”,“南川”西侧东海的东北气流指向浙江东北部沿海,温度和湿度分布(图略)显示这支气流相对于华东陆地温湿分布为冷湿性质,并且在浙东沿海转为偏东风,形成指向浙江内陆的较明显的冷湿舌,但尚未影响到杭州地区;最优抬升指数BLI(图略)显示浙江东部沿海为弱的潜在不稳定区域,而浙江内陆地区为稳定区域,钱塘江口附近有伸入内陆的弱潜在不稳定区,与低层冷湿舌位置基本对应。

因此,9月4日下午并没有强的天气尺度系统影响杭州,有利于对流天气发展的环境条件也非常不显著。从天气系统配置判断可能影响杭州市区的主要降水天气系统有两个:会导致稳定性弱降水天气的东移南下大尺度高空槽系统,和浙东沿海西移的β中尺度对流天气系统。

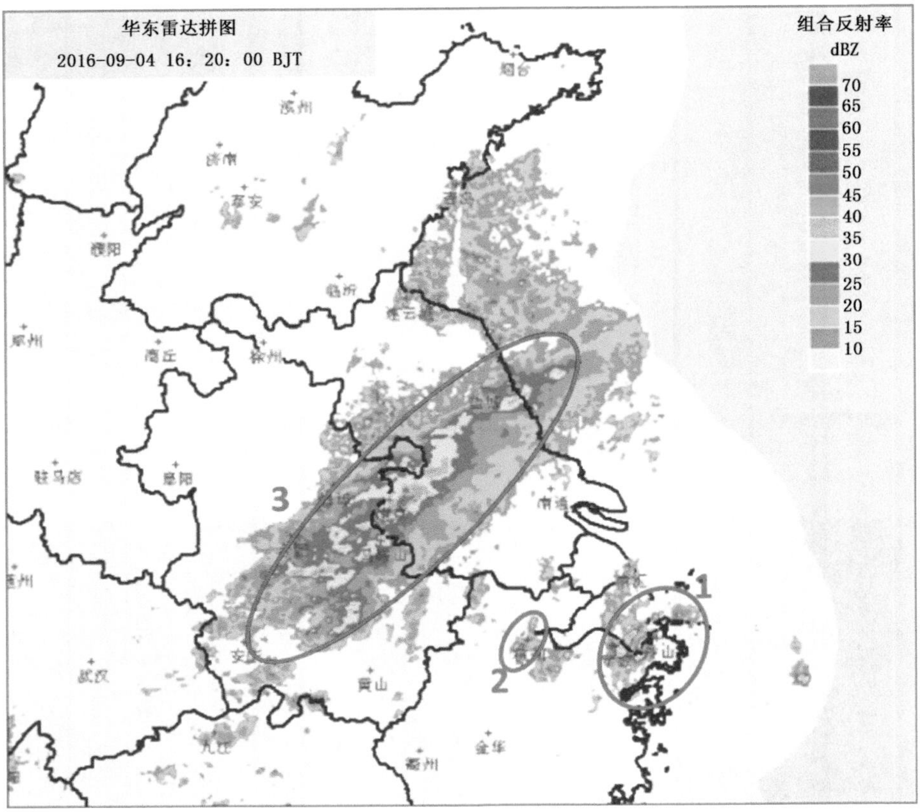

图 2　9 月 4 日 16:20 时华东地区雷达组合反射率因子拼图

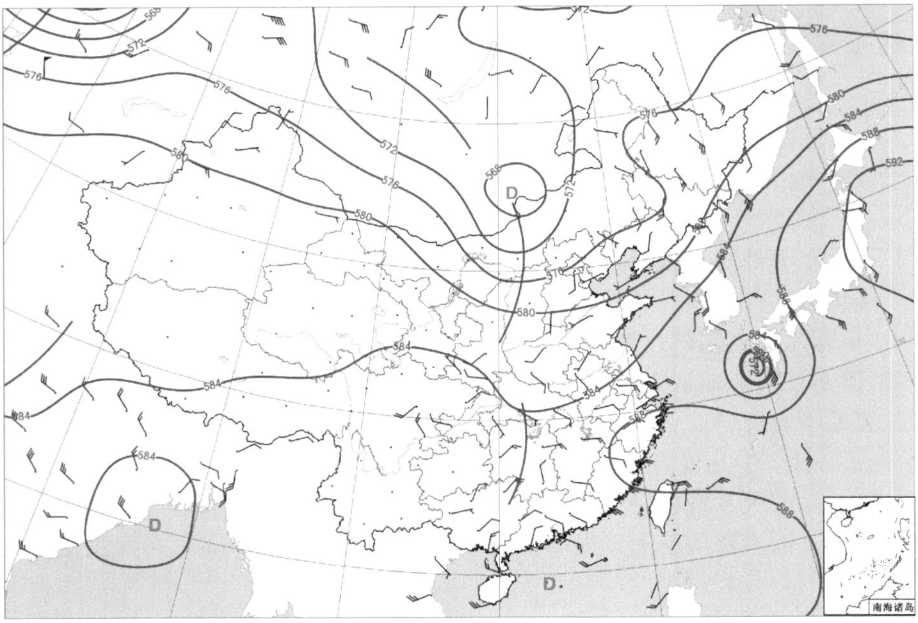

图 3　9 月 4 日 08 时环流背景(蓝色等值线为 500 hPa 高度、风羽为 925 hPa 风场)

2.3 预报情况

自中期时段到短期时段，9 月 4 日的 G20 峰会现场天气预报结论并没有大的调整，预报结论主要为杭州地区多云转阴、夜间有小阵雨天气，雨量小于 1 mm，没有雷电天气，天气条件适宜峰会的户外演出活动。该预报结论的主要依据和着眼点正是 2.2 部分所分析得到的两个天气系统：第一个系统为逐渐逼近的东移高空槽稳定性弱降水系统，会导致多云转阴、夜间小阵雨天气；第二个系统为西移的浙东对流系统，由于浙江内陆地区不利的对流环境条件的影响其将会使其减弱消亡，不可能对杭州地区造成影响。这样的预报结论与图 2 雷达反射率因子观测实况中两个天气系统的发展是一致的。

对于 9 月 4 日下午时段杭州地区出现的局地短时阵雨天气（即前述 2.1 部分中的 γ 中尺度降水系统），在短期时效的会商中也有预报员提出“杭州及周边午后可能有阵雨”这样明确的预报意见，但是由于短期时效预报无法给出降雨精细准确的发生时间、地点和雨量量级，且考虑对流天气条件弱、阵雨出现的概率较小，且全球和中尺度数值模式都没有预报出下午的降水，因此为了不给主要的预报结论造成干扰而影响决策服务效果，专项预报服务团队最后并没有采纳这一预报意见。这也反映了此类较小尺度天气的预报在短期预报时效内提高其精细化水平还存在很大的局限性和困难。

从短时临近时效的预报来看，由于导致此次阵雨的浅对流天气系统在天气雷达和静止气象卫星观测资料上都不具备强对流天气系统的相关特征（具体见后文分析），因此，专项预报服务团队对此次阵雨天气做出的临近预报可预报时效较短。虽在阵雨发生前十至数十分钟间有口头交流和汇报，但没有给出明确的产品和记录。因此，对于峰会的气象服务而言这存在明显的不足。

3 西湖阵雨天气过程回顾及天气背景分析

根据加密自动站（图 4）、新一代多普勒天气雷达（图 5）等观测资料综合分析，第 2 部分分析的大尺度高空槽稳定性弱降水系统在 4 日下午并未影响到达杭州地区，浙东西移的弱对流降水也在进入到绍兴后向西南移并减弱消失，降水始终未越过图 4 中红色箭头 1 所示，并未对阵雨形成直接的影响。影响西湖的阵雨系统是由杭州东北方向移入，如图 4 中红色箭头 2 和图 5b 中所示。另外，杭州市区钱塘江东侧萧山西部也发生了类似杭州西湖周边浅对流系统的天气系统（图 4 和图 5 中红圆圈标注位置），并在 15:30 左右导致了局地短时阵雨天气，但该系统并未向西移动跨越钱塘江，而是移向西南方向并减弱消亡。

3.1 对流天气条件

前述大尺度环流背景分析可知，浙江北部位于大陆稳定气团与东海弱不稳定气团交界附近，杭州处于可能产生弱对流的阵雨区域，出现强对流天气的可能性较低。

分析杭州 4 日 14:00 探空（图 6）可看到：第一，850 hPa 至 700 hPa 之间气层存在一定的弱静力不稳定，抬升凝结高度层与对流凝结高度层都位于 850 hPa 附近，850 hPa 以下为干绝热温度直减率的充分混合边界层（充分混合边界层的形成见 3.2 部分分析），地面温度已经达到对流温度[13-15]，对流抑制能量近乎消失[13]，这样的层结非常有利于弱扰动抬升地面空气产

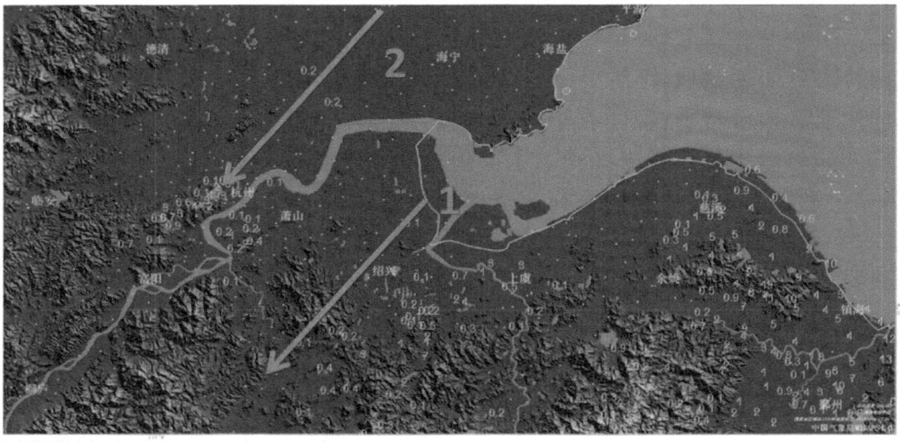

图 4　9 月 4 日 17:00 1 h 降水量(单位:mm)
(红圆点:左下表示龙井山公园,右上表示西湖湖心亭,均位于杭州市内)

图 5　湖州雷达 9 月 4 日 15:30(a)及 16:30(b)0.5°仰角反射率因子分布
(a 中红色圆圈为影响萧山的对流系统;b 中红色的小方框和圆圈分别表示影响杭州西湖和萧山的阵雨系统,红色箭头表示表示系统移向;斜方框表示该区域内可见辐合线导致的回波)

生积云对流,并且垂直上升运动会在 850 hPa 至 700 hPa 之间加速发展。

第二,700 hPa 以上至 400 hPa 之间气层温度相对较高,温度直减率接近湿绝热温度垂直递减率,对流发生后低层空气即使可以垂直上升到这些层次后也会在负浮力的作用下减速从而受到明显抑制,将使得对流系统表现为明显的浅对流特点,因此,对流天气系统主要位于温度 0 ℃层以下、缺乏冰相粒子,为典型的暖云降水系统,从而不利于雷电天气的发生,但有利于较高的降水效率和较大的雨强,如 2.1 部分所述,最大 10 min 雨量超过了 10 mm。

第三,杭州边界层内湿度较低,平均比湿仅约 7 $g \cdot kg^{-1}$,这种湿度条件明显不利于强对流天气发展[13,16-17];但在 850 hPa 至 700 hPa 之间以及 350 hPa 以上气层大气温度露点差小于 4 ℃、为饱和云区,从 13:00—14:00 的 FY－2E 和 FY－2G 静止气象卫星可见光图像(图未给出)都可以看到杭州及其周边区域有零散的小尺度云区存在。

第四,850 hPa 以下层次为东北风,风速不大,风向基本一致,温度平流微弱;虽然 700 hPa 附近存在下沉逆温层,但 850 hPa、700 hPa 和 500 hPa 的风向由东北顺时针转变为东南和西南,表明存在暖平流，根据准地转理论，将有利于产生大尺度上升气流从而抑制大尺度下沉气流。

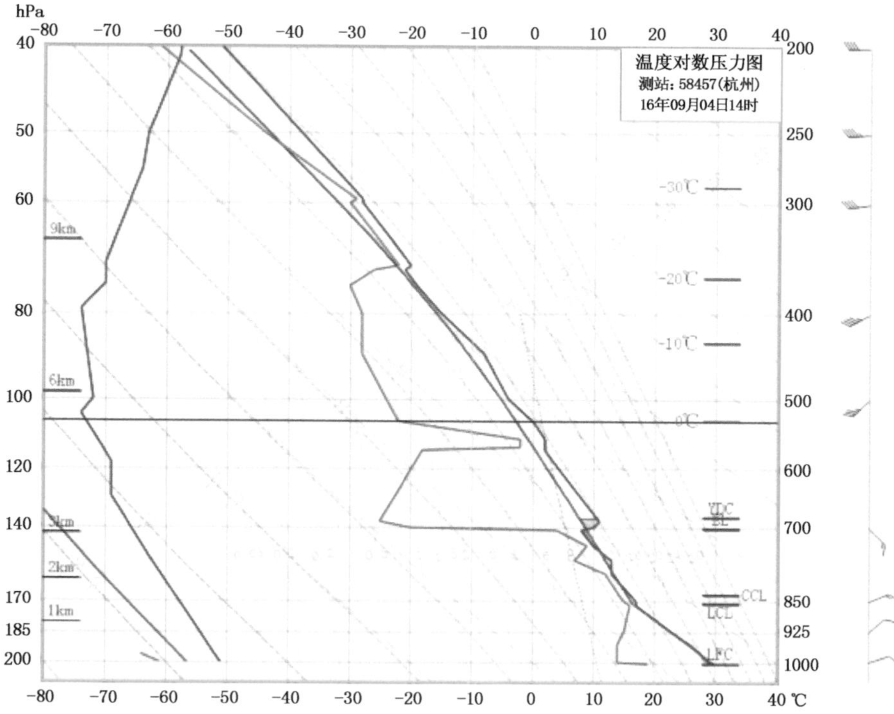

图 6 9 月 4 日 14 时杭州探空温度（蓝色实线）、露点（绿色实线）和风垂直分布以及地面起始气块抬升曲线（红色实线）

3.2 对流系统的触发与初生

降雨和雷达资料都反映出阵雨对流系统来自杭州东北方向，分析自动站风场、温度和露点后可以看到自中午 12:00—14:00（图 7），杭州湾西北岸海宁一嘉兴附近有东北西南走向并向西移动缓慢推进的海风锋（图 7 黑色线条位置）形成和发展，与之相匹配，湿度场上存在一条露点锋（干线）；12:00 海风锋还不太显著，但 14:00 海风锋已显著加强，辐合线非常清晰，温度梯度和湿度梯度显著加大。此后至 16:00，辐合线逐渐向西偏南方向移动，并在辐合线南端形成多个弱的浅对流降水系统，以图 5 中所示的西湖系统和萧山系统为最强。

海风锋和干线的形成有三个因素：第一为前述大尺度背景场反映出东侧与浙东沿海低层东风冷湿入流相对应，西侧与陆地边界层干暖气团对应；第二为凌晨起一直存在的浙东北降水系统产生的向西冷湿出流；第三为杭州湾海表与陆表由于太阳短波辐射的加热作用导致陆表升温较海表明显，此因素为形成海风锋的最重要因素。

FY－2E 和 FY－2G 静止气象卫星可见光图像表明，在 4 日 11:00 之前（图未给出），杭州地区多为晴空区，太阳短波辐射使得近地面大气快速升温，到 12:00 就已经超过了 30 ℃（图 7a），这使得边界层能够充分混合，并在 13:00 左右地面达到对流温度（图 6）；11 时 30 分，杭州地区有云顶较低的积云形成（图 8a），这与图 6 给出的杭州探空曲线特征 850 hPa 至 700 hPa 的温湿特征相一致，不过，12:00 以后杭州周边区域也存在大量卷云（图未给出），亮温低于

−20 ℃,这与 350 hPa 上空的温湿分布一致。

由于有如前一部分所述适合浅对流发展的环境条件,当 13:00 后(图 6,14 时探空气球实际释放时间在 13:00 左右),边界层温度达到对流温度,这时已经几乎没有了对流抑制能量,且海风锋和干线形成后,地面辐合开始逐渐加强,雷达显示 14:00 开始辐合线上逐渐出现非零散回波(图略),该辐合线回波强度较弱、极不明显,仅靠动态变化才能分辨出线状,从动态及剖面综合分析推测为非降水回波,至 15:00,辐合线回波逐渐明显(图 8b),仍以线状非降水回波为主,但已出现零散浅对流系统,辐合线南端先后发展出图 5 中的西湖和萧山浅对流系统。由于大气对流层中层层结的抑制作用(图 6),其垂直发展高度都较低;造成西湖阵雨的浅对流系统高度仅达 3 km 左右(图 8c)。

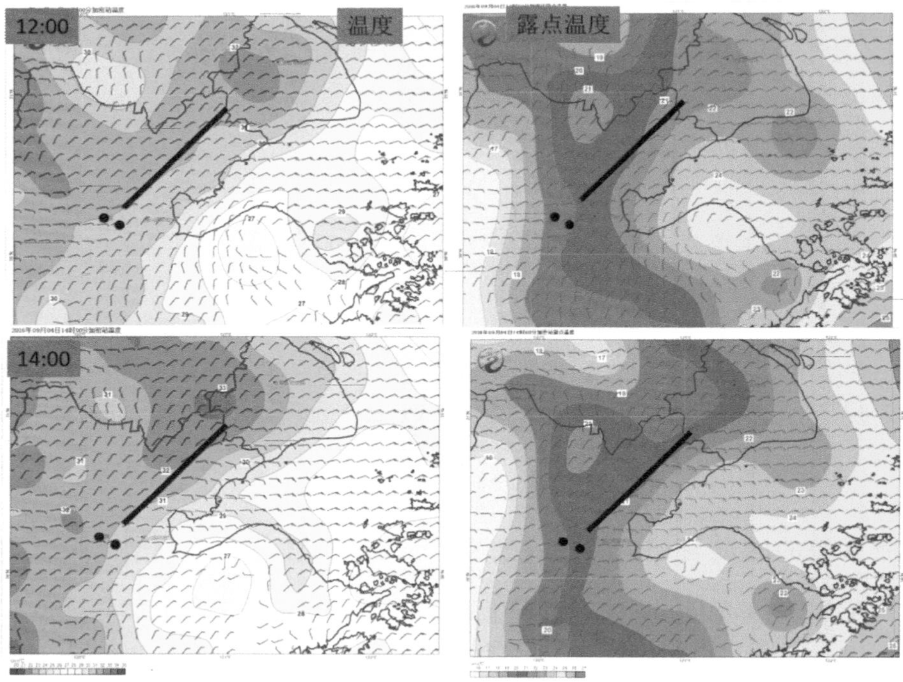

图 7　9 月 4 日 12:00(上)及 14:00(下)区域加密自动站客观分析风场与温度分布(左)、风场与露点温度分布(右)(图中黑色圆点,左上表示杭州西湖位置;右下表示位于萧山的杭州市气象局位置,二者相距约 9 km)

3.3　对流系统的移动和发展

浅对流系统触发后,由于发展高度局限在约 700 hPa 以下,因此,其移动主要由低空平均风场引导,图 6 杭州探空风场和 14:00 华东地区的上海、南京、衢州等探空站的 850 hPa 风场(图未给出)均表明该区域低空盛行东北风,风速 6～8 $m \cdot s^{-1}$,约为 25 $km \cdot h^{-1}$,与 2.1 部分所述的对流系统 10 min 移动 4 km 左右的速度基本相吻合。

萧山风廓线资料(图 9a)也清楚反映了低层东北风驱动浅对流系统的特征,具体表现在:1) 15:30 至 16:30 主要的降水期间与风场缺失部分相吻合,这是因为通常降雨期间风廓线观

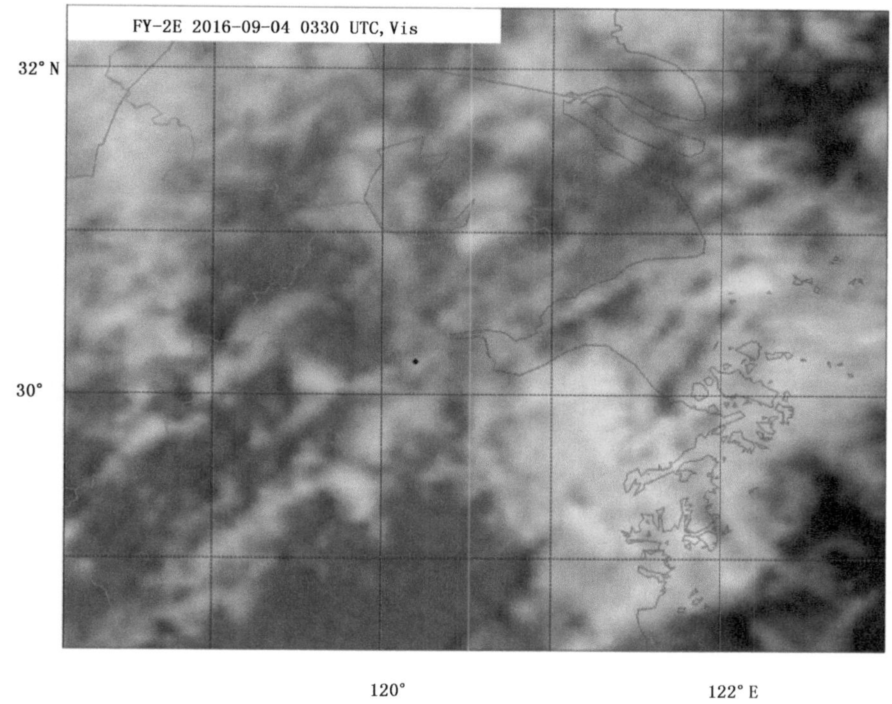
FY-2E 2016-09-04 0330 UTC, Vis
32° N
30°
120°
122° E

(a)

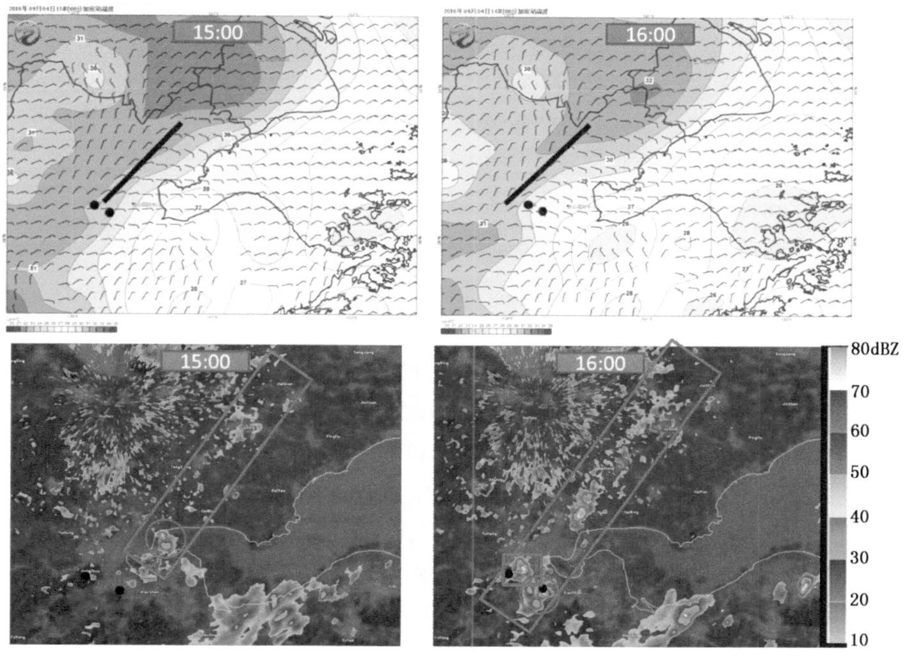
15:00
16:00
15:00
16:00
80dBZ
70
60
50
40
30
20
10

(b)

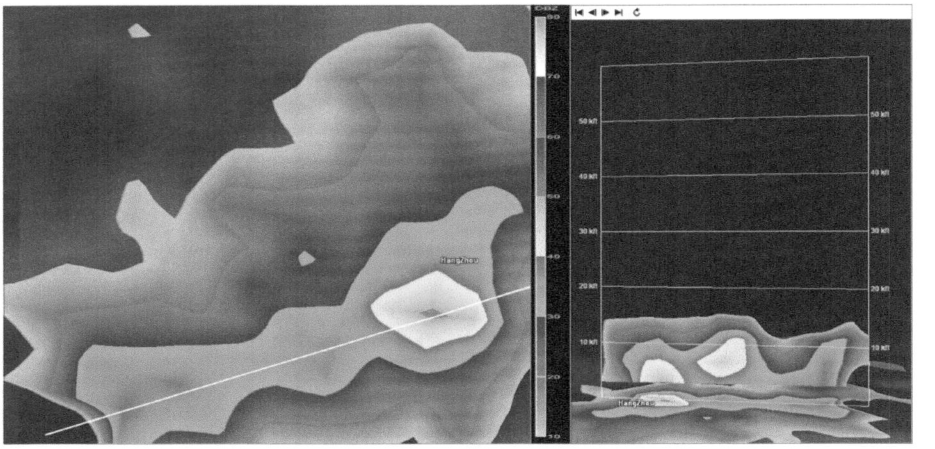

(c)

图 8　FY－2E 静止气象卫星、自动站和雷达观测

(a)9 月 4 日 11:30 可见光图像(黑色圆点表示杭州地理位置);(b)9 月 4 日 15 时(左)及 16 时(右)区域加密自动站客观分析风场与温度分布(上)及湖州雷达 0.5 度仰角反射率(下)(图中黑色圆点,左上表示杭州西湖位置;右下表示位于萧山的杭州市气象局位置,二者相距约 9 km。红色圆圈和小方框分别表示影响杭州西湖及杭州萧山的阵雨系统,红色箭头表示系统移向,斜方框表示该区域内可见辐合线导致的回波);(c)16:24 时西湖阵雨系统雷达反射率及剖面图(右图每格高度为 1 万英尺*,约 3048 m)

测到的运动矢量不能够代表大气中的风矢量的缘故[18];2)风场缺失或失信部分高度在约 3 km,与杭州探空资料所表征的浅对流可能发展高度 700 hPa 接近;3)对流系统前部(即红框左侧降水发生之前)低层为东风;4)对流系统后部 1.2～3 km 层次盛行东北风,这一层次也是浅对流系统的主体所在,因此受此层次东北风引导而移动,4.5 km 以上高空的槽底偏西风对于浅对流系统的移动没有影响。

影响西湖地区的阵雨是一个接近 γ 中尺度的浅对流系统(图 5 及图 8 中的红色方框部分),在其范围最大时的空中回波不超过 15 km×15 km,较小时范围小于 8 km×8 km,产生地面降雨的范围甚至更小,整个系统在雷达资料可见的生命史为 1 h 左右(约 15:48 至17:00)。通过放大的三维图像(图 9b)可以看出,该 γ 中尺度系统由多个更小的快速生消的单体构成,每个单体的生命史在 15 min 至半小时左右,空间尺度小于 5 km×5 km。主要由 B、C、D、E 和 F 五个个单体构成,造成西湖降水的主要是 B、C 和 D 三个单体。整个系统和单体都朝西南方向移动。单体主要在的前部新生如 C、D、E 和 F 依次在前方新生;也可以在后部新生,如 B 在 A 后,G 在 B、C、D、E 和 F 后。图 9b 中的 A、B、C、D、E、F 和 G 系统东南方向的未标注单体的系统是造成萧山西部杭州市气象局(峰会气象台所在)附近降水的另一个 γ 中尺度浅对流系统(图 5 和图 8b 中的圆圈部分),其生消移动表现出了与西湖系统相似的特征,由多个更小尺度的快速生消单体构成,整体向西南方向移动,生命史为 90 min 左右(15:00—16:30)(图略)。

* 1 英尺＝30.48 cm。

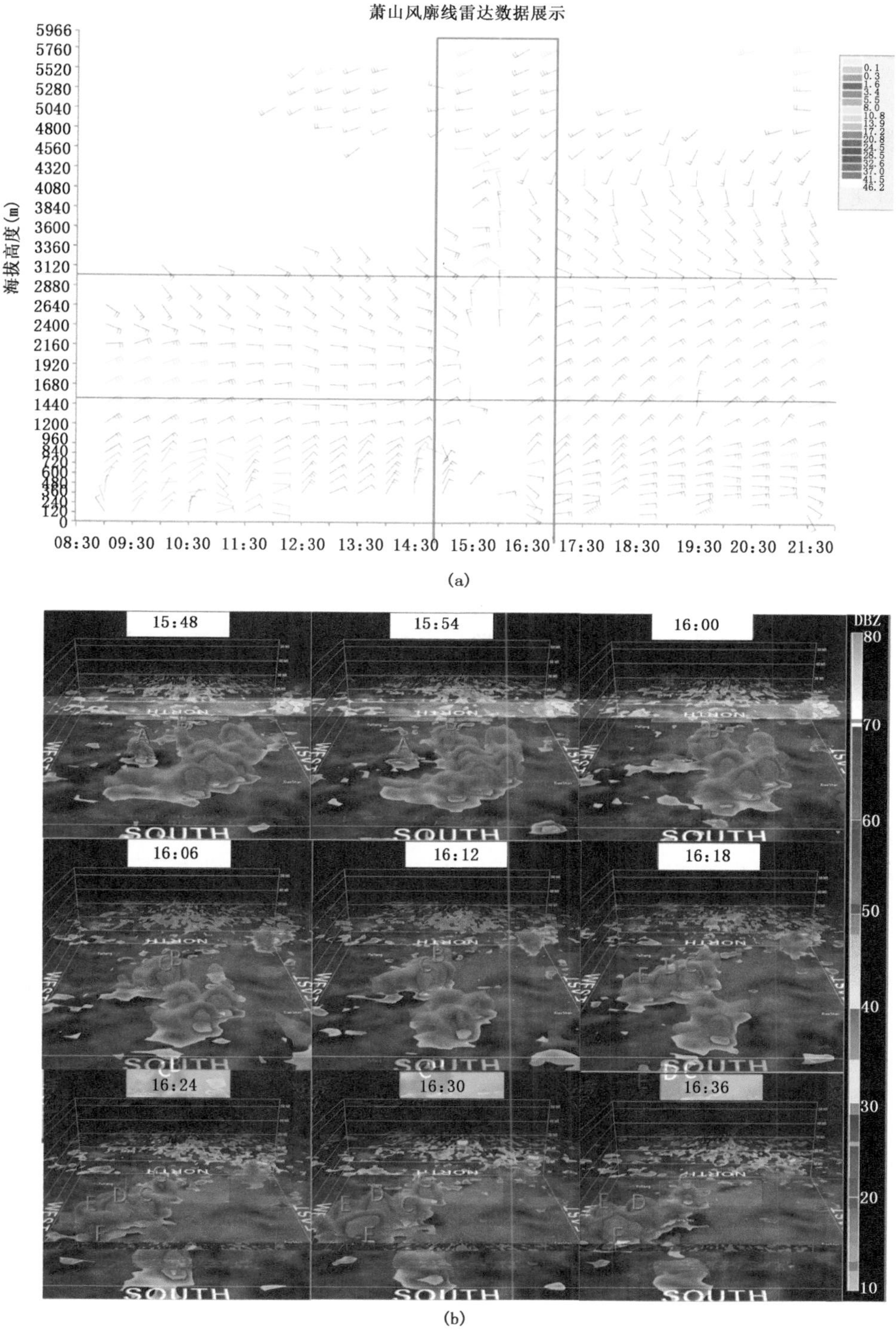

图9 (a)萧山9月4日09:00—22:00(时间从左向右增加)风廓线(红框内为萧山降水发生时段);(b)导致西湖阵雨的对流系统时间演变

4 短临预报难点与着眼点

4.1 宁波附近β中尺度对流系统

基于短期预报意见和4日早间宁波对流实况的发展，当日短临预报的重点放在了密切监视宁波附近弱对流暖云降水系统向西移动和变化的动向上。如图4,5,8所示，但该对流系统始终未能向西和向北跨越绍兴和萧山之间约30 km宽的区域。对于此系统移动和发展的短临预报是准确的，其原因正是这一地区不利的环境场对流条件使得西移的对流系统减弱消失，并未向北发展。

4.2 西湖γ中尺度浅对流系统的预报难点

如前述第3部分，由于影响西湖的对流系统很弱，发展高度低，尺度小(成熟阶段小于15 km×15 km)，因此，对其监测和预报难度都极大，具体表现在：1)在其发源地为积云初生阶段时，业务天气雷达尚无法观测到这样的积云系统；2)由于4日杭州地区位于高空槽前底部，中午前后既有高云存在、也有积云存在，由于高云的干扰，难以直接判识积云，使得本可应用于对流初生分析的高分辨率卫星可见光资料的监测能力降低，如图8a和图10所示，红色矩形框为阵雨浅对流系统发生发展及影响西湖的区域，除了有少量积云外，有大量高空卷云覆盖；图10中红色椭圆框内展示了高空卷积云和卷层云混合系统东移的动态；3)对流发展至降水产生的初始阶段时雷达反射率因子所展示的影响西湖的对流系统尺度极小(2～3个雷达资料像元)，强度极弱(小于20 dBZ)，因此，极易与杂波相混淆(如图5和图8所示)；4)当时雷达分析的工具和细致程度，无法与此次事后总结的分析相比。

根据前述3.3节的分析，可以推断阵雨系统在雷达不可辨别的积云发展阶段时应位于阵风锋辐合线内，即杭州东北方向数十千米处。当系统在向西南方向移动并逐渐增强到可以为雷达资料所观测到时(可见15:48时的雷达图中B单体，图9b)，由于基于3.1节分析的整体对流条件非常不显著，预报员即使发现了这个微弱的阵雨系统前兆信号也不能断定其一定能发展为降雨(如A单体的强度并未在自动站观测到降雨)，即便大胆推断回波可造成地面降水也只能基于15:54或16:00的观测，考虑到雷达资料滞后时间，实际预报员看到雷达资料的时间在16:00甚至16:10之后，而此时降雨已经发生(如2.1节所述自动站10 min资料显示西湖湖心亭16:00开始降雨，主要雨量时段在16:10至16:20)，雷达资料上能够发现的对流系统距西湖的距离已不到10 km，与降雨发生之间的时间差少于10 min，因此，预报员几乎没有可能对此系统做出有效的临近预报。

这样，当降雨发生时，预报员很容易第一时间错误地认为系统是本地发生发展起来，这种突发性，会给预报员既有的预报思路带来冲击(此前短临预报关注的是20:00—22:00段西湖演出现场的天气，监视的重点为杭州东部30 km外的绍兴对流系统是否西移，西湖地区短临预报继续维持多云间阴天的结论)，给后续的短临预报造成了困难(由于阵雨天气可说是出乎意料突如其来，在未能真正分析清楚其成因之前，无法确定性回答西湖现场在后面的数小时内还会不会下雨这样的问题)。实际上在17:00后才有部分预报员对阵雨成因及整个中尺度过程有了大致的认识，18:00左右主要基于辐合线西移减弱的理由，给出了西湖在夜间高空槽系统移来之前不会再有降水的短临预报结论。

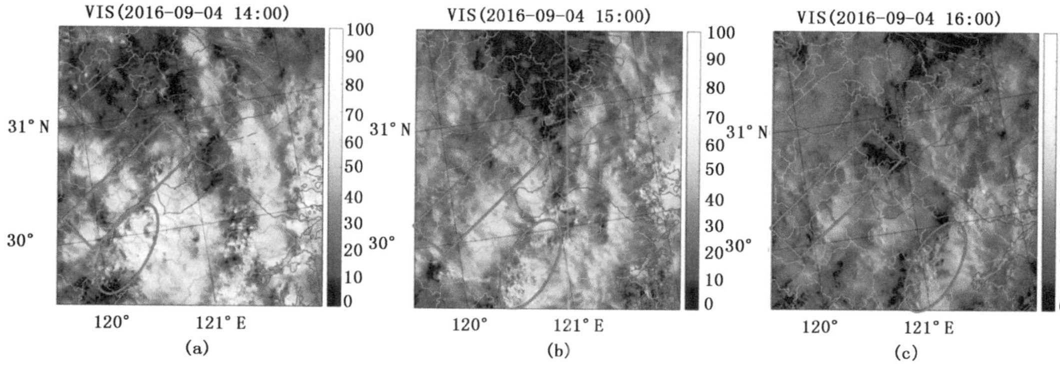

图 10　9 月 4 日风云 2 号静止气象卫星增强可见光图像(a、b 和 c 分别为 14:00、15:00 和 16:00)

4.3　γ 中尺度浅对流系统的预报着眼点

从前文分析可以看到，依据天气雷达和静止气象卫星资料的监测对该次浅对流天气系统做出超过提前 10 min 的短临预报难度极大。若要进一步提高预报时效，着眼点主要在于：1)必须在早期对流初生阶段能够准确判断弱对流系统所处对流中尺度环境场条件；2)捕捉到触发对流的午后才发展起来的海风锋和干线系统；3)对区域加密自动站风、温、湿、压资料的时空分布和演变进行细致分析；4)提高对浅对流天气系统的正确和系统的认识；5)熟悉小区域地形及其相关的局地环流对此类天气的影响；6)基于上述综合的分析和认识给出概率性而不是确定性的预报意见。

5　结论与讨论

2016 年 9 月 4 日"杭州 G20 峰会"的天气是由东移高空槽、西移暖云对流和东北方向入侵浅对流系统等三种尺度和类型系统共同影响的复杂天气，由于对流条件非常不明显，因此，预报服务难度极大，但总体上中国气象局专项预报服务团队圆满完成了气象保障任务。

对于发生在西湖及其周边区域的局地短时阵雨天气，由于数值天气预报表明该日不具有明显的有利于对流天气发展条件，短期预报存在很难克服的局限性。而由于复杂而特殊的天气背景和 γ 中尺度浅对流系统的独有特点，天气雷达和静止气象卫星等业务中短临预报最为依赖的观测资料难以提供较长预报时效的相关特征和信号，使得对该对流天气系统的监测和短临预报面临极大的困难。

区域加密自动站资料的细致分析是任何其他观测工具都无可替代的重要和基础关键观测资料，可以在此类天气的短临预报服务中发挥关键作用。全面而深入的加强对于此类天气机理的认知和理解，以及认识局地地形对较小尺度天气系统的影响是做到细致而准确分析的前提和基础。同时，也需要更为方便和强大的短时临近预报平台来支撑对这些资料的细致和准确分析，从而减少短时临近预报员的繁重业务工作量以提高工作效率和预报准确率。

本次过程的海风锋尺度和强度都较小，基本限于杭州湾西北沿岸，杭州和萧山的阵雨系由此地生成并在低空东北风引导下发展南移所致，由于整体环境场并非具有明显的有利对流发展条件，因此，只是出现了局地性的短时阵雨。

预报员在做预报的时候分析使用的资料是是业务中能够实时获取的所有资料，区域自动站的分析也包含在内。当时即使预报员将 4.3 节总结的内容都考虑周全了，也不能完全确定预报出这次弱强度阵雨过程，而只是提高了阵雨预报的可能性。因为这样的分析是定性的，盖然性的，在业务需要给出确定性结论的情况下，是不可能保证必然准确预报的。实际上，大量的天气过程都属于事后分析知道为什么发生，但是事先做出预报都是难度极大甚至不可能的，根本原因在于天气发生的盖然性和预报所需结论的确定性之间的必然矛盾，本例也是如此，因此，如何在业务中科学的应用概率性的预报结论，是弥补类似缺陷的重要途径。此次杭州局地短时阵雨天气属于典型的弱强度、高影响天气，本文只是从观测的角度分析了该次天气的成因和预报难点，还需要使用高分辨率的数值模拟进行更细致和深入的研究和总结，从而为今后可能面临的重大气象保障任务中的类似天气预报提供更多参考和借鉴。

参考文献

[1] 郑永光，田付友，孟智勇，等.“东方之星”客轮翻沉事件周边区域风灾现场调查与多尺度特征分析[J]. 气象，2016,42(1):1-13.

[2] 朱文剑，盛杰，郑永光，等. 1522 号“彩虹”台风龙卷现场调查与中尺度特征分析[J]. 暴雨灾害，2016,35(5):403-414.

[3] 李兆慧，王东海，麦雪湖，等. 2015 年 10 月 4 日佛山龙卷过程的观测分析[J]. 气象学报，2017,75(2):288-313.

[4] 郑永光，朱文剑，姚聃，等. 风速等级标准与 2016 年 6 月 23 日阜宁龙卷强度估计[J]. 气象，2016,42(11): 1289-1303.

[5] Doswell III C A, Brooks H E, Maddox R A. Flash flood forecasting: An ingredients-based methodology [J]. Wea Forecasting, 1996,11: 560-581.

[6] 俞小鼎. 基于构成要素的预报方法——配料法[J]. 气象，2011,37(8):913-918.

[7] 俞小鼎，周小刚，王秀明. 雷暴与强对流临近天气预报技术进展[J]. 气象学报，2012,70(3): 311-337.

[8] 蓝渝，张涛，郑永光，等. 国家级中尺度天气分析业务技术进展Ⅱ：对流天气中尺度过程分析规范和支撑技术[J]. 气象，2013,39(7):901-910.

[9] 张涛，蓝渝，毛冬艳，等. 国家级中尺度天气分析业务技术进展Ⅰ：对流天气环境场分析业务技术规范的改进与产品集成系统支撑技术[J]. 气象，2013,39(7): 894-900.

[10] 郑永光，周康辉，盛杰，等. 强对流天气监测预报预警技术进展[J]. 应用气象学报，2015,26(6):641-657.

[11] 李琴，杨帅，崔晓鹏，等. 四川暴雨过程动力因子指示意义与预报意义研究[J]. 大气科学，2016,40(2):341-356.

[12] 陈淑琴，章丽娜，俞小鼎，等. 浙北沿海连续 3 次飑线演变过程的环境条件[J]. 应用气象学报，2017,(3): 357-368.

[13] 郑永光，陶祖钰，俞小鼎. 强对流天气预报的一些基本问题[J]. 气象，2017,43 (6): 641-652.

[14] 盛裴轩，毛节泰，李建国，等. 大气物理学[M]. 北京：北京大学出版社，2003: 148-150.

[15] 李耀东，刘健文，吴洪星，等. 对流温度含义阐释及部分示意图隐含悖论成因分析与预报应用[J]. 气象学报，2014,72(3): 628-637.

[16] Crisp C A. Training guide for severe weather forecasters. 11th Conference on Severe Local Storms of the American Meteorological Society. Kansas, USA,1979.

[17] 王秀明，俞小鼎，周小刚 . 雷暴潜势预报中几个基本问题的讨论[J]. 气象，2014,40(4): 389-399.

[18] 张小雯，郑永光，吴蕾，等 . 风廓线雷达资料在天气业务中的应用现状与展望[J]. 气象科技，2017,45(2):285-297.

风速等级标准与2016年6月23日阜宁龙卷强度估计

郑永光[1]　朱文剑[1]　姚聃[2]　孟智勇[3]　薛明[4,5]　赵坤[4]　伍志方[6]
王啸华[7]　郑媛媛[8]

(1 国家气象中心,北京 100081; 2 中国气象科学研究院,灾害天气国家重点实验室,北京 100081;
3 北京大学,北京 100871; 4 南京大学,南京 210093; 5 OU CAPS, Norman, OK 73072, USA;
6 广东省气象台,广州 510080; 7 江苏省气象台,南京 210008;
8 江苏省气象科学研究所,南京 210008)

摘　要　本文回顾了不同的风速等级标准,对导致重大人员伤亡的 2016 年 6 月 23 日江苏省盐城市阜宁县龙卷灾害和 2015 年 6 月 1 日导致"东方之星"客轮翻沉事件的下击暴流灾害进行了较详细的强度评估,探讨了已有等级标准存在的问题,给出了未来工作展望。基于详细的现场调查资料,评估江苏阜宁龙卷为 EF4 级,而导致"东方之星"客轮翻沉事件的下击暴流仅为 EF1 级;对这两个典型灾害个例的强度估计展示了 EF 等级与 F 等级之间的差异;但阜宁龙卷导致的每一个受灾点的灾害等级还需要进一步详细评估。由于建筑物结构、植被自身状况、相应环境和致灾机制的复杂性,风灾强度估计必然存在一定的不确定性,且龙卷由于其复杂涡旋动力结构、气压空间分布和卷起的飞射碎片作用等因素使得强度估计的不确定性较下击暴流更大。提高风速等级评估的客观性、普适性、准确性、一致性和便捷性是评估工作的必然需求。未来还需发展综合考虑强度分布、路径长度和宽度、持续时间和移动速度等的风灾等级标准,从而为全面评估下击暴流或者龙卷的致灾性提供基础。

关键词　强度　等级　估计　龙卷　下击暴流　现场调查

引　言

2016 年 6 月 23 日,江苏省盐城市阜宁县和射阳县发生由龙卷导致的特大灾害,导致 99 人死亡、800 多人受伤,大量基础设施损毁;24—27 日,中国气象局派出调查组赴江苏阜宁进行现场天气调查以确定导致此次特大灾害的天气成因、强度和灾害分布。龙卷是小概率事件,达到或者超过 F4(EF4)级的龙卷发生概率更低。全球每年大约发生 2000 多个龙卷。美国是龙卷发生频率最高的国家,每年可超过 1200 个,其中 1950—2011 年每年平均发生超过 10 个 F4(EF4)和 F5(EF5)级的龙卷。范雯杰等[1]统计我国 1961—2010 年共记录到 EF4 级龙卷 4 次,

本文发表于《气象》,2016,42(11):1289-1303。

未记录到 EF5 级龙卷；其中 1969 年 8 月 29 日 EF4 级龙卷导致河北霸县和天津市 150 人死亡，1977 年 4 月 16 日湖北安陆等地 EF3 级龙卷造成 118 人死亡，1978 年 4 月 14 日陕西省乾县 EF3 级龙卷造成 84 人死亡。

由于龙卷的时空尺度小，因此，几乎没有气象观测站直接观测到龙卷，更不可能观测到龙卷中的最强风速以及风场水平分布；如果强龙卷直接袭击气象测站，其观测设备几乎可以肯定会被摧毁。对于发生在距离业务多普勒天气雷达站点 100 km 以内的超级单体龙卷，雷达通常能够观测到中气旋或者 TVS(Tornadic Vortex Signature，龙卷式涡旋特征)结构，但由于雷达观测资料的时空分辨率等的制约，尚不能用这些观测估计地面风速来得到龙卷强度[2]；虽然美国车载移动多普勒天气雷达观测到了部分强龙卷个例的近地面风速分布，但目前与可预见的将来还不可能用其来对龙卷进行业务化观测。因此，现场天气调查仍是分析和确认龙卷和下击暴流等导致的害性大风强度和精细分布的最重要必需手段。通过航拍和现场拍摄灾情照片与视频、走访目击者等可以确定灾害的发生时间和地点、灾情、风向、灾害路径长度和宽度等，并可给出灾害持续时间、估计不同地点的最大风速和风灾级别。

Fujita 于 1971 年提出了 Fujita 等级来估计龙卷、台风等的风速，现在美国已形成了比较完整规范的龙卷和下击暴流所致风灾强度等级和现场调查体系[2-10]。Fujita[11]总结了强对流风暴导致的龙卷大风、直线大风①和下击暴流②所致大风共三类灾害性大风的地面流场特征：龙卷灾害路径相对狭窄，通常导致辐合旋转性风场；而下击暴流所致大风通常是辐散的直线或者曲线型大风。Fujita[11]也指出，仅从地面灾害调查来看，有时很难区分是弱龙卷还是直线大风或者下击暴流所导致的大风灾害。

我国从 20 世纪 70 年代起就有文献给出了龙卷风灾调查结果[12-15]，但这些调查工作相对比较简单，只有时间、地点、路径宽度、灾害损失等部分情况；Meng 等[16]给出了 2012 年 7 月 21 日北京特大暴雨期间发生的一次龙卷过程的详细调查结果；2015 年 6 月 1 日下击暴流导致“东方之星”客轮翻沉使得 442 人遇难，中国气象局派出调查组赴事发长江两岸进行了现场天气调查[17-18]，郑永光等[17]和 Meng 等[18]分别基于现场调查结果给出了风灾的多尺度特征和风速估计；朱文剑等[19]详细分析了 2015 年 10 月 4 日“彩虹”台风龙卷的风灾特征和雷达资料特征。此外，我国也有较多关于龙卷气候特征、环境条件和雷达资料特征等的研究工作[1,20-29]。但总体来看，我国对龙卷的研究还不够深入，如已有龙卷强度等级标准对我国的适用性、龙卷的生成和发展机制等，最近，郑永光等[30]对包括龙卷天气在内的强对流天气机理、监测和预报技术等进行了综述。

本文首先回顾国际上已有的风速等级标准，然后基于现场天气调查结果评估 2016 年江苏阜宁龙卷和 2015 年“东方之星”翻沉事件周边区域的风灾强度，从而进一步探讨这些等级标准存在的问题，并对未来工作进行展望，以加深对风灾强度等级估计的认识，为未来发展适合我国国情的风灾等级以及相关调查和评估工作提供参考。

---

① 直线大风不同于龙卷大风，指的是近地面气流无明显曲率，近似为直线。

② 下击暴流指的是强对流天气系统中产生的局部性强下沉气流，到达地面后会产生辐散型或直线型的灾害性大风。按照尺度的不同，下击暴流分为微下击暴流和宏下击暴流。

1 风速等级

如前所述，由于气象观测的局限性，目前很难直接对小尺度风灾的风速大小给出定量观测，因此，现场天气调查仍是目前确定小尺度风灾强度的主要手段。通过现场调查确定风灾强度可以满足公众和相关研究人员的了解风灾强度的需求，可以了解风速与建筑物结构性能的关系，并可以从气候角度了解和评估龙卷和下击暴流等导致的小尺度风灾给公众和基础设施所带来的风险。但由于通过灾害程度来评估风速存在较大不确定性，因此，需要一定的等级来表征不同物体受灾程度所指示的风速范围。

1.1 蒲福风级

最早的规范估计风速的等级是蒲福风级，又称为B等级，由英国人弗朗西斯·蒲福(Francis Beaufort)于1805年综合前人的工作成果、根据风对海面的影响程度而定出的风速等级，1850年代蒲福风级应用于风对陆地物体的影响程度估计。蒲福风级也是我国日常天气预报中使用的风速等级。最初的蒲福风级总共13个等级，为0～12级；12级风速为32.7～36.9 m·s^{-1}。1946年，蒲福风级扩展为18个等级，最大为17级(56.1～61.2 m·s^{-1})，但13～17级主要用于估计热带气旋风速。

蒲福风级与风速有以下经验关系：

$$v=0.836\ B^{3/2}$$

其中v为地面10 m风速，单位m·s^{-1}；B为蒲福风级。

1.2 T等级

T等级又称为TORRO等级，由蒲福风级扩展而来，是英国人G. Terence Meaden于1972—1975年设计，专门用来评估龙卷强度的风速等级，但T等级也可以用于任何风速估计[31]，包括下击暴流、热带气旋、温带气旋等。T等级主要应用于英国和部分欧洲国家。目前的T等级将风速共划分为11个级别，分别为T0至T10；不过，T等级是开放的，未来也可能会根据需要增加新的级别。T0风速为蒲福风级8级，平均为18.9 m·s^{-1}(蒲福8级风速范围为17.2～20.7 m·s^{-1})；T10风速为121～134 m·s^{-1}；两个级别之间的平均风速差为12 m·s^{-1}。

T等级与风速和蒲福风级分别有以下关系：

$$v=2.365\ (T+4)^{3/2}$$

$$T=B/2-4$$

其中v为地面10 m处3 s平均阵风风速，单位m·s^{-1}；T为T等级；B为蒲福风级。

1.3 F等级

Fujita等[3]在美国开创性地开展了现场天气调查工作，他通过1968—1970年的龙卷观测试验于1971年提出了藤田(Fujita)等级[32]，又称为藤田－皮尔森(Fujita－Pearson)等级或者F等级，用来估计龙卷和台风等导致的风灾强度。20世纪70年代初，F等级被美国天气局采用作为估计龙卷强度的官方标准。需要指出的是，Fujita[32]也基于龙卷影响面积提出了从小到大不同尺度龙卷的划分标准，并根据龙卷强度和尺度来综合判定龙卷的致灾性。F等级和

T 等级二者是分别独立提出的用于估计龙卷强度的风速等级。F 等级在除了英国以外的世界各地得到了广泛使用。

Fujita[32]最初提出的 F 等级共有 13 个级别，分别为 0～12 级。F0 起始风速为 18 $m \cdot s^{-1}$（蒲福风级 8 级），F1 起始风速为 33 $m \cdot s^{-1}$（蒲福风级 12 级），F12 起始风速为声速 330 $m \cdot s^{-1}$（1 马赫）；两个级别之间的平均风速差为 21 $m \cdot s^{-1}$。目前，仅 F0—F5 级用于龙卷、下击暴流等导致的风灾强度估计。从理论上分析，龙卷导致的最大极端地面风速可以达到或者可能超过 F5 级[33-34]，但目前尚没有实际地面观测来证实，不过多普勒天气雷达观测到一些强龙卷个例距地面 100 m 高度以下的最大风速可超过 120 $m \cdot s^{-1}$，可达 140 $m \cdot s^{-1}$[35-36]。

F 等级与蒲福风级、马赫数①的关系如图 1。F 等级与风速有以下关系：

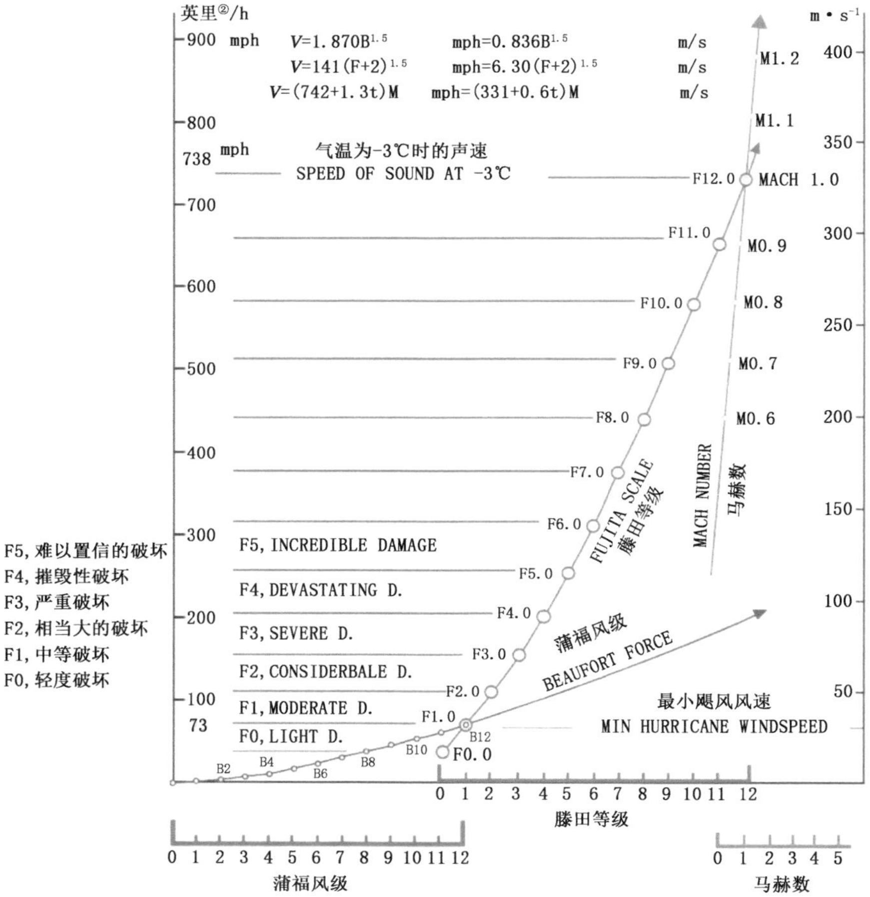

图 1　F 等级与蒲福风级、马赫数关系曲线[32]

① 马赫数是流体力学中表示物体速度与声速的比值，是一个无量纲数。1 马赫即为 1 倍音速。

② 1 英里＝1.609 km。

$$v=6.3\ (F+2)^{3/2}$$

其中 v 为地面 10 m 最快 1/4 英里(约 400 m)平均风速①,单位 $m \cdot s^{-1}$;F 为 F 等级。

T 等级与 F 等级有近似两倍的关系[37-39],被 Meaden 称为 TF 等级[40],即:

$$T=F\times 2$$

其中 T 为 T 等级;F 为 F 等级。

综合 Fujita 1971 年和 1981 年的工作,确定风速 F 等级的标准如表 1。对于龙卷而言,F0 和 F1 级龙卷属于相对较弱的龙卷;F2 至 F3 级龙卷则属于强(Strong)龙卷;F4 和 F5 级龙卷则属于猛烈(Violent)龙卷;而 F3—F5 级龙卷又属于强烈(Intense)龙卷,F2—F5 级龙卷又称为有重大影响的(Significant)龙卷。需要指出的是,美国在灾害调查发现的沥青路面被剥掉(Scouring)这一灾害现象[7]通常被认为是至少 F2 级龙卷的灾害标识,但在 F 等级中并未列出。

表 1 F 等级风速标准

F 等级	最快 1/4 英里 (约 400 m) 平均风速(m/s)	可能的灾害
F0	18～32	轻度破坏。对电视天线和烟囱造成一些破坏;刮断树木细枝;刮倒浅根树;毁坏商店招牌
F1	33～49	中等破坏。刮掉屋顶表层;窗户破坏;活动房屋被吹离地基或掀翻;一些树被连根拔起或者折断;行驶的汽车被推离路面
F2	50～69	相当大的破坏。刮走结构房屋的屋顶;摧毁活动住房;掀翻火车车厢;连根拔起或者折断大树;产生轻的飞射物;汽车被吹离公路
F3	70～92	严重破坏。结构良好或者坚固房屋的屋顶被刮走和部分墙壁倒塌;一些农村建筑物被彻底摧毁;掀翻火车;森林中大多数树木被连根拔起或者折断或者夷平;汽车被卷离地并被抛起
F4	93～116	摧毁性破坏。整个框架结构房屋被夷平成为碎片;钢结构被严重破坏;基础不牢的建筑物被刮走一段距离;汽车或者火车被抛向空中一段距离,产生大的飞射物
F5	117～142	异乎寻常、难以置信的破坏。结实的框架结构房屋被从地基抛起,并被破坏;钢筋混凝土结构被严重破坏;产生汽车大小的飞射物,抛射距离超过 100 m;树木树叶被剥光和被剥皮②;出现难以置信的现象
F6—F12	143—330	无法想象的或者不可思议的破坏

1.4 EF 等级

虽然 F 等级得到了广泛应用,但使用 F 等级进行风速估计也存在很多问题。比如 F 等级

---

① Fujita[32]在 F 等级中定义的风速指的是"最快 1/4 英里(约 400 m)"平均风速。对于风速 60 mph ($26.7\ m \cdot s^{-1}$),"最快 1/4 英里"平均风速对应于 15 s 平均值;对于风速 200 mph ($88.9\ m \cdot s^{-1}$),"最快 1/4 英里"平均风速对应于 4.5 s 平均值。美国的标准地面风速指的是 1 min 平均值,而我国一般指的是 2 min 平均值。

② Fujita 于 1971 年提出的 F 等级中把"树木树叶被剥光和被剥皮"列为 F4 级,但 Fujita 在 1981 年发表的论文中把此灾害标识列为 F5 级。T 等级则把树木被剥皮的不同程度分别确定为 T7—T11 级(大致为 F3—F5 级)[39]。

没有进行过校准，尤其对 F3－F5 级的龙卷风速存在明显的高估[2]、低等级的龙卷风速存在低估，无法估计没有灾害标识物(DI)区域(比如空旷地带)的致灾风速等级，主要的 DI 是结构良好的框架房屋等。因此，美国德克萨斯技术大学(TTU)风科学和工程中心(Wind Science and Engineering Center)联合多个部门专家从 2000 年起对 F 等级进行修订，称为改进的藤田等级，又称为 EF 等级(表 2)。

EF 等级主要调整了 F 等级每一级别龙卷所对应的风速上下限，并采用了 28 类 DI，且每一类 DI 给出了多个灾害等级(DoD)；DI 4(双倍宽的结构房屋)的灾害等级最多，有 12 个 DoD；DI 25 和 26(通讯塔、路灯杆和电线杆等)的 DoD 最少，只有 3 个 DoD[41]。EF 等级的 DI 以各类不同建筑结构的房屋或建筑物为主，共有 23 类；树木划分为硬木(hard wood，又叫做阔叶木)和软木(soft wood，又叫做针叶木)两类 DI；其它 DI 还包括等电线杆、电力线铁塔、通讯铁塔等。EF 等级中去除了 F 等级中有关飞射物的 DI，也未把沥青路面被剥掉这一灾害现象列为 DI 和 DoD。还与 F 等级不同的是，EF 等级中的风速为地面 10 m 处 3 s 平均阵风风速。

不同于 B 等级、T 等级和 F 等级，EF 等级是完全基于灾害程度确定的风速等级，其不同的级别与风速没有明确的数学关系式，且不同级别风速和灾害标识物 DoD 的关系只是经验性的，并非是客观的，尤其对于高等级的风速估计[41]。虽然 EF 等级是对 F 等级的改进，但 EF 等级估计的风速与 F 等级估计的风速依然具有很好的线性相关关系，如图 2[41]。

2007 年美国官方开始采用 EF 等级标准，目前已有加拿大[42]、法国、日本等国也采用了该等级标准，并根据当地的 DI 对其进行了修正。由于 EF 等级具有如此多的 DI，每一类 DI 又有多个 DoD，因此，范雯杰等[23]对 EF 等级的 DI 和 DoD 进行了归纳和总结，给出了一个简化的 EF 等级标准。但需要说明的是，范雯杰等[1]把 Wind Science and Engineering Center 未列入 EF 等级标准的 F 等级 DI(如飞射物)列入了其归纳简化的 EF 等级标准中。

表 2 F 等级与 EF 等级风速对比

F 等级			EF 等级		
F 等级	最快 1/4 英里(约 400 m)平均风速(mph)	最快 1/4 英里(约 400 m)平均风速(m·s^{-1})	EF 等级	3 s 平均阵风风速(mph)	3 s 平均阵风风速(m·s^{-1})
F0	40～72	18～32	EF0	65～85	29～37
F1	73～112	33～49	EF1	86～110	38～49
F2	113～157	50～69	EF2	111～135	50～60
F3	158～207	70～92	EF3	136～165	61～73
F4	208～260	93～116	EF4	166～200	74～90
F5	261～318	117～142	EF5	＞200	＞90

1.5 S 等级

萨菲尔－辛普森(Saffir－Simpson)飓风风速等级，又称为 S 或者 SS 等级，是专门用来估计飓风风速的等级。S 等级于 1971 年开始提出，1974 年后在美国得到广泛应用；最近的修订是在 2012 年。S 等级不同于我国的热带气旋等级，其使用的是 1 min 平均风速(我国热带气旋等级采用的是 2 min 平均风速)，共有 5 个等级，分别为 1 到 5，1 级最弱，5 级最强；S1 级风

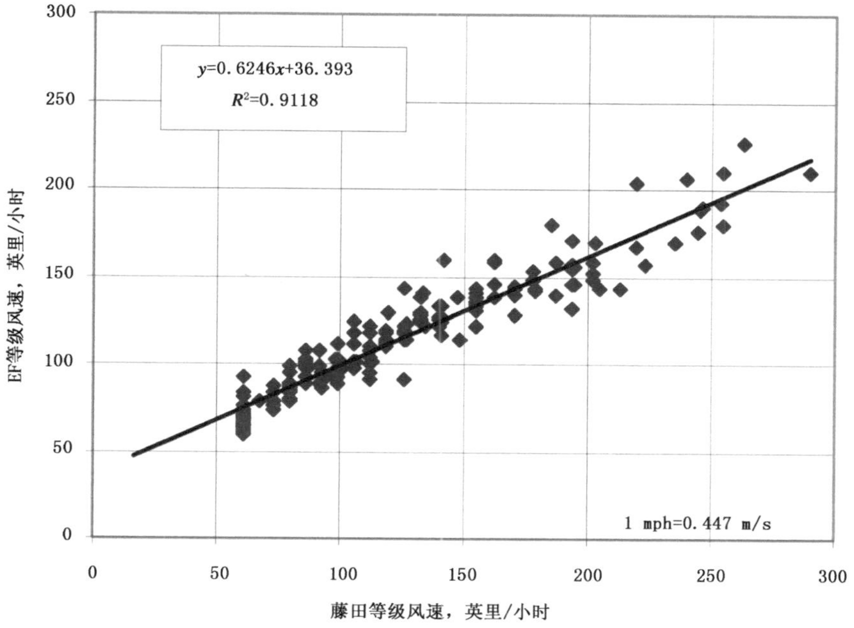

图 2 F 等级与 EF 等级风速相关曲线[41]

速为 33～42.5 m·s^{-1}，与我国的台风级热带气旋风速阈值标准相当，其起始风速与 F1 级相同；S5 级风速不低于 70 m·s^{-1}，其起始风速与 F3 级相同，接近 EF4 级，大大高于我国的超强台风级热带气旋风速阈值标准(51 m·s^{-1}，蒲福风级 16 级)。

S 等级与风速有以下近似关系：

$$v \approx 1.825\ (S+6)^{3/2}$$

其中 v 为地面 10 m 处 1 min 平均风速，单位 m·s^{-1}；S 为 S 等级。

2 F 和 EF 等级估计实例

如前所述，2015 年 6 月 1 日由下击暴流导致的“东方之星”翻沉事件[17-18]和 2016 年 6 月 23 日阜宁严重龙卷灾害都造成了巨大的社会影响，都有翔实的现场调查资料；由于 F 等级目前仍是最为广泛被用来估计下击暴流、龙卷等的风速等级，而 EF 等级虽然尚未得到广泛采用，但其是对 F 等级的改进，因此，本文主要采用 F 等级和 EF 等级两种标准来对这两个典型实例进行强度等级估计，同时也将辅以已有文献中部分实例图片进行补充说明。对比分析这两种等级标准的估计结果，还可以进一步展示它们之间的具体差异。此外，由于 T 等级与 F 等级有近似两倍的关系，因此，估计得到了 F 等级，也就近似确定了 T 等级。

2.1 现场调查概况

中国气象局调查组赴湖北监利[17-18]和江苏阜宁都携带了智能手机(具有照相、录像、地图、指南针、GPS 定位等功能)、相机、GPS 定位仪和无线网络通信等装备，在现场拍摄调查的同时与周边居民进行了交流调查，并使用无人机对现场进行了航拍。

“东方之星”客轮翻沉事发江段东岸为湖北省监利县，西岸为湖南省华容县；该江段周边陆地区域包括农田和滩涂，植被种类较多。整个调查过程发现主要风灾地点 19 处，但除顺星村(风灾路径长度约 1200 m、宽度约 300 m)外的其他地点的受灾面积(不超过 4×10^4 m^2)都较小。本次调查使用了无人机仅对老台深水码头和四台村养猪场附近树林等部分受灾地点进行了航拍[17]。

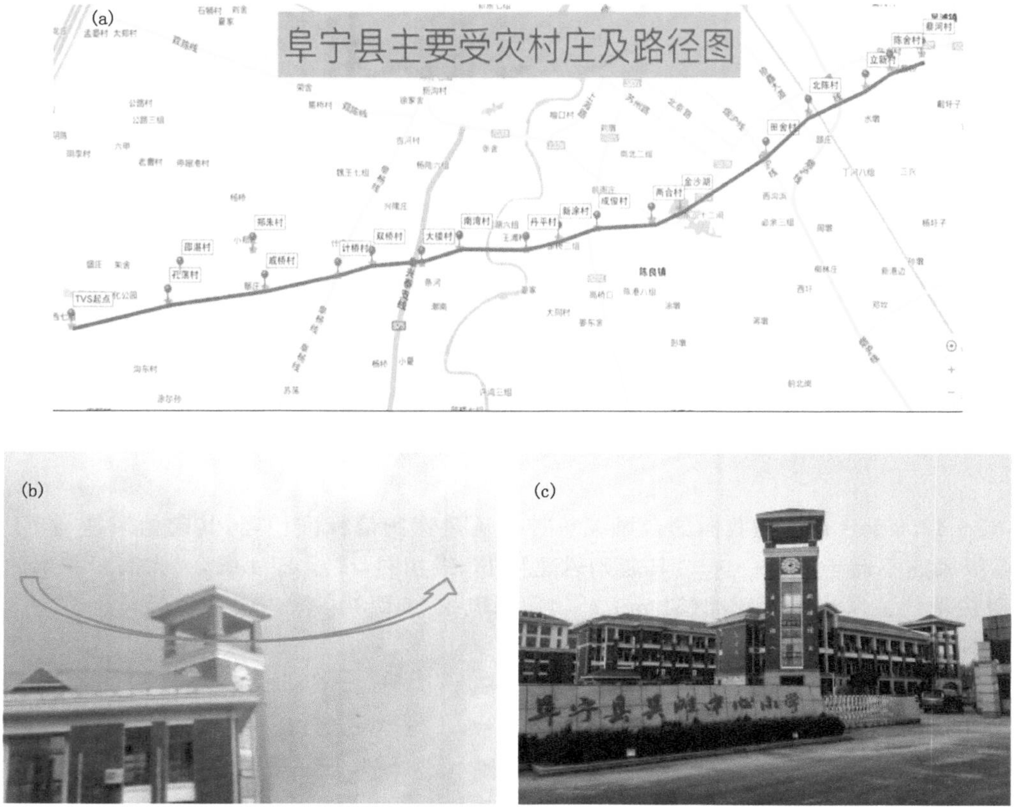

图 3　阜宁龙卷灾害路径(a)、阜宁县吴滩中心小学教师手机拍摄的龙卷漏斗云视频截图(图中箭头表示龙卷旋转方向)(b)和调查组拍摄的阜宁县吴滩中心小学(c)

2016 年 6 月 23 日阜宁龙卷灾害区域(图 3a)东西方向长度超过 30 km，最大宽度约 4 km，最窄约 500 m，远远超过 2015 年 6 月 1 日“东方之星”客轮翻沉事件周边区域的受灾面积。阜宁受灾区域大部为农村，也有几个工厂受灾；灾区人烟较稠密，河网密布；受灾房屋多为砖木结构(屋墙为砖砌、屋顶为木材所制梁和檩)，少部分受灾房屋为水泥砖砌和混凝土预制楼板结构；受灾树木多为杨树。本次调查使用了多架无人机对阜宁整个受灾区域进行了全面航拍。

在阜宁灾害调查过程中，调查组在阜宁县吴滩中心小学(图 3b 和 c)发现了该学校多位教师用手机拍摄的漏斗云视频(图 3b)，视频中可以清晰看到旋转的漏斗云和正在空中旋转的被卷到空中的地面物体碎片(图 3b 中灰色小块状分布即为碎片)。结合该视频和江苏盐城新一代多普勒雷达径向速度资料分析的中气旋和 TVS 结构[43]，可以完全确定本次灾害由超级单体龙卷造成。这是因为根据美国气象学会 2013 年修订的龙卷定义就是“从积状云下垂伸展至地面的强烈旋转空气柱，且经常可看到漏斗状云和/或地面旋转的碎片/沙尘”[44]。但需要说明的是，由于该龙卷漏斗云尺度较大，吴滩中心小学教师拍摄的视频不可能给出类似 2015 年 10 月 4 日广东“彩虹”台风龙卷视频[19]的漏斗云全貌。

2.2 F 和 EF 等级估计

F0 和 EF0 级风速会导致轻度破坏（表 1 和表 2），通常会导致树枝折断（图 4a 和 4b），一般不会对结实的房屋导致明显的损坏。对于屋顶的屋瓦被大风吹动，但未被完全吹离原位置（图 4c），属于 F0 级灾害[39]，但未达到 EF0 级；这是因为 EF0 的起始风速较 F0 级高的缘故。但如果少量（少于 20%）屋瓦被吹离原位置或者掉落地面，则为 F1 级和 EF0 级灾害。

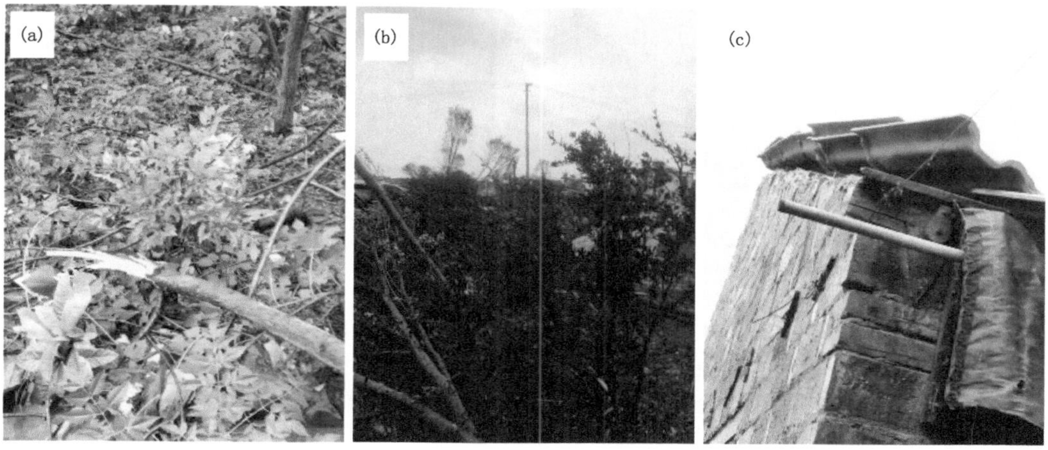

图 4　F0 或者 EF0 级灾害
(a)湖南岳阳顺星村树枝折断；(b)江苏阜宁计桥村树枝折断；(c)湖北监利四台村被大风吹动的屋瓦（其中 a 和 c 为 2015 年 6 月 1 日灾害；b 为 2016 年 6 月 23 日灾害；a 和 b 都为 F0 和 EF0 级灾害，c 为 F0 级灾害，但不是 EF0 级灾害）

F1 和 EF1 级灾害属于中等程度破坏。一些树被连根拔起或者折断、屋顶的屋瓦被刮掉都属于 F1 级灾害（图 5）。软木类树木（松树、杨树、杉树、柏树等）折断和硬木类（橡树、枫树、桦树、白蜡树）树木被连根拔起属于 EF1 级灾害，如 2015 年 6 月 1 日湖北监利四台村附近水渠两侧（图 5a）和顺星村附近（图未给出）杨树折断、2016 年 6 月 23 日江苏阜宁板湖文化公园附近村庄杨树折断（图 5b）。不少于 20%屋顶屋瓦被刮掉属于 F1 级和 EF1 级灾害，如图 5c 和 d 中为 2016 年 6 月 23 日阜宁龙卷所致；而在 2015 年 6 月 1 日长江监利段两岸村庄中发现部分房屋的少量屋瓦（图未给出）被吹掉，未超过 20%，因此，这些房屋灾害等级估计为 F1 级，未达到 EF1 级。

F2 和 EF2 级灾害属于相当大的破坏，主要灾害标识为刮走房屋的屋顶或者折断大树（图 6）。图 6a 房屋右侧部分的屋顶被刮掉，既为 F2 级又为 EF2 级灾害。从 F 等级来看，森林中大多数树木被连根拔起或者折断或者夷平为 F3 级，图 6b 和 c 符合这个标准；但从 EF 等级的 DI 和 DoD 标准来看，使得软木类树木折断的 3s 平均风速下限为 88 mph（$39\ m \cdot s^{-1}$），属于 EF1 级；上限为 128 mph（$57\ m \cdot s^{-1}$），则属于 EF2 级。使得硬木类树木折断的 3s 平均风速下

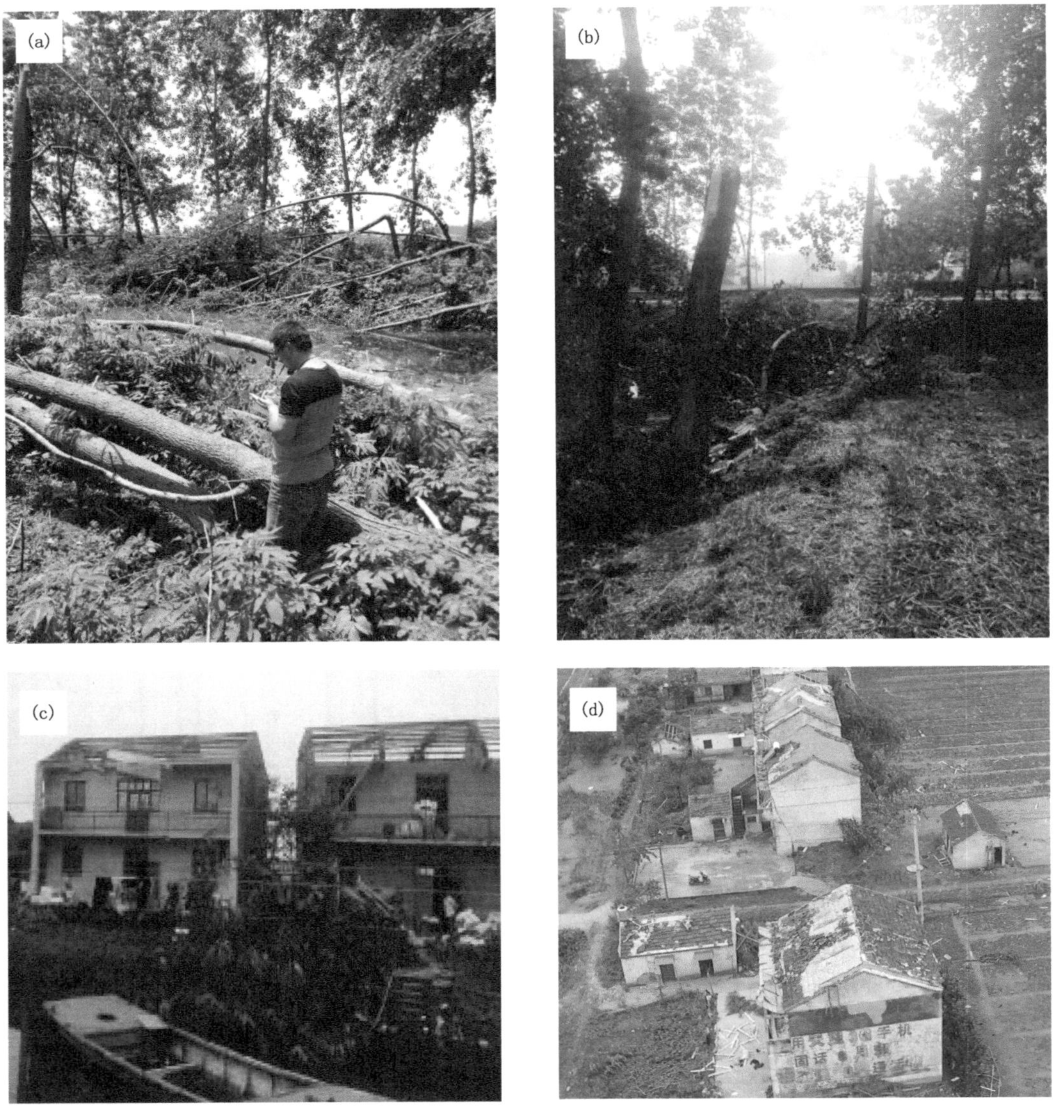

图 5　F1 和 EF1 级灾害

(a)湖北监利四台村附近水渠两侧杨树；(b)江苏阜宁板湖文化公园附近村庄杨树；(c)江苏阜宁王滩村房屋屋瓦被刮掉；(d)江苏阜宁计桥村房屋屋瓦被刮掉(无人机拍摄)(其中 a 为 2015 年 6 月 1 日灾害；b,c 和 d 为 2016 年 6 月 23 日灾害)

限为 93 mph(41 m · s^{-1})，仍属于 EF1 级；上限为 134 mph(59 m · s^{-1})，属于 EF2 级。因此，必须是较多的较大树木折断才可能估计较高的风速，才能够达到 EF2 级灾害强度(图 6b 和 c)。

F3 和 EF3 级灾害属于严重破坏，主要的灾害标识是结构良好的房屋屋顶被刮走和部分墙壁倒塌。图 7a 和 b 为被龙卷损毁的计桥幼儿园，图 7c 为王滩村附近损毁的房屋，从中可以看到屋顶被完全刮走，第三层部分墙壁倒塌，符合 F3 和 EF3 级灾害标识特征。但需要指出的

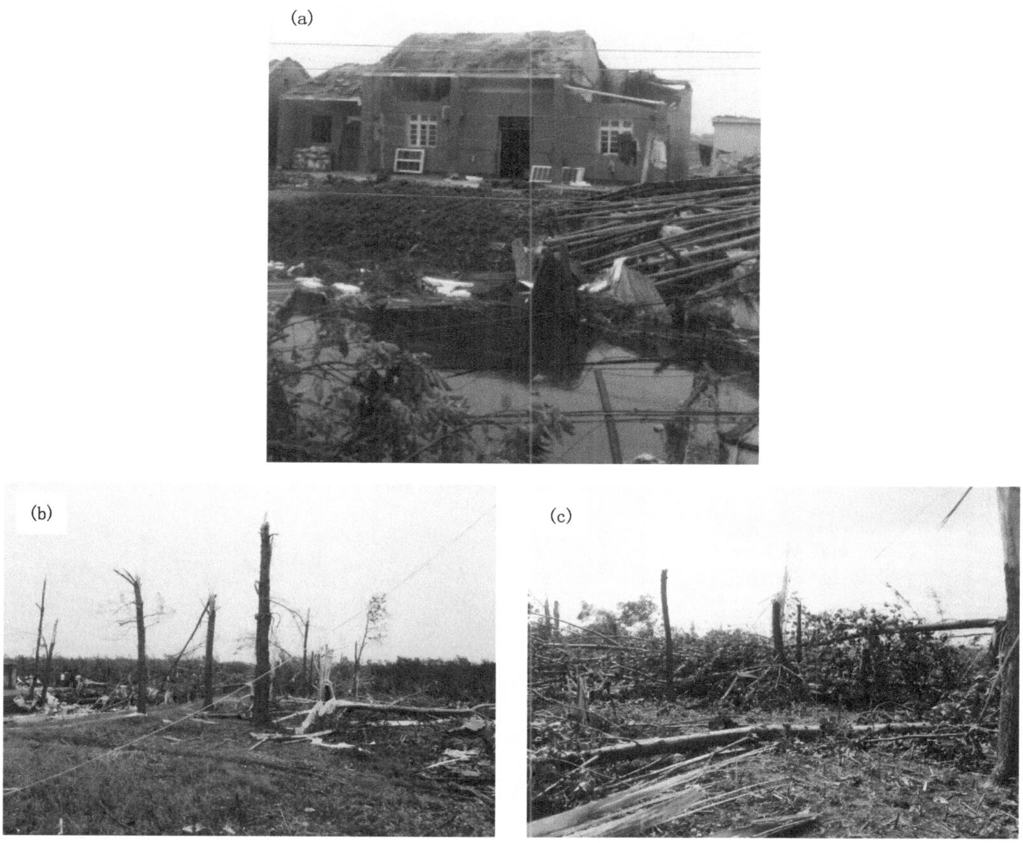

图 6 江苏阜宁 2016 年 6 月 23 日 F2 或 EF2 级灾害
(a)王滩村被部分刮掉屋顶以及掀掉屋瓦的房屋;(b)王滩村被大风吹断的大树;
(c)板湖附近被大风吹断的大杨树

是,图 7a、b 和 c 中的房屋建筑结构比美国结构良好的房屋(EF 等级中的 DI 2)更结实,因此,致灾风速应当属于 EF3 级风速范围的高端。图 7d 为王滩村完全倒塌的房屋,属于砖木结构,但砖砌的屋墙未使用水泥,因此,不如美国使用了水泥和砖砌墙的结构良好的房屋结实。美国结构良好的房屋完全倒塌属于 F4 和 EF4 级灾害标识,但根据 Fujita 于 1992 年提出的 F 等级估计矩阵[45],应当降低一个 F 级别,因此,图 7d 中灾害应估计为 F3 和 EF3 级强度。通信塔和电力线塔(图 7e 和 f)未归入 F 等级灾害标识;但从 EF 等级来看,完全倒塌的通信塔或者电力线塔为 EF3 级强度;对于 T 等级,这属于 T6 级强度,相当于 F3 级强度[39]。图 7e 和 f 还可以看到,倒塌的通信塔和电力线塔都有明显的扭曲。图 7g 为北陈村附近被破坏的厂房,从 EF 等级标准来看,属于 DI 21 的 DoD 7,为 EF3 级强度。阜宁龙卷灾害调查也发现北陈村部分树木树叶被剥光和被剥皮的现象,从 F 等级来看,树木树叶被剥光和被剥皮(图 7h)属于 F5 级,但从 EF 等级的风速标准来估计则仅为 EF3 级;对于 T 等级,这属于 T8—T9 级强度,相当于 F4 级强度[39]。但需要说明的是,图 7h 中的树木只是上半部树皮部分被剥掉,并非整棵树完全被剥光。

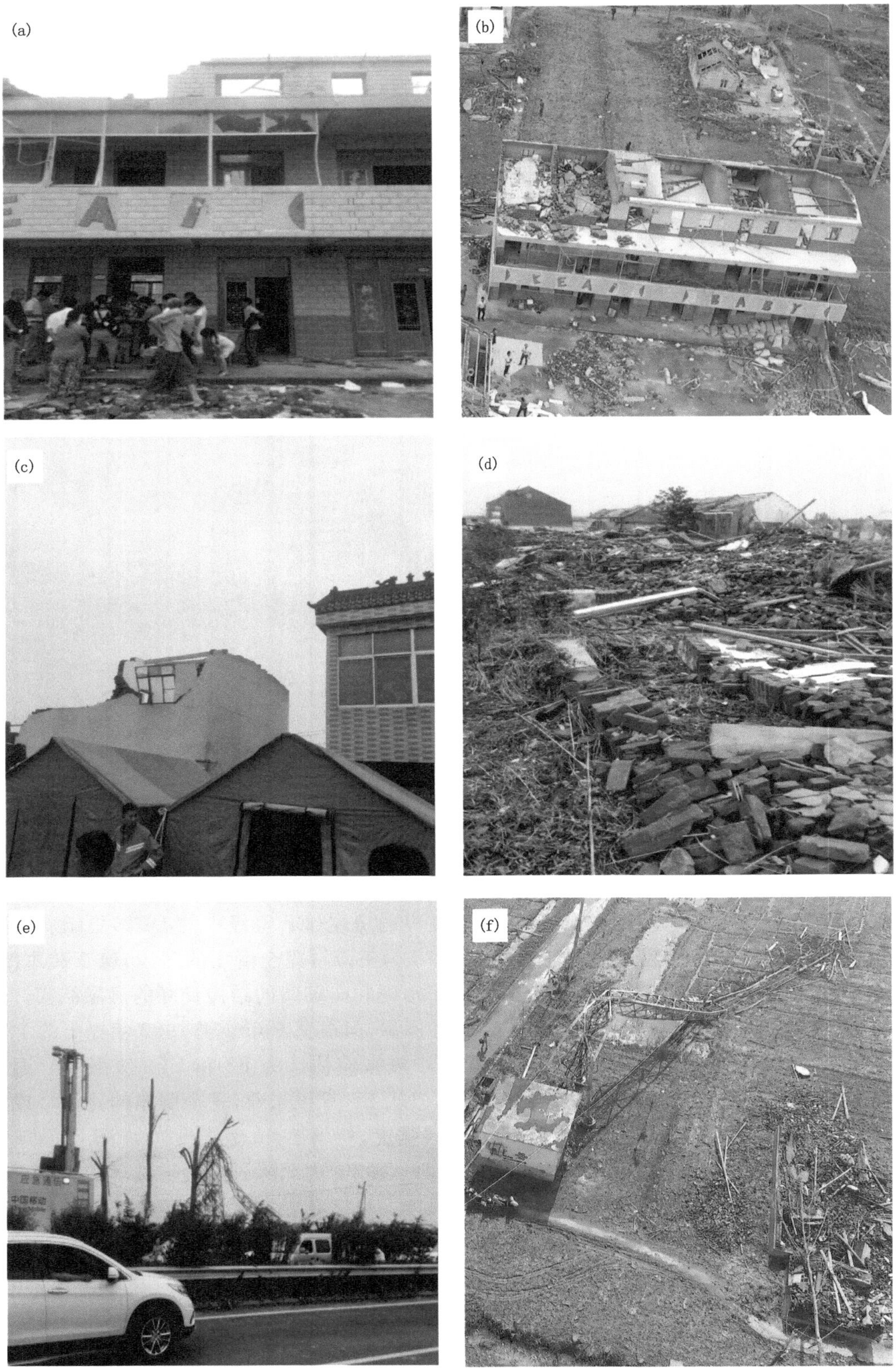
(a)
(b)
(c)
(d)
(e)
(f)

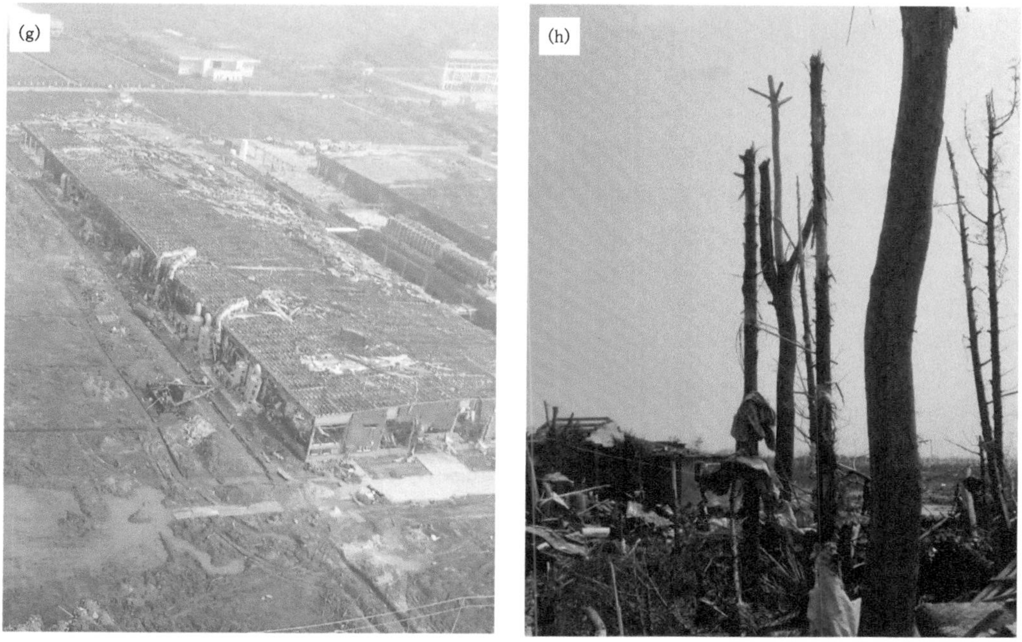

图 7 江苏阜宁 2016 年 6 月 23 日 F3 或 EF3 级灾害
(a)计桥村幼儿园(手机拍摄);(b)同 a,但为无人机航拍;(c)王滩村损毁的房屋;(d)王滩村完全倒塌的房屋;(e)计桥村扭曲倒塌的通信塔;(f)丹平村扭曲倒塌的电力塔(无人机航拍);(g)北陈村附近被损坏的厂房(无人机航拍);(h)北陈村树叶被剥光和被剥皮的树木

F4 和 EF4 级灾害为摧毁性破坏,主要灾害标识是整个结构良好的房屋被夷平成为碎片。如前所述,由于多数阜宁灾区的受灾房屋结构不如美国结构良好的房屋结实,因此阜宁灾区中被龙卷夷平的房屋多数应被评估为 F3 级和 EF3 级灾害。但阜宁也有多座水泥砖砌和混凝土预制楼板结构二层房屋(图 8a 和 b)的顶层完全被毁,这种房屋的墙体中使用了较细的钢筋加固(图 8b),外墙体加贴了瓷砖,是类似美国的二层 Townhouse(EF 等级中的 DI 5)的结构,但由于阜宁的房屋未使用木质结构,因此,应比后者更结实;这类阜宁的房屋也有点类似美国的初中或者高中学校的二层教学楼结构(EF 等级中的 DI 16),但房屋长度比 DI 16 小得多,估计结实程度略差。根据 EF 等级中 DI 5 和 DI 16 中,顶层完全坍塌和损毁的 DoD 风速为 133～186 mph(59～83 $m \cdot s^{-1}$),估计导致图 8a 和 b 灾害的风速为 170～175 mph(75～78 $m \cdot s^{-1}$)左右,为 EF4 级。使用加拿大补充的 EF 等级的 C－3(砖和/或石结构教堂)和 C－4(结实的砖石房屋)DI 的 DoD 标准[42]来估计图 8a 和 b 也为 EF4 级灾害。图 8c 为法国一次龙卷导致的类似图 8a 和 8b 房屋结构的 F4 级灾害[39]实况,从中可看到该房屋使用了木质结构,因此,其并不比图 8a 和 8b 中使用水泥预制板的房屋更结实。图 8d 为阜宁蔡河村完全倒塌的水塔,其结构为水泥砖砌和外立面全部涂抹水泥,并使用了细钢筋加固,因此,判断该水塔应该与美国结构良好的房屋结实程度相近,因此也估计其为 F4 级和 EF4 级灾害。图 8e 为在北陈村发现的被龙卷抛出 400～500 m 左右空集装箱,重约 1～2 t,具有明显的扭转痕迹,如此大的飞射物为 F4(甚至 F5 级)[7]和 T8 级灾害[39],但如 1.4 部分所述,由于工程人员难以估计此类灾害的风速,这未被归入 EF 等级灾害标识[41],所以不能用来估计 EF 级别。

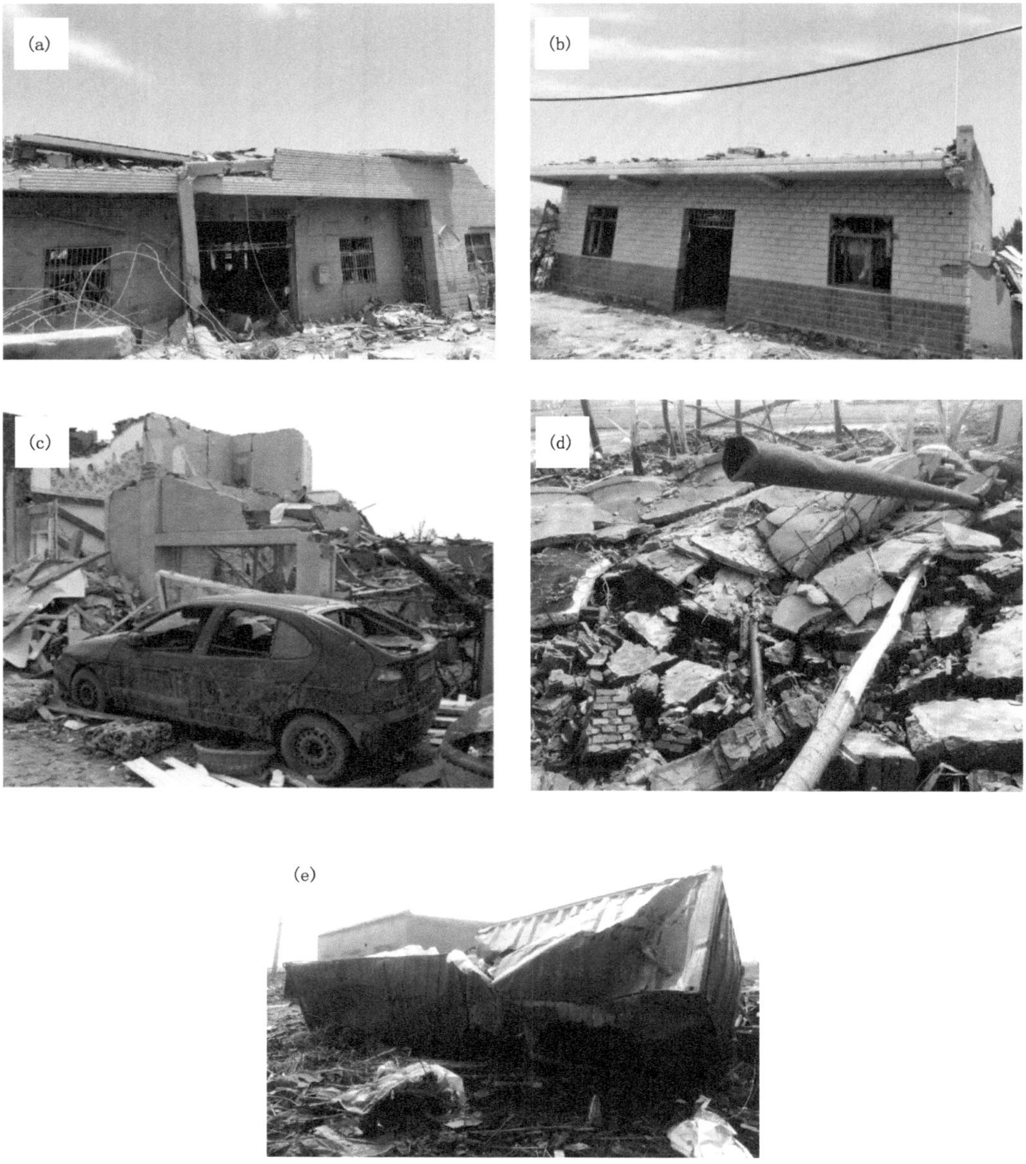

图 8　F4 或 EF4 级灾害(其中 a,b,d,e 为 2016 年 6 月 23 日江苏阜宁灾害)
(a)立新村受灾二层房屋;(b)立新村受灾二层房屋;(c)2008 年 8 月 3 日法国一次龙卷导致的 F4 级灾害[39];
(d)蔡河村损毁的水塔;(e)北陈村发现的被龙卷抛出 400～500 m 左右的空集装箱

如前所述,我国尚未记录到 F5 或者 EF5 级龙卷,因此无法给出我国的相应实例。F5 或者 EF5 级灾害标识主要是结实的框架结构房屋被从地基彻底吹走(图 9a);导致图 9a 灾害的龙卷发生在 1999 年 5 月 3 日美国俄克拉荷马(Oklahoma)州,移动多普勒雷达观测到距离地面 32 m 高度的最大风速可达 135 ± 5 $m \cdot s^{-1}$[36]。从 F 等级来看,美国的评级实践中通常把完全被剥光树皮的树木(图 9b)作为 F5 级的灾害标识[39],但从 EF 等级来看,则仅为 EF3 级;对于 T 等级,则属于 T10－T11 级强度[39]。

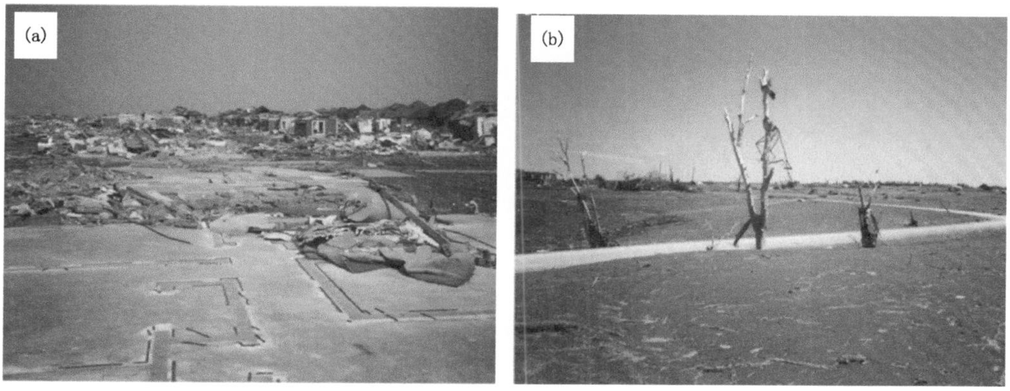

图 9　F5 或 EF5 级灾害[39]

(a)1999 年 5 月 3 日美国俄克拉荷马州 Moore 龙卷导致的仅剩地基的房屋；(b)完全被剥皮的树木

2.3　阜宁龙卷导致的难以置信现象

调查组在阜宁现场调查过程中还发现了一些龙卷导致的难以置信现象，这些现象目前尚不能根据已有的风速等级标准进行评级或者估计风速。比如在调查过程中，调查组询问阜宁吴滩镇救灾负责人得知，有一根水泥制的电线杆被龙卷拔出，被卷走不知下落，这种现象在美国的强龙卷灾害现场调查中也曾发现过[7]；在北陈村调查时发现有一段电力线在强风的作用下由拇指粗紧密缠绕状态变成蓬松的缠绕状态(图 10a)；大楼村多棵杨树的树干在龙卷强风及其切变作用下变成了蓬松的片状状态(图 10b)；立新村(该村有如图 8a 和 b 多座二层水泥砖砌楼房的顶层完全被毁，评估为 EF4 级灾害)停在河道里的水泥制小船被大风吹翻倒扣在河岸边(图 10c)，这可能表明龙卷导致的贴近地面层的风速也非常高，也可能与龙卷风暴中的气压低、上升运动强相关，这似乎与美国龙卷灾害调查中发现的沥青路面被剥掉这种现象的形成机制类似[7]。1764 年的德国 Woldegk F5 级龙卷把一个仅突出地面 0.3 m 高的橡树树桩完全拔了出来[39]。2011 年 4 月 27 日美国龙卷大爆发期间，发生在 Mississippi 州 Philadelphia 附近的一个 EF5 级龙卷不仅把大片路面剥掉，更是剥掉了多块深度达 0.5 m 的草地[46]。

需要指出的是，在对阜宁龙卷进行灾害调查的过程中，调查组发现了大量被扭曲呈麻花状的树木和彩钢板残骸、一座信号塔(图 7e)和多座电力塔(图 7f)，其旋转性风场特征已不仅仅体现在多个灾害指示物所组成的整体倒伏或损毁方向，而是集中展现于灾害物个体的受损情况，其旋转之强烈在国内龙卷风灾调查中亦十分罕见。

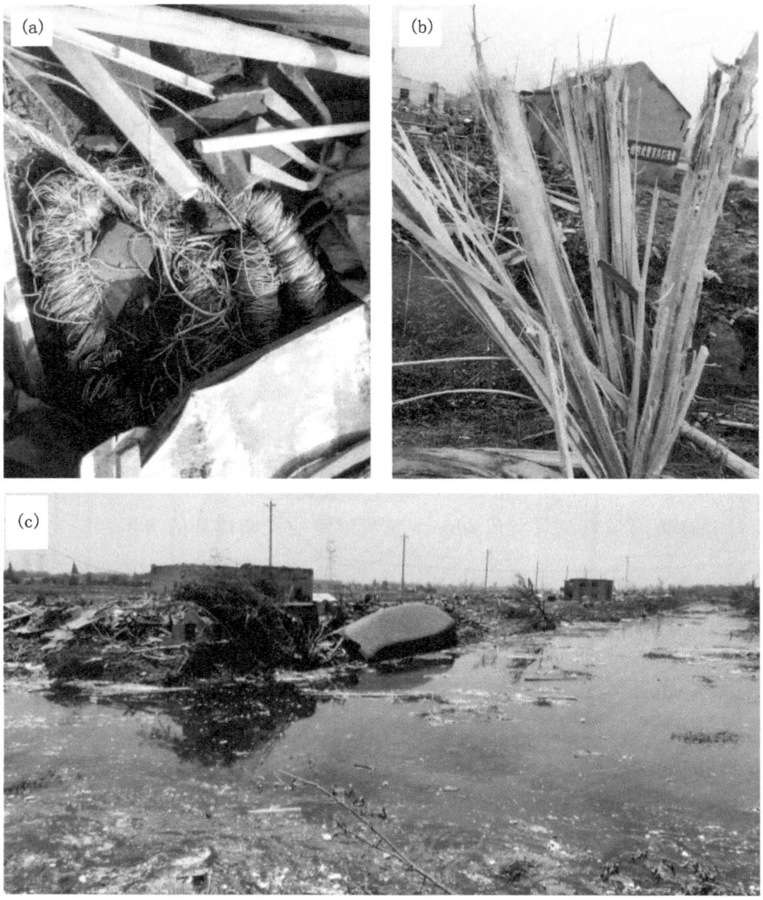

图 10　江苏阜宁 2016 年 6 月 23 日龙卷导致的难以置信现象
(a)北陈村被强风导致的蓬松状电线；(b)大楼村呈片状的杨树主干；(c)立新村被强风吹到河岸倒扣的水泥制小船

3　讨论和展望

如前所述，要估计龙卷、下击暴流等导致的大风风速等级，由于直接测量这些小尺度风速不具有可行性，因此，需要详细的地面现场调查资料来进行分析受灾房屋的结构、树木的状况和灾害程度等，从而估计最大可能风速。虽然蒲福风级、F 等级、T 等级与风速有明确的数学关系，而 EF 等级与风速没有明确的数学关系，但在实践中，由于缺少龙卷和下击暴流等的直接测风数据，因此基于灾害程度来估计这些风灾的强度等级是必不可少的。需要强调的是，既然是根据灾害程度进行估计，必然存在不确定性，而且由于建筑结构和植被等不同灾害标识物的差异和致灾机制的复杂性，这种不确定性还可能会比较大。因此，虽然 F 等级、T 等级和 EF 等级中不同级别的风速范围并没有重叠，其精确度看似为 1 mph 或者 1 $m \cdot s^{-1}$，但实践中对风速的估计误差是要远大于这个数值。Fujita 在 1992 年就已经意识到不同的建筑物结构，导致其相同程度损坏的风速是不同的，因此 Fujita 提出了一个共有 6 级的基于灾害程度的 f 等级，加以配合建筑物结构的结实程度来估计风灾的 F 等级[47]。Frelich 等[8]也明确指出 EF 等级中关于树木灾害的 DoD 并不能完全满足风灾强度等级估计需要，实际工作中需要综合更多的树木本身和环境等因素来进行评估判断。

由于蒲福风级、F 等级、T 等级与风速的 3/2 方的线性关系并没有明确的物理含义，因此 Dotzek[48]提出了一个新的风速等级——E 等级。E 等级由具有明确物理含义的质量通量密度、能量密度(压力)或者能量通量密度导出[48]。但如前所述，基于灾害程度的风速估计必然存在较大误差，因此即使采用 E 等级，其估计误差同样不会比其它等级标准的估计减小。目前，E 等级尚未得到实际应用。

虽然 EF5 级风速范围显著低于 F 等级中的 F5 级，但 Doswell 等[2]根据移动雷达测得的距地表 100 m 内的最大龙卷风速达到或者超过 140 $m \cdot s^{-1}$ 这一事实，认为强龙卷会有可能产生 F5 级上限 142 $m \cdot s^{-1}$ 这样的极端地面风速。在美国的龙卷等级评估实践中，确实也会根据移动雷达测得的风速来调整龙卷的 EF 等级，比如美国 Oklahoma 州 El Reno/Piedmont 2011 年 5 月 24 日龙卷强度的估计[9]。未来如何更好地使用雷达资料来客观估计龙卷强度，仍将是一个难题。

虽然 EF 等级已经具有较多种类的灾害标识物和灾害等级，但由于不同国家的建筑物结构不同，还有一些灾害标识用来估计风速存在困难，比如大的抛射物、水泥电线杆、电力线、水塔等这些灾害标识物并未列入 EF 等级中，因此，EF 等级还需要不同的国家根据具体情况进行修改补充完善，增加具有代表性的灾害标识物，比如加拿大[42]就对其进行了补充。因此，我国气象部门也需要联合多个专业部门在已有风速等级基础上制定适合我国国情的风速等级标准。

Doswell 等[2]提出估计龙卷强度的等级标准要具有广泛应用性、准确性和一致性。广泛应用性能够保证在世界上任一个国家都能适用，因此，需要不同国家工程和气象专家的广泛参与；准确性是保证强度估计可靠性的基础，因此，需要等级标准增加客观性、减少经验性，但这也是最难于实现的任务；一致性使得能够对龙卷强度进行气候特征、长时期变化分析，也使得发生在不同国家或者地区的龙卷能够进行强度对比。但由于灾害标识物的差异性和致灾机制的复杂性，这些要求都会使得龙卷强度等级标准是一个非常复杂的系统，因此其本身就可能不具有便利性、简捷性等特点以方便具体实施，但我们可以制作简单方便的软件系统或者手机 APP 软件，以用于具体评估过程中，从而提高可操作性。

通常人们用最大强度来表示下击暴流或者龙卷的强度，并未使用平均强度，例如前文评估 2016 年 6 月 23 日阜宁龙卷强度为 EF4 级，表示其达到的最大强度为 EF4 级，但事实上其造成更多的灾害为 EF1、EF2 或者 EF3 级(图 5,6 和 7)。人们也已经意识到下击暴流或者龙卷的强度仅是其致灾性的一个方面[49]，比如 Fujita[32]就综合考虑龙卷的强度和尺度来评估龙卷的致灾性，核电厂厂址选择的龙卷评估[50]、Thompson 等[51]和 Agee 等[52]设计的龙卷灾害指数都是既考虑了龙卷强度又考虑了路径长度和宽度。事实上，下击暴流或者龙卷的持续时间和移速不同，其致灾性也不同。因此，基于翔实的现场调查和无人机航拍资料，下一步还需要对 2016 年 6 月 23 日阜宁龙卷导致的灾害进行更详细的评估，给出每一个受灾点的灾害等级，从而给出阜宁龙卷的强度空间分布特征，并评估其总体致灾性。

通常超级单体龙卷强度较强[53-55]，而下击暴流最大强度仅可达 F3 级[45]。已有较多文献[5,49,53-54,56-62]给出了下击暴流和龙卷同时导致灾害的个例或者气候分布特征。Fujita[4]在美国一次大范围龙卷和下击暴流过程现场调查中发现了10个下击暴流、17个微下击暴流和18个龙卷。因此，龙卷灾害经常同时伴随下击暴流灾害，从而我们也需要进一步分析阜宁龙卷中是否存在下击暴流灾害及其灾害强度。

与下击暴流显著不同的是，龙卷旋转性非常强，中心气压低，与环境之间的气压梯度大，水平风速大，垂直上升运动也非常强（与水平风速同量级），风水平切变大；而且龙卷中会产生多个抽吸涡旋[11]，而抽吸涡旋的风速可达母体涡旋的1.3～2倍[33-34]。由于龙卷涡旋对建筑物的动力作用以及建筑物内部与龙卷之间气压梯度力的作用，加之在空中旋转飞射的物体残骸碎片作用和建筑物本身结构的复杂性，因此龙卷的致灾机制较下击暴流更为复杂，其强度估计也存在更大的不确定性。

4　总结

本文系统总结了目前得到较多应用的风速等级，包括常用的蒲福风级，主要应用于下击暴流和龙卷风灾估计的T等级、F等级和EF等级，以及美国用于飓风风速估计的S等级。蒲福风级、T等级、F等级和S等级都与风速有一个明确的数学关系，但EF等级是完全基于灾害的等级，其与风速没有明确的数学关系。还需要指出的是，这些风速等级中所使用的平均风速有所不同：T等级和EF等级为3 s平均风速，F等级为最快1/4英里（约400 m）平均风速，S等级为1 min平均风速。

通过现场调查资料分析估计，2016年6月23日江苏阜宁龙卷强度为EF4级，这是我国自1961年以来的第5个EF4级龙卷；而2015年6月1日导致“东方之星”客轮翻沉事件的下击暴流强度仅为EF1级。EF4级龙卷在我国非常罕见，EF5级龙卷在我国尚未记录到。阜宁龙卷也导致了一些令人难以置信的现象。通过这两个灾害实例对比分析了EF等级与F等级的估计结果，进一步展示了这两种等级标准之间的差异。

翔实的现场调查依然是估计下击暴流或者龙卷强度的主要手段，而无人机航拍能够提供更大视角范围的灾害状况资料，已经成为现场调查不可缺少的重要工具。由于灾害标识物结构和致灾机制的复杂性，风灾强度的估计必然存在一定的不确定性，尤其龙卷强度的估计较下击暴流有更大的不确定性。如何应用业务天气或者移动雷达资料来客观估计龙卷强度仍是未来的一项艰巨任务。

目前的风灾强度等级仍需进一步完善；增加灾害标识物和灾害等级，提高其客观性、普适性、准确性、一致性和便捷性是风灾评估工作的必然需求。但要全面评估下击暴流或者龙卷的致灾性，需要综合考虑强度、路径长度和宽度、持续时间和移动速度等更多因素。因此，未来需要详细评估2016年6月23日阜宁龙卷导致的每一个受灾点的灾害等级，并结合其它致灾因素来评估其总体致灾性。

致谢　特别感谢中国气象局、江苏省气象局、江苏省气象台、江苏省阜宁县气象局、广东省佛山市龙卷预警中心等单位对现场调查的大力支持。感谢国家气象中心毕宝贵研究员、金荣花研究员和张小玲研究员、中国气象局干部培训学院俞小鼎教授、中国气象科学研究院灾害天气国家重点实验室梁旭东研究员等给予大力指导和支持；感谢江苏省气象局杨金彪对现场调查的指导帮助；感谢广东省佛山市龙卷预警中心李兆慧、北京大学白兰强和张慕容、南京大学孙世玮、邹万峰和王明筠在现场调查中做出的重要贡献；感谢中国气象报社贾静淅给予现场调查的协助。

参考文献

[1] 范雯杰，俞小鼎．中国龙卷的时空分布特征[J]．气象，2015,41(7)：793-805.

[2] Doswell C A, Brooks H E, Dotzek N. On the implementation of the enhanced Fujita scale in the USA [J]. Atmos Res, 2009,93：554-563.

[3] Fujita T T, Bradbury D L, Van Thullenar C F. Palm Sunday tornadoes of April 11, 1965[J]. Mon Wea Rev, 1970,98：29-69.

[4] Fujita T T. Jumbo tornado outbreak of 3 April 1974[J]. Weatherwise, 1974,27：116-126.

[5] Fujita T T. Manual of downburst identification for Project NIMROD. SMRP Research Paper 156, University of Chicago, 1978,104. (Available online at http://ntrs. nasa. gov/search. jsp? R=19780022828)

[6] Bunting W F, Smith B E. A guide for conducting convective windstorm surveys. NOAA Tech[J]. Memo. NWS SR-146, 1993,44.

[7] Doswell C A. A guide to F-scale damage assessment. NOAA/NWS,2003,94 pp. [Available online at http:// www. wdtb. noaa. gov/courses/ef-scale/lesson2/FinalNWSFscaleAssessmentGuide. pdf.]

[8] Frelich L E, Ostuno E J. Estimating wind speeds of convective storms from tree damage[J]. Electronic J Severe Storms Meteor, 2012,7 (9)：1-19.

[9] Edwards R, LaDue J G, Ferree J T, et al. Tornado intensity estimation：Past, present, and future[J]. Bull Amer Meteor Soc, 2013,94：641-653.

[10] Atkins N T, Butler K M, Flynn K R, et al. An integrated damage, visual, and radar analysis of the 2013 Moore, Oklahoma, EF5 tornado[J]. Bull Amer Meteor Soc, 2014,95：1549-1561.

[11] Fujita T T. Tornadoes and downbursts in the context of generalized planetary scales[J]. J Atmos Sci, 1981,38：1511-1534.

[12] 辽宁丹东市气象台．一次龙卷风的调查分析[J]．气象，1975,1(8)：12-13.

[13] 杨起华，陈才田，吴沐良．一次龙卷风的调查及浅析[J]．气象，1978,4(4)：16-17.

[14] 林大强，刘汝贤，刘宝利．一次陆龙卷接地的调查[J]．北方天气文集，1984,5：167-170.

[15] 刁秀广，万明波，高留喜，等．非超级单体龙卷风暴多普勒天气雷达产品特征及预警[J]．气象，2014,40(6)：668-677.

[16] Meng Z, Yao D. Damage survey, radar, and environment analyses on the first-ever documented tornado in Beijing during the heavy rainfall event of 21 July 2012[J]. Wea Forecasting, 2014,29：702-724.

[17] 郑永光，田付友，孟智勇，等．"东方之星"客轮翻沉事件周边区域风灾现场调查与多尺度特征分析[J]．气象，2016,42(1)：1-13.

[18] Meng Z, Yao D, Bai L, et al. Wind estimation around the shipwreck of Oriental Star based on field damage surveys and radar observations[J]. Sci Bull, 2016,61(4)：330-337.

[19] 朱文剑，盛杰，郑永光，等．1522 号"彩虹"台风龙卷现场调查与中尺度特征分析[J]．暴雨灾害，2016,35(5)：403-414.

[20] 俞小鼎，郑媛媛，廖玉芳，等．一次伴随强烈龙卷的强降水超级单体风暴研究[J]．大气科学，2008,32(3)：508-522.

[21] 王毅，郑媛媛，张晓美，等．夏季安徽槽前形势下龙卷和非龙卷型强对流天气的环境条件对比研究[J]．气象，2012,38(12)：1473-1481.

[22] 李改琴，许庆娥，吴丽敏，等．一次龙卷风天气的特征分析[J]．气象，2014,40 (5)：628-636.

[23] 周后福，刁秀广，夏文梅，等．江淮地区龙卷超级单体风暴及其环境参数分析[J]．气象学报，2014,72

(2)：306-317.

[24] 郑媛媛，张备，王啸华，等. 台风龙卷的环境背景和雷达回波结构分析[J]. 气象，2015，41(8)：942-952.

[25] 朱江山，刘娟，边智，等. 一次龙卷生成中风暴单体合并和涡旋特征的雷达观测研究[J]. 气象，2015，41(2)：182-191.

[26] Yao Y, Yu X, Zhang Y, et al. Climate analysis of tornadoes in China[J]. J Meteor Res, 2015,29(3): 359-369.

[27] 陈元昭，俞小鼎，陈训来，等. 2015 年 5 月华南一次龙卷过程观测分析[J]. 应用气象学报，2016，27(3)：334-341.

[28] Xue M, Zhao K, Wang M, et al. Recent significant tornadoes in China[J]. Adv Atmos Sci, 2016,33(11): 1209-1217.

[29] 曾明剑，吴海英，王晓峰，等. 梅雨期龙卷环境条件与典型龙卷对流风暴结构特征分析[J]. 气象，2016，42(3)：280-293.

[30] 郑永光，周康辉，盛杰，等. 强对流天气监测预报预警技术进展[J]. 应用气象学报，2015，26(6)：641-657.

[31] Elsom D M, Meaden G T, Reynolds D J, et al. Advances in tornado and storm research in the United Kingdom and Europe: The role of the Tornado and Storm Research Organisation[J]. Atmos Res, 2001, 56(1-4): 19-29.

[32] Fujita T T. Proposed characterization of tornadoes and hurricanes by area and intensity. SMRP research paper, vol. 91. University of Chicago. 1971,42.

[33] Fiedler B H, Rotunno R. A theory for the maximum wind speeds in tornado-like vortices[J]. J Atmos Sci, 1986,43 (21): 2328-2340.

[34] Fiedler B H. Wind-speed limits in numerically simulated tornadoes with suction vortices[J]. Q J R Meteor Soc, 1998,124: 2377-2392.

[35] Bluestein H B, Ladue J G, Stein H, et al. Doppler radar wind spectra of supercell tornadoes[J]. Mon Wea Rev, 1993,121: 2200-2222.

[36] Wurman J, Alexander C, Robinson P, et al. Low-level winds in tornadoes and potential catastrophic tornado impacts in urban areas[J]. Bull Amer Meteor Soc, 2007,88 (1): 31-46.

[37] Dotzek N, Grieser J, Brooks H E. 2003. Statistical modeling of tornado intensity distributions[J]. Atmos Res,2003,67-68: 163-187.

[38] Meaden G T, Kochev S, Kolendowicz L, et al. Comparing the theoretical versions of the Beaufort scale, the T-scale and the Fujita scale[J]. Atmos Res, 2007,83(2-4):446-449.

[39] Feuerstein B, Groenemeijer P, Dirksen E et al. Towards an improved wind speed scale and damage description adapted for central Europe[J]. Atmos Res, 2011,100: 547-564.

[40] Meaden G T. Wind speed scales: Beaufort, T-scale and Fujita's scale theoretical basis behind the scales, 2004. http://www. torro. org. uk/ECSS_Slide_Show/2004%20SPAIN%20ECSS%20Post-FINAL%20slide%20show. html.

[41] Wind Science and Engineering Center. A recommendation for an enhanced Fujita scale (EF scale). Wind Science and Engineering Center Rep., Texas Tech University, Lubbock, TX, 2006,95 pp. Available online at http://www. spc. noaa. gov/faq/tornado/ef-ttu. pdf.

[42] Sills D M L, McCarthy P J, Kopp G A. Implementation and application of the EF-scale in Canada, 27th Conference on Severe Local Storms, Madison, WI. 2014.

[43] 张小玲，杨波，朱文剑，等. 2016 年 6 月 23 日江苏阜宁 EF4 级龙卷天气分析[J]. 气象，2016，42(11)：1304-1314.

[44] American Meteorological Society. Tornado. Glossary of Meteorology. 2013. [Available online at http://glossary. ametsoc. org/wiki/tornado]

[45] Fujita T T, Wakimoto R M. Five scales of airflow associated with a series of downbursts on 16 July 1980[J]. Mon Wea Rev, 1981,109: 1438-1456.

[46] Knupp K R, Murphy T A, Coleman T A, et al. Meteorological overview of the devastating 27 April 2011 tornado outbreak[J]. Bull Amer Meteor Soc, 2014,95: 1041-1062.

[47] Fujita T T. Mystery of Severe Storms[M]. Chicago: Chicago University Press, 1992:298.

[48] Dotzek N. Derivation of physically motivated wind speed scales. Atmos Res, 2009,93: 564-574.

[49] Forbes G S, Bluestein H B. Tornadoes, tornadic thunderstorms, and photogrammetry: A review of the contributions by T. T. Fujita[J]. Bull Amer Meteor Soc, 2001,82: 73-96.

[50] 国家核安全局政策法规处. 核电厂厂址选择的极端气象事件(HAF0112)(不包括热带气旋)[M]. 北京:中国法制出版社, 1992: 272-276.

[51] Thompson R L, Vescio M D. The destruction potential index—A method for comparing tornado days. Preprints, 19th Conf. on Severe Local Storms, Minneapolis, MN, Amer Meteor Soc, 1998,280-282.

[52] Agee E, Childs S. Adjustments in tornado counts, F-scale intensity, and path width for assessing significant tornado destruction[J]. J Appl Meteor Climatology, 2014,53(6): 1494-1505.

[53] Davies-Jones R, Trapp R J, Bluestein H B. Tornadoes and tornadic storms. Severe Convective Storms [M]. Doswell III C A, Ed, American Meteorological Society, Boston, MA, 2001: 167-221.

[54] Agee E, Jones E. Proposed conceptual taxonomy for proper identification and classification of tornado events[J]. Wea Forecasting, 2009,24: 609-617.

[55] Bluestein H B. Severe Convective Storms and Tornadoes: Observations and Dynamics[M]. Heidelberg: Springer-Praxis. 2013.

[56] Forbes G S, Wakimoto R M. A concentrated outbreak of tornadoes, downbursts and microbursts, and implications regarding vortex classification[J]. Mon Wea Rev, 1983,111: 220-236.

[57] Wakimoto R M. The west bend, Wisconsin storm of 4 April 1981:A problem in operational meteorology [J]. J Climate Appl Meteor, 1983,22(1): 181-189.

[58] Kessinger C J, Parsons D B, Wilson J W. Observations of a storm containing misocyclones, downbursts, and horizontal vortex circulations[J]. Mon Wea Rev, 1988,116: 1959-1982.

[59] Wilson J W, Wakimoto R M. The discovery of the downburst: T. T. Fujita's contribution[J]. Bull Amer Meteor Soc, 2001,82(1): 49-62.

[60] Bluestein H B, Weiss C C, Pazmany A L. Mobile Doppler radar observations of a tornado in a supercell near Bassett, Nebraska, on 5 June 1999. Part I: Tornadogenesis[J]. Mon Wea Rev, 2003, 131: 2954-2967.

[61] Atkins N T, Bouchard C S,Przybylinski R W, et al. Damaging surface wind mechanisms within the 10 June 2003 Saint Louis bow echo during BAMEX[J]. Mon Wea Rev, 2005,133(8): 2275-2296.

[62] Trapp R J, Tessendorf S A, Godfrey E S, et al. Tornadoes from squall lines and bow echoes. Part I: Climatological distribution[J]. Wea Forecasting, 2005,20: 23-34.

2016年6月23日江苏阜宁EF4级龙卷天气分析

张小玲　杨波　朱文剑　方翀　刘鑫华　周康辉　蓝渝　田付友

（国家气象中心，北京 100081）

摘　要　2016年6月23日，江苏省盐城市阜宁县发生了历史罕见的EF4级龙卷，导致99人死亡，846人受伤，并有大量建筑物损毁。本文利用观测资料对产生强龙卷的天气背景和中尺度特征进行了分析，发现：阜宁龙卷发生在我国东部龙卷最高发的地区和季节，产生龙卷的天气尺度背景为典型的梅雨期暴雨环流，产生龙卷的中尺度对流系统发生在地面暖锋南侧，这里也是高低空急流耦合的区域，与高空急流相伴的动力强迫特征明显，大气热力不稳定条件为中等偏强；产生阜宁龙卷的中尺度对流系统与美国大部分强龙卷相似，为块状的离散单体对流模态，且具有经典超级单体的钩状回波和强中气旋特征，并伴有龙卷涡旋特征（TVS）；龙卷位于钩状回波顶端，主要发生在中气旋底高高度低于1 km期间。

关键词　强龙卷　动力强迫　暴雨　超级单体　中气旋

1　引言

2016年6月23日下午，江苏省盐城地区发生了历史罕见的龙卷事件，造成99人死亡，846人受伤。根据中国气象局派出的灾害调查组确定，此次在江苏省盐城市阜宁县造成重大人员伤亡的龙卷级别高达EF4级（图1，郑永光等[1]）。EF4级以上龙卷即便在龙卷高发的美国发生概率也极低，仅占1%，但67%的人员死亡由这类龙卷产生，并且只有5%的坚固建筑能在这类龙卷中勉遭损坏[2-4]。

为了更好地认识进而对可能造成严重灾害的龙卷进行更有效的预报，美国对EF2级以上的强龙卷发生的天气背景和产生强龙卷的回波特征进行了大量统计和个例分析[2,5-9]。Johns[10]、Rose等[10]的研究指出，有利于龙卷的环境条件为地面和850 hPa高露点温度、500 hPa倾斜槽以及250 hPa急流的第二象限，即出口区右侧，这些研究结果在业务中得到使用。但是，David等[12]对1950—2003年美国阿帕拉契山脉南部F2级以上龙卷的天气学条件分析发现，大多数强龙卷发生在500 hPa西南气流中的非倾斜槽区，正好位于250 hPa或300 hPa急流右侧，风的动力作用较之不稳定更容易判断强龙卷和弱龙卷，并进一步指出，500 hPa倾斜槽并不有助于阿帕拉契山脉南部强龙卷的形成，强龙卷也不一定必须是在高空急流入口右

本文发表于《气象》，2016，42(11)：1304-1314。

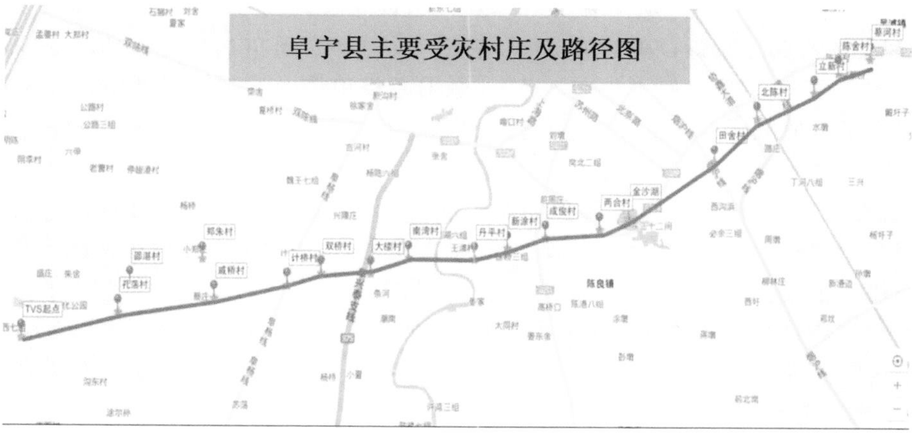

图 1 2016 年 6 月 23 日 14:00—15:00(北京时间,下同)阜宁龙卷灾害路径,红色方框表示灾害调查证实有 EF4 级龙卷灾害发生位置,根据郑永光等[1]标注

侧或出口左侧上升气流被预计最大的区域。Philip 等[13]在研究 2003 年一次强龙卷时指出,大尺度环境维持深厚的湿对流,近地层的暖锋、垂直风切变和中气旋则导致强龙卷的出现。这些研究使得美国龙卷尤其是强龙卷的有利环境条件更加清晰,有助于业务预报中判断龙卷尤其强龙卷发生的可能。

为了更好地区分强弱龙卷,有关龙卷的对流模态的认识在近十年也有了很大的发展。Gallus 等[14]和 Duda 等[15]的研究指出,美国大平原和密西西比河上游和中游的龙卷有 35%是 QLCSs。但美国风暴预报中心(SPC)的预报员通常根据块状的离散单体对流模态去估计美国大平原长生命史的龙卷达到 EF2－EF5 级。Trapp 等[16]对 1998—2000 年 3828 个美国本土的龙卷统计分析也发现,79%龙卷为单体结构,18%为 QLCSs,3%为其他对流模态,主要是登陆热带气旋的雨带中产生。QLCSs 更倾向产生较弱的龙卷。Grams[17]对美国 2000—2008 年的 EF2 以上强龙卷分析发现:约 70%以上的强龙卷(EF2 级以上)、80%以上的 EF4 级龙卷为块状离散单体对流模态。这类龙卷最易在春季和夏季的午后发生。其环境特点表现为 500 hPa 盛行 25 $m \cdot s^{-1}$左右的偏西风,温度为－12 ℃左右;850 hPa 盛行 15～20 $m \cdot s^{-1}$的西南风,温度变化为 0～4 ℃;0～6 km 风切变约为 25 $m \cdot s^{-1}$,0～1 km 风切变为 15 $m \cdot s^{-1}$;抬升凝结高度为 750～1000 m。伴随对流模态的综合指数和动力指数较热力指数更能将强龙卷事件与风雹事件区分开。

在我国,由于龙卷发生的概率远低于美国[18],有关 F2 级以上强龙卷的研究主要以个例研究为主。姚叶青等[19]对发生在梅雨期间的两次强龙卷过程分析中指出,梅雨期间较好的低层暖湿气流、中层弱冷空气、低空急流或低层低涡为强龙卷的产生创造了良好的环境。Evans 等[20]、Brooks 等[21]指出,强烈的低层(0～1 km)风垂直切变和低的抬升凝结高度有利于 F2 级以上强龙卷产生。这在我国的大量强龙卷个例研究中也被证实[22-23]。俞小鼎等[22,24-25]分别对两次安徽强龙卷雷达特征分析、郑媛媛等[26]对 2003—2007 年发生在安徽的 3 次强龙卷过程分析时指出:F2－F3 级龙卷均由超级单体产生;超级单体龙卷产生在中等大小的对流有效位能和强垂直风切变条件下,同时抬升凝结高度较低;强龙卷发生前、发生时在多普勒雷达上通常(有例外)都探测到强中气旋和龙卷涡旋特征 TVS;与非龙卷超级单体风暴相比,导致强龙卷的中气旋底高明显偏低，基本在 1 km 以下；造成龙卷天气的超级单体风暴最大反射率因子高度与风暴质心高度接近，基本在 3 km 左右，反射率因子在 50～60 dBZ。周后福等[27]、刘娟等[28]、姚叶青等[29]通过对发生在江苏、安徽的超级单体龙卷过程的环境条件和雷达特征分析，也指出了类似的雷达特征。这些研究加深了我国强龙卷的有利环境条件和雷达特征认识。

魏文秀等[30]对 1981—1993 年我国的龙卷统计分析指出，中国龙卷风的高发区有两个，一个是自长江三角洲经苏北平原至黄淮海平原，呈南北走向，最大中心在山东和江苏交界处的平原湖泊处；另一个是在广东和广西，呈东西走向。范雯杰等[18]利用 1961—2010 年的龙卷记录进一步指出：江苏是我国强龙卷发生最多的省，50 年间共发生 36 次，其中 EF3 级 8 次，EF4 级 1 次；盐城则是江苏记录到 EF2 级以上龙卷最多的地区。此次阜宁龙卷正是发生在我国强龙卷发生气候概率最高的地区。

1951 年以来江苏省共发生 12 次造成大量人员伤亡的龙卷事件，2016 年 6 月 23 日的死亡人数居历年之首，也是江苏省的第 2 次 EF4 级龙卷事件，实属罕见。目前，有关我国 EF4 级以上龙卷的个例研究尚未见。本文拟就 2016 年阜宁 EF4 级龙卷的天气学背景以及中尺度特征进行分析，为未来开展龙卷预警业务提供参考。

2　阜宁及周边地区强对流天气实况

国家气象中心强天气预报中心的强对流业务监测显示，6 月 23 日 08:00—20:00，在山东南部、江苏北部出现了大范围的以短时强降水为主的强对流天气，江苏西北部和山东南部局地出现小时雨强超过 50 mm、最大超过 80 mm 的强降雨，江苏北部偏东地区伴随有 8 级以上雷暴大风。

现阶段业务监测尚难以对部分冰雹和小尺度的龙卷、下击暴流等强对流天气进行有效的监测。阜宁县及周边地区区域自动站间距约 4～6 km，盐城雷达识别的中气旋经过区域的自动站间距为 8～10 km(如图 3)。利用区域自动站、目击者灾情报告和雷达资料的综合监测(图 3)显示，23 日 14:00:00—15:00，中气旋主要影响阜宁县新沟镇及其以南的东西向狭窄区域，中气旋影响区域及其西侧共计有 5 个自动站的瞬时风速超过 8 级，大风范围非常小，仅出现在阜宁县西南部长 25 km、宽 10 km 的范围内，最大在阜宁县新沟镇 34.6 $m \cdot s^{-1}$(12 级以上，时间为 14:29)；自动站降雨监测显示，盐城北部地区，14:00—20:00 6 h 累积降水量在 40～90 mm，最强在滨海县天场镇中心小学站，累计 102 mm(图略)；14:00—15:00 小时降水量在 10～50 mm，最强在涟水县石湖镇镇政府站 56 mm。14:30 左右阜宁县城北、陈集镇一带出现冰雹天气，冰雹直径 20～50 mm。以上监测信息表明，影响阜宁及周边地区的强对流系统非常局地，但造成的大风、冰雹和降水很剧烈。

闪电监测还显示，在阜宁及周边地区地面观测到强烈大风、冰雹和强降雨之前的 13:00—14:00 闪电密度陡增(图 4a)，表明这期间产生强对流的中尺度对流系统处于强烈发展阶段；当地面观测到剧烈强对流天气现象的 14:00—15:00 闪电密度则明显降低(图 4b)，但正闪比例明显偏大，事发地 20 km 内正闪 72 次，负闪 4 次。

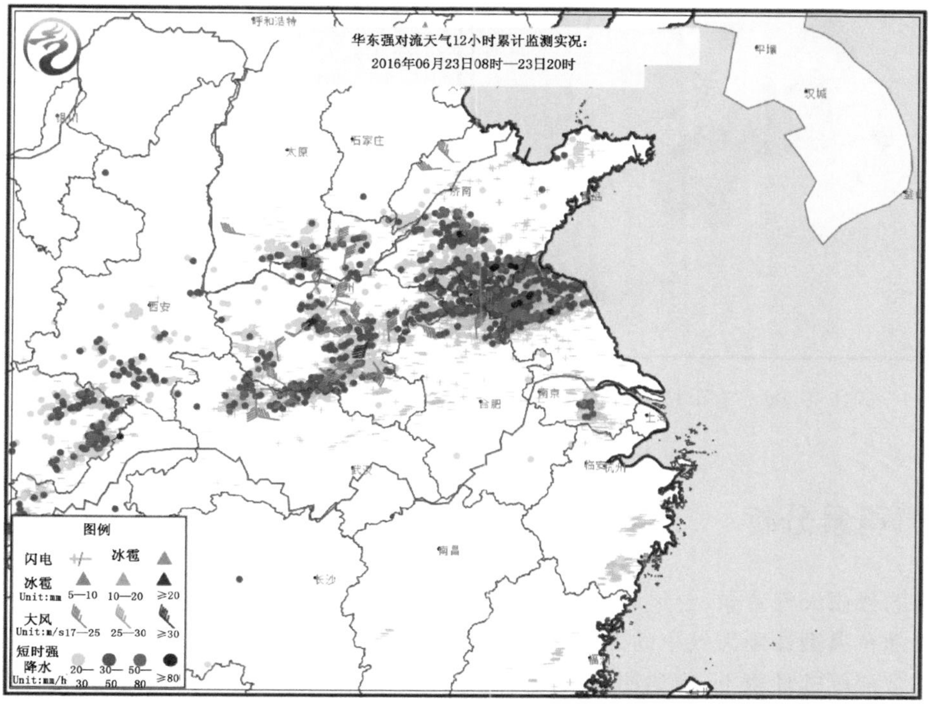

图2　2016年6月23日08:00—23:00华东强对流天气业务监测图
(参见网址:http://10.1.64.146/npt/product/iframe/42946)

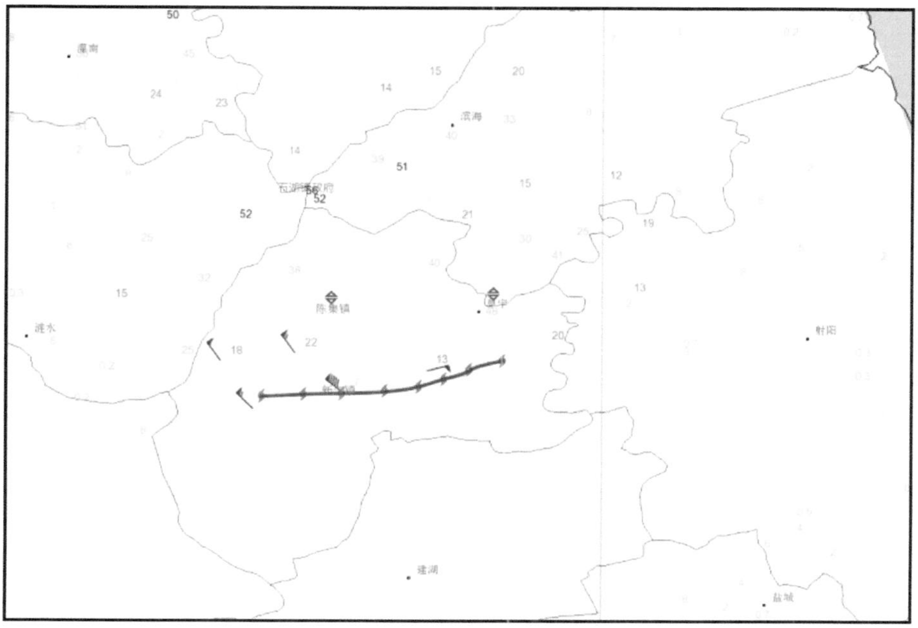

图3　2016年6月23日14:00—15:00自动站观测的瞬时大风(风标)和1 h降水量(标值,单位:mm)
为目击者报告冰雹灾情位置。表示盐城雷达上识别的14:14—14:54 TVS位置

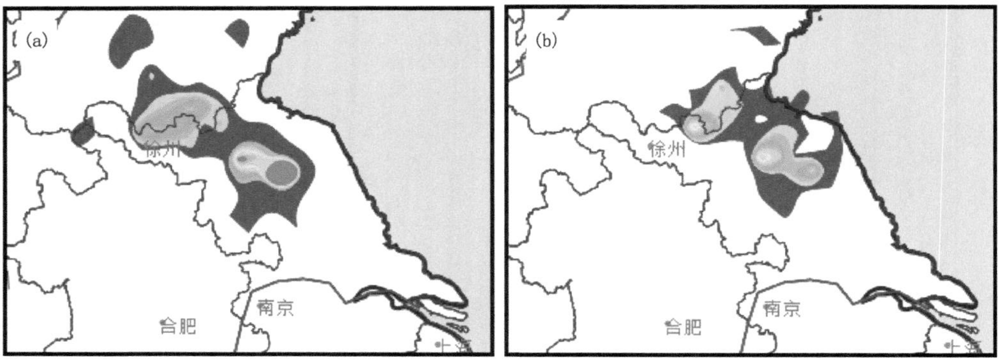

图 4 2016 年 6 月 23 日 13:00—14:00(a)、14:00—15:00(b)闪电密度分布(单位:次 · km^{-2})

3 天气背景分析

典型的暴雨天气背景、台风和冷涡背景下，是我国龙卷最易发生的三类天气条件[19,31−32]。尤其是伴随在典型暴雨天气中的龙卷如梅雨锋暴雨和高空槽前暴雨中的龙卷。这类龙卷发生在湿层非常深厚的环境下，雷达回波较经典超级单体龙卷弱[19,33]。梅雨锋伴随的龙卷是在低层有明显的风切变的有利形势下产生的，环境场具有较强的对流不稳定性、大的低层垂直风切变和较低的对流凝结高度[24−25,27−28]。俞小鼎等[22,24−25]认为中等程度的对流有效位能和大的深层垂直风切变有利于超级单体风暴产生，而大的低层垂直风切变、低的抬升凝结高度和地面阵风锋的存在有利于 F2 级以上强龙卷产生。

2016 年 6 月下旬正处于长江中下游梅雨盛期。22—23 日，西太平洋副热带高压北抬，其西侧低层西南气流北上，向江苏北部地区持续输送水汽和热量；与此同时，东北冷涡后部一股较强的冷空气南下，并逐渐影响江苏北部；受冷空气和西南暖湿气流共同影响，苏皖北部大气层结不稳定状态持续增强(图略)。从 6 月 23 日 08:00 500 hPa 天气图可见，黄淮和长江中下游地区均位于西风带南缘、副高西北侧非常有利于暴雨天气发生的环流背景下(图 5)，从东北冷涡中心向南的 500 hPa、700 hPa 和 850 hPa 槽线位置自西向东排列，且位置接近，与美国阿帕拉契山脉南部 F2 级以上强龙卷的天气学特征类似:强龙卷发生在 500 hPa 西南气流中的非倾斜槽区[12]。这说明高空锋面陡峭，干冷气团与暖湿气团交汇剧烈。14:00，地面锋从长江中游向东北方向延伸到安徽东北部，低空急流与地面锋的位置、走向一致，急流从湖北向东北延伸到江苏西北部与安徽交界处，位于低空急流左侧的河南和安徽北部、低空急流前侧的山东南部和江苏北部正好位于高空急流入口的右后侧，这里也是最有利抬升指数梯度最大的区域，气层非常潮湿且不稳定，整层可降水量超过 60 mm。14:15 FY−2Y 红外卫星云图显示(图略)，在锋面云系的西北侧，500 hPa 西北气流控制区暗区清晰，表明有强盛的冷空气东移南下与暖湿空气交汇，使得冷锋及其北侧、暖锋南侧对流发展旺盛。在阜宁造成重大人员伤亡的 EF4 级龙卷正是发生在暖锋南侧的中尺度对流系统中。

探空站观测通常能代表站点周围 100～200 km 范围的大气状态。根据距离阜宁 36 km 的射阳站 6 月 23 日 08:00 和 14:00 探空分析(图 6)，大气处于不稳定状态，对流有效位能分别

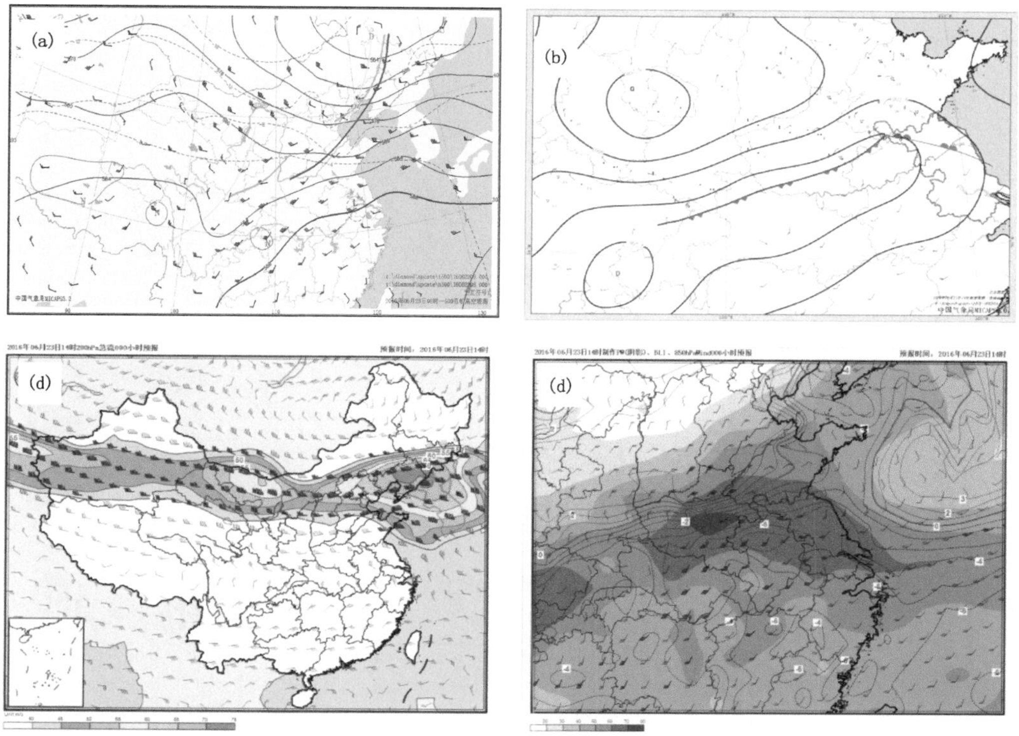

图 5　2016 年 6 月 23 日 08:00 500 hPa 天气图(a)、14:00 地面天气图(b)、14 时 NCEP-GFS 模式起报时的 200 hPa(c)和 850 hPa(d)风场。图 a 中黄色、绿色和棕色实线分别表示 500 hPa、700 hPa 和 850 hPa 槽线。图 d 中阴影为整层可降水量(单位:mm),等值线为最有利抬升指数 BLI(单位:K)

为 952 J·kg^{-1}和 657 J·kg^{-1};抬升凝结高度很低,14:00 位于 984.6 hPa 处(约为海拔高度 240 m);14:00 0～1 km 和 0～6 km 垂直风切变分别为 8 m·s^{-1}和 27 m·s^{-1}。由于射阳 14:00 探空在 380 hPa 以上资料缺失,考虑到高层温度变化小,在 380 hPa 以上用 08 时温度代替 14:00 温度,则计算的自地面抬升的对流有效位能为 1623 J·kg^{-1},自最不稳定层抬升的对流有效位能则高达 2991 J·kg^{-1}。Markowsi 等[34]在分析强对流发生概率的对流有效位能(CAPE)和 0～6 km 风切时指出,对流有效位能和 0～6 km 的垂直风切变越大,发生龙卷的可能性越大。Craven 等[35]则认为,1200 m 以下低的抬升凝结高度(LCL)和 10 m·s^{-1}以上高的 0～1 km 风切变更有利于龙卷的发生,尤其强龙卷更是具有低层强垂直风切变和低 LCL 特点。与美国龙卷发生时的条件气候概率比较发现,射阳探空站附近发生龙卷的条件气候概率中等偏低。本次 EF4 级龙卷动力条件与美国 F2 级以上的强龙卷的动力条件相比,0～1 km 远较美国的 15 m·s^{-1}弱,但 0～6 km 风切略高于美国的 25 m·s^{-1};抬升凝结高度远低于美国的 750～1000 m[17]。吴芳芳等[23]的统计研究表明:苏北产生龙卷特别是 F2 级以上强龙卷的超级单体通常对应高对流有效位能、较高的低层垂直风切变和低的抬升凝结高度;他们的结果表明超级单体龙卷对应的 0～1 km 风切变在 6～19 m·s^{-1},89%以上超过 9 m·s^{-1},63%超过 12 m·s^{-1},89%龙卷事件对应的对流有效位能达到 1300 J·kg^{-1}及以上。由此可见,6

月 23 日江苏北部的大气环境条件比较有利于龙卷的发生，对于强龙卷，其低层的垂直风切变条件相对较弱。

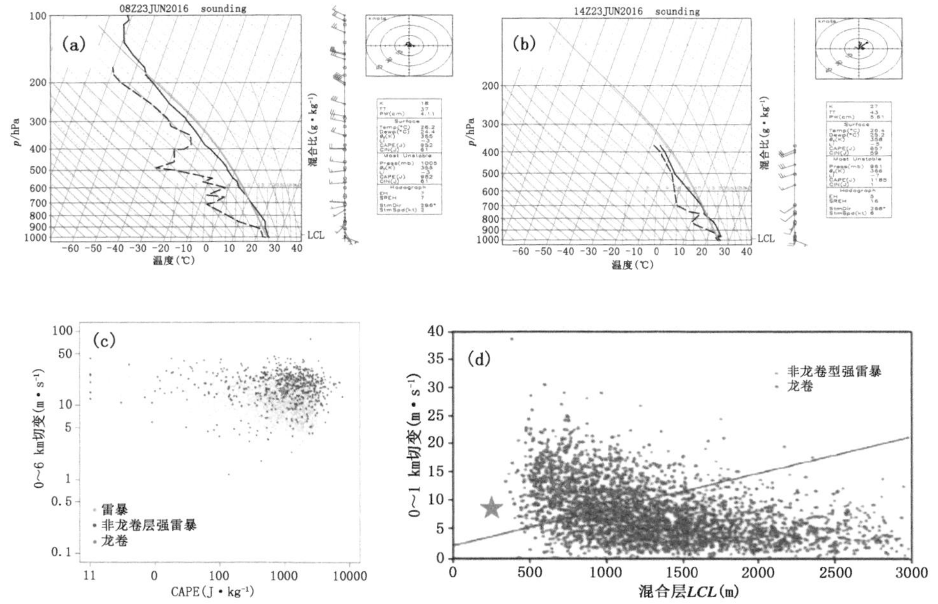

图 6　2016 年 6 月 23 日 08:00(a)和 14 时(b)射阳探空图、强对流发生与对流有效位能(CAPE)和 0～6 km 风切关系图(c)、龙卷发生与抬升凝结高度(LCL)和 0～1 km 风切关系图(d)。图 c、d 引自 Markowsi[34]，灰色圆点、蓝色圆点和红色圆点分别表示发生雷暴、非龙卷型强雷暴和龙卷的位置，红色星型符号为根据射阳探空站分析的 CAPE 和 0～6 km 风切、LCL 和 0～1 km 风切对应位置

进一步分析阜宁县出现剧烈大风时(阜宁县新沟镇 14:29 瞬时风速为 34.6 m·s^{-1})的地面自动站观测(图 7)显示，阜宁及周边地区位于暖湿舌内；地面气旋中心位于距阜宁县城 19 km 的板湖镇，气旋直径约 20 km；气旋所在的地面辐合线位于阜宁县城南和西南侧，辐合线东段位于发生灾情最重的阜宁县计桥村、王滩村、两合村以南 2 km。14:30 地面气旋东移到计桥村正南 2 km 处，东段辐合线仍然位于原地。结合图 5 可见，阜宁南部地区正好位于高低空急流耦合和地面高露点、湿热汇合区。在美国，这类地区比较容易产生龙卷[36-37]。

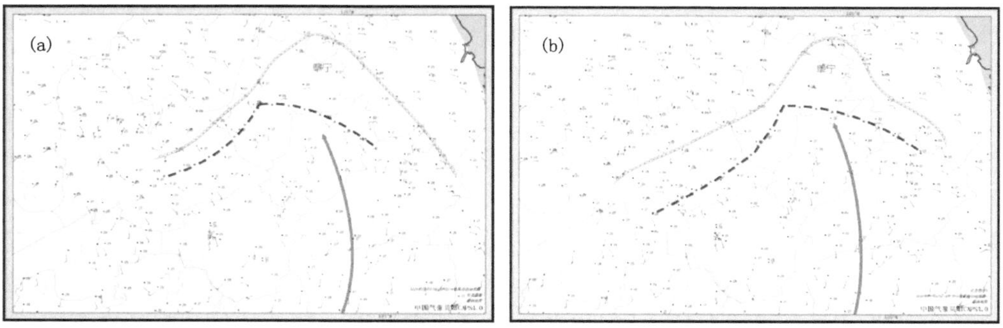

图 7　2016 年 6 月 23 日 14:20(a)、14:30(b)地面天气图。红色箭头表示暖湿气流，黑色断线表示地面辐合线，绿色锯齿线南侧为露点温度高值区

4　中尺度特征分析

Grams 等[17]在对美国强龙卷进行统计研究时，将产生 EF2 级以上龙卷的对流模态分为 3 类：第一类为相对独立的单体聚集成圆形或椭圆形的离散单体（Discrete cell），最大回波可达 50 dBZ 以上；第二类为主轴长度超过 100 km 并且至少是短轴 3 倍且有共同前导边界以串联方式移动的准线状对流（QLCSs）；第 3 类为多个单体聚集成团并且难以区分是非连续的还是线状的簇类对流（Cluster），其 40 dBZ 以上回波区域至少 2500 km^2（图 8）。其中，78%以上的 EF2 级以上龙卷发生在块状的离散对流单体模态中，EF4 级以上龙卷的比例更是高达 85%以上。此次阜宁 EF4 级龙卷也是发生在这类不连续的块状对流中（图 9）。6 月 23 日 12:00，在地面暖锋及其南侧的山东南部与江苏北部交界处有大片的 40 dBZ 回波发展，在主回波的南侧、江苏西北的洪泽县有一块状回波单体，最强回波超过 50 dBZ（图 9a）。在随后的 4 h，该回波向东略偏北方向移动，在 14:00—15:00 影响阜宁，后经射阳于 16:00 以后出海。期间，虽然在该回波的南北侧均有对流单体发生发展，但该回波一直独立发展，在 14:00 进入阜宁境内最强回波超过 60 dBZ，该强度一直维持到团状回波东移出海。

通常在我国，不少 F2（EF2）级以上的龙卷具有超级单体风暴的雷达气象学特征[19,24—26,38]。超级单体风暴概念最初由 Browning[39]提出。1978 年，Brown[40]对超级单体风

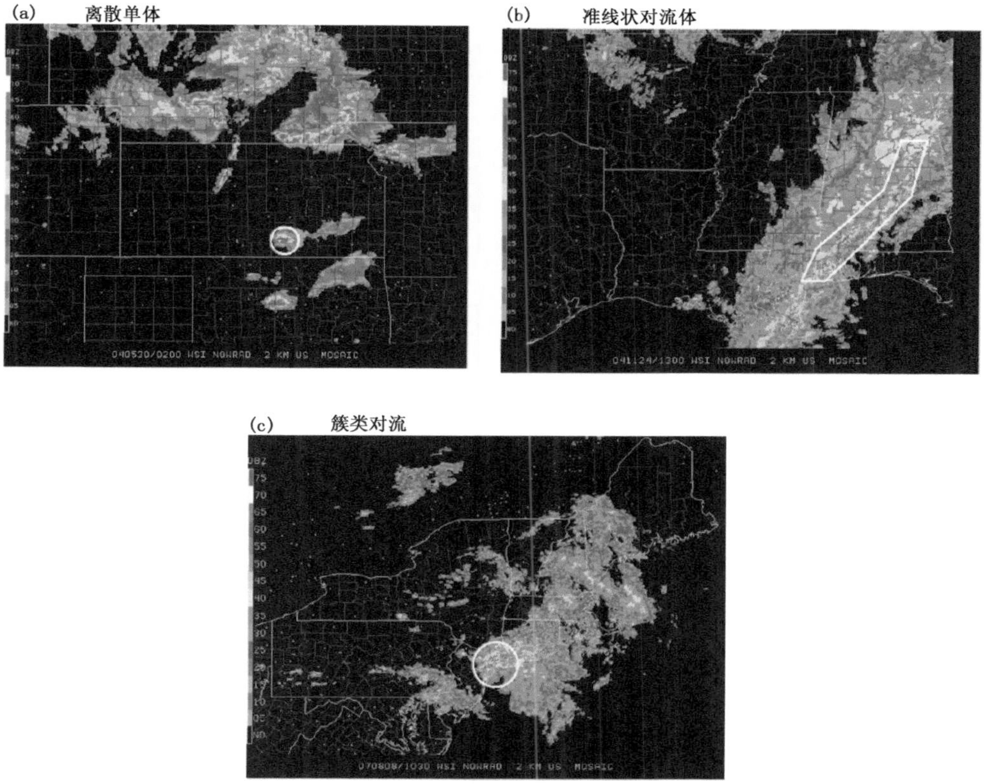

图 8　EF2 级以上龙卷的 3 种对流模态，引自 Grams 等[17]

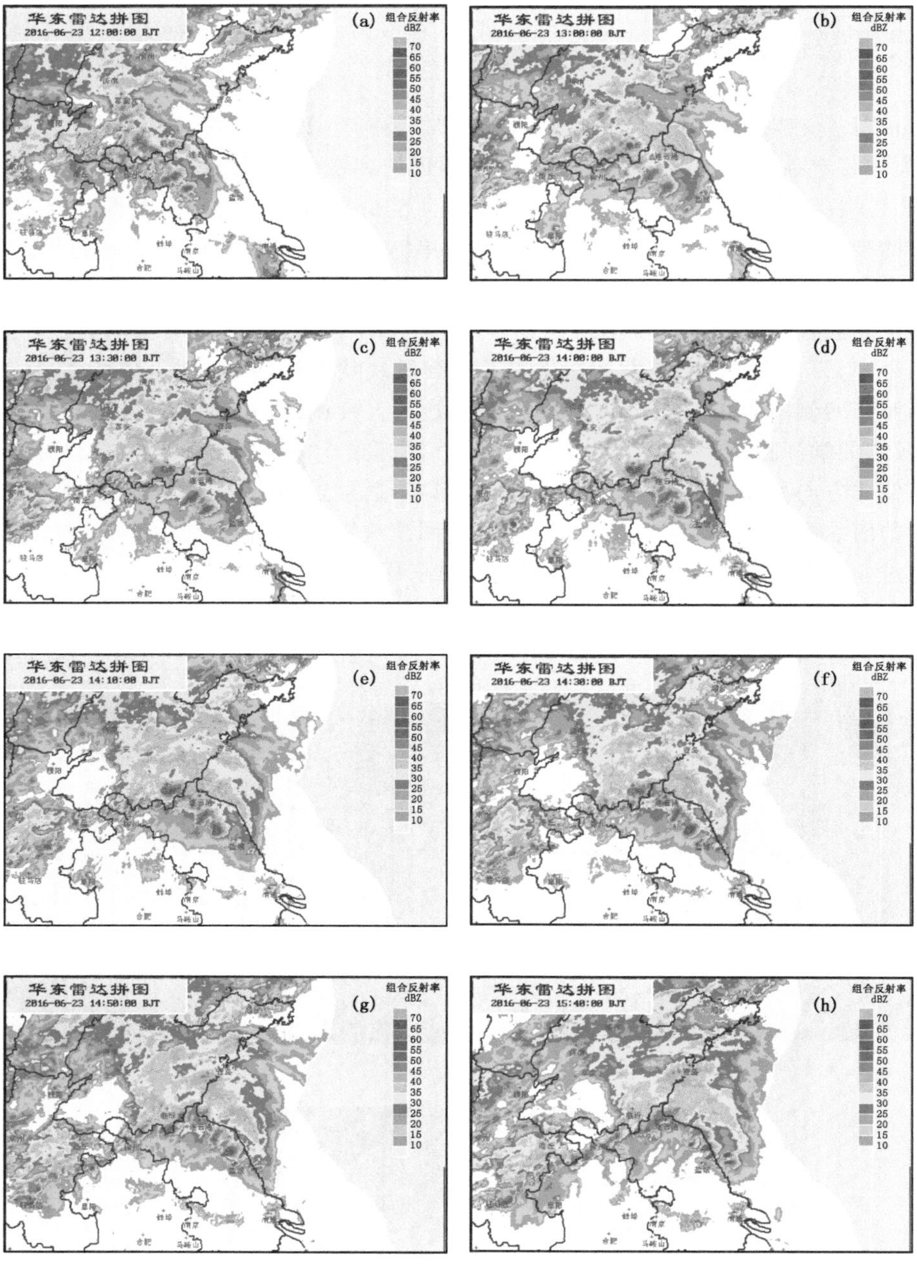

图 9　2016 年 6 月 23 日 12:00(a)、13:00(b)、13:30(c)、14:00(d)、14:10(e)、14:30(f)、14:50(g)、15:40(h)华东雷达组合反射率拼图。图 a 中 表示阜宁所在位置

暴概念进行了修正，强调超级单体是具有深厚中气旋的对流单体。在雷达回波图像上，经典超级单体经常在右后方（相对于风暴运动而言）低层出现钩状回波，最强的龙卷往往在钩状回波或有界弱回波区消失以后发生[25]。根据龙卷在雷达图像上的结构特征，Wilson[41]将龙卷分为超级单体龙卷和非超级单体龙卷。超级单体龙卷通常在雷达上能观测到伴随低层的中气旋

(1 km 以下)出现而产生,有时还能从雷达径向速度图上识别出比中气旋更小、旋转更快的龙卷涡旋特征(TVS)。此次产生龙卷的对流单体是否具有这样的特征,可以利用距离阜宁 26 km 的盐城双多普勒雷达资料进行诊断分析。

华东雷达组合反射率拼图(图 9)显示,在 14:00—15:00 期间,块状对流单体在阜宁境内发展旺盛,14:29 在阜宁龙卷受灾路径北侧约 2 km 的新沟镇(图 1)观测到 34.6 $m \cdot s^{-1}$ 的大风(图 3),说明此时正是对流单体发展旺盛阶段。为此,我们选取了 14:31 的雷达回波和径向速度资料进行分析,如图 10 所示。0.5 度仰角回波图上有明显钩状回波,回波强度达 55 dBZ 以上。同仰角的速度图上可见,在钩状回波顶端的阜宁境内有明显的中气旋特征,旋转速度达 51 节(约为 26 $m \cdot s^{-1}$)。根据俞小鼎等[25]的研究,可判定为强中气旋。在反射率因子垂直剖面图上(图 10b),回波悬垂和有界弱回波区(BWER)均清晰可见,表明低层有很强的东南气流入流。回波三维结构图更清晰显示,超过 30 dBZ 的回波顶高超过 12 km(40 kft),对流风暴整体发展高度则可达 15 km(50 kft)。这些特征均符合经典超级单体结构特征,也符合 Lemon[42]总结的龙卷超级单体风暴概念模型:龙卷发生在钩状回波顶端,后侧下沉气流与前侧上升气流交界面。

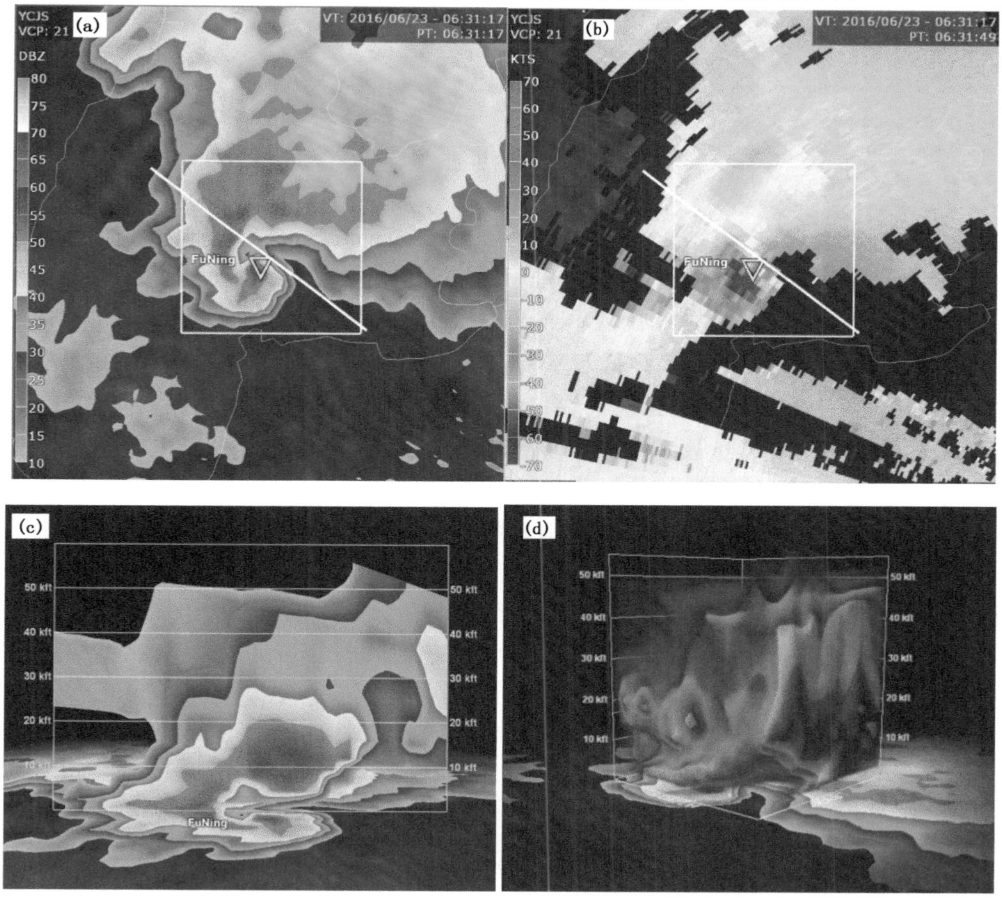

图 10　2016 年 6 月 23 日世界时 06:31(北京时间 14:31)盐城雷达

(a)0.5 度仰角反射率因子(单位:dBZ)与径向速度(单位:kts · h^{-1},1kts · h^{-1}≈0.5 $m \cdot s^{-1}$);(b)回波沿上图中白色实线自东南向西北的剖面;(c)白色方框范围内的三维结构。黄色三角形表示中气旋位置。该图使用 GR2Analyst 软件制作

图 11 是利用雷达业务 PUP 产品提取的阜宁龙卷相关的中气旋特征演变图。可见，中气旋在 14:14 后迅速加强并持续到 14:36 之后；在这期间中气旋底高低于 1 km，几乎接近地面，表明中气旋触地的可能性较大；中气旋顶高则大部分时间保持在 6～8 km，但在 14:19—14:31顶高也不断下降，14:25 降至最低。此外，14:14—14:54，盐城雷达上还探测到 TVS，并在 14:36 达到最强，与低层中气旋最强时间一致(图略)。

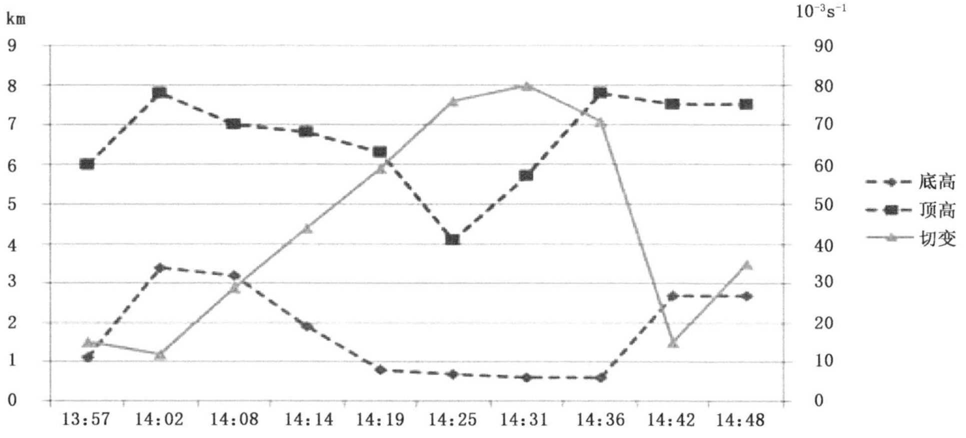

图 11　2016 年 6 月 23 日盐城雷达上识别的中气旋特征时间演变图

在美国，中气旋已经成为龙卷的重要预警指标。Doswell[43] 指出，当监测到中气旋并伴随有龙卷涡旋特征，则龙卷发生概率从 15%上升到 50%以上。在国内，大量的研究也表明，很多龙卷发生时伴随有中气旋，且中气旋底高很低。吴芳芳等[23] 对苏北超级单体龙卷的统计发现，77%的龙卷伴随中气旋最低底高低于 1 km[26]。对安徽 3 次 F2－F3 级龙卷的研究中也指出，龙卷发生前、发生时都探测到强中气旋和 TVS，导致强龙卷的中气旋底高基本在 1 km 以下，而非龙卷超级单体的底高明显更高，并提出了在我国江淮地区的可能龙卷预警指标：在天气条件有利于龙卷生成，如非常低的抬升凝结高度和非常大的 0～1 km 垂直风切变，当探测到强烈中气旋，或者在龙卷多发地区探测到中等强度的中层中气旋可以发布龙卷警报。姚叶青[19] 在对安徽 6 次龙卷雷达特征分析时也指出，在近距离(距离雷达 20～100 km 范围内)探测到低仰角中气旋并识别出 TVS 对龙卷临近预警很有意义。结合本次阜宁 EF4 级龙卷的分析表明：发展利用双多普勒雷达径向速度资料的中气旋监测技术，可以在我国龙卷高发的江苏和安徽等地适时开展龙卷预警业务试验。

5　结论

本文对 2016 年 6 月 23 日江苏省盐城市阜宁县罕见的 EF4 级龙卷发生的天气背景和中尺度特征进行了初步分析，所得结论如下：

(1)阜宁龙卷发生在梅雨期有利于暴雨发生的天气背景下，高低空急流耦合、地面暖锋南侧高温高湿的不稳定气层是此次龙卷发生的有利环境条件。

(2)射阳探空分析表明，与美国强龙卷(EF2 级以上)的发生的气候概率条件和我国已有的江淮地区EF2—EF3级强龙卷个例研究结果相比，本次阜宁龙卷发生期间阜宁及周边地区有利于龙卷发生的环境条件表现为中等偏强的热力条件和低层垂直风切变条件，但具有强的深层垂直风切变和低的抬升凝结高度。

(3)阜宁龙卷具有美国强龙卷发生相似的结构特征，即组合反射率图像上表现为椭圆状离散单体，但雷达回波图像和速度图像上表现为经典超级单体龙卷结构特征，龙卷位于钩状回波顶端上升气流与下沉气流交界处，主要发生在中气旋底高低于1 km并伴随有TVS期间。

龙卷在我国属于小概率的极端强对流事件，EF4级龙卷更是极为罕见。本文有关EF4级龙卷的天气学和雷达特征虽然与国外的一些强龙卷事件进行了比较，但缺少我国相关个例的验证，本文所得结论有待与国内其他强龙卷事件(如EF3级以上龙卷个例)验证。此外，本文仅对此次强龙卷事件的特征进行了初步分析，而EF4级龙卷发生发展的机理还有待深入研究。

致谢 感谢南京大学赵坤教授、中国气象局干部培训学院俞小鼎教授、国家气象中心张涛、盛杰、张小雯、曹艳察、林隐静提供的支持和帮助。感谢郑媛媛女士提供图11。

参考文献

[1] 郑永光，朱文剑，姚聃，等. 风速等级标准与2016年6月23日阜宁龙卷强度估计[J]. 气象，2016，42(11)：1289-1303.

[2] Russ S, Lindsey D T, Schumacher A B, et al. Multidisciplinary analysis of an unusual tornado: Meteorology, climatology, and the communication and interpretation of warnings[J]. Wea Forecasting, 2010: 1412-1428.

[3] Arsen'yev S A. Mathematical modeling of tornadoes and squall line storms[J]. Geoscience Frontiers, 2011, 2(2): 215-221.

[4] Doswell III C A, Carbin G W, Brooks H E. The tornadoes of spring 2011 in the USA: A historical perspective[J]. Wea Forecasting, 2012, 67: 88-94.

[5] Johns R H. A synoptic climatology of northwest flow severe weather outbreaks. Part I: Nature and significance[J]. Mon Wea Rev, 1982, 110: 1653-1663.

[6] Johns R H, Dorr Jr R A. Some meteorological aspects of strong and violent tornado episodes in New England and eastern New York[J]. Natl Wea Dig, 1996, 20 (4): 2-12.

[7] Brooks H E, Doswell III C A, Cooper J. On the environments of tornadic and nontornadic mesocyclones [J]. Wea Forecasting, 1994, 9: 606-618.

[8] Rasmussen E N. Refined supercell and tornado forecast parameters[J]. Wea Forecasting, 2003, 18: 530-535.

[9] Rasmussen E N, Blanchard D O. A baseline climatology of sounding-derived supercell and tornado forecast parameters[J]. Wea Forecasting, 1998, 13: 1148-1164.

[10] Johns R H, Doswell III C A. Severe local storms forecasting[J]. Wea Forecasting, 1992, 7: 588-612.

[11] Rose S F, Hobbs P V, Locatelli J D, et al. A 10-yr climatology relating the locations of reported tornadoes to the quadrants of upper-level jet streaks[J]. Wea Forecasting, 2004, 19: 301-309.

[12] Gaffin D M, Parker S S. A climatology of synoptic conditions associated with significant tornadoes across the southern appalachian region[J]. Wea Forecasting, 2006, 21: 735-751.

[13] Philip N S, Joshua M B. Mesocyclone evolution associated with varying shear profiles during the 24 June

2003 tornado outbreak[J]. Wea Forecasting, 2011,26: 808-827.

[14] Gallus W A Jr, Snook N A, Ohnson E V. Spring and summer severe weather reports over the Midwest as a function of convective mode: A preliminary study[J]. Wea Forecasting, 2008,23: 101-113.

[15] Duda J D, Gallus Jr W A. Spring and summer midwestern severe weather reports in supercells compared to other morphologies[J]. Wea Forecasting, 2010,25: 190-206.

[16] Trapp R J, Tessendorf S A, Godfrey E S,et al. Tornadoes from squall lines and bow echoes. Part I:Climatological distribution[J]. Wea Forecasting, 2005,20: 23-34.

[17] Grams J S,Thompson R L,Snively V, et al. A climatology and comparison of parameters for significant tornado events in the United States[J]. Wea Forecasting,2012,27: 106-123.

[18] 范雯杰，俞小鼎. 中国龙卷的时空分布特征[J]. 气象，2015,41(7): 793-805.

[19] 姚叶青，郝莹，张义军，等. 安徽龙卷发生的环境条件和临近预警[J]. 高原气象，2012,31(6): 1721-1730.

[20] Evans J S,Doswell C A. Investigating derecho and supercell proximity soundings. Preprints,21st Conf Severe Local Strom. San Antonio TX,USA,American Meteorological Society,2002:635-638.

[21] Brooks H E, Lee J W, Craven J P. The spatial distribution of severe thunderstorm and tornado environments from global reanalysis data[J]. Atmos Res, 2003,67-68: 73-94.

[22] 俞小鼎，郑媛媛，廖玉芳，等. 一次伴随强烈龙卷的强降水超级单体风暴研究[J]. 大气科学，2008,32(3): 508-522.

[23] 吴芳芳，俞小鼎，张志刚，等. 苏北地区超级单体风暴环境条件与雷达回波特征[J]. 气象学报，2013,71(2): 209-227.

[24] 俞小鼎，郑媛媛，张爱民，等. 安徽一次强烈龙卷的多普勒天气雷达分析[J]. 高原气象，2006,25(5): 914-924。

[25] 俞小鼎，姚秀萍，熊庭南，等. 多普勒天气雷达原理与业务应用[J]. 北京，气象出版社，2006:1-314.

[26] 郑媛媛，朱红芳，方翔，等. 强龙卷超级单体风暴特征分析与预警研究[J]. 高原气象，2009,28(3): 617-625.

[27] 周后福，施丹平，刁秀广，等. 2013 年 7 月 7 日苏皖龙卷环境场与雷达特征分析[J]. 干旱气象，2014,32(3): 415-423.

[28] 刘娟，朱君鉴，魏德斌，等. 070703 天长超级单体龙卷的多普勒雷达典型特征[J]. 气象，2009,35(10): 32-39.

[29] 姚叶青，俞小鼎，郝莹，等. 两次强龙卷过程的环境背景场和多普勒雷达资料的对比分析[J]. 热带气象学报，2007,23(5): 483-490.

[30] 魏文秀，赵亚民. 中国龙卷风的若干特征[J]. 气象，1995,21(5): 37-40.

[31] 王秀明，俞小鼎，周小刚. 中国东北龙卷研究:环境特征分析[J]. 气象学报，2015,73(3): 425-441.

[32] Zheng F, Chen L S, Zhong J F. Analysis of a tornado-like severe storm in the outer region of the 2007 super typhoon Sepat[J]. J Trop Meteor, 2011,17(2): 175-180.

[33] 张一平，俞小鼎，吴蓁，等. 区域暴雨过程中两次龙卷风事件分析[J]. 气象学报，2012,70(5):961-973.

[34] Markowski P M, Richardson Y. Mesoscale Meteorology in Midlatitudes[M]. J Wiley and Sons,2010:1-407.

[35] Craven J P, Brooks H E. Baseline climatology of sounding derived parameters associated with deep moist convection[J]. Natl Wea Dig, 2004,28: 13-24.

[36] Giordano L A, Fritsch J M. Strong tornadoes and flash-flood-producing rainstorms during the warm season in the mid-Atlantic region[J]. Wea Forecasting, 1991,6: 437-455.

[37] Rasmussen E N, Richardson S, Straka J M, et al. The association of significant tornadoes with a ba-

roclinic boundary on 2 June 1995[J]. Mon Wea Rev, 2000,128: 174-191.

[38] 郑媛媛,俞小鼎,方翀,等. 一次典型超级单体风暴的多普勒天气雷达观测分析[J]. 气象学报, 2004, 62: 317-328.

[39] Browning K A. Airflow and precipitation trajectories with in severe local storms which travel to the right of the winds [J]. J Atmos Sci, 1964,21: 634-639.

[40] Brown K A, Lemon L R, Burgess D W. Tornado detection by pulsed Doppler radar[J]. Mon Wea Rev, 1978,106: 29-38.

[41] Wilson J W. Tornadogenesis by nonprecipitation induced wind shear lines[J]. Mon Wea Rev, 1986,114: 270-284.

[42] Lemon L R, Doswell III C A. Severe thunderstorm evolution and mesocyclone structure as related to tornadogenesis[J]. Mon Wea Rev, 1979,107: 1184-1197.

[43] Davies-Jones R, Trapp R J, Bluestein H B. Tornadoes and tornadic storms. Severe Convective Storms [M]. Doswell III C A, Ed, American Meteorological Society, Boston, MA, 2001: 167-221.

“东方之星”客轮翻沉事件周边区域风灾现场调查与多尺度特征分析

郑永光[1] 田付友[1] 孟智勇[2] 薛明[3,4] 姚聃[2] 白兰强[2]
周晓霞[1] 毛旭[1] 王明筠[3]

（1 国家气象中心，北京 100081；2 北京大学，北京 100871；
3 南京大学，南京 210093；4 OU CAPS, Norman, OK 73072, USA）

摘 要 2015 年 6 月 1 日 21:30 左右长江湖北监利段发生“东方之星”客轮翻沉特大事故。本文根据事发周边陆地区域现场天气调查结果，结合卫星和雷达观测资料分析认为，6 月 1 日 21:00—21:40 左右事发江段和周边区域发生了下击暴流导致的强烈大风灾害，最强风力超过 12 级，并具有空间分布不连续、多尺度和强灾害时空尺度小等特征。事发周边区域北部受中气旋影响陆地区域（顺星村、老台深水码头、四台村养猪场附近、新沟子养鸡场附近等）灾情较南部阵风锋及其后侧下击暴流影响的陆地区域更为显著。综合雷达观测资料和现场调查资料分析判断调查点灾害为显著微下击暴流所致，其中老台深水码头有龙卷发生的可能。导致此次风灾的强对流风暴气流具有显著的多尺度性；事发周边区域北部的四台村养猪场附近树林中同时发生了多条相邻的微下击暴流条迹，呈现出辐散和辐合交替分布的特征，展示了此次强对流风暴中大气运动的复杂分布特点。虽然下击暴流会伴随中小尺度的涡旋特征，但此次现场调查发现的同下击暴流相联系的辐合特征水平尺度仅几十米，远小于弓形回波两端的书挡涡旋或者中涡旋等几千米级的水平尺度。

关键词 现场调查 下击暴流 龙卷 涡旋 多尺度

引 言

2015 年 6 月 1 日 21:30 时左右，载有 454 人的“东方之星”客轮在长江湖北监利段翻沉，导致 442 人遇难。这是长江航运史上从未出现过的极端突发事件。“东方之星”客轮船长和轮机长均称航行途中突遇龙卷风导致客轮瞬间翻沉。气象监测资料分析表明，6 月 1 日 20:00—22:00 时左右，“东方之星”客轮翻沉事件发生江段及其附近区域出现了暴雨、雷电和大风等强对流天气；新一代天气雷达反射率因子和径向速度场分析表明，这些区域存在线状对流、弓形回波、中气旋和下击暴流等特征。6 月 2—5 日和 10—14 日，中国气象局两次派出调查组赴湖北监利长江段两岸进行现场天气调查以辅助确定导致此次突发事件的天气成因。

本文发表于《气象》，2016，42(1)：1-13。

现场天气调查是分析和确认无直接气象观测的中小尺度灾害性大风天气精细分布的最重要的直接手段。通过走访当事人、拍摄灾情照片和视频等可以确定大风天气的发生时间和地点、具体灾情、灾害路径长度和宽度、风向等，并估计最大风速和判断风灾的“藤田级别”或者“增强藤田级别”强度。20 世纪 70 年代，Fujita[1-3] 在美国开创性地开展了风灾调查工作，现已形成了较为规范完整的龙卷和下击暴流所致风灾的调查体系[4-8]。我国虽然已有较多关于龙卷气候特征、环境条件和雷达资料特征等的研究[9-14]，并且从 20 世纪 70 年代起也有部分文献给出了龙卷风灾个例的调查结果[15-18]，但这些调查工作相对比较简单，只有时间、地点、路径宽度、灾害损失等部分相关情况；最近，虽然 Meng 等[19] 给出了 2012 年 7 月 21 日北京特大暴雨期间发生的一次龙卷过程的详细调查结果，包括详细的照片、时间、地点、风力强度、风向分布、龙卷路径、雷达资料分析等；但我国的强对流风暴所致风灾现场调查分析工作还明显存在不足。

Fujita[20] 总结了强对流风暴导致的三类灾害性大风：龙卷大风、直线大风和下击暴流导致大风（图 1）。龙卷大风通常是高度辐合的旋转性风场（图 1a），其路径相对狭窄；非辐散性直线大风通常发生在前进式阵风锋之后（图 1b 右上侧图形中的大风非常接近直线大风）；而下击暴流导致的大风通常是高度辐散的直线或者曲线型大风（图 1b）。但 Fujita[20] 也指出，仅从地面灾害调查来看，有时很难区分是弱龙卷还是直线大风或者下击暴流所导致的大风灾害。

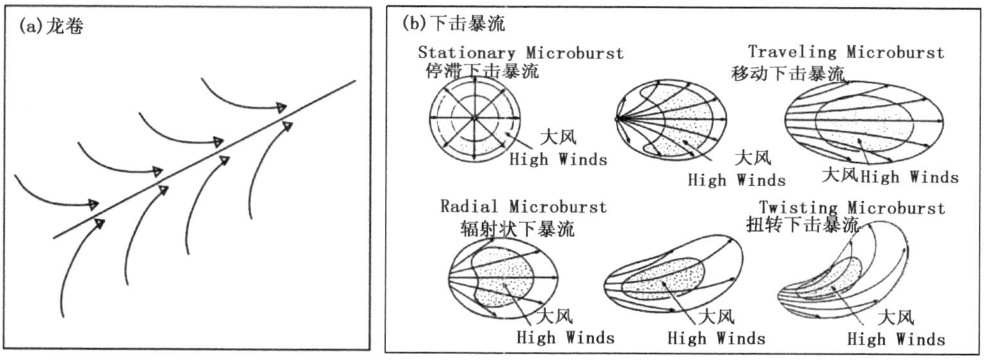

图 1 龙卷(a)和不同下击暴流(b)流型

(a)引自 Doswell[5]；(b)引自 Fujita①，转引自 Bunting[4]

大气运动的多尺度特征是地球大气的基本属性之一，但尺度划分的标准有多种；Fujita[20] 对此进行了总结，提出了一种基于地球特征尺度的 5 个尺度划分标准：大尺度（Maso，400～40000 km）、中尺度（Meso，4～400 km）、小尺度（Miso，40～4000 m）、微尺度（Moso，0.4～40 m）和极小尺度（Muso，4～400 mm），并进一步把每一个尺度划分为 α 和 β 尺度。Fujita[20] 的这个尺度划分标准不同于目前得到较为广泛认可的 Orlanski[21] 尺度划分标准。Orlanski 尺度划分标准为：α 大尺度（Maso－α，超过 10000 km）、β 大尺度（Maso－β，2000～10000 km）、α 中尺度（Meso－α，200～2000 km）、β 中尺度（Meso－β，20～200 km）、γ 中尺度（Meso－γ，2～20 km）、α 小尺度（Micro－α，200～2000 m）、β 小尺度（Micro－β，20～200 m）、γ 小尺度（Micro

① Fujita T T. 1985. The downburst. SMRP Res. paper No. 210, The University of Chicago, 122.

一γ,小于 20 m)。不同尺度划分标准的差异也表明了大气运动的复杂性和尺度划分的难度。

本文的目的并非是仅仅通过此次现场天气调查来确定导致"东方之星"客轮翻沉事件的天气原因,这是因为要确定该事件的天气原因还需要综合多个方面的观测资料和数值模拟结果来综合分析。本文的目的是通过现场天气调查分析并结合其它气象观测资料来揭示此次导致大风天气的原因和大气运动的复杂性以及多尺度性,进一步理解龙卷定义的含义以及中气旋、下击暴流等与龙卷的关系,从而更深入认识该类极端天气事件及其预报难度、并为推进概率预报业务发展提供参考。

1 调查事实

1.1 调查概况

中国气象局调查组赴湖北监利调查组携带了智能手机(具有照相、录像、百度地图、指南针、GPS 定位等功能)、相机、GPS 定位仪和无线网络通信等装备,在现场拍摄调查的同时与周边居民进行了交流调查,并利用无人机对部分现场进行了航拍。东方之星客轮翻沉事发江段东岸位于湖北省监利县,西岸为湖南省华容县;该江段周边陆地区域包括农田和滩涂,植被种类较多;滩涂分布有芦苇和小树林;多数农田种植玉米,部分农田闲置;农田及道路周边分布有树木和小树林;树种多为杨树,部分村庄中种植有杉树。需要说明的是,由于江面已没有风灾痕迹,因此,已不可能通过事后的现场调查对当时长江江面的风力强度进行直接估计;对于芦苇、玉米等的倒伏情况,由于芦苇抗倒伏能力强,玉米倒伏后经过几天的时间也会很快恢复,加之事发后现场管制等原因,现场调查没有发现芦苇倒伏的情况,但也发现和从部分村民处了解到部分区域玉米倒伏的情况。

如前所述,调查的基本目的是确认大风天气的发生时间和地点、具体灾情、路径长度和宽度、风向、风力等。但需要说明的是,树木折断的痕迹或者树木拔出的泥土的新鲜程度或者附近居民讲述的发生时间是确认大风天气是否为近期发生的重要根据。在确认风力大小时,还需要根据树木的材质、树冠的大小、根系的深浅、是否干枯、是否虫蛀、根部是否浸泡在水中等因素来综合判断,因此风力判断具有不确定性。房屋的受损情况,比如简易房的房顶或者房屋的瓦片受损情况等,也是判断风力大小的重要依据。

湖北省气候中心调查组首先于 6 月 2 日发现了图 2 中 02－1＃风灾现场;6 月 2—5 日,中国气象局调查组与湖北省气候中心调查组共同发现两处较大范围风灾现场,分别为湖南省华容县东山镇顺星村及周边区域(图 2a 中 03－1＃)和湖北省监利县老台深水码头附近区域(图 2a 中 03－2＃);6 月 10—14 日,中国气象局调查组再次对 6 月 1 日天气导致的灾情进行了更全面细致的调查(图 2a),其中 6 月 13 日,调查组使用长江海事局无人机对老台深水码头(图 2a 中 03－2＃)、四台村养猪场附近树林(图 2a 中 11－3＃)等地点进行了航拍。整个调查过程发现主要风灾地点 19 处。此外,6 月 4 日,长江海事局也曾单独使用无人机对顺星村江堤防护林(图 2a 中 03－1＃)进行了航拍。

总体来看,导致此次大风灾害的主导风向为西北偏西风;事发周边区域北部受中气旋影响陆地区域灾情较南部阵风锋及其后侧下击暴流影响的陆地区域(图 2c)更为显著。中气旋影

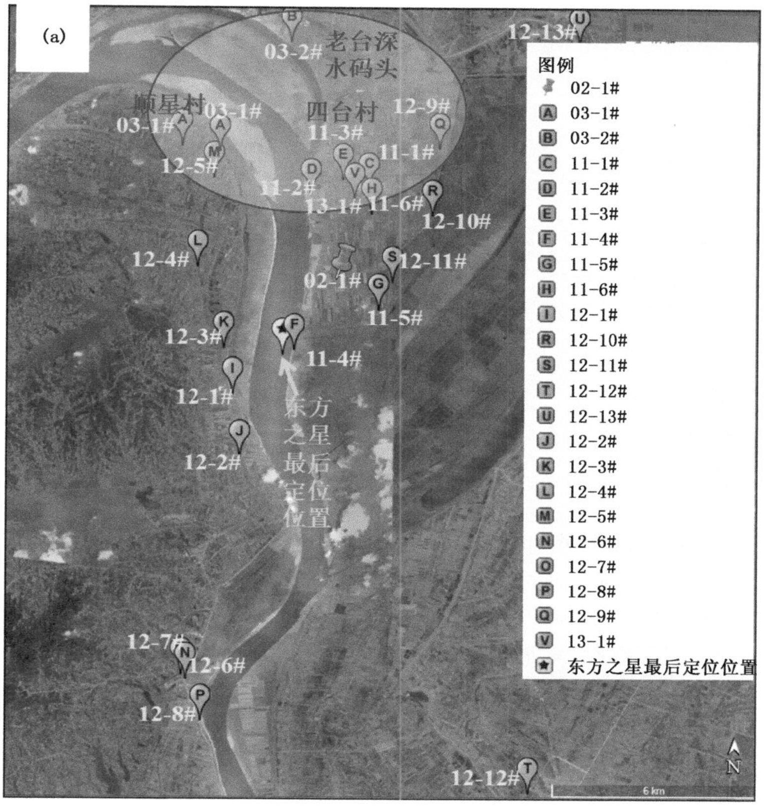
(a)
老台深
水码头
顺星村
四台村
东方
之星
最后
定位
位置
03-2#
12-13#
03-1#
03-1#
12-9#
11-3#
11-1#
12-5#
11-2#
13-1#
11-6#
12-10#
12-4#
12-11#
02-1#
11-5#
12-3#
11-4#
12-1#
12-2#
12-7#
12-6#
12-8#
12-12#
图例
02-1#
A 03-1#
B 03-2#
C 11-1#
D 11-2#
E 11-3#
F 11-4#
G 11-5#
H 11-6#
I 12-1#
R 12-10#
S 12-11#
T 12-12#
U 12-13#
J 12-2#
K 12-3#
L 12-4#
M 12-5#
N 12-6#
O 12-7#
P 12-8#
Q 12-9#
V 13-1#
东方之星最后定位位置
N
6 km

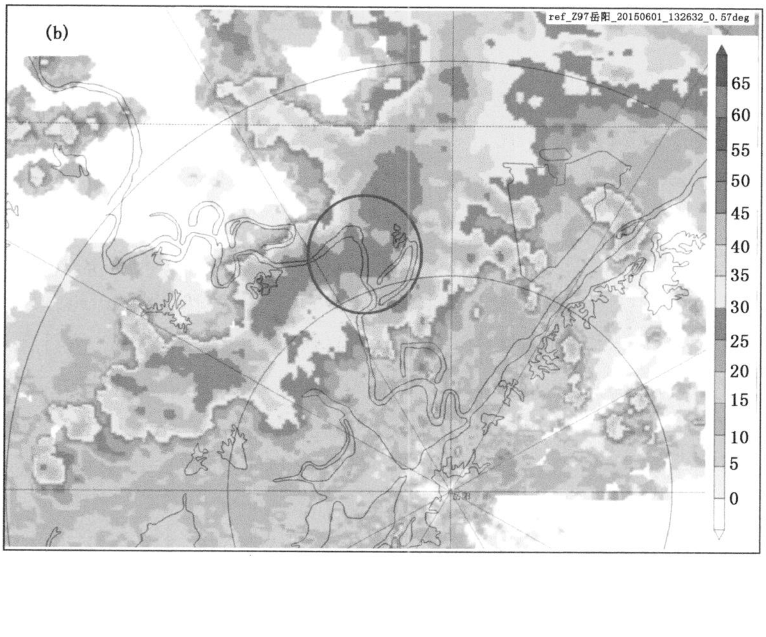
(b)
ref_Z97岳阳_20150601_132632_0.57deg
65
60
55
50
45
40
35
30
25
20
15
10
5
0

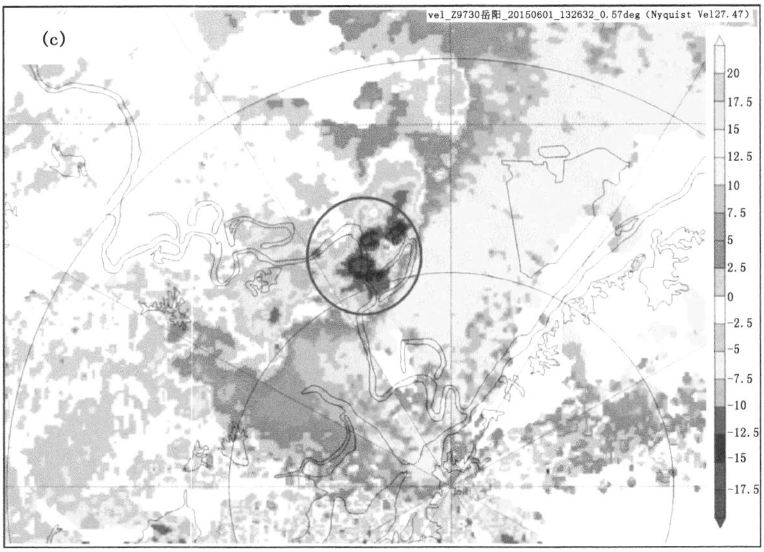

图 2　调查区域地貌和调查地点分布(a)、6 月 1 日 21:26 时岳阳雷达 0.57°仰角反射率因子(dBZ,b)和平均径向速度(m · s^{-1},c)(a 中调查地点按照日期和调查时间先后编号,如 11—4#表示 11 日第四个调查点,"东方之星"最后定位位置数据来自长江海事局;b 和 c 中蓝色粗实线椭圆为此次现场调查的重点关注区域;黑色实折线为水域边界)

响区域主要位于图 2 所给出区域的北部(图 2a 中椭圆标注区域),调查点 03—1#、03—2#、11—1#、11—3#、12—9#等的调查结果显示有较大范围的房屋受损和树木拔出、折断以及倒伏等痕迹;而图 2 的中南部为受阵风锋及其后侧下击暴流大风影响区域,现场调查表明风灾点范围较小、分布较分散。

1.2　下击暴流所致风灾

湖南省华容县东山镇顺星村及其附近江堤防护林区域(图 2 中 03—1#调查点)发现了大面积风灾现场。顺星村中房屋损失主要是迎风侧瓦片被大风吹落,附近一个化工厂的铁皮屋顶被掀翻、石棉瓦被吹落;顺星村中多处树木出现折断和倒伏,其中一株直径超过 50 cm 的杨树从底部折断(图 3a),离此树约 200 m 以东的一株直径约 20 cm 的杉树从中部折断(图 3b),因此估计最强风力超过 12 级;该处风灾路径长度约 500 m、宽度约 200 m。

通过航拍发现顺星村江堤防护林中大片树木倒伏,部分树木折断,估计最强风力 12 级左右;风灾路径长度约 1200 m、宽度约 300 m(图 3c),这是该次灾情调查中发现的最大范围树木倒伏区域。顺星村及其附近江堤防护林区域的树木倒向主要为东南偏东方向,主导风向为西北偏西风;树木倒伏主要呈现为直线型(图 3c),部分地点有辐散。因此,综合判断该区域受到风力强、影响范围较大的微下击暴流所致大风灾害。

湖北省监利县四台村养猪场附近树林(图 2 中 11—3#)出现了范围虽小于顺星村附近江堤防护林的风灾,但较后文给出的老台深水码头更大范围的树木倾倒、拔出和折断。该处主要风灾路径长度约 400 m、宽度约 100 m(图 4);该处较大风灾区域的周边也发现了多个较小面积的风灾点,包括该树林北侧一条沟渠两侧的树木折断和倾倒(图 4c)以及玉米倒伏和其他一

图 3 湖南省华容县顺星村拍摄照片与标注的树木倒向
（a 和 b 为手机拍摄照片，c 为无人机航拍照片；树木总体倒向为东南偏东）

些小区域树木灾情（如图 2 中 11－6＃与 13－1＃调查点，照片未给出）。

该处树木的主要倒向仍为东南偏东方向，主导风向为西北偏西风；其中多株直径约 30 cm 的杨树被连根拔起，该树林中（图 4d）和其北侧沟渠（图未给出）的另一侧各有直径约 40 cm 的杨树被折断，估计最强风力超过 12 级。该树林附近的输电线被倾倒的大树砸断，根据附近码头（图 2 中 11－2＃，距离此树林约 1 km）董先生提供的停电时间判断大风发生时间为 6 月 1 日 21 时多。四台村小学养猪场（图 2 中 11－1＃，距离此树林约 800 m）也有多株直径约 30 cm 的大树被大风折断。据养猪场居民朱先生描述和现场勘查，6 月 1 日 21 时多，养猪场多座猪舍屋顶的瓦片被大风吹落、一座鸡舍的窗户玻璃被大风吹破等（照片未给出）。

该处树林及其周边区域风灾的分布特点是：风灾路径较宽、周边风灾点多、树木的倒向呈现明显的辐散和辐合交替分布（图 4a）、风力强等特点。结合同时段岳阳雷达观测的该区域附近上空径向速度场分布特征，再根据 Frelich 等[6]给出的根据树木受损程度判断风力大小的实例，以及下击暴流风灾路径较宽[20]的特点，综合判断该处有 EF1 级强度微下击暴流发生。

不仅该处树林中出现的辐散和辐合交替分布的树木倒伏、折断和拔出（图 4a），邻近该树林北侧的一条沟渠两侧也出现了呈辐散和辐合状树木倒伏、折断和拔出（图 4c）。这种交替分

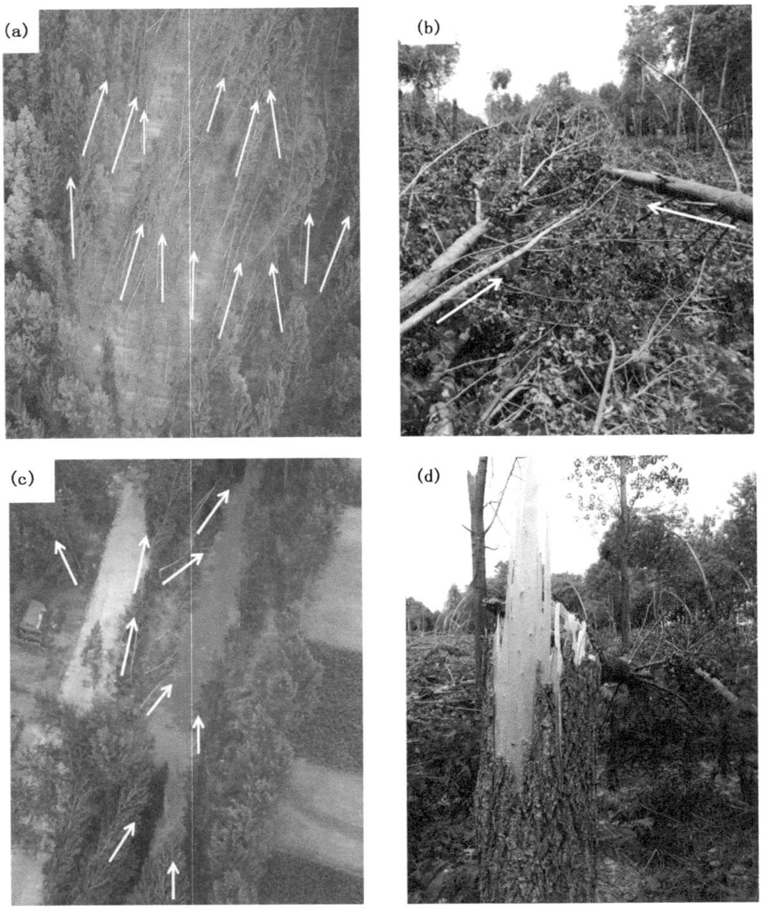

图 4　湖北省监利县四台村养猪场附近树林拍摄照片与标注的树木倒向
（a 和 c 为无人机航拍照片，b 和 d 为手机拍摄照片）

布的辐散和辐合图像与典型的下击暴流导致的树木倒伏图像[22]有所不同，表明该处同时发生了多个相邻的微下击暴流条迹(Burst Swath)，每一个微下击暴流条迹的水平宽度约 30 m，其形成原因值得对该对流系统中的下沉气流结构做进一步分析研究。

Davies-Jones 等[23]给出了一次龙卷过程导致的麦田中小麦辐散和辐合交替分布倒伏的特征(图 5a)，并提出可能是由浅薄的水平滚动涡旋(Horizontal roll vortices)造成的，但这种辐合和辐散区的水平宽度仅为 1 m、长度仅为 7 m，尺度远小于四台村养猪场附近树林出现的类似特征。Fujita[3]给出了现场调查得到的多个微下击暴流发生时的地面风场分布，表明距离邻近的不同微下击暴流的地面辐散流场之间会形成辐合流场(图 5b)，但 Fujita[3]给出的这种辐合流场宽度(约几百米)要大于四台村养猪场附近树林的辐合流场宽度(约 30 m)。由于这种辐合特征的存在，如前所述，Fujita[3]也指出，微下击暴流和龙卷、尤其是弱龙卷二者导致的风灾有时很难区分。

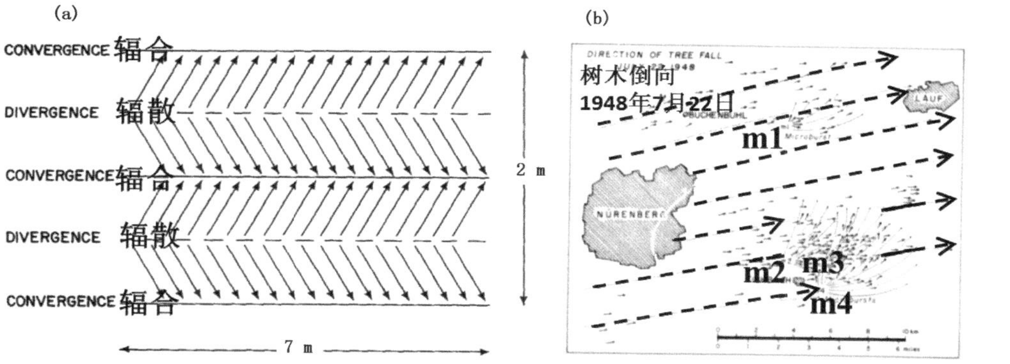

图 5 美国风灾现场调查得到的部分个例流场分布

(a 为龙卷过程导致麦田中小麦倒伏的辐合辐散流场,引自 Davies-Jones 等,1978;b 为 1948 年 7 月 22 日美国一次下击暴流过程导致树木倒向分布所表征的两种尺度流场(虚线和实线),图中的 m1、m2、m3 和 m4 表示微下击暴流,引自 Fujita[3]

新沟子养鸡场附近树林(图 2 中 12－9＃)位于湖北监利新洲围堤的靠近长江一侧,是调查发现的一个较大范围风灾现场(图未给出)。该风灾现场主要是较多树木倾倒、少量树木被拔出,未发现折断树木;风灾路径长度和宽度各约 200 m;在该地周边也发现了多个较小面积的风灾点(图未给出)。树木倒向仍主要为东南偏东方向,主导风向为西北偏西风;少数树木的倒向为东北偏东方向,呈现出一定的辐散特征。由于该树林中出现了多处树木倒伏或拔出,有些树木的倒向之间存在弱辐合特征。树林中多株直径约 30 cm 的杨树被连根拔起,估计最强风力 12 级左右。据距离此树林以南约 2 km(图 2 中 12－10＃调查点)养蜂场贺先生描述 6 月 1 日晚大风把数十个蜂箱盖自围堤下吹到围堤上,导致大量蜜蜂死亡。综合风灾路径较宽、辐散型树木倒向等特征判断该处属于下击暴流导致的风灾地点,并存在多个微下击暴流条迹。树木倒向的弱辐合特征最大可能也是由近距离相邻的微下击暴流条迹所致的近地面辐散气流(图 5b)形成。

除了以上调查点和老台深水码头(见后文)外,其他调查点受大风灾害的面积相对较小且分布较零散。11－4＃和 12－4＃调查点(图 2)是两个相对受灾树木较多的调查点,位于沉船事发区域南部、岳阳雷达观测到的下击暴流影响区域,其中 11－4＃调查点是离"东方之星"客轮最后定位位置最近的一个风灾点,直线距离仅约 400 m。11－4＃调查点位于长江东岸的湖北省监利县,调查发现该处有十几棵树木倾倒或者折断,但分布比较分散,没有出现成片树木受灾,其中最大的折断树木为一棵直径约 30 cm 的大树,估计最强风力 12 级以上(图未给出)。12－4＃调查点位于长江西岸的湖南省华容县,也发现了十几棵树木倾倒、折断或者拔出,其中有 3 棵树木被拔出,一棵直径约 20 cm 的大树折断,估计最强风力 12 级左右(图未给出)。树木主要倒向为东南方向,因此主导风向为西北风。结合岳阳雷达观测的 0.57 度仰角径向风场分布特征,根据树木的倒向为直线型或者辐散型为主的特征判断这些调查点的风灾为微下击暴流所致。

湖北省监利县老台深水码头附近树林(图 2 中 03－2＃)发现了较大范围的树木倾倒、拔出或者折断(图 6),树木受灾路径呈现出一定的曲率弯曲,长度约 300 m、宽度约 50 m 树木主要倒向仍为东南偏东方向，因此主导风向为西北偏西风，预示此地可能遭受了下击暴流；但风灾路径两侧的倾倒树木呈现出部分辐合特征；其中多株直径约 30 cm 的杨树被连根拔起或折断，估计最强风力达 12 级以上。附近采沙场居民汤先生确认大风发生时间约为 6 月 1 日 21 时 20—35 分；据其讲述 6 月 1 日晚大风还导致沙场堆积的湿沙被大风剧烈扬起。

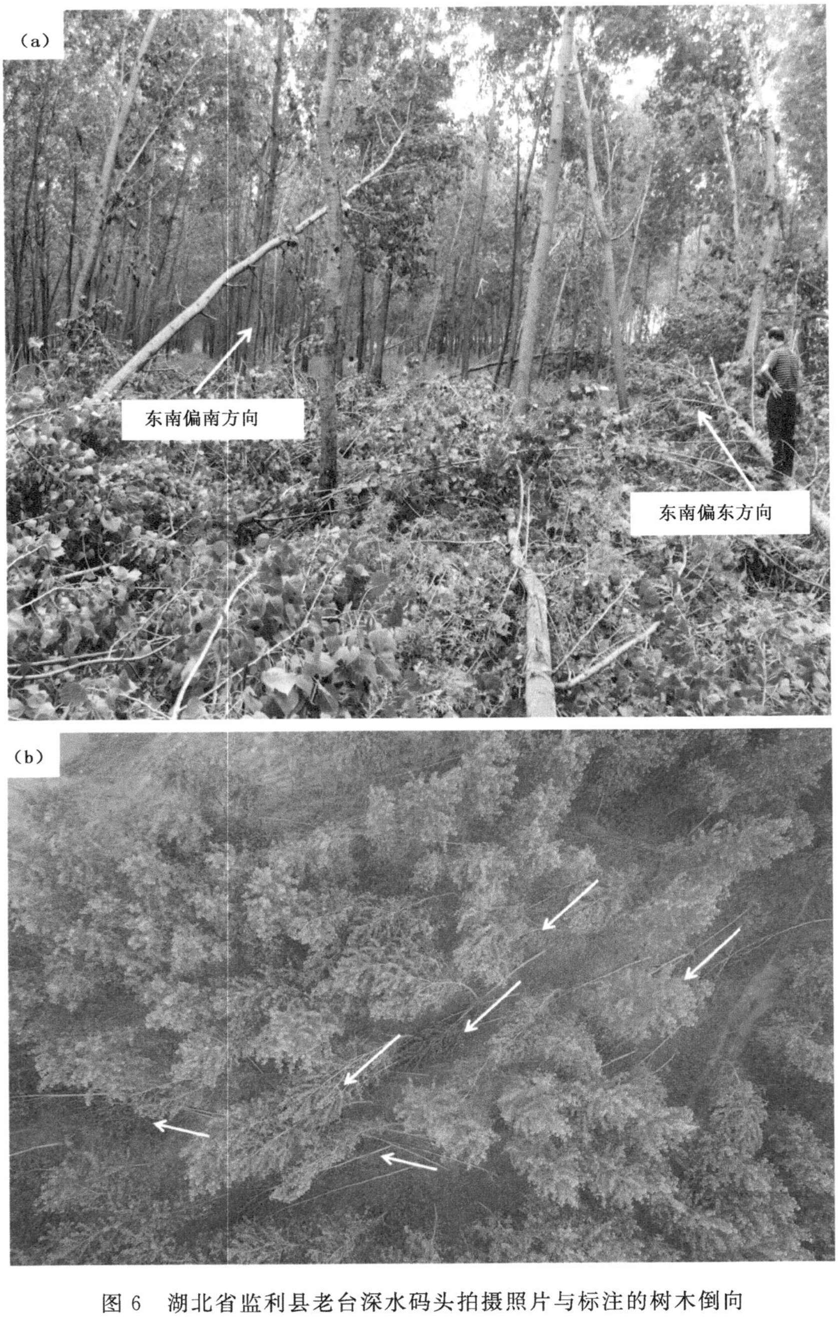

图 6　湖北省监利县老台深水码头拍摄照片与标注的树木倒向

（a 为手机拍摄照片，b 为无人机航拍照片）

结合同时段岳阳雷达观测的老台深水码头附近区域上空 1.5°和 2.4°仰角径向速度场存在中气旋特征(图未给出)、0.5°仰角径向风场存在涡旋(图 2c 中蓝色椭圆内)特征,再根据 Frelich 等[6]给出的根据树木受损程度判断风力大小的实例,以及龙卷风灾路径相对较窄[20]和存在一定曲率的特点,综合判断该处在遭受下击暴流的同时有龙卷发生的可能,但缺乏龙卷漏斗云的直接目击证据。风灾路径长度较短这一特征表明该疑似龙卷持续时间很短,也表明了其时空尺度显著小于典型的龙卷尺度;其路径与内蒙古 1981 年的一次龙卷接地后的灾害路径长度接近[17],显著窄于和短于 2012 年 7 月 21 日北京一次龙卷的路径宽度和长度[19]。

2 下击暴流、龙卷与涡旋

此次现场调查既发现了微下击暴流导致的灾害,也发现了可能龙卷导致的灾害。Fujita[3]也指出二者导致的地面风灾有时很难区分,尤其是弱龙卷和微下击暴流很难仅从地面风灾来区分[20]。Fujita[2-3]最早发现并命名了下击暴流。下击暴流不等同于对流风暴中的下沉气流。在对流系统下沉气流区中形成的强灾害性大风区称为下击暴流,其水平尺度通常为 1～400 km[42];其中,水平尺度小于 4 km、持续时间为 2～5 min 的强下沉气流区为微下击暴流[42];其最大强度可导致达 F3 级龙卷强度的强风灾害[24]。雷达观测的反射率因子场上表现出的弓形回波特征就是对流系统中下击暴流所产生的结果[3,22]。

下击暴流是能够把水平涡度转换为垂直涡度的非常强的下沉气流,并在近地面导致很强的风切变,通过与强上升气流等的相互作用,会在近地层产生和伴随小尺度的涡旋特征[3,22,25-29],比如弓形回波两端的书挡涡旋[26],这些涡旋有可能会发展为气旋式或者反气旋式龙卷[3,25,27],其最大强度可达 F4 或者 EF4 级[25,30-31]。已有较多文献[3,22,30-38]给出了下击暴流或者弓形回波和龙卷同时导致灾害的个例或者气候分布特征。图 7a 为 Fujita[3]给出的美国一次大范围龙卷和下击暴流过程现场调查结果,该图也可在 Forbes et al[32]和 Weisman[27]的文献中查阅到。该次过程持续 5 个多小时,由一个孤立的对流单体发展为弓形回波,导致了一系列地面大风灾害;他们发现了 10 个下击暴流、17 个微下击暴流和 18 个龙卷,其中一个是反气旋式龙卷。图 7b 为 Fujita① 给出的经典弓形回波演变过程,包括直长回波、弓形回波和逗点回波三个阶段,弓形回波阶段是大风灾害最为严重的阶段,尤其弓形回波的顶点附近是大风最强的区域,并可能在弓形回波的左侧产生龙卷。图 7c 为 Atkins 等[37]总结的 2003 年美国一次弓形回波演变过程,其与 Fujita 的经典弓形回波演变过程有所不同,该次过程伴随有多个 γ 中尺度涡旋和龙卷,龙卷发生在弓形回波的顶点附近或者右侧,最强风灾发生在弓形回波顶点左侧的中涡旋附近;Atkins 等[37]认为弓形回波伴随的龙卷涡旋同普通 γ 中尺度涡旋的差异在于龙卷涡旋持续时间较长、地面以上 3 km 高度的涡旋强度较强,且在生成龙卷前其快速加深和增强;Wheatley 等[39]给出了多个弓形回波的中涡旋导致强地面大风灾害个例。此次现场调查发现的微下击暴流所致的树木倒向辐合特征,如四台村养猪场附近树林和 11—4#调查点,其水平尺度很小,仅有几十米,远小于 Weisman[26]定义的书挡涡旋与弓形回波伴随的 γ 中尺度涡旋的几千米水平尺度,因此还有待于将来应用更先进的高分辨率数值模拟等

① Fujita T T. 1979. Objectives, operation, and results of Project NIMROD. Preprints, 11th Conf. on Severe Local Storms, Kansas City, Amer Meteor Soc, 259—266.

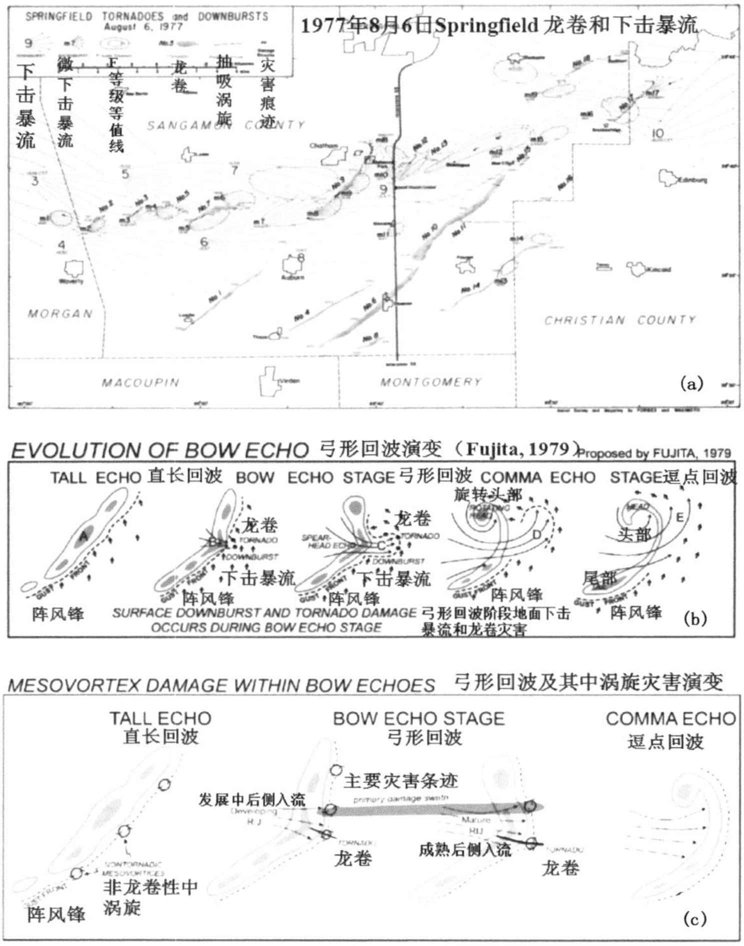

图 7　(a)1977 年 8 月 6 日美国 Springfield 一次大范围龙卷和下击暴流过程现场调查结果（引自 Fujita[3]）；(b)Fujita 给出的弓形回波演变过程（转引自 Atkins 等[37]）；(c)Atkins 等[37]给出的弓形回波及其中涡旋灾害演变

手段来确认是否属于涡旋。

美国气象学会(AMS)对龙卷的定义作了多次修订。1959 年 AMS 给出的龙卷定义为“从积雨云下垂的强烈旋转空气柱，且几乎总可以观测到漏斗状云或者管状云①”[40]，2000 年修订的定义为“从积状云下垂或位于其下方的伸展至地面的强烈旋转空气柱，且经常(但并不总是)可看到漏斗状云②”[41]，2013 年再次修订为“从积状云下垂伸展至地面的强烈旋转空气柱，且

① 英文原文为“A violently rotating column of air, pendant from a cumulonimbus cloud, and nearly always observable as a funnel cloud or tuba”. 40

② 英文原文为“A violently rotating column of air, in contact with the ground, either pendant from a cumuliform cloud or underneath a cumuliform cloud, and often (but not always) visible as a funnel cloud”.[41]

经常可看到漏斗状云和/或地面旋转的碎片/沙尘①"[42];我国大气科学辞典[43]中给出的龙卷定义为"从积雨云中伸下的猛烈旋转的漏斗状云柱。它有时稍伸即隐,有时悬挂空中或触及地面"。因此,龙卷的基本特征是对流活动导致的从空中向下方伸展的强烈旋转空气柱,其表现为可以观测到的漏斗云和或旋转的碎片/沙尘等。

由于龙卷的基本特征是对流活动导致的从空中向下方伸展的强烈旋转空气柱,是一种强烈的涡旋,但是目前还没有定量标准来判定达到怎样剧烈程度的涡旋就属于龙卷,因此 Doswell[44]、Crowley[45]、Smith[46]对怎样识别和判断是否是龙卷提出了他们的观点,尤其漏斗云是否触地、水龙卷、陆龙卷(Landspout)、阵风锋龙卷等的判定标准存在争议,具体可参见相关文献。例如,Doswell[44]认为判断阵风锋龙卷是否属于龙卷的标准就是其涡旋环流是否扩展到对流云的底部,但 Agee[46]认为阵风锋龙卷不符合 2013 年 AMS 最新修订的龙卷定义。

龙卷通常分为两类,一类为超级单体龙卷,另一类为非超级单体龙卷[28,35]。超级单体龙卷也称为中气旋龙卷,在美国约有 25%的中气旋能够产生龙卷[35]。非超级单体龙卷也称为非中气旋龙卷,通常由辐合线上的中小尺度涡旋和快速发展对流风暴中的强上升气流共同作用形成[47]。超级单体龙卷通常强度较强[28,31,35],但如前所述,与下击暴流相联系的气旋式或者反气旋式龙卷最大强度也可达 F4 或者 EF4 级[25,30-31]。Agee 等[31]进一步将龙卷分为三类,分别为超级单体龙卷、线状对流龙卷和其他类型龙卷,其他类型龙卷包括陆龙卷、水龙卷、冷空气漏斗云(Cold air funnel)、阵风锋龙卷、发生在热带气旋眼墙龙卷、反气旋式次级涡旋等,具体可参见文献 Agee 等[31]。Agee[46]根据 AMS 2013 年最新修订的龙卷定义,在其他类型龙卷中剔除了阵风锋龙卷、发生在热带气旋眼墙龙卷和反气旋式次级涡旋三种亚类型。Trapp 等[38]对美国 1998—2000 年 3828 个龙卷进行分类统计表明,79%由孤立对流风暴产生,18%由线状对流产生,其他风暴类型产生的龙卷仅占 3%;而 Mulder et al[48]对地处高纬度的英国龙卷统计表明,42%由线状对流产生,28% 由孤立对流风暴产生;因此,美国和英国龙卷的统计结果存在较大差异。

3 对流系统多尺度特征

大气运动的多尺度性是导致天气多样性的重要原因之一。强对流天气预报业务人员虽然对天气尺度系统和中尺度系统的认识已经较为深入,但仍需提高对强对流风暴中气流多尺度性的认识,尤其是对小尺度特征的理解和认识。Fujita[20]给出了 4 种尺度高压和气旋(图 8a 和 b),分别为尺度达上千千米的大尺度(超过 400 km)反气旋和气旋、中尺度(4～400 km)中高压和中气旋、小尺度(40～4000 m)高压(与下击暴流相联系)和小尺度气旋(与龙卷相联系)、微尺度(不超过 40 m)高压(与下击暴流条迹相联系)和微尺度气旋(如龙卷中的抽吸涡旋 Suction Vortex,见图 8d);Agee 等[49]和 Fujita[20]都给出了龙卷涡旋中可存在多个抽吸涡旋的多尺度特征(如图 8d);Fujita[3]给出了 1948 年 7 月 22 日美国一次下击暴流过程导致树木倒向分布所表征的两种尺度流场(图 5b);Fujita 等[24]通过 1980 年 7 月 16 日美国一系列下击暴流事件给出了与下击暴流相联系的 5 种尺度气流(图 8c),包括尺度达几百千米的 β 大尺度下

① 英文原文为"A rotating column of air, in contact with the surface, pendant from a cumuliform cloud, and often visible as a funnel cloud and/or circulating debris/dust at the ground".[42]

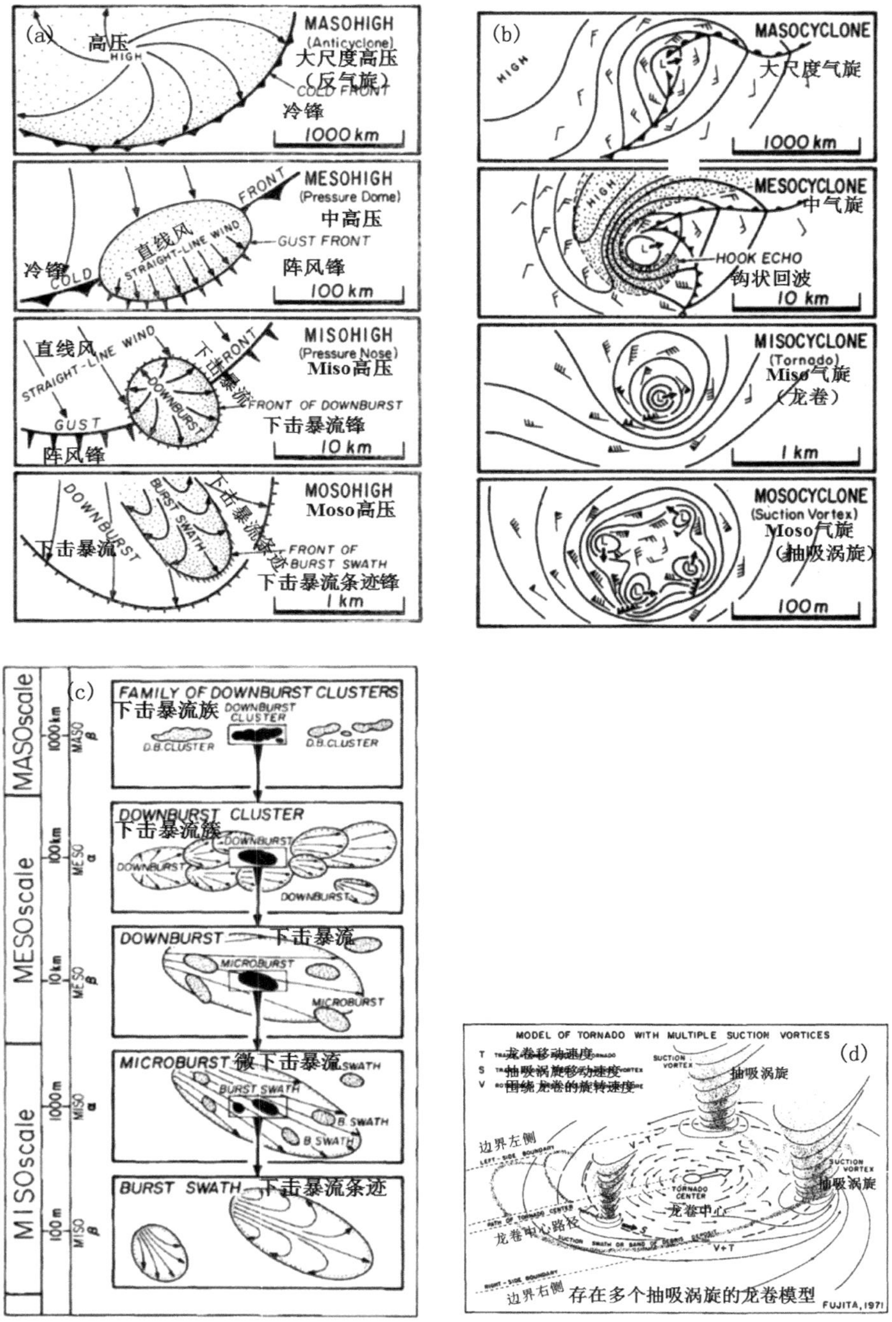

图 8　不同尺度高压(a)和气旋(b)、与下击暴流相联系的 5 种尺度气流(c)和存在多个抽吸涡旋的龙卷模型(d)(a、b 和 d 引自 Fujita[20]；c 引自 Fujita 等[24])

击暴流族(由影响范围为几百千米的一系列下击暴流群组成)、α 中尺度(40～400 km)下击暴流群(由 2 个或者多个下击暴流组成)、β 中尺度(4～40 km)下击暴流、α 小尺度(400～4000

m)微下击暴流、β 小尺度(40～400 m)下击暴流条迹，需要说明的是，这 5 种尺度与 Orlanski[21]的尺度定义有所不同；最近，Bluestein 等[50]使用多种探测资料和现场照片分析了 2013 年 5 月 31 日美国 Oklahoma 州 El Reno 龙卷的多尺度特征，揭示了该次过程存在多个次级涡旋(Subvortices)和一个阵风锋后侧强反气旋式龙卷等事实。Fujita[20]、Agee 等[49]和 Fujita 等[24]通过多种资料分析和现场天气调查给出的大气运动尺度划分标准以及 Bluestein 等[50]等分析给出的 El Reno 龙卷的多尺度特征清楚地表征了大气运动的多尺度性和复杂性，这也说明不能简单地使用大、中、小三个尺度来区分大气运动的尺度。

从 2015 年 6 月 1 日这次强对流天气过程来看，导致此次大风灾害的中尺度对流系统在 21:30 时静止卫星云图上表现为近似圆形的强对流云团(图未给出)，直径约 250 km，达到 Fujita[20]和 Orlanski[21]定义的 α 中尺度。但从 21:26 时岳阳雷达观测的 0.57°仰角反射率因子场(图 2b)来看，导致大风灾害的中尺度对流系统为一个长度约 180 km 的准线状对流系统，其大小为 Fujita[20]定义的 α 中尺度和 Orlanski[21]定义的 β 中尺度。21:26 时岳阳雷达观测的 0.57°仰角径向速度大小超过 10 m·s^{-1}的尺度约为 15 km(图 2c)，为下击暴流区；而 2.5°仰角上的中气旋(图未给出)直径仅约 5 km；下击暴流和中气旋的尺度都为 Fujita[20]定义的 β 中尺度和 Orlanski[21]定义的 γ 中尺度。21:26 时岳阳雷达观测的 0.57°仰角径向速度场的下击暴流区还存在 3 个水平尺度不超过 4 km 的强风速中心，为微下击暴流，其尺度为 Fujita[20]定义的 α 小尺度和 Orlanski[21]定义的 γ 中尺度。从现场调查来看，大片庄稼倒伏、树木和房屋受灾区域的水平尺度为几十米到 1 km 左右，为微下击暴流导致的下击暴流条迹或者龙卷导致的风灾痕迹，其尺度为 Fujita[20]定义的小尺度和 Orlanski[21]定义的小尺度；其中多个风力达 12 级或以上的调查点水平尺度仅为几十米，属于 Fujita[20]定义的 β 小尺度和 Orlanski[21]定义的 β 小尺度；尤其在四台村养猪场附近树林和新沟子养鸡场附近树林中发现多个宽度约 30 m 的微下击暴流条迹，属于 Fujita[20]定义的 α 微尺度和 Orlanski[21]定义的 β 小尺度。因此，结合静止卫星和雷达观测以及现场调查的分析结果充分展示了此次强对流天气过程的多尺度特征和大气运动的复杂性。

现场调查结果表明此次过程中强风灾害具有显著的空间分布不连续性和尺度微小等特征，尤其顺星村、老台深水码头、四台村养猪场附近树林和新沟子养鸡场附近树林的调查结果展示的这种特征最为显著。从此次过程的地面观测来看，湖北省监利县气象观测站(距客轮翻沉事件位置偏北约 10 km)观测到的最大瞬时风仅为 9.2 m·s^{-1}(5 级)，而周边区域自动站观测到的最大瞬时风为 16.4 m·s^{-1}(7 级)，位于监利县尺八镇(距客轮翻沉事件位置偏南约 15 km)，与现场调查估计的多个风灾点的最强风力超过 12 级差异巨大，因此，这也充分表明了此次强风灾害具有空间不连续性和小尺度的分布特点。需要指出的是，强对流天气过程不仅在空间上是多尺度的，在时间上也具有多尺度特征。Fujita(1986)①给出了水平尺度和时间尺度之间的关系，水平尺度 40 m～4 km 的扰动仅存在 1～30 min(转引自张玉玲[51])。本次现场调查得到的强风灾害点不连续空间分布特征正是强风时间上的小尺度特征在空间分布上的反映，其持续时间非常短，只有几分钟的时间尺度，相关文献可参见 Fujita[20]、Agee 等[49]、Fujita 等[24]等。对于这类由强对流风暴引起的达到或者超过 12 级的强风灾害，目前的数值模式和

① Fujita T T. 1986. Mesoscale classification: Their history and their application to forecasting. Mesoscale Meteorology and Forecasting. Amer. Meteor. Soc., Boston, 18—35.

业务临近预报还不可能明确地给出针对某一地点或者格点的确定性预报，因此，还需要深入研究该类天气的形成机理，并以对流可分辨的高分辨率数值预报为基础发展针对该类天气的概率预报技术以进一步提高对其的预报能力。

4 结论

2015 年 6 月 1 日 21:30 时左右，长江湖北监利段发生"东方之星"客轮翻沉特大事故。同时段该区域存在一个直径约 250 km 近似圆形的 α 中尺度强对流云团，岳阳雷达 0.57°仰角反射率因子场上为一个长度约 180 km 的准线状对流系统，该对流系统导致事发江段及其周边区域发生了强风灾害。

对事发周边陆地区域的现场天气调查共发现 19 处主要风灾地点；调查结果表明事发周边区域的北部陆地区域灾情较南部陆地区域更为显著，其中顺星村、老台深水码头、四台村养猪场附近树林和新沟子养鸡场附近树林等地是遭受风灾最为显著的 4 个地点，这些调查点风灾为典型微下击暴流所致，其中老台深水码头有龙卷发生的可能。

虽然下击暴流会伴随中小尺度的涡旋特征，但现场调查发现的由下击暴流所致的树木倒向辐合特征仅有几十米水平尺度，因此不同于书挡涡旋或者中涡旋。目前，龙卷漏斗云是否触地、水龙卷、陆龙卷(Landspout)、阵风锋龙卷等的判定标准等还有争议。

现场调查获得的风灾分布具有空间分布不连续和多尺度等特征，强风灾害具有显著的小尺度时空分布特征，尤其顺星村、老台深水码头、四台村养猪场附近树林和新沟子养鸡场附近树林的调查结果展示的这种特征最为显著；值得注意的是，四台村养猪场附近树林中同时发生了多个相邻的微下击暴流条迹，呈现出辐散和辐合交替分布的特征，表明对流系统中的大气运动分布非常复杂。风灾的不连续分布特征是其时间上的小尺度特征(持续时间短)在空间分布上的反映。风灾的这种时空分布特征要求发展以对流可分辨的高分辨率数值预报为基础的概率预报技术以提高对该类天气的预报能力。

致谢　特别感谢中国气象局、湖北省气象局、湖北省气象台和湖北省监利县气象局对现场调查的大力支持；感谢北京大学陶祖钰教授、国家气象中心毕宝贵、金荣花和张小玲研究员等给予指导；湖北省气象局陈波、湖北省气象台吴涛、湖北省气候中心刘敏、梁益问和王凯在现场调查过程中给予大力协助。

参考文献

[1] Fujita T T, Bradbury D L, Van Thullenar C F. Palm Sunday tornadoes of April 11, 1965[J]. Mon Wea Rev, 1970,98: 29-69.

[2] Fujita T T. Jumbo tornado outbreak of 3 April 1974[J]. Weatherwise,1974,27: 116-126.

[3] Fujita T T. Manual of downburst identification for Project NIMROD. SMRP Research Paper 156, University of Chicago, 1978,104. (Available online at http://ntrs. nasa. gov/search. jsp? R=19780022828)

[4] Bunting W F, Smith B E. A guide for conducting convective windstorm surveys. NOAA Tech. Memo. NWS SR-146, 1993:44.

[5] Doswell III C A. A guide to F-scale damage assessment. NOAA/NWS, 2003, 94. [Available online at http:// www. wdtb. noaa. gov/courses/ef-scale/lesson2/FinalNWSFscaleAssessmentGuide. pdf.]

[6] Frelich L E, Ostuno E J. Estimating wind speeds of convective storms from tree damage[J]. Electronic J

Severe Storms Meteor, 2012,7 (9): 1-19.

[7] Edwards R, LaDue J G, Ferree J T, et al. Tornado intensity estimation: Past, present, and future[J]. Bull Amer Meteor Soc, 2013,94: 641-653.

[8] Atkins N T, Butler K M, Flynn K R, et al. An integrated damage, visual, and radar analysis of the 2013 Moore, Oklahoma, EF5 tornado[J]. Bull Amer Meteor Soc, 2014,95: 1549-1561.

[9] 俞小鼎,郑媛媛,廖玉芳,等.一次伴随强烈龙卷的强降水超级单体风暴研究[J].大气科学,2008,32(3): 508-522.

[10] 王毅,郑媛媛,张晓美,等.夏季安徽槽前形势下龙卷和非龙卷型强对流天气的环境条件对比研究[J].气象, 2012,38(12): 1473-1481.

[11] 周后福,刁秀广,夏文梅,等. 江淮地区龙卷超级单体风暴及其环境参数分析[J]. 气象学报, 2014,72(2): 306-317.

[12] 范雯杰,俞小鼎.中国龙卷的时空分布特征[J].气象, 2015,41(7): 793-805.

[13] 郑媛媛,张备,王啸华,等. 台风龙卷的环境背景和雷达回波结构分析[J].气象, 2015,41(8): 942-952.

[14] 朱江山,刘娟,边智,等. 一次龙卷生成中风暴单体合并和涡旋特征的雷达观测研究[J].气象, 2015, 41(2): 182-191.

[15] 辽宁丹东市气象台.一次龙卷风的调查分析[J].气象, 1975,1(8):12-13.

[16] 杨起华,陈才田,吴沐良.一次龙卷风的调查及浅析[J].气象,1978,4(4):16-17.

[17] 林大强,刘汝贤,刘宝利.一次陆龙卷接地的调查[J].北方天气文集, 1984,5: 167-170.

[18] 刁秀广,万明波,高留喜,等. 非超级单体龙卷风暴多普勒天气雷达产品特征及预警[J].气象, 2014,40(6): 668-677.

[19] Meng Z, Yao D. Damage survey, radar, and environment analyses on the first-ever documented tornado in Beijing during the heavy rainfall event of 21 July 2012[J]. Wea Forecasting, 2014,29: 702-724.

[20] Fujita T T. Tornadoes and downbursts in the context of generalized planetary scales[J]. J Atmos Sci, 1981,38: 1511-1534.

[21] Orlanski L. A rational subdivision of scale for atmospheric processes[J]. Bull Amer Meteor Soc, 1975, 56: 527-530.

[22] Wilson J W, Wakimoto R M. The discovery of the downburst: T. T. Fujita's contribution[J]. Bull Amer Meteor Soc, 2001,82(1): 49-62.

[23] Davies-Jones R P, Burgess D W, Lemon L R, et al. Interpretation of surface marks and debris patterns from the 24 May 1973 Union City, Oklahoma tornado[J]. Mon Wea Rev, 1978,106: 12-21.

[24] Fujita T T, Wakimoto R M. Five scales of airflow associated with a series of downbursts on 16 July 1980[J]. Mon Wea Rev,1981,109: 1438-1456.

[25] Przybylinski R W. The bow echo: Observations, numerical simulations, and severe weather detection methods[J]. Wea Forecasting, 1995,10: 203-218.

[26] Weisman M L. The genesis of severe, long-lived bow echoes[J]. J Atmos Sci, 1993,50: 645-670.

[27] Weisman M L. Bow echoes: A tribute to T. T. Fujita[J]. Bull Amer Meteor Soc, 2001,82(1): 97-116.

[28] Bluestein H B. Severe Convective Storms and Tornadoes: Observations and Dynamics. Springer-Praxis.

[29] Xu X, Xue M, Wang Y. Mesovortices within the 8 May 2009 bow echo over the central United States: Analyses of the characteristics and evolution based on Doppler radar observations and a high-resolution model simulation[J]. Mon Wea Rev, 2015,143: 2266-2290.

[30] Wakimoto R M. The West Bend, Wisconsin storm of 4 April 1981:A problem in operational meteorology[J]. J Climate Appl Meteor, 1983,22(1): 181-189.

[31] Agee E, Jones E. Proposed conceptual taxonomy for proper identification and classification of tornado events[J]. Wea Forecasting, 2009,24: 609-617.

[32] Forbes G S, Wakimoto R M. A concentrated outbreak of tornadoes, downbursts and microbursts, and implications regarding vortex classification[J]. Mon Wea Rev, 1983,111: 220-236.

[33] Kessinger C J, Parsons D B, Wilson J W. Observations of a storm containing misocyclones, downbursts, and horizontal vortex circulations[J]. Mon Wea Rev, 1988,116: 1959-1982.

[34] Forbes G S, Bluestein H B. Tornadoes, tornadic thunderstorms, and photogrammetry: A review of the contributions by T. T. Fujita[J]. Bull Amer Meteor Soc, 2001,82: 73-96.

[35] Davies-Jones R, Trapp R J, Bluestein H B. Tornadoes and tornadic storms. Severe Convective Storms [M]. Doswell III C A, Ed, American Meteorological Society, Boston, MA, 2001: 167-221.

[36] Bluestein H B, Weiss C C, Pazmany A L. Mobile doppler radar observations of a tornado in a supercell near Bassett, Nebraska, on 5 June 1999. Part I: Tornadogenesis[J]. Mon Wea Rev, 2003, 131: 2954-2967.

[37] Atkins N T, Bouchard C S,Przybylinski R W, et al. Damaging surface wind mechanisms within the 10 June 2003 Saint Louis bow echo during BAMEX[J]. Mon We Rev,2005,133(8): 2275-2296.

[38] Trapp R J, Tessendorf S A, Godfrey E S, et al. Tornadoes from squall lines and bow echoes. Part I: Climatological distribution[J]. Wea Forecasting, 2005,20: 23-34.

[39] Wheatley D M, Trapp R J, Atkins N T. Radar and damage analysis of severe bow echoes observed during BAMEX[J]. Mon Wea Rev,2006, 134(3): 791-806.

[40] Huschke R E. Glossary of Meteorology. 1st ed[M]. Amer Meteor Soc, 1959:638.

[41] Glickman T S, et al. Glossary of Meteorology. 2nd ed[M]. Amer Meteor Soc, 2000:855.

[42] American Meteorological Society, cited 2015: Tornado. Glossary of Meteorology. [Available online at http://glossary. ametsoc. org/wiki/tornado.]

[43] 大气科学辞典编委会. 大气科学辞典[M]. 北京:气象出版社,1994:398-398.

[44] Doswell III C A. What is a tornado? 2011. [Available online athttp://www. flame. org/～cdoswell/atornado/atornado. html.]

[45] Crowley D J, cited 2015: Is it a tornado? NWS Southern Region Tech. Attachment SR/SSD 96-39. [Available online at http://www. srh. noaa. gov/topics/attach/html/ssd96-39. htm.]

[46] Agee E M. A revised tornado definition and changes in tornado taxonomy[J]. Wea Forecasting, 2014, 29: 1256-1258.

[46] Smith R, cited 2015: Non-supercell tornadoes: A review for forecasters. NWS Southern Region Tech. Attachment SSD96 — 8. [Available online at http://www. srh. noaa. gov/topics/attach/html/ssd96 —8. htm.]

[47] Wakimoto R M, Wilson J W. Non-supercell tornadoes[J]. Mon Wea Rev, 1989,117: 1113-1140.

[48] Mulder K J, Schultz D M. Climatology, storm morphologies, and environments of tornadoes in the British Isles: 1980—2012[J]. Mon Wea Rev, 2015,143: 2224-2240.

[49] Agee E M, Snow J T, Clare P R. Multiple vortex features in the tornado cyclone and the occurrence of tornado families[J]. Mon Wea Rev, 1976,104: 552-563.

[50] Bluestein H B, Snyder J C, Houser J B, 2015: A multiscale overview of the El Reno, Oklahoma, tornadic supercell of 31 May 2013[J]. Wea Forecasting, 2013,30: 525-552.

[51] 张玉玲. 中尺度大气动力学引论[M]. 北京:气象出版社,1999:7-8.

北京地区短时强降水过程的多尺度环流特征

杨波[1]　孙继松[2]　毛旭[1]　林隐静[1]

(1 国家气象中心,北京 100081;2 北京市气象台,北京 100089)

摘　要　为了探讨不同天气尺度背景下,北京地区短时强降水过程的基本特征,利用2007—2014年6—8月北京地区自动气象站数据和ECMWF ERA-Interim(0.5°×0.5°)全球再分析数据,在对北京地区短时强降水日的大尺度环流特征进行分型的基础上,基于分型合成场和距平场分析了北京地区短时强降水天气过程的基本环流背景及相应的中尺度环流特征。结果表明:(1)造成北京地区出现短时强降水过程的天气系统,依据其出现的频次,大体可分类为副热带高压(副高)与西来槽相互作用型、西风小槽型、东北冷涡型和黄淮低涡倒槽型等4类;从低层水汽来看,除东北冷涡型主要来自于渤、黄海外,其他3型短时强降水过程的水汽主要来自南海或东海。(2)不同天气系统主导下的短时强降水时空分布存在较大差异:在空间分布上,黄淮低涡倒槽型短时强降水带分布从东南平原穿过城区至西北山前呈东南—西北走向,其余3型大体上沿北京地形呈西南—东北走向,其中,西南山前、城区和东北山前地区是3个短时强降水事件的多发中心;在时间分布上,东北低涡型造成的短时强降水过程主要发生在午后,副高与西来槽相互作用型主要集中在傍晚至前半夜,而西风小槽型和黄淮低涡倒槽型短时强降水表现出较强的夜雨特征。(3)从中尺度环流特征上看,副高与西来槽相互作用型短时强降水过程主要是低层冷空气从北京西部、北部进入,首先触发山区对流,与之对应的雷暴高压逐渐组织化,外侧辐散气流(冷池出流)和山前的偏南风暖湿气流辐合造成对流过程加强;西风小槽型主要是边界层内较强东南风在北京西北部山前受地形阻挡,向两边绕流,西南支气流在西部形成气旋性环流,造成城区西部的对流性天气,东北支气流在东北部山前形成地形辐合线,夜间随着东南气流中偏南分量显著加强,东北部山前地区的辐合上升运动加强,造成东北部山前对流性天气,因此,在短时强降水落区上表现为两个分离的多发中心且具有夜发性;东北冷涡型主要是系统性的冷空气从北京北部或西部南下,在山前与低空偏东风形成辐合切变线,触发午后对流性天气;黄淮低涡倒槽型主要是黄淮低涡顶部的低层偏东气流在北京西部山前辐合抬升,触发对流,并逐步演变为中尺度气旋性环流,形成相对组织化的短时强降水。

关键词　短时强降水　天气分型　中尺度环流特征　地形

1　引言

暴雨是中国夏季最主要的灾害性天气,每年因暴雨造成的经济和人员损失都远远超过其

本文发表于《气象学报》,2016,74(6):919-934。

他灾害性天气①，致灾性暴雨过程往往包含短时强降水过程，但与暴雨（日降水量≥50 mm）主要关注降水在给定时段的累积量不同，短时强降水更加强调的是降水的强对流特征和短历时特征[1]。作为中国最主要的强对流灾害天气之一，短时强降水由于在较短时间内累积了较大的降水量往往会形成暴洪，造成城市内涝和山洪、泥石流等地质灾害。特别是近几年来，由于城市规模的扩大，短时强降水造成的城市内涝往往会给城市带来巨大的财产损失甚至人员伤亡，如 2007 年 7 月 18 日济南特大暴雨，2012 年 7 月 21 日北京特大暴雨，2013 年 9 月 13 日上海特大暴雨，其间的最大小时雨量均超过了 100 mm。因而暴雨过程中的短时强降水特征一直是中国气象工作者的一个重点研究方向之一。陶诗言等[2-5]曾在 20 世纪 80 年代前后，从季节突变对中国梅雨爆发的影响、暴雨发生的多尺度相互作用、暖湿季风输送带对北方大暴雨的影响、高空急流对暴雨的作用、暴雨和强对流发生的物理条件、地形对暴雨的增幅作用等 6 个方面对中国暴雨进行了系统研究。近些年来，随着观测资料时空分辨率的提高和数值模式的进步，科学家们进一步从不同的角度对中国暴雨进行了大量研究。气候学家利用中国长时间的降水序列，分析了中国夏季暴雨的分布特征，将中国暴雨划分为多种类型，再对大尺度环流背景进行讨论[6-8]，证明了季风变化及海温的差异对中国暴雨时空分布的重要影响。大多数暴雨过程都是多尺度天气系统相互作用背景下的强降水过程[3-9]，特别是中尺度系统在暴雨中的作用引起了气象学家的重点关注。丁一汇[10]在总结天气系统和暴雨的时空尺度关系时，重点讨论了暴雨过程中的中尺度动力学问题；程麟生等[11-12]通过数值模拟对中国 3 次典型大暴雨过程进行模拟，并对其中的中尺度系统的发生发展进行了诊断分析。

由于特殊的地理位置和社会影响，北京地区的暴雨研究始终是学者们的一个重点研究方向。在大尺度环流特征方面，张文龙等[13]分析了对流层低层偏东风对北京局地暴雨的作用。而基于“7.21”北京特大暴雨过程，气象学家分别从水汽输送[14]、高空急流的作用[15]、变形场驱动锋生[16]、锋生引起倾斜涡度发展和环流形势的极端性[17]等多个角度对北京地区的暴雨成因进行了分析；在中小尺度对流系统研究方面，郭虎等[18]对一次北京局地暴雨过程中重力波激发中小尺度波动的过程进行了分析。李青春等[19]通过个例分析了近地面辐合线的形成及其与暴雨落区和强度之间的关系。孙继松等[20]、吴庆梅等[21]分析了北京特殊地形和城市热岛效应对北京地区局地暴雨过程中中尺度对流系统的影响。一次暴雨过程往往包含着若干个短时强降水过程，而短时强降水主要是由强对流过程触发，因而对短时强降水的研究多集中在中尺度对流系统方面：陈炯等[1]研究了中国暖季短时强降水分布和日变化特征，并采用卫星资料分析了其与中尺度对流系统日变化关系；张小玲等[22]采用雷达资料分析了梅雨锋上造成短时强降水的中尺度对流系统的发展模态。

以上学者的研究使我们对多时空尺度的天气系统在暴雨和短时强降水中的作用有了一定的认识。但以长时间序列为基础的大尺度环流特征的分析和以个例为基础的中尺度特征分析在揭示短时强降水过程的多尺度系统特征方面难以兼顾。本研究试图采用一种简便易行的方法，来揭示北京地区不同天气尺度系统背景下短时强降水过程特征的异同点以及相对应的地面中尺度环流特征，以便于预报员更好地理解不同尺度系统在短时强降水过程中的作用。

① 根据中国气象局灾情直报系统统计。

2 资料和方法

所用资料为 2007—2014 年 6—8 月北京地区资料连续性与稳定性较好的 159 个自动气象站(图 1)逐时的观测数据,还使用了 ECMWF 水平分辨率为 0.5°×0.5°、垂直分辨率为 37 层的 ERA-Interim 全球再分析数据。

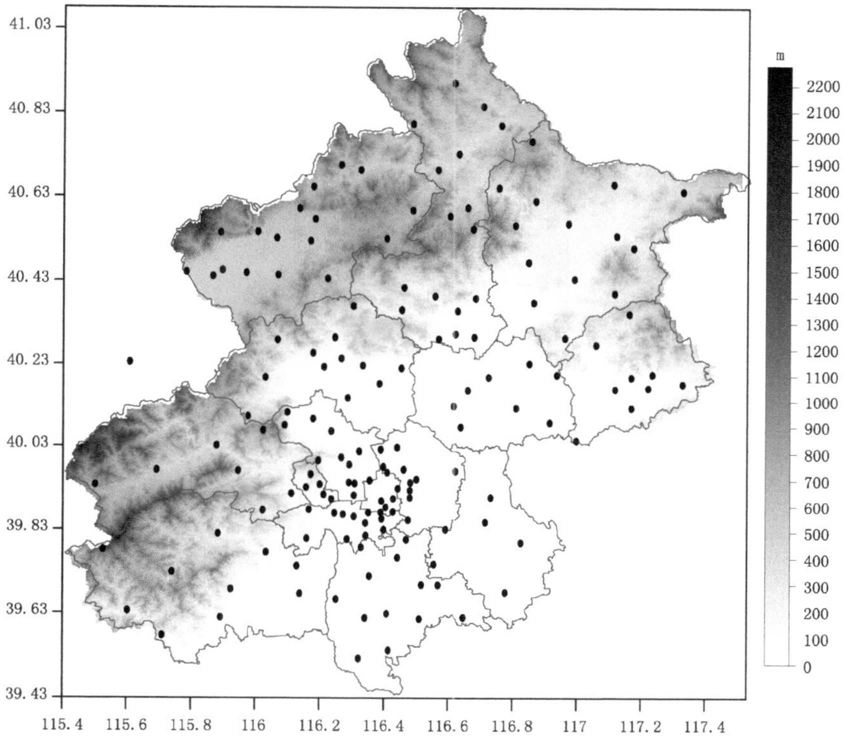

图 1　北京地区地形(阴影)和自动气象观测站点(图中黑点)分布

短时强降水目前还没有统一定义,本文所采用的标准是小时降水量≥20 mm(中国国家气象中心业务标准);首先统计 2007—2014 年 6—8 月北京地区所有站点的短时强降水事件(共 3204 站次),为筛选具有较强中尺度信息的短时强降水个例,并考虑自动站降水记录的可靠性,只有当该日(08 时至次日 08 时,北京时,下同)有 10%(15 站)以上的自动站、且每个站至少发生一次短时强降水事件才记为短时强降水日,8 年中共挑选出短时强降水日 56 个;然后基于中低层大气的大尺度环流特征对 56 个短时强降水日进行环流分型;再基于同一类型短时强降水日的大气环流基本要素场计算其平均场(即合成场)及其与 2007—2014 年夏季(6—8 月)平均场之间的差异(以下简称为距平场);最后依据地面自动站观测资料讨论不同天气尺度系统主导下的中尺度环流特征的异同。考虑到不同环流分型下短时强降水日的样本数差异较大,在统计对比各个分型下发生短时强降水事件频次的空间分布特征时采用了均一化方法:即每类分型下发生短时强降水事件的站点,对于其发生频次采用式 $X^* = (x - \min)/(\max - \min)$ 进行计算,使其结果均映射到[0—1]。其中,x 为某一站点的发生频次,min、max 是所有参与计算站点中发生短时强降水事件最少、最多的频次，X^* 为均一化的结果。

3　北京地区短时强降水过程的主要天气尺度系统特征

针对灾害性天气的分型有多种方式，一般以大尺度环流形势特征或影响系统来分型[3,23]。本文中基于大尺度环流的形势特征对北京地区短时强降水日进行分型，大体可分为 5 型：(1) 副热带高压(副高)与西来槽相互作用型(简称西来槽型)，该型是造成北京地区短时强降水的主要天气型，约占总数的 34%(19 例)，其主要环流特点是经向度大，副高呈块状结构，588 (dagpm)线从 30°N 以南一直延伸至 40°N 以北，强盛偏南气流中常伴有低空急流；西风槽较深，高度槽后常伴有冷温度槽。(2)西风小槽型，约占总数的 27%(15 例)，其主要特点是 500 hPa 以纬向环流为主，多为平直西风下的波动，典型特征是副高脊线呈东西带状走向。(3)东北冷涡型，约占总数的 14%(8 例)，其主要特点是中国东北地区高空为一深厚冷性低涡控制，表现为冷空气从冷涡后部分裂南下，呈现出多横槽活动特征。(4)蒙古低涡低槽型(北支槽型)，约占总数的 14%(8 例)，其主要特点是蒙古高原存在低涡系统，北京地区受其底部低槽系统影响，但南支系统较弱。该型天气系统特征和西来槽型较为相似，可视为西来槽型的一种亚型，文中不对此型做详细讨论。(5)黄淮低涡倒槽型，约占总数的 11%(6 例)，其主要特点是北京地区的北部多为高压脊控制，而南部则受黄淮低涡倒槽系统影响。

图 2 为西来槽型中低层环流特征，在 500 hPa 位势高度的距平场上，位于东北地区的正距平和位于河套地区的负距平均明显偏强，而北京位于东西向位势高度距平梯度的最大区域，下游阻高偏强有利于西来低值系统在北京地区的维持(图 2a)。在 850 hPa 上，对应 500 hPa 低槽，在河套地区为气旋性环流，槽前西南气流异常显著，而副高外围的东南风也明显偏强，两支偏南风气流在黄淮地区交汇继续北上，北京正位于这条显著的南风通道上(图 2b)；与 850 hPa 南风通道对应，在 925 hPa 上两条南风水汽通道也异常明显，从中国西南、东南地区一直延伸至东北地区，而华北地区正处在这两条汇合后的水汽通道控制下，河北中部至北京东北部形成一个明显的西南—东北向的水汽辐合中心(图 2c)。850 hPa 温度距平与 500 hPa 高度距平类似，负距平中心位于内蒙古中部，中国东部地区则为正距平，北京处在东西向温度梯度最大的位置(图 2b)，说明冷暖空气在北京地区东西向对峙是其主要环流特征。

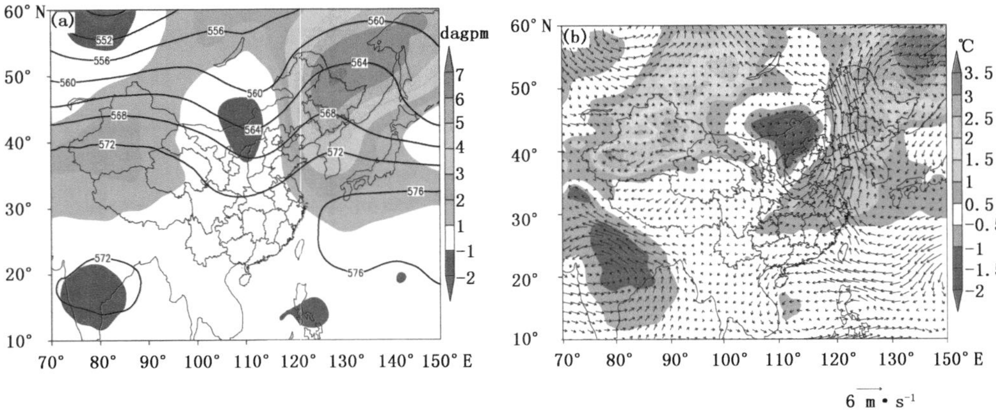

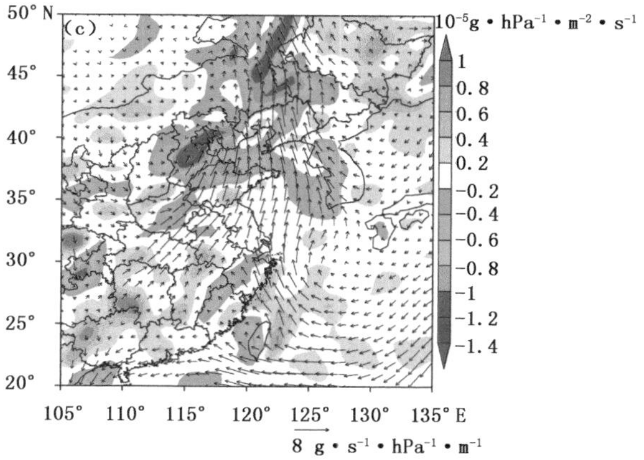

图 2　副高与西来槽相互作用型环流特征

(a)500 hPa 位势高度合成场(等值线,单位:dagpm)和距平场(阴影);(b)850 hPa 风场距平(矢线)和温度场距平(阴影);(c)925 hPa 水汽通量散度(阴影) 和水汽通量矢量的距平场

西风小槽型的 500 hPa 位势高度较为平直,副高形状相对扁平,位置也较为偏南,纬向环流特征明显,在距平场则表现为东南偏高,西北偏低,北京位于东南—西北向距平梯度区偏向正距平区一侧(图 3a)。在 850 hPa 上,副高外围的西南气流明显偏强,这支天气尺度的偏南气流从南海一直延伸至东北地区南部(图 3b);对应在 925 hPa 上,副高外围的南风气流把南海的水汽向北输送可至东北南部,水汽辐合的中心同样也在河北中西部至北京东南部地区(图 3c)。850 hPa 温度距平场上,冷空气主体明显偏北,华北地区则为正距平控制(图 3b),表明低层暖湿空气北上是西风小槽型的主要环流特征。

东北冷涡型 500 hPa 高度距平场则表现为北高南低,东北华北大部处在负距平区域,北京位于负距平中心区域(图 4a)。对应 850 hPa 的风场距平,华北地区有一明显的气旋性环流,北京主要受东北冷涡底部较强的偏东气流影响;对应 850 hPa 温度距平场上,负距平极值中心在东北地区的西南部,北京位于负距平中心的西南前沿,距平梯度较大(图 4b),冷空气从东北地区以偏东路径影响华北平原,说明东北地区低层冷空气南下是东北冷涡型的主要环流特征。对应 925 hPa 的水汽通道和上述两型的远距离输送明显不同,其水汽通道主要建立于日本海及黄渤海,北京及河北中西部(太行山前)仍然是一个水汽辐合中心(图 4c)。

黄淮低涡倒槽型 500 hPa 位势高度正距平中心在日本海,东西向正距平区经东北地区中部一直到河套北部,这有利于深厚的东南暖湿气流沿东部高压西侧影响北京地区(图 5a)。850 hPa 风场距平上,华北北部至东北地区呈反气旋环流,对北上系统形成阻滞作用。而气旋性环流则在黄淮地区,北京位于该气旋性环流顶部的东南气流中;850 hPa 温度距平场上,在对流层低层没有明显的冷空气活动(图 5b),是这类短时强降水过程与其他三类短时强降水过程在天气背景上的显著区别。受黄淮气旋影响,925 hPa 水汽辐合中心在安徽中部,但仍有部分水汽由黄淮气旋东南支气流输送到太行山前形成辐合,北京地区的水汽辐合的强度相对其他三型偏弱(图 5c)。

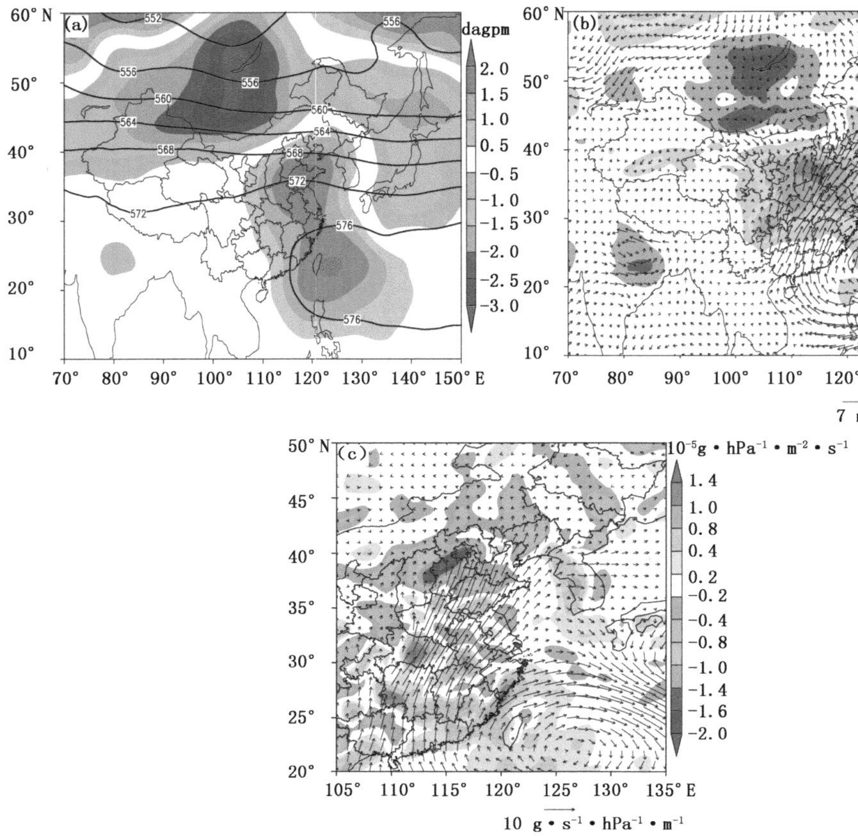

图 3　西风小槽型环流特征

(a)500 hPa 位势高度合成场(等值线,单位:dagpm)和距平场(阴影);(b)850 hPa 风场距平(矢线)和温度场距平(阴影);(c)925 hPa 水汽通量散度(阴影)和水汽通量矢量的距平场

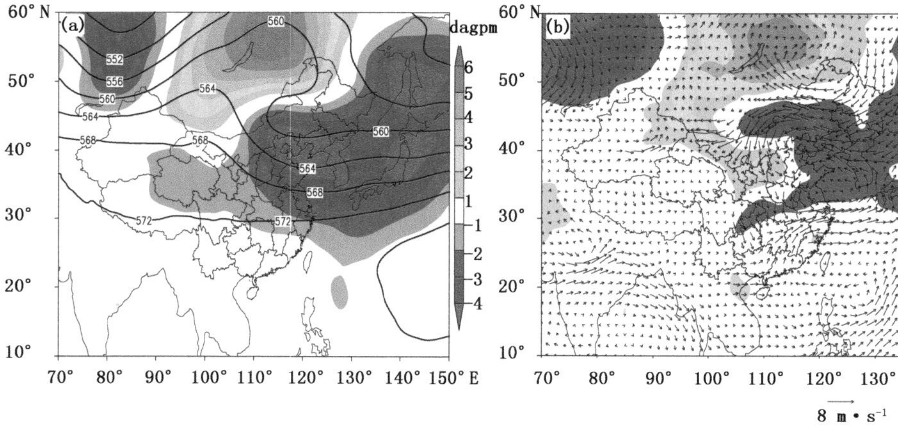

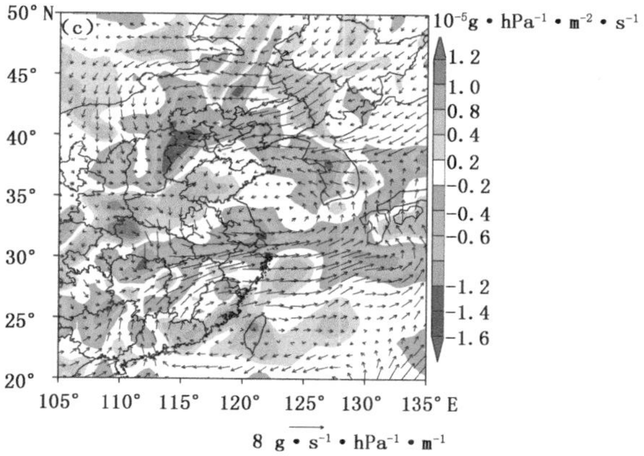

图 4 东北冷涡型环流特征

(a)500 hPa 位势高度合成场(等值线,单位:dagpm)和距平场(阴影);(b)850 hPa 风场距平(矢线)和温度场距平(阴影);(c)925 hPa 水汽通量散度(阴影) 和水汽通量矢量的距平场

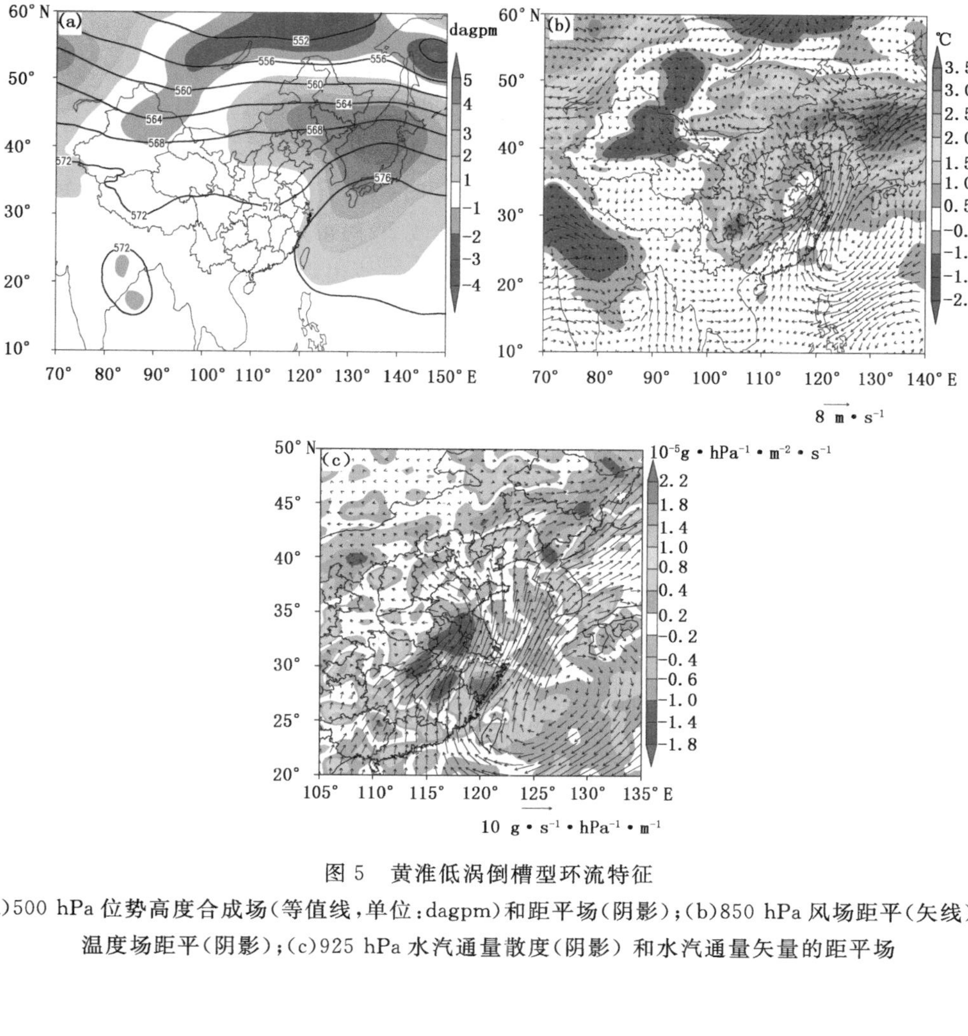

图 5 黄淮低涡倒槽型环流特征

(a)500 hPa 位势高度合成场(等值线,单位:dagpm)和距平场(阴影);(b)850 hPa 风场距平(矢线)和温度场距平(阴影);(c)925 hPa 水汽通量散度(阴影) 和水汽通量矢量的距平场

4　不同天气系统影响下北京地区短时强降水的时空分布特征

不同天气尺度系统影响下，北京地区短时强降水分布的时空特征是否存在明显差异呢？图 6a 为 2007—2014 年 6—8 月北京地区短时强降水事件（≥20 mm·h^{-1}的总次数）的空间分布图，总体而言，北京地区短时强降水频发区域主要沿山前从西南至东北呈带状分布，两个多发区域分别在城区和东北部山前。图 6b—e 为 2007—2014 年 6—8 月 4 类不同天气尺度环流背景下的短时强降水事件均一化频次空间分布：西来槽型的短时强降水频发区域分布（图 6b）与短时强降水总频次的走向类似，但是有 3 个中心区，分别位于北京西南部山前、城区西部和东北部山前，而中心城区出现短时强降水的频次反而较低；西风小槽型短时强降水频发区域主要在北京城区和北京东北部山前（图 6c），中间有明显的低频分割带；东北冷涡型短时强降水带也大体沿山前呈西南一东北带状走向（图 6d），呈现出水平尺度更小的多中心分布，表明东北冷涡背景下的短时强降水落区更为分散；黄淮低涡倒槽型短时强降水带与其它几型明显不同，呈东南—西北走向，2 个短时强降水中心分别在中心城区、西北部山前（图 6e），此外，虽然黄淮低涡倒槽型是 4 类短时强降水天气型中最少发生的，但是中心城区和昌平山前地区发生短时强降水的总频次接近天气个例数，表明这类天气尺度背景下的强降水落区更具重复性。

图 7 为 2007—2014 年 6—8 月 4 类天气系统背景下北京地区所有站点发生短时强降水的总频次（总站次）和站点的平均频次（总站次/发生短时强降水的站数）的日变化特征，发生短时强降水站点数越少而总频次越多即站点的平均频次越大，说明短时强降水在空间分布越集中，其极大值中心说明该时段在某些地区更容易发生短时强降水。西来槽型（图 7a）短时强降水主要发生在午后至前半夜，呈单峰型分布，最大峰值在 20 时前后。西风小槽型（图 7b）短时强降水主要时段在夜间，呈现出典型的双峰特征，第 1 个峰值出现在 21—23 时，最大峰值出现在凌晨（02—04 时）。东北冷涡型（图 7c）频发时段从午后至傍晚前后，时段较为集中，总频次和站点平均频次的峰值均呈双峰型，两个峰值的时间非常接近。黄淮低涡倒槽型（图 7d）短时强降水主要发生在夜间，总频次和站点平均频次的峰值均在凌晨 3 时。

上述分析表明不同环流背景下，短时强降水的时空分布存在较大差异：在空间分布上，西来槽型、西风小槽型和东北冷涡型的短时强降水频发区主要沿北京山前呈西南一东北走向的带状分布，西南山前、北京城区和东北山前地区是 3 个最容易发生短时强降水的区域。黄淮低涡倒槽型的短时强降水带与其他三型的雨带分布有较大不同，从北京城区到西北山前呈东南一西北走向的带状分布，短时强降水的高频中心位于城区和西北部山前地区；在时间分布上，低空暖湿平流主导和冷暖空气相互作用发生的短时强降水具有明显差异，其中，西风小波型和黄淮低涡倒槽型短时强降水具有明显的夜发特征，对应于 850 hPa 气温为正距平；而冷暖空气相互作用发生的短时强降水主要发生午后至前半夜，其中 850 hPa 气温负距平最强的东北冷涡型主要发生在午后，而西来槽型主要集中在傍晚至前半夜。对应发生短时强降水总频次和站点的平均频次的日变化特征，西来槽型、西风小槽型和东北冷涡型的峰值高度重合，说明这 3 型的短时强降水频发区域相对集中；黄淮低涡倒槽型短时强降水则是 02:00—04:00 时发生区域高度集中。需要说明的是，由于东北冷涡型和黄淮低涡倒槽型样本数相对偏少，对其时空分布规律特征的认识还有待进一步验证。那么，不同天气背景下北京地区短时强降水的时空分布特征是否与边界层内中尺度环流演变有关呢？

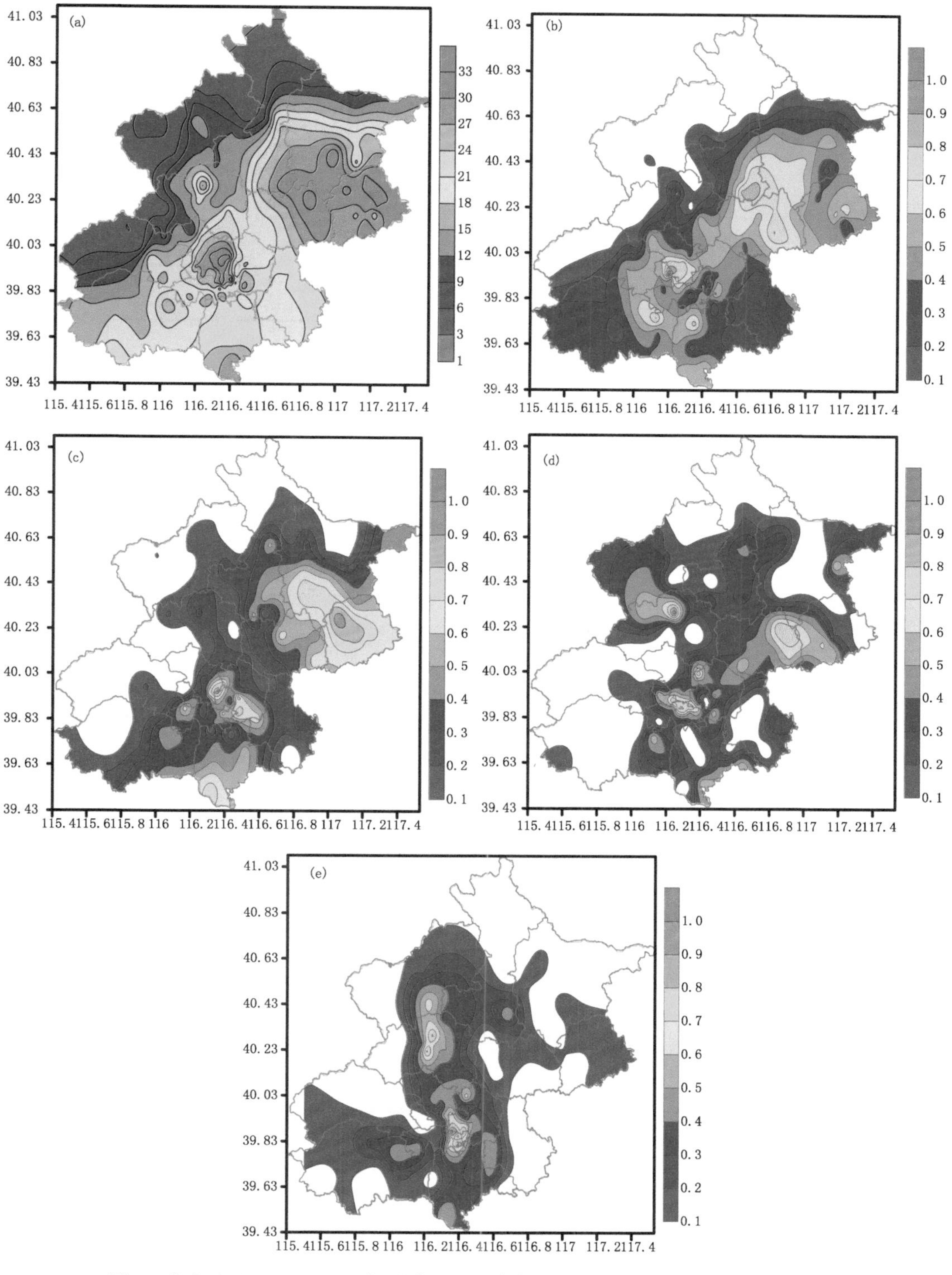

图 6　北京地区 2007—2014 年夏季短时强降水(≥20 mm·h^{-1})事件的空间分布
(a.短时强降水事件的总频次,b—e.西来槽型、西风小槽型、东北冷涡型、南支槽型天气尺度背景下的短时强降水事件的归一化频次分布)

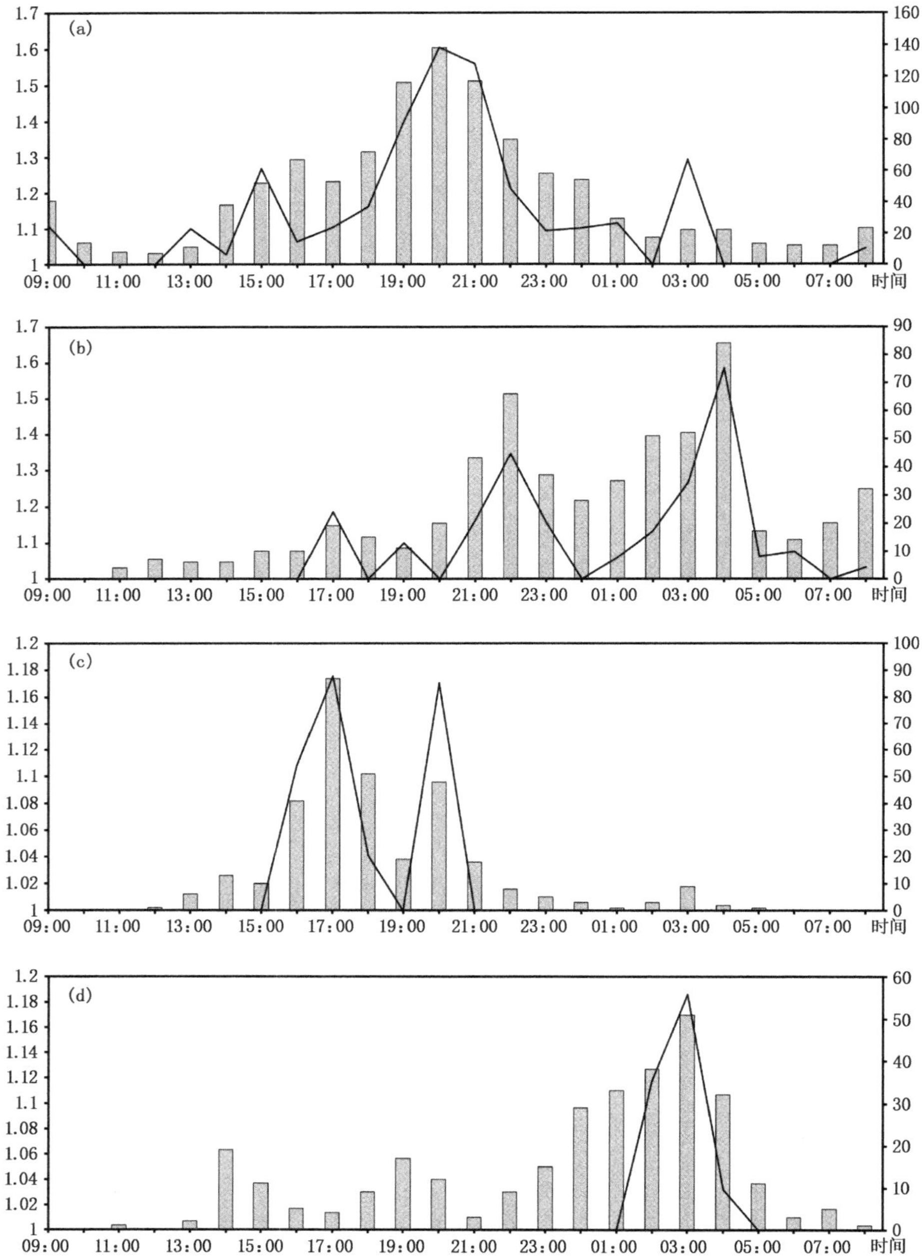

图 7　2007—2014 年 6—8 月北京地区根据分型统计的短时强降水日内出现短时强降水事件的总频次(柱状)和发生短时强降水站点的平均频次(线条)的逐时变化特征

(a. 西来槽型,b. 西风小槽型,c. 东北冷涡型,d. 南支槽型)

5 地面中尺度特征

短时强降水分布的不均匀性主要由中小尺度系统的发生发展主导。从上面的分析可以看到，不同环流背景下北京地区的短时强降水具有一定的时空集中度，表明每一类天气背景下的短时强降水系统的中小尺度特征是存在明显共性特征的。

用地面自动站观测资料，计算上述4类环流背景下，北京地区逐小时温度、风与夏季(6—8月)同一时刻平均的分类距平场。由图7a可知，西来槽型短时强降水主要从午后开始加强至20时许达到峰值，而凌晨至上午相对较弱。从西来槽型的地面风场距平(图8)可以看到，09时北京大部地区为偏南风异常，温度场距平也均为正距平(图略)，表明北京地区近地面层上午以暖平流为主；至13时，沿北京西北部山区出现带状温度负距平区(图8e)，温度负距平中心与风场距平上的局地反气旋环流对应，主城区西部则出现了气旋性环流，也就是说在西南—东北向的降水带中，北京西部、北部山区首先有局地冷高压生成，表明强对流系统开始在山区出现，其外围辐散气流(冷池)有利于城区激发对流；至15时，北京西部、北部山区的辐散高压已明显加强并呈组织化趋势，其外围的辐散气流也显著增强，与南风气流形成一条东北—西南走向的辐合线穿过北京城区，短时强降水站次也迅速增多；至20时，组织化的中尺度辐散带出现，城区及平原地区由偏东风异常转为偏北气流异常，此时的温度场上(图8f)，北部山区已转为明显的正距平，表明该区域对流活动已趋于结束，冷池已经消失，而城区气温负距平和强降水雨带基本重合，说明城区地面气温下降主要是强降水形成的冷池，而城区及平原地区此时的偏北风异常是组织化中尺度对流系统的出流形成的。

西风小槽型短时强降水从午后至后半夜均有发生，但是夜雨特征明显(图9b)；短时强降水分布区域和西来槽型也略有不同，有两个相对独立的频发区分别在北京西部城区和东北山前。午后和凌晨时刻的风场距平(图9a、b)表明，在高空相对平直的西风环流控制、对流层低层偏南气流异常的背景下，北京平原地区的近地面层主要以东南风异常为主，其中，伴随短时强降水的3个峰值均有一条明显的东南风异常风速带从北京东南部通过城区到达西北山前，受西部地形阻挡，在山前向西南发生绕流，城区的西部方向形成气旋性环流。其温度距平(图9c、d)的日变化特征非常明显，北部山区从10时开始，出现温度负距平并逐步加强，16时达到最强，然后逐渐减弱，至19时已全部转为正距平。这种天气背景下，为什么呈现出这种温度距平日变化特征呢？图10是西风小槽型的15个个例合成的北京地区(115.4°～117.6°E；39.4°～41.2°N)FY－2红外Ⅰ通道逐时的平均云顶亮温和观象台站逐3 h观测的总云量箱线。可以看到，北京观象台各个时次的总云量基本在8成以上，平均在9成左右。这表明在对流层中层平直西风气流这种大尺度天气背景下，北京地区容易出现长时间的云层覆盖。其中，白天大部分时段的云顶亮温高于－15 ℃，表明以层状云为主；夜间大部分时间云顶温度下降到－20 ℃以下，这与该期间局地对流活动增强(造成短时强降水)是一致的。

上述分析表明，在西风小槽引发短时强降水发生前后，北京地区由于受到大范围层云较长时间覆盖，北部山区与平均状态相比，白天气温偏低(缺乏太阳辐射情况下，气温回升缓慢)，且越接近午后，气温偏低幅度越大，造成偏北风异常，平原地区由于近地面层暖平流作用，气温基本正常甚至略偏高。这支北风气流与平原地区的偏东气流相遇在东北部山前形成一条准静止的地形辐合线；夜间则相反，云层减弱了地表长波辐射降温作用，造成大范围气温偏高，随着东

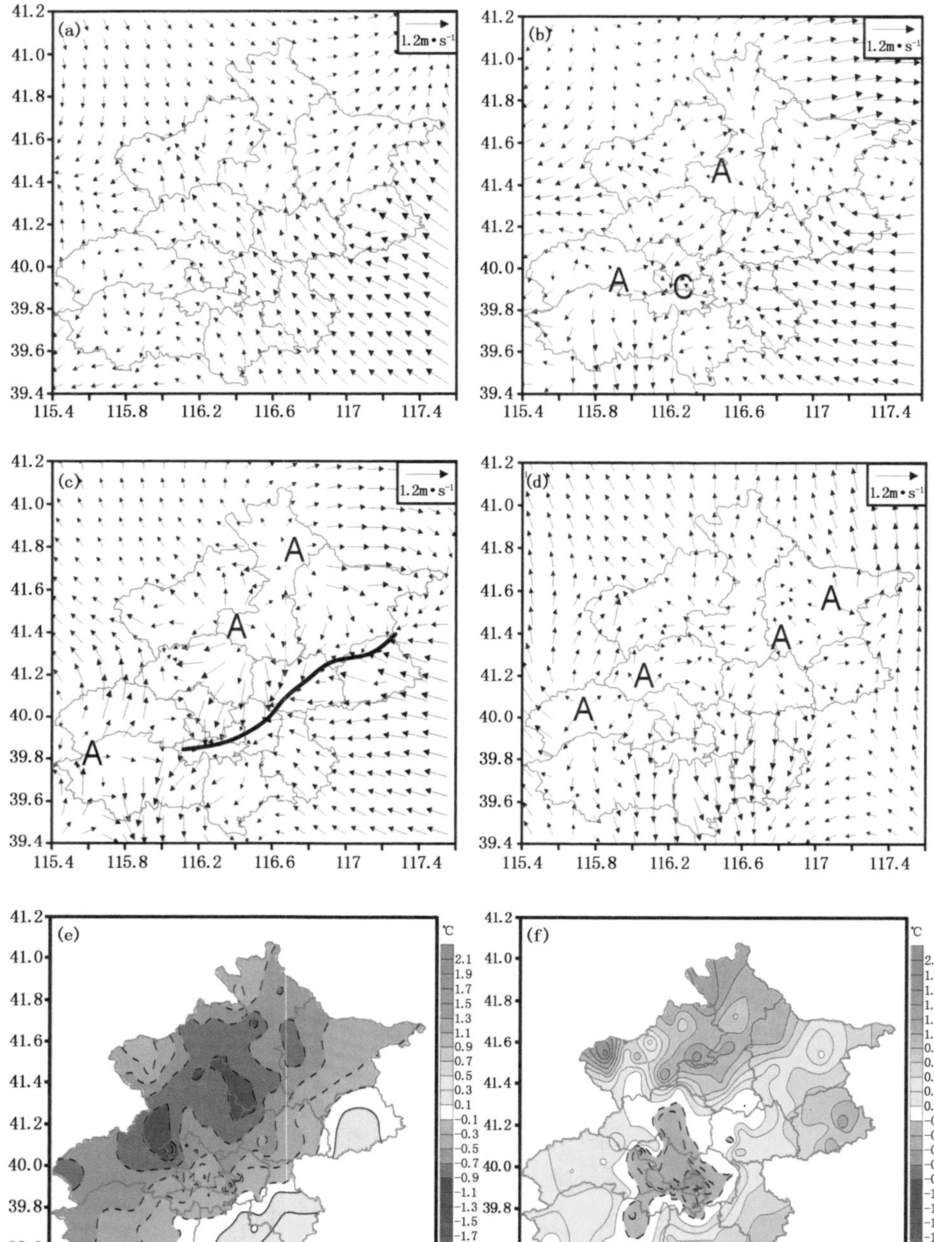

图 8　西来槽型地面风场距平(a—d,图中黑粗实线为辐合线,A:反气旋,C:气旋)和温度场距平(e—f)
(a. 09:00 BT; b, e. 13:00 BT; c. 15:00 BT; d, f. 20:00BT)

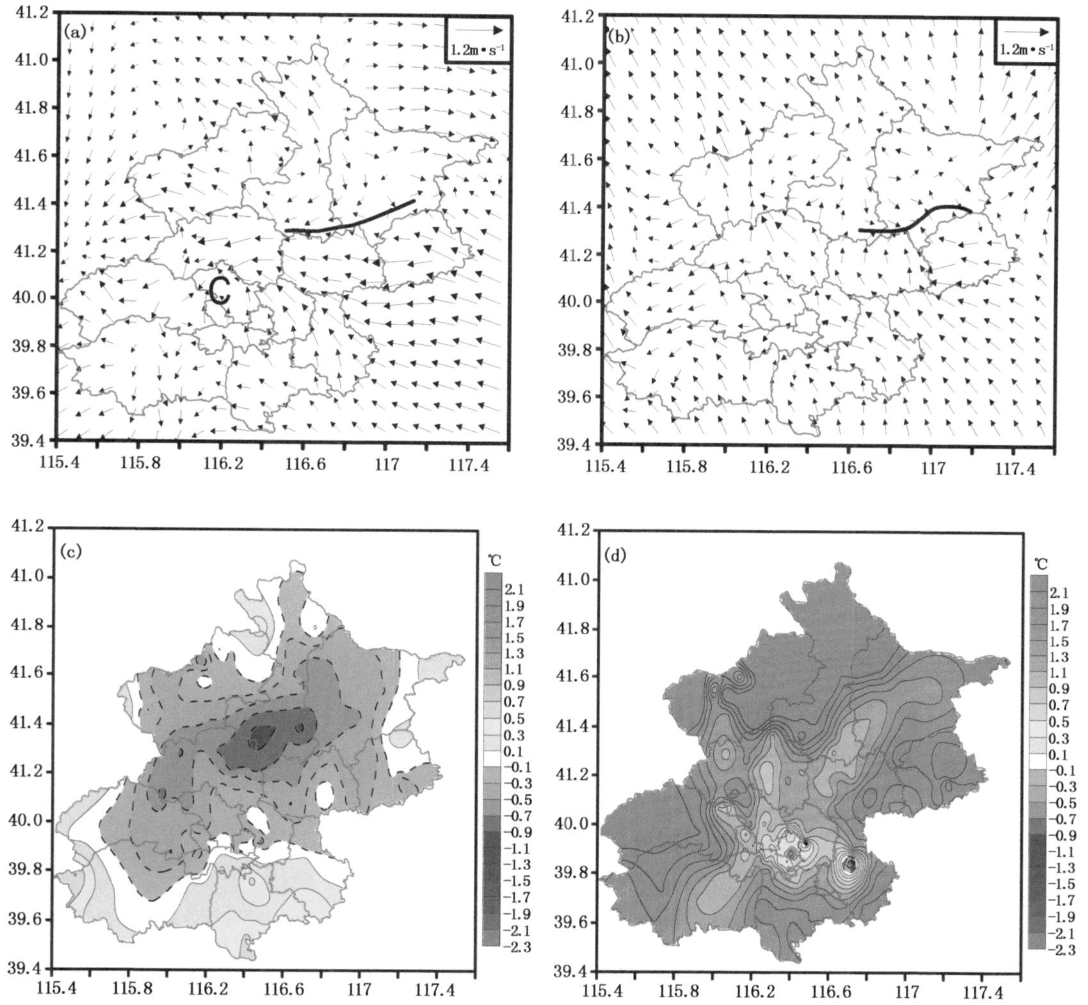

图 9　西风小槽型地面风场距平(a—b，图中黑粗实线为辐合线，C：气旋)和温度场距平(c—d)
(a、c. 15 时，b、d. 03 时)

南气流中偏南分量显著加强，东北部山前地区的辐合上升运动加强，这可能是西风小槽型环流背景下，北京东北部山前地区容易出现较大范围夜雨的重要因素。

东北冷涡型短时强降水主要发生在午后至傍晚的 5～6 h 内，时间相对集中(图 7c)。各时次的气温距平(图略)均为负距平，相对其他时段，15—20 时的负距平的范围明显偏大，强度也明显偏强，这是系统性冷空气侵入与短时强降水形成的冷池共同作用的结果。风场距平图(图 11)上，15 时北京大部仍以偏东风和偏南风为主，至 16 时，北京山前地区突然转为偏北风异常，这显然与对流造成的冷池有关，这支偏北气流与偏东风形成一条明显的地面辐合切变线，该辐合切变线从东北山前向西南方向一直延伸到北京城区，辐合线附近短时强降水站次也明显增多；19 时许，北京大部转为系统性的偏北风，中尺度辐合线逐渐消失，表明天气尺度冷空气活动在该期间占主导地位，对流活动明显减弱；但至 20 时，西北部山前(昌平—怀柔)再次形成较强的辐散气流，表明有组织化的对流系统出现，而此时北京东部的近地面偏东风有所加

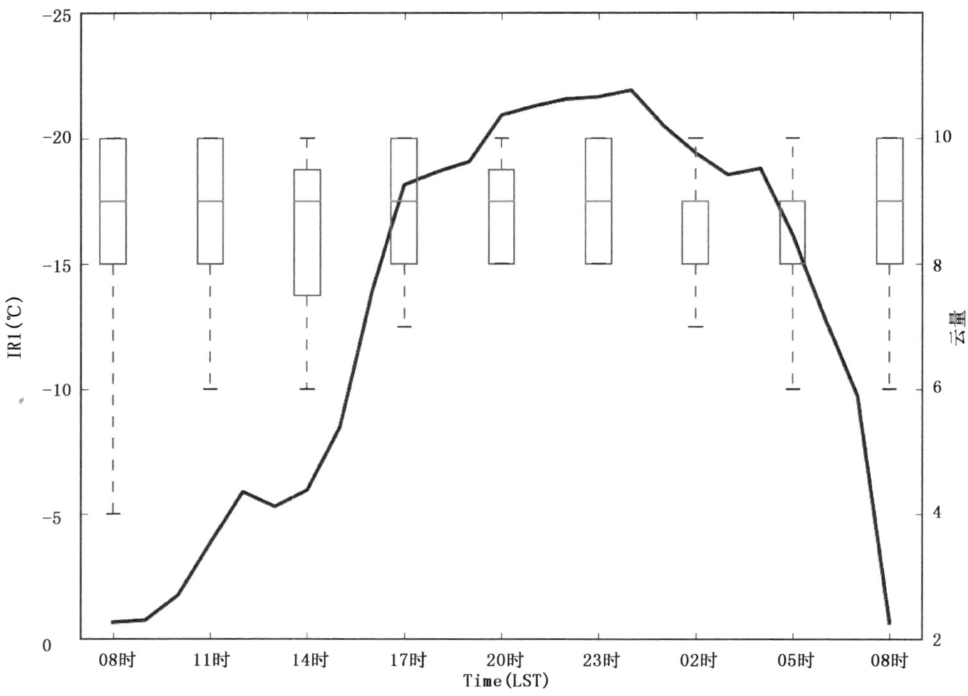

图 10　西风小槽型北京地区(115.4°～117.6°E;39.4°～41.2°N)
FY－2 红外Ⅰ通道逐时的平均云顶亮温(单位:℃)和观象台站逐 3 h 的总云量箱线

强,中尺度辐合线再次出现,出现短时强降水站次的第 2 个峰值。由此可见,系统性冷空气南下以及近地面偏东风的扰动是触发东北冷涡型短时强降水的主要原因。

黄淮低涡倒槽型短时强降水随时间变化特征与西风小槽型类似,短时强降水的夜雨特征更明显。合成的地面气温距平图(图略)上,所有时次均明显偏高,说明黄淮低涡倒槽型的增暖作用对北京地区这类短时强降水的发生非常重要,不仅有利于增强对流不稳定,同时减弱了近地面对流冷池的强度。风场距平(图 12)表明,黄淮低涡倒槽型与西风小槽型有类似的方面,一支东南气流自东向西穿过城区,在西北山前受山体阻挡发生绕流,在西北山前至西部城区产生南北走向并平行于地形分布的辐合线,最后演变为气旋式中尺度环流,而北部山前不存在地面辐合线,在这种中尺度环流背景下,对流可能首先在西部山前出现并向低空入流方向(东南)方向发展,最终形成西北—东南走向的短时强降水分布。

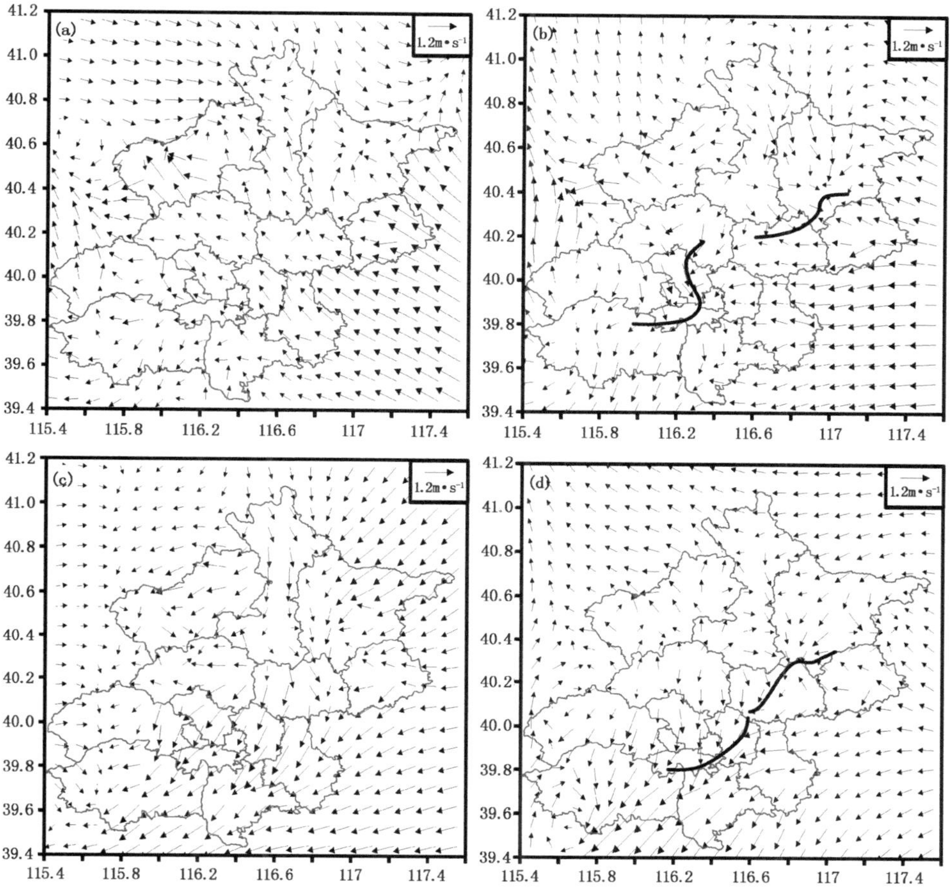

图 11 东北冷涡型地面风场距平(图中黑实线为辐合线)
(a. 15 时, b. 16 时, c. 19 时, d. 20 时)

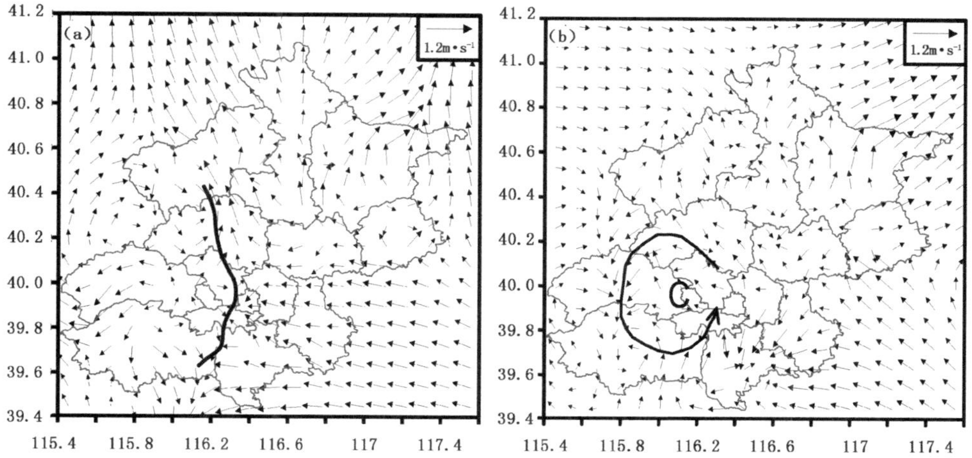

图 12 南支槽型地面风场距平(黑实线为辐合线, C: 气旋)
(a. 21 时, b. 03 时)

6 结论

采用北京地区2007—2014年夏季的逐小时自动气象站数据和ECMWF水平分辨率为0.5°×0.5°、垂直分辨率为37层的ERA-Interim全球再分析数据，在对北京地区56个短时强降水日对应的大气环流特征进行天气分型的基础上，通过分析不同类型短时强降水日的平均场与近8年夏季平均场之间的差异来讨论北京地区发生短时强降水的天气尺度环流特征和地面中尺度环流特征，得到了以下结论：

(1)影响北京地区夏季短时强降水的天气系统主要可分为副高与西来槽相互作用型(简称西来槽型)、西风小槽型、东北冷涡型、黄淮低涡倒槽型。对北京地区的短时强降水过程而言，东北冷涡型低层水汽主要来自于日本海和黄渤海，其他类型的短时强降水过程的水汽主要与南海或东海的远距离输送有关，其中西来槽型和西风小槽型对应的短时强降水在北京地区的水汽辐合最强。

(2)不同天气系统影响下，北京地区的短时强降水时空分布存在明显差异：从空间分布来看，西来槽型、西风小槽型、东北冷涡型对应的短时强降水带主要沿北京山前呈西南—东北走向的带状分布，西南山前、北京城区和东北山前地区是短时强降水事件容易发生的3个区域；黄淮低涡倒槽型的短时强降水分布则从北京城区到西北山前呈东南—西北走向的带状分布，和其他3型的雨带分布有较大不同。在日变化特征上，低空暖平流主导的西风小槽型和黄淮低涡倒槽型短时强降水夜间多发，冷平流主导的东北冷涡后部型则主要发生在午后，而低空冷暖平流对峙的西来槽型短时强降水主要集中在傍晚至前半夜。

(3)在不同天气环流背景下，北京地区短时强降水的中尺度环流特征各有不同：西来槽型表现为，北京西部、北部山区首先触发局地对流，形成中尺度雷暴高压和冷池，并逐渐组织化，其外围辐散气流(冷池)和偏南暖湿气流主导了对流性系统的发展和移动。西风小槽型主要是近地面层较强的东南风受北京西部地形阻挡，在山前向西南发生绕流，城区的西部方向形成气旋性环流，而在东北部山前形成一条准静止的地形辐合线；夜间，在低空暖平流的持续作用下，东南气流中的偏南分量显著增强，造成东北部山前地区的辐合抬升作用加强，这可能是这类天气尺度背景下，东北部地区容易出现较大范围、具有夜雨特征的短时强降水的动力学原因。东北冷涡型主要是在近地面偏东南风背景下，系统性的冷空气从北京北部和西部南下，与偏东风形成辐合切变线以及地形抬升运动触发午后的对流性天气；黄淮低涡倒槽型主要是低涡顶部的东南风气流在北京西北山前受山体阻挡向西绕流，在西北山前至城区西部产生气旋性环流，触发对流性天气。

由于受中尺度地面观测资料时间序列长度的限制，选取的个例样本有限，特别是东北冷涡型和黄淮低涡倒槽型，其样本数相对较少，本文所分析的结论并不一定具有气候统计学意义；另外，中尺度系统主导下的对流过程演变为短时强降水事件，不仅与不同尺度天气系统的相互作用有关，而且与对流尺度系统的结构演变有关，这将是我们下一步希望开展的工作。

参考文献

[1] 陈炯，郑永光，张小玲，等．中国暖季短时强降水分布和日变化特征及其与MCS日变化关系分析[J]．气象学报，2013,71(3)：367-382.

[2] 陶诗言. 有关暴雨分析预报的一些问题[J]. 大气科学，1977,1(1)：64-72.
[3] 陶诗言. 中国之暴雨[M]. 北京：科学出版社，1980.
[4] 陶诗言，丁一汇，周晓平. 暴雨和强对流天气的研究[J]. 大气科学，1979,3(3)：227-238.
[5] Tao S Y, Ding Y H. Observational evidence of the influence of the Qinghai-Xizang (Tibet) Plateau on the occurrence of heavy rain and severe convective storms in China[J]. Bull Amer Meteor Soc, 1981,62(1)：23-30.
[6] 周放，孙照渤，许小峰，等. 中国东部夏季暴雨日数的分布特征及其与大气环流和海温的关系[J]. 气象学报，2014,72(3)：447-464.
[7] 鲍名.近50年我国持续性暴雨的统计分析及其大尺度环流背景[J]. 大气科学,2007, 31(5)：779-792.
[8] 冷春香，陈菊英. 近50年中国汛期暴雨旱涝的分布特征及其成因[J]. 自然灾害学报，2005,14(2)：1-9.
[9] 丁一汇. 陶诗言先生在中国暴雨发生条件和机制研究中的贡献[J]. 大气科学，2014,38(4)：616-626.
[10] 丁一汇. 暴雨和中尺度气象学问题[J]. 气象学报，1994,52(3)：274-284.
[11] 程麟生，Kuo Y H，彭新东，等.中国暴雨中尺度系统发生与发展的诊断分析和数值模拟(I)诊断分析[J].应用气象学报，1993,4 (3)：257-268.
[12] 程麟生，Kuo Y H，彭新东.中国暴雨中尺度系统发生与发展的诊断分析和数值模拟(II)数值模拟[J].应用气象学报，1993,4(3)：269-277.
[13] 张文龙，崔晓鹏，王迎春，等.对流层低层偏东风对北京局地暴雨的作用[J]. 大气科学，2013,37(4)：829-840.
[14] 廖晓农，倪允琪，何娜，等. 导致“7.21”特大暴雨过程中水汽异常充沛的天气尺度动力过程分析研究[J]. 气象学报，2013,71(6)：997-1011.
[15] 全美兰，刘海文，朱玉祥，等. 高空急流在北京“7.21”暴雨中的动力作用[J]. 气象学报，2013,71(6)：1012-1019.
[16] 李娜，冉令坤，周玉淑，等. 北京“7.21”暴雨过程中变形场引起的锋生与倾斜涡度发展诊断分析[J]. 气象学报，2013,71(4)：593-605.
[17] 赵洋洋，张庆红，杜宇，等. 北京“7.21”特大暴雨环流形势极端性客观分析[J]. 气象学报，2013,71(5)：817-824.
[18] 郭虎，季崇萍，张琳娜，等. 北京地区2004年7月10日局地暴雨过程中的波动分析[J]. 大气科学，2006,30(4)：703-711.
[19] 李青春，苗世光，郑祚芳，等. 北京局地暴雨过程中近地层辐合线的形成与作用[J]. 高原气象，2011,30(5)：1232-1242.
[20] 孙继松，杨波. 地形与城市环流共同作用下的β中尺度暴雨[J]. 大气科学，2008,32(6)：1352-364.
[21] 吴庆梅，杨波，王国荣，等. 北京地形和热岛效应对一次β中尺度暴雨的作用[J]. 气象，2012,38(2)：174-181.
[22] 张小玲，余蓉，杜牧云. 梅雨锋上短时强降水系统的发展模态[J]. 大气科学，2014,38(4)：770-781.
[23] 孙建华，张小玲，卫捷，等. 20世纪90年代华北大暴雨过程特征的分析研究. 气候与环境研究[J]，2005,10(3)：492-506.

2013年3月20日湖南和广东雷暴大风过程的特征分析

方翀[1]　俞小鼎[2]　朱文剑[1]　尹忠海[3]　周康辉[1]

(1 国家气象中心，北京 100081；2 中国气象局气象干部培训学院，北京 100081；
3 湖南省气象台，长沙 410007)

摘　要　利用常规探空资料、多普勒天气雷达资料和风廓线雷达资料对2013年3月19日夜里到20日凌晨发生在湖南中南部和广东北部的一次区域性雷暴大风天气进行了分析，发现本次强对流天气过程的天气尺度背景是北支高压脊的崩溃和南支槽的建立，槽前出现较强的低空急流和切变线并在湖南中南部和广东北部形成了上干冷下暖湿的温湿配置结构下发生并强烈发展的；地面自动站观测显示北风侵入到前期露点温度较高的贵州黄平地区并形成风向辐合触发了对流，之后对流单体东移进入前期地面辐合线和露点锋相配合、同时500 hPa极为干冷的的湖南中部偏南地区不断发展加强成对流带；雷达观测显示19日夜里在湖南西部不断出现对流单体并在其东移南下过程中最终形成飑线结构，该飑线中存在多个超级单体；通过多普勒天气雷达的中气旋产品与雷暴大风出现时间对应比较发现：大多数由中气旋引发的雷暴大风，在雷暴大风出现前2～3个体扫，其中气旋底高不断下降至2 km左右或以下，且在雷暴大风出现前1～2个体扫，中气旋的最强切变高度显著下降至中气旋底高位置附近；通过风廓线雷达数据与雷暴大风出现时间对应比较发现：底层大气折射率结构常数(C_n^2)大幅度的跃升通常在雷暴大风出现前10～15 min左右出现，其对雷暴大风的出现可能具有一定的指示意义。

关键词　雷暴大风　超级单体　中气旋　大气折射率结构常数

引　言

在对流风暴产生的灾害性天气现象中，雷暴大风因发生频率高、持续时间短、致灾性强且预报预警难度大等特征，其产生的环境条件、触发机制和临近预警一直是强对流灾害性天气研究中的重要内容之一。在大多数情况下，雷暴大风是由强对流风暴(超级单体或多单体风暴或飑线)中处于成熟阶段单体中的下沉气流，在近地面处向水平方向扩散，形成的辐散性阵风而产生[1]，有时还有冷池密度流和高空水平动量下传的作用。从预报的角度研究雷暴大风包括潜势预报和临近预报，潜势预报包括中尺度环境场分析和探空特征分析，临近预报则需要重点

本文发表于《气象》，2015，41(11)：1305-1314。

分析高时空分辨率的观测资料，包括以多普勒天气雷达观测为主的风暴特征结构的识别和中尺度系统分析。Johns等[2]指出中到强风垂直切变下产生雷暴大风的风暴模态有4种类型，其中超级单体造成的尺度最小，而弓形回波造成的尺度大，大范围的雷暴大风大多由沿着飑线的弓形回波造成。由于弓形回波等有组织的风暴系统可持续3～6 h，甚至更长，因而对风暴的发展、维持及移动预警时效长，对弓形回波及相应飑线的形成、维持、发展，尤其是其中镶嵌有多个强单体的飑线和弓形回波的分析研究就尤为重要。

随着我国多普勒雷达网的建成和风廓线仪等新型观测手段的应用，国内的气象学者从环境条件、组织类型、结构特征等方面对引发雷暴大风的超级单体风暴和弓形回波系统进行了一些研究，罗建英等[3]对2005年3月22日华南地区飑线过程进行了分析，指出飑线系统在低空增温、增湿与对流层中层干侵入的相互作用下形成，姚叶青等[4]利用多普勒雷达资料研究了飑线发展过程中垂直结构演变特征，姚建群等[5]也发现飑线强单体出流边界对其南侧的强单体有明显的加强作用，并使得单体的路径发生向右的偏移，王秀明等[6]深入探讨了2009年6月3日造成河南商丘灾害性地面大风的飑线系统发展、维持及灾害性大风成因，指出商丘飑线灾害性地面大风由高空水平风动量下传、强下沉气流辐散和冷池密度流造成；戴建华等[7]使用多普勒天气雷达、风廓线仪等资料对2009年6月5日的一个飑线前超级单体风暴进行了详细分析，指出飑前超级单体在飑线主体移动和演变的临近预报中有重要指示意义，吴芳芳等[8]统计分析江苏盐城SA雷达中气旋探测算法识别的中气旋特征发现，后侧入流急流进入风暴有时会导致中气旋切变剧增、中气旋的底和顶降低而产生雷暴大风，邵玲玲等[9]通过飑线回波带的组成、移动、变化，讨论了飑线与前方线状回波的交汇在飑线发展加强和弓状回波形成中的作用，潘玉洁等[10]使用双多普勒雷达对华南一次飑线系统的中尺度结构特征进行了分析，俞小鼎等[1]、于庚康等[11]、马中元等[12]、伍志方等[13]也对飑线发生发展、传播机制和组织结构等特征进行了研究。这些研究为雷暴大风的预报预警提供了有效的参考。

2013年3月19日夜里到20日凌晨，湖南省中南部到广东省北部出现了一次以大范围雷暴大风天气为主的强对流天气过程，湖南和广东两省共有23个县(市)出现雷暴大风，其中湖南道县瞬时最大风速达30.7 $m \cdot s^{-1}$，造成了多人死伤。为此，本文一方面应用常规观测资料，分析该过程引起雷暴大风发生发展的环境条件及触发机制，另一方面应用雷达和风廓线等非常规资料，尝试分析探讨雷暴大风临近预警的着眼点，旨在为提高此类致灾性强对流天气预报预警能力提供参考依据。

1 天气背景和环境条件

华南和江南中南部地区是我国强对流天气的多发区，相比我国中东部其他区域，其季节分布较广，从春季到秋季都有区域性强对流天气发生，且出现强对流天气的时间较早，一般在3月就可能出现区域性强对流天气，其原因在于春季华南等地的热力条件已显著改善，南支槽开始活跃，槽前的正涡度平流有利于该区域低空急流的发展和低涡切变的形成，从而改善了低层的水汽条件，并提供了强对流天气发生发展的动力条件，而此时北方的冷空气依然比较强大，能够影响到华南地区，其与南方暖湿气流的交汇触发了强对流天气的发生发展。相对而言，华南等地的雷暴大风天气过程一般集中在春季。这是由于与夏季相比，一方面华南地区春季的水汽积累仍然不是非常充分，另一方面中层的冷空气侵入更加频繁，更容易形成上干冷下暖湿的有利于雷暴大风发生发展的层结结构。

2013 年 3 月 19 日，200 hPa 高空急流从华南西部延伸至华东沿海，急流核位于江南中东部，江南中南部到华南地区处于 200 hPa 急流入口区右侧(如图 1)，急流核的右后侧，强烈的高空辐散有利于强对流天气的发生发展。亚欧中高纬 500 hPa 为两槽一脊结构，从东西伯利亚到我国东北地区为一较深低槽，巴尔喀什湖北部为高压脊，受到黑海和里海北部较深低槽东移侵袭的影响，巴尔喀什湖北侧的高压脊开始崩溃，北支上不断有小槽东移并携带冷空气南下侵入西南华南和江南西部地区；而从青藏高原到孟加拉湾 18 日 08:00 就建立了南支槽，该南支槽不断东移，槽前暖湿气流 19 日开始影响我国华南和西南地区。一方面，青藏高原东移的浅槽携带的小股冷空气与南支槽携带的暖湿空气交汇，另一方面，该浅槽与南支槽位相叠加造成了低槽振幅的加大，槽前暖湿气流、正涡度平流和上升气流均加强，水汽条件的改善和静力不稳定度的增强有利于强对流天气的发生发展。而在 850 hPa 上，19 日 08:00 江南中西部到华南地区开始出现西南急流并迅速增强，同时从四川盆地移出的低涡切变北侧的弱冷空气与其南侧的低空急流交汇并锲入暖湿气流的下方，触发了对流天气的发生。该形势一直维持至 24 日 08:00，副高脊线西伸至孟加拉湾附近，南支槽消失，同时从江汉、江南到华南地区的低槽东移，24 日 20:00 巴尔喀什湖附近的脊也开始重建，大尺度的环流形势不再有利于强对流天气发生。

从 19 日 20 时的中尺度环境条件配置(图 1)看，850 百帕切变线位于湖南北部到贵州一带，地面冷锋位于江西中部到湖南南部一线，作为初始对流出现的贵州湖南交界略偏北地区，地面为冷区，湖南邵阳 20 时的探空图(图略)也显示，850 hPa 以下有逆温层存在，对流不稳定的层次主要位于 850 hPa 以上，即初始对流是由 850 hPa 切变线触发的高架雷暴，触发后对流单体不断东移南下并在进入湖南南部后逐渐转为地基雷暴。温度场上，500 hPa 从湖南西部到广东西部为一显著冷槽，冷中心位于湖南与贵州交界处，对应 850 hPa 温度场从广西东部伸向湖南南部到江西等地为一暖脊，暖中心位于湖南南部。850 hPa 到 500 hPa 的温度差显示，大值中心位于湖南西南部、南部及广东北部地区。同时湖南怀化和郴州 500 hPa 的温度露点差分别达到 39 ℃和 41 ℃，说明该区域中层极干的湿度环境。以上分析表明，湖南西南部、南部和广东北部等地中低层存在明显的暖中心而高层处于干冷的温度槽中，此时欧洲数值模式的分析场表明湖南南部 CAPE 达到 1800 $J \cdot kg^{-1}$ 以上，另外湖南郴州探空图(图略)也显示，其 0～6 km 的垂直风切变达到大约 18 $m \cdot s^{-1}$，而在 NCEP 数值预报模式分析场中，湖南南部 WINDEX 指数值超过 50。北部生成的较弱的对流风暴移入该区域后，较强的热力不稳定、上干冷下暖湿的垂直结构配合强的垂直风切变非常有利于伴有雷暴大风天气的强风暴(包括超级单体风暴)的组织化发展。

总而言之，高层存在从华南西部到华东沿海的急流，中层在西南地区东南部附近有低槽东移，低层在华南到江南中南部存在低空急流且在其北侧存在切变线，三者共同构成了产生强对流天气的动力条件，配合中层冷槽低层暖脊的不稳定的热力条件，及上干下湿的水汽垂直结构，加上切变线和冷锋的触发作用，是在低空急流附近及其与 850 hPa 切变线之间的区域，即江南中南部到华南地区春季出现强对流天气，尤其是雷暴大风天气的典型模型结构。

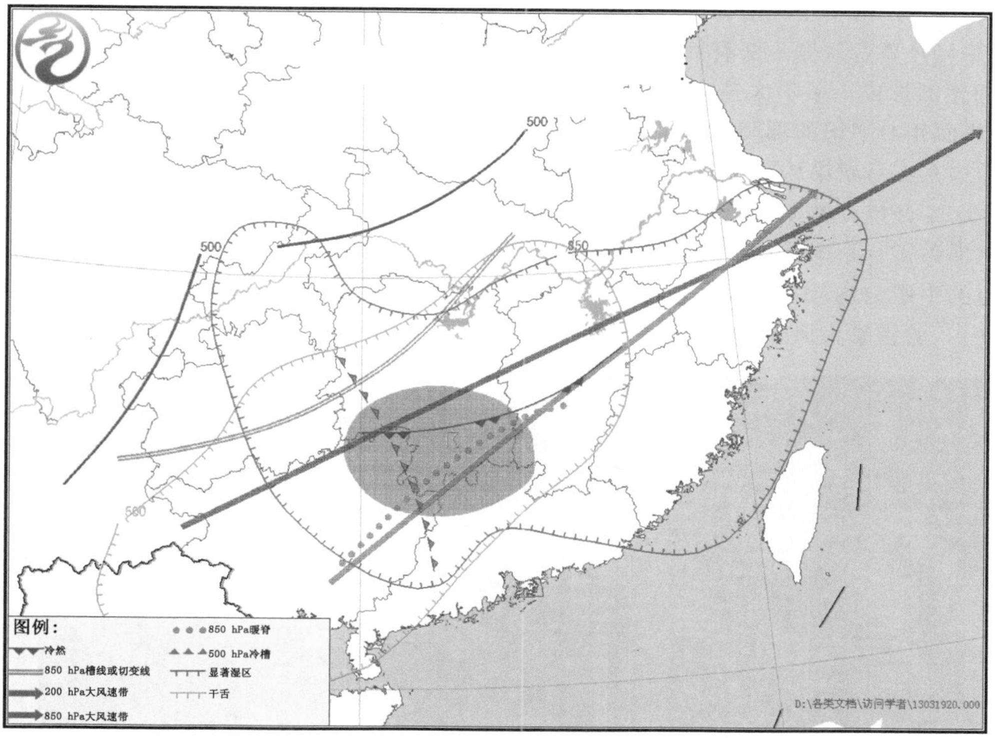

图 1　2013 年 3 月 19 日 20:00 中尺度环境条件场分析
（显著湿区：相对湿度＞80％；干区：相对湿度＜30％；绿色带雷暴符号区域为集中出现雷暴大风的区域；棕色线为 500 hPa 槽线）

2　强对流风暴的触发和演变原因及结构特征分析

在 19 日 12:00 的地面自动站观测图上，贵州的黄平到凯里地区基本受西南风影响，露点温度大约为 15～16 ℃，由于西南气流的维持，黄平西南部到凯里西部的露点温度 15:00 上升至 17 ℃左右，并在之后继续略有上升，说明该地区底层的温湿条件不断改善，且相对于周边，该地区为露点温度的高值中心，有利于对流天气的发生。16:00，黄平本站由弱的偏南风转为偏北风，其后偏北风区域缓慢向南扩展，17:00—18:00 黄平和凯里交界处开始转为北风，显示冷空气侵入到前期底层温湿条件最好的区域，触发了对流发展。对应于雷达图，19 日 18:07，贵州黄平以西开始出现对流回波（图略），之后对流回波不断向东偏北方向移动。18:00—20:00，台江南部到雷山地区的西南气流继续加强，与台江北部和凯里等地形成一个较为明显的涡旋，此后雷达回波加强也较为明显，19:40 左右在贵州东部形成了三个较为明显的对流单体并继续东移，中心强度均达到或超过 60 dBZ，北侧单体 20:00 左右进入地面有弱反气旋结构的区域逐渐减弱，南侧分别位于剑河和锦屏的两个对流单体（A 和 B）则在东移过程中略有扩展加强，20:36 中心强度超过 60 dBZ（图 2a）。而在 20:00 的地面自动站观测图上，从靖州苗族侗族自治县经武冈到祁东一线为风向辐合区，同时也是露点锋区，有利于对流单体的触发加强，而在该地区的中层又恰为干冷区域，故对流单体在 21 时前后东移进入该区域后范围不断扩展，并且在其右后侧不断有新单体生成，同时在单体 B 的东北侧也触发生成了一个新单体 C，从而逐渐形成一条不太连续的对流回波带(图 2b)。单体 B 和单体 C 在移入海拔高度较低、下垫面相对平坦的邵阳及以东地区后发展更为明显，23:37 在邵阳附近两单体连接形成弓状结构并在弓状结构前缘速度场上开始出现中气旋，后侧出现入流缺口(图 2c)，在速度场上从 23:24 开始在邵阳和隆回交界处则显示为朝向雷达的低层大风速中心(超过 15 $m \cdot s^{-1}$)不断向邵阳雷达站附近移动并继续增大，23:43 到达邵阳雷达站，速度场上显示为雷达两侧底层对应的牛眼结构(图 2d)，风速达到 20 $m \cdot s^{-1}$以上，相对应的重要天气报显示 23:49 出现了 25 $m \cdot s^{-1}$的雷暴大风天气。

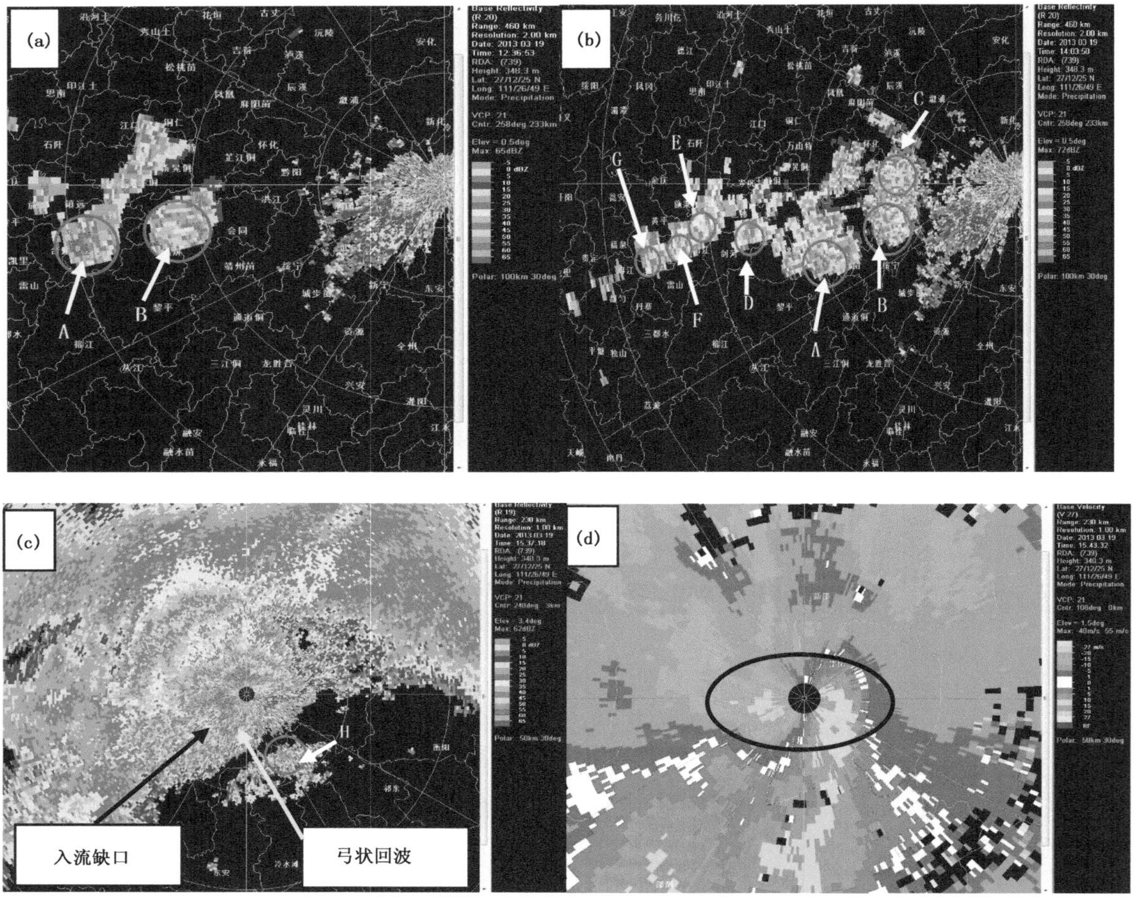

图 2　2013 年 3 月 19 日夜里邵阳雷达基本反射率与速度场图

(a) 0.5°基本反射率(20:36)；(b)0.5°基本速度场(22:03)；

(c) 3.4°基本反射率(23:37)；(d)1.5°基本速度场(23:43)

B、C 两单体在结合转变为弓形回波后，与其前侧新生成的对流单体 H(图 2c)合并继续加强，速度场上的大风速中心在移过邵阳后继续增大，并在其弓状回波的凸起处底层出现极强的风速辐合和一定的风速切变，并再次探测到中气旋结构。同时，图 2a 中的单体 A 也在东移过程中继续发展，并于 00:02 在新宁西北部出现了类似钩状回波结构，同时在速度场上有中气旋存在(图 3)，显示其已经发展为超级单体风暴。在此过程中，湖南西侧仍然继续有新的单体生成发展并向东移动，在图 2b 的基础上逐渐连接成一条略有断续的对流回波带，该回波带中镶嵌了多个超级单体风暴和非超级单体强风暴。

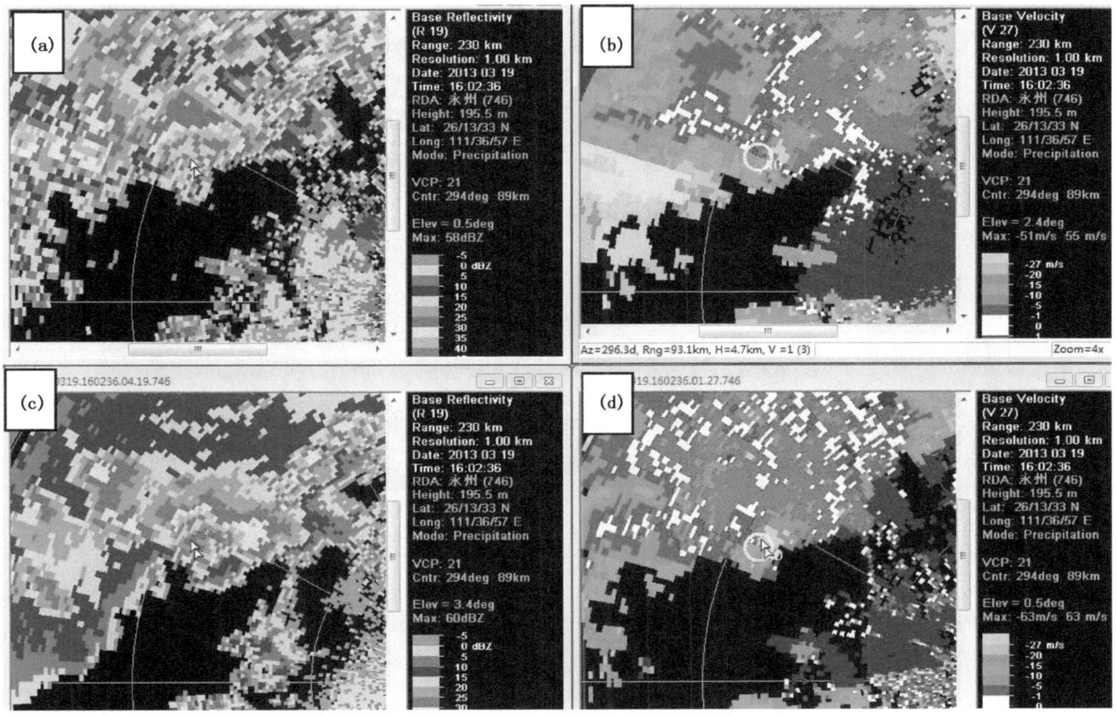

图 3　2013 年 3 月 20 日 00:02 永州雷达基本反射率与速度场四分屏图

(a)0.5°基本反射率;(b)2.4°基本速度场;(c)3.4°基本反射率;(d)0.5°基本速度场

在地面自动站观测图上，21:00—23:00 从衡阳经祁阳到东安一线露点温度开始下降，23:00 永州附近由偏南风转为偏北风，说明冷空气开始逐渐南下，与此相对应，对流回波带在 20 日 00:00 前后从以向东移动为主转为以向南移动为主，并继续略有发展。至 00:51，湖南中部偏南地区已基本形成一条飑线，在飑线上和飑线西侧存在多条弓形回波和多个超级单体风暴(图 4)，其中弓形回波 A 即由图 2c 中的弓形回波发展而来，而弓形回波 B 则由图 3 中的超级单体发展而来。需要指出，飑线是指长度约为 150～300 km，宽度为几千米到几十千米的带状雷暴群，而弓形回波是指飑线在雷达图上显示出的向前凸起、形状如弓的部分，一条飑线上可能存在一个或多个弓形回波，弓形回波中常常也存在超级单体风暴，最强的天气尤其是雷暴大风或龙卷天气常常都出现在弓形回波的顶点附近。图中看到，在飑线东北侧等地出现弓形回波的同时，湖南西侧的对流单体在城步苗族自治县附近也发展成为超级单体风暴(图 5)，该对流单体强回波中心位于中高仰角，且 3.4°仰角的回波中心越过 0.5°仰角回波中心而位于其前方的无回波区，显示该单体有显著的弱回波区和回波悬垂结构，且其 3.4°仰角的回波形态显示该回波单体后侧中层有明显的弱回波通道，对应速度图上显示后侧入流，该后侧入流与其北部的离开雷达的正速度构成中气旋。对应 0.5°仰角和 3.4°仰角的速度场，其 3.4°仰角朝向雷达的强气流前缘显著超前于 0.5°，说明其回波单体位于前倾槽前，中层的干冷空气超前于低层侵入该地区，其上干冷下暖湿的结构有利于强对流单体风暴的发生发展。该中气旋自 00：45 开始维持 5 个体扫，并于 01：00 造成城步苗族自治县的 22 m·s^{-1}的雷暴大风天气。

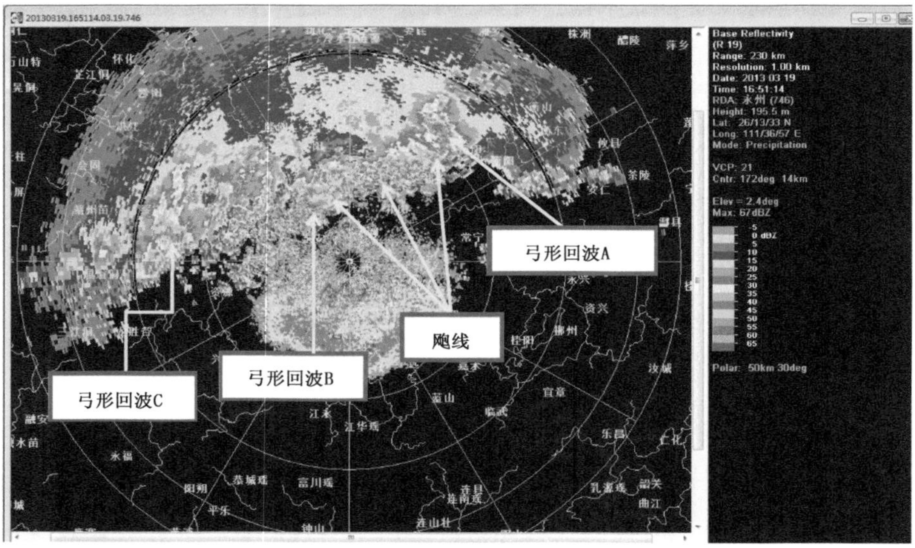

图 4　2013 年 3 月 20 日 00:51 永州雷达 2.4°仰角基本反射率图

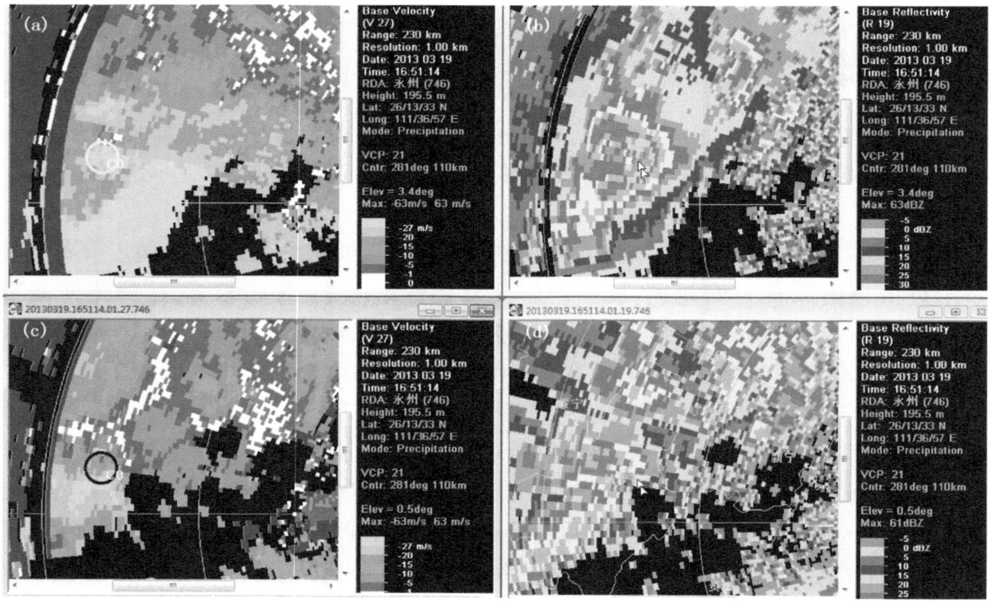

图 5　2013 年 3 月 20 日 00:51 永州雷达基本反射率与速度场四分屏图

（a 图中箭头所指为后侧入流，b 图中箭头所指为弱回波通道）

(a)3.4°基本速度场；(b)3.4°基本反射率；(c)0.5°基本速度场；(d)0.5°基本反射率

之后该回波带继续东移南下，回波带中的多个超级单体风暴和非超级单体强风暴陆续造成永州、双牌、安仁、道县、嘉禾、新田等多地的雷暴大风天气。在雷暴大风经过永州时，从速度场（图 6）上可以看到低层有一对南北对应的牛眼，偏北气流达到约 23.5 m · s^{-1}，而到一定高度后则转为较强的西略偏南气流，二者之间较强的垂直风切变也有利于组织完好的对流系统如强烈多单体强风暴和超级单体风暴的发生发展[14]，并且在一定条件下有利于强飑线的发生发展。

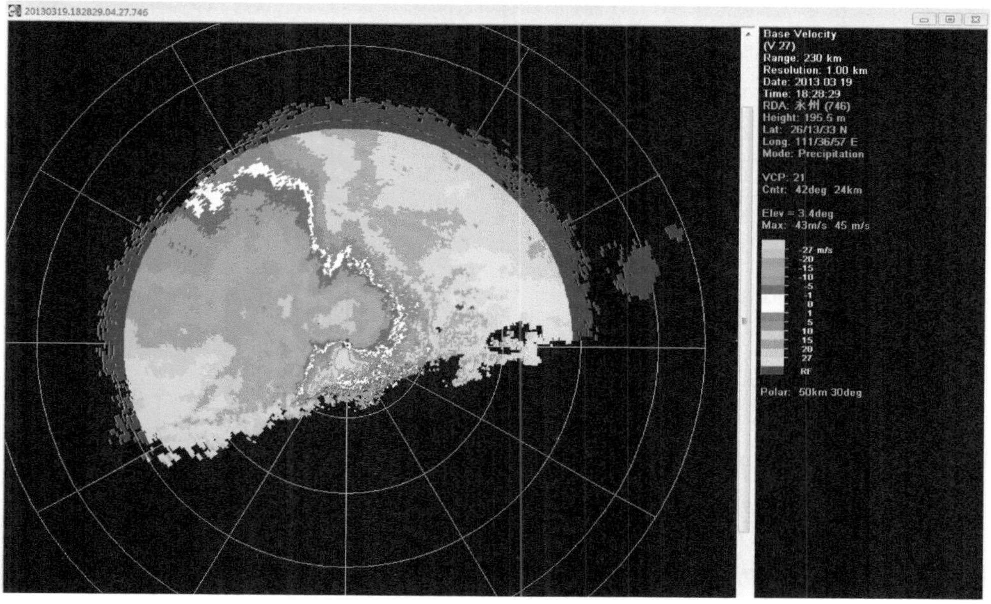

图 6　2013 年 3 月 20 日 02:28 永州雷达基本速度场（3.4°仰角）

3　中气旋产品特征统计

中气旋产品是表征是否是超级单体风暴的最重要的因子，对邵阳、永州和韶关雷达的中气旋产品统计表明，本次过程出现的中气旋非常多，持续 3 个体扫以上的中气旋超过 24 个。但由于并非所有出现雷暴大风的站点都发布重要天气报，仅有发布重要天气报的站点能够确定大风出现的具体时间，故大多数中气旋与出现雷暴大风的站点难以完全对应，最终仅选出了城步苗族自治县 01:00（对应永州雷达中气旋 C0）、道县 03:16（对应永州雷达中气旋 V2）、仁化 05:36（对应韶关雷达中气旋 F3）、南雄 06:11（对应韶关雷达中气旋 S8）出现的雷暴大风数据与中气旋数据进行对比（如表 1），试图找出有意义的预警指标。

表 1　中气旋产品特征值与雷暴大风出现时间对照表（高度单位：km；最强切变值单位：$10^{-3}s^{-1}$）

时间地点	体扫时间	底高	顶高	最强切变高度	最强切变值
城步苗族自治县（01:00）	00:45	2.5	6.8	6.8	15
	00:51	2.2	6.5	6.5	11

续表

时间地点	体扫时间	底高	顶高	最强切变高度	最强切变值
城步苗族自治县(01:00)	00:57	2	6.2	2	18
	01:03	1.9	7.4	7.4	15
	01:09	1.7	7.3	7.3	19
道县(03:16)	02:52	2.9	7	4.2	19
	02:58	3.8	6.9	5.1	17
	03:04	2.1	4.4	3.2	18
	03:10	2	3.1	2	16
	03:17	3	6.6	5.1	14
仁化(05:36)	05:12	2	4.7	3.1	13
	05:24	1.5	6.1	1.5	25
	05:30	0.6	5.8	0.6	25
	05:36	1.7	6.2	1.7	72
	05:42	2.1	5.9	3.1	12
南雄(06:11)	06:00	3.8	4.9	3.8	11
	06:06	1	4.7	1	41
	06:12	1.1	6.8	1.1	40

表1中可以看到，一方面，城步苗族自治县、道县和仁化三站在雷暴大风发生前的2～3个体扫，其中气旋底高都是在不断下降的，南雄的中气旋数据时间较短，但06:00—06:06其中气旋底高也出现了显著下降，即很可能大多数的雷暴大风与中气旋的降低密切相关，在雷暴大风出现前2～3个体扫，其中气旋底高不断下降至2 km左右或以下；另一方面，城步苗族自治县的中气旋在00:45—00:51期间，其最强切变高度接近中气旋顶高，但从00:51—00:57，其最强切变高度突然下降至中气旋底高位置，01:00出现雷暴大风，01:03最强切变高度再度上升至中气旋顶高高度，道县和仁化的中气旋也比较类似，在发生雷暴大风1～2个体扫以前，其最强切变高度都处于中间层次，道县在03:04—03:10其最强切变高度降至中气旋底高位置，03:16出现雷暴大风，仁化则是在05:12—05:24最强切变高度显著下降至中气旋底高位置，05:36出现雷暴大风，南雄站06:00其最强切变高度即底高高度，但06:00—06:06最强切变高度也随着中气旋底高一起显著下降，06:11出现雷暴大风，故可以得出以下结论：大多数由中气旋引发的雷暴大风，其在雷暴大风出现前1～2个体扫，中气旋的最强切变高度会显著下降至中气旋底高位置（或跟随中气旋底高一起下降），雷暴大风发生后迅速回升。

关于中气旋与雷暴大风的关系，尝试解释如下：雷暴内下沉气流到达地面附近导致雷暴高压，而中气旋降低导致大气地面附近气压降低，在下沉气流导致的雷暴高压和中气旋下沉导致的地面进一步降低的低压之间具有最强的气压梯度力，进而在该气压梯度力作用下出现强风。而下沉气流向周边辐散和动量下传也是导致地面大风的机制。有时，雷暴高压与中气旋低压之间的方向与雷暴移动方向相近，也就是与动量下传导致的大风方向相近，二者叠加可能是导致极端的地面大风的重要机制之一。

另外，对这几次中气旋的最强切变值分析发现，部分中气旋在雷暴大风发生前 1～2 个体扫，其最强切变值增大明显（如南雄），但道县却在减小，说明最强切变值的变化对雷暴大风的发生虽然可能有一定的预警价值，但例外的情况还是具有相当比例。

4 风廓线的折射率结构常数(C_n^2)变化分析

由于本次过程中，广东北部的连州(05:52)和南雄(06:11)均出现了雷暴大风天气，而这两个站点均有风廓线雷达，故能够对这两个站点的风廓线雷达数据进行研究探讨，找寻有利于进行雷暴大风预警的结论。需要指出的是，由于南雄站的资料问题，其风廓线资料仅到 06:05。

对流层中，大气湍流运动明显，湍流运动导致的折射率随机不均匀分布是风廓线雷达回波信号产生的主要机制。在一定的假设条件下，大气的折射率结构函数 $D_n(r)=C_n^2r^{2/3}$，其中 $C_n^2=b^2C_g^2+a^2C_T^2-2abC_{T_g}^2$，$C_e^2$、$C_T^2$ 和 $C_{T_e}^2$ 分别为湿度、温度和温湿结构常数，故依赖于大气的温、压、湿状况[15]。而风廓线雷达探测可以实时得到 C_n^2 数据，本文尝试利用连州和南雄风廓线雷达的 C_n^2 数据变化和雷暴大风出现时间进行对比，找寻可能有益于临近预警的规律。

首先，我们选取这两个站在出现雷暴大风之前 2 h 及之后 1 h 的 C_n^2 记录，由于风廓线数据为每 5 min 一份记录，故将后 5 min 减去前 5 min，得到的值除以前 5 min 的值作为该层次该时段的 C_n^2 变化幅度。

其次，由于风廓线雷达的探测层数较多，从最底层 100 m 高度开始，到最高层 4960 m，总共 82 层，需要将一定的层次进行平均计算。我们的数据处理方式是：从 100 m 的层次开始往上，每 8 层（最后一个平均层为 10 层的平均）计算平均的 C_n^2 变化幅度，得到从底层往上总共 10 个平均层的数据，观察各平均层 C_n^2 在雷暴大风发生前 2 h 及发生后不久的变化幅度。

分析连州风廓线各平均层 C_n^2 的变化幅度（图 7）发现，连州雷暴大风出现前大约 15 min 左右，05:35—05:40，最底层 C_n^2 的有一个非常大幅度的跃升，雷暴大风出现之后，最底层 C_n^2 的有一个较小幅度的跃升，而在第二层，虽然 05:35—05:40 的跃升幅度与底层类似，但其雷暴大风出现后的跃升幅度更大，第四层其雷暴大风出现后的跃升幅度之大已经使得 05:35—05:40 的跃升难以在图表上表现，最高层也是在雷暴大风出现后才出现一定程度的跃升。故可能对雷暴大风的出现有一定指示性的仅在最底层。南雄 06:05 之后的资料缺失，但在考察 06:05 之前最底层的 C_n^2 变化情况（图 8）时，也发现在在雷暴大风出现之前 10 min 左右的 06:00—06:05 出现了大幅度的跃升，说明底层 C_n^2 的变化幅度对于雷暴大风的出现很可能有一定的指示性，其大幅度的跃升通常在雷暴大风出现前 10～15 min 左右出现。

这个大气折射率结构常数在大气低层的跃升应该是由对流系统前阵风锋的经过所导致的，然后通过重力波向上传播，因此导致各层先后都出现该值的跃升。由于在地形复杂地区不见得很容易在雷达上探测到阵风锋，因此通过低层大气折射率结构常数的跃升可以判断阵风锋的到来，意味着即将起大风，具有一定预警作用。

需要指出的是，由于本次过程雷暴大风发生的站点仅有连州和南雄有风廓线布网，故上述得到的结论仍需要更多的数据来进行验证。

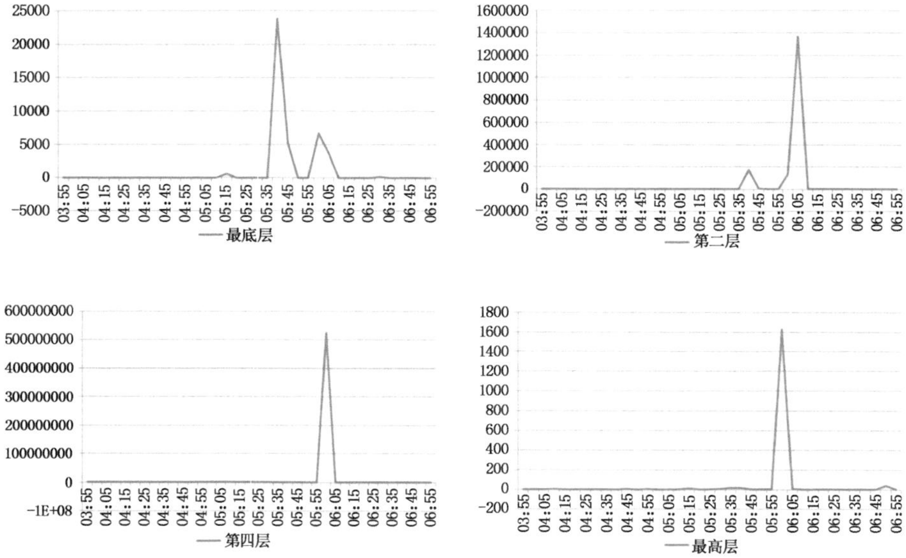

图 7　2013 年 3 月 20 日 03:55—06:55 广东连州风廓线各层 C_n^2 变化幅度(单位:$m^{-2/3}$)

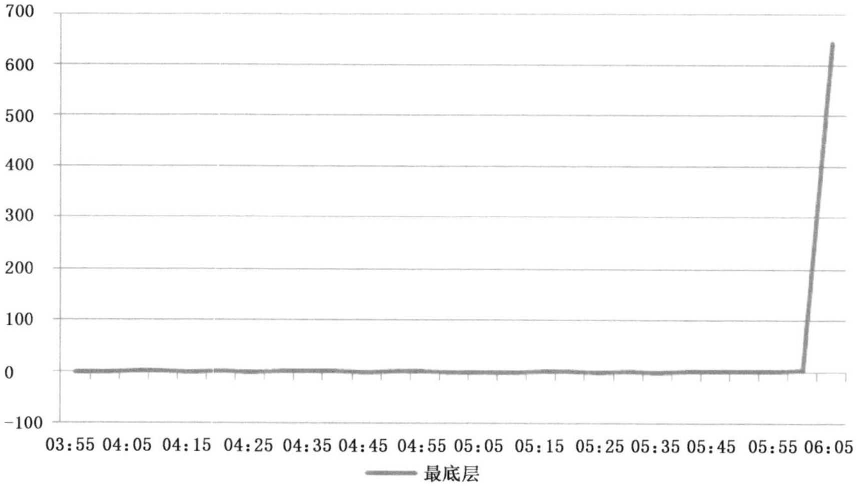

图 8　2013 年 3 月 20 日 03:55—06:05 广东南雄风廓线底层 C_n^2 变化幅度(单位:$m^{-2/3}$)

5　结论和讨论

本文对 2013 年 3 月 19 日夜里到 20 日凌晨发生在湖南和广东的一次区域性雷暴大风过程的常规观测资料、多普勒天气雷达和风廓线雷达资料进行了分析，主要获得如下结论：

(1)本次强对流天气过程的天气尺度背景是北支高压脊的崩溃和南支槽的建立，槽前低层出现较强的暖湿急流和切变而高层出现了较强的辐散，深层和低层垂直风切变大，大气斜压性强，冷暖空气在华南对峙；

(2)地面自动站观测和雷达回波的对比分析显示，贵州北部南下的冷空气侵入到前期地面露点温度高值中心黄平到凯里附近并形成风向辐合触发了对流，随后对流单体东移进入前期地面辐合线和露点锋相配合、同时500 hPa极为干冷的湖南中部偏南地区不断扩展并触发新单体，最终形成了飑线结构，该飑线中镶嵌有多个超级单体并造成了多站的雷暴大风天气；

(3)本次过程中多普勒天气雷达算法识别的与镶嵌在飑线中的超级单体相联系的中气旋产品与雷暴大风出现时间对应比较发现：大多数由中气旋引发的雷暴大风，在雷暴大风出现前2～3个体扫，其中气旋底高不断下降至2 km左右或以下；其在雷暴大风出现前1～2个体扫，中气旋的最强切变高度会显著下降至中气旋底高位置，雷暴大风发生后迅速回升；可以用中气旋高度降低作为大风预警指标之一；

(4)关于中气旋与雷暴大风的关系，尝试解释如下：雷暴内下沉气流到达地面附近导致雷暴高压，而中气旋降低导致大气地面附近气压降低，在下沉气流导致的雷暴高压和中气旋下沉导致的地面进一步降低的低压之间具有最强的气压梯度力，进而在该气压梯度力作用下出现强风。而下沉气流向周边辐散和动量下传也是导致地面大风的机制。有时，雷暴高压与中气旋低压之间的方向与雷暴移动方向相近，也就是与动量下传导致的大风方向相近，二者叠加可能是导致极端的地面大风的重要机制之一；

(5)本次过程中风廓线雷达的数据与雷暴大风出现时间对应比较发现：低层的变化幅度对于雷暴大风的出现很可能有一定的指示性，其大幅度的跃升通常在雷暴大风出现前10～15 min左右出现；低层C_n^2的跃升其实反映了雷暴阵风锋的到来，由于在地形复杂地区常常不容易在雷达回波上看到阵风锋，因此上述折射率结构常数的跃升可以看作是阵风锋的到来，而大风区常常就在阵风锋之后，因此可以用来预警大风。

需要指出的是，由于样本较少，以上结论仅是初步探讨的结果，较为确定的结论则需要更多样本进行分析研究。

参考文献

[1] 俞小鼎，姚秀萍，熊廷南，等. 多普勒天气雷达原理与业务应用[M]. 北京：气象出版社，2006：122-123，169.

[2] Johns R H，Doswell III C A. Severe local storms forecasting[J]. Wea Forecasting，1992，7：588-612.

[3] 罗建英，廖胜石，梁岱云，等. 2005年3月22日华南飑线的综合分析[J]. 气象，2006，32(10)：70-75.

[4] 姚叶青，俞小鼎，张义军，等. 一次典型飑线过程多普勒天气雷达资料分析[J]. 高原气象，2008，27(2)：373-381.

[5] 姚建群，戴建华，姚祖庆. 一次强飑线的成因及维持和加强机制分析[J]. 应用气象学报，2005，16(6)：746-754.

[6] 王秀明，俞小鼎，周小刚，等. 6.3区域致灾雷暴大风形成及维持原因分析[J]. 高原气象，2012，31(2)：504-514.

[7] 戴建华，陶岚，丁扬，等. 一次罕见飑前强降雹超级单体风暴特征分析[J]. 气象学报，2012，70(4)：609-627.

[8] 吴芳芳，俞小鼎，张志刚，等. 对流风暴内中气旋特征与强烈天气[J]. 气象，2012，38(11)：1330-1338.

[9] 邵玲玲，黄宁立，邬锐，等. 一次强飑线天气过程分析和龙卷强度级别判定[J]. 气象科学，2006，26(6)：627-632.

[10] 潘玉洁,赵坤,潘益农,等.用双多普勒雷达分析华南一次飑线系统的中尺度结构特征[J].气象学报,2012,70(4):736-751.
[11] 于庚康,吴海英,曾明剑,等.江苏地区两次强飑线天气过程的特征分析[J].大气科学学报,2013,36(1):47-59.
[12] 马中元,苏俐敏,谌芸,等.一次强飑线及飑前中小尺度系统特征分析[J].气象,2014,40(8):916-929.
[13] 伍志方,庞古乾,贺汉青,等. 2012 年 4 月广东左移和飑线内超级单体的环境条件和结构对比分析[J].气象,2014,40(6):655-667.
[14] 俞小鼎.强对流天气临近预报[M].北京:中国气象局气象干部培训学院,2012:5-6.
[15] 何平.相控阵风廓线雷达[M].北京:气象出版社,2006:43-45,49.

三种不同天气系统强降水过程中分钟雨量的对比分析

盛杰 张小雯 孙军 毛冬艳 谌芸 朱文剑

（国家气象中心，北京 100081）

摘 要 本文通过使用高时间分辨率的分钟级雨量资料并结合雷达回波，对比分析了近年来飑线、梅雨锋和热带系统影响下的三次强降水过程，并通过降水率、降水持续时间和降水变率的统计，探讨三次强降水过程的特征，最后给出强降水时段对应所有站点最初1 h降水的平均状态。结果表明：用分钟雨量资料辨识出的强降水时段降水序列，结合雷达回波和小波分析发现其可以很好的表现γ中尺度对流系统的降水特征，弥补了小时雨量时间分辨率低的缺陷。分析三个过程中强降水时段的样本发现华北飑线的强降水过程单站只有一次强降水时段，累计雨量基本在50 mm以下，具有降水率大，持续时间短，突变性强的特点，预报难度较大；热带对流系统的影响下，单站降水由多次强降水时段构成，且强降水时段样本累计雨量可达100 mm以上，降水率较其他系统偏小，但持续时间最长，降水均匀稳定；梅雨锋对应的降水持续时间以1～2 h为主，但降水率高于热带系统，强降水时段样本累计雨量基本在100 m以下，降水性质的特点是介于飑线和热带强降水系统之间，预报最为复杂。

关键词 强降雨过程 分钟级雨量 小波变换方法 端须图

引 言

暴雨是中国气象灾害中最严重、最常发生的灾害之一，每年都会对国民生产造成很大的财产损失[1]。致灾性暴雨的直接原因往往是短时强降水过程，它主要是由强对流系统（如积雨云单体或中尺度对流系统）造成，雨强大、地区集中，致灾性最强。高频次、高分辨率的监测是做好短时强降水临近预报的基础，我国目前对降水监测最基本的手段是气象站、水文站和全国2万多个雨量站。随着中国气象局自动气象站的建设，分钟雨量计使降水数据的时空分辨率得到显著提高，监测能力得到很大改善。使用分钟雨量计对短时强降水进行监测和分析在业务中已经有了初步的应用，部分地方台站尝试着用其进行实况监测[2]，当任意时段的降水累积量超过暴雨标准时发暴雨预警。但是由于分钟雨量正式投入业务运行的时间还不长，目前对其的研究和统计工作很少，国内几乎还是空白，只有少数文章有涉及使用分钟雨量，但也是作为分析中尺度对流系统演变的辅助手段[3-5]，而没有探讨暴雨本身的分钟级演变特征。此外，国

本文发表于《气象》，2012，38(10)：1161-1169。

内外对梅雨锋、飑线以及热带降水机制研究成果很多[6-8]，但也鲜有分析他们三者之间降水特征的区别。本文使用分钟级雨量资料，结合相应的天气形势对近两年我国的强降水典型个例进行统计分析，尝试从更小的时间尺度上揭示不同天气系统的降水特点。另外，通过使用分钟级雨量资料，以全新的角度对短时强降水的特点进行初步探讨，旨在为业务中短时临近预报提供一定的依据。

1 资料方法介绍

1.1 资料来及统计方法

本文使用的资料包括：(1)国家气象信息中心提供的中国两万多个地面加密自动气象站一分钟降水资料。(2)高空常规观测资料、多普勒雷达资料。

由于数据存在观测误差、仪器误差和随机误差，统计数据之前要进行质量控制。根据观测员的实际经验，将一分钟降水量大于 10 mm 的降水视为异常值进行人工剔除，对剔除异常值后的降水样本进行序列的平稳性和独立性检验[9]，这里运用游程检验法对分钟降水样本进行了平稳性检验。

数据统计过程中，采用的主要方法有滑动平均、Morlet 小波变换[10]。为了直观的看到所有数据的分布以及多个数据集的统计差异，本文使用了端须图的表现形式[11]。

1.2 强降水时段的定义

对于强降水特别是对流降水，数值模式预报能力较差，因此，对其的监测和预报成为业务中的重点和难点。目前强天气监测业务中使用小时雨量来监测短时强降水，由于时间分辨率较低，无法精确辨识雨势的变化，另外，单站的强降水过程还可能由多次强降水时段构成，如果相邻强降水时段间隔时间较短，小时雨量资料也是无法分辨的。本文以降水过程中的强降水时段作为研究对象，结合目前强天气预报中心短时强降水的标准(20 mm · h^{-1})，将强降水时段定义为：任意连续 60 min 的滑动累积雨量都大于 20 mm，将 10 min 雨量大于 1 mm 作为降水开始和结束的标准，且同一站点新的一次强降水时段必须在前一个强降水时段结束后开始。本文将以此标准选出的样本为基础，分析三次不同系统下的降水特征。

为方便讨论，按照累积雨量的大小将强降水时段分成三个强度等级，分别称之为 Low-Strong Precipitation(简称 L－SP，20 mm＜P(1 h 累积雨量)≤50 mm，记为 20～50 mm，)，Medium-Strong Precipitation (M－SP，50 mm＜P≤100 mm，记为 50～100 mm)和 High-Strong Precipitation (H－SP，P＞100 mm，记为＞100 mm)，后文将以英文简称代替这三个级别的强降水时段强度。

2 个例筛选及雷达回波特点分析

2.1 个例筛选

由于中国各地暴雨时空分布具有明显地域差异。本文选取华北、江淮以及海南三个地区

(表 1)近年来三次典型的强降水过程,并将强降水时段作为分析统计的样本。

表 1 三次不同天气系统下所选取的区域范围、时间以及站点和样本数

天气系统	华北飑线	江淮梅雨	海南热带系统
选取时段	2011 年 7 月 26 日	2011 年 7 月 11 日	2010 年 10 月 5 日
选取范围	110°～120°E,35°～39°N	115°～125°E,25°～35°N	105°～115°E,15°～25°N
强降水过程站点数	41	188	65
强降水时段样本数	41	195	102

2.2 强降水过程雷达回波分析

分钟雨量变化与中小尺度系统发展相联系,雷达是监测中小尺度对流系统的有力工具,下面结合雷达资料对不同系统影响下的强降水中小尺度天气特征进行分析。

2.2.1 华北飑线过程

2011 年 7 月 26 日,华北大部出现强对流天气。26 日下午太行山附近的对流系统进入华北平原开始明显加强,并快速发展为飑线系统。雷达回波图上可以看到一条明显的南北向弓状回波(图 1a—c)。从回波来看,河北境内的飑线过程非常典型,但此次北京地区降水是否是飑线系统造成尚有争议,所以本文所选取范围不包括北京地区。

华北选定区域内有 41 站有强降水过程,筛选出 41 个强降水时段样本(表 1),说明这些站点均只包含一次强降水时段。从图 2 看到,九成以上的强降水时段累积雨量都介于 20～50 mm,属于 L－SP 强度,没有 M－SP、H－SP 强度的降水样本,后文飑线系统的分钟雨量分析仅限于 20～50 mm 区间。

2.2.2 江淮梅雨过程

2011 年 7 月 11 日至 13 日,受中低层切变线和地面梅雨锋的影响,江淮地区出现了一次较强的梅雨降水过程。此处选取了 11 日的强降水时段作为分析样本。

从雷达回波(图 1d—f)可以看到,单体 A 西南侧有新单体 D 生成和发展,并且与旧的单体 A 合并,具有后向传播的特点。当两个对流单体合并时,在降水效率上会成倍增长,有时可以比合并前各单体降水量总和大一个量级[12],因此,降水单体在测站上空长时间的维持与合并,是引起大暴雨的原因之一。

梅雨锋强降水不同于飑线系统,有 7 个站是由两次强降水时段构成(表 1),说明同一测站在一次过程中受到了多个对流系统影响,与雷暴单体的后向传播有关。样本中有 3 个站点雨量超过 100 mm(图 2),但由于该量级样本数较少,下文的梅雨分钟雨量分析并不包含 H－SP 强度的样本。

2.2.3 海南强降水过程

2010 年 9 月 30 日到 10 月 8 日,受热带低压系统和冷空气共同影响,海南经历了持续性大暴雨。

从雷达回波来看,大面积的层状云中分布着南北走向的 γ 中尺度对流单体,单体结构较为松散,组织性不强。发生暴雨的海南岛东部地区,不断有对流单体由南海北上,列车效应非常明显(图 1g—i),从而造成了海南持续性的暴雨,15 个强降水时段样本累积雨量达到 100 mm。

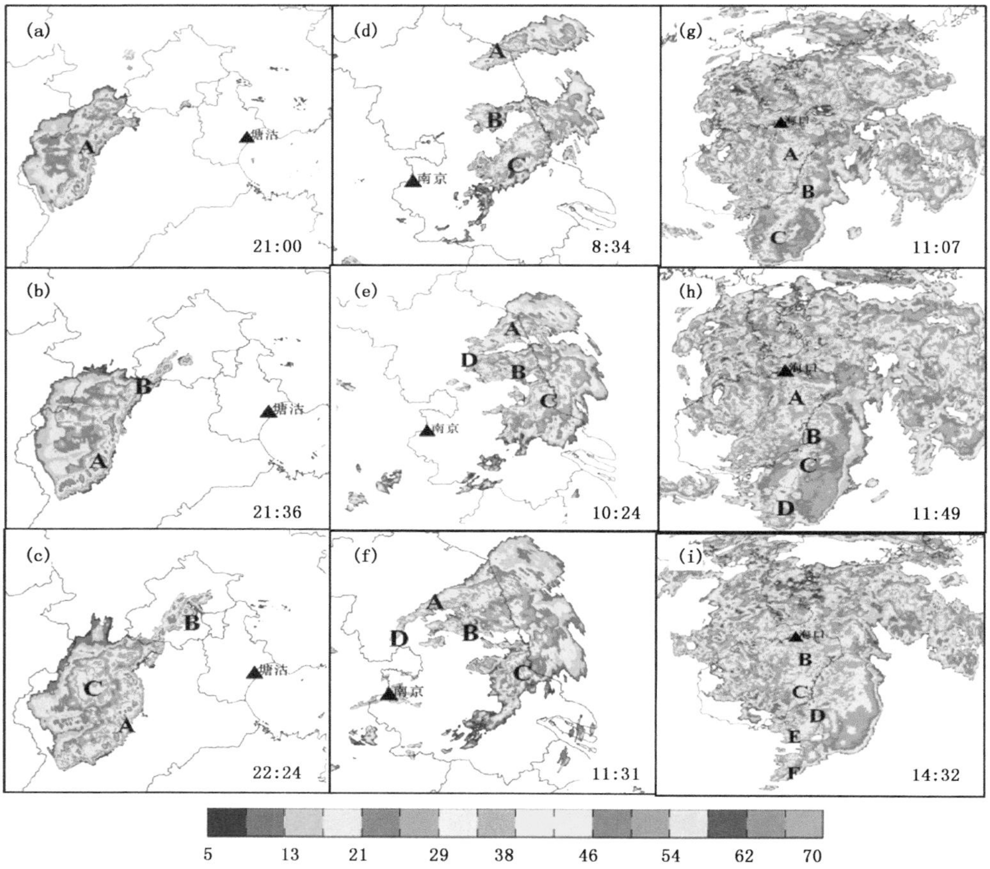

图 1　三次过程雷达基本反射率演变图(0.5°仰角,单位:dBZ)
(2011 年 7 月 26 日华北飑线(a—c);2011 年 7 月 11 日江淮梅雨过程(d—f);
2010 年 10 月 5 日海南热带降水过程(g—i))

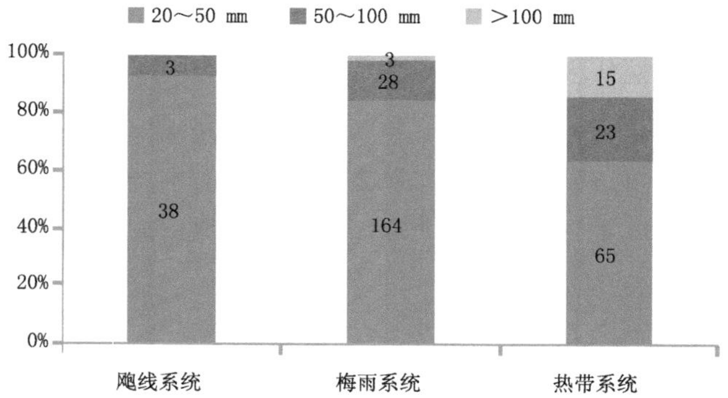

图 2　三次过程中不同级别强降水时段样本数分布情况(单位:个)

同样,列车效应使大多数测站经历了多次强降水时段,海南 65 个测站共筛选出 102 个样本(表 1)。进一步分析可知,测站强降水累积雨量随着强降水时段的次数有增多的趋势,累积雨量在

200 mm 以上的大多由多于两次的降水时段构成，而累积雨量大于 300 mm 的测站均经历了 3 次以上的强降水时段。

从雷达回波特点上可以看到，三种天气系统下，由于中小尺度天气系统的分布和传播特点不同，分钟降水呈现出完全不同的特征。下面通过分钟雨量资料详细分析强降水过程的特征。

3 强降水时段的特征分析

3.1 分钟降水的时间尺度分析

三个地区的典型测站 1 min 降水时间序列分布可见(图 3)，梅雨和热带系统中单站降水时间序列在两小时内并非呈现出线性的增长或者减弱，而是呈现多峰型特征，存在明显的周期变化，周期小于 1 h。而飑线的降水序列无明显周期，且近乎单峰型结构。对应同时段的雷达资料清楚看到在中尺度系统的组织下，γ 中尺度强回波单体在测站上方的演变发展造成了该地区的短时强降水的变化，雨峰可能是由分钟时间尺度的 γ 中尺度对流单体造成的。下面定量分析 1 分钟降水序列自身的时间尺度。

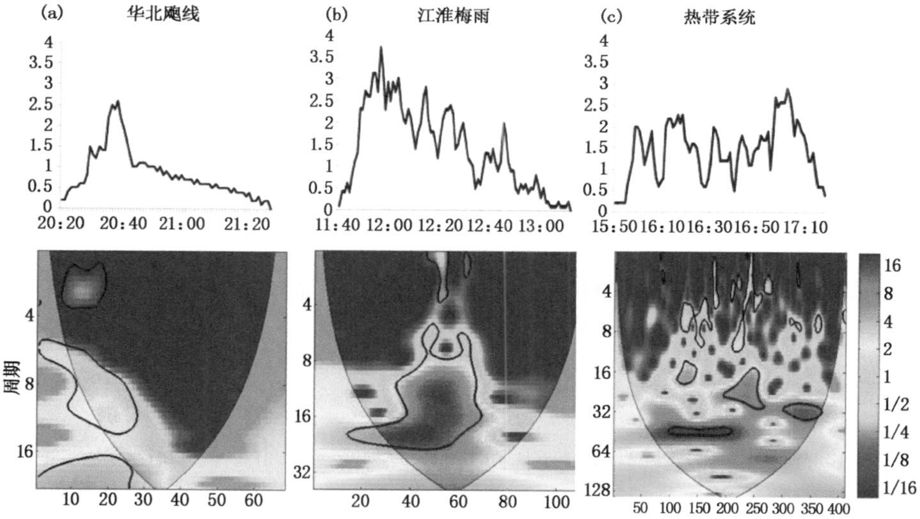

图 3 典型测站的分钟降水序列(单位：mm)及其小波变换图(单位：min)
(a)华北飑线过程(站号：661103)；(b)江淮梅雨过程(站号：774738)；(c)海南热带降水过程(站号：771117)

为了从分钟雨量时间序列中提取不同特征尺度的相关信息，使用小波变换方法。由图 3 可见，小波分析图显示梅雨和热带过程的降水序列里 10～20 min 的周期震荡最为显著，海南还有一个 40 min 左右的显著周期，与 γ 中尺度对流单体的时间尺度相当，表明降水序列的波动可能与 γ 中尺度对流单体的强度变化密切相关。华北飑线由于系统移速较快，即使其中的 γ 中尺度对流单体有生消发展，但对于局地测站影响时间较短，无显著周期。

可见除飑线外，γ 中尺度的降水存在大于 10 min 的周期，10 min 降水序列能够基本保留其降水特征，下文也将应用 10 min 累加雨量研究三个地区分钟级降水的特点。

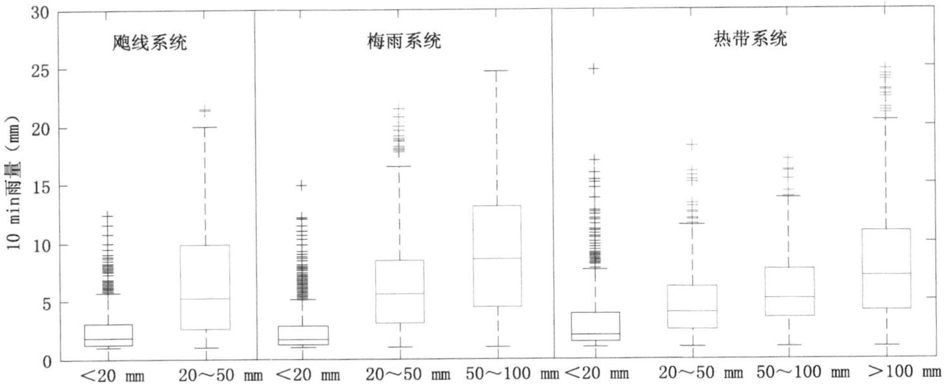

图 4　三个不同影响系统产生的强降水时段 10 min 雨量端须图
（X 轴为累计雨量，Y 轴为 10 min 雨量（单位：mm））

3.2　强降水时段 10 min 雨量统计分析

图 4 是三个不同影响系统产生的强降水时段 10 min 雨量端须图。从整体分布来看，小于 20 mm 的弱降水时段样本分布三个过程较类似，热带系统离散度稍大；L－SP 强度的飑线比梅雨系统离散度稍大一些，但中分位点均为 5 mm，海南 L－SP 强度的离散度相对最小，中分位点不到 5 mm；M－SP 强度的梅雨系统离散度明显大于热带系统，中分位点值达到了 8 mm 以上，而同等量级的热带系统中分位点值仅为 5 mm。对于 H－SP 强度的降水时段，只有热带系统有样本，虽然累积雨量很大，但整体分布却与 L－SP 强度的飑线系统较为接近。

10 mm 是值得关注的阈值，三种类型降水大于 10 mm/10 min 的样本数均小于 25%，其中 L－SP 强度的梅雨降水含有较少的 10 mm 以上的样本，而在 H－SP 强度中含有将近一半的 10 mm 以上的样本，说明在梅雨系统中出现 10 mm/10 min 时，时段降水累积量达到暴雨甚至大暴雨以上的可能性较大。

5 mm/10 min 的标准线对于所有过程区分非强降水和强降水有很好的指示意义。在梅雨系统里，大于 5 mm 的累积雨量在小于 20 mm 的降水时段中几乎都是异常值，而在飑线和热带系统中也只是少量分布，所以当 10 min 雨量监测到 5 mm 时，很大概率上此站就会出现强降水，其在实际监测中的实用价值应值得关注。

由此可见，不同系统影响下的分钟雨量值的分布是有差异的，以下通过持续时间、降水率和降水变率进一步研究不同天气系统下分钟级降水的性质。

3.3　强降水时段持续时间

$$P=R\times D \tag{1}$$

从公式(1)可以看到[13]，总降水量 P 取决于两方面的条件：一个是降水率(R)，另外一个是持续时间(D)。从某一测站强降水过程来讲，降水持续时间决定于中小尺度系统在该地区的影响时间，如系统停滞少动或移动较慢，就会产生较长的降水时间。除了系统移动速度外，雨团的列车效应、后向传播等也是系统长时间停滞的原因。

图 5 给出了不同降水时段累积雨量持续时间的概率密度图。对于 L－SP(图 5a)飑线系

统持续时间较短,40 min 处有一个峰值,样本序列中近半数持续时间小于 1 h,和飑线移速快的特征是相符的。梅雨和热带系统的持续时间则较相似,海南降水样本 70%集中在 50～70 min,梅雨则有六成以上的样本持续时间集中在 40～60 min。

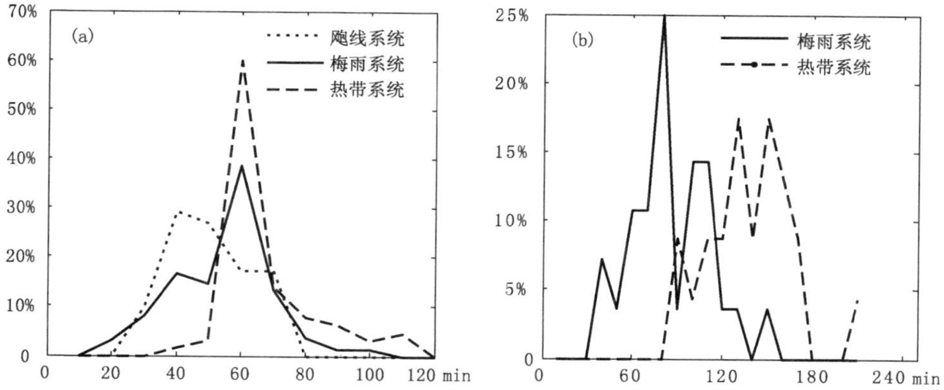

图 5 强降水时段的持续时间概率密度图
(a)L－SP;(b)M－SP

对于 M－SP 强度的样本(图 5b),热带系统降水的持续时间大于梅雨系统,梅雨主要在 1～2 h,而热带系统则大于 2 h。H－SP 强度降水里梅雨系统只有 3 个样本(图略),持续时间在 200 min 以下;热带系统有 15 个样本,其持续时间在 120～590 min,远远长于梅雨中的样本。

通过以上分析可知,不同系统下降水的持续时间差异非常大。结合雷达回波特点,飑线系统移速快,故持续时间短;梅雨回波移动较慢且具有后向传播的特点,所以持续时间较长;而列车效应直接则导致了热带系统具有很长的强降水持续时间。

3.4 强降水时段平均降水率

$$R=E\omega q \tag{2}$$

决定总降水量的另一个要素是降水率 R[13],而降水效率(E)、比湿(q)和垂直速度(ω)都是降水率的影响因子(公式(2))。飑线系统的对流最为强烈,垂直速度也最大;而梅雨和热带系统中的湿度条件都非常好。将每个强降水时段样本的时间序列逐 10 min 雨量累加起来求其平均,由此得到每个时段样本的平均降水率。同时,为了能够在一张图上清楚的对比三类不同系统降水率的性质,对降水率曲线做了五点滑动平均,具体值的分布给出了端须图。

图 6b 右上角端须图为 L－SP 强度的平均降水率端须图分布(单位:mm/10 min)

整体来看,在同等累积雨量的情况下,飑线系统强降水时段平均降水率是最高的(图 6a),基本在 5～11(图 6b)。陶诗言指出,对暴雨来说垂直速度是更为关键的量[13],飑线系统即使是在水汽条件不是非常好的情况下,强的上升运动仍然能产生较高的降水率,因此其平均降水率在三个系统中最高。热带系统降水率最低,值基本在 2～6,而梅雨系统降水率离散度较大,强度介于飑线和热带系统之间,在 2～10。

除了三个系统下的降水率具有明显的差异外,从图 6a 中还可以看到,每个系统下降水时段样本的累积雨量增大时,降水率都有增大的趋势。

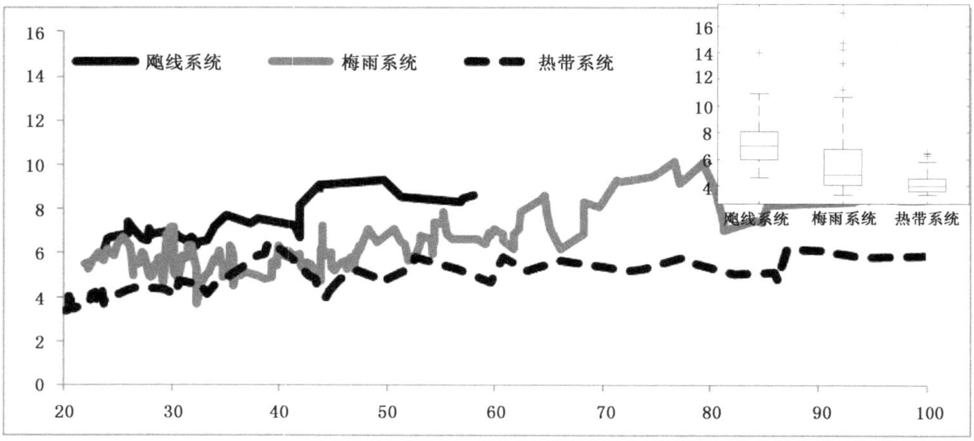

图 6　三个不同系统的降水率

（x 轴为强降水时段累积降水量（单位：mm），y 轴为降水率（单位：mm/10 min））

3.5　强降水时段降水变率

降水的性质除了持续时间、降水率以外，还有一个非常重要的性质就是降水变率，通过降水变率可以了解降水的突发性和均匀性，是小时雨量资料无法准确描述的。通过计算相邻 10 min 雨量的差，分析降水变率的变化。将降水变率分为两类，一类是正变率，表征降水增强的特征；一类是负变率，表征降水减弱的特征。

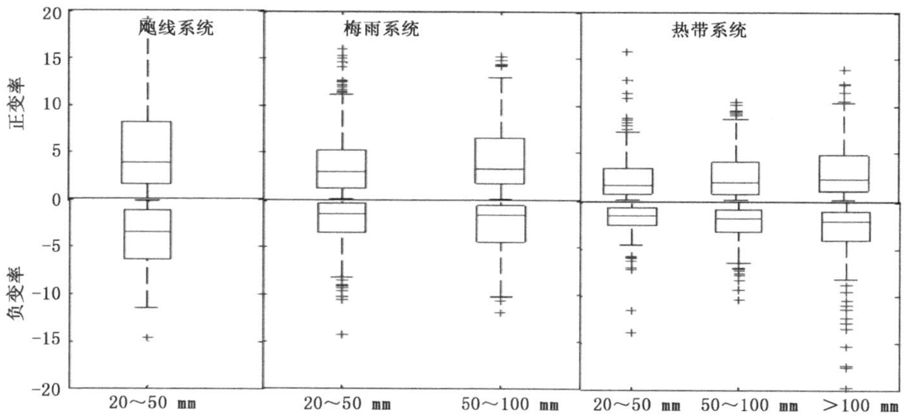

图 7　三个不同系统降水正负变率的分布端须图

图 7 给出了三次过程降水的正负变率分布。飑线系统的正负变率都是三个系统中最大的，超过±5 mm/10 min 的变率在梅雨和热带系统中的分布比较少，说明飑线过程突发性大，降水不稳定。海南降水的变率最小，H－SP 强度也仅与梅雨 L－SP 强度的降水变率相当，降水较为均匀。

另外一个显著的特征就是三个系统降水的正变率都比负变率绝对值要稍大，雨势的增长比减弱幅度要大，飑线过程这种趋势最明显，与飑线后侧的大片积云和层云降水混合回波区可能有关。

3.6 强降水开始 1 h 特征分析

分钟雨量的优势在于它能够清楚反映小时内的雨势，通过求取每个强降水时段样本最初 1 h 内逐 10 min 平均雨量序列，分析三次强降水过程最初 1 h 的雨势。

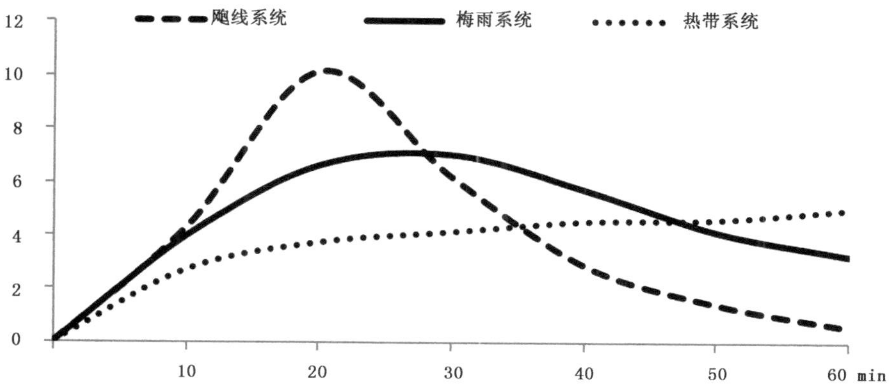

图 8 强降水时段中最初 1 h 10 min 平均降水量时间序列图(单位:mm/10 min)

如图 8 所示，飑线系统持续时间较短，持续时间一般在 30 min 到 1 h 之间，强降水开始时，降水量急剧增大，在 20 min 左右达到最强，然后又迅速减小，雨势呈现骤下急停的特点；梅雨系统初期雨势增长也较快，在 30 min 时达到雨量峰值，然后雨势缓慢减少；热带系统在这最初的 1 h 内降水则比较均匀，增长缓慢，持续时间长，1 h 还未达到雨峰，符合其降水率和降水变率小的特点，降水变化较为平缓。

3.7 三次强降水过程分钟雨量特征小结

三次强降水特征总结如表 2 所示，可供预报员做短时临近监测参考和使用。

表 2 三个不同天气系统下分钟降雨量特征表

	飑线	梅雨	热带系统
回波特点	线性多单体 快速移动	多条平行回波带 后向传播	多个云团北上 列车效应
单站包含的强降水时段次数(次)	1 次	1 次少量 2 次(3.7%)	1～4 次
强降水时段强度(mm)	20～40	20～100	20～100 以上
1 min 雨量显著周期(min)	无	10～20	10～40
10 min 雨量统计特征	5 mm	5,10 mm	5 mm
持续时间(min)	20～110	20～150	40～590
降水率(mm/10 min)	5～10	3～8	<5
降水变率(mm/10 min)	0～±10	0～±5	0～±4

4　总结

通过对三种天气类型下分钟级雨量的分析，初步得到以下结论：

1)强降水过程中分钟雨量特征与直接造成强降水的中小尺度对流系统甚至是 γ 尺度对流系统紧密联系，其强度、移动速度以及变化特点造成了不同的雨势；利用其分辨出来的强降水时间序列是研究小尺度系统的有利工具，在强降水监测和预报中发挥重要作用。

2)从分钟级雨量的统计分析可以发现，华北飑线过程的单站降水主要以一次强降水时段为主，持续时间一般不超过 1 h，具有持续时间短，降水效率高，雨势变化大以及时空分布不均匀的特点。飑线系统由于其突发性和高降水率，致灾性强，而发生时间短，预报难度较高。

3)海南热带系统的单站降水一般包含多次强降水时段，持续时间长，降水效率相对较低，雨势变化不大且时空分布均匀，其灾害性体现在较长的维持时间，产生大量的 M－SP 以上强度的强降水，造成了暴雨灾害。

4)梅雨系统的降水特点介于飑线与热带系统之间，既有持续降水的可能性，又有降水率大的情况，其预报也最为复杂。

由于本文仅针对三次过程进行了分析，因此，一些结论尚不能代表某一类天气系统所产生的强降水的特征，今后将选取更多过程进行分析，使结论更具普遍适用性。

参考文献

[1]　丁一汇，张建云. 暴雨洪涝[M]. 北京：气象出版社，2009：1-209.

[2]　邱小伟，陈柏，孙晓辉. 利用自动站分钟资料实现大风暴雨重要天气的完整记录和编报[J]. 浙江气象，2005，26(3)：34-37.

[3]　李延江，高岑，周艳军，等. "08. 8. 11"河北海岸带中尺度大暴雨分析[J]. 气象，2009，35(4)：99-101.

[4]　王国荣，卞素芬，王令，等. 用地面加密自动观测资料对北京地区一次飑线过程的分析[J]. 气象，2010，36(6)：65-65.

[5]　杨引明，朱雪松. 一次引发强降水的热带低压对流云团的多尺度特征分析[J]. 热带气象学报，2011，27(04)：543-549.

[6]　陶诗言，卫捷，张小玲. 2007 年梅雨锋降水的大尺度特征分析[J]. 气象，2008，34(4)：3-15.

[7]　曲晓波，王建捷，杨晓霞，等. 2009 年 6 月淮河中下游三次飑线过程的对比分析[J]. 气象，2010，36(7)：151-159.

[8]　赵玉春，李泽椿，肖子牛，等. 一次热带系统北上引发华南大暴雨的诊断分析和数值研究[J]. 气象学报，2007，65(4)：562-576.

[9]　封国林，董文杰，龚志强，等. 观测数据非线性时空分布理论和方法[M]. 北京：气象出版社，2006，1-4.

[10]　黄嘉佑. 气象统计分析与预报方法(3 版)[M]. 北京：气象出版社，2004：130-134.

[11]　杨贵名，宗志平，马学款. 方框一端须图及其应用示例[J]. 气象，2005，31(3)：53-55.

[12]　俞小鼎. 强对流天气临近预报. 中国气象局干部培训学院，2010：21-31.

[13]　陶诗言. 中国之暴雨[M]. 北京：科学出版社，1980：87.

2012年7月21日北京地区特大暴雨中尺度对流条件和特征初步分析

方翀[1] 毛冬艳[1] 张小雯[1] 林隐静[1] 朱文剑[1] 张涛[1] 谌芸[1]
盛杰[1] 蓝渝[1] 林易[2] 郑永光[1]

(1 国家气象中心，北京 100081；2 贵州省气象台，贵阳 550002)

摘 要 本文利用常规、自动气象站观测资料、卫星、雷达、风廓线探测资料和NCEP再分析资料(1°×1°，逐6 h)，对2012年7月21日北京地区特大暴雨的中尺度对流条件和对流系统特征进行了初步探讨，结果表明：本次极端强降雨成因主要是非常充沛的水汽；一定的对流不稳定性；对流系统持续的“列车效应”以及低质心高效率的降雨对流系统。低层的切变线和地面辐合线相交的地区，是对流单体初生和强烈发展的区域；根据中层风的风向风速、地面辐合线的位置和走向，可以大致判断对流单体的移动方向及是否存在列车效应。基于静止卫星红外云图和雷达反射率因子资料的中尺度对流系统分析表明，该次降水过程存在三个阶段：第一阶段为对流系统强烈发展的前期阶段；第二阶段对流系统发展最为强烈、北京大部分地区出现极端强降雨；第三阶段为北京地区对流和降雨显著减弱阶段。

关键词 短时强降雨 列车效应 低质心 垂直风切变 基本反射率 风廓线

引 言

暴雨是北京地区夏季主要灾害性天气之一，由于其突发性和局地性都比较强，因此，难以预报和追踪，且近年来随着经济社会发展和城市扩大，由暴雨形成的城市内涝常常造成越来越大的生命财产损失，是气象预报服务的重点和难点。许多气象工作者对此做了大量工作，雷雨顺等[1]在20世纪70年代指出了特大暴雨的发生条件之一是从地面到300 hPa为准饱和深厚湿层。孙建华等[2]、何敏等[3]分别研究了北京地区主要暴雨类型和北京夏季降雨异常的大尺度环流特征，指出低涡暴雨和冷锋低槽类暴雨是北京地区主要暴雨类型；毛冬艳等[4]利用中尺度数值模拟结果对北京暴雨的中尺度系统的结构特征及其发生发展原因进行了分析，结果表明MCS在对流层中低层表现为中尺度辐合线和低压；雷蕾等[5]对北京地区夏季暴雨、冰雹、雷暴大风等强对流天气的物理量进行了统计分析，指出500 hPa和850 hPa温差、大气可降水量等物理量可以较好的区分强对流天气类别；孙靖[6]等对2008年8月10日北京强降雨进行研究，表明预报中需特别注意降水云系移动的近前方，尤其是边界层环境风转为偏东风的时

本文发表于《气象》，2012，38（10）：1278-1287。

候。这些研究充实了对北京地区暴雨天气的认识。

2012 年 7 月 21 日，北京及周边地区发生了一场大范围的特大暴雨，多站降水量超过了历史极值，此次过程导致北京 78 人死亡，经济损失超过百亿元。各级气象台站虽然均较好地预报出了此次暴雨天气过程，但对降雨量的极端性预报均存在较大不足。

初步分析表明，此次过程中北京地区有锋面过境，以锋前暖区对流性降雨为主，业务数值预报模式对此次暴雨过程的雨带位置、强度以及时间预报均存在明显偏差。国家气象中心强天气预报中心在强对流预报业务中一直非常关注暖区降雨，在 21 日 07:00 发布的 12 h(21 日 08:00—20:00)强对流天气预报中，较为准确地预报了北京全境将出现较大范围的≥20 mm·h^{-1}的短时强降雨天气，较好地订正了数值预报模式的降雨预报结果，但对降雨达到如此强度仍然预计不足。本文主要希望通过对此次极端强降雨过程的强对流天气特征和中尺度系统的发生发展分析，探讨此次极端强降雨过程中产生持续短时强降雨的中尺度对流系统特征，为进一步认识该类天气提供一定基础。

1　降雨概况

2012 年 7 月 22 日 08:00 北京 20 个国家级气象观测站 24 h 雨量分布图(图 1a)表明，北京

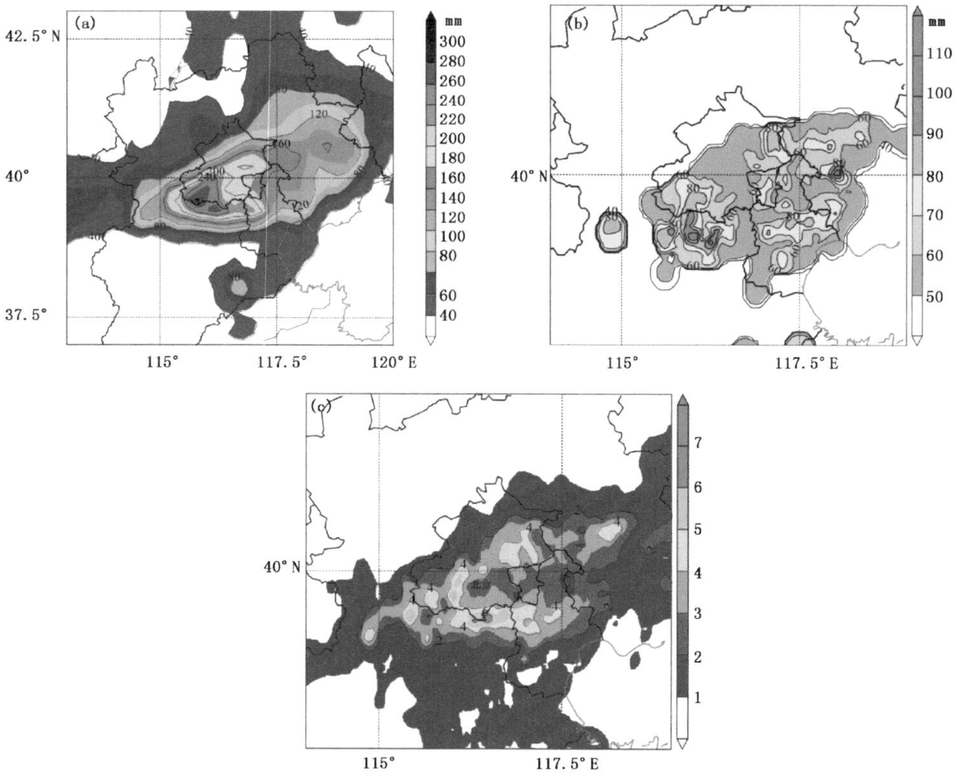

图 1　北京强降雨分布特征

(a)21 日 08:00—22 日 08:00 国家基本、加密气象观测站雨量分布图；(b) 21 日 08:00—22 日 08:00 短时强降雨(≥50 mm·h^{-1})分布图；(c) 21 日 08:00—22 日 08:00 短时强降雨(≥20 mm·h^{-1})频次分布图

市大部分地区出现了大暴雨天气，尤其西南部多站出现了特大暴雨。水文站和自动气象站降水量记录显示最大 24 h 降雨量出现在房山河北镇（水文站），达 460 mm，北京城区最大降雨量出现在石景山模式口，达 328 mm。图 1b 的最大小时雨量分布表明超过 50 mm · h^{-1} 的最大小时雨量区域覆盖了北京大部分地区，且最大小时雨量达 100 mm · h^{-1} 以上。因此，无论从过程降雨量还是小时降雨量来看，本次过程都非常接近登陆台风的降雨强度，为历史罕见的极端降雨过程。而≥20 mm · h^{-1} 的短时强降雨出现的频次分布图（图 1c）表明北京房山及北京与河北交界的部分地区短时强降雨持续时间达 4～5 个小时以上，局部超过 7 h，显示此次强降雨的持续时间之长。综上所述，本次降雨过程具有强度强、分布范围广、持续时间长、灾害重的特点。

2 极强暴雨的环流背景和中尺度对流条件分析

对流活动的三个基本条件是一定的水汽、大气不稳定性和抬升条件。本部分从环流背景、抬升条件、水汽、热力不稳定和垂直风切变等方面分析本次极端强降雨天气的对流条件成因。

2.1 大尺度环流背景

对 21 日 14:00 常规地面观测和 08:00 NCEP、T639 分析场（图略）分析表明：有利的大尺度环流形势为本次强降雨过程的中尺度对流系统发生发展提供了非常有利的背景条件。

200 hPa 高空急流在华北西部分为南北两支，华北地区正好位于 200 hPa 急流核的右后侧，为次级环流圈的上升支，且为强烈的风向和风速辐散区，为中尺度对流系统的发生发展提供了有利的上升条件和高层气流辐散条件。

500 hPa 华北地区处于从贝加尔湖伸至陕西的低槽槽前和副热带高压西北侧，槽前的正涡度平流也提供了强对流天气发生发展的有利大尺度上升条件。

850 hPa 孟加拉湾低压东侧的西南气流和南海低压环流东侧的东南气流向华北地区输送水汽，有利于华北地区水汽辐合和持续补充。

14:00 地面锋面仍位于华北西部，北京位于锋前暖区之中，因此，午后至傍晚时段的降雨为锋前暖区强对流性降雨，降雨局地性较强。20:00 地面锋面移至北京境内，17:00—20:00 降雨为锋面逼近时锋前暖区降雨，降雨范围显著增大，对流性依然较强，强度依然很大。

2.2 对流条件分析

2.2.1 抬升条件分析

基于 21 日 14:00 NCEP 分析场和地面观测资料给出了本次天气过程的中尺度对流环境条件分析（图 2）。图 2 显示 850 hPa 和 925 hPa 的切变线位于山西北部到河北与北京交界处，二者位置接近重合，非常有利于边界层的暖湿空气辐合抬升，尤其在北京西南侧与河北交界处，低层的切变线与地面辐合线重叠，在重叠处非常有利于对流单体生成和加强；此外，850 hPa 和 925 hPa 的急流均位于北京及附近地区的南侧，北京地区为风速辐合区；同时，北京地区 925 hPa 为东南风气流，有利于暖湿空气在房山至门头沟等地西部的太行山东侧山坡强迫抬升，激发和加强了山前对流性降雨。

500 hPa 的急流呈西南一东北走向，而地面的辐合线亦呈西南一东北走向，对流云团易在

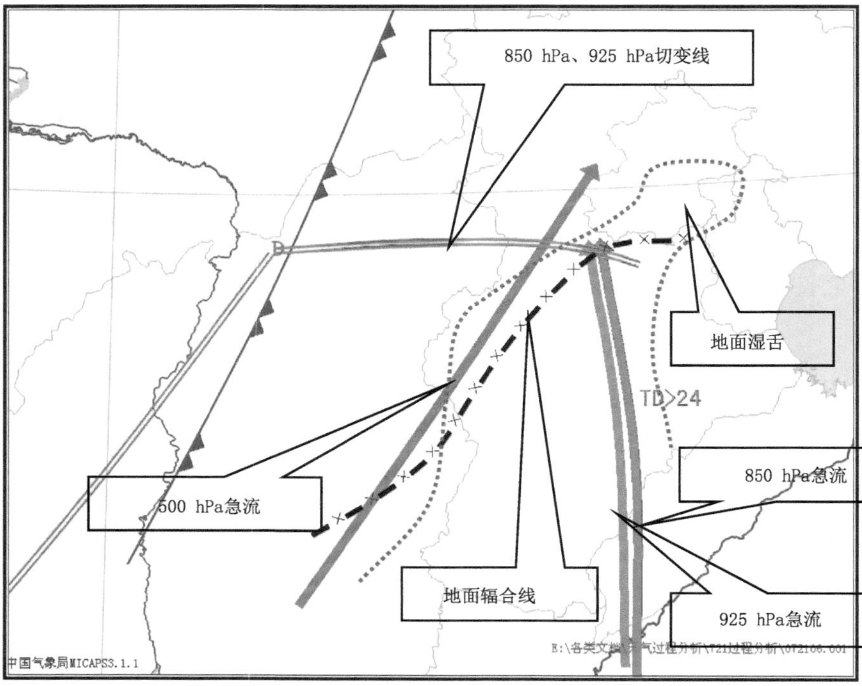

图 2　7 月 21 日 14:00 中低层中尺度分析

地面辐合线附近生成并发展，沿着中层风即 500 hPa 急流的方向移动。在午后 14:00 至傍晚时段，500 hPa 急流显著增强，且由于对流单体右后侧传播的特性，对流单体基本向东北略偏东方向缓慢移动并发展，形成列车效应造成强降雨。至 20:00 后，500 hPa 中层急流开始减弱，地面冷锋逼近并东移，对流单体向东移动的分量逐渐加大，此时对流云团已开始发展成范围较大的长轴为西南东北向的 MCC，北京东部和天津等地继续出现强降雨。

自动气象观测站（图略）观测表明，房山地区从 15:20 至 18:40，一直都存在辐合线或者小尺度气旋式环流，这为对流单体在此地加强发展提供了辐合抬升条件。后文的风廓线分析结论也表明，主要的强降雨区域均在辐合线或者小尺度气旋式环流的中西侧。

2.2.2　水汽特征

本次强降雨发生前和整个过程中，北京地区从 500 hPa 以下均有偏南风急流维持并不断加强；午后来自西南和东南方向的暖湿气流输送的水汽在北京上空辐合，为暴雨的产生和维持提供水汽来源。地面露点超过 24 ℃的等露点线（图 2）和整层大气可降水量都显示湿舌向北伸展至北京南部，表明该区域水汽特别充沛。从假相当位温（图略）来看，08:00 北京地区 850 hPa 假相当位温达 347 K，超过定义夏季风前沿的 850 hPa 假相当位温 340 K 的值，这也表明北京地区位于非常暖湿的夏季风气团内。

对比本次过程、2011 年 6 月 23 日和 8 月 14 日三次强降雨过程表明（图略），本次过程的整层可降水量要明显大于另两次过程，其中 20:00 的 PWAT 达到 70 mm 左右，而其余两次过程的 PWAT 均在 60 mm 以下。这也体现了这次强降雨过程水汽条件的极端性。

水汽通量散度是反映一个地区水汽的集中程度，从 NCEP 再分析资料 925 hPa 的水汽通量散度演变可见，08:00(图3a)水汽辐合中心位于甘肃南部到陕西北部，呈西南—东北向，北京西南部到河北中部亦为水汽辐合区；午后随着低空急流的东移加强，水汽辐合区向东移动并随偏南气流向北伸展，14时(图略)辐合中心位于河北中部到山西北部，中心强度超过-3×10^{-7} g·cm^{-2}·hPa^{-1}·s^{-1}，北京西部约为-2×10^{-7} g·cm^{-2}·hPa^{-1}·s^{-1}，20时前后(图3b)水汽辐合最强，辐合中心位于北京中东部，水汽通量散度约为-7×10^{-7} g·cm^{-2}·hPa^{-1}·s^{-1}，远超2011年6月23日和8月14日北京强降雨对应的925 hPa水汽通量散度-2×10^{-7} g·cm^{-2}·hPa^{-1}·s^{-1}和-0.5×10^{-7} g·cm^{-2}·hPa^{-1}·s^{-1}，因此强烈的水汽辐合是导致北京出现极端强降雨的原因之一。20时北京35个加密自动站出现了50 mm·h^{-1}以上的短时强降雨，最大雨强达到了99 mm·h^{-1}，强降雨中心与水汽辐合中心有非常一致的对应关系。

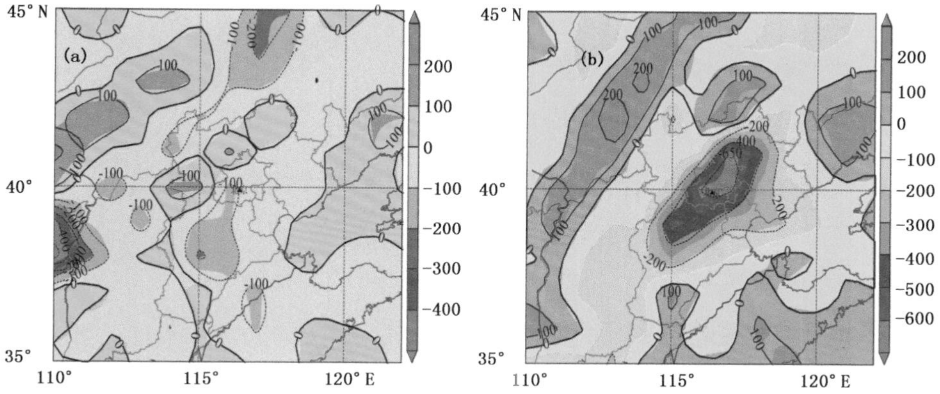

图3 2012年7月21日925 hPa水汽通量散度分布图(单位：10^{-9} g·cm^{-2}·hPa^{-1}·s^{-1})
(a)08:00；(b)20:00

沿116.5°E(图4a)的20:00水汽通量散度垂直剖面图上可见：水汽辐合区位于山脉的迎风坡，从低纬到高纬沿着山脉坡度延伸到500 hPa高度附近，主要的水汽辐合中心位于850 hPa、41°N附近，中心值为-8.3×10^{-7} g·cm^{-2}·hPa^{-1}·s^{-1}。从41°N的垂直剖面图可以看到，由于850 hPa为东南风，与地形刚好垂直，水汽辐合中心区也就位于地形辐合抬升最大处。

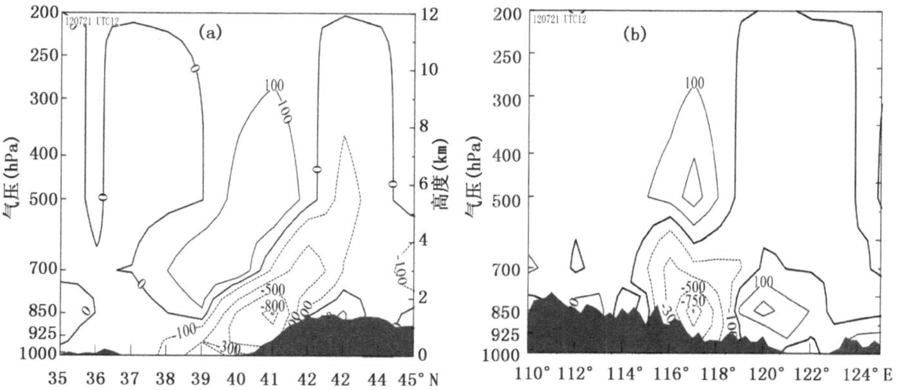

图4 沿116.5°E(a)和41°N的水汽通量散度垂直剖面图(b)(单位：10^{-9} g·cm^{-2}·hPa^{-1}·s^{-1})

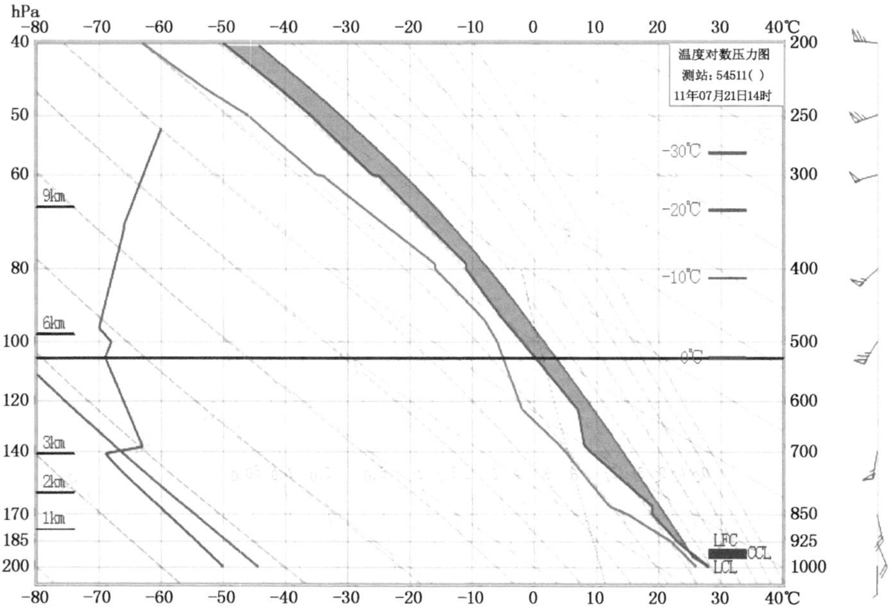

图 5 21 日 14 时北京温度—对数压力图

2.2.3 不稳定条件和垂直风切变

21 日 08:00 北京 $T-\log p$ 图(图略)显示 CAPE 值并非很大，约为 900 $J \cdot kg^{-1}$，如果进行对流温度订正，CAPE 也仅为 1560 $J \cdot kg^{-1}$左右。700 hPa 附近湿度较小，各层风速及垂直风切变也比较小，此时出现强对流性降雨的可能性较低。

到 14:00(图 5)，$T-\log p$ 图显示大气对流条件有了非常大的变化：CAPE 值显著增大，达到 2089 $J \cdot kg^{-1}$，热力层结非常不稳定；700 hPa 附近的大气湿度显著增大，从低层到高层大气中水汽都较充沛；700 hPa 西南风速达到较为罕见的 22 $m \cdot s^{-1}$，3 km 以下的垂直风切变达到了大约 20 m/s，大气低层切变显著增大。

以上大气层结变化表明：水汽条件和不稳定层结条件都非常好，北京地区转变为非常有利于短时强降雨和特大暴雨的大气状态。

虽然 14:00 700 hPa 以下的垂直风切变很大，但是中上层较 08:00 风速变化并不大，500 hPa 以上的风速甚至减小，使得对流单体不会发展到非常高的高度形成云砧并将水滴从高层扩散出去，而且由于对流单体主体位于 0 ℃层以下，云中粒子以水滴为主而非冰晶，从而提高了降雨效率，即低质心高效率的降雨；700 hPa 以偏南风为主则使得上升气流形成的水滴在低层向北略偏东方向移动，与地面辐合线配合，在中尺度系统上表现为列车效应，并在北京附近地区辐合，从而对北京及附近地区的极强降雨也做出了贡献。

20 时，北京大部分地区虽然水汽条件依然很好，但是北京西部的大气层结已经转换为稳定层结，700 hPa 风速也显著减小，辐合区有所东移，强降雨区域东移。

2.2.4 地形影响

相关文献[7-8]研究表明，由于北京特殊的地形，北京地区的绝大部分暴雨过程，尤其是西部山前地区的局地暴雨，都与东南风联系紧密。东南风的存在、发展与消亡过程，基本和局地暴雨的生命史相对应。降雨前低层东南风波动的加强对降雨有一定的指示意义；降雨过程中东南风的大小、厚度与雨量均存在一定的相关关系。

而本次暴雨过程中，北京地区925 hPa受较强的东南风影响，一方面由于地面辐合线的触发，另一方面也有地形强迫抬升的因素，造成对流单体沿着山前生成发展移动，导致持续性对流性强降雨。

3 中尺度对流系统特征分析

3.1 静止卫星红外云图特征

FY－2E红外1通道云图显示此次强降雨过程中华北地区为西南－东北向的对流云带，在对流云带上不断有对流云团生消、分裂、合并(图6)。图6中标注的A、B分别为不同的中尺度对流云团。

12:30云团A开始进入北京西南部地区，在东移过程中同时伴随着与周围云团的合并，给房山地区及北京城区带来第一次强降雨过程。14:30(图6c)，云团A逐渐分裂为偏东北的云团A1和偏西南的云团A2。在这个阶段，主要是A1云团在城区东北部、昌平、顺义、怀柔东南部、平谷西部等地区造成了较强的降雨，至16:00随着A1云团的东移其对北京地区的影响趋于结束。

15:00，紧邻A2云团的西侧有云团B生成发展。从中尺度对流系统(MCS)识别追踪结果(图7)来看，从15:30(图6d)至17:00，云团B发展前期一直在房山的西南部地区原地少动，17:00至19:30(图6f)，云团B在不断发展的同时，其质心逐渐向东北移动，而其长轴方向亦为西南东北走向，其形成的列车效应导致北京城区，尤其是在云团A、A2和B均有影响的房山地区产生了极端强降雨天气。此后，云团B伴随着一系列分裂、合并过程显著发展，最终形成一个典型的MCC，在天津、河北东部、山东北部等地也造成了较强的降雨。

图6还显示，无论是A云团还是B云团，都是从房山与河北交界处开始加强发展，即前文分析的低层切变线与地面辐合线重叠处附近。

图8展示了21日15:00至22日07:00，云团B在发展过程中IR1通道最低亮温，以及低于－52 ℃的冷云区面积随时间的变化特征。同时，利用自动站观测资料，给出了云团B对应的最大的30 min降雨量。可以看出，自21日15:00至22日凌晨，云团B经历了两次主要的发展阶段。第一阶段从自21日15:00至22:00，最低亮温达到－72 ℃。这一阶段也是降雨强度较大的时段，多个时次出现了30分钟超过50 mm的降水强度，最强出现在22:00，达到30 min 74 mm降水强度，雨强较大的时段对应着对流云团面积快速增长的阶段。21日23时至22日04时，是云团B发展的第二阶段，最低亮温达到极值－77 ℃，低于－52 ℃的面积达到最大252,000 km^2，冷云区面积峰值滞后最低亮温约3 h。在第二阶段，云团B的短长轴比超过0.7，低于－52 ℃的冷云区面积达到50000 km^2的时间超过了10 h，发展成一个典型的MCC。但在第二阶段，云团对流性有所减弱，所产生的降雨强度相对较弱，约为30 min降雨30～50 mm。此次影响北京地区的强降雨主要出现在21日15:00至20:00，即对流云团B的第一个发展阶段。

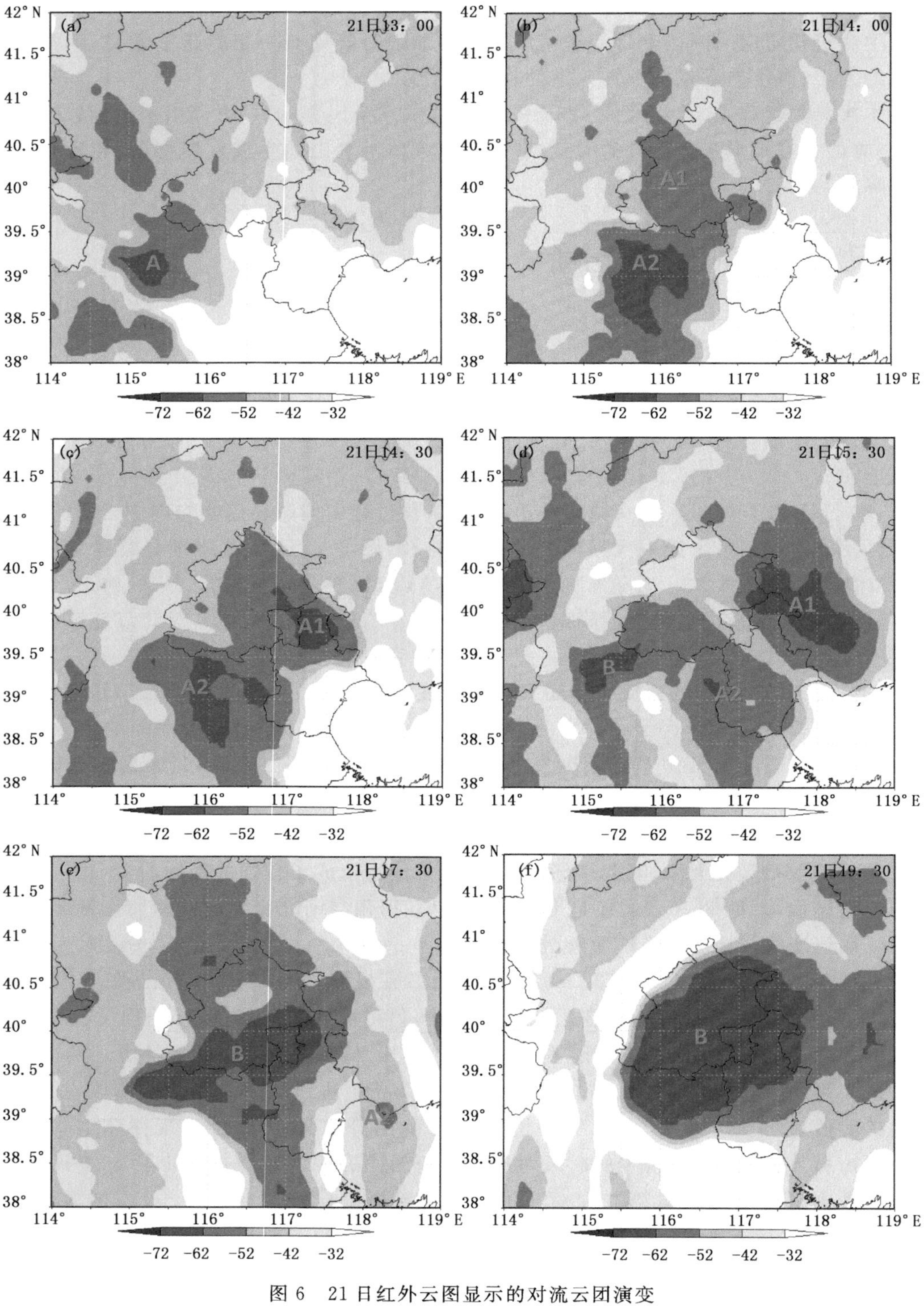

图 6　21 日红外云图显示的对流云团演变

(a)13:00;(b)14:00;(c)14:30;(d)15:30;(e)17:30;(f)19:30

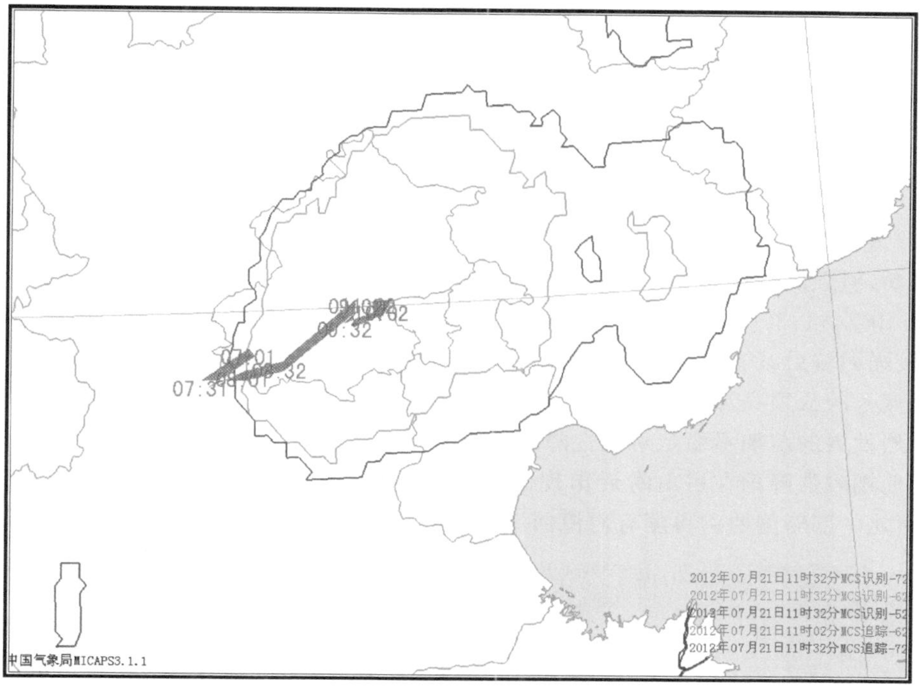

图 7　对流云团 B 的识别、追踪结果(图中时间为世界时)

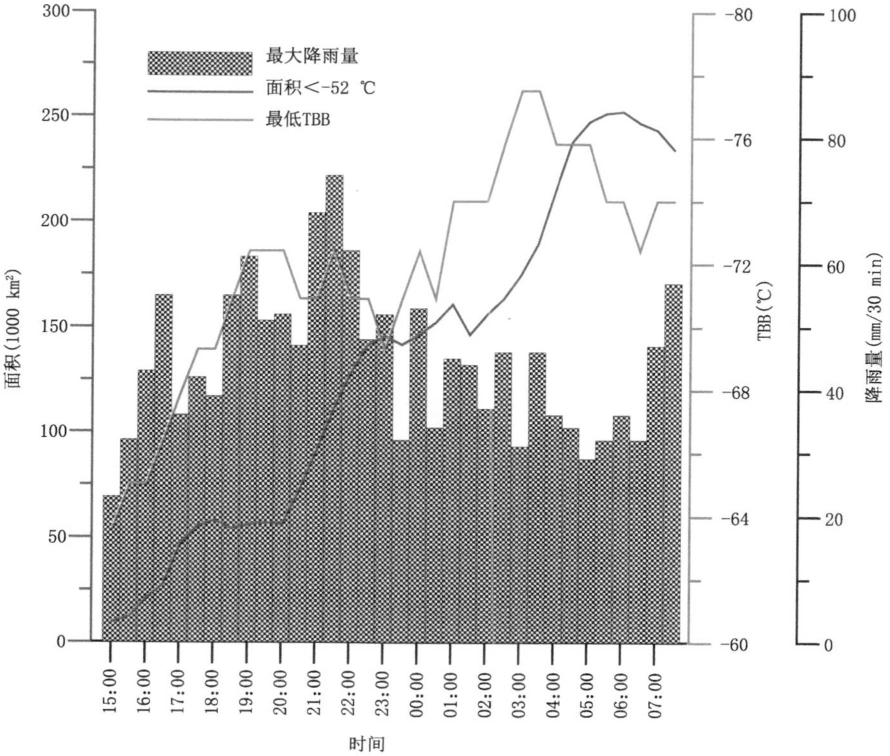

图 8　对流云团 B 的演变特征

3.2 雷达资料特征

3.2.1 雷达反射率因子

对应于静止卫星红外云图上的不同强度的中尺度对流云团，北京 SA 雷达 1.5°仰角雷达反射率因子分布特征也显著不同。

06:12 左右(图 9a)对流回波在河北中部偏西地区开始发展，之后沿地面辐合线方向不断向东北移动，但强度变化不大，至 08:30 左右(图 9b)中心移至距离北京南部约 40 km 处加强发展至 45 dBZ，11:30(图 9d)移至北京房山与河北交界处并继续向东北移动，强度继续略有加强，且该较强回波后续有一些中等强度回波进入房山亦明显加强。但此时静止卫星红外云图显示的对流云的云顶亮温还较高，北京区域的平均亮温还未低于－52 ℃。该时段的降雨为对流系统强烈发展的前期不稳定对流性降雨。

而在前期较强降雨在房山附近出现的同时，对应于中尺度对流云团 A(图 6)，12:42(图 9e)左右河北中部略偏西南再度有对流回波生成并向东北方向移动，前期略有发展，14:48(图

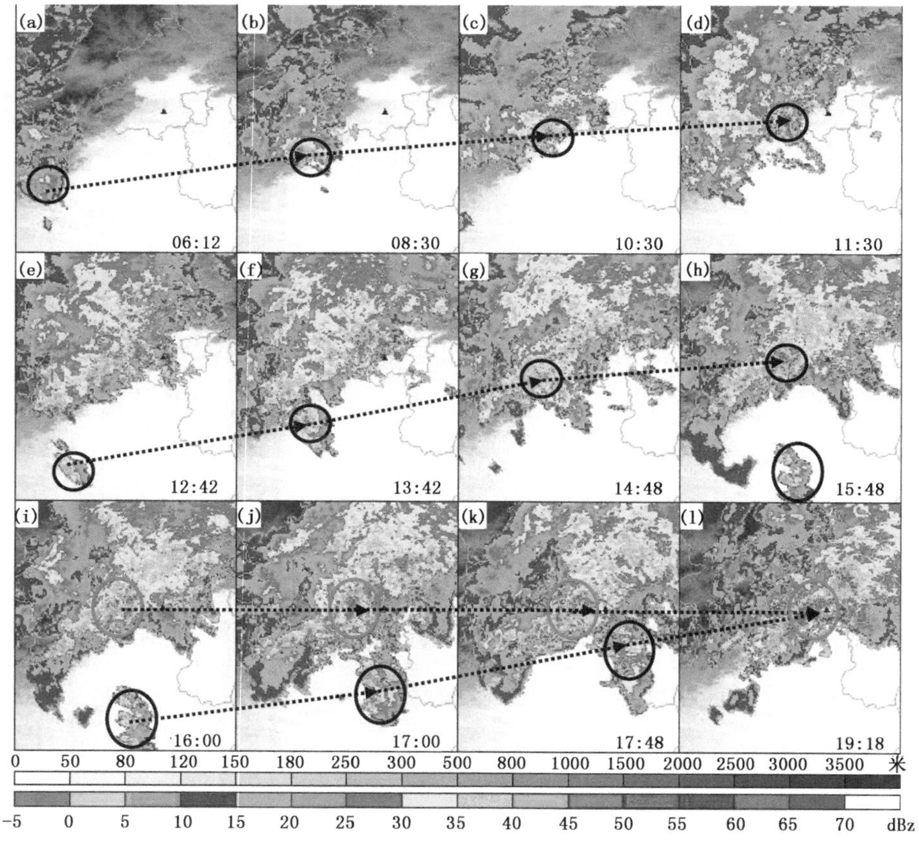

图 9　北京 SA 雷达 1.5°仰角基本反射率(图中黑色小三角为雷达所在处)

(a)06:12;(b)08:30;(c)10:00;(d)11:30;(e)12:42;(f)13:42;(g)14:48;(h)15:48;(i)16:00;(j):17:00;(k):17:48;(l):19:18

9g)与西侧的回波结合范围扩大。与卫星云图上的中尺度对流云团 B 相对应，强回波在 15:48 左右(图 9h)进入房山，在房山地区的地面辐合线的作用下，回波强度加强至 45 dBZ，并且中心回波带呈西南一东北走向，之后由于房山地区地面维持有中尺度辐合线或辐合中心，回波稳定少变，与此同时，河北中部出现了多单体风暴向北京方向快速移动，于 17:48(图 9k)左右并入原先的强风暴并开始影响房山地区，停滞一段时间后，随着锋面逼近，辐合线东移，主回波带的向东分量开始加大，系统逐步东移，19:18(图 9l)左右，对流回波呈现西南一东北向的较为宽广的带状分布，对流系统组织性较强，北京中东部地区雨量进一步增大。而且与云图分析基本一致，从 08:30 至 17:00 左右，回波单体均在房山与河北交界处，即 14 时低层切变线和地面辐合线重叠处附近加强发展。

基于雷达资料的 TITAN 算法的对流风暴追踪结果(图略)与前文的卫星云图 MCS 识别追踪结果基本一致：对流风暴移动相对缓慢，每小时为 20～30 km，其移动方向与回波带的方向基本一致，同时不断有新对流风暴产生，造成持续性强降雨。

而从房山县坨里镇 09:00—20:00 逐 6 min 雨量与 0.5 度仰角基本反射率因子序列的对应(图略)也可以看到，该站的降雨主要出现在两个时段，即 12:00—14:00 和 17:00—19:30，雷达反射率因子与雨量序列对应较好，且回波反射率的峰值一般超前于雨量峰值大约 3～4 个体扫，说明基本反射率因子变化相对于降雨强度变化有一定的提前性。

基于塘沽雷达基数据的 19:24 房山附近雷达垂直剖面图(图 10)显示强降雨区域的超过 25 dBZ 的强雷达反射率因子高度极低，仅为 3 km 左右，而且最大反射率因子也并不是很强，大约在 45 dBZ 左右，但造成了如此强的短时强降雨，这显示对流系统的降雨效率非常高，与大陆型的高反射率高回波顶的强对流系统完全不同，而类似于热带海洋对流系统的雷达反射率因子分布特征。其形成原因，可能与这次降雨的水汽来源一部分来自热带环流有关，另一方面与风向风速的垂直分布也有一定关系。

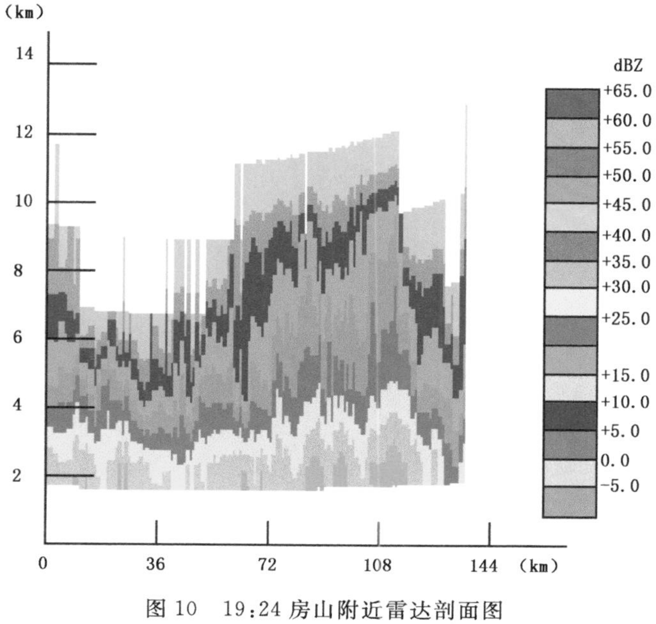

图 10　19:24 房山附近雷达剖面图

3.2.2　基本速度场

北京 SA 雷达 1.5°仰角雷达基本速度场表明，在出现强降雨的两个时段，风场上都有风向辐合，且与强反射率因子一致，辐合位置不断向东北方向移动。16:06 左右速度场上房山地区出现了明显的风向辐合，该风向辐合区也随着强对流回波向东北方向移动，并于 16:30（图 11a）在房山潭拓寺镇南部、河北镇东部出现非常明显的辐合点，风速辐合达到约 41 $m \cdot s^{-1}$，气流的强烈辐合使对流单体在房山地区强烈发展并出现较强降雨，与此相对应，正是在房山河北镇，出现了此次强降雨过程的极值点。而在 17:48 的雷达反演风场（图 11b）上也显示房山及以东地区有明显的风向风速辐合，且偏南或东南急流非常显著，造成极强的降雨。

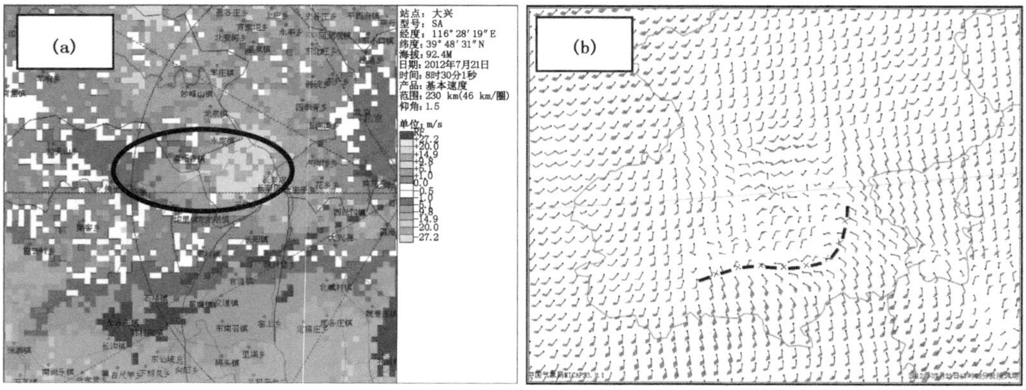

图 11　16:30 北京 SA 雷达 1.5°仰角基本速度场（a）和 17:48 雷达 1.5°仰角风场反演（b）

3.3　垂直风廓线分析

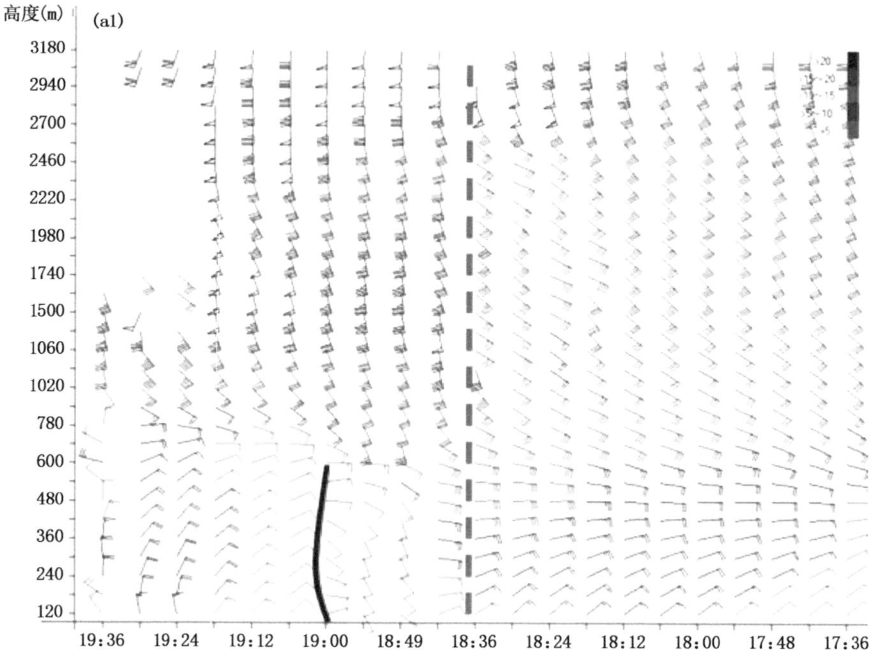

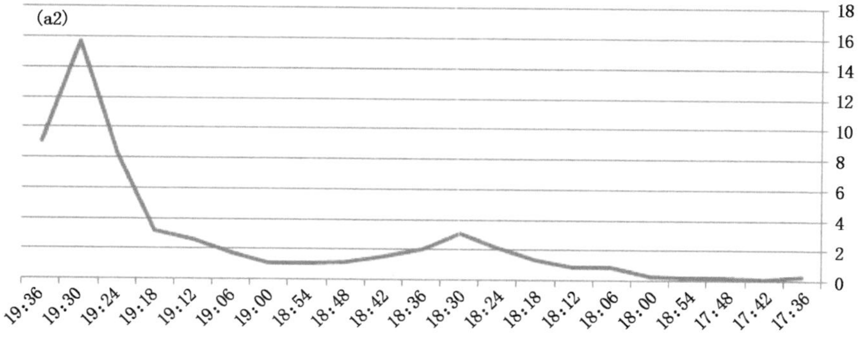

图 12a 7 月 21 日 12:36—14:36 海淀风廓线(a1)与雨量(a2)对比图(间隔 6 min)

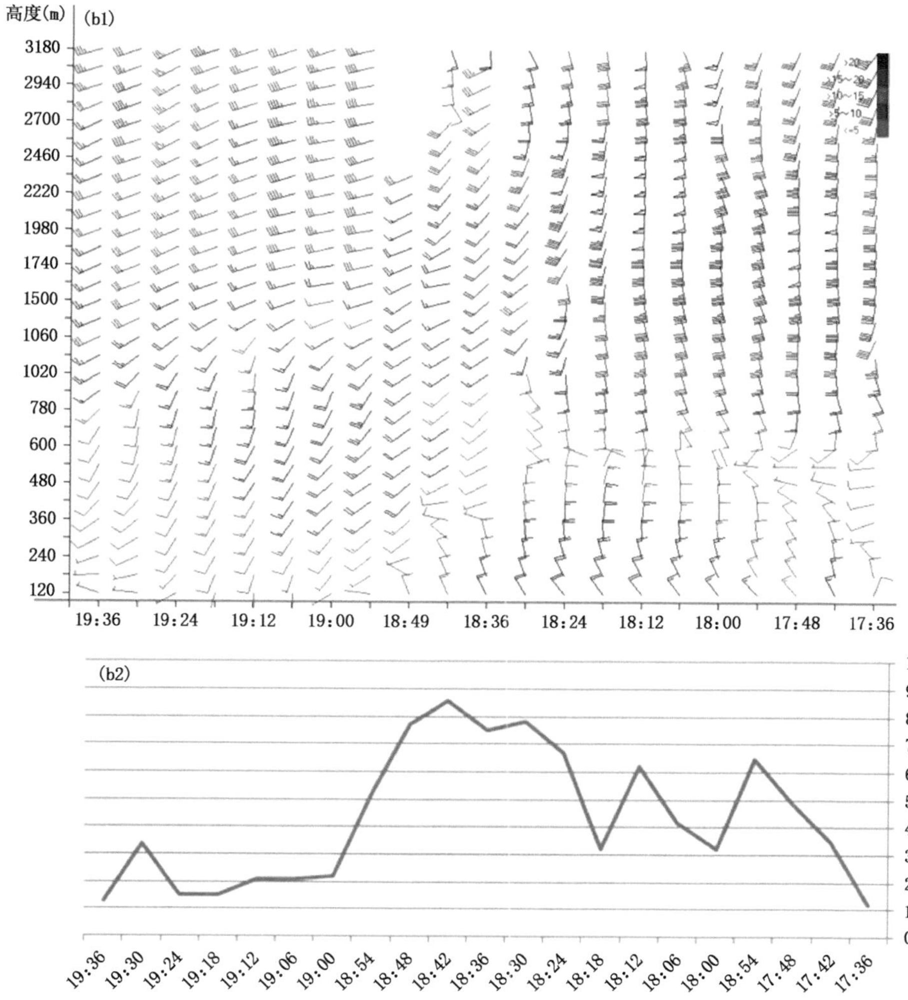

图 12b 7 月 21 日 17:36—19:36 海淀风廓线(b1)与雨量(b2)对比图(间隔 6 min)

垂直风廓线资料能够提供高时间分辨率的风场演变，图 12a 为 12:36—14:36 海淀风廓线产品与实况分钟雨量的对比，从图中看到：

13:00 前后 700 hPa 附近低空急流加强，13:36—14:06，850 hPa 急流风速加大，且由东南风转为南风，南风分量明显加大，有利于水汽的输送和辐合。到 14:00 前后，近地层由东南风转为东北风，一方面与上层配合使垂直风切变增大，有利于对流单体的维持，另一方面说明低层有低压环流或倒槽移入，同时偏北风锲入到前期极其暖湿的环境中，有利于气流的辐合抬升，从而触发了对流系统发生。

而到 18:54 以后(图 12b)，海淀从地面到高空均转变为西南风，风速显著减小，高空南风分量也明显减小，海淀降雨接近结束。

从风廓线产品与分钟雨量的对应来看，对于此类锋前暖区降雨，在前期高空偏南气流加强的基础上，底层气流由偏南转为弱的偏北分量时，降雨开始并加强，而到了后期高空南风分量减小，地面弱的偏北分量消失，降雨开始减弱，所以利用风廓线产品能在一定程度上判断降雨开始、加强及减弱的时间。

4　总结

本文对 2012 年 7 月 21 日北京极端强降雨过程的强对流天气条件和中尺度特征进行了初步分析，主要获得如下一些结论：

(1)本次极端强降雨成因的最需要关注的要点是：大气中非常充沛的水汽；对流系统持续的“列车效应”；低质心高效率降雨对流系统。

(2)大气低层的切变线和地面的辐合线相交的地区，是对流单体初生和强烈发展的区域，然后根据中层风的风向和风速，结合对流单体的右后侧传播特征，可以大致判断对流单体的移动方向，并根据地面辐合线的位置和走向，可以判断是否有列车效应。风的垂直分布特征可以在一定程度上判断是否是低质心高效率的降雨。

(3)静止卫星红外云图展示的中尺度对流云团和雷达反射率因子场演变都表明该次降雨过程在北京地区存在三个阶段：第一阶段为 21 日 09:30—15:00，对流系统强烈发展的前期阶段，北京地区强降雨主要出现在房山；第二阶段为 15:30—22:00，对流系统组织完整，发展最为强烈，北京大部分地区出现强降雨；第三阶段为 21 日 23:00—22 日 04:00，北京地区降雨显著减弱。

(4)雷达径向速度场上的最强辐合位置可以大致判断最强降雨位置；使用风廓线雷达监测中低层风向风速的转变，可以判断水汽输送的变化，同时底层风向的转变在一定情况下可以用于判断强降雨的开始时间。

参考文献

[1]　雷雨顺，吴宝俊，吴正华．用不稳定能量理论分析和预报夏季强风暴的一种方法[J]．大气科学，1978，2(4)：297-306.

[2]　孙建华，张小玲，卫捷，等．20 世纪 90 年代华北大暴雨过程特征的分析研究[J]．气候与环境研究，2005，10(3)：492-506.

[3]　何敏，林建，韩荣青，等．影响北京夏季降雨异常的大尺度环流特征[J]．气象，2007，33(6)：89-951.

[4] 毛冬艳，乔林，陈涛，等. 2004 年 7 月 10 日北京局地暴雨数值模拟分析[J]. 气象，2008，34(2)：25-321.
[5] 雷蕾，孙继松，魏东. 利用探空资料判别北京地区夏季强对流的天气类别[J]. 气象，2011，37(2)：136-141.
[6] 孙靖，王建捷. 北京地区一次引发强降水的中尺度对流系统的组织发展特征及成因探讨[J]. 气象，2010，36(12)：19-27.
[7] 吴庆梅，杨波，王国荣，等. 北京地形和热岛效应对一次 β 中尺度暴雨的作用[J]. 气象，2012，38(2)：174-181.
[8] 吴庆梅，郭虎，杨波，等. 地形和城市热力环流对北京地区一次 β 中尺度暴雨的影响[J]. 气象，2009，35(12)：58-64.
[9] 毛冬艳，周雨华，张芳华，等. 2005 年初夏湖南致洪大暴雨中尺度分析[J]. 气象，2006，32(3)：63-70.

2011年4月17日广东强对流天气过程分析

张涛　方翀　朱文剑　章国材　周庆亮

（国家气象中心，北京 100081）

摘　要　本文结合地面和高空观测、卫星、雷达和闪电及自动站资料对2011年4月17日出现在广东省的强对流天气的背景环境和演变进行了分析和总结，本次强对流过程出现了短时强降水、雷雨大风和冰雹等强对流天气，具有大风风力强、中尺度强风暴系统明显、局地性强和灾情严重等特点。分析表明，地面锋面抬升是本次强对流天气发生的主要触发机制，珠三角地区的地形平坦、广东中层的干急流以及较大的垂直风切变可能是强风暴系统发展和维持的主要因素。最后，本文也分析了当时的主观预报思路并提出了一些思考和总结。

关键词　短时强降水　雷雨大风　冰雹　主观预报

引　言

2011年4月17日，广东省大部分地区都出现了强对流天气，佛山、肇庆、广州等地短时间内出现了不同程度的人员伤亡和财产损失。造成灾情的主要天气系统是一个MCS系统，该MCS自广西移向广东并在佛山、肇庆、广州等地得到发展成超级单体风暴，由此带来的短时强降水、冰雹、雷雨大风和龙卷风等天气造成了人员伤亡和财产损失。随着雷达资料的应用，国内对超级单体风暴进行了不少的研究[1-12]，但是对于如何提高该类强对流天气的主观预报水平的研究依然较薄弱，本文在对天气实况、天气特点和成因分析的基础上提出了提高该类强对流天气的主观预报准确率的若干建议。

1　天气实况

2011年4月17日，广东省西北部至珠三角地区出现区域性强对流天气，广州、佛山、深圳等地出现强雷暴大风、短时强降水、冰雹及龙卷。如图1和图2的广东省风雨分布图所示，4月17日上午8时至晚上20时，全省共有289站雨量超过25 mm，47站超50 mm，深圳市罗湖区罗湖党校测得最大过程雨量127 mm；99站大风超过8级，其中顺德区陈村仙涌居委会最大阵风14级（45.5 $m \cdot s^{-1}$）；德庆悦城镇冰雹最大直径5 cm，持续时间约30 min。

本文发表于《气象》，2012，38（7）：814-818。

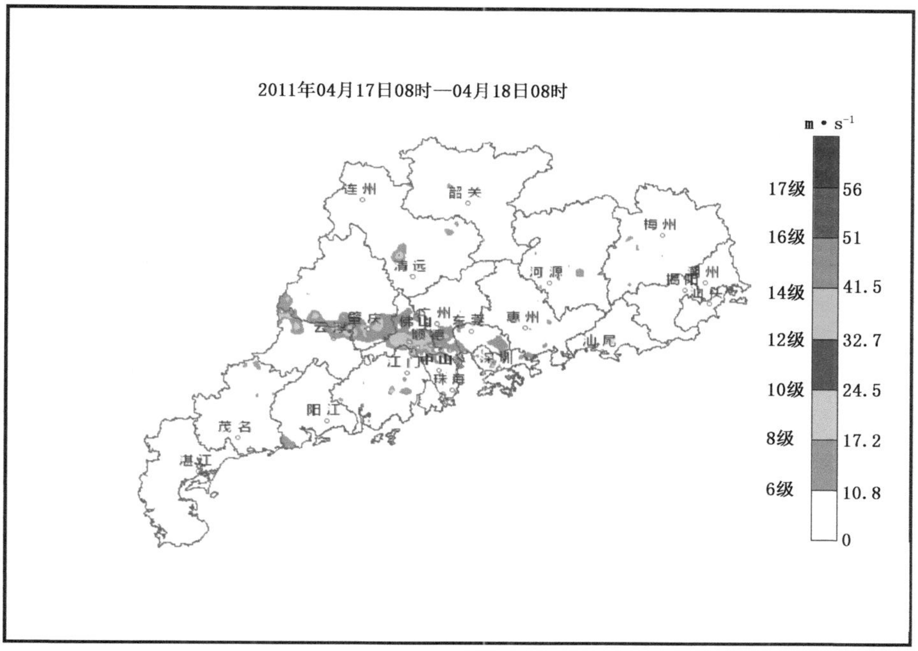

图1 2011年4月17日广东省瞬时大风分布

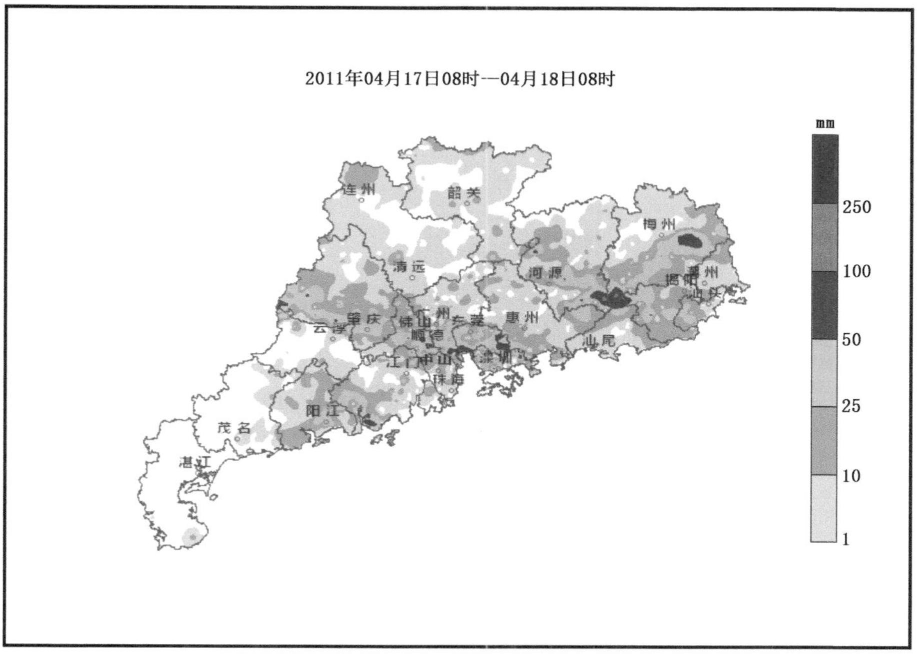

图2 2011年4月17日广东省雨量分布

2 天气特点

本次强对流天气过程具有如下特点：

(1)大风风力强

本次过程中，佛山顺德区陈村仙涌居委会记录了全省最大阵风 14 级($45.5\ m \cdot s^{-1}$)，强风致使建筑倒塌是这次天气过程造成人员伤亡的直接原因，根据广东省气象局的气象资料记载，本次大风是 1994 年广东省建设加密区域自动气象站以来记录的最大瞬时极大风。

(2)中尺度强风暴系统明显，局地性强

雷达等资料分析表明，这次强对流天气主要由一个强对流风暴系统造成。该风暴 4 月 17 日 05 时左右发端于广西北部，之后向东偏南方向移动，10 时左右移至广东境内后，风暴出现超级单体，至广东珠三角地区的东西向移动路径上带来强风雹和强降水灾害，受灾区域呈狭窄带状分布。

从卫星、雷达、闪电等非常规监测资料及地面观测综合分析来看，4 月 16 日 22 时—17 日 21 时先后有两个主要中尺度对流系统(MCS)在广西和广东境内活动，第一个 MCS1 于 16 日夜间在广西西北部生成，17 日早晨减弱消失；造成广东灾害的为第二个 MCS2，约于 17 日 05 时在 MCS1 北面生成之后向广东移动，其路径如图 3 和图 4 所示。

(3)灾情严重

这次过程，佛山、肇庆、广州等地短时间内出现了不同程度的人员伤亡和财产损失。全省累计受灾人口 3239 人，因灾死亡 18 人，因灾伤病 155 人，农作物受灾面积 1086.7 hm^2，倒塌房屋 45 间，直接经济损失约 5500 万元。

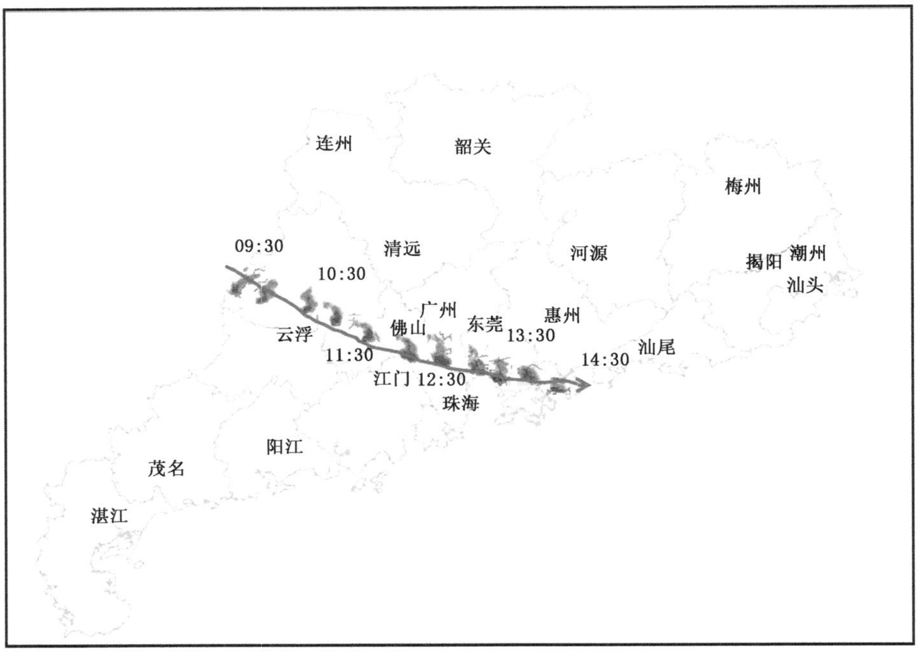

图 3 2011 年 4 月 17 日广东省境内风暴 MCS2 移动路径示意图

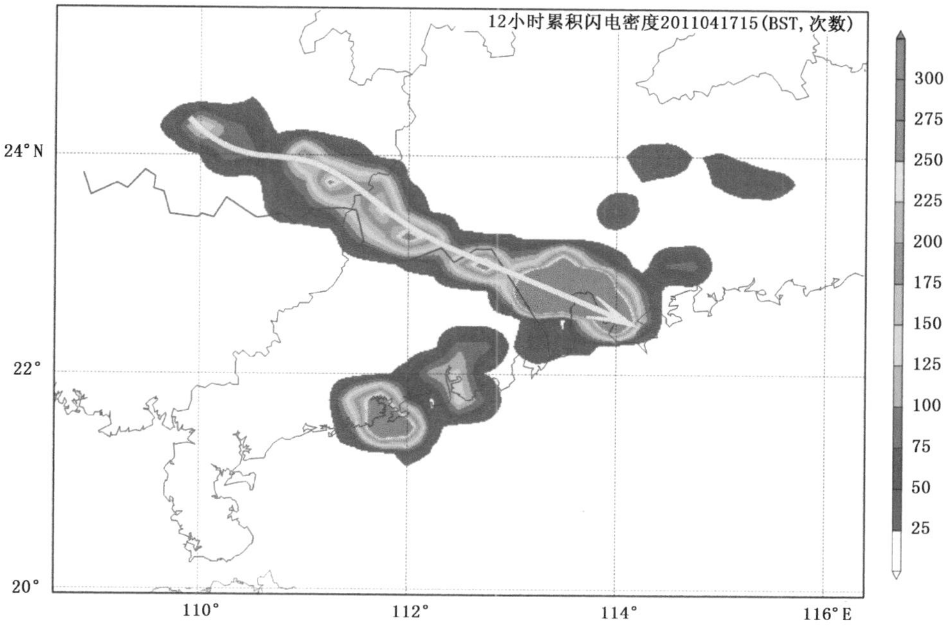

图4 2011年4月17日15时12 h广东及周边地区累计闪电密度分布

3 成因分析

本次强对流天气是由于北方冷空气南下侵入暖湿的华南地区产生强对流超级单体风暴造成的。强的垂直风切变风场对超级单体的产生至关重要，而广东上空对流层中层的干空气对强雷暴大风的发生具有关键作用。

3.1 环流背景分析

从4月17日08时的环流分析(图5)来看，500 hPa高空横槽位于西南地区东部，华南地区处于槽前平直西风急流控制，广东上空极干，温度露点差大于40 ℃；低空850 hPa为西南暖湿气流，整个华南位于露点大于14 ℃的区域，水汽充沛；地面冷锋位于南岭以南，东西两端南下更快，冷锋前部区域为偏南风。对流天气发生的三个基本条件水汽、对流不稳定和抬升条件都可以满足，而对流向强对流转换的关键条件强垂直风切变也具备。这些特征从清远探空资料分析(图6)也很明显。

3.2 中尺度超级单体风暴系统及演变分析

正是在上述有利于强对流天气发生的大尺度背景下，16日夜间，冷锋先行南下的西段从贵州进入广西，在广西西北部抬升不稳定的暖湿空气触发了第一个中尺度对流系统MCS1，MCS1生成后主要受高空西风引导气流控制，同时受低层偏南风入流的影响，呈右移风暴的特点向东南移动，17日04时后移至广西中部，弱风场低热力条件使其逐渐衰亡(图略)。

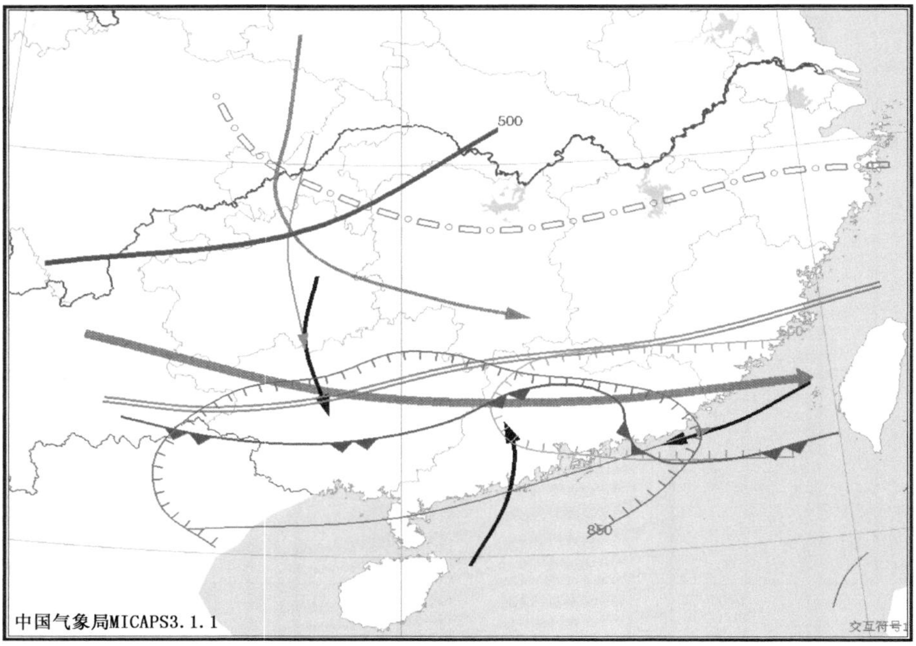

图 5　2011 年 4 月 17 日 08 时环流中尺度天气分析
（蓝色箭头为 500 hPa 气流，红色双线为 850 hPa 切变线，红色箭头为 850 hPa 气流，黑色箭头为地面气流，绿色线为 850 hPa 露点大于 14 ℃区域，黄色线为 500 hPa 温度露点差大于 40 ℃区域）

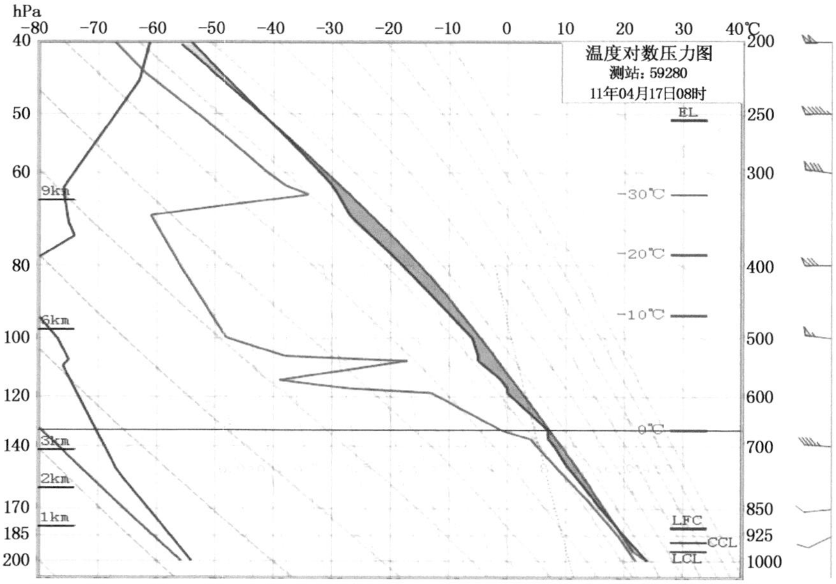

图 6　2011 年 4 月 17 日 08 时清远站探空资料分析

17 日 05 时左右，锋面中段翻越南岭在广西北部抬升锋前高能区气块触发第二个中尺度对流系统 MCS2 生成；06 时至 07 时的开始阶段，由于正值凌晨，热力条件和偏南风都最弱，新生单体入流主要来自于左前侧锋面抬升，MCS2 向东移动，这是 MCS2 第一发展阶段。

08 时之后 MCS2 进入第二发展阶段，如雷达回波演变(图 7)所示。风暴约 09 时从广西境内移入广东并逐渐加强，期间最大反射率因子超过了 60 dBZ；雷达回波 10 时左右逐渐出现了弓状回波、后侧入流缺口；11 时的经向速度(图 8)显示出中气旋特征，13 时的风暴垂直剖面(图 9)显示出回波悬垂、有界弱回波区以及明显的倾斜特征显示高空风较强；另外三体散射长钉等雹暴的雷达回波特征也具备(图略)，这都显示出 MCS2 逐渐发展成了具有超级单体的强对流风暴。

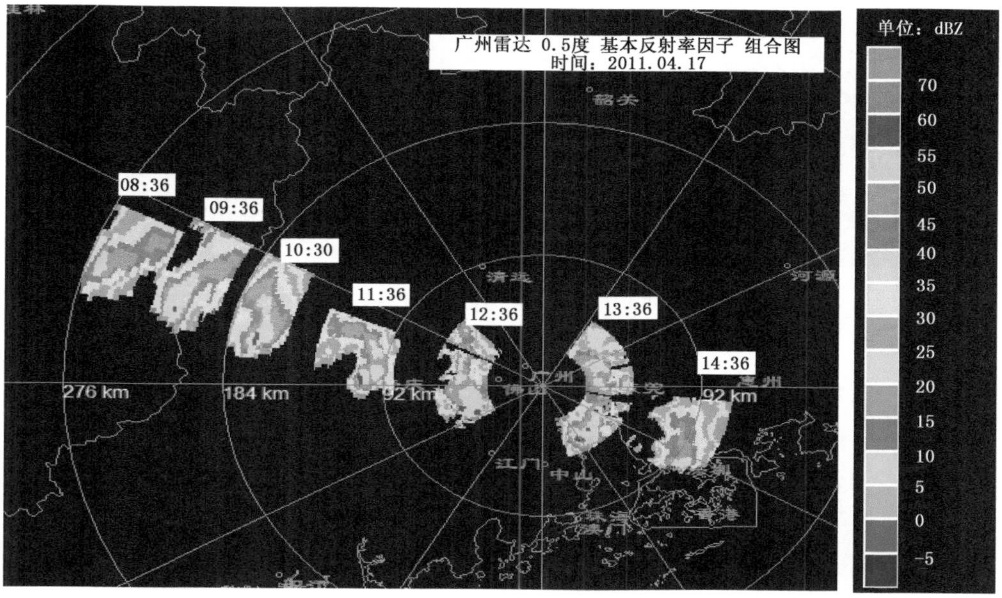

图 7　2011 年 4 月 17 日广州雷达 0.5 度仰角基本反射率合成图

究其原因，可能是因为以下原因：1）地形因素，进入广东珠三角平原地区更加有利于强风暴系统发展维持；2）中层环境气流差异，500 hPa 两广交界处存在干湿边界，广东中层的干急流更为显著，使中层特干，对流不稳定层结条件更好，垂直风切变也更大；3）日变化导致的热力因素，日出后地面热力条件逐渐加强，自海面来的东南风入流也逐渐加强，对流系统低层有更多的水汽和热量输入。

MCS2 右移风暴的对流单体受高空气流引导向东移动，而单体传播方向是东南，最终风暴系统移动方向为东偏南，向珠三角地区移去，由于单体传播方向与移动方向接近，风暴整体移动速度较快，在这一阶段时速约 60～70 $km \cdot h^{-1}$。

14 时后 MCS2 进入减弱阶段，系统移至沿海，其下游即东侧为冷锋东段后部的冷区，风暴逐渐失去了能量来源，最终减弱消失。

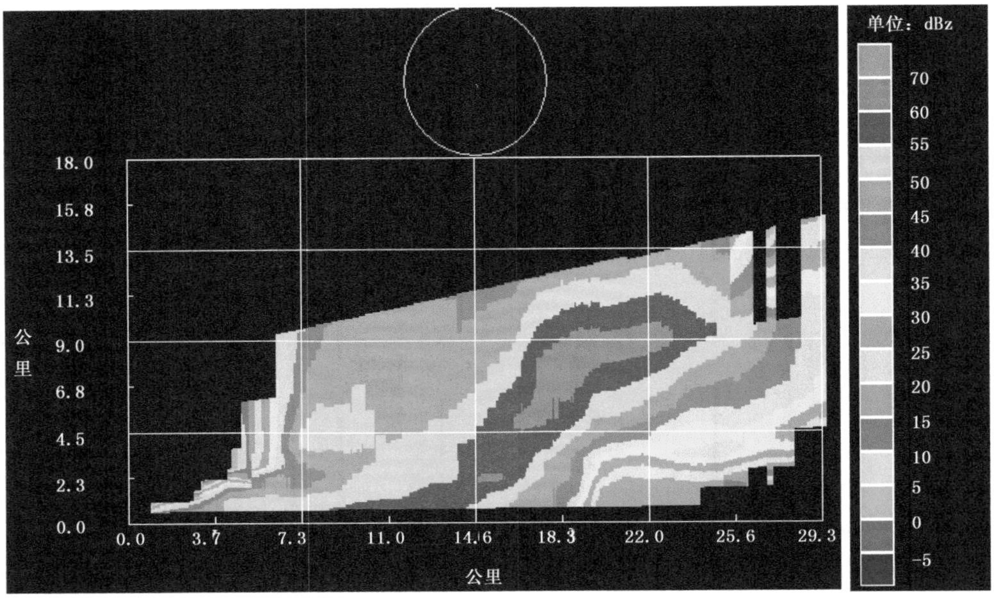

图 8　2011 年 4 月 17 日 13 时 36 分广州雷达垂直剖面

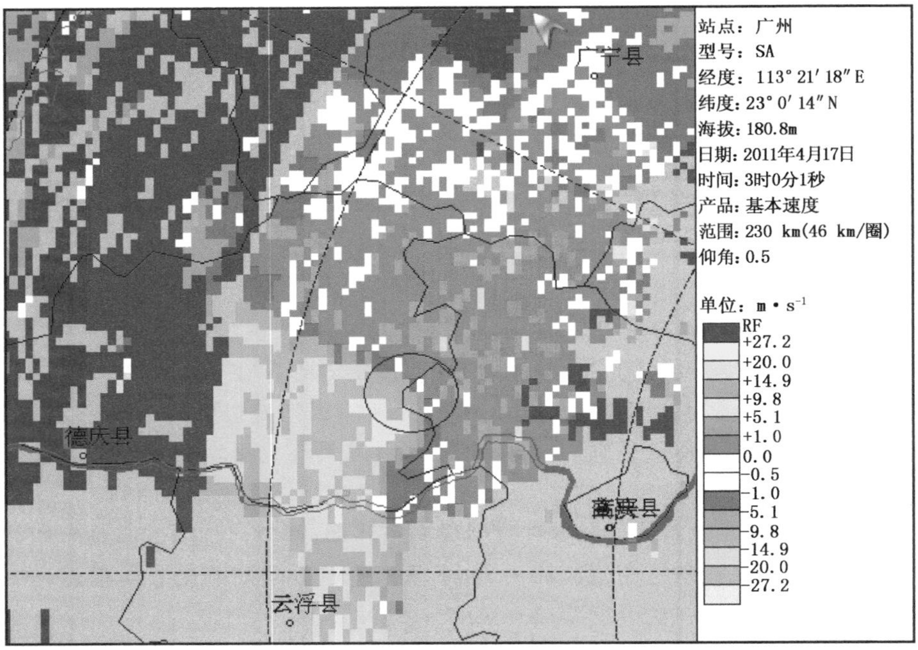

图 9　2011 年 4 月 17 日 11 时广州雷达 0.5 度仰角径向速度

4 主观预报及思考

通过预报时段内的 6 天所作的预报结果分析，对于广东这次强对流天气过程，在分类强对流天气的短期预报中，短历时强降雨的预报能力还是比较好的，短时大风虽然提前 3 天给出了展望，但是总体的短期预报能力有限。

这次过程影响系统明显，500 hPa 有低槽，850 hPa 有切变线，地面有冷锋，冷锋还是强对流天气的动力抬升系统。在这种天气形势下，关键是做好环境条件分析，特别是发展成超级单体风暴的强动力不稳定条件—强垂直风切变关键条件分析，产生强雷暴大风的关键因子—具有较高的下沉对流有效位能 DCAPE 环境场中层干急流条件的分析。只要环境具备强对流天气产生的“潜势”，冷锋的动力抬升就可以将“潜势”转化为强对流天气。分析清远 4 月 17 日 08 时的探空资料，700 hPa 以下很潮湿（图 8），温度露点差小，这是有利于短历时强降水的形势，$K=34$ ℃，$LI=-1.4$ ℃，850 hPa 与 500 hPa 假相当位温差为 11 ℃，具有明显的对流不稳定层结；由图 8 还可见，清远 08 时垂直风切变也很大，925 hPa 与 700 hPa 之间的垂直风切变达到 $6.7\times10^{-3}\,s^{-1}$，这些特征都是有利于强对流天气的环境条件。由于 08 时距离强对流天气的出现时间比较短，我国一天只有两次探空，分析清远 4 月 16 日 20 时的探空资料，尚不具备上述有利于强对流天气发生的环境条件，因此，根据实况资料分析，很难在短期时效内预报出这次强对流天气。此时，必须依靠数值预报产品的分析。

因此，要进一步提高国家和省两级强对流天气短时和短期分析预报能力。包括以下几个方面的内容：

第一，通过大批量分类强对流天气个例环境条件的统计分析，得到有利于分类强对流天气发生的有利的环境条件，采用配料等方法建立分类强对流天气客观预报方法，提高对预报员的支撑能力；与此同时，预报员也应当在业务值班中重点分析这些环境条件，以提高强对流天气的预报准确率。

第二，加强探空资料和其他有利于分析环境条件的观测资料（例如风廓线仪、微波辐射计等）的分析，在强对流季节和汛期建立至少 1 h 间隔地面图分析业务。

第三，加强中尺度数值预报产品特别是对流参数（有利的环境条件）的检验工作，对其进行有效的解释应用（订正），提高强对流天气的预报准确率和时效。

第四，在国家级建立基于集合预报产品解释应用的强对流天气概率预报业务，进一步提高强对流天气预报时效，降低漏报率。

要加强省和地市级强对流天气监测和临近预报业务：

第一，完善强对流天气监测业务。加强本区域和周边各种观测资料的分析，做好及时发现、跟踪预报。

第二，加强新一代天气雷达资料的连续分析对于强对流天气的监测预报具有重要意义。目前需要进一步完善临近预报业务技术流程，使每一个预报员都明确如何快速分析所需要的雷达产品去制作分类强对流天气临近预报。

第三，加强省和地（市）级预报员新一代天气雷达资料和产品应用的全员培训，使每一个从事临近预报的预报员都能熟练地分析新一代天气雷达资料和产品，快速制作分类强对流天气临近预报产品。

参考文献

[1] 郑媛媛,俞小鼎,等. 一次典型超级单体风暴的多普勒天气雷达观测分析[J]. 气象学报,2004,62(3):317-326.

[2] 牛淑贞. 典型超级单体风暴过程分析[J]. 气象,1999,25(12):32-37.

[3] 俞小鼎,郑媛媛,等. 安徽一次强烈龙卷的多普勒天气雷达分析[J]. 高原气象,2006,25(5):914-923.

[4] 伍志方,张春良,张沛源. 一次强对流天气的多普勒特征分析[J]. 高原气象,2001,20(2):202-207.

[5] 廖向花,周毓荃,等. 重庆一次超级单体风暴的综合分析[J]. 高原气象,2010,29(6):1556-1564.

[6] 潘玉洁,赵坤,潘益农. 一次强飑线内强降水超级单体风暴的单多普勒雷达分析[J]. 气象学报,2008,66(4):621-635.

[7] 殷占福,郑国光. 一次强风暴三维结构的观测分析[J]. 气象,2006,32(9):9-16.

[8] 朱君鉴,刁广秀,曲军,等. 4.28 临沂强对流灾害性大风多普勒天气雷达产品分析[J]. 气象,2008,34(12):21-26.

[9] 俞小鼎,张爱民,郑媛媛,等. 一次系列下击暴流事件的多普勒天气雷达分析[J]. 应用气象学报,2006,17(4):385-391.

[10] 毕旭,罗慧,刘勇. 陕西中部一次下击暴流的多普勒雷达回波特征[J]. 气象,2007,33(1):70-74.

[11] 漆梁波,陈春红,刘强军. 弱窄带回波在分析和预报强对流天气中的应用[J]. 气象学报,2006,64(1):112-120.

[12] 许焕斌,魏绍远. 下击暴流的数值模拟研究[J]. 气象学报,1995,53(2):168-175.

“05.6”华南暴雨中低纬度系统活动及相互作用

何立富　周庆亮　陈涛　李泽椿

（国家气象中心，北京 100081）

摘　要　利用 NCEP/NCAR 再分析资料、FY－2C 卫星逐时云顶亮温 TBB（分辨率 0.05°×0.05°）及射出长波辐射 OLR 资料（分辨率 0.5°×0.5°）、实时地面加密观测资料和实况探空资料等，对“05.6”华南持续性暴雨过程期间南海季风活动、副热带高压的演变、冷空气影响、高低空急流的耦合等进行深入分析，探讨中低纬度不同尺度系统的活动特征及相互作用。结果表明：南海副热带季风的活动与本次暴雨过程有密切关系。60°E 以东地区仅有 90°E 附近的越赤道气流通道存在；主要对流辐合区位于江南南部和华南，并与一条近乎东西向的 OLR 低值带相对应；副热带高压呈带状分布，暴雨过程期间强度最强，588 dagpm 线维持在 15～20°N。过程后期，由于副高和西南季风急剧北抬，导致江淮地区出现“空梅”；过程开始前 700 hPa 上中纬度南下冷空气的活动对暴雨过程有重要作用，强降雨过程期间对流层中低层有明显的偏北风侵入 27°N 以南；暴雨期间，高空急流东移南压，有利于高低空急流的不断靠近和叠置。高空急流入口区右前方强烈的高空辐散导致低层强辐合，高低空急流耦合的“正反馈机制”是暴雨过程持续的另一个重要原因。

关键词　射出长波辐射　副热带季风　冷空气　高低空急流耦合

1　引言

华南前汛期暴雨既与低纬度环流有关，也与西风带系统密不可分，它是中低纬系统相互作用的产物，其影响系统具有广义梅雨锋结构特征[1-3]；其强降水区通常并不是出现在锋际或锋后，而是位于锋前暖区，暖区暴雨是华南暴雨最显著的特点[4-5]。由于特定的低纬度地理条件，华南暴雨既具有中国暴雨的共同之处，又与长江流域的梅雨及华北盛夏暴雨有许多差异[6-7]，正是基于这两方面的原因，华南暴雨一直是我国大气科学界的一个研究热点。

南亚季风是华南暴雨一个重要的环流系统。梁建茵等[8]分析表明来自阿拉伯海的赤道西风经印度、中南半岛可作用于华南地区。华南暴雨云团多自北部湾沿岸进入华南地区，并伴有季风云涌不断向华南沿海推进[9]。华南暴雨多伴随有低空西南急流，其最大水汽输送轴线通常与低空急流重叠[10-11]。巢纪平[12]等分析表明，低空急流轴前方左侧为辐合上升区，其上层

本文发表于《应用气象学报》，2010，21(4)：385-394。

有辐散中心配合，并与右侧的下沉运动组成了一个大的垂直次级环流圈；低空急流中多存在风速脉动，它可能导致重力波及相应的雨量振动；Chen 等[13]对 1991 年静止锋云系的观测研究发现，中尺度云团水平尺度为 100～500 km，新云团多在旧云团的东面生成，正如重力波在风暴中的传播一样；蒙伟光等[14]分析了锋前对流云团与环境场的相互作用，提出中尺度辐合系统是暖区暴雨的重要触发机制；张庆红等[16]、赵思雄等[15]对典型暴雨过程 MCS 发生发展、结构特征的模拟分析得出，华南暴雨一般由多个相继生消的 MCS 造成，MCS 的发生发展与冷暖空气的交汇密切相关；在对 1998 年 5 月华南暴雨过程的分析中，陈敏[17]认为，锋际降水和锋前暖区降水分别是由两类不同的对流系统造成，一类发生在梅雨锋上，另一类发生在锋前暖湿气团中，锋面上的对流系统较暖区中的对流系统具有更强的斜压性。

2005 年 6 月 17—25 日，华南大部、江南南部出现了大范围持续性暴雨天气，广西梧州出现百年罕见洪水，城区严重受淹；福建闽江、广东北江遭遇特大洪峰袭击，数万军民奋起抗洪抢险。据统计，“05.6”华南暴雨共造成 2000 多万人受灾，近 200 人死亡，直接经济损失 180 亿元。这次暴雨发生在诸多方面异常的背景条件下，首先是时间上的异常，正常年份华南前汛期雨带在 6 月中下旬进入长江流域，而“05.6”期间雨带长时间停滞在华南；其二是“05.6”暴雨发生前，长江中下游出现某些“入梅”迹象。6 月 13—15 日，副高强度有所加强，中高纬“双阻塞”形势隐约可见，导致业务预报出现失误；其三是“05.6”强暴雨集中在华南一带，华北地区则表现为异常高温。暴雨过程结束后，副高大幅度北跳，导致江淮地区出现“空梅”。“05.6”华南暴雨为何如此异常？其发生机制究竟是什么？它暴露出我们对华南暴雨形成机理的认识还存在一定的局限性，还有一些问题需要进行更深入探讨。

2　资料与分析方法

2.1　资料

采用 NCEP/NCAR 每天 4 个时次 1°×1°再分析资料、3 h 一次地面加密观测资料、1 小时自动站加密观测资料、FY－2C 卫星逐时 0.05°×0.05°分辨率云顶亮温 TBB 资料和分辨率为 0.5°×0.5°射出长波辐射(OLR)资料、常规探空观测资料等。

2.2　方法

采用多种资料来源的天气分析和动力学诊断方法，对“05.6”华南持续性暴雨过程的环境场条件及其演变特征进行分析，例如华南暴雨期间南海季风活动、副热带高压的演变、冷空气影响、高低空急流的耦合等方面进行深入分析，探讨中低纬度不同尺度系统的活动特征及相互作用。

3　低纬度系统活动特征

3.1　过程实况与影响系统

2005 年 6 月 17—25 日，华南、江南南部出现持续强降雨天气过程。17—18 日，降雨主要出现在福建北部、广西北部；19—23 日，福建北部至广西北部的强降雨区逐步连成一片，形成一条完整的 ENE—WSW 静止锋雨带，锋面雨带上中尺度强雨团表现出明显的 β 中尺度特征。同时静止锋雨带南侧的暖区降水不断加强，大暴雨甚至特大暴雨频繁发生。21—22 日两天，两条雨带强烈发展，为降雨最强时段。此后，静止锋雨带缓慢南压，并与暖区雨带合并。23～24 日，大范围强降雨明显减弱，仅在广东中部和沿海地区出现大到暴雨。从过程雨量来看（图 1a），广东中东部、福建北部及广西中东部、江西中东部的部分地区有 200～400 mm，局部地区超过 500 mm。其中龙门（粤）1300 mm、河源（粤）780 mm、泰宁（闽）571 mm、屏南（闽）559 mm、建瓯（闽）552 mm、广昌（赣）518 mm。另外，自动气象站 1 h 雨量观测显示（图略），24 h 雨量超过 200 mm 站点有：象州（桂）258 mm、建宁（闽）236 mm、龙门（粤）355 mm、河源（粤）288 mm。

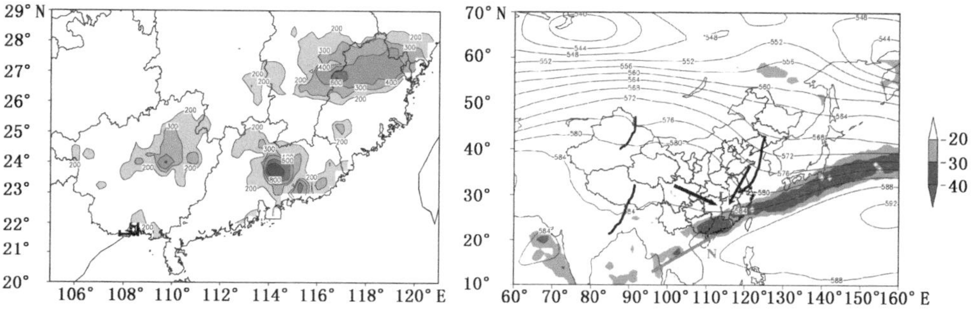

图 1 (a)2005 年 6 月 17—25 日华南暴雨过程累计雨量（单位：mm）；(b)2005 年 6 月 17—25 日平均 500 hPa 位势高度及 TBB 分布（阴影区，单位：℃）

“05.6”过程平均 500 hPa 上显示（图 1b），亚洲地区中高纬度为东西向的气压低值区，中纬度地区为北高南低的偶极子型分布，两个西风槽分别位于东北南部和新疆东部。东亚中纬度西风带锋区在东北地区出现分支。副高呈 ENE—WSW 向带状分布，南海高压脊线位于 16°N 附近。位于孟加拉湾北部的南支槽约略可见。新疆东部高空槽的维持有利于引导高原槽正涡度下滑东移，引导冷空气不断向东南方向移动。同时，东亚沿岸低槽槽后有冷空气从东路南下，两支冷空气从低层侵入华南与暖湿气流交汇，迫使暖湿气流沿冷空气垫抬升，触发暴雨强对流发生。从图中清楚看到，TBB 低值带与雨带位置对应，TBB≤−30 ℃的强对流区与特大暴雨落区有较好的对应关系。

3.2 南海季风和越赤道气流特征分析

对“05.6”暴雨过程分析显示，华南大范围持续性暴雨过程与热带地区环流的异常变化，特别是东亚季风活动的异常有一定关系。

南海季风通常于 5 月中旬在南海北部地区爆发，然后沿着我国东部向北渐次推进，南海季风爆发的早晚和强弱对华南前汛期雨带变化特别是强降雨过程无疑有直接和重要的影响。2005 年南海季风爆发晚（6 月初）、强度强（季风指数为 89），南海夏季风的异常为 2005 年 6 月 17—25 日特大暴雨过程提供了充沛的水汽和动力条件。

对逐日 4 个时次 NCEP 资料求过程平均得到的 850 hPa 风矢量的水平分布（图 2）显示，孟加拉湾至南海北部为显著的西南风，南海季风槽（图中粗虚线）位于南海西北部附近。从风场分布明显看出，南海北部到华南一带强盛的西南季风是由中南半岛西南气流（南亚季风）与太平洋副热带高压西侧东南气流汇合后，风向由 SW 折向偏 S，到达华南及其近海又折向 SW，流场呈现出“S”型转换，它反映了东亚热带夏季风过渡到东亚副热带夏季风的基本过程，显示暴雨期间南海季风具有副热带季风性质。

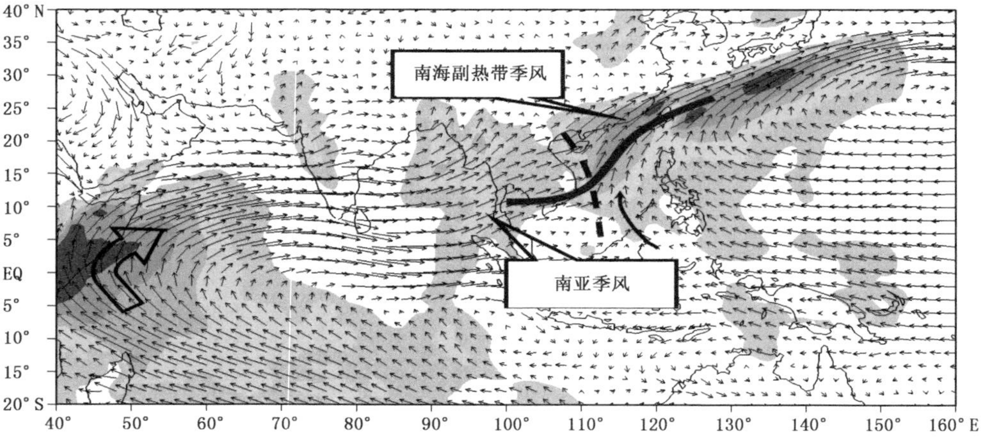

图 2　2005 年 6 月 17—25 日过程平均 850 hPa 风矢量（阴影区为偏南风分量 $v \geqslant 1\ m \cdot s^{-1}$）

从热带地区流场分布（图略）看出，连续暴雨过程期间，江南南部和华南北部有一连串低涡环流活动，切变线从华南北部向东伸向日本最南端；来自印度洋上的赤道西风和来自南半球的东南信风在南海东南部汇合成一条偏南气流的辐合渐近线，并入太平洋副热带高压西侧，加强了副高西侧偏南或西南气流，进而与来自孟加拉湾和中南半岛一带的南亚季风汇合后折向东北成为西南气流，从而有利于南海季风槽的辐合，导致南海北部季风加强。

850 hPa 全风速沿 110°E 随时间的变化看到（图 3a），在暴雨过程前一周，南海季风位于 18°N 左右，在 14—16 日季风强度明显减弱并南落至 10°N 以南的南海南部。6 月 17 日开始，南海季风出现了明显的加强和北进，西南风速在 21°～23°N 持续偏强，对应南海北部和华南南部有 6 次明显的西南风脉动，表现出一定的日变化特征。6 月 23 日后，副热带季风出现减弱；

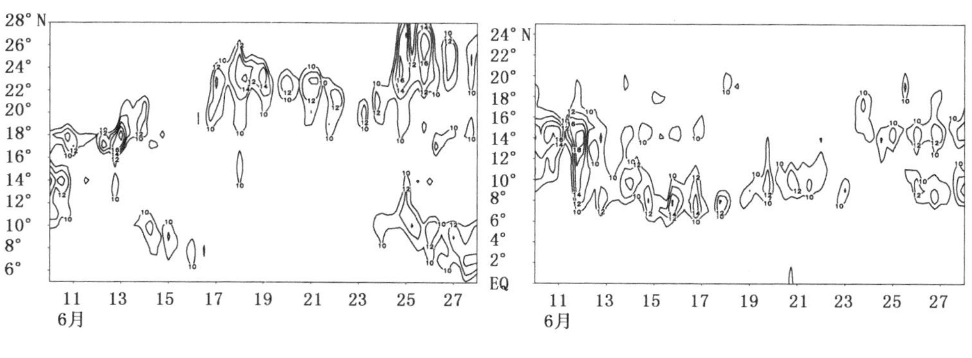

图 3　(a)850 hPa 西南风速沿 110°E 随时间的变化（单位：$m \cdot s^{-1}$）；
(b)850 hPa 西南风速沿 100°E 随时间的变化（单位：$m \cdot s^{-1}$）

6月25日，西南风又再一次加强，并向北推进到26°N以北的江南地区，从而导致"05.6"暴雨过程结束。

与此相反，"05.6"华南强降水期间，来自孟加拉湾进入中南半岛一带的南亚季风较南海季风明显偏南，西南季风输送带稳定在7°～10°N。在暴雨结束后，南亚季风也同样大幅北上，向北推进到14°N附近(图3b)。

下面再来分析"05.6"期间越赤道气流的活动情况。

从850 hPa的v分量沿近赤道(5°N)时间剖面图(图略)显示，赤道印度洋—西太平洋一带越赤道气流的分布显示除了45°E(索马里)这个稳定的强劲通道外，还有1个弱通道位于90°E附近，它的偏南风分量一般小于4 m·s^{-1}。而120°E以东范围赤道附近地区主要为偏东气流，没有越赤道气流通道存在。从越赤道气流强度来看，暴雨过程期间，索马里急流维持在12 m/s的偏南风，而在暴雨后期的6月24—25日，急流强度明显减弱。

从"05.6"华南暴雨期间平均赤道v风经度—高度剖面图(图4a)可知，45°E索马里急流处越赤道急流偏强，风速达12 m·s^{-1}以上，急流中心在900～800 hPa，且主要存在于700 hPa高度之下。另外，在90°E附近也有一支越赤道气流存在，虽然强度较弱，但却比较深厚，从地面一直伸展到300 hPa高度。

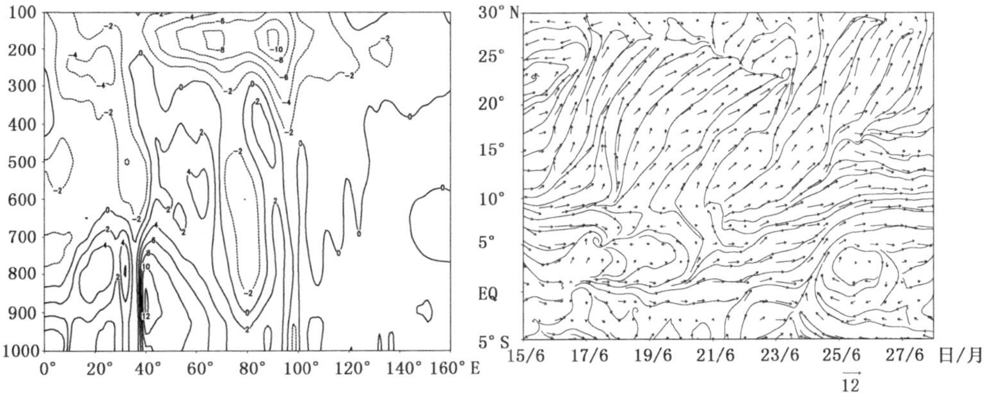

图4 (a)2005年6月17—25日平均赤道v风经度—高度剖面图(单位：m·s^{-1})；
(b)850 hPa矢量风和流线沿110E的时间—纬度剖面图

从110°E处850 hPa矢量风的时间—纬度剖面图(图4b)发现，在"05.6"暴雨期间，来自印度洋的赤道西风相对活跃，南海北部西南气流向北涌进，稳定在23—26°N附近，并与来自中纬度偏北气流在江南南部和华南北部汇合。在过程后期的24—25日，有一支偏东气流越过赤道，并快速向北推进，在南海北部转为偏南气流，强度加大，并一直推进到30°N，从而导致副高北跳，华南暴雨结束。可见，越赤道气流与华南暴雨过程有密切联系，华南暴雨与110°E以东越赤道气流的是否存在及强度存在反相位关系。这从"05.6"暴雨期间，东半球仅在45°E，90°E仅存在两条通道可以得到证明。

3.3 副热带高压的位置与强度

从2005年6月副热带高压脊线在110～130°E范围内的逐日演变表明(图略)，在"05.6"

华南暴雨期间，副高脊线稳定在16～17°N附近，较多年平均位置(20°N)明显偏南。500 hPa副高伸至台湾南部至南海北部，形状属南海带状高压型。华南地区处在副高西北缘，有充沛的水汽通道。副高北侧副热带西南季风与来自中纬度地区偏北气流携带的弱冷空气在华南一带交汇，导致暴雨强对流发生。在暴雨过程后期，副热带高压脊线快速北跳至25°N以北地区，雨带也从华南北抬到淮河以北地区，长江中下游地区梅雨季出现“空梅”。从500 hPa位势高度沿22.5°～27.5°N平均的时间—经度剖面来看(图5a)，586 dagpm和588 dgpm线呈波浪式西伸特征。在暴雨过程前一周，588dagpm线从150°E西进到130°E；在过程期间，副高脊线表现出东退—西伸—东退的特征，并于22日西伸至125°E；在暴雨过程结束之后，586dagpm线西伸至110°E。另外，从500 hPa位势高度沿110°～130°E平均的时间—纬度剖面(图5b)中也看到，副高在“05.6”暴雨期间强度最强，588线稳定维持在15°～20°N。暴雨开始前，副高明显北跳，586dagpm和587dagpm线从18°N北进到23°N附近。并在暴雨结束后又再次明显北跳。正是副高的急剧北跳，才导致本次华南暴雨过程结束。

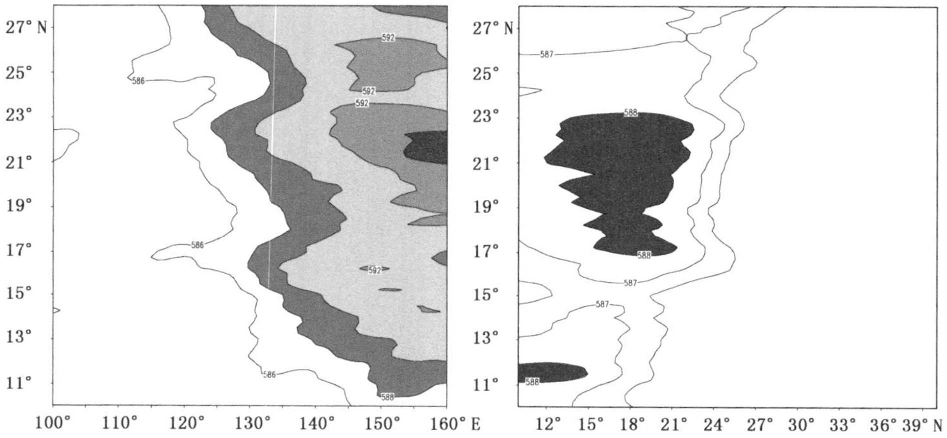

图5　(a)500 hPa位势高度沿22.5°～27.5°N平均的时间—纬度剖面(单位：dagpm)；
(b)500 hPa位势高度沿110°～130°E平均的时间—经度剖面(单位：dagpm)

3.4　热带辐合区对流特征分析

OLR是由FY-2C卫星得到的射出长波辐射，表征地表发射的长波穿出大气的部分以及大气本身的长波辐射。用长波辐射的低值可以推断对流的强弱。OLR值越低，说明云层发展高度越高，相应地对流发展就越旺盛。

射出长波辐射OLR通量分布表明(图6a)，“05.6”过程期间，主要对流活动区出现在孟加拉湾、青藏高原南部、华南至日本南部地区，OLR低值带(小于200 $W \cdot m^{-2}$)位于华南静止锋区附近，呈ENE～WSW走向。雨带的位置与OLR低值区相对应，强暴雨区与OLR低于180 $W \cdot m^{-2}$的强对流区相对应。而热带西太平洋地区ITCZ受副高控制对流活动较弱，仅在菲律宾南部一带有弱的对流(OLR小于220 $W \cdot m^{-2}$)出现，说明强辐合区出现在华南地区。850 hPa流场上可以明显看出(图略)，在24°～28°N的切变线上有一串气旋性环流，低层辐合区对流活动十分活跃，且位置较多年平均偏北，使得孟加拉湾—华南—日本南部对流活动较常年偏强，强中心位于东海至华南上空，华南位于副热带西南季风与中纬度南下偏北气流之间的辐合上升区，从而引发强暴雨过程的频繁发生。

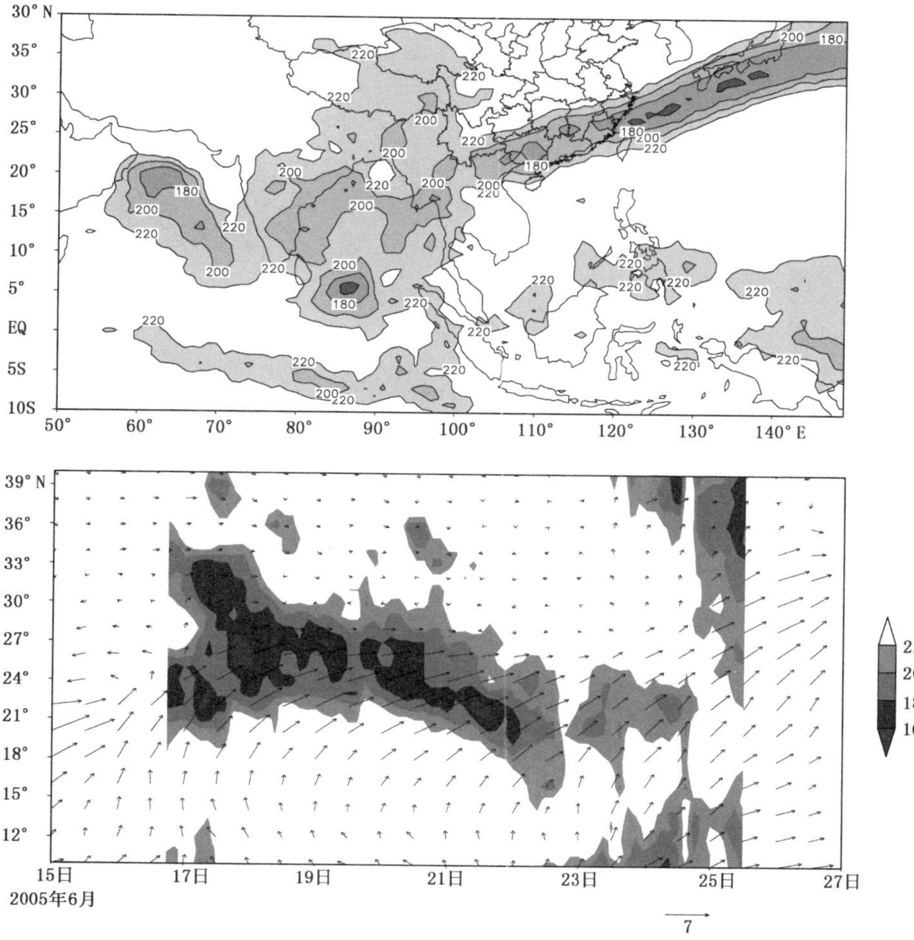

图 6 (a)2005 年 6 月 17—25 日过程平均 OLR 分布(单位：W · m^{-2})
(b)阴影区表示 105°～120°E 平均 OLR(单位：W · m^{-2})随时间的演变；
风矢量表示整层(地面～300 hPa)积分的水汽通量(kg · m^{-1} · s^{-1})

从 OLR 分布的时间演变和整层积分的水汽通量的时间变化来看(图 6b)，暴雨过程前期(17 日前后)，有一次明显的偏南季风涌发生，将南海一带的水汽大量向华南及江南一带输送。18—24 日，强对流辐合区主要位于 27°N 以南的江南南部和华南地区，位置逐步南移，强度在 23 日后明显减弱。同时，25 日开始，华南一带西南气流急剧北抬，水汽通量也大幅向北涌进至 36°N，使得黄淮到华北地区的对流活动则明显加强，华南暴雨过程结束。

4 中纬度冷空气活动的影响

从华南地区 500 hPa 正涡度的时间演变来看(图略)，"05.6"暴雨期间华南大部一直有正涡度存在，显示有中层系统影响。6 月 21—23 日，正涡度最为显著（正涡度为 $2\sim4\times10^{-5}\,s^{-1}$）；24 日以后华南一带的正涡度逐步减弱消亡。在 600 hPa 无辐散层上（图略），正涡度的时间变化也显示出同样的特征。正涡度的变化与降雨的强度和雨带的位置变化有较好的对应关系。

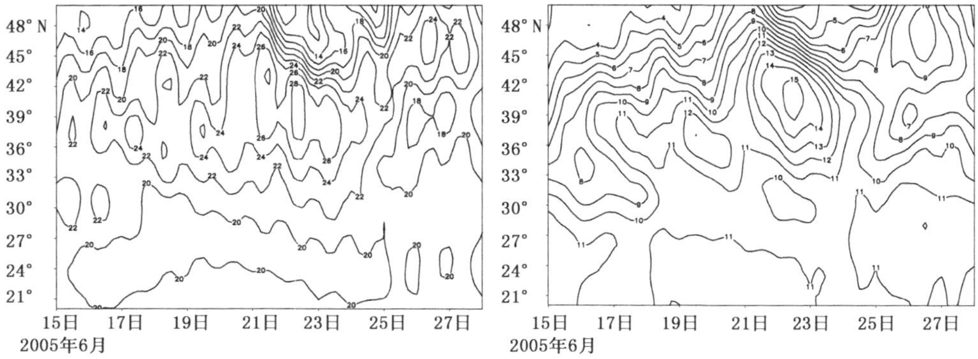

图 7　对流层低层沿 105～120°E 平均的温度的时间—纬度剖面（单位：℃）

从 700 hPa 温度 105～120°E 平均的时间—纬度剖面图上可以清楚看出（图 7），“05.6”华南降水开始前的 15—17 日，有一次明显的南下冷空气活动，10 ℃等温线南伸至 27°N 附近，引导弱冷空气从边界层进入华南一带驻留。从而激发“05.6”暴雨过程的产生。在中纬度地区则为暖气团控制，华北地区暖中心温度超过 20 ℃，对应华北异常高温天气；在 6 月 25 日，随着又一次冷空气南袭至 32°N 附近，华南暴雨过程结束。

在暴雨过程期间的 850 hPa 上，30°N 以南地区为相对冷区，无明显温度锋区存在，华南一带为弱冷空气控制（温度≤20 ℃）；可见，“05.6”暴雨期间，华南一带无明显温度锋区存在。冷空气活动主要存在于 850 hPa 高度以下的行星边界层中，低层浅薄的冷空气对触发暴雨强对流的发生可能起十分重要的作用。

从对暴雨过程期间对流层中低层流场分布与偏北风的分析看到（图 8），在强降雨时段的 18—23 日，500 hPa 以下各层都有明显的偏北风分量南侵至 27°N 一线。在低层 700 hPa 高度以下，来自东路的弱冷空气在东北风或低层偏东风的携带下与西南暖湿气流在 26°～28°N 之间辐合，并不断形成低涡和切变线。在暴雨过程后期（24—25 日），由于偏南气流向北涌进，偏北风出现中断，冷空气势力大幅减弱。并在过程结束后的 26—27 日，偏北风大幅退至 38°N 附近。

从 850 hPa 和 925 hPa 温度纬向偏差的时间变化看（图略），在 6 月 17 日暴雨发生前，有一次强冷空气影响华南，华南一带有明显的负温度偏差。强降雨期间华南西部地区也有负偏差存在，特别是 21—23 日，850 hPa 温度偏差达到 −4 ℃左右，显示有冷空气入侵的影响。从温度偏差的垂直分布看（图略），华南一带负偏差仅存在于 800 hPa 高度以下的行星边界层内，表明冷空气势力十分浅薄。

5　高低空急流的配置

2005 年 6 月华南强降水期间，200 hPa 图上东亚上空高空副热带西风急流轴位于 34°N 附近（图略），与多年平均相比，急流位置明显偏南。这可能是导致对流层中低层副高位置偏南，

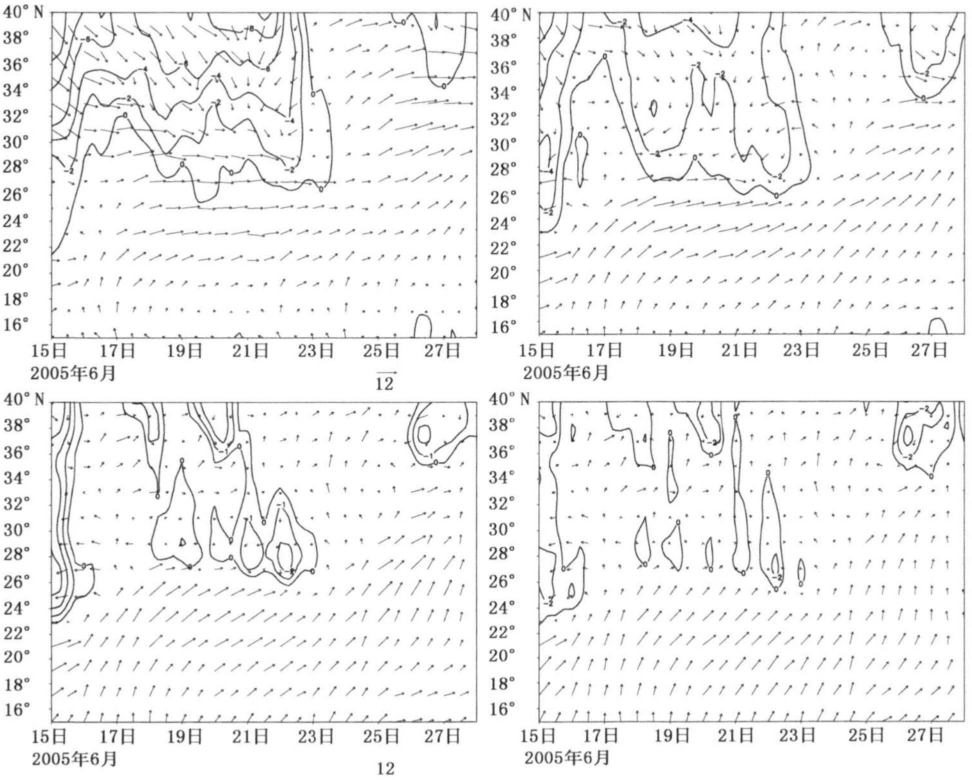

图 8 对流层中低层 105～120°E 平均水平风矢量的时间—纬度剖面（等值线为经向风速 $v\leqslant 0$ 的偏北风）

华南地区降水出现异常的原因之一。从强度看，高空急流核位于 140°E 附近日本中部。急流平均风超过 45 $m\cdot s^{-1}$。华南地区正好位于东部急流核入口区右前方。很显然，高空急流南侧的上升运动抑制了副高的北抬，却有利于在江南南部和华南地区出现暴雨。从过程平均华南上空（105°～120°E 平均）高空急流的时间—纬度剖面来看（图略），在"05.6"暴雨前一周，急流轴位于 38°N，强度超过 50 $m\cdot s^{-1}$。暴雨期间，副热带急流不断南移减弱，21—23 日急流出现断裂，强度低于 30 $m\cdot s^{-1}$。在 24—25 日急流又大幅加强北跳。

在"05.6"华南暴雨期间，与暴雨相伴的低空急流十分强盛，在华南南部沿海一带平均风速达 12 $m\cdot s^{-1}$以上。明显强于多年平均，它对暴雨区热量、动量及水汽输送起着不可或缺的作用。低空急流在暴雨开始后急剧加强，并在暴雨后期随着南海南部西南季风的加强而明显北抬，急流轴北抬到 23°N 以北的华南南部地区。就"05.6"华南暴雨最强时段的 6 月 18—23 日平均状况看（图 9a），华南上空高空急流轴位于 32°N 附近，呈准东西向分布；低空急流位于 23°N 附近，呈 ENE－WSW 走向，高空急流南界与低空急流北界相距小于 5 个纬距，并在东海和日本南部海面出现叠置。华南强雨带位于高空急流右后方、低空急流左侧。从图 9b 看，在高空急流入口区的右侧存在强烈的辐散气流（辐散中心位于 200 hPa，极值大于 $3\times10^{-5}s^{-1}$），根据质量补偿原理，导致低层辐合加强（位于 900 hPa 附近，低值中心小于 $-2\times10^{-5}s^{-1}$），使得低层偏南风急流得到维持和加强；高低空急流这种正反馈的结果是在华南地区产生持久的上升运动（上升速度大于 $270\times10^{-3}hPa\cdot s^{-1}$），上升运动到达对流层高层向南北两个方向运动，向南的一支与 Hadley 环流汇合，在 15～20°N 产生强烈下沉运动，下沉增温加热中低层大气，有利于副高的稳定和发展。向北一支在 32°N 附近下沉，从而构成由于高低空急流耦合激发的次级环流。逐日高低空急流及对应的低层辐合、高层辐散和垂直环流有利配置显示(图 10)，强暴雨期间，在副高 586 dagpm 线控制台湾南部和海南一带条件下，高空急流东移南压，有利于高低空急流的不断靠近和叠置；由高低空急流耦合在华南地区产生持久上升运动是“05.6”华南强暴雨的原因之一。

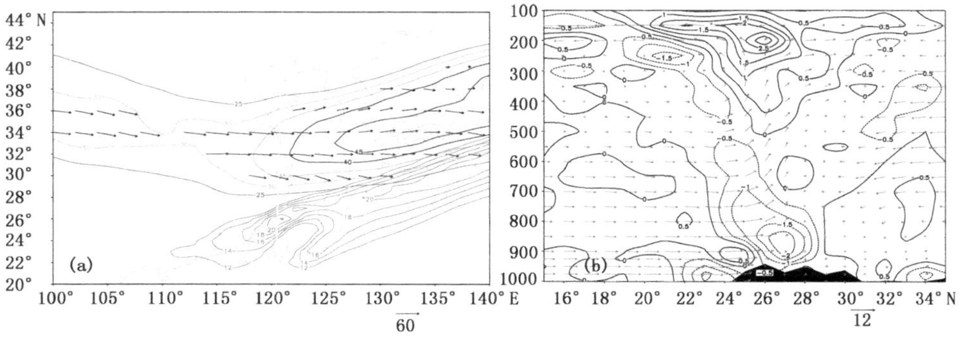

图 9　(a)2005 年 6 月 18—23 日 200 hPa 高空急流(风矢量和风速≥30 m·s^{-1})和 850 hPa 低空急流(风矢量和风速≥12 m·s^{-1})；(b)2005 年 6 月 18—23 日平均水平散度(等值线，单位：10^{-5} s^{-1})和垂直环流(风矢，单位：m·s^{-1})的经向垂直分布

6　结论和讨论

通过对“05.6”华南暴雨期间南海季风的活动特征、副热带高压的位置和强度变化、热带辐合区对流特征、中纬度冷空气的影响以及高低空急流配置关系的深入分析，探讨中低纬度不同尺度系统的相互作用，得出如下结论：

(1)南海夏季风的活动与本次暴雨过程有密切关系。南亚季风在经过中南半岛后在南海中部与伸入南海的西太平洋副热带高压西侧气流汇合，使得西南气流发生“S”型转换，并在“05.6”期间演变为副热带季风并在华南沿海一带活动。“05.6”暴雨期间，60°E 以东地区仅有 90°E 附近的越赤道气流通道，90°E 以东赤道地区无明显通道，赤道辐合带异常偏弱。OLR 分析显示，辐合区主要位于江南南部和华南，其上空存在一条近似东西向的强对流活动 OLR 低值带。

(2)副热带高压在“05.6”暴雨期间呈带状分布，强度最强，588 dagpm 线维持在 15°～20°N，且脊线位置稳定在 16°N 附近，并没有象常年那样北跳至 22°～25°N。副高北侧副热带西南季风与来自中纬度地区偏北气流携带的弱冷空气在华南一带交汇，有利于暴雨强对流发生。6 月 25 日后由于副高明显西伸北抬，导致雨带北跳到华北黄淮地区，华南暴雨过程结束。

(3)对流层中层华南上空正涡度的长时间维持，显示西风带系统对“05.6”华南暴雨过程的影响。强降雨过程期间对流层中低层有明显的偏北风侵入 27°N 以南，分析表明，过程开始前 700 hPa 上中纬度南下冷空气的活动对暴雨过程有重要作用；冷空气活动仅存在于 850 hPa 高度以下，行星边界层内的冷空气侵袭可能是华南暴雨的重要特征。

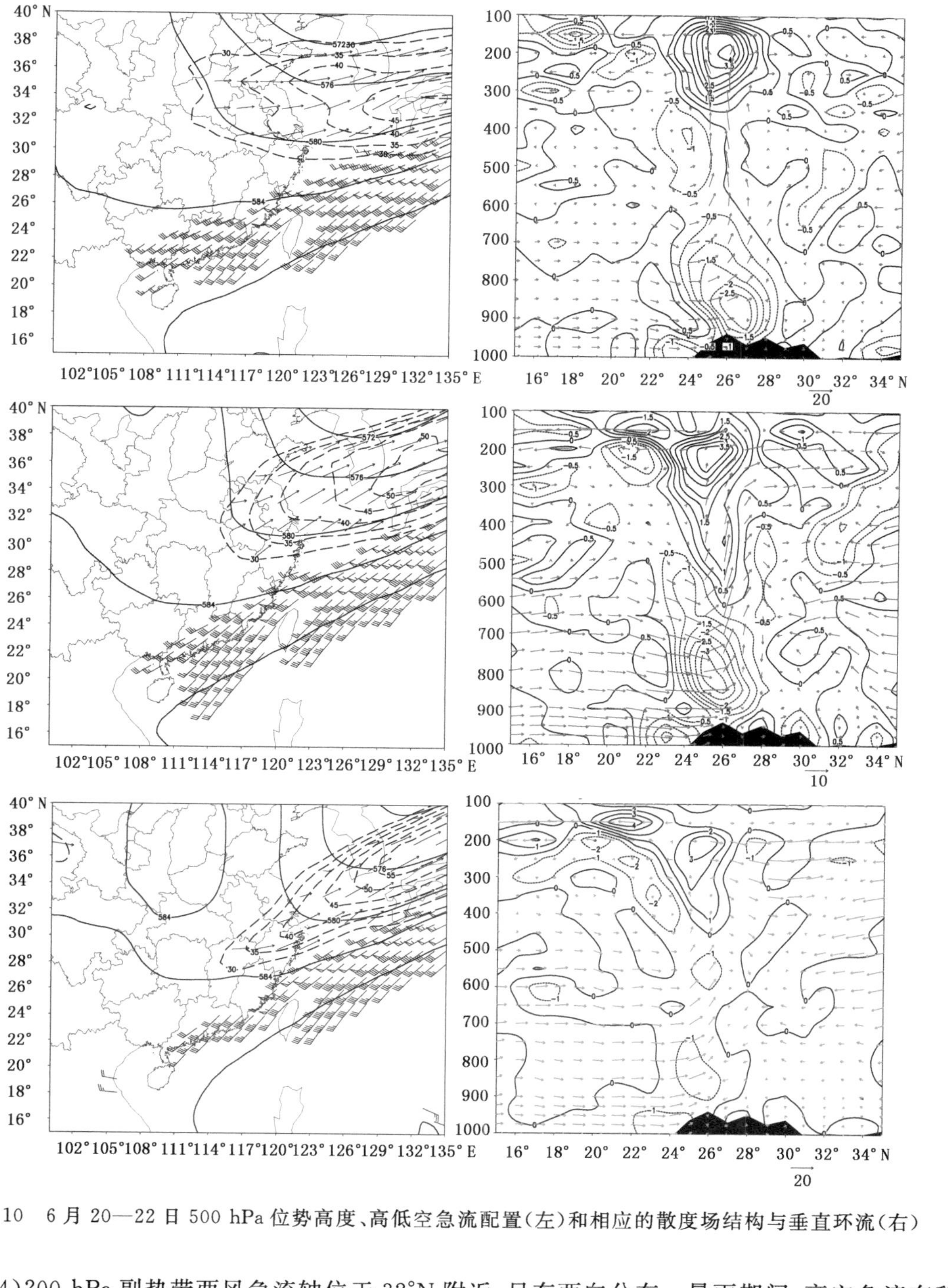

图 10 6 月 20—22 日 500 hPa 位势高度、高低空急流配置(左)和相应的散度场结构与垂直环流(右)

(4)200 hPa 副热带西风急流轴位于 32°N 附近,呈东西向分布。暴雨期间,高空急流东移南压,有利于高低空急流的不断靠近和叠置;高空急流入口区右前方强烈的高空辐散导致低层强辐合,使低层气压梯度力加大,从而使 LLJ 得到维持和加强;同时由于低空急流左前方低层辐合的加强,使上升运动得以发展,导致高层辐散加大,使 ULJ 得以维持发展。高低空急流耦合的“正反馈机制”在华南地区产生持久的上升运动是华南暴雨及副高维持偏南的重要原因之一。

参考文献

[1] Akiyama T. A medium-scale cloud cluster in a Baiu front. Part I: Evolution process and a fine structure [J]. J Meteor Soc Japan, 1984, 62: 485-504.

[2] 胡伯威.副热带天气尺度系统短期演变的泛准地转机制[J].大气科学,1982,6(4):422-431.

[3] 李建辉.进入南海的过赤道气流与华南前汛期暴雨[J].气象,1982:8-10.

[4] 薛纪善.1994 年华南夏季特大暴雨研究[M].北京:气象出版社,1999.

[5] 陈红,赵思雄.第一次全球大气研究计划试验期间华南前汛期暴雨过程及其环流特征的诊断研究[J].大气科学,2000,24(2):238-252.

[6] 孙健,周秀骥.一次华南暴雨的中尺度结构及复杂地形的影响[J].气象学报,2002,60(3):333-341.

[7] 孙建华,赵思雄.一次罕见的华南大暴雨过程的诊断与数值模拟研究[J].大气科学,2000,24(3):382-391.

[8] 梁建茵,吴尚森,游积平,等.南海夏季风的建立及强度变化[J].热带气象学报,1999,15(2):97-105.

[9] 蒋伯仁,张爱华.华南前汛期暴雨的红外卫星云图特征[J].南京气象学院学报,1981,(1):98-101.

[10] 汪永铭,薛纪善.华南前汛期低空急流的诊断分析[J].热带气象,1985,1(2):121-128.

[11] 孙淑清,马廷标,孙纪改,等.低空急流与暴雨期相互关系的对比分析[J].气象学报,1979,37(4):36-44.

[12] 巢纪平.非均匀层结大气中的重力惯性波及其在暴雨中的初步应用[J].大气科学,1980,4(3):230-235.

[13] Chen S J, Kuo Y H, et al. A modeling case study of heavy rainstorms along the Mei-yu front[J]. Mon Wea Rev, 1997,126: 2330-2351.

[14] 蒙伟光,王安宇,李江南,等.华南前汛期一次暴雨过程中的中尺度对流系统[J].中山大学学报,2003,42(3):72-77.

[15] 张庆红,刘启汉,王洪庆,等.华南梅雨锋上中尺度对流系统的数值模拟[J].科学通报,2000,45(18):1988-1922.

[16] 赵思雄,贝耐芳,孙建华.华南暴雨试验期间(HUAMEX)强对流系统的研究[C]//海峡两岸及邻近地区暴雨试验研究论文集.北京:气象出版社,2001:251-260.

[17] 陈敏.华南暴雨科学试验 IOP523 个例的中尺度数值模拟研究[D].北京:北京大学,2001.